类药性：
概念、结构设计与方法

（原著第二版）

Drug-Like Properties:
Concepts, Structure Design and Methods

（美）邸力　E.H.克恩斯　编
　　Li Di　　Edward H. Kerns

白仁仁　主译
谢　恬　主审

北　京

内容简介

本书为原著第二版，详尽介绍了药物发现与开发中的重要背景信息和关键概念。通过翔实的背景知识介绍和成功的药物研发实例，清晰阐述了如何克服药物的药代动力学、毒性和血脑屏障等技术障碍，以顺利发现可进入临床试验的新药，节省创新药物研发中的大量成本和时间。

本书可为药学领域的科研工作者和院校师生提供全面而有价值的指导。

Drug-Like Properties: Concepts, Structure Design and Methods, Second edition
Li Di, Edward H. Kerns
ISBN 9780128010761
Copyright © 2016 Elsevier Inc. All rights reserved.
Authorized Chinese translation published by Chemical Industry Press Co., Ltd.

《类药性：概念、结构设计与方法》（原著第二版）（白仁仁 主译，谢恬 主审）
ISBN: 9787122390202
Copyright © Elsevier Inc. and Chemical Industry Press Co., Ltd.. All rights reserved.

No part of this publication may be reproduced or transmitted in any form or by any means, electronic or mechanical, including photocopying, recording, or any information storage and retrieval system, without permission in writing from Elsevier (Singapore) Pte Ltd. Details on how to seek permission, further information about the Elsevier's permissions policies and arrangements with organizations such as the Copyright Clearance Center and the Copyright Licensing Agency, can be found at our website: www.elsevier.com/permissions.

This book and the individual contributions contained in it are protected under copyright by Elsevier Inc. and Chemical Industry Press Co., Ltd. (other than as may be noted herein).

This edition of Drug-Like Properties Concepts, Structure Design and Methods, Second edition is published by Chemical Industry Press Co., Ltd. under arrangement with ELSEVIER INC.

This edition is authorized for sale in China only, excluding Hong Kong, Macau and Taiwan. Unauthorized export of this edition is a violation of the Copyright Act. Violation of this Law is subject to Civil and Criminal Penalties.

本版由ELSEVIER INC. 授权化学工业出版社在中国大陆地区（不包括香港、澳门以及台湾地区）出版发行。
本版仅限在中国大陆地区（不包括香港、澳门以及台湾地区）出版及标价销售。未经许可之出口，视为违反著作权法，将受民事及刑事法律之制裁。
本书封底贴有Elsevier防伪标签，无标签者不得销售。

注意

本书涉及领域的知识和实践标准在不断变化。新的研究和经验拓展我们的理解，因此须对研究方法、专业实践或医疗方法作出调整。从业者和研究人员必须始终依靠自身经验和知识来评估和使用本书中提到的所有信息、方法、化合物或本书中描述的实验。在使用这些信息或方法时，他们应注意自身和他人的安全，包括注意他们负有专业责任的当事人的安全。在法律允许的最大范围内，爱思唯尔、译文的原文作者、原文编辑及原文内容提供者均不对因产品责任、疏忽或其他人身或财产伤害及/或损失承担责任，亦不对由于使用或操作文中提到的方法、产品、说明或思想而导致的人身或财产伤害及/或损失承担责任。

北京市版权局著作权合同登记号：01-2021-2721

图书在版编目（CIP）数据

类药性：概念、结构设计与方法/（美）邱力（Li Di），（美）E. H. 克恩斯（Edward H. Kerns）编；白仁仁主译. —北京：化学工业出版社，2021.7（2024.3重印）
书名原文：Drug-Like Properties: Concepts, Structure Design and Methods
ISBN 978-7-122-39020-2

Ⅰ.①类… Ⅱ.①邱…②E…③白… Ⅲ.①药物-研制-概论 Ⅳ.①TQ46

中国版本图书馆CIP数据核字（2021）第078498号

责任编辑：杨燕玲　　　　　　　　　　文字编辑：刘志茹
责任校对：刘曦阳　　　　　　　　　　装帧设计：史利平

出版发行：化学工业出版社（北京市东城区青年湖南街13号　邮政编码100011）
印　　装：北京缤索印刷有限公司
787mm×1092mm　1/16　印张36　字数972千字　2024年3月北京第1版第3次印刷

购书咨询：010-64518888　　　　　　　售后服务：010-64518899
网　　址：http://www.cip.com.cn
凡购买本书，如有缺损质量问题，本社销售中心负责调换。

定　　价：198.00元　　　　　　　　　　　　　　　　版权所有　　违者必究

翻译人员名单

主　译　白仁仁

主　审　谢　恬

译　者　白仁仁　杭州师范大学

　　　　　吴丹君　浙江工业大学

　　　　　杨庆良　浙江工业大学

　　　　　李达翃　沈阳药科大学

　　　　　江　波　中国科学院海洋研究所

　　　　　辛敏行　西安交通大学

　　　　　徐盛涛　中国药科大学

　　　　　吴　睿　国科大杭州高等研究院

　　　　　黄　玥　中国药科大学

　　　　　叶向阳　杭州师范大学

　　　　　徐进宜　中国药科大学

　　　　　谢媛媛　浙江工业大学

中文版序一

药物发现的产出率始终是一个被广泛关注的焦点。虽然新药研发的成本和投入在逐年攀升,但获批新药的数量却并未明显随之增加。就传统意义而言,药物研发过程是由候选药物的效能所驱动的,与其性质无关。然而,这一局限的研究理念导致许多处于开发阶段的候选药物都不具备良好的类药性,大大降低了新药研发的成功率,进一步推高了药物研发的成本。

近年来,新药研发的策略正在发生改变,对候选药物也提出了越来越苛刻的要求。一个候选药物必须在发挥理想药效的前提下,具备良好的类药性,才可能被推进至临床研究。换言之,新药研发的思路已由最初的聚焦于构效关系研究,转变为平衡构效关系和构性关系的双维度新型研究模式。良好的类药性并非一个简单的数值范围,而是多个关键参数的平衡关系,其中包括溶解度、渗透性、半衰期、清除率、生物利用度、化学稳定性、溶液稳定性、代谢稳定性、血脑屏障渗透性和毒性等众多至关重要的性质。任何一个关键性质的缺陷,都可能导致药物研发的失败。由此可见,类药性评价与活性筛选同样举足轻重。这也要求研究人员不仅需要在新药研发的各个环节中评估化合物的类药性,甚至有必要在化合物合成之前,即借助虚拟类药性筛选预测其类药性是否满足既定标准,以帮助科研人员节省宝贵的实验资源,发现高质量的临床候选药物。

由谢恬教授主审、白仁仁教授主译的《类药性:概念、结构设计与方法》很好地满足了新药研发的需求,详细阐述了类药性相关的基础理论和研究方法,是一本对新药研发具有重要意义的难得译著,也是目前有关类药性较系统、全面的专著。本书内容架构独特,知识体系完备,不仅逐一介绍了不同类药性质的原理和背景知识,还详细列举了相关性质的经典测定方法,以及如何开展针对性的结构修饰,优化具有缺陷的类药性质。书中数百幅的彩色图表使得高深的理论变得生动形象,非常易于读者学习和掌握。译者和主审结合自身全面的专业技能,高质量地完成了本书的翻译。

本书配有丰富的章节习题和参考答案,可作为药学、药物化学等专业师生的实用教材,也可作为新药研发科研人员的重要参考专著。相信本书的出版将对我国的新药研发有所裨益,读者也一定能从书中有所领悟,更好地开展新药研发工作。

桑国卫
中国工程院院士
2021 年 3 月

中文版序二

随着药物科技和产业的不断发展，药物的质量管理理念也在不断更新，先后经历了三个发展阶段：即第一阶段的质量源于检验，第二阶段的质量源于控制，以及目前第三阶段的质量源于设计（QbD）。而对于新药研发而言，其质量又何尝不是源于设计。在药物发现与开发过程中，相较于药物开发研究人员，药物发现研究人员需要承担更为重要的责任。因为只有在源头上设计出具有高活性，同时也具有理想类药性的化合物，才能为药物开发提供高质量的候选药物，提高药物研发的成功率。反之，如果直至药物开发阶段才发现候选药物的类药性缺陷，往往为时已晚，损失已经造成。因此，在药物研发过程中，获得优异的候选药物并将其开发上市固然是最大的成功；但尽早发现存在类药性缺陷的化合物并将其淘汰，避免其耗费有限的研究资源，也不失为另一种意义上的成功。由此可见类药性在药物研发中的重要性。

Lipinski"类药五原则"是最早提出的有关药物类药性的系统评价准则，即一个小分子药物往往需要具备以下性质：相对分子量 < 500、氢键供体数 < 5、氢键受体数 < 10、lg P < 5。由于每个原则中的参数值都是 5 的倍数，因此被称为"类药五原则"。如果某一化合物违背了其中 2 个及以上的原则，则该化合物将很难实现口服。目前，"类药五原则"已成为应用最广泛的类药性评价指标。但是，"类药五原则"也有其局限性，因此，必须系统学习类药性的全面理论知识才能发现具有理想的类药性的高质量候选药物。

由谢恬教授主审、白仁仁博士主译的《类药性：概念、结构设计与方法》一书是一本系统概述药物类药性及其应用的药学专著。本书以最少的复杂数学理论来介绍类药性的相关知识，内容通俗易懂，并重点关注类药性的实际应用。此外，书中还讨论了类药性在不良药代动力学性质判断、构效关系和构性关系研究、结构改造与优化等方面的重要策略。药物研发必须借助于对类药性的理解与把控，对诸多因素进行有效且精细的整合与平衡，最终才有可能获得优异的候选药物并应用于临床研究。这正是本书对于新药研究的意义和价值所在。

本书可以作为药物化学、生物学和药理学相关研究人员及院校师生的实用参考书，成为新药研发人员的利刃，帮助他们更好、更高效地完成药物研发的各项工作。

陈凯先

中国科学院院士
2021 年 3 月

中文版序三[1]

欣闻《类药性：概念、结构设计与方法（第二版）》已被翻译成中文，并将由化学工业出版社出版。

本书第一版于 2008 年出版后，得到了同行和学生们的一致好评。看到本书能对读者有所帮助，我们倍感欣慰。2011 年，钟大放教授将本书第一版翻译成中文。在随后的几年间，ADMET 科学领域取得了许多重要的进展。因此，根据读者的反馈和意见，我们纳入了全新的内容，编著了《类药性：概念、结构设计与方法（第二版）》，并于 2016 年出版。第二版中主要的更新内容包括：①代谢酶在药物清除和药物相互作用中的关键功能；②转运体在药物处置和药物相互作用中的扩展作用；③对血浆蛋白结合的误解及游离药物假说；④克服血脑屏障限制并实现药物大脑暴露的策略；⑤提高 ADMET 测试准确性、精确度和动态范围的改进及全新的体外、体内研究方法；⑥有关改善药物性质结构修饰的最新实例和案例研究。

药物发现与开发已发展成为具有不同技术专长的科学家之间的复杂合作。同样，制药企业也已发展成为药物研究、开发和制造的全球合作。最近的研究态势也表明，必须加快新药研发的步伐，高效地研发出具有更好疗效和安全性的新药。《类药性：概念、结构设计与方法（第二版）》的中文版将为中国和全球其他从事药代动力学和安全性研究的药学专家提供积极的指导，也将有助于培育中国下一代的 ADMET 科学家以应对未来的全新挑战。

我们由衷地感谢白仁仁教授对《类药性：概念、结构设计与方法（第二版）》的精心翻译，很荣幸地看到他在翻译过程中所展现的出色专业知识。我们由衷地希望本书的中文版会受到读者的欢迎。

邸力（Li Di）
E. H. 克恩斯（Edward H. Kerns）
2020 年 11 月

---

[1] 本书英文版作者为本中文版写的序言，原文为英文，译者翻译。

Preface to Chinese Translation of the 2nd Edition

It is a great pleasure to know that *Drug-Like Properties: Concepts, Structure Design and Methods* has been translated into Chinese language and published under Chemical Industry Press Co., Ltd.

The first edition of this book was published in 2008 and we were gratified to hear comments from colleagues and students that the book was helpful to their research. In 2011, the book was translated to Chinese by Prof. Zhong, Dafang. Since then, there have been many important new advancements in the field of ADMET sciences and technology. The second edition of the book was developed based on feedback from readers and it was published in 2016 to incorporate the new information. The major updates of the second edition include: (1) the critical functions of drug metabolizing enzymes in clearance and drug-drug interaction, (2) the expanding role of transporters in drug disposition and drug-drug interaction, (3) misconceptions of plasma protein binding and free drug hypothesis, (4) strategies to overcome the limitation of the blood-brain barrier and to achieve brain exposure, (5) new and improved in vitro and in vivo methods to increase accuracy, precision and dynamic ranges for ADMET property measurements, and (6) new examples and case studies on structural modifications to improve drug-like properties.

Drug discovery and development has developed into a complex collaboration of scientists having diverse technical expertise. In the same manner, the pharmaceutical enterprise has developed into a global collaboration of experts in research, development and manufacturing. Recent events have demonstrated the need to rapidly develop new pharmaceuticals with enhanced efficiency and safety. Translation of this second edition of the book to Chinese will assist pharmaceutical experts in China and other global partners with the pharmacokinetic and safety aspects of drug research. It will also help educate the next generation of ADMET scientists in China to take on the new challenges.

We greatly thank Prof. Renren Bai for his careful and insightful translations of this book. We are honored that Prof. Bai has applied his outstanding expertise in the translation. We expect readers will enjoy reading this important Chinese version.

Li Di
Edward H. Kerns
November, 2020

译者前言

新药研发就如同恋爱，研究人员似乎总是觉得幸福感还不够强烈，一直在苛责候选化合物，抱怨"他/她"对生物体爱得不够深，甚至责骂"他/她"对机体造成了伤害。习惯于指责对方，自然会与成功渐行渐远。重要的是换位思考，感受候选化合物所受到的"委屈"，反思有机体是否对候选化合物"真心实意"。也只有双方互相包容，最终才能获得成功的新药。

上述"不完美恋情"的比喻，恰似在药物研发中片面地追求候选化合物的生物活性，而忽略了有机体本身对化合物的作用。获得高质量的临床候选药物是当今药物研发的首要目标，也是药物成功上市的保证。除了高效的活性，高质量的候选药物还必须具有理想的类药性，即ADMET性质。毋庸置疑，结构改造与修饰需要在提高生物活性和改善类药性之间谋求一种平衡的关系。如果药物发现的重点仅是活性优化，则很可能会造成化合物的类药性缺陷。例如，由于溶解度差导致生物利用度偏低；由于胃肠道或血液中的水解导致清除率过高以及由于血液器官屏障导致对目标器官的渗透性较差等。作为药物研发人员，需要"换位思考"，从药物分子的角度认识体内多样而复杂的环境，了解药物在体内朝向治疗靶点移动的全过程。药物在各个器官、系统及理化、生化环境中的一系列表现，可谓是一段引人入胜的旅程。

《类药性：概念、结构设计与方法（第二版）》（*Drug-Like Properties: Concepts, Structure Design and Methods*），堪称新药研发类药性领域最权威的专著之一。全书共计41章，系统介绍了每种类药性的基本原理；每种性质对药代动力学、安全性和生物学测试的影响；指导生物活性和类药性优化的结构改造方法；利用各项性质获得高质量临床候选药物的策略；每种类药性的具体测试方法。书中包含了丰富的背景知识介绍和案例分析，可以在制定实验计划、理解复杂数据和做出明智决策等方面提供有针对性的指导和帮助。

为了让本书能够帮助到国内更多的医药从业人员和师生，我们组建了翻译团队，由谢恬教授（杭州师范大学）担任主审，我本人担任主译，联合其他同仁精心完成了本书的翻译。本书的译者还包括：吴丹君（浙江工业大学）、杨庆良（浙江工业大学）、李达翃（沈阳药科大学）、辛敏行（西安交通大学）、徐盛涛（中国药科大学）、江波（中国科学院海洋研究所）、吴睿（国科大杭州高等研究院）、黄玥（中国药科大学）、叶向阳（杭州师范大学）、徐进宜（中国药科大学）和谢媛媛（浙江工业大学）。衷心感谢各位老师在百忙之中，亲力亲为，圆满完成了翻译工作。

此外，由于原著中的化学结构不够标准，格式不一，且存在部分错误，为了进一步提高译书的质量，我们将结构采用统一的格式重新进行了绘制。

特别感谢谢恬教授在百忙之中担任主审，亲自把关，为本书的顺利出版给予了极大的帮助。

感谢化学工业出版社编辑的耐心帮助和大力支持，以及为本书成功出版的辛勤付出。

感谢我的研究生钟智超、葛嘉敏、白自强、揭小康、郭嘉楠等同学在译稿校对工作中的付出。

尽管主审、主译和各位译者尽了自己最大的努力，但难免有疏漏和不当之处，敬请各位读者海涵。

白仁仁
renrenbai@126.com
2020年11月 于杭州

第二版前言

《类药性：概念、结构设计与方法》第一版出版后的八年，药物发现科学家通过非凡的创造力和坚韧毅力，研发了许多新药。使得数以百万计患者的生活质量得以提高，生命得以延续，能够继续有机会与他们的家人和朋友享受快乐的生活。作为药物研发人员，能在此领域工作和奋斗是一种荣幸。

这些成果自然离不开药物科学和技术的创新发展。与此同时，研发人员对药物的递送、靶点相互作用、功效和安全性方面也有了更为深入的认识。基于药物研发技术的发展，本书第二版中囊括了更多的全新内容：

- 转运体及其对药代动力学和药物相互作用的影响。
- 有关游离药物浓度主导体内疗效的共识。
- 对代谢酶更为广泛的认识。
- 用于临床剂量和安全性预测的人体药代动力学模型的改进。
- 具有更高可靠性的药物理化与 ADMET 性质测试的全新体外和体内方法。
- 血脑屏障渗透性的改进方案和方法。
- 诸如时间依赖性抑制、安全指数和脱靶效应理化标志物的毒性指标。

为了更好地说明构效关系和先导化合物优化的策略，本版中还列举了药物化学文献中的最新实例。

最重要的是，本书中所介绍的先导化合物选择和优化的基础知识、影响和策略，有助于药物发现科学家提高药物发现和患者治疗的成功率。看到各位读者对本书的肯定，我们深感喜悦。也衷心地祝愿大家取得药物研发的成功。

第一版前言

药物研发是一项具有重要意义的职业,因为创新药物不仅可以改善人类的健康,还能有效提高患者的生活质量并延长其生命。对于致力于药物研发的科学家而言,必须同时优化众多的类药性质才能获得高质量的类药化合物。因此,新药研发是一项极具挑战性的任务,而 ADMET(吸收、分布、代谢、消除、毒性)性质的优化正是众多挑战之一。在药物研发团队合成的数以千计的全新化合物中,通常仅有极少数化合物既能与治疗靶点有效结合,同时又具有良好的 ADMET 性质,最终成为成功的药物。本书详细介绍了有关 ADMET 性质的概念、结构设计和方法,专门面向从事药物研发的科学家和学生,以帮助研究人员成功应对这些挑战。

本书中的案例研究、构性关系和结构修饰策略将为化学家提供有力的指导,有助于诊断不具有类药性的先导化合物亚结构,并为基于 ADMET 的结构设计提供依据。类药性研究方法的概述介绍了实用的背景知识,有助于研究人员准确地解释和应用实验数据,以作出明智的决策。此外,对类药性测定的深刻见解有助于筛选方法的选择,进而获得对研究项目具有重要影响的性质数据。

生物学家和药理学家也将从 ADMET 概念的深入认识中受益。这一点尤其重要,因为近年来,类药性数据的应用已从优化体内药代动力学和安全性扩展到了生物学测试。低溶解度、化学不稳定性和低渗透性都可能会极大地影响生物测试的结果。只有对相关内容有深入的理解,生物学家才能更好地优化生物实验方法,并将属性影响纳入对实验数据的理解。

毫无疑问,ADMET 对所有药物研发人员都至关重要,其在药物发现过程及推动高质量候选药物进入临床研究等方面的重要性日益显著。作为临床候选药物的关键要素,ADMET 性质的缺陷将使药物研发面临很高的失败风险。目前,ADMET 性质研究已被集成到药物发现的过程之中,是指导先导化合物选择和优化的宝贵资产。相信本书一定会成为药物研发人员的重要工具,本书作者也衷心祝愿各位读者能够成功地研发出造福患者的新药。

在本书编写过程中,我们得到了许多药物研发同行的支持和指导。特别感谢惠氏研究、化学和筛选科学部负责人 Magid Abou-Gharbia、Guy T. Carter 和 Oliver J. McConnell 的帮助。感谢 Christopher P. Miller 对书稿进行的仔细审阅和建议,以及匿名审阅人的建设性意见。邸力(Li Di)衷心感谢 Donald M. Small 教授、Bruce M. Foxman 教授和 Ruisheng Li 教授的指导。E. H. 克恩斯(Edward H. Kerns)衷心感谢 David M. Forkey 教授、William L. Budde 教授和 Charles M. Combs 教授的指导。我们非常感谢 Ronald T. Borchardt 教授和 Christopher A. Lipinski 教授的深切友谊和良好合作,以及他们在 ADMET 和药物化学领域的重要领导作用。此外,参与美国化学学会类药性短期课程的学生们的热情反馈对本书也具有非常重要的意义。惠氏药物分析和药物化学研究部门的众多同事分享了他们在药物发现中有关类药性的探索历程,非常感谢他们值得尊敬和富有创新的合作。

目 录

第1章
引言
    1.1 药物发现中的类药性　/ 001
    1.2 本书的目的　/ 002
    思考题　/ 003
    参考文献　/ 003

第2章
药物性质评估及良好类药性的优势
    2.1 引言　/ 005
    2.2 候选药物性质优化的主要方面　/ 005
    2.3 药物发现与开发过程简介　/ 007
    2.4 良好类药性的优势　/ 008
    2.5 药物发现中的性质分析　/ 012
    2.6 药物发现中的类药性优化　/ 013
    思考题　/ 013
    参考文献　/ 013

第3章
体内环境对药物暴露的影响
    3.1 引言　/ 015
    3.2 给药方式　/ 016
    3.3 胃部环境　/ 017
    3.4 肠道环境　/ 017
    3.5 血流　/ 022
    3.6 肝脏　/ 024
    3.7 肾脏　/ 025
    3.8 血液-组织屏障　/ 026
    3.9 组织分布　/ 026
    3.10 药物手性的影响　/ 026
    3.11 体内药物暴露的挑战概述　/ 027
    思考题　/ 028
    参考文献　/ 028

第 4 章
基于结构的类药性快速预测规则

4.1 引言　/ 029

4.2 预测规则的一般概念　/ 030

4.3 类药五规则　/ 030

4.4 韦伯规则　/ 031

4.5 瓦宁规则　/ 032

4.6 金三角规则　/ 032

4.7 其他预测规则　/ 033

4.8 预测规则在化合物评估中的应用　/ 035

4.9 预测规则的应用　/ 036

思考题　/ 036

参考文献　/ 038

第 5 章
亲脂性

5.1 亲脂性基本原理　/ 039

5.2 亲脂性的影响　/ 040

5.3 亲脂性研究案例和结构修饰　/ 042

思考题　/ 047

参考文献　/ 047

第 6 章
pK_a

6.1 pK_a 基本原理　/ 049

6.2 pK_a 的影响　/ 050

6.3 pK_a 相关实例研究　/ 052

6.4 优化 pK_a 的结构改造策略　/ 055

思考题　/ 057

参考文献　/ 057

第 7 章
溶解度

7.1 引言　/ 059

7.2 溶解度的基本原理　/ 059

7.3 溶解度效应　/ 064

7.4 生理因素对溶解度和吸收的影响　/ 071

7.5 改善溶解度的结构修饰策略　/ 074

7.6 提高溶出度的策略　/ 081

7.7 盐型　/ 082

7.8　药物发现过程中的溶解度策略　　/ 085

思考题　　/ 086

参考文献　　/ 087

第 8 章
渗透性

8.1　引言　　/ 091

8.2　渗透性基础知识　　/ 091

8.3　渗透性的影响　　/ 097

8.4　渗透性的结构修饰策略　　/ 098

8.5　改善渗透性的策略　　/ 104

思考题　　/ 104

参考文献　　/ 104

第 9 章
转运体

9.1　引言　　/ 107

9.2　转运体基本原理　　/ 107

9.3　转运体的影响　　/ 109

9.4　外排转运体　　/ 113

9.5　摄取转运体　　/ 120

思考题　　/ 130

参考文献　　/ 131

第 10 章
血脑屏障

10.1　引言　　/ 135

10.2　脑内暴露的基本原理　　/ 135

10.3　药物脑内暴露对药效和药物开发的影响　　/ 141

10.4　药物结构与被动跨细胞 BBB 渗透性的关系　　/ 144

10.5　改善 BBB 渗透性的结构修饰策略　　/ 145

10.6　药物脑内暴露的实际应用　　/ 148

思考题　　/ 151

参考文献　　/ 152

第 11 章
代谢稳定性

11.1　引言　　/ 155

11.2　代谢稳定性的基本原理　　/ 156

11.3　代谢稳定性的影响　　/ 160

11.4　提高Ⅰ相代谢中 CYP 酶系代谢稳定性的结构修饰策略　　/ 162

11.5　Ⅱ相代谢稳定性的结构修饰策略　　/ 168

11.6　代谢稳定性数据的应用　　/ 170

11.7　手性对代谢稳定性的影响　　/ 173

11.8　CYP 同工酶的底物特异性　　/ 174

11.9　醛氧化酶　　/ 177

思考题　　/ 180

参考文献　　/ 181

第 12 章
血浆稳定性

12.1　引言　　/ 185

12.2　血浆稳定性基本原理　　/ 185

12.3　药物血浆不稳定性的影响　　/ 186

12.4　提高药物血浆稳定性的结构修饰策略　　/ 188

12.5　血浆稳定性研究策略　　/ 190

思考题　　/ 194

参考文献　　/ 194

第 13 章
溶液稳定性

13.1　引言　　/ 197

13.2　溶液稳定性的基本原理　　/ 197

13.3　溶液不稳定性的影响　　/ 199

13.4　溶液稳定性的案例研究　　/ 200

13.5　提高溶液稳定性的结构修饰策略　　/ 202

13.6　溶液稳定性在药物发现中的应用　　/ 205

思考题　　/ 206

参考文献　　/ 206

第 14 章
血浆和组织结合

14.1　引言　　/ 209

14.2　药物在血浆中的结合　　/ 209

14.3　药物在组织中的结合　　/ 212

14.4　游离药物假说　　/ 212

14.5　与药物结合有关的口服药物的药代动力学原理　　/ 213

14.6　f_u 的有效应用　　/ 214

14.7　对 PPB 的误解和无效策略　　/ 214

14.8　与 PPB 和组织结合有关的最佳实践　　/ 216

思考题 / 218

参考文献 / 218

第 15 章
细胞色素 P450 抑制

15.1 引言 / 221

15.2 CYP 抑制的基础知识 / 221

15.3 CYP 抑制作用 / 225

15.4 CYP 抑制案例研究 / 227

15.5 减弱 CYP 抑制的结构修饰策略 / 230

15.6 其他药物相互作用 / 231

15.7 药物相互作用的监管指南 / 232

15.8 CYP 抑制的应用 / 232

思考题 / 232

参考文献 / 233

第 16 章
hERG 钾通道的阻断

16.1 引言 / 235

16.2 hERG 基础知识 / 236

16.3 hERG 阻断效应 / 237

16.4 hERG 阻断的构效关系 / 238

16.5 hERG 的结构修饰策略 / 239

16.6 hERG 阻断评估的应用 / 241

思考题 / 241

参考文献 / 242

第 17 章
毒性

17.1 引言 / 243

17.2 毒性的基本概念 / 243

17.3 毒性作用的分类 / 245

17.4 毒性作用的实例 / 248

17.5 体内毒性 / 251

17.6 药物发现中毒性研究的案例 / 251

17.7 药物发现中化合物的脱靶毒性规则 / 252

17.8 药物发现中化合物的 c_{max} 与体内毒性的关系 / 252

17.9 提高安全性的结构修饰策略 / 252

思考题 / 254

参考文献 / 255

第 18 章
结构鉴定与纯度

18.1 引言　　/ 257

18.2 结构鉴定和纯度分析的基本原理　　/ 257

18.3 结构真实性和纯度的影响　　/ 257

18.4 结构鉴定和纯度分析的应用　　/ 258

思考题　　/ 259

参考文献　　/ 259

第 19 章
药代动力学

19.1 引言　　/ 261

19.2 药代动力学参数　　/ 262

19.3 组织浓度　　/ 269

19.4 药代动力学数据在药物发现中的应用　　/ 269

19.5 药代动力学与药效学的关系　　/ 274

19.6 药代动力学的应用　　/ 274

思考题　　/ 275

参考文献　　/ 275

第 20 章
先导化合物的性质

20.1 引言　　/ 277

20.2 先导化合物的性质　　/ 277

20.3 模板性质的保留　　/ 278

20.4 苗头化合物的性质分类　　/ 279

20.5 基于片段的筛选　　/ 280

20.6 配体的亲脂性效率　　/ 281

20.7 结论　　/ 282

思考题　　/ 282

参考文献　　/ 283

第 21 章
药物发现中的类药性整合策略

21.1 引言　　/ 285

21.2 尽早开展类药性评估以确定先导化合物及其结构改造计划　　/ 285

21.3 快速评估所有新化合物的类药性　　/ 286

21.4 构性关系研究　　/ 286

21.5 生物活性与类药性的平行优化　　/ 286

21.6 通过单项性质评估以进行特定结构修饰　　/ 287

21.7　通过复杂的性质测试进行决策和人为建模　／287
21.8　应用类药性数据改善生物实验　／287
21.9　通过定制的测试解答特定的研究疑问　／287
21.10　药代动力学研究不充分的根本原因　／288
21.11　使用人源材料进行体外测试以预测体内性质　／288
思考题　／288
参考文献　／288

第 22 章
评估类药性的方法：一般概念

22.1　引言　／289
22.2　熟悉 ADMET 测试及与 ADMET 专家协作的重要性　／289
22.3　选择关键性质进行评估　／289
22.4　使用具有相关性的检测条件　／289
22.5　性质数据的易得性　／290
22.6　成本效益比的评估　／290
22.7　采用经过良好验证的分析测试　／291
思考题　／291
参考文献　／291

第 23 章
亲脂性研究方法

23.1　亲脂性的计算机预测方法　／293
23.2　亲脂性的测试方法　／296
23.3　深入的亲脂性测定方法　／298
思考题　／299
参考文献　／300

第 24 章
pK_a 研究方法

24.1　pK_a 基本原理　／303
24.2　pK_a 的计算机预测方法　／303
24.3　pK_a 测试的实验方法　／305
思考题　／308
参考文献　／308

第 25 章
溶解度研究方法

25.1　引言　／311
25.2　溶解度的计算预测　／311

25.3 溶解度预测软件 / 312
25.4 动力学溶解度测定方法 / 312
25.5 热力学溶解度测定方法 / 316
25.6 溶解度测定的个性化方法 / 318
25.7 溶出度的测定 / 319
25.8 DMSO 中的溶解度 / 319
25.9 商业化 CRO 实验室提供的溶解度测定方法 / 319
25.10 溶解度测定策略 / 320
思考题 / 320
参考文献 / 321

第 26 章
渗透性研究方法

26.1 引言 / 323
26.2 渗透性的计算机预测 / 323
26.3 体外渗透性测试方法 / 324
26.4 渗透性的深度测试方法 / 332
26.5 渗透性在药物发现中的应用 / 333
思考题 / 334
参考文献 / 334

第 27 章
转运体研究方法

27.1 引言 / 339
27.2 转运体的计算机预测方法 / 339
27.3 体外转运体测试方法 / 340
27.4 转运体的体内测试方法 / 347
思考题 / 348
参考文献 / 348

第 28 章
血脑屏障研究方法

28.1 引言 / 351
28.2 BBB 渗透性的测试方法 / 351
28.3 药物脑内结合和分布的测试方法 / 361
28.4 BBB 渗透性和脑内分布测试方法的应用 / 367
思考题 / 367
参考文献 / 368

第 29 章
代谢稳定性研究方法

29.1 引言 / 373

29.2 代谢稳定性测定方法 / 373

29.3 代谢稳定性的软件预测方法 / 374

29.4 体外代谢稳定性测试方法 / 374

思考题 / 387

参考文献 / 387

第 30 章
血浆稳定性研究方法

30.1 引言 / 391

30.2 药物体外血浆稳定性的一般测试方法 / 391

30.3 体外血浆稳定性的低通量测试方法 / 392

30.4 体外血浆稳定性的高通量测试方法 / 393

30.5 血浆降解产物的结构解析 / 395

30.6 测试血浆稳定性的研究策略 / 395

思考题 / 396

参考文献 / 396

第 31 章
溶液稳定性研究方法

31.1 引言 / 399

31.2 溶液稳定性的测试方法 / 399

31.3 生物测试介质中的溶液稳定性研究方法 / 401

31.4 文献中 pH 溶液稳定性的研究方法示例 / 402

31.5 模拟胃肠液中的稳定性研究方法 / 402

31.6 鉴定溶液稳定性实验中的降解产物 / 403

31.7 深入评价药物发现后期的溶液稳定性 / 404

31.8 溶液稳定性评估策略 / 405

思考题 / 405

参考文献 / 406

第 32 章
CYP 抑制方法

32.1 引言 / 407

32.2 计算机模拟 CYP 抑制的方法 / 407

32.3 体外可逆 CYP 抑制研究方法 / 408

32.4 体外不可逆 CYP 抑制检测方法 / 413

32.5　CYP 抑制方法的应用　/ 417

思考题　/ 418

参考文献　/ 418

第 33 章
血浆和组织结合的研究方法

33.1　引言　/ 421

33.2　血浆蛋白结合的计算机预测方法　/ 421

33.3　血浆蛋白结合的体外研究方法　/ 422

33.4　红细胞结合　/ 425

33.5　可提供蛋白结合率测试服务的合约实验室　/ 425

思考题　/ 426

参考文献　/ 426

第 34 章
hERG 研究方法

34.1　引言　/ 429

34.2　hERG 阻断的计算机预测方法　/ 429

34.3　体外 hERG 研究方法　/ 431

34.4　离体 hERG 阻断的测试方法　/ 436

34.5　hERG 阻断的体内测定——心电遥测技术　/ 436

34.6　hERG 阻断研究在药物发现中的应用　/ 437

思考题　/ 437

参考文献　/ 437

第 35 章
毒性研究方法

35.1　引言　/ 439

35.2　计算机模拟毒性预测方法　/ 440

35.3　体外毒性研究方法　/ 441

35.4　体内毒性研究方法　/ 448

思考题　/ 450

参考文献　/ 450

第 36 章
结构鉴定和纯度分析研究方法

36.1　引言　/ 453

36.2　用于结构鉴定和纯度分析的样品　/ 454

36.3　结构鉴定和纯度分析方法的要求　/ 454

36.4　结构鉴定和纯度分析方法的流程　/ 455

36.5　阴性鉴定分析的跟踪　/ 458

36.6　通用高通量结构鉴定和纯度分析方法示例　/ 458

36.7　结构鉴定和纯度分析的案例研究　/ 459

思考题　/ 460

参考文献　/ 460

第 37 章
药代动力学研究方法

37.1　引言　/ 463

37.2　药代动力学研究的剂量　/ 463

37.3　药代动力学研究中的采样和样品制备　/ 464

37.4　LC/MS/MS 分析　/ 465

37.5　高级药代动力学研究　/ 466

37.6　药代动力学数据示例　/ 466

37.7　组织渗透　/ 468

37.8　血浆或组织中游离药物的浓度　/ 468

37.9　CRO 实验室　/ 468

思考题　/ 468

参考文献　/ 469

第 38 章
药代动力学性质的诊断和改善

38.1　引言　/ 471

38.2　基于药代动力学表现诊断潜在的性质局限性　/ 472

38.3　药代动力学不良性能诊断的案例研究　/ 474

思考题　/ 477

参考文献　/ 478

第 39 章
前药

39.1　引言　/ 479

39.2　根据不同的 ADME 过程和给药途径调整前药设计　/ 480

39.3　通过前药策略改善溶解度　/ 481

39.4　通过前药策略增强被动渗透性　/ 483

39.5　通过转运体介导的前药策略增强肠道吸收　/ 486

39.6　借助前药策略抑制代谢　/ 488

39.7　靶向特定组织的前药　/ 488

39.8　软药　/ 489

思考题　/ 489

参考文献　/ 490

第 40 章
药物性质对生物测试的影响

40.1 引言　/ 491

40.2 化合物不溶于 DMSO 的影响　/ 493

40.3 DMSO 低溶解度的解决策略　/ 494

40.4 缓冲水溶液低溶解度的影响　/ 494

40.5 缓冲水溶液低溶解度的解决策略　/ 496

思考题　/ 499

参考文献　/ 499

第 41 章
制剂

41.1 引言　/ 503

41.2 给药途径　/ 503

41.3 药效导向的给药途径选择　/ 505

41.4 制剂设计策略　/ 506

41.5 药物发现中制剂的实用指南　/ 512

思考题　/ 514

参考文献　/ 514

附件 1
参考答案　/ 517

附件 2
主要参考书　/ 535

附件 3
名词解释　/ 537

第 1 章

引言

1.1 药物发现中的类药性

药物的性质主要包括其结构、物理化学、生物化学、药代动力学（pharmacokinetic，PK）和毒性方面的性质和特征。显然，合适的药物性质参数有助于新药的发现。类药性（drug-like properties）的概念已经发展了多年，一篇讨论药物优良性质的文章曾指出：

"类药物质的定义是指具有可以完全接受的 ADME 和毒性特性，且可以顺利通过人体 I 期临床试验的物质。"[1]

ADME（absorption，distribution，metabolism，and excretion）是指药物的吸收、分布、代谢和排泄过程，决定了药物的药代动力学性质。I 期临床试验的主要目的就是确定药物的安全性和药代动力学性质。因此，"类药性"是大多数上市药物所共有的性质特征。

就传统意义而言，药物的性质是药物开发的重中之重。但是，自 20 世纪 90 年代起，优化临床候选药物类药性的重任就落在药物发现科学家的肩上。也曾有人指出：

"……类药性是……分子的固有性质，药物化学家的职责不仅是优化这些分子的药理活性，还需要优化其类药性。"[2]

药物性质的研究是药物发现中不可或缺的部分。在药物发现的早期阶段，药物性质研究用于筛选获得"苗头化合物"，以作为研发新临床候选药物的起点。相关研究往往是专注于某一特定的化学空间，以发掘具有优异药代动力学性质和安全性的"苗头化合物"，提高新药研发的成功率。在药物发现的后期，药物的性质在研究构性关系（structure-property relationships，SPR）方面同样发挥着举足轻重的作用，有助于指导结构修饰以优化化合物的性质、分析药代动力学性质和安全性不佳的原因、优化和解释生物筛选测试，以及建立前瞻性模型来研究化合物在人体内的药代动力学性质及其与药效学（pharmacodynamic，PD）之间的关系。药物化学家在优化化合物类药性的同时，也在平行优化其生物活性、选择性及结构的新颖性。这一优化过程主要通过对新化合物进行反复的结构改造和生物活性测试来实现。

随着药物发现科学家对药代动力学和毒理学研究领域的不断扩展，人们对药物性质及其对候选药物复杂影响的理解也在不断深化。早期单纯对亲脂性、分子量和氢键的关注点已逐步扩展到化合物更加复杂的性质，如溶解度、渗透性、代谢酶和转运蛋白等。早期的类药性概念范围已发展到对多项参数的优化[3]、药代动力学/药效学建模[4]和基于生理学的药代动力学（physiologically based pharmacokinetic，PBPK）研究[5]。新药研发科学家对多学科的平行与交叉研究也反映了药物发现各个方面的复杂性。研究的目标是通过复杂的同步研究将这些学科有机地整合在一起，优化得到可平衡药效、选择性、药代动力学和安全性等多方面关系的临床候选药物[6]。

药代动力学和安全性在药物发现过程中发挥了根本作用，有关药物通过 II 期临床试验的"三个生存支柱"的概念能够充分体现这一点[7]。这些支柱包括：

"……暴露于作用靶点的基本药代动力学/药效学原理、与作用靶点的结合，以及药理活性的发挥……"

药物的性质主要关注于第一个支柱，即药物在作用靶点部位的暴露。因此，该领域已经不是单纯对药物一般性质的研究，而是已经成功发展到对影响人体药代动力学、安全性和临床疗效的复杂物理化学和生物化学的精细研究。

1.2 本书的目的

在没有足够信息资料的情况下，各种药物性质、术语和测试方法可能会使从事药物发现的科学家和学生无从选择，不知所措。很多有关药物性质的文章读起来也令人生畏，因为它们完全是从药学、药物代谢或药代动力学专家的角度来撰写，里面包含了大量从事药物发现人员晦涩难懂的细节和数学公式。而本书可以作为药物化学家、生物学家、药理学家和学生的实用指南，书中包含了丰富的背景知识介绍和案例分析，可以为制定实验计划、理解复杂数据和做出明智选择等新药研发的诸多方面提供指导和帮助。

本书还为药物性质研究提供了丰富的方法。首先，书中描述了药物分子经给药进入体内后与体内环境的相互作用，以了解为什么药物的性质会限制药物暴露于其治疗靶点。接下来，本书从以下方面探讨了相关的重要药物性质（图1.1）。

① 每种性质的基本原理；
② 每种性质对药代动力学、安全性和生物学实验的影响；
③ 有关结构如何影响药物性质的SPR案例研究；
④ 指导生物活性优化的结构改造策略；
⑤ 利用各项性质获得高质量临床候选药物的策略；
⑥ 药物性质对体外和体内生物学测试的影响；
⑦ 准确测定各种性质参数的方法和应用。

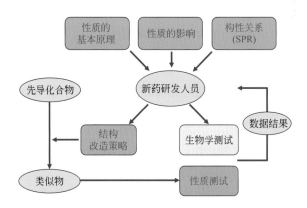

图1.1 本书为从事新药研发的科学家和学生提供了有力的指导，帮助大家更好地理解药物性质的基本原理、影响及构性关系。并系统介绍了用于优化生物活性的结构改造策略，以及相关性质测定的方法和对数据的理解，有助于研发人员更好地开展新药研发项目

以上内容将成为新药研发人员的利刃，帮助他们更好、更高效地进行先导化合物的筛选与优化，以及更好地开展各项药物发现相关的生物学和药理学实验。

图1.1详细说明了全书的架构与框架。本书以最少的数学描述来介绍性质相关的概念，并着重于其实际应用。此外，书中还讨论了药物性质在判断不良药代动力学性质、设计前药及体内给

药制剂等方面的特殊应用。药物发现涉及方方面面，必须对诸多因素进行有效且精细的整合和平衡，借助于对药物性质的理解与把控，最终获得优异的候选药物应用于临床研究。

（白仁仁）

思考题

（1）"类药物质"的定义是什么？
（2）药物发现过程中先导化合物的优化主要包含哪两个方面？
（3）对化合物性质的了解如何为从事药物发现的生物学家提供帮助？
（4）化合物的性质会影响到以下哪些选项？
　　（a）药代动力学；（b）生物利用度；（c）IC_{50}；（d）安全性。

参考文献

[1] C.A. Lipinski, Drug-like properties and the causes of poor solubility and poor permeability, J. Pharmacol. Toxicol. Methods 44 (2000) 235-249.
[2] R.T. Borchardt, Scientific, educational and communication issues associated with integrating and applying drug-like properties in drug discovery, In: R.T. Borchardt, E.H. Kerns, C.A. Lipinski, D.R. Thakker, B. Wang (Eds.), Pharmaceutical Profiling in Drug Discovery for Lead Selection, AAPS Press, Arlington, 2004.
[3] T.T. Wager, X. Hou, R.R. Verhoest, A. Villalobos, Moving beyond rules: The development of a central nervous system multiparameter optimization (CNS MPO) approach to enable alignment of druglike properties, ACS Chem. Neurosci. 1 (2010) 435-449.
[4] J. Gabrielsson, A.R.J. Green, Quantitative pharmacology or pharmacokinetic pharmacodynamic integration should be a vital component in integrative pharmacology, J. Pharmacol. Exp. Ther. 331 (2009) 767-774.
[5] M. Rowland, C. Peck, G. Tucker, Physiologically-based pharmacokinetics in drug development and regulatory science, Annu. Rev. Pharmacol. Toxicol. 51 (2011) 45-73.
[6] D. Li, E.H. Kerns, G.T. Carter, Drug-like property concepts in pharmaceutical design, Curr. Pharm. Des. 15 (2009) 2184-2194.
[7] P. Morgan, P.H. Van Der Graaf, J. Arrowsmith, D.E. Feltner, K.S. Drummond, C.D. Wegner, S.D.A. Street, Can the flow of medicines be improved? Fundamental pharmacokinetic and pharmacological principles toward improving phase II survival, Drug. Discov. Today 17 (2012) 419-424.

第 2 章

药物性质评估及良好类药性的优势

2.1 引言

随着新的理论知识、方法、技术和策略的陆续引入，药物研发也在不断地向前发展，并呈现出新的趋势，例如：
- 先导化合物的筛选已从体内生物系统的直接测试转变为体外高通量筛选和计算虚拟筛选；
- 苗头化合物的结构优化已从基于天然产物和天然配体转变为基于涵盖更广阔化学空间且包含多样性结构的大型化合物库；
- 化合物设计已从单纯基于构效关系（structure-activity relationship，SAR）信息发展到结合靶蛋白 X 射线晶体学、核磁共振研究和计算模型；
- 先导化合物的结构优化已从传统的单一合成转变为多种类似物的平行合成；
- 传统的连续实验筛选已转变为诸如通过机器人在微孔板中进行自动化测试的平行实验。

为了提高速度、效率和质量，确保成功，药物研发也在不断地进行自我评估和改进。药代动力学（PK）及安全性的评估和优化是药物开发的另一个领域，它为提高药物发现的成功率提供了重要机会。本书侧重于对药代动力学和安全性的基础知识、方法和策略展开介绍，以及如何通过优化结构以改善这些性质。本章主要讨论药代动力学和安全性优化的优势。

2.2 候选药物性质优化的主要方面

化合物的许多属性会影响其药代动力学和安全性，而随着化学结构类型的变换，其性质也会发生相应的改变。可以按照属性将化合物的性质归纳为以下几类：
- 结构性质
  - 亲脂性（lipophilicity）；
  - 拓扑极性表面积（topological polar surface area，TPSA）；
  - 氢键受体和供体（hydrogen bond acceptors and donors，HBA and HBD）；
  - 电离常数（ionization constant）；
  - 分子量（molecular weight，MW）；
  - 三维形状（3-dimensional shape）；
  - 反应性（reactivity）。
- 理化性质

- 溶解度（solubility）；
- 渗透性（permeability）；
- 化学稳定性（chemical stability）。
- 生化性质
  - 代谢稳定性（metabolic stability）；
  - 转运蛋白（transporters）；
  - 血脑屏障（blood-brain barrier，BBB）；
  - 血浆稳定性（plasma stability）。
- 安全性
  - 药物相互作用（drug-drug interaction，DDI，如代谢酶、转运蛋白的影响）；
  - 活性代谢产物（reactive metabolite）；
  - 二级药理学（secondary pharmacology）；
  - hERG（human ether-à-go-go-related gene）阻断引起心室纤颤；
  - 致突变性（mutagenicity）；
  - 致畸性（teratogenicity）；
  - 细胞毒性（cytotoxicity）。
- 药代动力学性质
  - 清除率（clearance，CL）；
  - 分布容积（volume of distribution，V_d）；
  - 曲线下的面积（area under the curve，AUC）；
  - 半衰期（half-life，$t_{1/2}$）；
  - 生物利用度（bioavailability，F）。

化学结构决定了结构相关的性质（图 2.1）。当与物理环境相互作用时，化合物会表现出物理化学方面的性质（如溶解度）；当与蛋白相互作用时，化合物会表现出相应的生物化学性质（如代谢）；而生命系统的物理化学和生物化学环境之间的相互作用最终决定了化合物的药代动力学性质和毒性。

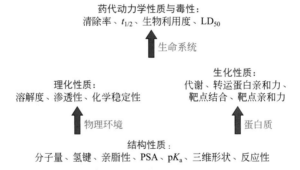

图 2.1 化合物的化学结构决定了其固有的结构性质

当化合物分子与物理环境及大分子环境相互作用时，化学结构又进一步决定了其理化和生化性质，这些性质最终决定了化合物的体内药代动力学性质和安全性

药物发现科学家需要兼顾这些性质和活性。可以通过研究构性关系（SPR）来确定某一系列化合物的结构与性质的关系，就同研究构效关系（SAR）一样，即通过结构设计和改造以优化化合物的药代动力学性质和安全性。接下来需要对优化所得的结构类似物进行新一轮的活性评估，

以确定所关注的性质是否得到有效的改善，同时保持其他性质及充足的活性。

2.3 药物发现与开发过程简介

在探索性质如何影响候选药物之前，本章首先简要回顾药物发现与开发的过程。在药物发现阶段，通过一系列的筛选获得了候选药物（图2.2）。然后，候选药物将进入临床研究阶段。如果得到监管机构［例如，美国食品药品管理局（Food and Drug Administration，FDA）、欧洲药品管理局（European Medicines Agency，EMA）］的批准，候选药物将成功上市用于疾病的治疗。图2.2中列举了每个阶段所包含的具体研究内容。本书内容侧重于药物的发现阶段。随着药物发现进入后期，对化合物类药性的要求也越来越苛刻。因此，在药物发现过程中预见这些要求十分有必要，以筛选出具有最大成功机会的候选药物进行后期的开发。

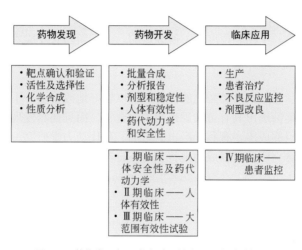

图2.2 药物发现与开发各阶段的主要研究内容概述

图2.3更详细地描述了药物发现的全过程。通常，随着研发进程的不断迈进，研究的深度不断加深，研究的标准也愈加严格。在药物发现筛选过程的最初阶段，会形成一个广阔的网络，以

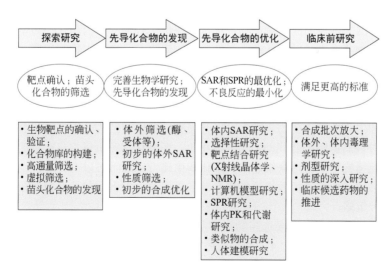

图2.3 药物发现的各个阶段及其研究内容和研究目标

探索各种药效团的化学结构空间。然后，逐渐缩小可能的范围，并从中选择部分结构骨架（结构模板、化学系列）作为先导化合物。在先导化合物的优化阶段，主要是对这些结构进行修饰以研究其 SAR，而 SAR 的研究可以称为现代药物发现的基石。最后，研究获得的候选药物进入深入的临床前研究，以确定其是否满足开展后期临床研究的要求。

2.4 良好类药性的优势

2.4.1 降低开发成本

在许多药物发现的早期历史中，研究重点是发现全新的活性化合物。而诸如药代动力学、毒性、溶解度和稳定性等问题往往是在药物开发阶段才得以解决。1988 年，一篇关于药物开发失败原因的重要文章揭示了一个惊人的问题[1]，即在新药开发失败的所有原因中，约有 39% 是由于不良的类药性（药代动力学、生物利用度等）所导致的。由于新药开发成本高昂，研究的失败给制药公司造成了重大的经济损失。此外，由于倾注多年心血的新药发现与开发工作化为乌有，大大推迟了新药上市的进程。

在药物发现过程的后期加大对类药性的评估，可以较好地改善这一不利状况。此阶段不仅不需要采用苛刻的方法就能筛选出具有可接受性质的化合物，而且药物发现中的性质评估还可以有效降低药物开发过程的巨额成本，有利于产出的增加。药代动力学研究一般是在药物发现晚期和药物开发的早期开展，这一研究可以成功地将具有不良类药性的候选药物淘汰，有效减少无意义的研发投入。

2.4.2 更高效的药物发现

对药物发现后期候选化合物的类药性进行评价，可有效缩减新药开发的成本，但也凸显了新药发现阶段的另一个需求。由于性质欠佳而未能在后期药物发现中成功获得候选化合物，会给药物发现带来沉重的负担。药物发现后期的失败意味着必须重新开始，这也导致研发项目无论是在时间上还是财力上都蒙受了巨大的损失。因此，在药物发现的早期就应启动对候选化合物进行性质筛选，以减少此类损失。在制药公司中，可以通过多种方法以实现这一目标。第一种策略是在药物发现早期即开展大规模的高通量动物筛选，以评价化合物的体内药代动力学性质，主要通过实验预测候选化合物的体内关键药代动力学性质，如清除率、口服生物利用度、暴露量等。第二种策略是开展大规模的体外高通量筛选实验。实验中主要是测试决定药代动力学性质的基本理化和生化性质，如溶解度、渗透性和代谢稳定性。体外研究与体内药代动力学研究相比，每个受试化合物所需的资源和动物数更少，因此，可以通过体外测试评估更多的化合物。此外，基于体外方法测试的理化和生化性质，药物化学家可以开展有针对性的结构改造来对化合物的性质进行优化[2～4]。与受多种性质影响的药代动力学参数相比，药物化学家可以将化合物的理化和生化性质与离散的化合物亚结构更紧密地联系起来。理化和生化方法通常可以有针对性地测试某一与化学结构直接关联的性质（如被动扩散渗透性等）并加以优化。大多数制药公司在药物发现过程中会同时运用以上两种策略。

随着药物发现策略的进步，候选药物在开发过程中与性质相关的失败率已从 1991 年的 39% 显著下降至 2000 年的 10%[5]。图 2.4 表明制药公司已经成功地改善了候选药物的生物药物的性质。2000 年的研究还表明，其他对于诸如毒性、剂型等因素的改善仍然面临着艰巨的挑战。

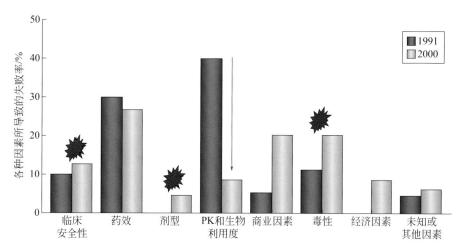

图 2.4　由于药代动力学和生物利用度原因所导致的新药开发失败率在 1991 和 2000 年间显著下降，但毒性、临床安全性和剂型仍然是药物类药性的关键问题[5]

经 Kola I, Landis J. Opinion: Can the pharmaceutical industry reduce attrition rates? Nat Rev Drug Discov, 2004, 3: 711-716 许可转载，版权归 Macmillan Publishers Ltd. 所有

2.4.3　更高效的药物开发

药物发现过程中尽早终止具有不良性质候选药物的开发，可以降低药物开发的失败率，却使一些处在类药性阈值边缘的候选药物仍处于开发过程中。即便这些候选药物不会在药物开发中失败，也会由于增加了开发的时间和经济成本而导致开发效率显著降低。例如，对于溶解度和稳定性较差的候选药物，通常需要更长的开发时间，消耗更多的资源。虽然复杂的配方也可以改善溶解度、溶解速率和化合物稳定性，但是这些化合物在制剂开发、稳定性测试和溶出度研究过程中需要克服更多的困难。当然，药物发现科学家可以将这一负担转嫁给药物开发科学家，由他们来研究复杂的配方。然而，只有具有重要创新意义的药物才会采用这一策略。而对于其他药物而言，这些亡羊补牢的策略不是首选，因为这可能会给药物开发带来经济和时间上的负担，并延迟新药的上市。

正所谓"时间就是效益"。对于一个第一年销售额可达数亿美元的新药，在药物发现或开发阶段每延迟一周，就有可能造成（500～1000）万美元的损失。此外，对于已申请的相关专利，专利持有公司的专利独占期也会相应地缩短一周。因此，出于经济方面的考虑，也对候选药物质量提出了更高要求。

大多数情况下，在药物发现阶段即启动候选化合物的类药性（如溶解度、稳定性和渗透性）的优化是更加可取的。当然，这一优化是通过对化合物结构的改造而实现的，往往是针对 SAR 研究中对治疗靶点活性影响不大的不关键结构位点。有时，由于配体与靶点结合的特殊结构要求，限制了开展性质改善的结构修饰。在这种情况下，药物发现的研究人员必须确定候选药物是否仍具有后续开发的潜力。毋庸置疑，药物发现阶段的首要目标就是筛选出在各个方面都表现出良好性质的高质量候选药物，来确保后续开发的成功率。

2.4.4　更高的患者依从性

类药性差的另一个结果是患者将不得不承担更大的负担。例如，如果药物吸收不良，则可能需要更高的剂量才能发挥治疗效果，这也提高了用药成本。此外，给药方案可能需要从口服改为静脉给药，这也给患者造成诸多不便。如果药物代谢不稳定，体内半衰期短，则需要更频繁地给药。而对于剂量很高或者给药过于频繁的药物，患者的依从性也会相应下降。每日口服1次的固体剂型是药物的首选。同样，如果药物安全性较差，则患者必须忍受不愉快甚至是不健康的副作用。一段时间后，患者可能会停止服用该药物。制药公司和学术实验室在挽救患者及提高其生活质量方面有着坚定的承诺和使命，因此，必须坚持以患者为中心，患者的需求、利益和负担始终是首要的关注点。

如果重新审视目前临床上应用的药物，并对其类药性进行评估，会发现有一些药物的类药性较差（如给药频率和剂量过高、副作用大等），按照今天的标准是不可能成为药物的。事实确实如此，如今的监管机构根据现有的标准是不会批准这些药物上市的。毫无疑问的是，早期的性质评估和优化为候选药物类药性的改善提供了修正的机会，在保持原有药效的前提下，有助于研发出性质更优异的结构类似物。依照这一研究策略，更好的药物可能会更早地上市，患者也会因此而受益。

2.4.5　改进药物发现中的生物学研究

除影响到药物的开发进程外，不良的性质还可能引起药物发现期间的其他问题。药物发现过程中一旦获得化合物的各项性质数据，除PK之外的其他性质研究的价值便会逐渐显现。药物发现项目团队可能会遇到一些无法解释的问题，而很多问题都是由于类药性不佳所导致的[2,6,7]。类药性的优化可获得有效作用于体内靶点的化合物。同样，在生物测试中，类药性的优化有助于获得有效作用于体外靶点蛋白的化合物。不良类药性会对药物发现中的生物学研究质量带来不利的影响，以下列举了部分实例：

- 由于受试化合物在生物检测介质中或检测前的稀释液中的溶解度较低，可能会在测试时析出，导致体外生物测试的生物活性响应低或结果不一致。
- 化合物在生物测试基质中的化学不稳定性可能导致生物活性降低。
- 当活性测试从酶或受体水平过渡到细胞测试时，如果化合物在细胞实验中的溶解度或稳定性相对于酶活实验偏低，或者因为化合物透过细胞膜的渗透性较差，不能到达细胞内的靶点，都可能导致测试活性的下降。
- 如果化合物不溶于二甲基亚砜（dimethyl sulfoxide，DMSO）或在其溶液中不稳定，或在经历多次冻融循环及暴露于各种理化条件下，都可能会对活性测试带来影响。
- 由于血脑屏障的渗透性差，中枢神经系统药物的体内功效可能不如预期。
- 由于药代动力学性质不佳、生物利用度偏低或血液中不稳定性等原因引起血浆或靶组织中游离药物的浓度偏低，进而影响到体内药效的发挥。

如果药物发现阶段的研究人员不了解以上影响，或者未能设计相关的实验对化合物的性质进行筛选，候选化合物的性质缺陷可能最终未被及时发现。在生物学实验中，不良的性质还会限制化合物与目标蛋白的结合。这种性质造成的假象如果被误认为是真实的情况，就会获得错误的SAR，从而使真正有价值的药效团被忽略。考虑到化合物的不良性质可能对生物测试带来潜在的影响，因此生物测试必须在更适宜的条件下进行，以获取准确的生物学数据并发现真正的活性药效团。进一步的结构优化也可以改善类药性的缺陷。

2.4.6　促进药物开发中的合作

药物开发离不开良好的合作关系，药物发现团队与药物开发团队之间需要密切的协助、配合，才能有效利用宝贵的资源，最终研发出临床候选药物。一般情况是，候选药物的发现由较小的组织机构完成（例如，生物技术公司、学术实验室、政府机构和非营利组织），然后将其转让、授权给拥有完备开发资源的大型制药公司。在对候选药物的严格评估过程中，药代动力学和安全性是需要仔细评估的重要因素。因此，对于这些小规模的药物发现机构而言，确保候选药物具有优异的药代动力学性质和安全性，是获得可观经济回报的重要保证。而对于大型制药公司而言，药物开发部门可以在公司内部团队和外部药物发现机构之间进行考量，以选择最具潜力的临床候选药物。如果公司内部团队已经研发出具有良好药代动力学性质和安全性的候选药物，那么这种合作关系是最为紧密的。

2.4.7 人体建模和临床计划

基于计算机模型的人体药代动力学和安全性预测，对制定候选药物人体临床试验计划的价值被广泛认可。当然，高质量预测模型的构建需要大量的候选药物性质信息和相关数据。

2.4.8 性质与活性的平衡

如果药物发现项目仅专注于化合物与靶点蛋白的体外结合和 SAR，那么筛选获得的候选药物可能不具备良好的药代动力学性质或安全性。例如，候选药物可能因极性太强而无法穿透血脑屏障到达预期的 CNS 靶点；也可能因为不稳定而在首过效应中被清除；或者由于溶解度差而无法在肠道中被很好地吸收。一旦获得了纳摩尔级活性的候选化合物，就很难再回过头来重新优化化合物的类药性质，因为进行结构改造可能会破坏其对靶点结合发挥重要作用的关键药效团。

如图 2.5 所示，单纯关注生物活性，虽然获得的化合物可能与靶蛋白很好地作用，但化合物的性质缺陷可能不足以使其成为成功的药物。例如，增加的亲脂性可以增强化合物对靶点蛋白的结合力，但也会降低其溶解度和代谢稳定性。因此，只有建立活性和性质的平衡关系才可能发现有潜力的候选药物（图 2.6）。举个有趣的例子，就如同十项全能竞赛一样，参赛人要经过许多的挑战和考验，综合成绩才是决定胜利的因素，而不是单个项目的最佳表现。良好的生物活性和类药性是相辅相成的，两者都是成功的药物所必需的。不得不承认的是，最具活性或最具选择性的化合物可能最终无法成为上市药物，因为某些性质方面的缺陷会导致不良的药代动力学性质或安全性问题；反而具有中等靶点亲和力和良好药代动力学性质及安全性的化合物可能会脱颖而出，表现出更强的体内治疗活性、更好的安全窗，最终成为让患者受益的药物。

药物发现科学家面临的是来自各个方面的多重挑战。图 2.7 形象地描述了候选化合物所需要通过的层层障碍和考验[8]。面对诸多的关键因素，必须很好地调节和平衡彼此之间的关系才有可能取得成功，忽略任何一个因素都可能导致功亏一篑。

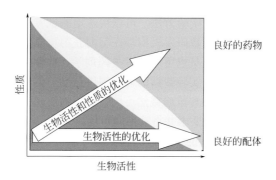

图 2.5 发现临床候选药物的策略已经从单纯关注生物活动发展到平衡生物活性与类药性之间的关系 [4]

经 Kerns E H, Di L. Pharmaceutical profiling in drug discovery. Drug Discovery Today 2003, 8: 316-323.
许可转载，版权归 2003 Elsevier 所有

图 2.6　活性与性质的平衡关系

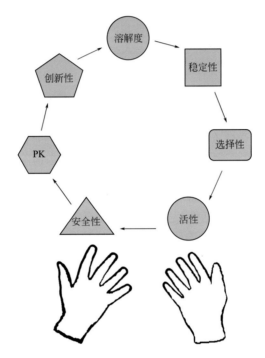

图 2.7　成功的药物发现需要同时兼顾多方面的矛盾关系

2.5　药物发现中的性质分析

及时地获取化合物的理化、代谢和安全性数据可使研发人员能够在药物发现期间系统地提高候选药物的性质。目前已经有成熟的实验方法，可以快速地测试各项数据，并与其他研究数据一同反馈给药物发现的研究人员。大多数研发机构都在努力获得可靠的实验数据，以评估新合成化合物的综合性能。药物开发的团队成员也可以对有关药剂学、代谢、毒理学、药代动力学、化学工艺和分析检测等实验方法的构建和实验数据的解释提供帮助。但是，由于研究目标和内容的差异，药物发现和药物开发采用的方法和策略截然不同[8]。药物发现发明了新的候选药物，而药物开发则是将药物满足监管部门的审批要求并将其推向市场。

后续的章节将详细讨论这些性质的具体预测和测试方法，以及 ADME 研究人员如何获得并深入地分析这些数据。药物化学家可以更好地理解和应用这些性质相关的数据，并选择合适的方法应用到后续的研究之中。

2.6 药物发现中的类药性优化

对如何在先导化合物和候选药物选择和优化中整合 ADMET 特性感兴趣的药物化学家、药物发现生物学家、药物开发从业人员和学生,本书可为其提供丰富的信息资源。

化合物的结构决定了其各方面的性质,SPR 研究有助于研究人员通过结构修饰来改善结构骨架的性质。对结构的改造修饰可以实现对性质的改善。因此,SPR 的研究策略是对传统 SAR 研究策略的补充。同理,"基于性质的药物设计"新策略也是对"基于结构的药物设计"策略的有力补充[9]。

毋庸置疑,药物发现团队需要竭尽所能去发现具有良好类药性的先导化合物,并进一步对其类药性进行优化。同时,性质优化和生物活性优化之间需要相互平衡[10,11]。良好类药性的实际优势包括以下几个方面:

- 更好地计划、执行和诠释药物发现中的实验;
- 减少了后续因解决不良类药性问题而造成药物发现的时间延迟;
- 实现更快、更经济的药物开发;
- 候选药物的风险更低,未来价值更高;
- 专利时效性(寿命)更长;
- 更好的患者接受度和依从性;
- 强烈促进药物的开发;
- 为Ⅰ期临床试验提供更准确的人体药代动力学性质和安全性预测。

(白仁仁)

思考题

(1) 药物化学家可以如何改善化合物的性质?
(2) 除了结构以外,还有哪些因素可以决定化合物的理化性质(如溶解度)和生化性质?
(3) 类药性是如何在药物发现的各个阶段(图2.3)中发挥作用的?
(4) 药物发现科学家如何对性质进行评估?
(5) 不良的类药性会对药物开发、临床应用和产品寿命造成什么样的影响?
(6) 药物的性质会对药物发现中的生物学实验带来什么样的影响?
(7) 定义并描述 SPR。
(8) 下列哪些选项是优化药物类药性的优势?
    (a) 药品质量更高;(b) 失败风险更低;(c) 药品开发速度更快,成本更低;(d) 商品成本更低;(e) 更可靠的药物发现生物学数据;(f) 更简便的合成。

参考文献

[1] R.A. Prentis, Y. Lis, S.R. Walker, Pharmaceutical innovation by the seven UK-owned pharmaceutical companies (1964-1985), Br. J. Clin. Pharmacol. 25 (1988) 387-396.
[2] L. Di, E.H. Kerns, Profiling drug-like properties in discovery research, Curr. Opin. Chem. Biol. 7 (2003) 402-408.
[3] W. Curatolo, Physical chemical properties of oral drug candidates in the discovery and exploratory development settings, Pharm. Sci. Technol. Today 1 (1998) 387-393.
[4] E.H. Kerns, L. Di, Pharmaceutical profiling in drug discovery, Drug Discov. Today 8 (2003) 316-323.
[5] I. Kola, J. Landis, Opinion: can the pharmaceutical industry reduce attrition rates? Nat. Rev. Drug Discov. 3 (2004) 711-716.
[6] C.A. Lipinski, Drug-like properties and the causes of poor solubility and poor permeability, J. Pharmacol. Toxicol. Methods 44

(2000) 235-249.

[7] C.A. Lipinski, Avoiding investment in doomed drugs, Curr. Drug Discov. 1 (2001) 17-19.

[8] S. Venkatesh, R.A. Lipper, Role of the development scientist in compound lead selection and optimization, J. Pharm. Sci. 89 (2000) 145-154.

[9] H. van de Waterbeemd, D.A. Smith, K. Beaumont, D.K. Walker, Property-based design: optimization of drug absorption and pharmacokinetics, J. Med. Chem. 44 (2001) 1313-1333.

[10] C.A. Lipinski, F. Lombardo, B.W. Dominy, P.J. Feeney, Experimental and computational approaches to estimate solubility and permeability in drug discovery and development settings, Adv. Drug. Deliv. Rev. 23 (1997) 3-25.

[11] E.H. Kerns, L. Di, Multivariate pharmaceutical profiling for drug discovery, Curr. Topics Med. Chem. 2 (2002) 87-98.

第 3 章

体内环境对药物暴露的影响

3.1 引言

体内给药后,药物分子便会与其所接触的物理化学和生物化学环境发生相互作用。由于药物具有不同的性质,这些体内环境的影响往往会降低很多药物分子对靶点的暴露速率和水平。图 3.1 可以很好地说明这一现象。由于药物分子需要克服体内环境的诸多障碍和挑战,所以达到靶点的药物分子的水平可能会下降。这些挑战包括许多不同的体内环境,如脂质双层膜、外排转运蛋白、代谢酶和溶液 pH 值等。

图 3.1 生物系统的体内环境可能限制药物在治疗靶点的暴露量[1]

经 E H Kerns, L Di. Pharmaceutical profiling in drug discovery. Drug Discovery Today, 2003, 8: 316-323 许可转载,版权归 2003 Elsevier 所有

药物分子会同时暴露于多种环境之中,有些环境靠近给药部位(如肠上皮细胞);有些位于给药部位和靶点之间(如肝代谢酶);有些靠近靶点(如血脑屏障中的外排转运蛋白);而有些则位于远离靶点的组织中。某一药物针对其治疗靶点或其他组织的药代动力学性质是各种体内环境共同作用的结果。除了靶点本身对疾病的影响外,体内的药效主要受到药物对靶点的暴露水平、范围,以及药物与体内靶点结合的时间曲线(如 IC_{50})等药代动力学性质的共同影响[2]。

药物分子在每种环境下的表现是药物性质最直接的反映,而这一性质又是由其化学结构所决定(参见第 2 章)。在药物发现过程中,药物化学家有机会对某一系列化合物的结构进行改造,在优化生物活性的同时,有针对性地改善其与体内环境的相互作用,从而优化这一系列化合物的性质。

图 2.6 形象地说明了药物活性与性质的"阴阳"关系。无论是活性还是性质方面的不足,都可能严重影响候选药物体内药效的发挥。要获得在体内有效的药物,必须平衡其活性与性质之间的关系:

① 高强度的靶点结合(通过基于活性的药物设计与 SAR 研究实现);

② 高水平的体内靶点暴露(通过基于性质的药物设计[3,4]与 SPR 研究实现)。

在本章中,我们将从药物分子的角度探讨体内环境。药物在各个器官系统及所遇到的物理化学和生物化学环境中的一系列表现，是一段引人入胜的旅程。介绍相关内容的主要目的，是为了能够在药物分子从口服给药，到向治疗靶点移动的全过程，逐一思考、研究其经历的体内环境。通过其他给药途径，药物会在相应的部位进入生命系统。给药后，药物分子会分散到整个身体内，遇到各种体内环境并与之产生相互动态作用。在一种环境中表现不佳可能会全盘否定药物在其他环境中的出色表现。例如，一种特定的药物可能具有出色的 BBB 渗透性，但是如果它吸收差或首过效应过高，则可能因为没有达到足够高的血药浓度，不足以在大脑中发挥药效。

3.2 给药方式

首先，需要考虑的是药物的给药方式和给药位置，这对药代动力学具有很大的影响。药物发现的目标是研发出具有以下优良性质的药物：

- 可口服；
- 每日 1 次；
- 固体片剂；
- 剂量低。

口服给药（oral administration，PO）药物的制造和存储成本一般比较理想，且患者依从性较高。临床医生也可能会使用其他给药方式进行某些治疗，例如，对细胞毒性抗癌药物进行静脉注射给药治疗，或在局部皮肤中缓慢释放药物等。如果药物口服后在一个或多个体内环境中的表现不佳，那么它的药代动力学性质可能很差，需要进行结构修饰或调整给药剂量。例如：

- 较短的半衰期可能需要更频繁地给药；
- 生物利用度低可能需要更高的给药剂量；
- 小肠吸收率低可能需要通过其他给药途径；
- 溶解度低可能需要其他的载体或配方。

如果口服给药不能达到足够的暴露水平，则需要另一种给药途径，如静脉注射（参见表 3.1 和 41.2 节）。但是，放弃口服给药可能会限制使用该药物的患者人群。假如药物性能未被优化实现口服给药，在药物发现过程中也会使用非口服的给药途径。制剂配方可以通过增加药物的溶解速率或溶解度来改善其吸收（参见第 41 章）。

表 3.1 给药途径

给药方式	英文及缩写	具体描述
口服给药	Oral，PO	口服吞咽或饲喂
静脉注射	Intravenous，IV	通过快速推注或连续输注直接注入静脉
皮下给药	Subcutaneous，SC	皮下注射
经皮给药	Transdermal，TD	以贴剂或其他方式通过皮肤吸收
局部给药	Topical，top	以溶液或悬浊液方式用于皮肤表面
肌内给药	Intramuscular，IM	注射入肌肉
硬膜外给药	Epidural，ED	注入下椎骨内的硬膜外腔
直肠给药	Rectal，PR	置于直肠内
鼻腔给药	Intranasal，INS	喷入鼻腔
口腔给药	Buccal，Buc	将片剂含服在面颊和牙龈之间直至溶解
舌下给药	Sublingual，SL	将片剂含服于舌下直至溶解
腹腔给药	Intraperitoneal，IP	注入腹腔腹膜内

3.3 胃部环境

在口服给药时，化合物通常会短暂地通过口腔。如果药物在口腔中停留一段时间，也可能有部分药物在口腔中被吸收。如果是口腔或舌下给药，药物将在口腔中停留较长的时间，可被口腔黏膜吸收进入到口腔毛细血管中。

在胃部（图3.2），药物分子会处于pH值较低的环境中。在禁食状态下，胃中的pH值在1～2之间，而在进食状态下，胃中的pH值在3～7之间。具有酸不稳定性的化合物可能会被水解（参见第13章）。

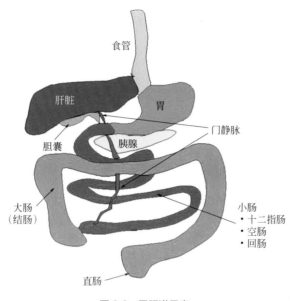

图 3.2 胃肠道示意

3.4 肠道环境

胃中内容物会被排空进入小肠的第一区域，即十二指肠。按顺序上划分，后面的区域分别被称为空肠和回肠。肠道的pH值高于胃部，空腹状态下十二指肠的pH值约为4.4，逐渐增加到回肠末端的pH 7.4～8。pH的这种变化会形成一个从胃到小肠的pH梯度。具体肠道不同区域的pH值如表3.2所示，其中滞留时间是指该区域药物的可吸收时间。

表 3.2 人体不同胃肠道区域的pH值和滞留时间

胃肠道区域	禁食情况下平均pH值	进食情况下平均pH值	滞留时间/h
胃（stomach）	1.4～2.1	3～7	0.5～1
十二指肠（duodenum）	4.4～6.6	5.2～6.2	
空肠（jejunum）	4.4～6.6	5.2～6.2	2～4
回肠（ileum）	6.8～8	6.8～8	

小肠独特的解剖学结构大大增强了药物分子的吸收，其所特有的形态特征将小肠的内表面积增加了近400倍。在小肠内表面，沿着肠腔纵向的方向存在大量上下起伏的褶皱。此外，小肠内表面向肠腔凸起约1 mm而形成的小肠绒毛（villi）也有效增加了其内表面积（图3.3）。另一个增加表

面积的形态特征是在绒毛的表面覆盖有一层上皮细胞（图3.4），而上皮细胞向肠腔凸起又形成了微绒毛（microvilli，图3.5）。微绒毛凸起伸入内腔约1 μm，形成刷状边缘。

上皮细胞层的渗透作用是药物分子吸收的关键，药物分子必须穿过该细胞膜才能进入毛细血管和随后的全身循环。而小肠上部的pH值依旧较低，一些对酸不稳定的药物仍然能继续发生水解。

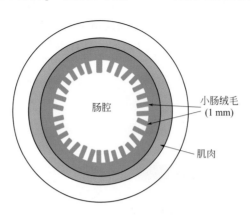

图3.3 小肠横截面示意

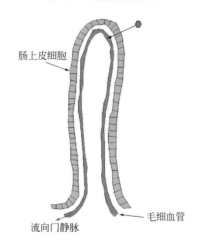

图3.4 肠道绒毛示意

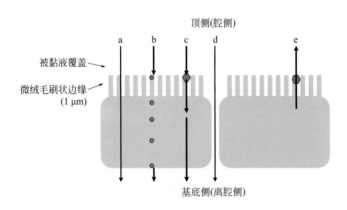

图3.5 胃肠道内皮细胞的渗透机制
（a）被动跨细胞扩散；（b）胞吞作用；（c）主动运输；（d）细胞旁路转运；（e）外排转运

3.4.1 溶出度

溶出度（dissolution rate）是单个药物分子从固体颗粒（通常是晶体）中转移到溶液中形成单个游离药物分子的速率。溶出度主要取决于晶体内分子间的作用力强弱。分子必须自由地溶解于溶液中，才能渗透通过肠道的细胞膜并被吸收。在第 7 章中将讨论影响溶出度的主要因素。可以通过减小粒度（例如，研磨固体药物活性成分或形成较小的颗粒）来提高溶出度，因为这会显著增加单位质量药物的比表面积。比表面积的增大，可以增加化合物在单位时间内被溶解的量。成盐也可以增加溶出度。一般通过筛选几种可能的平衡离子，以选择具有较高溶出度的盐。另外，也可以通过控制配方来提高溶出度。将化合物嵌入可在水性环境中破裂的赋形剂中，可使化合物颗粒或分子迅速地分散到胃和小肠上端，从而提高溶出度（参见第 41 章）。

3.4.2 溶解度

较高的溶解度可在肠黏膜上产生较高浓度的游离药物分子以供吸收。随着跨膜浓度梯度的增加，发生跨膜药物的量也随之增加。药物的溶解度在肠道的整个纵向上会发生变化，因为溶解度受溶液 pH 值和分子 pK_a 值的影响很大（参见第 7 章）。大多数碱性分子在整个胃和肠中都处于带电荷的阳离子（质子化）状态，这有利于溶解度的提高，因为带电形式比中性形式更易于溶解。而大多数酸性分子在胃和小肠上部都是中性的，因此其溶解度被限制为中性分子固有的溶解度。随着整个肠腔内 pH 值的提高，酸性化合物阴离子形式的量相对增加，使得溶解度逐渐提高。这一现象也很好地反映了肠道不同区域之间化合物溶解度的相对差异。pK_a 对溶解度的影响及其基本原理将在第 6 章中展开讨论。可通过结构修饰引入可溶性官能团（如可电离的官能团）来提高化合物的溶解度（参见第 7 章）。

3.4.3 渗透性

如图 3.5 所示，药物分子可通过几种不同的机制通过细胞膜。渗透性差，同样可能阻碍药物的肠道吸收（参见第 8 章）。与溶解度一样，渗透性也随肠道区域 pH 值和化合物 pK_a 的变化而变化。中性形式的分子比带电形式的分子具有更强的渗透性。相反的是，中性分子的溶解度低于其带电形式。因此，中性分子的渗透性和溶解度与 pH 值成反比。

被动跨细胞扩散是大多数药物的主要渗透机制。如图 3.6 所示，细胞膜是一种脂质双层结构，主要由磷脂分子组成，自组装成双层结构。其中，亲脂性的脂肪族部分位于内部，远离极性水分子，而极性磷酸酯和亲水性基团朝向水分子。发生被动扩散的药物分子需要通过细胞膜动态运动的脂质双层结构。首先，药物分子周围的水分子脱落，氢键断裂。然后，该分子穿过磷脂分子的极性头部区域，到达紧密堆积的双层脂质侧链。较大的分子（较高的分子量）不能像较小的分子那样容易地通过紧密堆积的区域[5]。具有较高亲脂性的分子通常比较低亲脂性分子更容易通过脂质双分子层，且具有更高的渗透性。最后，分子穿过磷脂双分子层内部的侧链和极性头部基团，并在双分子层的另一侧再次与水分子结合。

磷脂分子的化学结构如图 3.7 所示。其中甘油主链的一个醇羟基与磷酸基团相连，该磷酸基团再与头部基团相连。常见磷脂的头部基团实例如图 3.7 所示。其中，磷脂酰胆碱是膜结构中常见的磷脂。头部极性基团位于膜的外侧，并带有电荷。此外，膜结构中还包含其他成分，如胆固醇和跨膜蛋白（包括离子通道、转运蛋白和受体）。特定组织中的膜结构由磷脂和其他成分的特定混合物组成，每种组织的具体构成都具有一定的差异。化合物在具有不同脂质组成的不同组织中，可能具有不同的被动扩散渗透性（如胃肠道与 BBB）。

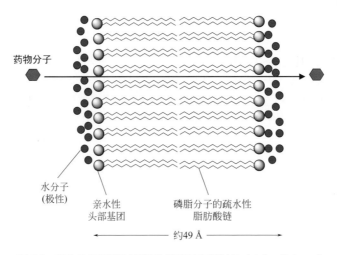

图 3.6　药物分子经被动扩散通过脂质双层膜结构（1 Å = 0.1 nm）

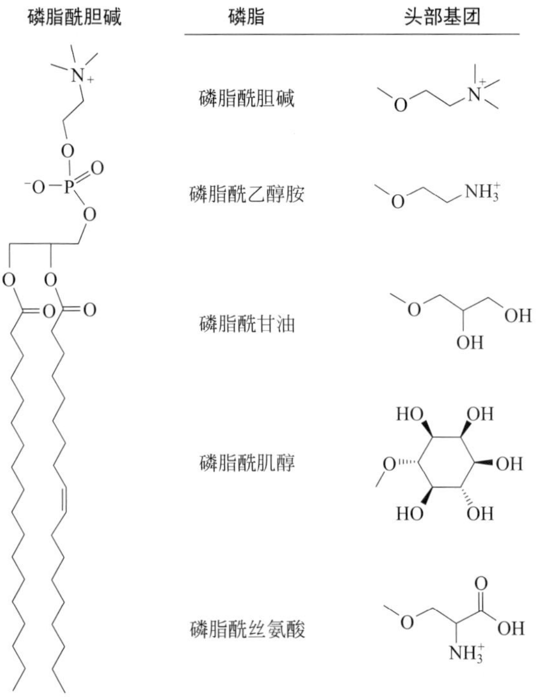

图 3.7　常见磷脂分子的化学结构

作为配体，药物分子的转运是通过膜中的转运体（transporter）进行的（参见第 9 章）。转运体大大增强了化合物（如药物、营养成分）的膜渗透性，这些分子由于极性太强而不能进行被动的跨细胞渗透。而外排转运是通过其他的膜转运蛋白进行的，这也降低了药物分子的渗透性。P-糖蛋白（P-glycoprotein，P-gp）就是众所周知的外排转运体。

细胞旁路渗透是指药物分子以穿过细胞间紧密连接间隙的方式发生渗透。在肠道中，小极性的化合物会发生细胞旁路渗透。

胞吞作用是指细胞外的分子与少量溶液被细胞膜吞噬，以囊泡的形式通过细胞膜，并在细胞膜的另一侧被释放。胞吞作用增强了某些化合物的渗透性，但并不是小分子药物跨膜的主要方式。

3.4.4 肠代谢

部分化合物会在胃肠道中发生代谢。细胞色素（cytochrome）P450 3A4 同工酶（CYP3A4）是肠上皮细胞中含量最丰富的代谢酶，该酶可以代谢多种结构的化合物。肠道代谢被认为是"首过代谢（first-pass metabolism，也称为首过效应）"的一部分。首过代谢是指药物分子在到达体内循环之前在肠道和肝脏中发生的代谢。CYP3A4 与 P-gp 具有相似的底物特异性，并且它们在功能上发挥协同作用。P-gp 可以降低肠细胞中的药物浓度，该作用甚至强于 CYP3A4 的代谢[2]。肠细胞中也存在较低水平的其他 CYP 酶和 Ⅱ 相代谢酶，例如催化葡萄糖苷酸复合物形成的 UDP- 葡萄糖醛酸糖基转移酶（UDP-glucuronosyltransferases，UGT）。

3.4.5 肠酶水解

肠腔中存在多种水解酶，可以催化某些含有可水解官能团的药物分子发生水解（参见第 13 章）。胃肠道消化系统的功能是消化和吸收营养以维持整个生命系统。食物中含有丰富的大分子，包括碳水化合物、蛋白质和核酸等，这些大分子的单体可以产生能量或参与构建生物体的特定结构。胰腺分泌的胰腺液中含有大量的水解酶，如淀粉酶、脂肪酶和蛋白酶，也被混合到经胃消化过的物质中。其他相关的消化酶还包括由唾液腺和胃分泌的酶。这些酶可以分解食物中的大分子。蛋白质消化成肽和氨基酸的过程是通过胃中的胃蛋白酶，以及胰腺分泌到小肠中的胰蛋白酶和胰凝乳蛋白酶实现的。脂肪消化成脂肪酸则是通过酯酶（如脂肪酶）进行的，该酶是由胰腺分泌到小肠中。核糖核酸酶和脱氧核糖核酸酶可以分别消化 RNA 和 DNA。其他常见的酶还包括磷酸酶和磷酸二酯酶。

当然，胃肠道中的酶也可以催化药物的水解，特别是含有羧酸衍生物（如酯、酰胺和氨基甲酸酯）结构的药物。肠腔中的酶主要分布于微绒毛的刷状边缘。因此，药物在到达双层膜结构之前就可能被水解。但是，当观察到药物的肠水解现象时，一般并不能确定是哪种酶将药物分子水解。

前药的设计就是利用了胃肠道中药物的水解作用（参见第 39 章）。对于具有理想药理作用，但溶解度和吸收较差的化合物，可以通过结构修饰引入可增加肠道溶解度的亚结构（如磷酸盐）。修饰后的化合物通过扩散到达消化道上皮细胞表面，然后在水解酶（如磷酸酶）的作用下，在双层膜结构附近将亚结构水解，释放出活性原药并渗透通过上皮细胞进入全身循环。

表 3.3 和图 3.8 总结归纳了药物在胃肠道中吸收所面临的挑战。渗透作用（被动扩散、主动运输和外排）、pH 值、酶促水解、CYP 代谢、溶解度和溶出度的动态平衡都会影响药物在肠道中的吸收速率。对于药物化学家而言，在分析药物药代动力学性质缺陷的原因时，需要考虑以上所有的潜在可能因素（参见第 38 章）。

表 3.3 药物在胃肠道中面临的挑战

性质	说明
溶出度	化合物从颗粒表面分散到水溶液中的转移速率
溶解度	在现有条件下所能达到的最大浓度
渗透性	化合物从水溶液中通过脂质双层膜渗透到另一侧水溶液的运动
化学不稳定性	由于环境因素（如 pH 值、光、热、氧气和水）而引起的化合物反应
水解酶	可催化内源性物质和食物分子水解，并能催化某些药物水解的天然酶

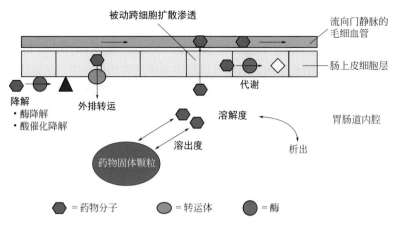

图 3.8　肠道特性对药物吸收的影响

3.4.6　增强肠道的吸收

某些因素可以增强部分药物在肠道中的吸收（图 3.9）。从肠道自身的结构而言，肠黏膜足够大的表面积有力地增强了药物的吸收。

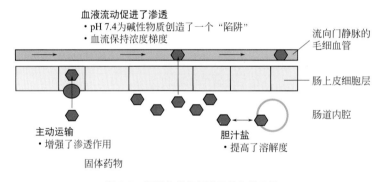

图 3.9　肠道的特征促进了药物的吸收

经胃消化的物质进入肠道后会与胆汁混合。胆汁盐（如牛磺胆酸盐、甘醇胆酸盐）通过形成亲脂性分子胶束，促进药物从晶体表面溶解，有力地提高了亲脂性药物的溶解度。当药物分子从肠膜附近的胶束中可逆释放时，药物便可发生渗透吸收。胆汁酸的天然功能是促进食物中的脂质溶解以增强其吸收，而食物摄入会刺激胆汁盐的释放。吸收转运体的天然功能是增强营养的吸收，但也可以促进某些药物的吸收。如果药物分子对转运体具有亲和力，则其吸收可能会被增强（参见第 9 章）。

毛细血管系统中流动的血液可将渗透通过肠黏膜细胞的药物分子运输到门静脉，并迅速离开肠道进入体循环。这样可以维持跨肠细胞的高药物浓度梯度，促进肠道中药物沿吸收方向的被动跨细胞扩散。

3.5　血流

药物分子到达血液后，就将遇到全新的环境。每一个新的环境都可以降低全身循环中药物的浓度，从而减少药物对组织的渗透。

3.5.1 血浆中酶的水解

某些药物可能被血浆中的酶水解。血液中存在多种酶以发挥正常的生理功能，但这些酶也可以催化药物的分解。这些酶包括胆碱酯酶（cholinesterase）、醛缩酶（aldolase）、脂肪酶（lipase）、脱氢肽酶（dehydropeptidase）、碱性和酸性磷酸酶（phosphatase）、葡糖醛酸糖苷酶（glucuronidase）、脱氢酶（dehydrogenase）和苯酚硫酸酯酶（phenol sulfatase）等。以上酶不同于胃肠道中的酶，它们的相对含量及其底物特异性随物种、疾病状态、性别、年龄和种族的不同而不同。其所催化的最常见药物反应是水解反应（参见第 12 章）。

3.5.2 血浆蛋白结合

血浆中大约含有 6%～8% 的蛋白质，其中很大一部分蛋白质是体内内源性化合物的载体。如图 3.10 所示，药物分子可与血浆蛋白发生血浆蛋白结合（plasma protein binding，PPB）。药物分子通常会可逆地与血浆蛋白发生结合。血浆蛋白结合的亲和力是由药物分子的结构特征决定的。血浆蛋白结合决定了血浆中结合药物和游离药物的比例。具有高结合力的药物，除非血浆中药物的浓度很高，否则通常不会达到饱和。蛋白结合导致在较宽的总药物浓度范围内，结合的药物分子与游离的药物分子的比值为一个常数。血浆中的药物结合蛋白主要有两种类型：白蛋白（albumin）和 α_1- 酸糖蛋白（α_1-acid glycoprotein），二者的浓度可随疾病状态和年龄发生变化。

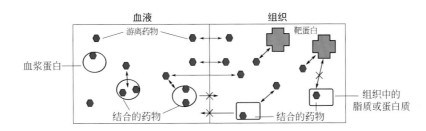

图 3.10　血液中的一部分药物分子与白蛋白和 α_1- 酸糖蛋白结合。只有游离的（未结合的）药物分子才能通过细胞膜到达细胞内的靶点。在组织中，药物分子非特异性地与脂质和蛋白结合，并且只有游离的药物分子才能与组织中的靶点发生结合

人血清白蛋白（human serum albumin，HSA）含有至少六个具有广泛配体结合特异性的结合位点。例如，其中两个位点可结合脂肪酸，两个位点可结合酸性药物，一个位点可结合胆红素。不同药物可以结合 HSA 不同的位点，例如，华法林（warfarin）和苯基丁氮酮（phenylbutazone）可与 HSA 的同一个位点结合，而地西泮（diazepam）和布洛芬（ibuprofen）可与另一个位点结合[6]。

碱性药物可以与 α_1- 酸糖蛋白结合，如二吡喃酰胺（disopyramide）和利多卡因（lignocaine）等。这些蛋白质含有多达七个结合位点，可以在较高的药物浓度下达到饱和。

蛋白结合对体内的药物处置具有诸多的影响，可能产生复杂的作用，甚至阻碍药物活性的发挥。血浆结合蛋白（PPB）的主要影响如下：

- 只有游离的药物分子才能通过膜结构，从毛细血管中的血液移动到组织中的细胞内液。疗效的发挥要求在靶点周围的"生物相"中游离药物达到一定的浓度。除非通过其他因素降低药物渗透到组织中的速率或程度，否则组织中的游离药物浓度通常与血浆中的游离药物浓度维持一种平衡状态。
- 只有游离的药物分子渗透到肝脏和肾脏后才会被清除。

血浆蛋白结合的整体影响是非常复杂且容易混淆的。有关血浆蛋白结合的更多内容将在第 14

章中详细介绍。

3.5.3 红细胞结合

药物分子也可能会与红细胞结合，主要是与红细胞的细胞膜发生亲脂性相互作用。在药物发现过程中需要经常测试、了解先导化合物的红细胞分配比（血与血浆之比）。

3.6 肝脏

药物分子可能会受到多种肝脏相关因素的影响。肝脏是将药物从体内清除的两个主要器官之一，其代谢功能如图 3.11 所示。

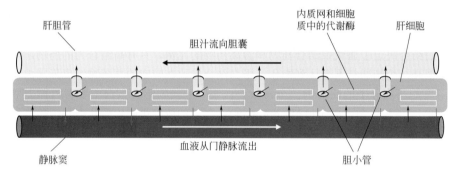

图 3.11　肝脏通过肝细胞代谢和胆汁排泄对药物进行代谢清除

3.6.1 肝细胞的渗入和渗出

由肠道毛细血管吸收的药物经门静脉流入肝脏的毛细血管。毛细血管最窄的部位称为静脉窦，非常靠近薄片状的肝细胞。药物分子经静脉窦流入围绕肝细胞的组织液，并渗透到肝细胞中。药物渗透进入肝细胞主要是通过被动脂质体扩散和主动摄取转运机制完成的（见 3.4.4 节）。渗透进入肝细胞的速率会影响药物的药代动力学性质。药物分子也会通过被动扩散和外排转运蛋白从肝细胞回到血液中。

3.6.2 肝脏代谢

肝细胞中存在着各种各样的代谢酶，对药物分子的结合和反应催化具有广泛的特异性。肝脏代谢主要包括两种类型的代谢反应。第一种类型的反应，即 I 相代谢，主要促使药物分子发生化学结构的变化（如羟基化），其中许多是氧化反应。第二种类型的反应是 II 相代谢，主要将极性基团引入药物分子中。代谢的功能和趋势是增大外源性化合物的极性，以使它们具有更高的水溶性，进而可通过肾脏进行消除排泄。代谢也可以降低外源性化合物的毒性，当然也可能会产生有毒的代谢产物。肝脏代谢率高会导致：①较高的首过效应（即到达全身循环之前的代谢）；②高清除率；③暴露量减少；④生物利用度降低。代谢是药物清除的主要途径，这一内容将在第 11 章中展开讨论。

3.6.3 胆汁排泄

药物分子和代谢物可从肝细胞中渗透到位于肝细胞间隙的胆小管中。这种渗透可通过被动脂质体扩散或外排转运体完成。例如，P-gp 和 MRP2 都是外排转运体。胆小管的生理功能是收集肝细胞的分泌物并生成胆汁来消除外源物质。生成的胆汁流入肝小管，然后进入胆囊，再从胆囊释进入小肠。对于某些化合物而言，粪便中会含有大量药物及其代谢产物。药物分子和代谢物可能会被重新吸收，但由于代谢产物极性更大，因此不易被吸收，除非它们能够转化回药物母体分子（肠肝循环）。通过胆汁排泄途径排泄的药物比例取决于药物本身的性质。

3.7 肾脏

肾脏排泄是另一种重要的药物排泄方式。肾单位的功能如图 3.12 所示。肾脏的代谢产物是尿液，尿液中会排出极性药物分子和一些药物代谢产物。其渗透机制主要包括被动扩散、细胞旁路途径、主动运输和外排转运。

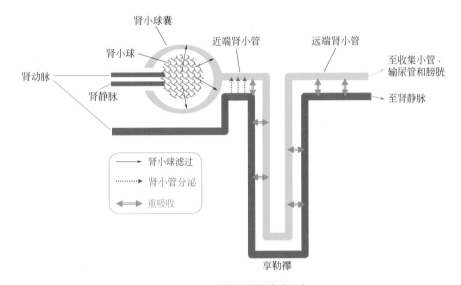

图 3.12　肾单位的药物排泄示意

每个肾脏中约有一百万个肾单位。来自肾动脉的血流首先流入肾单位的毛细血管，其中一部分进入肾小球，另一部分进入靠近肾小管的毛细血管。肾脏排泄的第一阶段称为"肾小球滤过"。当血液通过肾小球（人体流速为 1200 mL/min）时，血浆中 10% 的水分会被过滤到肾小管中（人体内肾小球滤过速率为 120 mL/min）。肾小球是一个复杂的毛细血管网络，与肾小管相连的肾小球囊具有较大的表面积。肾小球的渗漏孔允许较低分子量的血液成分（如电解质、药物分子和代谢产物）与水一同滤过进入肾小球囊，但蛋白质或细胞一般由于体积较大，不会发生滤过作用。

随后，滤过作用产生的液体流入近端小管。在近端小管的内皮细胞上，含有将药物分子和代谢产物从相邻毛细血管转运至近端小管的转运体。转运体包括有机阴离子转运体（organic anion transporter，OAT，可以转运青霉素和葡萄糖醛酸代谢物等物质）、有机阳离子转运体（organic cation transporter，OCT，可以转运吗啡和普鲁卡因等物质）、P-gp（可转运地高辛）、MRP2 和 MRP4[6]。被动扩散也会在两个方向上同时发生，但对排泄的影响几乎可以忽略。肾小管分泌的净结果是，近端小管细胞上转运体的配体被排出，这一过程称为"肾小管分泌"。

接下来，大部分水（99%）被重新吸收回血液。水的重吸收增加了肾小管溶液中剩余溶质的浓度。在远端小管中，这些浓缩的溶质（如药物、有价值的生物化学物质）可以通过被动扩散重新吸收到血液中。某一具体药物的渗透性取决于其理化性质（如亲脂性、TPSA 等）。重吸收的最终结果是，更多的亲脂性药物分子倾向于被重吸收回血液，因为它们被动扩散的渗透性更高；而亲水性更高的药物分子倾向于留在肾小管的溶液中，并经尿液排泄。血液中的代谢物比其母体药物分子极性更大，因此可以通过这种方式排出。

亲水性药物分子倾向于通过肾脏排泄进入尿液而被清除；相反的是，亲脂性药物分子倾向于通过代谢清除（其代谢产物再通过粪便或尿液清除）。

3.8 血液 – 组织屏障

在某些高度敏感的器官中会具有血液 - 组织屏障（blood-tissue barrier），它们降低了某些药物渗透到该器官组织的能力。这些血液 - 组织屏障存在于胎盘、睾丸和大脑。其中血脑屏障（BBB）是最为熟知的屏障。血脑屏障是由灌注大脑的毛细血管内皮细胞形成的。内皮细胞可通过多种机制减少药物分子的渗透。一种机制是由于内皮细胞缺少渗透的窗口，且细胞膜与膜之间连接得十分紧密，致使细胞旁路渗透难以发生。另一机制是由外排转运体的高水平表达引起的，它可以主动从细胞或膜内部外排去药物分子。中枢神经系统（central nervous system，CNS）药物研发的主要障碍就是血脑屏障（参见第 10 章）。

3.9 组织分布

血液的流动会将药物分子运输到人体的所有组织。药物向非靶组织的分布起到药品储存库作用，会影响药代动力学分布容积和半衰期。一些药物会优先储存于某些组织中。例如，亲脂性化合物更倾向于在脂肪组织中蓄积，而酸性化合物则更易于在 pH 值约为 6 的肌肉组织中积累。人体各组织器官中生理溶液的 pH 值如表 3.4 所示。

表 3.4 人体各组织器官中生理溶液的 pH 值

生理溶液	pH 值	生理溶液	pH 值
血液	7.4	脑脊液	7.4
胃液	1～3	组织液	6
小肠液	5.5～7	尿液	5.8
唾液	6.4		

器官组织和血液中药物浓度达到平衡所需的时间会受到器官中血流量的影响。心脏、肺、肝、肾和脑的心输出量（血流量）较高，药物可以快速与这些器官达到平衡。而皮肤、骨骼和脂肪的心输出量较低，导致与这些组织的平衡速率较慢。

组织中的非特异性结合

组织结合（图 3.10）是指药物分子渗透到组织并与组织中的脂质和蛋白质发生非特异性结合。在处于平衡的组织中，一部分药物分子会被束缚，而另一部分则处于游离状态。组织中游离的药物通常与血浆中游离的药物不同。只有游离的药物与其靶点结合才能发挥预期的疗效。因此，靶点周围生物相中的游离药物浓度决定了药物的药效。

3.10 药物手性的影响

手性可能会对化合物的体内性质产生重大的影响。由于不同手性的对映异构体会与蛋白质发

生不同的相互作用,进而产生不同的影响。因此,手性可能会影响化合物的药代动力学性质,相关影响及其原因(括号内)主要有:
- 溶解速率(对映异构体的晶体形式可能不同);
- 外排和主动运输(与转运体的结合不同);
- 代谢(药物分子与酶半活性位点的结合和方向不同);
- PPB(结合到特定的位点);
- 毒性,如 CYP 抑制或 hERG 阻断(与非作用靶点结合)。

如表 3.5 所示,由于手性的影响,表中药物在肾脏中的清除率具有明显差异。这可能是由于肾单位中主动转运的差异(如主动分泌)或 PPB 造成的。

表 3.5 立体选择性对肾脏清除率的影响

药物	对映异构体的肾脏清除率[①]	药物	对映异构体的肾脏清除率[①]
奎尼丁(quinidine)	4	氯喹(chloroquine)	1.6
丙吡胺(disopyramide)	1.8	吲哚洛尔(pindolol)	1.2
特布他林(terbutaline)	1.8	美托洛尔(metoprolol)	1.1

① 肾脏清除率指一个异构体与其他异构体的比例。

3.11 体内药物暴露的挑战概述

在后续各章中,将对每种体内生理环境对药物的影响逐一展开更详细的讨论。图 3.13 总结了主要的体内环境挑战。化合物向靶点的递送不佳将导致靶点的暴露减少。

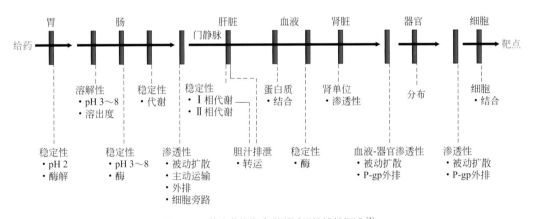

图 3.13 体内药物靶点递送过程的挑战概述[1]

经 E H Kerns, L Di. Pharmaceutical profiling in drug discovery. Drug Discovery Today, 2003, 8: 316-323 许可转载,版权归 2003 Elsevier 所有

对于药物发现项目团队而言,改善其先导化合物在体内环境中的性质至关重要。可以通过体外实验分析化合物的关键性质(预测其在体内环境中的性能),然后开展针对性的结构修饰以改善这些性质。结构改造与修饰需要在增强治疗靶点结合和提高体内性质之间谋求一种平衡的关系。如果药物发现过程中的唯一重点是活性优化,则可能会造成化合物的类药性不佳,从而导致多种问题:
- 由于溶解度或渗透性低导致吸收率低;
- 由于代谢问题导致清除率高;
- 由于胃肠道或血液中的水解导致清除率高;

- 阻止药物在许多器官中的暴露,并促进肝脏和肾脏的排泄;
- 由于血液器官屏障导致对目标器官的渗透性较差。

(白仁仁)

思考题

(1) 列举两个影响药物体内疗效的因素。
(2) 首选的药物给药剂型和方案是什么?
(3) 列举一些可减少体内药物靶点暴露的理化和代谢性质。
(4) 溶解度与吸收率的关系是什么?
(5) 渗透性与吸收率的关系是什么?
(6) 什么因素会造成药物在胃中的吸收比小肠低?
(7) 禁食状态下胃中的 pH 值是否高于进食状态下的 pH 值?
(8) 大部分碱性化合物分子在上肠还是下肠部位呈中性状态?大部分酸性化合物在上肠还是下肠部位被电离?
(9) 进入肠道时,胃中内容物会与哪些物质相混合?会对药物产生什么影响?
(10) 带电分子与中性分子相比,具有以下哪些性质?
    (a) 渗透性更高;(b) 渗透性更低;(c) 溶解度更高;(d) 溶解度更低。
(11) 哪种分子跨脂质双层膜的被动扩散较高?
    (a) 较低亲脂性分子;(b) 较高亲脂性的分子。
(12) 列举可以降低血流中游离药物浓度的三个因素。
(13) 对于大多数药物而言,主要涉及清除的器官包括?
    (a) 胃;(b) 大肠;(c) 门静脉;(d) 小肠;(e) 肝脏;(f) 肾脏。
(14) 列举两种肝脏清除的机制。
(15) 什么屏障限制了药物对脑组织的渗透?
(16) 为什么血液循环中的代谢物通常比原型药物更容易被肾脏摄取?
(17) 大多数药物的吸收主要发生在以下哪些部位?
    (a) 胃;(b) 大肠;(c) 门静脉;(d) 小肠;(e) 肝脏;(f) 肾脏。
(18) 化合物具有以下哪些特性会影响其从肠腔吸收到血液的总吸收量?
    (a) 溶解度;(b) 渗透性;(c) pK_a;(d) P-gp 外排量;(e) 代谢稳定性;(f) 分子大小;(g) 酶促水解;(h) 血脑屏障渗透。
(19) 可以通过对先导化合物进行结构修饰来改善以下哪些选项?
    (a) I 相代谢;(b) 外排;(c) 酶促分解;(d) 溶解度;(e) 被动扩散渗透性。

参考文献

[1] E.H. Kerns, L. Di, Pharmaceutical profiling in drug discovery, Drug Discovery Today 8 (2003) 316-323.
[2] P. Morgan, P.H. Van Der Graaf, J. Arrowsmith, D.E. Feltner, K.S. Drummond, C.D. Wegner, S.D.A. Street, Can the flow of medicines be improved? Fundamental pharmacokinetic and pharmacological principles toward improving Phase II survival, Drug Discovery Today 17 (2012) 419-424.
[3] D.A. Smith, C. Allerton, A.S. Kalgutkar, H. Waterbeemd, D.K. Walker, Pharmacokinetics and Metabolism in Drug Design, third ed., Wiley-VCH, Weinheim, 2012.
[4] H. van de Waterbeemd, D.A. Smith, K. Beaumont, D.K. Walker, Property-based design: optimization of drug absorption and pharmacokinetics, J. Med. Chem. 44 (2001) 1313-1333.
[5] T.-X. Xiang, B.D. Anderson, A computer simulation of functional group contributions to free energy in water and a DPPC lipid bilayer, Biophys J. 82 (2002) 2052-2066.
[6] D. Birkett, Pharmacokinetics Made Easy, second ed., McGraw Hill, Sydney, 2009

第 4 章

基于结构的类药性快速预测规则

4.1 引言

预测规则的概念始于 1997 年提出的"类药五规则"[1]。该原则描述的结构性质涵盖了 90% 的新化学实体（new chemical entity，NCE），这些化学实体在口服给药和肠道吸收后表现出了优异的人体药代动力学性质和安全性。药物发现的任务要求不仅是发现可专利保护的靶点配体，还需要这些化学实体具有高质量的人体药代动力学性质和安全性。在这一目标下，"类药五规则"应运而生。

这一新的原则自然引起了药物发现科学家的担忧，因为发现创新药物的化学空间结构可能因此受限，并且发现新临床候选药物的时间也可能大大延长。在"类药五规则"提出后的十年间，药物发现获得的先导化合物的 lg$P$ 值和分子量（molecular weight，MW）仍然在持续增加，这也暗示"类药五规则"的广泛采纳与应用仍需要一段时间[2]。但是，在药物发现与开发的过程中，由于化合物的不良药代动力学性质和毒性导致了较高失败率，因此"类药五规则"开始日益受到重视。开发的失败使得不具有良好类药性的候选药物被淘汰出局，新上市口服药物的 Clg$P$ 平均值约为 2.4，平均分子量约为 340[3]，而这些性质完全涵盖在"类药五规则"的范围之内。在将高质量药代动力学性质和安全性要求整合到新药发现中后，类药性的有效把控提高了新药的产出率。

近年来，药物的化学空间结构出现了新的局限。诸如亲脂性之类的结构性质被认为是引起毒性的重要原因之一[4]。因此，针对结构性质的优化变得尤为重要。

"类药五规则"的精髓是其与结构性质密切相关，包括亲脂性、氢键和分子量等。"类药五规则"将新药发现实验室与新药申请（new drug application，NDA）的批准要求联系起来，将药物发现工作和创造力聚焦到具有更高成功潜力的途径上。"类药五规则"也体现了"机会成本"的思想：选择了一种途径，就意味着放弃了替代途径的机会。正所谓"知己知彼，百战不殆"。

预测规则在药物发现中可发挥以下优势：
① 尽早评估化合物是否满足类药性的要求；
② 改造先导化合物以提高其类药性。

"类药五规则"的成功促使人们进一步研究成功的先导化合物和临床候选药物所应该具备的性质。随后，也陆续提出了其他对新药发现大有帮助的预测规则，包括有关类先导化合物（lead-like compound）、体内药代动力学、结构碎片数据库筛选、BBB 和毒性等诸多方面的预测。这些规则为药物发现研究人员提供了新的见解和指导。

当然，预测规则毕竟只是一种预测手段，不可能涵盖每一个药物特有的性质。研究人员当然也可能发现游离于规则之外的药物，这也为新药研发带来了新的机会。但是，预测规则仍然适用于大多数药物的研发。

4.2 预测规则的一般概念

预测规则虽有很多，但是彼此之间具有一定的共同点。规则的提出都是开始于对一系列化合物类药性的测试与深入研究，例如，口服给药后动物或人体的药代动力学研究。通过计算［如氢键供体数（BHD）、MW 等］或计算机预测［如 Clg$P$、极性表面积（polar surface area，PSA）等］确定该系列化合物的各种性质。再将这些性质通过各种处理（如统计分析、多元分析）进行评估，并将其与深入的测试结果相关联。对于与测试结果具有最大相关性的性质，将评估计算出一个数值范围，使得大部分化合物的性质都能涵盖在这一范围之内。

4.3 类药五规则

"类药五规则"，又称 Lipinski 规则（Lipinski Rules）[1]。这一原则毫无疑问是现代药物化学的基础，即便是现在，依旧发挥着举足轻重的作用。多年来，药物化学家已经认识到亲脂性、氢键和 MW 对于药物的重要意义。而 Lipinski 及其同事对此进行了系统的定量研究，他们想设置一个可指导药物化学家的"吸收 - 渗透警觉规则"[1]。

他们研究的化合物库由 2245 个化合物组成，这些化合物均包含于世界药物索引（World Drug Index，WDI）或美国药品通用名（United States Adopted Name，USAN，表示已成功完成人体临床研究的药物）中，但是不包含聚合物、肽、季铵盐或 O=P-O 结构片段。WDI 和 USAN 的名称是在 I 期临床和 II 期临床试验阶段被命名的，因此这些命名的化合物都是投资商基于经济因素的选择，并已对其开展了类药性评估。相关化合物都具有良好的人体药代动力学性质，都将进入 II 期临床试验。具有吸收限制的化合物不会进入 II 期临床试验，因此也没有相关命名。根据药物化学经验和文献，Lipinski 在研究中选择了亲脂性、氢键供体（H-bond donor，HBD）、氢键受体（H-bond acceptor，HBA）和分子量（MW）等已被药物化学家熟知并接受的性质作为指示参数。其中，将 HBD 计算为：O–H 数 + N–H 数；将 HBA 计算为：N 数 +O 数。类药五规则的具体数值分别是基于库中 90% 化合物的性质设定的，以便当化合物的任何一个参数在统计学上不太可能具有良好吸收或渗透性时，对研究人员提出警示。类药五规则的具体内容如下：

如果化合物具有以下特征（生物转运体的底物除外），则其更可能表现出良好的吸收或渗透性：

- HBD<5；
- HBA<10；
- MW<500；
- Clg$P$<5（或 Mlg$P$<4.15）。

如果化合物的其中一个参数超过阈值，那么其将被归类到 10% 的化合物组。如果化合物有一个以上的参数超过阈值，那么其成药的风险进一步增加。例如，在类药五规则研究的化合物库中，只有 1% 的化合物的 MW 和 lg$P$ 值均超出上限。

类药五规则在发表之前，已经在辉瑞公司应用了多年，发表后得到了更广泛的应用。这一规则在新药研发领域的影响十分深远，其得到广泛应用的原因主要如下：

- 简便、快捷，且无使用成本；
- 原则中的"5"易于记忆；

- 对药物化学家而言非常直观；
- 标准应用广泛；
- 基于扎实的研究、数据和基本原理；
- 运作非常有效。

最初，令一些化学家感到惊讶的是，这一原则并不包括所有可能形成氢键的原子，也没有考虑到氢键强度。但是，一般而言，即便加入上述的氢键影响因素，这一规则仍然适用且有效。类药五规则的提出旨在以结构为中心，将其作为一个快速筛选的工具。表4.1列举了计算HBD和HBA数目的示例。例如，R-OH既可算作一个HBD，又可算作一个HBA。

表4.1 类药五规则中氢键个数的计算示例

官能团	HBD	HBA	官能团	HBD	HBA
羟基	1（OH）	1（O）	醛基	0	1（O）
羧基	1（OH）	2（2Os）	酯基	0	2（O）
伯胺基	2（NH$_2$）	1（N）	吡啶基	0	1（N）
仲胺基	1（NH）	1（N）			

类药五规则很好地体现了物理化学原理。氢键增加了水溶性，但必须被破坏才能使化合物分配到脂质双层膜中。因此，氢键数量的不断增加减弱了化合物通过双层膜结构的被动扩散。而MW与分子的大小有关，体积增大也会阻止分子通过紧密堆积的脂质双层膜结构，最终导致被动扩散变弱。过大的体积还会降低溶解度，从而降低了肠上皮表面的化合物浓度。增加lg$P$也会减小水溶性，导致吸收率降低。此外，膜转运体可以通过摄取或外排来增强或减少化合物的吸收。因此，转运体也可以对吸收发挥重要的影响。超出类药五规则范围的化合物往往可能是转运体的底物，包括抗生素、抗真菌药、维生素和强心苷类药物等。

Lipinski等还根据当前的药物发现策略讨论了这些规则的重要应用。先导化合物的优化通常通过增加亲脂性来增强与靶点的结合，但却降低了溶解度。组合化学和平行合成对于具有更多亲脂性基团的化合物而言更为容易，因此，所合成的类似物倾向于具有更高的亲脂性。在生物学上，与过去几十年的筛选策略相比，高通量筛选（high-throughput screening，HTS）更倾向于筛选亲脂性化合物。化合物首先被溶于DMSO，而不是像以往一样溶于水性介质。因此，化合物不必具有显著的水溶性，就可以从现代体外生物学技术中获得有利的生物学数据，但建议使用具有类药性的化合物库。

4.4 韦伯规则

韦伯规则（Veber Rules）是另一个重要的预测规则。这一规则是基于1100个候选药物的大鼠口服生物利用度（bioavailability，F）的实际测量值而开发出来的[5]。可接受的生物利用度的阈值为20%。库内的所有化合物都经过了生物利用度的测试，所有化合物都是通过口服并经肠道吸收。该规则仅由生物利用度本身来界定，与类药五规则的考虑因素（如药代动力学、化学稳定性合成成本）不同。生物利用度是由肠道吸收的药物量以及肝脏和肠道首过代谢中未被清除的药物量综合决定的。因此，生物利用度作为一项特别的评估，是多种障碍（如被动扩散、转运体、代谢和溶解度等）综合作用的结果，并且每种障碍的实际表现随化合物的不同而不同。此外，以环糊精作为赋形剂进行口服给药研究时，往往可增加具有溶解度限制化合物的溶解度。

研究人员已经确定了哪种性质对大鼠口服生物利用度（F）的影响最大。从统计学上而言，生物利用度较高的化合物往往具有较低的 MW、较高的亲脂性、较少的可旋转键数量（number of rotatable bond, nrot, 非成环的单键数量，与一个非末端重原子相连的化学键，且不包括酰胺 C—N 键）、较少的氢键数量供体：含≥1 个氢键的杂原子；受体：排除非成键部分的杂原子和较低的 PSA。例如，对于具有可接受生物利用度的化合物，nrot 是一个明确指标：库内 65% 的化合物的 nrot≤7；约 30% 的化合物，7<nrot<10；只有约 20% 的化合物的 nrot>10。之所以未选择 MW 作为指标，是由于 MW 较高的化合物往往具有更高的 nrot、更高的 PSA 和更多的氢键数。因此，MW 可被其他性质所取代，且不是影响生物利用度的显著因素。而分子柔性、PSA 和氢键数量是口服生物利用度的重要决定性因素，其中 nrot 可以手动或使用软件计算，而 PSA 是通过软件计算获得，并且与氢键结合紧密相关。

韦伯规则的主要内容是，如果满足以下条件，则化合物更可能具有 > 20% 的大鼠口服生物利用度：

- 可旋转键数≤10；
- PSA≤140 Å²❶，或氢键总数（HBD 与 HBA 数之和）≤12。

4.5　瓦宁规则

Waring[6] 基于 8865 个化合物的 Caco-2（人结肠癌细胞）渗透性数据提出了瓦宁规则（Waring Rules）。根据数值大小，可将表观渗透率（apparent permeability, P_{app}）分为高（>100 nm/s）和低（<100 nm/s）两类。将这些表观渗透性区间与 lg$D$、lg$P$、PSA、HBD、HBA、nrot、MW 和总氢键数进行统计比较发现：①当 P_{app}<100 nm/s 时，其渗透性和吸收较差，因此，应将 P_{app} 保持在 100 nm/s 以上；②渗透性会在 MW 范围内发生变化，因此，单个标准可能不适用于整个性质范围。递归分区表明 MW 和 lg$D$ 是 Caco-2 渗透性最有区别和最为重要的决定因素。表 4.2 总结了取得大于 50% 的高渗透率所需的 MW 和 lg$D$ 范围。

提出瓦宁规则后，瓦宁将这一规则应用到了原化合物库之外的 401 个新化合物。研究发现，满足表 4.2 标准的 82% 的化合物都表现出了较高的 P_{app} 值，而不满足这一标准的 70% 的化合物都表现出了较低的 P_{app} 值。所得出结论是："控制化合物的分子量是获得最佳 lg$D$ 值的有效方法。"因此，瓦宁规则是新药发现的有力预测工具。

表 4.2　在某一分子量区间内的化合物达到 50% 以上渗透率所需的最低 lg$D$ 值

分子量（MW）	lg$D$①	分子量（MW）	lg$D$①
< 300	> 0.5	400～450	> 3.1
300～350	> 1.1	450～500	> 3.4
350～400	> 1.7	> 500	> 4.5

① lg$D$ 是由 AZ lg$D$（Astra Zeneca 算法）计算所得。

经 Waring M J. Defining optimum lipophilicity and molecular weight ranges for drug candidates—molecular weight dependent lower lg$D$ limits based on permeability. Bioorg Med Chem Lett, 2009, 19: 2844-2851 许可转载，版权归 2009 Elsevier 所有。

4.6　金三角规则

在开发金三角规则（Golden Triangle Rules）[7] 时，渗透性和代谢稳定性被视为重要的类药性质。这一规则是基于对一个包含 47018 个化合物的化合物库的研究，每个化合物都包含了 Caco-2

---

❶ 1 Å=0.1 nm。

渗透性、人微粒体（human microsomal，HLM）稳定性和 $\lg D_{7.4}$ 等数据。根据具体的性质，可将化合物分为有渗透性（Caco-2 $P_{app, 7.4, A>B} \geq 3×10^{-6}$ cm/s）和无渗透性（Caco-2 $P_{app, 7.4, A>B} < 3×10^{-6}$ cm/s），以及稳定的（HLM 摄取率 <0.5）和不稳定的（HLM 摄取率 ≥ 0.5）等不同的类别。

这一预测规则主要是基于结构的亲脂性 $\lg D_{7.4}$ 和 MW，并遵循以下逻辑：①会影响各种药物类药性和药效参数[8]；②可以替代 PSA、分子体积、可旋转键、杂原子、HBD 和 HBA；③是药物能否在药物开发中胜出的良好指标；④与药物化学中的配体效能（ligand efficiency，LE）和配体亲脂性效能（ligand-lipophilicity efficiency，LLE）非常吻合。以 MW 为纵坐标，$\lg D_{7.4}$ 为横坐标作图，可以直观地显示化合物的渗透率和稳定性（采用 Spotfire）。值得注意的是，在较低的 MW 条件下，更强的亲脂性是更可取的，进而形成了可接受化合物的三角形范围。

金三角规则具体描述如下：在具有以下特征的"金三角"中，化合物往往具有良好的渗透性和代谢稳定性。

- 三角形基线：MW=200，$-2<\lg D_{7.4}<5$
- 三角顶点：MW=450，$\lg D_{7.4}=1.0 \sim 2.0$

在三角形的中心，MW=350，$\lg D_{7.4}=1.5$。通常，亲脂性更强的化合物往往由于清除率限制而被淘汰，而极性过大的化合物可能由于渗透性的限制而被淘汰。对于 MW 较高的化合物，也会受到渗透性的制约。研究发现，硫、氯或氟原子可以不成比例地增加与分子量相关的渗透率的影响。可以采用结构修饰使化合物更接近金三角的中心，例如通过分子内氢键结合和卤化以减少化合物的清除。

4.7 其他预测规则

以下是基于其他方法的预测规则：

- 生物利用度。建立了预测大鼠体内生物利用度 > 10% 的可能性的指标[9]。对于在 pH 6～7 条件下为阴离子的化合物，PSA 是最重要的性质指标。其中，PSA>150 Å^2 时，大鼠生物利用度 >10% 的概率为 0.11；PSA 在 75～150 Å^2 范围内的化合物，其概率为 0.56；而 PSA<75 Å^2 时，其概率为 0.85。对于在 pH 6～7 条件下为中性或阳离子的化合物，如果满足类药五规则，则概率为 0.55；如果不满足类药五规则，则概率为 0.17。
- 类药性。基于对关键 ADME 性质的分析，如果化合物的 MW<400，且 C$\lg P$<4，则分子的 ADME 性质更为理想[10]。
- 类药性。对药物化学综合数据库中具有类药性的 6454 个化合物进行分析，发现 80% 的化合物的性质参数满足以下范围：A$\lg P$ 为 -0.4～5.6，MW 为 160～480，摩尔折射率为 40～130，总原子数为 20～70[11]。
- 类药性。在 pH 5.5 条件下，以 $\lg D$ 代替类药五规则中的 $\lg P$ [8]，加入与有关电离影响脂水分配系数的考量，主要以 pK_a 来衡量。
- 吸收。基于 Cerius^2 分子模拟，计算显示 $-1<$A $\lg P_{98}<5.9$ 和 $0<$PSA<132 Å^2 的化合物往往吸收较好（>90%）[12]。
- 吸收。吸收率 >90% 的药物的 PSA<60 Å^2，而吸收率 <10% 的药物的 PSA>140 Å^2 [13]。
- 人体肠道吸收。基于对 1000 个具有类药性化合物的研究，人体肠道吸收具有如下通用规则：当 255<MW<580 时，拓扑极性表面积（topological polar surface area，TPSA）应 <154 Å^2，且 $\lg P$>0；当 MW>580 时，TPSA<291 Å^2，且 $\lg P$>0[14]。
- 可开发性标准。测试一系列化合物的性质数据（$\lg D$、CYP 抑制、hERG 阻断），并与芳香环的数量进行比较，可以得出的结论是：如果该化合物的芳香环数量 ≤ 3，则其更易于开发[15]。

在后续的章节中还将讨论更多的预测规则，如 BBB 渗透[16]（参见第 10 章）、毒性[4]（参见第 35 章）、类先导化合物三原则[17~20]（参见第 20 章），以及化合物库的片段筛选（参见第 20 章）。对于天然产物而言，往往不适用于各种预测规则。不过可以通过构建一个满足类药五规则的天然产物化合物库，使其更容易地应用于药物发现[21]。

表 4.3 列举了部分类药性化合物需要满足的规则。

表 4.3 具有类药性的分子所满足的规则

规则	类药性指标	MW	lgP	氢键	PSA	其他
类药五规则 [1]	人体药代动力学性质和安全性	≤500	Clg$P$≤5 Mlg$P$≤4.15	HBA≤10 HBD≤5		
[5]	F>20%, 大鼠			总数≤12	<140 Å^2	总可旋转键数≤10
[6]	Caco-2 P_{app}		lg$P$ 最小值随分子量变化而变化 当 MW<300 时，lg$P$>0.5 当 MW 为 300~350 时，lg$P$>1.1 当 MW 为 350~400 时，lg$P$>1.7 当 MW 为 400~450 时，lg$P$>3.1 当 MW 为 450~500 时，lg$P$>3.4 当 MW>500 时，lg$P$>4.5			
[7]	Caco-2 P_{app}> 100 nm/s HLM 稳定性摄取率<0.5	呈三角关系 基线：MW=200 顶点：MW=450	−2<lg$D_{7.4}$<5 lg$D_{7.4}$=1~2			
[8]	人体药代动力学性质和安全性	≤500	Clg$D_{5.5}$≤5	HBA≤10 HBD≤5		
[9]	F>10%, 大鼠 阴离子 中性和阳离子				P=0.11, PSA>150 Å^2 P=0.56, PSA=75~150 Å^2 P=0.85, PSA<75 Å^2 满足类药五规则，P=0.55；不满足类药五规则，P=0.17	

续表

规则	类药性指标	MW	lgP	氢键	PSA	其他
[10]	类药性	MW<400	ClgP<4			
[12]	Caco-2 P_{app}		$-1<AlgP_{98}<5.9$		0<PSA<132 Å²	
[13]	F>90%				<60 Å²	
	F<10%				>140 Å²	
[11]	类药性	160<MW<480	$-0.3<AlgP<5.6$			20<原子<70，40<M_r<130
[14]	人体肠道吸收	255<MW<580	lgP>0		tPSA<154 Å²	
		MW>580	lgP>0		tPSA<291 Å²	
[15]	lgD，溶解度，CYP抑制，hERG 阻断					芳香环数≤3
[4]	低毒性		lgP<3		>75 Å²	

注：F—bioavailability，生物利用度；HBA—hydrogen bond acceptor，氢键受体；HBD—hydrogen bond donor，氢键供体；MlgP—Moriguchi lgP；M_r—molar refractivity，摩尔折射率；MW—molecular weight，分子量；nrot—number rotatable bond，可旋转键数；P—probability，概率；P_{app}—apparent permeability，表观渗透性；PK—pharmacokinetics，药代动力学；PSA—polar surface area，极性表面积。

表 4.4 列举了部分已批准上市药物重要类药性参数的平均值，这些平均值很好地契合了表 4.3 中各个规则的数值范围。

表 4.4　1993～2002 年间获批的 154 个药物的性质参数的平均值

性质参数	平均值	性质参数	平均值
MW	382	O+N	6.3
ClgP	2.6	HBA	3.8
% PSA[①]	21	可旋转键数	6.6
OH+NH	1.8	环数	3

① % PSA 指极性表面积（PSA）与总表面积的比值。

注：经 Ghose A K, Herbertz T, Salvino J M, et al. Knowledge-based chemoinformatic approaches to drug discovery.Drug Discovery Today, 2006, 11: 1107-1114 许可转载，版权归 2006 Elsevier 所有。

4.8 预测规则在化合物评估中的应用

头孢呋辛酯的类药性预测和计算如图 4.1 所示。图 4.2 是类药规则如何帮助预测药物吸收的一个形象示例[20]。对左侧化合物的结构进行修饰以优化其活性，从而得到了右侧化合物。但不幸的是，优化所得的化合物在口服给药后吸收性较差，而这个结果其实在化合物合成之前就可以通过结构性质预测得知。超过规则的阈值，口服给药后的吸收通常会较差，而吸收较差会导致较低的生物利用度或需要通过替代途径进行给药，这两种方法均会限制药物的潜在应用范围。

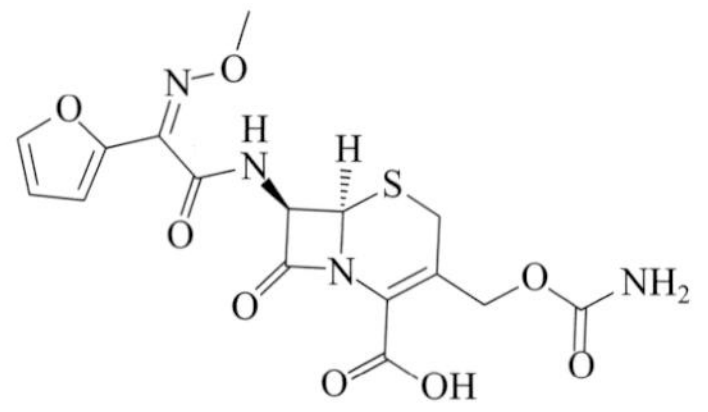

类药五规则：
HBD = 4
HBA = 12
MW = 424
Cl*gP* = −0.44

韦伯规则：
可旋转键数 = 9
TPSA = 170
总氢键数 = 16

图 4.1　头孢呋辛酯的类药五规则和韦伯规则的计算示例

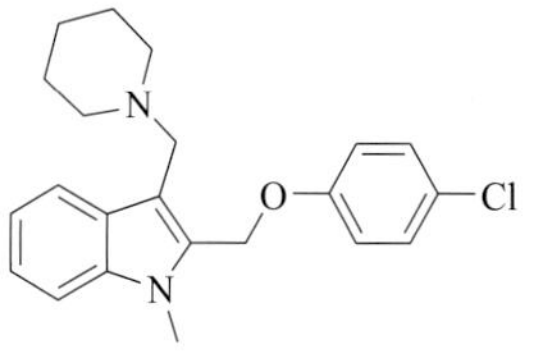

效价 2 μmol/L
HBD = 0
HBA = 3
MW = 369

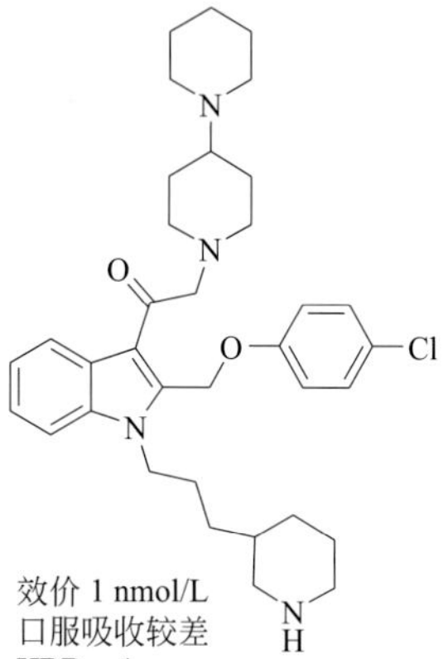

效价 1 nmol/L
口服吸收较差
HBD = 1
HBA = 6
MW = 591

图 4.2　通过对左侧 NPY Y-1 拮抗剂进行结构优化得到了右侧化合物。虽然优化后化合物的活性提高了 2000 倍，但基于结构的性质预测显示，口服给药后该化合物的吸收性能较差[22]

4.9　预测规则的应用

① 通过预测规则对 HTS 和虚拟筛选获得的苗头化合物进行预测，以确定哪些化合物化学空间结构的风险较高。

② 在计划合成新化合物时，需仔细考虑化合物性质参数的范围，以避免进入药代动力学成功机会较低的化学空间。

③ 确定哪些合成和修饰会向着改善药代动力学性质的方向进行。

④ 评估可商业购买化合物的性质，以增强筛选库内化合物的类药性。

（白仁仁　叶向阳）

思考题

（1）具有以下哪些性质的化合物的吸收率可能较低？
（a）7个氢键供体；（b）2个氢键供体；（c）MW=350；（d）MW=580；（e）Cl*gP*=7.2；（f）Cl*gP*=2.7；（g）5个 H 键受体；（h）13个 H 键受体；（i）吸收转运体引起的高渗透性；（j）PSA=155 Å^2；（k）PSA=35 Å^2。

（2）为什么氢键对吸收具有重要的影响？
（3）为什么高 lgP 值不利于吸收？
（4）以下哪种情况更适合使用类药性规则进行预测？
（a）将化合物淘汰准则严格化；（b）评估预测几乎或完全没有体外特性数据的化合物；（c）选择化合物进行体内研究的唯一依据；（d）预期化合物的代谢。
（5）根据类药五规则计算下列结构的氢键供体（HBD）和氢键受体（HBA）数量。
（a）-COOCH$_3$；（b）R^1-NH-C(O)-R^2。
（6）根据类药五规则，分析下列化合物的性质参数，指出哪些性质超出规则的范围并可能引起成药性问题。

编号、名称	结构	HBD	HBA	MW	ClgP	PSA	性质问题
1. 丁螺环酮（buspirone）				385	1.7	70	
2.				418	-3.3	143	
3. 紫杉醇（paclitaxel）				852	4.5	209	
4. 头孢氨苄（cephalexin）				347	0.5	138	
5. 头孢呋辛（cefuroxime）				424	-0.44	170	
6. 奥沙拉秦（olsalazine）				302	3.2	140	

（7）以下性质中哪些选项可能使化合物面临吸收不良的风险？
(a) MW=527；(b) 5 个 H 键受体；(c) ClgP=6.1；(d) 是吸收转运体的底物；(e) 7 个氢键供体；(f) PSA=152 Å^2。

（8）以下哪些选项是氢键带来的作用？
(a) H 键增加脂溶性；(b) H 键增加水溶性；(c) H 键降低水溶性；(d) H 键必须断裂才能使分子进入到双层膜结构中。

（9）下列哪些选项是较低 MW 的积极影响？
(a) 水溶性增加；(b) 酸分解减少；(c) 被动扩散增加。

参考文献

[1] C.A. Lipinski, F. Lombardo, B.W. Dominy, P.J. Feeney, Experimental and computational approaches to estimate solubility and permeability in drug discovery and development settings, Adv. Drug Deliv. Rev. 23 (1997) 3-25.

[2] P.D. Leeson, B. Springthorpe, The influence of drug-like concepts on decision-making in medicinal chemistry, Nat. Rev. Drug Discovery 6 (2007) 881-890.

[3] M.C. Wenlock, R.P. Austin, P. Barton, A.M. Davis, P.D. Leeson, A comparison of physiochemical property profiles of development and marketed oral drugs, J. Med. Chem. 46 (2003) 1250-1256.

[4] J.D. Hughes, J. Blagg, D.A. Price, S. Bailey, G.A. DeCrescenzo, R.V. Devraj, E. Ellsworth, Y.M. Fobian, M.E. Gibbs, R.W. Gilles, N. Green, E. Huang, T. Krieger-Burke, J. Loesel, E. Wager, L. Whiteley, Y. Zhang, Physiochemical drug properties associated with in vivo toxicological outcomes, Bioorg. Med. Chem. Lett. 18 (2008) 4872-4875.

[5] D.F. Veber, S.R. Johnson, H.-Y. Cheng, B.R. Smith, K.W. Ward, K.D. Kopple, Molecular properties that influence the oral bioavailability of drug candidates, J. Med. Chem. 45 (2002) 2615-2623.

[6] M.J. Waring, Defining optimum lipophilicity and molecular weight ranges for drug candidates—molecular weight dependent lower logD limits based on permeability, Bioorg. Med. Chem. Lett. 19 (2009) 2844-2851.

[7] T.W. Johnson, K.R. Dress, M. Edwards, Using the golden triangle to optimize clearance and oral absorption, Bioorg. Med. Chem. Lett. 19 (2009) 5560-5564.

[8] S.K. Bhal, K. Kassam, I.G. Peirson, G.M. Pearl, The rule of five revisited: applying log D in place of log P in drug-likeness filters, Mol. Pharm. 4 (2007) 556-560.

[9] Y.C. Martin, A bioavailability score, J. Med. Chem. 48 (2005) 3164-3170.

[10] M.P. Gleeson, Generation of a set of simple, interpretable ADMET rules of thumb, J. Med. Chem. 51 (2008) 817-834.

[11] A.K. Ghose, V.N. Viswanadhan, J.J. Wendoloski, A knowledge-based approach in designing combinatorial or medicinal chemistry libraries for drug discovery. 1. A qualitative and quantitative characterization of known drug databases, J. Comb. Chem. 1 (1999) 55-68.

[12] W.J. Egan, K.M. Merz, J.J. Baldwin, Prediction of drug absorption using multivariate statistics, J. Med. Chem. 43 (2000) 3867-3877.

[13] A.K. Ghose, T. Herbertz, J.M. Salvino, J.P. Mallamo, Knowledge-based chemoinformatic approaches to drug discovery, Drug Discovery Today 11 (2006) 1107-1114.

[14] D. Zmuidinavicius, R. Didziapetris, P. Japertas, A. Avdeef, A. Petrauskas, Classification structure-activity relations (C-SAR) in prediction of human intestinal absorption, J. Pharm. Sci. 92 (2003) 621-633.

[15] T.J. Ritchie, S.J.F. Macdonald, The impact of aromatic ring count on compound developability—are too many aromatic rings a liability in drug design? Drug Discovery Today 14 (2009) 1011-1020.

[16] W.M. Pardridge, Transport of small molecules through the blood-brain barrier: biology and methodology, Adv. Drug Deliv. Rev. 15 (1995) 5-36.

[17] T.I. Oprea, A.M. Davis, S.J. Teague, P.D. Leeson, Is there a difference between leads and drugs? A historical perspective, J. Chem. Inf. Comput. Sci. 41 (2001) 1308-1315.

[18] T.I. Oprea, Chemical space navigation in lead discovery, Curr. Opin. Chem. Biol. 6 (2002) 384-389.

[19] T.I. Oprea, Current trends in lead discovery: are we looking for the appropriate properties? J. Comput. Aided Mol. Des. 16 (2002) 325-334.

[20] M.M. Hann, T.I. Oprea, Pursuing the leadlikeness concept in pharmaceutical research, Curr. Opin. Chem. Biol. 8 (2004) 255-263.

[21] R.J. Quinn, A.R. Carroll, N.B. Pham, P. Baron, M.E. Palframan, L. Suraweera, G.K. Pierens, S. Muresan, Developing a drug-like natural product library, J. Nat. Prod. 71 (2008) 464-468.

[22] D.A. Smith, Pharmacokinetic Challenges in Drug Discovery, Ernst Schering Research Foundation Workshop 37 (2002) 203-212

第 5 章

亲脂性

5.1 亲脂性基本原理

亲脂性（lipophilicity）是指化合物在非极性脂质介质和水相介质之间的分配趋势，是决定药物其他性质的一个重要因素。亲脂性数据可通过计算获得[1]。正如"类药五规则"所介绍的，亲脂性是一种用于化合物性质初步评估的快速而有效的工具。

评价亲脂性的传统方法是将化合物在互不相溶的非极性和极性液体相之间进行分配，一般采用辛醇作为非极性相，缓冲液作为极性相。与脂质类似，辛醇中包含非极性的亚结构（如烃基）、氢键受体、氢键供体和双极性特性的醇羟基。除非另有说明，非极性相通常都指辛醇。测得的分配系数可用 lg$P$ 或 lg$D$ 表示。下标通常用于表示该术语的更多详细信息，例如，lgP_{ow} 是指辛醇与水分配而测得的 lg$P$，lg$D_{7.4}$ 是指在 pH7.4 下测得的 lg$D$。

弄清楚 lg$P$ 和 lg$D$ 的区别至关重要：

lg$P$：当处于中性 pH 条件下，测得化合物在有机相（如辛醇）和水相（如缓冲液）之间分配系数的对数。

$$\lg P = \lg([化合物_{有机相}]/[化合物_{水相(所有化合物均处于中性pH条件下)}])$$

lg$D$ 为在特定的 pH（x）条件下，化合物在有机相（如辛醇）和水相（如缓冲液）之间分配系数的对数。其中一部分化合物以离子形式存在，另一部分以中性分子形式存在。

$$\lg D_{pH(x)} = \lg([化合物_{有机相}]/[化合物_{水相[特定pH(x)下]}])$$

lg$P$ 取决于中性分子在两相中的分配情况，而 lg$D$ 取决于中性分子和离子化分子在两相中的分配情况。离子化分子在极性水相中的亲和力比非离子化分子更高。离子化化合物的分子数量的比例取决于水溶液的 pH、化合物的 pK_a 以及本身的酸碱性。pK_a 和 pH 对其影响将在第 6 章中进行讨论。对于酸性化合物，其在溶液中的中性分子和阴离子形式的比值随 pH 的增加而降低，因此，lg$D$ 也随着 pH 的增加而降低。相反，对于碱性化合物而言，其在溶液中的中性分子和阳离子形式的比值随 pH 的增加而增加，因此，lg$D$ 随着 pH 的增加而增加。这些影响如图 5.1 所示。在低于其 pK_a 两个 pH 单位的情况下，酸性化合物会以大约 99% 的中性形式及 1% 的阴离子形式存在，此时 lg$D$ 近似于 lg$P$。类似地，在高于本身 pK_a 两个 pH 单位的情况下，碱性化合物会以大约 99% 的中性形式及 1% 的阳离子形式存在，lg$D$ 同样会近似于 lg$P$。

影响化合物 lg$P$ 的几个最基本结构性质包括[2~4]：

- 分子体积；
- 偶极矩；
- 氢键酸度；
- 氢键碱度。

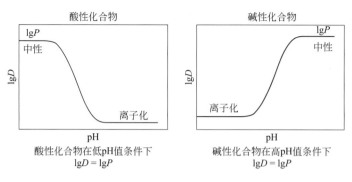

图 5.1　pH 对 lg$D$ 的影响示意
酸性化合物和碱性化合物的离子化程度与 pH 的关系相反

分子体积与分子量（molecular weight，MW）相关，随着分子量的增加而增加，同时也影响着溶解该分子时所需要形成溶剂空腔的大小。偶极矩影响着分子与溶剂间的极性排列，从而影响了偶极间的引力。氢键酸度与向环境分子（例如水分子）中的氢键受体基团提供氢键能力的大小有关，而氢键碱度与从环境分子的氢键供体基团接受氢键能力的大小有关。

需要注意的是，亲脂性会随着两相中以下条件的变化而变化：
- 分配溶剂；
- pH；
- 离子强度；
- 缓冲液；
- 共溶质或助溶剂。

举例说明，辛醇与水之间的分配不同于环己烷与水之间的分配。这是由于化合物在不同相中具有不同的分子属性，从而导致溶剂和溶质分子之间的相互作用不同。pH 对离子化程度的影响将在第 6 章中讨论。离子强度的增加会导致水相极性的增加。此外，缓冲液也会影响极性、分子间相互作用，并可能作为反离子与药物分子原位成盐。助溶剂（如 DMSO）可与溶质相互作用并改变其分配行为，甚至在相对于溶剂百分比较低的情况下也能有此影响。因此，在预测亲脂性的影响和数据测定时，溶液条件的影响极其重要。

5.2　亲脂性的影响

亲脂性会影响化合物的理化、代谢和毒性等性质。其对溶解度和渗透性的影响将分别在第 7 章和第 8 章中讨论。亲脂性与药物活性及 ADMET（吸收、分布、代谢、排泄和毒性）性质密切相关[5]。例如，可通过计算模拟预测亲脂性与结肠腺癌细胞（Caco-2）渗透性、肠吸收、血浆中未结合药物浓度、代谢、分布容积（V_d）、消除和毒性的相关性[6,7]。

利用偏最小二乘法（partial least squares，PLS）进行的大数据分析表明，亲脂性是决定药物与血浆蛋白结合（plasma protein binding，PPB）能力的最重要因素[8]。酸度也是影响 PPB 的关键因素，而碱度则对 PPB 具有负面影响（注意：研究人员不应尝试通过结构修饰去增加或降低 PPB 的未结合比例，因为此策略对体内活性影响甚微，见第 14 章）。

在药物发现的过程中，亲脂性也是药物化学结构设计策略中的一个重要指标。例如，中枢神经系统多参数优化法（central nervous system multiparameter optimization，CNS MPO）使用 Clg$P$、Clg$D$ 和四个理化性质 [分子量、拓扑极性表面积（topological polar surface area，TPSA）、氢键供体和 pK_a] 来计算"多参数优化（MPO）的期望值"[9]。首先根据药物化学经验设定某一期望范围，然后对每个性质进行评分（例如，Cl$g P$≤3，则得分为1.0），将6个性质的得分总和作为预测指标。对于市售的中枢神经系统药物而言，其中多参数优化值在0～6间的74%的评分通常都大于等于4。此外，该数值也是与ADMET性质高度一致的概率指标，如被动渗透率高、P-糖蛋白外排量低、微粒体中未结合的固有清除率低、细胞活力高等。总而言之，联合多参数优化对ADMET预测比使用单一参数的阈值（如Cl$g P$≤5）更加可取。当然在理解和纠正某些特定问题时，依然会使用单一性质来评价（如与Cl$g P$相关的代谢稳定性和毒性）。此外，进一步研究单个性质评分范围的潜在体内生物分子过程，以使多参数评分更具预测性，具有较强的指导意义。例如，其他优异的性质是如何代偿血脑屏障（blood-brain barrier，BBB）渗透中的负Cl$g P$值？多参数优化似乎同样可用于其他治疗领域的分子结构设计[10]。

上述CNS多参数优化结果表明，由于其他属性也会对ADMET产生影响，因此单一性质不是ADMET性质的最佳预测指标。尽管如此，在药物发现过程中，药物化学经验仍可判断出lg$D_{7.4}$对类药性的有利和不利影响[11]（表5.1）。

- lg$D_{7.4}$<1：有利于溶解、肾脏清除和细胞旁路渗透（当分子量小于200～300）；不利于被动渗透、肠道吸收和脑部渗透。
- 1<lg$D_{7.4}$<3：有利于良好的肠道吸收（由于溶解度和被动扩散渗透性的平衡）、CNS的渗透和低代谢度（由于与代谢酶的结合较低）。
- 3<lg$D_{7.4}$<5：有利于良好的渗透性；不利于吸收（由于肠道溶解度较低）和代谢稳定性（在化合物和酶结合位点的亲脂性相互作用驱动下，增加了与代谢酶的结合）。
- lg$D_{7.4}$>5：不利于吸收、生物利用度（由于肠溶解度低）和代谢稳定性（由于对代谢酶的亲和力高）。由于化合物在组织中的蓄积，碱性胺的分布容积较高（参见第19章）。

表5.1 lg$D_{7.4}$对类药性的影响[11]

lg$D_{7.4}$	对类药性的影响	lg$D_{7.4}$	对类药性的影响
<1	有利于良好的溶解度 不利于口服吸收 不利于中枢神经系统渗透 易发生肾清除 有利于细胞旁路吸收（当MW<200）	3～5	不利于溶解度 不利于代谢稳定性
1～3	有利于口服吸收 有利于中枢神经系统渗透 不利于代谢稳定性 溶解度和渗透性之间的平衡	>5	不利于溶解度 不利于代谢稳定性 不利于口服生物利用度 不稳定的吸收 碱性胺的高分布容积

Δlg$P$是指辛醇和水相分配系数的对数值减去环己烷和水相分配系数的对数值，已被用于预测膜渗透性[12,13]。其主要来源于氢键对lgP_{OA}（辛醇-水溶液）和lgP_{CA}（环己烷-水溶液）贡献的差异，其中后者没有氢键结合能力。

$$\Delta \lg P = \lg P_{OA} - \lg P_{CA}$$

HO～～～～～辛醇   ◯环己烷

当Δlg$P$增加时，渗透性通常会降低，这可解释为氢键对渗透性的不良影响（详见下面实例和第10章）。TPSA也可用于估算氢键的结合能力。

已有研究人员提出[14]，应尽量减少使用天然产物来作为药物发现中的先导化合物，因为很多此类化合物并不属于类药性范畴，此外，将它们从复杂混合物中分离纯化也非常耗时。可通过以下几种方式获得更多高质量的天然产物：①以亲脂性作为预筛指标去选择那些处于类药范畴的化合物；②利用分离技术（如反相 HPLC）去选择那些亲脂性范围在类药化学范畴内的天然产物。

5.3 亲脂性研究案例和结构修饰

5.3.1 亲脂性修饰与生物活性

亲脂性通常与生物活性相关。在非细胞水平测试中，亲脂性与靶蛋白的强结合能力息息相关。图 5.2 显示了 11 个具有抗惊厥活性的系列化合物实例[15]。该类化合物的活性随着 $\lg P$ 的增加而增加［有效剂量（Efficacious Dose，ED）则降低］。

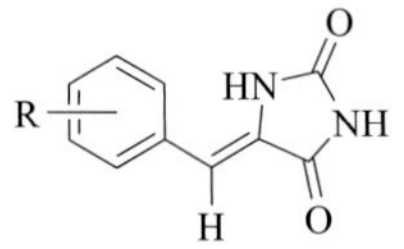

$$-\lg ED = -1.247 + 0.795\ LUMO + 0.150 \lg P$$
$$n = 11,\ r^2 = 0.834,\ r^2_{cv} = 0.793,\ SE = 0.063$$

图 5.2 抗惊厥活性与 $\lg P$ 之间的相关性[15]
该系列化合物的活性随 $\lg P$ 的增加而增加

对于 5-HT$_{2A}$ 系列配体（图 5.3），采用填充固定化人工膜（immobilized artificial membrane，IAM）的 HPLC 柱测定保留时间发现，$-\lg K_i$ 值与化合物的亲脂性呈正相关[16]。激动剂的结合亲和力与亲脂性呈显著线性相关。对于部分激动剂或拮抗剂，其亲脂性一般均高于激动剂的结合亲和力。该方法已成为区分激动剂和拮抗剂的一种备选方法。

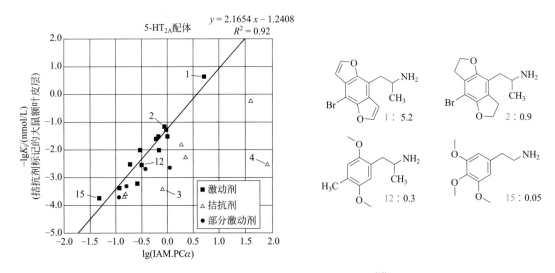

图 5.3 5-HT$_{2A}$ 的活性随亲脂性增加而增加[16]
经 Parker M A, Kurrasch D M, Nichols D E. The role of lipophilicity in determining binding affinity and functional activity for 5-HT$_{2A}$ receptor ligands. Bioorg Med Chem, 2008, 16: 4661-4669 许可转载，版权归 2008 Elsevier 所有

5.3.2 亲脂性修饰与药代动力学

亲脂性是一种主要的潜在结构性质，会影响到更高层次的理化和生化性质，这隐含在"类药

五规则"内。亲脂性通常可作为修饰一系列先导化合物，以提高其性能的有效指南。亲脂性对特定性质和结构修饰策略的影响将在之后的多个章节中讨论。当通过结构修饰改变了药物的活性或某一 ADMET 性质，而其亲脂性也发生了变化时，则建议监测受亲脂性影响的其他性质。例如，通过增加亲脂性来增加渗透性可能会降低药物的溶解度和代谢稳定性。

图 5.4 是一个亲脂性结构修饰影响渗透性的实例。通过非细胞的酶测试方法和细胞水平测试方法测量了一系列 JNK 抑制剂的活性[17]，当亲脂性在 3.7<lg$D$<4.5 的范围时，化合物具有良好的细胞膜渗透性，这与基于细胞测试的 IC_{50} 及酶测试的 IC_{50} 的比值所揭示的规律一致。

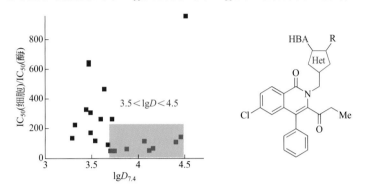

图 5.4　lg$D$ 与基于细胞的 JNK 活性与酶活性的相关性[17]

经 Asano Y, Kitamura S, Ohra T, et al. Discovery, synthesis and biolgical evaluation of isoquinolones as novel and highly selective JNK inhibitors (2). Bioorg Med Chem, 2008, 16: 4699-4714 许可转载，版权归 2008 Elsevier 所有

图 5.5 举例说明了亲脂性结构修饰对 CYP450 代谢的影响[18]。16 个结构不同的 CYP2B6 底物的 $-\lg K_m$（K_m 是表观米氏常数）与 $\lg P_{OW}$ 之间呈现出很强的相关性。代谢率随着亲脂性的增加而增加，而 CYP450 酶更倾向于代谢亲脂性化合物，以增加代谢产物的水溶性，从而利于其排泄。

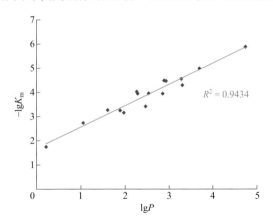

图 5.5　CYP2B6 的代谢随 lg$P$ 的增加而增加[18]

经 Lewis F V, Jacobs M N, Dickins M. Compound lipophilicity for substrate binding to human P450s in drug metabolism. Drug Discov Today, 2004, 9: 530-537 许可转载，版权归 2004 Elsevier 所有

Δlg$P$ 也可作为血脑分配情况的一个指标（图 5.6）[12]，具有更高 Δlg$P$ 的化合物表现出更低的脑/血总浓度比值。Δlg$P$ 也是肠道吸收的一个指标。降低 Δlg$P$ 的结构修饰可引起吸收增加，从而增加曲线下面积（area under the curve，AUC）（图 5.7）[13]。

亲脂性还会影响体内清除率和药代动力学的线性。亲水性较低的化合物倾向于被肾脏完整清除（图 5.8）[19]，而亲脂性较高的化合物倾向于通过肝脏代谢清除（图 5.9）[20]。在图 5.10 中，左

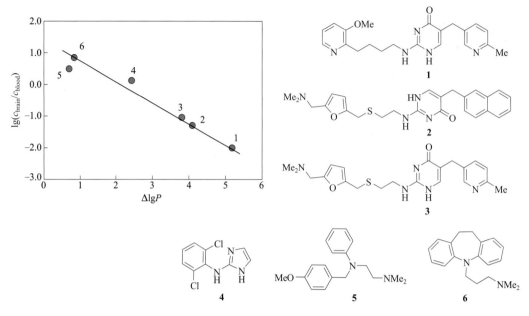

图 5.6 增加 $\Delta \lg P$ 会降低化合物从血液到大脑的分布 [12]

经 Young R C, Mitchell R C, Brown T H, et al. Development of a new physicochemical model for brain penetration and its application to the design of centrally acting H2 receptor histamine antagonists. J Med Chem, 1988, 31: 656-671 许可转载，版权归 1988 American Chemical Society 所有

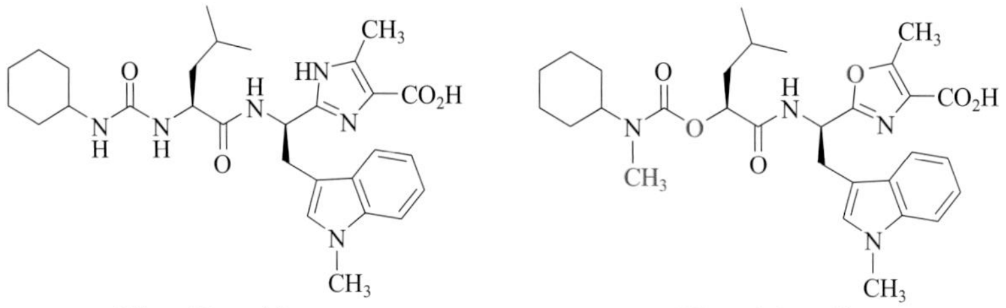

IC$_{50}$ = 11 nmol/L
$\Delta \lg P$ = 5.92
i.d.AUC = 0.26 μg·min/mL

IC$_{50}$ = 4.6 nmol/L
$\Delta \lg P$ = 3.82
i.d.AUC = 110.3 μg·min/mL

图 5.7 $\Delta \lg P$ 对内皮素 A（endothelin A, ET$_A$）受体拮抗剂肠道吸收的影响 [13]

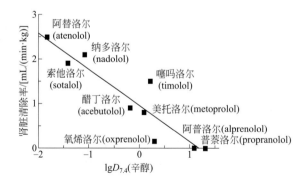

图 5.8 β 受体阻滞剂的肾脏清除率随 lg$D$ 的降低而增加 [19]

经 van de Waterbeemd H, Smith D A, Beaumont K, et al. Property-based design: optimization of drug absorption and pharmacokinetics. J Med Chem, 2001, 44: 1313-1333 许可转载，版权归 2001 American Chemical Society 所有

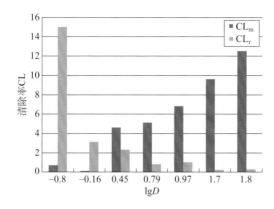

图 5.9　lgD 对色酮类化合物肾清除率（CL_r）和代谢清除率（CL_m）的影响[20]

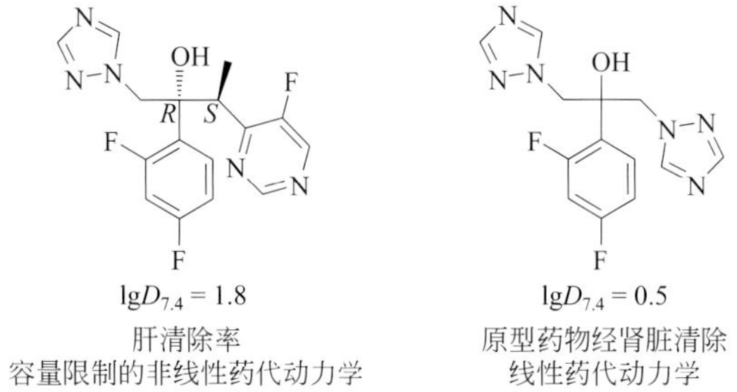

图 5.10　lgD 对体内清除途径和药代动力学线性度的影响[21]

侧化合物的 $lgD_{7.4}$ 值为 1.8，其主要通过肝脏代谢清除，并因代谢酶饱和而具有非线性药代动力学[21]。相比之下，右边化合物的 $lgD_{7.4}$ 值较低，其主要由肾脏清除，并具有线性药代动力学。

5.3.3　亲脂性修饰与毒性

如图 5.11 所示，一系列 N- 烷基吡啶鎓对 CYP450 代谢酶的抑制作用受到亲脂性的影响[22]，CYP2D6 的抑制作用随着亲脂性的增加而增加。

亲脂性也会影响 hERG 阻断毒性。亲脂性的增加（图 5.12）可能与增强对 hERG 通道的阻断有关。这对碱性化合物的影响更为显著[23]。研究发现，通过去除碳原子及增加极性基团（添加氧和 sp^2 杂化的氮）来降低亲脂性是减少 hERG 阻断作用的成功策略[24]。

研究发现，当化合物的 $ClgP>3$ 而 $TPSA<75 Å^2$ 时，大鼠的体内毒性风险可能会增加。因此，亲脂性化学结构的毒性也随之增加。这种毒性可能是与其他体内靶点蛋白的混杂结合有关[25,26]，如在广泛靶点组合（CEREP Bioprint™）中进行三种或多种测试中活性所显示的那样。因此，药物化学家可以将合成精力集中在处于具有较小脱靶风险的化学结构范围内的候选化合物上，以降低其毒性（使 $ClgP<3$，$TPSA>75 Å^2$）。

因高亲脂性而造成的毒性可能会导致这些候选药物惨遭淘汰[27]。由于新的治疗靶点对越来越多的亲脂性化合物表现出更高的亲和力，近年来开发了越来越多的亲脂性候选药物。因此，建议药物化学家在药物发现过程中持续监测相关候选化合物以控制和减弱其亲脂性[27]。

修饰一系列化合物的亲脂性对其 ADMET 的影响如图 5.13 所示。虽然实际的 lgD 值会随化合物系列的不同而不同，但其主要趋势已得到呈现。

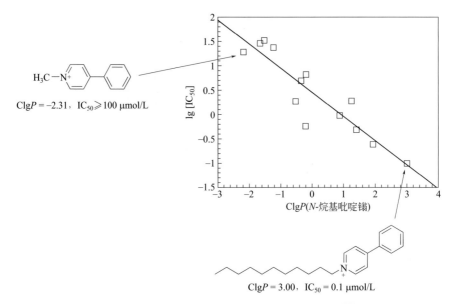

图 5.11 CYP2D6 的抑制作用随 lgP 的增加而增加 [22]

经 Kalgutkar A S, Zhou S, Fahmi O A, et al. Influence of lipophilicity on the interactions of *N*-alkyl-4-phenyl-1,2,3,6-tetrahydropyridines and their positively charged *N*-alkyk-4-phenylpyridinium metabolites with cytochrome P450 2D6. Drug Metab Dispos, 2003, 31: 596-605 许可转载，版权归 American Society for Pharmacolgy and Experimental Therapeutics 所有

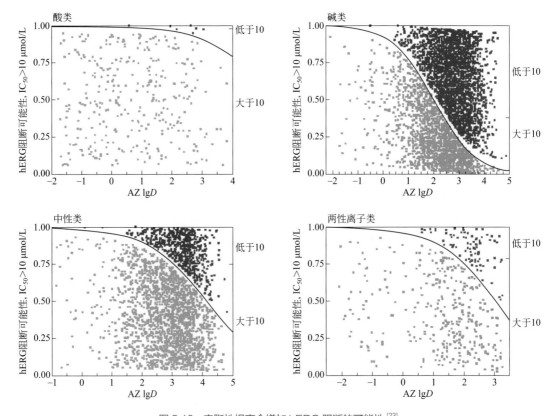

图 5.12 亲脂性提高会增加 hERG 阻断的可能性 [23]

经 Waring M J, Johnstone C A quantitative assessment of hERG liability as a function of lipophilicity. Bioorg Med Chem Lett, 2007, 1: 1759-1764 许可转载，版权归 2007 Elsevier 所有

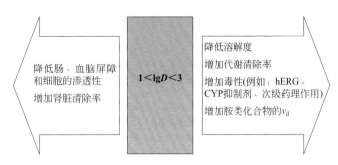

图 5.13　结构设计对亲脂性修饰的影响 [11,23]

（吴丹君　白仁仁）

思考题

（1）lg$P$ 和 lg$D$ 之间的主要区别是什么？
（2）影响 lg$P$ 的因素有哪些？
（3）一般而言，药物的 lg$D_{7.4}$ 在哪个范围内最为有利？
（4）为什么 lg$P$ 过低对吸收不利？为什么 lg$P$ 过高也对吸收不利？
（5）下列哪项是用来测试化合物的中性形式？
　　（a）lg$D$；（b）lg$P$。
（6）当 lg$D_{7.4}$ 为 2 时，可以预测出以下哪些性质？
　　（a）小肠吸收高；（b）溶解度低；（c）渗透性中到高；（d）代谢高；（e）中枢神经系统渗透性中到高。
（7）当 lg$D_{7.4}$ 大于 5 时，可以预测出以下哪些性质？
　　（a）小肠吸收高；（b）溶解度低；（c）代谢高；（d）生物利用度低。

参考文献

[1] C. Hansch, A. Leo, D. Hoekman, Exploring QSAR. Fundamentals and Applications in Chemistry and Biology, Volume 1. Hydrophobic, Electronic and Steric Constants, Volume 2, Oxford University Press, New York, 1995.

[2] M.H. Abraham, H.S. Chadha, R.A.E. Leitao, R.C. Mitchell, W.J. Lambert, R. Kaliszan, A. Nasal, P. Haber, Determination of solute lipophilicity, as log P(octanol) and log P(alkane) using poly(styrene-divinylbenzene) and immobilized artificial membrane stationary phases in reversed-phase highperformance liquid chromatography, J. Chromatogr. A 766 (1997) 35-47.

[3] M.H. Abraham, J.M.R. Gola, R. Kumarsingh, J.E. Cometto-Muniz, W.S. Cain, Connection between chromatographic data and biological data, J. Chromatogr. B Biomed. Sci. Appl. 745 (2000) 103-115.

[4] K. Valko, C.M. Du, C.D. Bevan, D. Reynolds, M.H. Abraham, High throughput lipophilicity determination: comparison with measured and calculated log P/log D values, In: B. Testa, H. van de Waterbeemd, G. Folkers, R. Guy (Eds.), Pharmacokinetic Optimization in Drug Research: Biological, Physiological, and Computational Strategies, Verlag Helvetica Chimica Acta, Zurich, 2001.

[5] C. Hansch, J.M. Clayton, Lipophilic character and biological activity of drugs II: the parabolic case, J. Pharm. Sci. 62 (1973) 1-21.

[6] C. Hansch, A. Leo, S.B. Mekapati, A. Kurup, QSAR and ADME, Bioorg. Med. Chem. 12 (2004) 3391-3400.

[7] F. Lombardo, R.S. Obach, M.Y. Shalaeva, F. Gao, Prediction of volume of distribution values in humans for neutral and basic drugs using physicochemical measurements and plasma protein binding data, J. Med. Chem. 45 (2002) 2867-2876.

[8] R.E. Fessey, R.P. Austin, P. Barton, A.M. Davis, M.C. Wenlock, The role of plasma protein binding in drug discovery, In: B. Testa, S.D. Kramer, H. Wunderli-Allensbach, G. Folkers (Eds.), Pharmacokinetic Profiling in Drug Research, Wiley-VCH, Zurich, 2006, pp. 119-141.

[9] T.T. Wager, X. Hou, P.R. Verhoest, A. Villalobos, Moving beyond rules: the development of a central nervous system multiparameter optimization (CNS MPO) approach to enable alignment of druglike properties, ACS Chem. Neurosci. 1 (2010) 435-449.

[10] M.V.S. Varma, B. Feng, R.S. Obach, M.D. Troutman, J. Chupka, H.R. Miller, A. El-Kattan, Physicochemical determinants of human renal clearance, J. Med. Chem. 52 (2009) 4844-4852.

[11] J.E.A. Comer, High throughput measurement of logD and pKa, In: P. Artursson, H. Lennernas, H. van de Waterbeemd (Eds.), Methods and Principles in Medicinal Chemistry, Vol. 18, Wiley-VCH, Weinheim, 2003, pp. 21-45.

[12] R.C. Young, R.C. Mitchell, T.H. Brown, C.R. Ganellin, R. Griffiths, M. Jones, K.K. Rana, D. Saunders, I.R. Smith, Development of a new physicochemical model for brain penetration and its application to the design of centrally acting H2 receptor histamine antagonists, J. Med. Chem. 31 (1988) 656-671.

[13] T.W. von Geldern, D.J. Hoffman, J.A. Kester, H.N. Nellans, B.D. Dayton, S.V. Calzadilla, K.C. Marsh, L. Hernandez, W. Chiou, D.B. Dixon, J.R. Wu-Wong, T.J. Opgenorth, J. Med. Chem. 39 (1996) 982-991.

[14] D. Camp, M. Campitelli, A.R. Carroll, R.A. Davis, R.J. Quinn, Front-loading natural-product-screening libraries for log P: background, development, and implementation, Chem. Biodivers. 10 (2013) 524-537.

[15] J.C. Thenmozhiyal, P.T.-H. Wong, W.-K. Chui, Anticonvulsant activity of phenylmethylenehydantoins: a structure-activity relationship study, J. Med. Chem. 47 (2004) 1527-1535.

[16] M.A. Parker, D.M. Kurrasch, D.E. Nichols, The role of lipophilicity in determining binding affinity and functional activity for 5-HT$_{2A}$ receptor ligands, Bioorg. Med. Chem. 16 (2008) 4661-4669.

[17] Y. Asano, S. Kitamura, T. Ohra, F. Itoh, M. Kajino, T. Tamura, M. Kaneko, S. Ikeda, H. Igata, T. Kawamoto, S. Sogabe, S. Matsumoto, T. Tanaka, M. Yamaguchi, H. Kimura, S. Fukumoto, Discovery, synthesis and biological evaluation of isoquinolones as novel and highly selective JNK inhibitors (2), Bioorg. Med. Chem. 16 (2008) 4699-4714.

[18] F.V. Lewis, M.N. Jacobs, M. Dickins, Compound lipophilicity for substrate binding to human P450s in drug metabolism, Drug Discov. Today 9 (2004) 530-537.

[19] H. van de Waterbeemd, D.A. Smith, K. Beaumont, D.K. Walker, Property-based design: optimization of drug absorption and pharmacokinetics, J. Med. Chem. 44 (2001) 1313-1333.

[20] A. Dennis, D.A. Smith, K. Brown, M.G. Neale, Chromone-2-carboxylic acids: roles of acidity and lipophilicity in drug disposition, Drug Metab. Rev. 16 (1985) 365-388.

[21] S.J. Roffey, S. Cole, P. Comby, D. Gibson, S.G. Jezequel, A.N. Nedderman, D.A. Smith, D.K. Walker, N. Wood, The disposition of voriconazole in mouse, rat, rabbit, guinea pig, dog and human, Drug Metab. Dispos. 31 (2003) 731-741.

[22] A.S. Kalgutkar, S. Zhou, O.A. Fahmi, T.J. Taylor, Influence of lipophilicity on the interactions of N-alkyl-4-phenyl-1,2,3,6-tetrahydropyridines and their positively charged N-alkyk-4-phenylpyridinium metabolites with cytochrome P450 2D6, Drug Metab. Dispos. 31 (2003) 596-605.

[23] M.J. Waring, C. Johnstone, A quantitative assessment of hERG liability as a function of lipophilicity, Bioorg. Med. Chem. Lett. 1 (2007) 1759-1764.

[24] C. Springer, K.L. Sokolnicki, A fingerprint pair analysis of hERG inhibition data, Chem. Cent. J. 7 (2013) 167.

[25] J.D. Hughes, J. Blagg, D.A. Price, S. Bailey, G.A. DeCrescenzo, R.V. Devraj, E. Ellsworth, Y.M. Fobian, M.E. Gibbs, R.W. Gilles, N. Greene, E. Huang, T. Krieger-Burke, J. Loesel, T. Wager, L. Whiteley, Y. Zhang, Physiochemical drug properties associated with in vivo toxicological outcomes, Bioorg. Med. Chem. Lett. 18 (2008) 4872-4875.

[26] D.A. Price, J. Blagg, L. Jones, N. Greene, T. Wager, Physicochemical drug properties associated with *in vivo* toxicological outcomes: a review, Expert Opin. Drug Metab. Toxicol. 5 (2009) 921-931.

[27] P.D. Leeson, B. Springthorpe, The influence of drug-like concepts on decision-making in medicinal chemistry, Nat. Rev. Drug Discov. 6 (2007) 881-890.

第 6 章

6.1 pK_a 基本原理

大多数药物都含有可电离的基团（图 6.1），而且大多数药物都是碱性的，也有一部分是酸性的，但只有 5% 的药物无法电离。pK_a 反映的是化合物在水溶液中的电离度，它是关于分子中基团的酸性或碱性的函数。当结构骨架上的吸电子基或供电子基被修饰时，酸性或碱性化合物的 pK_a 值也会随之变化。

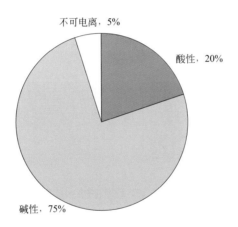

图 6.1　大多数药物是可电离的

pK_a 既适用于酸，也适用于碱，是电离常数的 $-\lg K_a$ 值。

对于酸性化合物：

$$HA = H^+ + A^-$$

$$pK_a = -\lg \frac{[H^+][A^-]}{[HA]}$$

对于碱性化合物：

$$HB^+ = H^+ + B$$

$$pK_a = -\lg \frac{[H^+][B]}{[HB^+]}$$

从上述方程式可得出酸性和碱性化合物性质与 pK_a 的关系。

对于酸性化合物：
- 随着 pH 值的降低，溶液中中性酸分子（HA）的浓度升高，而其阴离子（A$^-$）浓度降低；
- pK_a 较低的化合物的酸性更强（即形成 A$^-$ 的趋势更大）。

对于碱性化合物：
- 随着 pH 值的降低，溶液中中性碱性分子（B）的浓度降低，而阳离子（HB$^+$）的浓度升高；
- pK_a 较低的化合物的碱性较弱（即形成 HB$^+$ 的趋势较低）。

Henderson-Hasselbalch 方程对于药物发现是至关重要的。

对于酸性化合物：

$$\mathrm{pH} = \mathrm{p}K_a + \lg([A^-]/[HA]) \text{ 或 } [HA]/[A^-] = 10^{(\mathrm{p}K_a - \mathrm{pH})}$$

对于碱性化合物：

$$\mathrm{pH} = \mathrm{p}K_a + \lg([B]/[HB^+]) \text{ 或 } [HB^+]/[B] = 10^{(\mathrm{p}K_a - \mathrm{pH})}$$

如果 pK_a 已知，可以根据这一方程计算在任何 pH 值下离子和中性物质的浓度。值得注意的是，当 pH 值与 pK_a 相同时，溶液中的离子和中性物质的浓度相等。该方程式所描述的化合物浓度与 pH 及 pK_a 的变化关系如图 6.2 所示。

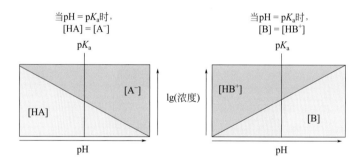

图 6.2　当 pH 值大于或小于 pK_a 时，药物的中性分子与其酸碱离子的浓度示意

药物中典型的有机酸性基团的 pK_a 值较低（例如，羧酸约为 4），且酸度随 pK_a 值的增加而降低。而药物中典型的有机碱性基团具有较高的 pK_a 值（例如，脂肪胺约为 9.5），且碱性强度随 pK_a 的减小而降低。

6.2　pK_a 的影响

在整个药物发现的过程中，对化学结构进行修饰时，会导致电离度发生改变。这些 pK_a 的变化会影响药物的药效、药代动力学和某些毒性性质。

6.2.1　pK_a 对药效的影响

pK_a 可影响药物的药效。这是由药物分子与靶点蛋白结合位点的相互作用决定的。因此，随着整个药物发现过程中化合物化学结构的变化，pK_a 值可能发生相应的变化，进而对药效产生正面或负面影响。

6.2.2 pK_a 对药代动力学性质的影响

pK_a 可影响药物的药代动力学特性。电离的分子比中性分子更易溶于水性介质，因为它们的极性更大。溶解度取决于中性分子的固有溶解度和离子化合物的溶解度，而离子化合物的溶解度要大得多。由 Henderson-Hasselbalch 方程派生而得的以下两个方程式可以更好地说明这种关系：

对于酸性化合物：

$$S = S_0(1+10^{\text{pH}-\text{p}K_a})$$

对于碱性化合物：

$$S = S_0(1+10^{\text{p}K_a-\text{pH}})$$

其中，S_0 为化合物中性分子的溶解度。溶解度与 pH 和 pK_a 之间的差异呈指数变化。因此，随着离子分数的增加，溶解度增加。可以通过改变溶液的 pH 值或改变结构以调节 pK_a，进而改变溶解度。

相反的是，电离的分子比中性分子的渗透性更差。中性分子主要采用被动扩散形式渗透进脂质膜，因为中性分子比离子化的分子更具亲脂性。因此，随着溶液中离子比例的增加，表观渗透性降低。电离的影响表明了药物化学家经常遇到的一种关系：高渗透性化合物通常溶解度较低，反之亦然。因此，由于电离对这些性质的影响相反，化合物的溶解度和渗透性之间存在一种折中关系。

图 6.3 是展示以上关系的一个实例。pK_a 为 5 的酸性化合物显示出随溶液 pH 值增加而降低的渗透性。相反，溶解度随着 pH 值的增加而增加。

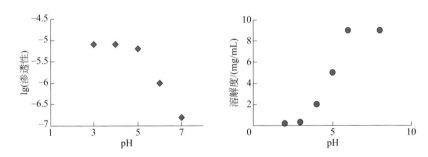

图 6.3 pK_a 为 5 的酸性化合物的渗透性和溶解度曲线

对于可电离的化合物，渗透性和溶解度取决于 pH 值。由于电离的影响，这些性质对 pH 值表现出相反的影响

pK_a 会影响溶解度和渗透性，因此当溶解度和渗透率同时重要时，pK_a 的影响会显得更加重要。一个经典的例子是口服给药后药物的肠道吸收。当 pK_a 有助于固体药物的增溶时，则 pK_a 有利于高剂量固体药物的吸收，同时有助于大部分中性分子的渗透。对于涉及细胞内靶点的细胞水平测试，也能够观察到这一平衡。该化合物必须既可溶于细胞测试的介质中，又可渗透通过细胞膜以达到靶点。

6.2.3 pK_a 对毒性的影响

pK_a 可能会导致某些化合物产生脱靶效应，进而引发毒性。例如，随着化合物碱性的增加，其与 hERG 离子通道的结合也可能会相应增强，可能导致心律不齐的副作用（参见第 16 章）。相反，增加结构中特定位置的酸性可减少化合物与 hERG 通道结合的可能性。

受分子中特定氨基碱性的影响，化合物对细胞色素 P450（CYP）的抑制可能会引起药物相互作用（参见第 15 章）。研究显示，降低参与 CYP 抑制的特定氨基的 pK_a 值可以减弱其对 CYP 的抑制作用。

6.3 pK_a 相关实例研究

6.3.1 pK_a 影响活性的实例

化合物的 pK_a 和分子大小对活性影响的例子如图 6.4 所示[1]。当 pK_a 约为 10 的哌啶被对 pK_a 影响很小的脂肪族基团修饰时，取代基大小的增加似乎是造成其生物活性减弱的原因。然而，当以芳环取代时，胺的碱性大大降低，导致活性显著下降，并且与其他取代基大小相比，其活性的下降远远低于芳环预期的活性。pK_a 对活性影响的另一个例子如图 6.5 所示[2]。随着 pK_a 的降低（酸度增加），IC_{50} 也随之变小。

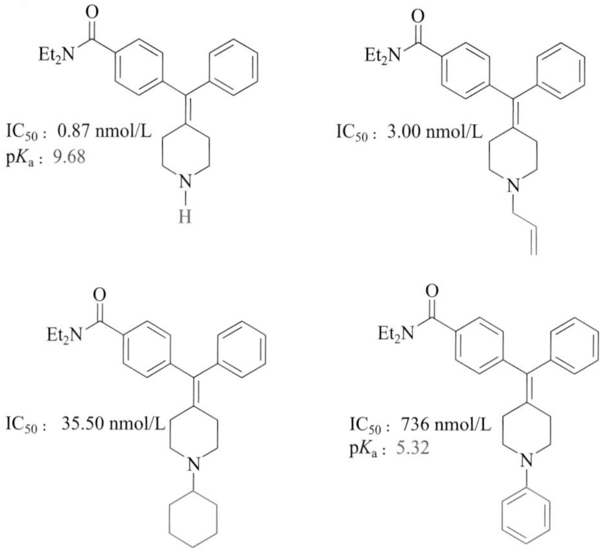

图 6.4 pK_a 和分子大小对活性的影响[1]

经 Z-Y Wei, W Brown, B Takasaki, et al. *N*, *N*-diethyl-4-(phenylpiperidin-4-ylidenemethyl) benzamide: a novel, exceptionally selective, potent d opioid receptor agonist with oral bioavailability and its analgues. J Med Chem 2000, 43: 3895-3905 许可转载，版权归 2000 American Chemical Society 所有

6.3.2 pK_a 影响药代动力学性质的实例

碱性药物往往比酸性药物更容易穿透血脑屏障（blood-brain barrier，BBB）。如图 6.6 中实例所示，碱性的三氟啦嗪（trifluoroperizine，pK_a=7.8）可以透过 BBB，而酸性的吲哚美辛（indomethacin，pK_a=4.2）则不能[3]。pK_a 对一组胆酸类化合物水溶性的影响如图 6.7 所示[4]。随着化合物酸性的增加，水溶性也随之增加。又如，两个 SRC 激酶抑制剂的溶解度如图 6.8 所示[5]，由于电离作用，增加碱性也会增加化合物的溶解度。

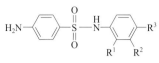

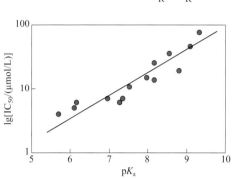

化合物	IC$_{50}$/(μmol/L)	pK_a
4-OCH$_3$	75	9.34
H	45	9.10
4-Cl	35	8.56
4-I	25	8.17
2-Cl, 4-OCH$_3$	19	8.81
3-CF$_3$	15	7.98
2-Cl	14	8.18
4-COCH$_3$	11	7.52
4-CN	7	7.36
4-NO$_2$	7	6.97
2-OCH$_3$, 4-NO$_2$	6	7.27
2-Cl, 4-NO$_2$	6	6.17
2-NO$_2$, 4-CF$_3$	5	6.10
2-Br, 4-NO$_2$	4	5.70

图 6.5　pK_a 对一系列化学结构生物活性的影响[2]

经 G H Miller, P H Doukas, J K Seydel. Sulfonamide structure-activity relation in a cell-free system. Correlation of inhibition of folate synthesis with antibacterial activity and physicochemical parameters. J Med Chem, 1972, 15: 700-706 许可转载，版权归 1972 American Chemical Society 所有

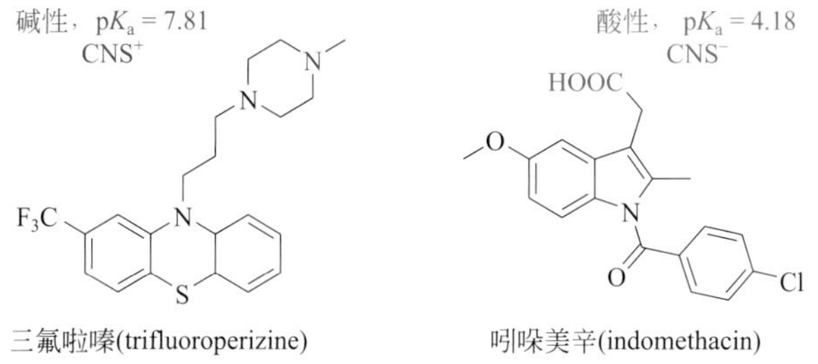

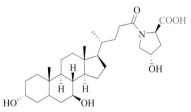

图 6.6　碱性药物更容易透过 BBB，而酸性药物则不然[3]

pK_a = 5.0，溶解度 8 μmol/L

pK_a = 3.9，溶解度 113 μmol/L

pK_a = 3.1，溶解度 250 μmol/L

pK_a = 1～2，溶解度 450 μmol/L

图 6.7　pK_a 对胆酸类化合物溶解度的影响[4]

经 A Roda, C Cerre, A C Manetta, et al. Synthesis and physicochemical, biological, and pharmacological properties of new bile acids amidated with cyclic amino acids. J Med Chem, 1996, 39: 2270-2276 许可转载，版权归 1996 American Chemical Society 所有

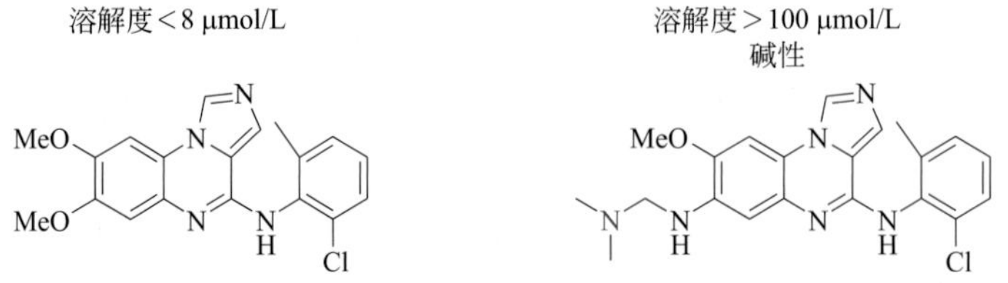

溶解度 <8 μmol/L　　　　　　　溶解度 >100 μmol/L
　　　　　　　　　　　　　　　　碱性

图 6.8　pK_a 对 SRC 激酶抑制剂溶解度的影响[5]

据报道，在平行人工膜渗透性测试（parallel artificial membrane permeability assay，PAMPA）中，较低 pH 值条件下的双氯芬酸钠（diclofenac，酸性，pK_a=5.6）的渗透性强于较高 pH 值条件下的渗透性；而地昔帕明（desipramine，碱性，pK_a=6.5）的情况则相反[6]。又如，酸性的酮洛芬（ketoprofen，pK_a=3.98）、碱性的维拉帕米（verapamil，pK_a=9.07）和两性的吡罗昔康（piroxicam，pK_a=5.07，2.33）都具有独特的渗透性[7]。

作用于 CNS 中 5-HT$_{1D}$ 的化合物的肠道吸收优化如图 6.9 所示。三个化合物在口服剂量为 3 mg/kg 条件下，服药 0.5 h 后全身和肝门静脉（hepatic portal vein，hpv）的血药浓度如图 6.9 中表格所示。肝门静脉位于肠和肝脏之间，因此其血药浓度是发生首过效应之前的药物浓度，所以肝门静脉所测得的药物吸收效果不受肝脏代谢的影响。化合物 **1** 的 pK_a=9.7，其全身和肝门静脉血药浓度较低，说明其吸收较差。而化合物 **2** 与 **1** 的区别仅在于将 CH 取代为氮原子，其 pK_a=8.2，似乎更有利于吸收（溶解度和渗透性可以达到更好的平衡）。对化合物 **1** 哌啶环中的 CH 进一步氟取代得到化合物 **3**，其 pK_a=8.8，对吸收更为有利，其吸收率是化合物 **1** 的 20 倍以上。该实例表明：对肝门静脉和全身血浆进行采样分析可以很好地评估化合物的吸收效果；此外，调节优化化合物的 pK_a 是增加其全身暴露量的成功策略。

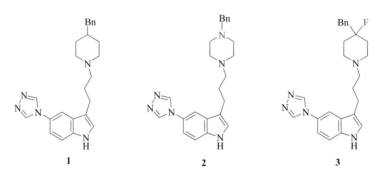

化合物	官能团修饰	血药浓度(hpv)①/(ng/mL)	全身血药浓度①/(ng/mL)	pK_a
1	哌啶	25	<2	9.7
2	哌嗪	178	42	8.2
3	氟代哌啶	570	52	8.8

① 指按计量 3 mg/kg(体重)口服 0.5 h 后测量。

图 6.9　pK_a 对作用于 5-HT$_{1D}$ 的化合物口服吸收的影响[8,9]

经 J L Castro, I Collins, M G N Russell, et al. Enhancement of oral absorption in selective 5-HT$_{1D}$ receptor agonists: fluorinated 3-[3-(piperidin-1-yl)propyl]indoles. J Med Chem, 1998, 41: 2667-2670. 以及 M B van Niel, I Collins, M S Beer, et al. Fluorination of 3-(3-(piperidin-1-yl)propyl)indoles and 3-(3-(piperazin-1-yl) propyl) indoles gives selective human 5-HT$_{1D}$ receptor ligands with improved pharmacokinetic profiles. J Med Chem, 1999, 42: 2087-2104 许可转载，版权归 1996 & 1998 American Chemical Society 所有

6.4 优化 pK_a 的结构改造策略

当计划对某一系列化合物进行结构修饰以改善其水溶性或渗透性时，有大量的亚结构可供选择。但需要牢记的是，增加溶解度的结构修饰会相应降低渗透率。

通过在亚结构上引入具有不同 pK_a 的基团进行修饰，药物化学家可以优化化合物的溶解度和渗透性。通过调节 pK_a 以提高溶解度和渗透性的实例将分别在第 7 章和第 8 章中详细介绍。添加或减少给电子或吸电子基团，可以增加酸性或碱性基团的电子密度，从而起到调节溶解度和渗透性的作用。例如，可以通过添加 α-卤素或其他吸电子基团（如羧基、氰基和硝基）以提高酸性；添加脂肪族基团对酸性几乎没有影响；而去除吸电子基团则会使酸性降低。

引入芳香族基团（如苯胺）可以降低碱的强度，因为碱性基团上的孤对电子能被离域到芳环中。而引入脂肪族基团，也可以稍微降低碱性。苯胺的碱性可通过引入给电子基团（如甲氧基）来增强，但引入吸电子基团（如硝基）则会使碱性降低。图 6.10 详细总结了邻近基团对 pK_a 的影响[10]。部分药物的 pK_a 计算值如图 6.11 所示。

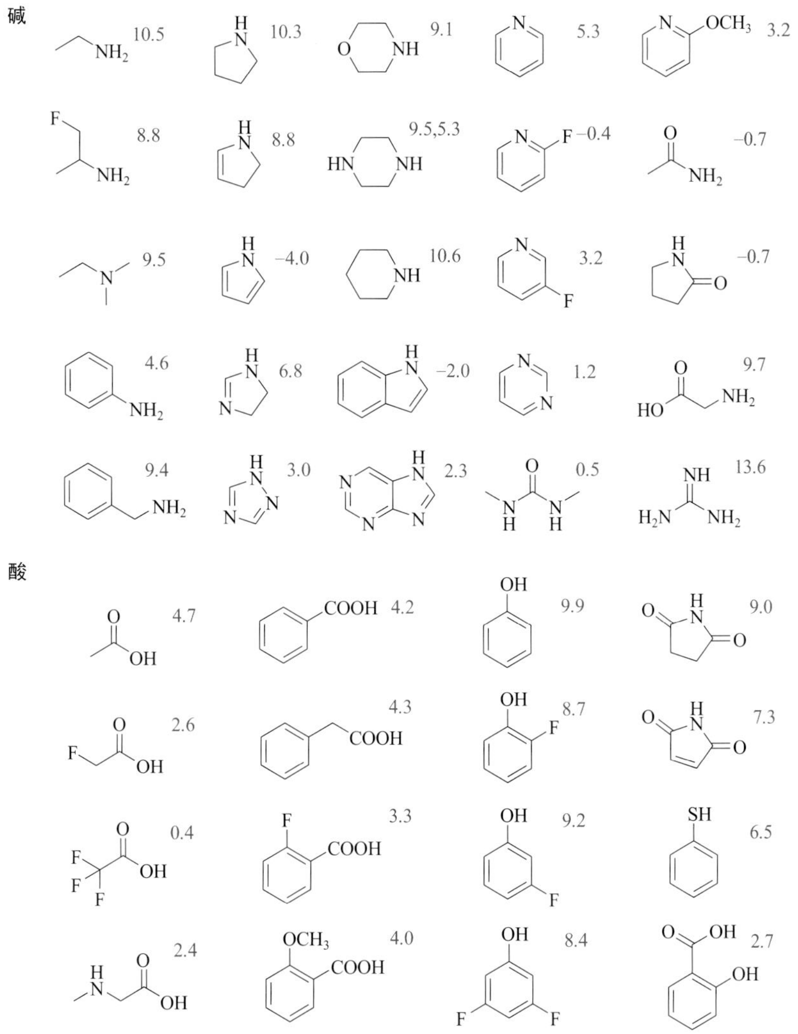

图 6.10 一些碱和酸的结构及其通过 CompuDrug® 计算所得的 pK_a 值
注意邻近基团的结构修饰

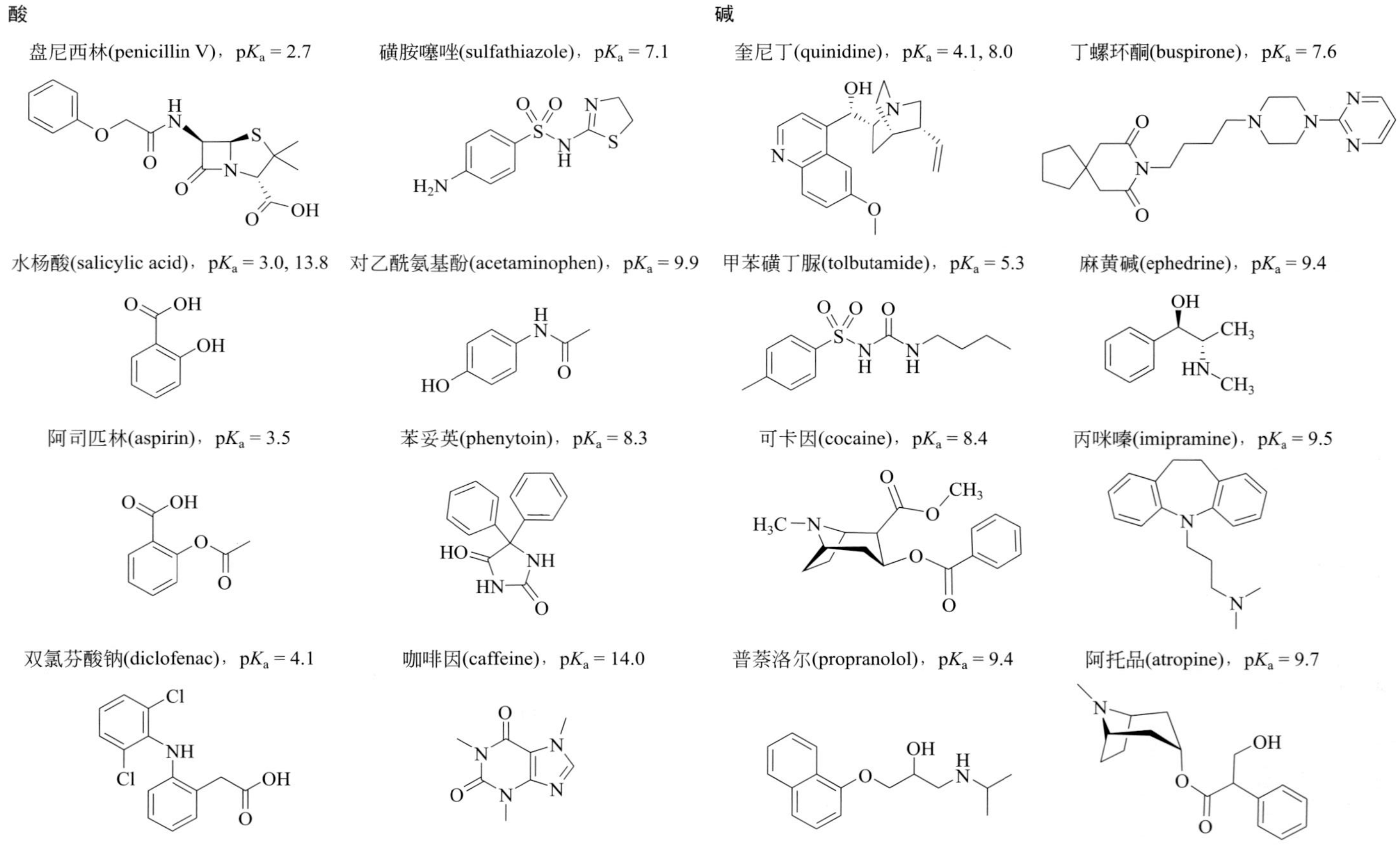

图 6.11 部分药物的 pK_a 值示例

（白仁仁 叶向阳）

思考题

(1) 对于酸而言，随着 pH 的降低，会产生哪些变化？
(a) 阴离子浓度增高；(b) 中性分子浓度增高；(c) 溶解度变大；(d) 溶解度变小；(e) 渗透性变高；(f) 渗透性变低。

(2) 对于碱而言，随着 pH 的降低，会产生哪些变化？
(a) 阳离子浓度增高；(b) 中性分子浓度增高；(c) 溶解度变大；(d) 溶解度变小；(e) 渗透性变大；(f) 渗透性变小。

(3) 在 pH=6.8 的条件下，pK_a=9.5 的碱性化合物大部分以下列哪种形式存在？
(a) 电离形式；(b) 中性形式。

(4) 对于苯甲酸（pK_a=4.2），其在禁食状态下胃、十二指肠和血液中的离子化程度如何？可参考以下关系式：

$$HA \rightleftharpoons H^+ + A^-, \quad [HA]/[A^-] = 10^{(pK_a - pH)}$$

部位	pH	$[HA]/[A^-]=10^{(pK_a-pH)}$	离子化
胃	1.5		
十二指肠	5.5		
血液	7.4		

(5) 对于哌嗪（pK_a=9.8），其在禁食状态下胃、十二指肠和血液中的离子化程度如何？可参考以下关系式：

$$BH^+ \rightleftharpoons H^+ + B, \quad [BH^+]/[B] = 10^{(pK_a - pH)}$$

部位	pH	$[BH^+]/[B]=10^{(pK_a-pH)}$	离子化
胃	1.5		
十二指肠	5.5		
血液	7.4		

(6) 如果某一酸的 pH 值比 pK_a 值高 2 个单位，则其主要成分为？如果某一碱的 pH 值比 pK_a 值低 2 个单位，则其主要成分为？
(a) 中性分子；(b) 阴离子；(c) 阳离子。

参考文献

[1] Z.-Y. Wei, W. Brown, B. Takasaki, N. Plobeck, D. Delorme, F. Zhou, H. Yang, P. Jones, L. Gawell, H. Gagnon, R. Schmidt, S.-Y. Yue, C. Walpole, K. Payza, S. St-Onge, M. Labarre, C. Godbout, A. Jakob, J. Butterworth, A. Kamassah, P.-E. Morin, D. Projean, J. Ducharme, E. Roberts, N,N-diethyl-4-(phenylpiperidin-4-ylidenemethyl)benzamide: a novel, exceptionally selective, potent d opioid receptor agonist with oral bioavailability and its analogues, J. Med. Chem. 43 (2000) 3895-3905.

[2] G.H. Miller, P.H. Doukas, J.K. Seydel, Sulfonamide structure-activity relation in a cell-free system. Correlation of inhibition of folate synthesis with antibacterial activity and physicochemical parameters, J. Med. Chem. 15 (1972) 700-706.

[3] D.E. Clark, In silico prediction of blood-brain barrier permeation, Drug Discovery Today 8 (2003) 927-933.

[4] A. Roda, C. Cerre, A.C. Manetta, G. Cainelli, A. Umani-Ronchi, M. Panunzio, Synthesis and physicochemical, biological, and pharmacological properties of new bile acids amidated with cyclic amino acids, J. Med. Chem. 39 (1996) 2270-2276.

[5] P. Chen, A.M. Doweyko, D. Norris, H.H. Gu, S.H. Spergel, J. Das, R.V. Moquin, J. Lin, J. Wityak, E.J. Iwanowicz, K.W. McIntyre, D.J. Shuster, K. Behnia, S. Chong, H. deFex, S. Pang, S. Pitt, D.R. Shen, S. Thrall, P. Stanley, O.R. Kocy, M.R. Witmer, S.B. Kanner, G.L. Schieven, J.C. Barrish, Imidazoquinoxaline Src-family kinase p56[Lck] inhibitors: SAR, QSAR, and the discovery of (S)-N-(2-chloro-6-methylphenyl)-2-(3-methyl-1-piperazinyl)imidazo- [1,5-a]pyrido[3,2-e]pyrazin-6-amine

(BMS-279700) as a potent and orally active inhibitor with excellent in vivo antiinflammatory activity, J. Med. Chem. 47 (2004) 4517-4529.
[6] F. Wohnsland, B. Faller, High-throughput permeability pH profile and high-throughput alkane/water log P with artificial membranes, J. Med. Chem. 44 (2001) 923-930.
[7] A. Avdeef, Physicochemical profiling (solubility, permeability and charge state), Curr. Top. Med. Chem. 1 (2001) 277-351.
[8] J.L. Castro, I. Collins, M.G.N. Russell, A.P. Watt, B. Sohal, D. Rathbone, M.S. Beer, J.A. Stanton, Enhancement of oral absorption in selective 5-HT$_{1D}$ receptor agonists: fluorinated 3-[3-(piperidin-1-yl)propyl]indoles, J. Med. Chem. 41 (1998) 2667-2670.
[9] M.B. van Niel, I. Collins, M.S. Beer, H.B. Broughton, S.K.F. Cheng, S.C. Goodacre, A. Heald, K.L. Locker, A.M. MacLeod, D. Morrison, C.R. Moyes, D. O'Connor, A. Pike, M. Rowley, M.G.N. Russell, B. Sohal, J.A. Stanton, S. Thomas, H. Verrier, A.P. Watt, J.L. Castro, Fluorination of 3-(3-(piperidin-1-yl)propyl)indoles and 3-(3-(piperazin-1-yl)propyl)indoles gives selective human 5-HT$_{1D}$ receptor ligands with improved pharmacokinetic profiles, J. Med. Chem. 42 (1999) 2087-2104.
[10] A. Martin, Physical Pharmacy, fourth ed., Lea and Febiger, Philadelphia, 1993.

第 7 章

溶解度

7.1 引言

溶解度（solubility）是药物发现过程中最重要的性质之一，它影响着诸如生物活性、体内药效、毒性测试、药代动力学和剂型等多方面的研究。由于亲脂性苗头化合物和先导化合物的开发数量正呈现出一种不断攀升的趋势，溶解度在药物发现中通常是比渗透性更重要的限制因素[1]。低溶解度化合物会对药物发现和开发过程造成极大困扰，并可能产生诸多不利的影响：

- 化合物沉淀析出，会造成生物测试活性值偏低；
- 化合物的低溶出速率和析出可能导致生物学和 ADMET 测试中产生错误的结果；
- 化合物低吸收导致靶标暴露量和体内药效偏低；
- 化合物低吸收导致口服给药后生物利用度偏低；
- 由于溶解度不足，无法通过静脉注射（IV）给予高浓度剂量；
- 析出及重新溶解导致药代动力学曲线（PK）异常；
- 溶解度在不同肠胃条件下也存在个体及种属差异；
- 无法进行高剂量毒性研究；
- 导致制剂昂贵、开发时间延长、需要更多的复杂研究等；
- 频繁大剂量给药导致患者负担加重。

药物发现团队需对以上这些主要影响足够重视。药品开发完成后再去解决溶解度问题是不切实际的，这是因为低溶解度在药物发现过程中会误导结构的测试并使开发变得困难。例如，先导化合物的选择和优化依赖体外和体内的生物学数据。在开发低溶解度化合物时，这个过程将更加复杂，所得的最佳剂型和其体内性能可能无法达到该项目的既定目标。在药物发现阶段的每个步骤都应充分注意溶解度问题，以便获得具有良好溶解度的高质量临床开发候选药物。溶解度优化策略的要素将在 7.8 节中讨论。

7.2 溶解度的基本原理

7.2.1 溶解度随化合物结构、形式和溶液条件而变化

溶解度是化合物在给定溶液条件下的最大溶解浓度。化合物的溶解度并不是固定不变，它是由分子在固体和溶液之间的动态分配决定的，这种分配平衡了固态药物分子之间、药物分子与溶剂分子，以及溶剂分子之间的吸引力。因此，溶解度取决于化合物的结构、形式和溶液性质：

- 化合物结构
  - 化合物的结构性质和分子几何形状影响固相和溶液之间的相互作用。
- 化合物形式
  - 固体：无定形、晶体、多晶型、粒度或表面积、反离子、表面涂层。
  - 溶液：溶剂（如 DMSO）中的预溶性。
- 溶液的组成和物理条件
  - 溶剂的结构和性质。
  - 助溶剂及其浓度。
  - 共溶质（如盐、离子、蛋白质、脂质、表面活性剂、缓冲液等）。
  - pH 和缓冲能力。
  - 温度。
  - 孵育时间。
  - 混合。
  - 溶剂中的化合物扩散速率。

化合物的溶解度会随基质（例如，pH 7.4 缓冲液、模拟肠液、血液、生物测试介质）的变化而变化。这也为如何改善溶解度及针对低溶解度化合物的生物学和 ADMET 测定优化提供了思路。

7.2.2 溶出度

溶出度（dissolution rate），也称为溶出速率，是指化合物从固体形式溶解到溶剂中的速率。固体形式会影响溶出速率，并存在显著差异。例如，无定形（固体内部分子无规则排列，其溶出度及溶解度通常比晶体更快）或晶体（固体内部分子规则排列，其中可能因含有多晶形式而具有不同的溶出度和溶解度）。不同合成批次的化合物也可能具有不同的溶出度，这是由于其可能存在不同的固体形式和盐型反离子，以及可能呈中性形式（游离酸或碱）或存在助溶剂。用于药物开发或临床给药的固体剂型通常是由药物结晶颗粒与能增加药物溶出度的辅料共同混合而得。改善固体形式可实现不同的溶出度（第 41 章），从而控制药物的吸收速率和药代动力学性质。

7.2.3 结构性质对溶解度的影响

化合物的结构性质和形式对其溶解度具有极大的影响。这些性质及其对溶解度的影响如下：
- 电离度（pK_a）——增加电离度可增加溶解度，这也取决于溶液的 pH 值。
- 亲脂性（$\lg P$）——增加亲脂性可降低溶解度。
- 极性、氢键供体、氢键受体、拓扑极性表面积——增加这些性质可增加溶解度。
- 尺寸（分子量）——增大分子尺寸可降低溶解度。
- 晶格能（熔点）——以物理形式增加分子间晶体作用力可降低溶解度。

药物化学家可通过结构修饰改变这些性质，从而使后续的同系物更易于溶解。极性、氢键、分子大小、电离度和分子间作用力的结构修饰将在 7.4 节中讨论。通过结构修饰增强药品与溶剂分子的相互作用或减少药品分子之间相互作用，可有效提高药品的溶解度。控制结晶条件可改变化合物的晶型。

7.2.3.1 亲脂性和晶体分子间作用力对溶解度的影响

亲脂性和晶体分子间作用力对溶解度的影响可由经验推导的"一般溶解度方程"[2] 来表示。

根据化合物可测量或可计算的性质估算其在水中的溶解度：

$$\lg S = 0.8 - \lg P_{ow} - 0.01(MP-25)$$

式中，S 为溶解度；$\lg P_{ow}$ 为辛醇/水分配系数（亲脂性的量度单位）；MP 为熔点（晶体间分子作用力的度量单位）。$\lg P_{ow}$ 的增加往往会增强固体中药品-药品间的非极性作用力。当氢键力、亲脂性或极性相互作用增强了固体的分子间晶体堆积力时，熔点就会增加。例如，增强氢键力和极性并减少分子量可降低 $\lg P_{ow}$。由上述方程可知，溶解度可随着下列条件降低 10 倍：

- $\lg P_{ow}$ 增加 1 个单位；
- 熔点提高 100℃。

7.2.3.2 电离度对溶解度的重要影响

pK_a 和溶液的 pH 值对溶解度的影响非常重要，因为带电形式的药物会比中性形式的具有更高的水溶性。在特定 pH 下，溶液中的中性分子和离子态会分布平衡。因此，化合物在特定 pH 下的溶解度是溶液中中性分子的溶解度乘以中性分子的百分数与电离型分子的溶解度乘以离子分数的总和。这对于化合物在各种生理溶液和不同 pH 溶液中的溶解度有着重要的意义。

药物的电离有着重要作用，一般根据如下反应发生电离：

$$HA + H_2O \rightleftharpoons H_3O^+ + A^- \quad (酸)$$

$$B + H_2O \rightleftharpoons OH^- + HB^+ \quad (碱)$$

处于平衡状态下，一元酸或一元碱的溶解度（S）可表示为：

$$S = [HA] + [A^-] \quad (酸)$$

$$S = [B] + [HB^+] \quad (碱)$$

Henderson-Hasselbach 方程的数学推导（见第 6 章）可用于溶解度的计算：

$$S = S_0(1 + 10^{pH - pK_a}) \quad (酸)$$

$$S = S_0(1 + 10^{pK_a - pH}) \quad (碱)$$

式中，S_0 为固有溶解度（中性化合物的溶解度）。因此，溶解度与 S_0 呈线性关系，与 pH-pK_a 的值呈指数关系。这正是在结构修饰中通常首选引入可电离基团来增加溶解度的原因。酸性物质的固有溶解度和 pK_a 对溶解度影响示例如表 7.1 所示[3]。巴比妥（barbital）和异戊巴比妥（amobarbital）在弱酸性环境下具有相同的 pK_a（7.9），但是巴比妥的固有溶解度（7.0 mg/mL）比异戊巴比妥高（1.2 mg/mL）。因此，在 pH 9 条件下，巴比妥的总溶解度比异戊比妥更高（分别为 95 mg/mL 和 15 mg/mL）。萘普生（naproxen）和苯妥英（phenytoin）具有相似的固有溶解度，但 pK_a 不同，这导致这两种化合物在 pH=9 的溶液中的溶解度差异十分明显。由于萘普生（pK_a 4.6）比苯妥英（pK_a 8.3）的酸性更强，且溶解度与 pH-pK_a 的值呈指数增长关系，因此萘普生具有更高的溶解度。该实例表明引入电离中心是提高溶解度的有效结构修饰策略。

表 7.1　给定 pH 下的溶解度是中性分子固有溶解度和电离型分子溶解度的函数 [3]

	pK_a	固有溶解度 /(mg/mL)	pH 9 下的溶解度 /(mg/mL)
巴比妥	7.9	7	95
异戊巴比妥	7.9	1.2	15
萘普生	4.6	0.016	430
苯妥英	8.3	0.02	0.12

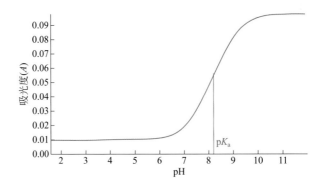

| 巴比妥 | 异戊巴比妥 | 萘普生 | 苯妥英 |

研究人员应避免将 pK_a 滴定曲线与 pH-溶解度曲线相混淆。pK_a 滴定曲线（图 7.1）显示了电离度随 pH 的变化。该曲线在 pK_a 区域内急剧上升，在 pH=pK_a 处出现拐点。研究人员可能认为溶解度会在 pH=pK_a 处急剧上升，但实际上，溶解度急剧上升的 pH 范围取决于固有溶解度（S_0）。图 7.2 显示了四种具有相同 pK_a（4.5）但不同固有溶解度（0.1 mg/mL、1 mg/mL、10 mg/mL 和 100 mg/mL）的酸性化合物的 pH-溶解度曲线。拐点并不与化合物的 pK_a 相对应。当总溶解度是固有溶解度的 2 倍时，化合物的 pK_a 等于 pH 值，这是因为溶解度和 pK_a 遵循对数线性关系。溶解度的对数与 pH 的线性关系图（见图 7.2 中的插图）表明，拐点处的 pH 就是化合物的 pK_a。

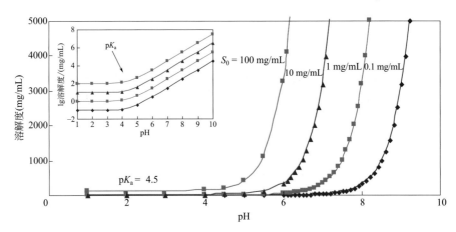

图 7.1　pK_a 为 8.2 的化合物的 pK_a 滴定曲线

图 7.2　pK_a 均为 4.5 但 S_0 值不同的化合物的 pH-溶解度曲线
（当 pH=pK_a 时，总溶解度 =2S_0）

7.2.4　动力学溶解度和热力学溶解度

区分"动力学"和"热力学"溶解度非常重要。研究人员也应该了解如何测定溶解度，以便对数据进行合理解释。此外，也应该了解数据应用的条件，从而确保应用条件一致，以便得出正确的数据。例如，生物学测定中的动力学条件与动力学溶解度（kinetic solubility）的测定条件是一致的；固体剂型开发的热力学条件与热力学溶解度（thermodynamic solubility）测定条件是一致的。动力学和热力学溶解度的测定方法将在第 25 章进行讨论。

（1）动力学溶解度

首先将化合物完全溶解在有机溶剂（如 DMSO）中，然后取少量加入水性缓冲液中。此时，已溶解化合物和过量的固相化合物之间并未达到平衡（固体可能已经完全溶解）。如果化合物从溶液中析出沉淀，则它可能是"亚稳定"的固体形式，例如无定形或晶形的混合物。动力学溶解度是药物发现早期对化合物溶解度的乐观估值。因此，如果测得的动力学溶解度较低时，药物发现团队应对其引起重视并需极力去改善溶解度的显著不足。

动力学溶解度的测定条件与药物发现中的生物学和性质测定条件相似，如将预溶于 DMSO 中的化合物加入体外测试溶液中，随暴露时间变化，都不能建立动态平衡，且测定浓度在微摩尔范围内。在药物发现过程中，动力学溶解度数据可用于：

- 警示研发团队注意潜在的吸收或生物测试不稳定性问题；
- 诊断错误的生物测试结果；
- 建立化合物结构 - 溶解度的关系；
- 确定用于核磁（NMR）-X 射线共晶衍散联用测试的化合物；
- 开发用于动物用药的通用制剂。

（2）热力学溶解度

向固态晶体物质中直接添加水性溶剂，建立已溶解化合物与固态物质之间的平衡。由于加入了过量的固体，因此溶液中始终存在固体结晶物质。起初水溶液中的过量固体是以初始固态的形式存在，之后可能会有化合物重结晶出并形成各种更稳定的多晶形态，然后再溶解、再重结晶。每次重结晶可形成更稳定的多晶型化合物。长时间的混合（如 24～72 h）可确保该过程达到平衡。在进行制剂开发时，化合物常采用较高的浓度（mg/mL）。热力学溶解度随剩余固体晶型（无定形、结晶、各种多晶型物、水合物和溶剂化物）的性质而改变。高能量晶型（较不稳定的晶体）往往比低能量晶型（较稳定的晶体）具有更高的溶解度。例如，无定形物质的溶解度高于稳定的晶形物质。由于药物发现过程中使用 DMSO 储备液，所以生物测试实验并不是从固体物质（使用 DMSO 储备液）开始，通常也没有达到平衡或存在固体。因此，药物发现中的热力学溶解度与生物测试关系不大。药物发现早期阶段使用热力学溶解度数据可能无法达到预期的目标，这是因为：①相同化合物的热力学溶解度在不同合成批次中可能有所不同；②热力学溶解度与药物发现阶段常用的无定形固体无关。在药物发现后期和开发早期，往往需要大批量地合成药物并表征其晶形，此时热力学溶解度数据发挥了重要作用，它可用于：

- 指导制剂开发；
- 诊断体内测试结果；
- 制定开发策略；
- 申报注册文件。

动力学溶解度一般高于热力学溶解度。其原因在于：初始时，化合物分子从 DMSO 溶液中解离，并不需要溶解；水溶液中存在的少量 DMSO 会在一定程度上增加溶解度；析出沉淀以亚稳态高能形式存在，比晶体更易于重新溶解；没有足够时间形成最稳定／最低溶解度的多晶型晶体；水溶液可能会过饱和（浓度高于其溶解度），致使需要一段时间才有过量的化合物沉淀出来。

药物发现科学家与开发科学家对溶解度的观点迥异[4,5]。药物发现科学家会采取任何可行的方法将化合物溶解在溶液中，以便能顺利进行生物学测试和概念验证。无定形和亚稳态晶型均可采用，并且在药物发现中 DMSO 也经常使用。动力学溶解度的测定与药物发现阶段的测定条件设置也是一致的。而药物开发阶段的目标是开发适合人体的剂型，并完成法规审批程序所需的详细技术研究。在开发过程中，增溶方法的选择受到限制，且不切实际的增溶体系可能会误导研究结果。晶形已被很好地表征，且在开发过程中很少使用 DMSO。因此，在药物开发过程中，只有热力学溶解度是最重要的。

7.2.5 手性对溶解度的影响

化合物手性对溶解度的影响源于晶型。两个对映体可能形成不同形式的结晶（彼此不同且不同于外消旋体）。瓦拉赫规则（Wallach's Rule）指出，外消旋体结晶的稳定性及密度高于其单一手性对映体。例如，*S*-酮洛芬的熔点为 72℃，而 *RS*-酮洛芬的熔点为 94℃。晶体稳定性的增加导致熔点升高。这会影响其在水溶液中的热力学溶解度：*S*-酮洛芬为 2.3 mg/mL，*RS*-酮洛芬为 1.4 mg/mL。

7.3 溶解度效应

7.3.1 低溶解度对体外实验的影响

低溶解度化合物可能会在体外测试过程中析出沉淀，并引起以下问题：
- 高通量筛选苗头化合物的发现概率很低（由于筛选库中的低溶解度化合物会发生沉淀）；
- 测试数据不稳定（化合物沉淀造成的差异）；
- 定量构效关系错误（因为暴露于靶点的实际浓度小于用于定量构效关系的配制浓度）；
- 酶/受体试验和细胞试验之间的活性差异（由于化合物在不同介质中的溶解度不同，致使其在不同介质中的浓度也不同）；
- 受试化合物稀释过程中可能会出现沉淀，致使测得的 IC_{50} 曲线右移造成药效降低；
- ADME 性质测定结果出错；
- 毒性的低估（如细胞色素 P450 抑制、hERG 阻断、细胞死亡）。

高通量筛选库中化合物的溶解度应受到足够重视。在过去，筛选库中有很大一部分化合物的溶解度低于高通量测试浓度。有人认为应将低溶解度化合物从高通量库中去除，因为这些化合物在高通量测试中会析出沉淀，并产生假阴性结果。此外，这还会降低高通量苗头化合物的发现的概率。

低溶解度化合物的体外实验结果是不可靠的，且会导致人们在先导化合物选择和优化上做出错误的决策。当实际测试溶液浓度比原计划低时，研究人员可能会认为该化合物没有活性或其 ADMET 性质与期望值不符，从而估计出偏低的活性或错误的 ADMET 性质。一般而言，测试数据会随着测试变量（如溶解化合物后达平衡的时间或非线性稀释曲线）的微小变化而变化，这会降低工作效率，同时使研究人员倍感挫败，对实验结果也会失去信心。

这些问题和解决办法将在第 40 章中讨论。重要的是，药物化学研究人员应该将注意力放在低溶解度化合物上，并采用有效措施来确保其溶解，从而避免得到错误的数据。

某些化合物是高通量筛选中多个靶点的"高频苗头化合物"。其原因是分子聚集成小颗粒，并吸附目标蛋白质，从而产生表观 IC_{50}。解决此类问题的一种方法是在测试中添加表面活性剂（如 Triton-X 100），以防止分子的聚集。

7.3.2 低溶解度可限制药物吸收并降低口服生物利用度

大多数药物首选口服和肠道吸收给药。为了使口服给药后的化合物能被肠道吸收，固体剂型或混悬液必须崩解成小颗粒，化合物必须从颗粒中溶解到肠道介质中，从而扩散到肠腔的内表面，渗透到上皮细胞中，并进入全身血液循环。随着化合物的溶解和浓度的增加，会有更多的药物分子分布到肠上皮细胞的表面，这就导致单位时间内，单位表面积（通量）上药物吸收量的增加。因此，化合物沉淀将减少吸收的剂量。根据菲克定律（Fick's Law），药物在膜两侧的浓度差与吸收成正比，这使得溶解度对药物的吸收十分重要。不溶性化合物往往具有吸收不完全、吸收率低和口服生物利用度差等缺点。

优化口服生物利用度是新药发现阶段的目标之一。口服生物利用度是由肠道吸收的程度决定的，其受到溶解度、渗透性以及代谢前"首过效应"的影响（图7.3）。不溶性化合物的口服生物利用度很低，例如YH439（图7.4）。YH439的水溶性较差导致其口服生物利用度较低（在大鼠体内为0.9%～4.0%）。若将该化合物制成混合胶束剂型时，其口服生物利用度可增加到21%。该制剂有助于改善化合物的溶解度，从而提高其吸收和口服生物利用度（见第41章）。在进行该化合物的剂量递增毒性研究过程中，剂量从100 mg/kg（AUC= 32 μg·min/mL）增加到500 mg/kg（AUC=37 μg·min/mL）时，AUC_{0-t} 保持不变，这表明溶解度限制了其吸收[7]。因此，在高剂量毒性研究中，化合物溶解度低会阻碍其在体内达到足够高的浓度。

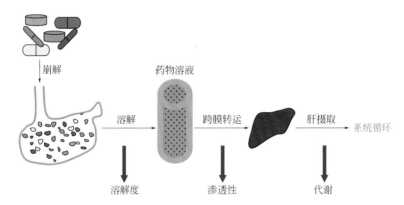

图 7.3 溶解度、渗透性和代谢稳定性对口服给药后吸收和生物利用度的影响

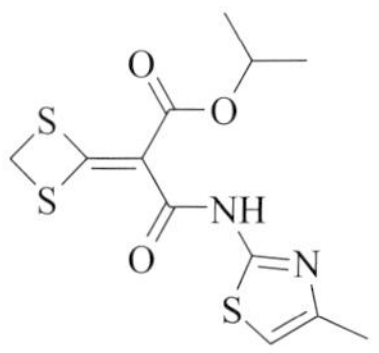

图 7.4 YH439 的结构[7]
不溶性化合物口服给药后的生物利用度较低

另一个关于溶解度如何影响口服生物利用度的实例是图7.5所示的两种蛋白酶抑制剂[8]。早期的先导化合物（L-685434）在酶和细胞检测中均具有良好的体外药效，但口服给药后由于溶解度低而在体内完全没有活性。在分子中引入可电离中心能增加该化合物的溶解度。修饰后的化合物，即茚地那韦（indinavir），具有更好的溶解度，并保持了良好的药效，且其人体口服生物利用度达到60%。

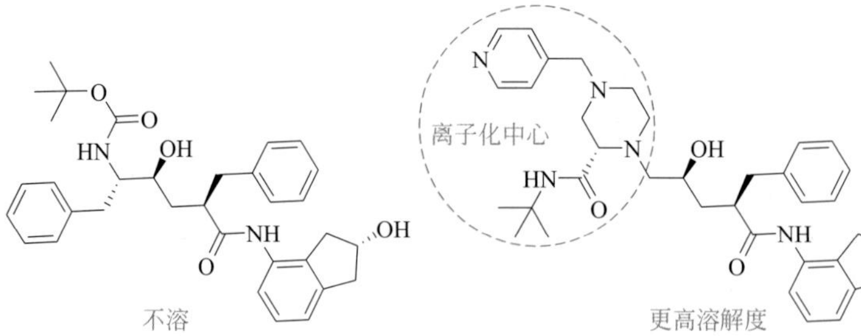

L-685434
IC_{50} = 0.3 nmol/L
CIC_{95} = 400 nmol/L
无口服生物利用度

茚地那韦
IC_{50} = 0.41 nmol/L
CIC_{95} = 25～100 nmol/L
人体口服生物利用度为60%

不溶

更高溶解度

离子化中心

图 7.5　溶解度对口服生物利用度的影响[8]

溶解度差可能会导致口服给药后药代动力学行为异常，例如：
- 低暴露量和/或生物利用度（由于剂量吸收率低）；
- 随着口服剂量的增加，AUC 保持不变（由于在低剂量给药时已达到最大肠腔浓度，在高剂量给药时浓度也无法增加，其吸收因溶解度差而受限制）；
- 随着口服剂量的增加，生物利用度反而降低（因为在低剂量给药时就已达到最大溶解浓度）；
- 药代动力学曲线平缓（长 t_{max} 和低 c_{max}）（由于在可溶药物被吸收时，未溶解药物溶解缓慢）。

7.3.3　良好的溶解度是静脉注射制剂的基本要求

为了成功研发静脉注射制剂，需要选用在静脉注射溶剂中具有优良溶解度的化合物，以保证在有限的注射体积内有足够的药物剂量。不溶性化合物的制剂开发具有挑战性，而且并不总能获得成功。例如，据报道，由于化合物 LY295501（图 7.6）在静脉注射溶剂中的溶解度为 4 mg/mL，远低于 30 mg/kg 的静脉注射目标剂量，因此无法进行大鼠和猴体内的高剂量静脉注射研究。理想的 1～5 mL/kg 静脉给药量需要药物的溶解度达到 6～30 mg/mL[9]。在许多情况下，必须使用大量的有机溶剂来溶解低溶解度化合物，以完成实验动物的静脉注射给药。但这可能会引起溶血、组织溶解、人为的高口服吸收，以及由于膜完整性受损而引起的脑渗透性过高，最终产生错误的数据并误导项目团队。低水溶性化合物还会在注射部位沉淀，并因沉淀的再溶出而导致非线性药代动力学，如第二吸收峰现象，这些现象已在利多卡因（lidocaine）、二异丙胺和 YH439（图 7.7）中观察到[7]。

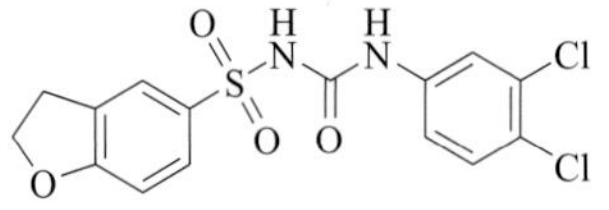

图 7.6　抗肿瘤药物发现中的化合物 LY295501

7.3.4　药物需要多大的溶解度？

7.3.4.1　最大可吸收剂量

药物化学家经常问的一个问题是"化合物所需的最小溶解度是多少？"这实际上取决于药

物的另外两个因素：渗透性和给药剂量。这种关系可用"最大可吸收剂量（maximum absorbable dose，MAD）"来表示，它是指在一定给药剂量下可被吸收的药物最大剂量。其定义如下[10,11]：

$$MAD = S \times K_a \times SIWV \times SITT$$

式中，S 为溶解度（mg/mL，pH=6.5）；K_a 为肠吸收速率常数（min^{-1}，大鼠肠道灌注实验中的渗透性，数值上类似于人体的 K_a）；SIWV 为小肠水容量（small intestine water volume，约为 250 mL）；SITT 为小肠转运时间（small intestine transit time，约为 270 min）。

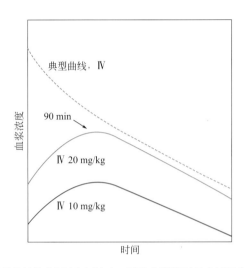

图 7.7 由于药物的体内沉淀和再溶出，导致犬静脉注射 YH439 的药代动力学曲线不同于典型的静脉注射药代动力学曲线[7]

因此，溶解度和渗透性是实现最大吸收的两个主要因素。表 7.2 列举了药物在给定剂量和渗透性下，为达到人体最大吸收所需的最低可接受溶解度。各参数的关系如图 7.8 所示。化合物的

表 7.2 在给定剂量和渗透性下，达到人体最大吸收所需的最低可接受溶解度

最大吸收剂量 (MAD)[①]/mg	7	7	70	70	700	700
人体剂量 /(mg/kg)	0.1	0.1	1	1	10	10
渗透率 (K_a)/min^{-1}	0.003（低）	0.03（高）	0.003（低）	0.03（高）	0.003（低）	0.03（高）
最低可接受溶解度 /(mg/mL)	0.035	0.0035	0.35	0.035	3.5	0.35

① MAD—maximum absorbable dose，最大吸收剂量。

注：经 Curatolo W. Physical chemical properties of oral drug candidates in the discovery and exploratory development settings. Pharm Sci Technol Today, 1998, 1: 387-393 许可转载，版权归 1998 Elsevier 所有。

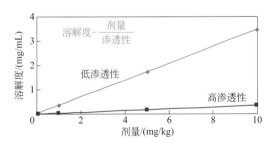

图 7.8 溶解度、渗透性和最大吸收剂量关系[10]

为实现最大的口服吸收量，高渗透性化合物所需的溶解度低于低渗透性化合物

效价（即产生药效的剂量）和渗透性越高，达到完全吸收所需的溶解度越低。相反，化合物的效价和渗透性越低，达到完全吸收所需的溶解度就越高。例如，某个化合物的渗透性较低（K_a=0.003 /min），且效价低（10 mg/kg），则达到完全吸收时所需要的溶解度为 3.46 mg/mL。而在药物发现过程中，化合物溶解度低于 0.1 mg/mL 的情况也是很常见的。制剂常有助于增加不溶性化合物的溶解度。因此，溶解度低的化合物要实现最大吸收，需要较高的渗透性和效价。

图 7.9 显示了溶解度、渗透性和给药剂量之间的关系[12]。例如，如果化合物具有中等渗透性（图中为"中等 K_a"）和中等效价（图中为"1.0 mg/kg"），则完全吸收所需的最小溶解度为 52 μg/mL。如果化合物效价不是很高且渗透性中等，若所需剂量为 10 mg/kg，则最小溶解度必须提高 10 倍（520 μg/mL）。这种预估方式为药物发现中的溶解度优化提供了参考。

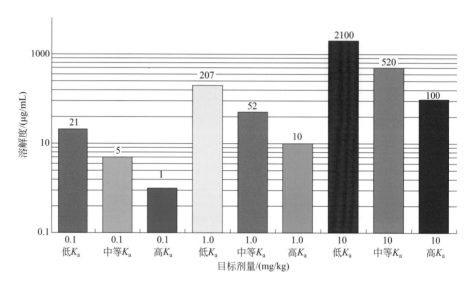

图 7.9　根据化合物的渗透性（K_a 为低、中、高），本图可用于估算药物发现阶段化合物达到目标剂量（mg/kg）时所需的溶解度（μg/mL）[12]

经 Lipinski C A. Drug-like properties and the causes of poor solubility and poor permeability. J Pharmacol Toxicol Methods, 2000, 44: 235-249 许可转载，版权归 2000 Elsevier 所有

在药物发现过程中的化合物溶解度评价方面，建议研究人员使用如下分类等级：
- < 10 μg/mL，低溶解度；
- 10 ～ 60 μg/mL，中等溶解度；
- >60 μg/mL 高溶解度。

上述分类范围旨在作为人体口服吸收过程的潜在溶解度问题的一般指导原则。然而，这些标准对于溶液制剂的动物给药通常太低。表 7.3 列举了在药物发现体内研究中，以溶液形式对大鼠给药时所需的溶解度估计值。为确保良好的人体吸收，通常要求溶解度要远高于 60 μg/mL。在投入大量研究资源之前，建议药物发现团队努力使其先导化合物系列符合以上标准。

表 7.3　对于体重为 250 g 的大鼠，以溶液制剂方式给予理想给药体积时所需的目标溶解度

剂量 /(mg/kg)	目标溶解度 /(mg/mL)		剂量 /(mg/kg)	目标溶解度 /(mg/mL)	
	口服	静脉注射		口服	静脉注射
1	0.1 ～ 0.2	0.2 ～ 1	10	1 ～ 2	2 ～ 10
5	0.5 ～ 1	1 ～ 5	理想体积 /(mL/kg)	5 ～ 10	1 ～ 5

不同的溶解度分类系统被用于药物发现和开发的不同阶段。建立这些体系旨在利用溶解度信

息为化合物的选择和推进提供一个一般性指导原则。

7.3.4.2 生物药剂学分类系统

药物发现与药物开发中使用的溶解度分类方法截然不同。在药物开发中，广泛使用生物药剂学分类系统（biopharmaceutics classification system，BCS），并根据溶解度和渗透性将化合物分为4类（表7.4）[13]。

由于药物开发部门的研究人员是在药物发现末期和药物开发早期才开始涉足项目，因此BCS往往对药物发现科学家们非常实用。这有助于用实验解决开发中的问题，以推动最佳候选化合物进入开发阶段，并使其向开发阶段的过渡更为顺畅。

- 第1类化合物。具有高溶解度和高渗透性。这类化合物易于吸收，是口服药物最理想的类别。
- 第2类化合物。具有低溶解度和高渗透性。溶出速率和溶解度通常会限制生物利用度。通常利用制剂来改善此类化合物的溶解度。
- 第3类化合物。具有高溶解度和低渗透性。在药物发现阶段，通常采用前药策略来提高此类化合物的渗透性。
- 第4类化合物。具有低溶解度和低渗透性。这类化合物的口服生物利用度通常很低。开发这类化合物的风险大且费用昂贵。对生物等效性豁免而言，没有预期的体内/体外相关性（*in vitro/in vivo* correlation，IVIVC）。主体间和种间的差异性也可能很大。

表7.4 生物药剂学分类系统的体内-体外（IVIV）相关性和上市药物实例[13]

		高溶解度	低溶解度		高溶解度	低溶解度
		第1类	第2类		第3类	第4类
高渗透性		普萘洛尔（propranolol） 美托洛尔（metoprolol） 拉贝洛尔（labetalol） 依那普利（enalapril） 卡托普利（captopril） 地尔硫䓬（diltiazem） 去甲替林（nortriptyline）	氟比洛芬（flurbiprofen） 萘普生（naproxen） 双氯芬酸（diclofenac） 吡罗昔康（piroxicam） 卡马西平（carbamazepine） 苯妥英（phenytoin）	低渗透性	法莫替丁（famotidine） 阿替洛尔（atenolol） 雷尼替丁（ranitidine） 纳多洛尔（nadolol） 西咪替丁（cimetidine）	特非那定（terfenadine） 酮洛芬（ketoprofen） 氢氯噻嗪（hydrochlorothiazide） 呋塞米（furosemide）
		通常吸收良好	溶解度限制吸收 尝试制剂手段		渗透率限制吸收 尝试制成前药	低吸收 无体内/体外（IVIV）相关性

BCS的目的是指出化合物在溶解度和渗透性方面的相似性和差异性。同一BCS类别的化合物有着相似的吸收行为，并可遵循与体外/体内相关实验中相同的法规审批程序。若化合物属于第1类且其治疗指数并不窄，FDA可豁免速释口服制剂的生物利用度和生物等效性研究。这为新药、制剂和仿制药的开发节省了大量的资源和时间。

BCS中"高"溶解度的分类比药物发现中使用的"高"溶解度（>60 μg/mL）更为严格。BCS对高溶解度的定义为：①在pH为1～7.5全部范围内，制剂中85%的药物在30 min之内能够溶出；②剂量/溶解度（D：S）≤250 mL。例如，某潜在药物以1 mg/kg的剂量对平均体重为70 kg患者给药时，其在pH=1～7.5条件下的溶解度需达到238 μg/mL。

表7.5总结了上市药物在4个BCS类别中的分布情况。约63%被归类为高溶解度（第1类和第3类）；约37%被归类为低溶解度（第2类和第4类）；5%被归类为第4类。通常，获批的第4类药物仅需较低的剂量即可发挥疗效。

表 7.5　603 种上市口服药物与小分子新分子实体的分布情况对比

	高溶解度	低溶解度		高溶解度	低溶解度
	第 1 类	第 2 类		第 3 类	第 4 类
高渗透性	上市药物：41% 新分子实体：5%	上市药物：32% 新分子实体：70%	低渗透性	上市药物：22% 新分子实体：5%	上市药物：5% 新分子实体：20%

注：经 Les Benet 教授同意免费使用。

近年来，新分子实体（new molecular entity，NME），即尚未被批准在美国作为药品销售的新型化合物，出现了低溶解度的趋势。如表 7.5 所示，高溶解度仅占 10% 左右，90% 为低溶解度（第 2 类和第 4 类）。新分子实体性质的这一重大变化受到了广泛关注。

这种低溶解度趋势似乎是药物发现过程中某些研究策略的结果[1]：

- HTS 库内包含许多高分子量、高 lg$P$ 和低溶解度的化合物，这些化合物可能在 HTS 中作为苗头化合物出现。一旦被从 HTS 中选作先导化合物优化的模板，低溶解度就成为该系列化合物的固有缺陷。为了增加成功发现口服药物的概率，建议从 HTS 库中剔除这些化合物。
- HTS 通常先将固体溶解在 DMSO 中，因此，化合物在水中的溶解度并不是产生活性的必要条件。如果在水溶液中进行筛选，这些化合物可能不会作为苗头化合物出现。
- 效价优化通常在模板中加入亲脂性基团来增强结合作用，同时所得分子的亲脂性也会增加。亲脂性基团也可能是合成上最为容易或可最快地引入到模板中的基团，所以合成的类似物可能包含许多这样的基团。

低溶解度 NME 的另一个驱动因素可能是研究中使用的新靶点类别[15,16]。研究中的 G 蛋白偶联受体（G protein-coupled receptor，GPCR）和酶已经转向为激酶、离子通道和细胞内靶点。化合物拥有的较高 lg$P$ 有利于其与这些靶点的有效结合，从而使其具有较低的溶解度（图 7.10）。

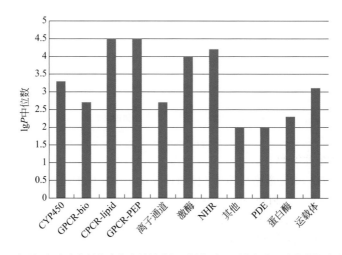

图 7.10　有利于与高亲脂性化合物有效结合但对溶解度不利的新分子实体的靶点类型[15,16]

对于药物发现科学家而言，BCS 强调了溶解度、渗透性和给药剂量（即效价）之间的关键作用和平衡关系，这对成功的药物开发构成了挑战。除了溶解度、渗透性和效价之外，药物发现科学家们还必须考虑 BCS 所未涉及的其他性质（如代谢、血浆和溶液稳定性、肾和胆清除率、转运体等）。Benet 和 Wu 等[17]提出了基于药物体内处置的生物药剂学分类系统（biopharmaceutics drug disposition classification system，BDDCS），这一分类系统已将药物的消除途径纳入了考量范畴。

7.3.5 决定溶解度和渗透性的分子性质常常是相对立的

决定溶解度和渗透性的分子性质如图 7.11 所示[18]。所有的理化性质都是相互关联的，改变一种性质也会影响其他性质。图中显示了提高溶解度的结构特性往往会降低渗透性的原因。例如，增加电荷、电离或氢键结合能力可增加溶解度，但会使渗透性降低。增加亲脂性和分子大小，可在一定程度上增加渗透性，但也会降低溶解度。因此，为了实现最佳吸收，药物化学家必须平衡不同的结构性质，以达到临床候选药物溶解度与渗透性之间的平衡。

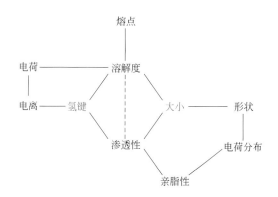

图 7.11 结构性质对溶解度和渗透性的影响[18]

经 van de Waterbeemd H. The fundamental variables of the biopharmaceutical classification system (BCS): a commentary classification. Eur J Pharm Sci, 1998, 7: 1-3 许可转载，版权归 1998 Elsevier 所有

与溶解度相比，渗透性的变化范围往往更窄[9]。化合物的渗透性高低可能相差 50 倍（0.001～0.05 /min）。而化合物溶解度的高低差异可达 100 万倍（0.1 μg/mL～100 mg/mL）。因此，如果结构修饰可使溶解度提高 1000 倍，而渗透性降低 10 倍，则吸收仍可改善 100 倍。

7.4 生理因素对溶解度和吸收的影响

胃肠道是一个动态的环境，其条件变化会影响化合物的溶解度。不同物种间也存在差异，了解这些差异对将动物实验数据关联到人体具有重要意义。

7.4.1 胃肠道的生理学

胃肠道的一些重要特征如图 7.12 所示[19]。胃肠道在整个长度上存在 pH 梯度分布，即胃的 pH 为酸性，小肠的 pH 为酸 - 中性，结肠的 pH 为碱性。小肠的 pH 范围宽、转运时间长、表面积大，使得其比胃和结肠的药物吸收能力高得多。酸性和碱性药物在胃肠道的不同部位有着不同的溶解度。由于碱性药物在酸性 pH 下易离子化，其在胃部和小肠上段更易溶解。而酸性药物在小肠的后段部分更易溶解，因为该区段更偏碱性。

7.4.2 消化道的种属差异

胃排空时间因种属而异（表 7.6）[20]。与人相比，由于药物进入大鼠的胃腔更早，而药物主要在小肠内吸收，因此，药物在大鼠体内比在人体内会更快地达到血浆药物浓度。因此，快速排空会导致药物被更早吸收。

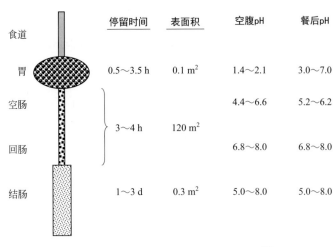

图 7.12 胃肠道的生理和生物物理学特征[19]

表 7.6　胃排空时间的种属差异[20]

种属	胃排空时间 /min	种属	胃排空时间 /min
大鼠	约 10	犬	40～50
兔	30	人	60

不同种属的胃肠道 pH 也可能不同。大鼠和人类分泌的胃酸较多，而猫和犬类分泌的胃酸较少。因此，如果化合物的溶解度是 pH 依赖性的，则各种属间的溶解度会有一定差异，从而导致吸收差异。如图 7.13 所示[21]，化合物 L-735524 是 HIV 蛋白酶抑制剂茚地那韦（indinavir）的类似物，其溶解度随 pH 的改变而急剧变化。由于存在三个碱性胺电离中心，它在低 pH 下更易于溶解。大鼠的首过代谢高于犬。然而，当该化合物在 pH 6.5 条件下，以含甲基纤维素混悬剂的形式给药时（由于溶解度低），两种动物的口服生物利用度相同（16%）。大鼠分泌胃酸的能力较强，

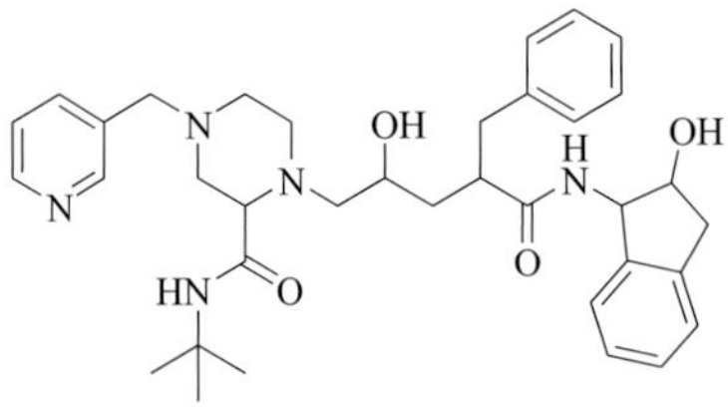

溶解度依赖于pH值：
- pH = 3.5时，溶解度为60 mg/mL
- pH = 5.0时，溶解小于0.03 mg/mL

介质	种属	口服利用度(10 mg/kg)
0.5%甲基纤维素，pH 6.5悬浮液	大鼠	16%
	犬	16%
0.05 mol/L柠檬酸，pH 2.5溶液	大鼠	23%
	犬	72%

图 7.13　L-735524 的溶解度和口服吸收的物种依赖性[21]

犬类的酸分泌较弱，其胃肠道的 pH 值为 7。此外，犬类的首过代谢少于大鼠

而犬的胃酸分泌能力较弱，因此该化合物在大鼠胃中比在犬胃中更易溶解。虽然化合物在大鼠的体内代谢更快，但由于大鼠胃内酸度更强，其溶解度会较高，导致化合物的大鼠口服生物利用度与犬相同。当该化合物可在酸性缓冲液（柠檬酸）中制成制剂时，则它在该条件下是可溶的，其在犬中的口服生物利用度可增加到72%，而大鼠的口服生物利用度与服用混悬制剂时基本保持不变。这表明在溶解度不受限制时，首过代谢是影响口服生物利用度的主要因素。

7.4.3 食物的影响

人们普遍认为高脂饮食会增加亲脂性化合物的溶解度，从而增强其吸收。实际上，食物可以通过许多不同的方式影响药物的口服生物利用度[22,23]。食物影响的一个问题是，患者本身或患者个体之间的差异会导致患者体内药物浓度的变化（从无效的低剂量到中毒的高剂量），而食物可能会通过延缓胃排空（延迟吸收）、减缓进入肠道（延迟吸收）、刺激胆盐分泌（增加亲脂性化合物的溶解度）、改变胃肠液的 pH（改变溶解度）、增加血流量（改善"漏槽条件"来增加吸收和加快代谢）、增强代谢酶的竞争（减慢代谢），从而增加或降低口服生物利用度。这些影响中最重要的是刺激胆盐分泌，其所形成的胶束可将亲脂性药物分子吸附到脂质内核中，并将它们在胃肠道渗透部位的溶液中释放出来。如表7.7所列，禁食状态和进食状态之间存在显著的生理差异[21,22]。所有这些差异均会影响药物的溶解度。

表 7.7 禁食和进食状态下的生理参数比较 [21,22]

生理参数	禁食状态	进食状态
胃液 pH	1.4	4.9
胃排空时间 /h	0.25	1
肝血流量 /(L/h)	90	120

如表7.8所示，不同BCS类别的化合物受食物的影响不同[23,24]。第1类药物未受食物影响，也没有吸收延迟；第2类药物受食物的正向影响，使得药物吸收增加；第3类药物受食物的负面影响；而第4类药物通常吸收率低，无法预测食物对其的影响趋势。

表 7.8 食物对 BCS 不同类型药物吸收的可能影响 [23,24]

项目	高溶解度	低溶解度
高渗透性	第 1 类	第 2 类
	不受食物影响或没有吸收延迟	受食物正面影响
低渗透性	第 3 类	第 4 类
	受食物负面影响	没有明显趋势
		无论是否有食物，吸收率都较低

如图7.14所示，食物会通过不同方式影响药物的药代动力学参数[25]。食物可加速或延迟吸收时间，导致 t_{max} 或 c_{max} 的改变。食物也可减少或增加药物的吸收量，导致 AUC、t_{max} 或 c_{max} 的改变。

下面以伊曲康唑（itraconazole）为例说明食物对溶解度和药代动力学的影响（图7.15）[24,26]。伊曲康唑具有高分子量和亲脂性，这使它在强酸性以外的条件下几乎不溶。口服吸收也会表现出个体间的差异。在禁食条件下，其 AUC 平均为 0.7 mg·h/mL，而进食后的 AUC 为 1.9 mg·h/mL。

另一个例子是一个已进入临床试验的临床候选药物，由于具有高亲脂性（ClgP=5.3），故其具有很低的水溶解度和高渗透率（BCS 第 2 类）。它的吸收受到食物的影响严重，其进食后 AUC

达到原来的 20 倍。由于其治疗指数窄，难以控制暴露水平而可能产生较高的毒性，故将其开发终止。

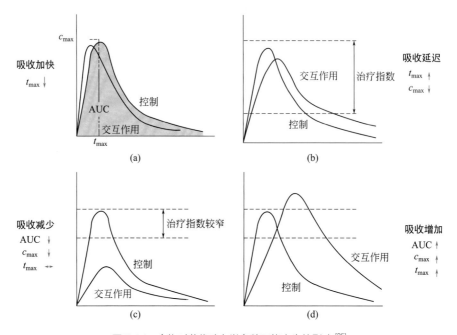

图 7.14 食物对药代动力学参数可能产生的影响[25]

经 Gu C-H, Li H, Levons J, et al. Predicting effect of food on extent of drug absorption based on physicochemical properties. Pharm Res, 2007, 24: 1118-1130 许可转载，版权归 2007 Springer 所有

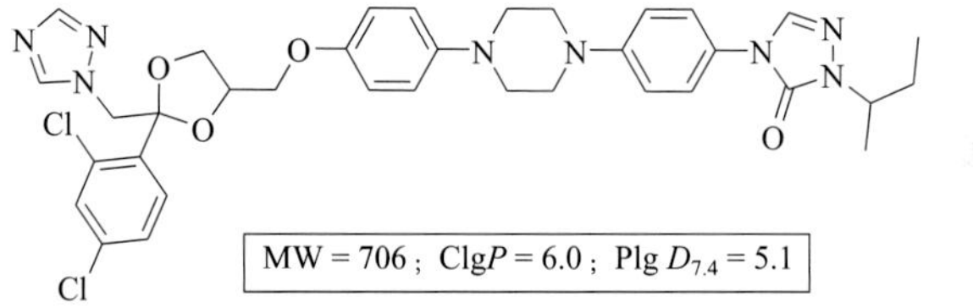

图 7.15 伊曲康唑（itraconazole）的结构和性质参数[24,26]

研究人员可以建立不同的缓冲液体系来模拟禁食和进食状态下的胃液状况（表 7.9）[27]，以预测食物的影响。结果发现，在考虑到渗透性的情况下，胃液中测定的溶解度通常比仅在水相缓冲液中测定的溶解度能更好地预测药物的口服生物利用度[28]。

表 7.9 模拟禁食和进食状态时的缓冲液组成[27]

模拟禁食状态	模拟进食状态
5 mmol/L 牛磺胆酸钠	15 mmol/L 牛磺胆酸钠
1.5 mmol/L 卵磷脂（0.1%）	4 mmol/L 卵磷脂（0.3%）
pH 6.8	pH 6.0

7.5 改善溶解度的结构修饰策略

近年来，研究人员开发了许多前沿技术以开发难溶性化合物的制剂（图 7.16），详见第 41 章。

在药物发现过程中，药物化学家们更倾向于采用"共价键键合"的方法[9]来解决药物递送问题，即通过结构修饰来改善其溶解度。表 7.10 列举了这些策略[29]。

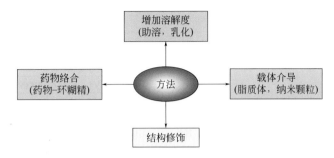

图 7.16　改善溶解度的首选策略是结构修饰[29]

经 Singla A K, Garg A, Aggarwal D. Paclitaxel and its formulations. Int J Pharm, 2002, 235: 179-192 许可转载

表 7.10　改善溶解度的结构修饰策略

结构修饰策略	章节	结构修饰策略	章节
引入可电离基团	7.5.1	降低分子量	7.5.5
降低 lg$P$	7.5.2	面外取代	7.5.6
引入氢键	7.5.3	构建前药	7.5.7
引入极性基团	7.5.4		

7.5.1　引入可电离基团

引入可电离基团是增加溶解度的常用方法，也是通过结构修饰增加溶解度最有效的方法之一。通常可向结构中引入一个碱性氨基或羧基。含有可电离官能团的化合物会在 pH 缓冲液中带电荷，从而使其溶解度提高。

以抗疟疾药物青蒿素（artemisinin）[30]的溶解度提高为例（图 7.17），其羧酸衍生物的钠盐虽然溶解度更高，但不稳定。最终，青蒿素的胺类衍生物具有更好的溶解度和稳定性，并且在口服给药后也具有活性。

图 7.18 中所示的系列化合物，含醚侧链的类似物对肿瘤细胞株具有良好的活性，但溶解度低。在化合物的 5 或 6 位引入含有碱性胺的侧链，其溶解度大大提高[31]。最后一个化合物仅在取代位置上有所差异（从 7 位变为 5 位或 6 位），即导致溶解度较低，这可能是由于晶体堆积不同造成的。

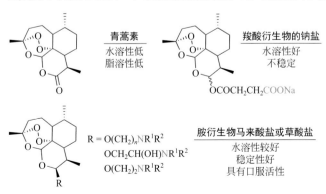

图 7.17　引入羧酸或胺侧链可增强青蒿素的溶解度[30]

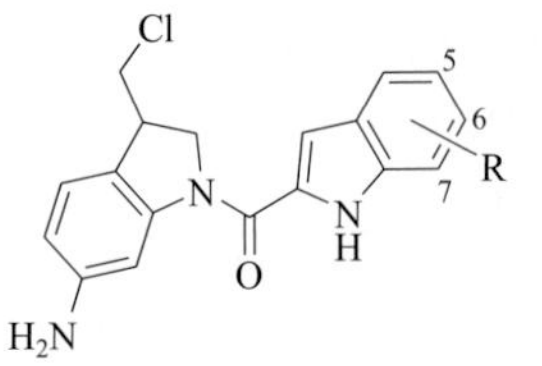

R基团	溶解度/(μmol/L)	IC_{50}/(μmol/L)			
		AA8	UV4	EMT6	SKOV3
5,6,7-triOMe	32	0.35	0.055	0.27	0.63
5-OMe	23	0.31	0.047	0.23	0.67
5-O$(CH_2)_2NMe_2$	700	0.16	0.044	0.12	0.26
5-OMe, 6-O$(CH_2)_2NMe_2$	＞1200	0.22	0.039	0.11	0.15
5-OMe, 7-O$(CH_2)_2NMe_2$	47	0.14	0.029	0.09	0.16

图 7.18 在不降低活性的情况下提高抗肿瘤药物的溶解度[31]

经 Milbank J B J, Tercel M, Atwell G J, et al. Synthesis of 1-substituted 3-(chloromethyl)-6-aminoindoline (6-aminoseco-CI) DNA minor groove alkylating agents and structure-activity relationships for their cytotoxicity. J Med Chem, 1999, 42: 649-658 许可转载，版权归 1999 American Chemical Society 所有

图 7.19 显示了化合物在模拟胃液（simulated gastric fluid，SGF，pH 1.2）和磷酸盐缓冲液（phosphate buffer，PB，pH 7.4）中测定的溶解度[32]。含碱性氨基的化合物的溶解度要高得多，特别是在酸性 pH 下。

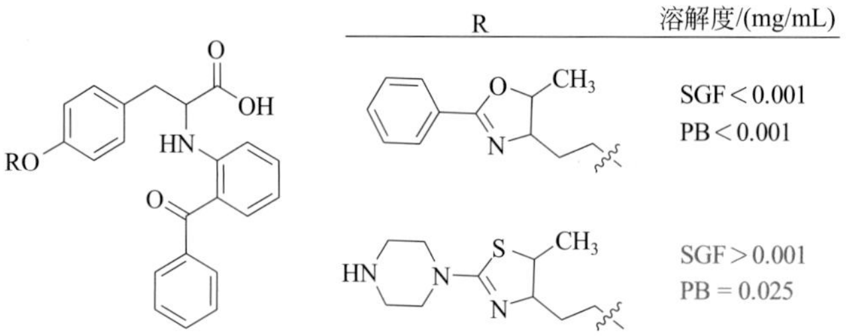

图 7.19 化合物的溶解度随碱性增加而增加[32]

SGF—simulated gastric fluid，模拟胃液（pH 1.2）；PB—phosphate buffer，磷酸盐缓冲液（pH 7.4）

对于集落刺激因子 1 受体（colony stimulating factor-1 receptor，CSF-1R）激酶靶点而言，需要开发出溶解度更高的衍生物。这可通过在模板化合物中引入一个可电离的哌嗪基团而实现（图 7.20）。所得到的类似物以及许多其他的衍生物在保持活性的同时，大大改善了溶解度[33]。

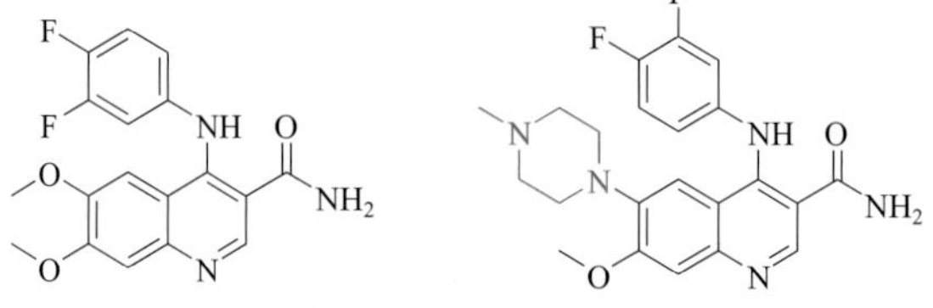

1	6
溶解度 = 54 μmol/L	溶解度＞1000 μmol/L
IC_{50} = 0.025 μmol/L	IC_{50} = 0.006 μmol/L

图 7.20 引入碱性可电离的哌嗪基团可增加溶解度，同时保持了对 CSF-1R 激酶的活性[33]

图 7.21 中的先导化合物具有良好的体外法尼酯 X 受体（farnesoid X receptor，FXR）活性，但以含有聚山梨酯 80（Tween 80）/ 甲基纤维素（methyl cellulose）（TW/MC）的混悬液方式口服给药时，其低溶解度导致化合物的生物利用度为零。只有以玉米油 / 乙醇为溶剂时才会产生口服功效。后续的结构修饰引入了一个带可离子化中心偶联的吗啉基团、三个氢键受体（见下文）和一个柔性尾部，以破坏晶体的堆积从而改善溶解度。新候选药物的溶解度显著改善，并可保持对 FXR 的活性，同时，TW/MC 的混悬制剂有 53% 的生物利用度，且保持了有效性。就药效模型而言，TW/MC 比油脂基溶剂更佳[34]。

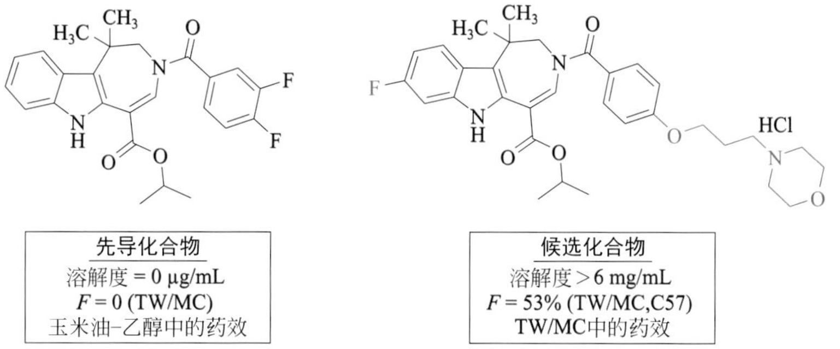

图 7.21 引入可电离基团可增加 FXR 先导化合物的溶解度[34]
TW—聚山梨酯 80；MC—甲基纤维素

体外活性最强的化合物未必体内活性也最强。以图 7.22 所示的系列化合物为例[35]，第一个化合物的 IC_{50} 为 0.004 nmol/L，但由于其溶解度低，其在体内没有活性。第二个化合物的体外活性比第一个化合物低 5 倍，但由于其较高的溶解度而具有体内活性。在分子中引入碱性氮作为电离中心，可提高溶解度。一个药物的成功源于在效价和类药性质之间实现平衡。

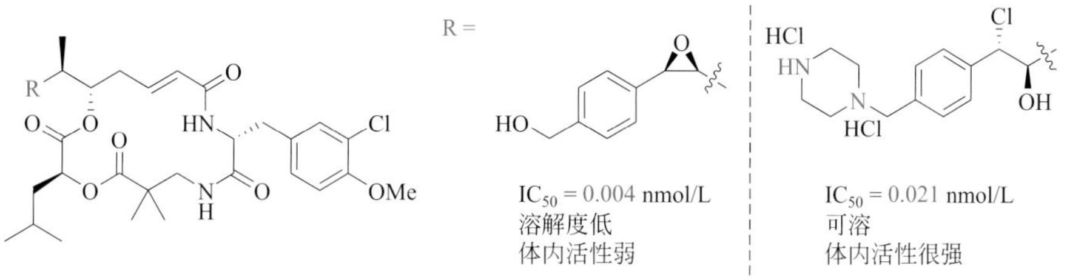

图 7.22 对于高体外活性和低溶解度的系列化合物，其体内活性
可能不如那些有较低体外活性，但溶解度高且吸收好的类似物

经 Al-awar R S, Ray J E, Schultz R M, et al. A convergent approach to cryptophycin 52 analogues: synthesis and biological evaluation of a novel series of fragment a epoxides and chlorohydrin. J Med Chem, 2003, 46: 2985-3007 许可转载，版权归 2003 American Chemical Society 所有

7.5.2 降低 lg$P$

图 7.23 列举了几种蛋白酶抑制剂[36]。降低 lg$P$ 可增加化合物的溶解度，并导致其系统浓度增加（血浆峰值浓度 c_{max} 增加）。降低 lg$P$ 及提高溶解度能提高体内实验的暴露量。

7.5.3 引入氢键

引入氢键供体和受体，如 OH 和 NH_2，可增强化合物的水溶性。两种抗 HIV 化合物的结构式如图 7.24 所示[36]，第一个化合物的水溶性和口服生物利用度均较差，这也限制了其进一步开发。在分子中引入羟基后，它的溶解度和口服生物利用度均得到增加。

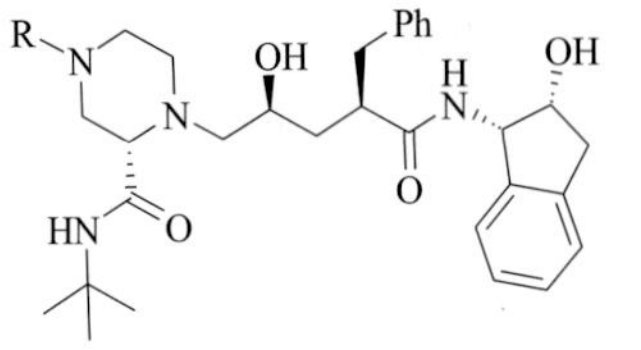

化合物	R基	c_{max}/(μmol/L)	pH 7.4下的溶解度/(mg/mL)	lg$P$
1	苄氧羰基	<0.10	<0.001	4.67
2	8-喹基磺酰基	<0.10	<0.001	3.70
3	2,4-二氟苯甲基	0.73	0.0012	3.69
4	3-吡啶甲基	11.4	0.07	2.92

图 7.23　系列蛋白酶抑制剂的吸收会随着溶解度的增加而增加（如 c_{max} 所示）[20] 其中化合物 4 已开发成上市药物茚地那韦（indinavir）

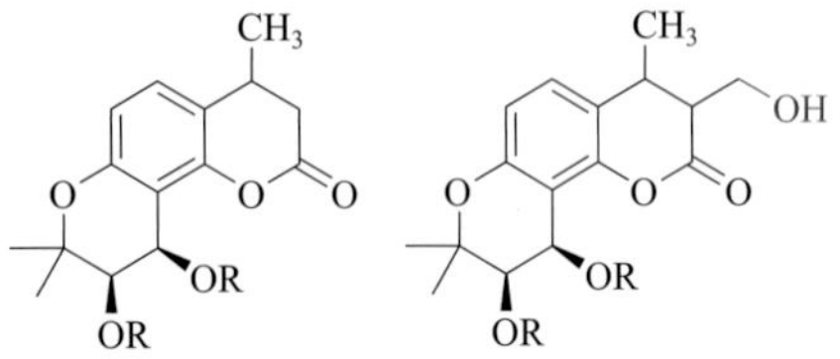

图 7.24　氢键对抗 HIV 化合物溶解度的影响（R=樟脑酰基）[36]

抗真菌药物的例子如图 7.25 所示。多烯大环内酯制霉菌素（nystatin）是一种有效的抗真菌药物，但其溶解度低且存在很强的副作用，这限制了其临床应用[37]。在 C_{31} 和 C_{33} 位引入羟基进行结构修饰，可使其溶解度增加 2000 多倍。

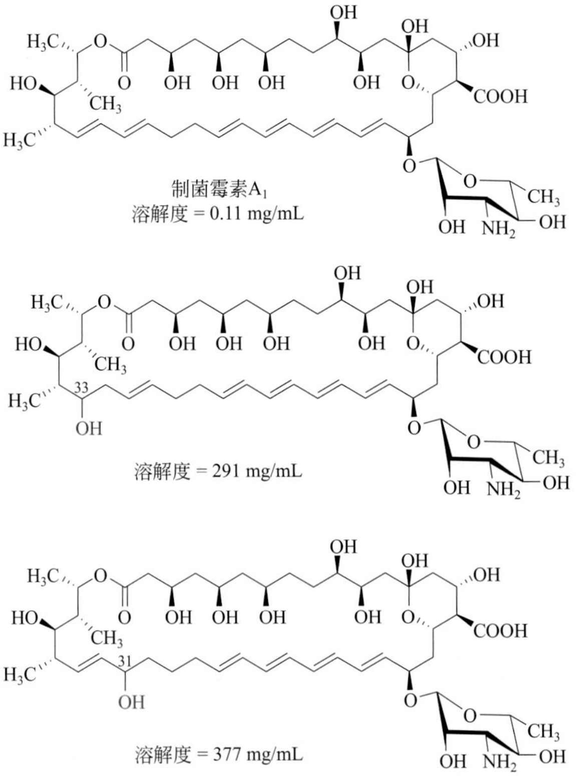

制菌霉素A_1
溶解度 = 0.11 mg/mL

溶解度 = 291 mg/mL

溶解度 = 377 mg/mL

图 7.25　引入氢键可增加制霉菌素的水溶性[37]

7.5.4 引入极性基团

水溶性通常随着极性基团的引入而增加。如图 7.26 所示,一系列环氧化物水解酶抑制剂[38] 的溶解度随着酯基(极性增强)和羧基(极性和电离性增强)的引入而增加。

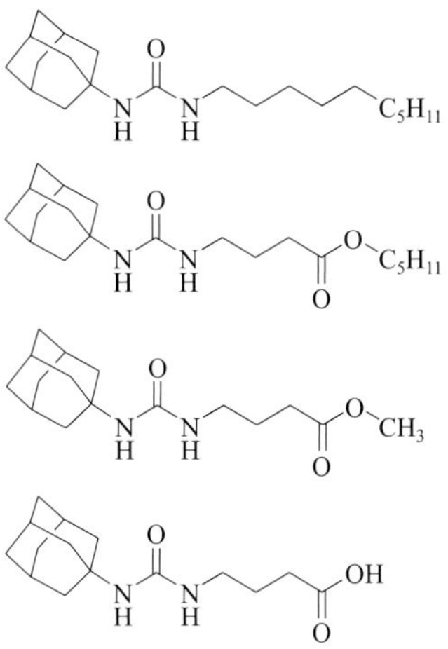

	IC$_{50}$	溶解度
	0.10 μmol/L	0.62 mg/mL
	0.17 μmol/L	1.69 mg/mL
	1.6 μmol/L	1.66 mg/mL
	37 μmol/L	7.06 mg/mL

图 7.26　在环氧水解酶抑制剂中引入极性和可电离基团可增加其水溶性[39]

经 Misra R N, Xiao H Y, Kim K S, et al. *N*-(cycloalkylamino)acyl-2-aminothiazole inhibitors of cyclin-dependent kinase 2. *N*-[5-[[[5-(1,1 dimethylethyl)-2-oxazolyl]methyl]thio]-2-thiazolyl]-4-piperidinecarboxamide (BMS-387032), a highly efficacious and selective antitumor agent. J Med Chem, 2004, 47: 1719-1728 许可转载,版权归 2004 American Chemical Society 所有

7.5.5 降低分子量

降低分子量是提高溶解度的另一个有效途径。如图 7.27 所示,CDK2 抑制剂[39] 分子量的降低可增加其溶解度和代谢稳定性,并可保持体外活性。由于溶解度和代谢稳定性的提高,体内药效也得到增强。

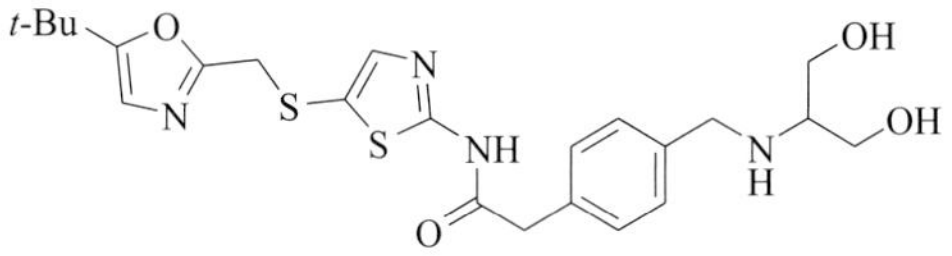

CL = 0.22 nmol/(min · mg);% TIC (P388) = 140;LCK (A2789) = 3.3

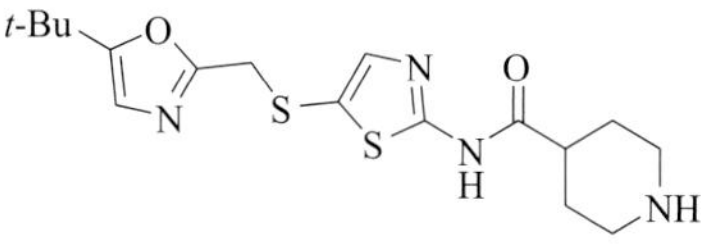

- 低分子量
- 溶解性更好
- 低CL
- 体内活性更好

CL = 0.05 nmol/(min·mg);% TIC (P388) = 140;LCK (A2789) = 3.6~5.0

图 7.27　减少 CDK2 抑制剂的分子量可增强其溶解度、代谢稳定性及体内活性

7.5.6 面外取代

图 7.28 展示了面外取代(out-of-plane substitution)的实例[40]。乙基的引入降低了分子的平面性,导致晶体堆积的破坏,从而形成更易溶解的高能晶体。

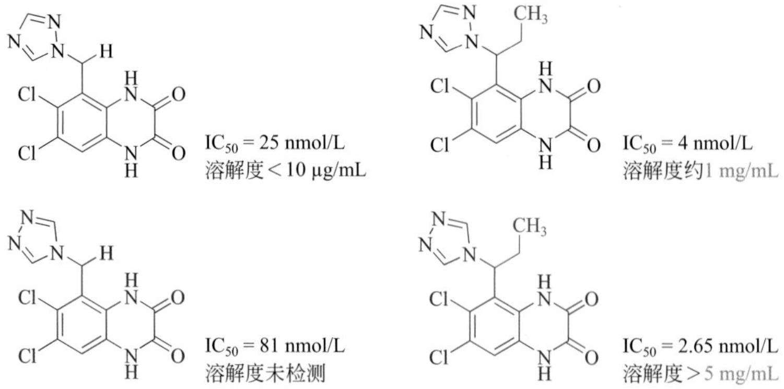

图7.28 引入乙基可改变分子平面，破坏晶体堆积，从而提高溶解度[40]

经 Fray M J, Bull D J, Carr C L, et al. Structure-activity relationships of 1,4-dihydro-(1H,4H)-quinoxaline-2,3-diones as N-methyl-D-aspartate (glycine site) receptor antagonists. 1. Heterocyclic substituted 5-alkyl derivatives. J Med Chem, 2001, 44: 1951-1962 许可转载，版权归 2001 American Chemical Society 所有

两种 AMPA/Gly$_N$ 受体拮抗剂如图7.29所示，虽然 PNQX 在体外和体内模型中都非常有效，但其主要缺点是溶解度差（pH 7.4 时为 8.6 μg/mL），这可能会引起肾内结晶。引入面外取代基团可将溶解度提高至 150 μg/mL[41]。

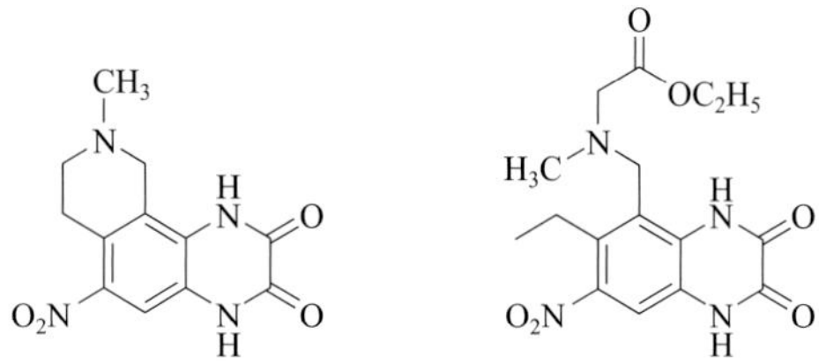

图7.29 引入面外取代基以增加溶解度[41]

在图7.30中，P-选择素（P-selectin）先导化合物 **C1** 具有极低的溶解度及较低的体内药物浓度，其大鼠体内生物利用度仅为 27%。**C2** 为结构修饰后的类似物，其溶解度提高了 1000 倍，体内浓度提高了 50 倍，这可能是由于分子的平面度降低，导致紧密晶体堆积减少[42]。

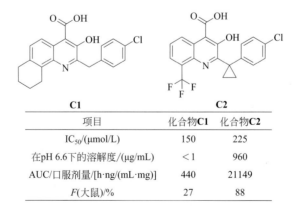

项目	化合物C1	化合物C2
IC$_{50}$/(μmol/L)	150	225
在pH 6.6下的溶解度/(μg/mL)	<1	960
AUC/口服剂量/[h·ng/(mL·mg)]	440	21149
F(大鼠)/%	27	88

图7.30 通过结构修饰以改变晶体堆积，并增加 P-选择素（P-selectin）先导化合物的溶解度[42]

7.5.7 构建前药

引入带电荷或极性基团可构建水溶性增强的前药。图 7.31 显示了苯妥英（phenytoin）及其前药磷苯妥英（fosphenytoin）[43]。磷酸基极大增加了其溶解度，使其更容易制成临床常用的制剂。前药在肠道中被酶水解，并释放出苯妥英以供吸收。前药将在第 39 章讨论。

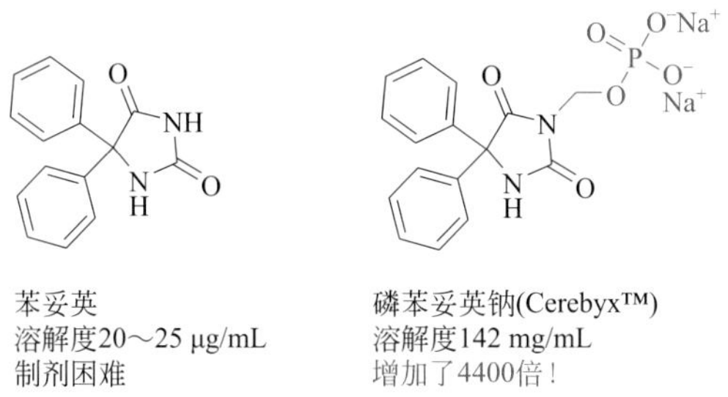

苯妥英
溶解度20~25 μg/mL
制剂困难

磷苯妥英钠(Cerebyx™)
溶解度142 mg/mL
增加了4400倍！

图 7.31　制备苯妥英的前药磷苯妥英钠可增加溶解度 [43]

7.6　提高溶出度的策略

溶解度是指有多少化合物能溶解到溶液中，而溶出度是指化合物能多快地溶解到溶液中。增加溶出度可使药物溶解更快。因此，即使在药物溶解度不变的情况下，其也能在胃肠道停留时间内被吸收。表 7.11 列举了几种提高溶出度的策略。这些策略对于药物发现中用以探究体内药效和药代动力学的动物给药实验特别有帮助。此外，药物发现中用于改善药物溶出度的制剂策略将在第 41 章讨论。

表 7.11　提高溶出度的策略

目的	变化	章节	目的	变化	章节
增加固体表面积	降低粒度	7.6.1	改善固体润湿性	在制剂中使用表面活性剂	7.6.3
预溶于溶液中	制成口服溶液	7.6.2		制成药用盐	7.6.4

7.6.1　降低粒度

将固体物质研磨成粒度更小的粒子可增加其单位质量的表面积，同时可使更多的分子暴露在溶剂中，这可增加药物的溶出度和口服生物利用度。也可采用新技术制备"纳米粒"来进一步增加比表面积。图 7.32 显示降低药物粒度对比格犬口服 MK-0869 暴露量的影响[44]。药物暴露量随粒度的降低而增加。

7.6.2　制成口服溶液

固体物质可制成固体剂型、悬浮液（颗粒分散在溶液中）或溶液剂，以便口服给药。当某种化合物以溶液而不是混悬液或固体剂型给药时，由于药物无须在消化道中溶解，其吸收可能会更好。特别是在药物发现中，如果化合物能溶解在溶液中，则首选溶液剂给药，因为其被吸收的概率更大，从而显示出更好的药效。

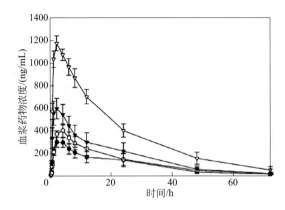

图 7.32　不同研磨工艺的粒度大小对比格犬口服 MK-0869 吸收的
影响比格犬对 MK-0869 的口服吸收随着粒度的减小而增加[44]

经 Wu Y, Loper A, Landis E, et al. The role of biopharmaceutics in the development of a clinical nanoparticle formulation of MK-0869: a Beagle dog model predicts improved bioavailability and diminished food effect on absorption in human. Int J Pharm, 2004, 285. 135-146 许可转载，版权归 2004 Elsevier 所有

7.6.3　在制剂中使用表面活性剂

表面活性剂可提高固体的润湿度，并能增加固体颗粒的悬浮性和崩解成细小颗粒的速率，从而提高溶出度和吸收。药物开发过程中的制剂将在第 41 章中讨论。

7.6.4　制成药用盐

酸性化合物或碱性化合物的药用盐通常比相应的游离酸或游离碱具有更高的溶出速率，即更快地溶出药物。盐型不会改变游离酸或游离碱的固有溶解度，但会增加溶出速率。一旦离子进入溶液后，pK_a 和 pH 值就控制了游离酸 / 碱与电离形态之间的比例。

7.7　盐型

通常选用药用盐来改善化合物的物理化学性质（如溶出度、结晶度、引湿性等）和力学性质（硬度、弹性等），从而提高生物利用度、稳定性和可生产性[45,46]。

表 7.12 是几种已上市药物及其对应盐的示例[47]。因为盐型的溶解改变了纯水的 pH，它在纯水中的溶解度远远高于相应游离酸或碱的固有溶解度。然而，在缓冲溶液中，pH 值受到控制，溶解度由 pK_a 和固有溶解度决定（见 7.6.2 节）。

表 7.12　上市药物的成盐实例[47]

名称	水中溶解度①/(mg/mL)	名称	水中溶解度①/(mg/mL)
可待因（codeine）	8.3	伪麻黄碱（pseudoephedrine）	0.02
硫酸可待因（codeine sulfate）	33	盐酸伪麻黄碱（pseudoephedrine hydrochloride）	2000
磷酸可待因（codeine phosphate）	445	西替利嗪（cetirizine）	0.03
阿托品（atropine）	1.1	盐酸西替利嗪（cetirizine dihydrochloride）	300
硫酸阿托品（atropine sulfate）	2600		

① 不同的盐溶解后，水溶液的最终 pH 值有所不同。

7.7.1 盐型的溶解度

三种平衡制约着游离碱（或游离酸）与其相应盐之间的关系（图 7.33）。一是固态盐和溶液中已溶解盐型的反离子之间的平衡（K_{sp}，溶度积常数）；二是固态的游离碱（或游离酸）和溶液中的游离碱（或游离酸）之间的平衡（c_s，碱或酸的固有溶解度）；三是溶液中的游离碱（或游离酸）与溶液中相应的盐（K_a，电离常数）之间的平衡。

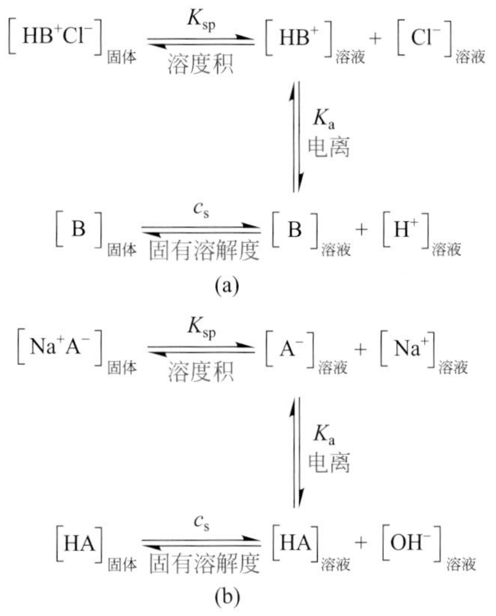

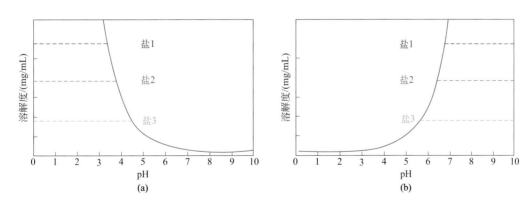

图 7.33 （a）游离碱与相应盐的平衡和（b）游离酸与相应盐的平衡

盐类化合物在不同 pH 下的溶解度曲线如图 7.34 所示。在 pH 较低时，碱性化合物盐的溶解度由其 K_{sp} 确定的 [图 7.34（a）]。不同盐型的最大溶解度有所不同；在达到最大溶解度之前，溶解度由 pH、电离常数 K_a 以及游离碱的固有溶解度决定。Henderson-Hasselbach 方程给出了该 pH 范围内溶解度的计算方法。当 pH 等于 pK_a 时，溶解度是固有溶解度 S_0 的两倍。pH 较高时，溶解度为游离碱的固有溶解度 S_0。酸性化合物盐的溶解浓度特性与 pH 值的变化相反。

图 7.34 某种盐的溶解度随 pH 的变化曲线
（a）某碱性化合物的三种盐型；（b）某酸性化合物的三种盐型

盐的溶解度最初不受 pH 影响，而是由其溶度积常数（K_{sp}）决定（[H^+] 不包括在 K_{sp} 方程中）：

酸：K_{sp}=[反离子$^+$][阴离子$^-$]

例如: $NaA \rightleftharpoons Na^+ + A^-$ $K_{sp} = [Na^+][A^-]$

碱: $K_{sp} = [反离子^-][阳离子^+]$

例如: $BHCl \rightleftharpoons BH^+ + Cl^-$ $K_{sp} = [Cl^-][BH^+]$

盐的初始溶解度高，可以使化合物溶液很快达到高浓度以供吸收。一旦化合物溶于溶液中，其浓度则由电离常数 K_a 和溶液 pH 控制。在此情况下，由于受游离碱或酸溶解度的影响，化合物在胃肠道内腔中可能会产生沉淀析出。

当口服碱性化合物的盐[图 7.34（a）]时，其初始溶解度由其 K_{sp} 决定，K_{sp} 与 pH 无关。一旦溶解，则 pH 和游离碱的固有溶解度将开始发挥作用。胃中的酸性 pH 有利于游离碱的离子化，从而使碱保持溶解在溶液中。但在肠道和结肠中，中性 pH 和偏碱性 pH 有利于使游离碱以中性分子形式存在，这改变了平衡关系，从而导致沉淀析出。

当口服酸性化合物的盐[图 7.34（b）]时，它的初始溶解度也由其 K_{sp} 决定，K_{sp} 不受 pH 影响。当酸性化合物的盐在胃中溶解时，胃酸 pH 环境有利于游离酸的存在。游离酸的溶解度由其固有溶解度决定，而其固有溶解度比阴离子溶解度低，因此在胃中大量沉淀析出。

7.7.2 盐型对吸收和口服生物利用度的影响

在具有足够缓冲能力的特定 pH 水性介质中，无论化合物是以盐、游离酸或游离碱的形式存在，其在该缓冲液中的溶解度均相同。成盐可提高溶出度从而增加吸收。当盐遇到水相时，盐类的高溶出度会使大量化合物迅速溶解到溶液中，从而增强了吸收。即使胃肠道中的 pH 环境有利于形成溶解度较低的游离酸（或游离碱），盐类也能以过饱和状态存在于溶液中，而且可能不会立即沉淀。过饱和状态为化合物提供了更宽的吸收时间窗。此外，如果 pH 的变化会使化合物以游离酸或游离碱的形式沉淀，那么这些沉淀往往是以无定形和细颗粒形式析出，这些颗粒具有比大粒度结晶物质更快的溶出度和更高的吸收率。因此，盐型比游离酸（或游离碱）本身具有更好的吸收。

图 7.35 是一个成盐可促进吸收的实例[48]。由于低溶解度和溶出度，对氨基水杨酸（*p*-amino-

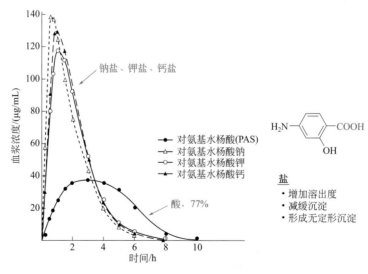

图 7.35 药用盐比游离酸有更高的初始溶解度和吸收率，并可产生细小的无定形固体沉淀，导致较高的初始溶出度和吸收率[48]

经 Wan S H, Pentikainen P J, Azarnoff D L. Bioavailability of aminosalicylic acid and its various salts in humans. Ⅲ. Absorption from tablets. J Pharm Sci, 1974, 63: 708-711 许可转载，版权归 1974 Wiley-Liss 所有

salicylic acid，PAS）以游离酸形式存在时其吸收不完全，只能吸收给药剂量的 77%。然而，水杨酸盐（钠、钾和钙盐）的吸收是完全且迅速的，其 t_{max}（血药浓度达峰时间）缩短，c_{max}（峰浓度）增加。因此，水杨酸盐比游离酸具有更高的口服浓度。

对于蛋白酶抑制剂茚地那韦（图 7.5），其游离碱的固有溶解度非常低，因此溶解很大程度上依赖于 pH。艾滋病患者胃中往往缺乏胃酸，以游离碱形式直接给药会造成难以预料的血药浓度波动，并使病毒很快产生耐药性。研究人员已开发出了使药物在体内浓度更加稳定的茚地那韦硫酸盐。茚地那韦以硫酸乙醇盐的形式上市，商品名称为 Crixivan™。需要注意的是，10% ~ 28% 的患者服用该药物后会出现尿结石，这主要是由于它在 pH 为 5.5 ~ 7.0 的尿液中溶解度较低（在 pH 6.0 下的溶解度为 0.035 mg/mL，在 pH 7.0 下的溶解度为 0.02 mg/mL），而其中 19% 的药物以原药的形式随尿排出 [49]。

7.7.3 盐的选择

成盐的反离子与相应药物的 pK_a 会相差 2 ~ 3。对于人体研究，需要使用经 FDA 批准的反离子，否则必须提供支持另一种反离子的充足毒理学数据。市售药品中大约 70% 反离子是阴离子，30% 是阳离子。10 个最常用的成盐阴离子和阳离子如表 7.13 所示 [46,50]。Cl⁻ 是最常见的阴离子，Na⁺ 是最常见的阳离子。

表 7.13　成盐的常用反阴离子和反阳离子 [49]

反阴离子	百分比 /%	反阳离子	百分比 /%	反阴离子	百分比 /%	反阳离子	百分比 /%
盐酸盐	48	钠	58	柠檬酸盐	2.8	铵盐	2
硫酸盐	5.8	钙	12	酒石酸盐	2.7	铝	1.4
溴化物	5.2	钾	9.8	磷酸盐	2.5	锌	1.1
甲磺酸盐	3.2	镁	4.5	醋酸盐	2.1	哌嗪	0.9
马来酸盐	3.1	葡甲胺	2.4	碘化物	1.2	氨丁三醇	0.9

注：经 C Kalaitzis, P Passadakis, S Giannakopoulos, et al. Urological management of indinavir-associated acute renal failure in HIV-positivepatients. Int Urol Nephrol,2007, 39: 743-746. 许可转载，版权归 2007 Springer 所有

药物盐型的筛选是为了获得最佳的理化性质，如结晶性、形态、引湿性、稳定性和粉末性质等。

7.7.4 盐型应用的注意事项

盐酸盐在胃中的溶解度会受到"同离子效应"的限制。根据 K_{sp}（图 7.34），胃中高浓度的 Cl⁻（0.1 ~ 0.15 mol/L）将限制盐酸盐的溶出。这种情况下，也可以使用其他盐型，如硫酸盐或磷酸盐。

如果化合物是很弱的酸（pK_a>6）或很弱的碱（pK_a<5），且其固有溶解度很低，那么少量盐转化为游离酸或游离碱会引起沉淀，并导致出现各种问题。例如，对于溶解度极低的弱酸苯妥英钠（约 20 μg/mL），因盐型转化为游离酸形式，钠盐的静脉注射制剂会产生沉淀。静脉给药过程中的沉淀将造成严重问题。

7.8　药物发现过程中的溶解度策略

在药物发现的成功案例中，具有如下共同的溶解度策略要素 [51]。
- 项目启动后，优化可溶解低溶解度受试化合物的生物学测试方法，以用于高通量筛选

- 当筛选出多个苗头化合物时，早期发现团队应根据苗头化合物的溶解度或将其开发成一个可溶性临床候选药物的潜力，对苗头化合物进行优先级排序。这一策略强调了溶解度作为药物开发最终目标的重要性，并防止研究人员将资源浪费在类药性不佳的先导化合物上。
- 在药物发现过程中，研究团队可利用结构修饰策略来提高溶解度（见 7.4 节）。
- 当低溶解度化合物必须进行体内测试时，可以采用早期制剂优化方法（见第 41 章）来提高溶解度、增加吸收，并获得足够的靶点浓度，这一点可通过生物分析测试化合物在血浆和组织中的浓度得到验证。
- 对新合成化合物的溶解度应立即进行测试和审查，因为原本旨在提高靶向结合能力的结构修饰（例如添加亲脂性基团来增加与靶点的结合）可能对化合物的溶解度产生不利影响。这样做的目的是实现理化性质、药效和安全性之间的平衡。
- 药物开发人员不要试图为了缩短药物发现的时间，而寄很高的希望于药物开发团队人员，不要过于期望他们采用高端制剂或药物递送技术来解决化合物溶解度的缺陷。
- 如果发现药物药代动力学特征不足，那么溶解度可以被认为是一个潜在因素。
- 当候选化合物进展到开发阶段时，需测试其溶解度的影响。

（吴丹君　叶向阳）

思考题

（1）一种碱性胺盐（pK_a=9）溶于 DMSO 中，并在磷酸盐缓冲液（PBS，pH 7.4）中测试了其生物活性。如果制备该化合物的盐酸盐，并在相同条件下进行测试，那么前者与后者得到的 IC_{50} 是相同、更低还是更高？

（2）一种游离酸（pK_a=4）和它的钠盐在水中的溶解度是否相同？为什么？它们在 pH 7.4 的磷酸钾缓冲液中的溶解度是否相同？

（3）增加溶解度的方法有哪些？增加溶解度最有效的化学修饰方法是什么？哪些方法可以提高溶出度？

（4）将化合物 A 以混悬剂形式对大鼠进行口服给药，剂量分别为 100 mg/kg、200 mg/kg 和 300 mg/kg，发现三种剂量的 c_{max} 和 AUC 相同，则可能的原因是什么？

（5）一种酸性化合物的固有溶解度为 2 μg/mL，pK_a 为 4.4，则该化合物在 pH 7.4 的溶解度大约是多少？

（6）在先导化合物优化阶段，为什么后合成的先导化合物类似物的溶解度往往更低？

（7）列举影响溶解度的水溶液介质的组成和性质。

（8）列举影响化合物溶解度的结构性质。

（9）溶解度和溶出度有什么不同？

（10）在药物发现早期，为什么热力学溶解度不如动力学溶解度重要？

（11）下列化合物经口服给药，达到人体完全吸收所需的溶解度应是多少？
　　　　（a）剂量 1 mg/kg 且高渗透性；（b）剂量 10 mg/kg 且低渗透性；（c）剂量 10 mg/kg 且中等渗透性。

（12）通过结构修饰提高化合物的溶解度，通常会削弱其哪些性质？

（13）提高溶解度最成功的结构修饰方法是什么？

（14）成盐可改善下列哪一性质？
　　　　（a）固有溶解度；（b）溶出速率。

（15）下图为一个先导物的结构，对其进行哪些结构修饰可提高溶解度？

MW = 469.7
Clg*P* = 8.5
PSA = 31

（16）低溶解度将导致以下哪些情况？
（a）口服生物利用度低；（b）代谢率低；（c）渗透性低；（d）患者负担加重；（e）药物制剂成本低。

（17）关于动力学溶解度测试的表述中，下列哪些是正确的？
（a）化合物首先溶解在 DMSO 中，然后添加到水性缓冲液中；（b）可用于建立结构 - 溶解度关系；（c）受溶液 pH 或组分的影响；（d）可用于识别溶解度的局限并指导结构修饰，以提高溶解度；（e）比平衡溶解度更适用于高通量分析。

（18）产生体内疗效的最低可接受溶解度可通过下面哪些数据预测？
（a）目标剂量；（b）毒性；（c）hERG 阻断浓度；（d）渗透性；（e）肠道转运时间。

（19）与游离酸或碱相比，药用盐口服给药后可以改变下列哪些方面？
（a）t_{max}；（b）c_{max}；（c）AUC；（d）口服生物利用度；（e）疗效。

参考文献

[1] C.A. Lipinski, F. Lombardo, B.W. Dominy, P.J. Feeney, Experimental and computational approaches to estimate solubility and permeability in drug discovery and development settings, Adv. Drug Deliv. Rev. 23 (1997) 3-25.

[2] S. Yalkowsky, S. Banerjee, Aqueous Solubility: Methods of Estimation for Organic Compounds, Marcel Dekker, New York, NY, 1992.

[3] Y.-C. Lee, P.D. Zocharski, B. Samas, An intravenous formulation decision tree for discovery compound formulation development, Int. J. Pharm. 253 (2003) 111-119.

[4] S. Venkatesh, R.A. Lipper, Role of the development scientist in compound lead selection and optimization, J. Pharm. Sci. 89 (2000) 145-154.

[5] R.A. Lipper, How can we optimize selection of drug development candidates from many compounds at the discovery stage? Mod. Drug Discov. 2 (1999) 55-60.

[6] S.L. McGovern, E. Caselli, N. Grigorieff, B.K. Shoichet, A common mechanism underlying promiscuous inhibitors from virtual and high-throughput screening, J. Med. Chem. 45 (2002) 1712-1722.

[7] W.H. Yoon, J.K. Yoo, J.W. Lee, C.-K. Shim, M.G. Lee, Species differences in pharmacokinetics of a hepatoprotective agent, YH439, and its metabolites, M4, M5, and M7, after intravenous and oral administration to rats, rabbits, and dogs, Drug Metab. Dispos. 26 (1998) 152-163.

[8] H. van de Waterbeemd, D.A. Smith, K. Beaumont, D.K. Walker, Property-based design: optimization of drug absorption and pharmacokinetics, J. Med. Chem. 44 (2001) 1313-1333.

[9] W.J. Ehlhardt, J.M. Woodland, J.E. Toth, J.E. Ray, D.L. Martin, Disposition and metabolism of the sulfonylurea oncolytic agent LY295501 in mouse, rat, and monkey, Drug Metab. Dispos. 25 (1997) 701-708.

[10] W. Curatolo, Physical chemical properties of oral drug candidates in the discovery and exploratory development settings, Pharm. Sci. Technol. Today 1 (1998) 387-393.

[11] K.C. Johnson, A.C. Swindell, Guidance in the setting of drug particle size specifications to minimize variability in absorption, Pharm. Res. 13 (1996) 1795-1798.

[12] C.A. Lipinski, Drug-like properties and the causes of poor solubility and poor permeability, J. Pharmacol. Toxicol. Methods 44 (2000) 235-249.

[13] FDA, Waiver of in vivo bioavailability and bioequivalence studies for immediate-release solid oral dosage forms based on a biopharmaceutics classification system, (2000). www.fda.gov/cder/guidance/2062dft.pdf.

[14] M. Lindenberg, S. Kopp, J.B. Dressman, Classification of orally administered drugs on the World Health Organization Model list of essential medicines according to the biopharmaceutics classification system, Eur. J. Pharm. Biopharm. 58 (2004) 265-278.

[15] G.M. Keseru, G.M. Makara, Hit discovery and hit-to-lead approaches, Drug Discov. Today 11 (2006) 741-758.

[16] M.J. Waring, Lipophilicity in drug discovery, Expert Opin. Drug Discov. 11 (2010) 235-248.
[17] C.-Y. Wu, L.Z. Benet, Predicting drug disposition via application of BCS: transport/absorption/elimination interplay and development of a biopharmaceutics drug disposition classification system, Pharm. Res. 22 (2005) 11-23.
[18] H. van de Waterbeemd, The fundamental variables of the biopharmaceutical classification system (BCS): a commentary classification, Eur. J. Pharm. Sci. 7 (1998) 1-3.
[19] J.B. Dressman, G.L. Amidon, C. Reppas, V.P. Shah, Dissolution testing as a prognostic tool for oral drug absorption: immediate release dosage forms, Pharm. Res. 15 (1998) 11-22.
[20] J.H. Lin, A.Y.H. Lu, Role of pharmacokinetics and metabolism in drug discovery and development, Pharmacol. Rev. 49 (1997) 403-449.
[21] J. Lin, Species similarities and differences in pharmacokinetics, Drug Metab. Dispos. 23 (1995) 1008-1021.
[22] J. Zimmerman, G. Ferron, H. Lim, V. Parker, The effect of a high-fat meal on the oral bioavailability of the immunosuppressant sirolimus (rapamycin), J. Clin. Pharmacol. 39 (1999) 1155-1161.
[23] S.S. Davis, Physiological factors in drug absorption, Ann. N. Y. Acad. Sci. 618 (1991) 140-149.
[24] D. Fleisher, C. Li, Y. Zhou, L.-H. Pao, A. Karim, Drug, meal and formulation interactions influencing drug absorption after oral administration, Clin. Pharmakinet. 36 (1999) 233-254.
[25] C.-H. Gu, H. Li, J. Levons, K. Lentz, R.B. Gandhi, K. Raghavan, R.L. Smith, Predicting effect of food on extent of drug absorption based on physicochemical properties, Pharm. Res. 24 (2007) 1118-1130.
[26] E.M. Bailey, D.J. Krakovsky, M.J. Rybak, The triazole antifungal agents: a review of itraconazole and fluconazole, Pharmacotherapy 10 (1990) 146-153.
[27] S.M. Grant, S.P. Clissold, Itraconazole, Drugs 37 (1989) 310-344.
[28] B.J. Aungst, N.H. Nguyen, N.J. Taylor, D.S. Bindra, Formulation and food effects on the oral absorption of a poorly water soluble, highly permeable antiretroviral agent, J. Pharm. Sci. 91 (2002) 1390-1395.
[29] A.K. Singla, A. Garg, D. Aggarwal, Paclitaxel and its formulations, Int. J. Pharm. 235 (2002) 179-192.
[30] Y. Li, Y.-M. Zhu, H.-J. Jiang, J.-P. Pan, G.-S. Wu, J.-M. Wu, Y.-L. Shi, J.-D. Yang, B.-A. Wu, Synthesis and antimalarial activity of artemisinin derivatives containing an amino group, J. Med. Chem. 43 (2000) 1635-1640.
[31] J.B.J. Milbank, M. Tercel, G.J. Atwell, W.R. Wilson, A. Hogg, W.A. Denny, Synthesis of 1-substituted 3-(chloromethyl)-6-aminoindoline (6-aminoseco-CI) DNA minor groove alkylating agents and structure-activity relationships for their cytotoxicity, J. Med. Chem. 42 (1999) 649-658.
[32] Smith, D.A. (2002). *Ernst Schering Research Foundation Workshop* 32, pp. 203-212.
[33] D.A. Scott, K.J. Bell, C.T. Campbell, D.J. Cook, L.A. Dakin, D.J. Del Valle, L. Drew, T.W. Gero, M.M. Hattersley, C.A. Omer, B. Tyurin, X. Zheng, 3-Amido-4-anilinoquinolines as CSF-1R kinase inhibitors 2: optimization of the PK profile, Bioorg. Med. Chem. Lett. 19 (2009) 701-705.
[34] J.T. Lundquist, D.C. Harnish, C.Y. Kim, J.F. Mehlmann, R.J. Unwalla, K.M. Phipps, M.L. Crawley, T. Commons, D.M. Green, W. Xu, W.T. Hum, J.E. Eta, I. Feingold, V. Patel, M.J. Evans, K. Lai, L. Borges-Marcucci, P.E. Mahaney, J.E. Wrobel, Improvement of physiochemical properties of the tetrahydroazepinoindole series of farnesoid X receptor (FXR) agonists: beneficial modulation of lipids in primates, J. Med. Chem. 53 (2010) 1774-1787.
[35] R.S. Al-awar, J.E. Ray, R.M. Schultz, S.L. Andis, J.H. Kennedy, R.E. Moore, T. Golakoti, G.V. Subbaraju, T.H. Corbett, A convergent approach to cryptophycin 52 analogues: synthesis and biological evaluation of a novel series of fragment a epoxides and chlorohydrins, J. Med. Chem. 46 (2003) 2985-3007.
[36] L. Xie, D. Yu, C. Wild, G. Allaway, J. Turpin, P.C. Smith, K.-H. Lee, Anti-AIDS agents. 52. Synthesis and anti-HIV activity of hydroxymethyl (3'R,4'R)-3',4'-di-O-(S)-camphanoyl-(+)-cis-khellactone derivatives, J. Med. Chem. 47 (2004) 756-760.
[37] S.E.F. Borgos, P. Tsan, H. Sletta, T.E. Ellingsen, J.-M. Lancelin, S.B. Zotchev, Probing the structure-function relationship of polyene macrolides: engineered biosynthesis of soluble nystatin analogues, J. Med. Chem. 49 (2006) 2431-2439.
[38] I.-H. Kim, C. Morisseau, T. Watanabe, B.D. Hammock, Design, synthesis, and biological activity of 1,3-disubstituted ureas as potent inhibitors of the soluble epoxide hydrolase of increased water solubility, J. Med. Chem. 47 (2004) 2110-2122.
[39] R.N. Misra, H.-Y. Xiao, K.S. Kim, S. Lu, W.-C. Han, S.A. Barbosa, J.T. Hunt, D.B. Rawlins, W. Shan, S.Z. Ahmed, L. Qian, B.-C. Chen, R. Zhao, M.S. Bednarz, K.A. Kellar, J.G. Mulheron, R. Batorsky, U. Roongta, A. Kamath, P. Marathe, S.A. Ranadive, J.S. Sack, J.S. Tokarski, N.P. Pavletich, F.Y.F. Lee, K.R. Webster, S.D. Kimball, *N*-(cycloalkylamino)acyl-2-aminothiazole inhibitors of cyclin-dependent kinase 2. N-[5-[[[5-(1,1- dimethylethyl)-2-oxazolyl]methyl]thio]-2-thiazolyl]-4-piperidinecarboxamide (BMS-387032), a highly efficacious and selective antitumor agent, J. Med. Chem. 47 (2004) 1719-1728.
[40] M.J. Fray, D.J. Bull, C.L. Carr, E.C.L. Gautier, C.E. Mowbray, A. Stobie, Structure-activity relationships of 1,4-dihydro-(1H,4H)-quinoxaline-2,3-diones as N-methyl-D-aspartate (glycine site) receptor antagonists. 1. Heterocyclic substituted 5-alkyl derivatives, J. Med. Chem. 44 (2001) 1951-1962.
[41] S.S. Nikam, J.J. Cordon, D.F. Ortwine, T.H. Heimbach, A.C. Blackburn, M.G. Vartanian, C.B. Nelson, R.D. Schwarz, P.A.

Boxer, M.F. Rafferty, Design and synthesis of novel quinoxaline-2,3-dione AMPA/GlyN receptor antagonists: amino acid derivatives, J. Med. Chem. 42 (1999) 2266-2271.

[42] A. Huang, A. Moretto, K. Janz, M. Lowe, P.W. Bedard, S. Tam, L. Di, V. Clerin, N. Sushkova, B. Tchernychev, D.H.H. Tsao, J.C. Keith Jr., G.D. Shaw, R.G. Schaub, Q. Wang, N. Kaila, Discovery of 2-[1-(4-chlorophenyl)cyclopropyl]-3-hydroxy-8-(trifluoromethyl)quinoline-4-carboxylic Acid (PSI-421), a P-selectin inhibitor with improved pharmacokinetic properties and oral efficacy in models of vascular injury, J. Med. Chem. 53 (2010) 6003-6017.

[43] V.J. Stella, A case for prodrugs: fosphenytoin, Adv. Drug Deliv. Rev. 19 (1996) 311-330.

[44] Y. Wu, A. Loper, E. Landis, L. Hettrick, L. Novak, K. Lynn, C. Chen, K. Thompson, R. Higgins, U. Batra, The role of biopharmaceutics in the development of a clinical nanoparticle formulation of MK-0869: a Beagle dog model predicts improved bioavailability and diminished food effect on absorption in human, Int. J. Pharm. 285 (2004) 135-146.

[45] G. Garrido, C. Rafols, E. Bosch, Acidity constants in methanol/water mixtures of polycarboxylic acids used in drug salt preparations: potentiometric determination of aqueous pK_a values of quetiapine formulated as hemifumarate, Eur. J. Pharm. Sci. 28 (2006) 118-127.

[46] P.H. Stahl, C.G. Wermuth (Eds.), Handbook of Pharmaceutical Salts: Properties, Selection, and Use, Wiley-VCH, Zurich, 2002.

[47] S.D. Garad, How to improve the bioavailability of poorly soluble drugs, Am. Pharm. Rev. 7 (2004) 80-93.

[48] S.H. Wan, P.J. Pentikainen, D.L. Azarnoff, Bioavailability of aminosalicylic acid and its various salts in humans. III. Absorption from tablets, J. Pharm. Sci. 63 (1974) 708-711.

[49] C. Kalaitzis, P. Passadakis, S. Giannakopoulos, S. Panagoutsos, E. Mpantis, A. Triantafyllidis, S. Touloupidis, V. Vargemezis, Urological management of indinavir-associated acute renal failure in HIV-positive patients, Int. Urol. Nephrol. 39 (2007) 743-746.

[50] L.D. Bighley, S.M. Berge, D.C. Monkhouse, Salt forms of drugs and absorption, in: in: J. Swarbrick, J.C. Boylan (Eds.), Encyclopedia of Pharmaceutical Technology, vol. 13, Marcel Dekker, Inc., New York, 1995, pp. 453-499.

[51] L. Di, E.H. Kerns, Application of physicochemical data to support lead optimization by discovery teams, in: R.T. Borchardt, E.H. Kerns, M.J. Hageman, D.R. Thakker, J.L. Stevens (Eds.), Optimizing the Drug-like Properties of Leads in Drug Discovery, Springer, AAPS Press, New York, NY, 2006.

第 8 章

渗透性

8.1 引言

渗透性（permeability，也称透膜性）是衡量化合物通过脂质膜结构速率的指标。渗透性影响着先导化合物的体外细胞活性评价，包括生物测试（细胞内靶点）、ADME（吸收、分布、代谢和排泄）测试（如肝细胞代谢）和毒性测试（如细胞毒性）。

渗透性还会影响药物的体内过程，包括口服药物的肠道吸收、分布［如细胞渗透、血脑屏障（blood-brain barrier，BBB）渗透］代谢（代谢酶途径）和排泄（如肾、胆）。这些 ADME 过程会影响药物的暴露量和时间进程，进而影响药物的疗效、药代动力学和毒性。因此，理解渗透性对于数据处理、苗头化合物和先导化合物的筛选、先导化合物的优化，以及临床候选药物的推进都十分重要。

药物分子可通过多种渗透机制透过生物膜和细胞层。对目标化合物渗透机制的评价非常重要。被动跨细胞扩散（passive transcellular diffusion，简称被动扩散）是大多数药物的主要透膜方式。转运体见第 9 章。

幸运的是，目前已经开发了多种结构修饰策略以通过不同的渗透机制改善化合物的渗透能力。因此，可以合成新的类似物以提高渗透率。这些修饰改变了决定渗透性机制基础的结构性质。

8.2 渗透性基础知识

药物分子在生物体内会面临几种不同的具有挑战性的生物膜环境。例如：
- 肠（上皮细胞层）；
- 肝细胞（顶膜和基底膜）；
- 肾单元（近端和远端肾小管）；
- 限制性器官屏障［血脑屏障、血睾屏障（blood-testes barrier）、胎盘屏障（blood-placenta barrier）］；
- 靶细胞膜。

每个化合物的渗透机制都可能不同。这些差异主要是由细胞膜的差异（影响被动扩散）、细胞膜上转运体（transporter）及转运体数量（影响主动运输和外排），以及细胞之间紧密连接的开放性差异（影响细胞旁路）所引起的。

第 3 章介绍了渗透的机理。最近的一篇文章提供了关于渗透机制的更多信息[1]。如图 8.1 所示，渗透性机制主要包括被动扩散、外排（efflux transport）、主动摄取转运（uptake transport，也称为"主动运输"）、细胞旁路（paracellular）和内吞（endocytosis）。化合物可能通过以上一种或多种机制进行渗透，其净渗透性（net permeability）是由各种机制的速率和能力综合作用的结果。

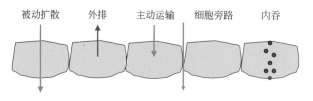

图 8.1　主要的渗透性机制

8.2.1　被动扩散渗透性

分子可以通过"随机游走（random walk）"的被动扩散方式从水相透过细胞膜脂质双分子层进入细胞质。第 3 章中已介绍了细胞膜脂质双分子层的结构特性。通过细胞的脂质双层膜进入细胞内，并与细胞内靶点或代谢酶相结合是药物分子发挥作用的前提。如果某一药物分子穿过细胞质并通过基底外侧双层膜，就会到达细胞层的另一侧水相环境中。大多数口服药物以被动扩散的方式被小肠上皮细胞吸收。在脂质双分子层被动扩散过程中不存在立体专一性的相互作用，因此立体异构体在脂质双分子层中的渗透速率是相同的。脂质组成的差异也会对被动扩散速率产生一定的影响，但是，在某一组织膜结构中具有较高被动扩散渗透性的化合物，也会在另一组织的膜结构中表现出类似的被动扩散渗透性。

分子可以在膜的正反两面进行扩散。由于被动扩散是受浓度梯度驱动的，因此最终结果是朝向一个方向的净运动（net movement），并且是从较高浓度一侧到较低浓度一侧。在肠道吸收的过程中，药物分子的净运动同样遵循浓度梯度原则，从高药物浓度的肠腔穿过上皮细胞层到达较低浓度的毛细血管。需要强调的是，被动扩散不需要消耗能量。

被动扩散受到"不动水层"（unstirred water layer，UWL）的影响，而"不动水层"是指与膜相邻的区域。分子扩散到膜中后，如果其原位点没有被其他溶解在本体溶液（bulk solution）中的分子扩散并取代，则这一位点的药物分子将被耗尽，因此会影响被动扩散的速率。由于肠的蠕动使得肠腔内物质得到了充分的混合，因此 UWL 在肠道中并不明显。然而，UWL 会影响静态（不动）体外膜（如 PAMPA、Caco-2）及细胞实验，对于高渗透性的化合物尤为明显。

根据菲克第一扩散定律（Fick's First Law of Diffusion），可将膜的被动扩散描述为[2,3]：

$$\frac{dM}{dt} = \frac{k_f \times S \times \Delta c}{d \times \sqrt{MW}}$$

式中，dM 是指单位时间 dt 内跨膜转移的化合物的量；k_f 是指化合物的膜 - 水分配系数（membrane-water partition coefficient，与亲脂性有关）；S 指膜表面积（membrane's surface area）；Δc 指化合物中性状态通过膜结构的浓度差（梯度）；d 指膜的厚度；MW（molecule weight）为化合物的分子量（影响扩散速率）。术语"通量"[flux，J，$mol/(cm^2 \cdot s)$] 表示单位时间和单位表面积的化合物的量，以 $dM/(dt \cdot S)$ 表示；"有效渗透性"（effective permeability，P_{eff}，cm/s）为有关膜扩散率、膜 - 水分配系数和膜厚度的函数，以 $k_f/(d \times MW^{1/2})$ 表示。最初，$J = P_{eff} \times c_i$，其中 c_i 是指供体侧（如肠腔）的初始浓度。

由于分子必须穿过膜的高亲脂性烃核，因此化合物的脂水分配系数会影响分子的渗透性，通常高亲脂性分子的渗透性强于低亲脂性分子。影响亲脂性的结构特性将影响被动扩散，如氢键受体和供体［通常以极性表面积（polar surface area，PSA）评估］、电离程度（由 pK_a 和溶液 pH 值决定）和极性。而 MW 的增加会降低扩散速率。$\lg D>0$ 且 MW<500 的化合物更易被吸收[4]。

在一项研究中[5]，采用偏最小二乘法（partial least squares，PLS）来确定哪些化学结构特性与人空肠通透性（P_{eff}）的关系最为密切。从图 8.2 可以看出，PSA、氢键供体（hydrogen bond donor，HBD）数和 $\lg D_{5.5}$ 与吸收具有很大的关联。该研究建立了如下的计算模型：

$$\lg P_{eff}=-3.067+0.162\text{Clg}P-0.010\text{PSA}-0.235\text{HBD}$$

Clg$P$ 的结果几乎与 $\lg D_{5.5}$ 相同，并且更易于确定，因此该模型将 $\lg D_{5.5}$ 简化为 Clg$P$。在这项研究中，MW 仅增加到 455，因此并未得出有关 MW 的结论。

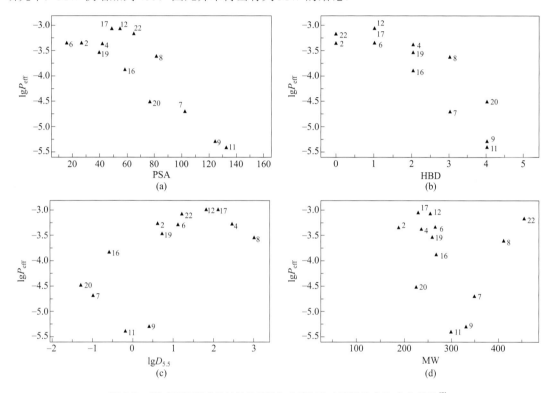

图 8.2　22 个不同化合物的结构特性与人空肠体内渗透性（P_{eff}）的关系[5]

经 S Winiwarter, N M Bonham, F Ax, et al. Correlation of human jejunal permeability (*in vivo*) of drugs with experimentally and theoretically derived parameters. A multivariate data analysis approach. J Med Chem, 1998, 41: 4939-4949 许可转载，版权归 1998 American Chemical Society 所有

图 8.3 显示了 PSA 与口服药物肠道吸收的密切相关性[6,7]。PSA 大于 130 Å^2 时，小肠吸收的比例较低。在图 8.4 所示的 cGRP 拮抗剂螺乙内酰脲（spiro hydantoin）系列化合物的研究中，PSA 大于 130 Å^2 的化合物的生物利用度较低[8]。氢键、离子化和极性增加了水溶性，因此必须破坏化合物与水分子间的相互作用，才能使其分配到脂质中。PSA 是一种被广泛应用的被动扩散渗透性指标。

中性分子比带电荷的阴离子或阳离子更易溶于脂质膜，具有更强的渗透性。因此，在被动扩散中化合物的 pH 和 pK_a 具有重要的作用，即所谓的"pH-分配理论（pH-partition theory）"。不同 pH 值化合物的平行人工膜渗透性实验（parallel artificial membrane permeability assay，PAMPA）的被动扩散渗透性数据如图 8.5 所示。该图中 PAMPA 膜（见第 26 章）两侧的 pH 值相同，但药物的 pH 值不同[9]。该图证明不同的酸、碱和中性药物的渗透性会受到 pH 值的影响。在 pH 值较低时，酸性药物的被动扩散渗透率要高得多，因为此时溶液中的酸性药物大部分以中性形式存在。

随着 pH 值的增加，中性药物的比例下降，阴离子的比例逐渐增加，导致酸性药物的被动扩散渗透率随之降低。相反，在 pH 值较低时，碱性药物的被动扩散渗透率较低，因为溶液中的大部分碱性药物以阳离子形式存在。随着 pH 值的增加，中性药物的比例增加，碱性药物的被动扩散渗透率随之升高。而中性药物的被动扩散渗透性不受 pH 的影响。

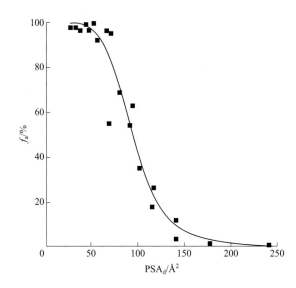

图 8.3　肠道吸收剂量分数与 PSA 的关系[6]

经 K Palm, P Stenberg, K Luthman, et al. Polar molecular surface properties predict the intestinal absorption of drugs in humans. Pharm Res, 1997, 14: 568-571 许可转载，版权归 1997 Plenum Publishing 所有

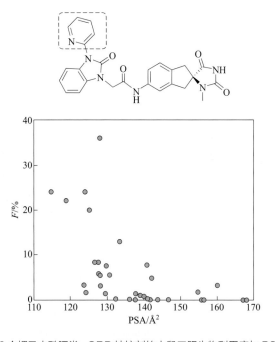

图 8.4　39 个螺乙内酰脲类 cGRP 拮抗剂的大鼠口服生物利用度与 PSA 的关系

化合物的结构修饰区域如虚线所示，图中所示化合物的 PSA=125 Å^2，大鼠生物利用度为 26%（10 mg/kg，1% 甲基纤维素）[8]

经 I M Bell, R A Bednar, J F Fay, et al. Identification of novel, orally bioavailable spirohydantoinCGR-Preceptor antagonists, Bioorg. Med Chem Lett, 2006, 16: 6165-6169 许可转载，版权归 2006 Elsevier 所有

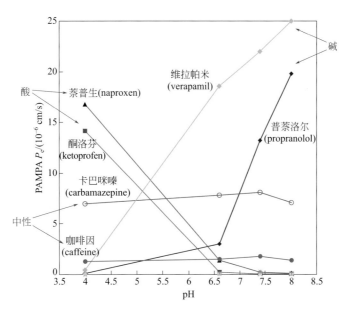

图 8.5　被动扩散受溶液 pH 值和药物 pK_a 的影响

在 PAMPA 渗透性实验中，酸、碱和中性化合物在不同 pH 条件下的渗透性不同

经 E H Kerns, L Di, S Petusky, et al. Combined application of parallel artificial membrane permeability assay and Caco-2 permeability assays in drug discovery. J Pharm Sci, 2004, 93: 1440-1453 许可转载，版权 2004 Wiley-Liss 所有

在生物体内，药物分子透过肠上皮细胞进入血液，血液对其进行稀释并将其分布到身体的各个部位，这称为"漏槽"效应（sink effect）。

被动扩散是口服吸收最重要的透膜机制。据估计，95% 的药物主要通过被动扩散的方式在胃肠道中吸收。这是因为胃肠道为被动扩散提供了较大的空间，具有较大的细胞表面积。被动扩散不会随着药物浓度的增加而饱和。转运体的转运容量的详细讨论见第 9 章。

8.2.2　外排渗透性

外排是另一种重要的透膜机制，是指药物分子从细胞内或膜内运输到细胞外的一种跨膜运输方式。P- 糖蛋白（P-glycoprotein，P-gp）和乳腺癌耐药蛋白（breast cancer resistance protein，BCRP）是两种众所周知的外排转运体（efflux transporter）。当外排转运体位于细胞的顶膜时，可减少作为底物的药物对细胞内靶点的接触和穿过细胞层的通量。而肠上皮细胞外排转运体可将吸收的药物分子外排至胃肠道中。外排也发生在人体的其他组织（如血脑屏障、肝脏、肾脏）中。外排转运体的作用通常是减少外来分子对人体组织的作用，这也是为什么外排转运体常被认为是"保护"身体免受潜在毒素侵害的原因。但是，对于药物研发而言，外排往往会阻碍创新药物的研发。

转运体的表达水平随小肠位置而变化，一种特定的转运体仅位于一种细胞表面。外排转运体将在第 9 章中详细讨论。

8.2.3　主动运输渗透性

主动运输转运体也存在于脂质双层膜中，如肠道。主动运输转运体提高了药物通过细胞膜而进入细胞的能力，对内源性化合物的跨膜运输发挥着重要作用，许多内源性化合物极性过强，不能通过被动扩散进入细胞膜内。一些极性药物对促进其吸收的转运体（如 PEPT1）具有很强的亲和力。许多药物并不是以基于主动跨膜运输的方式而设计的，但后来偶然发现其可以通过主动摄取转运的方式进入细胞内[11]。药物发现研究利用这一机制有目的地设计了一系列化合物，可由特定的转运体运输进入细胞内而发挥作用。

8.2.4 细胞旁路渗透性

细胞旁路渗透性是指化合物通过细胞间的孔隙通过细胞层。细胞旁路渗透过程是被动的，不需要消耗能量，但受浓度梯度的驱动且可达到饱和。细胞间的连接是由特定的蛋白质维持。不同组织层的细胞有不同的孔径。连接松散的组织层有时被称为"漏层（leaky）"。相比之下，BBB 的细胞连接非常紧密，不会发生细胞旁路渗透（见第 10 章）。

据报道，小肠上皮细胞之间具有 6～8 Å 的气孔，分子量较小（MW<200）和亲水性的化合物可能会发生细胞旁路渗透。据估计，这些气孔的表面积小于肠总表面积的 1%[12]。阿替洛尔（atenolol，MW=266，$\lg D_{7.4}$=−1.5）主要通过细胞旁路吸收，占总体吸收量的 55%。大鼠和人体胃肠道中具有相似孔径的气孔，也可以进行细胞旁路渗透。但是犬具有较多的漏层连接，不适合作为细胞旁路透膜研究的动物模型。

8.2.5 内吞渗透性

小分子渗透的另一个次要途径是内吞作用，即细胞外的分子被细胞双层膜吞噬，形成囊泡。囊泡穿过细胞，与另一侧膜融合，并释放出内容物。这一机制在小分子药物发现中的应用较少，但对大分子药物发现的具有较大的应用潜力。

8.2.6 净渗透性

某一特定化合物在某一特定膜结构的净渗透性是指，在不同渗透机制下该化合物对膜的总渗透性。体外实验（见第 26 章），如 Caco-2，可得到有效的渗透性数值 P_{eff}：

$$P_{eff}=J/c$$

式中，J 为各种机制的总通量；c 为供体侧的初始浓度（菲克第一扩散定律，见 8.2.1 节）。通常以 P_{eff} 比较不同化合物的渗透性，用于指导药物的发现。

术语"吸收转运（absorptive transport）"习惯用于表示化合物从肠腔到毛细血管的复合通量（图 8.6），是被动扩散（向血液）、主动运输和细胞旁路渗透机制的综合结果。相反，术语"分泌转运（secretory transport）"习惯用于表示化合物沿肠腔方向的复合通量，是被动扩散（向管腔）、主动运输和细胞旁路的综合结果。在某些条件下，一些药物分子可以从血液中分泌并返回肠腔。

净肠道吸收是指各种吸收机制的综合结果（也会受到水溶性影响，见第 7 章）。Uppsala 大学 Lennemas 课题测定了一系列药物在人体肠道中的有效渗透性（P_{eff}）[12]。

图 8.6　特定化合物的复合渗透性是局部条件动态相互作用及其对各种渗透性机制影响的综合结果
相关条件包括膜两侧的浓度、pH 梯度、转运蛋白亲和力和表达水平、分子大小和极性

8.3 渗透性的影响

渗透性影响许多生物体及体外的药理实验过程，下文将逐一进行讨论。

8.3.1 渗透性对吸收和生物利用度的影响

口服给药后药物的肠道吸收与渗透性有关。低渗透性的化合物通常吸收率低、生物利用度也较低，如表 8.1 所示的一种强效、高电荷的酸性化合物。该化合物的生物利用度不到 1%。PAMPA 试验显示该化合物的被动扩散渗透性较低（$0.1×10^{-6}$ cm/s），因此渗透性差是导致其生物利用度低的主要原因。将其制成前药后，前药具有更高的渗透性（$7×10^{-6}$ cm/s），生物利用度也提高到 18%。在这种情况下，由于大多数酸性化合物（pK_a=4.57）在 pH 7.4 时带负电，因此酸性化合物的被动扩散受限。

表 8.1　渗透性对酸性化合物口服生物利用度影响的实例

项目	化合物	前药
PAMPA(P_e)/($×10^{-6}$cm/s)	0.1	7.0
口服生物利用度	<1%	18%

注：具有良好活性（K_i=7 nmol/L）的化合物的渗透性较低，导致其生物利用度较低。而其前药具有良好的渗透性和生物利用度。

当化合物具有较低的肠渗透性时，可选择静脉给药方式。这一策略可用于某些治疗领域，如癌症化疗，但对于首选口服给药的广大患者群体，静脉注射具有很大的局限性。

8.3.2 渗透性对细胞活性测试的影响

低渗透性会影响化合物在细胞测试中的活性。对于细胞内的靶点，化合物必须穿透细胞膜才能发挥预期活性。因此，当研究团队从非细胞测试（如酶、受体）进展到细胞测试时，某些化合物的活性可能会随之降低。如果是由于不可接受的低渗透性而导致活性的降低，那么研究团队可能会放弃该系列化合物的继续优化。虽然可以通过结构修饰来改善化合物的渗透性，但不幸的是，大多研究团队抛弃了通过结构改造提高化合物渗透性及细胞内浓度从而提高活性的研究策略。

表 8.2 列举了渗透性对细胞活性影响的实例。评价化合物生物活性的细胞实验需要化合物具有良好的渗透性。在某些情况下，如果渗透性限制了酶活性更高的化合物在细胞内的暴露，则可能具有中等酶活性的化合物反而在细胞测试中表现出更好的药效（表 8.3）。

8.3.3 渗透性与肝脏清除的关系

肝细胞的功能涉及多种类型的渗透作用。首先，药物分子可通过被动扩散或主动运输的方式进入肝细胞。之后，外排转运和被动扩散将药物及其代谢产物清除至血液或胆小管的胆汁中。这些透膜过程都会影响药物的清除。

表 8.2 渗透性对基于细胞的生物活性测试的影响实例

化合物	体外 K_i /(μmol/L)	PAMPA(P_e) /(10^{-6} cm/s)	细胞活性 IC_{50} /(μmol/L)	化合物	体外 K_i /(μmol/L)	PAMPA(P_e) /(10^{-6} cm/s)	细胞活性 IC_{50} /(μmol/L)
A	0.007	4.9	10.5	E	3.5	14.3	无活性
B	0.02	1	22.1	F	17	6.6	无活性
C	0.01	0.02	无活性	G	4.3	0.01	无活性
D	0.05	0.1	无活性				

注：良好的细胞活性既需要强效的酶活性，又需要良好的渗透性。

表 8.3 两组化合物在细胞与酶活性测试中显示出不同的活性

项目	化合物系列 1	化合物系列 2	项目	化合物系列 1	化合物系列 2
酶活性测试	高活性	中等活性	P-gp 外排渗透性	有	无
PAMPA 渗透性	低	高	基于细胞的测试	无活性	有活性

8.3.4 渗透性与肾脏清除的关系

在肾单元中，近端小管中的转运体将药物和代谢产物转移到尿液中，这称为肾小管分泌（tubular secretion）。在远端小管中，高亲脂性的药物分子通过被动扩散［即所谓的"重吸收（reabsorption）"］从尿液回到血液，而高极性的药物和代谢产物则很少或不能发生被动扩散和主动运输，仍留在尿液中。

8.3.5 渗透性与脑内药物活性的关系

药物通常以被动扩散或主动运输的方式通过血脑屏障。相反地，血脑屏障可通过外排转运体将药物从脑内排出。所以，外排转运体可以清除脑内的药物（见第 10 章）。

8.3.6 组织渗透性与药物活性的关系

药物到达组织细胞后，可能会由于外排而引起渗透性低，从而导致细胞内浓度过低，无法到达细胞内的治疗靶点。被动扩散较弱或外排都可能造成药物的渗透作用十分有限。例如，肿瘤对化疗药物的耐药性，就是由于某些肿瘤细胞外排转运体的异常高表达所引起的，导致肿瘤细胞中化疗药物的浓度较低、疗效较差。在其他情况下，药物对靶细胞的渗透可能受到高 MW、高 PSA（氢键）或低亲脂性的限制。目前，一种药物发现策略是设计具有选择渗透性的化合物，该化合物对靶细胞表达的主动摄取转运体具有较好的亲和力，且具有较低的被动扩散性，因此化合物与其他组织的接触有限，最大限度地减少了副作用（见第 9 章）。

8.4 渗透性的结构修饰策略

改变剂型对渗透性的提高效果有限，改善渗透性的最好方法是进行结构改造（表 8.4）[13]。

渗透增强剂可以打开细胞之间的紧密连接，有利于药物的吸收。然而，当细胞间的连接打开时，有毒物质也会进入体循环。新一代增强剂可暂时打开细胞连接部位，以降低毒性，相关药物正处于临床试验中。因此，在药物发现早期启动渗透性评价，并在项目伊始就将渗透性优化纳入药物设计是非常重要的。这一策略可使有潜力的化学结构得以优化，并改善其体内药效和药代动力学研究中的药物暴露量。需要注意的是，随着渗透性的提高，溶解度可能会相应降低，所以最终的目标是在二者之间寻求平衡。溶解度往往可以通过改变剂型提高。

表 8.4　几种提高渗透性的结构修饰策略

结构修饰策略	章节	结构修饰策略	章节
将可电离基团取代为不可电离基团	8.4.1	减少氢键和降低极性	8.4.5
增加亲脂性	8.4.2	降低分子大小	8.4.6
极性基团的生物电子等排取代	8.4.3	添加非极性侧链	8.4.7
酯化羧酸基团	8.4.4	前药	8.4.8

8.4.1　将可电离基团替换为不可电离基团

图 8.7 举例说明将可电离基团替换为不可电离基团后，渗透性的变化对口服吸收的影响[14]。体外 Caco-2 测试显示，R 为 -COOH 的羧酸化合物的渗透性较低，体内口服生物利用度只有 4%。当将 R 由羧酸取代为非极性、非电离的 -CH$_2$OH 时，渗透性提高了 30 倍，体内口服生物利用度（F）显著提高至 66%。

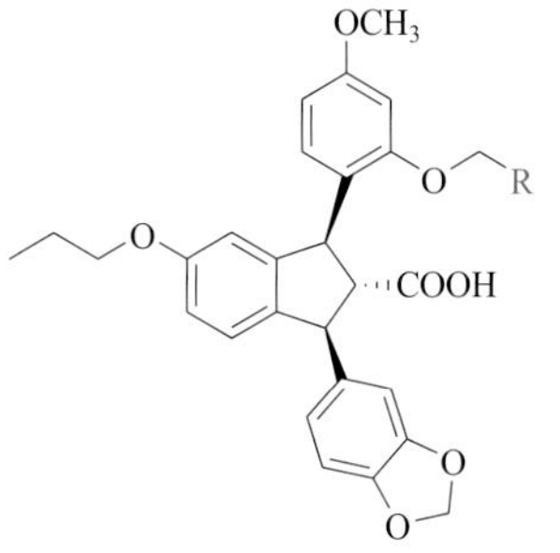

R基	ETA, K_i/(nmol/L)	Caco-2/(cm/h)	F/%
COOH	0.43	0.0075	4
CH$_2$OH	1.1	0.2045	66

图 8.7　渗透性对内皮素受体拮抗剂口服吸收的影响[14]

8.4.2　增加亲脂性

图 8.8 给出了一个通过增加亲脂性以改善渗透性，从而提高生物利用度的实例[15]。当 R 为 -CH$_2$NHCH$_3$ 时，Caco-2 测试显示化合物具有中等的渗透性，这与其 24% 的口服生物利用度相符。当 R 为亲脂性更强的 -CH$_2$N(CH$_3$)$_2$ 时，渗透性得到提高，口服生物利用度显著升高至 84%。

图 8.9 显示了化合物亲脂性与渗透性之间的关系[16]。从图中可以看出，Caco-2 渗透性随化合物 lg$D_{7.4}$ 的增加而增加。在 0<lg$D_{7.4}$<3 范围内的化合物具有更高的渗透性，而在 -2<lg$D_{7.4}$<0 范围内的化合物则具有中等的渗透性（由于四氮唑类衍生物属于主动外排型化合物，因此不适合该判断方法）。

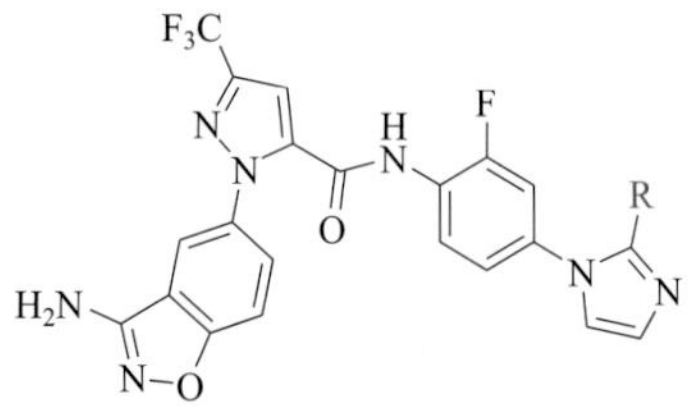

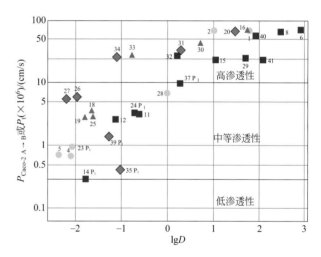

Xa 因子抑制剂

R基	FXa K_i /(nmol/L)	Caco-2 P_{app} /($\times 10^{-6}$ cm/s)	CL /[L/(h·kg)]	$t_{1/2}$/h	V_{dss} /(L/kg)	F/%
CH$_2$NHCH$_3$	0.12	0.2	1.1	3.7	4.6	24
CH$_2$N(CH$_3$)$_2$	0.19	5.6	1.1	3.4	5.3	84

图 8.8 R 基团由 –CH$_2$NHCH$_3$ 取代为 –CH$_2$N(CH$_3$)$_2$ 可显著提高化合物的渗透性和生物利用度[15]

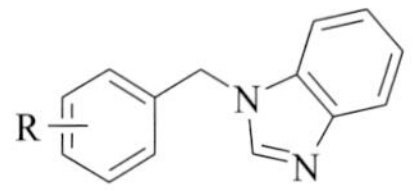

#	取代基R的结构	$P_{\text{Caco-2}}\times 10^6$/(cm/s)
6	H	71
8	m-CN	66
40	m-NH$_2$	57
32	m-CH$_2$NH$_2$	28
15	p-SO$_2$NH$_2$	23
29	m-CONH$_2$	25
41	m-NHSO$_2$CH$_3$	23
11	p-COOH	3.2
12	p-CH$_3$COOH	2.6
24	m-COOH	1.6
37	m-四氮唑	0.14
36	o-四氮唑	0.13
38	p-四氮唑	0.11
14	p-SO$_3$H	0.08

图 8.9 亲脂性与 Caco-2 渗透性的关系[16]

经 T Fichert, M Yazdanian, J R Proudfoot. A structure-permeability study of small drug-like molecules, Bioorg. Med Chem Lett, 2003, 13: 719-722 许可转载，版权归 2003 Elsevier 所有

8.4.3 极性基团的生物电子等排取代

四氮唑是羧基的生物电子等排体，当羧酸被四氮唑取代后，化合物的 Caco-2 渗透性增加（图 8.10）[17]。四氮唑衍生物的 PTP1B 酶活性与羧基衍生物相同（K_i=2 μmol/L），但羧基衍生物无体外细胞活性，而四氮唑衍生物表现出较好的细胞活性。

8.4.4 羧酸酯化生成前药

如图 8.11 所示，酪氨酸蛋白磷酸酶 1B（protein-tyrosine phosphatase 1B，PTP1B）抑制剂的先导化合物是一个双羧酸化合物，体外酶测试显示具有酶抑制活性和选择性[18]，但该先导化合物的细胞活性较低。麦丁-达比犬肾（Madin-Darby canine kidney，MDCK）细胞单层渗透性实验（见

第 26 章）显示，该化合物的渗透性较低。将化合物的羧基酯化得到二乙酯前药，其渗透性和活性都得到大幅提高。

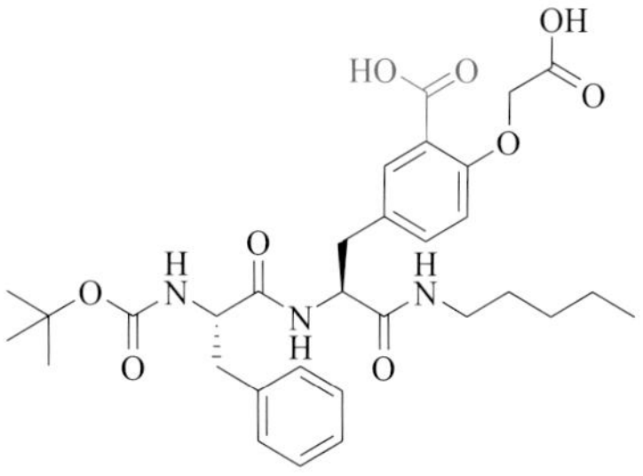

K_i (PTP1B) = 2 μmol/L
Caco-2 < 1×10^{-7} cm/s
无细胞活性

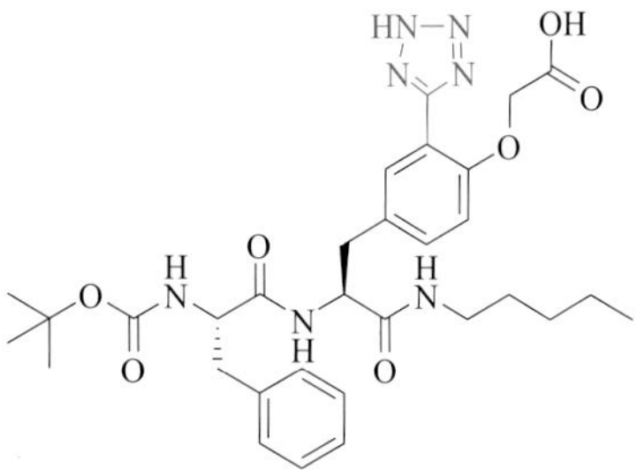

K_i (PTP1B) = 2 μmol/L
Caco-2 < 1.9×10^{-7} cm/s
有细胞活性

图 8.10 羧基被生物电子等排体四氮唑取代后，化合物不仅保持了 PTP1B 抑制活性，而且渗透性得到显著提高，最终表现出更强的细胞活性 [17]

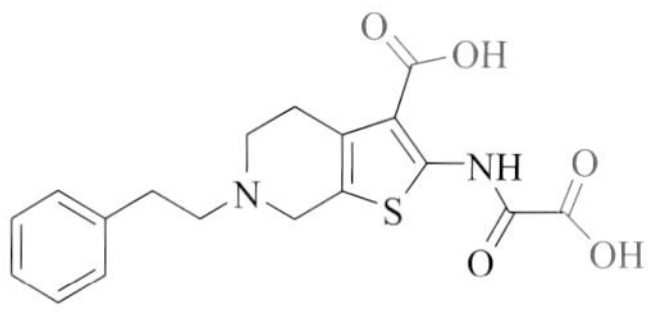

项目	二羧酸	二乙酯前药
体外(PTP1B)活性	活性强，有选择性	
口服生物利用度（大鼠）	13%	未检测
渗透性(MDCK)	低	高
2-DOG 摄取的 C2C12 细胞测试	无活性	70%

图 8.11 渗透性对 PTP1B 抑制剂活性的影响 [18]

8.4.5 减少氢键及降低极性

化合物结构中的氢键和极性对被动扩散渗透性不利。如图 8.12 所示，当 Cl 被取代为 F 时，极性增加，被动扩散渗透性降低。当将 $-CH_3$ 被取代为 $-OCH_3$ 时，引入了氢键受体，渗透性也相应降低。

8.4.6 降低分子大小

图 8.13[19] 和图 8.14[20] 列举了结构 - 渗透性关系的实例。当保持一个 R 基团不变，而改变另一个 R 基团时，可证明化合物大小和极性对渗透性的影响。分子变大（如引入甲基、乙基、丁基、苯基）会降低 Caco-2 渗透性和化合物吸收的百分比。而极性增加（如 $-CH_3$ 取代为 $-CF_3$，

或者 −CH₂CH₃ 取代为 −CF₂CF₃）会降低渗透性。图中化合物均具有相似的活性，但结构的变化对渗透性影响较大，研究人员可通过化合物的渗透性来选择候选化合物，以提高化合物的生物利用度、增强透膜靶向能力。

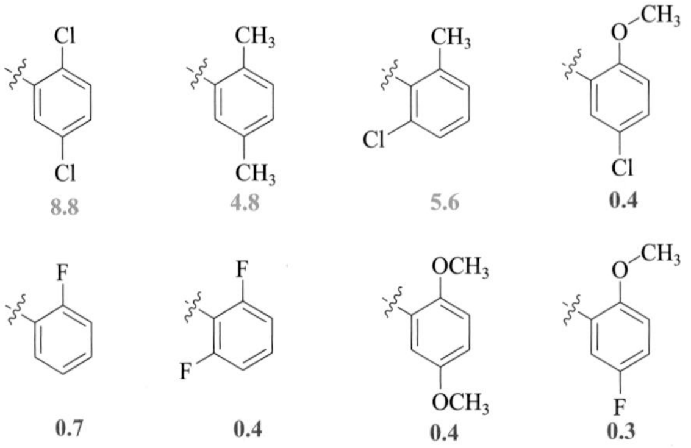

图 8.12　随着极性或氢键数量的增加，被动扩散渗透性降低
PAMPA 渗透性以 10^{-6} cm/s 为单位

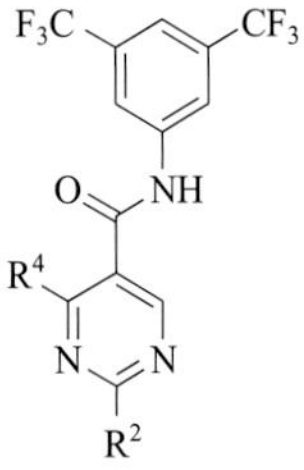

R^4	R^2	Caco-2 渗透性/($\times 10^{-7}$ cm/s) ($n=2$, 平均值±标准偏差)
CF₃	Cl	11±4
H	Cl	61±7
CH₃	Cl	62±6
CH₂CH₃	Cl	58±9
CH₂CH₂CH₃	Cl	31±9
CF₂CF₃	Cl	9±9
Cl	Cl	31±6
苯基	Cl	9±7
CF₃	F	19±6

图 8.13　NF-κB 和 AP-1 基因表达抑制剂的取代基变化对渗透性的影响[19]

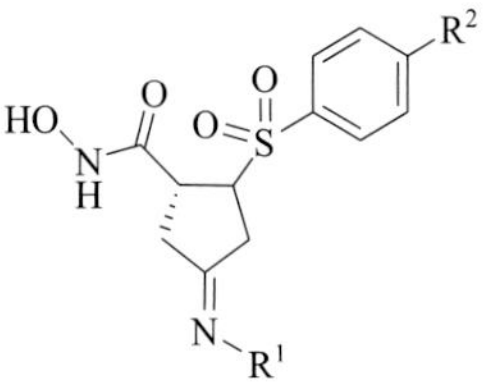

R^1	R^2	吸收量(大鼠回肠)/%
OH	甲氧基	29～35
OH	正丁氧基	2～5
甲氧基	4-吡啶氧基	50～68
叔丁氧基	4-吡啶氧基	10～18
苯氧基	4-吡啶氧基	未测试
甲氧基	甲氧基	78～81
甲氧基	乙氧基	23～42
甲氧基	正丁氧基	28～36
甲氧基	苯氧基	15～18

图 8.14　基质金属蛋白酶抑制剂的取代基变化对渗透性的影响[20]

8.4.7　添加非极性侧链

图 8.15 是通过结构修饰增加环肽化合物渗透性的实例。研究发现，在环肽结构中添加非极性侧链，化合物的亲脂性增加，渗透性得到相应提高[21]。

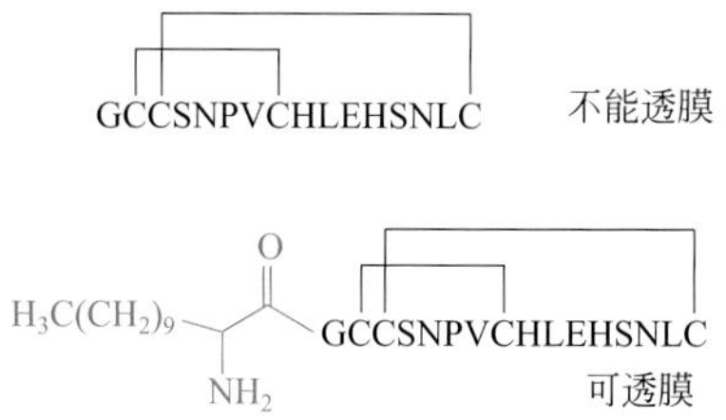

图 8.15　引入非极性侧链可提高环肽化合物的亲脂性，从而提高其渗透性[21]

在苯丙氨酸二肽系列化合物的结构改造中引入增加亲脂性的侧链（图 8.16）[22]，可使得 Caco-2 渗透性显著增加。

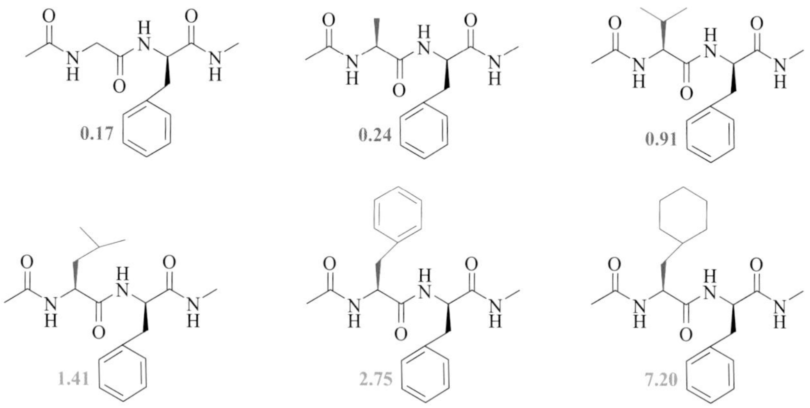

图 8.16　对于这一系列苯丙氨酸二肽衍生物，随着侧链亲脂性的增加，Caco-2 渗透性随之提高（单位为 ×10⁻⁶ cm/s）

8.4.8　前药

前药策略也可用来增加渗透性。图 8.17 列举了几种前药，其渗透性相对于原药得到显著提高。这些前药进入肠膜后，可经水解酶水解释放出原药（见第 39 章）。

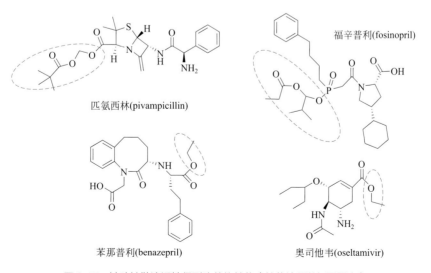

图 8.17　被动扩散渗透性得到改善的前药（前药片段以红圈圈出）

8.5 改善渗透性的策略

① 研究早期进行渗透性预测或高通量筛选，并进行后续结构优化以改善渗透性。
② 了解系列衍生物的被动扩散和转运体介导的渗透性情况，评估被动扩散和转运体对吸收的贡献。如果涉及转运体，还需了解潜在的转运体介导的药物相互作用（见第9章和第27章）。
③ 确定化合物细胞活性较低的原因究竟是由于渗透性低，还是化合物本身活性不佳。
④ 采用结构改造策略来提高渗透性。
⑤ 尝试通过平衡溶解度和渗透性来实现最佳的吸收。

（辛敏行　白仁仁）

思考题

（1）大多数药物的主要渗透机制是什么？
（2）通过细胞旁路渗透的化合物具有什么特征？
（3）当pH从4.5增加到8时，(a) 碱性化合物和 (b) 酸性化合物的被动扩散渗透性将如何变化？
（4）列举在药物发现研究中常见的膜渗透性。
（5）以下哪些结构修饰可能会提高渗透性？
　　(a) 将氨基变化为甲基；(b) 添加羟基；(c) 除去丙基；(d) 将羧酸乙酯化；(e) 将羧酸取代为四氮唑。
（6）对于下面的先导化合物，哪些结构修饰可以提高其渗透性？

MW = 285
ClgP = −0.9
PSA = 144

（7）渗透性对于以下哪些选项很重要？
　　(a) 肠道中的吸收；(b) 血浆中的水解；(c) 透过血脑屏障；(d) 在肠腔中溶解；(e) 体外细胞相关活性测试；(f) 体内实验中药物到达胞内靶点。
（8）将以下基团添加到MW=300、ClgP=2.0的先导化合物结构中以调节其渗透性，将它们按渗透性从低到高的顺序排列。
　　(a) −CH$_3$；(b) −OH；(c) −OCH$_3$；(d) −COOH。
（9）将以下基团添加到MW=500、ClgP=4.5的先导化合物结构中以调节其渗透性，将它们按渗透性从低到高的顺序排列。
　　(a) −C$_6$H$_5$；(b) −CH$_3$；(c) −C$_3$H$_7$。
（10）将以下基团添加到MW=250、ClgP=0的先导化合物结构中以调节其渗透性，将它们按渗透性从低到高的顺序排列。
　　(a) −CH$_3$；(b) −C$_6$H$_{11}$；(c) −C$_3$H$_7$。

参考文献

[1] K. Sugano, M. Kansy, P. Artursson, A. Avdeef, S. Bendels, L. Di, G.F. Ecker, B. Faller, H. Fischer, G. Gerebtzoff, H. Lennernaes, F. Senner, Coexistence of passive and carrier-mediated processes in drug transport, Nat. Rev. Drug Discov. 9 (2010) 597-614.
[2] J.-P. Tillement, B. Tremblay, Clinical pharmacokinetic criteria for drug research, in: B. Testa, H. van de Waterbeemd (Eds.),

Comprehensive Medicinal Chemistry, Volume 5, ADME-Tox Approaches, Elsevier, Oxford, UK, 2007, pp. 11-30.

[3] A. Avdeef, M. Kansy, S. Bendels, K. Tsinman, Absorption-excipient-pH classification gradient maps: sparingly soluble drugs and the pH partition hypothesis, Eur. J. Pharm. Sci. 33 (2008) 29-41.

[4] D.A. Smith, H. van de Waterbeemd, D.K. Walker, Pharmacokinetics and Metabolism in Drug Design, Wiley-VCH, Weinheim, Germany, 2006. p. 44.

[5] S. Winiwarter, N.M. Bonham, F. Ax, A. Hallberg, H. Lennernas, Anders Karlen, Correlation of human jejunal permeability (in vivo) of drugs with experimentally and theoretically derived parameters. A multivariate data analysis approach, J. Med. Chem. 41 (1998) 4939-4949.

[6] K. Palm, P. Stenberg, K. Luthman, P. Artursson, Polar molecular surface properties predict the intestinal absorption of drugs in humans, Pharm. Res. 14 (1997) 568-571.

[7] K. Palm, K. Luthman, A.-L. Ungell, G. Strundlund, F. Beigi, P. Lundahl, P. Artursson, Evaluation of dynamic polar molecular surface area as predictor of drug absorption: comparison with other computational and experimental predictors, J. Med. Chem. 41 (1998) 5382-5392.

[8] I.M. Bell, R.A. Bednar, J.F. Fay, S.N. Gallicchio, J.H. Hochman, D.R. McMasters, C. Miller-Stein, E.L. Moore, S.D. Mosser, N.T. Pudvah, A.G. Quigley, C.A. Salvatore, C.A. Stump, C.A. Theberge, B.K. Wong, C.B. Zartman, X.-F. Zhang, S.A. Kane, S.L. Graham, J.P. Vaccaa, T.M. Williams, Identification of novel, orally bioavailable spirohydantoinCGRP receptor antagonists, Bioorg.Med.Chem. Lett. 16 (2006) 6165-6169.

[9] E.H. Kerns, L. Di, S. Petusky, M. Farris, R. Ley, P. Jupp, Combined application of parallel artificial membrane permeability assay and Caco-2 permeability assays in drug discovery, J. Pharm. Sci. 93 (2004) 1440-1453.

[10] P. Artursson, Prediction of drug absorption: Caco-2 and beyond, in: PAMPA 2002: San Francisco, CA, 2002.

[11] A. Vildhede, M. Karlgren, E.K. Svedberg, J.R. Wisniewski, Y. Lai, A. Norén, P. Artursson, Hepatic uptake of atorvastatin: influence of variability in transporter expression on uptake clearance and drug-drug interactions, Drug Metab. Dispos. 42 (2014) 1210-1218.

[12] N. Petri, H. Lennernäs, In vivo permeability studies in the gastrointestinal tract of humans, in: H. van de Waterbeemd, H. Lennernäs, P. Artursson (Eds.), Drug Bioavailability, Wiley-VCH, Weinheim, 2003, pp. 155-188.

[13] H. van de Waterbeemd, D.A. Smith, K. Beaumont, D.K. Walker, Property-based design: optimization of drug absorption and pharmacokinetics, J. Med. Chem. 44 (2001) 1313-1333.

[14] H. Ellens, E.P. Eddy, C.-P. Lee, P. Dougherty, A. Lago, J.-N. Xiang, J.D. Elliott, H.-Y. Cheng, E. Ohlstein, P.L. Smith, In vitro permeability screening for identification of orally bioavailable endothelin receptor antagonists, Adv. Drug Deliv. Rev. 23 (1997) 99-109.

[15] M.L. Quan, P.Y.S. Lam, Q. Han, D.J.P. Pinto, M.Y. He, R. Li, C.D. Ellis, C.G. Clark, C.A. Teleha, J.-H. Sun, R.S. Alexander, S. Bai, J.M. Luettgen, R.M. Knabb, P.C. Wong, R.R. Wexler, Discovery of 1-(3′-aminobenzisoxazol-5′-yl)-3-trifluoromethyl-N-[2-fluoro-4-[(2′-dimethylaminomethyl)imidazol-1-yl]phenyl]-1H-pyrazole-5-carboxyamide hydrochloride (razaxaban), a highly potent, selective, and orally bioavailable factor Xa inhibitor, J. Med. Chem. 48 (2005) 1729-1744.

[16] T. Fichert, M. Yazdanian, J.R. Proudfoot, A structure-permeability study of small drug-like molecules, Bioorg. Med. Chem. Lett. 13 (2003) 719-722.

[17] C. Liljebris, S.D. Larsen, D. Ogg, B.J. Palazuk, J.E. Bleasdale, Investigation of potential bioisosteric replacements for the carboxyl groups of peptidomimetic inhibitors of protein tyrosine phosphatase 1B: identification of a tetrazole-containing inhibitor with cellular activity, J. Med. Chem. 45 (2002) 1785-1798.

[18] H.S. Andersen, O.H. Olsen, L.F. Iversen, A.L.P. Sorensen, S.B. Mortensen, M.S. Christensen, S. Branner, T.K. Hansen, J.F. Lau, L. Jeppesen, E.J. Moran, J. Su, F. Bakir, L. Judge, M. Shahbaz, T. Collins, T. Vo, M.J. Newman, W.C. Ripka, N.P.H. Moller, Discovery and SAR of a novel selective and orally bioavailable nonpeptide classical competitive inhibitor class of protein-tyrosine phosphatase 1B, J. Med. Chem. 45 (2002) 4443-4459.

[19] M.S.S. Palanki, P.E. Erdman, L.M. Gayo-Fung, G.I. Shevlin, R.W. Sullivan, M.E. Goldman, L.J. Ransone, B.L. Bennett, A.M. Manning, M.J. Suto, Inhibitors of NF-kB and AP-1 gene expression: SAR studies on the pyrimidine portion of 2-chloro-4-trifluoromethylpyrimidine-5-[N-(3′,5′-bis(trifluoromethyl)phenyl)carboxamide], J. Med. Chem. 43 (2000) 3995-4004.

[20] M. Cheng, B. De, N.G. Almstead, S. Pikul, M.E. Dowty, C.R. Dietsch, C.M. Dunaway, F. Gu, L.C. Hsieh, M.J. Janusz, Y.O. Taiwo, M.G. Natchus, T. Hudlicky, M. Mandel, Design, synthesis, and biological evaluation of matrix metalloproteinase inhibitors derived from a modified proline scaffold, J. Med. Chem. 42 (1999) 5426-5436.

[21] J.T. Blanchfield, J.L. Dutton, R.C. Hogg, O.P. Gallagher, D.J. Craik, A. Jones, D.J. Adams, R.J. Lewis, P.F. Alewood, I. Toth, Synthesis, structure elucidation, in vitro biological activity, toxicity, and Caco-2 cell permeability of lipophilic analogues of alpha conotoxin MII, J. Med. Chem. 46 (2003) 1266-1272.

[22] J.T. Goodwin, R.A. Conradi, N.F.H. Ho, P.S. Burton, Physicochemical determinants of passive membrane permeability: role of solute hydrogenbonding potential and volume, J. Med. Chem. 44 (2001) 3721-3729.

第 9 章

转运体

9.1 引言

转运体（transporter，也称为转运蛋白）分布在全身各处，通过主动运输（uptake）或外排（efflux）机制影响着药物的渗透性。转运体可以显著影响药物通过转运体而进入细胞的药代动力学、安全性和有效性。通过对先导化合物结构改造，可以减少不必要的药物外排或增强药物的主动运输，从而增强药物的渗透性。

9.2 转运体基本原理

被动扩散（passive diffusion）是药物在体内渗透的主要机制。化合物必须具有良好的理化性质（如亲脂性、氢键、MW）才能进行被动扩散。生命体中许多内源性生化分子不具备被动扩散的理化性质，而跨膜转运体的存在大大增强了内源性分子进入细胞的能力。被动扩散、主动运输和外排转运体的作用如图 9.1 所示。对于跨细胞的被动扩散，药物分子需要穿过双层膜结构才能进入细胞内。发生被动扩散时，药物受浓度梯度驱动，沿高浓度向低浓度扩散，无须细胞提供能量。达到稳态时，膜两侧的游离药物浓度相等。相似地，对于细胞旁路途径，药物分子的渗透也受到浓度梯度的驱动，且不需要能量。

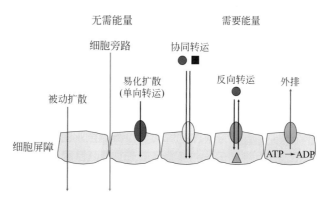

图 9.1 转运体的主动运输和外排机制

在易化扩散（facilitated diffusion）过程中，转运体［通常是单向转运体（uniporter）或通道］通过门控孔（gated pore）或摇臂开关（rocker switch）[4]等方式加速分子的跨膜，且不需要能量。例如，有机阳离子转运体 1（organic cation transporter 1，OCT1）是一种能在细胞内负膜电位的驱动下将血液中的有机阳离子转运到细胞内的单向转运体。两种类型的活性转运体可将药物从低浓度侧运输到高浓度侧，并且需要细胞提供能量。一种是初级活性转运体（primary active transporter），利用 ATP 水解成 ADP 和 Pi 时释放的能量（如 P-gp、BCRP）；另一种是次级活性转运体（secondary active transporter），利用由分子电化学或其他转运体（如 H^+-ATP 酶和 Na^+-ATP 酶单向转运体）产生的能量。次级活性转运体又可分为两类：协同转运体[symporter，也称为同向转运体、共转运体（cotransporter）]和反向转运体[antiporter，也称为逆向转运体、交换子（exchanger）]。协同转运体能够协同转运两个或多个不同的分子或离子通过细胞膜。离子可与协同转运体结合，通过易化扩散的方式沿电化学梯度向下移动，并使药物分子逆着浓度梯度转移。例如，肽转运体 1（peptide transporter 1，PEPT1）和肽转运体 2（peptide transporter 2，PEPT2）都属于协同转运体，利用 H^+-ATP 酶单项转运体的能量将肽底物与 H^+ 共同转运通过细胞膜。牛磺胆酸共转运多肽（taurocholic acid co-transport polypeptide，NTCP）是另一种协同转运体，通过 Na^+-ATP 酶单项运体产生的能量，将胆汁酸与 Na^+ 共转运通过细胞膜。反向转运体能沿电化学梯度和逆药物分子浓度梯度转运两个或多个分子或离子通过细胞膜。例如，多药及毒素外排转运蛋白 1（multidrug and toxin extrusion protein 1，MATE1）是一种反向转运体，可将有机阳离子释放到胆汁中，并借助于 H^+ 沿浓度反方向进入肝细胞提供的能量。有机阴离子多肽 1B1、1B3、2B1 转运体（organic anion transporting polypeptide 1B1、1B3、2B1，OATP 1B1、OATP 1B3、OATP 2B1）也属于反向转运体，它们利用 HCO_3^- 脱离细胞所释放的能量，转运有机离子通过细胞膜。有机阴离子转运体 1、3（organic anion transporter 1、3，OAT1、OAT3）同样是反向转运体，能够转运 α-酮戊二酸（α-ketoglutarate，α-KG^{2-}）交换的有机阴离子。

药物转运体可分为两种类型：溶质转运体（solute carrier，SLC）和 ATP 结合盒转运体（ATP-binding cassette transporter，ABC 转运体）。人体内含有 400 多种转运体，其中约有 20 种对药物转运发挥重要作用。图 9.2 显示了肠、肝、肾和血脑屏障（blood-brain barrier，BBB）中重要的药物转运体。为了维持正常的生理功能，许多生化物质的胞内浓度显著高于胞外浓度。另一方面，一些化合物（如胆汁盐类）必须通过外排转运体从肝细胞输出到胆汁中。特定的转运体会逆

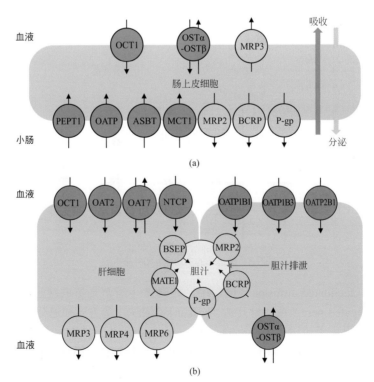

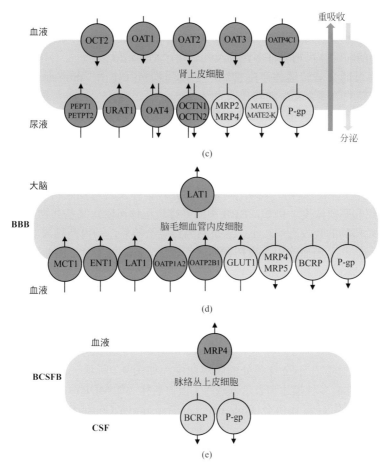

图 9.2 细胞层屏障中已鉴定的各种转运体[3,5]，其在药物运输方面的作用仍在研究之中
（a）肠上皮细胞；（b）肝细胞；（c）肾上皮细胞；（d）脑内皮细胞；（e）脉络丛上皮细胞

浓度梯度提高底物蓄积。摄取转运体可为组织提供必要的营养物质和其他具有生理功能的分子，否则这些组织将无法充分发挥正常的生理功能。该过程通常称为主动运输或主动转运。外排转运体则会增强化合物从细胞内向细胞外的外排，协助化合物从细胞中大量排出。以 P-糖蛋白（P-gp）为例，在潜在有毒异物（如药物）到达敏感的脑细胞之前，P-gp 会将其从 BBB 内皮细胞中排出。有些特殊的转运体只会在细胞的一侧（顶端或基底侧）表达，这导致了底物的定向运动。例如，从血液到胆汁。需要强调的是，转运体底物特异性存在重叠，因此可能导致协同效应。

转运体会影响药物的药代动力学。新的转运体通常通过克隆技术发现。转运体功能、底物特异性、动力学、表达及其对药物开发的影响都是研究的热门领域。

9.3 转运体的影响

转运体会影响分子的 ADMET 性质。当药物含有与天然底物类似的结构片段，或者当药物结构能够与底物广泛的转运体结合时（如 P-gp），就会触发相应的转运过程。下面列举了一些转运体影响 ADMET 的实例：

- 主动运输转运体会增强某些药物分子的肠道吸收；
- 胃肠上皮细胞管腔（顶端）表面的外排转运体会阻碍某些药物的吸收；
- 转运体可协助某些药物的肝细胞摄取，促进肝胆清除；

- 外排转运体可阻碍某些药物从血液进入组织（如大脑和肿瘤）；
- 摄取转运体可增强某些药物在部分组织中（如肝脏、肿瘤）的分布；
- 肾单元中的转运体可增强许多药物及其代谢产物的消除；
- 联合用药可能会对转运体产生抑制，导致药物相互作用（drug-drug interaction，DDI），进而改变药物"受害者"的药代动力学。

由于细胞表面转运体的数量有限，当底物浓度足够高时，会使转运体达到饱和。随着底物浓度的增加和转运通量的增加，转运体将逼近最大容量。当底物高于此浓度时，转运体通量也不会继续增大，而是处于饱和状态。当口服给药的肠腔浓度超过转运体饱和浓度时，负责肠道内药物吸收和外排的转运体将达到饱和。然而，被动扩散渗透不存在饱和现象。

许多药物都是转运体的底物。表 9.1 列举了部分转运体及其药物底物[9~11]。转运体的作用取决于所分布的组织和基质浓度。例如，BBB 中的外排转运体可阻止某些药物进入大脑；而在肠道中，外排转运体对药物的吸收影响较小。这是因为口服给药后，肠内药物浓度较高（mmol/L 级），外排转运体已达到饱和。而血液中游离药物的浓度较低（nmol/L 级），因此，BBB 中的药物浓度不足以使外排转运体得到饱和。

在 ADME 过程中，转运体可能是一种限速因子。尽管被动扩散是许多化合物的主要渗透机制，但转运体可以大大提高或降低某些化合物在膜上的总渗透性。例如，OATP 1B1 和 OATP 1B3 是许多他汀类药物［辛伐他汀（simvastatin）、普伐他汀（pravastatin）、阿托伐他汀（atorvastatin）］摄取进入肝脏的限速步骤。

研究发现，转运体存在于全身各处的膜屏障中。如图 9.2 所示，许多转运体可影响药物的 ADMET 过程。转运体有多种描述和表示方法：①蛋白名称（如 MDR1）；②别名（如 P-gp）；③基因名（如 *ABCB1*）。国际转运体协会（International Transporter Consortium）白皮书为重要药物转运体的命名提供了参考[3]。通常，人转运体名称采用全大写字母书写（如 BCRP），非人类转运体名称的首字母大写，其余字母小写（如小鼠 Bcrp）。

9.3.1 肠上皮细胞中的转运体

小肠中的转运体可改变某些化合物的吸收。肠转运体对具有高被动扩散渗透性和高溶解度化合物（BCS 类 I）的影响很小，但如果化合物的被动扩散渗透性低，则肠转运体可能会显著影响化合物的吸收。在肠上皮细胞中，转运体主要与以下过程有关：

- 吸收摄取（从肠道上皮细胞进入血液）；
- 外排（从肠道上皮细胞回到肠腔）；
- 分泌外排（从血液进入上皮细胞和肠腔）。

吸收摄取能增加血药浓度，而分泌外排则可降低血药浓度。

9.3.2 肝细胞中的转运体

转运体在肝清除中发挥着重要作用。转运体能通过增加肝细胞的吸收率来提高肝清除率，而在肝细胞中化合物可与代谢酶和外排转运体结合。转运体通过增加化合物和代谢产物的外排，使其流入胆道或回流到血液进行肾清除，最终提高了对药物的清除能力。在清除某些药物（如他汀类药物）[12]时，转运速率甚至比代谢速率更为重要。在肝细胞中，转运体的作用主要涉及：

- 肝吸收（从血液进入肝细胞）；
- 胆汁清除（从肝细胞进入胆汁小管）；
- 肝细胞外排（从肝细胞进入血液）。

表 9.1 重要的药物转运体及其底物与抑制剂[3,6-8]

转运体	机制	组织分布	底物类型	底物示例	抑制剂
PEPT1 (oligopeptide transporter 1, 寡肽转运体 1)	H$^+$-偶合同向转运体	肠、肾	二肽、三肽、拟肽	β-内酰胺类抗生素、头孢氨苄（cephalexin）、氨苄西林（ampicillin）、阿莫西林（amoxicillin）、头孢克洛（cefaclor）、头孢羟氨苄（cefadroxil）、依那普利（enalapril）、血管紧张素转化酶抑制剂、卡托普利（captopril）、伐昔洛韦（valacyclovir）、甘氨酰肌氨酸（glycylsarcosine）、贝司他汀（bestatin）、氨基乙酰丙酸、多巴衍生物	4-氨甲基苯甲酸、Lys[Z(NO$_2$)]-Pro Gly-Pro、甘氨酰-脯氨酸
PEPT2 (oligopeptide transporter 2, 寡肽转运体 2)	H$^+$-偶合同向转运体	肾	二肽、三肽、拟肽	阿莫西林、贝司他汀、头孢克洛、头孢羟氨苄、头孢氨苄、缬更昔洛韦（valganciclovir）、β-内酰胺类抗生素、血管紧张素转化酶抑制剂、甘氨酰-脯氨酸、头孢氨苄、依那普利、氨基乙酰丙酸、卡托普利	头孢羟氨苄、卡托普利、氯沙坦（losartan）、佐芬那普利（zofenopril）、福辛普利（fosinopril）
MCT1	H$^+$-偶合同向转运体	肠、脑	短链一元羧酸	乳酸、丙酮酸、丁酸、γ-羟基丁酸、布美他尼（bumetanide）	苯基丙酮酸、α-氰基-4-羟基肉桂酸、槲皮素（quercetin）、根皮素（phloretin）
LAT1 (large neutral amino acid transporter 1, 大型中性氨基酸转运体 1)	氨基酸-偶合反向转运体	脑	氨基酸	L-多巴（L-dopa）、甲基多巴（methyl dopa）、巴氯芬（baclofen）、美法仑（melphalan）、加巴喷丁（gabapentin）、普瑞巴林（pregabalin）、阿西维辛（acivicin）	3-碘-L-酪氨酸、3,5-二碘-L-酪氨酸
1-Oct (organic cation transporter 1, 有机阳离子转运体 1)	单向转运体	肠、肝	阳离子	二甲双胍（metformin）、西咪替丁（cimetidine）、奎宁（quinine）、奎尼丁（quinidine）、齐多夫定（zidovudine）、四乙胺、N-甲基吡啶鎓、奥沙利铂（oxaliplatin）	奎尼丁、奎宁丁、丙吡胺、阿托品（atropine）、哌唑嗪（prazosin）
2-Oct (organic cation transporter 2, 有机阳离子转运体 2)	单向转运体	肾	阳离子	二甲双胍、西咪替丁、雷尼替丁（ranitidine）、美金刚（memantine）、法莫替丁（famotidine）、甲氰咪胍、洋箭毒碱（pancuronium）、普萘洛尔（propranolol）、N-甲基吡啶鎓、吲哚洛尔（pindolol）、顺铂（cisplatin）、普鲁卡因胺（procainamide）、金刚烷胺（amantadine）、阿米洛利（amiloride）、奥沙利铂、伐尼克兰（varenicline）	西咪替丁、吡西卡尼（pilsicainide）、西替利嗪（cetirizine）、奎尼丁、利福平（rifampicin）、柚皮苷、利托那韦（ritonavir）、睾酮
OAT1 (organic anion transporter 1, 有机阴离子转运体 1)	α-酮戊二酸偶合反向转运体	肾	小阴离子	阿德福韦（adefovir）、头孢噻啶（cephaloridine）、齐多夫定、环丙沙星（ciprofloxacin）、头孢克洛（cefaclor）、对氨基马尿酸（pravastatin）、甲氨蝶呤（methotrexate）、普伐他汀、西多福韦（cidofovir）、拉米夫定（lamivudine）、扎西他滨（zalcitabine）、阿昔洛韦（acyclovir）、替诺福韦（tenofovir）	丙磺舒（probenecid）、新生霉素（novobiocin）
OAT3 (organic anion transporter 3, 有机阴离子转运体 3)	α-酮戊二酸偶合反向转运体	肾	小阴离子	非甾体抗炎药、头孢克肟（cefaclor）、头孢唑肟（ceftizoxime）、雌酮-3-硫酸酯、呋塞米（furosemide）、布美他尼	丙磺舒、新生霉素

续表

转运体	机制	组织分布	底物类型	底物示例	抑制剂
MATE1 (multidrug and toxin extrusion protein 1, 多药及毒素外排转运蛋白 1)	H^+-偶合反向转运体	肝、肾	阳离子	二甲双胍、头孢氨苄、阿昔洛韦、更昔洛韦（ganciclovir）、非索非那定（fexofenadine）、奥沙利铂、TEA、MPP^+、N-甲基吡啶鎓、四乙胺	奎尼丁、西咪替丁、维拉帕米（verapamil）、普鲁卡因胺
MATE2-K (multidrug and toxin extrusion protein 2, 多药及毒素外排转运蛋白 2-K)	H^+-偶合反向转运体	肾	阳离子	二甲双胍、西咪替丁、普鲁卡因胺、TEA、N-甲基吡啶鎓、四乙胺	乙胺嘧啶、西咪替丁、奎尼丁、普拉克索（pramipexole）
OATP 1B1 (organic anion transporting polypeptide 1B1, 有机阴离子多肽 1B1 转运体)	HCO_3^--偶合反向同向转运体	肝	阴离子	他汀类药物、瑞格列奈（repaglinide）、奥美沙坦（olmesartan）、依那普利、替莫普利拉（temocaprilat）、溴磺酞钠（bromosulphophthalein）、鬼笔环肽（phalloidin）、胆红素葡糖醛酸、雌二醇-17β-硫酸酯、雌二醇-17β-葡糖醛酸、胆酸	利福平、利福霉素 SV（rifamycin SV）、克拉霉素（clarithromycin）、红霉素（erythromycin）、罗红霉素（roxithromycin）、泰利霉素（telithromycin）、茚地那韦（indinavir）、沙奎那韦（saquinavir）、利托那韦（ritonavir）、环孢素（cyclosporine）、吉非贝齐（gemfibrozil）、洛匹那韦（lopinavir）
OATP1B3 (organic anion transporting polypeptide 1B3, 有机阴离子多肽 1B3 转运体)	HCO_3^--偶合反向同向转运体	肝	阴离子	他汀类、非索非那定、缬沙坦、替米沙坦（telmisartan）、依那普利、红霉素、鬼笔环肽、缩胆囊肽（cholecystokinin 8）、地高辛（digoxin）、替米沙坦葡萄糖醛酸、奥美沙坦（olmesartan）、雌二醇-17β-葡萄糖醛酸、胆酸	利福平、利托那韦、环孢素、洛匹那韦
P-gp (P-glycoprotein, P 糖蛋白)	ATP-依赖性初级活性转运体	肠、肝、肾、脑	广泛的底物特异性，倾向于碱性大分子	地高辛、洛哌丁胺（loperamide）、小檗碱（berberine）、阿霉素、拓扑替康、伊马替尼、甲氨蝶呤、伊立替康（irinotecan）、阿霉素（doxorubicin）、长春新碱（vinblastine）、紫杉醇（paclitaxel）、非索非那定、塞利西利（seliciclib）	环孢素、奎尼丁、塔瑞唑达（tariquidar）、维拉帕米、PSC833
BCRP (breast cancer resistant protein, 乳腺癌耐药蛋白)	ATP-依赖性初级活性转运体	肠、肝、肾、脑	广泛的底物特异性，类似于 P-gp，酸性和偶联物	蒽环类、柔红霉素（daunorubicin）、SN-38、伊立替康（irinotecan）、米托蒽醌（mitoxantrone）、伊马替尼（imatinib）、伊立替康（irinotecan）、米托蒽醌（mitoxantrone）、他汀类、核苷类似物、泮托拉唑（pantoprazole）、硫酸偶联物、卟啉类	烟曲霉素 C（fumitremorgin C）、Ko132、Ko134、易瑞沙（iressa）、甲磺酸伊马替尼（imatinib）、新生霉素（novobiocin）、雌酮、17β-雌二醇、瑞托那韦（ritonavir）、奥美拉唑（omeprazole）、伊维菌素（ivermectin）
MRP2 (multidrug resistant protein 2, 多药耐药蛋白 2)	ATP-依赖性初级活性转运体	肝、肾	负电性极性分子	谷胱甘肽和葡糖苷缀合物、甲氨蝶呤、缬沙坦（mitoxantrone）、缬沙坦、奥美沙坦、依托泊苷（etoposide）、米托蒽醌（mitoxantrone）、缬沙坦、奥美沙坦、葡糖苷化 SN-38	环孢素、地拉夫定（delavirdine）、依法韦仑（efavirenz）、恩曲他滨（emtricitabine）、苯溴马隆（benzbromarone）

9.3.3 肾上皮细胞中的转运体

在肾单元的肾上皮细胞中，转运体增强了某些药物［如二甲双胍（metformin）、西咪替丁（cimetidine）和甲氨蝶呤（methotrexate）］的肾清除率，使得血药浓度和肾脏的净分泌低于未结合药物的肾小球滤过率（glomerular filtration rate，GFR）。某些药物可通过摄取转运体从尿液重新回到血液（如由 PEPT1 介导的 β- 内酰胺类抗生素）。在肾脏中，转运体主要涉及以下过程：

- 肾小管分泌（从血液经肾上皮细胞到尿液）；
- 重吸收（从尿液经肾上皮细胞到血液）。

9.3.4 BBB 内皮细胞中的转运体

第 10 章将讨论 BBB 的渗透性。在 BBB 中，外排转运体阻止药物进入大脑，而主动转运体增加了一些化合物向脑内的渗透。转运体在 BBB 中的重要功能如下：

- 药物经 BBB 内皮细胞外排到血液；
- 药物经 BBB 内皮细胞从血液吸收进入大脑。

Shitara 等[3,12]归纳了转运体影响药物 ADMET 作用的一些实例。

以下内容将讨论影响药物渗透性的重要转运体。一般而言，P-gp 是药物发现中最重要的外排转运体。对于药物研发人员而言，了解 P-gp 的特征和功能非常重要。在药物发现中，具有较好体外活性的化合物，可能由于外排作用而导致化合物不能达到足够的体内暴露量。这时可通过化学结构修饰减少化合物的外排或增强其主动转运，从而提高药物的体内暴露。

9.4 外排转运体

外排转运体（efflux transporter）属于 ABC 家族[13]，能够促进化合物从胞内排出。

9.4.1 P-gp（MDR1、ABCB1）[外排]

P 糖蛋白（P-glycoprotein，P-gp）是药物发现中最为熟知的外排转运体，对成功的药物发现具有重要的影响。P-gp 是一个由 1280 个氨基酸组成的分子量为 170000 的蛋白质，包含 12 个跨膜片段（图 9.3）[14]。P-gp 是 ABC 转运体家族的一员，ABC 家族已知的天然转运体多达 50 多种。P-gp 也被称为多药耐药蛋白 1（multidrug-resistant protein 1，MDR1），其基因为 *ABCB1*。药物分子能附着在 P-gp 双层膜内的结合域，然后，两个 ATP 与 P-gp 细胞内的 ATP 结合域结合，并发生水解，诱导其构象改变，为药物分子进入细胞外液打开了通路[15]。

P-gp 被认为是肿瘤细胞对多种药物［如紫杉醇（paclitaxel）、依托泊苷（etoposide）］产生耐药性的主要原因。经过化疗后，许多肿瘤细胞被杀死，但仍有一部分肿瘤细胞存活下来并继续生长。研究发现，肿瘤细胞能够表达 P-gp 和其他外排转运体，这些转运体可将抗肿瘤药物从肿瘤细胞内排出，起到了保护作用，使肿瘤细胞得以存活。针对 P-gp 的肿瘤高表达问题，已开展了数十年的研究，一个重要的研究策略就是对高表达 P-gp 和其他外排转运体且具有高耐药性的细胞系进行测试，以评估先导化合物克服多药耐药性的能力。

研究发现，P-gp 存在人体的许多组织中。P-gp 具有保护功能，大量存在于多种细胞屏障中，如：

- BBB；
- 小肠和大肠；
- 肝脏；

- 肾脏；
- 肾上腺；
- 妊娠期子宫；
- 皮肤。

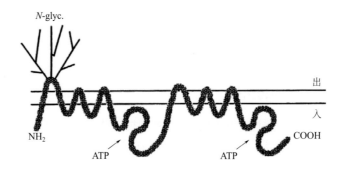

图9.3　P-gp 及其 12 个跨膜片段的示意 [14]

经 A H Schinkel. P-glycoprotein, a gatekeeper in the blood-brain barrier. Adv Drug Delivery Rev, 1999, 36: 179-194 许可转载，版权归 Elsevier Science B.V. 所有

P-gp 在胃肠道上皮细胞的管腔表面表达，可降低 P-gp 底物的总渗透性。P-gp 已被证明可以介导某些药物［如地高辛（digoxin）］从血液到肠腔的分泌。在肝脏和肾脏中，P-gp 能够增强药物和代谢产物在胆汁和尿液中的清除。此外，P-gp 还可减弱一些化合物对大脑、子宫、睾丸和其他组织的渗透。在敲除 P-gp 基因的动物模型，P-gp 底物的吸收增强、排泄降低、毒性增强，并增加了药物在受保护组织中的分布。对于某些化合物而言，P-gp 介导的外排作用是一个重要的挑战，因为会对 ADME 过程造成影响，并导致化合物在治疗靶点暴露量的减少。

当管腔表面的药物浓度较低时，外排的相对作用更加明显（参见 9.2 节）。例如，血药浓度及 BBB 管腔表面的药物浓度远低于口服给药后肠上皮细胞表面的药物浓度。因此，当药物是 P-gp 的底物时，虽然提高药物的口服剂量可使 P-gp 对该药物口服吸收的影响得以忽略，但由于 P-gp 对化合物脑渗透性的影响很大，因此化合物仍可能难以在脑内达到预期的暴露量。通常，低被动扩散的药物与高被动扩散的药物相比，前者的总渗透性受 P-gp 外排的影响更大，原因是被动扩散是该过程的控制因素。

P-gp 的底物特异性非常广泛，能够转运 MW 在 250～1850 范围内的化合物。甚至有证据表明，P-gp 能够外排分别含有 40 个和 42 个氨基酸的 Aβ40 和 Aβ42 多肽，而这两种多肽与阿尔茨海默病有关 [16,17]。P-gp 的底物可以是芳香族、非芳香族、链状或环状的化合物。底物分子可以是疏水性的，也可以是两性的。底物的电荷可以是碱性、不带电、两性离子或负电性的。此外，P-gp 和 CYP3A 存在显著的底物重叠，两者发挥协同作用，可消除许多外源性化学物质。

P-gp 在多个物种中具有高序列同源性（80%～97%）[18]，以及相似的功能活性（包括人、小鼠、比格犬、恒河猴和非洲绿猴）[19-21]，P-gp 外排的种属差异性也不是很普遍。然而，对于某些化学结构，P-gp 外排活性具有种属差异性 [22]，已有相关文献的报道 [23]。从单层细胞外排实验的数据可知，多个物种的体外 P-gp 数据可用于诊断或预测外排转运体的种属差异。

由于 P-gp 对 BBB 的渗透性具有重要的潜在影响，因此，中枢神经系统（central nervous system，CNS）药物开发项目对 P-gp 外排作用格外关注。P-gp 在药物的脑部递送研究中具有很大的需求驱动。

9.4.1.1 P-gp 外排底物的规则

和其他性质一样，根据 P-gp 相关规则初步评估化合物的化学结构是非常必要的。P-gp 规则称为"4 原则（rule of 4）"。如果化合物的结构具有以下几项特征[24]，那么其很可能是 P-gp 底物：

- N+O≥8；
- MW（分子量）>400；
- pK_a>4（碱性化合物）。

如果化合物的结构具有以下特征，则其可能不是 P-gp 底物：

- N+O≤4；
- MW（分子量）<400；
- pK_a<8（酸性和中性化合物）。

氢键受体数目（N＋O）的增加会提高 P-gp 外排的可能性[25]。氢键是一种较强的结合相互作用，P-gp 结合的另一个促成因素可能是涉及两个氢键受体 4.6 Å 部分或三个氢键受体 2.5 Å 部分的结构片段[26]。

9.4.1.2 P-gp 外排的案例研究

对于药物发现项目中的系列化合物而言，N+O=4 的化合物被 P-gp 外排的概率大概是 33%；N+O=6 的化合物被 P-gp 外排的概率大概是 65%；而 N+O=8 或 9 的化合物被 P-gp 外排的概率高达 87%[25]。这与氢键受体增加导致的外排概率增加是一致的。

图 9.4 列举了一系列先导化合物的结构-外排关系（structure-efflux relationship）的示例[25]，两个位置的不同取代基结构变化会对其外排造成影响。其中，氢键受体的增加具有增加外排的趋势，且芳酰胺更易于外排。结构变化可实现在维持药效的同时，降低化合物的 P-gp 外排（图 9.5）。

9.4.1.3 减弱 P-gp 外排的结构修饰策略

结构修饰策略能够成功降低化合物的 P-gp 外排作用。首先，通过结构-外排关系研究及合理的推测，明确化学结构中与 P-gp 结合相关的氢键受体原子，然后采用以下修饰策略：

（1）在氢键供体原子周围引入空间位阻：

- 引入大基团；
- 氮甲基化。

（2）降低氢键受体电位：

- 在相邻位置引入吸电子基团；
- 取代或去除氢键基团（如酰胺）。

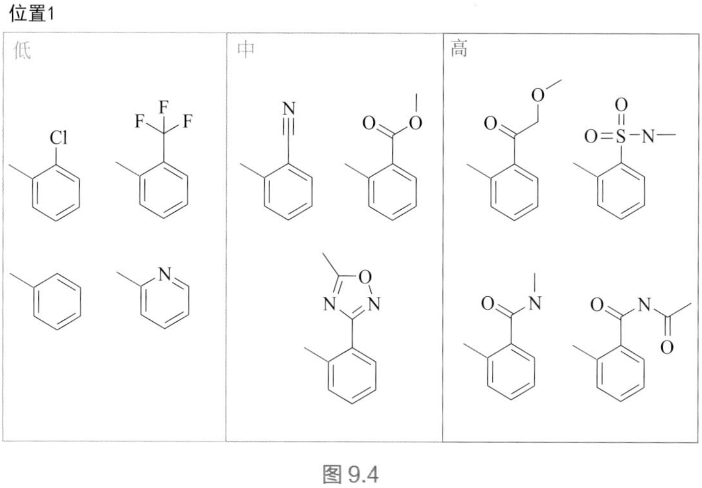

图 9.4

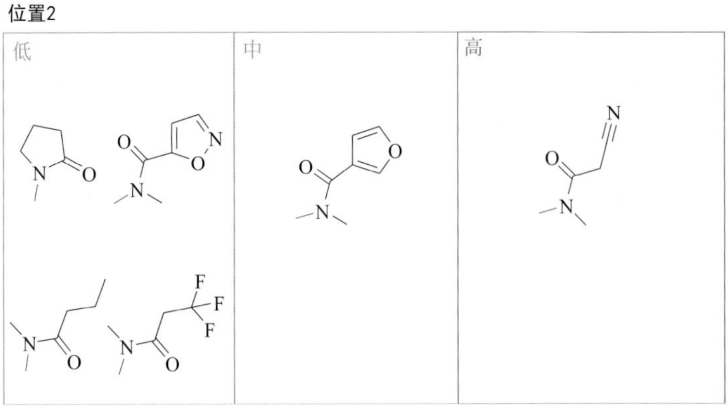

位置2

| 低 | 中 | 高 |

图 9.4　位置 1 和 2 取代基对一系列先导化合物 P-gp 转运的影响[25]

经 J Hochman, Q Mei, M Yamazaki, et al. Role of mechanistic transport studies in lead optimization. in: R T Borchardt, E H Kerns, M J Hageman, et al. Optimizing the "Drug-Like" Properties of Leads in Drug Discovery. New York: Springer, 2006, 25-48 许可转载，版权归 2006 American Association of Pharmaceutical Scientists 所有

R	MDR1转运比 (B → A / A → B)	P_{app} LLC PK1 /($\times 10^{-6}$ cm/s)	活性	
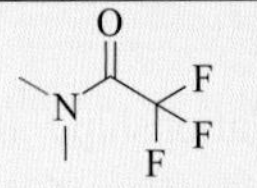 (N-CO-CF3)	8.6	28	是	高活性，高外排
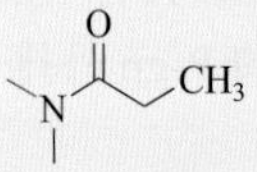 (N-CO-CH2CH3)	8.6	24	是	
(N-pyrimidinyl)	3.0	12	否	
(N-pyrrolidinone)	2.7	35	否	低活性，低外排
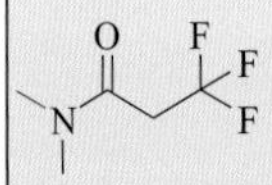 (N-CO-CH2CF3)	2.2	18	否	
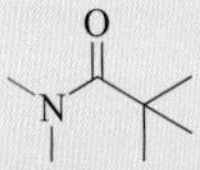 (N-CO-C(CH3)3)	2.6	32	否	
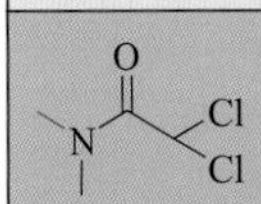 (N-CO-CHCl2)	2.8	22	是	高活性，低外排
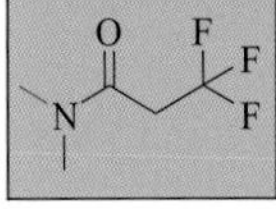 (N-CO-CF2-CH2F)	2.2	33	是	

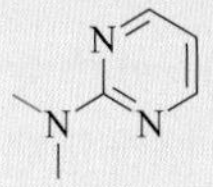

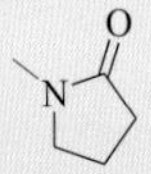

图 9.5　维持一系列先导化合物药效的同时实现 P-gp 外排的减少[25]

经 J Hochman, Q Mei, M Yamazaki, et al. Role of mechanistic transport studies in lead optimization. in: R T Borchardt, E H Kerns, M J Hageman, et al. Optimizing the "Drug-Like" Properties of Leads in Drug Discovery. New York: Springer, 2006, 25-48 许可转载，版权归 2006 American Association of Pharmaceutical Scientists 所有

(3）修饰其他结构以便干扰 P-gp 的结合，如引入强酸性结构。
(4）修饰整体结构的 lg$P$，以减少化合物 P-gp 结合位置的脂质双分子层渗透性。

增加位阻可有效减少化合物的 P-gp 外排。图 9.6 列举了抗肿瘤候选药物克服 P-gp 介导的耐药性的实例 [27]。如果候选化合物 P-gp/no P-gp 的比值较低，说明其对耐药细胞（P-gp）与正常细胞（no P-gp）之间的作用差异较小，因此化合物不是 P-gp 的底物。该系列化合物通过增加 R 处氨基的位阻，有效减少了 P-gp 的外排作用。

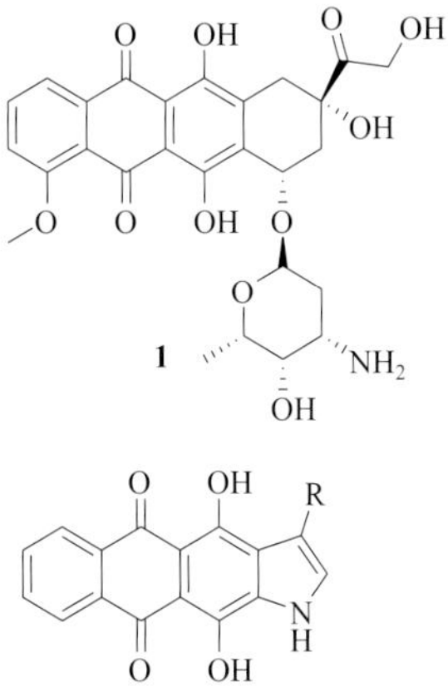

R	IC$_{50}$(μmol/L) K562 (no P-gp)	IC$_{50}$(μmol/L) K562i/S9 (有P-gp)	P-gp/no P-gp 比值
1	0.2	1.5	8
CH$_2$NMe$_2$	1.2	12.5	10
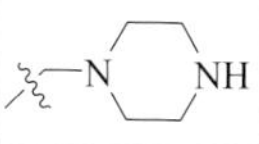 哌嗪基	1.2	1.2	1
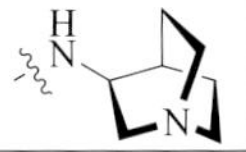 氮杂双环基	3.2	2.2	1

图 9.6 增加位阻可降低 P-gp 外排 [27]

经 A E Shchekotikhin, A A Shtil, Y N Luzikov, et al. 3-Aminomethyl derivatives of 4,11-dihydroxynaphtho[2,3-f]indole-5,10-dione for circumvention of anticancer drug resistance. Bioorg Med Chem, 2005, 13: 2285-2291 许可转载，版权归 2004 Elsevier Ltd. 所有

增加酸度可降低 P-gp 对紫杉醇底物的亲和力。如图 9.7 所示，通过结构修饰在紫杉醇结构中引入羧酸结构 [28]，显著减弱了其 P-gp 外排作用，使化合物的大脑渗透性增强了 10 倍。

如图 9.8 所示，第一个化合物对靶点具有良好的活性，且在 MDR 细胞中表现出药效，说明该化合物不是一个强 P-gp 底物 [29]。然而，该化合物不溶于水。在其结构中引入碱性氨基（可电离中心）后，有效增强了其水溶性（中间结构），但其对 MDR 细胞的活性丧失，说明中间结构可能是 P-gp 的底物。随后通过结构改造降低了化合物的碱性和亲脂性，提高了其溶解度并减少了 P-gp 外排。最终得到化合物 A，已进入临床试验。

P-gp 抑制剂可有效破坏 P-gp 的外排作用，使受 P-gp 外排影响的化合物能够到达治疗靶点并维持较高的浓度。新药研发项目中通过对候选化合物进行预处理或与 P-gp 抑制剂联合给药的方式，已经成为药理学概念验证研究的一部分 [30,31]，但仍需关注这一策略的安全性。

9.4.2 乳腺癌耐药蛋白（BCRP，ABLG2）[外排]

乳腺癌耐药蛋白（breast cancer resistance protein，BCPR）外排转运体是从化疗耐药的乳腺癌细胞中分离得到的。BCRP 在许多组织中均有表达，如 BBB、小肠、肝脏、肾脏和胎盘，仅具有功能性 ABC 转运体一半的结构，其二聚体的典型功能是外排转运。BCRP 似乎参与卟啉及其代谢产物的外排，其在拓扑替康（topotecan）消除中的作用已得到证实，同时还会影响其他几种药物的处置 [32]。纯 BRCP 底物很少，很多 BCRP 底物也是 P-gp 底物。BCRP 底物既可以是阳离子也可以是阴离子（酸和共轭物），而 P-gp 底物往往是阳离子。P-gp 和 BCRP 的双底物通常具有非常低的脑渗透性，这是由于这两种外排转运蛋白在将化合物有效泵出脑外方面具有很强的加和作用。双底物策略常被应用于外靶点，以最大限度地减少脑渗透，降低 CNS 毒性[33~35]。关于 BCRP 抑制剂和底物的构效关系（SAR），已有许多研究报道[36-39]。在一项喜树碱（camptothecin）类似物逃避 BCRP 介导的肿瘤耐药研究中，发现 A 环 10 或 11 位存在羟基或氨基的衍生物是 BCRP 的底物，可被癌细胞高效清除（图 9.9）[40]，原因可能在于形成了氢键，而该氢键作用在 BCRP 底物识别和转运过程中发挥重要作用[40]。也可能是其共轭平面结构与 BCRP 活性位点产生了关键的相互作用。

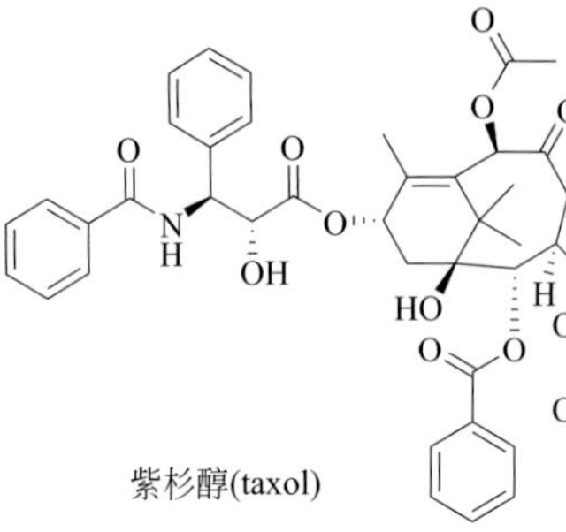

原位大鼠脑灌注	
$P_{app}/(\times 10^{-7} \text{cm/s})$	
紫杉醇	0.845
Tx-67	8.47

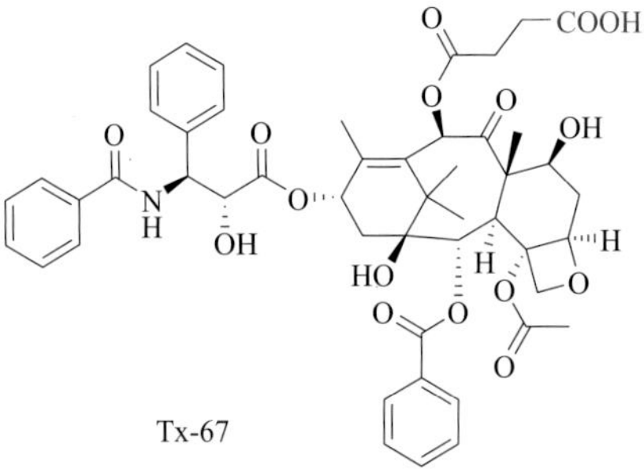

图 9.7　通过引入羧酸基降低了紫杉醇 BBB 的 P-gp 外排[28]

经 A Rice, Y Liu, M L Michaelis, et al. Chemical modification of paclitaxel (Taxol) reduces P-glycoprotein interactions and increases permeation across the blood-brain barrier *in vitro* and *in situ*. J Med Chem, 2005, 48: 832-838 许可转载，版权归 2005 American Chemical Society 所有

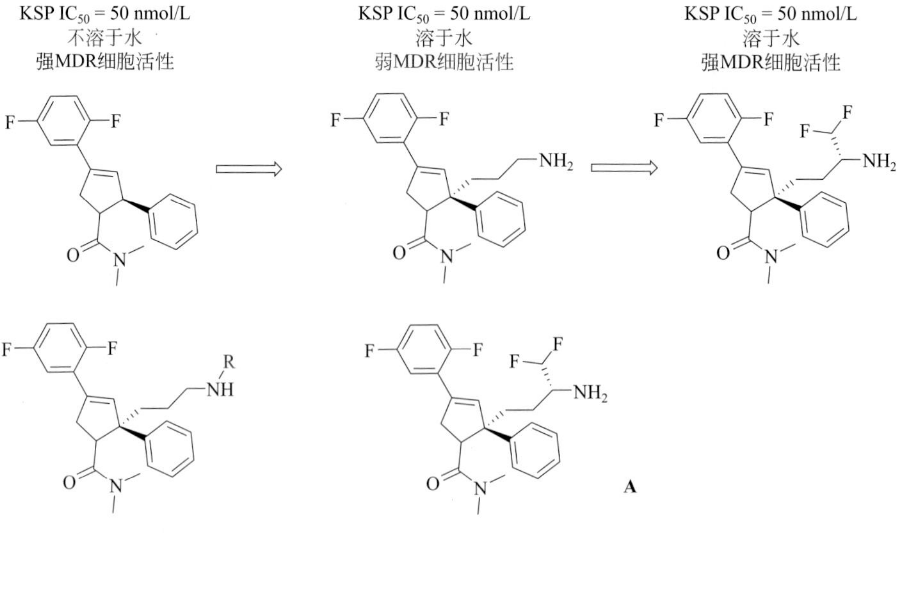

R	KSP IC$_{50}$/(nmol/L)	MDR比	pK_a	lg$P$
H	2.2	1200	10.3	1.2
CH$_2$CH$_3$	10	>135	10.7	1.6
CH$_2$CH$_2$F	10	32	8.8	2.6
CH$_2$CHF$_2$	12	3	7.0	3.4
CH$_2$CF$_3$	110	1	5.2	>3.2
A	5.2	5	7	3.2

基于KB细胞的耐药比。

图 9.8　降低碱性和亲脂性可减弱 P-gp 外排 [29]

经 C D Cox, M J Breslin, D B Whitman, et al. Kinesin spindle protein (KSP) inhibitors. Discovery of 2-propylamino-2,4-diaryl-2,5-dihydropyrroles as potent, water-soluble KSP inhibitors, and modulation of their basicity by b-fluorination to overcome cellular efflux by P-glycoprotein. Bioorg Med Chem Lett, 2007, 17: 2697-2702 许可转载，版权归 2007 Elsevier Ltd. 所有

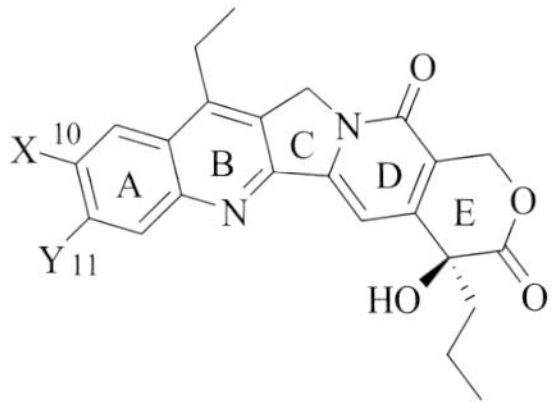

类似物	X	Y	耐药比[①]
SN-22	H	H	2
SN-38	OH	H	28
SN-343	CH$_3$	H	2
SN-348	Br	H	2
SN-349	Cl	H	2
SN-351	H	Br	1
SN-352	H	Cl	2
SN-353	H	F	1
SN-355	H	OH	53
SN-364	Cl	Cl	3
SN-392	NH$_2$	H	8
SN-397	OCH$_3$	F	2
SN-398	OH	F	22
SN-443	CH$_3$	F	2
SN-444	F	F	2

① 耐药比计算方法为：IC$_{50}$(HEK-BCRP)/IC$_{50}$(HEK)。

图 9.9　喜树碱类似物逃避 BCRP 介导的肿瘤多药耐药 [40]

经 H Nakagawa, H Saito, Y Ikegami, et al. Molecular modeling of new camptothecin analogues to circumvent ABCG2-mediated drug resistance in cancer. Cancer Lett, 2006, 234: 81-89 许可转载，版权归 2005 Elsevier Ireland Ltd. 所有

9.4.3　多药耐药蛋白 2（MRP2，ABCC2）［外排］

多药耐药蛋白 2（multidrug resistance protein 2，MRP2）是一种导致癌症多药耐药的外排转运体 [32]，也被称为多特异性有机阴离子转运体（multispecific organic anion transporter，cMOAT）。MRP2 可以转运与谷胱甘肽、葡萄糖醛酸苷及硫酸发生结合的亲脂类化合物，以及一些未发生结合的化合物。MRP2 的底物通常带负电且具有亲脂性（如酚和酸）[41]。MRP2 的转运结合位点可能不在膜上，而是在胞质内 [41]。构效关系研究发现，MRP2 底物的 SAR 较为复杂且可发生细微的变化。

图 9.10 显示，MRP2 活性对一系列苯酚与苯环之间的扭转角度非常敏感 [42]。MRP2 在肠上皮

细胞中表达，能够阻碍药物底物的吸收。MRP2 也表达于肝细胞的微管膜和肾小管细胞的顶膜，能够提高药物底物的清除。有研究表明，MRP2 是螺旋霉素（spiramycin）胆汁排泄的主要微管外排转运体 [43]。在敲除 MRP2 的小鼠中，螺旋霉素胆汁排泄的速率降低了 10 倍（图 9.11）。在胆红素从肝脏转运到胆汁的过程中，MRP2 也发挥了关键作用。*MRP*2 基因的突变会引发杜宾 - 约翰逊（Dubin-Johnson）综合征。

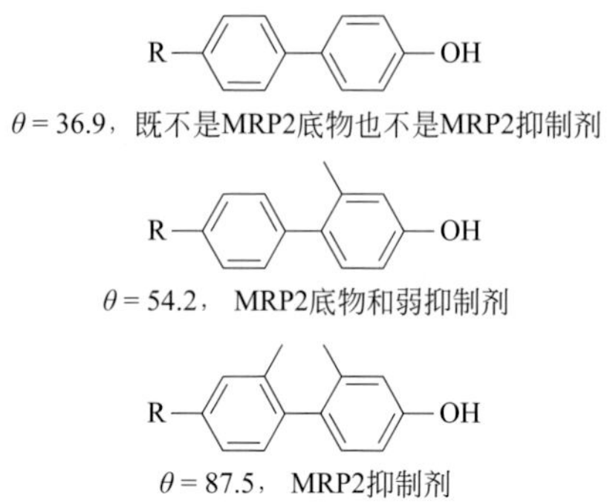

图 9.10 联苯结构中扭转角的变化会影响其对 MRP2 的活性 [42]

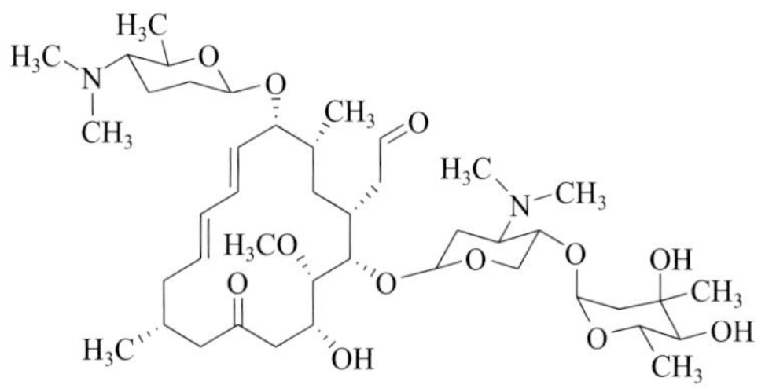

MRP2敲除小鼠的螺旋霉素胆汁排泄速率降低了10倍

图 9.11 螺旋霉素的胆汁分泌由微管膜上的 MRP2 外排转运体所介导 [43]

9.4.4 血脑屏障中的外排转运体

BBB 的外排转运体包括 P-gp、BCRP、MRP4 和 MRP5。这些转运体将其底物从大脑和 BBB 内皮细胞移除至血液中。P-gp 和 BRCP 具有高度底物重叠，这两种转运体的共同作用限制了许多化合物的脑渗透性 [44]。蛋白质组学研究表明，啮齿类动物（小鼠）BBB 中的 P-gp 水平较高，但 BCRP 表达水平低于人 [45]。因此，啮齿动物模型可能会高估 P-gp 底物的脑部渗透损伤，而低估了 BCRP 底物的脑部渗透。生理药代动力学模型（physiologically based pharmacokinetic，PBPK）可更准确地预测人脑的渗透性。在 BBB 中也可检测到 MRP4，但其表达量比 P-gp 和 BCRP 低 10 ～ 20 倍 [46]。研究发现，MRP4 能够限制阿德福韦（adefovir）和拓扑替康（topotecan）的脑部渗透 [5]。BBB 外排转运体的抑制可能并不是由于低浓度抑制剂的活性引起的 [5]。因此，在 DDI 临床研究中研究 BBB 转运体的抑制不是必要的 [5]。

9.5 摄取转运体

摄取转运体能够促进化合物透膜进入细胞。

9.5.1 脑摄取的有机阴离子多肽 1A2 转运体（OATP1A2）

有机阴离子多肽 1A2（organic anion transporting polypeptide 1A2，OATP1A2，又称为 OATP1、OATP-A）转运体表达于 BBB（吸收）、肝细胞（吸收）和肾上皮细胞（重吸收）中。OATP1A2 可以转运有机阴离子（胆汁酸、甾体葡萄糖醛酸结合物、阴离子染料、甲状腺激素），以及乌本苷、皮质醇和较大的有机阳离子。OATP1A2 可转运的药物包括非索非那定（fexofenadine）、依那普利（enalapril）、替莫普利拉（temocaprilat）、N-甲基奎尼丁（N-methyl quinidine）、[D-青霉胺-2,5] 脑啡肽 [(D-penicilliamine-2,5)enkephalin，DPDPE] 和钙肌蛋白Ⅱ（deltrophin Ⅱ）[32,47]。尽管大多数 OATP1A2 底物带负电，但较大分子、亲水性（lgD<0.5）、低 MW（240～380），以及带正电的曲普坦（triptan）类药物也属于 OATP1A2 的底物[48,49]。SAR 研究显示，曲普坦结构中的正电性碱性胺对于 OATP1A2 介导的摄取至关重要，且摄取速率为：三级胺 > 二级胺 > 一级胺（图 9.12）。OATP1A2 摄取也与化合物的范德华体积呈正相关。由于人的 OATP1A2 在动物物种中没有直系的同源转运体[50]，因此很难在临床前通过动物同源转运体来评估 OATP1A2 对脑渗透性的影响。最接近人 OATP1A2 的直系同源基因是小鼠和大鼠的 Oatp1a4，但其与人 OATP1A2 仅有 70% 的相似序列[50]。OATP1A2 介导的人脑对药物的摄取有待进一步研究[48]。

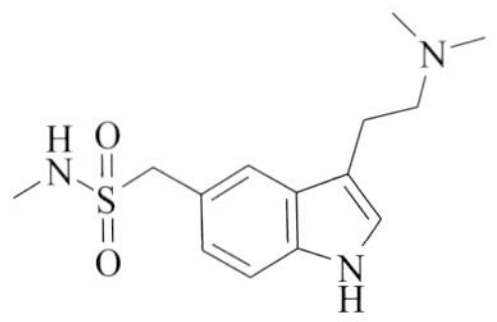

图 9.12 氨基取代对 HEK-OATP1A1 细胞 OATP1A1 摄取率 [pmol/(min·mg 蛋白)] 的影响
OATP1A1 吸收率：三级胺 > 二级胺 > 一级胺

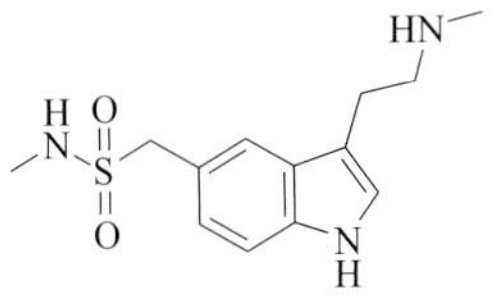

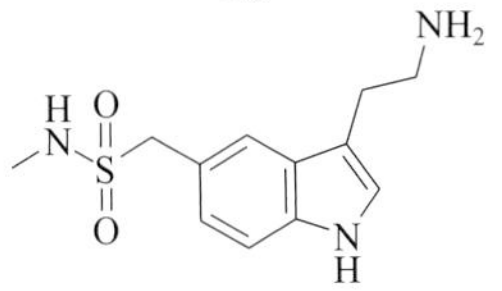

9.5.2 肝靶向和清除预测的有机阴离子多肽 1B1 和 1B3 转运体（OATP1B1 和 OATP1B3）

有机阴离子多肽 1B1 转运体（organic anion transporting polypeptide 1B1，OATP1B1，又称为 OATP2、OATP-C、LST1）和有机阴离子多肽 1B3 转运体（organic anion transporting polypeptide 1B3，OATP1B3，又称为 OATP-8）是肝特异性摄取转运体，其底物通常是酸性化合物[51]。OATP1B1 和 OATP1B3 可以转运他汀类药物、非索非那定、缬沙坦（valsartan）、替米沙坦（telmisartan）和其他带负电荷的药物分子。由于这两种转运体具有肝特异性，因此可用于肝靶向治疗以提高药物在肝脏中的浓度，及减少药物在周围组织（如胰腺、大脑、心脏）的暴露，进而减轻毒副作用。

肝靶向治疗并不是一个新概念，一些上市药物，如匹伐他汀（pitavastatin）、普伐他汀、瑞舒伐他汀（rosuvastatin）和辛伐他汀，都属于肝靶向药物，但这些药物当时并不是专门设计为肝主动摄取的药物。

通过 OATP 转运体来设计肝靶向口服药物的原理如下[51,52]：

- 通过 OATP1B1 和 OATP1B3 转运体实现有效的肝摄取，药物结构中通常需要含有酸性基团；
- 药物应需具有较低的肝脏代谢和外排转运性质，以最大限度地延长药物的肝脏停留时间和药理作用。
- 药物应具有低被动扩散渗透性［如 MDCK-LE P_{app}=（1～5）×10^{-6} cm/s[53] 或 lg$D_{7.4}$= 0.50～2.0］，以最大限度地减少药物在外周组织的分布（外周组织缺乏肝特异性的 OATP 转运体，如胰腺）。
- 药物应具有足够的生物利用度，以支持口服给药。

图 9.13 列举了葡萄糖激酶激动剂（glucokinase activator，GKa）的肝靶向示例[52]。化合物 **2**（含有羧基）的细胞活性是酶活性的 77 倍，而该细胞可表达 OATP。此外，游离的化合物 **2** 在大鼠和犬体内具有更高的肝-血比（liver-to-plasma）和肝-胰比（liver-to-pancreas ratio），说明羧基对于 OATP 介导的肝摄取至关重要。

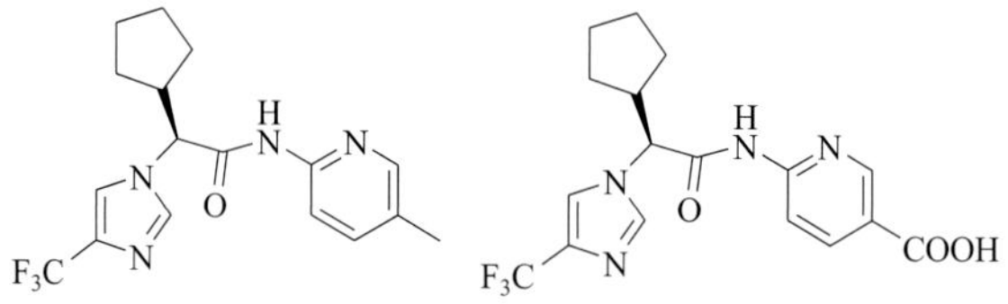

化合物	**1** (Me)	**2** (COOH)
GK 激活 EC$_{50}$/(nmol/L)	114	90
HLM CL$_{int}$/[mL/(min·kg)]	120	＜8
P_{app}/(10^{-6} cm/s)	17	1
INS-1 细胞活性 EC$_{50}$/(nmol/L)	153	6900
INS-1 细胞活性与酶活性之比	1.3	77
OATP1B1 底物	否	是
OATP1B3 底物	否	是
大鼠游离药物肝-血浆比率	NA	9
大鼠游离药物肝-胰腺比率	NA	75

图 9.13 用于治疗 II 型糖尿病的肝靶向 GKa 抑制剂的设计策略[52]

经 J A Pfefferkorn, A Guzman-Perez, J Litchfield, et al. Discovery of (S)-6-(3-cyclopentyl-2-(4-(trifluoromethyl)-1H-imidazol-1-yl) propanamido) nicotinic acid as a hepatoselective glucokinase activator clinical candidate for treating type 2 diabetes mellitus. J Med Chem 2012, 55: 1318-1333 许可转载，版权归 2012 American Chemical Society 所有

肝靶向抗糖尿病药物硬脂酰辅酶 -A 去饱和酶（stearoyl coenzyme-A desaturase，SCD）抑制剂的设计如图 9.14 所示[54]。羧酸化合物（MK-8245）与中性化合物（MF-438）相比，酶活性相当，但具有更高的细胞活性。MK-8245 是一种 OATP 底物，肝脏摄取比外周组织（副泪腺）高 20 倍。该实例再次说明羧酸基团或其生物电子等排体对 OATP 的肝摄取至关重要。

如果化合物是 OATP1B1 或 1B3 的底物，其摄取清除率可能是肝脏清除率的决定步骤，预测化合物的全身清除率时需要考虑这一因素。例如，肝摄取是许多他汀类药物清除的限速步骤，所以仅使用代谢清除率不足以预测化合物的体内清除率[55,56]。图9.15列举了一系列他汀类药物的大鼠清除率数据[57]。单纯的代谢清除明显不能说明他汀类药物的体内清除率，而摄取清除率则给出了合理的预测，表明转运体摄取是他汀类药物体内清除率的决定性因素[57]。为了整合所有清除过程（代谢、主动运输、外排和被动扩散），建议使用PBPK模型来更准确地预测药物的人清除率[58]。

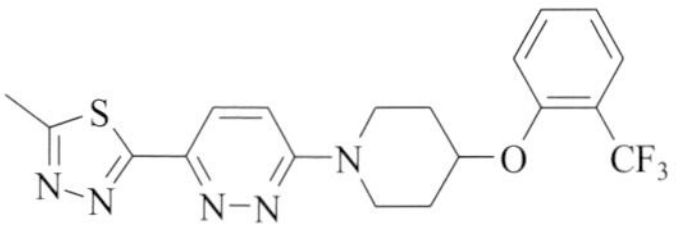

化合物	MF-438	MK-8245
大鼠酶活性IC_{50}/(nmol/L)	3	3
HepG2细胞活性IC_{50}/(nmol/L)	20	1100
Hepatocyte细胞活性IC_{50}/(nmol/L)	150	70
小鼠肝-副泪腺比	1.5∶1	21∶01
OATP1B1/1B3底物	NA	是
安全窗	无	有

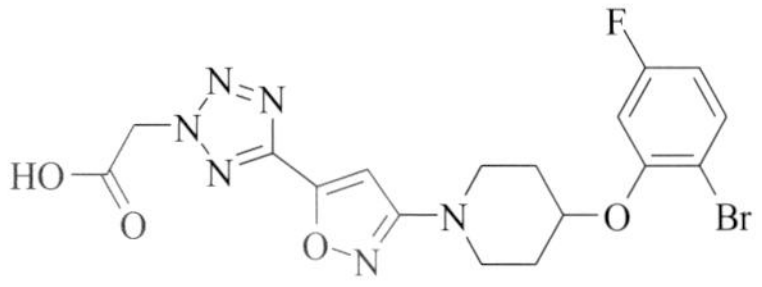

图9.14 用于糖尿病治疗的SCD抑制剂的OATP肝靶向设计策略[54]

经R M Oballa, L Belair, W C Black, K. et al. Development of a liver-targeted stearoyl-CoA desaturase (SCD) inhibitor (MK-8245) to establish a therapeutic window for the treatment of diabetes and dyslipidemia. J Med Chem, 2011, 54: 5082-5096 许可转载，版权归2011 American Chemical Society所有

OATP1B1和OATP1B3的抑制已被证明会引起显著的临床DDI。例如，单次口服600 mg利福平（rifampicin，OATP抑制剂）可使普伐他汀的曲线下面积（area under the curve，AUC）增加4.6倍，使阿托伐他汀增加12倍[59]。建议在药物发现早期筛选化合物对OATP1B1和OATP1B3的抑制活性，以减少同时服用OATP底物（如他汀类药物）时产生的协同作用，避免潜在的DDI毒性。OATP抑制剂与非OATP抑制剂相比，往往具有更高的亲脂性、PSA、MW，以及更多的氢键受体数和负电荷[60~62]。

9.5.3 肠道吸收的寡肽转运体1（PEPT1）

寡肽转运体1（oligopeptide transporter 1，PEPT1）是小肠吸收二肽和三肽的重要转运体。PEPT1虽能促进肠道对二肽和三肽的吸收，但不能促进单个氨基酸或四肽的吸收[63]。PEPT1是一种高容量、低亲和力（K_m=0.2～10 mmol/L）的H^+-偶合同向转运体，具有广泛的底物特异性[6, 64]。结构中的疏水性基团可增强与PEPT1的结合，所以芳基是首选的结构。如果二肽结构带有两个正电荷和大体积取代基，则通常不是PEPT1的底物。PEPT1已成功应用于前药的设计，以增加口服吸收。图9.16[65]和图9.17[66]中的实例表明，以天然氨基酸缬氨酸作为前药基团，与更昔洛韦（ganciclovir）和阿昔洛韦（acyclovir）的化学结构相连形成前药后，均能被PEPT1转运。图9.18中引入了L-丙氨酸形成前药后，也可被PEPT1介导转运，提高了原药LY354740的口服吸收[67]。这些前药吸收率的提高是通过同时改善被动扩散和转运体的主动运输而实现的。PEPT1还可转运β-内酰胺类抗生素和其他含有肽结构的药物，如表9.1所示。Herrera Ruiz和Knipp对肽转运体进行了系统的综述[68]。

药物	转运体摄取清除率（油自旋法）$PS_{inf, in\ vivo}$/[mL/(min·g肝)]	肝微粒体或S9的代谢清除率 $CL_{met, int, in\ vitro}$/[(mL/(min·g肝)]	体内肝固有清除率 $CL_{int, in\ vivo}$/[(mL/(min·g)]
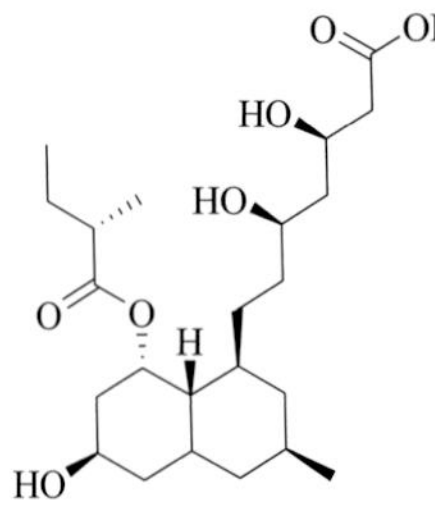 普伐他汀(pravastatin)	2.6	0.79	6.9～11
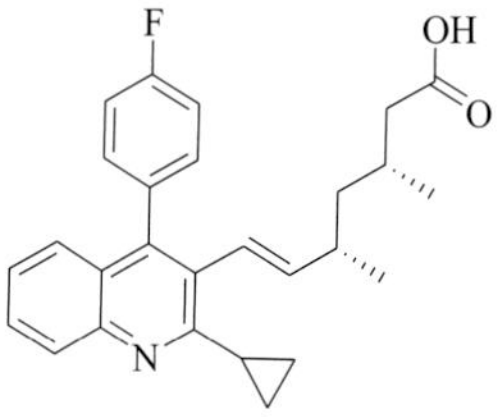 匹伐他汀(pitavastatin)	53	0.61	42～53
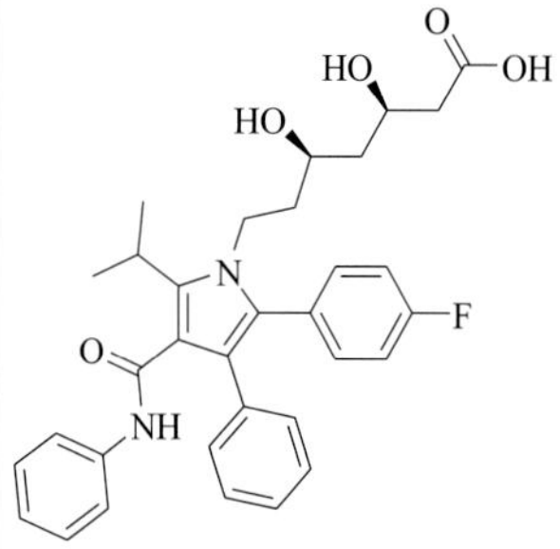 阿托伐他汀(atorvastatin)	23	0.91	26～38
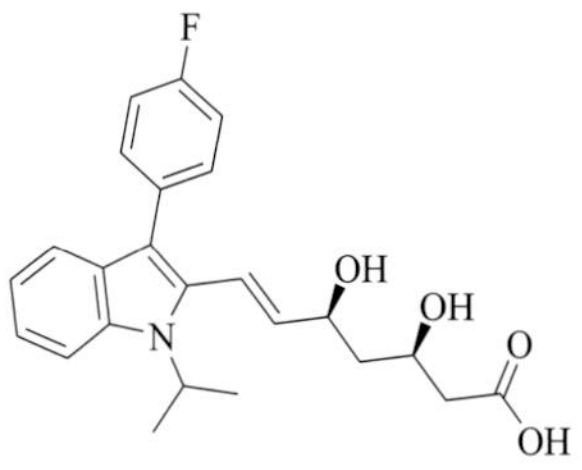 氟伐他汀(fluvastatin)	29	2.7	85～154

图 9.15　根据代谢清除率和转运体摄取清除率预测四种他汀类药物的大鼠体内清除率[57]

经 T Watanabe, H Kusuhara, K Maeda, et al. Investigation of the rate-determining process in the hepatic elimination of HMG-CoA reductase inhibitors in rats and humans. Drug Metab Dispos, 2010, 38: 215-222 许可转载，版权归 2010 American Society for Pharmacology and Experimental Therapeutics 所有

更昔洛韦
F = 6%
非PEPT1和PPEPT2底物

缬更昔洛韦
F = 61%
PEPT1和PPEPT2底物

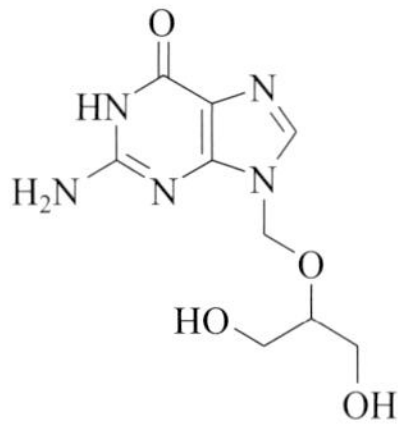

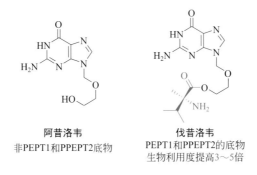

图 9.16　缬更昔洛韦：借助 PEPT1 转运体提高其口服吸收

阿昔洛韦
非PEPT1和PPEPT2底物

伐昔洛韦
PEPT1和PPEPT2的底物
生物利用度提高3～5倍

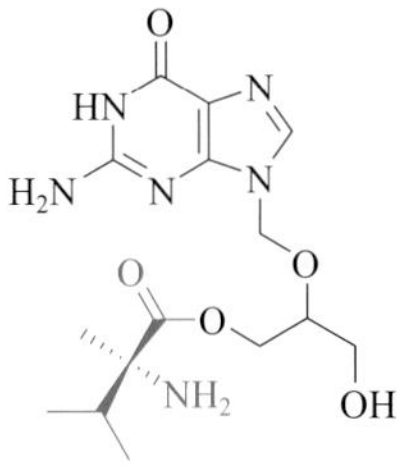

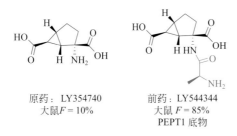

图 9.17　伐昔洛韦：借助 PEPT1 转运体提高其口服吸收

原药：LY354740
大鼠*F* = 10%

前药：LY544344
大鼠 *F* = 85%
PEPT1 底物

图 9.18　L- 丙氨酸前药通过 PEPT1 介导的转运提高了 LY354740 的口服吸收 [67]

9.5.4　脑摄取的大型中性氨基酸转运体（LAT1）

大型中性氨基酸转运体（large neutral amino acid transporter，LAT1）存在于 BBB 内皮细胞的顶膜中，可转运氨基酸，如亮氨酸和苯丙氨酸，还能转运各种药物，如 L- 多巴（L-dopa）、甲基多巴（methyldopa）、巴氯芬（baclofen）、美法仑（melphalan）、加巴喷丁（gabapentin）和普瑞巴林（pregabalin）（图 9.19）。LAT1 优选转运大体积或含有支链的大型中性氨基酸。LAT1 的底物特异性相对较窄，仅限于氨基酸相关药物。

L-多巴

甲基多巴

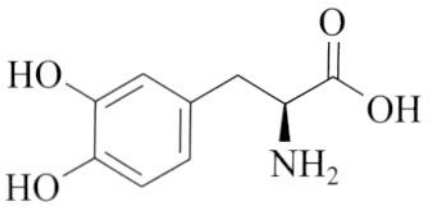

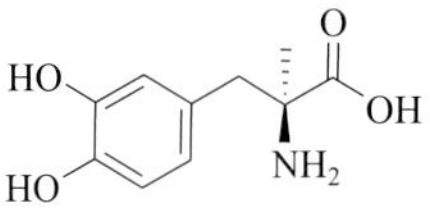

图 9.19

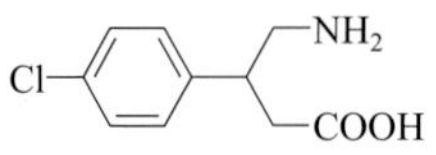

巴氯芬 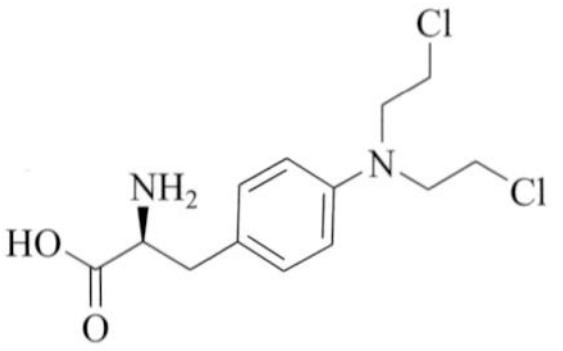　　　美法仑

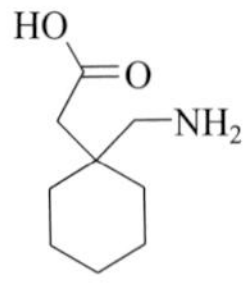

加巴喷丁 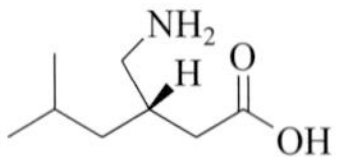　　普瑞巴林

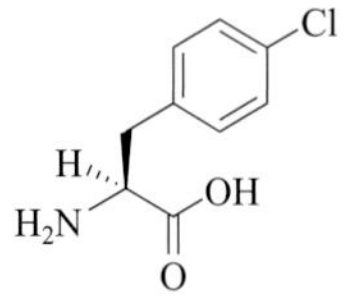

芬克洛宁(fenclonine) 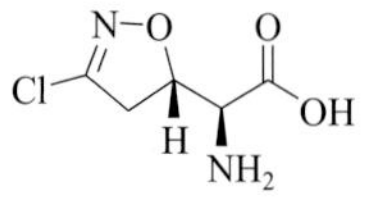　　阿西维辛(acivicin)

图 9.19　LAT1 底物的结构

在多种肿瘤中，LAT1 的表达水平较高，且随着肿瘤的进展而升高。LAT1 可为肿瘤细胞能提供必需氨基酸，对肿瘤的发展发挥了关键作用。抑制 LAT1 的功能可减少肿瘤细胞的增殖，这也表明 LAT1 可能是用于开发抗肿瘤新物的可行靶点[7]。

9.5.5　口服吸收的单羧酸转运体 1（MCT1）

单羧酸转运体 1（monocarboxylate transporter 1，MCT1）主要表达于 BBB 的内皮细胞和肠上皮细胞的顶膜。MCT1 是 H^+- 偶合同向转运体，参与多种内源性和外源性底物的吸收，如乳酸、丙酮酸、丁酸、γ- 羟基丁酸、布美他尼（bumetanide）和辛伐他汀酸（simvastatin acid）[8]（图 9.20）。与 OATP 相比，MCT1 的底物特异性相对较窄，主要是短链的一元羧酸和支链含氧酸。加巴喷丁的前药 XP13512，是肠道 MCT1 和多种维生素转运体（multivitamin transporter，SMVT）的底物，因此大大提高了加巴喷丁的生物利用度（图 9.21）[69]。

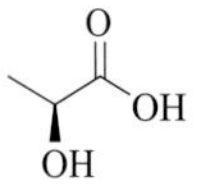

L-乳酸 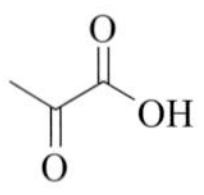　　丙酮酸 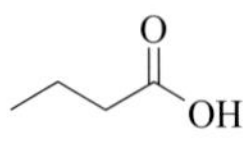　　丁酸 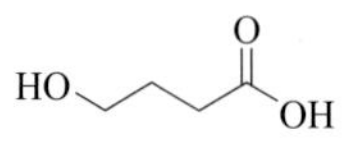　　γ-羟基丁酸

图 9.20　MCT1 底物的结构

9.5.6　肾摄取的有机阴离子转运体 1 和 3（OAT1 和 OAT3）

有机阴离子转运体 1 和 3（OAT1 和 OAT3）是两种最重要的有机阴离子转运体，能够增强阴离子药物和代谢产物的肾主动分泌，即从毛细血管网到肾小管细胞的吸收[32,70]。OAT1 和 OAT3 可转运分子量小于 500 的一价或部分二价阴离子，而 OAT3 还可转运一些带正电荷的药物，如西咪替丁[3]。对氨基马尿酸、阿德福韦、西多福韦（cidofovir）、齐多夫定（zidovudine）、

拉米夫定（lamivudine）、扎西他滨（zalcitabine）、阿昔洛韦、替诺福韦（tenofovir）、环丙沙星（ciprofloxacin）和甲氨蝶呤[3]等药物都是 OAT1 的底物（表 9.1、图 9.22）。而经典的 OAT3 底物包括雌酮 -3- 硫酸酯、非甾体抗炎药［如布洛芬（ibuprofen）、酮洛芬（ketoprofen）］、头孢克洛（cefaclor）、头孢唑肟（ceftizoxime）、呋塞米（furosemide）和布美他尼[3]（表 9.1、图 9.23）。OAT3 是一种高亲和力、低容量的转运体。各种底物亲脂性按以下顺序逐渐增加：OAT1<OAT3<OATP。OAT3 与 OAT1 和 OATP 的底物具有重叠性。OAT1 和 OAT3 抑制可引起显著的临床 DDI。例如，丙磺舒（probenecid）可抑制 OAT 介导的多种药物的肾分泌，如 β- 内酰胺类、ACE 抑制剂和抗病毒药物，从而导致相关药物的 AUC 显著增加[71]。甲氨蝶呤，一种治疗窗较窄的抗肿瘤药物，主要通过 OAT 介导的肾主动分泌而清除。与丙磺舒合用可延长甲氨蝶呤的半衰期，增加其 AUC[72]，造成毒性风险。丙磺舒对 OAT 的抑制作用也可以产生有益效应，已发现丙磺舒与抗病毒药物西多福韦联用可降低该药的肾清除率和肾毒性[73]。因此，将丙磺舒与西多福韦联用作为标准疗法。

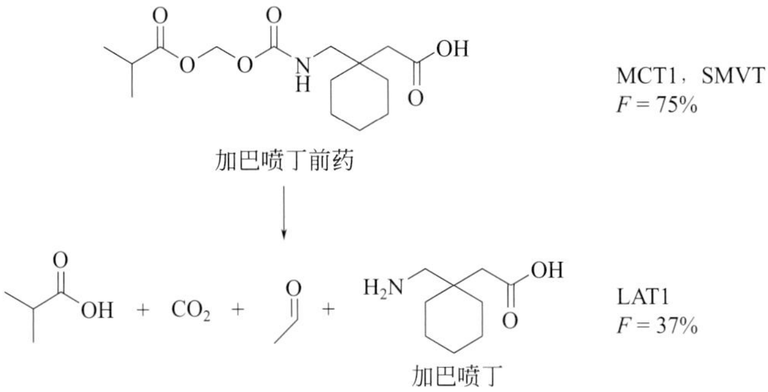

图 9.21　加巴喷丁前药借助于 MCT1 和 SMVT 增强了口服吸收[69]

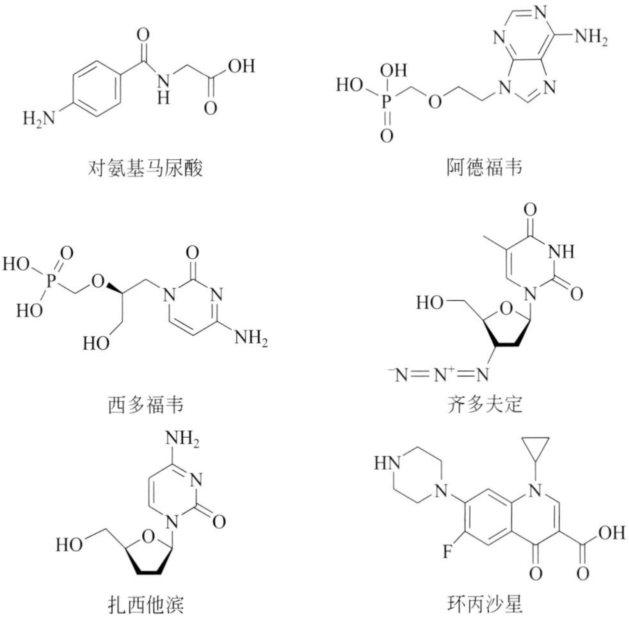

图 9.22　OAT1 底物的结构

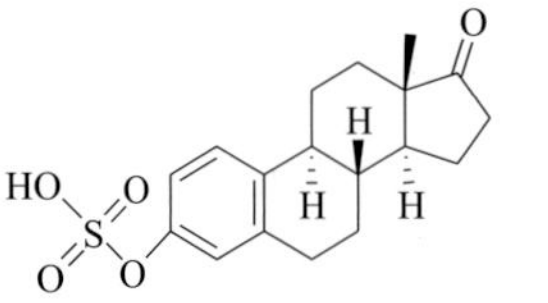
雌酮-3-硫酸酯

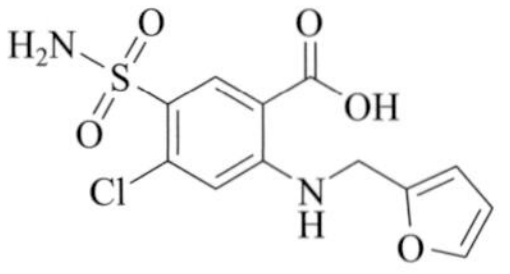
呋塞米

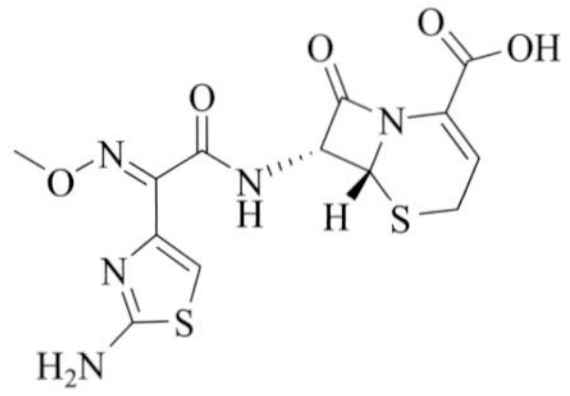
头孢唑肟

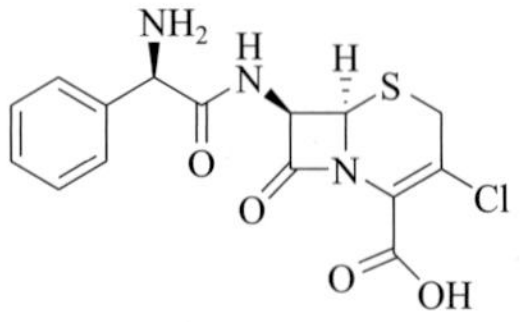
头孢克洛

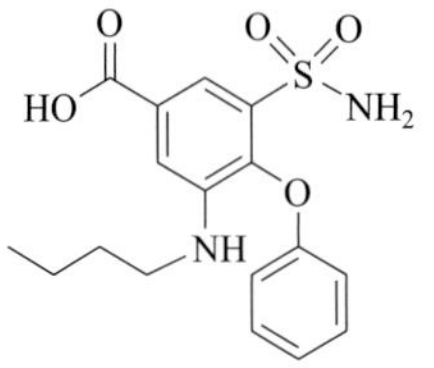
布美他尼

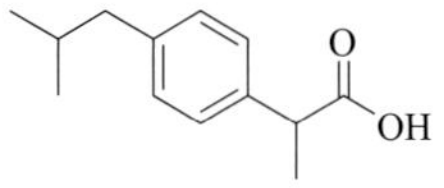
布洛芬

图 9.23 OAT3 底物的结构

9.5.7 肾摄取的有机阳离子转运体 2（OCT2）

有机阳离子转运体 2（organic cation transporter 2，OCT2）是最重要的有机阳离子转运体，参与阳离子化合物从肾脏向尿液中的主动分泌[70]。OCT2 通常转运亲水性的、低 MW 的阳离子。OCT2 的底物包括 *N*- 甲基吡啶、四乙胺、二甲双胍（metformin）、吲哚洛尔（pindolol）、普鲁卡因胺（procainamide）、雷尼替丁（ranitidine）、金刚烷胺（amantadine）、阿米洛利（amiloride）、奥沙利铂（oxaliplatin）和瓦伦尼克林（varenicline）[3]（表 9.1、图 9.24）。化合物的疏水性提高

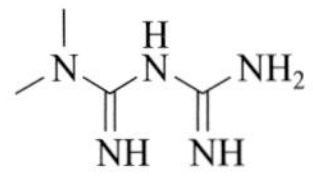
二甲双胍

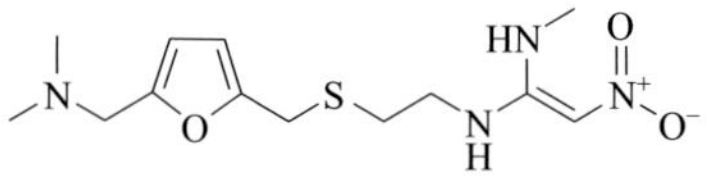
雷尼替丁

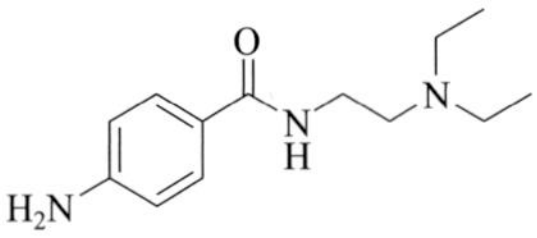
普鲁卡因胺

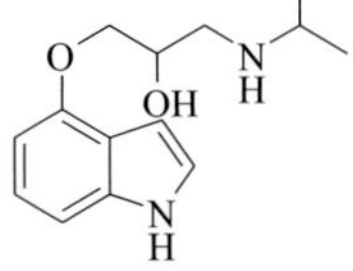
吲哚洛尔

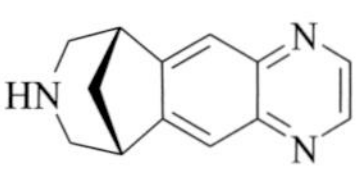
瓦伦尼克林

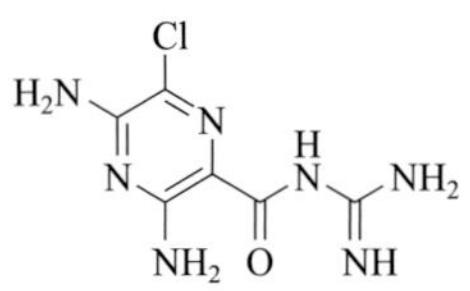
阿米洛利

图 9.24 OCT2 底物的结构

会增强其与 OCT 的结合。临床上，OCT2 的抑制可导致显著的 DDI。例如，西咪替丁能抑制多个主动分泌阳离子药物的肾清除率[71,74,75]，如二甲双胍、普鲁卡因胺、左氧氟沙星（levofloxacin）、雷尼替丁、瓦伦尼克林和多非利特（dofetilide）等。西咪替丁 - 二甲双胍的 DDI 研究表明，DDI 能使二甲双胍的肾清除率降低 27%，其 AUC 和 c_{max} 分别降低 50% 和 81%[76]。OCT2 抑制剂的特点包括正电荷、高亲脂性、低 PSA 和氢键作用，这些特点都会增强对 OCT2 的抑制作用[77]。

9.5.8 MATE1 和 MATE2-K

多药及毒素外排转运蛋白 1（multidrug and toxin extrusion protein 1，MATE1，又称为 SLC47A1）是肝脏和肾脏阳离子药物分泌的重要外排转运体，如二甲双胍、头孢氨苄（cephalexin）、非索非那定和阿昔洛韦（表 9.1）。在肝脏中，MATE1 分布于肝细胞微管膜，能与基底膜上表达的 OCT1 一起完成很多有机阳离子药物的胆汁消除。在肾脏中，MATE1 分布于肾小管上皮细胞膜，能与基底膜上表达的 OCT2 一起完成有机阳离子药物的肾消除。MATE1 也分布于肾上腺、睾丸、心脏和骨骼肌中[78]。

多药及毒素外排转运蛋白 2-K（multidrug and toxin extrusion protein 2-K，MATE2-K，又称为 SLC47A2）是 MATE1 的同源外排转运体，特异性表达于肾脏[79]。MATE1 和 MATE2-K 在器官分布和底物上具有重叠性，说明机体可借助于这两种转运蛋白更有效地消除有毒物质。MATE2-K 分布于肾小管刷状缘膜上，能与 OAT2 一起完成有机阳离子的肾消除。表 9.1 列举了 MATE2-K 的底物实例，如二甲双胍和西咪替丁等。

MATE 底物特征是亲水性、低分子量（MW）的有机阳离子，与 OCT 底物具有重叠性。与 OCT 相比，MATE 还能转运多种其他结构特征的底物，包括有机阴离子（阿昔洛韦、更昔洛韦和雌酮硫酸酯）和两性离子［头孢氨苄（cephalexin）和头孢拉定（cephradine）］，说明 MATE 和 OCT 可协作转运有机阳离子化合物，同时 MATE 和 OAT 还可协作转运有机阴离子和两性离子化合物。MATE1 和 MATE2K 的底物特异性非常相似，但并不相同。例如，奥沙利铂（oxaliplatin）是较好的 MATE2K 底物，但不是很好的 MATE1 底物。MATE 抑制剂的特征和药效团模型已在文献 [80,81] 中报道。

9.5.9 其他摄取转运体

- 葡萄糖转运体（glucose transporter，GLUT1）（摄取），存在于 BBB 内皮细胞的顶膜中，参与葡萄糖的主动运输。
- 胆汁盐输出泵（bile salt export pump，BSEP，又称为 ABCB11）（外排），主要参与胆汁盐类从肝细胞向胆汁的外排输出。
- 钠依赖性牛磺胆酸共转运多肽（sodium-dependent taurocholate co-transporting polypeptide，NCTP）（摄取），通过将胆汁酸从血液转运到肝细胞以协助胆汁酸的肝肠循环（enterohepatic circulation）。而在肝细胞中，胆汁酸被分泌到胆小管中，可间接影响胆汁酸对核激素受体 PXR 和 FXR 的作用，从而调节 CYP 表达和胆固醇代谢。
- BBB 中的摄取转运体包括 GLUT1、LAT1、MCT1、CAT1（阳离子氨基酸）、CNT2（核苷）、CHT（胆碱）和 NBT（核酸碱基）[82]，它们可增强底物从血液通过主动运输进入大脑的能力。

9.5.10 摄取转运体的结构修饰策略

当化合物具有体外活性但被动扩散能力较弱时，摄取转运体是一种可行的提高药物渗透性的靶点[10,82~86]，但这种策略往往是在药物设计之后才被发现的。针对摄取转运体主动运输的化学结构修饰策略可能代表着未来药物设计的方向。

这种方法将通过传统构效关系研究方法，对结构进行适当的衍生改造，并通过特定转运体的体外实验加以验证（见第 27 章）。这有助于指导进一步的修饰，以及后续的体内药代动力学或组织吸收研究。

（辛敏行　白仁仁　李达翃）

思考题

(1) 转运体主要参与以下哪些过程？
(a) 营养物质的胃肠道吸收；(b) BBB 外排；(c) BBB 对某些药物的摄取；(d) 胃肠道被动扩散；(e) 胃肠道外排；(f) 肾分泌；(g) 胃肠道水解；(h) 肝细胞摄取；(i) 胆汁清除。

(2) 在较高的药物浓度下，转运体会发生什么情况？
(a) 最有效；(b) 可能饱和。

(3) 下列哪些过程会受到转运体的影响？
(a) 吸收；(b) 分布；(c) 代谢；(d) 排泄。

(4) 在药物发现过程中最重要的转运体是什么？为什么？

(5) 以下哪些化合物更可能是 P-gp 的底物？

化合物	MW	电离度	氢键受体个数	氢键供体个数	PSA
A	350	$pK_a=3$	4	1	55
B	520	$pK_a=9$	10	5	40
C	400	$pK_a=4$	3	3	60
D	470	$pK_a=8$	8	2	75

(6) 哪些结构修饰可能会降低 P-gp 外排？

(7) 化合物的体内 P-gp 外排可通过什么证明？

(8) 在下列转运体中，哪些是外排转运体，哪些是摄取转运体？
(a) OATP1A2；(b) BCRP；(c) PEPT1；(d) LAT1；(e) MRP2；(f) MCT1。

(9) 特殊的转运体一般在下面哪一选项中表达？
(a) 只在顶膜；(b) 顶膜和基底膜；(c) 顶膜或者基底膜，取决于细胞类型；(d) 只在基底膜。

(10) 下列哪些结构类别可通过摄取转运增加口服吸收？
(a) 氨基酸；(b) 抗生素；(c) 羧酸；(d) 维生素；(e) 二肽和三肽。

(11) P-gp 转运体存在于以下哪些选项中？
(a) 肠上皮细胞；(b) BBB；(c) 肝脏；(d) 肾脏；(e) 皮肤。

(12) P-gp 可引起下列哪些效应？
(a) BBB 渗透降低；(b) 肿瘤细胞耐药；(c) 生物利用度增加。

(13) 对下面可能提高 P-gp 转运潜力的化合物进行排序：

(a)　(b)　(c)

参考文献

[1] R.H. Ho, R.G. Tirona, B.F. Leake, H. Glaeser, W. Lee, C.J. Lemke, Y. Wang, R.B. Kim, Drug and bile acid transporters in rosuvastatin hepatic uptake: function, expression, and pharmacogenetics, Gastroenterology 130 (2006) 1793-1806.

[2] J.R. Kunta, P.J. Sinko, Intestinal drug transporters: in vivo function and clinical importance, Curr. Drug Metab. 5 (2004) 109-124.

[3] K.M. Giacomini, S.-M. Huang, D.J. Tweedie, L.Z. Benet, K.L.R. Brouwer, X. Chu, A. Dahlin, R. Evers, V. Fischer, K.M. Hillgren, K.A. Hoffmaster, T. Ishikawa, D. Keppler, R.B. Kim, C.A. Lee, M. Niemi, J.W. Polli, Y. Sugiyama, P.W. Swaan, J.A. Ware, S.H. Wright, S. Wah Yee, M.J. Zamek-Gliszczynski, L. Zhang, Membrane transporters in drug development, Nat. Rev. Drug Discovery 9 (2010) 215-236.

[4] K.M. Giacomini, Y. Sugiyama, Membrane transporters and drug response, in: L.L. Brunton, B.A. Chabner, B.C. Knollmann (Eds.), Goodman & Gilman's The Pharmacological Basis of Therapeutics, 12th ed., The McGraw-Hill Companies, New York, 2013.

[5] J.C. Kalvass, J.W. Polli, D.L. Bourdet, B. Feng, S.M. Huang, X. Liu, Q.R. Smith, L.K. Zhang, M.J. Zamek-Gliszczynski, Why clinical modulation of efflux transport at the human blood-brain barrier is unlikely: the ITC evidence-based position, Clin. Pharmacol. Ther. (N.Y., NY, U.S.) 94 (2013) 80-94.

[6] http://www.solvobiotech.com/knowledge-center/all-about-transporters.

[7] E.G. Geier, A. Schlessinger, H. Fan, J.E. Gable, J.J. Irwin, A. Sali, K.M. Giacomini, Structure-based ligand discovery for the large-neutral amino acid transporter 1, LAT-1, Proc. Natl. Acad. Sci. U. S. A. 110 (2013) 5480-5485.

[8] M.E. Morris, M.A. Felmlee, Overview of the proton-coupled MCT (SLC16A) family of transporters: characterization, function and role in the transport of the drug of abuse γ-hydroxybutyric acid, AAPS J. 10 (2008) 311-321.

[9] R.L.A. De Vrueh, P.L. Smith, C.-P. Lee, Transport of L-valine-acyclovir via the oligopeptide transporter in the human intestinal cell line, Caco-2, J. Pharmacol. Exp. Ther. 286 (1998) 1166-1170.

[10] E. Walter, T. Kissel, G.L. Amidon, The intestinal peptide carrier: a potential transport system for small peptide derived drugs, Adv. Drug Delivery Rev. 20 (1996) 33-58.

[11] I. Tamai, A. Tsuji, Carrier-mediated approaches for oral drug delivery, Adv. Drug Delivery Rev. 20 (1996) 5-32.

[12] Y. Shitara, T. Horie, Y. Sugiyama, Transporters as a determinant of drug clearance and tissue distribution, Eur. J. Pharm. Sci. 27 (2006) 425-446.

[13] L.M.S. Chan, S. Lowes, B.H. Hirst, The ABCs of drug transport in intestine and liver: efflux proteins limiting drug absorption and bioavailability, Eur. J. Pharm. Sci. 21 (2004) 25-51.

[14] A.H. Schinkel, P-glycoprotein, a gatekeeper in the blood-brain barrier, Adv. Drug Delivery Rev. 36 (1999) 179-194.

[15] M. Hennessy, J.P. Spiers, A primer on the mechanics of P-glycoprotein the multidrug transporter, Pharmacol. Res. 55 (2007) 1-15.

[16] A.M.S. Hartz, D.S. Miller, B. Bauer, Restoring blood-brain barrier P-glycoprotein reduces brain amyloid-b in a mouse model of Alzheimer's disease, Mol. Pharmacol. 77 (2010) 715-723.

[17] B. Nazer, S. Hong, D.J. Selkoe, LRP promotes endocytosis and degradation, but not transcytosis, of the amyloid-b peptide in a blood-brain barrier in vitro model, Neurobiol. Dis. 30 (2008) 94-102.

[18] S. Syvaenen, O. Lindhe, M. Palner, B.R. Kornum, O. Rahman, B. Laangstroem, G.M. Knudsen, M. Hammarlund-Udenaes, Species differences in blood-brain barrier transport of three positron emission tomography radioligands with emphasis on P-glycoprotein transport, Drug Metab. Dispos. 37 (2009) 635-643.

[19] C.Q. Xia, G. Xiao, N. Liu, S. Pimprale, L. Fox, C.J. Patten, C.L. Crespi, G. Miwa, L.-S. Gan, Comparison of species differences of P-glycoproteins in beagle dog, rhesus monkey, and human using ATPase activity assays, Mol. Pharm. 3 (2006) 78-86.

[20] B. Feng, J.B. Mills, R.E. Davidson, R.J. Mireles, J.S. Janiszewski, M.D. Troutman, S.M. de Morais, In vitro P-glycoprotein assays to predict the in vivo interactions of P-glycoprotein with drugs in the central nervous system, Drug Metab. Dispos. 36 (2008) 268-275.

[21] C. Tang, Y. Kuo, N.T. Pudvah, J.D. Ellis, M.S. Michener, M. Egbertson, S.L. Graham, J.J. Cook, J.H. Hochman, T.

Prueksaritanont, Effect of P-glycoprotein-mediated efflux on cerebrospinal fluid concentrations in rhesus monkeys, Biochem. Pharmacol. 78 (2009) 642-647.

[22] J. Hochman, Q. Mei, M. Yamazaki, C. Tang, T. Prueksaritanont, M. Bock, S. Ha, J. Lin, Role of mechanistic transport studies in lead optimization, Biotechnol.: Pharm. Aspects 4 (2006) 25-47.

[23] X. Chu, K. Bleasby, R. Evers, Species differences in drug transporters and implications for translating preclinical findings to humans, Expert Opin. Drug Metab. Toxicol. 9 (2013) 237-252.

[24] R. Didziapetris, P. Japertas, A. Avdeef, A. Petrauskas, Classification analysis of P-glycoprotein substrate specificity, J. Drug Targeting 11 (2003) 391-406.

[25] J. Hochman, Q. Mei, M. Yamazaki, C. Tang, T. Prueksaritanont, M. Bock, S. Ha, J. Lin, Role of mechanistic transport studies in lead optimization, in: R.T. Borchardt, E.H. Kerns, M.J. Hageman, D.R. Thakker, J.L. Stevens (Eds.), Optimizing the "Drug-Like" Properties of Leads in Drug Discovery, Springer, New York, 2006, pp. 25-48.

[26] A. Seelig, E. Landwojtowicz, Structure-activity relationship of P-glycoprotein substrates and modifiers, Eur. J. Pharm. Sci. 12 (2000) 31-40.

[27] A.E. Shchekotikhin, A.A. Shtil, Y.N. Luzikov, T.V. Bobrysheva, V.N. Buyanov, M.N. Preobrazhenskaya, 3-Aminomethyl derivatives of 4,11-dihydroxynaphtho[2,3-f]indole-5,10-dione for circumvention of anticancer drug resistance, Bioorg. Med. Chem. 13 (2005) 2285-2291.

[28] A. Rice, Y. Liu, M.L. Michaelis, R.H. Himes, G.I. Georg, K.L. Audus, Chemical modification of paclitaxel (Taxol) reduces P-glycoprotein interactions and increases permeation across the blood-brain barrier in vitro and in situ, J. Med. Chem. 48 (2005) 832-838.

[29] C.D. Cox, M.J. Breslin, D.B. Whitman, P.J. Coleman, R.M. Garbaccio, M.E. Fraley, M.M. Zrada, C.A. Buser, E.S. Walsh, K. Hamilton, R.B. Lobell, W. Tao, M.T. Abrams, V.J. South, H.E. Huber, N.E. Kohl, G.D. Hartman, Kinesin spindle protein (KSP) inhibitors. Discovery of 2-propylamino-2,4-diaryl-2,5-dihydropyrroles as potent, water-soluble KSP inhibitors, and modulation of their basicity by β-fluorination to overcome cellular efflux by P-glycoprotein, Bioorg. Med. Chem. Lett. 17 (2007) 2697-2702.

[30] E. Teodori, S. Dei, S. Scapecchi, F. Gualtieri, The medicinal chemistry of multidrug resistance (MDR) reversing drugs, Farmaco 57 (2002) 385-415.

[31] P. Breedveld, J.H. Beijnen, J.H.M. Schellens, Use of P-glycoprotein and BCRP inhibitors to improve oral bioavailability and CNS penetration of anticancer drugs, Trends Pharmacol. Sci. 27 (2006) 17-24.

[32] H. Glaeser, R.B. Kim, The relevance of transporters in determining drug disposition, in: R.T. Borchardt, E.H. Kerns, M.J. Hageman, D.R. Thakker, J.L. Stevens (Eds.), Optimizing the "Drug-Like" Properties of Leads in Drug Discovery, Springer, New York, 2006, pp. 423-460.

[33] P.J. Bungay, S.K. Bagal, A. Pike, Designing peripheral drugs for minimal brain exposure, in: L. Di, E.H. Kerns (Eds.), Blood-Brain Barrier in Drug Discovery: Optimizing Brain Exposure of CNS Drugs and Minimizing Brain Side Effects for Peripheral Drugs, John Wiley and Sons, Hoboken, NJ, 2015.

[34] S.K. Bagal, P.J. Bungay, Minimizing drug exposure in the CNS while maintaining good oral absorption, ACS Med. Chem. Lett. 3 (2012) 948-950.

[35] S. Bagal, P. Bungay, Restricting CNS penetration of drugs to minimise adverse events: role of drug transporters, Drug Discov. Today Technol. 12 (2014) e79-e85.

[36] A. Pick, H. Mueller, R. Mayer, B. Haenisch, I.K. Pajeva, M. Weigt, H. Boenisch, C.E. Mueller, M. Wiese, Structure-activity relationships of flavonoids as inhibitors of breast cancer resistance protein (BCRP), Bioorg. Med. Chem. 19 (2011) 2090-2102.

[37] E. Hazai, I. Hazai, I. Ragueneau-Majlessi, P. Chung Sophie, Z. Bikadi, Q. Mao, Predicting substrates of the human breast cancer resistance protein using a support vector machine method, BMC Bioinformatics 14 (2013) 130.

[38] Y.-L. Ding, Y.-H. Shih, F.-Y. Tsai, M.K. Leong, In silico prediction of inhibition of promiscuous breast cancer resistance protein (BCRP/ABCG2), PLoS One 9.3 (2014) e90689.

[39] L. Zhong, C.-Y. Ma, H. Zhang, L.-J. Yang, H.-L. Wan, Q.-Q. Xie, L.-L. Li, S.-Y. Yang, A prediction model of substrates and non-substrates of breast cancer resistance protein (BCRP) developed by GA-CG-SVM method, Comput. Biol. Med. 41 (2011) 1006-1013.

[40] H. Nakagawa, H. Saito, Y. Ikegami, S. Aida-Hyugaji, S. Sawada, T. Ishikawa, Molecular modeling of new camptothecin analogues to circumvent ABCG2-mediated drug resistance in cancer, Cancer Lett. 234 (2006) 81-89.

[41] J.M. Pedersen, P. Matsson, C.A.S. Bergstroem, U. Norinder, J. Hoogstraate, P. Artursson, Prediction and identification of drug interactions with the human ATP-binding cassette transporter multidrug-resistance associated protein 2 (MRP2; ABCC2), J. Med. Chem. 51 (2008) 3275-3287.

[42] Y. Lai, L. Xing, G.I. Poda, Y. Hu, Structure-activity relationships for interaction with multidrug resistance protein 2 (ABCC2/MRP2): the role of torsion angle for a series of biphenyl-substituted heterocycles, Drug Metab. Dispos. 35 (2007) 937-945.

[43] X. Tian, J. Li, M.J. Zamek-Gliszczynski, A.S. Bridges, P. Zhang, N.J. Patel, T.J. Raub, G.M. Pollack, K.L.R. Brouwer, Roles of P-glycoprotein, Bcrp, and Mrp2 in biliary excretion of spiramycin in mice, Antimicrob. Agents Chemother. 51 (2007) 3230-3234.

[44] L. Di, H. Rong, B. Feng, Demystifying brain penetration in central nervous system drug discovery, J. Med. Chem. 56 (2013) 2-12.

[45] Y. Uchida, S. Ohtsuki, J. Kamiie, T. Terasaki, Blood-brain barrier (BBB) pharmacoproteomics: reconstruction of in vivo brain distribution of 11 P-glycoprotein substrates based on the BBB transporter protein concentration, in vitro intrinsic transport activity, and unbound fraction in plasma and brain in mice, J. Pharmacol. Exp. Ther. 339 (2011) 579-588.

[46] R. Shawahna, Y. Uchida, X. Decleves, S. Ohtsuki, S. Yousif, S. Dauchy, A. Jacob, F. Chassoux, C. Daumas-Duport, P.-O. Couraud, T. Terasaki, J.-M. Scherrmann, Transcriptomic and quantitative proteomic analysis of transporters and drug metabolizing enzymes in freshly isolated human brain microvessels, Mol. Pharmaceutics 8 (2011) 1332-1341.

[47] R.B. Kim, Transporters and xenobiotic disposition, Toxicology 181-182 (2002) 291-297.

[48] Z. Cheng, H. Liu, N. Yu, F. Wang, G. An, Y. Xu, Q. Liu, C.-b. Guan, A. Ayrton, Hydrophilic anti-migraine triptans are substrates for OATP1A2, a transporter expressed at human blood-brain barrier, Xenobiotica 42 (2012) 880-890.

[49] Z. Cheng, Q. Liu, Uptake transport at the BBB—examples and SAR, in: L. Di, E.H. Kerns (Eds.), Blood-Brain Barrier in Drug Discovery. Optimizing Brain Exposure of CNS Drugs and Minimizing Brain Side Effects for Peripheral Drugs, Wiley, Hoboken, NJ, 2015.

[50] R.M. Franke, L.A. Scherkenbach, A. Sparreboom, Pharmacogenetics of the organic anion transporting polypeptide 1A2, Pharmacogenomics 10 (2009) 339-344.

[51] M. Tu, A.M. Mathiowetz, J.A. Pfefferkorn, K.O. Cameron, R.L. Dow, J. Litchfield, L. Di, B. Feng, S. Liras, Medicinal chemistry design principles for liver targeting through OATP transporters, Curr. Top. Med. Chem. 13 (2013) 857-866.

[52] J.A. Pfefferkorn, A. Guzman-Perez, J. Litchfield, R. Aiello, J.L. Treadway, J. Pettersen, M.L. Minich, J.K. Filipski, C.S. Jones, M. Tu, G. Aspnes, H. Risley, J. Bian, B.J. Stevens, J. Bourassa, T. D'Aquila, L. Baker, N. Barucci, A.S. Robertson, F. Bourbonais, D.R. Derksen, M. MacDougall, O. Cabrera, J. Chen, A.L. Lapworth, J.A. Landro, W.J. Zavadoski, K. Atkinson, N. Haddish-Berhane, B. Tan, L. Yao, R.E. Kosa, M.V. Varma, B. Feng, D.B. Duignan, A. El-Kattan, S. Murdande, S. Liu, M. Ammirati, J. Knafels, P. DaSilva-Jardine, L. Sweet, S. Liras, T.P. Rolph, Discovery of (S)-6-(3-cyclopentyl-2-(4-(trifluoromethyl)-1H-imidazol-1-yl) propanamido)nicotinic acid as a hepatoselective glucokinase activator clinical candidate for treating type 2 diabetes mellitus, J. Med. Chem. 55 (2012) 1318-1333.

[53] L. Di, C. Whitney-Pickett, J.P. Umland, H. Zhang, X. Zhang, D.F. Gebhard, Y. Lai, J.J. Federico, R.E. Davidson, R. Smith, E. L. Reyner, C. Lee, B. Feng, C. Rotter, M.V. Varma, S. Kempshall, K. Fenner, A.F. El-kattan, T.E. Liston, M.D. Troutman, Development of a new permeability assay using low-efflux MDCKII cells, J. Pharm. Sci. 100 (2011) 4974-4985.

[54] R.M. Oballa, L. Belair, W.C. Black, K. Bleasby, C.C. Chan, C. Desroches, X. Du, R. Gordon, J. Guay, S. Guiral, M.J. Hafey, E. Hamelin, Z. Huang, B. Kennedy, N. Lachance, F. Landry, C.S. Li, J. Mancini, D. Normandin, A. Pocai, D.A. Powell, Y.K. Ramtohul, K. Skorey, D. Sorensen, W. Sturkenboom, A. Styhler, D.M. Waddleton, H. Wang, S. Wong, L. Xu, L. Zhang, Development of a liver-targeted stearoyl-CoA desaturase (SCD) inhibitor (MK-8245) to establish a therapeutic window for the treatment of diabetes and dyslipidemia, J. Med. Chem. 54 (2011) 5082-5096.

[55] T. Watanabe, K. Maeda, T. Kondo, H. Nakayama, S. Horita, H. Kusuhara, Y. Sugiyama, Prediction of the hepatic and renal clearance of transporter substrates in rats using in vitro uptake experiments, Drug Metab. Dispos. 37 (2009) 1471-1479.

[56] Y. Shitara, K. Maeda, K. Ikejiri, K. Yoshida, T. Horie, Y. Sugiyama, Clinical significance of organic anion transporting polypeptides (OATPs) in drug disposition: their roles in hepatic clearance and intestinal absorption, Biopharm. Drug Dispos. 34 (2013) 45-78.

[57] T. Watanabe, H. Kusuhara, K. Maeda, H. Kanamaru, Y. Saito, Z. Hu, Y. Sugiyama, Investigation of the rate-determining process in the hepatic elimination of HMG-CoA reductase inhibitors in rats and humans, Drug Metab. Dispos. 38 (2010) 215-222.

[58] R. Li, H.A. Barton, P.D. Yates, A. Ghosh, A.C. Wolford, K.A. Riccardi, T.S. Maurer, A "middle-out" approach to human pharmacokinetic predictions for OATP substrates using physiologically-based pharmacokinetic modeling, J. Pharmacokinet. Pharmacodyn. 41 (2014) 197-209.

[59] K. Maeda, Y. Ikeda, T. Fujita, K. Yoshida, Y. Azuma, Y. Haruyama, N. Yamane, Y. Kumagai, Y. Sugiyama, Identification of the ratedetermining process in the hepatic clearance of atorvastatin in a clinical cassette microdosing study, Clin. Pharmacol. Ther. (N.Y., NY, U.S.) 90 (2011) 575-581.

[60] M. Karlgren, A. Vildhede, U. Norinder, J.R. Wisniewski, E. Kimoto, Y. Lai, U. Haglund, P. Artursson, Classification of inhibitors of hepatic organic anion transporting polypeptides (OATPs): influence of protein expression on drug-drug interactions, J. Med. Chem. 55 (2012) 4740-4763.

[61] T. De Bruyn, G.J.P. van Western, A.P. Ijzerman, B. Stieger, P. de Witte, P.F. Augustijns, P.P. Annaert, Structure-based identification of OATP1B1/3 inhibitors, Mol. Pharmacol. 83 (2013) 1257-1267.

[62] M. Karlgren, G. Ahlin, C.A.S. Bergstroem, R. Svensson, J. Palm, P. Artursson, In vitro and in silico strategies to identify OATP1B1 inhibitors and predict clinical drug-drug interactions, Pharm. Res. 29 (2012) 411-426.

[63] B.S. Vig, T.R. Stouch, J.K. Timoszyk, Y. Quan, D.A. Wall, R.L. Smith, T.N. Faria, Human PEPT1 pharmacophore distinguishes between dipeptide transport and binding, J. Med. Chem. 49 (2006) 3636-3644.

[64] F.G.M. Russel, Transporters: importance in drug absorption, distribution, and removal, in: K.S. Pang, A.D. Rodrigues, R.M. Peter (Eds.), Enzymeand Transporter-Based Drug-Drug Interactions: Progress and Future Challenges, AAPS Press/Springer, New York, 2010.

[65] M. Sugawara, W. Huang, Y.-J. Fei, F.H. Leibach, V. Ganapathy, M.E. Ganapathy, Transport of valganciclovir, a ganciclovir prodrug, via peptide transporters PEPT1 and PEPT2, J. Pharm. Sci. 89 (2000) 781-789.

[66] M.E. Ganapathy, W. Huang, H. Wang, V. Ganapathy, F.H. Leibach, Valacyclovir: a substrate for the intestinal and renal peptide transporters PEPT1 and PEPT2, Biochem. Biophys. Res. Commun. 246 (1998) 470-475.

[67] L.M. Rorick-Kehn, E.J. Perkins, K.M. Knitowski, J.C. Hart, B.G. Johnson, D.D. Schoepp, D.L. McKinzie, Improved bioavailability of the mGlu2/3 receptor agonist LY354740 using a prodrug strategy: in vivo pharmacology of LY544344, J. Pharmacol. Exp. Ther. 316 (2006) 905-913.

[68] D. Herrera-Ruiz, G.T. Knipp, Current perspectives on established and putative mammalian oligopeptide transporters, J. Pharm. Sci. 92 (2003) 691-714.

[69] K.C. Cundy, S. Sastry, W. Luo, J. Zou, T.L. Moors, D.M. Canafax, Clinical pharmacokinetics of XP13512, a novel transported prodrug of gabapentin, J. Clin. Pharmacol. 48 (2008) 1378-1388.

[70] M.J. Dresser, M.K. Leabman, K.M. Giacomini, Transporters involved in the elimination of drugs in the kidney: organic anion transporters and organic cation transporters, J. Pharm. Sci. 90 (2001) 397-421.

[71] R. Masereeuw, F.G.M. Russel, Mechanisms and clinical implications of renal drug excretion, Drug Metab. Rev. 33 (2001) 299-351.

[72] G.W. Aherne, E. Piall, V. Marks, G. Mould, W.F. White, Prolongation and enhancement of serum methotrexate concentrations by probenecid, Br. Med. J. 1 (1978) 1097-1099.

[73] H. Izzedine, V. Launay-Vacher, G. Deray, Antiviral drug-induced nephrotoxicity, Am. J. Kidney Dis. 45 (2005) 804-817.

[74] B. Feng, R.S. Obach, A.H. Burstein, D.J. Clark, S.M. de Morais, H.M. Faessel, Effect of human renal cationic transporter inhibition on the pharmacokinetics of varenicline, a new therapy for smoking cessation: an in vitro-in vivo study, Clin. Pharmacol. Ther. (N.Y., NY, U.S.) 83 (2008) 567-576.

[75] J. Van Crugten, F. Bochner, J. Keal, A. Somogyi, Selectivity of the cimetidine-induced alterations in the renal handling of organic substrates in humans. Studies with anionic, cationic and zwitterionic drugs, J. Pharmacol. Exp. Ther. 236 (1986) 481-487.

[76] A. Somogyi, C. Stockley, J. Keal, P. Rolan, F. Bochner, Reduction of metformin renal tubular secretion by cimetidine in man, Br. J. Clin. Pharmacol. 23 (1987) 545-551.

[77] Y. Kido, P. Matsson, K.M. Giacomini, Profiling of a prescription drug library for potential renal drug-drug interactions mediated by the organic cation transporter 2, J. Med. Chem. 54 (2011) 4548-4558.

[78] S. Masuda, T. Terada, A. Yonezawa, Y. Tanihara, K. Kishimoto, T. Katsura, O. Ogawa, K.-i. Inui, Identification and functional characterization of a new human-kidney-specific H+/organic cation antiporter, kidney-specific multidrug and toxin extrusion 2, J. Am. Soc. Nephrol. 17 (2006) 2127-2135.

[79] A. Yonezawa, K.-i. Inui, Importance of the multidrug and toxin extrusion MATE/SLC47A family to pharmacokinetics, pharmacodynamics/toxicodynamics and pharmacogenomics, Br. J. Pharmacol. 164 (2011) 1817-1825.

[80] B. Astorga, S. Ekins, M. Morales, S.H. Wright, Molecular determinants of ligand selectivity for the human multidrug and toxin extruder proteins MATE1 and MATE2-K, J. Pharmacol. Exp. Ther. 341 (2012) 743-755.

[81] M.B. Wittwer, A.A. Zur, N. Khuri, Y. Kido, A. Kosaka, X. Zhang, K.M. Morrissey, A. Sali, Y. Huang, K.M. Giacomini, Discovery of potent, selective multidrug and toxin extrusion transporter 1 (MATE1, SLC47A1) inhibitors through prescription drug profiling and computational modeling, J. Med. Chem. 56 (2013) 781-795.

[82] W.M. Pardridge, Blood-brain barrier delivery, Drug Discovery Today 9 (2007) 605-612.

[83] Y. Sai, A. Tsuji, Transporter-mediated drug delivery: recent progress and experimental approaches, Drug Discovery Today 9 (2004) 712-720.

[84] S. Majumdar, S. Duvvuri, A.K. Mitra, Membrane transporter/receptor-targeted prodrug design: strategies for human and veterinary drug development, Adv. Drug Delivery Rev. 56 (2004) 1437-1452.

[85] H. Sun, H. Dai, N. Shaik, W.F. Elmquist, Drug efflux transporters in the CNS, Adv. Drug Delivery Rev. 55 (2003) 83-105.

[86] R.H. Ho, R.B. Kim, Transporters and drug therapy: implications for drug disposition and disease, Clin. Pharmacol. Ther. (N.Y,, N.Y., U.S.) 78 (2005) 260-277.

第 10 章

血脑屏障

10.1 引言

药物治疗是中枢神经系统（central nervous system，CNS）疾病的重要治疗策略[1]，CNS 药物每年的总销售额已超过 800 亿美元。据统计，在全球十大致残因素中，与 CNS 功能紊乱相关的诱因就占据了其中五种。目前，大部分脑部疾病尚未有令人十分满意的治疗方法。例如，全球大约有一千五百万人患有阿尔茨海默病（Alzheimer's disease，AD），而 AD 的治疗费用十分高昂，堪称全球第二昂贵的疾病。显然，不管是当前还是未来，CNS 疾病治疗药物的研发都是制药行业优先重点布局的领域。

CNS 药物开发的成功率仅为 8%，不到其他治疗领域成功率的一半。其中一个关键的原因是很难开发出可高度模拟人体 CNS 疾病以用于药物筛选的动物模型。另一个重要的原因是，由于大脑中血脑屏障（blood-brain barrier，BBB）的存在限制了药物进入大脑，因此，只有少部分具有潜在活性的化合物能够顺利通过 BBB 进入大脑并产生药效[2]。

在评估和改善药物的脑内暴露量时，最重要的是关注关键的参数指标。决定药物脑内暴露量的因素主要包括脑内未结合（游离）药物浓度（$c_{b,u}$）、脑内游离药时曲线下面积（$AUC_{b,u}$），以及游离药物血脑浓度比（$K_{p,uu}$）（参见 10.2 节）。为改善药物的 BBB 渗透性，需要重点关注的是药物的外排指数（efflux ratio，ER），以及外排转运和被动跨细胞扩散的渗透性（P_{app}）[3,4]。这些参数在先导化合物优化、候选药物选择及临床开发方面为药物研发团队提供了重要的依据。本章将对以上参数进行详细的介绍。

在 10.3 节将针对脑内暴露量对药效和临床开发的重要性展开讨论。本章讨论的其他重点包括脑内暴露量的构效关系和结构修饰策略，以更好地优化化合物的 BBB 渗透性及影响 $c_{b,u}$、$AUC_{b,u}$、$K_{p,uu}$ 的 ADME 性质（参见 10.5 节）。最后，本章还讨论了评估和优化化合物脑内暴露的最佳实例及其相关应用（参见 10.6 节）。

脑内暴露不仅对 CNS 药物的开发至关重要，对于外周系统药物的研发和脑内暴露量的研究同样十分关键。因为外周系统药物若具有一定的脑内暴露量，则意味着它可能引起相应的 CNS 副作用。因此，外周系统药物的脑内暴露量越小越好。总之，外周系统药物的研发可以通过相应的结构修饰以最大限度地减少其 BBB 渗透性，进而减弱其对 CNS 的影响[3]（参见 10.6.5）。

10.2 脑内暴露的基本原理

影响脑内暴露的药物分布过程[3,4]如图 10.1 所示。血液中游离药物分子可通过各种渗透机制穿过 BBB，进入组织液（interstitial fluid，ISF，也称为间质液）。在 ISF 中，药物分子可与脑细胞表面的靶点［如 G 蛋白偶联受体（G protein-coupled receptor，GPCR）］产生相互作用。随后，药物分子还可以通过被动或主动转运的方式透过大脑靶细胞的细胞膜，进而作用于细胞内液（intracellular fluid，ICF）中的靶点。在 ISF 和 ICF 中，药物还可以与脑组织中的脂质和蛋白质发生非特异性地可逆结合，以使游离药物分子保持稳定的比例（$f_{b,u}$）。只有游离药物分子与治疗靶点产生相互作用才能发挥药效，而药物的药效强弱与游离药物的浓度（$c_{b,u}$）有关。ISF 中的药物分子可被外排出大脑，经 BBB 重新进入血液，或经蛛网膜绒毛细胞旁路途径大量流入脑脊液（cerebral spinal fluid，CSF）中。此外，药物分子还可穿过血-脑脊液屏障（blood-cerebral spinal fluid barrier，BCSFB）[如脉络丛（choroid plexus）] 渗透到 CSF 中。这些分布过程的细节将在下一节中详细讨论。

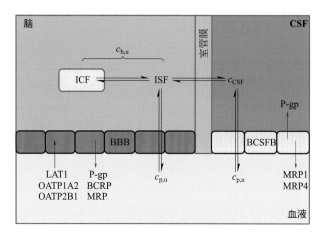

图 10.1　影响药物脑内暴露的分布过程 [3]

经 L Di, H Rong, B Feng. Demystifying brain penetration in central nervous system drug discovery. J Med Chem, 2012, 56: 2-12 许可转载，版权归 2012 American Chemical Society 所有

10.2.1　脑内游离药物浓度，$c_{b,u}$ 和 $AUC_{b,u}$

直接影响药物在大脑中药效的最重要药代动力学（pharmacokinetic，PK）参数是脑内游离药物的浓度（$c_{b,u}$）和 $AUC_{b,u}$。只有游离的药物才能与治疗靶点产生相互作用，进而发挥药效 [3-10]。

$c_{b,u}$ 是由药物在大脑内的分布过程及影响游离药物血浆药物浓度（$c_{p,u}$）的体内 ADME 过程所决定的。药物的稳态浓度表明，在不涉及转运体参与的情况下，ICF、ISF、CSF 和血浆中的游离药物浓度应相同。

细胞内（c_{ICF}）或细胞表面（c_{ISF}）靶点生物相中的游离药物浓度与药物活性直接相关。但是，这些浓度的测试十分困难且昂贵，结果也不一定可靠。因此，通常的做法是采用其他方法的检测指标来代替脑内游离药物浓度，即 CSF 中的药物浓度（c_{CSF}）或血浆中的游离药物浓度（$c_{p,u}$）。最常见的方法是通过 CNS 药物的药代动力学研究测试总脑内药物浓度（$c_{b,t}$），以及采用体外平衡透析法测试脑组织匀浆中的游离药物分数（$f_{b,u}$），然后根据以下公式计算 $c_{b,u}$：

$$c_{b,u} = c_{b,t} \times f_{b,u}$$

这种计算方式获得的 $c_{b,u}$ 较为可靠，通常计算测得的 $c_{b,u}$ 在 c_{ISF} 的 3 倍范围之内 [11]。

如果药物通过 BBB 达到稳态平衡，则 $c_{b,u}$ 等于 $c_{p,u}$。如果药物分布过程涉及转运体的参与，则 c_{ICF} 可能与 c_{ISF} 不同。在大多数情况下，因为很难测试 c_{ICF}，通常将 $c_{b,u}$ 作为 c_{ICF} 的替代指标。

10.2.2 游离药物的血脑分配系数 $K_{p,uu}$

为了评估和优化药物的 $c_{b,u}$，参考游离药物在脑部和血液之间的分布，即血脑分配系数 $c_{b,u}/c_{p,u}$ ($K_{p,uu}$) 非常必要。该比值不仅代表了药物从血液分配到大脑的程度[5]，同时也展示出那些可能限制药物脑内暴露量的药物分布过程[3]。

为了获得 $K_{p,uu}$，需要进行两次额外的测试：分别是同一次脑部药代动力学研究的总血浆药物浓度（$c_{p,t}$）和通过平衡透析法测得的血浆游离药物分数（$f_{p,u}$）。$K_{p,uu}$ 的计算公式如下：

$$c_{p,u} = c_{p,t} \times f_{p,u}$$

$$K_{p,uu} = c_{b,u}/c_{p,u}$$

也可以通过以下公式计算：

$$K_{p,uu} = AUC_{b,u}/AUC_{p,u}$$

$K_{p,uu}$ 的数值大小具有重要的指示意义[3,4]：

$K_{p,uu} < 1$，$c_{b,u} < c_{p,u}$；药物在血液和大脑之间没有达到稳态平衡，可能是由于 BBB 对药物的外排或被动扩散速率较低导致药物的 BBB 渗透性较差。

$K_{p,uu} > 1$，$c_{b,u} > c_{p,u}$；可能是由于 BBB 可对药物进行主动摄取转运。

$K_{p,uu} \approx 1$，$c_{b,u} \approx c_{p,u}$；药物在大脑和血液之间达到了稳态平衡分布。

$K_{p,uu} \approx 1$ 是药物的理想存在状态，因为药物的血浆样本很容易采样，可以方便地确定 $c_{p,u}$，而此时 $c_{b,u}$ 与 $c_{p,u}$ 相同，就能快速推算出药物的脑内浓度。这也是药物研发的一个重要目标。例如抗抑郁药文拉法辛（venlafaxine）在小鼠中的 $K_{p,uu} = 0.98$[7,12]。

$K_{p,uu} < 1$ 可能是由于外排作用或药物通过 BBB 的被动扩散速率较低造成的。例如，抗高血压药阿替洛尔（atenolol）透过血脑屏障的被动扩散速率较低，其在患者中的 $K_{p,uu}$ 仅为 0.038[8]。抗病毒药沙奎那韦（saquinavir）是 P-糖蛋白（P-glycoprotein, P-gp）的底物，同时具有较低的被动扩散速率，因此其 $K_{p,uu}$ 也较低，仅为 0.096[8]。

$K_{p,uu} > 1$ 可能是由于转运体的作用，导致脑部对药物的摄取增加，如抗癫痫药普瑞巴林（pregabalin）。

研究人员可以通过特殊的体外测试方法来鉴别影响药物 $K_{p,uu}$ 的潜在渗透机制（详见第 27 和 28 章）。这些体外测定方法可用来筛选渗透性优化过程中新合成的类似物。表 10.1 列举了用于评估和优化药物脑内暴露量的重要参数。

表 10.1　CNS 药物发现过程中用于评估和优化脑内暴露的参数

参数	定义	应用
$c_{b,u}$	脑内未结合药物浓度	未结合物浓度与药效相关
$AUC_{b,u}$	$c_{b,u}$ 时间曲线下的面积	未结合药物的大脑总暴露量与药效相关
$K_{p,uu}$	未结合药物的脑/血浆浓度比，$c_{b,u}/c_{p,u}$	确定血液和大脑之间是否达到平衡分配；诊断 BBB 渗透性限制
$c_{p,u}$	血浆中未结合药物浓度	诊断总血脑屏障渗透性是否受到限制；如果 $K_{p,uu} \approx 1$，则可用于替代 $c_{b,u}$
ER	外排比	诊断 BBB 外排
P_{app}	BBB 表观渗透性	诊断 BBB 渗透性
c_{CSF}	脑脊液药物浓度	如果相关性已验证，可替代 $c_{b,u}$
$f_{b,u}$	脑内未结合药物分数	乘以总脑内药物浓度可计算 $c_{b,u}$
$f_{p,u}$	血浆中未结合药物分数	乘以总血浆药物浓度可计算 $c_{p,u}$

10.2.3 BBB 渗透性对 $c_{b,u}$ 和 $K_{p,uu}$ 的影响

BBB 是由单层内皮细胞形成的脑微毛细血管内表面（图 10.2），这些单层内皮细胞位于脑细胞附近且贯穿整个大脑。微毛细血管的作用强大，不仅能为脑细胞的生命活动提供所需的营养和氧气，排出代谢废物，还能递送药物分子。大脑中的毛细血管总长度超过 400 英里（1 英里 ≈1.6 千米，1 mile=1.6 km）的，其总表面积约为 12 m^2 [2]。

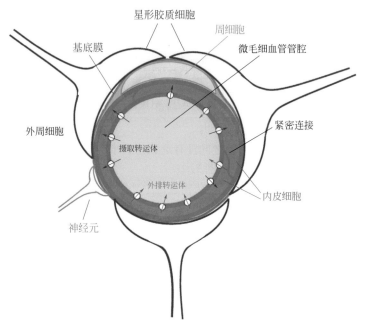

图 10.2 脑微毛细血管的横截面示意
内皮细胞构成了血脑屏障

药物分子必须透过 BBB 的内皮细胞以到达脑内的作用靶点。这些内皮细胞的周围围绕着星形胶质细胞（astrocyte）和周细胞（pericyte），虽然它们本身并不影响药物的渗透，但会通过释放出一些内源性物质来改变内皮细胞的特性。

BBB 的总渗透性是由多种渗透机制（外排转运、被动跨细胞扩散、摄取转运）和影响渗透机制的独特特征（无开窗、无细胞旁路途径、无胞吞作用）共同决定的（图 10.3），下面将对其展开详细讨论。BBB 中多种渗透机制的组合决定了化合物在脑内暴露的速率和程度。

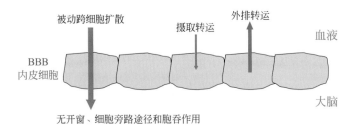

图 10.3 BBB 的渗透机制
经 L Di, E H Kerns, K Fan, et al. High throughput artificial membrane permeability assay for blood-brain barrier. Eur J Med Chem, 2003, 38: 223-232 许可转载

药物的低 BBB 渗透性会限制 $c_{b,u}$。许多本来可用于治疗 CNS 疾病的化合物，由于 BBB 渗透性限制而无法达到有效的 $c_{b,u}$ 水平，不得不被放弃[2]。低 BBB 渗透性对药物药效的影响在单一剂量给药时会表现得尤为明显，因为这一特性会限制药物的脑内暴露量。如果通过长期的重复给药方案延长药物的 BBB 渗透时间，那么 BBB 渗透性的高低对药效的影响就会相应减弱。对于具有中等至较高 BBB 渗透性的化合物而言，达到足够的脑内药物暴露量通常不是问题。

BBB 渗透性通常以表观渗透性（apparent permeability，P_{app}）或渗透性表面积系数（permeability surface area coefficient，PS）[13]进行评价（测试方法参见第 28 章）。

低 BBB 渗透性可能是由于 BBB 外排转运或有限的被动扩散速率造成的。BBB 摄取转运可能会导致 BBB 渗透性异常升高。

10.2.3.1 药物脑内暴露的速率和程度

BBB 渗透性（P_{app} 和 PS）代表着药物进入脑内的速率，而 $K_{p,uu}$ 则表示药物进入脑内的程度。不同的药物具有不同的脑内暴露速率和程度（图 10.4）。高渗透速率可使药物迅速在血液和大脑间达到稳态平衡，但是仍然可能因为 $c_{b,u}$ 较低而不足以产生药效。具有高 BBB 渗透性的药物可能具有过高的亲脂性，从而会造成较高的代谢清除率、胆汁外排清除率和 BBB 外排[3]。然而，适当的 BBB 渗透性可使药物获得足够的脑内暴露量，尤其在采用反复长期给药方案时更需要注意药物适当的 BBB 渗透性。因此，研究人员的目标是研发出具有足够疗效且能快速产生 CNS 效应的药物。

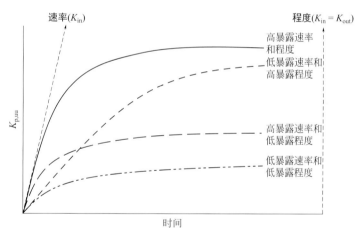

图 10.4　脑内药物暴露的速率和程度

不同药物对大脑的暴露速率和程度不同

10.2.3.2　BBB 外排转运

药物外排是 CNS 药物研发面临的重要挑战[14]。血管内皮细胞形成的 BBB 官腔内膜表现出较高的药物外排活性（向血液）。BBB 内皮细胞表达了大量的 P-gp、乳腺癌耐药蛋白（breast cancer resistance protein，BCRP）和多药耐药蛋白（multidrug resistance protein，MRP）。BBB 外排转运体可将药物底物泵出 BBB，同时也会将药物底物泵出 ISF，从而降低 $c_{b,u}$。外排作用导致 $c_{b,u}$ 低于 $c_{p,u}$，使其难以达到有效的 $c_{b,u}$。外排作用显然是神经科学研究中[14~16]的重点关注问题，同时也是神经系统药物的开发所要面对的难题[3]。

药物的外排作用可通过评价表达多种外排转运体（如 Caco-2）或特定转运体（如 MDR1-

MDCKII、BCRP-MDCK）的单层细胞渗透法来测试（参见第 27 章）。"外排率"（ER）是指脑内外排方向的渗透性与流入脑内方向的渗透性的比值。药物体外外排实验可以在特定转运蛋白敲除的小鼠中开展。降低药物外排的最佳方法是对外排转运体的底物进行相应的结构修饰[17]（参见10.5.1）。

10.2.3.3　BBB 被动跨细胞扩散对药物 $c_{b,u}$ 的影响

被动扩散是药物分子透过 BBB 的主要跨膜方式[18]。被动扩散速率低的化合物（如酸）往往 BBB 渗透性较差，有可能无法在脑内达到足够高的 $c_{b,u}$ 而不能发挥药效。影响化合物 BBB 被动扩散渗透性的结构特性包括拓扑极性表面积（topological polar surface area，TPSA）、氢键、lg$D$ 和分子量（MW）。与其他生物膜相比，BBB 的渗透性对具有被动扩散渗透方式的化合物具有更多的限制性要求。此外，BBB 的膜电位为负值，因此对在生理 pH 条件下带负电荷的酸性化合物的渗透性较低。化合物的低 BBB 渗透性是一个值得关注的问题，但是对于具有中等或较高渗透性的化合物而言，其并不是决定 CNS 药物开发成功与否的关键因素。这是因为大多数药物在治疗时都采用长期重复的给药方案，有效地延长了药物通过 BBB 以达到药效所需平均浓度的时间，而高 P_{app} 对需要快速起效的药物更为有利。对于低 BBB 渗透性化合物，增加渗透性的最佳方法是对其开展结构修饰（见 10.4 节）。

10.2.3.4　BBB 摄取转运对药物 $c_{b,u}$ 的影响

BBB 中的摄取转运体能相应增强其底物药物分子的渗透性。这些转运体能够促进 BBB 对营养物质（如氨基酸、肽、葡萄糖）和其他内源性化合物的摄取。目前，一部分上市药物主要通过主动转运的方式透过 BBB。而在过去，对于 BBB 中摄取转运体的发现存在一定的偶然性。希望在不久的将来，随着研究人员研究的深入，摄取转运体也可成为药物设计的靶点。

10.2.3.5　BBB 中无窗孔

BBB 的内皮细胞缺少开窗孔。所谓的窗孔就是在其他组织中微毛细血管内皮细胞间的孔洞。这些窗孔可允许分子在血浆和 ISF 间自由扩散并快速交换。然而，由于缺少窗孔，药物分子从血液进入其他组织的这一重要过程在 BBB 中也是不能实现的。

10.2.3.6　BBB 无细胞旁路途径且胞吞作用较低

BBB 内皮细胞之间的连接非常紧密，因此，药物分子从血液进入大脑的细胞旁路途径非常有限。同时，BBB 内皮细胞对药物分子的胞吞作用也很有限。

10.2.4　ADME 过程对 $c_{b,u}$ 的影响

药物体内 ADME 过程除了会影响脑部药物的 $c_{p,u}$ 外，对 $c_{b,u}$ 也存在一定影响。因此，通过改变化合物性质以影响其 ADME 过程，也能够提高其脑部的 $c_{b,u}$（在给定剂量下）。对于具有 ADME 限制的 CNS 化合物，对其进行结构修饰是改善 $c_{p,u}$ 和 $c_{b,u}$ 的有效策略。

如果在某一剂量下大部分的药物分子可被机体吸收（F_a），则 $c_{p,u}$ 将较高。这导致在包括大脑在内的所有组织中均会达到较高水平的非结合药物浓度。为了改善药物的吸收，可对化合物进行结构修饰以提高其溶解度（见第 7 章）和渗透性（见第 8 章）。

药物的代谢稳定性高可避免出现首过效应，同时会降低肝脏清除率，进而提高了 $c_{p,u}$。

对于高清除率的化合物而言，一个潜在的问题是在该化合物还没达到有效 $c_{b,u}$ 时，$c_{p,u}$ 已经开始快速下降。因此，增加药物 $c_{b,u}$ 的另一个重要策略是增强其代谢稳定性（见第 11 章）。

胆小管的胆汁清除会增加肝清除率，可能会对 $c_{b,u}$ 产生负面影响。

10.2.5 血-脑脊液屏障和脑脊液

10.2.5.1 透过血-脑脊液屏障的药物脑内暴露

血液和脑细胞之间存在着第二个界面，即脉络丛。脉络丛的血浆和脑脊液（CSF）之间的屏障称为血-脑脊液屏障（BCSFB）。BBB 是血液和脑组织液间的屏障，而 BCCSB 则是血液和 CSF 的交界。

BCSFB（图 10.1）并不是将药物输送至大脑的有效途径，主要原因如下：① BCSFB 的表面积仅为 BBB 五千分之一；② CSF 中的物质极少，蛋白质、葡萄糖等含量极低；③ CSF 的流动方向是从脑组织中流出；④ CSF 每 5 h 更换一次。

10.2.5.2 脑脊液替代组织液

CSF 起源于脉络丛，并流入脑室，每 5 h 更换一次并流入循环系统。部分脑组织液（ISF）可通过蛛网膜绒毛丛细胞旁路途经（大量流动）流入 CSF。因此，ISF 中的部分药物首先渗透到 CSF 中，然后再进入血液。药物在稳态下，如果没有转运体的参与，ISF 中的游离药物浓度应与 CSF 中的药物浓度相似。此时，c_{CSF} 可作为 c_{ISF} 的替代指标[11,19]。CSF 可以从活体动物和人体中取样。据报道，c_{CSF} 与 c_{ISF} 之间具有较好的一致性。采用微透析法对 9 种药物的研究发现，其中有 8 种药物的 c_{CSF} 在 c_{ISF} 的三倍之内[11]。然而，需要注意的是，在使用 c_{CSF} 替代 c_{ISF} 之前，必须进一步从浓度和时间上验证候选药物的 c_{CSF} 和 c_{ISF} 的相关性。一些生理因素会影响到 c_{CSF} 和 c_{ISF} 的相关性：

- CSF 中的药物分子并非仅来自穿过 BBB 而进入大脑的药物，药物也可以直接通过 BCSFB 从血液进入 CSF。
- 人脑中的 CSF 约有三分之一来自脑 ISF，三分之二来自脉络丛[19]，因此，进入脑脊液中的药物浓度会被稀释。
- CSF 药物的混合一般不充分，因此，会出现药物浓度随部位的不同而变化，因此采样的位置十分重要。
- BCSFB 腔室膜上的 P-gp 可将其底物从血液泵入 CSF，从而有可能提高 CSF 的药物浓度。
- CSF 更新较快，因而可能无法与 ISF 达到平衡。

10.3 药物脑内暴露对药效和药物开发的影响

10.3.1 BBB 外排对人体药效的影响

药物的外排转运通常会导致其 $K_{p,uu}$<1。在这种情况下，脑内药物浓度难以达到有效的 $c_{b,u}$。一些 CNS 药物是 P-gp 的底物［如利培酮（risperidone）[12]］，因此 P-gp 外排对 CNS 药物开发的影响不容忽视。

如果药物具有足够高的跨细胞膜被动扩散速率，那么 P-gp 外排在理论上不会对药物的药效造成影响。但是，这一可能性较小。例如，P-gp 的经典底物维拉帕米（verapamil）虽然具有很高的被动跨细胞 BBB 渗透性，但其在大鼠[20,21]中的 $K_{p,uu}$ 仅为 0.13，而在人体[21,22]中的 $K_{p,uu}$ 只有 0.15。这种大脑和血浆之间药物分配的不平衡会对后续的药物开发造成很大的影响（见 10.3.2 节）。

另一个理论上可行的策略是体内 BBB 外排作用可以被高剂量的药物浓度所饱和，进而抵消外排作用。然而，由于 $c_{p,u}$ 通常为 nmol/L 级，远低于 P-gp 活性最大值一半时的底物浓度（20～200 μmol/L）[23]，因此不太可能使 BBB 外排转运体达到饱和。

克服 BBB 外排的另一个策略是同时使用外排转运体抑制剂。然而，这也是不切实际的，因为抑制剂的药效或耐受性不足，无法获得足够高 $c_{p,u}$ 以对抗 BBB 外排转运体的作用。

通过对市售的 CNS 药物的研究发现，ER<1 的药物占 22%，1<ER<3 的药物占 72%，而 ER>3 的药物约占 6%[12]。这表明，许多市售的 CNS 药物在一定程度上都存在中等至低水平的 P-gp 外排现象，而高 P-gp 外排的（ER>3）CNS 药物并不常见，并应尽力避免。

10.3.2 BBB 外排对药物临床研究的影响

要将一种 P-gp 外排底物成功开发为药物是一个艰巨的挑战，原因如下：
- 为了使药物能在脑内达到产生药效的 $c_{b,u}$，需要更高的 $c_{p,u}$。
- $c_{p,u}$ 增高可能会增加药物产生毒性和副作用的风险（参见第 17 章）。
- 目前还没有准确的检测手段能测试计算人体的 $c_{b,u}$。
- 由于药物在 $c_{p,u}$ 和 $c_{b,u}$ 之间的分布不平衡，因此难以预测人体的给药剂量和治疗参数。
- 外排转运体在体内的表达水平会因某些疾病的影响而出现上调或下调[24-27]。

10.3.3 代谢清除对药效的影响

高代谢率的药物会被循环系统快速清除，进而阻碍了 $c_{b,u}$ 达到发挥药效的浓度。如图 10.5 所示，体外分析 [使用平行人工膜渗透模型（PAMPA-BBB）和 Caco-2 细胞模型，见第 28 章] 表明，该化合物的被动扩散速率良好，且没有出现 P-gp 外排现象。但是，该化合物未达到有效的脑内暴露量。原因是该化合物的肝清除率过高（$t_{1/2}$<2 min），在其未达到有效药物浓度之前，该化合物的脑内药物浓度已明显下降。

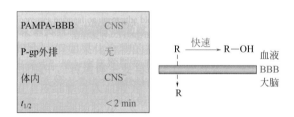

图 10.5　CNS 药物研发项目中的化合物因快速代谢导致大脑暴露量较低的实例

10.3.4 药物的总脑内暴露量与药效

使用 $c_{b,u}$ 代替 $c_{b,t}$ 建立药代动力学／药效学（PK/PD）关系对 CNS 候选药物的开发至关重要。表 10.2 列举了一个实例。CNS 药物研发小组在体外测试了两个化合物的抑制常数（K_i）、各时间点的总脑内浓度（$c_{b,t}$）及药效。基于化合物 A 表现出高出其抑制常数多倍的总药物脑内浓度，研究小组预测其在体内可能具有良好的活性。但事与愿违，药效实验结果表明化合物 A 在体内并无活性。但是，与之相比，总脑内浓度低得多的化合物 B 却在体内表现出很好的活性。这样的结果让研究人员非常疑惑，而解释这一现象的关键因素就是 $c_{b,u}$。使用平衡透析法测试两种化合物在脑组织匀浆中的 $f_{b,u}$，并乘以它们的总脑内浓度，发现化合物 A 的 $c_{max,b,u}$ 比其 K_i 值低数倍，而化合物 B 的 $c_{max,b,u}$ 比其 K_i 值高出 2.5 倍。

表 10.2　总脑内药物浓度误导 PK/PD 关系、未结合药物浓度及 AUC 结果的示例

化合物	K_i/(nmol/L)	IC_{50}/(nmol/L)	$c_{max,b,t}$/(nmol/L)	$AUC_{b,t}$	$c_{max,b,u}$/(nmol/L)	$AUC_{b,u}$
A（无活性）	27	66	3633	16.609	6	26
B（有活性）	21	38	1320	873	53	35

另一个实例如图 10.6 所示。对 CNS 药物研发项目中的一系列化合物进行了体外 K_i 测试，然后分别以 3 mg/kg 和 10 mg/kg 的剂量体内给药，并比较了该系列化合物的 $AUC_{b,u}$ 和药效。如图所示，在基线上方，对于具有高脑内暴露量和低 K_i 值的化合物，均可在 3 mg/kg 的最小有效剂量（minimum effective dose，MED）下发挥药效。但是，那些具有较低 $AUC_{b,u}$ 的化合物，则需要在 10 mg/kg 或更高剂量下才能产生疗效。

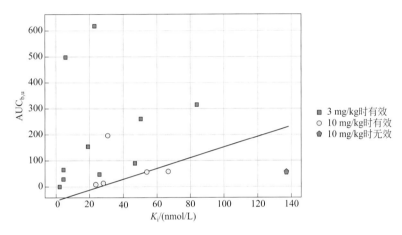

图 10.6　CNS 药物研发项目的示例
在体内最小有效剂量下测试了 16 个化合物的体外 K_i 值、体内药效和体内 $AUC_{b,u}$。研究发现，$AUC_{b,u}$ 与体外药效（K_i）和最小有效剂量密切相关。基线以上的化合物最为有效

图 10.7 显示了 $c_{b,u}$ 和活性的另一种相关性。抗 AD 药物研发小组对某一受试化合物结合其游离药物浓度，在下列模型中测试了其 Ab 还原活性：①体外细胞水平；②体内脑部实验；③血浆实验。结果表明，化合物的 Ab 活性与三种模型中的游离药物浓度呈正相关。

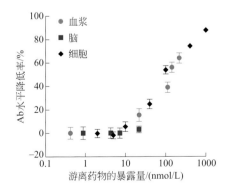

图 10.7　在三种基质（细胞、血浆和脑）中，化合物的 Ab 活性与未结合化合物浓度的相关性一致

10.4 药物结构与被动跨细胞 BBB 渗透性的关系

化合物的结构性质决定了其被动跨细胞扩散渗透性的高低。文献 [28~34] 表明，以下结构特性均会影响药物的脑内暴露量：

- 氢键结合能力（受体和供体）；
- 亲脂性；
- 极性表面积（polar surface area，PSA）；
- MW；
- 酸度。

相较于其他组织而言，这些结构特性对药物脑内暴露的限制更大。与非 CNS 药物相比，CNS 药物整体上具有较少的氢键供体、较高的 $\lg P$、较低的 PSA 和较少的可旋转键数量[30]。基于体内 BBB 渗透性实验所获得的 PS 数据集，研究人员首次提出了影响化合物脑内暴露的结构规则[31]，即具有理想脑内暴露的化合物应具备以下结构特征：

- 氢键（总数）<8 ～ 10；
- MW<400 ～ 500；
- 无酸性结构。

另一篇文章[7]给出了如下建议：

- 氢键供体 <2；
- 氢键受体 <6。

这表明氢键供体对药物大脑暴露量的限制比氢键受体作用更大。

另一规则[32,33]建议具有理想脑内暴露的化合物应具有以下结构特征：

- N+O<6；
- PSA<60 ～ 70 Å^2；
- MW<450；
- $\lg D$=1 ～ 3；
- $C\lg P$–(N+O)>0。

这些规则可用于预测化合物的脑内暴露量，评估项目中还无法进行活性检测的化合物，及早识别具有不合格脑内暴露的化合物，并指导先导化合物的结构修饰，有效地改善药物的脑内暴露量。

吲哚美辛（indomethacin）是酸性结构导致 BBB 渗透性差的一个经典例子（图 10.8）。CNS 药物往往含有碱性氨基结构，带正电荷的氨基更倾向与带负电荷的 BBB 发生相互作用（图 10.9）。CNS 药物中约有 75% 是碱性分子，19% 为中性分子，仅有 6% 的药物是酸性的[29]。氨基官能团对于 CNS 活性也很重要。

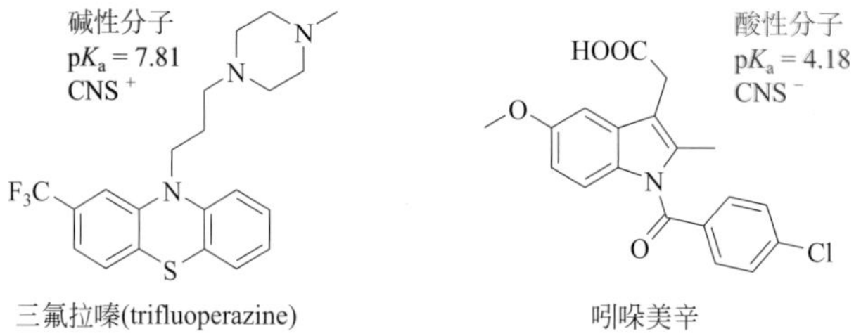

图 10.8 酸性药物很难渗透通过 BBB（CNS$^-$），而碱性药物通常更容易通过 BBB（CNS$^+$）[32]

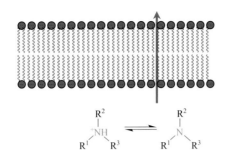

图 10.9　胺类药物与带负电荷的 BBB 具有良好的相互作用

10.5　改善 BBB 渗透性的结构修饰策略

表 10.3 列举了改善 BBB 渗透性的药物结构修饰策略。具体内容将在以下各节中进行讨论和回顾[35,36]。

表 10.3　用于改善脑部渗透性的结构修饰策略

结构修饰策略	章节	结构修饰策略	章节
降低 P-gp 外排	10.5.1	取代羧基	10.5.5
减少氢键数量	10.5.2	引入分子内氢键	10.5.6
增加亲脂性	10.5.3	修饰或选择与摄取转运体具有亲和力的亚结构	10.5.7
降低分子量	10.5.4		

10.5.1　降低 P-gp 外排

P-gp 外排是药物 BBB 渗透性的最主要限制因素。因此，尽早评估药物是否存在 P-gp 外排作用至关重要。可以在体外 P-gp 的测试中通过对一系列样本的检测来建立结构 - 外排关系（见第 28 章）。这一关系将表明药物分子中的哪些结构可被修饰，以达到降低外排的效果。第 9 章已讨论了降低 P-gp 外排的结构修饰策略。

10.5.2　减少氢键数量

减少氢键的总数，特别是氢键供体的数目，有利于增强被动扩散，进而提高药物的 BBB 渗透性。对于一系列固醇类化合物，减少总氢键数量对 BBB 渗透的影响如图 10.10 所示[28]。随着总氢键供体和受体数量的减少，化合物 BBB 渗透性不断增加。形成氢键的官能团也可以被去除、取代或封闭，以增强 BBB 的渗透性。

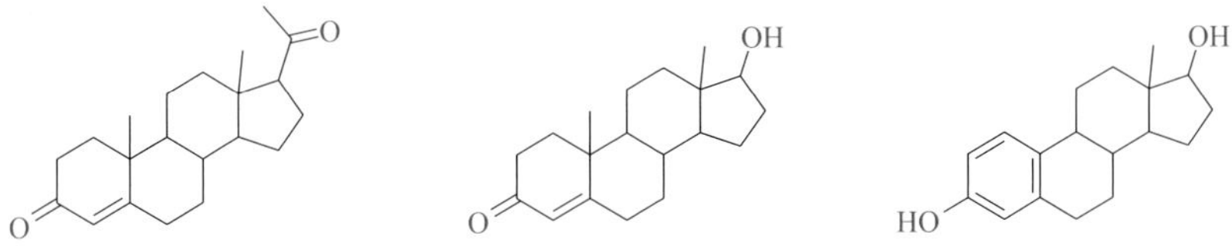

黄体酮(progesterone)
$N = 2$，$\lg PM^{1/2} = -2.9$

睾丸激素(testosterone)
$N = 3$，$\lg PM^{1/2} = -2.8$

雌二醇(estradiol)
$N = 4$，$\lg PM^{1/2} = -3.0$

图 10.10

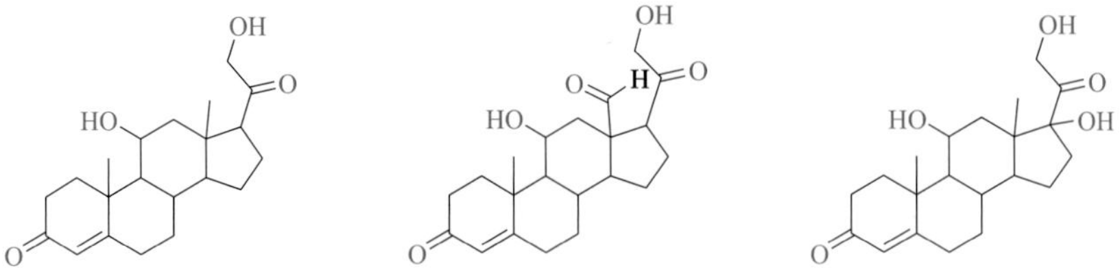

皮质酮(corticosterone)　　醛固酮(aldosterone)　　皮质醇(cortisol)
$N=6$, $\lg PM^{1/2}=-3.4$　　$N=7$, $\lg PM^{1/2}=-4.6$　　$N=8$, $\lg PM^{1/2}=-5.0$

图 10.10　氢键对 BBB 渗透性的影响[28]
$PM^{1/2}$ 是 BBB 渗透系数（P，cm/s）和 $\sqrt{MW}$ 的乘积

CNS 药物研发项目的实例如图 10.11 所示，通过引入甲基减少一个氢键供体，大大增加了药物对大脑的渗透性。

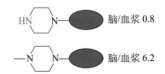

脑/血浆 0.8

脑/血浆 6.2

图 10.11　某一 CNS 药物研发的实例
减少一个氢键供体，使其对大脑的渗透能力显著增强

10.5.3　增加亲脂性

亲脂性的增加通常会增强化合物对 BBB 的渗透性[28]。如图 10.12 所示，向吗啡（morphine）中添加一个甲基得到了可待因（codeine），其 BBB 渗透性比吗啡提高了 10 倍。通过添加两个乙酰基获得了海洛因（heroin），其 BBB 渗透性得到进一步提高。尽管增加了化合物氢键受体的数量，但更重要的是化合物的亲脂性也随之增加。添加非极性基团（如甲基）可以增强化合物的亲脂性。

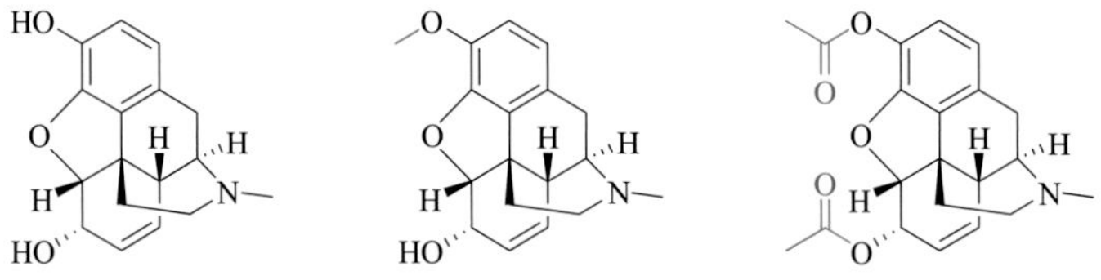

吗啡　　可待因　　海洛因
　　　　↑BBB×10　　↑BBB×100

图 10.12　亲脂性对 BBB 渗透性的影响[28]

值得注意的是，增加化合物亲脂性以改善 BBB 渗透也可能会对脑内暴露产生负面的影响[31]。在药物亲脂性增加的同时也提高了其代谢和外排清除率。因此，如果为增强 BBB 渗透性而增加化合物的亲脂性，则应同时监测其对化合物清除率的影响。

10.5.4　降低分子量

如果化合物结构上的某些基团对活性的影响不大，可以考虑将其去除。这会使化合物的分子量大大降低，有效地改善了其通过磷脂双分子层的被动扩散速率。

10.5.5 取代羧基

取代酸性基团会增加化合物的 BBB 渗透性。化合物中羧基被取代的例子如图 10.13 所示[37]，等电取代是有效的修饰策略。

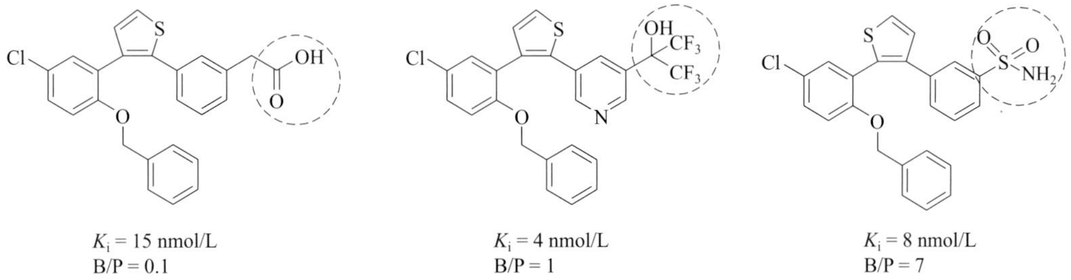

图 10.13　EP1 受体拮抗剂羧基的替换改善了 BBB 渗透性[37]（$K_{p,uu}$ 未测定）

10.5.6 引入分子内氢键

分子内氢键通常会增加 BBB 渗透性，因为这一策略减少了与水结合的氢键总数（这些氢键必须被打破才能进行 BBB 渗透）。如图 10.14[38] 所示，向化合物结构中引入了氨基基团，进而形成分子内氢键，可大大提高了其脑内暴露量。

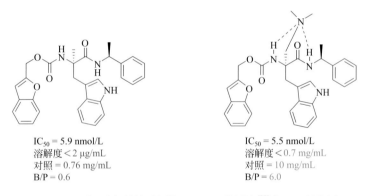

图 10.14　分子内氢键的引入增强了 BBB 渗透性[38]（$K_{p,uu}$ 未测定）

10.5.7 修饰或选择与摄取转运体具有亲和力的亚结构

转运体可增强某些药物的 BBB 渗透性。载体介导的转运体被认为是增强弱被动 BBB 跨膜作用化合物渗透性的一种有效手段[39]。例如，大型中性氨基酸转运体（large neutral amino acid transporter，LAT1）可增强大脑对左旋多巴（L-dopa）和加巴喷丁（gabapentin）的摄取[40]。此外，普瑞巴林（pregabalin）也是一种氨基酸摄取转运体的底物[41]。酮洛芬（ketoprofen，不是 LAT1 底物）可与 L- 酪氨酸结合，并通过 BBB 中的 LAT1 被转运至脑内，这种转运方式表现为浓度、温度依赖性的主动摄取，而 LAT1 抑制剂能够抑制 BBB 对酮洛芬的主动转运[42]。然而，目前没有任何关于酮洛芬 -L- 酪氨酸共轭化合物的活性或化合物裂解释放出酮洛芬的报道。此外，多巴胺（dopamine）的氨基酸衍生物也可被 LAT1 转运到大脑[43]。

BBB 内皮细胞上的其他转运体还包括 OATP1A2（阴离子）、OATP2B1（阴离子）、GLUT1（葡萄糖）、MCT1（单羧酸）、CAT1（阳离子氨基酸）和 CNT2（核苷）。借助主动转运体提高化合物 BBB 渗透性的策略仍然是一个有趣的研究方向，学术界的相关文章也相继报道了其研究进展。

10.6 药物脑内暴露的实际应用

10.6.1 药物脑内暴露评价的最佳方法

基于当前对 CNS 药物暴露基本原理的理解（见 10.2 节），研究人员对 CNS 药物研发中的一些传统评价方法进行了修正[3]。以下汇总了一些本领域目前最佳的评价方法，括号内为一些应停止使用的早期评价方法：

- 采用 $c_{b,u}$ 和 $AUC_{b,u}$ 两个指标将药物脑内药代动力学与药效相关联（不要使用总脑内浓度 $c_{b,t}$ 或 $AUC_{b,t}$，因为只有游离的药物才具有药理活性），见 10.2.1 节和第 14 章。
- 使用 $K_{p,uu}$ 来指示药物血脑分布（请勿使用 $c_{b,t}/c_{p,t}$、B/P、K_p 或 lgBB，因为它们受到非特异性的脑部和血浆结合的影响，并且与 PK 和 PD 不相关），见 10.2.2 节。
- 停止研发推进具有明显 ER 的化合物，应对其进行结构修饰以消除或大大减少其外排作用（某些外排底物是早期就已明确的），见 10.2.3.2、10.3.1、10.3.2 和 10.5.1 节。
- 使用体外人体 P-gp 测试法，结合大鼠脑内药代动力学，以预测药物在人脑内的暴露量（先前认为多种动物的神经药代动力学对人脑暴露更具预测性），见 10.6.3 节。
- 通过反复长期给药若能达到足够的 $c_{b,u}$ 或 $AUC_{b,u}$，那么具有中等 BBB 渗透性的化合物也可能产生疗效。中度至较高的 BBB P_{app} 可用于需要快速起效的药物。而低 BBB 渗透性的化合物可能无法达到足够的 $c_{b,u}$ 或 $AUC_{b,u}$（以往具有较低至中等 BBB P_{app} 的化合物均不被认可，认为只有较高的 BBB 渗透性才是更好的），见 10.2.3.3 节。
- 不需优化 $f_{b,u}$（$f_{b,u}$ 以往曾用作结构修饰的指南，但是 $f_{b,u}$ 的变化对 $c_{b,u}$ 没有影响），见 10.2.1 节。
- 当脑内药代动力学研究已证实某一特定候选化合物的 c_{CSF} 和 c_{ISF} 具有相关性时，才能使用 c_{CSF} 作为 c_{ISF} 的替代指标，见 10.2.5.2 节。

10.6.2 药物脑内暴露的评价方案

图 10.15[44~46] 显示了筛选药物脑内暴露的方案。BBB 被动跨细胞扩散渗透性可以通过计算机模拟预测或使用高通量体外方法（如 PAMPA-BBB、犬肾传代细胞 MDCK 模型）进行预测；P-gp 外排的 ER 可以通过体外方法（如 MDR1-MDCKII）来测试；通过对化合物代谢稳定性、溶解度和渗透性的测试可评价化合物的这些特性是否会降低其 $c_{p,u}$。具有理想的 P_{app} 和 ER 的化合物才能被选择进行下一步的脑内药代动力学研究，以测量其 $c_{b,t}$、$c_{p,t}$ 和 c_{CSF}。采用体外平衡透析法分别测试血浆和全脑组织匀浆的 $f_{p,u}$ 和 $f_{b,u}$，并将这些数值应用于总浓度数据的测试中，以确定化合物的 $AUC_{p,u}$、$AUC_{b,u}$、$c_{max,p,u}$ 和 $c_{max,b,u}$。将这些值与化合物的体内药效数据相联系，可建立化合物的 PK/PD 关系。

$K_{p,uu}$ 是一个比先前的 B/P（$c_{b,t}/c_{p,t}$）和 lgBB（lgB/P）更具指导意义的参数，因为 B/P 是 $c_{b,t}$ 的函数，对 $c_{b,u}$ 预测存在误导性。

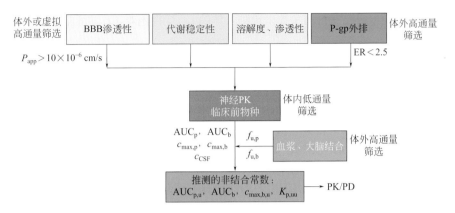

图 10.15　脑内暴露的筛选级联[44,45]

10.6.3　化合物人脑内暴露的预测

通过大鼠脑内药代动力学研究获得的 $K_{p,uu}$ 参数，可用于预测不存在外排作用的化合物在人脑内的游离暴露量。如果化合物不是转运体的底物，即便采用再多的其他动物（如犬）进行脑内药代动力学实验，也不会增加化合物在人体脑内暴露量预测的可信度。对于是转运体底物的化合物，除了原有的大鼠脑内药代动力学数据以外，还需额外增加体外人体 P-gp 外排测试结果，方可提供初步的化合物在人脑内暴露量的预测值。通过对辉瑞（Pfizer）公司临床候选药物进行的回顾性分析可证明这一点[3]。P-gp 的预测值因物种而异，例如大鼠实验结果低估了化合物在人脑内的暴露量，而猴模型的实验结果与人体情况更为一致[47]。

几种方法可以得到较为可靠的 $c_{b,u}$[3]。对于啮齿动物，在体外脑组织匀浆平衡分配研究中，测量各个时间点的 $c_{b,t}$ 值，并乘以 $f_{b,u}$ 值即可得到化合物的 $c_{b,u}$。对于大型动物和人体而言，可通过 $[c_{b,u}/c_{p,u}]_{大鼠}$ 计算 $c_{b,u}$，因为 $c_{b,u}/c_{p,u}$ 比值通常在不同种属间相对保守，其他种属中的 $c_{b,u}$ 可通过如下公式计算：

$$[c_{b,u}]_{物种}=[c_{b,u}/c_{p,u}]_{大鼠}\times[c_{p,u}]_{物种}$$

当不涉及转运体时，可使用 c_{CSF} 来替代，或者当化合物在体内处于稳态时，可以使用 $c_{p,u}$ 表示 $c_{b,u}$。当化合物为 P-gp 的底物时，由于物种间的 P-gp 外排具有种属差异，因此获得的数据不可跨种属使用。如果已测试了受体占据率（receptor occupancy，RO）和 K_i，则可根据以下公式计算 $c_{b,u}$：

$$RO=c_{b,u}/(c_{b,u}+K_i)$$

10.6.4　CNS 药物开发中的候选药物选择

CNS 药物研发中具有优势的候选药物如果具备以下特征，则往往具有较好的人体脑内暴露[3]：
- 可忽略的人体外排转运；
- 中等至较高的 BBB 渗透性；
- 血浆和大脑之间存在平衡分布（$K_{p,uu}\approx1$）；
- $c_{b,u}$ 与足以达到药效的靶点作用浓度相一致。

凭借这些有利的特性，研究人员可以通过对人体血液样本的检测获得 $c_{p,u}$，并据此估算出 $c_{b,u}$。外排转运可能会减少化合物的人体脑内暴露。BBB 对药物的外排、低 BBB 渗透性或 $K_{p,uu}\neq1$，会使得根据临床前样本研究获得的参数来预测人体的 $c_{b,u}$ 变得困难，c_{CSF} 可能会得出不准确的 $c_{b,u}$ 预测值。

10.6.5 最小化外周系统药物的脑内暴露量

作用于外周系统的药物如果能与 CNS 发生相互作用，则可能会导致 CNS 副作用，因此有必要阻止该类药物的大脑暴露。在某些情况下，药物作用的靶点在外周和 CNS 中均存在，如大麻素受体（cannabinoid receptor，CB1）。如果可以阻止药物的大脑暴露，药物可以通过作用于外周系统中的受体以达到治疗作用，同时不产生 CNS 副作用（图 10.16）。此时，BBB 可作为阻碍药物大脑暴露的潜在屏障，而药物在外周系统的作用则不受影响。因此，了解化合物的哪些特性会阻碍药物的 CNS 渗透，可以使研究人员将这些特性用于外周系统药物的开发。以下是一些外周系统药物开发的修饰策略[3,48,49]：

① 通过增加 TPSA、MW、极性或氢键数量（尤其是氢键供体）来降低化合物的被动跨细胞 BBB 渗透性。如果药物采用口服给药，应注意不要破坏药物的肠道吸收。

② 添加酸性基团。在 pH 7.4 时，化合物的弱酸性可能会阻碍其 BBB 渗透性，但在 pH≤6.5 时该化合物仍具有足够的肠道吸收分数。

③ 添加相应的亚结构以增加化合物的 P-gp 外排：增加亲脂性、氢键受体，消除氢键受体周围的空间位阻或除去氢键受体附近的所有吸电子基团。

④ 使该化合物成为 P-gp 和 BCRP 的双重底物。

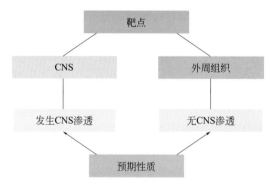

图 10.16　CNS 药物必须渗透到大脑以发挥疗效，但是治疗外周组织疾病的药物渗透到大脑反而会导致不希望出现的 CNS 副作用

例如，减肥药利莫那班（rimonabant）与大脑和外周系统中的 CB1 受体均能产生相互作用（图 10.17）。为了开发一种能与外周系统 CB1 相互作用，同时又能利用 BBB 限制其进入大脑的类似物，研发人员设计出了具有更大分子量、更多氢键供体的化合物 AM6545。口服给药后，血浆和脑中均存在利莫那班，而 AM6545 大部分在血浆中存在，在大脑中的存在十分有限[50]。

图 10.18 给出了另一个 CB1 相关的实例。基于 CB1 活性筛选模型获得了苗头化合物 A。为保证其在外周系统中对 CB1 的 IC_{50} 尽可能低，同时避免引起 CNS 的副作用，研究人员对其进行了结构修饰，以增加 Caco-2 细胞对其的外排作用，最后得到了较低的 $K_{p,uu}$（0.026）[51]。

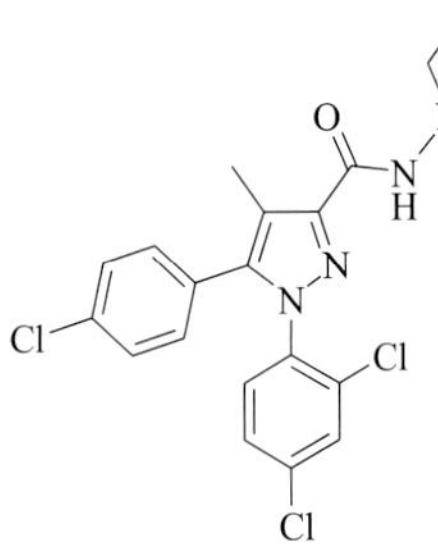

组织	剂量	采样时间/h	浓度/(μg/mL)
血浆	IP, 1 天	1	1.9
脑	IP, 1 天	1	1.5
血浆	IP, 28 天	12	0.1
脑	IP, 28 天	12	0.1

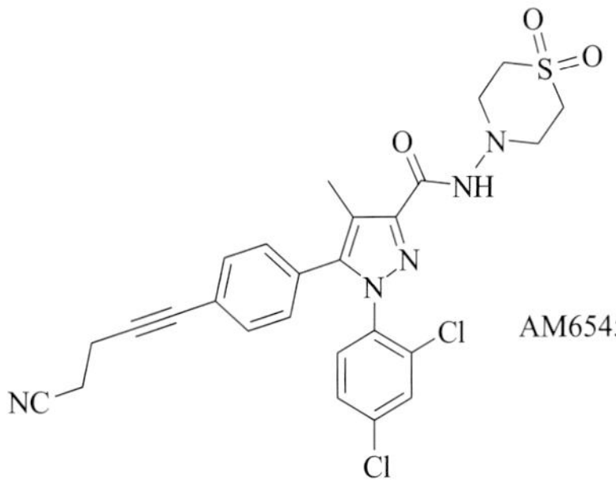

组织	剂量	采样时间/h	浓度/(μg/mL)
血浆	IP, 1 天	1	1.2
脑	IP, 1 天	1	0.15
血浆	IP, 28 天	12	0.1
脑	IP, 28 天	12	0.01

图 10.17 利莫那班是 CB1 的配体，而 AM6545 为利莫那班的衍生物，旨在限制其 BBB 渗透，同时保持外周 CB1 活性。服药 1 天或 28 天后，血浆和大脑中均存在利莫那班；血浆中存在 AM6545，但其在脑内的含量很有限[50]

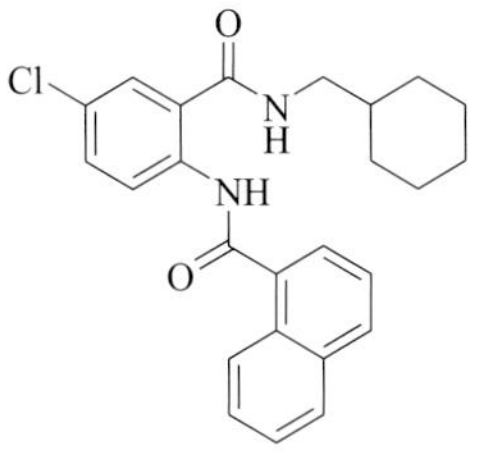

化合物 A：
hCB1 IC$_{50}$ = 160 nmol/L
ClgP = 6.7
TPSA = 58

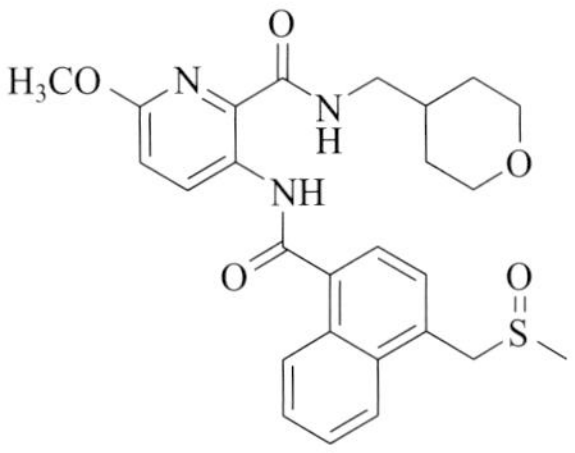

化合物 B：
hCB$_1$ IC$_{50}$ = 15 nmol/L
ClgP = 2.3
TPSA = 106
Caco-2 ER = 3.2
大鼠 $K_{p,uu}$ = 0.026
大鼠 F = 21%

图 10.18 化合物 A 是 CB1 筛选所得的苗头化合物。对化合物 B 进行结构修饰可增加外排，并降低 $K_{p,uu}$ 和脑内暴露量（化合物 A 的 ER、$K_{p,uu}$ 和 F 相关信息未见报道）[51]

（吴　睿　白仁仁）

思考题

（1）BBB 由以下哪几部分组成？
　　（a）颅骨与大脑之间的膜结构；（b）围绕脑细胞的不可渗透的膜结构；（c）脑毛细血管的内皮细胞；（d）围绕大脑各部分的膜结构。
（2）为什么 P-gp 外排在 BBB 中比在胃肠道内皮细胞中更为重要？
（3）BBB 对大多数药物的摄取机制主要包括？
　　（a）P-gp 外排；（b）摄取转运；（c）药物代谢；（d）细胞旁路途径；（e）被动跨细胞扩散；（f）胞吞作用；（g）形成空斑。
（4）下列哪些化合物可能具有较弱的脑部渗透能力，为什么？

化合物	MW	电离常数	氢键受体	结合供体	PSA
A	350	$pK_a=9$, 碱	4	1	55
B	520	$pK_a=5$, 酸	10	5	140
C	600	$pK_a=8$, 碱	3	3	60
D	470	$pK_a=8$, 碱	8	2	75

(5) 如何通过结构修饰改善下列化合物的被动扩散，进而增强其 BBB 渗透性？

MW = 519.6
CIgP = −0.76
PSA = 136

(6) 以下哪种分子特性不利于 BBB 渗透性？
(a) MW<450；(b) PSA>6070 Å^2；(c) 溶解度 >50mmol/L；(d) lg$D$<1；(e)（N+O）>5；(f) CIgP−(N+O)<0。

(7) 如果在体内观察到较低的 $c_{b,u}$ 或低 $K_{p,uu}$，可以使用以下哪些方法来诊断可能的原因？
(a) 化合物脑部渗透的理化性质/分子"规则"；(b) 热力学溶解度；(c) P-gp 外排；(d) 代谢稳定性；(e) 血浆蛋白结合；(f) CYP 抑制；(g) P-gp 基因敲除动物（缺少 P-gp）。

(8) 以下哪项可以减少化合物的脑内暴露？
(a) 脑脊液（CSF）；(b) P-gp 外排；(c) 紧密的 BBB 内皮细胞连接；(d) 摄取转运体；(e) 高血浆蛋白结合力；(f) 分子中的羧基；(g) 分子内氢键。

(9) 以下哪种结构修饰会增加大脑渗透性？
(a) 以—SO$_2$NH$_2$ 取代—COOH；(b) 增加氢键供体；(c) 增加亲脂性；(d) 增加分子内氢键；(e) 减少氢键供体；(f) 增加 MW；(g) 减少 TPSA。

(10) 以下哪种参数可用于评估药物的脑内暴露程度？
(a) lgBB；(b) $K_{p,uu}$；(c) $c_{b,t}$；(d) ER；(e) $c_{b,u}$；(f) B/P。

(11) 可采用什么方法估算 $c_{b,u}$，如何计算？

(12) 药物治疗外周系统疾病引起 CNS 副作用时应采取什么策略？

参考文献

[1] The Global Use of Medicines: Outlook Through 2016, Report by the IMS Institute for Healthcare Informatics, 2012.
[2] W.M. Pardridge, Crossing the blood-brain barrier: are we getting it right? Drug Discovery Today 6 (2001) 1-2.
[3] L. Di, H. Rong, B. Feng, Demystifying brain penetration in central nervous system drug discovery, J. Med. Chem. 56 (2012) 2-12.
[4] A. Reichel, Pharmacokinetics of CNS penetration, in: L. Di, E.H. Kerns (Eds.), Blood-Brain Barrier in Drug Discovery, Wiley, Hoboken, NJ, 2015, pp. 7-41.
[5] M. Hammarlund-Udenaes, M. Friden, S. Syvanen, A. Gupta, On the rate and extent of drug delivery to the brain, Pharm. Res. 25 (2008) 1737-1750.
[6] L.Z. Benet, B.-A. Hoener, Changes in plasma protein binding have little clinical relevance, Clin. Pharmacol. Ther. 71 (2002) 115-121.
[7] T.S. Maurer, D.B. DeBartolo, D.A. Tess, D.O. Scott, Relationship between exposure and nonspecific binding of thirty-three central nervous system drugs in mice, Drug Metab. Dispos. 33 (2005) 175-181.
[8] M. Friden, S. Winiwarter, G. Jerndal, O. Bengtsson, H. Wan, U. Bredberg, M. Hammarlund-Udenaes, M. Antonsson, Structure-brain exposure relationships in rat and human using a novel data set of unbound drug concentrations in brain interstitial and

cerebrospinal fluids, J. Med. Chem. 52 (2009) 6233-6243.

[9] D.A. Smith, L. Di, E.H. Kerns, The effect of plasma protein binding on in vivo efficacy: misconceptions in drug discovery, Nat. Rev. Drug Discovery 9 (2010) 929-939.

[10] X. Liu, C. Chen, Free drug hypothesis for CNS drug candidates, in: L. Di, E.H. Kerns (Eds.), Blood-Brain Barrier in Drug Discovery, Wiley, Hoboken, NJ, 2015, pp. 42-65.

[11] X. Liu, K. Van Natta, H. Yeo, O. Vilenski, P.E. Weller, P.D. Worboys, M. Monshouwer, Unbound drug concentration in brain homogenate and cerebral spinal fluid at steady state as a surrogate for unbound concentration in brain interstitial fluid, Drug Metab. Dispos. 37 (2009) 787-793.

[12] A. Doran, R.S. Obach, B.J. Smith, N.A. Hosea, S. Becker, E. Callegari, C. Chen, X. Chen, E. Choo, J. Cianfrogna, L.M. Cox, J.P. Gibbs, M.A. Gibbs, H. Hatch, C.E.C.A. Hop, I.N. Kasman, J. LaPerle, J. Liu, X. Liu, M. Logman, D. Maclin, F.M. Nedza, F. Nelson, E. Olson, S. Rahematpura, D. Raunig, S. Rogers, K. Schmidt, D.K. Spracklin, M. Szewc, M. Troutman, E. Tseng, M. Tu, J.W. Van Deusen, K. Venkatakrishnan, G. Walens, E.Q. Wang, D. Wong, A.S. Yasgar, C. Zhang, The impact of P-glycoprotein on the disposition of drugs targeted for indications of the central nervous system: evaluation using the MDR1A/1B knockout mouse model, Drug Metab. Dispos. 33 (2005) 165-174.

[13] W.M. Pardridge, Log(BB), PS products and in silico models of drug brain penetration, Drug Discovery Today 9 (2004) 392-393.

[14] J.H. Hochman, S.N. Ha, R.P. Sheridan, Establishment of P-glycoprotein structure-transport relationships to optimize CNS exposure in drug discovery, in: L. Di, E.H. Kerns (Eds.), Blood-Brain Barrier in Drug Discovery, Wiley, Hoboken, NJ, 2015, pp. 113-124.

[15] C.L. Graff, G.M. Pollack, Drug transport at the blood-brain barrier and the choroid plexus, Curr. Drug Metab. 5 (2004) 95-108.

[16] P.L. Golden, G.M. Pollack, Blood-brain barrier efflux transport, J. Pharm. Sci. 92 (2003) 1739-1753.

[17] S.A. Hitchcock, Structural modifications that alter the P-glycoprotein efflux properties of compounds, J. Med. Chem. 55 (2012) 4877-4895.

[18] S. Summerfield, P. Jeffrey, J. Sahi, L. Chen, Passive diffusion permeability of the BBB—examples and SAR, in: L. Di, E.H. Kerns (Eds.), BloodBrain Barrier in Drug Discovery, Wiley, Hoboken, NJ, 2015, pp. 97-112.

[19] D.D. Shen, A.A. Artru, K.K. Adkison, Principles and applicability of CSF sampling for the assessment of CNS drug delivery and pharmacodynamics, Adv. Drug Delivery Rev. 56 (2004) 1825-1857.

[20] N.H. Hendrikse, A.H. Schinkel, E.G.E. De Vries, E. Fluks, W.T.A. Van Der Graaf, A.T.M. Willemsen, W. Vaalburg, E.J.F. Franssen, Complete in vivo reversal of P-glycoprotein pump function in the blood-brain barrier visualized with positron emission tomography, Br. J. Pharmacol. 124 (1998) 1413-1418.

[21] J.C. Kalvass, T.S. Maurer, G.M. Pollack, Use of plasma and brain unbound fractions to assess the extent of brain distribution of 34 drugs: comparison of unbound concentration ratios to in vivo Pglycoprotein efflux ratios, Drug Metab. Dispos. 35 (2007) 660-666.

[22] L. Sasongko, J.M. Link, M. Muzi, D.A. Mankoff, X. Yang, A.C. Collier, S.C. Shoner, J.D. Unadkat, Imaging P-glycoprotein transport activity at the human blood-brain barrier with positron emission tomography, Clin. Pharmacol. Ther. 77 (2005) 503-514.

[23] J.H. Lin, How significant is the role of P-glycoprotein in drug absorption and brain uptake? Drugs Today 40 (2004) 5-22.

[24] A. Bartels, A. Willemsen, R. Kortekaas, B. de Jong, R. de Vries, O. de Klerk, J. van Oostrom, A. Portman, K. Leenders, Decreased blood brain barrier P-glycoprotein function in the progression of Parkinson's disease, PSP and MSA, J. Neural Transm. 115 (2008) 1001-1009.

[25] S. Vogelgesang, M. Glatzel, L.C. Walker, H.K. Kroemer, A. Aguzzi, R.W. Warzok, Cerebrovascular P-glycoprotein expression is decreased in Creutzfeldt-Jakob disease, Acta Neuropathol. 111 (2006) 436-443.

[26] S. Vogelgesang, I. Cascorbi, E. Schroeder, J. Pahnke, H.K. Kroemer, W. Siegmund, C. Kunert-Keil, L.C. Walker, R.W. Warzok, Deposition of Alzheimer's β-amyloid is inversely correlated with P-glycoprotein expression in the brains of elderly nondemented humans, Pharmacol. Toxicol. 12 (2002) 535-541.

[27] O.L. de Klerk, A.T.M. Willemsen, F.J. Bosker, A.L. Bartels, N.H. Hendrikse, J.A. den Boer, R.A. Dierckx, Regional increase in P-glycoprotein function in the blood-brain barrier of patients with chronic schizophrenia: a PET study with [11C] verapamil as a probe for P-glycoprotein function, Psychiatry Res. Neuroimaging 183 (2010) 151-156.

[28] W.M. Pardridge, Transport of small molecules through the blood-brain barrier: biology and methodology, Adv. Drug Delivery Rev. 15 (1995) 5-36.

[29] X. Liu, Factors affecting total and free drug concentration in the brain, in: AAPS Conference—Critical Issues in Discovering Quality Clinical Candidates: Philadelphia, PA, 2006.

[30] K.M.M. Doan, J.E. Humphreys, L.O. Webster, S.A. Wring, L.J. Shampine, C.J. Serabjit-Singh, K.K. Adkison, J.W. Polli, Passive permeability and P-glycoprotein-mediated efflux differentiate central nervous system (CNS) and non-CNS marketed drugs, J. Pharmacol. Exp. Ther. 303 (2002) 1029-1037.

[31] W.M. Pardridge, CNS drug design based on principles of blood-brain barrier transport, J. Neurochem. 70 (1998) 1781-1792.
[32] D.E. Clark, In silico prediction of blood-brain barrier permeation, Drug Discovery Today 8 (2003) 927-933.
[33] M. Lobell, L. Molnar, G.M. Keseru, Recent advances in the prediction of blood-brain partitioning from molecular structure, J. Pharm. Sci. 92 (2003) 360-370.
[34] D.E. Clark, Computational prediction of blood-brain barrier permeation, Annu. Rep. Med. Chem. 40 (2005) 403-415.
[35] Z. Rankovic, Designing CNS drugs for optimal brain exposure, in: L. Di, E.H. Kerns (Eds.), Blood-Brain Barrier in Drug Discovery, Wiley, Hoboken, NJ, 2015, pp. 387-424.
[36] K.J. Hodgetts, Case studies of CNS Drug Optimization—Medicinal Chemistry and CNS Biology Perspectives, in: L. Di, E.H. Kerns (Eds.), BloodBrain Barrier in Drug Discovery, Wiley, Hoboken, NJ, 2015, pp. 425-445.
[37] Y. Ducharme, M. Blouin, M.-C. Carriere, A. Chateauneuf, B. Cote, D. Denis, R. Frenette, G. Greig, S. Kargman, S. Lamontagne, E. Martins, F. Nantel, G. O'Neill, N. Sawyer, K.M. Metters, R.W. Friesen, 2,3-Diarylthiophenes as selective EP1 receptor antagonists, Bioorg. Med. Chem. Lett. 15 (2005) 1155-1160.
[38] V.A. Ashwood, M.J. Field, D.C. Horwell, C. Julien-Larose, R.A. Lewthwaite, S. McCleary, M.C. Pritchard, J. Raphy, L. Singh, Utilization of an intramolecular hydrogen bond to increase the CNS penetration of an NK1 receptor antagonist, J. Med. Chem. 44 (2001) 2276-2285.
[39] W.M. Pardridge, The blood-brain barrier: bottleneck in brain drug development, NeuroRx 2 (2005) 3-14.
[40] X. Liu, C. Chen, Strategies to optimize brain penetration in drug discovery, Curr. Opin. Drug Discovery Dev. 8 (2005) 505-512.
[41] T.Z. Su, M.R. Feng, M.L. Weber, Mediation of highly concentrative uptake of pregabalin by L-type amino acid transport in Chinese hamster ovary and Caco-2 cells, J. Pharmacol. Exp. Ther. 313 (2005) 1406-1415.
[42] M. Gynther, K. Laine, J. Ropponen, J. Leppänen, A. Mannila, T. Nevalainen, J. Savolainen, T. Järvinen, J. Rautio, Large neutral amino acid transporter enables brain drug delivery via prodrugs, J. Med. Chem. 51 (2008) 932-936.
[43] L. Peura, K. Malmioja, K. Huttunen, J. Leppänen, M. Hämäläinen, M.M. Forsberg, M. Gynther, J. Rautio, K. Laine, Design, synthesis and brain uptake of LAT1-targeted amino acid prodrugs of dopamine, Pharm. Res. 30 (2013) 2523-2537.
[44] L. Di, E.H. Kerns, G.T. Carter, Strategies to assess blood-brain barrier penetration, Expert Opin. Drug Discovery 3 (2008) 677-687.
[45] H. Rong, B. Feng, L. Di, Integrated approaches to blood brain barrier, in: A.V. Lyubimov (Ed.), Encyclopedia of Drug Metabolism and Interactions, Wiley, Hoboken, NJ, 2012.
[46] L. Di, E.H. Kerns, Application of physicochemical data to support lead optimization by discovery teams, in: R.T. Borchardt, E.H. Kerns, M. J. Hageman, D.R. Thakker, J.L. Stevens (Eds.), Optimizing the Drug-Like Properties of Leads in Drug Discovery, Springer, AAPS Press, New York, 2006.
[47] S. Syvaenen, O. Lindhe, M. Palner, B.R. Kornum, O. Rahman, B. Laangstroem, G.M. Knudsen, M. Hammarlund-Udenaes, Species differences in blood-brain barrier transport of three positron emission tomography radioligands with emphasis on P-glycoprotein transport, Drug Metab. Dispos. 37 (2009) 635-643.
[48] P. Bungay, S. Bagal, A. Pike, Designing peripheral drugs for minimal drug exposure, in: L. Di, E.H. Kerns (Eds.), Blood-Brain Barrier in Drug Discovery, Wiley, Hoboken, NJ, 2015, pp. 446-462.
[49] A. Crowe, Case studies of non-CNS drugs to minimize brain penetration—nonsedative antihistamines, in: L. Di, E.H. Kerns (Eds.), Blood-Brain Barrier in Drug Discovery, Wiley, Hoboken, NJ, 2015, pp. 463-482.
[50] J. Tam, V.K. Vemuri, J. Liu, S. Bátkai, B. Mukhopadhyay, G. Godlewski, D. Osei-Hyiaman, S. Ohnuma, S. V. Ambudkar, J. Pickel, A. Makriyannis, G. Kunos, Peripheral CB1 cannabinoid receptor blockade improves cardiometabolic risk in mouse models of obesity, J. Clin. Invest. 120 (2010) 2953-2966.
[51] A.T. Plowright, K. Nilsson, M. Antonsson, K. Amin, J. Broddefalk, J. Jensen, A. Lehmann, S. Jin, S. St-Onge, M. J. Tomaszewski, M. Tremblay, C. Walpole, Z. Wei, H. Yang, J. Ulander, Discovery of agonists of cannabinoid receptor 1 with restricted central nervous system penetration aimed for treatment of gastroesophageal reflux disease, J. Med. Chem. 56 (2013) 220-240.

第 11 章

代谢稳定性

11.1 引言

药物进入体内后面临严峻的稳定性挑战，这会对药物的结构带来了极大的限制。体外活性良好的结构由于受到体内代谢的影响，可能导致体内活性不够理想。大多数药物发现团队在先导化合物优化过程中都会受到结构稳定性制约的影响。许多药理活性良好的分子由于稳定性不佳而不得不被淘汰。本章和其他有关稳定性问题的章节旨在介绍引起药物不稳定的原因，并通过成功的结构修饰策略为研究人员改善先导化合物的稳定性提供参考。

体内稳定性研究（图 11.1）[1]表明，体内的各种化学和酶促反应会"进攻"分子中各式各样的结构。在肠道中，由于存在各种 pH 和酶催化的反应，分子存在被分解的风险。当分子穿过肠壁时，酶可以启动肠道代谢［如 CYP（cytochrome P450，细胞色素 P450）、UGT（UDP-glucuronosyltransferase，UDP- 葡醛酸转移酶）、水解酶］。到达门静脉的药物分子会立即被运送至肝脏，并可能发生各种肝脏代谢反应。在肝脏中未被分解的药物分子可能会被血浆/血液中的水解酶和其他酶分解。

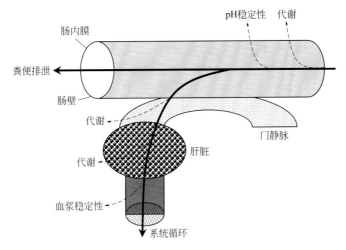

图 11.1　药物口服后所面临的稳定性问题

除体内降解外，化合物分子在药物发现实验室中也会面临各种稳定性问题。不同的体外测试基质也会造成化合物的化学分解。近年来，在生物实验中，化合物的体外分解变得越来越明显，这使得构效关系（structure-activity relationship，SAR）变得更加复杂。药物化学家应该意识到所有潜在的体外和体内稳定性问题，并确保化合物结构的正确和稳定，以应对这些不同的挑战。图 11.2 显示了一个可以评估药物发现过程中一系列稳定性问题的方案。第 12 章和第 13 章将讨论来自于化学和酶方面的挑战（如溶液和等离子体稳定性）。本章的重点是代谢稳定性，这也是药物发现的最大挑战之一。稳定性的预测方法将在第 29～31 章中讨论。

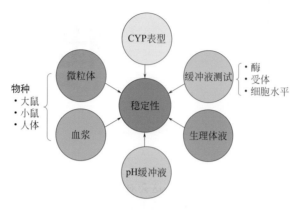

图 11.2　药物发现中可用于稳定性研究的体外测试方法[2]

经 L Di, E H Kerns, Y Hong, et al. Development and application of high throughput plasma stability assay for drug discovery. Int J Pharm, 2005, 297: 110-119 授权转载，版权归 2005 Elsevier B.V. 所有

11.2　代谢稳定性的基本原理

药物代谢常被称为生物转化（biotransformation），代谢反应可分为两类（表 11.1）。Ⅰ相代谢（phase Ⅰ metabolism）主要向分子中引入或暴露一个官能团，如 CYP 酶的氧化反应和其他酶的还原、水解、水合、异构化等。最主要的Ⅰ相代谢酶包括 CYP、醛氧化酶（aldehyde oxidase，AO）、黄嘌呤氧化酶（xanthine oxidase，XO）、单胺氧化酶（monoamine oxidase，MAO）、含黄素单氧化酶（flavin-containing monooxegenase，FMO）和水解酶。Ⅱ相代谢（phase Ⅱ metabolism）主要对分子结构进行极性基团的偶联，如葡萄糖醛酸化、硫酸化、甲基化、乙酰化、氨基酸偶联、谷胱甘肽偶联、脂肪酸偶联和缩合。典型的Ⅱ相代谢酶包括 UGT、磺基转移酶（sulfotransferase，SULT）、N-乙酰转移酶（N-acetyltransferase，NAT）和谷胱甘肽 S-转移酶（glutathione S-transferase，GST）。Ⅰ相和Ⅱ相代谢有时是连续的，首先添加一个附着点（如羟基），然后添加一个极性部分（如葡萄糖醛酸）。然而，如果一个化合物已经有一个易于结合的官能团，那么它在发生Ⅱ相代谢反应之前就不再需要经历Ⅰ相代谢反应。这两种类型的代谢反应都将产生更多的极性产物，使代谢产物具有更高的水溶性，更容易地通过胆汁和尿液从体内排出。一些Ⅱ相代谢反应属于解毒反应，如谷胱甘肽偶联。代谢增加了清除率，减少了暴露量，是造成低生物利用度的主要原因。其结果是导致药物在治疗靶点的浓度降低。在药物发现过程中，药物化学家必须对先导化合物进行结构修饰，以减少不必要的代谢。

表 11.1　Ⅰ相和Ⅱ相代谢

Ⅰ相代谢（功能化）	Ⅱ相代谢（结合）	Ⅰ相代谢（功能化）	Ⅱ相代谢（结合）
氧化——CYP450	葡萄糖醛酸化	异构化	谷胱甘肽偶联
氧化——其他	硫酸化	其他	脂肪酸偶联
还原	甲基化		缩合
水解	乙酰化	酶：CYP、AO/XO、MAO、FMO、水解酶	酶：UGT、SULT、NAT
水合	氨基酸偶联		

如果药物在进入体循环之前就已被代谢，则称其经历了系统前代谢（presystemic metabolism）或"首过效应"（first-pass metabolism）。首过效应可在药物进入体循环之前将其清除。在肠道和肝脏中都可能发生首过效应。先通过代谢将外源性化合物（如药物）从血流中排除，接着药物每次通过肝脏时部分循环药物会再次被代谢，进一步降低了体内药物的浓度。代谢稳定性是影响暴露量和生物利用度的根本原因。

不同物种之间会存在新陈代谢的差异，不同物种的代谢谱如代谢产物结构和生成量也存在差异。

11.2.1　Ⅰ相代谢

Ⅰ相代谢主要由几种改变化合物结构的机制组成。Ⅰ相代谢反应包括氧化、还原及其他反应（表 11.1）。

几种不同的酶家族会催化这些反应。最著名的是单加氧酶（monooxygenase，也称为单氧酶），例如：CYP 家族（图 11.3）和 FMO 家族。单加氧酶催化的反应通式如下所示：

$$R—H + O_2 + NADPH + H^+ \longrightarrow R—OH + NADP^+ + H_2O$$

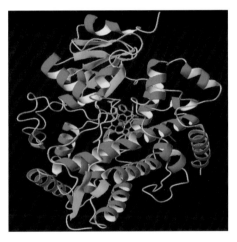

图 11.3　人源细胞色素 P450 3A4 与亚铁血红素复合物及其抑制剂美替拉酮（metyrapone）的结构[3]
由 Kristin Fan 博士友情提供

单加氧酶结合于细胞的内质网（endoplasmic reticulum，ER）上，在肝细胞中含量较高。酶与膜的结合与化合物代谢后的亲脂性有关。

CYP 参与的代谢反应是由位于活性位点中的亚铁血红素基团所催化的（图 11.3）。对于 CYP 酶系，铁原子结合氧并通过一系列反应将其转移至药物分子中（图 11.4）。NADPH 通过一个次级偶联酶（NADPH-细胞色素 P450 还原酶）提供电子将 Fe^{3+} 还原为 Fe^{2+}。CYP 家族由超过 400 个同工酶组成。其中 CYP 450 酶广泛存在于哺乳动物、昆虫、植物、酵母和细菌中。在哺乳动物中，它们在肝、肾、肺、肠、结肠、脑、皮肤和鼻黏膜中均有分布。同工酶氨基酸的序列不同导致其对不同类别化合物的亲和力有所不同。主要有两个因素与反应速率相关：①化合物与 CYP 酶结合的亲和力；②分子上与血红素基团接近位点的反应活性。在 FMO 中，活性位点中的黄素基团可直接催化反应，而 NADPH 可直接将黄素还原。

一个化合物可能被不止一个酶家族或者同工酶代谢。如果一种酶对药物的代谢被该酶的底物饱和，或被该化合物的结构修饰所阻止，那么通过另一种结合较弱或反应性较低的酶的代谢可能会成为更主要的途径，这一过程称为"代谢转换（metabolic switching）"。如果同时服用两种或多种药物，并且一种药物可以通过抑制特定的同工酶而抑制第二种药物的代谢，可能产生毒性并引发药物相互作用（drug-drug interaction）。具体的药物相互作用参见第 15 章。

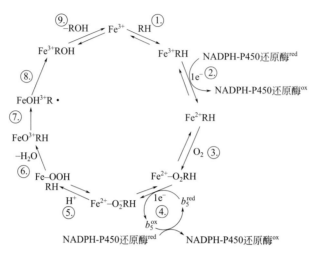

图 11.4　CYP 450 反应催化循环的机制[4]

经 F P Guengerich, W W Johnson. Kinetics of ferric cytochrome P450 reduction by NADPH-cytochrome P450 reductase: rapid reduction in the absence of substrate and variations among cytochrome P450 systems. Biochemistry, 1997, 36: 14741-14750 授权转载，版权归 1997American Chemical Society 所有

图 11.5 列举了常见的 I 相代谢反应，这些实例表明药物发现中的化合物可能发生许多潜在的代谢反应。最常观察到的代谢是脂肪族和芳香族碳原子的羟基化反应，脂肪族羟基可进一步转化为醛和羧酸。与氮原子相邻的碳原子更易于被氧化，导致脱烷基形成胺和醛。相似地，与醚或硫醚中氧原子相邻的碳原子可被氧化并导致脱烷基。胺的氮原子可被氧化为 N- 氧化物。硫化物的硫原子可被氧化为亚砜和砜。玛格达露（Magdalou）讨论了生物转化反应的详细机理[5]。一些软件可以很好地提供有关代谢部位的预测（参见第 29 章）。

11.2.2　II 相代谢

II 相代谢是向分子中引入极性基团，常被引入的基团如图 11.6 所示。葡萄糖醛酸可以通过 UGT 连接至羟基、羧基上形成葡萄糖醛酸代谢产物，偶尔也可被连接至胺上。硫酸盐可以通过硫酸转移酶（sulfotransferase，SULT）被添加到芳香族、脂肪族或羟胺中，形成硫酸盐代谢产物，这是一个快速但易饱和的反应。谷胱甘肽可以通过谷胱甘肽巯基转移酶（glutathione mercapto transferase，GST）加到具有反应活性的亲电试剂（亲核取代）或缺电子双键（亲核加成）中以形成谷胱甘肽偶联物。这些代谢反应也是对反应性异源物和代谢产物的主要解毒机理。胺可以被乙酰转移酶（acetyltransferase，NAT）乙酰化形成酰胺，然后可与各种氨基酸（如甘氨酸）形成共价偶联物。

II 相代谢生成的产物亲水性大大提高，因此增强了在胆汁和尿液中的消除。

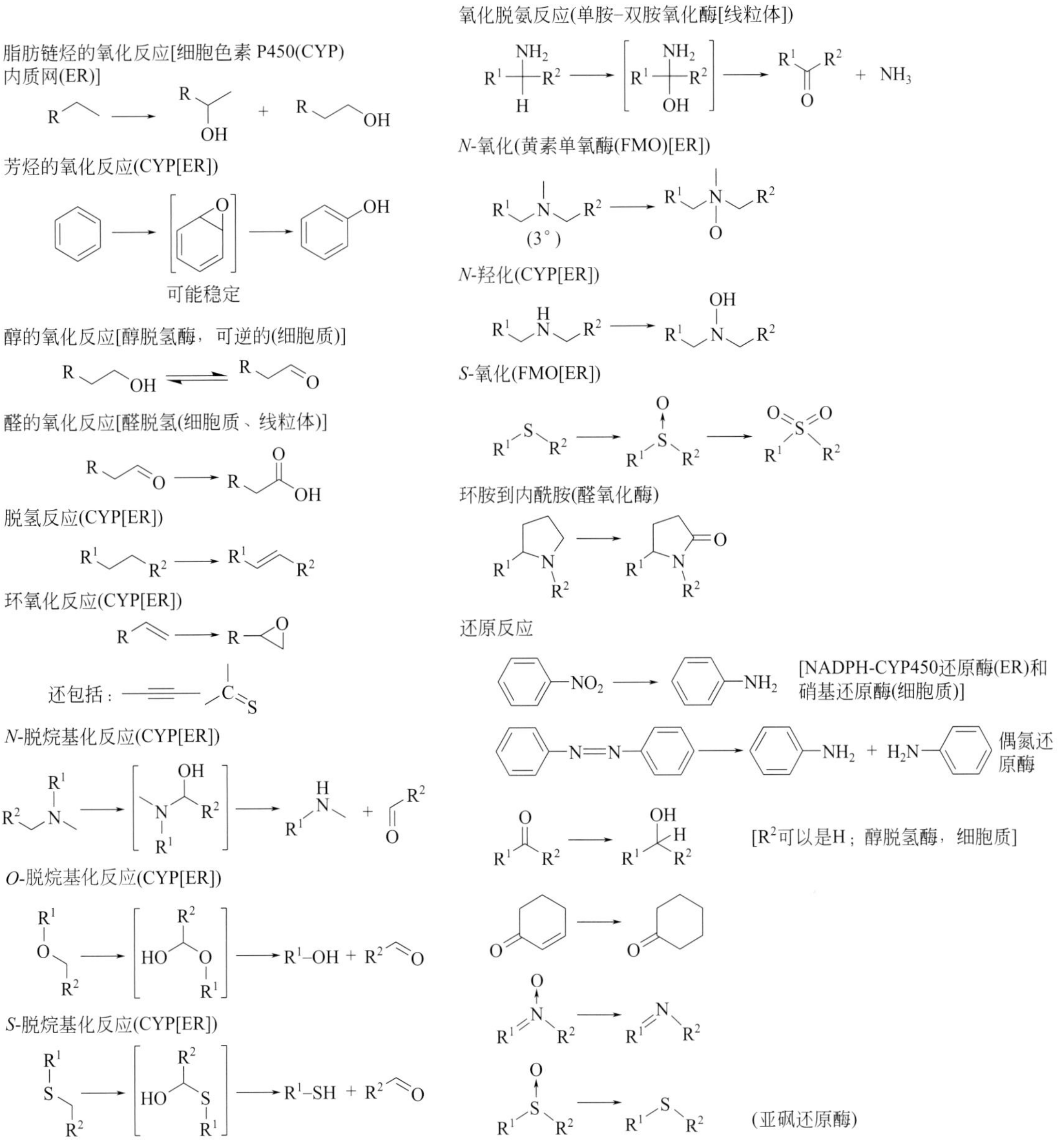

脂肪链烃的氧化反应[细胞色素 P450(CYP)内质网(ER)]

$R-CH_2CH_3 \longrightarrow R-CH(OH)CH_3 + R-CH_2CH_2OH$

芳烃的氧化反应(CYP[ER])

$C_6H_6 \longrightarrow [\text{环氧中间体}] \longrightarrow C_6H_5OH$

可能稳定

醇的氧化反应[醇脱氢酶，可逆的(细胞质)]

$R-CH_2OH \rightleftharpoons R-CHO$

醛的氧化反应[醛脱氢(细胞质、线粒体)]

$R-CHO \longrightarrow R-COOH$

脱氢反应(CYP[ER])

$R^1-CH_2CH_2-R^2 \longrightarrow R^1-CH=CH-R^2$

环氧化反应(CYP[ER])

$R-CH=CH_2 \longrightarrow R-\text{环氧化物}$

还包括：$-C\equiv C-$，$\underset{|}{C}=S$

N-脱烷基化反应(CYP[ER])

$R^2-N(R^1)-CH_3 \longrightarrow [R^2-N(R^1)-CH(OH)R^2] \longrightarrow R^1-NH-R^2 + R^2-CHO$

O-脱烷基化反应(CYP[ER])

$R^1-O-CH_2-R^2 \longrightarrow [R^1-O-CH(OH)-R^2] \longrightarrow R^1-OH + R^2-CHO$

S-脱烷基化反应(CYP[ER])

$R^1-S-CH_2-R^2 \longrightarrow [R^1-S-CH(OH)-R^2] \longrightarrow R^1-SH + R^2-CHO$

氧化脱氨反应(单胺-双胺氧化酶[线粒体])

$R^1-CH(NH_2)-R^2 \longrightarrow [R^1-C(NH_2)(OH)-R^2] \longrightarrow R^1-CO-R^2 + NH_3$

N-氧化(黄素单氧酶(FMO)[ER])

$R^1-N(CH_3)-R^2 \text{ (3°)} \longrightarrow R^1-N^+(O^-)(CH_3)-R^2$

N-羟化(CYP[ER])

$R^1-NH-CH_2-R^2 \longrightarrow R^1-N(OH)-CH_2-R^2$

S-氧化(FMO[ER])

$R^1-S-R^2 \longrightarrow R^1-S(=O)-R^2 \longrightarrow R^1-SO_2-R^2$

环胺到内酰胺(醛氧化酶)

$\text{吡咯烷}(N-R^2) \longrightarrow \text{2-吡咯烷酮}(N-R^2)$

还原反应

$C_6H_5-NO_2 \longrightarrow C_6H_5-NH_2$ [NADPH-CYP450还原酶(ER)和硝基还原酶(细胞质)]

$C_6H_5-N=N-C_6H_5 \longrightarrow C_6H_5-NH_2 + H_2N-C_6H_5$ 偶氮还原酶

$R^1-CO-R^2 \longrightarrow R^1-CH(OH)-R^2$ [R^2可以是H；醇脱氢酶，细胞质]

$\text{环己烯酮} \longrightarrow \text{环己酮}$

$R^1-N(=O)=N-R^2 \longrightarrow R^1-N=N-R^2$

$R^1-S(=O)-R^2 \longrightarrow R^1-S-R^2$ (亚砜还原酶)

图 11.5 主要的 I 相代谢反应实例

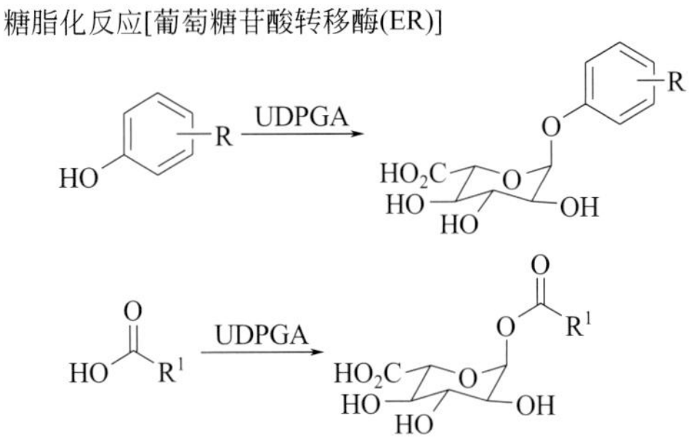

糖脂化反应[葡萄糖苷酸转移酶(ER)]

$HO-C_6H_4-R \xrightarrow{UDPGA} \text{葡萄糖醛酸-O-}C_6H_4-R$

$HOOC-R^1 \xrightarrow{UDPGA} \text{葡萄糖醛酸-O-CO-}R^1$

图 11.6

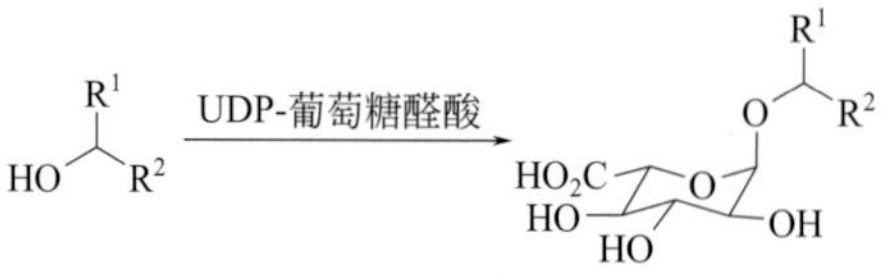

还包括：苯胺类、胺类、酰胺类、N-羟基类、吡啶、硫化物

氨基甲酸糖脂化反应

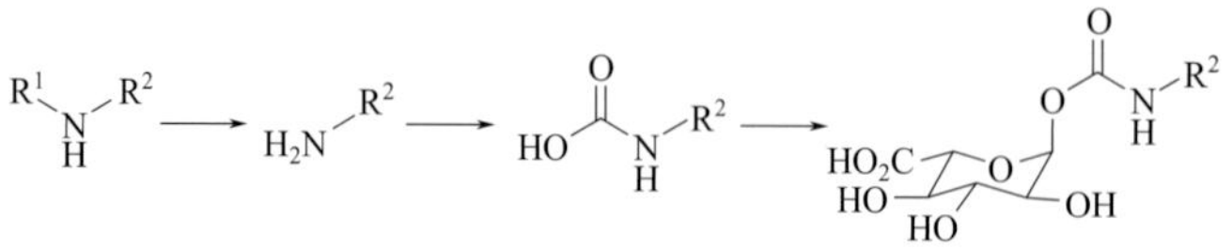

硫酸化反应[磺酸基转移酶(细胞质)]

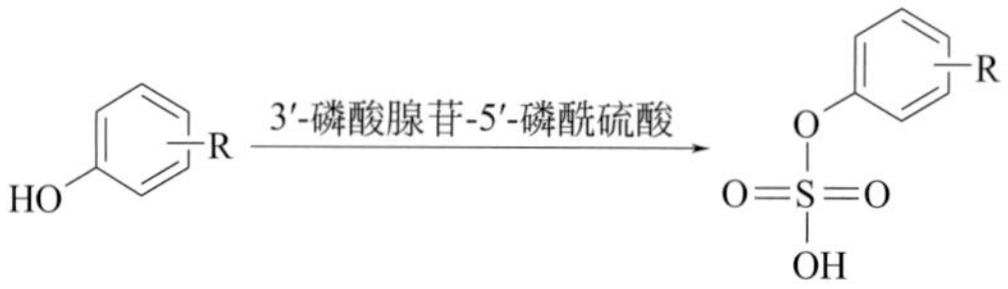

乙酰化反应[N-乙酰基转移酶(细胞质)]

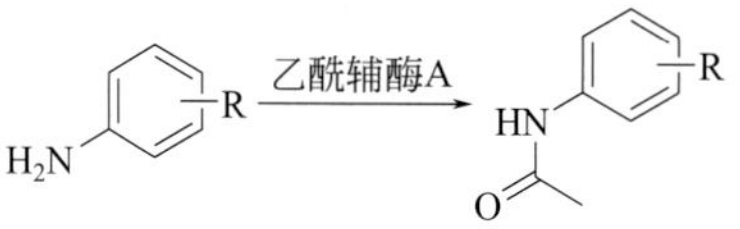

还包括：一级胺、二级胺类、酰肼类、氢化物、R—NH—OH ⟶ —NH—O—COCH$_3$

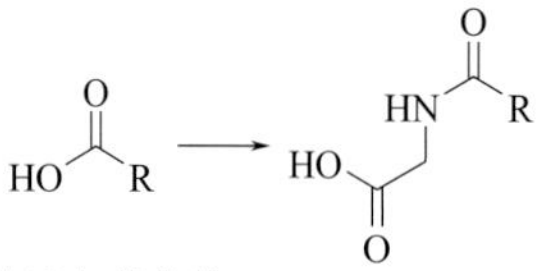

甘氨酸化反应(线粒体)

谷胱甘肽共轭反应[谷胱甘肽-S-转移酶(细胞质)]

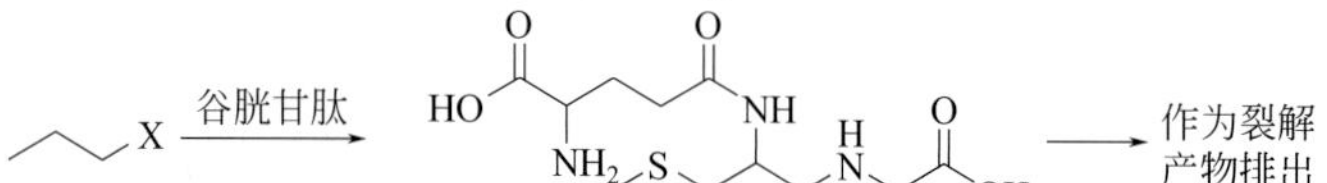

还包括其他氨基酸加成反应(如氨基乙磺酸、谷氨酸)

X：卤素、缺电子双键或者环氧化物

甲基化反应(甲基转移酶)

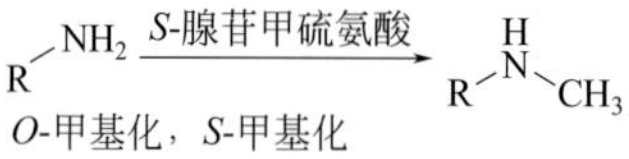

还有：O-甲基化，S-甲基化

甲基化(儿茶酚O-甲基转移酶)

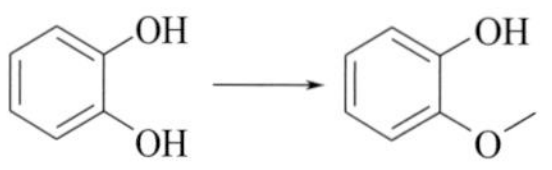

图 11.6　主要的 Ⅱ 相代谢反应实例

11.3　代谢稳定性的影响

代谢稳定性（metabolic stability）对药代动力学（pharmacokinetics，PK）的影响如图 11.7

所示[6]。代谢稳定性与清除率（clearance，CL）呈反比关系，代谢稳定性的下降会导致 CL 的增加。CL 会影响给药剂量。CL 和分布体积（volume of distribution，V_d）还会直接影响半衰期（$t_{1/2}=0.693×V_d/CL$），这决定了给药频率。CL 和吸收取决于药物在肠道中的渗透性和溶解度，因为这也是直接影响口服生物利用度（oral bioavailability，F）的重要因素。

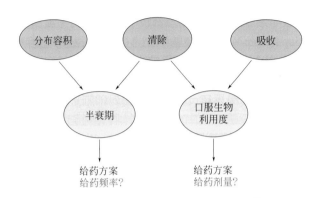

图 11.7　代谢稳定性对药代动力学的影响[6]

经 H van de Waterbeemd, E Gifford. ADMET in silico modelling: towards prediction paradise? Nat Rev Drug Discov, 2003, 2: 192-204 授权转载，版权归 2003 Nature Publishing Group 所有

具有较短的体外代谢稳定性（$t_{1/2}$）的化合物更倾向于具有高的体内清除率（CL）和更低的口服生物利用度（F）（表 11.2）。

表 11.2　药物发现项目中的系列先导化合物的性质参数证明了
体外代谢稳定性（$t_{1/2}$）与体内 CL 和 F 之间的关系

化合物	体外 $t_{1/2}$/min	体内 CL/[mL/(min·kg)]	大鼠 F/%	化合物	体外 $t_{1/2}$/min	体内 CL/[mL/(min·kg)]	大鼠 F/%
1	5	53	3	4	14	18	20
2	6	55	8	5	>30	14	41
3	7	49	15				

表 11.3 显示了相同母核类似物具有不同代谢稳定性的示例[7]。R^1、R^2 和 R^3 的结构差异对代谢稳定性具有重要的影响。此外，生物利用度会随着代谢百分比的降低而增加。

表 11.3　结构、体外代谢稳定性和口服生物利用度之间的关系[7]

化合物	R^1	R^2	R^3	代谢百分率（S9, 1 h）/%			口服生物利用度
				大鼠	犬	人体	大鼠 F/%
A	H	H	（N-甲基哌啶亚砜）	96	99	66	14
B	F	H	（N-甲基哌啶亚砜）	88	99	63	3

续表

化合物	R¹	R²	R³	代谢百分率（S9, 1 h）/%			口服生物利用度
				大鼠	犬	人体	大鼠 F/%
C	H	H	(吗啉基丙氧基)	99	99	94	7
D	F	CF₃	(磺酰胺基)	7	4	5	40
E	F	F	(磺酰胺基)	7	90	21	NA
F	F	F	(甲氧基丙基磺酰胺)	15	46	43	58

注：经 S A Wring, I S Silver, C J Serabjit-Singh. Automated quantitative and qualitative analysis of metabolic stability: a process for compound selection during drug discovery. Methods Enzymol, 2002, 357: 285-295 许可转载，版权归 2002 Elsevier 所有。

11.4 提高 I 相代谢中 CYP 酶系代谢稳定性的结构修饰策略

在开始进行结构修饰以提高稳定性之前，了解化合物哪些特定位点会被代谢是十分必要的。在过去，首先是预测最可能的代谢位点，然后针对性地合成相关类似物，以抵消这些位点可能发生的代谢。但是，现在已开发出评估可代谢结构的高通量筛选方法，具体内容将在第 29 章进行讨论。

几种有效的策略可以提高化合物的代谢稳定性，这些策略主要是针对 I 相代谢（表 11.4）。I 相代谢的修饰是基于代谢反应的两个关键特征：①化合物与代谢酶的结合；②化合物与 CYP450 的反应性血红素相邻分子的位点或与其他代谢酶活性位点的反应性。通过结构修饰可减少化合物在不稳定位点的结合或反应性，进而增加药物的代谢稳定性。由于代谢转换，这些策略也并非总是 100% 的成功。

表 11.4 用于提高 I 相代谢稳定性的结构修饰策略

结构修饰策略	章节	结构修饰策略	章节
通过引入氟原子以阻断代谢位点	11.4.1	改变环的大小	11.4.5
通过引入其他封闭基团以阻断代谢位点	11.4.2	改变手性	11.4.6
去除不稳定的官能团	11.4.3	降低亲脂性	11.4.7
环化作用	11.4.4	替换不稳定的基团	11.4.8

11.4.1 通过引入氟原子以阻断代谢位点

阻断羟基化位点的策略如图 11.8 所示。封闭基团的活性应该低于代谢类似物位点中的氢原子的活性。氟原子是最常见的封闭基团，在可能的封闭基团中，其对分子大小的影响最小。

图 11.9 显示了在代谢位点引入氟原子的实例[8]。CYP3A4 代谢是丁螺环酮（buspirone）的主要清除途径。丁螺环酮结构中嘧啶环上 5′ 位的羟基化是常见的代谢反应。通过在此位点引入氟原子，基于 CYP3A4 同工酶的体外半衰期从 4.6 min 延长至 52 min，而活性并没有显著降低。

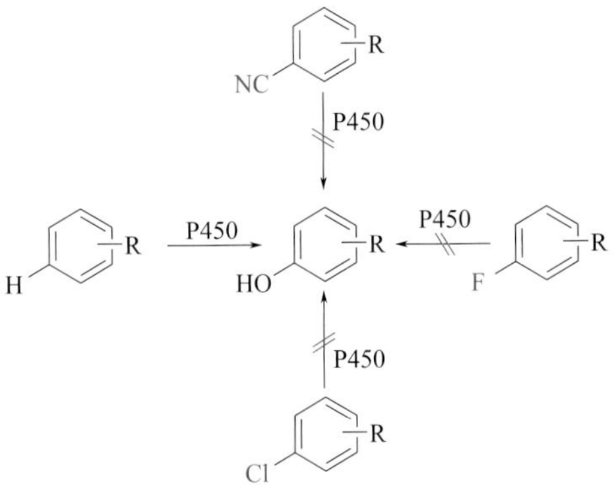

图 11.8 通过添加 F、Cl 或 CN 来阻断代谢位点

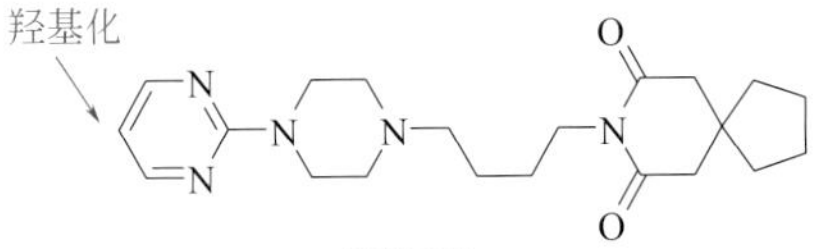

	5-HT$_{1A}$	CYP3A4
	IC$_{50}$/(μmol/L)	$t_{1/2}$/min
丁螺环酮	0.025	4.6
	0.063	52.3

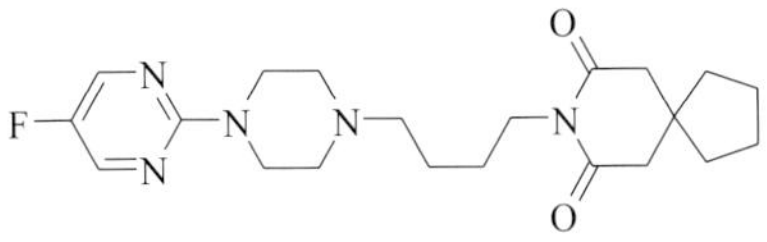

图 11.9 丁螺环酮嘧啶环上 5′位引入氟原子可阻断代谢并延长其体外半衰期

图 11.10 [9] 显示了伊布利特（ibutilide）在 R^2 烷基部分的各种氟取代类似物。以氟原子取代烷基的一个或两个氢可分别使其相关代谢稳定性增加 4 倍和 20 倍。

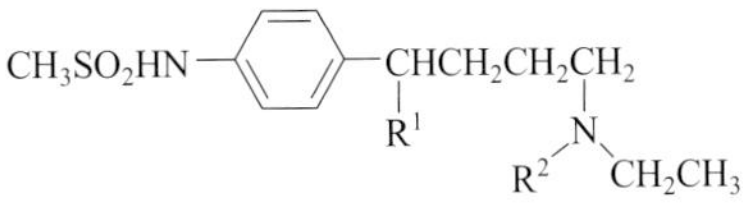

R^1	R^2	相关代谢稳定性
(R)—OH	(CH$_2$)$_6$CH$_3$	1
OH	(CH$_2$)$_6$CH$_2$F	4.2
OH	(CH$_2$)$_6$CHF$_2$	>20
OH	(CH$_2$)$_5$CHF$_2$	>20
(S)—OH	(CH$_2$)$_5$C(CH$_3$)$_2$F$_2$	>20
H	(CH$_2$)$_6$CH$_2$F	1
H	(CH$_2$)$_5$CH(F)CH$_3$	3
H	(CH$_2$)$_5$C(CH$_3$)$_2$F	3

图 11.10 氟原子在 R^2 位的取代增加了代谢稳定性 [9]

经 J B Hester, J K Gibson, L V Buchanan, et al. Progress toward the development of a safe and effective agent for treating reentrant cardiacarrhythmias: synthesis and evaluation of ibutilide analogues with enhanced metabolic stability and diminished proarrhythmic potential. J Med Chem, 2001, 44: 1099-1115 授权转载，版权归 2001 American Chemical Society 所有

图 11.11 中的化合物由于 CYP1A1 的代谢而显示出双相剂量效应[10]，而其氟化类似物可阻断代谢并消除双相剂量效应。

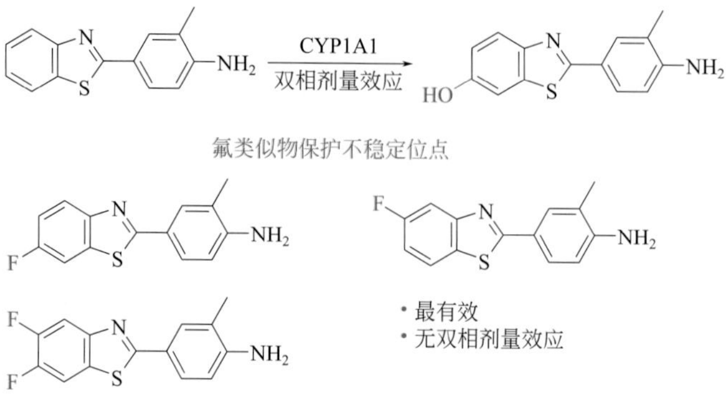

图 11.11　通过封闭代谢位点消除双相剂量效应

11.4.2　通过引入其他封闭基团以阻断代谢位点

除氟原子外，也可在不稳定的位点引入其他基团。如图 11.12 所示，通过用氯原子取代甲苯磺丁脲（tolbutamide）结构中的甲基可制备氯磺丙脲（chlorpropamide），其药代动力学半衰期从 6 h 延长至 33 h。

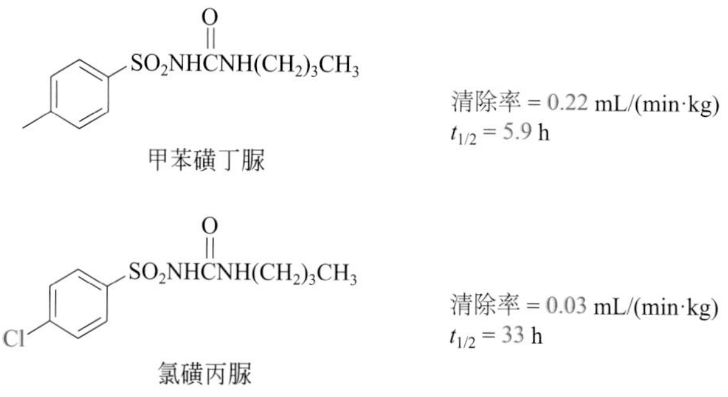

图 11.12　将甲苯磺丁脲中的甲基替换为氯原子所得的氯磺丙脲的代谢稳定性大大增加

图 11.13 顶部所示的化合物中，苄位的亚甲基是不稳定的位点[11]。此处引入封闭基团会增加化合物的代谢稳定性和体内暴露量[曲线下面积（area under the curve，AUC）]，同时提高了生物活性。

也可以在不稳定位点附近引入更大的脂肪族基团，增大位阻，以减少代谢酶活性位点与化合物不稳定位点的接触。例如，将美托洛尔（metoprolol）中的甲氧基修饰为倍他洛尔（betaxolol）中的环丙基甲氧基（图 11.14），可减少 CYP2D6 引起的 O- 脱烷基化并提高化合物的生物利用度[12]。

11.4.3　去除不稳定的官能团

去除不稳定的基团可以改善化合物的代谢稳定性[13]。如图 11.15 所示的化合物，去除甲氧基中的甲基可提高其稳定性，而进一步除去 N- 丙烯基团可大大提高其稳定性，同时保持活性不变。原始分子在这些位点可发生脱烷基反应。

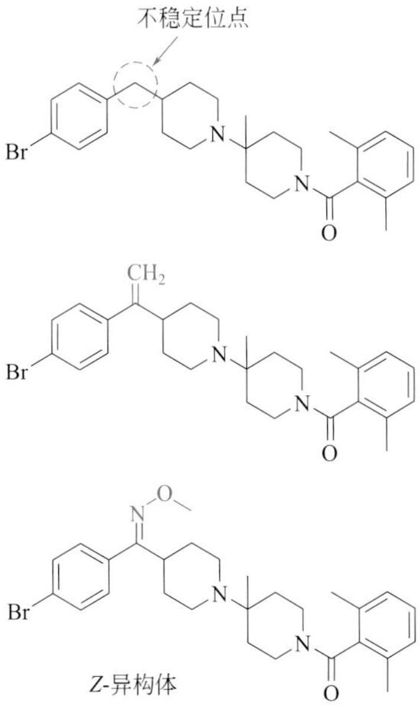

K_i /(nmol/L)	IC_{50} /(nmol/L)	AUC (PO) /(h·μg/mL)
66	10	0.04
8	1.0	0.59
2	1.3	1.2

图 11.13　封闭不稳定位点可提高代谢稳定性与口服暴露量

美托洛尔

倍他洛尔

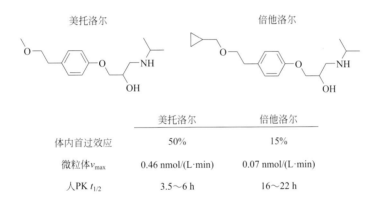

	美托洛尔	倍他洛尔
体内首过效应	50%	15%
微粒体 v_{max}	0.46 nmol/(L·min)	0.07 nmol/(L·min)
人PK $t_{1/2}$	3.5～6 h	16～22 h

图 11.14　美托洛尔的甲氧基易发生 *O*- 脱烷基化，将其修饰为环丙甲氧基后获得的倍他洛尔的代谢稳定性显著增加

IC_{50}：1.3 nmol/L
稳定性：1%

IC_{50}：0.23 nmol/L
稳定性：4%

IC_{50}：11 nmol/L
稳定性：60%

IC_{50}：0.51 nmol/L
稳定性：52%

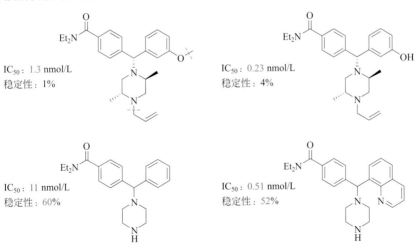

图 11.15　去除不稳定基团可增加代谢稳定性（大鼠，孵育 1 h 后的剩余百分比）

而对于图 11.16 中上部的化合物，甲氧基是代谢不稳定的基团[14]。去除甲氧基并以酰胺基取代可提高代谢稳定性，同时增大 c_{max}。

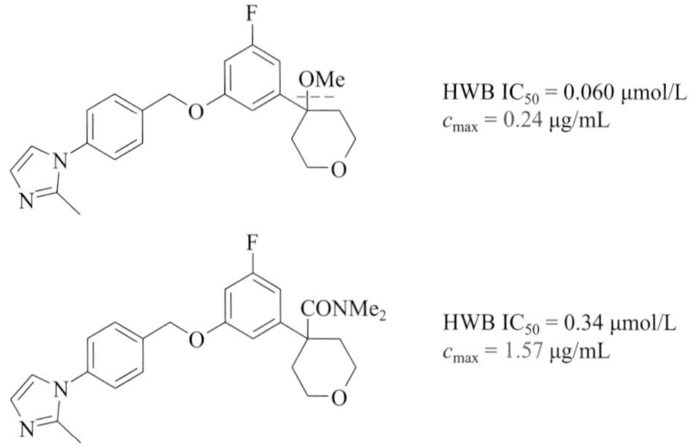
F
OMe
O
N
N
O
HWB IC_{50} = 0.060 μmol/L
c_{max} = 0.24 μg/mL
F
CONMe2
O
N
N
O
HWB IC_{50} = 0.34 μmol/L
c_{max} = 1.57 μg/mL

图 11.16 替换不稳定基团可增强代谢稳定性（猴，口服 5 mg/kg）

11.4.4 环化作用

不稳定基团可通过将其并入环状结构中来减少代谢[15]。例如，图 11.17 中的化合物易发生 *N*- 去甲基化作用，将甲基结合到环状结构中既保持了活性，同时也改善了代谢稳定性。

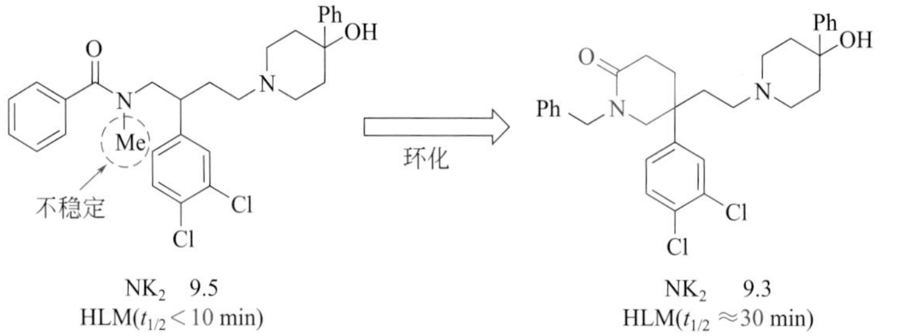
Ph
OH
O
N
N
Me
不稳定
Cl
Cl
环化
Ph
OH
O
Ph
N
N
Cl
Cl
NK_2 9.5
HLM($t_{1/2}$ < 10 min)
NK_2 9.3
HLM($t_{1/2}$ ≈30 min)

图 11.17 在维持活性（NK_2）的同时提高人肝微粒体（HLM）代谢稳定性的环化策略[15]

经 A R MacKenzie, A P Marchington, D S Middleton, et al. Structure-activity relationships of 1-alkyl-5-(3,4-dichlorophenyl)-5-{2-[(3-substituted)-1-azetidinyl]ethyl}-2-piperidones. 1. Selective antagonists of the neurokinin-2 receptor. J Med Chem, 2002, 45: 5365-5377 授权转载，版权归 2002 American Chemical Society 所有

11.4.5 改变环的大小

也可以通过改变连接环的大小以调节代谢稳定性。如图 11.18 所示，环的缩小可提高代谢稳定性（人肝微粒体中的 $t_{1/2}$）[15]。

11.4.6 改变手性

附加基团的手性也会影响代谢稳定性。图 11.18 中的系列类似物的手性变化显著改善了代谢稳定性[15]，这表明了对映体与代谢酶的结合方式有所不同。

11.4.7 降低亲脂性

亲脂性的降低通常会改善代谢稳定性，因为这减少了与代谢酶亲脂性结合口袋的结合。

图 11.19 中的示例说明减少 lg$D$ 可改善代谢稳定性[15]。

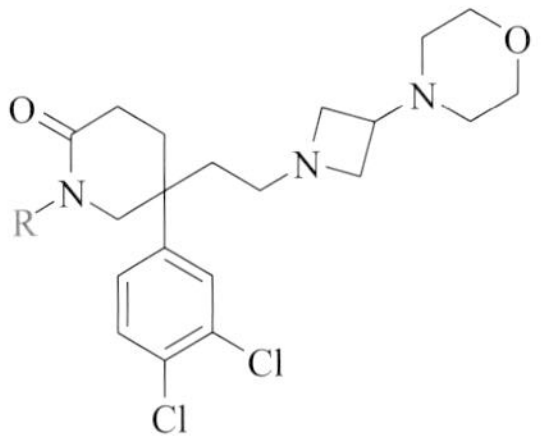

图 11.18　环的缩小和手性的改变可以提高代谢的稳定性[15]

手性	NK$_2$	$t_{1/2}$(HLM)/min
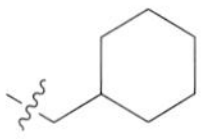 S + R	8.9	70
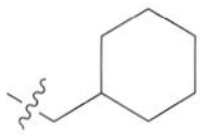 S	9.0	14
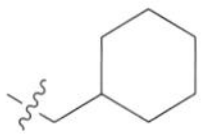 R	6.2	84
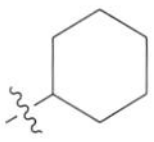 S	9.9	<10
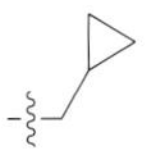 S	8.1	120

手性	NK$_2$	$t_{1/2}$(HLM)/min
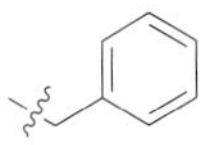 S + R	9.3	70

经 A R MacKenzie, A P Marchington, D S Middleton, et al. Structure-activity relationships of 1-alkyl-5-(3,4-dichlorophenyl)-5-{2-[(3-substituted)-1-azetidinyl]ethyl}-2-piperidones. 1. Selective antagonists of the neurokinin-2 receptor.
J Med Chem, 2002, 45: 5365-5377 授权转载，版权归 2002 American Chemical Society 所有

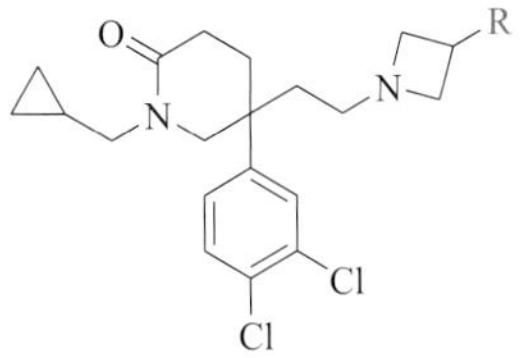

	NK$_2$	$t_{1/2}$/min	lg$D$
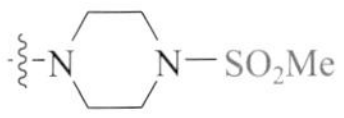 —N　N—SO$_2$Me	8.5	<10	2.2
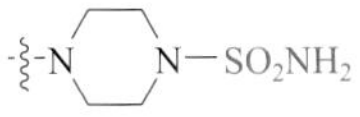 —N　N—SO$_2$NH$_2$	8.9	<120	1.7
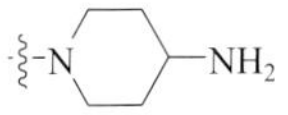 —N　—NH$_2$	8.7	30	

图 11.19　降低 R 基团的亲脂性可改善代谢稳定性[15]

经 A R MacKenzie, A P Marchington, D S Middleton, et al. Structure-activity relationships of 1-alkyl-5-(3,4-dichlorophenyl)-5-{2-[(3-substituted)-1-azetidinyl]ethyl}-2-piperidones. 1. Selective antagonists of the neurokinin-2 receptor.
J Med Chem, 2002, 45: 5365-5377 授权转载，版权归 2002 American Chemical Society 所有

11.4.8　替换不稳定的基团

引起先导化合物大量代谢的基团可以被取代以提高其稳定性。图 11.20 中包含哌啶基团的化合物在代谢上是不稳定的。以哌嗪基取代哌啶基团可大大改善代谢稳定性[16]。

通过用含有氨基甲酸酯的侧链取代泰妙菌素（tiamulin）的侧链可改善其代谢稳定性（图 11.21）[17]。取代后的衍生物具有出色的广谱抗菌活性，并且代谢速率减慢为原来的 $\frac{1}{10}$。

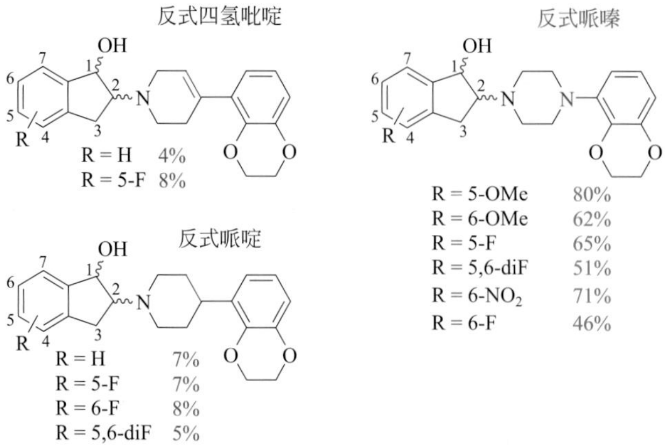
反式四氢吡啶
R = H　4%
R = 5-F　8%
反式哌嗪
R = 5-OMe　80%
R = 6-OMe　62%
R = 5-F　65%
R = 5,6-diF　51%
R = 6-NO2　71%
R = 6-F　46%
反式哌啶
R = H　7%
R = 5-F　7%
R = 6-F　8%
R = 5,6-diF　5%

图 11.20　以哌嗪取代哌啶改善了该系列化合物的代谢稳定性并提高了生物利用度[16]

经 J-L Peglion, B Goument, N Despaux, et al. Improvement in the selectivity and metabolic stability of the serotonin $5\text{-}HT_{1A}$ Ligand, S 15535: a series of cis- and trans-2-(arylcycloalkylamine) 1indanols. J Med Chem, 2002, 45: 165-176 授权转载，版权归 2002 American Chemical Society 所有

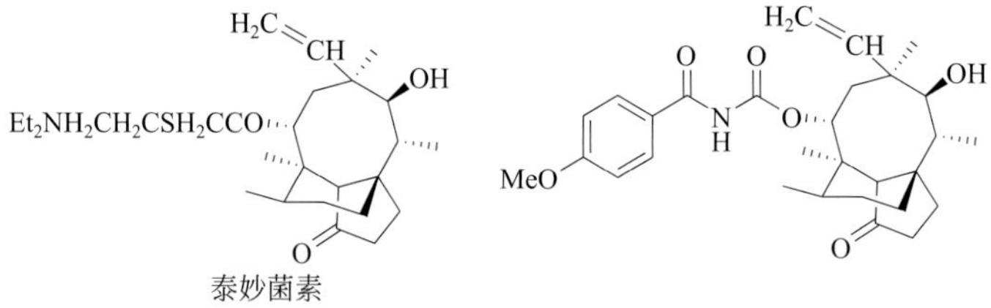
泰妙菌素

图 11.21　氨基甲酸酯侧链的取代提高了代谢稳定性，同时保持了良好的抗菌活性

11.5　Ⅱ相代谢稳定性的结构修饰策略

通过结构修饰也可降低Ⅱ相代谢反应（表 11.5）。

表 11.5　增加Ⅱ相代谢稳定性的结构修饰策略

结构修饰策略	章节	结构修饰策略	章节
引入吸电子基团或增加空间位阻	11.5.1	将酚羟基修饰为前药	11.5.3
将酚羟基替换为环状脲或硫脲	11.5.2		

11.5.1　引入吸电子基团或增加空间位阻

在芳香环上引入吸电子基团可降低苯酚的葡萄糖醛酸化程度。如图 11.22 所示，在与苯酚羟

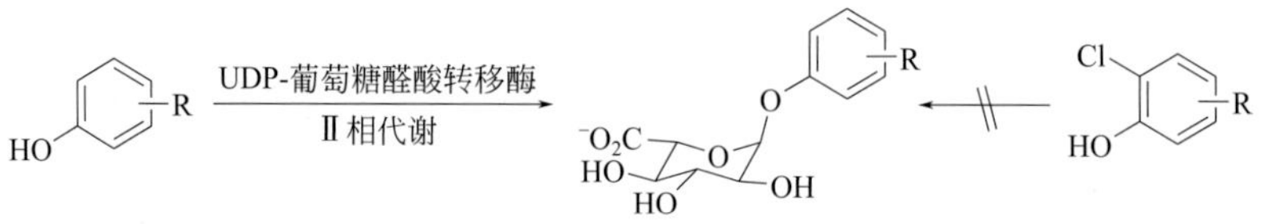
UDP-葡萄糖醛酸转移酶
Ⅱ相代谢

图 11.22　在苯环酚羟基的邻位引入卤素可通过吸电子作用和空间位阻减少葡萄糖醛酸化

基相邻的位点引入氯原子，可降低苯酚的反应性并增加酚羟基的空间位阻，有效减少了葡萄糖醛酸化。

在苯环中酚羟基相邻的位点上引入氰基也会减少葡萄糖醛酸化作用。如图 11.23 所示，两个化合物酚羟基的葡萄糖醛酸化作用被降低，同时针对靶点的活性得到了提高[18]。

R	hGluR亲和力/(nmol/L)	代谢清除/[pmol/(min·mg)]
Cl	41	75
F	29	89
2,3-di-Cl	54	103
CN	30	37

R	hGluR亲和力/(nmol/L)	代谢清除/[pmol/(min·mg)]
Cl	8	267
CN	12	65

图 11.23　在酚类化合物中引入氰基可以在增加活性的同时减少葡萄糖醛酸化[18]

经 P Madsen, A Ling, M Plewe, et al. Optimization of alkylidene hydrazide based human glucagon receptor antagonists. Discovery of the highly potent and orally available 3-cyano-4-hydroxybenzoicacid [1-(2,3,5,6-tetramethylbenzyl)1Hindol-4-ylmethylene] hydrazide. J Med Chem, 2002, 45: 5755-5775 授权转载，版权归 2002 American Chemical Society 所有

11.5.2　将酚羟基替换为环状脲或硫脲

酚羟基可用生物电子等排体替代来降低葡萄糖醛酸化作用。图 11.24 中左侧的先导化合物以环状脲或硫脲修饰后，所得衍生物既保持了生物活性，且生物利用度和 AUC 等代谢指标也得到了改善[19]。

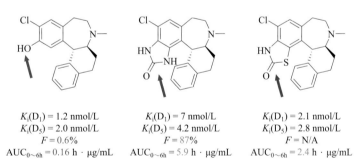

$K_i(D_1) = 1.2$ nmol/L
$K_i(D_5) = 2.0$ nmol/L
$F = 0.6\%$
$AUC_{0\sim 6h} = 0.16$ h·μg/mL

$K_i(D_1) = 7$ nmol/L
$K_i(D_5) = 4.2$ nmol/L
$F = 87\%$
$AUC_{0\sim 6h} = 5.9$ h·μg/mL

$K_i(D_1) = 2.1$ nmol/L
$K_i(D_5) = 2.8$ nmol/L
$F = N/A$
$AUC_{0\sim 6h} = 2.4$ h·μg/mL

图 11.24　酚羟基的生物电子等排体取代提高了葡萄糖醛酸化的代谢稳定性[19]

经 W-L. Wu, D A Burnett, R Spring, et al. Dopamine D1/D5 receptor antagonists with improved pharmacokinetics: design, synthesis, and biological evaluation of phenol bioisosteric analogues of benzazepine D1/D5 antagonists. J Med Chem, 2005, 48: 680-693 授权转载，版权归 2005 American Chemical Society 所有

11.5.3　将酚羟基修饰为前药

如图 11.25 所示，酚羟基可被修饰为前药[20]。经过首过代谢后，缓慢水解释放出含有游离酚羟基的原药。

班布特罗(bambuterol) vs. 特布他林(terbutalin)
一天1次 vs. 一天3次

左美洛昔芬(levormeloxifene)

多卡巴胺(docarpamine)

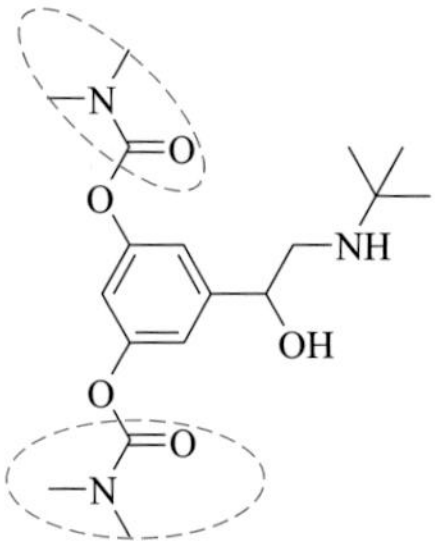

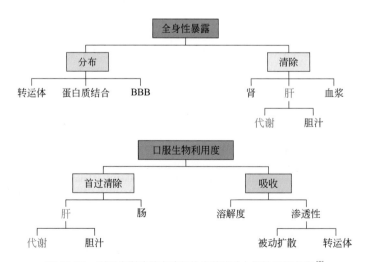

图 11.25 酚羟基可修饰为前药，然后缓慢释放出原药

11.6 代谢稳定性数据的应用

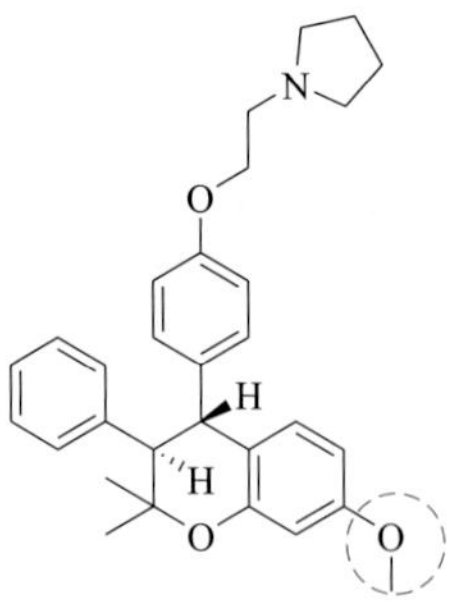

体外代谢稳定性数据常用于：

- 指导结构修饰以提高稳定性；
- 选择最优化合物用于体内药代动力学研究或体内活性测试；
- 预测体内药代动力学性质；
- 回顾性诊断体内药代动力学性质不佳的根本原因。

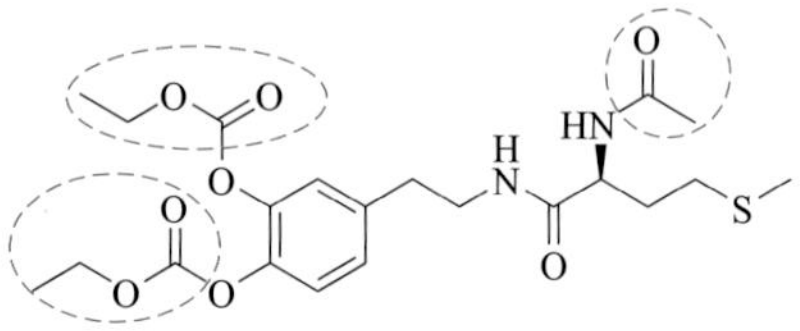

代谢稳定性在药物清除中发挥着重要作用。代谢清除在体内清除率和生物利用度中的应用方案如图 11.26 所示[6]。

在药物发现过程中，新化合物合成之后通常要在体外测试其代谢稳定性。反馈的数据将提供

图 11.26 利用代谢清除率诊断体内药代动力学性质的方案[6]
经 H van de Waterbeemd, E Gifford. ADMET in silico modelling: towards prediction paradise? Nat Rev Drug Discov, 2003, 2: 192-204 授权转载，版权归 2003 Nature Publishing Group 所有

给项目团队需要注意的代谢限制问题，并指导后续改善代谢稳定性的结构修饰。

化合物对不同代谢酶的代谢速率在药物发现过程中具有重要的指导意义。在先导化合物的优化阶段，该信息可以与特定酶的底物特异性信息相结合，以指导减少代谢的结构修饰。在药物发现的后期，主要代谢酶的信息可以提示药物相互作用等问题（第 15 章）。"CYP 表型" 分析方法可用于体外研究 CYP 同工酶对化合物的代谢。该方法和其他代谢稳定性分析方法将在第 29 章中进一步讨论。

代谢稳定性数据对体内药代动力学性质的优化也非常有用。提高微粒体稳定性通常可降低体内 CL 并提高生物利用度（表 11.2）。

代谢稳定性在药物发现中的另一个实例如图 11.27 所示。本项目的系列先导化合物的最初代谢稳定性较差。经 3 个月的结构优化后，化合物的代谢稳定性有了很大的提高。成功的关键在于：

- 通过一种高通量微粒体稳定性测试方法，每月对项目公司多个项目的数百个化合物进行筛选；
- 数据的快速周转（1～2 周）；
- 致力于活性和性质的并行优化。

目前的方法与传统方法的对比如图 11.28 所示。新的筛选方法可使研究团队根据代谢稳定性数据来做出明智的决定。

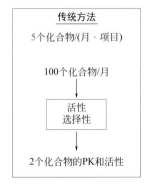

图 11.27　某一药物研发项目的数据显示最初化合物的代谢稳定性很低，经结构修饰后在短时间内改善了其代谢稳定性

传统方法	新方法
5 个化合物/(月·项目)	100 个化合物/(月·项目)
↓	↓
100 个化合物/月	100 个化合物/月
↓	↓
活性 选择性	活性 选择性 代谢稳定性
↓	↓
2 个化合物的 PK 和活性	2 个化合物的 PK 和活性

图 11.28　有助于准确决策的新方法每个月会测试来自每个项目的 100 个化合物的代谢稳定性[21]

代谢稳定性的关键性质和相对较低的体外稳定性实验成本，对药物发现过程中其他更昂贵的测试具有很大的帮助。如图 11.29 所示，第一个化合物的 R,S 异构体和外消旋体均具有相同的微粒体稳定性；而对于表中的第二个化合物，S- 对映体比 R- 对映异构体更不稳定。因此，使用外消旋体的代谢稳定性数据不能准确评估某一对映异构体的微粒体稳定性。研究小组可使用微粒体稳定性数据结合活性和选择性数据，用于筛选候选化合物进行放大制备、手性分离和动物活性研究（图 11.30）。体外代谢稳定性数据可用于帮助研究团队做出明智的决定——选择哪些化合物开展进一步投入更多的研究（如手性拆分）。

$t_{1/2}$/min

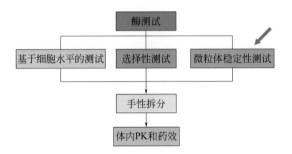

化合物	大鼠	小鼠	人体
外消旋体	3	5	18
S	5	4	16
R	3	6	18

相同

化合物	大鼠	小鼠	人体
外消旋体	9	6	11
S	2	3	3
R	21	7	19

$R > S$

图 11.29 利用较低成本的微粒体稳定性测试方法对手性化合物进行初步的评价

图 11.30 在开展昂贵的手性拆分和体内测试之前,利用微粒体稳定性测试来选择化合物的高效策略[21]

体外微粒体稳定性数据可用于体内药效试验的设计。图 11.31 中的化合物的微粒体半衰期较短,因此体内药效研究应在短时间内进行,届时化合物浓度将达到最大值。该化合物在早期时间段显示出显著的体内药效,但如果在 50～60 min 进行测试,将错失最佳活性测试时间。

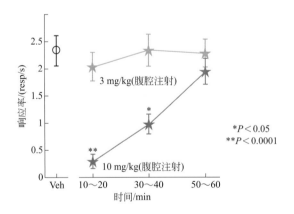

图 11.31 由于微粒体稳定性较差,因此本模型的体内疗效研究时间窗较短
在 10～20 min 和 30～40 min 可观察到疗效,而在 50～60 min 时疗效不显著

体外微粒体稳定性数据可用于计算"内在清除率"(intrinsic clearance,CL_{int}),这是基于肝脏代谢反应的预测 CL。奥巴赫(Obach)开发的计算内在清除率的公式如下[22]:

$CL_{int} = (0.693/t_{1/2 微粒体}) \times [孵育(mL)/微粒体蛋白(mg)] \times [微粒体蛋白(mg)/肝(g)] \times [肝(g)/体重(kg)]$

例如:如果
- $t_{1/2 微粒体} = 15$ min;
- 微粒体蛋白浓度 $= 0.5$ mg/mL;

- 微粒体蛋白 (mg)/ 肝 (g)=45 mg/g;
- 肝 (g)/ 体重 (kg)=20 g/kg（人）。

则：

$CL_{int,app}$=(0.693/15 min)×(1 mL/0.5 mg蛋白)×(45 mg蛋白/g)×(20 g/kg体重)=83 mL/(min·kg)

$CL_{int,app}$ 可用于搅拌模型或其他模型对化合物体内清除率的预测，但必须小心使用，因为 CYP 代谢可能不是化合物的唯一清除途径。CL 还可能受肝外代谢、肾清除、胆汁摄取，以及血浆或肠道水解的影响。体内清除值分类的例子如表 11.6 所示。

表 11.6 药代动力学清除率（CL）的分类举例

物种	肝血流量 /[mL/(min·kg)]	低 CL(20% HBF) /[mL/(min·kg)]	高 CL(80% HBF) /[mL/(min·kg)]	物种	肝血流量 /[mL/(min·kg)]	低 CL(20% HBF) /[mL/(min·kg)]	高 CL(80% HBF) /[mL/(min·kg)]
小鼠	90	18	72	猴	44	9	35
大鼠	70	14	56	人体	20	4	16
犬	40	8	32				

11.7 手性对代谢稳定性的影响

手性可能极大地影响化合物的代谢稳定性，因为对映体与代谢酶的结合有不同的亲和力和导向。这也会影响到 I 相和 II 相代谢酶。多达 75% 的手性药物表现出立体选择性代谢。表 11.7 列举了几种药物的肝清除率差异。维拉帕米（verapamil）清除率显示出了对映体之间的差异。由于口服后的首过代谢，不同给药途径之间可能存在较大的立体特异性差异。不同化合物的立体选择性代谢如图 11.32～图 11.34 所示[23-26]。另一个例子是特布他林（terbutaline），其在小肠中的代谢具有 1.9 倍的对映体比率（+ 对映体 /− 对映体）。

表 11.7 肝脏代谢的立体特异性差异

药物	清除率 /(L/min) (R)	(S)	比例	药物	清除率 /(L/min) (R)	(S)	比例
普萘洛尔（propanolol）（IV）	1.21	1.03	1.2∶1	维拉帕米（PO）	1.72	7.46	1∶4.3
普萘洛尔（PO）	2.78	1.96	1.4∶1	华法林（warfarin）（PO）	0.23	0.33	1∶1.4
维拉帕米（verapamil）（IV）	0.80	1.40	1∶1.8	普罗帕酮（propafenone）（PO）	13.5	32.6	2.4∶1

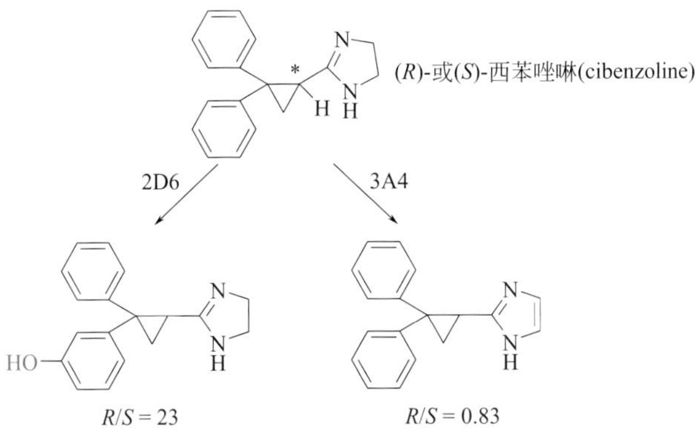

图 11.32 西苯唑啉的立体选择性代谢[23]

经 T Niwa, T Shiraga, Y Mitani, et al. Stereoselective metabolism of cibenzoline, an antiarrhythmic drug, by human and rat liver microsomes: possible involvement of CYP2D and CYP3A. Drug Metab Dispos, 2000, 28: 1128-1134 授权转载，
版权归 2000 American Society for Pharmacology and Experimental Therapeutics 所有

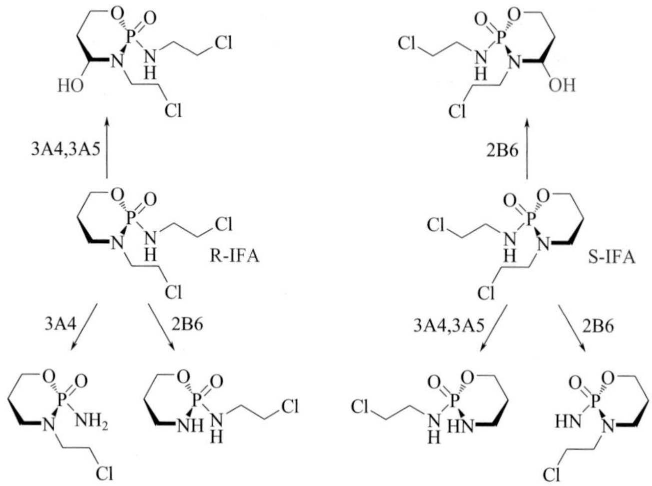

图 11.33　异环磷酰胺（ifosfamide）的立体选择性代谢途径[25]

经 P Roy, O Tretyakov, J Wright, et al. Stereoselective metabolism of ifosfamide by human P-450S 3A4 and 2B6. Favorable metabolic properties of R-enantiomer. Drug Metab Dispos, 1999, 27: 1309-1318 授权转载，版权归 1999 American Society for Pharmacology and Experimental Therapeutics 所有

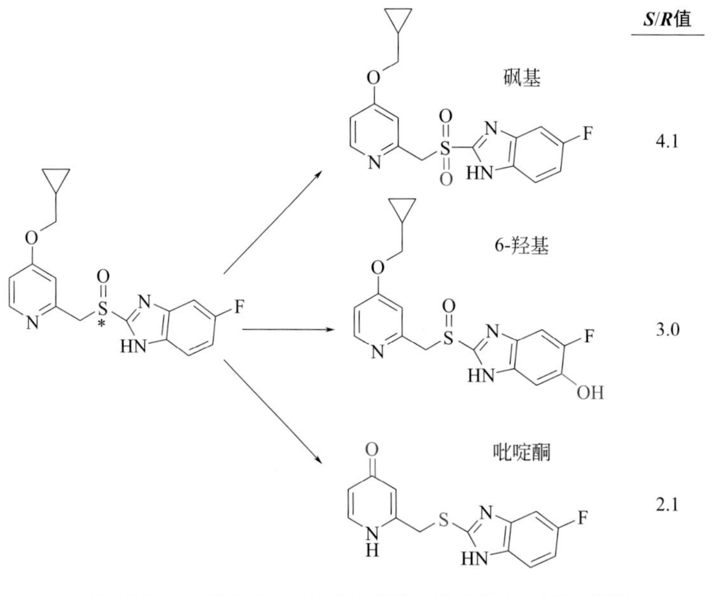

图 11.34　取代苯并咪唑的人肝微粒体的立体选择性代谢[26]

经 A Abelo, T B Andersson, U Bredberg, et al. Stereoselective metabolism by human liver CYP enzymes of a substituted benzimidazole. Drug Metab Dispos, 2000, 28: 58-64 授权转载，版权归 2000 American Society for Pharmacology and Experimental Therapeutics 所有

11.8　CYP 同工酶的底物特异性

药物通常可被多种 CYP 同工酶代谢。然而，不同的 CYP 同工酶在药物代谢特性上存在一定差异（表 11.8）[29]。目前，已报道了多种 CYP 同工酶的 X 射线单晶衍射结构[27]。对可发生结合和氧化位点的结构特征的了解有助于设计代谢稳定性更强的分子。

表 11.8 常规 CYP 代谢底物的特征[27,28]

CYP	活性位点的体积 /Å^3	lgP 的范围	lgP 的平均值	分子特征	典型底物
3A4	765～2000	0.97～7.54	3.10	结构具有多样性，分子相对较大	硝苯地平（nifedipine）
2D6	540～797	0.75～5.04	3.08	含氮碱类	普萘洛尔（propranolol）
2C8	1438～1536	0.06～6.98	3.38	大的阴离子	罗格列酮（rosiglitazone）
2C9	670～1457	0.89～5.18	3.20	弱酸性化合物	萘普生（naproxen）
2C19	约 900	1.49～4.42	2.56	中性或碱性化合物	S-美芬妥英（S-mephenytoin）
1A2	375～406	0.08～3.61	2.01	平面芳香化合物、杂环胺、酰胺	咖啡因（caffeine）
2B6	279～344	0.23～4.89	2.54	小的非平面碱性化合物	安非他酮（bupropion）
2E1	190～473	-1.35～3.63	2.07	小的中性分子	氯唑沙宗（chlorzoxazone）

11.8.1 CYP1A2 的底物

图 11.35 列举了 CYP1A2 的底物。CYP1A2 倾向于催化平面芳香族、杂环胺和酰胺的代谢，其活性部位的结合口袋相对较小。

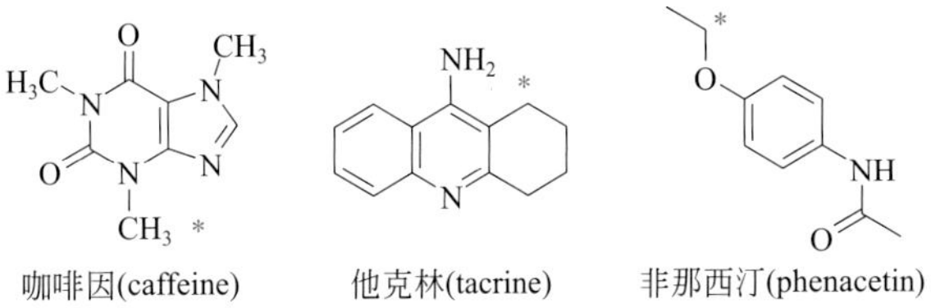

图 11.35 CYP1A2 的底物实例（主要代谢位点以星号标记）

11.8.2 CYP2D6 的底物

CYP2D6 倾向于代谢中等大小的碱性胺[30]，其活性位点的构效关系如图 11.36 所示。CYP2D6 的底物具有以下特征：
- ≥1 个碱性 N 原子；
- 氧化部位或附近具有平坦的疏水区域（如平面芳香结构）；
- 从碱性氮原子（pH 7.4）到氧化部位的距离为 5～7 Å；
- 平面上方为负电势能。

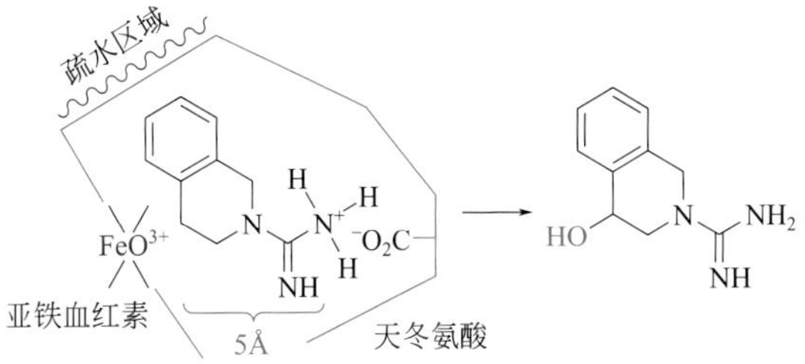

图 11.36 CYP2D6 活性位点的 SAR[30]（氧化位点与碱性氮的距离为 5～7Å）

阳离子可以与活性位点中的阴性天冬氨酸发生牢固的结合。

图 11.37 中列举出了 CYP2D6 的部分底物实例，其中许多药物含有碱性氮原子。虽然 CYP2D6 在肝脏中分布较少（约 2%），但其能够代谢临床上 30% 的药物。约有 7%～10% 白种人的 CYP2D6 代谢较弱（缺乏该酶或酶活性较低）。对这一类人而言，那些依赖 CYP2D6 酶进行代谢的药物不能被及时清除，进而会累积达到中毒剂量。而对于那些依赖 CYP2D6 来激活的药物，该酶的代谢失常会使药物治疗效果下降甚至无效。

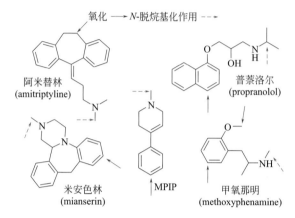

图 11.37　CYP2D6 底物的实例[31]

碱性氮与氧化部位的距离为 5～7Å，代谢的主要部位和类型已被标记

11.8.3　CYP2C9 的底物

CYP2C9 底物的定义通常并没有特别严谨，一般具有以下特点[32~34]：
- 偶极较大或带有负电荷；
- 富含氧原子或含有一个羧基（如非甾体抗炎药、磺酰胺、醇），具有氢键受体；
- 含有一个芳环或疏水相互作用。

CYP2C9 活性位点的构效关系及原子间的关系如图 11.38 所示。图 11.39 列举了部分 CYP2C9 的底物。

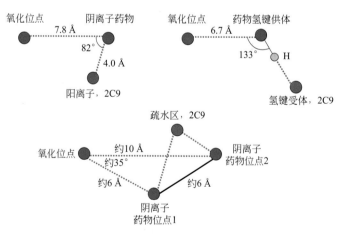

图 11.38　CYP2C9 的 SAR 和活性位点，其底物具有特异性[34]

经 M J de Groot, S Ekins. Pharmacophore modeling of cytochromes P450. Adv Drug Deliv Rev, 2002, 54: 367-383 授权转载，版权归 Elsevier B.V. 所有

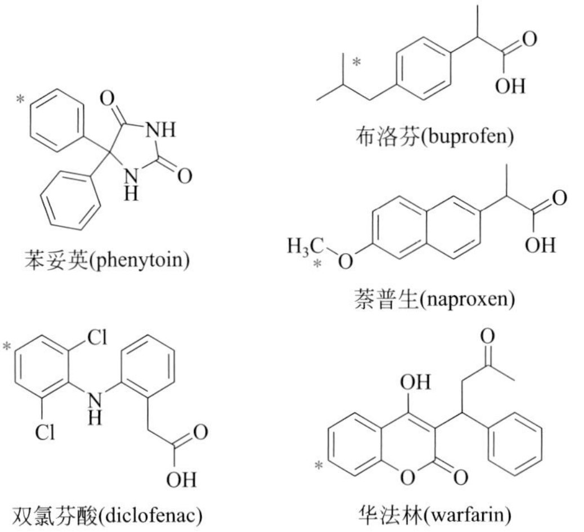

图 11.39　CYP2C9 底物的实例[32-34]
其底物通常含有羧基或富含氧原子（氢键受体）（代谢位点已标记）

CYP2C9 和 CYP2C19 具有 91% 的序列同源性。CYP2C9 具有中性离子和阴离子结合位点，而 CYP2C19 更倾向于结合中性的底物。图 11.40 中的实例说明酸性化合物与 CYP2C19 的结合能力更弱[35]。

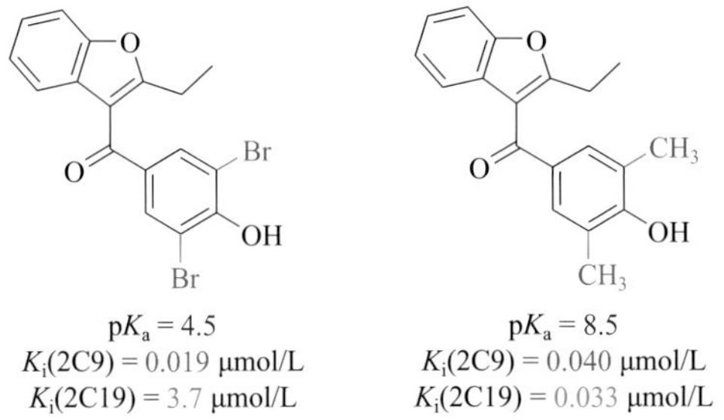

pK_a = 4.5
K_i(2C9) = 0.019 μmol/L
K_i(2C19) = 3.7 μmol/L

pK_a = 8.5
K_i(2C9) = 0.040 μmol/L
K_i(2C19) = 0.033 μmol/L

图 11.40　CYP2C9 与 CYP2C19 具有相似的结合特异性，而 CYP2C19 更倾向于结合中性底物[35]
经 C W Locuson, H Suzuki, A E Rettie, et al. Charge and substituent effects on affinity and metabolism of benzbromarone-based CYP2C19 inhibitors. J Med Chem, 2004, 47: 6768-6776 授权转载，版权归 2004 American Chemical Society 所有

11.9　醛氧化酶

醛氧化酶（aldehyde oxidase，AO）是一种在细胞质中发现的可溶性酶[36]，其在人体内只有一种亚型。除可将醛代谢成羧酸外，AO 还具有很广泛的底物特异性，如代谢含氮芳杂环和含碳氮双键（C=N）的化合物，此类结构在激酶类药物中很常见[37]。图 11.41 中列举了部分 AO 的经典底物。AO 氧化的是通过双键与氮原子相连的碳原子。图 11.42 列举了部分常见的 AO 底物结构骨架[37]。

与 CYP 不同的是，AO 不会发生代谢转换。因此，直接阻断药物的不稳定位点是减少 AO 代谢的可行方法。图 11.43 列举了一个实例[38]。通过在代谢位点（碳氮双键旁边的碳原子）上引入甲氧基消除了 AO 氧化。从芳环上除去 N 也会起到相同的作用。通常，CYP 酶会进攻富电子的位点，而 AO 倾向于攻击缺电子的位点。例如，在芳香环上引入一个吸电子基团（如 CN）可降低 CYP 的氧化，但会加速 AO 对其进行代谢。如图 11.44 中的实例显示了供电子基团（CH_3、OH、OCH_3）是如何改善药物对人 S9 中 AO 的稳定性[39]，这与 CYP 的代谢是截然相反的。其他阻断 AO 代谢的策略也有报道[40]。

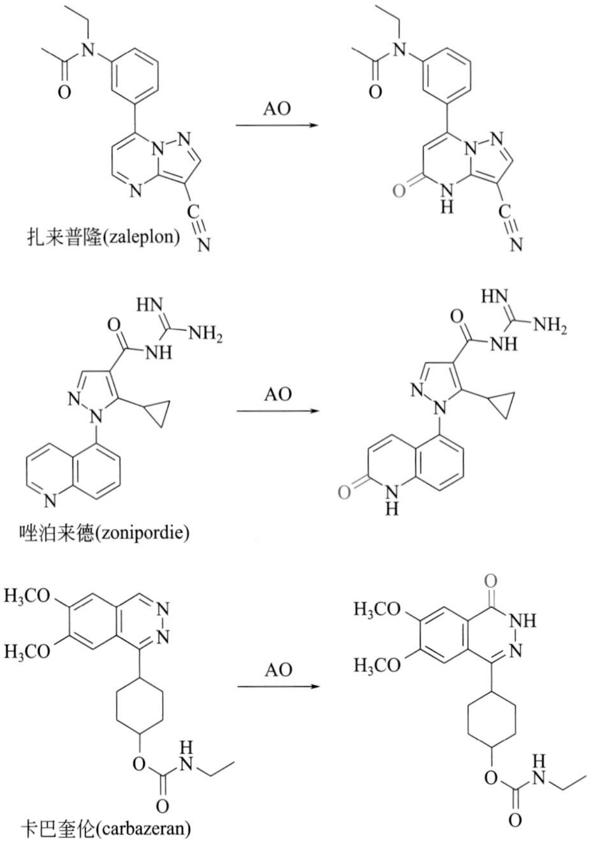

图 11.41 AO 底物的实例[37]

经 D C Pryde, D Dalvie, Q Hu, et al. Aldehyde oxidase: an enzyme of emerging importance in drug discovery. J Med Chem, 2010, 53: 8441-8460 授权转载，版权归 2010 American Chemical Society

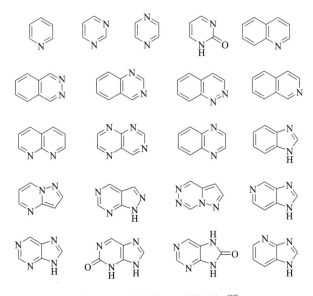

图 11.42 常见的 AO 底物骨架[37]

经 D C Pryde, D Dalvie, Q Hu, et al. Aldehyde oxidase: an enzyme of emerging importance in drug discovery. J Med Chem, 2010, 53: 8441-8460 授权转载，版权归 2010 American Chemical Society 所有

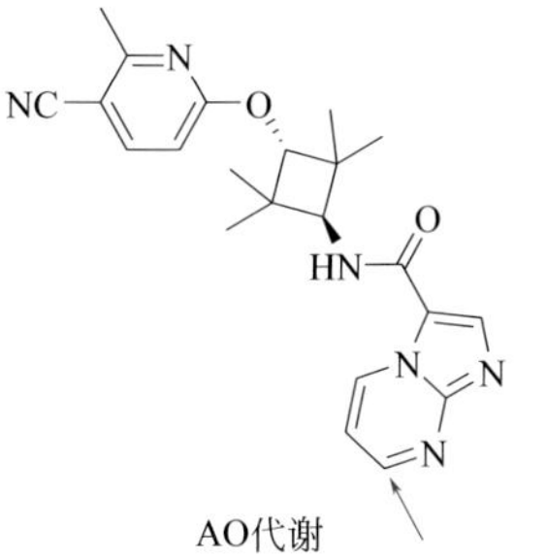

AO代谢

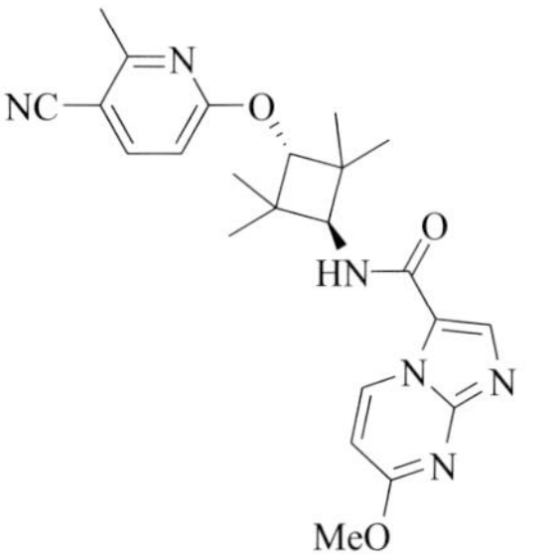

非AO代谢

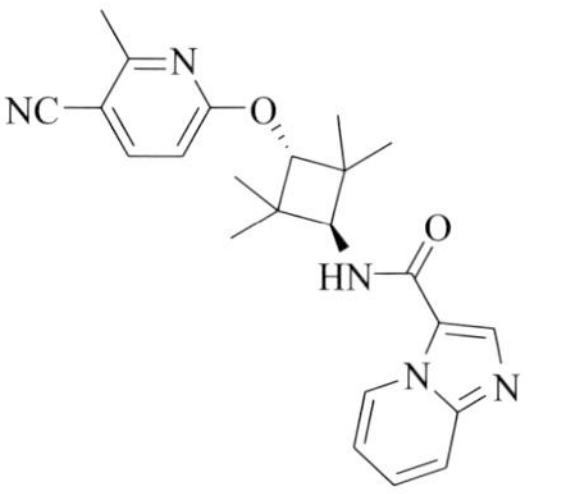

非AO代谢

图 11.43　减少 AO 代谢的结构修饰[38]

经 A Linton, P Kang, M Ornelas, et al. Systematic structure modifications of imidazo[1,2-*a*]pyrimidine to reduce metabolism mediated by aldehyde oxidase (AO). J Med Chem, 2011, 54: 7705-7712 授权转载，版权归 2011 American Chemical Society 所有

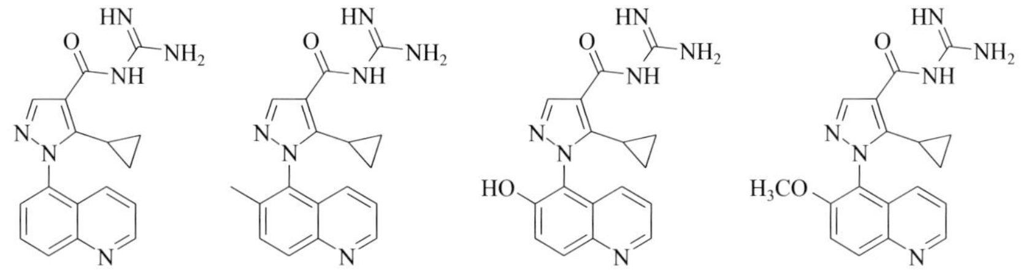

$t_{1/2}$ 26 min
唑泊来德
(zoniporide)

$t_{1/2}$ 120 min

$t_{1/2}$ 120 min

$t_{1/2}$ 120 min

图 11.44　提高 AO 稳定性的结构修饰[39]

通过 AO 通路进行的药物清除过程在药物发现中通常会被忽略，原因如下：① AO 是一种细胞质酶，使用人肝微粒体进行的第一阶段筛选不能检测到其代谢作用；②没有用于研究 AO 的良好动物模型。啮齿动物的 AO 水平变化很大，而犬不表达 AO。此外，动物数据通常不能很好地预测人体内 AO 的清除率。最近有报道显示，猕猴可能是研究人类 AO 代谢的合适模型[41]。当然也需要更多的数据来证明这些发现。由于以上原因，在药物发现的早期阶段，候选药物涉及 AO 的清除通常

被忽略，但 AO 代谢会导致人体内的高药物清除率和低口服生物利用度，进而使得候选药物在临床试验阶段宣告失败[39,42]。当然，制药企业也从一次次的失败经历中总结了教训，所以提出了这样的建议：当药物中存在含有芳香性碳氮双键（C=N）时，应当采用人源细胞质、S9 或肝细胞来检测 AO 对该化合物的代谢活性。AO 的代谢不需要辅因子参与。已建立了一个标准来衡量化合物对 AO 代谢的稳定性，根据基于细胞质或 S9 的标记化合物的清除率将化合物分类为高度、中度和低度代谢[43]。对于具有高至中等 AO 代谢的化合物，建议进行结构修饰以减少 AO 代谢的影响。

（徐盛涛　徐进宜）

思考题

(1) 列举生命系统中分解/代谢反应的四种类型或位置。
(2) 代谢反应使分子发生了哪些变化？
　　(a) 化学稳定性更高；(b) 渗透性更高；(c) 极性更大；(d) 毒性更小。
(3) 下面性质中哪两个是代谢反应的两个重要方面？
　　(a) 化合物溶解度；(b) 与代谢酶的结合；(c) 可旋转键；(d) 与活性位点相邻的位置的反应性。
(4) 什么是代谢转换？
(5) 列举主要的药物 I 相代谢反应。
(6) 列举主要的药物 II 相代谢反应。
(7) 体外代谢稳定性是确定以下哪些 PK 参数的一个重要属性？
　　(a) c_0；(b) 分布容积；(c) 清除率；(d) t_{max}；(e) 生物利用度。
(8) 以下化合物经历了如图所示的主要代谢反应。应如何对该化合物进行结构修饰以改善其代谢稳定性？

(9) 下列分子的哪个部位可能会发生 II 相代谢？可能会发生什么反应？

(10) 代谢稳定性的数据可以被用来？
(a) 选择具有大概率较高生物利用度的化合物进行 PK 研究；(b) 指导结构修饰以改善稳定性；(c) 分析生物利用度低的原因；(d) 指导结构修饰以增加渗透性；(e) 选择化合物进行后续更昂贵的体内有效性研究。

(11) 下列哪种结构修饰可能会提高代谢稳定性？
(a) 在代谢位点引入 F 或 Cl 原子；(b) 去除不稳定基团；(c) 引入羟基；(d) 将不稳定位点进行环合；(e) 减小环体积；(f) 在易代谢位点增加立体位阻基团；(g) 增加亲脂性。

参考文献

[1] M. Rowland, T.N. Tozer, Clinical Pharmacokinetics and Pharmacodynamics: Concepts and Applications, Lippincott Williams & Wilkins, Baltimore, MD, 2011.
[2] L. Di, E.H. Kerns, Y. Hong, H. Chen, Development and application of high throughput plasma stability assay for drug discovery. Int. J. Pharm. 297 (2005) 110-119.
[3] P.A. Williams, J. Cosme, D.M. Vinkovic, A. Ward, H.C. Angove, P.J. Day, C. Vonrhein, I.J. Tickle, H. Jhoti, Crystal structures of human cytochrome P450 3A4 bound to metyrapone and progesterone, Science (Washington, DC, United States) 305 (2004) 683-686.
[4] F.P. Guengerich, W.W. Johnson, Kinetics of ferric cytochrome P450 reduction by NADPH-cytochrome P450 reductase: rapid reduction in the absence of substrate and variations among cytochrome P450 systems, Biochemistry 36 (1997) 14741-14750.
[5] J. Magdalou, S. Fournel-Gigleux, B. Testa, M. Ouzzine, M. Nencki, Biotransformation reactions, In: C.G. Wermuth (Ed.), Practice of Medicinal Chemistry, second ed., Elsevier Academic Press, Amsterdam, 2003, pp. 517-543.
[6] H. van de Waterbeemd, E. Gifford, ADMET in silico modelling: towards prediction paradise? Nat. Rev. Drug Discov. 2 (2003) 192-204.
[7] S.A. Wring, I.S. Silver, C.J. Serabjit-Singh, Automated quantitative and qualitative analysis of metabolic stability: a process for compound selection during drug discovery, Methods Enzymol. 357 (2002) 285-295.
[8] M. Tandon, M.-M. O'Donnell, A. Porte, D. Vensel, D. Yang, R. Palma, A. Beresford, M.A. Ashwell, The design and preparation of metabolically protected new arylpiperazine 5-HT$_{1A}$ ligands, Bioorg. Med. Chem. Lett. 14 (2004) 1709-1712.
[9] J.B. Hester, J.K. Gibson, L.V. Buchanan, M.G. Cimini, M.A. Clark, D.E. Emmert, M.A. Glavanovich, R.J. Imbordino, R.J. LeMay, M.W. McMillan, S.C. Perricone, D.M. Squires, R.R. Walters, Progress toward the development of a safe and effective agent for treating reentrant cardiac arrhythmias: synthesis and evaluation of ibutilide analogues with enhanced metabolic stability and diminished proarrhythmic potential, J. Med. Chem. 44 (2001) 1099-1115.
[10] I. Hutchinson, S.A. Jennings, B.R. Vishnuvajjala, A.D. Westwell, M.F.G. Stevens, Antitumor benzothiazoles. 16. Synthesis and pharmaceutical properties of antitumor 2-(4-aminophenyl)benzothiazole amino acid prodrugs, J. Med. Chem. 45 (2002) 744-747.
[11] A. Palani, S. Shapiro, H. Josien, T. Bara, J.W. Clader, W.J. Greenlee, K. Cox, J.M. Strizki, B.M. Baroudy, Synthesis, SAR, and biological evaluation of oximino-piperidino-piperidine amides. 1. Orally bioavailable CCR5 receptor antagonists with potent anti-HIV activity, J. Med. Chem. 45 (2002) 3143-3160.
[12] P.M. Manoury, J.L. Binet, J. Rousseau, F.M. Lefevre-Borg, I.G. Cavero, Synthesis of a series of compounds related to betaxolol, a new b1-adrenoceptor antagonist with a pharmacological and pharmacokinetic profile optimized for the treatment of chronic cardiovascular diseases, J. Med. Chem. 30 (1987) 1003-1011.
[13] N. Plobeck, D. Delorme, Z.-Y. Wei, H. Yang, F. Zhou, P. Schwarz, L. Gawell, H. Gagnon, B. Pelcman, R. Schmidt, S.Y. Yue, C. Walpole, W. Brown, E. Zhou, M. Labarre, K. Payza, S. St-Onge, A. Kamassah, P.-E. Morin, D. Projean, J. Ducharme, E. Roberts, New diarylmethylpiperazines as potent and selective nonpeptidic delta opioid receptor agonists with increased in vitro metabolic stability, J. Med. Chem. 43 (2000) 3878-3894.

[14] T. Mano, Y. Okumura, M. Sakakibara, T. Okumura, T. Tamura, K. Miyamoto, R.W. Stevens, 4-[5-Fluoro-3-[4-(2-methyl-1H-imidazol-1-yl)benzyloxy]phenyl]-3,4,5,6-tetrahydro-2H-pyran-4-carboxamide, an orally active inhibitor of 5-lipoxygenase with improved pharmacokinetic and toxicology characteristics, J. Med. Chem. 47 (2004) 720-725.

[15] A.R. MacKenzie, A.P. Marchington, D.S. Middleton, S.D. Newman, B.C. Jones, Structure-activity relationships of 1-alkyl-5-(3,4-dichlorophenyl)-5-{2-[(3-substituted)-1-azetidinyl]ethyl}-2-piperidones. 1. Selective antagonists of the neurokinin-2 receptor, J. Med. Chem. 45 (2002) 5365-5377.

[16] J.-L. Peglion, B. Goument, N. Despaux, V. Charlot, H. Giraud, C. Nisole, A. Newman-Tancredi, A. Dekeyne, M. Bertrand, P. Genissel, M.J. Millan, Improvement in the selectivity and metabolic stability of the serotonin 5-HT$_{1A}$ Ligand, S 15535: a series of cis- and trans-2-(arylcycloalkylamine) 1-indanols, J. Med. Chem. 45 (2002) 165-176.

[17] G. Brooks, W. Burgess, D. Colthurst, J.D. Hinks, E. Hunt, M.J. Pearson, B. Shea, A.K. Takle, J.M. Wilson, G. Woodnutt, Pleuromutilins. Part 1. The identification of novel mutilin 14-carbamates, Bioorg. Med. Chem. 9 (2001) 1221-1231.

[18] P. Madsen, A. Ling, M. Plewe, C.K. Sams, L.B. Knudsen, U.G. Sidelmann, L. Ynddal, C.L. Brand, B. Andersen, D. Murphy, M. Teng, L. Truesdale, D. Kiel, J. May, A. Kuki, S. Shi, M.D. Johnson, K.A. Teston, J. Feng, J. Lakis, K. Anderes, V. Gregor, J. Lau, Optimization of alkylidene hydrazide based human glucagon receptor antagonists. discovery of the highly potent and orally available 3-cyano-4-hydroxybenzoic acid [1-(2,3,5,6-tetramethylbenzyl)-1Hindol-4-ylmethylene]hydrazide, J. Med. Chem. 45 (2002) 5755-5775.

[19] W.-L. Wu, D.A. Burnett, R. Spring, W.J. Greenlee, M. Smith, L. Favreau, A. Fawzi, H. Zhang, J.E. Lachowicz, Dopamine D1/D5 receptor antagonists with improved pharmacokinetics: design, synthesis, and biological evaluation of phenol bioisosteric analogues of benzazepine D1/D5 antagonists, J. Med. Chem. 48 (2005) 680-693.

[20] P. Ettmayer, G.L. Amidon, B. Clement, B. Testa, Lessons learned from marketed and investigational prodrugs, J. Med. Chem. 47 (2004) 2393-2404.

[21] L. Di, E.H. Kerns, Application of pharmaceutical profiling assays for optimization of drug-like properties, Curr. Opin. Drug Discov. Devel. 8 (2005) 495-504.

[22] R.S. Obach, Prediction of human clearance of twenty-nine drugs from hepatic microsomal intrinsic clearance data: an examination of in vitro half-life approach and nonspecific binding to microsomes, Drug Metab. Dispos. 27 (1999) 1350-1359.

[23] T. Niwa, T. Shiraga, Y. Mitani, M. Terakawa, Y. Tokuma, A. Kagayama, Stereoselective metabolism of cibenzoline, an antiarrhythmic drug, by human and rat liver microsomes: possible involvement of CYP2D and CYP3A, Drug Metab. Dispos. 28 (2000) 1128-1134.

[24] H. Lu, J.J. Wang, K.K. Chan, P.A. Philip, Stereoselectivity in metabolism of ifosfamide by CYP3A4 and CYP2B6, Xenobiotica 36 (2006) 367-385.

[25] P. Roy, O. Tretyakov, J. Wright, D.J. Waxman, Stereoselective metabolism of ifosfamide by human P-450S 3A4 and 2B6. Favorable metabolic properties of R-enantiomer, Drug Metab. Dispos. 27 (1999) 1309-1318.

[26] A. Abelo, T.B. Andersson, U. Bredberg, I. Skanberg, L. Weidolf, Stereoselective metabolism by human liver CYP enzymes of a substituted benzimidazole, Drug Metab. Dispos. 28 (2000) 58-64.

[27] D. Dong, B. Wu, D. Chow, M. Hu, Substrate selectivity of drug-metabolizing cytochrome P450s predicted from crystal structures and in silico modeling, Drug Metab. Rev. 44 (2012) 192-208.

[28] D.F.V. Lewis, Y. Ito, Human P450s involved in drug metabolism and the use of structural modelling for understanding substrate selectivity and binding affinity, Xenobiotica 39 (2009) 625-635.

[29] D.F.V. Lewis, M. Dickins, Substrate SARs in human P450s, Drug Discov. Today 7 (2002) 918-925.

[30] A.M. ter Laak, N.P.E. Vermeulen, M.J. de Groot, Molecular modeling approaches to predicting drug metabolism and toxicity, In: A.D. Rodrigues (Ed.), Drug-Drug Interactions, Marcel Dekker, Inc., New York, 2002, , pp. 505-548.

[31] M.J. De Groot, M.J. Ackland, V.A. Horne, A.A. Alex, B.C. Jones, A novel approach to predicting P450 mediated drug metabolism. CYP2D6 catalyzed N-dealkylation reactions and qualitative metabolite predictions using a combined protein and pharmacophore model for CYP2D6, J. Med. Chem. 42 (1999) 4062-4070.

[32] S. Rao, R. Aoyama, M. Schrag, W.F. Trager, A. Rettie, J.P. Jones, A refined 3-dimensional QSAR of cytochrome P450 2C9: computational predictions of drug interactions, J. Med. Chem. 43 (2000) 2789-2796.

[33] M.J. de Groot, A.A. Alex, B.C. Jones, Development of a combined protein and pharmacophore model for cytochrome P450 2C9, J. Med. Chem. 45 (2002) 1983-1993.

[34] M.J. de Groot, S. Ekins, Pharmacophore modeling of cytochromes P450, Adv. Drug Deliv. Rev. 54 (2002) 367-383.

[35] C.W. Locuson, H. Suzuki, A.E. Rettie, J.P. Jones, Charge and substituent effects on affinity and metabolism of benzbromarone-based CYP2C19 inhibitors, J. Med. Chem. 47 (2004) 6768-6776.

[36] L. Di, The role of drug metabolizing enzymes in clearance, Expert Opin. Drug Metab. Toxicol. 10 (2014) 379-393.

[37] D.C. Pryde, D. Dalvie, Q. Hu, P. Jones, R.S. Obach, T.-D. Tran, Aldehyde oxidase: an enzyme of emerging importance in drug discovery, J. Med. Chem. 53 (2010) 8441-8460.

[38] A. Linton, P. Kang, M. Ornelas, S. Kephart, Q. Hu, M. Pairish, Y. Jiang, C. Guo, Systematic structure modifications of imidazo[1,2-a]pyrimidine to reduce metabolism mediated by aldehyde oxidase (AO), J. Med. Chem. 54 (2011) 7705-7712.

[39] D. Dalvie, H. Sun, C. Xiang, Q. Hu, Y. Jiang, P. Kang, Effect of structural variation on aldehyde oxidase-catalyzed oxidation of zoniporide, Drug Metab. Dispos. 40 (2012) 1575-1587.

[40] D.C. Pryde, T.-T. Tran, P. Jones, J. Duckworth, M. Howard, I. Gardner, R. Hyland, R. Webster, T. Wenham, S. Bagal, K. Omoto, R.P. Schneider, J. Lin, Medicinal chemistry approaches to avoid aldehyde oxidase metabolism, Bioorg. Med. Chem. Lett. 22 (2012) 2856-2860.

[41] J.M. Hutzler, M.A. Cerny, Y.-S. Yang, C. Asher, D. Wong, K. Frederick, K. Gilpin, Cynomolgus monkey as a surrogate for human aldehyde oxidase metabolism of the EGFR inhibitor BIBX1382, Drug Metab. Dispos. 42 (2014) 1751-1760, 10 pp.

[42] J.M. Hutzler, R.S. Obach, D. Dalvie, M.A. Zientek, Strategies for a comprehensive understanding of metabolism by aldehyde oxidase, Expert Opin. Drug Metab. Toxicol. 9 (2013) 153-168.

[43] M. Zientek, Y. Jiang, K. Youdim, R.S. Obach, In vitro-in vivo correlation for intrinsic clearance for drugs metabolized by human aldehyde oxidase, Drug Metab. Dispos. 38 (2010) 1322-1327.

第 12 章

血浆稳定性

12.1 引言

虽然有各种不同的给药途径（如口服给药、静脉注射、肌内注射），但大多数药物都是通过血液循环分布到靶组织的。然而，血液并不是一个惰性环境，某些药物在血浆中滞留时会发生分解，其中最常见的是酶参与的水解反应。药物分解可能会导致不良的药代动力学性质，难以进行体内药代动力学生物分析，以及无法开展临床候选药物研究。因此，对于药物研发人员而言，在药物发现的早期阶段预测和评估药物的血浆稳定性非常重要。当然，从积极的方面而言，药物在血浆中的分解可以被用来开发前药和软药。

12.2 血浆稳定性基本原理

血液中含有多种水解酶，如胆碱酯酶（cholinesterase）、醛缩酶（aldolase）、脂肪酶（lipase）、脱氢肽酶（dehydropeptidase）、碱性磷酸酶（alkaline phosphatase）和酸性磷酸酶（acid phosphatase）等[1]。各种酶的浓度随物种、疾病状态、性别、年龄和种族的不同而变化[2]。如果某一化合物对某种水解酶具有亲和力，并且该化合物在合适位点上有可水解的基团，那么它很可能会在血浆中发生水解。在药物研发中，许多官能团都被用来增强药物与靶蛋白的结合，其中也包括易水解的官能团。药物在血浆中的水解可能是导致药物清除率过高和药物在体内无法达到有效浓度的主要原因。基于此，在药物研发早期阶段，特别是在花费大量精力进行药物活性优化之前，评估项目中化合物结构的潜在不稳定基团的风险是非常重要的，一旦发现含有不稳定基团，需要对该基团进行修饰，或者去除这一基团。

某些官能团易受血浆影响发生降解，其中包括：
- 酯（ester）；
- 酰胺（amide）；
- 氨基甲酸酯（carbamate）；
- 内酰胺（lactam）；
- 内酯（lactone）；
- 磺酰胺（sulfonamide）。

含有这些基团的先导化合物，如多肽和多肽模拟物，应对其血浆稳定性进行测试。

手性对血浆稳定性的影响

血浆稳定性受药物手性的影响，这是由于对映体活性结构与血浆酶结合的位点和空间取向不同而引起的。例如，O-乙酰基普萘洛尔（propranolol）的水解速率常数受立体化学的影响（图 12.1）[3]。

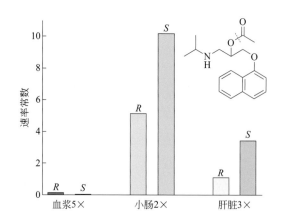

图 12.1　手性对 O-乙酰基普萘洛尔水解速率常数的影响[3]

12.3　药物血浆不稳定性的影响

12.3.1　药物血浆降解对药代动力学的影响

某些化合物的血浆降解反应速率可能非常快，导致其具有较高的清除率、较短的半衰期（$t_{1/2}$）和较小的药时曲线下面积（area under the curve，AUC）。致力于研究药物微粒体稳定性（microsomal stability）的团队可能会忽视血浆对药物的降解清除。微粒体酶与血浆中的酶不同，药物在肝微粒体中的稳定性并不能代表药物在血浆中的稳定性。

12.3.2　生物药物的降解

某些类型的生物候选药物可能会在血浆中发生分解。例如，抗体偶联物中可能含有易被血浆水解酶催化水解的基团。虽然多肽是目前人们感兴趣的一类化学物质，但许多天然多肽在血浆中会被快速降解。

12.3.3　药物血浆降解对生物分析的影响

研究血浆不稳定化合物的药代动力学性质是非常困难的，因为从给药动物中取出血浆样品后，血浆不稳定化合物仍会继续在其中降解。由于在储存过程中可能发生化合物的降解损耗，因此所分析血浆样品中的药物浓度可能也会偏低，同时也表明该化合物的药代动力学性质较差。药物在血浆中降解所引发的另一个问题是：在定量分析时，标准品需要在血浆中配制，但样品在血浆中可能会被降解，从而导致错误数据的产生。通常采取添加抑制剂或降低温度的方法来维持生物分析血浆中样品的稳定性（例如，迅速将样品放置于冰中冷却）。

12.3.4　前药和软药

药物化学家可利用药物在血浆中的水解反应来设计前药（prodrug）。例如，将药物制成含有酯键的前药可以增强药物的渗透性。前药增强了药物的胃肠道渗透性，促进了药物的吸收，增加了血药浓度。血液中的水解酶能够水解前药并产生药物活性成分。本书第 39 章将对前药展开进一步的讨论。

软药（soft drug 或 antedrug）和前药则完全相反[4,5]，软药只在局部发挥活性，一旦进入血液就会被迅速降解为无活性的化合物。软药的目的是尽量避免药物进入体循环并产生副作用。图 12.2 列举了几个软药的实例：环索奈德（ciclesonide）局部作用于肺，可治疗哮喘和慢性阻塞性肺病；氟考丁酯（fluocortin-butyl）可作为局部使用的抗炎药；氯替泼诺（loteprednol etabonate）可用于治疗眼部的局部炎症[5]。上述都是局部作用的酯类药物，当其进入血液后会被水解为无活性的物质，因此毒性较小。

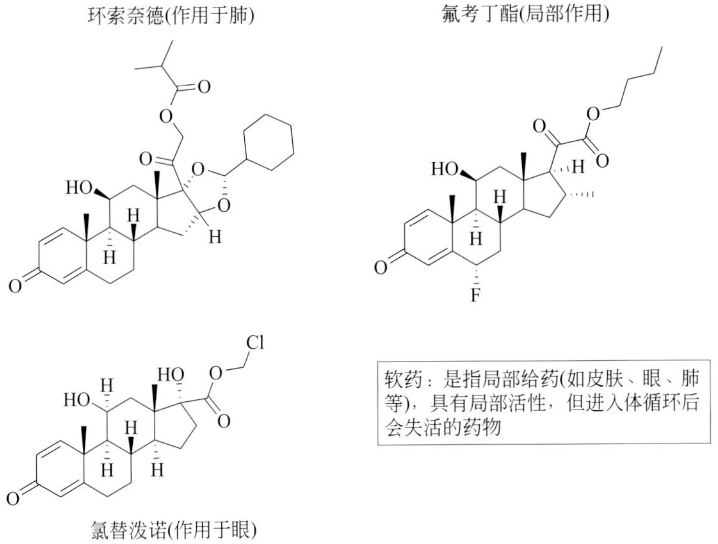

图 12.2　抗炎软药

药物在不同物种血浆中的稳定性差异可能很大，这使得通过动物实验预测前药的临床试验结果变得非常困难。图 12.3 中化合物在不同物种血浆中的稳定性顺序从小到大依次为：大鼠 < 犬 < 人[6]。通常，药物在啮齿类动物体内稳定性不如在人体内高。

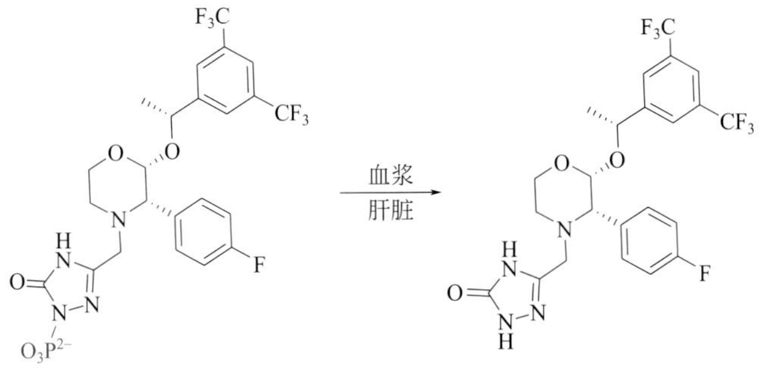

时间 /min	大鼠/(μmol/L)		犬/(μmol/L)		人/(μmol/L)	
	前药	原药	前药	原药	前药	原药
0	23	0.6	26	1.2	26	0.8
15	18	5.8	26	1.8	27	1.0
30	13	8.0	25	2.4	26	1.1
60	6.4	11	24	3.9	26	1.4
120	1.9	15	20	6.0	26	2.3

图 12.3　药物在不同物种血浆中的稳定性[6]

经 J J Hale, S G Mills, M MacCoss, et al. Phosphorylated morpholine acetal human neurokinin-1 receptor antagonists as water-soluble prodrugs. J Med Chem, 2000, 43: 1234-1241 授权转载，版权归 2000 American Chemical Society 所有

12.4 提高药物血浆稳定性的结构修饰策略

表 12.1 中列举了一些提高药物血浆稳定性的方法。某些官能团在血浆中易发生分解，因此在筛选先导化合物时应尽量避免选择具有易水解基团的化合物或采用修饰官能团的方法来提高药物稳定性。另一种可行的方法是通过测定药物分解的速率来判断是否影响药效的发挥。

表 12.1 提高药物血浆稳定性的结构修饰策略。

结构修饰策略	章节	结构修饰方法策略	章节
以酰氨基取代酯基	12.4.1	在软药中引入吸电子基团	12.4.3
增加空间位阻	12.4.2	除去易水解基团	

12.4.1 以酰氨基取代酯基

以酰氨基取代化合物同一位置的酯基，可提高药物在血浆中的稳定性。例如，图 12.4 中含有酯基化合物的半衰期小于 1 min，而相同位置取代为酰氨基的化合物的半衰期则为 69 h[7]。酰氨基保留了酯基的活性，但在同一位置，如用醚基或氨基取代酯基，虽然所得化合物的稳定性很高，但其活性可能会大大降低。

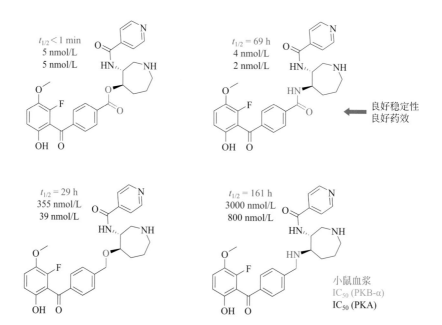

图 12.4 以酰氨基取代酯基可大大提高药物的血浆稳定性并维持较好的活性[7]
经 C B Breitenlechner, T Wegge, L Berillon, et al. Structure-based optimization of novel azepane derivatives as PKB inhibitors. J Med Chem, 2004, 47: 1375-1390 授权转载，版权归 2004 American Chemical Society 所有

12.4.2 增加空间位阻

在易水解基团附近增加空间位阻，也可以增加药物的血浆稳定性[8]。例如，在图 12.5 中，随着连接在药物内酰氨基上取代基 R 基团位阻的增大，药物的稳定性不断提高。空间位阻的增加还可以延长药物在血浆中的半衰期。

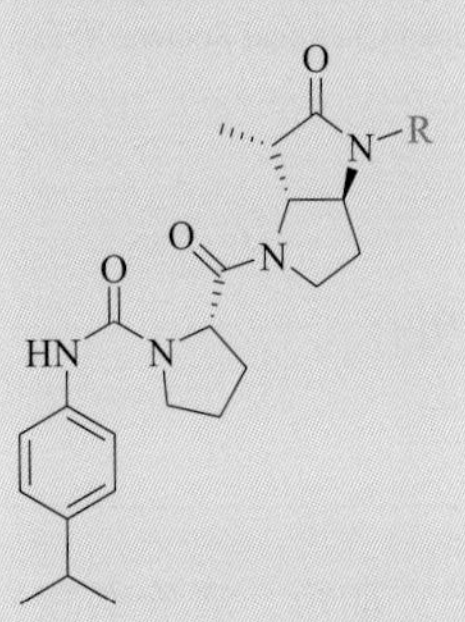

R	人血浆稳定性 $t_{1/2}$/h	人巨细胞病毒蛋白酶	
		IC$_{50}$/(μmol/L)	K_i/(nmol/L)
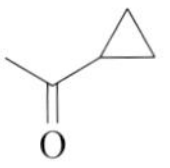 环丙基酮	0.5	0.2	2.4
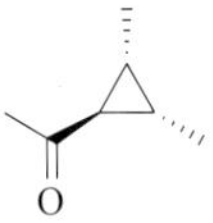 甲基环丙基酮	1.5	1.8	
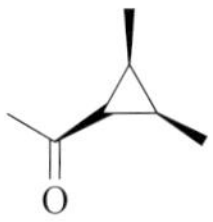 二甲基环丙基酮	6	0.3	16
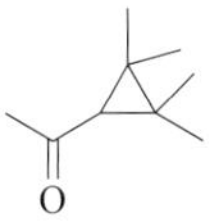 四甲基环丙基酮	16	>20	
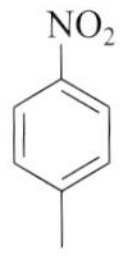 对硝基苄基	>24	8.7	
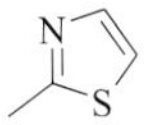 甲基噻唑	>24	1.5	446
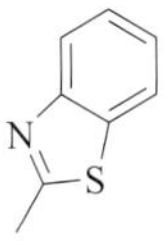 苯并噻唑	>24	0.18	10

图 12.5　增大内酰胺羰基的空间位阻可增强药物的血浆稳定性[8]

经 A D Borthwick, D E Davies, P F Ertl, et al. Design and synthesis of pyrrolidine-5,5′-*trans*-lactams (5-oxo-hexahydropyrrolo[3,2-*b*] pyrroles) as novel mechanism-based inhibitors of human cytomegalovirus protease. 4. Antiviral activity and plasma stability. J Med Chem, 2003, 46: 4428-4449 授权转载，版权归 2003 American Chemical Society 所有

12.4.3　在软药中引入吸电子基团

为了减少药物的副作用，可对软药进行特定的结构修饰，以降低其血浆稳定性，从而使软药在进入体循环后可被迅速代谢消除。例如，可以通过修饰基质金属蛋白（matrix metalloproteinase，MMP）抑制剂的膦酰氨酯基团以降低其血浆稳定性（图 12.6）[4]，当引入吸电子基团时，由于增加了磷原子的正电性，提高了药物的水解速率。

12.4.4　提高生物候选药物的稳定性

多肽和生物制剂可利用 D- 氨基酸、非天然氨基酸和切断或环化技术以减少药物的血浆水解。

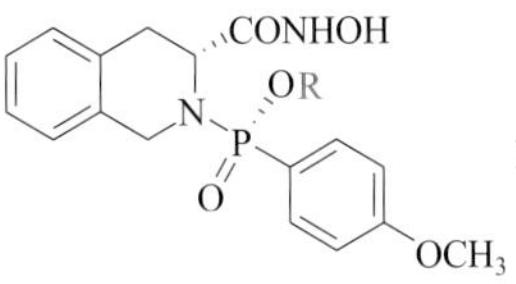

MMP 抑制剂

图 12.6

R	人血浆稳定性 60 min后剩余百分数/%	IC$_{50}$/(μmol/L)	
		HB-EGF	AR
Et	100	0.23	0.35
CH$_2$CH$_2$F	96	0.18	0.47
CH$_2$CHF$_2$	0($t_{1/2}$约10 min)	0.51	1.47
CH$_2$CF$_3$	0 ($t_{1/2}$＜1 min)	0.73	0.95
CH$_2$CH$_2$CF$_3$	99	0.31	0.97

图 12.6　在软药结构中引入吸电子基团可降低其血浆稳定性，增加清除率，减轻不良反应[4]
经 M Sawa, T Tsukamoto, T Kiyoi, et al. New strategy for antedrug application: development of metalloproteinase inhibitors as antipsoriatic drugs J Med Chem, 2002, 45: 930-936 授权转载，版权归 2002 American Chemical Society 所有

12.5　血浆稳定性研究策略

血浆稳定性在药物研发中有诸多用途[9]，以下将讨论其中一些应用。

12.5.1　诊断化合物体内表现不佳的原因

有时，一个化合物体内过程不佳（例如，药时曲线下面积过小、半衰期短、清除率高）的原因不能仅仅归咎于肝脏代谢率高。如果该化合物含有易被血浆酶水解的基团，则清除率高的部分原因是由药物在血浆中不稳定所导致的。血浆稳定性数据可用来判断化合物体内表现较差的可能原因。

图 12.7 中列举了一个判断药物体内药代动力学性质不佳原因的例子。图中三个芳酰腙化合物在体内的半衰期都很短，而化合物在血浆中的水解是造成药物药代动力学性质较差的可能原因。将上述化合物分别在 100 μmol/L 的磷酸盐缓冲液（PBS）、兔血浆和其他媒介中孵育。实验结果表明，其在 PBS 中相对稳定，但在血浆中降解较快。化合物的水解是由腙键引起的，同时，体内

化合物	大鼠血浆 $t_{1/2}$/h	PBS $t_{1/2}$/h
SIH	0.52	53
PIH	0.66	28
o-108	3.8	94

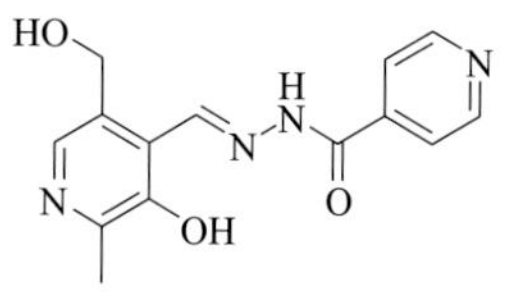

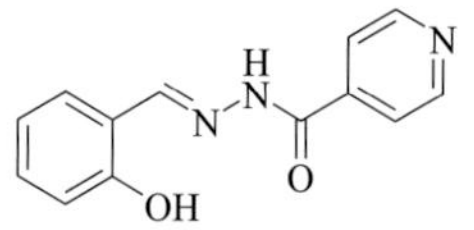

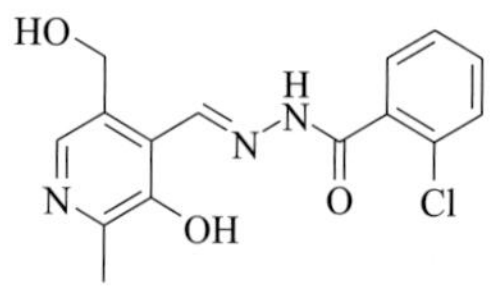

图 12.7　三个芳酰腙化合物的水解半衰期[10]
本研究的目的是探究芳酰腙化合物的血浆稳定性对其药代动力学的影响

药动学研究也在血浆样品中也发现了药物的分解产物。因此，最终确认血浆稳定性较差是上述三个芳酰脲化合物内半衰期较短的原因[10]。

图 12.8 显示了另一个判断药物药代动力学性质不佳原因的例子。两个糖基吲哚并咔唑类抗肿瘤化合物在血浆中都不稳定，并且体内和体外实验中都可观测到它们在血浆中的水解产物[11]。

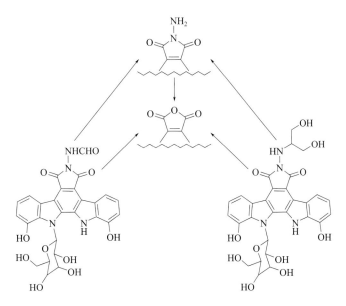

图 12.8　在血浆培养和药代动力学研究的血浆样品中同时观察到了两种糖基吲哚并咔唑类抗肿瘤化合物及其对应的水解产物[11]

12.5.2　药物血浆水解风险的预警

将血浆稳定性作为预警可以提醒研究团队注意化合物中的不稳定结构，以使研究团队能够较早地认识到存在的问题并加以解决，或排除某类具有不稳定结构的化合物。

12.5.3　对拟开展体内测试的化合物进行优先级排序

化合物的血浆稳定性相关信息可为团队做出明智决策提供更完整的数据。在体内药理学和药代动力学研究中，这些信息将被用于优选化合物。对于化合物系列而言，不同化合物的血浆稳定性不同，因此血浆稳定性是筛选化合物是否能进入下一步研究的有效方法。例如，图 12.9 中列举

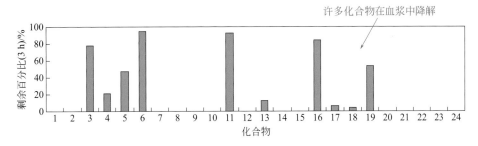

图 12.9　通过筛选不同系列化合物的血浆稳定性可优选出开展进一步研究的候选化合物[8]

经 L Di, E H Kerns, Y Hong, et al. Development and application of high throughput plasma stability assay for drug discovery. Int J Pharm, 2005, 297: 110-119 授权转载，版权归 2005 Elsevier B.V. 所有

了 200 多个化合物中 24 个化合物的血浆稳定性[9]。一般而言，同系列的化合物具有相似的活性和性质。但是，某些化合物的血浆稳定性明显好于其他类似物。当稳定性高的化合物具有明显优势时，继续研究不稳定的化合物是不明智的。将这些化合物的血浆稳定性数据、药效及其他相关数据结合，可以用于优选出少量用于体内测试的化合物。

12.5.4　确定合成优先次序

图 12.10 中的例子说明了血浆稳定性研究有助于确定化合物合成的优先次序。含有硫醚键的化合物在血浆中稳定，而含有砜基的化合物在血浆中不稳定[9]。因此，研究团队将致力于合成含有硫醚的系列化合物而放弃对含有砜基化合物的合成。

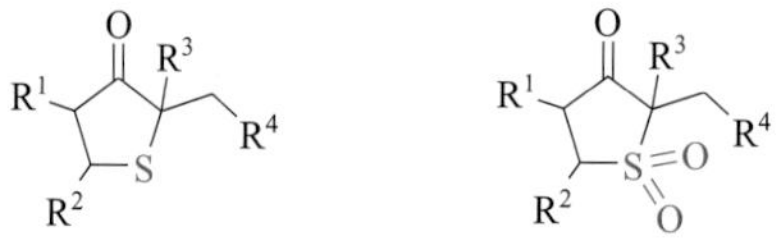

图 12.10　药物的血浆稳定性数据为继续研发含硫醚基团的化合物并终止研发含砜基的化合物提供了关键依据[9]

经 L Di, E H Kerns, Y Hong, et al.Development and application of high throughput plasma stability assay for drug discovery. Int J Pharm, 2005, 297: 110-119 授权转载，版权归 2005 Elsevier B.V. 所有

12.5.5　筛选前药

如果某一药物研发团队从事有关前药的研发，则药物的体外血浆稳定性测试可用于筛选出具有优良性质的前药。血浆稳定性可用于评价前药的性质。例如，某一研发项目合成了多个不同的双酯类前药以增强其渗透性和口服生物利用度（表 12.2）[9]，化合物 **1** 在血浆中过于稳定，因而不能用作前药；而化合物 **6** 是一个性质优良的前药，在胃肠液中较为稳定，但在血浆中可迅速水解为二元酸。同样地，对于软药研究，也可以通过药物的体外血浆稳定性测试筛选性质优良的化合物，以进行后续的体内实验。

表 12.2　双酯类前药的筛选（与大鼠血浆孵育 3 h 后的酯类化合物及其水解产物的百分比）

前药	双酯（3 h）/%	单酯（3 h）/%	二元酸（3 h）/%	前药	双酯（3 h）/%	单酯（3 h）/%	二元酸（3 h）/%
1	100	0	0	5	0.0	34.9	65.2
2	0.0	57.3	42.7	6	0.0	10.4	89.6
3	0.0	76.7	23.4	7	0.0	0.3	99.8
4	0.0	77.7	22.3				

12.5.6　指导结构修饰

血浆降解产物的结构通常可通过液相色谱/质谱分析法（LC/MS）进行检测。图 12.11 列举了含有末端氨基甲酸酯和环状氨基甲酸酯的一系列化合物的水解反应[9]。根据分子量大小，很容易区分是哪一个氨基甲酸酯发生了水解。最终发现环状的氨基甲酸酯比末端的氨基甲酸酯更为稳定。结构修饰或末端取代的氨基甲酸酯可增加药物的稳定性。

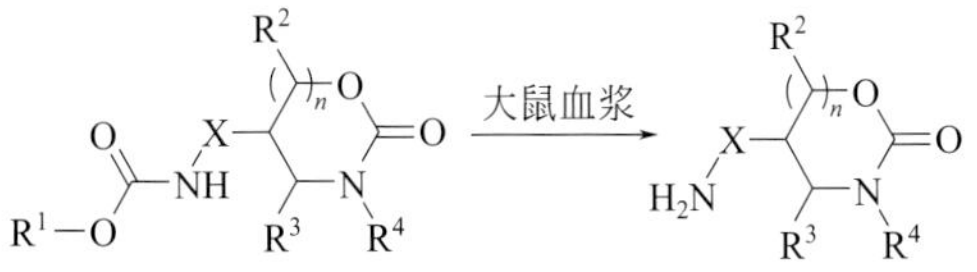

图 12.11　降解产物的鉴定除了能定量测定药物的半衰期外，还证明末端氨基甲酸酯是不稳定的，而环状氨基甲酸酯则是稳定的。这些信息可用于指导药物的结构修饰[9]

经 L Di, E H Kerns, Y Hong, et al. Development and application of high throughput plasma stability assay for drug discovery. Int J Pharm, 2005, 297: 110-119 授权转载，版权归 2005 Elsevier B.V. 所有

12.5.7　确认生物分析样品的血浆储存稳定性

生物样品的分析必须具有较高的精密度和灵敏度，当一个化合物可能会在血浆中发生水解时（由于化学结构引起水解），需要考虑该化合物在血浆中溶解和贮藏时的稳定性。化合物在血浆中的储存稳定性决定了血浆样品中的化合物是否会在从体内采样到进行分析实验的时间段内发生明显的分解。如果药物发生分解，那么药物在被测血浆中的浓度将被人为的降低，同时表明该药物的药代动力学性质较差。采样时，再同时取一份化合物加入空白血浆中，与实验样品一起储存，可确定样品中化合物的分解速率。药物血浆不稳定性引起的另一个问题是：在定量分析中，标准溶液需要在血浆中配制，但药物在分析过程中会发生降解，从而导致错误数据的产生。

例如，将氨苄西林（ampicillin）储藏在不同条件的人血浆中，其在血浆中的剩余百分比也会发生变化，生成的两种氨苄西林的血浆分解产物如图 12.12 所示[12]。这项研究表明，储存氨苄西林的血浆样品时必须注意药物的血浆稳定性。

储存条件	15天时的剩余百分数/%
室温	约25%
2 ℃	约55%
−20 ℃	约95%

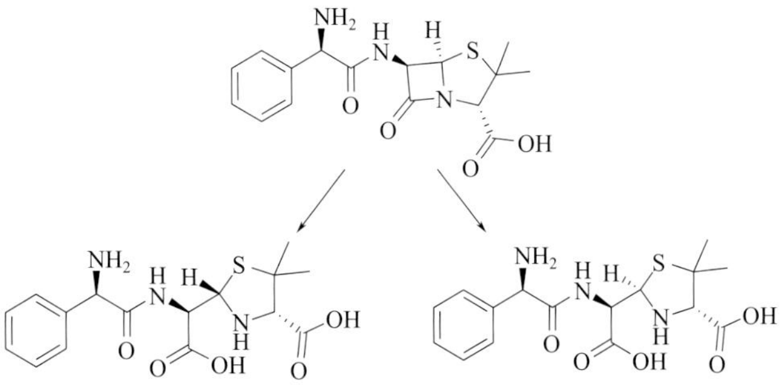

图 12.12　氨苄西林保存于不同条件人血浆中的降解情况及主要血浆降解产物[12]

经 T Gomes do Nascimento, E de Jesus Oliveirab, I D B. Júniora, et al. Short-term stability studies of ampicillin and cephalexin in aqueous solution and human plasma: application of least squares method in Arrhenius equation. J Pharm Biomed Anal, 2013, 73: 59-64 授权转载，版权归 2013 Elsevier B.V. 所有

（杨庆良　白仁仁）

思考题

（1）下列哪些化学结构将在血浆中部分或完全水解？

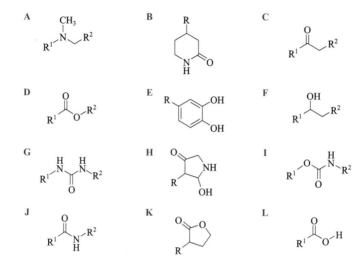

（2）列举两个关于药物血浆不稳定性的积极应用。

（3）可采用哪些结构修饰的方法来提高下列化合物的血浆稳定性？

（4）微粒体具有水解性，是否可用其评估药物的血浆水解性？

（5）下列哪些基团可能引起药物在血浆中发生潜在的水解反应？
（a）苯基；（b）羧基；（c）酯基；（d）内酯基；（e）三氟甲基；（f）氨基甲酸酯基；（g）酰氨基。

参考文献

[1] D.S. Dittmer, P.L. Altman, Blood and Other Body Fluids, Federation of American Societies for Experimental Biology, Washington, DC, 1961.

[2] C.S. Cook, P.J. Karabatsos, G.L. Schoenhard, A. Karim, Species dependent esterase activities for hydrolysis of an anti-HIV prodrug glycovir and bioavailability of active SC-48334, Pharm. Res. 12 (1995) 1158-1164.

[3] Y. Yoshigae, T. Imai, A. Horita, M. Otagiri, Species differences for stereoselective hydrolysis of propranolol prodrugs in plasma and liver, Chirality 9 (1997) 661-666.

[4] M. Sawa, T. Tsukamoto, T. Kiyoi, K. Kurokawa, F. Nakajima, Y. Nakada, K. Yokota, Y. Inoue, H. Kondo, K. Yoshino, New strategy for antedrug application: development of metalloproteinase inhibitors as antipsoriatic drugs, J. Med. Chem. 45 (2002) 930-936.

[5] P. Ettmayer, G.L. Amidon, B. Clement, B. Testa, Lessons learned from marketed and investigational prodrugs, J. Med. Chem. 47 (2004) 2393-2404.

[6] J.J. Hale, S.G. Mills, M. MacCoss, C.P. Dorn, P.E. Finke, R.J. Budhu, R.A. Reamer, S.-E.W. Huskey, D. Luffer-Atlas, B.J. Dean, E.M. McGowan, W.P. Feeney, S.-H.L. Chiu, M.A. Cascieri, G.G. Chicchi, M.M. Kurtz, S. Sadowski, E. Ber, F.D. Tattersall, N.M.J. Rupniak, A.R. Williams, W. Rycroft, R. Hargreaves, J.M. Metzger, D.E. MacIntyre, Phosphorylated morpholine acetal human neurokinin-1 receptor antagonists as water-soluble prodrugs, J. Med. Chem. 43 (2000) 1234-1241.

[7] C.B. Breitenlechner, T. Wegge, L. Berillon, K. Graul, K. Marzenell, W.-G. Friebe, U. Thomas, R. Schumacher, R. Huber, R.A. Engh, B. Masjost, Structure-based optimization of novel azepane derivatives as PKB inhibitors, J. Med. Chem. 47 (2004) 1375-1390.

[8] A.D. Borthwick, D.E. Davies, P.F. Ertl, A.M. Exall, T.M. Haley, G.J. Hart, D.L. Jackson, N.R. Parry, A. Patikis, N. Trivedi, G.G.

Weingarten, J.M. Woolven, Design and synthesis of pyrrolidine-5,5'-trans-lactams (5-oxo-hexahydropyrrolo[3,2-b]pyrroles) as novel mechanism-based inhibitors of human cytomegalovirus protease. 4. Antiviral activity and plasma stability, J. Med. Chem. 46 (2003) 4428-4449.

[9] L. Di, E.H. Kerns, Y. Hong, H. Chen, Development and application of high throughput plasma stability assay for drug discovery, Int. J. Pharm. 297 (2005) 110-119.

[10] P. Kovaříková, Z. Mrkvičková, J. Klimeš, (2008) Investigation of the stability of aromatic hydrazones in plasma and related biological material, J. Pharm. Biomed. Anal. 47 (2008) 360-370.

[11] J.-F. Goossens, J. Kluza, H. Vezin, M. Kouach, G. Briand, B. Baldeyrou, N. Wattez, C. Bailly, Plasma stability of two glycosyl indolocarbazole antitumor agents, Biochem. Pharmacol. 6 (2003) 25-34.

[12] T. Gomes do Nascimento, E. de Jesus Oliveirab, I.D.B. Júniora, J.X. de Araújo-Júniora, R.O. Macêdoc, Short-term stability studies of ampicillin and cephalexin in aqueous solution and human plasma: application of least squares method in Arrhenius equation, J. Pharm. Biomed. Anal. 73 (2013) 59-64.

第 13 章

溶液稳定性

13.1 引言

虽然化学稳定性（chemical stability）并不是药物化学家最优先考虑的问题，但是稳定性可能是药物发现阶段的一个隐性问题，并可能误导生物学和 ADME 的相关数据。此外，在遇到稳定性问题，以及必须选择新的先导化合物或开发某一种新剂型时，药物的不稳定性则可能制约药物的前期开发。在研发早期就对稳定性进行评价并改善其不稳定因素将有利于药物的成功开发。

在药物发现的各个阶段中，化合物会被储存在各种各样的溶液中[1-6]。筛选库中及正在研究的化合物一般是储存在 DMSO 溶液中。当然，有时溶液条件也可能引起化合物的化学降解或增加其化学降解速率。当发生降解时，活性药物的实际浓度就会降低。举例来说，如果化合物在体外生理缓冲液中不稳定，则会导致其在酶、受体或细胞水平上的活性不准确，从而误导研发团队[7,8]。对于体内口服给药，化合物必须在胃肠道中的各种生理溶液中保持稳定[9-13]。药物在溶液中的降解产物可能致使其活性或毒性相较于原药增大或减小。前药必须保证其在生理溶液条件下的稳定性，而在其他特定条件下能够水解并释放出活性原药[14-17]。而注射药物及相应辅料必须保证其在制剂中的稳定性[18,19]。

尽管存在溶液稳定性（solution stability）的问题，但药物研发团队往往容易忽略对溶液稳定性的评估，造成溶液不稳定性问题时而发生，造成构效关系（SAR）判断的误导，并可能降低化合物在体内的疗效。因此，药物研发团队需要全面评估其在研化合物潜在的化学稳定性。

13.2 溶液稳定性的基本原理

药物的降解遵循不同的机理。由于药物发现过程中化合物所处的溶液条件不同，可能引起化合物发生反应。

13.2.1 储备液中的降解

- 水分。有机溶剂从空气中吸收的水分或者为保持含量固定而特意添加的水。
- 氧气。从空气中吸收的氧气。
- 光和热。溶液暴露于高温中的光和热。
- 痕量物质。溶液中源自化学原料（盐抗衡离子、HPLC 纯化用的改性剂）的痕量物质［如 HCl、三氟乙酸（trifluoroacetic acid，TFA）、OH⁻、金属类物质］，或者玻璃器皿中的渗出物。

通常认为化合物在有机溶剂储备液或缓冲水溶液中是稳定的。如若发生反应，常常让人始料未及。例如，在某些类型的玻璃小瓶中可能存在弱碱性环境，会使紫杉醇发生差向异构。化合物的有机溶液或缓冲水溶液在实验室光、高温，以及空气中的氧气或水等环境下暴露，也会发生降解反应。当化合物处于溶液中，其降解反应速率更高。由于化合物是长期保存于溶液中，因此降低其在溶液中的反应速率变得尤为重要。

13.2.2　体外生物学或 ADME 测试中的降解

- 缓冲液成分；
- 生物测试介质中的成分［如二硫苏糖醇（dithiothreitol，DTT）］；
- 生物测定血清中的酶；
- 各种 pH 环境；
- 高温产生的热量。

生物测定缓冲液中可能含有促进化合物分解的成分；特定 pH 可能促进水解或水合物的形成；二硫苏糖醇能够引起还原反应或作为亲核试剂发生反应；细胞培养基成分也可与化合物发生反应。此外，在药物研发的整个周期中所使用的不同测定溶液中（结合测定、基于细胞水平的测定、选择性测定等），其潜在的新条件或者新组分也可能导致化合物的降解。不同测定方法中化合物的降解情况也各不相同，这也会使测试数据不具有可比性。同样，在测定过程中，不同时间点采集的样品也可能在定量测定之前就已经发生了降解。

13.2.3　体内药代动力学、药效和毒性研究期间的降解

- 给药溶液成分（如辅料）；
- 胃肠道 pH 值（1～8）；
- 胃、肠、血液或组织中的酶；
- 体温（37℃）；
- 血浆样品的储存条件和处理方式。

口服、腹腔给药或静脉给药溶液中的辅料可能会促使化合物降解或与测试化合物发生反应。例如，含乳酸的给药溶液的 pH 值较低，可能会引起酸催化降解反应发生。

在胃肠道中，化合物是暴露于很宽的 pH 范围内的。pH 范围由强酸性的胃到弱酸的小肠上部，再到弱碱性的结肠。而且，在胃肠道中有着各种各样可催化降解的水解酶。它们不仅具有将大分子消化成单体以供人体吸收的功能，也可以结合并水解药物。因此，从体内研究获得的样品很可能在样品分析前即已被降解。

前药的优点在于其不稳定性。前药是原药的衍生物，用来改善原药的溶解度、渗透性或代谢稳定性等问题。体内水解酶可裂解前药以促进活性药物的释放。前药将在第 39 章中进行讨论。前药的研究可根据考察部位（例如胃、肠和血液）的不同而设计相应的体外测试加以研究，但它们在体内的转化率还是需要通过体内实验进行验证。

13.2.4　降解反应

降解反应可分为几种不同的类型[4]。在药物发现的过程中，水解反应可能是导致其不稳定的最常见反应。水解反应发生的原因是由于化合物结构中含有不稳定的官能团，如酯、酰胺、硫醇酯、酰亚胺、亚胺、氨基甲酸酯、缩醛、烷基氯、内酰胺或内酯等。举例而言，阿司匹林（aspirin）含有一个酯基，它可以在水中发生水解反应（图 13.1）。

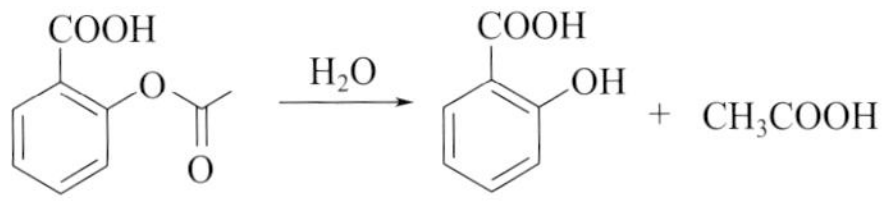

图 13.1 阿司匹林结构中酯基的水解

（1）水解反应

根据官能团的性质不同，水解反应可在酸性溶液或碱性溶液中催化，也可以在体内被水解酶催化。胃、肠、肝和血液中的水解酶有很大差异。化合物水解反应速率取决于化合物官能团的种类、取代基的化学结构、溶液的理化性质，以及溶液的化学组成和酶的组成。水解一般会产生两种产物，因此我们需要关注这两种产物的活性和毒性。

（2）氧化反应

可由光引发、痕量金属离子催化或通过自由基反应发生。例如，呋塞米（furosemide）在阳光下就会被氧化。溶液的 pH 和温度会影响氧化反应速率。氧化反应主要发生在水溶液中，胺的氧化可形成 N-氧化物；双键的氧化会产生氢过氧化物和醛；硫化物的氧化会生成亚砜和砜类化合物；氧化发生还可以生成二聚物；苯甲基化合物、醛类和酮类化合物也可以被氧化。

（3）水合作用

是指将水分子添加到结构中而不除去结构本身的任何部分。例如环氧类化合物通过水合作用可形成二醇类化合物。水合作用可以在储备液或体内通过化学或酶促的条件发生。

（4）立体化学转化

也是降解的一种，主要受相邻基团的影响。对映体可以"消旋化（racemize）"或转化为其他对映体。不稳定的立体异构中心、非对映异构体可以发生"非对映异构化（diastereomerize）"或"差向异构化（epimerize）"。例如，紫杉醇在 7 位上发生的差向异构[4]。

13.3 溶液不稳定性的影响

化合物储存在有机溶剂中也可能发生分解。氧气、水、痕量金属、从玻璃或塑料容器中渗出的材料都可能与化合物发生反应。当溶液暴露在空气中，特别是那些存储于冰箱中的溶液被开封并暴露于空气中时，空气中的水分会被迅速吸收进入 DMSO 中。在色谱纯化过程中水分的吸收和残留的酸性物质（如三氟乙酸、甲酸）会促使保存在 DMSO 中化合物的降解[20-23]。在 DMSO 储备液中，水分这一因素在引起化合物的降解方面比氧气更为重要[23]。溶液中某些敏感化合物在暴露于实验室灯光下可能会发生光诱导的化学反应。

化合物在生物测定缓冲液中的化学不稳定性会致使其浓度降低，并产生有活性或有毒性的分解产物。浓度降低越多则化合物的表观活性越低，会导致错误的构效关系。如果没有稳定性数据，当差异确实是由稳定性造成时，研发团队可能就会将测定差异解释为实际的构效关系。而如果研发团队知道化合物或先导化合物在溶液中不稳定，则可以进行化学修饰以提高其稳定性，并获得可靠的活性数据。如果测试过程中的缓冲液成分或某些条件会导致化合物降解，但体内却不存在这些条件，那么就可以通过完善测试方法以减少化合物的降解，从而获得更准确的结果。此外，体外 ADME 测试结果也可能受到化合物降解的影响。

体内不稳定性会降低该化合物的药代动力学性能和体内药理活性。不稳定性往往可能因化合物的体内清除而被忽视。化合物由于稳定性的问题可能无法在体内达到足够高的浓度以产生体内药效或获得概念上的药理学作用，而结构修饰则可能获得一个稳定的先导化合物。

13.4 溶液稳定性的案例研究

以下案例研究为我们提供了一些如何通过增加溶液稳定性而使药物开发过程受益的策略。

13.4.1 β-内酰胺的pH稳定性

在图13.2中，采用第31章中描述的方法分析了一系列β-内酰胺化合物[4]的pH稳定性。该类化合物在低或高pH的条件下均不稳定，水解反应是其最常见的降解途径。在早期药物发现阶段进行溶液稳定性分析可优化化合物并提醒研发团队注意潜在的问题。化合物在不同pH下的稳定性有助于选择最佳的生物学测定条件、设计合成策略、开发最优剂型及预测口服吸收[14~17]。

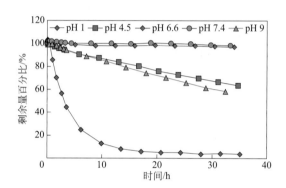

图13.2 某β-内酰胺化合物在37℃下的稳定性-pH曲线[4]

经Kerns E H, Di L. Chemical stability, Comprehensive Medicinal Chemistry, vol 5. Philadelphia: Elsevier, 2006, 489-507 许可转载，版权归2006 SAGE Publications所有

13.4.2 选择纯化条件

图13.3中的化合物会在pH=1时发生降解。因此，在采用制备型HPLC纯化样品时，应避免使用酸性条件（例如三氟乙酸、甲酸）。

缓冲液	剩余量百分比 (37℃下24 h)/%
pH 1	14
pH 4.5	96
pH 6.6	101
pH 7.4	100
pH 9	99

(a)

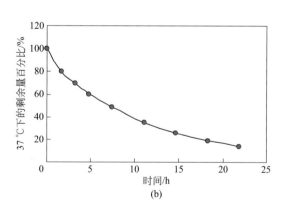

(b)

图13.3 （a）化合物在不同pH下的稳定性筛选；（b）在pH 1条件下降解的时间过程

13.4.3 诊断体外生物学测定性能不佳的原因

图13.4显示了对96个化合物在生物测试缓冲液中的稳定性筛选案例。这些化合物均来自同

一先导化合物，并均含有容易受到水的亲核攻击的不稳定官能团。许多化合物会发生水合作用，并发生重排。采用 96 孔板进行稳定性筛选有助于快速评估大量化合物，以考察其生物测定的稳定性。这项研究有助于判断化合物活性不佳是因为本身缺乏活性还是由于其不稳定性所导致的。

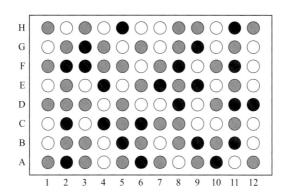

图 13.4 快速分析 96 个化合物在生物测试缓冲液中的稳定性
测试结果将化合物分为稳定的（白色，>80%）、中等稳定的（灰色，20%～80%）和不稳定（黑色，<20%）三类

13.4.4 优化化合物以用于动物体内研究

由于 pH 和酶的作用，化合物在肠胃道系统中可能发生降解。化合物在美国 FDA 规定的模拟胃液（SGF，含胃蛋白酶，pH 1.2，37℃）和模拟肠液（SIF，含胰酶，pH 6.8，37℃）中进行的孵育可有效预测其在胃肠道的不稳定性（有关测试的详细信息参见第 31 章）。如图 13.5 所示，化合物 1～4 在 SGF 和 SIF 中的稳定性筛选结果发现，化合物 1 和化合物 3 预计在胃肠道中最稳定，并可用于体内口服给药。

化合物	缓冲液	37 ℃下孵化时间	剩余量百分比/%
1	SGF	24 h	106
1	SIF	24 h	102
2	SGF	24 h	100
2	SIF	1 h	42
3	SGF	24 h	102
3	SIF	24 h	100
4	SGF	15 min	0
4	SIF	15 min	0

注：SGF—模拟胃液，pH 1.2 + 胃蛋白酶；SIF—模拟肠液，pH 6.8 + 胰酶。

图 13.5 在口服给药之前，化合物的溶液稳定性可在模拟胃液（SGF）和模拟肠液（SIF）中测定

13.4.5 降解产物的结构鉴定

在各种强降解条件下，研究人员测试了卡博替尼（cabozantinib）在水溶液中的溶液降解动力学[24]。表 13.1 简要概述了实验条件和降解结果。降解产物结构可利用飞行时间质谱（time-of-flight mass spectrometry，TOF-MS）来计算其分子式，液相色谱-质谱（LC/MS/MS）来分析裂解谱，以及核磁共振（nuclear magnetic resonance，NMR）来分析分离产物的结构。图 13.6 给出了相关

降解产物的结构式。其中，酰胺水解产生了酸性和碱性降解产物；氧化反应的产物是*N*-氧化物。

表 13.1　卡博替尼在水溶液中的强制降解实验结果[24]

实验条件	动力学	降解结果
光照（8000 lx, 48 h）		稳定
热（90℃, 3 h）		稳定
酸（1 mol/L HCl, 90℃, 0.5 h）	0.09/h	2% 降解（观察到降解物 **1**、**2**）
碱（1 mol/L NaOH, 90℃, 0.5 h）	3.2/h	54% 降解（观察到降解物 **1**、**2**）
氧化剂（30% H_2O_2, 90℃, 0.5 h）		12% 降解（观察到降解物 **3**）

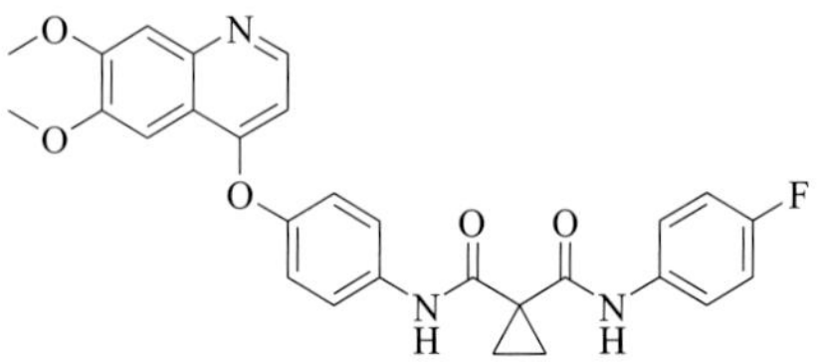

卡博替尼

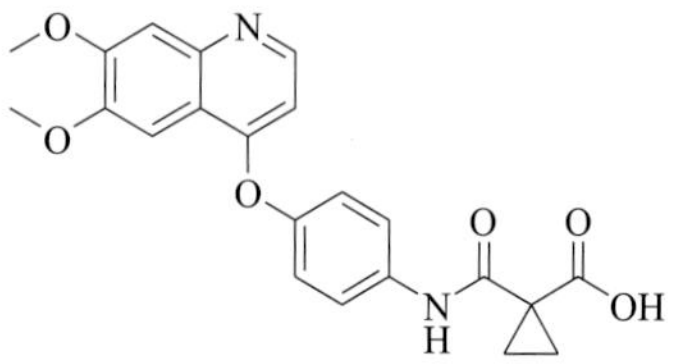

降解产物**1**

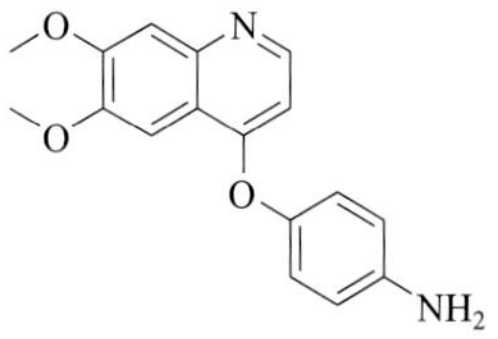

降解产物**2**

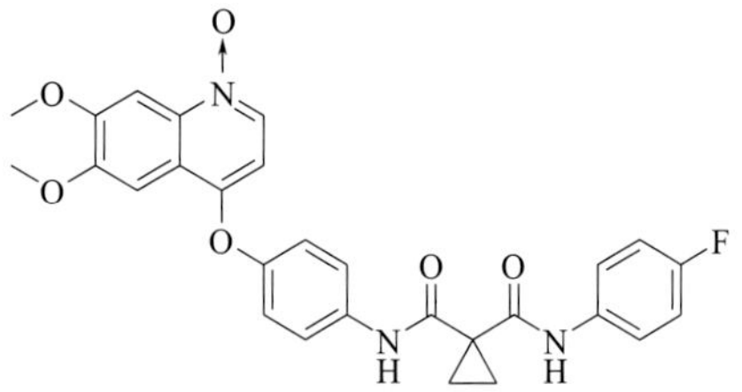

降解产物**3**

图 13.6　使用 TOF-MS、LC/MS/MS 和 NMR 鉴定卡博替尼及其强制降解产物的结构[24]

13.5　提高溶液稳定性的结构修饰策略

提高化合物溶液稳定性的结构修饰取决于测试条件和化合物官能团（表 13.2）。避免化合物酶促水解的策略与提高其在血浆的稳定性的策略相类似（见第 12 章）。

表 13.2　提高溶液稳定性的结构修饰策略

结构修饰策略	章节	结构修饰策略	章节
去除或修饰不稳定基团	13.5.1	等电取代不稳定基团	13.5.3
增加吸电子基团	13.5.2	增加空间位阻	13.5.4

13.5.1　去除或修饰不稳定基团

如果不稳定的官能团与治疗靶标的活性部位没有结合作用，则可以将其去除，这不会显著降低化合物的活性。如图 13.7 所示，去除青蒿素中的缩醛基团后，其稳定性提高了 10 倍[18]。在图 13.8 中，脂氧素（lipoxin）类似物的结构修饰可以大大提高其溶液稳定性，并使其体内暴露量得到显著提高[13]。

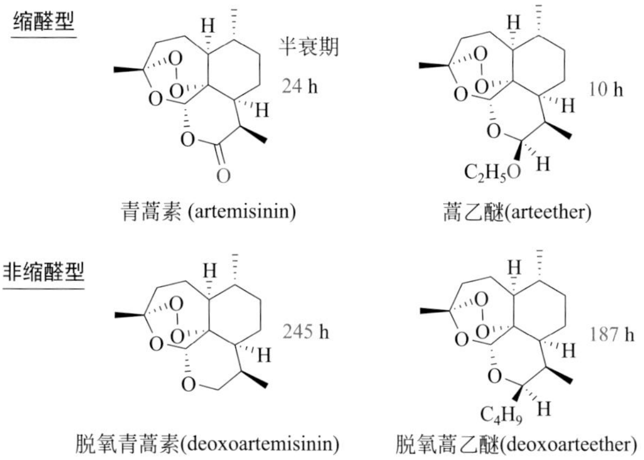

图 13.7 青蒿素类似物在酸性条件下的稳定性提高[18]（测试条件：pH 2，37℃）

经 Jung, M.; Lee, K.; Kendrick, H.; Robinson, B. L.; Croft, S. L. (2002) Synthesis, stability, and antimalarial activity of new hydrolytically stable and water-soluble (+)-deoxoartelinic acid. J. Med. Chem. 45, 4940-4944 许可转载，版权归 2002 American Chemical Society 所有

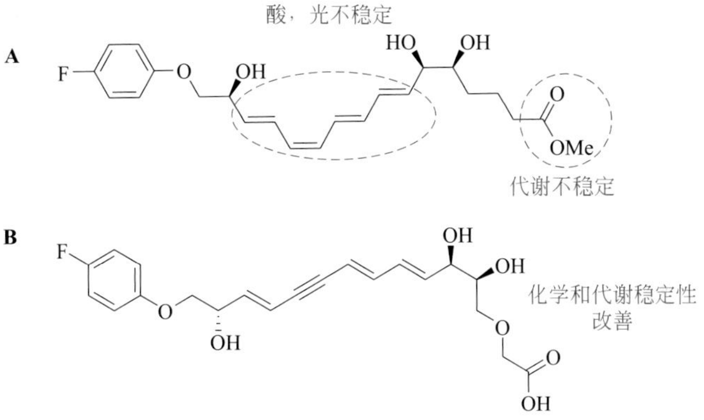

化合物	$t_{1/2}$/h	CL/[mL/(mg·kg)]	AUC$_{all}$/(h·μg/mL)
大鼠PK IV/(3 mg/kg) A	0.3	51	1.0
B	2.3	7	7.0
活性相当			

图 13.8 修饰共轭部分并去除酯基可显著提高脂氧素类似物的稳定性和暴露量[13]

经 Guilford W J, Bauman J G, Skuballa W, et al. Novel 3-oxa lipoxin A4 analogues with enhanced chemical and metabolic stability have anti-inflammatory activity *in vivo*. J Med Chem, 2004, 47: 2157-2165 许可转载，版权归 2004 American Chemical Society 所有

13.5.2　增加吸电子基团

在环氧化物附近增加一个吸电子基团可以降低反应速率，并增强化合物的稳定性。在图 13.9 中，在环氧化物附近引入一个氰基可使其稳定性提高 50 倍[10]。

13.5.3　等电取代不稳定基团

如果不稳定官能团可与治疗靶标紧密结合，那么了解官能团与活性位点的相互结合作用并寻找一个有助于与靶标结合的电子等排体来取代不稳定基团则显得尤为重要。

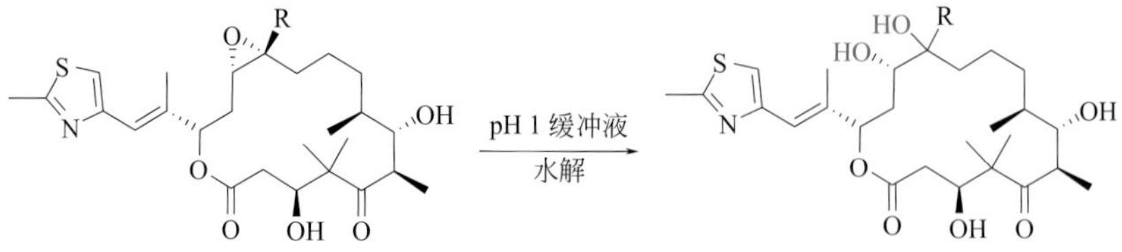

吸电子R基团减缓S_N1水解

R	$EC_{0.01}$(微管蛋白)/(μmol/L)	IC_{50}(HCT-116)/(nmol/L)	t_{95}(5%分解)/h
Me(埃博霉素B)	2.2	4.4	<0.2
CN	2.5	4.1	11

图 13.9 增加吸电子氰基可减少相邻环氧化物结构的水解[10]

经 Regueiro-Ren, A.; Leavitt, K.; Kim, S.-H.; Hoefle, G.; Kiffe, M.; Gougoutas, J. Z.; DiMarco, J. D.; Lee, F. Y. F.; Fairchild, C. R.; Long, B. H.; Vite, G. D. (2002) SAR and pH stability of cyano-substituted epothilones. Org. Lett. 4, 3815-3818 许可转载,版权归 2002 American Chemical Society 所有

13.5.4 增加空间位阻

增加反应位点附近的空间位阻可减少对不稳定官能团的攻击,并提高化合物的稳定性。如图 13.10 所示,在 pH 7.4 条件下,通过在不稳定基团附近引进大空间位阻基团可提高咪唑啉类化合物的稳定性[8]。此外,如图 13.11 所示,通过在酰胺的氮原子附近添加空间位阻,可提高酰胺的稳定性[7]。

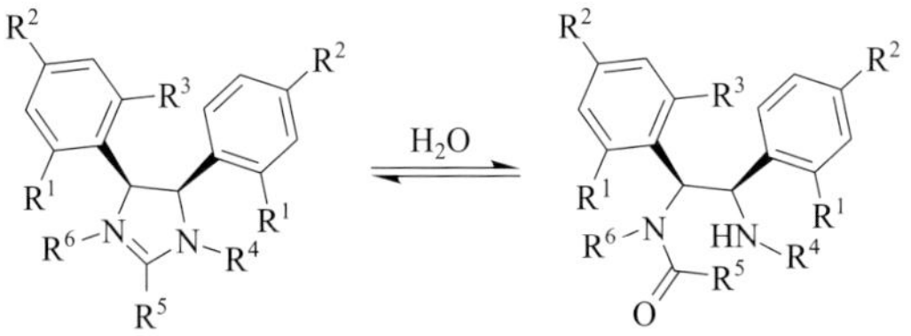

化合物	R^1	R^2	R^3	R^4	R^5	R^6	半衰期 $(t_{1/2})$/h	k_{obs}/h^{-1}	相对活性 (1 mmol/L)/%
1	Cl	OCH_3					4.58	0.198	
2		OH					6.36	0.122	0
3	Cl	OH					5.94	0.15	67
4	Cl	OH	Cl				13.41	0.052	112
5	Cl	OH			C_2H_4OH		稳定	稳定	20
6	Cl	OH			C_2H_5		154.03	0.004	103
7	Cl	OH			C_2H_5	C_2H_5	稳定	稳定	60

图 13.10 随着空间位阻的增加,咪唑啉类化合物在 pH 7.4 条件下的稳定性提高[8]

经 von Rauch M, Schlenk M, Gust R. Effects of C2-alkylation, N-alkylation, and N, N'-dialkylation on the stability and estrogen receptor interaction of (4R, 5S)/(4S, 5R)-4, 5-bis(4-hydroxyphenyl)-2-imidazolines. J Med Chem, 2004, 47: 915-927 许可转载,版权归 2004 American Chemical Society 所有

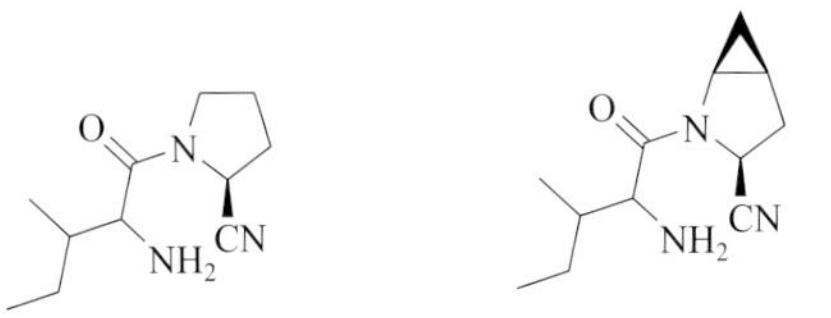

K_i = 2 nmol/L
$t_{1/2}$ = 5 h

K_i = 25 nmol/L
$t_{1/2}$ = 22 h

图 13.11　通过引入空间位阻，DPP-IV 抑制剂在 pH 7.2，39.5 ℃条件下的化学稳定性显著提高[7]

经 Magnin D R, Robl J A, Sulsky R B, et al. Synthesis of novel potent dipeptidyl peptidase IV inhibitors with enhanced chemical stability: interplay between the *N*-terminal amino acid alkyl side chain and the cyclopropyl group of a-aminoacyl-L-*cis*-4, 5-methanoprolinenitrile-based inhibitors. J Med Chem, 2004, 47: 2587-2598 许可转载，版权归 2004 American Chemical Society 所有

13.6 溶液稳定性在药物发现中的应用

13.6.1 获得有关不稳定性因素的早期预警

对于研发团队而言，尽早了解先导化合物的稳定性问题，特别是能认识到化合物某些亚结构的稳定性问题对药化学家而言意义重大。否则，研发团队会合成许多的结构类似物，但可能到最后只是徒劳。此外，生物学和性质测定也可能得到错误的结论和构效关系。选择具有稳定骨架的先导化合物可以避免后期可能出现的诸多问题。稳定性数据可以作为确定一系列化合物或先导化合物可进一步研发的重要因素。

13.6.2 化合物纯化条件的选择

尽早获得有关化合物在不同 pH 下的稳定性信息，可以为化合物在稳定条件下的纯化提供指导。

13.6.3 建立结构 - 稳定性关系

利用多个系列类似物的溶液稳定性测试结果可以构建结构 - 稳定性关系（structure-stability relationship）。也可以总结出如何对该系列化合物进行修饰以提高其稳定性。

13.6.4 诊断体外生物学测试性能不佳的原因

溶液稳定性研究可以确认化合物在生物测定溶液中是否稳定。如果发现稳定性不佳，可更改测定条件，以便开展准确的活性测试。

13.6.5 诊断体内性能不佳的原因

如果该化合物在胃肠道中不稳定，那么它在体内的口服药代动力学或药理性能可能较差。在胃或肠内，低 pH 或酶条件下的水解可降低化合物的体内浓度［曲线下面积（AUC）］。如果化合物在胃或肠中迅速降解，那么药物则很少能到达门静脉。采用模拟胃液（SGF）和模拟肠液（SIF）进行体外测试可帮助确定化合物在胃或肠中是否稳定（见第 31 章）。

13.6.6 优化化合物以用于动物体内研究

了解化合物在模拟生理溶液中的稳定性有助于评估这些化合物是否应进行体内测试。稳定性的比较为选择哪种化合物进行体内研究提供了基础。

13.6.7 阐明降解产物的结构以为优化合成提供指导

采用 LC/MS/MS 可以很容易地获得溶液降解产物的结构,这可以为在不稳定部位进行修饰合成提供指导。

13.6.8 开展加速稳定性实验以预测开发过程的不稳定因素

作为药物发现后期进展标准的一部分,研究人员通常会进行加速稳定性实验。第 31 章提供了此类测试的条件。为了避免临床候选药物的不稳定性,需要将化合物暴露于不同的条件(如光、热、湿度、酸、碱和氧化剂)中,并测定其降解速率。此类信息在早期开发和监管备案中是必备的,因此尽早发现并解决稳定性问题将大有裨益。

(吴丹君)

思考题

(1) 化合物在以下哪种溶液中可能不稳定?
    (a) 胃液;(b) 酶测定介质;(c) 高通量筛选缓冲液;(d) pH 3 的缓冲液;(e) 动物灌胃给药溶液;(f) 乙醇储备溶液;(g) 细胞测定缓冲液;(h) 肠腔;(i) Caco-2 实验。
(2) 如果化合物在溶液中不稳定,应该将它从进一步的研究中剔除吗?
(3) 以下哪些亚结构会因水解而发生降解?
    (a) 苯基;(b) 羧基;(c) 酯基;(d) 内酯基;(e) 三氟甲基;(f) 氨基甲酸酯;(g) 酰氨基。
(4) 在什么情况下不稳定性反而会带来益处?
(5) 哪些非生物的理化条件可能导致化合物在实验室中降解?

参考文献

[1] L. Di, E.H. Kerns, H. Chen, S.L. Petusky, Development and application of an automated solution stability assay for drug discovery, J. Biomol. Screening 11 (2006) 40-47.
[2] E.H. Kerns, L. Di, Pharmaceutical profiling in drug discovery, Drug Discovery Today 8 (2003) 316-323.
[3] E.H. Kerns, L. Di, Accelerated stability profiling in drug discovery strategies, in: B. Testa, S.D. Kramer, H. Wunderli-Allenspach, G. Folkers (Eds.), Pharmacokinetic Profiling in Drug Research: Biological, Physicochemical and Computational, Wiley, Zurich, 2006, pp. 281-306.
[4] E.H. Kerns, L. Di, Chemical stability, Comprehensive Medicinal Chemistry, vol. 5, Elsevier, Amsterdam, 2006. (Chapter 20) pp. 489-507.
[5] C.E. Kibbey, S.K. Poole, B. Robinson, J.D. Jackson, D. Durham, An integrated process for measuring the physicochemical properties of drug candidates in a preclinical discovery environment, J. Pharm. Sci. 90 (2001) 1164-1175.
[6] K.P. Shah, J. Zhou, R. Lee, R.L. Schowen, R. Elsbernd, J.M. Ault, J.F. Stobaugh, M. Slavik, C.M. Riley, Automated analytical systems for drug development studies. I. A system for the determination of drug stability, J. Pharm. Biomed. Anal. 12 (1994) 993-1001.
[7] D.R. Magnin, J.A. Robl, R.B. Sulsky, D.J. Augeri, Y. Huang, L.M. Simpkins, P.C. Taunk, D.A. Betebenner, J.G. Robertson, B.E. Abboa-Offei, A. Wang, M. Cap, L. Xin, L. Tao, D.F. Sitkoff, M.F. Malley, J.Z. Gougoutas, A. Khanna, Q. Huang, S.-

P. Han, R.A. Parker, L.G. Hamann, Synthesis of novel potent dipeptidyl peptidase IV inhibitors with enhanced chemical stability: interplay between the N-terminal amino acid alkyl side chain and the cyclopropyl group of α-aminoacyl-L-*cis*-4,5-methanoprolinenitrile-based inhibitors, J. Med. Chem. 47 (2004) 2587-2598.

[8] M. von Rauch, M. Schlenk, R. Gust, Effects of C2-alkylation, *N*-alkylation, and *N,N*'-dialkylation on the stability and estrogen receptor interaction of (4*R*,5*S*)/(4*S*,5*R*)-4,5-bis(4-hydroxyphenyl)-2-imidazolines, J. Med. Chem. 47 (2004) 915-927.

[9] C.-W.T. Chang, Y. Hui, B. Elchert, J. Wang, J. Li, R. Rai, Pyranmycins, a novel class of amino glycosides with improved acid stability: the SAR of D-pyranoses on ring III of pyranmycin, Org. Lett. 4 (2002) 4603-4606.

[10] A. Regueiro-Ren, K. Leavitt, S.-H. Kim, G. Hoefle, M. Kiffe, J.Z. Gougoutas, J.D. DiMarco, F.Y.F. Lee, C.R. Fairchild, B.H. Long, G.D. Vite, SAR and pH stability of cyano-substituted epothilones, Org. Lett. 4 (2002) 3815-3818.

[11] G.H. Posner, I.-H. Paik, S. Sur, A.J. McRiner, K. Borstnik, S. Xie, T.A. Shapiro, Orally active, antimalarial, anticancer, artemisinin-derived trioxane dimers with high stability and efficacy, J. Med. Chem. 46 (2003) 1060-1065.

[12] Y. Chong, G. Gumina, J.S. Mathew, R.F. Schinazi, C.K. Chu, L-2',3'-didehydro-2',3'-dideoxy-3'-fluoronucleosides: synthesis, anti-HIV activity, chemical and enzymatic stability, and mechanism of resistance, J. Med. Chem. 46 (2003) 3245-3256.

[13] W.J. Guilford, J.G. Bauman, W. Skuballa, S. Bauer, G.P. Wei, D. Davey, C. Schaefer, C. Mallari, J. Terkelsen, J.-L. Tseng, J. Shen, B. Subramanyam, A.J. Schottelius, J.F. Parkinson, Novel 3-oxa lipoxin A4 analogues with enhanced chemical and metabolic stability have anti-inflammatory activity in vivo, J. Med. Chem. 47 (2004) 2157-2165.

[14] Y. Song, R.L. Schowen, R.T. Borchardt, E.M. Topp, Effect of "pH" on the rate of asparagine deamidation in polymeric formulations: "pH"-rate profile, J. Pharm. Sci. 90 (2001) 141-156.

[15] J.O. Fubara, R.E. Notari, Influence of pH, temperature and buffers on cefepime degradation kinetics and stability predictions in aqueous solutions, J. Pharm. Sci. 87 (1998) 1572-1576.

[16] M. Zhou, R.E. Notari, Influence of pH, temperature, and buffers on the kinetics of ceftazidime degradation in aqueous solutions, J. Pharm. Sci. 84 (1995) 534-538.

[17] W. Muangsiri, L.E. Kirsch, The kinetics of the alkaline degradation of daptomycin, J. Pharm. Sci. 90 (2001) 1066-1075.

[18] M. Jung, K. Lee, H. Kendrick, B.L. Robinson, S.L. Croft, Synthesis, stability, and antimalarial activity of new hydrolytically stable and water-soluble (+)-deoxoartelinic acid, J. Med. Chem. 45 (2002) 4940-4944.

[19] M.J. Akers, Excipient-drug interactions in parenteral formulations, J. Pharm. Sci. 91 (2002) 2283-2300.

[20] S. Bowes, D. Sun, A. Kaffashan, C. Zeng, C. Chuaqui, X. Hronowski, A. Buko, X. Zhang, S. Josiah, Quality assessment and analysis of Biogen Idec compound library, J. Biomol. Screening 11 (2006) 828-835.

[21] B.A. Kozikowski, T.M. Burt, D.A. Tirey, L.E. Williams, B.R. Kuzmak, D.T. Stanton, K.L. Morand, S.L. Nelson, The effect of freeze/thaw cycles on the stability of compounds in DMSO, J. Biomol. Screening 8 (2003) 210-215.

[22] B.A. Kozikowski, T.M. Burt, D.A. Tirey, L.E. Williams, B.R. Kuzmak, D.T. Stanton, K.L. Morand, S.L. Nelson, The effect of room-temperature storage on the stability of compounds in DMSO, J. Biomol. Screening 8 (2003) 205-209.

[23] X. Cheng, J. Hochlowski, H. Tang, D. Hepp, C. Beckner, S. Kantor, R. Schmitt, Studies on repository compound stability in DMSO under various conditions, J. Biomol. Screening 8 (2003) 292-304.

[24] C. Wu, X. Xua, X. Fenga, Y. Shia, W. Liua, X. Zhuc, J. Zhang, Degradation kinetics study of cabozantinib by a novel stability-indicating LC method and identification of its major degradation products by LC/TOF-MS and LC-MS/MS, J. Pharm. Biomed. Anal. 98 (2014) 356-363.

第 14 章

血浆和组织结合

14.1 引言

当药物分子存在于血液中时,药物总量的一部分($f_{u,p}$ 或 $f_{u,plasma}$ 血浆中的游离药物分数)会自由地溶解在血液中,称为未结合(unbound)药物或游离(free)药物,而另一部分药物则与血浆载体蛋白和脂质上的结合位点结合,这部分药物被称为结合(bound)药物。当药物分子存在于组织中时,一部分药物游离于细胞质或细胞外液($f_{u,t}$,组织中的游离药物分数)中,另一部分则与组织蛋白和脂质发生非特异性地结合,其中的相互作用如图 3.10 所示。本章将讨论药物结合的结果及其对药物研发的意义。f_u(游离药物分数)曾被错误地用于指导先导物优化的结构修饰。本章也将讨论这一观点,以及其他先前关于血浆和组织结合的错误观点。大部分错误观点都已得到纠正,且不再应用于药物发现。下文首先介绍药物与血浆中组织蛋白、脂质结合的基础知识,随后讨论将药物结合应用于药物发现的重要意义。

14.2 药物在血浆中的结合

对于绝大多数药物而言,药物分子会在血液和组织两部分中进行分布。血流中的一部分药物分子与蛋白发生可逆性结合,如白蛋白(albumin)和 α_1-酸性糖蛋白(α_1-acid glycoprotein,AAG),并迅速与游离的药物分子达到平衡。这一过程称为血浆蛋白结合(plasma protein binding,PPB)。某些药物分子也可能与血细胞(如红细胞)发生可逆性的结合[1]。药物分子在血浆中结合的比例随药物的不同而不同。

药物分子与血浆蛋白是通过静电相互作用和疏水键进行结合的。结合过程通常是迅速的,在几毫秒内即可建立平衡(图 14.1)。平衡解离常数 K_d 表示半数的结合位点被占用时游离药物的浓度。血浆蛋白与药物结合的能力很强,且血浆蛋白饱和的现象并不常见。K_d 通常在 0.1~100 μmol/L 的范围内变化。例如,S-华法林(S-warfari)的 K_d 值为 12 μmol/L,而 R-华法林(R-warfari)的

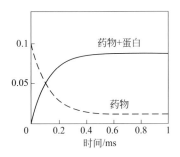

图 14.1 血浆蛋白结合可在毫秒内迅速达到平衡

K_d 值为 20 μmol/L。K_d 值会因种属不同而改变。此外，血浆蛋白浓度也会随不同的疾病状态或年龄而变化[2~4]。图 14.2 列举了不同物种间的 PPB 差异。例如，头孢曲松（ceftriaxone）在人和犬血浆中的蛋白结合差异很大，与人血浆蛋白的结合率比犬的结合率高 4.6 倍[5]，而人体内游离的扎非那新（zamifenacin）的量分别比犬和大鼠低 10 倍和 12 倍[6]。当然，人与人个体之间的血浆蛋白浓度也存在着细微的差异。然而，在大多数情况下，这些差异对临床暴露没有显著影响，因此不会改变药理学或毒理学反应[7~9]。

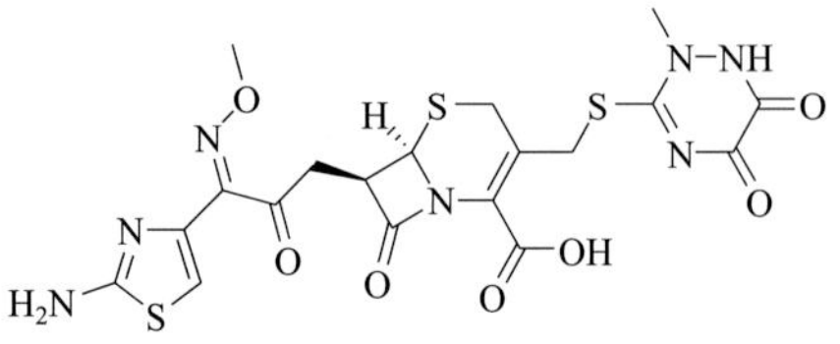

头孢曲松
人血浆蛋白结合 = 9.2%未结合
犬血浆蛋白结合 = 80.4%未结合

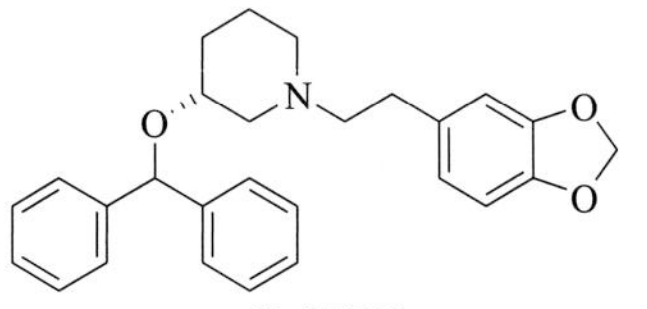

扎非那新
人血浆蛋白结合 = 0.01%未结合
犬血浆蛋白结合 = 0.10%未结合
大鼠血浆蛋白结合 = 0.20%未结合

图 14.2 血浆蛋白结合的种属差异[5]

人血清白蛋白（human serum albumin，HSA）主要与有机阴离子（如羧酸、酚类）牢固结合，但也可以与碱性和中性药物结合。HSA 是血浆中最丰富的蛋白，占血浆蛋白总量的 60%，浓度为 500 ~ 750 μmol/L（35 ~ 50 mg/mL）。每个 HSA 分子大约每分钟在体内循环一次，但在这 1 min 内，它在任何特定的毛细血管中仅停留 1 ~ 3 s，在此期间可与邻近的细胞交换所携带的物质[10,11]。HSA 在一条多肽链中含有 585 个氨基酸，分子量为 665000。1989 年获得了 HSA 的 X 射线衍射结构。HSA 至少具有六个高特异性的一级结合位点，其中最常见的高亲和力结合位点是Ⅰ和Ⅱ[12]。HSA 上还有大量的次级结合位点，它们的亲和力低且未饱和。结合主要是通过疏水相互作用完成。例如，一个 HSA 分子可与多达 30 个丙咪嗪（imipramine）分子发生弱结合。HSA 结合位点的特征见表 14.1 和表 14.2。HSA 的主要生理功能是维持血液的 pH 值和渗透压，以及将各种分子转运到全身。

表 14.1 与 HSA 结合的酸性药物的分类

药物类型	Ⅰ	Ⅱ	Ⅲ
对照药物	华法林（warfarin）、地西泮（diazepam）	吲哚美辛（indometacin）	苯妥英钠（phenytoin）
结合蛋白	HSA	HSA	HSA
过程	饱和的	饱和和不饱和的	不饱和的
结合常数 /(mL/mol)	$10^4 \sim 10^6$	$10^3 \sim 10^5$	$10^2 \sim 10^3$
每个分子上的结合位点数量	1 ~ 3	6	较多

表 14.2　与 HSA 结合的碱性和非电离药物的分类

药物类型	IV	V	VI
对照药物	地高辛（digitoxin）	红霉素（erythromycin）	丙咪嗪（imipramine）
pK_a	—	8.8	9.5
结合蛋白	HSA（NS）	HSA（NS）	HSA（NS）、α-AGP（S）、HDL（NS）、LDL（NS）、VLDL（NS）
血浆药物饱和	否	可能	可能

与 HSA 结合的酸性药物可根据其结合特性分为不同的类型（表 14.1）。这些类型显示了药物与 HSA 结合模式的广泛性。以华法林和地西泮（diazepam）为代表的 I 类药物可与 HSA 紧密结合。根据化合物的不同，每个 HSA 分子具有 1～3 个结合位点，具有饱和现象。II 类药物以吲哚美辛（indomethacin）为例，它与 HSA 的结合强度适中，每个 HSA 分子具有 6 个结合位点。苯妥英钠（phenytoin）是 III 类药物中的一种，与 HSA 的结合力较弱，但每个 HAS 分子具有许多个结合位点。

与 HSA 结合的碱性和中性药物实例见表 14.2。IV 类药物以地高辛（digitoxin）为代表，其可与 HSA 结合且不会饱和。V 类碱性药物，如红霉素（erythromycin），可与 HSA 结合且有饱和现象。碱性药物丙咪嗪（imipramine）为 VI 类药物的典型代表，可与 HSA、AAG，以及脂蛋白（HDL、LDL 和 VLDL）发生结合。

AAG 主要与碱性药物（如胺类药物）和疏水性化合物（如类固醇）发生结合，其在血液中的浓度为 15 μmol/L（0.5～1.0 mg/mL）。在某些疾病状态（如癌症、炎症）下，其浓度可达 100 μmol/L。AAG 的一条多肽链中包含 181 个氨基酸，分子量为 44000。它具有很高的碳水化合物含量（45%）和 3 左右的强酸性等电点。每个 AAG 分子有一个结合位点，主要通过非特异性的疏水作用与化合物相结合。AAG 的主要生理功能是将类固醇激素运送至全身。

表 14.3 列举了对所有 PPB 有贡献的结构性质的偏最小二乘（partial least squares，PLS）分析[13]。亲脂性和酸性是最强烈的正相关因素。如表 14.4 所示，药物分子的手性也会影响化合物与血浆蛋白的结合。

表 14.3　有助于人 PPB 的结构性质的 PLS 分析[13]

PLS 模型参数	PLS 模型系数	PLS 模型参数	PLS 模型系数
亲脂性	0.3	极性区域	−0.03
酸性	0.1	碱性	−0.06
非极性区域	0.03		

表 14.4　部分血浆蛋白立体选择性结合实例

药物	未结合 /%		
	(+) 对映异构体	(−) 对映异构体	对映体比率
普萘洛尔（propranolol）	12	11	1.1
华法林（warfarin）	1.2	0.9	1.3
丙吡胺（disopyramide）	27	39	1.4
维拉帕米（verapamil）	6.4	11	1.7
茚达立酮（indacrinone）	0.3	0.9	3.0

脂蛋白倾向于与亲脂性的碱性和中性化合物结合，如普罗布考（probucol）、依曲替酯（etretinate）。高水溶性的化合物通常较少被结合，如咖啡因（caffeine）和氯胺酮（ketamine）等。

14.3 药物在组织中的结合

药物分子也可与组织中的脂质和蛋白质成分非特异性地结合。组织结合不一定与血浆结合相关。如图 14.3 所示,药物的亲脂性是组织结合的最重要因素,而不同物种在脑组织结合方面没有显著差异[14]。

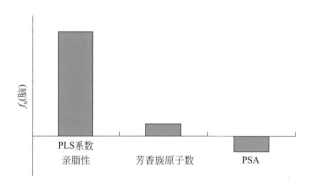

图 14.3 小鼠脑部药物组织结合的结构性质参数

14.4 游离药物假说

游离药物假说(free drug hypothesis)是现代药学的基础原则[7~9,15~18]。

游离药物假说是指:
- 第一,在稳态下,当转运体不参与药物分布过程时,任何生物膜两侧的游离药物浓度相同。
- 第二,位于作用部位的游离药物浓度,即治疗靶点的生物相,是引起药效反应的起因。

体内的药物分子或是游离型,或是与血浆和组织中的蛋白质及脂质可逆或不可逆地结合。在稳态条件下,当没有转运蛋白质参与分布过程时,游离药物分子进行跨膜扩散,整个体内的膜两侧游离药物的浓度均相同。稳态通常是在常见慢性药物给药方案下建立的具有平均游离药物浓度(average unbound drug concentration, $c_{\rm av,u}$)的状态,当然也有一些例外的情况,下面将会讨论。能够与治疗靶点可逆且选择性结合的是游离药物分子(游离型药物),而不是结合型药物分子,因此,治疗靶点周围生物相中的游离药物浓度与药物的活性呈正相关。游离药物假说关注的是游离药物的浓度,而 $f_{\rm u}$ 与药效学效应不相关。

表 14.5 列举了体外药效与体内 $c_{\rm av,u}$ 相关性的例子[14]。这两个数值具有很强的相关性,与游离药物假说一致。

表 14.5 平均有效剂量下的体外药效和体内游离药物浓度

药物靶点	化合物	体外测试	体外浓度 /(nmol/L)	平均游离药物浓度 /(nmol/L)
Ca^{2+} 通道	硝苯地平(nifedipine)	IC_{50}	4	6
Ca^{2+} 通道	氨氯地平(amlodipine)	IC_{50}	2	1
5-HT 转运体	舍曲林(sertraline)	K_i	7	4
K^+ 通道	多非利特(dofetilide)	EC_{50}	7	3
M3 毒蕈碱受体	达非那新(darifenacin)	K_b	4	10
M3 毒蕈碱受体	扎非那新(zamifenacin)	K_b	10	20
M3 毒蕈碱受体	UK-112,166	A_2	1	3
β-肾上腺素能受体	普萘洛尔	K_i	4.5	3

续表

药物靶点	化合物	体外测试	体外浓度 /(nmol/L)	平均游离药物浓度 /(nmol/L)
β-肾上腺素能受体	阿普洛尔（alprenolol）	K_i	8	18
α_{1A}-肾上腺素能受体	坦索罗辛（tamsulosin）	K_i	0.04	0.03～0.16
α_{1A}-肾上腺素能受体	特拉唑嗪（terazosin）	K_i	1	1～9
A_{2A}腺苷受体	2-氯腺苷（2-chloroadenosine）	K_i	80	202～225
PDE5抑制剂	西地那非（sildenafil）	K_i	4	10
血栓素受体拮抗剂	UK-147,535	A_2	0.1	0.5
CYP51	氟康唑（fluconazole）	MIC	2600	MIC 超过 8 h：$c_{av,u}$ 在此期间为 4000
CYP51	酮康唑（ketoconazole）	MIC	20	MIC 超过 8 h：$c_{av,u}$ 在此期间为 200

注：1.5-HT—5-羟色胺［血清素，5-hydroxytryptamine (serotonin)］；A2—由 Schild 作图分析获得的数值；K_b—平衡结合常数，在受体结合测定中衡量药物的效价（亲和性）；K_i—平衡抑制常数，酶抑制效价的测定；MIC—minimum inhibitory concentration，最低抑菌浓度；PDE5—phosphodiesesterase 5，磷酸二酯酶 5。

2. 经 D A Smith, L Di, E H Kerns. The effect of plasma protein binding on *in vivo* efficacy: misconceptions in drug discovery. Nat Rev Drug Discov, 2010, 9: 929-939 授权转载，版权归 2010 Nature Publishing Group 所有。

图 14.4 列举了毒理学的一个例子。Webster[19] 将导致 hERG（human-ether-à-go-go 相关基因）阻断（见第 16 章）、产生 QT 间期延长（增加 QT 心电图间隔）和尖端扭转型室速（torsades de pointe，TdP）心律失常的体外 IC_{50} 与血浆中游离药物浓度相关联。

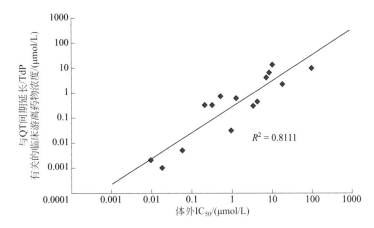

图 14.4 产生 QT 延长和 TdP 的临床游离药物浓度与导致 hERG 阻断的体外 IC_{50} 之间的关系

14.5 与药物结合有关的口服药物的药代动力学原理

口服给药经肝脏清除后的游离药物浓度称为平均游离血浆药物浓度（average unbound plasma concentration，$c_{av,u}$），根据药代动力学原理，$c_{av,u}$ 由以下方程式计算：

$$c_{av,u}=(F_a\times 剂量)/(CL_{int}\times \tau)$$

式中，F_a 为给药剂量中被吸收药物的比例，即吸收分数；CL_{int} 为内在清除率；τ 为给药时间间隔[7]。需要注意的是，f_u 在 $c_{av,u}$ 中不发挥作用。事实上，PPB 对 $c_{av,u}$ 及对口服给药且通过代谢清除的药物的药效没有影响[7]。

体内游离药物的浓度一般通过与血浆蛋白结合的平衡而保持不变。这是因为较低的结合率将导致较高的体内清除率，因为多出的游离药物分子可被清除，$c_{av,u}$ 将保持不变。该方程表明，可通过提高溶解度和渗透性来增加 F_a，或通过提高代谢稳定性和减少外排来降低 CL_{int}，从而最终提高 $c_{av,u}$。

体内药物暴露量的关系为：

$$AUC_u = (F_a \times 剂量)/CL_{int}$$

AUC_u 不随 f_u 而变化 [图 14.5（a）]。然而，AUC_{total} 会随着 f_u 的增大而减小 [图 14.5（b）][18]。药物的体内半衰期取决于分布容积和（V_d）清除率（参见 19.2.4 节）。而 f_u 的变化将影响总分布容积和总清除率，但半衰期将不变。因此，半衰期在大多数情况下不取决于 f_u[18]。

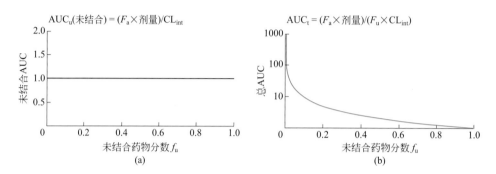

图 14.5 （a）AUC_u 不随 f_u（未结合药物分数）而变化；（b）AUC_t 随 f_u 的增加而降低 [18]
经 D A Smith, L Di, E H Kerns. The effect of plasma protein binding on *in vivo* efficacy: misconceptions in drug discovery. Nat Rev Drug Discov, 2010, 9: 929-939 授权转载，版权归 2010 Nature Publishing Group 所有

14.6　f_u 的有效应用

体内血浆和组织中的 c_u（游离药物的浓度）很难直接进行测量。因此，经常测量 f_u 并根据测量的总浓度数据将 f_u 用于 c_u 的间接确定，这也是 f_u 的重要应用。

血浆中的 f_u（$f_{u,p}$）或组织中的 f_u（$f_{u,t}$）可通过几种体外方法进行测定（见第 33 章[20,21]），平衡透析是最常用的方法。最新的方法学进展结合了预饱和、血浆稀释和长时间孵育，已能够可靠地将 f_u 测量的下限扩展到远低于 1%[21]（参见第 33 章）。

f_u 在药物研发中的主要应用，是根据体内研究的总药物浓度药代动力学数据计算游离的药物浓度，并利用靶组织种的 c_u 来确定药物发现中的 PK/PD 关系。

$$c_{u,血浆} = c_{t,血浆} \times f_{u,p}$$

$$c_{u,组织} = c_{t,组织} \times f_{u,t}$$

如果不能进行组织取样，且该化合物具有良好的渗透性（高被动扩散，没有外排和膜电位影响），可以达到血浆和组织之间的平衡，$c_{u,血浆}$ 有时可被暂用于替代 $c_{u,组织}$[20]。如果可能，应进行实际组织测量 $c_{t,组织}$。

14.7　对 PPB 的误解和无效策略

高通量 PPB 测试曾是化合物体外 ADME 分析的一个常见部分。然而，现在的共识是，以往对 PPB 数据的大多数应用都是基于对其应用的误解[18]。

直到最近几年，研究人员才发现，在药物研发中存在着对血浆和组织中药物结合的一些广泛的错误理解[18,22,23]。这可能导致一些药物研发团队放弃了有价值的药物线索，或对他们的研究产生了误导。对 PPB 的理解已经发生了重大转变，更好的策略也得到实施。下面将简要讨论这些误解及其被摒弃的原因。在一些情况下，这些误解被摒弃的原因是由于在生命系统中 $c_{av,u}$ 通常并不受 PPB 的影响。

（1）采用血清转移法（"serum shift" assays）进行候选药物筛选

在血清转移实验中，体外活性实验分别在有血清和无血清的情况下进行。例如，有报道称在体外细胞培养实验中加入 HSA 和 AAG 进行 HIV 逆转录酶抑制剂的发现[24]。错误的观念认为，血清蛋白结合模拟了体内的 PPB，从而减少了药物与靶点的接触。然而，血清转移体外实验不包括在生命系统中清除游离药物并抵消化合物体外差异的代谢和外排。图 14.6 说明了这一实际情

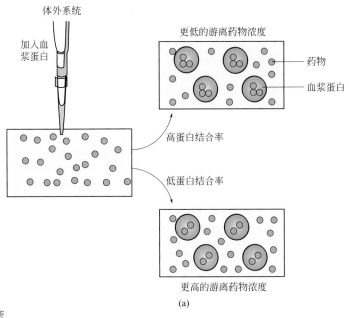

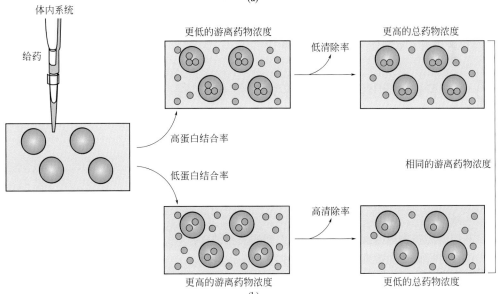

图 14.6　PPB 在体内和体外系统中的不同影响

（a）向体外实验中加入血浆蛋白能使低蛋白结合率药物的 c_u 提高；（b）在体内血浆中，因药物蛋白结合率低而暂时较高的 c_u，实际上使药物通过代谢和外排被更迅速地清除，并导致游离药物的浓度不变。经 D A Smith, L Di, E H Kerns. The effect of plasma protein binding on *in vivo* efficacy: misconceptions in drug discovery. Nat Rev Drug Discov, 2010, 9: 929-939 授权转载，版权归 2010 Nature Publishing Group 所有

况，因为药物与血浆蛋白的高结合率降低了游离药物的清除率，反而增加了药物在体内的总浓度。

（2）研究人员认为应该对某一系列化合物进行结构修饰以增加 f_u

错误的观念认为，增加 f_u 会使 $c_{av,u}$ 增加。然而，在动态生命系统中，增加的 c_u 反而为代谢酶和外排转运体提供了更多的药物，导致 $c_{av,u}$ 的净增加基本为零。在某些情况下，为增加 f_u 而设计的结构修饰确实发现了具有更高 $c_{av,u}$ 的临床候选药物。但这是因为结构上的修饰改变了与 PPB 有关的性质（如亲脂性），而不是改变了 PPB，结构修饰实际上减少了代谢。因此，在这些实例中，减少的 CL_{int}，而不是增加的 f_u，才是 $c_{av,u}$ 增加的原因。

（3）不推荐选择低 f_u 的临床候选药物

药物研发团队往往将低 f_u 的潜在临床候选药物排除在外。事实上，一项对 1500 个常用处方药的研究表明，其中 43% 的药物的 $f_u<0.1$[25]。另一项研究（图 14.7）表明，许多非常用处方药的 $f_u<0.02$[18]。显然，f_u 并不能决定临床的成败。

（4）c_t 可用于研究 PK/PD 的相关性

通过体内药代动力学研究测量药物的 c_t，而这些总浓度值被广泛应用于药物研发。总药物浓度的使用可能导致无法解释的 PK/PD 关系。举一个假设性的例子，如果一个先导化合物在体外的 IC_{50} 为 300 nmol/L，且体内 $c_{t,组织}$ 为 400 nmol/L，但未观察到疗效，则项目团队会感到困惑。但是，如果由于较低的 $f_{u,t}$ 使 $c_{u,组织}$ 实际仅为 10 nmol/L，困惑之处就说得通了。需要牢记的是，靶标周围生物相中的 $c_{u,组织}$ 最终决定了靶点的参与度。

另一个例子是使用 c_t 或 AUC_t 值来计算从血液到组织的药物分布（例如，脑 $lgBB=lgAUC_{t,脑}/AUC_{t,血}$）。实际上，$c_{t,组织}$ 和 $AUC_{t,组织}$ 值是游离药物和结合药物的总和，如果组织结合度高，则似乎药物在更大程度上分配进入组织，但实际上与治疗靶点相互作用的游离药物的浓度可能较低。$c_{u,血}$ 和 $c_{u,组织}$ 的应用与从血液到组织的有效分布紧密相关。

（5）药物研究人员有时会把与疗效相关的游离药物浓度（c_u）和与疗效无关的游离药物分数（f_u）相混淆

这会导致错误术语的使用并使决策混乱。

14.8 与 PPB 和组织结合有关的最佳实践

- 以游离药物浓度（$c_{av,u}$）为基础开发药物；
- 通过提高 F_a 和降低 CL_{int} 来增加体内 $c_{av,u}$；
  - 增加溶解度；
  - 增加渗透性；
  - 增加代谢稳定性；
  - 减少外排。
- 利用游离药物浓度探索 PK 和 PD 之间的关系缺失；
- 仅在可根据体内数据转换为 c_u 时才需要测定 PPB；
- 避免落入由于对 PPB 的错误观念而引起的误导性陷阱。

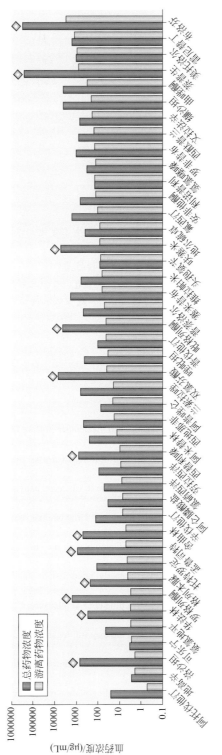

图 14.7 在平均有效剂量下，部分 TOP100 最常用处方药物的总体和游离药物的血药浓度[18]

许多药物的血浆蛋白结合率超过 98%（以方块标注），血浆蛋白结合对候选药物的成功与否没有影响。

经 D.A. Smith, L. Di, E.H. Kerns, The effect of plasma protein binding on in vivo efficacy: misconceptions in drug discovery, Nat. Rev. Drug Discov. 9 (2010) 929-939 授权转载，版权归 Nature Publishing Group 所有

（杨庆良　叶向阳）

思考题

（1）列举三种主要与药物结合的血浆蛋白。
（2）药物在组织中会与什么物质结合？
（3）将下列名词与它们的缩写连线。

组织中游离药物的分数	$c_{av,u}$
游离药物的平均浓度	AUC_u
给药后被吸收的分数	CL_{int}
脑组织总浓度	$f_{u,组织}$
游离（药物）的浓度-时间曲线下面积	$c_{t,脑}$
内在清除率	F_a

（4）下列哪一项是药物研发过程中关注的最重要的数据？
　　（a）$AUC_{t,组织}$；（b）f_u；（c）$c_{u,组织}$；（d）$f_{u,组织}$。
（5）将 HSA 加入实验培养基中时，为什么在体外观察到活性发生了变化？这种体外环境与体内环境有何不同？
（6）为增加 $c_{av,u}$，应对先导化合物进行结构修饰以改变以下哪些性质？
　　（a）增加 f_u；（b）降低 CL_{int}；（c）减少与红细胞的结合；（d）增加溶解度；（e）增加渗透性；（f）减少 CYP 抑制；（g）增加 $f_{u,组织}$；（h）减少外排转运；（i）减少吸收转运。
（7）在药物研发过程中对 f_u 的一个有效应用是什么？
（8）根据游离药物假说，下列哪一项与药理活性有关？
　　（a）CL_{int}；（b）$f_{u,组织}$；（c）$f_{u,血浆}$；（d）$c_{u,组织}$；（e）$c_{t,组织}$；（f）$c_{t,血浆}$。

参考文献

[1] D.A. Smith, H. van de Waterbeemd, D.K. Walker, Pharmacokinetics and Metabolism in Drug Design, Wiley-VCH, Weinheim, Germany, 2001.

[2] M.K. Grandison, F.D. Boudinot, Age-related changes in protein binding of drugs: implications for therapy, Clin. Pharmacokinet. 38 (2000) 271-290.

[3] T. Kosa, T. Maruyama, M. Otagiri, Species differences of serum albumins: II. Chemical and thermal stability, Pharm. Res. 15 (1998) 449-454.

[4] T. Kosa, T. Maruyama, M. Otagiri, Species differences of serum albumins: I. Drug binding sites, Pharm. Res. 14 (1997) 1607-1612.

[5] N.A. Kratochwil, W. Huber, F. Mueller, M. Kansy, P.R. Gerber, Predicting plasma protein binding of drugs—revisited, Curr. Opin. Drug Discovery Dev. 7 (2004) 507-512.

[6] H. van de Waterbeemd, D.A. Smith, K. Beaumont, D.K. Walker, Property-based design: optimization of drug absorption and pharmacokinetics, J. Med. Chem. 44 (2001) 1313-1333.

[7] L.Z. Benet, B.-A. Hoener, Changes in plasma protein binding have little clinical relevance, Clin. Pharmacol. Ther. 71 (2002) 115-121.

[8] P.E. Rolan, Plasma protein binding displacement interactions—why are they still regarded as clinically important? Br. J. Clin. Pharmacol. 37 (1994) 125-128.

[9] L.N. Sansom, A.M. Evans, What is the true clinical significance of plasma protein binding displacement interactions? Drug Saf. 12 (1995) 227-233.

[10] A.M. Talbert, G.E. Tranter, E. Holmes, P.L. Francis, Determination of drug-plasma protein binding kinetics and equilibria by chromatographic profiling: exemplification of the method using L-tryptophan and albumin, Anal. Chem. 74 (2002) 446-452.

[11] A.C. Guyton, Textbook of Medical Physiology, ninth ed., W.B. Saunders, Philadelphia, 1996.

[12] P. Ascenzi, A. Bocedi, S. Notari, G. Fanali, R. Fesce, M. Fasano, Allosteric modulation of drug binding to human serum albumin, Mini Rev. Med. Chem. 6 (2006) 483-489.

[13] R.E. Fessey, R.P. Austin, P. Barton, A.M. Davis, M.C. Wenlock, The role of plasma protein binding in drug discovery, in: Pharmacokinetic Profiling in Drug Research: Biological, Physicochemical, and Computational Strategies, [LogP2004, Lipophilicity Symposium], 3rd, Zurich, Switzerland, February 29-March 4, 2004, 2006, pp. 119-141.

[14] L. Di, J.P. Umland, G. Chang, Y. Huang, Z. Lin, D.O. Scott, M.D. Troutman, T.E. Liston, Species independence in brain tissue binding using brain homogenates, Drug Metab. Dispos. 39 (2011) 1270-1277.

[15] J.H. Lin, CSF as a surrogate for assessing CNS exposure: an industrial perspective, Curr. Drug Metab. 9 (2008) 46-59.

[16] X. Liu, B.J. Smith, C. Chen, Evaluation of cerebrospinal fluid concentration and plasma free concentration as a surrogate measurement for brain free concentration, Drug Metab. Dispos. 34 (2006) 1443-1447.

[17] M. Hammarlund-Udenaes, M. Friden, S. Syvanen, A. Gupta, On the rate and extent of drug delivery to the brain, Pharm. Res. 25 (2008) 1737-1750.

[18] D.A. Smith, L. Di, E.H. Kerns, The effect of plasma protein binding on in vivo efficacy: misconceptions in drug discovery, Nat. Rev. Drug Discov. 9 (2010) 929-939.

[19] R. Webster, D. Leishman, D. Walker, Towards a drug concentration effect relationship for QT prolongation and torsades de pointes, Curr. Opin. Drug Discovery Dev. 5 (2002) 116-126.

[20] L. Di, C. Chang, Methods for assessing brain binding, in: L. Di, E.H. Kerns (Eds.), Blood-Brain Barrier in Drug Discovery, John Wiley and Sons, Hoboken, 2015, pp. 274-283.

[21] K. Riccardi, S. Cawley, P.D. Yates, C. Chang, C. Funk, M. Niosi, J. Lin, L. Di, Plasma protein binding of challenging compounds. J. Pharm. Sci. 104 (2015) 2627-2636, http://dx.doi.org/10.1002/jps.24506.

[22] X. Liu, C. Chen, C.E.C.A. Hop, Do we need to optimize plasma protein and tissue binding in drug discovery? Curr. Top. Med. Chem. 11 (2011) 450-466.

[23] X. Liu, M. Wright, C.E.C.A. Hop, Rational use of plasma protein and tissue binding data in drug design, J. Med. Chem. 57 (2014) 8238-8248.

[24] D.D. Christ, G.L. Trainor, Free drug! The critical importance of plasma protein binding in new drug discovery, Biotechnol.: Pharm. Aspects 1 (2004) 327-336.

[25] N.A. Kratochwil, W. Huber, F. Muller, M. Kansy, P.R. Gerber, Predicting plasma protein binding of drugs: a new approach, Biochem. Pharmacol. 64 (2002) 1355-1374.

第 15 章

细胞色素 P450 抑制

15.1 引言

大概 11% 的住院患者会出现临床用药的不良反应。其中一部分是由于同时使用了两种或多种药物，由药物相互作用（drug-drug interaction，DDI）引起的。因为治疗需要，许多患者一次需要服用不止一种药物。最近的一项研究指出，每名住院患者平均要联合使用多达六种药物[1]。多种药物的共同给药称为"多重用药（polypharmacy）"。当其中一种药物改变了其他联合使用药物的药代动力学性质时，就会发生 DDI[2~4]。DDI 的主要机制如下：

- 可逆代谢酶的抑制；
- 代谢酶的失活；
- 转运体的抑制；
- 代谢酶的诱导。

如果 DDI 引起药物浓度增加（如代谢酶抑制），则可能会达到毒性范围并产生不利影响。若 DDI 引起药物浓度下降（如代谢酶诱导），则可能无法达到治疗水平且疗效降低。

如果代谢酶可清除大部分的第一种药物，而第二种药物与第一种药物对该代谢酶存在逆竞争作用关系，则会引起代谢酶 DDI。代谢酶也可以被第二种药物不可逆地失活，这一抑制作用会降低第一种药物的清除率，并导致其药物浓度高于正常水平。本章重点介绍由细胞色素 P450 （cytochrome P450，CYP）代谢酶抑制所引起的 DDI。

CYP 抑制已导致一些药物的临床应用受到限制，甚至终止了其临床应用。由于毒性作用，CYP 抑制是药品监管机构和制药公司关注的重要问题。监管机构已经起草了有关 DDI 的行业准则[5, 6]。内科医生和药剂师也应该谨慎避免 DDI。CYP 抑制作用评估通常应从药物发现的最早阶段，即先导化合物的优化阶段开始。药物化学家通常可以对先导物进行结构修饰以减轻 CYP 抑制。如果无法改善，则可能导致先导物的优先级别降低，甚至被淘汰。

15.2 CYP 抑制的基础知识

15.2.1 可逆性 CYP 抑制

图 15.1 显示了 CYP 抑制的一般情况。

CYP 抑制一般有两种模式，即可逆抑制模式和不可逆抑制模式。最常见的模式是可逆抑制，即抑制剂以可逆方式与 CYP 酶结合后释放。当对患者施用单一药物时，它在一种或多种 CYP 酶中具有正常的代谢率（metabolic rate），并且具有可预测的清除率（clearance，CL）。根据药物的 CL 可确定患者的药代动力学曲线，并用于计算给药剂量和给药频率。而当同一药物与第二种药物联合给药时，如果第二种药物与代谢第一种药物的 CYP 酶竞争性结合，则第一种药物的 CL 可能降低。为了便于理解，这里将引起 CYP 抑制的第二种药物形象地称为"肇事者"，而将代谢被抑制的第一种药物称为"受害者"。此时药物 1 的 CL 可描述为：

$$CL_{int}(i) \approx CL_{int}/[1+I/K_i]$$

式中，$CL_{int}(i)$ 是抑制剂存在时的固有清除率；CL_{int} 是正常的固有清除率（无抑制剂存在）；I 是 CYP 酶抑制剂的浓度；K_i 是药物对该酶的抑制常数[3]。CL_{int} 随着抑制剂浓度（I）的增加和 K_i（更强的抑制剂）的降低而降低。

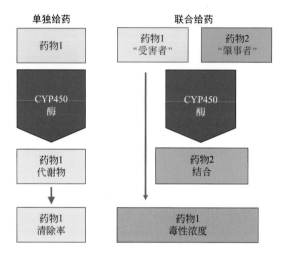

图 15.1　药物 1 单独给药后经特定 CYP 代谢，具有正常代谢清除率。而当药物 1 和药物 2 的同时给药后，可能导致药物 2 对药物 1 的代谢产生抑制，最终使得药物 1 的清除减少，其浓度可能增加到引起毒性的范围

随着清除率的降低，第一种药物的浓度（如 c_{max}）或暴露水平（如 AUC）比单独给药时更高。通常情况下，AUC 随着 $CL_{int}/CL_{int}(i)$ 的增加而增加[3]。如果药物"受害者"被 CYP3A4 代谢，而抑制剂"肇事者"抑制了 CYP3A4，则小肠中的 CYP3A4 抑制作用也会使 AUC 升高。图 15.2 显示了当同时给药后，一种药物的主要 CYP 代谢酶被抑制时，药代动力学的改变情况。增加的浓

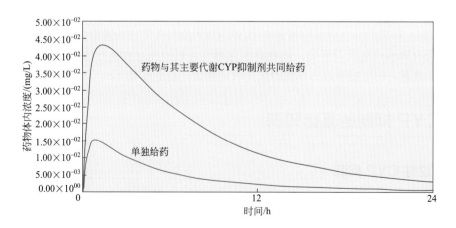

图 15.2　药物与其主要 CYP 代谢酶抑制剂共同给药会改变其药代动力学

度如果在毒性范围内，则会引起毒性作用。该抑制作用可以由"肇事者"的母体药物或其代谢产物引起，后者也称为代谢依赖性抑制（metabolism-dependent inhibition，MDI）。

在认识 CYP 抑制重要影响的同时，还需要了解 CYP 的相关代谢酶。目前已经发现了多种 CYP 酶，并且研究了它们对药物代谢的独特作用。人体肝脏微粒体（human liver microsome，HLM）中存在的主要 CYP 酶如图 15.3 所示。一些主要的酶都属于 3A 家族（占总 CYP 蛋白的 28%）和 2C 家族（18%）[7]。

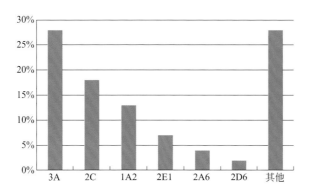

图 15.3　人体肝微粒体中的 CYP 酶及其相对丰度[7]

不同 CYP 酶代谢的药物百分比如图 15.4 所示，并汇总于表 15.1[8]。尽管 3A 型酶占人类肝脏 CYP 酶的 28%，但其负责 50% 药物的代谢。值得注意的是，仅占人体肝脏 CYP 酶 2% 的 2D6 甚至负责 30% 药物的代谢。2D6 主要代谢碱性的胺类化合物，而许多药物结构中都包含胺类药效团。因此，3A 或 2D6 抑制剂在与其他药物联用时可能存在显著的风险。

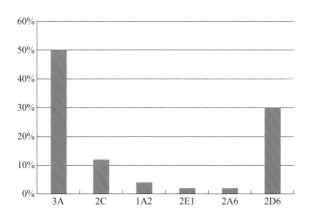

图 15.4　不同 CYP 代谢的药物百分比[7]

表 15.1　重要的 CYP 酶汇总[7]

CYP	在 HLM 中的分布比例 /%	药物代谢 /%	备注
3A 家族	28	50	最丰富，可诱导
2D6	2	30	多态性，5% 的白种人男性缺乏 2D6
2C 家族	18	10	多态性，可诱导
1A2	13	4	可诱导

为了预测药物"受害者"如何受到CYP抑制的影响[4]，通常使用重组CYP与比例因子（scaling factor）或化学抑制剂来测试化合物对关键CYP酶的CL_{int}值（例如，CYP1A2、CYP2B6、CYP2C8、CYP2C9、CYP2C19、CYP2D6、CYP3A4和CYP3A5），以此估算"受害者"被CYP酶代谢的比例。以特异性CYP酶抑制剂研究人肝细胞中"受害者"的CL_{int}，也可以提供有关药物清除途径的更多信息。

CYP抑制的"犯罪者"也可能被CYP酶代谢。或者，CYP抑制剂可能与酶结合而不被代谢，但会抑制其他化合物与CYP酶的结合和代谢。

15.2.2 不可逆CYP抑制（基于机制的抑制）

CYP抑制的第二种模式是不可逆抑制。一旦抑制剂形成代谢产物，该代谢产物通过与血红素基团中的亲核原子或活性位点的氨基酸反应，或与血红素铁络合而与CYP酶发生快速共价结合，就会发生不可逆抑制。不可逆抑制称为基于机制的抑制（mechanism-based inhibition，MBI）或时间依赖性抑制（time-dependent inhibition，TDI）。例如，螺内酯（spironolactone）产生的反应性中间体可与血红素基团或蛋白链反应，导致酶分子永久性失活[9]。在MBI中，酶失活的程度取决于孵育时间、抑制剂浓度和NADPH的存在与否。CYP酶的浓度需要几天的时间才能恢复（表15.2），在此期间，任何主要由该失活酶清除的其他药物的药代动力学都将受到影响[10]。例如，由于MBI引起的DDI，咪拉地尔（Mibefradil，Posicor®）被撤出市场。

表15.2 人体中CYP酶的翻转率[10]

CYP 同工酶	预估转换 $t_{1/2}$/h	CYP 同工酶	预估转换 $t_{1/2}$/h
3A4	26～140	2C19	26
2B6	32	2D6	51～70
2C8	23	2E1	27～60
2C9	104	1A2	36～105

注：经 S W Grimm, H J Einolf, S D Hall, et al. The conduct of *in vitro* studies to address time-dependent inhibition of drug-metabolizing enzymes: a perspective of the pharmaceutical research and manufacturers of America. Drug Metab Dispos, 2009, 37: 1355-1370 许可转载，版权归2003 American Chemical Society 所有。

另一种不可逆CYP抑制的机制是紧密的准不可逆结合（tight quasi-irreversible binding）。例如，红霉素（erythromycin）氨基糖环中的叔胺被氧化会生成与CYP3A4血红素结合的亚硝基代谢产物[11]。

不可逆抑制主要是通过CYP抑制的时间依赖关系来判断的。在可逆抑制的情况下，不同预孵育时间的IC_{50}值相同。然而，在不可逆抑制时，IC_{50}会随着与抑制剂预孵育时间的增加而降低。这是因为失活的酶随着反应时间的延长而增加，导致具有催化功能的酶分子减少，使CYP抑制的IC_{50}降低。不可逆抑制诊断实例如图15.5所示[12]。对于化合物 1（R=H）和三乙酰竹桃霉素（troleandomycin），IC_{50}随预孵育时间的延长而降低。对于化合物 2（R=F）和酮康唑（ketoconazole）而言，每个预孵育时间的IC_{50}均相同。

不可逆抑制的结果可能会有所不同，具体取决于酶的哪一部分被灭活及酶的再生速率。

不可逆抑制的作用还可以通过透析或凝胶过滤来测试。如果通过透析或将小分子抑制剂从酶中滤除而使抑制作用消除，则是可逆抑制作用。但是，如果透析后抑制作用依然持续，则为不可逆抑制。

不可逆抑制作用的测试，通常是先将酶（如微粒体、肝细胞、重组酶）与受试化合物和辅因子（如 NADPH）预孵，然后在不同时间点通过探针底物测试酶的活性程度。如果抑制剂或抑制剂的代谢产物不可逆地与酶结合，则 IC_{50} 会随着预孵育时间的延长而降低（图 15.5）。

不同化合物的比较和 TDI 评估的一个重要参数是 k_{inact}，即最大失活率（maximum inactivation rate）。其他参数还包括 K_i（速率为 $1/2k_{inact}$ 时抑制剂的浓度）和 k_{obs} [当 $[I]=k_{inact}\times[I]/(K_i+[I])$ 时的速率常数]。在过去的十年间，精确评估 TDI 的方法已经得到了改进。PhARMA 小组在 2009 年报道了一种广受认可的方法[10]，其中包括大量已知可导致 TDI 的药物，以及经常产生 TDI 的化学亚结构信息。TDI 评估的严格统计方法已经被报道[13]。CYP 抑制研究方法将在第 32 章中介绍。

化合物	预孵育时间增加情况下的IC_{50}/(μmol/L)			
	5 min	15 min	30 min	45 min
1 (R = H)	96	62	33	22
2 (R = F)	18	21	19	19
三乙酰竹桃霉素 (troleandomycin)	61	33	20	16
酮康唑 (ketoconazole)	0.016	0.013	0.017	0.022

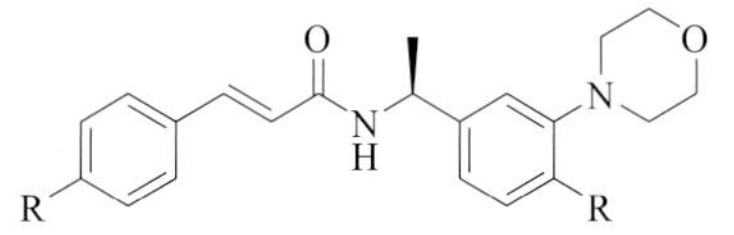

图 15.5 可逆和不可逆（红色箭头所指）CYP 抑制的实例[12]

在所示结构中，当 R=H 时，可观察到不可逆的 CYP 抑制作用，IC_{50} 随预孵育时间增加而下降。当 R=F 时，TDI 作用消失。具体实例还包括表现出 TDI 的三乙酰竹桃霉素（troleandomycin）和未表现出 TDI 的酮康唑（ketoconazole）。经 Y-J Wu, C D Davis, S. Dworetzky, et al. Fluorine substitution can block CYP3A4 metabolismdependent inhibition: identification of (S)-N-[1-(4-fluoro-3-morpholin-4-ylphenyl)ethyl]-3-(4-fluorophenyl)acrylamide as an orally bioavailable KCNQ2 opener devoid of CYP3A4 metabolism-dependent inhibition. J Med Chem, 2003, 46: 3778-3781 许可转载，版权归 2003 American Chemical Society 所有

15.3 CYP 抑制作用

15.3.1 候选药物作为代谢抑制 DDI 的"肇事者"

CYP 抑制的一个例子是红霉素（erythromycin）和特非那定（terfenadine）的联合给药（图 15.6）。红霉素通过作用于 CYP3A4 而抑制特非那定的代谢，导致特非那定水平升高至异常浓度，

图 15.6 当红霉素（"肇事者"）和特非那定（"受害者"）合用时，红霉素通过作用于 CYP3A4 抑制特非那定的代谢，可能导致中毒性心律失常[11]

可能导致心脏 QT 间期的延长并触发 TdP 心律失常（参见第 16 章）。此外，联合应用红霉素也会抑制环孢素（cyclosporine）、卡马西平（carbamazepine）和咪达唑仑（midazolam）的代谢[11]。

制药公司会测试每一个临床候选药物是否具有抑制 CYP 酶的潜力（即作为"肇事者"的可能性）。一般而言，通过共同孵育 CYP 酶、受试化合物和代谢速率已确定的底物进行测定。底物代谢速率的降低说明受试化合物抑制了特定的 CYP 酶。在最初的体外 CYP 抑制作用评估期间（通常在受试化合物 3 μmol/L 的浓度下），以下准则通常可用于识别 DDI 的潜在风险：

3 μmol/L 浓度下，抑制率 <15% 或 IC_{50}>10 μmol/L	低 CYP 抑制
3 μmol/L 浓度下，抑制率在 15%～50% 或 3 μmol/L<IC_{50}<10 μmol/L	中等 CYP 抑制
3 μmol/L 浓度下，抑制率 >50% 或 IC_{50}<3 μmol/L	高 CYP 抑制

一些项目组比较保守，会使用更严格的判断准则：

IC_{50}>100 μmol/L	低 CYP 抑制
10 μmol/L<IC_{50}<100 μmol/L	中等 CYP 抑制
IC_{50}<10 μmol/L	高 CYP 抑制

以化合物治疗靶点的 IC_{50} 对 CYP 抑制的 IC_{50} 作图，是药物发现项目团队的一个实用决策工具[14]。使用诸如 Spotfire© 之类的工具可以区分不同的化合物类别，从而实现不同先导化合物 CYP 抑制趋势的可视化（图 15.7）。

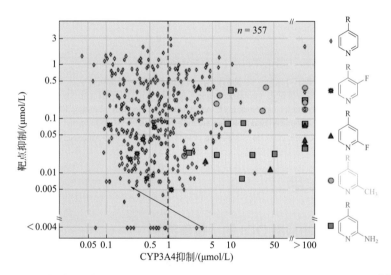

图 15.7　靶点活性与 CYP 抑制的关系图对于药物发现团队的多变量决策非常实用[14]

如图所示，CYP3A4 抑制与靶点活性的关系图显示了哪些吡啶取代基可有效降低 CYP3A4 抑制，且同时保持靶点的抑制活性。最佳活性区域和最小 CYP3A4 抑制作用位于右下方象限。经 G Zlokarnik, P D J Grootenhuis, J B Watson. High throughput P450 inhibition screens in early drug discovery. Drug Discov Today, 2005, 10: 1443-1450 许可转载，版权归 2005 Elsevier 所有

最为重要的是，要万分注意可引起中度至高度 CYP 抑制的化合物。在这种情况下，研发人员有三种选择：①尝试进行结构修饰以减少 CYP 抑制；②降低该先导化合物的优先级别；③与临床代谢专家讨论确定后续策略。在特定的疾病种类、其他药物及其对疾病的疗效、人体剂量，以及潜在的联用药物的条件，仍可能对该化合物进行临床研究[4]。

体内 CYP 抑制问题的严重程度除 IC_{50} 外还可由许多参数决定。除了被抑制的代谢酶，相对于 K_i，体内化合物的最高血药浓度（c_{max}）也非常重要。例如，一种抑制 CYP3A4（可代谢 50% 的药物）的药物与抑制 CYP1A2（可代谢的药物相对较少）的药物相比，前者能与更多的药物发

生相互作用。另一个重要的参数是抑制剂的血浆蛋白结合。血浆蛋白结合可减少药物与肝脏的接触。相反，如果大量药物被摄取转运进入肝细胞，则肝脏中的抑制剂浓度可能会高于其在血浆中的浓度。

在药物发现的后期，需要对 K_i 与给药后抑制剂的体内浓度进行评估。PhARMA 工作组发布了 DDI 评估的共识信息[15]。其中重要的一点是，可逆的 CYP 抑制评估可以根据 CYP 抑制结果（K_i）和在最高人体临床剂量下预期的 c_{max} 来预测和指导。c_{max} 是体内血液中达到的抑制剂最高浓度，并且近似于肝脏代谢酶环境中的抑制剂浓度（I）。具体准则如下：

如果 $c_{max}/K_i<0.1$　　　　　　　　　　　　不太可能发生 CYP 抑制

如果 $0.1<c_{max}/K_i<1$　　　　　　　　　　可能发生 CYP 抑制

如果 $c_{max}/K_i>1$　　　　　　　　　　　　很有可能发生 CYP 抑制

这些准则主要用于规划早期的临床 DDI 研究。

有关 CYP 抑制的数据需要体现在向监管机构提交的新药申请材料中。若体外 CYP 抑制数据显示"肇事者"的抑制作用可被忽略，则说明该化合物没有 DDI 且不需要进行临床 DDI 研究。如果体外数据表明化合物具有潜在的 DDI，则需要进行特定的临床 DDI 研究[16]。PhARMA 小组已根据药物监管机构的指南就体外和体内 DDI 的研究进行了调整和规范[15]。此外，药品的包装说明书也需包含药物相互作用的信息，以说明该化合物是否影响其他药物的药代动力学性质，或者其药代动力学性质是否受另一种 CYP 抑制剂的药物的影响。因此，DDI 的潜力可能会影响该药物的临床使用和市场性。

15.3.2　候选药物作为代谢抑制的"受害者"

在临床应用中，某些药物可能会充当"肇事者"并抑制新候选药物（"受害者"）的关键代谢酶，导致候选药物的浓度升高至毒性水平。避免这种情况发生的一个方法是选择可被多种代谢酶代谢或具有其他清除途径（如肾脏清除）的候选药物。对于此类候选药物，如果"肇事者"抑制了一种代谢途径，则候选药物还可以通过其他途径得以清除。对于主要由一种 CYP 酶清除的候选药物，对该酶的抑制将可能导致候选药物的血药浓度增加。因此，在药物发现过程中可采用"代谢表型"方法测试候选药物在特定 CYP 酶和其他代谢酶中的代谢稳定性（参见第 29 章）。优选的候选药物能通过多种酶途径代谢或具有其他清除机制。理想情况下，一种酶的代谢量比例不应超过候选药物的 50%[4]。在药物开发过程中，制药公司需要评估候选药物成为其他药物"受害者"的可能性。

15.4　CYP 抑制案例研究

CYP 抑制可能对患者产生毒性作用。由于 CYP 抑制，已导致几种药物撤出市场（表 15.3）。例如，当特非那定（terfenadine）和西沙必利（cisapride）的代谢被合用药物抑制时，可产生致命

表 15.3　因 CYP 抑制而撤出市场或限制应用的实例

药物	通用名	撤市日期
Posicor™	盐酸米贝拉地尔（mibefradil dihydrochloride）	1998 年 6 月
Seldane™	特非那定	1998 年 2 月
Hismanal™	阿司咪唑（astemazole）	1999 年 6 月
Propulsid™	西沙必利	2000 年 7 月

的 TdP 心律失常（参见 16.2 节）[17]。特非那定自愿撤出市场，而其活性代谢产物非索非那定（fexofenadine，Allegra™）最终被成功开发上市（图 15.8）。再如，西咪替丁（cimetidine，Tagamet®）可通过抑制包括 CYP3A4 在内的多种 CYP 酶而导致 DDI，因此其临床使用量已减少。当与西咪替丁和丙吡胺（disopyramide）联合给药时，丙吡胺的血浆 c_{max} 较单独给药时显著升高[19]。

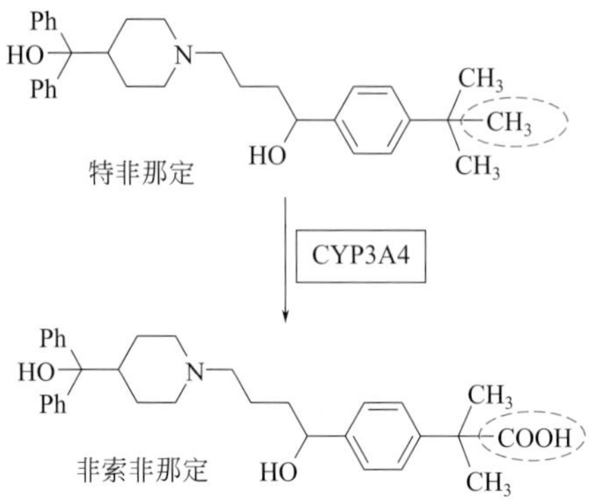

图 15.8 特非那定由于与 CYP3A4 抑制剂合用时 c_{max} 显著高而被撤回，其市场目前已被其活性代谢物非索非那定取代

表 15.4 显示了人体内 CYP 抑制作用的一个例子。当西罗莫司（sirolimus）与其主要代谢酶（CYP3A4）抑制剂联合给药时，c_{max} 增加 6 倍，而 AUC 增加 8 倍[20]。

表 15.4 单独给药 2 mg 西罗莫司以及与 400 mg 泊沙康唑（posaconazole）共同给药时，西罗莫司的药代动力学参数变化[20]

药代动力学参数	西罗莫司单独给药	西罗莫司 + 泊沙康唑
c_{max}/(ng/mL)	4.9	31.2
t_{max}/h	3	4
AUC	186	1470

有些药物的代谢产物也可能引起 DDI[21]。奥美拉唑（omeprazole）进入体循环后可鉴定出 5 种代谢产物，它们的血浆 AUC 均高于奥美拉唑 25%。体外 CYP 的抑制试验发现，奥美拉唑及其所有代谢产物均会可逆地抑制 CYP2C19 和 CYP3A4；奥美拉唑和两种代谢产物会不可逆地抑制 CYP2C19；而奥美拉唑和一种代谢产物还会不可逆地抑制 CYP3A4。因此，奥美拉唑及其代谢产物均能诱导体内 DDI。

CYP 酶可逆竞争性抑制作用的决定因素与增强配体与酶活性位点结合的因素相同，包括与活性位点的特异性相互作用（例如亲脂性）和分子形状[11]。另外，抑制剂上孤对电子的存在似乎可以增强与 CYP 酶血红素基团的结合，增加的结合能约为 6 kcal/mol[22]。例如，含有一个咪唑基团的西咪替丁是 CYP3A4 和 CYD2D6 的抑制剂，而雷尼替丁（ranitidine）则没有咪唑基团，因此不会抑制丙吡胺的代谢。奎尼丁（quinidine，一种 CYP2D6 抑制剂）和玫瑰树碱（ellipticine，一种 CYP1A2 抑制剂）[23] 中所含的喹啉基团和茚地那韦（indinavir，一种 CYP3A4 抑制剂）[24] 中的吡啶结构，可能在竞争性结合过程中与血红素发生相互作用。部分亚结构也可能引起 TDI。大麻二酚（cannabidiol，CBD）对 CYP1A1 的 k_{inact} 为 0.215 min^{-1} [25]，通过测定 CBD 及其结构类似物 k_{inact} 的研究表明，甲基间苯二酚结构在 CYP1A1 TDI 失活过程中很重要。

简单的体外实验并不能反映体内情况。例如，目前已发现人肝微粒体的 TDI 高于实际的临床 DDI[26]。但是，体外培养的人肝细胞与临床体内 DDI 的相关性较好。

此外，还可以通过测试确定引起不可逆抑制代谢产物的生物活化机理。CXCR3 拮抗剂 AMG 487（图 15.9）被证明会引起 TDI，因此使用结构解析技术研究了其生物激活机制[27]。将 M2 酚类代谢物孵育可产生 TDI 作用（k_{inact}=0.09 min^{-1}，K_i=0.74 μmol/L）。[^{3}H] M2 的孵育进一步鉴定了代谢产物 M4 和 M5，其中 M4 包含两个可与 CYP3A4 的 Cys239 共价结合二羟基代谢物 M4a 和 M4b。每个代谢产物二羟基苯环上的三个位置均可被生物活化，并与 CYP3A4 发生共价结合。

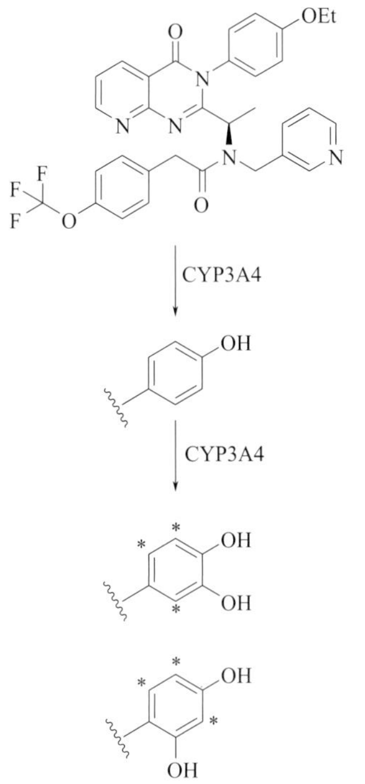

图 15.9 AMG487 可被 CYP3A4 代谢，其代谢产物 M2 可进一步被氧化为 M4a 和 M4b，其亲电的奎宁和奎宁亚胺结构中间体活化位点（用星号显示）可与 CYP3A4 活性位点及酶 MBI 中的亲核基团发生反应[27]

在一项广泛的 TDI 研究中，使用高通量人肝微粒体 TDI 分析法对 400 个药物进行了分析[28]。以 k_{inact}<0.02 min^{-1}（阴性）和 k_{inact}>0.02 min^{-1}（阳性）为标准，发现其中 4% 的药物为 TDI 阳性。而对先导化合物优化产物的测试显示，超过 20% 的受试化合物为 TDI 阳性，这表明对药物发现阶段化合物 TDI 的研究十分重要。

手性也会影响 CYP 的抑制作用。如图 15.10 所示，降血脂药物氟伐他汀（fluvastatin）的（3R,5S）-（+）- 异构体［图 15.10（a）］相较于其对映体可对 CYP2C9 产生更强的抑制作用[29]。

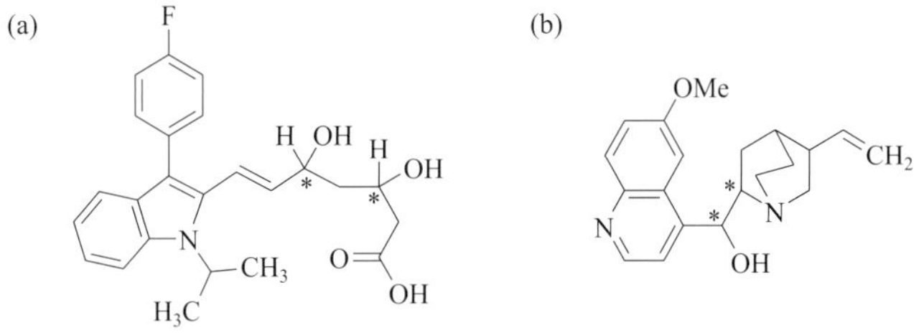

图 15.10 细胞色素 P450 的立体选择性
（a）氟伐他汀（fluvastatin）[29]；（b）（+）奎尼丁（quinidine）和（-）奎宁[30]

在图 15.10（b）中的结构，（+）- 对映异构体奎尼丁是 CYP2D6 的强效抑制剂，而（−）- 对映异构体奎宁（quinine）对 CYP2D6 的代谢没有影响 [30]。

15.5 减弱 CYP 抑制的结构修饰策略

先导化合物的结构修饰可降低 CYP 抑制的 IC_{50}。在图 15.11 所示的吡啶基噁唑化合物中，随着结构的改变，对三种 CYP 抑制的 IC_{50} 值大大增加，但未影响化合物对靶点的活性或选择性 [31]。

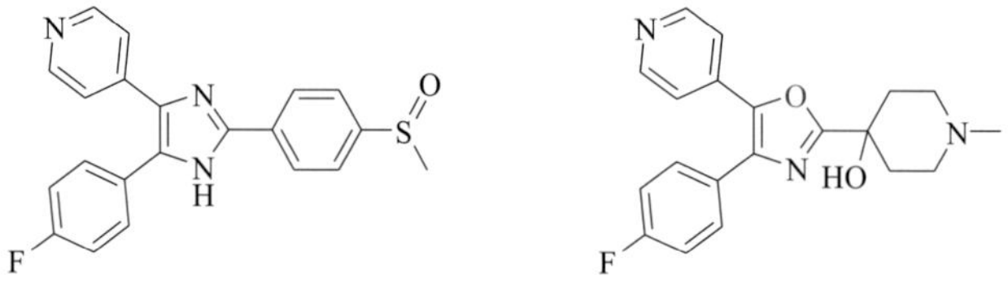

p38α IC_{50} = 0.45 μmol/L
COX-1 IC_{50} = 5 μmol/L(非选择性)
3A4 IC_{50} < 2 μmol/L
2D6 IC_{50} > 100 μmol/L
2C9 IC_{50} < 2 μmol/L
1A2 IC_{50} = 4 μmol/L

p38α IC_{50} = 0.35 μmol/L
COX-1 IC_{50} > 100 μmol/L
3A4 IC_{50} = 100 μmol/L
2D6 IC_{50} = 22 μmol/L
2C9 IC_{50} > 100 μmol/L
1A2 IC_{50} > 100 μmol/L

图 15.11　吡啶基噁唑化合物的结构修饰成功降低了对三种 CYP 酶的 IC_{50}，但没有降低其生物活性和选择性 [31]

在钠通道阻断剂的研究中，通过结构修饰降低了化合物对 CYP2D6 的抑制作用（图 15.12）。同时，该系列化合物的活性得以维持或改善 [32]。如图 15.13 所示，作用于 G 蛋白偶联受体（G protein-coupled receptor，GPCR）的化合物表现出明显的 CYP2D6 抑制作用。通过结构修饰克服了这一问题，同时保持了其对 GPCR 的激动作用 [33]。

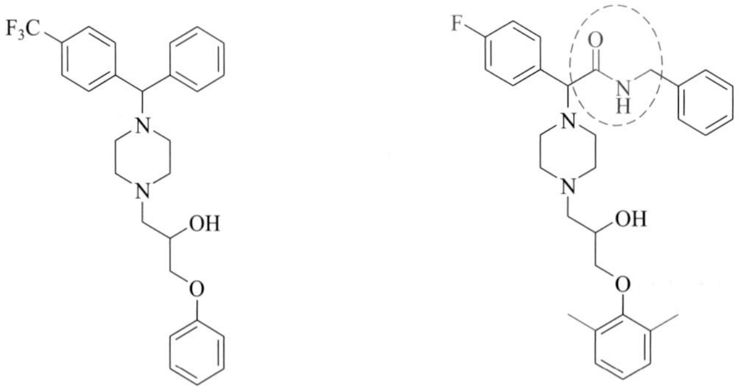

IC_{50} = 893 nmol/L
CYP2D6抑制率(2 μmol/L) = 87%

IC_{50} = 149 nmol/L
CYP2D6抑制率(2 μmol/L) = 20%

图 15.12　通过结构修饰，降低了化合物对 CYP2D6 的抑制作用，且其对钠通道的阻断活性得到了改善。酰胺官能团的引入减弱了对 CYP2D6 的抑制作用 [32]

Riley 等研究了具有吡啶结构的药物对 CYP3A4 的抑制作用 [22]，并提出了预测含氮杂环药物（即三唑、吡啶、咪唑、喹啉、噻唑等）对 CYP3A4 抑制作用的瑞利规则（Riley's Rules）：减少氮原子上的孤对电子数量有利于减弱对 CYP3A4 血红素基团的相互作用。瑞利规则和相关工作 [14] 为降低 CYP 抑制的结构修饰提供了有力的指导（表 15.5）。

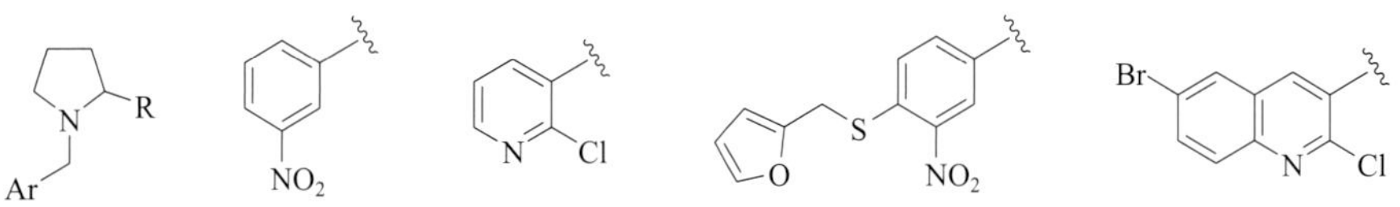

化合物	GPCR IC$_{50}$/(μmol/L)	CYP2D6 IC$_{50}$/(μmol/L)	选择性
1	0.33	<0.05	<0.15
2	0.22	0.02	0.09
3	0.22	2.2	10
4	0.19	22	116

图 15.13　先导化合物 **1** 具有较高的 CYP2D6 抑制作用，通过结构修饰既降低了对 CYP2D6 的抑制，同时也保持了对 GPCR 的激动活性[33]

表 15.5　降低 CYP 抑制的结构修饰策略

结构修饰策略
降低分子的亲脂性（lg$D_{7.4}$）
增加杂环氮原子对位的位阻
引入可降低氮原子 pK_a 的取代基（如卤素）

15.6　其他药物相互作用

截至目前，本章主要围绕着候选药物作为 CYP 代谢抑制的"肇事者"和"受害者"展开讨论。以下介绍其他的 DDI 问题。

15.6.1　非 CYP 代谢酶的药物相互作用

药物代谢的抑制也可发生于 CYP 以外的其他代谢酶[4]，包括 I 相代谢酶（例如 MAO、FMO）和 II 相代谢酶（如 UGT）。这些酶的 DDI 通常用于评估药物发现后期的化合物。

15.6.2　抑制转运蛋白的药物相互作用

除代谢酶外，转运蛋白的抑制也可能导致 DDI。例如，抑制肠道中的 P 糖蛋白（P-glycoprotein，P-gp）可导致口服地高辛的吸收增加。抑制肝脏的 OATP 可以引起他汀类药物的 DDI。转运体 DDI 的详细讨论见第 9 章。

15.6.3　代谢酶诱导的药物相互作用

有些药物可在肝脏或肠道中诱导代谢酶的产生。对于两个联用药物，如果药物 A 会诱导代谢酶的产生，且该代谢酶能够清除大部分的药物 B，那么药物 B 将成为"受害者"，导致其代谢率提高。药物 B 浓度和暴露量可能降至有效浓度以下，并影响其治疗效果。因此，主要由某种酶代谢的药物不应与诱导该酶产生的药物联合给药。某些化合物还可以诱导产生自身的代谢酶，即自诱导。这样的诱导剂通常将无法在药物开发过程中进一步推进。酶诱导的讨论见第 11 章。

15.6.4 食物和膳食补充剂引起的药物相互作用

除药物外，某些食物和膳食补充剂共同服用时也可能引起 DDI。已经明确了部分食物和膳食补充剂来源中的 CYP 抑制物质，如柚子汁。临床医生在医疗实践中应考虑到这些因素。

15.7 药物相互作用的监管指南

监管机构已就 DDI 给出了相关指导方针[5, 6]。这些要点将在 NDA 和 BLA 中进行审查，因此研究团队应将其纳入研发过程中。药物发现科学家应提前制定 DDI 的评估计划，并对先导化合物开展相关研究，这与监管要求是相一致的。以下是 FDA 指南中的一些指导原则：

- 在药物开发过程中，需要确定候选药物与上市药物之间的相互作用，以评估剂量水平，开展患者监测，研究与某些药物合用的不可取性，以及降低 DDI 风险的方法。
- 量化清除的主要途径（酶、转运蛋白）。在体外确定研究药物是否为相关代谢的底物、抑制剂或诱导剂，并使用基于人群的 PBPK 模型将该信息与药代动力学数据一起联用，以确定必要的临床研究设计。
- 确定和量化候选药物的 DDI 机制［作为"肇事者"（可逆、TDI）和"受害者"］。
- 确定候选药物 AUC ≥ 25% 的代谢产物的潜在 DDI。
- 在说明书中包含有关 DDI 的说明。

15.8 CYP 抑制的应用

以下是一些药物发现中常见的 CYP 抑制应对方法。

① 尽早获得 CYP 抑制的预测或先导化合物的测定结果，以降低 CYP 抑制的风险。
② 对具有显著 CYP 抑制作用的先导物开展结构修饰。
③ 将无法改进的先导物淘汰。
④ 继续获取新的结构类似物的 CYP 抑制信息，以确保进行结构修饰以提高活性或其他性质时，CYP 抑制不会增加。
⑤ 收集和量化主要 CYP 和其他有助于化合物清除的代谢酶的性质信息，以确保候选药物的清除可通过多条途径，从而减少其成为 DDI "受害者"的风险。
⑥ 通过基于人群的 PBPK 模拟软件（如 SIMCYP），利用体外 CYP 抑制和药代动力学数据预测人体临床的 DDI。

（江 波　白仁仁）

思考题

（1）对于最初的 CYP 抑制筛选，理想的目标是 IC_{50} 浓度大于多少？
（2）对于人体内 DDI 的研究，K_i 值应该是 c_{max} 的多少倍？相对于 K_i，c_{max} 为多少时可能存在 CYP 抑制？
（3）特非那定为何撤出市场？
（4）可逆的和基于机制的 CYP 抑制有什么区别？如何区分这些机制？
（5）如何优化下面的结构以减少 CYP 抑制作用？

MW = 333.5
PSA = 29
ClgP = 6.0

（6）下面哪些是与CYP抑制相关的风险？
（a）共同给药的药物代谢过快；（b）化合物不稳定；（c）共同给药的药物代谢不够快；（d）可产生诱导酶。

（7）是否应该利用CYP抑制来评估代谢稳定性？

参考文献

[1] K. Fattinger, M. Roos, P. Vergères, C. Holenstein, B. Kind, U. Masche, D.N. Stocker, S. Braunschweig, G.A. Kullak-Ublick, R.L. Galeazzi, F. Follath, T. Gasser, P.J. Meier, Epidemiology of drug exposure and adverse drug reactions in two Swiss departments of internal medicine, Br. J. Clin. Pharmacol. 49 (2000) 158-167.

[2] A.D. Rodrigues, Drug-Drug Interactions, Marcel Dekker, New York, 2002.

[3] K.L. Kunze, W.F. Trager, Warfarin-fluconazole. III. A rational approach to management of a metabolically based drug interaction, Drug Metab. Dispos. 24 (1996) 429-435.

[4] L. Di, B. Feng, T.C. Goosen, Y. Lai, S.J. Steyn, M.V. Varma, R.S. Obach, A perspective on the prediction of drug pharmacokinetics and disposition in drug research and development, Drug Metab. Dispos. 41 (2013) 1975-1993.

[5] FDA, Drug Interaction Studies—Study Design, Data Analysis, Implications for Dosing and Labeling Recommendations, Center for Drug Evaluation and Research, Silver Spring, MD, 2012.

[6] EMA, Guideline on the Investigation of Drug Interactions., Committee for Medicinal Products for Human Use, London, 2012.

[7] S.E. Clarke, B.C. Jones (Eds.), Human Cytochromes P450 and Their Role in Metabolism-Based Drug-Drug Interactions, Marcel Dekker, New York, 2002.

[8] T. Shimada, H. Yamazaki, M. Mimura, Y. Inui, F.P. Guengerich, Interindividual variations in human liver cytochrome P-450 enzymes involved in the oxidation of drugs, carcinogens and toxic chemicals: studies with liver microsomes of 30 Japanese and 30 Caucasians, J. Pharmacol. Exp. Ther. 270 (1994) 414-423.

[9] E. Fontana, P.M. Dansette, S.M. Poli, Cytochrome P450 enzymes mechanism based inhibitors: common sub-structures and reactivity, Curr. Drug Metab. 6 (2005) 413-454.

[10] S.W. Grimm, H.J. Einolf, S.D. Hall, K. He, H.-K. Lim, K.-H.J. Ling, C. Lu, A.A. Nomeir, E. Seibert, K.W. Skordos, G.R. Tonn, R. Van Horn, R.W. Wang, Y.N. Wong, T.J. Yang, R.S. Obach, The conduct of in vitro studies to address time-dependent inhibition of drug-metabolizing enzymes: a perspective of the pharmaceutical research and manufacturers of America, Drug Metab. Dispos. 37 (2009) 1355-1370.

[11] Z. Yan, G.W. Caldwell, Metabolism profiling, and cytochrome P450 inhibition & induction in drug discovery, Curr. Top. Med. Chem. 1 (2001) 403-425.

[12] Y.-J. Wu, C.D. Davis, S. Dworetzky, W.C. Fitzpatrick, D. Harden, H. He, R.J. Knox, A.E. Newton, T. Philip, C. Polson, D.V. Sivarao, L.-Q. Sun, S. Tertyshnikova, D. Weaver, S. Yeola, M. Zoeckler, M.W. Sinz, Fluorine substitution can block CYP3A4 metabolism-dependent inhibition: identification of (S)-N-[1-(4-fluoro-3-morpholin-4-ylphenyl)ethyl]-3-(4-fluorophenyl) acrylamide as an orally bioavailable KCNQ2 opener devoid of CYP3A4 metabolism-dependent inhibition, J. Med. Chem. 46 (2003) 3778-3781.

[13] P. Yates, H. Eng, L. Di, R.S. Obach, Statistical methods for analysis of time-dependent inhibition of cytochrome P450 enzymes, Drug Metab. Dispos. 40 (2012) 2289-2296.

[14] G. Zlokarnik, P.D.J. Grootenhuis, J.B. Watson, High throughput P450 inhibition screens in early drug discovery, Drug Discov. Today 10 (2005) 1443-1450.

[15] T.D. Bjornsson, J.T. Callaghan, H.J. Einolf, V. Fischer, L. Gan, S. Grimm, J. Kao, S.P. King, G. Miwa, L. Ni, G. Kumar, J. McLeod, R.S. Obach, S. Roberts, A. Roe, A. Shah, F. Snikeris, J.T. Sullivan, D. Tweedie, J.M. Vega, J. Walsh, S.A. Wrighton, The conduct of in vitro and in vivo drug-drug interaction studies: a pharmaceutical and manufacturers of America (PhRMA) perspective, Drug Metab. Dispos. 31 (2003) 815-832.

[16] R.S. Obach, R.L. Walsky, K. Venkatakrishnan, E.A. Gaman, J.B. Houston, L.M. Tremaine, The utility of in vitro cytochrome P450 inhibition data in the prediction of drug-drug interactions, J. Pharmacol. Exp. Ther. 316 (2006) 336-348.

[17] P.K. Honig, D.C. Wortham, K. Zamani, D.P. Conner, J.C. Mullin, L.R. Cantilena, Terfenadine-ketoconazole interaction.

Pharmacokinetic and electrocardiographic consequences, J. Am. Med. Assoc. 269 (1993) 1513-1518.
[18] A.J. Sedman, Cimetidine-drug interactions, Am. J. Med. 76 (1984) 109-114.
[19] M.J. Jou, S.C. Huang, F.M. Kiang, M.Y. Lai, P.D. Chao, Comparison of the effects of cimetidine and ranitidine on the pharmacokinetics of disopyramide in man, J. Pharm. Pharmacol. 49 (1997) 1072-1075.
[20] A. Moton, L. Ma, G. Krishna, M. Martinho, M. Seiberling, J. McLeod, Effects of oral posaconazole on the pharmacokinetics of sirolimus, Curr. Med. Res. Opin. 25 (2009) 701-707.
[21] Y. Shirasaka, J.E. Sager, J.D. Lutz, C. Davis, N. Isoherranen, Inhibition of CYP2C19 and CYP3A4 by omeprazole metabolites and their contribution to drug-drug interactions, Drug Metab. Dispos. 41 (2013) 1414-1424.
[22] R.J. Riley, A.J. Parker, S. Trigg, C.N. Manners, Development of a generalized, quantitative physicochemical model of CYP3A4 inhibition for use in early drug discovery, Pharm. Res. 18 (2001) 652-655.
[23] W. Tassaneeyakul, D.J. Birkett, M.E. Veronese, M.E. McManus, R.H. Tukey, L.C. Quattrochi, H.V. Gelboin, J.O. Miners, Specificity of substrate and inhibitor probes for human cytochromes P450 1A1 and 1A2, J. Pharmacol. Exp. Ther. 265 (1993) 401-407.
[24] S.E. Boruchoff, M.G. Sturgill, K.W. Grasing, J.R. Seibold, J. McCrea, G.A. Winchell, S.E. Kusma, P.J. Deutsch, The steady-state disposition of indinavir is not altered by the concomitant administration of clarithromycin, Clin. Pharmacol. Ther. 67 (2000) 351-359.
[25] S. Yamaori, Y. Okushima, I. Yamamoto, K. Watanabe, Characterization of the structural determinants required for potent mechanism-based inhibition of human cytochrome P450 1A1 by cannabidiol, Chem.-Biol. Interact. 215 (2014) 62-68.
[26] L. Xu, Y. Chen, Y. Pan, G.L. Skiles, M. Shou, Prediction of human drug-drug interactions from time-dependent inactivation of CYP3A4 in primary hepatocytes using a population-based simulator, Drug Metab. Dispos. 37 (2009) 2330-2339.
[27] R. Kirk, K.R. Henne, T.B. Tran, B.M. VandenBrink, D.A. Rock, D.K. Aidasani, R. Subramanian, A.K. Mason, D.M. Stresser, Y. Teffera, S.G. Wong, M.G. Johnson, X. Chen, G.R. Tonn, B.K. Wong, Sequential metabolism of AMG 487, a novel CXCR3 antagonist, results in formation of quinone reactive metabolites that covalently modify CYP3A4 Cys239 and cause time-dependent inhibition of the enzyme, Drug Metab. Dispos. 40 (2012) 1429-1440.
[28] A. Zimmerlin, M. Trunzer, B. Faller, CYP3A time-dependent inhibition risk assessment validated with 400 reference drugs, Drug Metab. Dispos. 39 (2011) 1039-1046.
[29] C. Transon, T. Leemann, P. Dayer, In vitro comparative inhibition profiles of major human drug metabolizing cytochrome P450 isoenzymes (CYP2C9, CYP2D6 and CYP3A4) by HMG-CoA reductase inhibitors, Eur. J. Clin. Pharmacol. 50 (1996) 209-215.
[30] S.V. Otton, H.K. Crewe, M.S. Lennard, G.T. Tucker, H.F. Woods, Use of quinidine inhibition to define the role of the sparteine/debrisoquine cytochrome P450 in metoprolol oxidation by human liver microsomes, J. Pharmacol. Exp. Ther. 247 (1988) 242-247.
[31] L. Revesz, F.E. Di Padova, T. Buhl, R. Feifel, H. Gram, P. Hiestand, U. Manning, A.G. Zimmerlin, SAR of 4-hydroxypiperidine and hydroxyalkyl substituted heterocycles as novel p38 map kinase inhibitors, Bioorg. Med. Chem. Lett. 10 (2000) 1261-1264.
[32] M.A. Ashwell, J.-M. Lapierre, A. Kaplan, J. Li, C. Marr, J. Yuan, The design, preparation and SAR of novel small molecule sodium (Na+) channel blockers, Bioorg. Med. Chem. Lett. 14 (2004) 2025-2030.
[33] S.A. Biller, L. Custer, K.E. Dickinson, S.K. Durham, A.V. Gavai, L.G. Hamann, J.L. Josephs, F. Moulin, G.M. Pearl, O.P. Flint, M. Sanders, A.A. Tymiak, R. Vaz, The challenge of quality in candidate optimization, In: R.T. Borchardt, E.H. Kerns, C.A. Lipinski, D.R. Thakker, B. Wang (Eds.), Pharmaceutical Profiling in Drug Discovery for Lead Selection, AAPS Press, Arlington, VA, 2004, pp. 413-429.

第 16 章

hERG 钾通道的阻断

16.1 引言

hERG（human-ether-à-go-go related gene）是药物研发过程中需要解决的重要安全性问题之一。hERG 钾离子通道的阻断会引发心脏毒性，甚至是致命的副作用。制药公司致力于避免 hERG 阻断的相关毒性，而药物监管机构也会仔细审查新药申报中与 hERG 相关的数据。因此，hERG 评估和改善是药物发现中不可或缺的部分。

hERG 涉及心肌细胞的钾离子通道。当药物分子阻断这些通道时，可能导致心律失常，甚至死亡。这种心律变化称为 QT 间期延长综合征（long QT syndrome，LQTS）。这一阻断机制最初是在一种药物应用于临床并治疗了大量患者后发现的，因为Ⅲ期临床研究中纳入的患者数量还不足以观察到这一毒性问题。当 hERG 阻断机制被阐明后，部分药物由于可引发 hERG 毒性而被撤市，或应用受到了限制。代表药物的结构如图 16.1 所示。自从 hERG 心律失常机制被阐明以来，hERG 相关数据已被纳入新药申报中，药物研发科学家会与毒理学家共同研究、审查和处理这一潜在问题。如果候选药物在进入开发阶段时仍然存在与 hERG 相关的问题，则需要在临床开发过程中进行更为广泛且深入的研究。

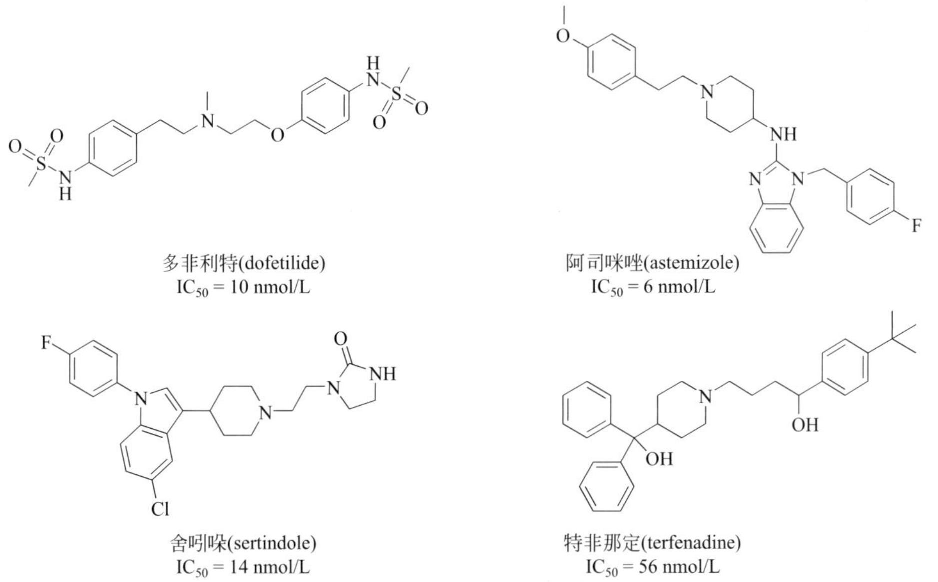

多非利特(dofetilide)
IC_{50} = 10 nmol/L

阿司咪唑(astemizole)
IC_{50} = 6 nmol/L

舍吲哚(sertindole)
IC_{50} = 14 nmol/L

特非那定(terfenadine)
IC_{50} = 56 nmol/L

图 16.1

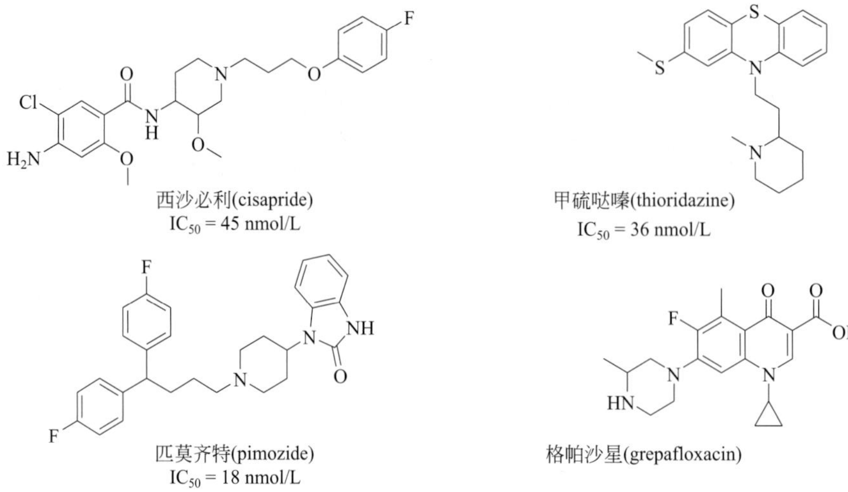

西沙必利(cisapride)
IC_{50} = 45 nmol/L
甲硫哒嗪(thioridazine)
IC_{50} = 36 nmol/L
匹莫齐特(pimozide)
IC_{50} = 18 nmol/L
格帕沙星(grepafloxacin)

图 16.1　由于 hERG 阻断副作用而被撤市或限制应用的部分药物

16.2 hERG 基础知识

如前文所述，hERG 的全称是“human-ether-à-go-go related gene”，即人 ether-à-go-go 相关基因，负责编码人体钾离子通道 K_v11.1 的 α- 亚基蛋白 [1]。α- 亚基蛋白是该钾离子通道的内部成孔部分。hERG 钾离子通道具有一个四聚体结构，每个单体包含六个跨膜结构域。hERG 钾离子通道受电压（膜电位）控制，并调控 K^+ 的细胞外流。K^+ 的跨膜运动产生了快速激活的延迟整流 K^+ 电流（rectifier K^+ current），被称为 I_{Kr}。

hERG 钾离子通道是离子通道整体的一部分，可在细胞水平上产生心脏动作电位［图 16.2（a）］，而这一动作电位是随着钠离子通道的开启而启动的。Na^+ 迅速流入细胞，引起膜电位从约

Ca²⁺通道开启
Ca²⁺离子内流
+20 mV
I_{Ca}
K⁺通道开启
K⁺离子外流
I_{Na}
Na⁺通道开启
Na⁺离子内流
I_{Kr}
–90 mV
(a)
去极化
复极化
R
T
Q
S
QT间隔
(b)

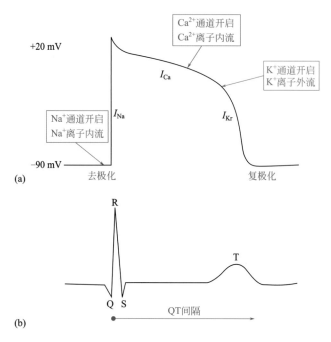

图 16.2 （a）细胞内与细胞外心脏动作电位随时间变化的关系和（b）相对应的心电图（ECG）

−90 mV 的静息状态快速去极化至 +20 mV（细胞内电压与外部相比）。随后，通过钙离子通道的开启以维持去极化，Ca^{2+} 不断流入细胞。最后，通过钾离子通道的开启和 K^+ 的外流使离子的流动达到平衡。当钾离子通道继续开启使 K^+ 持续外流且 Ca^{2+} 内流下降时，细胞发生复极化至 −90 mV，重新回到静息状态。hERG 钾通道是最重要的复极化钾通道。

患者的心电图（electrocardiogram，ECG 或 EKG）监测发现 [图 16.2（b）]，该动作电位有助于心脏的整体电活动。在心电图中，从 Q 点到 T 波结束的时间称为 QT 间期（从去极化到复极化）。QT 间隔通常根据心率进行校正，校正后的 QT 被称为 QTc。动作电位的变化会造成心电图的改变。

药物影响心脏电生理的其他机制也已被报道。比如，某些药物可影响细胞表面 hERG 钾通道的表达水平 [2]。另外，一些 hERG 阻断剂并不会产生尖端扭转型室性心动过速（torsades de pointe，TdP），因为它们还同时作用于其他离子通道，从而抵消了对 hERG 的阻断作用 [3]。

16.3 hERG 阻断效应

如果药物结合在 hERG 钾通道内，则可以部分阻止 K^+ 流出细胞。这会导致 K^+ 的流出速率变慢，从而延长了细胞复极化所需的时间（图 16.3）。心电图中可显示 T 波的延迟，进而延长了 QTc 间期（lengthening the QTc interval，LQT），而 LQT 可能触发危及生命的 TdP 心律失常（图 16.4）。hERG 阻断只是 TdP 的一个诱发因素，其他的生理和遗传因素也可能增加 LQT 发生的概率 [1]。这些因素包括低血清 K^+、心率偏慢、遗传因素（如发生影响离子通道的突变）、其他心脏疾病、联用了可阻断 hERG 的其他药物、联用了可抑制代谢的药物（如特非那定），以及性别方面。某些患者可能出现 LQT 但并不进展为 TdP，而有些患者则会进展为 TdP，但 QTc 间期仅有轻度延长。TdP 心律失常会导致心室颤动，可引起猝死。hERG 的自然遗传突变也可能会导致 LQT 和 TdP，这也进一步证明了 hERG 钾通道在 LQT 中扮演的重要角色。

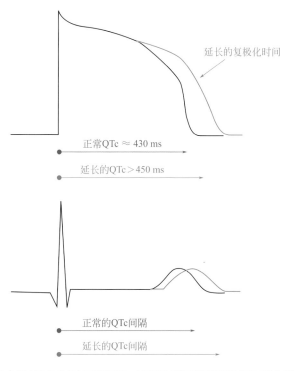

图 16.3　从动作电位（上）和 ECG（下）可以看出，hERG 钾通道阻断延长了复极化的时间，从而导致了 LQT

图16.4　心电图显示出尖端扭转型室速（TdP）心律失常

诱发TdP的药物数量要高于可诱发更罕见心律失常的药物数量。据报道，服用奎尼丁（quinidine，1%～3%）、索他洛尔（sotalol，1%～5%）、多非利特（dofetilide，1%～5%）和伊布利特（ibutilide，12.5%）的患者均具有诱发TdP的可能[4]。此外，服用抗组胺药后发生心律失常的概率为十万分之一至百万分之一[1]，而服用特非那定的患者发生心律失常的概率约为五万分之一[5]。

大多数引起LQT或诱发TdP的药物都是hERG阻断剂。然而，并不是所有的hERG阻断剂都会导致TdP。这使得预测和风险评估变得更加困难。在药物发现过程中，通常采用三步法评估hERG阻断和TdP诱发的心律失常：①计算机结构预警；②体外hERG阻断活性筛选；③体内心电图监测。第34章将详细讨论预测和测试hERG阻断及TdP的研究方法。

hERG阻断的安全窗通常用hERG半数最大抑制浓度（IC_{50}）与有效剂量下人体内药物的最大未结合血浆药物浓度（$c_{max,u}$）之比来进行评估[6]。通常使用如下安全窗：

$$hERG\ IC_{50}/c_{max,u} > 30$$

这一标准是基于实验观察得出的，对于比率小于30的化合物，产生TdP的概率大约是95%，其中只有5%的化合物是安全的；而对于比率大于30的化合物，产生TdP的概率降至15%，85%的化合物是安全的。一些机构会采用更为严格的安全窗来提高安全性。另一个安全标准是QTc间期延长的时间。例如，当LQT与正常值相比超过5 ms时，那么该化合物可能出现安全性问题[7]。

如果一种药物可能引起较高的心律失常风险，则其很难被批准用于低风险疾病的治疗（如过敏）。LQT对于高游离血浆药物浓度的感染性疾病治疗药物或可能会过量用药的中枢神经系统药物是非常不利的。产生LQT且受CYP抑制影响较大的药物（如特非那定）可能达到更高的诱发TdP的未结合血浆药物浓度[3]。

如果某些引起QTc间期延长的化合物可用于治疗重要的疾病，且与风险相比具有明显的益处，或者存在控制风险的可行方法，那么也有可能获得批准。然而，这些药物需要特殊的限制性标签，其商业影响力也可能会大大降低。虽然它们在开发过程中可能会消耗相当多的资源，但仍有无法获批的可能性。在临床开发过程中，可能需要对这些候选药物进行人体QTc研究，而此类研究的费用非常高昂[7]。

与许多其他的药物性质数据一样，产生hERG响应并不会立即终止候选药物的研究。在整体优化和决策过程中，会将hERG阻断数据与其他所有关数据和考虑因素结合到一起，进行综合的评估。

16.4　hERG阻断的构效关系

hERG钾通道中与其阻断药物结合的氨基酸残基已通过单位点突变进行了鉴定[1]。结合部位集中在通道的中心空腔，其中孔螺旋的Tyr652和Phe656在结合中发挥了最为重要的作用。药物分子中的芳香基团倾向于与Phe656发生π-π堆积；药物的碱性氮原子可与氨基酸残基Tyr652形成阳离子-π相互作用；而药物中的非芳香族疏水结构也可能与相关氨基酸残基产生相互作用。与药物分子的相互作用主要发生在钾离子通道处于开启状态时。与其他离子通道相比，hERG钾通道中心空腔对药物分子的捕获能力似乎通过某些序列差异得到了增强，即使在 hERG 钾通道处于关闭的状态下，这些序列差异也会增加的 hERG 钾通道的空腔体积。

hERG 阻断剂涵盖了多种结构。研究人员已经发现了几个有利于 hERG 通道结合的亚结构特征[8~17]。列举如下：
- 含有碱性氨基，$pK_a>7.3$，尤其是位于饱和环或杂环上；
- 含有亲脂性结构，$ClgP>3.7$；
- 含有至少一个芳环；
- 含有柔性链（可旋转键）；
- 含有三个或四个疏水性基团。

以下亚结构特征不利于 hERG 结合：
- 负电离基团；
- 氧氢键受体；
- 极性基团。

16.5 hERG 的结构修饰策略

基于上文中描述的构效关系（structure-activity relationships，SAR），可以通过结构修饰来降低药物的 hERG 心脏毒性。通过减少有利于 hERG 结合或增强不利于 hERG 结合的亚结构（表 16.1），可能会减弱化合物与 hERG 的结合。下面介绍几个例子。

表 16.1 减弱 hERG 阻断作用（即增加 hERG IC_{50}）的结构修饰策略

降低胺的 pK_a（碱性）或除去氨基基团	通过饱和或去除环结构以降低芳香性
降低 hERG 结合区的亲脂性（特别是低于 1）	改变与芳环相连的基团：增加电子供体或减少电子受体[18]
引入酸性基团	增加极性基团
引入氧氢键受体	降低分子量（尤其是小于 250）
刚性连接（较少的可旋转键消除了在结合位点的自由转动）	间位或对位取代往往优于邻位取代[3]
改变氮原子在分子中的位置（尤其是有助于溶解度的氮原子）	

图 16.5 中的 PDE-4 抑制剂，其初始结构的 hERG 亲和常数 K_i 值为 1.2 μmol/L[19]。图中圆圈

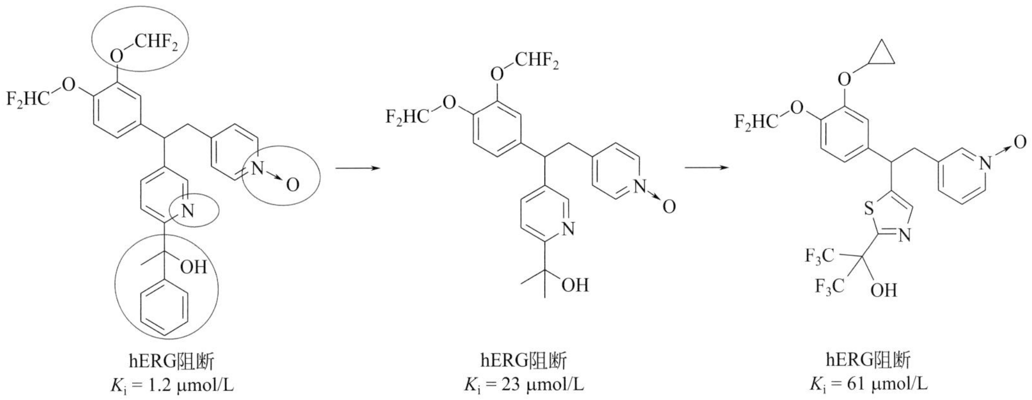

hERG 阻断
K_i = 1.2 μmol/L

hERG 阻断
K_i = 23 μmol/L

hERG 阻断
K_i = 61 μmol/L

图 16.5 磷酸二酯酶 -4（PDE-4）抑制剂减弱 hERG 结合 K_i 值的结构修饰[19]

标示的结构（吸电子基团、可改变位置的氮原子、碱性基团和芳香基团）都是易于开展结构修饰的基团，并被认为是可能引起 hERG 结合的潜在因素，因此后续研究对这些亚结构进行了系统的修饰。最终得到的化合物的 K_i 值是初始值的 1/51 倍。

图 16.6 中的 δ- 阿片受体激动剂，其初始结构的 hERG IC_{50} 低于 100 nmol/L[20]。通过引入氧氢键受体和羧基，其 IC_{50} 提高了 100 倍以上。

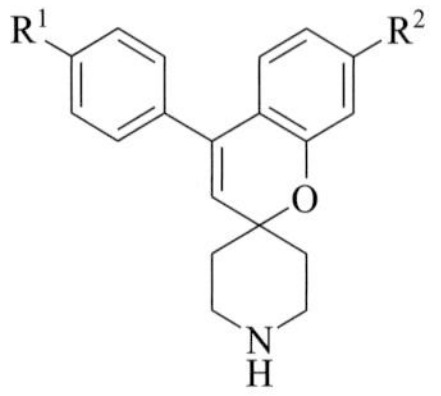

R^1	R^2	hERG IC_{50}/(nmol/L)
H	H	680
CN	H	<100
OH	H	643
COOCH$_3$	H	663
COOH	H	>100000
CON(C$_2$H$_5$)$_2$	H	7900
CON(C$_2$H$_5$)$_2$	OH	60000

图 16.6　δ- 阿片受体激动剂减弱 hERG 结合 K_i 值的结构修饰[20]

图 16.7 中的 H_3 受体拮抗剂[21]具有显著的 hERG 阻断作用，存在很高的安全风险。通过降低亲脂性、降低胺的 pK_a、去除 N—H 基团，并增加氧氢键受体，显著提高了化合物的 hERG IC_{50} 值。

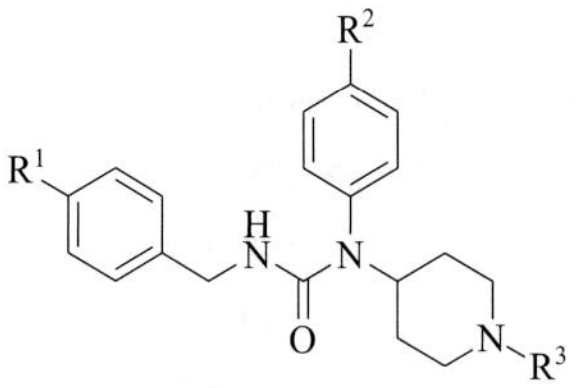

R^1	R^2	R^3	hERG IC_{50}/(nmol/L)
H	Br	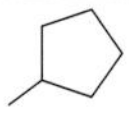 环戊基	178
F	Br	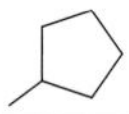 环戊基	202
F	Cl	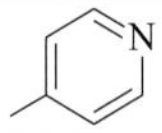 4-甲基吡啶基	3810
F	Cl	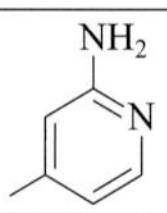 2-氨基-4-甲基吡啶基	384
F	Cl	Et	6650
F	Cl	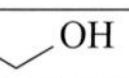 CH$_2$CH$_2$OH	12700

图 16.7　H_3 受体拮抗剂减弱 hERG 阻断作用的结构修饰[21]

对于芳香基团，变换不同性质的取代基可以改变化合物与 hERG 亲和力。引入吸电子基团可降低 hERG 结合的 IC_{50}；而引入给电子基团可以提高其 IC_{50}[18]。

其他减弱 hERG 结合的结构修饰实例可参见参考文献 [3,22]。如果采用一种结构修饰不能显著提高 hERG IC_{50}，那么双重修饰（如降低 pK_a 和亲脂性）可能更为有效。

16.6 hERG 阻断评估的应用

hERG 阻断可在少数患者中引起心脏毒性，甚至死亡。因此 FDA 在新药申报中会对新化学实体（new chemical entity，NCE）开展 hERG 阻断和 LQT 风险的审查。评估心律失常参数往往需要进行昂贵的临床研究。因此，可通过虚拟预测或体外测试对先导化合物的 hERG 阻断潜力进行早期指示：

① 采用更先进的体外和体内实验，以评估候选化合物的 LQT（见第 34 章）。
② 通过结构修饰提高 hERG IC_{50}。
③ 通过测试 IC_{50} 和预测人体有效剂量下的 $c_{max,u}$，计算安全窗（最好大于 30)。
④ 如果存在其他可行的先导化合物，为避免毒性的出现，可以考虑降低候选化合物的优先级别。

（江　波　徐盛涛）

思考题

（1）hERG 是哪种蛋白的编码基因？
（2）hERG 蛋白的功能是什么？
（3）什么是 LQT？
（4）什么是 TdP？
（5）TdP 有多普遍？
（6）hERG 阻断在药物发现中可以使用多大的安全窗？
（7）大多数 hERG 阻断药物在哪一位点发生结合？
　　（a）ATP 结合位点；（b）铰链区；（c）离子通道腔内；（d）变构位点。
（8）以下哪些结构特征有利于 hERG 的阻断？
　　（a）低亲脂性；（b）羧酸；（c）碱性胺；（d）亲脂性部分；（e）氧氢键受体。
（9）可以尝试哪些结构修饰策略来降低下列结构的 hERG 阻断潜力？

MW = 357
PSA = 12
ClgP = 6.2

（10）引起 hERG 阻断的化合物会引起下列哪些危险？
　　（a）K^+ 通道开放；（b）心肌梗死；（c）心律失常；（d）代谢抑制；（e）QT 间期缩短。

参考文献

[1] M.C. Sanguinetti, J.S. Mitcheson, Predicting drug-hERG channel interactions that cause acquired long QT syndrome, Trends Pharmacol. Sci. 26 (2005) 119-124.

[2] K.-S. Yeung, N.A. Meanwell, Inhibitors of hERG channel trafficking: a cryptic mechanism for QT prolongation, In: M.C. Desai (Ed.), Annual Reports in Medicinal Chemistry, vol. 48, Academic Press, San Diego, 2013, pp. 335-352.

[3] A. Aronov, In silico models to predict QT prolongation, In: B. Testa, H. van de Waterbeemd (Eds.), Comprehensive Medicinal Chemistry, vol. 5, Elsevier, Amsterdam, 2007, pp. 933-955.

[4] A. Dorn, F. Hermann, A. Ebneth, H. Bothmann, G. Trube, K. Christensen, C. Apfel, Evaluation of a high-throughput fluorescence assay method for HERG potassium channel inhibition, J. Biomol. Screening 10 (2005) 339-347.

[5] P.K. Honig, D.C. Wortham, K. Zamani, D.P. Conner, J.C. Mullin, L.R. Cantilena, Terfenadine-ketoconazole interaction. Pharmacokinetic and electrocardiographic consequences, J. Am. Med. Assoc. 269 (1993) 1513-1518.

[6] W.S. Redfern, L. Carlsson, A.S. Davis, W.G. Lynch, I. MacKenzie, S. Palethorpe, P.K.S. Siegl, I. Strang, A.T. Sullivan, R. Wallis, A.J. Camm, T.G. Hammond, Relationships between preclinical cardiac electrophysiology, clinical QT interval prolongation and torsade de pointes for a broad range of drugs: evidence for a provisional safety margin in drug development, Cardiovasc. Res. 58 (2003) 32-45.

[7] P. Levesque, Predicting Drug-induced QT Interval Prolongation, In: American Chemical Society, Middle Atlantic Regional Meeting. Piscataway, NJ, 2004.

[8] R.J. Vaz, Y. Li, D. Rampe, Human ether-a-go-go related gene (HERG): a chemist's perspective, Prog. Med. Chem. 43 (2005) 1-18.

[9] K. Finlayson, Acquired QT interval prolongation and HERG: implications for drug discovery and development, Eur. J. Pharmacol. 500 (2004) 129-142.

[10] D.J. Diller, D.W. Hobbs, Understanding hERG inhibition with QSAR models based on a one-dimensional molecular representation, J. Comput. -Aided Mol. Des. 21 (2007) 379-393.

[11] D.J. Diller, In silico hERG modeling: challenges and progress, Curr. Comput.-Aided Drug Des. 5 (2009) 106-112.

[12] M.J. Waring, C. Johnstone, A quantitative assessment of hERG liability as a function of lipophilicity, Bioorg. Med. Chem. Lett. 17 (2007) 1759-1764.

[13] A. Aronov, Predictive in silico modeling for hERG channel blockers, Drug Discovery Today 10 (2005) 149-155.

[14] C. Buyck, J. Tollenaere, M. Engels, F. De Clerck, An in silico model for detecting potential HERG blocking, In: 14th European Symposium on Quantitative Structure-Activity Relationships, Bournemouth, UK, 2002.

[15] S. Ekins, Predicting undesirable drug interactions with promiscuous proteins in silico, Drug Discovery Today 9 (2004) 276-285.

[16] A. Cavalli, E. Poluzzi, F. De Ponti, M. Recanatini, Toward a pharmacophore for drugs inducing the long QT syndrome: insights from a CoMFA study of HERG K(+) channel blockers, J. Med. Chem. 45 (2002) 3844-3853.

[17] A.M. Aronov, Tuning out hERG blocking, Curr. Opin. Drug Discovery Dev. 11 (2008) 128-135.

[18] S.R. Johnson, H. Yue, M.L. Conder, H. Shi, A.M. Doweyko, J. Lloyd, J. Levesque, Estimation of hERG inhibition of drug candidates using multivariate property and pharmacophore SAR, Bioorg. Med. Chem. 15 (2007) 6182-6192.

[19] R.W. Friesen, Y. Ducharme, R.G. Ball, M. Blouin, L. Boulet, B.R. Côté Frenette, M. Girard, D. Guay, Z. Huang, T.R. Jones, F. Laliberté, J.J. Lynch, J. Mancini, E. Martins, P. Masson, E. Muise, D.J. Pon, P.K.S. Siegl, A. Styhler, N.N. Tsou, M.J. Turner, R.N. Young, Y. Girard, Optimization of a tertiary alcohol series of phosphodiesterase-4 (PDE4) inhibitors: structure-activity relationship related to PDE4 inhibition and human ether-a-go-go related gene potassium channel binding affinity, J. Med. Chem. 46 (2003) 2413-2426.

[20] B. Le Bourdonnec, R.T. Windh, C.W. Ajello, L.K. Leister, M. Gu, G.-H. Chu, P.A. Tuthill, W.M. Barker, M. Koblish, D.D. Wiant, T.M. Graczyk, S. Belanger, J.A. Cassel, M.S. Feschenko, B.L. Brogdon, S.A. Smith, D.D. Christ, M.J. Derelanko, S. Kutz, P.J. Little, R.N. DeHaven, D.L. DeHaven-Hudkins, R.E. Dolle, Potent, orally bioavailable delta opioid receptor agonists for the treatment of pain: discovery of NN-diethyl-4-(5-hydroxyspiro-[chromene-2,4′-piperidine]-4-yl)benzamide (ADL5859), J. Med. Chem. 51 (2008) 5893-5896.

[21] M. Berlin, Y.J. Lee, C.W. Boyce, Y. Wang, R. Aslanian, K.D. McCormick, S. Sorota, S.M. Williams, R.E. West Jr., W. Korfmacher, Reduction of hERG inhibitory activity in the 4-piperidinyl urea series of H3 antagonists, Bioorg. Med. Chem. Lett. 20 (2010) 2359-2364.

[22] C. Jamieson, E.M. Moir, S. Rankovic, G. Wishart, Medicinal chemistry of hERG optimizations: highlights and hang-ups, J. Med. Chem. 49 (2006) 5029-5046.

第 17 章

毒性

17.1 引言

毒性是由药物引起的不良反应。不良反应可以是产生不愉快感觉的轻微副作用，也可以是对患者生活质量、健康，乃至生命构成的重大威胁。

确保药物的安全性是制药公司的首要责任。这也是监管部门的主要职责，需要对申报药物的安全性进行仔细的审查。例如，FDA 为制药行业提供了安全性测试指南[1,2]。在开展 I 期临床试验前，所有药物研发机构都需要对试验性新药（investigational new drug，IND）进行标准的临床前短期体内毒性研究。此外，还需要开展广泛的长期动物安全性研究，并将相关结果纳入到新药申请中。

不幸的是，如图 2.4 所示，毒性是新药开发过程中失败的主要原因之一。大约有 20%～30%的候选药物是由于毒性和临床安全性问题而失败。一项 KMR 研究指出，毒性造成的失败概率甚至高达 44%[4]。此外，许多药物因为在大规模人群的临床应用中表现出毒性而被从市场召回。

因此，安全性评价早在药物发现阶段就应该启动。具有毒性的化合物需要尽早被识别出来，并且不再作为优先选择。当有机会通过结构修饰以降低毒性并得到更好的临床候选药物时，毒性优化也会被纳入先导化合物的选择、优化，以及候选药物的选择中。此外，虽然药物需要作用于靶点才能发挥活性，也需要评估其由于调节该靶点而可能产生的毒性[5]。

细胞色素 P450（cytochrome P450，CYP）抑制和 hERG（human-ether-à-go-go related gene，hERG）阻断是毒性机制的常见例子，这些内容已在其他章节中讨论过。在本章，将重点讨论药物发现阶段的其他毒性机制。

如同吸收、分布、代谢和排泄性质一样，在药物发现过程中，毒性也可以通过类似的原理借助计算机模型进行预测，或通过体外、体内测试进行评估。计算机预测和体外筛选可指出潜在的毒性问题，有助于在先导化合物修饰和优化方面做出正确的决策。深入研究会获得更确切的数据。短期的体内研究包含了体外筛选所不包括的复杂体内相互作用和毒性机制。毒性数据通常包含在用于临床候选药物选择和药物研发合伙人尽职审查（due diligence）的数据包中。

毒性是一个广泛且复杂的研究领域。本章将介绍毒性的概念、术语，并举例说明产生毒性的机制。读者可以查阅有关毒性和机制的综述进行更为深入的了解[6-10]。第 35 章将讨论药物发现过程中常用的毒性评估方法。

17.2 毒性的基本概念

所有候选药物都具有不同程度的不希望产生的副作用，从轻微到危及生命。随着剂量的增加，副作用的种类和强度也会随之增加。因此，药物开发的目的是确定一个有效的剂量水平，同时产生最小的副作用和安全风险。

药物毒性是药物分子与生物化学系统相互作用的结果，遵循产生药物治疗作用同样的药理学原理，只可惜毒性相互作用产生了对健康和生活质量的负面作用。值得注意的是，药物毒性遵循剂量依赖性关系，并随剂量的增加而加重。为保证候选药物研究的继续推进，产生毒性的剂量必须远远高于产生治疗作用的剂量。

治疗指数（therapeutic index，TI），也称为安全窗（safety window）或治疗窗（therapeutic window），是指将体内毒性剂量除以有效剂量所得的数值。传统上，将 TI 定义为毒性剂量（50% 实验动物的致死剂量，LD_{50}）除以最低有效剂量（50% 实验动物的最低有效剂量，ED_{50}）。显然，TI 越高越好。目前，TI 通常用于表示某种特定的不良反应（如心律失常）而非死亡，而耐受性剂量（如 10% 的实验动物产生副作用）通常要比 TI 低得多。

在药物发现过程中，TI 的概念转变为关键毒性作用的体外浓度（即 $IC_{50,毒性}$）（如 hERG 阻断或 CYP 抑制）除以最小有效剂量下受试者体内的最大未结合药物浓度（$c_{max,u}$）。如图 17.1 所示，该比值称为"安全指数（safety index）"，计算方法为：

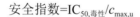

$$安全指数 = IC_{50,毒性} / c_{max,u}$$

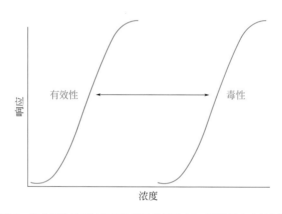

图 17.1　安全指数是指体外产生毒性作用的 IC_{50} 除以最小有效剂量下受试者体内最大未结合药物浓度（$c_{max,u}$）所得的数值

例如，对于 hERG 阻断而言，安全指数应大于 30。安全指数应尽可能高，并且避免 $c_{max,u}$ 达到最易感患者产生毒性的水平。

药物发现中的毒性测试一般评估几种常见的毒性。计算机模拟预测工具可提供毒性的一般趋势，如与脱靶毒性相关的结构特征或具有潜在活性的代谢产物。体外实验也可用于毒性的筛选，如致突变性、染色体畸变、致畸性、基因毒性和活性代谢产物。本章后续部分将讨论通过结构修饰成功降低毒性的实例。对于深入开发的候选药物，将开展短期的体内毒性研究，以预测复杂的毒性和受毒性影响的组织。确定了候选药物的潜在毒性机制和安全指数后，研究人员会评估如何控制药物疗效以最大限度地降低患者的安全性风险。

一旦药物被推进到开发阶段，为了满足临床试验申请的要求，必须进行标准的临床前动物毒性测试。FDA 会对数据进行审查，包括研究发现的毒性机制、安全指数及受试者剂量和暴露水平。在这一阶段会用到一些描述毒性和剂量关系的术语，包括无毒性效应剂量（no observed effect level，NOEL，也称为未观察到效应的剂量），指未观察到毒性的最大剂量；最大无毒性反应剂量（no observed adverse effect level，NOAEL，也称为未观察到毒性反应的剂量），指未观察到不良反应的最大剂量；最大耐受剂量（maximun tolerated dose，MTD），指产生预期效果的同时无不可接受毒性的最大剂量。

临床前动物研究的设计应该考虑到人体的预期剂量，以确保人体安全性。在实验动物中产生毒性作用的剂量水平可作为首次在人受试者中进行的Ⅰ期临床研究的参考标准。动物毒性研究为 TI 的预测提供了依据。较高的 TI 可以提高药物临床应用的安全性。研究人员必须评估新化学实体（new chemical entity，NCE）对患者的益处与风险，同时还要考虑动物和人体之间的药代动力学差异。在许多情况下，如果药物能够满足患者治疗需要的重要疗效，存在一些可接受的、可控的毒性也是允许的。有些毒性作用还可以被机体逆转［如磷脂沉积症（phospholipidosis，PLD）］，而有些却是不可逆的（如致癌、致畸和脑损伤）。由于人体不同个体间在吸收、分布、代谢和消除方面存在差异，因此 TI 越大耐受性越好。有些毒性可能直到人体Ⅰ期临床研究才被发现，而在动物临床前安全性研究中并未察觉到。

17.3 毒性作用的分类

毒性机制主要分为三类，即药理学作用（功能性）、病理学作用（致死性）或致癌作用（致癌性）。后文中将逐一进行介绍。

17.3.1 靶向效应

调节药物治疗靶点所产生的非预期副作用称为"靶向（on-target）效应""基于靶点"或"基于机制"的毒性，或者称为"初级药理学"，是由于对治疗靶点的成功调节而产生的非预期副作用。通过全面理解靶点的生物化学特性，进行早期的靶点确证，可以节省研究非成药靶点投入的时间和资源[11]。当治疗靶点的构效关系（structure activity relationship，SAR）和靶点毒性作用的 SAR 相似时，则提示可能存在基于靶点的毒性作用。

17.3.2 脱靶效应

候选药物也可能与体内非目标靶点，如酶、受体或离子通道结合并产生活性。这将破坏非目标靶点的正常生理功能，可能会导致副作用的产生。这种副作用称为"脱靶（off-target）效应"或"二级药理学"。这些影响对患者而言可能是不耐受的，也可能是耐受的。

许多毒性是由于脱靶效应造成的，举例如下：
- hERG 阻断引起的心律失常；
- CYP 抑制导致的联合用药达到毒性浓度；
- 嵌入 DNA 导致的致癌作用；
- 抑制信号通路导致的先天缺陷；
- 代谢酶与核受体的结合。

对于脱靶效应的研究，通常是在药物发现过程中将候选药物委托给合约（CRO）实验室进行筛选，其可对多种人体靶点平行进行数百个生化实验。脱靶效应也会出现在动物实验研究中，可在该研究中监测一系列正常的生理功能，当治疗靶点的 SAR 与毒性作用的 SAR 不一致时，提示可能发生脱靶效应。

17.3.3 活性代谢产物

候选药物可能被代谢活化为活性代谢产物[7~9,12~19]。活性代谢产物与内源性大分子共价结合可能产生副作用，导致细胞死亡、致癌性或免疫毒性。

在正常情况下，代谢的目的是对化合物进行化学修饰，从而使其极性增大，更容易在体内清除。代谢的一个不利结果是活性代谢产物或中间体引起的毒性。反应性代谢产物（reactive metabolite）可能是亲电试剂，会与内源性大分子（如蛋白质、DNA）及亲核试剂 [如 SH（半胱氨酸）、S（蛋氨酸）、胺（赖氨酸、嘌呤）、氧（嘧啶）] 发生共价结合。这些反应会导致多种后果：大分子结合物可能失去正常的功能，无法发挥其生物学作用（导致细胞死亡）；可能发生 DNA 突变并导致癌症；蛋白质修饰可能引起自身免疫反应。免疫毒性（immunotoxicity）是由代谢产物与内源性大分子反应形成抗原而引起的免疫反应（如自身免疫）。免疫系统将其识别为异物，并启动免疫反应。

这些生物活化和随后的反应通常发生在肝脏，并导致肝毒性。活性代谢产物也可能在身体的远端部位发生反应。谷胱甘肽（glutathione）是一种普遍存在的肽，是一种亲电试剂的清除剂。然而，它并不能清除所有的活性代谢产物，尤其当细胞耗尽谷胱甘肽或在"氧化应激"的状态下。有些药物通过皮肤暴露在光照下（如磺胺类药物）被活化产生毒性或致敏代谢产物。活性代谢产物也可能引起"特异性药物反应"[12,14]。

现已有多篇有关官能团或结构类型通过代谢活化而产生副作用的综述[7~9,12~19]报道。一些化合物可被活化为多种代谢产物，很难确定是哪一个产物导致了毒性反应。表 17.1 列举了一些可产生活性代谢产物并导致毒性的结构。这些结构通常称为"毒性警戒结构"。药物化学家基于这类信息来设计合成一系列的先导化合物类似物，并预测这些结构可能出现的问题。

表 17.1　可能引起毒性的亚结构及其可能的活性代谢产物[7~9,12~18]

亚结构	可能的活性代谢物	亚结构	可能的活性代谢物
芳胺	羟胺、亚硝基、醌亚胺（氧化应激）	偶氮化合物	氮正离子
羟胺	亚硝基（氧化应激）	呋喃	α,β- 不饱和二羰基化合物
芳香硝基化合物	亚硝基（氧化应激）	吡咯	氧化吡咯
亚硝基	亚硝基、重氮离子（氧化应激）	乙酰胺	自由基（氧化应激）
卤代烷	酰氯	氮芥	氮杂环丙烷离子
多环芳烃	环氧化物	乙炔基	烯酮
α,β- 不饱和醛	迈克尔受体	亚硝胺	碳正离子
羧酸	酰基葡萄糖醛酸苷	多卤化物	自由基、碳烯
含氮芳香化合物	氮正离子	硫代酰胺	硫脲
溴代芳香化合物	环氧化物	乙烯基	环氧化物
噻吩	硫氧化物、环氧化物	脂肪胺	亚胺离子
肼	二氮烯、重氮化合物、碳正离子	苯酚	奎宁
氢醌类	对苯醌	芳香乙酸	
邻位或对位烷基酚	邻位或对位醌甲基化物	咪唑	
醌类	醌（氧化应激）	中等脂肪酸链	

注：这些被称为"毒性警戒结构"。

图 17.2 ～图 17.6 是经过代谢活化机制导致毒性的子结构实例。苯胺被 CYP 氧化形成羟胺和亚硝基（图 17.2）。这些亲电试剂可与蛋白质反应形成加合物，引起免疫反应。其中一种机制是磺基转移酶（sulfotransferase）引起的硫酸盐化，然后消除形成亲电的氮正离子，并与亲核试剂反应[19]。羟胺也可以转化成醌类物质，并引起氧化应激。

羧酸可能在肝脏中被尿苷 -5′- 二磷酸葡萄糖醛酸转移酶（uridine 5′-diphospho-glucuronosyltransferase）葡萄糖醛酸化形成酰基葡萄糖醛酸（图 17.3）。该化合物可在葡萄糖醛酸结构周围发生迁移，然后开环形成反应中心并与蛋白质分子结合[15]。药物可能先与蛋白质形成加合物，再发生开环反应。

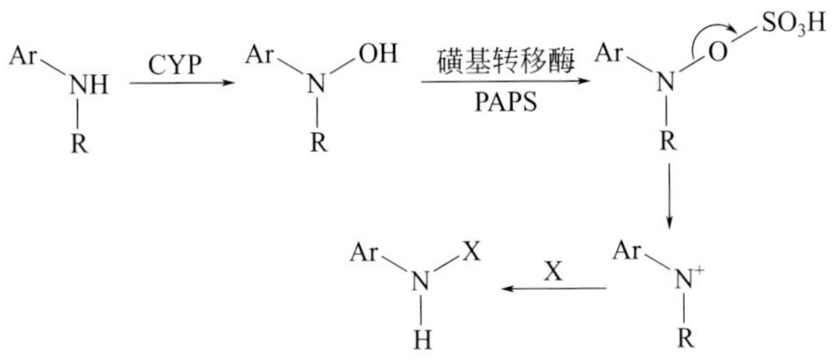

图 17.2 伯胺和仲胺（特别是苯胺）可形成 N- 羟基胺，产生活性氮正离子中间体，并与亲核试剂"X"（如与 DNA 反应引起遗传毒性，或与蛋白质反应引起免疫毒性）发生反应[7,19]
例如：乙酰氨基芴（acetaminofluorene）

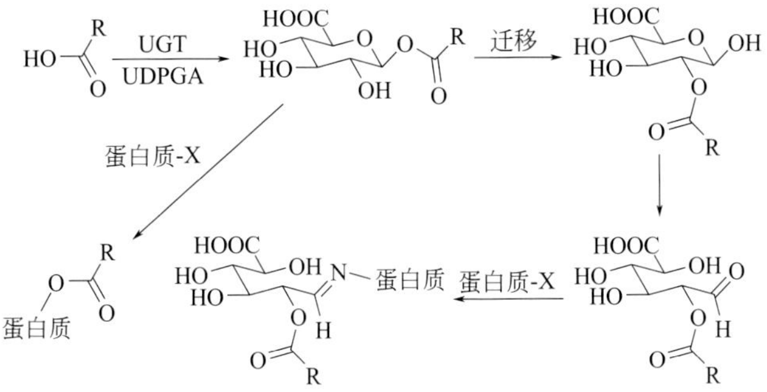

图 17.3 羧酸可经葡萄糖醛酸化形成酰基葡萄糖醛酸，然后发生重排并与亲核试剂反应（如与 DNA 反应引起遗传毒性，或与蛋白质反应引起免疫毒性）[15]

图中所示的是一种推测的机制。X 为—NH_2、—OH 或—SH。例如：溴酚酸（bromfenac）、双氯酚酸（diclofenac）（UGT，glucuronyltransferase，葡萄糖醛酸转移酶；UDPGA，uridine diphosphate glucuronic acid，尿苷二磷酸葡萄糖醛酸）

不饱和键可以被 CYP 环氧化（图 17.4）。环氧化物不稳定，很容易发生反应[19]。这种机制可能导致代谢产物与 DNA 结合，从而引起突变并引发癌症。

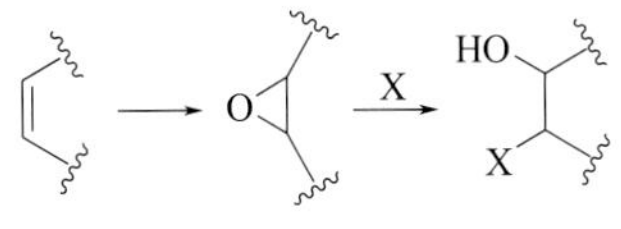

图 17.4 不饱和键的环氧化作用可能导致代谢产物与 DNA 和蛋白质的结合[19]
例如：黄曲霉毒素 B_1（aflatoxin B_1）与 DNA（鸟嘌呤），以及溴苯与蛋白质（巯基）

硝基芳烃可被还原成硝基自由基、亚硝基、硝酰自由基和芳香氮氧化物（图 17.5）。这些代谢产物都能引起氧化应激反应。噻吩可被氧化形成亚砜，亚砜进而与蛋白质巯基发生反应（图 17.6）。

"特质性毒性（idiosyncratic toxicity）"[9] 是由活性代谢产物引起的延后发生的免疫介导效应。推测的机制涉及细胞损伤和患者个体的情况，如酶的不规则行为或多态性。

正常情况下，细胞通过清除氧化物质的酶系统和谷胱甘肽而维持在还原性的环境中。一些物质可在细胞内进行氧化还原循环（单电子还原为自由基，然后再氧化），通过增强氧化还原过程来创造出氧化环境。氧化应激导致自由基和过氧化物水平的升高。它们能够从脂质、谷胱甘肽和 DNA 中夺取氢原子，从而导致细胞损伤和死亡。引起氧化应激的子结构包括芳香胺、芳香硝基和醌类物质。

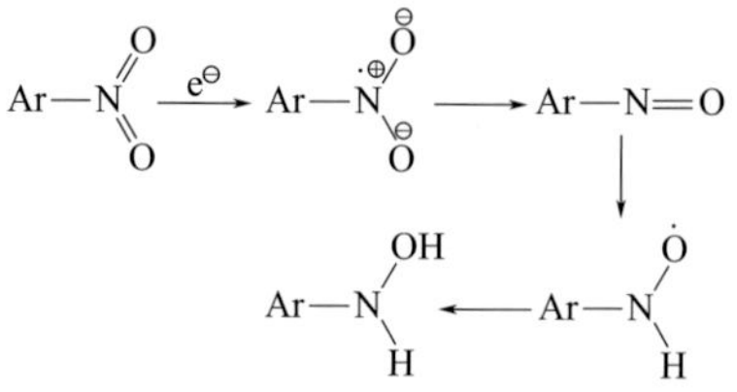

图 17.5　硝基芳烃可被还原成几种活性中间体：硝基自由基、亚硝基、硝酰自由基和芳香氮氧化物

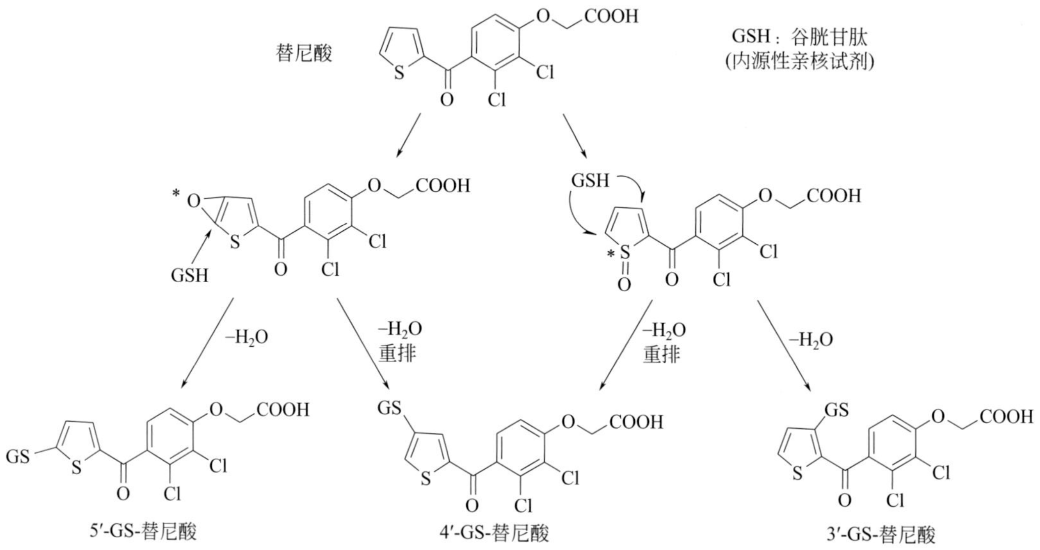

图 17.6　替尼酸（tienilic acid）结构中含有噻吩基团，已阐明其生物活化和进攻亲核试剂的机理[7,18] 噻吩在两个位点发生氧化（以星号标记）。当谷胱甘肽存在时，其巯基可与氧化噻吩的三个活化位点发生反应，然后发生重排，生成三种产物（经 T Nishiya, M Katoa, T Suzukia, et al. Involvement of cytochrome P450-mediated metabolism in tienilic acid hepatotoxicity in rats. Toxicol Lett, 2008, 183: 81-89 许可转载，版权归 2008 Elsevier 所有）

17.4　毒性作用的实例

许多毒性作用已被报道，相关的机制也已被阐明。以下是药物发现过程中经常讨论的相关毒性反应。

17.4.1　代谢酶的诱导

药物可以诱导基因及其蛋白产物的表达。例如，药物分子可能与孕甾烷 -X 受体（pregnane-X-receptor，PXR）结合，进而与 CYP3A4 基因的 PXR 应答元件区域结合，导致更高水平的 CYP3A4 的表达。数天后，将有更多的酶被合成，总酶活性和肝脏的重量都相应增加。CYP3A4 水平越高，

CYP3A4 的所有底物的代谢越快。

例如，利福平（rifampicin）可以诱导 CYP3A4，可引起联合用药的环孢素（cyclosporine）的代谢加快。而环孢素的作用是减少移植器官的排斥反应，因此，由于环孢素的浓度降低，可能不足以阻止器官的排斥[20]。这种情况也会被认为是一种毒性作用。另一种形式的毒性是由于代谢增加，导致活性代谢产物的水平升高，最终引发肝毒性。如乙醇可诱导 CYP2E1，导致对乙酰氨基酚在代谢时产生引起肝毒性的活性代谢产物。已经开发出相关的实验方法来阐明通过 PXR 或芳基烃受体（aryl hydrocarbon receptor，AhR）激活的诱导作用（第 35 章）。酶诱导的进一步讨论见第 11 章。

17.4.2 基因毒性和致癌性

当一种化合物可对 DNA 造成损伤时，就会导致基因毒性[21]。其结果可能是 DNA 序列的改变（突变）、化合物与 DNA 的结合、DNA 双螺旋结构被破坏或染色体畸变。长时间的 DNA 损伤会导致癌症，在化合物暴露和肿瘤出现之间通常具有一个潜伏期。因此，应尽早鉴别出可致突变的化合物。

已经开发出几种体外实验方法用以检测化合物的致突变性［如 Ames 实验］、染色体畸变［如彗星实验（comet assay）］和染色体损伤［如微核实验（micronucleus）］（见第 35 章）。

17.4.3 细胞毒性

细胞暴露在化合物中时，可能会导致正常生化功能的抑制、细胞死亡和溶解，以及凋亡途径的启动。这些作用通常称为细胞毒性（cytotoxicity），细胞毒性可导致器官毒性。

多种生化途径可导致细胞毒作用和细胞活力的降低，其中包括细胞增殖力下降、ATP 耗竭、细胞膜溶解、谷胱甘肽还原、线粒体膜电位和功能变化、溶酶体摄取，以及表面黏附。具体的测定方法将在第 35 章讨论。高内含筛选（high content screening）已被用于同时监测多种细胞毒性机制[22]。

17.4.4 致畸性

化合物会影响胚胎发育进而导致其发育异常、畸形和胎儿死亡[23]，这就是所谓的致畸性（teratogenicity）。对于育龄女性而言，这是给药过程中需要特别关注的问题。当然，化合物的致畸性也会影响到男性的生殖系统。致畸性是继心血管毒性（排名第 1）和肝毒性（排名第 2）之后排名第 3 位的毒性[5]。

无论是化合物的靶向效应还是脱靶效应，只要胎儿发育中的某一个关键信号通路被化合物严重影响时，都会导致畸形。目前，共报道了在胚胎发育过程中发挥重要作用的 17 条信号通路[24]。沙利度胺（thalidomide）在 20 世纪 50 年代造成数千名婴儿产生先天缺陷，这也是药物致畸性最著名的一个例子。内皮素 -A 受体和内皮素 -B 受体（endothelin-A and -B receptor）拮抗剂通过靶向效应导致实验动物胚胎颅面畸形，因此相关拮抗剂的研发都已被叫停[11]。此外，研究发现 4-羟基环磷酰胺（4-hydroperoxycyclophosphamide）可下调信号通路和一般损伤响应通路的基因表达（转录因子、转录调节因子和致癌基因）[24]。

为了在药物开发阶段研究致畸性，通常是向怀孕动物（如大鼠）注射候选药物，然后研究胎儿的发育是否出现异常。比较新颖的策略是整合早期参与胚胎发育相关靶点的文献研究与体外致畸性筛选、基因组筛选和体内模型研究，以便在早期药物研发中更彻底地检查出现致畸性的可能性[11]。

17.4.5 生化指标的改变

某些化合物可以改变特定转录 mRNA、蛋白质和小分子生化物质的细胞浓度。对 mRNA 水平改变的研究称为毒理基因组学（toxicogenomics），对相关蛋白质的研究称为毒理蛋白质组学（toxicoproteomics），而对于小分子生化指标的研究称为毒物代谢组学（toxicometabolomics）。具体的方法将在第 35 章中讨论。基因、蛋白质或生化物质可能会单独受到影响，或作为整体相互关联而受到影响。在毒理基因组学中，基因芯片［(gene chip)，又称为基因表达图谱（gene expression profiling）］可用于分析 mRNA 的变化。

17.4.6 磷脂质病

阳离子两亲性药物和磷脂（phospholipid）可以在不同组织细胞的溶酶体（lysosome）中聚集为多板层（"髓样"）体（multi-lamellar body），这个过程称为磷脂质病（phospholipids disease，PLD)[25~27]。通过电镜观察动物组织可以发现，当药物浓度较高，达到正常治疗剂量 10 倍以上时，板层体结构会显著增加。

某些阳离子药物可被溶酶体摄取，并与磷脂形成复合物，进而聚集在溶酶体中。同时，某些药物可抑制溶酶体中的磷脂酶（抑制分解），某些药物可增加磷脂的合成，而有些药物可在双层膜中聚集。如果终止给药，PLD 似乎是可逆的。PLD 的相关实验将在第 35 章中讨论。

已报道的能够引起 PLD 作用的上市药物超过 50 个，但大多数在人体内没有毒性。相关实例如图 17.7 所示。此类药物通常具有如下三个特点：

- 含有可在 pH 7.4 下带电的氨基亲水性侧链；
- 含有芳香环或脂肪环的疏水区；
- lg$P$>4。

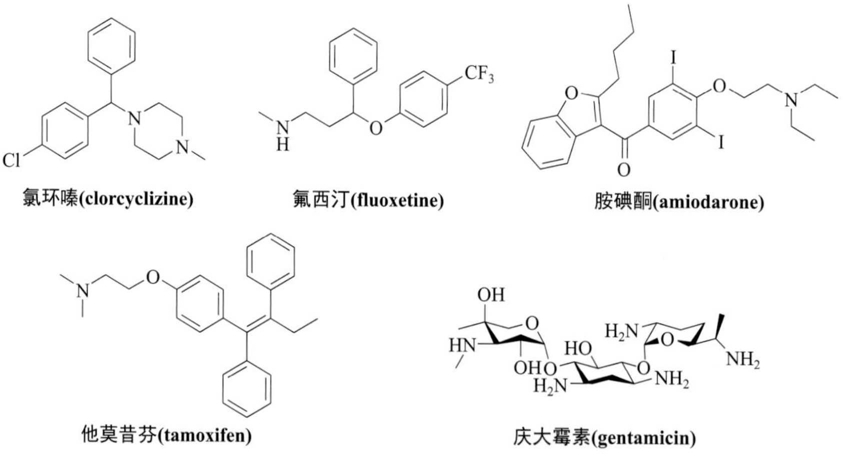

图 17.7 可引起磷脂质病的药物及其结构

许多可引发 PLD 的药物也会阻断 hERG 并导致 QT 间期延长综合征，这一现象引发了更多的关注。PLD 对人体健康的全部影响尚不清楚。其中，氨基糖苷类药物由于可引起 PLD 而导致肾毒性。其他的一些毒性也已经有报道，因此建议在对候选药物进行安全性评估时应考虑到 PLD[25]。

17.5 体内毒性

细胞毒性会导致心脏、肝脏、肾脏、血细胞和大脑等器官的功能恶化。通常在药物发现过程中对测试动物进行短期体内给药（如 5～14 天）研究，同时监测致死性和安全性（正常的生理生化指标和功能、行为）。接下来对测试动物实施安乐死，并以显微镜检查多个组织是否存在异常病理现象。异常病理现象可能由多种毒性机制引起，包括靶向效应、脱靶效应，或活性代谢产物。在药物发现阶段，对候选药物开展更为深入的体内毒性研究是非常常见的。

17.6 药物发现中毒性研究的案例

基质金属蛋白酶抑制剂（matrix metalloproteinase inhibitor，MMPi）已进入临床研究，用于治疗关节炎中的胶原蛋白降解、血管生成和肿瘤生长。不幸的是，MMPi 候选药物还会引起人的肌肉骨骼综合征，如肌腱炎样纤维肌痛（tendonitis-like fibromyalgia）。研究表明，副作用并不是由靶点特异性 MMP-1 抑制引起的，而更可能是由于非选择性抑制一种或多种金属蛋白酶所致。具有锌离子螯合作用的 MMPi 似乎是"罪魁祸首"。因此，对新型 MMPi 的研究主要集中在非锌离子螯合剂的基础上[28]，以减少这种脱靶毒性。

罗非昔布（rofecoxib，Vioxx™）已被撤市，因为临床研究表明，在接受 25 mg 剂量的罗非昔布持续治疗 19 个月的过程中，患者血栓栓塞副作用（心力衰竭）的发生率增加了 3.9 倍。其机制仍不完全清楚[29]，但可能与环氧合酶-2（cyclooxygenase-2，COX-2）的靶向效应有关。

曲格列酮（troglitazone）因导致人肝功能衰竭已于 2000 年撤出市场。体外研究表明，CYP3A4 可氧化苯并二氢吡喃环或噻唑烷二酮环，进而产生亲电中间体，而该中间体可与蛋白质共价结合[7]。

对乙酰氨基酚（acetaminophen）在高剂量时会引起肝脏损伤。如图 17.8 所示，乙醇可以诱导对乙酰氨基酚的 CYP2E1 代谢，其可被 CYP2E1 氧化生成 N-乙酰基对苯醌亚胺（N-acetyl-p-benzoquinone imine，NAPQI），而 NAPQI 可与亲核试剂（包括蛋白质的巯基）反应[6,7]。对乙酰氨基酚是一种常见的非处方药，通常以 1000 mg 的剂量服用。它也存在于许多处方药中，因此患者可能并不清楚已服用对乙酰氨基酚的具体剂量。

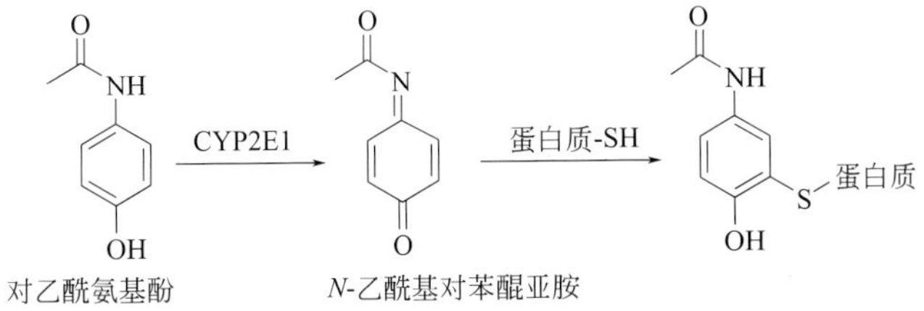

图 17.8　对乙酰氨基酚的代谢激活及与蛋白质巯基共价结合的推测机制[6,7]

替尼酸（tienilic acid）代谢后会产生进攻生物分子的亲电代谢产物[7,18]。生物活化和后续反应的机理可通过谷胱甘肽（glutathione，GSH）捕获法进行研究（图 17.6）。噻吩的氧化主要发生在两个位点，分别形成环氧和亚砜结构。这会激活噻吩环上的三个位点，可作为亲电试剂进攻 GSH，产生了三个 GS-替尼酸加合物（3′位、4′位和 5′位）。

17.7 药物发现中化合物的脱靶毒性规则

根据化合物的结构性质可以推测药物发现阶段的化合物是否具有潜在的脱靶毒性[30]。如果化合物具有以下特征，则其产生脱靶毒性的可能性较高：

$$\text{Clg}P>3 \text{ 和 TPSA}<75 \text{ Å}^2$$

在 48 种 Cerep 生物指纹选择性实验（Cerep Bioprint selectivity assay，又称为"杂交"）中，具有这些性质的化合物在两种以上脱靶筛选中具有活性的概率很高，表明具有这些特性的化合物产生脱靶毒性的可能性更高。

17.8 药物发现中化合物的 c_{max} 与体内毒性的关系

体内药物暴露水平升高似乎与脱靶毒性趋势升高有关[30]。当 $c_{max}<10$ μmol/L 时，候选药物在体内被"完全清除"的可能性较高。当 $c_{max}>10$ μmol/L 时，产生某种毒性的概率较高。如图 17.9 所示，c_{max} 较高的化合物可能具有更高的脱靶毒性风险。

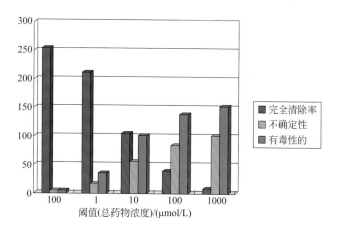

图 17.9　候选药物毒性与药物浓度阈值（c_{max}）的关系表明，药物在较高暴露水平下具有较高的毒性风险[30]
经 J D Hughes, J Blagg, D A Price, et al. Physiochemical drug properties associated with *in vivo* toxicological outcomes. Bioorg Med Chem Lett, 2008, 18: 4872-4875 许可转载，版权归 2008 Elsevier 所有

17.9 提高安全性的结构修饰策略

药物化学家在药物发现阶段应采取多种策略以避免或减轻毒性。根据毒性数据重新设计化合物的结构可降低其毒性，毒性优化的最佳时间点是先导化合物的优化阶段[31]。针对毒性的结构修饰策略包括以下几点：

① 避免已知能够引发毒性反应的亚结构。在先导化合物的选择过程中，含有潜在毒性亚结构化合物（表 17.1）的优先级别较低。

② 开展早期合成修饰，消除一系列先导化合物中可引发潜在毒性的亚结构。

③ 在先导化合物的优化过程中，不应将具有潜在毒性的亚结构引入先导化合物的结构中。

④ 如第 35 章所示，通过活性代谢产物实验筛选，识别具有潜在毒性的化合物。体外实验范围包括从捕获谷胱甘肽结合物的 DNA 致突变筛选到 S9 代谢活化。在这些测试中显示出潜在的毒性，并不能证明其在体内也会产生毒性，但相关数据提供了早期预警，可以提高药物发现的效率。

⑤ 如果体外实验数据表现出潜在毒性，可进一步通过光谱学确证代谢产物或捕获中间体的结构。虽然很难将毒性与特定的代谢产物一一对应，但相关数据会指向可能的方向。对活性代谢

产物结构的相关知识有助于通过结构修饰减少代谢产物的生成。

⑥ 利用第 11 章中的代谢产物结构修饰策略,降低代谢生物活化作用。

⑦ 优先考虑 ClgP<3 和 TPSA>75 Å^2 的结构,因为其产生脱靶毒性的风险较低。

⑧ 优先选择最低有效剂量较低的先导化合物,因其 $c_{max,u}$ 更低且具有较低脱靶毒性风险。

图 17.10 中介绍了对前列腺素 D_2 受体 1(prostaglandin D2 receptor 1)拮抗剂候选药物活性代谢产物的研究[32]。在第一个实验中,将图中顶部模板结构的三个放射性标记类似物与大鼠和人体肝脏微粒体共同孵育,然后将微粒体蛋白质分离并测定其放射性。类似物 **3** 具有显著的放射性结合,表明其通过活性代谢产物与蛋白质形成加合物。在第二个实验中,未标记的类似物 **3** 与微粒体共同孵育,核磁共振分析显示有两个 C_1- 羟基化的代谢产物,表明 C1 是代谢产物的形成位点。在第三个实验中,将 GSH 加入放射性标记类似物 **3** 的微粒体中共同孵育,结果显示蛋白质标记减少,C_1- 羟基化代谢产物减少,并且检测到与 GSH 形成的加合物。因此,活性代谢产物是与 GSH 发生反应而不是与微粒体蛋白质反应。GSH 加合物的结构已被确证,如图 17.10 底部结构所示。由此可得出的结论是,类似物 **3** 中 C_1 位的生物活化产生了活性代谢产物。在药物发现阶段获得这些指导性的数据,有助于开展针对性的结构修饰或类似物的选择,为减少活性代谢产物的形成提供了宝贵的机会。

针对毒性进行结构修饰的另一个例子如图 17.11 所示[33]。这两个系列化合物的 Ames 实验和 DNA 解旋结果均为阳性,表明其存在致突变性。通过在 A 的结构中引入一个偕二甲基,以及在 X^1、X^2 之间增加单键可减少或消除致突变性问题。

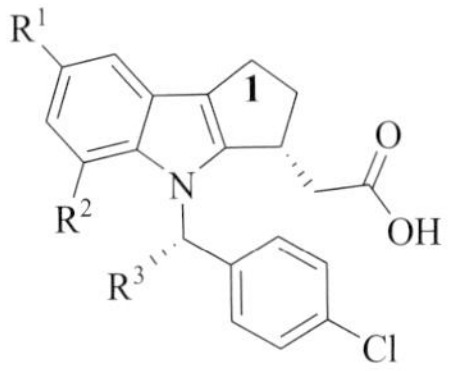

体外微粒体共价结合 pmol/(L·mg·h)

类似物	R^1	R^2	R^3	大鼠	人体
1	SO$_2$Me	CH(OH)Me	H	13	9
2	SO$_2$Me	COMe	H	23	18
3	F	COMe	H	290	46

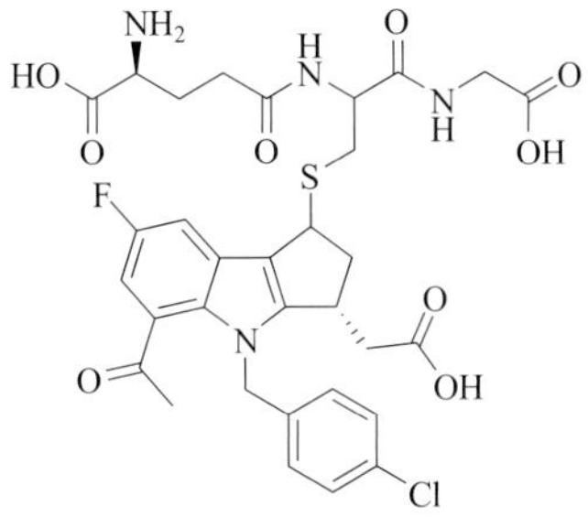

图 17.10 通过结构修饰减少前列腺素 D_2 受体 1 拮抗剂的活性代谢产物的实例[32]

放射性标记类似物(**1~3**)与肝微粒体共同孵育,结合放射性如表中所示。与 GSH 一起孵育时,已确证了类似物与 GSH 结合产物的结构(经 J F Lévesque, S H Day, N Chauret, et al. Metabolic activation of indole-containing prostaglandin D$_2$ receptor 1 antagonists: impacts of glutathione trapping and glucuronide conjugation on covalent binding. Bioorg Med Chem Lett, 2007, 17: 3038-3043 许可转载,版权归 2007 Elsevier 所有)

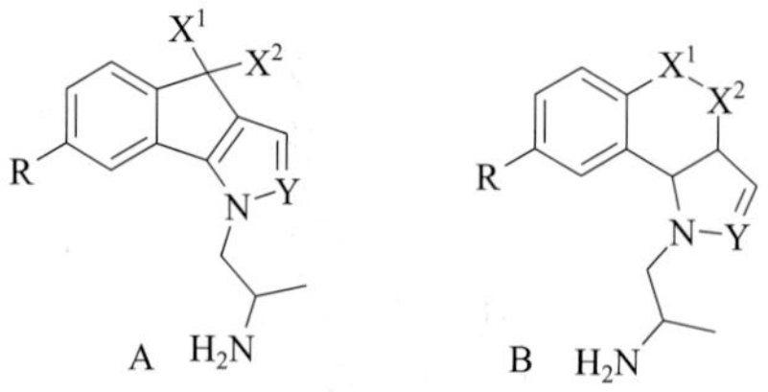

模板	化合物	R	Y	X¹, X²	Ames结果 TA1537, -S9	DNA解旋
A	Ro 60-0441	OCH$_3$	N	H, H	+++	+
	Ro 60-0546	OC$_2$H$_5$	N	H, H	++	+
	Ro 60-0213	OCH$_3$	C	H, H	+	+
	Ro 60-0313	CH$_3$	C	H, H	+	+
	Ro 60-0457	CH$_3$	N	H, H	+	+
	Ro 60-0440	CH$_3$	N	CH$_3$, CH$_3$	−	−
	Ro 60-0442	OCH$_3$	N	CH$_3$, CH$_3$	−	−
	Ro 60-0332	CH$_3$	C	CH$_3$, CH$_3$	−	微小的
	Ro 60-0383	OCH$_3$	C	CH$_3$, CH$_3$	−	+
B	Ro 60-0483	OCH$_3$	N	C=C	+++	+
	Ro 60-0242	OCH$_3$	C	C=C	++	+
	Ro 60-0475	OCH$_3$	N	C—C	++	+
	Ro 60-0241	OCH$_3$	C	C—C	−	微小的

图 17.11　通过结构修饰优化两个系列化合物的 Ames 致突变性和 DNA 解旋的实例[33]。
偕二甲基的引入降低了致突变性

经 S Albertini, M Bos, D Gocke, et al. Suppression of mutagenic activity of a series of 5-HT$_{2C}$ receptor agonists by the incorporation of a gemdimethyl group: SAR using the Ames test and a DNA unwinding assay. Mutagenesis, 1998, 13: 397-403 许可转载，版权归 1998 Oxford University Press 所有

（李达翃　白仁仁）

思考题

（1）TI 的定义是什么？数值小还是大比较有利？
（2）什么是活性代谢产物？
（3）下列哪种结构片段可能形成活性代谢产物？
　　（a）苯胺；（b）噻吩；（c）苯酚；（d）酯；（e）丙醇。
（4）氧化应激的定义是什么？
（5）基因诱导是如何产生毒性的？
（6）为什么脱靶效应会导致毒性？
（7）具有哪些理化参数的化合物具有较高的脱靶毒性概率？
（8）安全指数如何计算？
（9）致畸性的定义是什么？

参考文献

[1] Guidance for Industry Safety Testing of Drug Metabolites, 2008. http://www.fda.gov/downloads/drugs/guidancecomplianceregulatoryinformation/guidances/ucm079266.pdf.

[2] Guidance for Industry M3(R2) Nonclinical Safety Studies for the Conduct of Human Clinical Trials and Marketing Authorization for Pharmaceuticals, 2010. http://www.fda.gov/downloads/drugs/guidancecomplianceregulatoryinformation/guidances/ucm073246.pdf.

[3] I. Kola, J. Landis, Can the pharmaceutical industry reduce attrition rates? Nat. Rev. Drug Discov. 3 (2004) 711-715.

[4] Annon. (2003). KMR benchmark survey 98-01.

[5] B.D. Car, Discovery approaches to screening toxicities of drug candidates, in: AAPS Workshop: Critical Issues in Discovering Quality Clinical Candidates, 2006.

[6] C.D. Klaassen, Principles of toxicology and treatment of poisoning, in: L.L. Brunton (Ed.), Goodman and Gillman's The Pharmacological Basis of Therapeutics, eleventh ed., McGraw-Hill, New York, 2006, pp. 1739-1751.

[7] A.-C. Macherey, P.M. Dansette, Biotransformations leading to toxic metabolites: chemical aspect, in: C.G. Wermuth (Ed.), The Practice of Medicinal Chemistry, third ed., Academic Press, San Diego, 2008, pp. 674-696.

[8] A.S. Kalgutkar, I. Gardner, R.S. Obach, C.L. Shaffer, E. Callegari, K.R. Henne, A.E. Mutlib, D.K. Dalvie, J.S. Lee, Y. Nakai, J.P. O'Donnell, J. Boer, S.P. Harriman, A comprehensive listing of bioactivation pathways of organic functional groups, Curr. Drug Metab. 6 (2005) 161-225.

[9] J. Uetrecht, Screening for the potential of a drug candidate to cause idiosyncratic drug reactions, Drug Discov. Today 8 (2003) 832-837.

[10] Urs A. Boelsterli, Mechanistic toxicology: the molecular basis of how chemicals disrupt biological targets, CRC Press, Boca Raton, 2007.

[11] K.A. Augustine-Rauch, Predictive teratology: teratogenic risk-hazard identification partnered in the discovery process, Curr. Drug Metab. 9 (2008) 971-977.

[12] J. Uetrecht, Bioactivation, in: M.B. Fisher, R.S. Obach, J.S. Lee (Eds.), Cytochrome P450 in Drug Discovery and Development, Fontis Media, Boca Raton, 2003, pp. 87-146.

[13] D.E. Amacher, Reactive intermediates and the pathogenesis of adverse drug reactions: the toxicology perspective, Curr. Drug Metab. 7 (2006) 219-229.

[14] J.C.L. Erve, Chemical toxicology: reactive intermediates and their role in pharmacology and toxicology, Expert Opin. Drug Metab. Toxicol. 2 (2006) 923-946.

[15] H. Georges, I. Jarecki, P. Netter, J. Magdalou, F. Lapicque, Glycation of human serum albumin by acylglucuronides of nonsteroidal antiinflammatory drugs of the series of phenylpropionates, Life Sci. 65 (1999) PL151-PL156.

[16] A.F. Stepan, D.P. Walker, J. Bauman, D.A. Price, T.A. Baillie, A.S. Kalgutkar, M.D. Aleo, Structural alert/reactive metabolite concept as applied in medicinal chemistry to mitigate the risk of idiosyncratic drug toxicity: a perspective based on the critical examination of trends in the top 200 drugs marketed in the United States, Chem. Res. Toxicol. 24 (2011) 1345-1410.

[17] A. Kalgutkar, D. Dalvie, R.S. Obach, D.A. Smith, Reactive drug metabolites, Wiley VCH, Zurich, 2012.

[18] T. Nishiya, M. Katoa, T. Suzukia, C. Marua, H. Kataokaa, C. Hattori, K. Moria, T. Jindoa, Y. Tanakab, S. Manabea, Involvement of cytochrome P450-mediated metabolism in tienilic acid hepatotoxicity in rats, Toxicol. Lett. 183 (2008) 81-89.

[19] S.D. Nelson, Molecular mechanisms of adverse drug reactions, Curr. Therap. Res. 62 (2001) 885-899.

[20] A.P. Li, Screening for human ADME/Tox drug properties in drug discovery, Drug Discov. Today 6 (2001) 357-366.

[21] L.L. Custer, K.S. Sweder, The role of genetic toxicology in drug discovery and optimization, Curr. Drug Metab. 9 (2008) 978-985.

[22] J. Kazius, R. McGuire, R. Bursi, Derivation and validation of toxicophores for mutagenicity prediction, J. Med. Chem. 48 (2005) 312-320.

[23] P.G. Jamkhande, K.D. Chintawar, P.G. Chandak, Teratogenicity: a mechanism based short review on common teratogenic agents, Asian Pac. J. Trop. Disease 4 (2014) 421-432.

[24] C. Huang, B.F. Hales, Teratogen responsive signaling pathways in organogenesis stage mouse limbs, Reprod. Toxicol. 27 (2009) 103-110.

[25] P.R. Bernstein, P. Ciaccio, J. Morelli, Drug-induced phosphlipidosis, in: J.E. Macor (Ed.), Annual Reports in Medicinal Chemistry, Elsevier, Amsterdam 46 2011, pp. 419-430.

[26] C. Bauch, S. Bevan, H. Woodhouse, C. Dilworth, P. Walker, Predicting in vivo phospholipidosis-inducing potential of drugs by a combined high content screening and in silico modeling approach, Toxicol. In Vitro 29 (2015) 621-630.

[27] M.J. Reasor, K.L. Hastings, R.G. Ulrich, Drug-induced phospholipidosis: issues and future directions, Expert Opin. Drug Saf. 5 (2006) 567-583.

[28] J.T. Peterson, The importance of estimating the therapeutic index in the development of matrix metalloproteinase inhibitors,

Cardiovasc. Res. 69 (2006) 677-687.
[29] J.-M. Dogne, C.T. Supuran, D. Pratico, Adverse cardiovascular effects of the coxibs, J. Med. Chem. 48 (2005) 2251-2257.
[30] J.D. Hughes, J. Blagg, D.A. Price, S. Bailey, G.A. DeCrescenzo, R.V. Devraj, E. Ellsworth, Y.M. Fobian, M.E. Gibbs, R.W. Gilles, N. Greene, E. Huang, T. Krieger-Burke, J. Loesel, T. Wager, L. Whiteley, Y. Zhang, Physiochemical drug properties associated with in vivo toxicological outcomes, Bioorg. Med. Chem. Lett. 18 (2008) 4872-4875.
[31] A.-E.F. Nassar, A.M. Kamel, C. Clarimont, Improving the decision-making process in structural modification of drug candidates: reducing toxicity, Drug Discov. Today 9 (2004) 1055-1064.
[32] J.F. Lévesque, S.H. Day, N. Chauret, C. Seto, L. Trimble, K.P. Bateman, J.M. Silva, C. Berthelette, N. Lachance, M. Boyd, L. Li, C.F. Sturino, Z. Wang, R. Zamboni, R.N. Young, D.A. Nicoll-Griffith, Metabolic activation of indole-containing prostaglandin D2 receptor 1 antagonists: impacts of glutathione trapping and glucuronide conjugation on covalent binding, Bioorg. Med. Chem. Lett. 17 (2007) 3038-3043.
[33] S. Albertini, M. Bos, D. Gocke, S. Kirchner, W. Muster, J. Wichmann, Suppression of mutagenic activity of a series of 5-HT_{2C} receptor agonists by the incorporation of a gem-dimethyl group: SAR using the Ames test and a DNA unwinding assay, Mutagenesis 13 (1998) 397-403.

第 18 章

结构鉴定与纯度

18.1 引言

药物发现中所用原料的质量对其研发起着至关重要的作用。如果原料在质量方面存在某些未知的问题，那么药物的生物活性，以及吸收、分布、代谢、排泄和毒性（absorption, distribution, metabolism, excretion and toxicity，ADMET）的研究都可能出现问题，给研发团队造成困扰。因此，药物发现过程中化合物的结构鉴定和纯度分析，与化合物的其他理化和代谢性质研究同等重要[1]。

18.2 结构鉴定和纯度分析的基本原理

结构鉴定，是指对所制备的化合物进行结构鉴别和确证，以确保其真实结构与研究人员数据库中记录的结构相同。纯度，是指原料中含有的正确结构化合物的百分比。

研究人员需要确认每一个新合成化合物的结构和合成批次。结构鉴定通常是借助于核磁共振（nuclear magnetic resonance，NMR）和质谱（mass spectrometry，MS），而纯度分析则是通过高效液相-紫外检测色谱法（high-performance liquid chromatography with ultraviolet detection，HPLC-UV）来进行。尽管这些化合物的结构和批次在早期已被验证，但在药物发现的其他阶段再次对其进行结构鉴定仍是明智的选择，因为化合物的性质或活性会受到杂质或不正确结构的影响，而这些结果可能会对后续研究产生误导，并使研发团队陷入困境。

18.3 结构真实性和纯度的影响

药物发现实验是在受试化合物具有正确结构和良好纯度的基础上进行的，因为开展生物学和ADMET测试的化合物的来源十分广泛，所以要谨慎确认化合物的质量，以获得准确的构效关系（structure-activity relationship，SAR）和构性关系（structure-property relationship，SPR）。

在药物发现过程中进行测试的化合物可能有多种来源，化合物的情况会随着来源的不同而有所差异。化合物的具体来源如下。
- 公司仓库提供的化合物：
  - 储存在瓶中的固体；
  - 仓库库存溶液；
  - 用于高通量筛选（high-throughput screening，HTS）的孔板中的溶液。
- 公司合作实验室提供的储存于实验室孔板或药品瓶中的化合物溶液。
- 合作研究公司提供的化合物。
- 从外部公司采购的化合物。
- 通过平行（组合）合成方法合成的化合物溶液或固体。

以上每一种情况都可能出现结构真实性或纯度问题。以下几个方面特别值得注意：样品的年限和储存条件、人工操作中的失误，以及原始结构鉴定和纯度分析的准确性等。药物研发人员应该将化合物的质量作为一个变量来考虑。

有关高通量筛选的实例很能说明问题。对于高通量筛选，所有从合作实验室获得的化合物首先被溶解于溶液中并转移至孔板上，然后将这些孔板低温储存，待进行高通量筛选时再取出解冻。成百上千种结构多样的化合物大多是以这种方式进行靶点活性的生物测试。当观察到某一化合物具有活性，则该"苗头化合物（hit）"会激起药物化学家极大的兴趣，他们可能将其选择为先导化合物。而在开展进一步研究之前，确认苗头化合物的结构和纯度是十分必要的。经验表明，筛选实验室中某些化合物结构的标识并不准确或纯度较低。高通量筛选中苗头化合物的误认，可导致项目一开始就得出错误的构效关系结论。无论假定的成分是否具有活性的，溶液中的杂质本身也可能具有活性。这些错误的结果会对研究团队造成严重误导。同样地，对于来自公司仓库或外部来源的化合物，其结构的不正确标注和较低的纯度也会导致相关的研究徒劳无功。

除构效关系问题外，结构真实性和纯度也会影响化合物性质的评估。杂质可能在性质分析检测器中产生假阳性信号，如紫外微孔板检测仪（UV plate reader）、光散射检测仪（light-scattering detector）和荧光检测仪（fluorescence plate reader）。在ADMET实验中，杂质可能引起阳性的响应，如CYP抑制。这会直接影响性质测试的结果，并导致在筛选或优化先导化合物性质时得到错误的构性关系。这些不利影响可能会使有价值的先导化合物被错误地排除在外。

以下原因都可能使化合物在结构真实性和纯度方面出现问题。例如，公司收集的化合物常常会经历多年的储存，并且有多种不同的来源。有些化合物的合成时间甚至是在30～50年前，并被储存在不同的条件下。而来源于高校实验室的化合物与试剂公司的化合物有着不同的质量标准。部分化合物可能在公司合成出来后从未被单独检测过。

另一个错误的来源是标识错误。在运输和称重过程中可能出现标识错误，原料也可能被另一种样品交叉污染。近年来，自动化的样品处理已经减少了此类错误的出现，但某些步骤仍需要手动处理。此外，同一化合物不同批次的纯度也可能不同。化学品供应商或合作实验室也可能提供错误的化合物。

最初收集的化合物也可能被错误地表征，相关光谱数据可能是错误的。特别是多年以前的检测技术和仪器灵敏度都不如现在，化合物中可能存在大量未被发现的杂质或反应副产物。

化合物也可能发生分解。固态储存使化合物暴露于空气中的氧气和水分，容易发生反应形成降解产物。另外，光照和高温会加速分解反应，反离子可与化合物发生反应，柱色谱中的酸性物质也可能使化合物在长时间储存过程中发生降解。

储存在实验室溶液中的化合物可能在实验前就已发生降解。空气中的氧气和水分可溶解于化合物溶液中；在冰箱中低温保存的溶液在使用过程中会使空气中的水分凝结并溶解于溶液中；实验室的灯光也可能降解某些化合物；储存瓶也可能催化某些反应。

18.4 结构鉴定和纯度分析的应用

在特定时间内对化合物的纯度和结构进行分析检测，对药物发现具有重要的意义。以下是一些受益的例子：

- 新合成的化合物，要确证其是预期的结构，杂质处于可接受的低水平。
- 收集用于高通量筛选的化合物并储存于孔板中，发现先导化合物筛选的早期错误，避免误导后续研究。
- 收集或购买同一公司的系列类似物和衍生物，以保证关键构效关系和构性关系的准确性。

- 要确保高通量筛选的苗头化合物没有发生降解、未被错误表征或错误标识。
- 用于后期药理学、毒理学或选择性测试的化合物,要验证其结构的准确性,确保不是因为杂质而导致阳性结果(如毒性、对另一个受体或酶的活性)。

不同的研究任务需要不同的研究方法,这取决于解决问题所需的详细程度,以及在此问题上的投入是否合理。在某些情况下,结构鉴定和纯度分析看似过犹不及,但如果在药物发现一开始就假定化合物的结构正确且纯度很高,而不进行后续确认,则很有可能犯下错误。

案例研究

下面介绍一个关于化合物库潜在的结构真实性和纯度问题的例子[2]。对于来自供应商的化合物,在被储存至筛选库前,采用快速质谱仪进行了逐一鉴定。测试发现,大约有10%的化合物未能通过质谱测试。此外,来自"历史"库的化合物质量往往会低于新合成的化合物质量,因为化合物可能发生了降解或在最初鉴定时出现了错误。再者,溶液浓度测定结果表明,化合物的实际浓度远低于溶液的标识浓度,从而会影响化合物的IC_{50}测试值和优先级顺序。

没有真实性和纯度分析作为保障,药物发现的实验必然存在风险。如果研究项目中化合物的结构真实性和纯度不够理想,那么将无法获得准确且有指导意义的构效关系和构性关系,当然也不能为项目的后续研究做出清晰的指导。

(黄　玥　白仁仁)

思考题

(1) 低纯度或不准确结构的负面影响有哪些?
(2) 一个样品为何会产生低纯度或错误结构的问题?
(3) 以下哪些技术可用于纯度分析和结构鉴定?
    (a) 高效液相色谱-紫外检测(HPLC-UV);(b) 红外光谱;(c) 高效液相色谱-质谱(HPLC-MS);(d) 核磁共振(NMR)。
(4) 确保高通量筛选苗头化合物和其他化合物的结构真实性和纯度可实现下列哪一项?
    (a) 确保良好的类药性;(b) 避免错误的构效关系和构性关系。

参考文献

[1] E.H. Kerns, L. Di, J. Bourassa, J. Gross, N. Huang, H. Liu, T. Kleintop, L. Nogle, L. Mallis, C. Petucci, S. Petusky, M. Tischler, C. Sabus, A. Sarkahian, M. Young, M.-y. Zhang, D. Huryn, O. McConnell, G. Carter, Integrity profiling of high throughput screening hits using LC-MS and related techniques, Comb. Chem. High Throughput Screen. 8 (2005) 459-466.

[2] I.G. Popa-Burke, O. Issakova, J.D. Arroway, P. Bernasconi, M. Chen, L. Coudurier, S. Galasinski, A.P. Jadhav, W.P. Janzen, D. Lagasca, D. Liu, R.S. Lewis, R.P. Mohney, N. Sepetov, D.A. Sparkman, C.N. Hodge, Streamlined system for purifying and quantifying a diverse library of compounds and the effect of compound concentration measurements on the accurate interpretation of biological assay results, Anal. Chem. 76 (2004) 7278-7287.

第 19 章

药代动力学

19.1 引言

口服给药后,药物在血液和组织中的浓度会随时间而发生变化。血药浓度首先在药物进入体循环时不断增加,然后随着药物的组织分配、代谢和排泄而逐渐降低。药代动力学(pharmacokinetics,PK)描述了药物及其代谢产物的浓度在体内的时间进程[1]。

之所以研究药物在血液中的药代动力学性质,是因为开展动物和人体血液相关的测试较为容易,而血液中的未结合药物浓度(unbound drug concentration,c_u)与治疗靶组织中的未结合药物浓度有关。目标生物相中的未结合药物与靶点结合进而产生治疗效果。为了进行更深入的药代动力学研究,需要确定各个组织中的未结合药物浓度。

19.1.1 研究药代动力学的原因

药代动力学是药物性质和体内相互作用的综合结果。药物研发团队的最终目标是发现临床有效的候选药物,并将其成功开发为上市药物。合适的药代动力学性质是药物发现的一个重要标准。

在药代动力学分析中,首先需要定量测试体内药物浓度随时间的变化,以了解体内系统对药物的作用。对体内药物浓度的数据进行数学处理,可得到药代动力学参数(如清除率、半衰期、分布容积等)。这些分析使得预测药物在不同条件下的药代动力学行为成为可能。

此外,某些药代动力学参数可能与体内药效相关,这些信息对于研究团队非常重要,特别是在早期药物发现阶段。例如,疗效可能与以下药代动力学参数有关:
- 最低剂量和血药浓度;
- 体内 $c_{u,血液,max}$ 与体外 IC_{50} 之比(可定义疗效阈值);
- $c_{u,血液}$ 达到特定水平的速率(可体现起效速率);
- AUC_u(可能与靶点暴露相关);
- $c_{u,血液}$ 的持续时间(可能与作用时间有关)。

研究药代动力学的另一个原因是可为先导化合物的优化提供指导。药物的药代动力学参数取决于药物的理化和生化性质(图 2.1)。这些性质是由化合物的结构及其所处的理化和生化环境共同决定的。对药代动力学参数基本性质与分子结构依赖关系的把握,有助于对先导化合物展开更具针对性的结构优化,以改进其药代动力学性质。理化性质和生化性质对药代动力学参数的具体影响将主要在第 38 章和其他各章节中讨论。

药代动力学数据也可用于预测体内药效和毒性。通过对药效学(pharmacodynamic,PD)和药代动力学数据的综合分析,还能够建立药代动力学/药效学(PK/PD)关系和模型,以指导药物发现和临床研究（见 19.5 节）。通过分析毒性和药代动力学数据，还可以建立药代动力学 / 毒性关系（PK/toxicity relationship）。血浆和组织中的未结合药物浓度可应用于计算各项药代动力学参数。

19.1.2　不同给药途径的药代动力学参数

当一种药物通过静脉注射（intravenous injection，IV）直接进入血流时，血液的快速循环会在几分钟内将药物分配到整个血液系统，随后药物可从血液毛细血管渗透到高灌注的组织中，这就是所谓的药物分配相（distribution phase）。如图 19.1 所示，药物的分配过程降低了血药浓度。

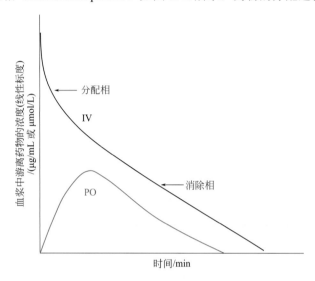

图 19.1　静脉注射和口服给药后血药浓度随时间推移的假设性示例

与此同时，药物分子一般通过肝脏和肾脏从血液中消除，这一过程称为排泄（excretion）。排泄降低了药物在消除阶段的血药浓度（图 19.1）。如果药物被迅速排泄，则血药浓度在消除相（elimination phase）中的下降率很高，迅速接近于基线。当血液中的药物浓度下降时，药物分子会在浓度梯度的驱动下从组织渗透回血液。

药物浓度的时间进程因给药途径而异。口服给药时，药物必须先溶解，经胃肠道膜渗透，再经肝脏进入体循环。因此，药物在血液中的浓度达到峰值（c_{max}，最大血药浓度）需要经历一段时间（t_{max}，达峰时间）。一旦药物进入血流，就会类似于静脉给药，随后发生组织分布和排泄。

化合物暴露量一般由时间 - 浓度曲线下面积（area under the time-concentration curve，AUC）表示。在相同剂量下，口服暴露量通常低于静脉注射暴露量。这是由于口服给药中的额外过程（如渗透、溶解、肠道分解）往往会限制药物的肠道吸收。此外，在药物分子进入体循环之前还会经过首过代谢（first-pass metabolism）和胆汁摄取（biliary extraction）等代谢过程。而在静脉给药途径中则不会遇到这些过程。其他给药途径（如 IP、SC、IM、舌下给药）也会遇到一些特定的过程，进而影响药物的药代动力学参数。

19.2　药代动力学参数

一些关键的药代动力学参数可用于药物的发现、开发和临床实践。这些参数最初是在药物发现过程中进行测试的，因此，了解它们的含义及其与药物的理化、代谢和结构性质之间的关系是非常重要的。

19.2.1 分布容积

分布容积（volume of distribution，V_d）反映的是药物如何在血浆和机体组织之间进行分布（图 19.2）。可表示为：

$$V_d = 全身药物总量 / 血浆药物浓度$$

V_d 可表示为体积（如 L），但更常用的方式是除以总体重，从而以 L/kg 或 mL/kg 的单位来表示。但是，V_d 并不是一个可实际测量的体积。如果药物在组织中的浓度与血浆中的浓度相同，则其表示药物所分配到的表观总体积。

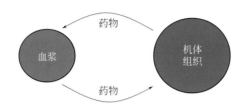

图 19.2 药物在机体组织和血浆之间的动态分布

V_d 取决于药物的理化性质：
- 低 V_d 药物可能与血浆蛋白结合度高，也可能与组织成分结合度低，或者亲脂性过低而不能与组织结合。因此药物被限制在血液和细胞外液中，不会大量进入组织细胞（机体体积的很大一部分是细胞内的体积）。酸性药物与血浆蛋白结合率低且对细胞的渗透性有限，是低 V_d 药物的代表实例。在这种情况下，V_d 的范围是血液加上细胞外液的总体积（通常为 0.1～0.4 L/kg）。
- 中等 V_d 药物具有中度亲脂性，因此可渗透到细胞中，并与血浆蛋白和组织成分中度结合。它们在血液和组织中均匀分布。V_d 一般处于全身水体积或更高的范围内（0.6～5 L/kg）。

高 V_d 药物对细胞具有较高的渗透性，并与组织成分高度结合，而与血浆蛋白结合度较低。这些药物往往是高度亲脂的，所以亲脂性药物是高 V_d 药物的代表实例。在这种情况下，与血浆蛋白相比，V_d 超过全身水体积（0.7 L/kg），并可能达到更高的水平（如 5～100 L/kg 或更高）。

图 19.3 显示了不同的 V_d 范围。表 19.1 列举了部分药品的 V_d 值。例如，主要存在于血液并与血浆蛋白高度结合的华法林（warfarin），以及主要存在于组织并与组织成分高度结合的丙咪嗪（imipramine）和氯喹（chloroquine）。

图 19.3 基于 V_d 推测化合物的结合位置

药物与血浆蛋白和组织成分的结合可通过如下方程式来描述：

$$V_d = V_{血浆} + V_{组织}(f_{u,血浆}/f_{u,组织})$$

式中，$V_{血浆}$ 为血浆体积；$V_{组织}$ 为组织体积；$f_{u,血浆}$ 为血浆中未结合药物的分数；$f_{u,组织}$ 为组织中未结合药物的分数。这一关系式可以很好地解释上述药物的类别。如果药物在血浆蛋白中高度结合，$f_{u,血浆}$会较低，$V_{血浆}$占主导地位；如果药物在组织中高度结合，$f_{u,组织}$则较低，$V_{组织}$占主导地位；如果$f_{u,血浆}$和$f_{u,组织}$相似，那么V_d就是$V_{血浆}$与$V_{组织}$之和。

表 19.1　部分药品的 V_d 值（见表 19.5）

药物	V_d/(L/kg)	药物	V_d/(L/kg)
华法林（warfarin）	0.11	奎尼丁（quinidine）	2
水杨酸（salicylic acid）	0.14	地高辛（digoxin）	7
茶碱（theophylline）	0.5	丙咪嗪（imipramine）	30
阿替洛尔（atenolol）	0.7	氯喹（chloroquine）	235

在过去，有一种观点认为高V_d就代表着高组织暴露量。事实上，高V_d并不一定代表未结合药物在治疗靶点的暴露量高，它仅表示$f_{b,组织}$（组织内结合药物分数）较高。组织结合和V_d的增加与亲脂性的增加有关。

药物分子通过体循环进入组织。因此，药物分子分布最快的组织是血液（高血流量）高灌注的组织。这些组织包括大脑、心脏、肺、肾脏和肝脏。药物分子在血流灌注较低的组织中分布较慢，如骨骼肌、骨骼和脂肪组织。

理论上，如果一种药物不分配到组织中，那么将会具有一个在 0 时刻的血药浓度（c_0）：

$$c_0 = 剂量 / V_{血浆}$$

然而，药物实际上会分布在血浆和组织之间。分布的程度，即V_d，是由以下方程式决定的：

$$V_d = 剂量 / c_0$$

剂量是指药物质量除以动物或人体体重[如药物(mg)/体重(kg)]。c_0是通过绘制血液浓度与时间的对数关系曲线，并外推至开始清除之前的 0 时间点来确定的。

图 19.4 给出了两个仅V_d不同的化合物的假设情况。V_d较高化合物的c_0较低，且半衰期较长，但二者的 AUC 是相同的[3]。

V_d只能通过静脉大剂量给药研究来确定，用于评估药物分配到组织中的倾向及计算半衰期。药物化学家通常不会在先导化合物优化过程中改变V_d[4]。

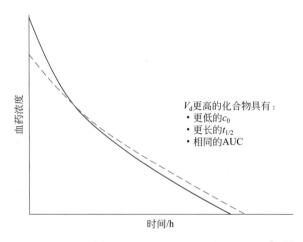

图 19.4　两个具有相同 CL 但不同 V_d 的化合物的假设比较[3]
虚线表示具有较高 V_d 的化合物

在临床研究中，V_d 用于确定载药剂量，即使患者体内药物结合位点发生饱和，以迅速达到体内治疗水平所需的剂量。

19.2.2 曲线下面积

药物暴露量是通过曲线下面积（area under the curve，AUC）来评估的。AUC 是通过血浆药物浓度随时间变化曲线下的面积计算而得（图 19.5），由剂量和清除率共同决定（见 19.2.3 节）。

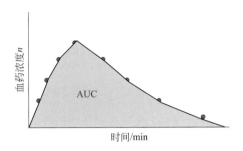

图 19.5　曲线下面积（AUC）是指血药浓度 - 时间曲线下的面积

以同样的方式给药，通过比较基于先导化合物的类似物的 AUC，可以有效地筛选出具有最高暴露水平、最低清除率或最高生物利用度的化合物。据报道[5]，对斯普拉格 - 杜勒（Sprague-Dawley）大鼠口服给药剂量为 10 mg/kg 的受试化合物后，如果 0～6 h 内 AUC 超过 500(ng·h)/mL，则该化合物具有可接受的生物利用度（大于 20%）的概率约为 80%。此外，AUC 还可用于获得结构 - 曲线下面积（structure-AUC）关系，以及计算清除率和生物利用度。

19.2.3 清除率

另一个重要的药代动力学参数是清除率（clearance，CL）。清除率（有时称为血浆清除率）是指药物从血浆中永久清除的速率。药物的清除主要是通过代谢、排泄或化学降解作用实现。但是，药物进入组织并不是发生清除，因为药物分子稍后会重新转移到血浆中。清除主要发生在两个器官：肝脏和肾脏。清除率也可用于表示特定器官的清除情况，如肝清除率（CL_h）、肾清除率（CL_r）和胆道清除率。

清除率是指在一定时间内药物被完全清除的血浆体积。因此，其单位是 mL/min、L/h，或者按体重归一化，如 mL/(min·kg)。当然，药物清除是在整体血浆中进行的，而不是在血浆体积的某一个单位中进行的，但这种计算方式在数学上具有重要的意义。

肝脏的清除速率被称为"肝脏清除率"。肝脏只接收总血流量（即心排血量）的一部分。药物分子通过被动扩散和主动运输从血液转移到肝细胞，并通过两个过程从肝细胞中清除：代谢和外排。在肝细胞内含有多种代谢酶，可通过酶促反应将药物分子代谢。药物的代谢产物和未被代谢的药物分子原型可能通过外排转运体或胆小管被动扩散被摄取到胆汁中［胆汁摄取（biliary extraction）］。胆汁储存在胆囊（大鼠除外，因为大鼠没有胆囊），并排泄到肠内。在肠道内的药物分子和代谢产物可随粪便排出体外，也可能被重吸收进入体循环。

肝脏清除率可通过更详细的药代动力学研究确定。代谢产物和未改变的药物分子也可通过基底侧膜的被动扩散和外排作用由肝细胞进入血液，并经肾脏摄取进入尿液。摄取到胆汁或尿液中药物和代谢产物的数量取决于其自身的性质（如亲脂性、极性、转运蛋白亲和力等）。

肾清除发生在肾脏。心脏输出量的一部分流向肾脏（图 19.6）。在肾脏中，血液中的药物分子和代谢产物通过肾小球滤过和转运体的主动分泌进入尿液中，这导致了药物及其代谢产物的清除。可通过收集药代动力学研究中的尿液样本来确定肾脏的清除率。

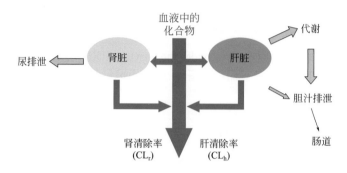

图 19.6　心脏输出的部分血液流向肾脏和肝脏，在此处血液中的部分游离化合物被摄取和清除

系统清除率（systemic clearance，CL_S）用来表示药物所有来源的总清除率。系统清除率主要由肝清除率和肾清除率组成。清除的次要途径还包括唾液、汗液和呼吸。此外，组织中也可能发生轻微的代谢，药物也可能在血液中发生降解。

器官的清除率主要由两个因素决定：流入器官的血流量（Q）和器官的摄取率（E）（图19.7），具体如下：

$$CL = Q \times E$$

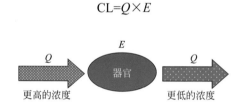

图 19.7　肝脏或肾脏对化合物的摄取和清除取决于流入器官的血液流量（Q）和器官的摄取率（E）

流入肝脏和肾脏的血液在每个物种中都具有很好的特征，心脏的总血流量（心排血量）也是已知的。摄取率是指每次血液流经该器官时，该器官所清除的药物比例。例如，如果心排血量（Q_H）为 20 mL/(min·kg)，肝脏清除率为 10 mL/(min·kg)，则肝脏摄取率（E_H）为 0.50（即每次通过肝脏时，50% 的药物被清除）。

E 对于特定的药物是恒定的，除非该器官的摄取能力已被高浓度的化合物所饱和。E 的最大值是 1（100%），因此清除率的最大值是流向器官的总血流量。表 19.2 列举了不同实验动物物种器官的血流情况。肾小球滤过率（glomerular filtration rate，GFR）通常与肾脏清除率相关。GFR 是肾小球滤过的液体流入肾脏中所有肾单位的鲍曼氏囊（Bowman's capsule）的流速[通常单位为 mL/(min·kg)]。

表 19.2　部分实验动物物种的器官血流情况

物种	血流/(mL/min·kg)			物种	血流/(mL/min·kg)		
	肝脏	肾脏（GFR）	总量		肝脏	肾脏（GFR）	总量
小鼠	90	14	400	犬	40	6.1	120
大鼠	70	5.2	300	人	20	1.8	80
猴	44	2.1	220				

在 IV 药代动力学研究中，根据剂量和总暴露量，通过下列方程式计算清除率：

$$CL=剂量/AUC$$

因此，可根据确定的清除率来估算所必需的给药剂量，以提供达到治疗效果所必需的化合物暴露量（AUC）。例如，清除率高的药物需要更高的剂量才能达到一定的体内活性暴露量。这一关系也表明，AUC 仅依赖于 IV 类药物的给药剂量和清除率。

代谢稳定性和外排是清除率的主要决定因素。因此，药物化学家有机会通过改变化合物的结构来降低清除率，以减少药物的代谢或外排。体外代谢稳定性试验中的 CL_{int}（见第 29 章）可用于确定其与代谢酶、单层细胞通透性实验中的外排率（见第 27 章）及转运蛋白的相关性。通常，可通过 CL_{int} 对一系列类似物进行优先级排序。高清除率候选药物并不是优选的，因为它需要较高的给药剂量。此外，遗传或疾病可能引起代谢酶水平的变化，因此患者群体中的药物暴露量可能存在异常的变异性。由于药物代谢酶被抑制或诱导，发生药物相互作用的可能性增高。

图 19.8 给出了两种化合物仅在清除率方面不同的假设情况。其中清除率较低的化合物具有较长的半衰期和较高的 AUC[3]。

高代谢清除率类化合物尤其容易受到肝脏和肠道首过效应的影响。在药物发现阶段，替代的给药途径（如 SC）可以绕过首过效应并证明化合物的消除机制。

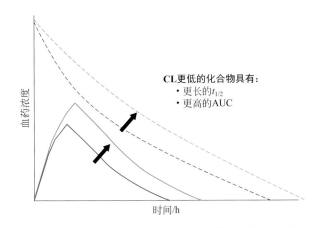

图 19.8　两种仅在 CL 方面不同的假定化合物的比较。低 CL 的化合物有更长的 $t_{1/2}$ 和更高的 AUC[3]

19.2.4　半衰期

半衰期（half-life，$t_{1/2}$）是指体循环中药物浓度减少一半所需的时间。药物清除通常遵循一级动力学规律，因此药物浓度随时间变化对数图中的斜率即为消除速率常数（k）（图 19.9）。可根据以下一级动力学方程式由 k 计算半衰期：

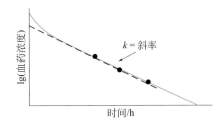

图 19.9　从化合物浓度随时间变化的对数图中可计算消除的一级速率常数（k）

$$t_{1/2}=0.693/k$$

也可以使用以下方程式由 V_d 和 CL 计算半衰期：

$$t_{1/2}=0.693\times V_d/\text{CL}$$

因此，药代动力学的半衰期是由 V_d 和 CL 共同决定的。增加 CL 可减少半衰期，因为药物分子会以更高的速率从血液中清除。而提高 V_d 会增加半衰期，因为组织是药物的储存库，所以提高 V_d 可在药物分子从血液中清除时，增加药物由组织扩散回血液的量。

半衰期的一个应用是确定给药间隔。药物治疗需要定期给药，以使体内血浆药物浓度维持在一个良好的范围内。通常在每 1～3 个半衰期后再次给药以保持药物的浓度水平，因此药物在人体内的半衰期满足 8～24 h 将有助于实现每日 1 次的给药频率（图 19.10）。

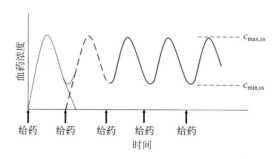

图 19.10　重复给药以保持血药浓度在特定范围内的示例

研究人员应该注意不要将体内药代动力学半衰期与体外代谢稳定性半衰期相混淆，二者并不总是相关的。其中一个原因如上述方程所示，V_d 是体内药代动力学半衰期的主要决定因素。

另一个相关的药代动力学参数是平均保留时间（residence time），即消除掉 63.2% 静脉注射剂量所需要的时间。

19.2.5　生物利用度

非静脉给药最重要的药代动力学参数之一是生物利用度（bioavailability，F），是指药物到达体循环的剂量比例。导致生物利用度低于 100% 的两个主要原因分别是肠道吸收不完全和首过效应。溶解缓慢、溶解度低、渗透性差和肠道外排转运等因素都会减少肠道对药物的吸收。首过效应则是由于肠、肝代谢和胆道清除导致的。通常，静脉注射可以达到 100% 的生物利用度，因为静脉给药的药物会立即进入血浆，不经历吸收或首过效应。

生物利用度是通过以下实验来测试的。首先静脉注射药物，再收集和分析血浆样本，计算 AUC_{IV}。另外，对于不同的实验动物或受试者进行口服给药（或任何其他非 IV 途径），然后收集和分析血浆样本，并计算 AUC_{PO}。最终，根据如下公式计算生物利用度：

$$F(\%)=\frac{\text{AUC}_{PO}}{\text{AUC}_{IV}}\times\frac{\text{剂量}_{IV}}{\text{剂量}_{PO}}\times 100\%$$

剂量校正的原因是因为 IV 的剂量较低，且与 IV 相比，PO 会发生吸收限制和首过效应。许多新药研发机构的药物发现标准是至少具有 20% 的口服生物利用度，以保证候选药物得以顺利进入临床试验。口服生物利用度低的药物在患者中可能存在显著的可变性，因此需要较高的口服剂量。

影响吸收或首过效应的因素会对生物利用度造成影响。例如，特定药物的吸收可能受多晶型、盐型、配方或食物效应的影响。而首过效应则因代谢酶和外排转运蛋白的表达水平、抑制、诱导和肝脏疾病而异。

19.3 组织浓度

组织浓度对药物与治疗靶点的结合至关重要。血液器官屏障（blood-organ barrier）限制了药物对某些组织的渗透。例如，中枢神经系统（central nervous system，CNS）药物必须通过血脑屏障（blood-brain barrier，BBB）才能进入脑组织（第 10 章）。与其他组织相比，肿瘤组织血流量的减少、肿瘤形态和外排转运都可能导致抗肿瘤药物对肿瘤的渗透减少。在药物发现过程中，总的组织未结合药物浓度通常是通过在末期药代动力学研究中，采集组织样本来测试的。

19.4 药代动力学数据在药物发现中的应用

药物发现中的主要药代动力学参数及其测定方法如表 19.3 和图 19.11 所示。

表 19.3 药代动力学参数的定义、计算及其在药物发现中的应用

药代动力学参数	符号	表述	计算	应用
曲线下面积	AUC	浓度与时间曲线下的面积	曲线下积分面积	估算暴露程度；计算 CL 和 F
初始血药浓度	c_0	静脉注射后的初始血药浓度	血药浓度对数与时间曲线图所推断的 0 时刻的血药浓度	计算 V_d
分布容积	V_d	溶解化合物的表观体积	V_d = 剂量 /c_0	估算化合物在体内的分布范围，计算半衰期
清除率	CL	化合物从体循环中消除的速率	CL= 剂量 /AUC	计算达到一定暴露量所需的剂量（AUC）；研究化合物的消除机制
消除速率常数	k	一级动力学消除速率	血浆药物浓度随时间的对数变化曲线	计算半衰期
半衰期	$t_{1/2}$	血浆药物浓度下降一半所需的时间	$t_{1/2}$=0.693/k $t_{1/2}$=0.693 V_d/CL	计算维持治疗浓度所需的剂量和给药频率
生物利用度	F	药物到达体循环所占的剂量比例	F=（AUC_{PO}/AUC_{IV}）×（剂量 IV/ 剂量 $_{PO}$）×100%	诊断限制化合物暴露量的机制（如溶解度、渗透性和首过代谢）
最大浓度	c_{max}	给药后全身循环中化合物的最高浓度	根据血药浓度 - 时间曲线图而得	评估药效是否受 c_{max} 影响
最大药物浓度时间（达峰时间）	t_{max}	达到 c_{max} 的时间	根据血药浓度 - 时间曲线图而得	估算从血流到达靶组织的任何延迟

除了前面所讨论的药代动力学参数外，图 19.11 中还列举了如下参数：
- c_{max} 为非静脉给药后的最大药物浓度；
- t_{max} 为达到 c_{max} 的时间（达峰时间）。

在最初的研究中，研究人员可能会分析药代动力学参数与简单疗效参数（如 IC_{50} 或 EC_{50} 等）之间的关系，从而估算血药浓度高于有效体外浓度所需的时间。

表 19.4 列举了药物发现中药代动力学参数的一般分类（高、中、低），但并不作为指导方针。表 19.5 列举了部分药品[2] 的药代动力学参数，以比较其结构和性能。在文献 [2] 中可以检索到更多的药物及其药代动力学数据。

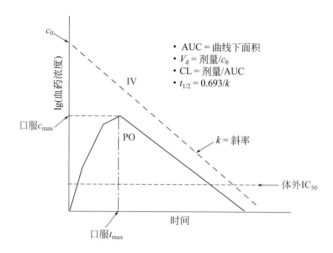

图 19.11 用于药物发现和决策的药代动力学参数

表 19.4　药物发现阶段化合物的药代动力学参数的一般范围

药代动力学参数	符号	较高值	较低值
分布容积	V_d	> 5 L/kg	< 0.6 L/kg
血浆清除率	CL	大鼠：>53 mL/(min·kg) 小鼠：>68 mL/(min·kg) 犬：>26 mL/(min·kg) 猴：>33 mL/(min·kg) 人：>15 mL/(min·kg)	大鼠：<7 mL/(min·kg) 小鼠：<9 mL/(min·kg) 犬：<4 mL/(min·kg) 猴：<4 mL/(min·kg) 人：<2 mL/(min·kg)
半衰期	$t_{1/2}$	大鼠：>4 h 小鼠：>4 h 犬：>6 h 猴：>6 h 人：>8 h	大鼠：<1 h 小鼠：<1 h 犬：<2 h 猴：<2 h 人：<3 h
口服生物利用度	F	>50%	<20%
口服暴露量（10 mg/kg）	AUC	大鼠 >2000 (h·ng)/mL	大鼠 <500 (h·ng)/mL
最大药物浓度时间	t_{max}	> 3 h	< 1 h

　　结构性质与药代动力学性质之间的关系是很有趣的。超出类药五规则（Lipinski Rules）的化合物往往口服生物利用度较低，可通过非口服途径给药［如紫杉醇（paclitaxel）、阿霉素（doxorubicin）］。改善结构性能可提高生物利用度［如头孢呋辛（cefuroxime）和头孢氨苄（cephalexin）］。高清除率可能导致较低的生物利用度，如丁螺环酮（buspirone）。而前药伐昔洛韦（valacyclovir）比其活性形式阿昔洛韦（acyclovir）具有更好的药代动力学性能。

　　对于某些化合物或给药方案，药代动力学可能变为非线性。一种情况下，当剂量过高时，决定吸收或清除过程（如溶解度、肝代谢酶、转运蛋白）的能力达到饱和。非线性药代动力学的例子将在 38.3.1 节和 38.3.2 节中讨论。

表 19.5 部分药品的药代动力学参数[1]

化合物	口服生物利用度 /%	尿排泄中未改变量 /%	血浆结合	CL/[mL/(min·kg)]	V_d/(L/kg)	$t_{1/2}$/h	t_{max}/h	c_{max}/(mg/mL)	剂量[2]/(mg/kg)	备注
紫杉醇 (paclitaxel)	低	5	88~98	5.5	2.0	3	—	0.85	45 mg/m²	IV, 抗肿瘤药
阿霉素 (doxorubicin)	5	<7	76	666	682 L/m²	26	—	0.95	250 mg/m²	IV, 抗肿瘤药
丁螺环酮 (buspirone)	3.9	0.1	95	28.3	5.3	2.4	0.71	0.017	0.3	PO, 抗焦虑药
头孢呋辛 (cefuroxime)	32	96	33	0.94	0.2	1.7	2~3	7~10	7.1, PO	PO, 抗生素

续表

化合物	口服生物利用度/%	尿排泄中未改变量/%	血浆结合	CL/[mL/(min·kg)]	V_d/(L/kg)	$t_{1/2}$/h	t_{max}/h	c_{max}/(mg/mL)	剂量[②]/(mg/kg)	备注
头孢氨苄 (cephalexin)	90	91	14	4.3	0.26	0.9	1.4	28	7.1, PO	PO, 抗生素
唑吡坦 (zolpidem)	72	<1	92	4.5	0.68	1.9	1~2.6	0.076~0.14	0.14	PO, 镇静药
对乙酰氨基酚 (acetaminophen)	88	3	<20	5	0.95	2	0.33~1.4	20	20, PO	PO, 止痛药
普萘洛尔 (propranolol)	26	<0.5	87	16	4.3	3.9	1.5	0.049	11	PO, 每日4次, 抗高血压药物
阿替洛尔 (atenolol)	58	94	<5	2.4	1.3	6.1	3.3	0.28	0.7	PO, 抗高血压药

续表

化合物	口服生物利用度/%	尿排泄中未改变量/%	血浆结合	CL/[mL/(min·kg)]	V_d/(L/kg)	$t_{1/2}$/h	t_{max}/h	c_{max}/(mg/mL)	剂量[2]/(mg/kg)	备注
阿莫西林（amoxicillin）	93	86	18	2.6	0.21	1.7	1~2	5	7 口服	PO，抗生素
阿昔洛韦（acyclovir）	15~30	75	15	3.4	0.69	2.4	1.5~2	3.5~5.4 μmol/L	5.7	PO，每日 6 次（随剂量增加），抗病毒药
伐昔洛韦（valacyclovir）	Val: 低 Acy: 54	Val: <1 Acy: 44	Val: 13.5~17.9 Acy: 22~33	—	—	Val: — Acy: 2.5	Val: 1.5 Acy: 0.9	Val: 0.56 Acy: 4.8	14	PO，前药为阿昔洛韦，抗病毒药

[1] 数据来源：经 Thummel K E, Shen D D, Isoherranen N, et al. Design and optimization of dosage regimens: pharmacokinetic data, Appendix II, in: L.L. Brunton (Ed.) Goodman and Gillman's The Pharmacological Basis of Therapeutics, eleventh ed. New York: McGraw-Hill, 2006, 1794-1888 许可使用。版权归 2008 McGraw-Hill 所有。
[2] 剂量基于 70 kg 的人体平均体重。

19.5 药代动力学与药效学的关系

通过将药代动力学与治疗效果（如 PD）联系起来，可获得对药物的重要认识。正如在体外研究中，药物浓度的增加会导致活性的增加（即剂量反应关系，dose-response relationship）一样，增加体内药物浓度会改变靶点应答或治疗效果。如果药物从血液渗透到治疗靶点的速率较快，当靶点生物相中的游离药物浓度达到必要的水平时，药物便开始对靶点产生作用。但其他过程可能使治疗效果与血浆游离药物浓度的关系变得更加复杂。例如，当组织的血液灌注率较低，或者对于中枢神经系统靶点而言，如果血脑屏障减少了药物对大脑的穿透，那么疗效都可能会滞后于预期。如果存在缓慢的组织外分布，或者代谢物是具有活性的，或者药物分子不可逆地与目标蛋白结合，那么疗效都可能会比预期持续更长的时间。

药效学的时间进程与药物浓度的时间进程之间的关系通常被称为 PK/PD。这一关系为药物发现团队提供了实用的见解，有助于候选化合物的选择。高级的 PK/PD 模型是比较复杂的，可用于指导对靶点生物学机制的理解，确定给药剂量和频率，并选择最佳的候选化合物。

19.6 药代动力学的应用

本章总结了药代动力学的基本参数。对相关参数的理解有助于对药代动力学数据的解释，以及药代动力学体内实验的规划和疗效研究。第 37 章讨论了药代动力学参数的测试，第 38 章探讨了化合物的性质如何影响药代动力学参数。相关内容有助于研发人员诊断出限制药代动力学的潜在性质，并开展相应的结构修饰以改进药代动力学性质的不足。

药代动力学研究的重要作用贯穿于整个药物发现、开发和临床治疗的全过程。动物的药代动力学研究数据对于药物发现项目而言非常实用，因为其很好地表明了复杂动态生物体内的化合物行为。药代动力学的应用总结如下：

- 显示能够发挥疗效的暴露水平；
- 确定化合物的生物利用度，这也是药代动力学的关键指标；
- 揭示药代动力学性质的局限性，从而进行结构修饰以优化性质；
- 预测达到体内治疗靶点产生药理响应浓度所需的剂量；
- 筛选先导化合物的系列类似物，以选择最佳的候选化合物进行更深入的研究；
- 采用药代动力学和药效学研究相结合的方法建立药代动力学参数与药效学的关系（PK/PD）；
- 估测用于治疗和毒性研究的剂量水平；
- 估测安全窗口（治疗指数，见第 17 章）；
- 测定靶点组织中未结合药物的药代动力学，以确定靶点暴露量和器官屏障渗透性（如血脑屏障）；
- 通过联合给药研究评估潜在的药物相互作用；
- 达到公司既定的研究标准。

简而言之，药代动力学数据可为新药发现提供极具洞察力的数据信息。基于相关信息，药物化学研究人员可开展有针对性的结构优化，药理学研究人员可规划后续的生物学实验，而团队领导者可利用这些数据做出明智的决策。

（黄　玥　杨庆良　白仁仁）

思考题

(1) 将以下药代动力学参数与其定义进行匹配：

药代动力学参数	定义选项
CL	(a) 到达体循环的药物所占口服剂量的百分比
c_{max}	(b) 药物从体循环中清除的速率
V_d	(c) 化合物在体循环中浓度降低一半所需的时间
$t_{1/2}$	(d) 化合物的暴露量，由血浆药物浓度随时间的变化曲线所决定
c_0	(e) 化合物溶解的表观体积
AUC	(f) 药物在血液中达到的最高浓度
F	(g) IV 给药后外推到时间为 0 时的初始浓度

(2) 为什么 IV 给药比 PO 给药的初始浓度（c_0）高？

(3) 要想（a）增加分布容积；（b）减少分布容积，需增加哪些生理学特性？

(4) AUC 低表示药物的暴露量？
  (a) 高；(b) 低。

(5) 清除主要发生在哪些器官？

(6) 将 V_d 值：0.1、1、100，与以下分布描述相关联：
  (a) 血液与机体均匀分布；(b) 组织高度结合；(c) 血液高度受限。

(7) 下列哪一项表示更好的暴露量（ng·h/mL）？
  (a) AUC=45；(b) AUC=620。

(8) 下列哪一项表示更好的清除率 [mL/(min·kg)]？
  (a) CL=20；(b) CL=60。

(9) 下列哪一项是满足一日 1 次给药频率的半衰期（h）？
  (a) $t_{1/2}$=1；(b) $t_{1/2}$=12。

(10) 根据以下实验数据，计算相应的生物利用度。

IV 剂量/(mg/kg)	PO 剂量/(mg/kg)	AUC$_{PO}$/[(ng·h)/mL]	AUC$_{IV}$/[(ng·h)/mL]	生物利用度
1	10	500	500	
2	10	1000	500	
5	10	300	200	

(11) 以下哪一个 V_d（L/kg）值表示血液和机体组织的分布大致相等？
  (a) 0.07；(b) 0.7；(c) 7；(d) 70；(e) 700。

参考文献

[1] D.J. Birkett, Pharmacokinetics Made Easy, McGraw-Hill Book Company, Australia, 2002.

[2] K.E. Thummel, D.D. Shen, N. Isoherranen, H.E. Smith, Design and optimization of dosage regimens: pharmacokinetic data, appendix II, in: L.L. Brunton (Ed.), Goodman and Gillman's The Pharmacological Basis of Therapeutics, eleventh ed., McGraw-Hill, New York, 2005.

[3] D.A. Smith, H. van de Waterbeemd, D.K. Walker, Pharmacokinetics and Metabolism in Drug Design, second ed., Wiley-VCH, Weinheim, 2006. p. 23.

[4] D.A. Smith, K. Beaumont, T.S. Maurer, L. Di, Volume of distribution in drug design, J. Med. Chem. 58 (2015) 5691-5698, http://dx.doi.org/10.1021/acs.jmedchem.5b00201 (on-line).

[5] H. Mei, W. Korfmacher, R. Morrison, Rapid in vivo oral screening in rats: reliability, acceptance criteria, and filtering efficiency, AAPS J. 8 (2006) E493-E500.

第 20 章

先导化合物的性质

20.1 引言

常言道:"建在沙子上的房屋易倒塌,建在岩石上的房屋才牢固。"这一谚语无疑也适用于从苗头化合物到先导化合物(hit-to-lead)的药物发现过程。对于药物发现而言,这一基础就是先导化合物的结构。如果基础牢固,项目团队就可以"建造"出一个类药性佳、药效好且安全的临床候选药物;如果基础薄弱,那么研究人员将难以推进这一先导化合物的研发,所有的努力也可能会化为泡影。

苗头化合物是先导化合物的起点,其来源广泛,包括高通量筛选、虚拟筛选、天然配体、天然产物、科学文献和专利等(图 20.1)。苗头化合物指示了靶点初始的构效关系(structure-activity relationship,SAR)。一旦被确定,就可以进一步评估苗头化合物的构性关系(structure-property relationship,SPR)。因此,苗头化合物向先导化合物的发展启动了 SAR 和 SPR 的评估和平衡过程。将 SPR 研究纳入"从苗头化合物到先导化合物"的发现过程,有助于提高先导化合物的质量。本书中的许多章节都讨论了在先导化合物优化过程中的类药性评估和应用。本章主要关注于影响"从苗头化合物到先导化合物"发现阶段的几种药物属性的概念和评估。

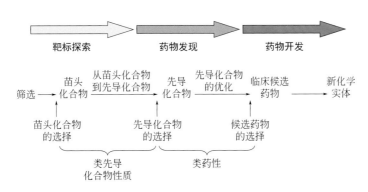

图 20.1 通过活性筛选获得具有初步构效关系的苗头化合物

类先导化合物性质为"从苗头化合物到先导化合物"的发现过程引入了重要的构性关系(SPR)基础。
将 SPR 整合到先导化合物的优化之中,有助于获得高质量的临床候选药物

20.2 先导化合物的性质

类药五规则[1]及第 4 章中讨论的其他规则被应用后,研究人员深刻认识到结构性质对先导化合物选择的价值和意义。先导化合物的性质缺陷会阻碍其进一步发展为有临床价值的候选药物,发现能够避免这些性质不足的先导化合物是药物发现向前迈出的重要一步。

采用类药五规则的研究重点是保证化合物具有更优良的药代动力学性质。随着时间的推移，研究人员认识到，先导化合物的优化通常会在其结构模板中引入亚结构，以增强目标化合物的亲和力和选择性。例如，引入非极性基团以增强与非极性口袋的结合；引入氢键基团以增强与结合位点的键合。这些修饰往往增加了化合物的亲脂性、分子量（MW）和氢键结合力。但是，一系列的优化过程可能导致化合物的结构性质超出类药五规则的阈值，并限制了其药代动力学性质。

为了满足高质量先导化合物发现的需要，总结出了具有更多限制性的"类先导化合物性质（lead-like property）"原则，以确保在先导化合物优化过程中不会因为引入了其他亚结构而违背类药五规则[2]。类先导化合物性质是基于在先导化合物优化过程中引入的基团而计算得出的。通过计算发现[3]，平均而言，先导化合物具有比临床药物更低的结构性质参数值，如分子量低（69）、环数减少 1 个、氢键受体（hydrogen bond acceptor，HBA）数少 1 个、可旋转键数少 2 个、C$\lg P$ 值低 0.43 个单位，以及 $\lg D_{7.4}$ 低 0.97 个单位。

类先导化合物性质原则如下：

- 分子量≤460；
- $-4 \leq \lg P \leq 4.2$；
- 氢键供体（HBD）≤5；
- 环数≤4；
- 可旋转键≤10；
- 氢键受体（HBA）≤9；
- $\lg S_w \leq -5$（水中溶解度的对数）。

用于筛选的化合物库中的所有化合物均应符合这些原则。因为选择具有较低分子量、较低亲脂性和较少氢键作用的先导化合物，其优化后的最终产物更有可能具有良好的类药性质。

进一步的建议是，类先导化合物性质应该从体外性质扩展到初步的体内药代动力学性质[4]。在一些公司，初步的体内药代动力学和毒性研究在从苗头化合物发展到先导化合物的阶段就已开展。因此，在前述原则的基础上，可以加入以下体内药代动力学参数和体外 ADMET（吸收、分布、代谢、排泄和毒性）的属性值：

- 生物利用度≥30%；
- 大鼠血浆清除率 <30 mL/(min·kg)；
- $0 \leq \lg D_{7.4} \leq 3$；
- 与 CYP450 酶结合较弱；
- 在治疗窗范围内，无急性毒性和亚急性毒性；
- 剂量为治疗窗的 510 倍时，无遗传毒性、致畸性和致癌性。

这些准则有助于先导化合物的成功发现与优化。通过限制先导化合物的性质，可在锁定先导化合物之前获得初步的体内药代动力学数据，也有助于优化后的临床候选药物具有良好的药代动力学性质。

20.3 模板性质的保留

在许多情况下，大部分先导化合物的结构在优化过程中都得以保留。结构修饰通常是在模板中引入基团，并保留先导化合物大部分的原始核心结构。与核心结构相关的特性仍然是结构类似物和最终临床候选药物特性的主要组成部分[5]。

部分示例如图 20.2 所示，更多其他示例请参见文献 [5]，这些药物保留了大部分先导化合物的核心结构。这一原理提示，在先导化合物选择阶段有很大的机会来"锁定"有利的类药特性。

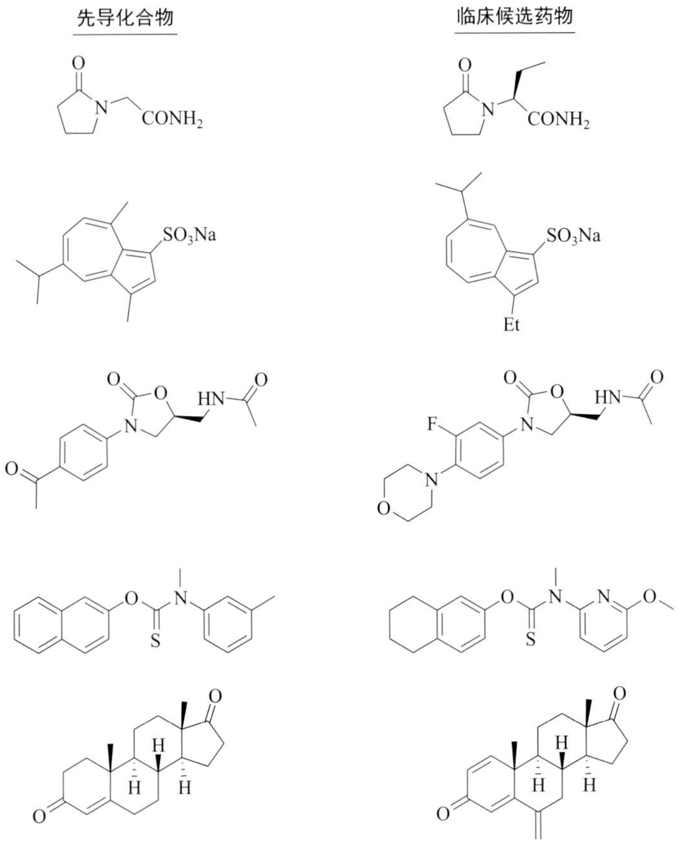

图 20.2 在先导化合物的优化过程中，其重要结构模板通常得以保留[5]

在先导化合物选择阶段通常只需进行少量的合成修饰即可改善相关化合物的类药性特征，并为后续优化提供更高质量的先导化合物。如果已进入优化阶段的先导化合物没有很好的类药特征，则研究团队将需要耗费大量的时间和资源以对其类药性进行改善，也可能永远无法在先导化合物优化阶段实现良好的类药性质。这就如同在房屋建成后再试图重建地基。与在选择先导化合物时就获得良好的类药性相比，选择先导化合物后再进行优化所需的难度和时间成本将大大提高。此外，在药物发现中存在一个很自然的倾向，即通过 SAR 引导的结构设计更优先于提高化合物对靶标的亲和力，而其他目标的优先级相对靠后。如果先导化合物已经具有良好的类药性，那么出于活性优化的目，可能不得不牺牲其类药性。尽管在优化过程中对类药性作出了"妥协"，但仍可能获得具有可接受类药性的临床候选药物。

20.4 苗头化合物的性质分类

研究人员通常希望在项目早期筛选过程中能获得多个苗头化合物，以能够给下一阶段的评估提供更多的备选。相关的评估标准包括类药性、活性、选择性以及新颖性。这些标准也是确保先导化合物具有高质量属性的重要策略，这与将"风险"作为药物发现决策制定的主要因素相一致。对于药物研发企业而言，选择具有最大成功机会的化合物，并降低具有较高失败风险化合物的优先级是一种高效且明智的做法。通过对先导化合物的每个关键标准设置目标，并制定每个标准的重要性级别，有助于对苗头化合物的性质进行分类[6]。图 20.3 是药物化学家如何比较先导化合物的活性、选择性和性质的一个具体例子[6]。这种有条理的评估过程有助于将苗头化合物的性质分类，并指导最初的合成修饰及先导化合物的优化。

性质	先导化合物	类似物	预期的目标
MW	330.749	444.939	<450
ClgP	1.9	5.19	<4.0
IC$_{50}$/(μmol/L)	4.2	>20	<1.0
靶点结合(STD、FP、Trp-Fl.)	X射线		是(NMR, FP)
MLC			
枯草芽孢杆菌/(μmol/L)	>200	50	<200
金黄色葡萄球菌MRSA/(μmol/L)	>200	25	<200
金黄色葡萄球菌ATCC/(μmol/L)	>200	200	<200
肺炎链球菌/(μmol/L)	>200	25	<200
选择性：白色念珠菌(MIC)/(μg/mL)	>200	>200	>10倍
水溶性(pH = 7.4)/(μg/mL)	>100	26.5	>60
渗透性(pH = 7.4)/(10^{-6} m/s)	0	0.15	>1
CYP 3A4(3 μmol/L下的抑制率)/ %	11	7	<15
CYP 2D6(3 μmol/L下的抑制率)/ %	0	1	<15
CYP 2C9(3 μmol/L下的抑制率)/ %	NT	23	<15
微粒体稳定性(30 min时的剩余量)/%	NT	NT	>80
可确定的结构系列	是	是	是
可确定的SAR	是	是	是

图20.3 在酰基载体蛋白合酶（acyl carrier protein synthase，AcpS）抑制剂的研究项目中，有关苗头化合物选择、初步结构修饰和先导化合物选择过程中的性质和目标的分类示例[6]

20.5 基于片段的筛选

寻找全新苗头化合物的一种策略是"基于片段的筛选（fragment-based screening）"。该方法基于以下理论：对于较大的化学结构，其能够非常契合靶点蛋白质的特定形状、静电使用和疏水相互作用，并产生显著亲和力的可能性很小。相反，使用较小的、较不复杂的结构（即片段）进行筛选，尽管其亲和力弱，但更容易与结合位点的某一部分发生结合。同时可在片段的核心结构上引入功能基团以进一步增强其亲和力。同样，通过选择合适的连接臂，将与活性位点不同部分相结合的多个片段连接在一起，更有可能发现具有显著亲和力的先导化合物。尽管单个片段与活性位点结合的亲和力较低，但多个片段形成的较大分子将与活性位点形成更强的亲和力。该方法的具体实例如图20.4所示[7]。

图20.4 以基于片段的筛选取代了针对大型化合物库的筛选
对大型化合物库的筛选通常是基于特定的活性位点（a），并对库内大量的复杂结构进行筛选。而基于片段的筛选只需要对小型化合物库中的小分子进行筛选。不同的小分子结构只会结合于活性位点的某一部分，通过合适的连接臂将各个小分子结构串联在一起，即可得到对靶点具有更高亲和力的先导化合物（b）

通常单个片段结合的亲和力较低，IC$_{50}$约为50 μmol/L ～ 1 mmol/L[7]，但其具有较高的结合效率[8]。传统的生物测试方法很难检测片段的结合情况，而X射线晶体衍射技术或核磁共振技术可用于检测弱结合的结构片段,并确定口袋中的结合位点和方向。这些技术显然比传统的筛选方法更为昂贵。不过幸运的是,一个小的结构片段库即可产生大量多样性的结构,而且不会使靶点结合受到附加结构的阻碍。此外,可以测试小分子的"似鸡尾酒混合物",以加速筛选并观察多个可能的结合位置。有关片段筛选技术[9]、化合物库的设计[10,11]、药物发现的实例[12~14],以及片段优化的回顾[15]可参见相关综述。

基于片段的筛选方法有助于实现获得具有类先导化合物性质的先导化合物目标。当常规化合物库筛选中的大分子化合物与靶蛋白结合时,可能有相当一部分结构并不参与形成结合相互作用。这种无关的结构既增加了分子量、氢键和亲脂性,又减弱了类先导化合物的性质。另一方面,基于片段的筛选可以最大限度地减少多余的结构,以及不利于药代动力学和安全性的无用结构。此外,片段筛选化合物库可以由具有良好类先导化合物性质的小分子组成,这有利于先导化合物的拓展,并将有效结合的结构特征最小化,最终获得具有活性的类药分子。

类先导化合物性质和基于片段筛选的融合,可为片段筛选化合物库中的分子性质提供指导性的准则,这一原则被称为"3 原则"[4,16],其要点如下:
- 分子量≤300;
- $ClgP$≤3;
- 可旋转键(HBD)≤3;
- 氢键供体(HBD)≤3;
- 氢键受体(HBA)≤3;
- PSA≤60 Å^2。

20.6 配体的亲脂性效率

先导化合物的结构修饰是通过将亚结构引入到模板结构中,以改善与靶点的结合。然而,在某些情况下,增加基团以提高靶点结合力的策略并不能维持原有的活性[17~19]。图 20.5 给出了一个相关的示例 [$pIC_{50}=-lg(IC_{50})$]。引入的基团进一步增加了 MW,而且通常会增加化合物的亲脂性和氢键数量。这些修饰很多不利于保持类药性(如造成代谢稳定性降低、脱靶毒性增加、溶解度降低等)。因此,需要进行相应的评估以确定活性是否得到有利的改善,以及对类药性的影响是否显著。

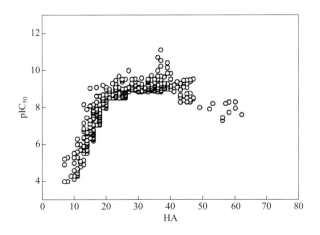

图 20.5 添加非氢重原子(heavy atom,HA)导致 pIC_{50} 升高并达到平稳的示例

经 C H Reynolds, S D Bembenekb, B A Tounge. The role of molecular size in ligand efficiency. Bioorg Med Chem Lett. 2007, 17: 4258-4261 许可转载

基于以上问题，提出了"配体效率（ligand efficiency，LE）"[17~19]的概念，以如下方程式表示：
$$LE=\Delta G/HA$$

式中，HA是重原子（即非氢原子）的数目。LE也可以根据以下生物学分析数据进行估算：
$$LE=[-RT(\ln K_d)/HA]\approx-1.4\lg(IC_{50})\quad [LE准则：LE>0.29]$$

该方程式可对每个重原子提高活性的效率进行评估。

此外，还有其他一些重要参数。其中一个是"配体效率亲脂性产物（ligand efficiency lipophilicity product，LELP）"，以如下方程式表示：
$$LELP=\lg P/LE\quad [LELP准则：LELP<10]$$

另一个参数是"配体亲脂性效率（ligand lipophilicity efficiency，LLE）"[20,21]或称为"亲脂性配体效率（lipophilic ligand efficiency，LiPE）"[22~24]，表示如下：
$$LLE=LiPE=-\lg(IC_{50})-C\lg P\quad [LLE准则：LLE>5.5]\,^{[24]}$$

对于带电化合物，$\lg D$要比$C\lg P$更具相关性[24]。LLE（或LiPE）兼顾了活性和亲脂性，其随pIC_{50}的增加幅度比$C\lg P$更多。该方程式提供了对每个亲脂性亚结构增加活性效率的评估，是药物发现团队经常使用的评估手段，已在文献和报告中进行了报道。

20.7 结论

经过充分研究的类先导化合物原则强化了这样一个原理，即如果选择一个具有更保守结构性质的先导化合物，则发现具有类药性的临床候选药物的成功率更高。因为这为我们提供了进行结构改造和修饰的空间和机会，以进一步增强其活性和选择性，同时避免不可接受的药代动力学性质。部分制药企业限制了用于筛选的化合物库，确保库内的化合物均具有类先导化合物性质。此外，一些有利于药物发现的策略还包括苗头化合物的性质分类研究、基于片段的筛选，以及纳入类药性考量的LLE。药物发现中对效率和成功的追求增加了规范工作流程的必要性，而这一工作流程是将药物发现工作，建立在可获得高质量临床候选药物的坚实基础之上。

（江 波 白仁仁）

思考题

（1）在先导化合物进行结构优化的过程中，为了防止所获得的化合物违背"类先导化合物性质"的原则，必须时刻注意的问题是什么？

（2）基于类先导化合物或类药性原则，如果将下列化合物作为备选的先导化合物，哪些性质可能是需要重点关注的问题？

(a) MW = 474.6; PSA = 113; $C\lg P$ = 2.0

(b) MW = 285.3; PSA = 144; $C\lg P$ = −0.9

(c) MW = 316.4; PSA = 59; ClgP = 1.8

(d) MW = 418; PSA = 142; ClgP = −2.4

（3）下列哪些选项的 LiPE（LLE）值较为适合？
（a）0.5；（b）8；（c）2；（d）6。

参考文献

[1] C.A. Lipinski, F. Lombardo, B.W. Dominy, P.J. Feeney, Experimental and computational approaches to estimate solubility and permeability in drug discovery and development settings, Adv. Drug Deliv. Rev. 23 (1997) 3-25.

[2] S.J. Teague, A.M. Davis, P.D. Leeson, T. Oprea, The design of leadlike combinatorial libraries, Angew. Chem. Int. Ed. 38 (1999) 3743-3748.

[3] T.I. Oprea, A.M. Davis, S.J. Teague, P.D. Leeson, Is there a difference between leads and drugs? A historical perspective, J. Chem. Inf. Comput. Sci. 41 (2001) 1308-1315.

[4] M.M. Hann, T.I. Oprea, Pursuing the leadlikeness concept in pharmaceutical research, Curr. Opin. Chem. Biol. 8 (2004) 255-263.

[5] J.R. Proudfoot, Drugs, leads, and drug-likeness: an analysis of some recently launched drugs, Bioorg. Med. Chem. Lett. 12 (2002) 1647-1650.

[6] J. Ellingboe, The application of pharmaceutical profiling data to lead identification and optimization. Abstracts, 37th Middle Atlantic Regional Meeting of the American Chemical Society, New Brunswick, NJ, United States, May 22-25, 2005, GENE-231, (2005).

[7] R. Carr, H. Jhoti, Structure-based screening of low-affinity compounds, Drug Discov. Today 7 (2002) 522-527.

[8] R.A.E. Carr, M. Congreve, C.W. Murray, D.C. Rees, Fragment-based lead discovery: leads by design, Drug Discov. Today 10 (2005) 987-992.

[9] D. Lesuisse, G. Lange, P. Deprez, D. Benard, B. Schoot, G. Delettre, J.-P. Marquette, P. Broto, V. Jean-Baptiste, P. Bichet, E. Sarubbi, E. Mandine, SAR and X-ray. A new approach combining fragment-based screening and rational drug design: application to the discovery of nanomolar inhibitors of Src SH2, J. Med. Chem. 45 (2002) 2379-2387.

[10] E. Jacoby, J. Davies, M.J.J. Blommers, Design of small molecule libraries for NMR screening and other applications in drug discovery, Curr. Top. Med. Chem. (Hilversum, Netherlands) 3 (2003) 11-23.

[11] A. Schuffenhauer, S. Ruedisser, A.L. Marzinzik, W. Jahnke, M. Blommers, P. Selzer, E. Jacoby, Library design for fragment based screening, Curr. Top. Med. Chem. 5 (2005) 751-762.

[12] M.L. Verdonk, M.J. Hartshorn, Structure-guided fragment screening for lead discovery, Curr. Opin. Drug Discov. Dev. 7 (2004) 404-410.

[13] A. Gill, A. Cleasby, H. Jhoti, The discovery of novel protein kinase inhibitors by using fragment-based high-throughput X-ray crystallography, ChemBioChem 6 (2005) 506-512.

[14] G.M. Rishton, Nonleadlikeness and leadlikeness in biochemical screening, Drug Discov. Today 8 (2003) 86-96.

[15] G.G. Ferenczy, G.M. Keserű, How are fragments optimized? A retrospective analysis of 145 fragment optimizations, J. Med. Chem. 56 (2013) 2478-2486.

[16] M. Congreve, R. Carr, C. Murray, H. Jhoti, A "rule of three" for fragment-based lead discovery? Drug Discov. Today 8 (2003) 876-877.

[17] A. Hopkins, C.R. Groom, A. Alex, Ligand efficiency: a useful metric for lead selection, Drug Discov. Today 9 (2004) 430-431.

[18] C.H. Reynolds, S.D. Bembenekb, B.A. Tounge, The role of molecular size in ligand efficiency, Bioorg. Med. Chem. Lett. 17 (2007) 4258-4261.

[19] C.H. Reynolds, B.A. Tounge, S.D. Bembenek, Ligand binding efficiency: trends, physical basis, and implications, J. Med. Chem. 51 (2008) 2432-2438.

[20] P.D. Leeson, B. Springthorpe, The influence of drug-like concepts on decision-making in medicinal chemistry, Nat. Rev. Drug Discov. 6 (2007) 881-890.

[21] P.D. Leeson, J.R. Empfield, Reducing the risk of drug attrition associated with physicochemical properties, Annu. Rep. Med. Chem. 45 (2010) 392-407.
[22] T. Ryckmans, M.P. Edwards, V.A. Horne, A.M. Correia, D.R. Owen, L.R. Thompson, I. Tran, M.F. Tutt, T. Young, Rapid assessment of a novel series of selective CB2 agonists using parallel synthesis protocols: a lipophilic efficiency (LipE) analysis, Bioorg. Med. Chem. Lett. 19 (2009) 4406-4409.
[23] M.D. Shultz, The thermodynamic basis for the use of lipophilic efficiency (LipE) in enthalpic optimizations, Bioorg. Med. Chem. Lett. 23 (2013) 5992-6000.
[24] M.P. Edwards, D.A. Price, Role of physicochemical properties and ligand lipophilicity efficiency in addressing drug safety risks, Annu. Rep. Med. Chem. 45 (2010) 381-391.

第 21 章

药物发现中的类药性整合策略

21.1 引言

将类药性整合到药物发现中对新药研发的益处是毋庸置疑的。不同公司根据资源、优先级和经验,采用不同的策略来整合药物的类药性。有些策略将有助于苗头化合物和先导化合物的发现、性质优化,以及候选药物的选择,下面将展开详细介绍。

21.2 尽早开展类药性评估以确定先导化合物及其结构改造计划

类药性评估可以在苗头化合物到先导化合物的发现过程中尽早启动(图 21.1),这样可以将类药性与高通量活性筛选数据、体外生物活性数据和新颖性一并纳入考量。在此阶段的性质预测手段和工具主要包括规则预测、计算机模拟以及体外测试。对于不同的化学结构,如果某一系列化合物的类药性缺陷难以通过结构改造实现优化,那么其研究的优先级别将被降低,有限的研究资源也将被优先用于优先级别更高、更有希望的化学结构。如果相关性质缺陷能够得到优化,那么可以尽早制定合理的结构改造策略,进行有针对性的结构修饰,从而在投入大量资源之前将不良性质最小化。如果发现了某一结构系列具有可接受的或优良的类药性,那么其研究的优先级别将被提高。正如第 20 章所述,在结构优化中,先导化合物的结构母体通常会被保留,所以选择一个高质量的先导化合物并将其推进到优化阶段是重中之重。这种策略强调了 ADMET(吸收、分布、代谢、排泄和毒性)性质在整个药物发现过程中的重要性。这一理念也将提高研发效率,因为如果将药物性质的相关工作推迟到药物发现的后期,那么即便对该系列投入大量资源,仍可能会导致研究进度的延迟,甚至失败。如第 22 章所述,在药物发现的每个阶段,都需要使用适当的资源和特异性的方法,对 ADMET 性质加以评估。

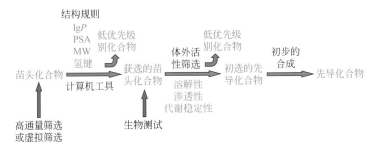

图 21.1 在从苗头化合物到先导化合物的发现过程中,早期的性质优化可以排除性质上存在缺陷的化合物优化先导化合物的选择,有助于制定合成修饰的计划,以有效改善化合物的性质

21.3 快速评估所有新化合物的类药性

随着药物发现进程的推进,可以快速评估所有新化合物的类药性,获得及时的结果反馈。如果新合成的化合物是为了改善性质,则可通过快速的性质测试以验证优化方法是否有效。如果新合成的化合物是以提高活性或选择性为目的,那么快速的性质评估可以测试结构修饰对活性的影响。快速的性质评估还可以使团队更高效地做出进一步优化类药性的决策,同时制定后续的结构改造策略,增加成功的可能性。

21.4 构性关系研究

可以采用与研究构效关系(structure-activity relationships,SAR)相同的策略来研究构性关系(structure-property relationships,SPR)。SAR 定义了分子中亚结构的结构修饰会如何影响生物活性,而 SPR 定义了结构修饰会如何影响化合物的性质。如图 21.2 中实例所示,SAR 和 SPR 的研究模式可帮助研发人员优化化合物的生物活性和类药性。此外,通过 SAR 或 SPR,或者两者相结合的多变量分析,以及相关位点结构修饰的相互作用,有助于进一步优化化合物的生物活性、类药性或两者兼而有之 [1]。

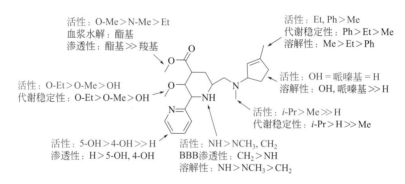

图 21.2 研究构性关系(SPR,红字)以完善构效关系(SAR,蓝字)

21.5 生物活性与类药性的平行优化

新化合物的生物活性和类药性测试可以同时进行 [2]。测试数据应及时反馈给研究团队,以进行结构的重新设计和后续优化(图 21.3)。这一策略使项目团队可以最有效地利用现有的资源,快

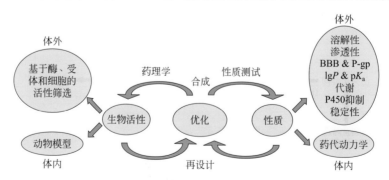

图 21.3 通过活性与性质的同时评估以实现反复的并行优化 [2]

经 L Di, E H Kerns. Profiling drug-like properties in discovery research. Curr Opin Chem Biol.2003, 7: 402-408 许可转载,版权归 2003 Elsevier 所有

速推进研究进程,并从整体上进行优化。此外,这也确保在进行结构修饰以提高生物活性的同时不会降低其类药性,反之亦然。可以通过自动化并行过程来实施自动化的高通量筛选,以快速获得关键性质和活性的数据。

21.6 通过单项性质评估以进行特定结构修饰

如果某一类药性与结构修饰具有某些直接的联系,则其可用于强化结构优化的过程。例如,溶解度偏低的局限可以通过改善 pK_a 以增强电离性来解决;弱微粒体的稳定性可以通过降低亲脂性来改善;而低渗透性可以通过减少拓扑极性表面积来解决。体外单一(离散)性质测试和计算机预测工具可为研发人员提供有关某一性质的数据,有助于开展特定的结构修饰。离散的性质数据有助于诊断生物系统水平上限制药代动力学和安全性方面的性质缺陷。

相反,某些性质评估,如药代动力学、Caco-2 渗透性和肝细胞代谢稳定性等方面的测试,会受到多种性质的影响,因此很难仅仅基于相关的测试数据做出指导结构修饰的明智判断。例如,肝细胞代谢稳定性低的结果可能是由于被动扩散渗透性、外排或代谢酶稳定性低等多种原因引起的。若要确定这些可能的机制中哪一个发挥了决定性作用,则需要进一步实验以获得更全面的信息,以指导后续有针对性的结构修饰。

21.7 通过复杂的性质测试进行决策和人为建模

一些性质的测试方法,如动物药代动力学、动物毒性、人 Caco-2 渗透性、人肝细胞代谢稳定性和人肝细胞毒性等评估,可以为相关研究的决策提供有力的数据支持。细胞水平的筛选方法比离散性质测试方法更加接近生物系统。整体的动物模型实验方法比细胞水平分析和离散性质测试更接近于人体内复杂的相互作用。目前已有有效的细胞和动物实验方法来帮助研究人员预测化合物在人体内的药代动力学和毒性性质。

21.8 应用类药性数据改善生物实验

最初在药物发现过程中进行的性质研究是为了选择和优化先导化合物,以达到良好体内药代动力学性质和低毒性的要求。由于在药物发现过程中可以广泛获得相关性质数据,因此研究人员越来越意识到这些性质对药物发现中体外生物学测试的重要影响。在生物活性测试介质中,化合物在稀释过程及在储存溶液中的化学稳定性和溶解度会影响暴露于生物靶点的受试化合物的浓度(参见第 39 章)。在基于细胞的生物测试中,膜通透性也会影响化合物到达细胞内的靶点。实践证明,将性质数据应用于生物实验的优化对于 SAR 的精准研究具有积极的意义。

21.9 通过定制的测试解答特定的研究疑问

关键性质的高通量通用检测方法涵盖了许多重要的类药性质评估,可使研究人员快速获得实验数据,而定制的性质测试研究对于解决项目团队面临的疑问也非常实用。此类研究的实例包括在特定的生物介质中测定化学稳定性或溶解度、Ⅱ相代谢和微粒体代谢反应、低溶解度化合物的渗透性,以及特定外排转运体和特定摄取转运体活性等方面的性质。当某一重要的研究问题超出了一般方法的适用性,无法给出满意的答案时,可以快速定制个性化的测试方法,以获得可靠且对决策非常重要的测试数据。

21.10 药代动力学研究不充分的根本原因

体内药代动力学研究消耗大量的资源，而体外测试则可节省相关开销。如果发现体内药代动力学性质不足，则可采用特定的性质评估工具（计算机预测、体外测试、规则预测和定制的体外分析测试）来评估引起问题的一个或多个性质。基于测试结果，可以制定后续的结构修饰计划。接着，采用体外测定方法对新合成的化合物进行筛选，以检查其性质是否得到有效的改善。最后，重新开展体内测试，以确定其药代动力学性质是否得到了真正的优化。具体筛选流程如图 21.4 所示。

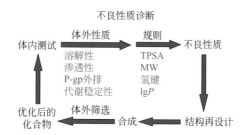

图 21.4　通过体外测试数据和结构规则来诊断不良的体内性质，并进行结构的再设计以实现性质的优化

21.11 使用人源材料进行体外测试以预测体内性质

由于成本过高或缺乏可利用的人源细胞材料，最初，许多体外筛选使用来自动物物种（如大鼠）的生物材料（如微粒体）。虽然同样具有很好的适用性，但非人源细胞实验结果可能与真实的人体细胞检测结果存在一定的差异。多年来，随着自动化操作的完善和更灵敏仪器的研发，人源材料（如肝细胞）变得越来越易得，并且实验对材料的消耗也越来越少。因此，实验结果与人体的真实情况更加紧密相关，通过对相关数据的计算即可推测人体内的实际情况，这有助于临床研究中的临床预测和剂量规划。

（白仁仁）

思考题

（1）为什么在优化生物活性之后再优化类药性的研发效率是低下的？
（2）在 1 周内，而不是 3 周内获得性质研究数据能为项目团队带来了哪些益处？
（3）对药物化学家而言，为什么单一性质测试数据比涉及多种性质的测试数据更为实用？
（4）使用人源材料进行体外测试有哪些益处？

参考文献

[1] J. Ellingboe, The application of pharmaceutical profiling data to lead identification and optimization, in: Abstracts, 33rd Middle Atlantic Regional Meeting of the American Chemical Society, New Brunswick, NJ, United States, May 22-25, 2005, GENE-231, 2005.
[2] L. Di, E.H. Kerns, Profiling drug-like properties in discovery research, Curr. Opin. Chem. Biol. 7 (2003) 402-408.

第 22 章

评估类药性的方法：一般概念

22.1 引言

化合物性质的评估是药物发现过程中不可或缺的部分。相关测试数据适用于筛选苗头化合物和先导化合物、研究构性关系，以及判断相关研究是否满足项目的既定目标。相关结果还可以对后续的结构改造和优化给予有针对性的指导。本章将对性质评估的几个重要方面展开讨论。

22.2 熟悉 ADMET 测试及与 ADMET 专家协作的重要性

通过对 ADMET（吸收、分布、代谢、排泄和毒性）和药代动力学方法的了解，研究人员可以更好、更准确地解读实验数据。否则，将存在过度解读数据的可能，或未能充分利用数据以揭示相关趋势。例如，虽然微粒体稳定性表明，是附着在内质网的酶参与了代谢，而这些酶不使用辅因子或使用很少的烟酰胺腺嘌呤二核苷酸磷酸，但这并不表明细胞质内的酶（如醛氧化酶）、线粒体酶或需要其他辅因子（如尿苷二磷酸葡糖醛酸）的微粒体酶没有参与代谢。此外，将 ADMET 的专家纳入药物发现团队可以大大增强研究的协作效果。这也可以促进有关 ADMET 研究方法的深入讨论，以确定哪些信息是对研究人员有用的，哪些信息对药物发现没有帮助，以及需要哪些新的测试方法。

22.3 选择关键性质进行评估

每个研究机构都会有他们最关注和最感兴趣的类药性质，然后建立合适的方法对其进行评估。有些方法可以适用于所有的化合物，也可以开发和验证新的方法，并根据需要建立实验模型来解答研究团队关注的问题。图 22.1 归纳了测定化合物性质的常规计算机预测和体外筛选技术，以及用于提出和解决问题的高级测试方法[1]。

22.4 使用具有相关性的检测条件

性质测试的条件必须与化合物所面对的环境具有相关性[2]。必须选择和控制诸如浓度、pH、溶液中基质成分和生物组织提取物的检测条件，以反映化合物所遇到的实际体内环境。现今，在 ADMET 分析中通常使用人源细胞和组织提取物。人源实验材料的使用，有助于获得最佳的人体药代动力学和毒性预测数据。人源实验材料目前已普遍适用于性质筛选，并且仅需使用微量液体的高灵敏度测定法就可以有效减少对人源材料的消耗，以合理控制实验的成本。

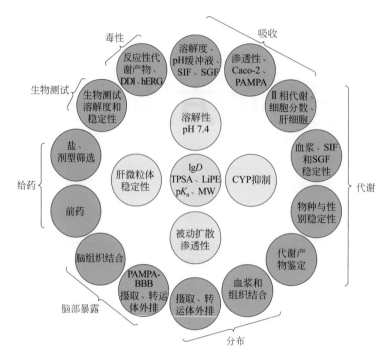

图 22.1　可以通过多种性质研究方法来推动药物发现的进程

规则分析、计算机预测［如 lgD、TPSA、pK_a、亲脂效率（lipophilic efficiency，LiPE）］可以快速评估药物设计和筛选中所涉及的化学结构。体外高通量测试方法（如溶解度、渗透性、稳定性、CYP 抑制）可对苗头化合物和新合成化合物的关键性质进行测试。非常规测试方法（如代谢物、脑组织结合和反应性代谢产物）可用于其他特定性质的评估，以解决药物发现项目团队关心的特定问题（如代谢热点、大脑暴露和毒性）

22.5　性质数据的易得性

为了使类药性数据与药物发现紧密相关，需要将测试结果快速报告给项目团队[3]。这有助于团队快速根据结果做出决策，从而满足药物发现计划的时间表。更快的数据反馈将为化合物的反复循环优化提供保障，有助于提高成功率。一般的要求是能够在几天到一周内提供实验数据，这也与生物学数据的时间框架相吻合。最理想的是将实验数据实时从 ADMET 测试仪器传输到药物发现数据库，以便研究人员可以随时访问查看结果。如果公司开发了专有的计算机模拟预测工具，则可以定期使用获得的数据对预测程序加以更新和完善。

22.6　成本效益比的评估

无论是任何药物研发机构，都需要对资源分配进行权衡。因此，最关键的是要确定哪些性质对该机构的研究项目和目标具有最大的影响[4]。不能仅仅因为其他研究组织进行了某项性质测试，就要在自己的研究项目中也开展同样的筛选，而是要围绕项目的关键问题制定合理的实验方案。

资源分配的一种方法是针对药物发现的特定阶段实施"适当的测试"。为了确定化合物的结构是否处于理想的"性质空间"范围内，可以在早期的药物发现阶段中使用更高的通量筛选以及更简单的方法。而在后期的药物发现阶段，主要目的是仔细优化先导化合物并解决其存在的不足，所以应选择更细致的研究方法。这一方法反映了发现生物学的研究策略。在发现生物学中，往往早期使用体外酶或受体测试，而在后期则使用基于细胞的功能性测试和体内筛选模型。这一策略平衡了数据的需求和资源的投入，因此不会造成在早期阶段对资源密集型测试数据的"滥杀无辜"，也不会导致在后期阶段对简单数据的过度诠释和依赖。

基于规则和计算机软件的预测可作为快速、廉价的方法用以筛选化合物，测试它们是否符合某些标准，或快速评估其性质是否满足"类先导化合物"或类药性的要求。高通量体外筛选技术通常使用通用的条件，每天可检测数百个化合物。高通量测试最适合于早期的药物发现，可在较短的时间内完成对大量化合物的测试，其提供的数据可使研究人员做出快速且明智的判断。实验室机器人和更高密度（如 384 孔）的微孔板技术有助于高通量测试的开展。个性化的实验可以解答项目团队面临的特定问题，对团队的成功与否发挥着重大的作用。深入分析测试提供了临床开发阶段所必需的详细信息，有助于预测和规划基于候选药物的开发研究。

22.7 采用经过良好验证的分析测试

应使用经过充分验证的测试方法获取用于做出关键决策的数据。测定条件会极大地影响结果。例如，如果某一化合物在测试中不能溶解，或者化合物在高浓度条件下会使酶达到饱和，或者底物翻转速率很快，或者助溶剂抑制了酶的活性，都将导致数据误差的产生。研究人员应该选用经过有效验证的方法，若条件允许，应该选择具有良好类药性质或相关性质数据已知的化合物作为实验的对照。

（白仁仁）

思考题

（1）采用在通用的 pH 7.4 的条件下测定的溶解度数据来预测化合物在胃肠道中的溶解度是否合理？
（2）pH 7.4 条件下的 PAMPA 数据是否包含在用于选择临床候选药物的数据库中？
（3）微粒体稳定性数据是否足以评估化合物的水解潜力？
（4）先导化合物的优化过程中是否需要测试多个物种的微粒体稳定性？
（5）在什么条件下，以下测试是恰当的？
　　（a）常规通用测试；（b）定制测试。

参考文献

[1] E.H. Kerns, L. Di, Pharmaceutical profiling in drug discovery, Drug Discov. Today 8 (2003) 316-323.
[2] L. Di, E.H. Kerns, Profiling drug-like properties in discovery research, Curr. Opin. Chem. Biol. 7 (2003) 402-408.
[3] L. Di, E.H. Kerns, Application of pharmaceutical profiling assays for optimization of drug-like properties, Curr. Opin. Drug Discov. Devel. 8 (2005) 495-504.
[4] E.H. Kerns, High throughput physicochemical profiling for drug discovery, J. Pharm. Sci. 90 (2001) 1838-1858.

第 23 章

亲脂性研究方法

23.1 亲脂性的计算机预测方法

各种数据库为已知化合物提供了丰富的亲脂性数据。通过 Daylight 化学信息系统，可在 BioByte 公司的 MedChem 数据库检索超过 61000 个化合物的 lg$P$ 值（表 23.1）。

表 23.1 用于 Clg$P$ 和 Clg$D$ 计算的部分商业软件

名称	公司	网址
Discovery Studio	Accelrys	www.accelrys.com
Percepta lg$D$ and lg$P$	Advanced Chemistry Development	www.acdlabs.com
BioLoom Clg$P$	BioByte	www.biobyte.com
ChemDraw	CambridgeSoft	www.cambridgesoft.com
Marvin	ChemAxon	www.chemaxon.com
chemDBSoft	ChemDB	www.chemdbsoft.com
CSlg$P$, CSlg$D$	ChemSilico	www.chemsilico.com
Pallas Prolg$P$ and Prolg$D$	CompuDrug	www.compudrug.com
Clg$P$	Daylight Chemical Information	www.daylight.com
Molinspiration Prop. Calc. milg$P$	Molinspiration	www.molinspiration.com
OSIRIS Property Explorer	Organic Chemistry Portal	www.organic-chemistry.org
QikProp	Schrödinger	www.schrodinger.com
ADMET Predictor	Simulations Plus	www.simulations-plus.com
ALOGPS	Virtual Computational Chemistry Lab	www.vcclab.org

性质预测软件通常是在一些性质已被测定的化合物数据集的基础上建立的。这些"测试"数据集的可信度会随着化合物结构多样性和测量性质数据可靠性的增加而提高。算法建立后，还应单独使用一组"验证"化合物集对软件的准确性进行验证。由于辛醇/水分配系数已被广泛且长期使用，且大量已发表论文已对化合物的分配系数进行了测定，因此计算 lg$P$（Clg$P$）和计算 lg$D$（Clg$D$）的预测软件可能是目前可用的计算机预测程序中比较可靠的工具。

目前已经有许多预测亲脂性的商业软件，表 23.1 中列举了其中一部分。通过输入 SMILES 字符或结构可进入免费计算 Clg$P$ 的网站（需要注意的是，专有结构一旦通过互联网发送，则未必能被保密）。一些结构绘制软件，如 ChemDraw，也均可预测 Clg$P$。

Hansch 等开发了计算化合物 Clg$P$ 的碎片法[1]。由于已确定了大量对 lg$P$ 有贡献的亚结构，因此新结构的 Clg$P$ 值可通过将其结构分解为这些亚结构，再通过计算各个亚结构贡献的总和来获得 Clg$P$ 值。

当然，并不能认为所有的计算软件都会得到相同的 ClgP 或 ClgD 值，或计算值会与实验室测定值相同。表 23.2 列举了一个广泛使用的商业软件（PrologD）的计算值与文献值[1,2]的比较。对比发现，计算值和测定值之间的平均差值约为 1.05 个 lg 单位。图 23.1 显示了二者的相关性，R^2=0.72，表示 ClgD 的实验值与计算值之间存在显著的相关性。如图 23.2 所示，对于药物发现阶段中结构多样的一组化合物，其类药性通常没有上市药物的测试结果好。lgD 实验值的测定是采用黄金标准 pH 计量法（见 23.3.2 节）。如图 23.2 所示，尽管药物发现阶段化合物测定的 lgD 值和上市药物测定值的趋势相同，但是相较于上市药物，药物发现阶段化合物的计算值和测量值之间的相关性更低。除类药性较差之外，药物发现阶段的化合物还可能含有未被软件测试集包含的亚结构。因此，化合物的亚结构或描述符对 lgD 值的贡献可能没有得到全部计算。多年来，软件开发人员通常通过不断增加更多经实验测试的化合物数据来更新其软件测试集，从而改善软件算法以得到更好的预测结果。某些软件还允许用户将他们专有的化合物输入到测试集中以增强模型性能。此外，一些制药公司也会开发并定期更新他们的计算机模拟软件，以供内部人员使用。

表 23.2　70 个上市药物的 lgD 文献值和计算值（使用 PrologD 软件）的比较❶

化合物	文献值	PlgD$_{7.4}$	差值	化合物	文献值	PlgD$_{7.4}$	差值
阿司匹林	-1.14	-1.58	0.44	呋塞米（furosemide）	-1.02	-1.44	0.42
水杨酸（salicylic acid）	-2.11	-2.99	0.88	磺胺甲嘧啶（sulfamethazine）	-0.12	-0.73	0.61
对乙酰氨基酚（acetaminophen）	0.51	0.61	-0.1	磺胺噻唑（sulfadiazole）	-0.43	0.55	-0.98
阿莫西林（amoxicillin）	-1.35	0.08	-1.43	萘普生（naproxen）	0.3	0.18	0.12
茶碱（theophylline）	-0.02	-2.03	2.01	别嘌呤醇（allopurinol）	-0.44	-3.74	3.3
头孢曲松（ceftriaxone）	-1.23	-5.61	4.38	甲砜霉素（methanesulfomycin）	-0.27	-0.4	0.13
特布他林（terbutaline）	-1.35	-1.39	0.04	咖啡因（caffeine）	-0.07	-1.8	1.73
美托洛尔（metoprolol）	-0.16	0.4	-0.56	甲硝唑（metronidazole）	-0.02	-0.72	0.7
阿替洛尔（atenolol）	-1.38	-1.21	-0.17	呋喃西林（furacillin）	0.23	-0.98	1.21
舒必利（shubili）	-1.15	-1.08	-0.07	泼尼松（prednisone）	1.41	0.96	0.45
头孢氨苄（cefalexin）	-1.45	1.17	-2.62	卡马西平（carbamazepine）	2.19	2.2	-0.01
吲哚洛尔（indolol）	-0.21	0.58	-0.79	睾酮（testosterone）	3.29	4.81	-1.52
纳多洛尔（nadorol）	-1.21	-0.62	-0.59	雌二醇（estradiol）	4.01	4.96	-0.95
噻吗洛尔（timolol）	-0.047	-0.92	0.873	氧烯洛尔（oxenolol）	0.32	1.16	-0.84
醋丁洛尔（acebutolol）	-0.29	0.18	-0.47	拉贝洛尔（laberol）	1.07	-1.2	2.27
华法林（warfarin）	1.12	-0.42	1.54	氟比洛芬（flurbiprofen）	0.91	0.33	0.58
酮洛芬（ketoprofen）	-0.13	-0.18	0.05	布洛芬（ibuprofen）	1.37	0.85	0.52
柳氮磺胺吡啶（sulfasalazine）	0.08	0.91	-0.83	普萘洛尔（propranolol）	1.26	1.69	-0.43
3,4,5-三羟基苯甲酸（3,4,5-trihydroxybenzoic acid）	-0.4	-2.22	1.82	阿普洛尔（alprenolol）	0.97	2.14	-1.17
				地塞米松（dexamethasone）	1.83	1.49	0.34
3,5-二硝基苯甲酸（3,5-dinitrobenzoic acid）	0.91	-1.9	2.81	奥沙西泮（ossazepine）	2.13	0.36	1.77
				皮质酮（corticosterone）	1.82	2.83	-1.01
吡哌酸（piperidic acid）	-1.52	-1.78	0.26	氯霉素（chloramphenicol）	1.14	0.69	0.45
2,4-二羟基苯甲酸（2,4-dihydroxybenzoic acid）	2.06	-3.2	5.26	劳拉西泮（lorazepam）	2.51	1.03	1.48
				地西帕明（desipramine）	1.28	1.3	-0.02

❶ 原版中本表有误，使用第一版中对应表格进行更正——译者注。

续表

化合物	文献值	P lg$D_{7.4}$	差值	化合物	文献值	P lg$D_{7.4}$	差值
丙嗪（promethazine）	2.52	2.16	0.36	丙吡胺（propylamine）	-0.66	0.51	-1.17
丙咪嗪（imipramine）	2.4	2.72	-0.32	阿托品（atropine）	-0.25	0.57	-0.82
地尔硫䓬（diltiazem）	2.06	2.93	-0.87	雷尼替丁（ranitidine）	-0.29	1.14	-1.43
维拉帕米（verapami）	1.99	4.98	-2.99	普鲁卡因（procaine）	0.33	0.75	-0.42
苯并菲（benzophenone）	5.49	6.71	-1.22	三氟丙嗪（triflupromazine）	3.61	3.31	0.3
左旋多巴（levodopa）	-2.57	-2.13	-0.44	氯氮平（clozapine）	3.13	3.55	-0.42
联苯苄唑（bibenzazole）	4.77	5.29	-0.52	硫利达嗪（thioridazine）	3.34	3.59	-0.25
己烯雌酚（diethylstilbestrol）	5.07	6.25	-1.18	丁哌卡因（bupivacaine）	2.65	4.37	-1.72
克霉唑（clotrimazole）	5.2	5.4	-0.2	氯丙嗪（chlorpromazine）	3.38	2.9	0.48
麻黄碱（ephedrine）	-1.48	-0.82	-0.66	氯雷他定（loratadine）	4.4	5.61	-1.21
索他洛尔（sotalol）	-1.35	-1.83	0.48	胺碘酮（amiodarone）	6.1	8.12	-2.02
索玛曲坦（somatriptan）	-1	-0.39	-0.61				

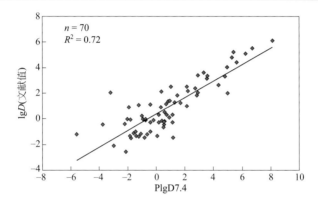

图 23.1　表 23.2 中所列举的 70 个上市药物的 lg$D$ 文献值与计算值的相关性
R^2 为 0.72，表明 lg$D$ 的实验值与计算值之间存在典型的相关性

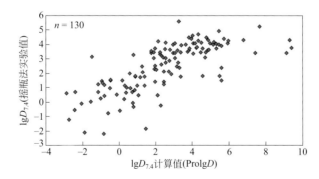

图 23.2　130 个药物发现阶段化合物的 lg$D$ 摇瓶法实验值与计算值之间的相关性
相关性总体趋势与上市药品相类似

能准确预测 pK_a 值的计算模拟工具可更好地预测基于结构的 Clg$D$ 值。因此，结合精准度高的 pK_a 值预测算法可使 Clg$D$ 的预测达到最高的精准度。

另一方面，预测软件在对比同一化学系列内化合物之间的亲脂性差异时通常比较可靠。因此，虽然同一化学系列化合物的预测 Clg$D$ 值与实际 lg$D$ 值之间可能偏离某一固定值，但是用预测软件来预测同一系列化合物因少量亚结构修饰而产生的性质差异还是很实用的。

软件预测 ClgP 和 ClgD 具有以下优点：
- 软件预测用于药物发现的可靠性比较高；
- 通过制药公司的计算机网络可快速便捷地访问相关软件；
- 研究人员不需要制备化合物即可进行测试，lgD 的预测也不会受杂质的干扰，预测过程也不会因化合物溶解度低或需要潜溶剂（cosolvent）而变得复杂；
- 软件涵盖了广泛的动态范围；
- 采用计算机模拟预测比实验测试更加经济，可节约公司的有限资源以用于测试那些更难以预测的性质，及与体内药代动力学更直接相关的类药性质（如代谢、渗透性、溶解度）。

23.2 亲脂性的测试方法

亲脂性测试看似简单，然而实验条件会对测试值带来极大的影响（第 5 章）。亲脂性测试需要认真控制以下条件：两相中的分配比、pH、离子强度、温度、缓冲液成分、助溶质、潜溶剂（如 DMSO❶）和平衡时间。不同条件下的数据可能会有很大差异。

亲脂性测定的三种主要体外高通量方法分别是按比例缩小摇瓶法（scaled-down shake flask）、反相高效液相色谱法（reversed phase HPLC）和毛细管电泳法（capillary electrophoresis，CE）。每种方法都模拟了两相分配环境，并可使用内标或已知化合物来校准 lgP 或 lgD 的响应值。

23.2.1 按比例缩小摇瓶法测亲脂性

辛醇/水分配实验传统上是在较大的样品瓶和烧瓶中进行的（见 23.3.1 节），但该过程也可以按比例缩小至微孔板水平以实现高通量[3-6]。如图 23.3 所示，首先在一个 1 mL 的 96 孔板中加入 0.5 mL 缓冲水溶液（以辛醇预饱和）和 0.5 mL 辛醇（以缓冲水溶液预饱和）以形成缩小的摇瓶装置。然后将受试化合物溶解在 DMSO 中，取少量溶液加入小孔中。作为潜溶剂的 DMSO 会与被分析物和溶剂发生相互作用而影响实验，因此加入的 DMSO 体积应尽可能小（小于水溶液体积的 1%）。为了保证不同化合物及在不同时间点的测定结果具有可比性，控制离子强度（如 0.15 mol/L NaCl）、缓冲液的 pH 值和溶质摩尔浓度是非常重要的。完全密封测试板，再使用脉冲式旋涡混合器（如 Glas-Col）在室温环境下快速混匀（如混合 15 min），使待测化合物在两相中混匀且达到浓度平衡。由于饱和需要很长时间（如 24 h），因此使用相互预饱和的缓冲液和辛醇非常重要，而化合物分配到两相并到达平衡的时间相对较短。将微孔板离心（如 3000 r/min，10 min）以分离水相和辛醇相。从两相中各取一份等体积样品适当稀释，然后通过 HPLC、化学

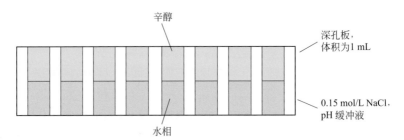

图 23.3　用于亲脂性测定的按比例缩小摇瓶法[3-6]

---

❶ 我们通常都将 DMSO 称为助溶剂，但就实际概念而言，称其为潜溶剂更为准确——译者注。

发光氮检测器（chemiluminescent nitrogen detector，CLND）或液相色谱/质谱法（LC/MS）进行分析，以确定每相中化合物的积分面积或浓度。该方法的一个复杂之处在于化合物在两相中的浓度可能相差很大，即 lgD 差值可在 0（两相浓度相等）到 5（辛醇相中的化合物浓度比水相的高 100000 倍）之间。此外，其中一相对另一相的轻微污染即可导致错误的结果。将正辛醇（因为它不能与水性介质混溶，通常将其稀释到有机流动相中）注入 HPLC 中比注入水相更容易产生溶剂干扰。因此，每次 HPLC 进样到下一次进样之间应检查有无溶剂残留效应，并将其降至最低。

23.2.2　反相 HPLC 法测亲脂性

　　HPLC 技术是一种涉及固定相和流动相的分离技术，也是一种多级分配技术。溶质通过在 HPLC 的水流动相和有机固定相之间的连续分配而实现在色谱柱中的多次分配。HPLC 的保留时间会受到分配次数的影响。如果化合物对有机固定相比水相有更高的亲和力，那么保留时间会相应增加。反相 HPLC 分离技术的固定相是将十八烷或其他非极性分子键合到载体颗粒上。

　　评价化合物的亲脂性时，首先要注入一系列已通过确定性分析方法（如摇瓶法）测得 lgD 和 lgP 值的标准品，再将这些标准品的保留时间与各自先前测得的 lgD 值作图（如图 23.4 所示）。然后进样，并将测试样品的保留时间与标准曲线进行比较，确定其 lgD 值。这种方法已在一些文章中进行了报道 [2,7~20]。采用不同的 HPLC 色谱柱或不同的溶剂梯度所得的保留时间与 lgD 值的相关性，比仅采用一种色谱柱或一个溶剂梯度所测得的相关性要好很多 [20]。当样品是混合物或样品中含有大量杂质时，为节约时间，可采用质谱仪对每个 HPLC 峰进行确证，以实现一次进样即可同时分析多个混合样品的目的。例如，采用 HPLC 测定 lgD 值的同时可利用 LC/MS 设备进行样品特性的确证或纯度分析，从而实现只需单次 HPLC 进样便可获得纯度和亲脂性等多项数据 [15,20]。如果使用多个 pH 值（如 pH 2.5～10.5）的缓冲液对测试样品进行重复分离，则可以同时估算出化合物的 pK_a 值 [21]。对于基于 HPLC 的测试方法，由于保留时间（t_R）随条件而变化，因此需要确保始终使用相同的流动相和色谱柱。

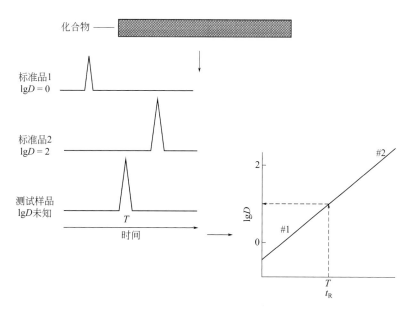

图 23.4　用于亲脂性测定的反相 HPLC 法 [2,7~20]

C18 柱固定相填料模拟非极性相，流动相模拟水相。将标准品的 t_R 与其先前测得的 lgD 值作图，再根据受试样品（T）的 t_R 值与所得标准曲线比较确定其 lgD 值

23.2.3 毛细管电泳法测亲脂性

毛细管电泳法是另外一种测定亲脂性的色谱方法。该方法主要是采用微乳液电动色谱（microemulsion electrokinetic chromatographic，MEEKC）[22] 或胶束电动色谱（micellar electrokinetic chromatography，MEKC）[23] 技术以实现亲脂性的测定。受试化合物会在有机非极性微乳相或胶束相与水相之间进行分配。当化合物处于微乳液或胶束相时，它在毛细管中移动的速率会减慢。因此，化合物对亲脂性微乳液或胶束相的亲和力越高，t_R 就越长。同 HPLC 法一样，t_R 可用于建立与 lgD 的对应关系，从而计算得出 lgD 值。

23.3 深入的亲脂性测定方法

两种主要的深入测定亲脂性的方法是摇瓶法和 pH 计量法。这两种方法能为化合物的亲脂性提供可靠的数据，但相较于高通量测试方法都需要消耗更多的资源，因此仅能用于测试量相对较少的化合物。这两种方法是测试药物发现末期或进入预开发阶段化合物的黄金标准。表 23.3 列举了用于测定 lgP 值的商业仪器和提供测试服务的实验室。

表 23.3　用于测量 lgD 和 lgP 的商业仪器和提供相关服务的合同研究机构（CRO）

仪器			
方法	产品名称	公司	网址
pH 计量法	Gemini Profiler™	Pion Inc.	www.pion-inc.com
pH 计量法	T3	Sirius Analytical Instruments	www.sirius-analytical.com
服务机构			
Absorption Systems			www.absorption.com/
Analiza			www.analiza.com
Cyprotex			www.cyprotex.com
Pion Inc.			www.pion-inc.com/
Robertson Microlit Laboratories			www.robertson-microlit.com
Sirius Analytical			www.sirius-analytical.com

23.3.1 摇瓶法

传统的摇瓶法测定亲脂性的过程如图 23.5 所示[24,25]。首先将固体受试化合物置入烧瓶或样品瓶中，并加入定量的辛醇和水缓冲溶液。然后将烧瓶振摇 24～72 h，以确保其达到平衡。将溶液离心使两相分离，然后分别从两相中取样，并使用 HPLC 或 LC/MS 进行定量分析。最后将辛醇相中的浓度或峰面积与缓冲溶液水相中的浓度或峰面积相除后取对数。对于第 23.2 节中列出的所有条件，均需要对其严格控制以获得最准确的数据。特定 pH 下的 lgD 值需要使用相同 pH 值的缓冲液来测定。lgP 值的测定是采用化合物 pK_a 向中性分子为主的方向偏离 2 个及以上 pH 单位的缓冲液来测定的（例如，比碱性化合物的 pK_a 高 2 个 pH 单位或比酸性化合物的 pK_a 低 2 个 pH 单位）。当两相之间的浓度相差很大时，lgP 或 lgD 会极大地偏离零（正或负），这样要测定它们的实际值就变得比较困难。高 lgD 的化合物常常会在检测过程中出现溶剂残留效应和非线性问题。例如，如果 lgD=3，则辛醇中的化合物浓度比水相中的高 1000 倍。

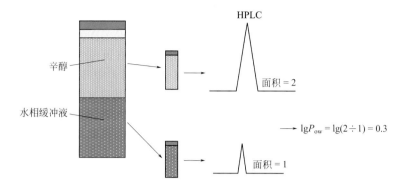

图 23.5 用于亲脂性测定的深度摇瓶法（如辛醇/水分配系数 $\lg P_{ow}$）[24,25]

23.3.2 pH 计量法

滴定法是测定 pK_a 的常用方法，同样也可用于测定亲脂性[26]。首先用已知浓度的酸或碱对受试化合物进行滴定，得出滴定曲线（图 23.6）。然后在特定量的辛醇下，重复这一滴定过程。由于受试化合物分配进入辛醇中而使滴定曲线发生偏移，因此根据曲线偏移即可计算亲脂性。Sirius 分析公司和 Pion 仪器公司销售的 T3 仪器（以及较早上市的 GLpK_a 模型）已广泛用于药物开发过程中的 pK_a 和 $\lg P$ 测定。

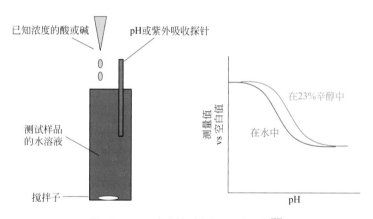

图 23.6 用于亲脂性测定的 pH 计量法[26]

（吴丹君　白仁仁）

思考题

（1）为什么计算机对于药物发现阶段化合物的预测结果往往不如对上市药品的预测准确？
（2）计算机对亲脂性的预测是否会比对其他性质的预测更有优势？
（3）以下哪些选项会影响大多数 $\lg D$ 的测定方法？
　　（a）DMSO 比例；（b）缓冲液成分；（c）湿度；（d）温度；（e）离子强度；（f）pH；（g）时间。
（4）采用 HPLC 和 CE 法测定亲脂性时，如何将保留时间与 $\lg D$ 相关联？
（5）一般而言，计算机预测的 $\lg D$ 值与实际值之间预计相差多少？

（6）以下哪些选项是测定 lg$P$ 的常用方法？
(a) 在辛醇和缓冲水溶液之间进行分配；(b) 红外法；(c) 在辛醇存在的情况下进行 NMR 测定；(d) HPLC 法；(e) 在辛醇存在的情况下进行滴定。

参考文献

[1] C. Hansch, A. Leo, D. Hoekman, Exploring QSAR. Fundamentals and Applications in Chemistry and Biology, Volume 1. Hydrophobic, Electronic and Steric Constants, Volume 2, Oxford University Press, New York, 1995.

[2] F. Lombardo, M.Y. Shalaeva, K.A. Tupper, F. Gao, M.H. Abraham, ElogPoct: a tool for lipophilicity determination in drug discovery, J. Med. Chem. 43 (2000) 2922-2928.

[3] N. Gulyaeva, A. Zaslavsky, P. Lechner, M. Chlenov, O. McConnell, A. Chait, V. Kipnis, B. Zaslavsky, Relative hydrophobicity and lipophilicity of drugs measured by aqueous two-phase partitioning, octanol-buffer partitioning and HPLC. A simple model for predicting blood-brain distribution, Eur. J. Med. Chem. 38 (2003) 391-396.

[4] J.T. Andersson, W. Schraeder, A method for measuring 1-octanol-water partition coefficients, Anal. Chem. 71 (1999) 3610-3614.

[5] X. Wang, R. Xu, D.M. Wilson, R.A. Rourick, D.B. Kassel, High throughput log D determination using parallel liquid chromatography/mass spectrometry, in: American Society for Mass Spectrometry: 48th Annual Conference on Mass Spectrometry and Allied Topics: Long Beach, CA, 2000.

[6] B. Zaslavsky, A. Chait, Buffer effects on partitioning of organic compounds in octanol-buffer systems: lipophilicity in drug disposition, in: B. Testa, H. Van de Waterbeemd, G. Folkers, R. Guy (Eds.), Pharmacokinetic Optimization in Drug Research. Biological, Physicochemical, and Computational Strategies, Verlag Helvetical Chimica Acta, Zurich, 2000.

[7] D.J. Minick, J.H. Frenz, M.A. Patrick, D.A. Brent, A comprehensive method for determining hydrophobicity constants by reversed-phase highperformance liquid chromatography, J. Med. Chem. 31 (1988) 1923-1933.

[8] W.J. Lambert, L.A. Wright, J.K. Stevens, Development of a preformulation lipophilicity screen utilizing a C-18-derivatized polystyrenedivinylbenzene high-performance liquid chromatographic (HPLC) column, Pharm. Res. 7 (1990) 577-586.

[9] A. Detroyer, V. Schoonjans, F. Questier, Y. Vander Heyden, A.P. Borosy, Q. Guo, D.L. Massart, Exploratory chemometric analysis of the classification of pharmaceutical substances based on chromatographic data, J. Chromatogr. A 897 (2000) 23-36.

[10] C. Yamagami, K. Araki, K. Ohnishi, K. Hanasato, H. Inaba, M. Aono, A. Ohta, Measurement and prediction of hydrophobicity parameters for highly lipophilic compounds: application of the HPLC column-switching technique to measurement of log P of diarylpyrazines, J. Pharm. Sci. 88 (1999) 1299-1304.

[11] M.H. Abraham, J.M.R. Gola, R. Kumarsingh, J.E. Cometto-Muniz, W.S. Cain, Connection between chromatographic data and biological data, J. Chromatogr. B Biomed. Sci. Appl. 745 (2000) 103-115.

[12] K. Valko, C. Bevan, D. Reynolds, Chromatographic hydrophobicity index by fast-gradient RP-HPLC: a high-throughput alternative to log P/log D, Anal. Chem. 69 (1997) 2022-2029.

[13] K. Valko, M. Plass, C. Bevan, D. Reynolds, M.H. Abraham, Relationships between the chromatographic hydrophobicity indices and solute descriptors obtained by using several reversed-phase, diol, nitrile, cyclodextrin and immobilized artificial membrane-bonded high-performance liquid chromatography columns, J. Chromatogr. A 797 (1998) 41-55.

[14] C.M. Du, K. Valko, C. Bevan, D. Reynolds, M.H. Abraham, Rapid gradient RP-HPLC method for lipophilicity determination: a solvation equation based comparison with isocratic methods, Anal. Chem. 70 (1998) 4228-4234.

[15] K. Valko, C.M. Du, C. Bevan, D.P. Reynolds, M.H. Abraham, Rapid method for the estimation of octanol/water partition coefficient (log P(oct)) from gradient RP-HPLC retention and a hydrogen bond acidity term (zetaalpha(2)(H)), Curr. Med. Chem. 8 (2001) 1137-1146.

[16] M.H. Abraham, Scales of solute hydrogen-bonding: their construction and application to physicochemical and biochemical processes, Chem. Soc. Rev. 22 (1993) 73-83.

[17] M.H. Abraham, H.S. Chadha, R.A.E. Leitao, R.C. Mitchell, W. Lambert, R. Kaliszan, A. Nasal, P. Haber, Determination of solute lipophilicity, as log P (octanol) and log P (alkane) using poly(styrene-divinylbenzene) and immobilized artificial membrane stationary phases in reversed-phase highperformance liquid chromatography, J. Chromatogr. A 766 (1997) 35-47.

[18] A. Pagliara, E. Khamis, A. Trinh, P.-A. Carrupt, R.-S. Tsai, B. Testa, Structural properties governing retention mechanisms on RP-HPLC stationary phases used for lipophilicity measurements, J. Liq. Chromatogr. 18 (1995) 1721-1745.

[19] M.H. Abraham, H.S. Chadha, A.J. Leo, Hydrogen bonding. XXXV. Relationship between high-performance liquid chromatography capacity factors and water-octanol partition coefficients, J. Chromatogr. A 685 (1994) 203-211.

[20] E.H. Kerns, L. Di, S. Petusky, T. Kleintop, D. Huryn, O. McConnell, G. Carter, Pharmaceutical profiling method for lipophilicity and integrity using liquid chromatography-mass spectrometry, J. Chromatogr. B Analyt. Technol. Biomed. Life Sci. 791 (2003) 381-388.

[21] P. Wiczling, W. Struck-Lewicka, L. Kubik, D. Siluk, M.J. Markuszewski, R. Kaliszan, The simultaneous determination of hydrophobicity and dissociation constant by liquid chromatography-mass spectrometry, J. Pharm. Biomed. Anal. 94 (2014) 180-187.

[22] S.K. Poole, D. Durham, C. Kibbey, Rapid method for estimating the octanol-water partition coefficient (lgP_{ow}) by microemulsion electrokinetic chromatography, J. Chromatogr. B Biomed. Sci. Appl. 745 (2000) 117-126.

[23] M. Bajda, A. Guła, K. Wieckowski, B. Malawska, Determination of lipophilicity of γ-butyrolactone derivatives with anticonvulsant and analgesic activity using micellar electrokinetic chromatography, Electrophoresis 34 (2013) 3079-3085.

[24] J. Sangster, Octanol-Water Partition Coefficients: Fundamentals and Physical Chemistry, Wiley, New York, 1997. pp. 79-112.

[25] L.-G. Danielsson, Y.-H. Zhang, Methods for determining n-octanol-water partition constants, Trends Anal. Chem. 15 (1996) 188-196.

[26] B. Slater, A. McCormack, A. Avdeef, J.E.A. Comer, pH-Metric log P. 4. Comparison of partition coefficients determined by HPLC and potentiometric methods to literature values, J. Pharm. Sci. 83 (1994) 1280-1283.

第 24 章

pK_a 研究方法

24.1 pK_a 基本原理

pK_a 的预测和测定在药物发现和开发过程中具有重要的应用。这是因为改变化合物分子的 pK_a 是优化 ADMET（吸收、分布、代谢、排泄和毒性）中各种药物性质（如亲脂性、溶解度、渗透性、转运体亲和力和心脏钾离子通道阻断）的有效策略。准确的 pK_a 信息可为解释不同化合物的 ADMET 差异提供理论依据，还可以建立模型来指导 pK_a 优化以改善化合物的 ADMET 性质。此外，了解 pK_a 信息也有助于优化化合物与靶点的结合。

与 Clg$D$ 一样，当某一系列化合物的相关 pK_a 值较为合适时，计算机预测通常可以很好地用于苗头化合物的选择、虚拟化合物库的构建和早期药物发现合成计划的制定。研发人员可以借助于计算机工具快速评估不同结构化合物之间 pK_a 的差异，避免改变在靶点结合中起关键作用的亚结构，并朝着发现可以平衡 ADMET 和靶点活性的最佳候选化合物的目标迈进。

对于先导化合物的优化，测试所选系列化合物的 pK_a 值对确定计算机预测值和实际值之间的偏差很有帮助。在此阶段中，pK_a 测试数据具有许多重要用途：①帮助研发人员确定哪些候选化合物值得投入宝贵的合成和生物测试资源；②考察 pK_a 是否与其他重要性质（如 hERG、溶解度和生物利用度）之间存在相关性，以及其他性质是否在某个 pK_a 范围内达到最佳水平；③确定某些特定检测值（如 IC_{50}、$t_{1/2}$、F_a）是否与 pK_a 相关。值得注意的是，较小的结构变化可能会导致显著的 pK_a 改变。

随着项目不断推进至先导化合物的优化和临床候选药物的选择阶段，使用合适的方法进行 pK_a 测试是非常必要的。通常使用电位滴定法测试 pK_a 值。对于仅需要给出一系列 pK_a 值的预测程序，这并不总是显而易见的。此外，可以预测互变异构体的不同 pK_a 值。

24.2 pK_a 的计算机预测方法

pK_a 的测试已经进行了很多年，大型机构和软件公司都已建立了 pK_a-结构关系数据库，以便 pK_a 预测软件可以不断改进。许多大型制药公司会通过导入新的测试数据来定期更新其内部的 pK_a 预测软件。一些高级软件开发公司也会使用新发布的结构–pK_a 数据或合作公司提供的数据来不断更新其算法，这些都逐渐提高了其 pK_a 预测的可靠性及预测化学结构的广度。

表 24.1 汇总了可供研究人员使用的 pK_a 预测软件，以及一些在线的应用程序。在早期药物发现中使用可靠的数据来预测 pK_a 值是许多机构的通用策略，目的是尽可能将有限的资源用于测试

具有更高价值的 ADMET 性质。若考虑采用计算机计算 pK_a，谨慎的做法是通过对相关数据已知的多种化合物的 pK_a 值进行计算，以验证相关算法的准确性，从而对化合物进行高质量的 pK_a 值预测。

表 24.1　用于预测 pK_a 的商业软件、仪器及相关数据库

产品名称	公司	网址
软件		
ADMET Predictor™	Simulations Plus	www.simulations-plus.com
ALOGPS	Virtual Computational Chemistry	www.vcclab.org
Epik, Jaguar	Schrödinger	www.schrodinger.com
JChem Suite™, Marvin™	ChemAxon	www.chemaxon.com
MedChem Database™	DAYLIGHT Chemical Information	www.daylight.com
Masterfile/CQSAR™	BioByte	www.biobyte.com
MoKa	Molecular Discovery	www.moldiscovery.com
Percepta™	Advanced Chemistry Development (ACD)	www.acdlabs.com
Pallas pKalc™	CompuDrug	www.compudrug.com
Pipeline Pilot	Accelrys	www.accelrys.com
pK_a Prospector	OpenEye Scientific Software	www.eyesopen.com
SPARC	ARChem	archemcalc.com/sparc.html
仪器		
Gemini Profiler™	Pion	www.pion-inc.com
pK_a PRO™	Advanced Analytical Technologies	www.aati-us.com
Sirius T3™	Sirius Analytical	www.sirius-analytical.com
合同服务商		
Analiza		www.analiza.com
Cyprotex		www.cyprotex.com
Pion		www.pion-inc.com
Robertson Microlit Laboratories		www.robertson-microlit.com
Sirius Analytical		www.sirius-analytical.com

图 24.1 给出了 pK_a 预测值与实际测定值之间的相关性分析示例。该化合物库包含 98 个真实药物发现过程中的化合物，并使用"黄金标准"的电位滴定法测试了这些化合物的 pK_a 值，同时采用 ACD/pK_a DB 软件预测化合物的 pK_a，其相关性 R^2 值为 0.90，已经达到计算机模拟预测非常

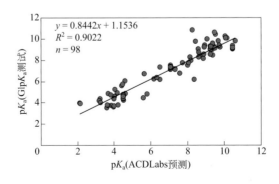

图 24.1　ACDLabs 软件预测的 pK_a 值与 GlpK_a 技术测试的实际 pK_a 值之间的相关性

理想的参数值。此外，pK_a 预测软件也可以为研究人员提供更深入的信息。图 24.2 显示了 ACDLabs 软件如何预测每个电离中心的 pK_a 值，以及互变异构体整体的 pK_a 值。

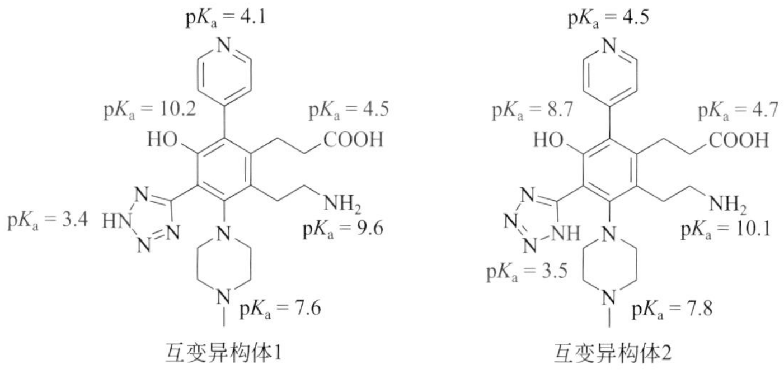

图 24.2　计算机预测通常可以指示出每个电离中心的 pK_a 值，并预测互变异构体的整体 pK_a 值
图中化合物的 pK_a 值由 ACDLabs 软件预测所得

2009 年，Liao 和 Nicklaus[1] 比较了 9 个商业 pK_a 预测程序的情况，程序分别是 ACD/pK_a DB、ADME Boxes、ADMET Predictor、Epik、Marvin、Pallas pKalc Net、Pipeline Pilot、SPARC 和 Jaguar（有关产品的版本号请参见文献）。相对于其他进行 pK_a 预测软件的比较研究，他们的评估方案和结果分析更为全面，对研究人员具有更大的帮助。实验中对 197 个不同类型化合物的 pK_a 值进行了预测，这些化合物的 pK_a 值在文献中已有报道且相关数据是可靠的。与所有商用软件一样，算法开发的训练过程中有可能使用文献中相同化合物的 pK_a 值，并将其设置为测试集中的参照数值，或者预测程序可以简单地在其数据库中检索到预测的结构并报告其在文献中的数值。因此，软件的潜在用户可能希望使用自己的化合物（在训练集中未使用过的化合物）进行验证。在廖和尼克劳斯的比较实验中，ADME Boxes、ACD/pK_a DB 和 SPARC 的表现最好（ADME Boxes 现在已集成在 ACD 中）。当然，所比较程序的结果并不代表当前可用版本或最新版本的性能。

24.3　pK_a 测试的实验方法

以下内容将介绍中等到更高通量的 pK_a 测试方法，每种方法都可以在实验室借助适当的设备实现。这些测试仅需使用少量化合物（<0.1 mg）便可完成，与常见药物发现活性测试所需要的化合物量基本一致。

24.3.1　96 孔微量滴定板 – 紫外光谱法测 pK_a

2013 年，德国医学化学研究所的 Martínez 和 Dardonville[2] 报道了一种测定 pK_a 的方法。该方法使用了在 ADME 实验室中很常见的 96 孔板、多通道移液器和紫外（UV）光谱读板器。首先，将受试化合物（10 mmol/L）的 DMSO 储备溶液稀释到 12 种不同 pH 值（3.0～12.6）的缓冲液中（至 0.2 mmol/L）。然后，将每种 pH 溶液分别加到 96 孔板的不同孔中（图 24.3）。在每个微孔板中可平行测定 7 个化合物和一个空白缓冲液的 pK_a 值。一般而言，手动移液操作约需要 45 min，自动化操作则更加快捷。最后，通过 96 孔板紫外读板器扫描采集数据，得到每个板孔在 210～400 nm 之间的紫外光谱数据，紫外扫描需要 40 min。2% 的 DMSO 也会产生紫外吸收，但作者指出 DMSO 不会显著影响 pK_a 的测定。进行数据分析时，将经过缓冲液校正的最大和最小紫外吸光度差值与 pH 值作图，并将曲线的拐点对应的数值定义为化合物的 pK_a 值。该方法需要紫外生色团，其吸光度会随着可电离基团质子化作用的变化而变化。

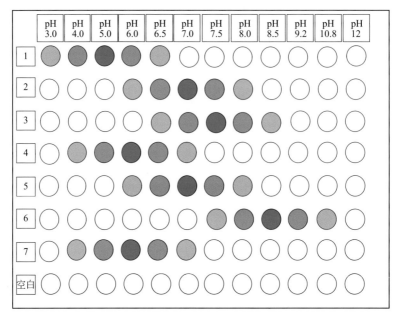

图 24.3　紫外光谱法中用于 pK_a 测定的 96 孔微量滴定板

24.3.2　光谱梯度分析法测 pK_a

光谱梯度分析法（spectral gradient analysis，SGA）是葛兰素史克公司（GlaxoSmithKline，GSK）的 Bevan 等发明的[3,4]。该方法使用梯度高效液相色谱（high performance liquid chromatography，HPLC）泵，将酸性和碱性缓冲液以不同的比例混合。仪器原理如图 24.4 所示。首先，将受试化合物溶于 DMSO 中（10 mmol/L），置于微量滴定板孔中，并以水稀释。然后，将水溶液从 HPLC 泵连续添加到 pH 缓冲水溶液中。在整个 2 min 的实验过程中，都采用梯度洗脱程序，该程序从高百分比的缓冲液开始，一直下降至较低百分比的缓冲液。将受试化合物混合到 pH 值连续变化的溶液中后，随着 pH 值的变化，化合物离子化分子的比例也会随之变化。靠近电离中心（距离在 3～4 个化学键以内）的紫外或可见光生色团的吸收会随电离程度的变化而变化。当混合物流入二极管阵列紫外检测器/光谱仪时，紫外可见光谱（ultraviolet-visible spectroscopy，UV/VIS）的吸收将随 pH 的变化而变化（图 24.5），pK_a 值位于该吸收曲线的拐点。该仪器大约每 3～4 min 可完成一个化合物的 pK_a 测定，可从 Sirius Analytical Ltd. 购得该仪器。

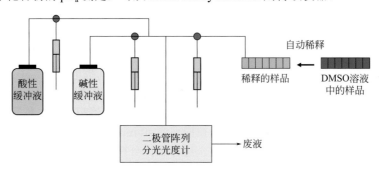

图 24.4　光谱梯度分析法的仪器原理

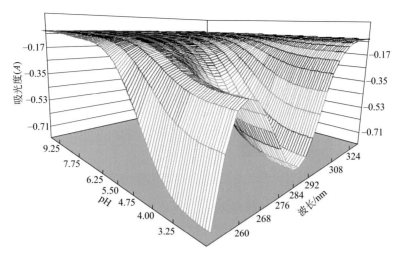

图 24.5　光谱梯度分析法测定系统的 UV/VIS 吸光度数据输出及其在 pK_a 筛选测定中的用途
经 John Comer 博士许可转载

24.3.3　毛细管电泳法测 pK_a

另一种常用 pK_a 测试方法是毛细管电泳（capillary electrophoresis，CE）法[5~12]。该测定是基于化合物电泳迁移率的差异，电离的分子比例在不同的 pH 值条件下会发生变化。首先，将受试化合物稀释到缓冲水溶液中并注入 CE 柱，在不同 pH 值的 CE 缓冲液流动相条件下，对化合物进行多次的测试。由于 CE 迁移率与电荷数成正比，因此离子化的分子在流动相中的移动速率更快。随着离子化分子比例的增加，保留时间将逐渐缩短。绘制保留时间与流动相 pH 的关系曲线，则曲线拐点对应的相应数值即为化合物的 pK_a 值。当前，CE 测试 pK_a 的方法已经实现 CE 仪器自动化。AATI 研发了一种商用仪器，该仪器可在 96 个 CE 柱上平行运行 96 个实验以实现高通量，并配有 pK_a 处理软件（表 24.1）。此外，CE 测定法可分离不同的组分，因此样品中杂质对结果产生干扰的可能性很小。

24.3.4　pH 滴定法测 pK_a

在相关综述中，已有各种 pK_a 测定方法的详细讨论[13,14]，而在药物研发中，电位滴定（potentiometric titration）法是最权威的方法。

24.3.5　电位滴定法测 pK_a

电位滴定是测定 pK_a 的传统方法，其原理如图 24.6 所示。该方法首先将化合物溶于水中，然后以已知摩尔浓度的酸性或碱性缓冲液对其进行滴定。在经典的电位滴定法中，测试溶液的 pH 值会随滴定剂的添加而发生变化，可以通过使用 pH 电极监控这一变化。根据实验结果可绘制出滴定当量与溶液 pH 变化的关系曲线，曲线中的 pH 拐点对应的数值即为受试化合物的 pK_a 值。电位滴定的一种变通方法是使用紫外分光光度计探针测试化合物溶液的紫外吸收。与前述 UV 测试方法一样，电离中心附近生色团的紫外吸光度会随着电离的变化而变化，可以通过检测这一变化来确定电离的程度。

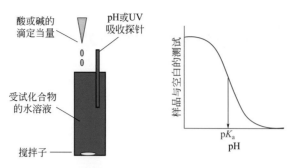

图 24.6　测定 pK_a 的深度电位滴定法：pH 滴定法

研究人员已经对该方法进行了详细的研究[15]，并将其命名为"pH 滴定法"(pH-metric)，该方法已被 Sirius 公司集成为商业化的仪器（表 24.1）。目前这一方法被认为是药物发现实验室中 pK_a 和 $\lg P$ 分析测试的"黄金标准"。此外，如果化合物的溶解度低，需将助溶剂添加到受试化合物的溶液中，可根据在三种助溶剂条件下的滴定浓度推算出无助溶剂条件下水溶液的滴定浓度。每个可溶性化合物的 pK_a 测定大约需要 0.5～1 h，但需要助溶剂助溶的化合物最长需要 2 h 才能完成测试。

（白仁仁）

思考题

（1）pK_a 的测定方法中通常测量哪三个参数？
（2）根据通量效率对以下 pK_a 测定方法进行排名：
毛细管电泳法（CE）、pH 滴定法（pH-metric）、光谱梯度分析法（SGA）和计算机预测。
（3）pK_a 预测的相关高级软件可以提供哪些有用的功能？
（4）低溶解度是否为 pK_a 测量的潜在问题？

参考文献

[1] C. Liao, M.C. Nicklaus, Comparison of nine programs predicting pK_a values of pharmaceutical substances, J. Chem. Inf. Model. 49 (2009) 2801-2812.
[2] C.H.R. Martínez, C. Dardonville, Rapid determination of ionization constants (pK_a) by UV using 96-well microtiter plates, ACS Med. Chem. Lett. 4 (2013) 142-145.
[3] C.D. Bevan, A.P. Hill, D.P. Reynolds, Analytical Method and Apparatus Therefor, Glaxo Group Limited, UK, 1999. Application: WO. 82 pp.
[4] K. Box, C. Bevan, J. Comer, A. Hill, R. Allen, D. Reynolds, High-throughput measurement of pK_a values in a mixed-buffer linear pH gradient system, Anal. Chem. 75 (2003) 883-892.
[5] J.A. Cleveland Jr., M.H. Benko, S.J. Gluck, Y.M. Walbroehl, Automated pK_a determination at low solute concentrations by capillary electrophoresis, J. Chromatogr. 652 (1993) 301-308.
[6] S.J. Gluck, J.A. Cleveland Jr., Capillary zone electrophoresis for the determination of dissociation constants, J. Chromatogr. A 680 (1994) 43-48.
[7] S.J. Gluck, J.A. Cleveland Jr., Investigation of experimental approaches to the determination of pK_a values by capillary electrophoresis, J. Chromatogr. A 680 (1994) 49-56.
[8] P. Bartak, P. Bednar, Z. Stransky, P. Bocek, R. Vespalec, Determination of dissociation constants of cytokinins by capillary zone electrophoresis, J. Chromatogr. A 878 (2000) 249-259.
[9] J.L. Beckers, F.M. Everaerts, M.T. Ackermans, Determination of absolute mobilities, pK values and separation numbers by capillary zone electrophoresis: effective mobility as a parameter for screening, J. Chromatogr. 537 (1991) 407-428.

[10] K. Sarmini, E. Kenndler, Capillary zone electrophoresis in mixed aqueous-organic media: effect of organic solvents on actual ionic mobilities and acidity constants of substituted aromatic acids. III. 1-Propanol, J. Chromatogr. A 818 (1998) 209-215.

[11] Y. Mrestani, R. Neubert, A. Munk, M. Wiese, Determination of dissociation constants of cephalosporins by capillary zone electrophoresis, J. Chromatogr. A 803 (1998) 273-278.

[12] M. Shalaeva, J. Kenseth, F. Lombardo, A. Bastin, Measurement of dissociation constants (pK_a values) of organic compounds by multiplexed capillary electrophoresis using aqueous and cosolvent buffers, J. Pharm. Sci. 97 (2008) 2581-2606.

[13] J. Reijenga, A. van Hoof, A. van Loon, B. Teunissen, Development of methods for the determination of pK_a values, Anal. Chem. Insights 8 (2013) 53-71.

[14] S. Babić, A.J.M. Horvat, D. Mutavdžić Pavlović, M. Kaštelan-Macan, Determination of pK_a values of active pharmaceutical ingredients, Trends Anal. Chem. 26 (2007) 1043-1061.

[15] A. Avdeef, pH-Metric log P. II: refinement of partition coefficients and ionization constants of multiprotic substances, J. Pharm. Sci. 82 (1993) 183-190.

[16] K.J. Box, J.E.A. Comer, P. Hosking, K.Y. Tam, L. Trowbridge, Rapid physicochemical profiling as an aid to drug candidate selection, in: G.K. Dixon, J.S. Major, M.J. Rice (Eds.), High Throughput Screening: The Next Generation, BIOS Scientific Publishers Ltd, Oxford, UK, 2000, pp. 67-74.

第 25 章

溶解度研究方法

25.1 引言

溶解度的测定在整个药物发现过程中有着举足轻重的地位。这是因为掌握了溶解度的信息有利于进行各项研究活动，如生物活性评估、结构优化、药代动力学筛选、动物体内药效实验的剂型选择、药代动力学和毒性评价，以及采用 X 射线共晶衍射法进行化合物的结构设计（第 7 章）。虽然我们可以假设实验中所有加入的化合物均处于溶解状态，但是化合物的析出现象屡见不鲜，这无疑会降低化合物在溶液中的实际浓度，进而导致表观活性和吸收较低，还可能会产生毒性。因此，溶解度测定非常必要。

虽然溶解度的测定看似简单，但化合物的物理状态和溶液的理化条件都会影响化合物的实际溶解浓度及析出量。化合物的溶解度值并不是一成不变的，它会随水溶液的不同而发生改变。在现代药物发现过程中会有许多低溶解度的化合物，这也使药物发现变得更为复杂。

溶解度的测定需要非常完善的方法。本章将概述计算机软件预测和体外溶解度研究方法的关键环节。

25.2 溶解度的计算预测

根据 Henderson-Hasselbach 方程[1]，在特定 pH 下，可电离化合物的总溶解度可根据其固有溶解度（中性形式的溶解度）和 pK_a 来估算。

$$S_{\text{tot}} = S_{\text{HA}}(1 + 10^{(\text{pH}-\text{p}K_a)})\ (酸性化合物)$$

$$S_{\text{tot}} = S_{\text{BH}}(1 + 10^{(\text{p}K_a-\text{pH})})\ (碱性化合物)$$

式中，S_{tot} 是总溶解度；S_{HA} 和 S_{BH} 分别是酸性和碱性化合物中性形式的固有溶解度。

中性化合物溶解度的估算可采用一般的溶解度方程[2]。其主要涉及亲脂性和熔点：

$$\lg S = 0.8 - \lg P - 0.01(\text{MP} - 25)$$

式中，$\lg S$ 是溶解度的对数值；$\lg P$ 是辛醇／水的分配系数；MP 是熔点，单位为℃；溶解度的单位是 mol/L。

Abraham 水溶性方程如下：

$$\lg S_W = 0.52 - R^2 + 0.77\pi_2^H + 2.2\alpha\Sigma_2^H + 4.2\beta\Sigma_2^H - 3.4\alpha\Sigma_2^H\beta_2^H - 4V_x$$

Abraham 方程是一个线性自由能方程，描述了溶解度与各种变量之间的关系，包括摩尔渗透压（R）、溶质极性（π_2^H）、氢键酸度（$\alpha\Sigma_2^H$）、氢键碱度（$\beta\Sigma_2^H$）、晶体中的氢键（$\alpha\Sigma_2^H\beta_2^H$）和溶质摩尔体积（$V_x$）。该方程式表明了这些分子性质在溶解度测定过程中的重要性。

25.3 溶解度预测软件

与活性预测相似，利用一些计算机模拟工具可以开发出预测化合物溶解度的软件[4~8]。表25.1列举了几种用于预测溶解度的商业软件。所列举的产品已经投放市场多年并进行定期更新。ALOGPS 就是其中一款在线软件。

表 25.1　用于溶解度预测的商业软件

名称	公司	网址
水中溶解度		
Discovery Studio™	Accelrys	www.accelrys.com
Percepta™ Solubility	Advanced Chemistry Development	www.acdlabs.com
Solubility Predictor™	ChemAxon	www.chemaxon.com
COSMOquick™	COSMOlgic	www.cosmolgic.de
Volsurf+™	Molecular Discovery	www.moldiscovery.com
OSIRIS Property Explorer™	Organic Chemistry Portal	www.organic-chemistry.org
QikProp™	Schrodinger	www.schrodinger.com
ADMET Predictor™	Simulations Plus	www.simulations-plus.com
ALOGPS	Virtual Computational Chemistry Lab	www.vcclab.org
DMSO 中溶解度		
Percepta™	Advanced Chemistry Development	www.acdlabs.com
Volsurf+™	Molecular Discovery	www.moldiscovery.com

计算值并不是测量值，只能作为预测值。同样，与所有软件一样，建议潜在用户使用其确证的对照化合物结构和溶解度值来验证软件的预测能力。目前还没有对这些软件预测结果之间的差异进行过对比研究，但从其中一种软件包获得的预测结果与实验测量结果的比较已有报道[4]。这些程序中的测试集和验证集主要来源于文献中多个实验室的平衡（热力学）溶解度数据。因此，它们对热力学溶解度比对动力学溶解度的预测更加准确。

有些软件产品可以预测多种 ADMET 性质，这可以帮助用户尽早了解化合物的类药性及潜在的不稳定性。例如 QikProp™ 软件利用基于分子描述符的回归模型可预测几种 ADMET 属性。QikProp™ 的开发者将软件应用于 1700 种口服药物，它们 90% 均呈现以下类药性原则：

- 溶解度：QikProp™ lg$S$>−5.7(mol/L)。
- 渗透率：QikProp™ Caco-2 渗透性 >22 nm/s。
- 代谢：QikProp™ 预测初级代谢物数量：<7。

依照这个例子，研究小组可根据与基准化合物的对比结果来制定他们对化合物初始评级和主要性质限制范围的指导原则。

许多制药公司都有内部的计算机专家，他们根据内部测定的数据开发了专属的溶解度预测软件，并定期输入最新数据对这些软件进行定期更新，从而统一团队的内部信息，并结合最新的结构模板实现最佳预测。

25.4 动力学溶解度测定方法

动力学溶解度测定方法首先将固态化合物溶解于 DMSO 中，制成浓溶液（如 10 mg/mL 或 30 mmol/L）。然后，取少量的 DMSO 溶液（例如 10 μL）加入缓冲水溶液（例如 990 μL）中混合。

在此例中，DMSO 含量为 1%，目标溶解度为 100 mg/mL。孵育特定时间后（如 0.5～20 h，具体取决于目标终点），过滤除去溶液中未溶解的颗粒。由于离心无法分离所有颗粒，因此该过程通常首选过滤。一般选择非特异性结合能力较低的过滤器，如亲水性聚碳酸酯和亲水性聚偏二氟乙烯（polyvinylidene fluoride，PVDF）。溶解的化合物（如 0～100 μg/mL，0～300 μmol/L）可采用酶标仪、化学发光氮检测器（CLND）或液相色谱-质谱（LC/MS）进行定量测试。通常采用 96 孔微量滴定板、96 孔滤板和机器人液体处理平台实现自动化。

机器人技术有助于快速分析和重复测试。不同方法的通量情况如表 25.2 所示。pH 值、有机溶剂、离子强度、溶液中的离子、助溶剂、孵育时间和温度的变化等都会改变化合物的溶解度。由于 DMSO 会增加低溶解度化合物的水溶性，因此孵育溶液中的 DMSO 浓度应保持在尽可能低的水平（<1%）。同时要保证溶液与孔板及过滤器的非特异性结合尽可能低，从而使所有溶解的化合物全保留在溶液中并得到准确定量。

表 25.2　溶解度的测定方法

方法	分析类型	速率/（分/个化合物）	通量/[个化合物/（天·台）]
动力学溶解度			
散射比浊法	高通量	4	300
直接紫外法	高通量	4	300
透射比浊法	中等通量	15	50
热力学溶解度			
平衡摇瓶法	低通量	60	10
电位法	低通量	60	10

动力学溶解度测定适合药物发现阶段的许多方面，其原因如下：
- 化合物的消耗少于 1 mg（由于药物发现初期合成得到的每个化合物的量很少，且需要对其开展多种分析，因此测试方法不宜消耗过多的化合物）；
- 当研究团队需要相关数据以快速推进项目时，该方法可以在化合物合成之后立即提供其溶解度数据；
- 化合物最初均溶解于 DMSO 中，从而消除了化合物固体样品之间的差异（即使同一化合物，不同批次的固体样品也可能存在差异，例如存在各种多晶型和非晶型）；
- 可模拟其他药物发现实验的条件，即将 DMSO 溶液加入实验水溶液中，并孵育数小时；
- 许多公司已预制了浓度为 10～30 mmol/L 的化合物的 DMSO 溶液，并存储于公司的筛选实验室或化合物存储库中，这很大程度上减少了样品制备工作；
- 采用自动化和高通量分析可将每个样品的分析成本维持在较低水平。

化合物动力学溶解度通常高于热力学溶解度，一部分原因是过饱和及缓慢析出。但当条件有利于析出的固态物质与溶液达到平衡时（如长时间的孵育、孵育期间搅拌、存在固体析出物），或者在有机溶剂量减少的情况下，动力学溶解度则会接近热力学溶解度。

动力学溶解度值可用于：
- 化合物优先级排序；
- 确定先导化合物结构中可以增加或降低溶解度的亚结构（结构-溶解度关系）；
- 指导结构修饰以提高溶解度；
- 降低溶解度极低化合物的优先级；
- 找出活性异常差的化合物；

- 为早期动物给药的剂型开发提供指导。

25.4.1 直接紫外法测定动力学溶解度

微溶性-直接紫外法（microsolubility-direct UV method）[9,10]是通过紫外平板读取器测量溶解在溶液中的化合物浓度。该方法示意如图25.1所示。首先取少量浓缩的化合物DMSO溶液，加入含有缓冲液的96孔板中混合。通常将溶液加盖以减少蒸发，并在特定温度下放置一定的时间（如1～20 h）。如果化合物不完全溶解，固体物质会从溶液中析出。过滤除去沉淀物，利用紫外检测器测定滤液和已知浓度的化合物标准品的紫外吸光度。根据比耳定律，由于浓度与紫外吸光度成正比，通过标准曲线即可计算得到化合物的溶解度。Pion公司（表25.3）开发了一种采用通用缓冲液并带有即插即用搅拌器和紫外酶标仪的集成仪器。微孔板、过滤器和其他耗材均可从Pion或Millipore公司购得。该直接紫外法也可使用实验室机器人进行自动化操作。

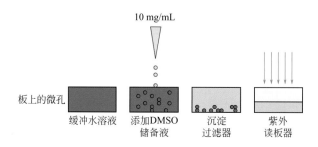

图25.1 直接紫外法测定动力学溶解度的示意

表25.3 部分用于溶解度测定的商业仪器和耗材

方法	产品名称	公司	网址
综合系统			
直接紫外法	mSol Evolution™	Pion	www.pion-inc.com
直接紫外法	mSol Explorer Frontier™	Pion	www.pion-inc.com
分散法	mDISS Profiler™	Pion	www.pion-inc.com
pH测定法	T3	Sirius Analytical	www.sirius-analytical.com
耗材			
直接紫外法	mSol™ plates and filters	Pion	www.pion-inc.com
直接紫外法	MultiScreen Solubility™	Millipore	www.emdmillipore.com
散射比浊法	NEPHELOstar Plus™	BMG LABTECH	www.bmglabtech.com
实验室机器人	Freedom EVO®	Tecan	www.tecan.com
实验室机器人	Biomek® FXP	Beckman Coulter	www.beckmancoulter.com
实验室机器人	Pipettor, robotics	Apricot Designs	www.apricotdesigns.com
平衡法	Mini-UniPrep™	Whatman	www.gelifesciences.com

就筛选目的而言，可采用通用条件（如pH 7.4，室温，16 h）来测定所有化合物的溶解度。机械的方法是直接在96孔板上测定48个化合物（每个化合物平行两次）。而自动化还为多种水溶液环境下的测定提供了可能性。例如可以同时测定几个化合物在多种溶液中的溶解度，如各种模拟生理条件：pH 1（胃）、pH 6.5（小肠）、pH 7.4（血液、细胞外液）及pH 8（大肠）。

25.4.2 散射比浊法测定动力学溶解度

散射比浊法（nephelometric method）[11] 是通过检测悬浮在溶液中颗粒的散射光来测定从溶液中析出的化合物沉淀，如图 25.2 所示。首先取少量的化合物 DMSO 溶液，加入含有缓冲水溶液的 96 孔板一排的第一孔中，然后用吸管混合。再从该溶液中取出一小部分，加入该排的下一个孔中，并混合。随后依次稀释，使得接下来孔中化合物的浓度越来越低。如果化合物不完全溶解，它将从溶液中沉淀析出并形成颗粒。经过短暂的孵育后，将 96 孔板置于读板仪下，并依次以激光对每个孔进行照射。在孔中未溶解的化合物沉淀会产生散射光。将散射光的"计数"对孔中药物浓度作图，其转折点即是该化合物的溶解度。溶解度界限如下[11]：难溶（<10 μg/mL），微溶（10～100 μg/mL）和可溶（>100 μg/mL），该范围与 Lipinski 采用的范围类似[12,13]。

BMG LABTECH 公司开发的带有激光光源的 NEPHELOstar Plus™ 读板仪可用于这种测定方法。一块 96 孔板可在 60 秒内完成一次扫描。读板仪可设置为先将溶液分散到孔板内、振摇后扫描孔板，再计算出结果。流式细胞仪检测系统也可用于检测沉淀物[14,15]。散射比浊法已被广泛用于制药行业[16,17]。

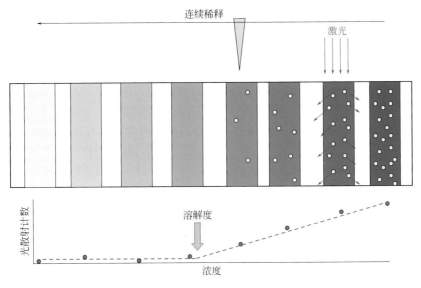

图 25.2　散射比浊法测定动力学溶解度示意

25.4.3 透射比浊法测定动力学溶解度

透射比浊法（turbidimetric method）[12,13] 是通过检测溶液中悬浮颗粒引起的光强衰减来测定不溶性化合物的沉淀过程。图 25.3 为该方法的示意图。首先取少量（如 0.5 μL）化合物的 DMSO 浓溶液（如 20 mg/mL），以 1 min 为间隔分步加到 pH 为 7 的 2.5 mL 磷酸盐缓冲液中。当浓度超过溶解度时，化合物会析出，而浑浊会使光发生散射并降低溶液的透射率（620～820 nm）。后续再加入 DMSO 溶液会增加沉淀量，并进一步降低透光率。加入 14 次 DMSO 溶液可使溶解度处于 5～65 μg/mL 范围间，DMSO 浓度也增至 0.375%。以透光率对化合物浓度作图，其转折点即为该化合物的溶解度。

根据对大量已测试药代动力学化合物[12] 的分析可知，溶解度低于 20 μg/mL 的化合物可能存在生物利用度低的问题。通过透射比浊法测试发现，超过 85% 具有良好生物利用度的上市药物的溶解度大于 65 μg/mL。那些溶解度较低的上市药物通常利用其药效高、渗透性好或可经主动转运透过肠道上皮细胞等优点来弥补其溶解度的缺陷。

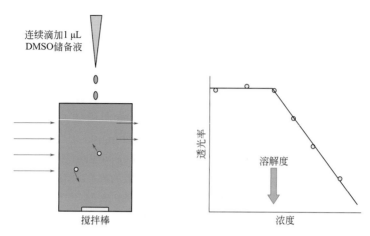

图 25.3　透射比浊法测定动力学溶解度示意

25.4.4　拟动力学溶解度测定法

拟动力学溶解度测定法（pseudokinetic solubility method）与动力学溶解度测定法的一个不同点在于，加入一定体积的受试化合物溶液（溶于有机或水溶液中）至微孔板中，并在真空条件下蒸发除去溶剂，然后向每孔加入缓冲液，盖合盖板并孵育，再对过滤后的上清液进行定量分析[18~20]。该方法可降低有机溶剂在缓冲液中的含量。然而，该过程也存在化合物的析出情况未知，且溶解度可能随不同测试时间点而变化的风险。另外，挥发性较高的化合物在此过程也可能部分挥发。

25.5　热力学溶解度测定方法

热力学（平衡）溶解度测定方法是将缓冲水溶液直接加至固态化合物中，并将溶液混合足够长的时间，使之达到或接近溶解态及固态化合物的平衡点。因此，从最初的溶解形式到后续析出的固体/结晶形式都会对溶解度产生影响。其主要测定方法为"平衡摇瓶法（equilibrium shake flask）"及"pH 测定法"。

在药物发现和开发中，随着后续合成化合物晶型稳定性的提高，其热力学溶解度可能会降低。在早期药物开发过程中，一般会选择晶型最稳定的化合物进入下一阶段。热力学溶解度适用于研究固态形式的化合物，特别是那些用于固体或混悬液给药的化合物。其中通过胃肠道固体给药化合物的溶解会影响吸收、药代动力学、药效和毒性。热力学溶解度测定通常采用各种有利于药物发现和开发的水溶液条件。

25.5.1　平衡摇瓶法测定热力学溶解度

平衡摇瓶法的一般方案如图 25.4 所示。首先取一定量的固体样品（如 2.0 mg）置于玻璃小瓶中，然后加入一定体积（如 2.0 mL）的水溶液（如 pH 7.4 磷酸盐缓冲液，或 2.0% 聚山梨酯 80/0.5% 甲基纤维素水溶液）。在恒定温度（如 25℃或 37℃）下，振摇小瓶一段时间后（如 24 h），过滤（如采用 0.2 μm PVDF 亲水滤膜）除去溶液中不溶性固体。此过程必须保证固体始终存在以确保固体和溶液之间已达到平衡。将滤液稀释后，以 HPLC 或 LC/MS 进行定量分析。为确保已达平衡，有时会在多个时间点采集溶液样品。实验结束后剩余样品可以再进行各种物理方法分析，例如热重分析（thermogravimetric，TGA）、差示扫描量热分析（differential scanning calorimetry，DSC）、红外光谱分析（IR）和 X 射线衍射（以表征晶体结构）等[20]。摇瓶法通常被认为是测定溶解度的"黄金标准"。称重之后的各步骤均可采用自动化方式实现[21]。

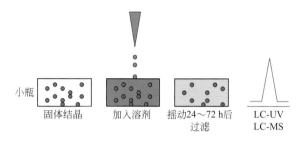

图 25.4　平衡摇瓶法测定热力学溶解度示意图

研究人员在该方法的基础上进行了改进。其中一种方法是利用超声和涡流混合来减少平衡时间[19]；另一种方法是将玻璃小瓶替换为一次性的 Whatman Mini-UniPrep™ 过滤器，实现自动孵育和过滤，以提高效率[22,23]。

25.5.2　电位法测定热力学溶解度

如图 25.5 所示，如果已经测得某化合物的 pK_a，则可用电位滴定法测定其热力学溶解度。将已知体积的酸或碱逐步加入装有化合物溶液的试管中，根据滴定过程中 pH 的变化可获得一条滴定曲线。由于化合物的析出，表观 pK_a 值（pK_a^{app}）会与实际 pK_a 值发生偏移。根据图 25.5 中所示的公式可计算出相应的溶解度[24]。该方法已应用到 Sirius Analytical 公司 GlpK_a 和 T3 仪器上，并在多个药物研发实验室中广泛使用。电位（"pH"）滴定法测定溶解度仅适用于具有电离中心的化合物。

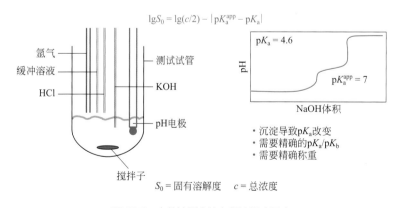

图 25.5　电位法测定热力学溶解度示意

25.5.3　不同溶剂中的热力学溶解度

热力学溶解度研究通常在多种水性和非水性溶剂中进行，它在药物发现和剂型开发中发挥重要的辅助作用，从而为临床开发做好准备[25]。表 25.4 中列举了试验中常用的溶剂系统。这些研究提供了化合物在不同生理液体、不同处方溶剂，以及某些特定溶剂中的溶解度相关信息，可为吸收试验、剂型设计及亲脂性的测定提供帮助。

表 25.4　用于测定候选化合物热力学溶解度的不同生理溶液和处方溶剂

生理缓冲液	处方溶剂	亲脂性溶剂	生理缓冲液	处方溶剂	亲脂性溶剂
pH 1	聚山梨酯 80	辛醇	SGF	苯甲醇	
pH 4.5	聚乙二醇 200	环己烷	SIF	乙醇	
pH 6.6	聚乙二醇 400		SIBLM	玉米油	
pH 7.4	卵磷脂 Phosal 53 MCT		血浆	2% 聚山梨酯 /0.5% MC	
pH 9	卵磷脂 Phosal PG				

注：SGF—simulated gastric fluid，模拟胃液；SIBLM—simulated intestinal bile lecithin media，模拟胆汁卵磷脂培养基；SIF—simulated intestinal fluid，模拟肠液；MC—methyl cellulose，甲基纤维素。

25.6　溶解度测定的个性化方法

在某些情况下，常规的动力学或热力学溶解度测定条件不足以准确测定研发团队在某些特定条件下的化合物溶解度。例如，化合物在下列水性基质中的溶解度可能存在很大差异：
- 用于溶解度常规测定的缓冲液；
- 用于酶或受体测试的缓冲液；
- 用于细胞实验的缓冲液；
- 体内给药溶剂；
- 含有表面活性剂、蛋白质或 DMSO 的缓冲液；
- pH 1～8；
- 模拟胃液（simulated gastric fluid，SGF）、模拟肠液（simulated intestinal fluid，SIF）、模拟胆汁卵磷脂混合物（simulated bile lecithin mixture，SIBLM）。

溶解度也会随着温度、固体形式和孵育时间的变化而发生变化。近年来，生物学家已经意识到不同分析方法（如酶测定法与基于细胞的测定法）的生物培养基之间的溶解度差异会极大地影响生物活性的评估。如果化合物未完全溶解，IC_{50} 值将会偏高。对于药物开发中较低溶解度的化合物而言，这种情况发生的概率更大。

当需要测定所选化合物在特定基质中的溶解度时，可以开发并运用"个性化"溶解度测定实验。目前也有讨论有效"个性化"溶解度测定方法的报道[27,28]。例如，"个性化"溶解度实验可以采用与生物测试相同的方案和条件（缓冲液成分组成、稀释步骤、搅拌、孵育温度和时间）。对每个已测试过活性的化合物都进行上述操作非常耗时，但选择代表性的化合物进行测定可帮助发现潜在的测定问题。将化合物加入与生物测试法一样的缓冲液中，然后根据生物测试条件进行孵育。由于化合物可能会过饱和并在一段时间内析出，所以孵育时间非常重要。因此，在测试活性的同时也应同时测定化合物的溶解度。实验中过滤除去沉淀物，并适当稀释滤液，通过 LC/MS/MS 技术对溶液进行分析，实验结果如图 25.6 所示。在此实例中，测试化合物 1～3 在受体结合测定所使用的缓冲液中的浓度均接近于目标浓度 10 μmol/L，但在基于细胞测定的缓冲液中，其相应浓度只在 1.4～4.8 μmol/L。其原因可能是与用于细胞实验的缓冲液相比，受体结合测试的缓冲液中存在大量的牛血清白蛋白（bovine serum albumin，BSA）和 DMSO。BSA 和

DMSO 可提高化合物的溶解度。因此，建议在每项生物学测试开发过程中均开展上述分析，从而优化实验所用缓冲液和稀释步骤，使其能最大限度地提高受试化合物的溶解度，并得到可靠的生物学数据。关于生物测试中溶解度的问题将在第 40 章进一步讨论。

化合物	受体结合测试缓冲液中的溶解度/(μmol/L)	用于细胞试验的缓冲液中的溶解度/(μmol/L)
1	11	2.4
2	10	4.8
3	10	1.4
缓冲液	5% BSA, 2.5% DMSO	0.1% DMSO

注：目标测试浓度为10 μmol/L。

图 25.6　采用不同生物测试缓冲液的个性化溶解度测定表明用于细胞试验的缓冲液不能使化合物在目标浓度 10 μmol/L 下完全溶解

模拟生理液中的溶解度对于涉及吸收的胃肠道溶液建模是非常实用。这些数据可用于基于生理学的药代动力学（physiologically based pharmacokinetics，PBPK）模型的药代动力学预测，以及制剂开发、食物影响的评估和体内 - 体外相关性（in vitro-in vivo correlations，IVIVC）研究。模拟溶液包括 SGF（pH 1.2 缓冲液 +3.2 mg/mL 胃蛋白酶）、SIF（pH 6.8+10 mg/mL 胰酶）、SIBLM、FaSSIF（fasted state simulated intestinal fluid，禁食状态的肠模拟液）和 FeSSIF（fed state simulated intestinal fluid，进食状态肠模拟液）[26,29~32]。在这些 pH 和加入可提高溶解度的添加剂的条件下，低溶解度化合物通常会具有较高的溶解度。

25.7　溶出度的测定

在药物开发过程中，可采用带有特定转篮和水浴的标准化 USP 方法测定剂型的溶出度，并将结果递交监管部门审查[33]。在药物发现过程中，可采用样品消耗量较少的小型溶出度仪进行测定（表 25.3 中的 μDISS）[34]。当固体在少量水浴中溶解时，溶解的浓度会逐渐增加，该浓度可通过浸入到溶液中的 UV 探针进行测定。该方法可用于测试各种多晶型形态或盐形式的化合物在不同时间点的固体溶出度和溶液浓度。

25.8　DMSO 中的溶解度

药物发现中的化合物库和存储经常用到高浓度的 DMSO 溶液。尽管 DMSO 可溶解绝大多数的化合物，但部分化合物可能存在未完全溶解或沉淀的现象。长时间储存后，化合物可能会从 DMSO 溶液中析出。通过目测或光散射可检查 DMSO 溶液中是否有沉淀产生。也有软件可用于预测化合物在 DMSO 中的溶解度（表 25.1）[35]。

25.9　商业化 CRO 实验室提供的溶解度测定方法

由于溶解度的重要性，许多合同研究机构（contract research organizations，CRO）可为客户提供相关的检测方法。表 25.5 列举了部分此类 CRO 服务机构。在与 CRO 公司签约前，有必要与他们协商好所需的检测条件和周期，并使用已知溶解度数值的参照化合物先进行验证。

表 25.5　提供溶解度测定服务的 CRO 实验室举例

公司	网址	公司	网址
Absorption Systems	www.absorption.com/	Robertson Microlit Laboratories	www.robertson-microlit.com
Analiza	www.analiza.com	Sirius Analytical	www.sirius-analytical.com
Charles River	www.criver.com	Solvo Biotech	www.solvobiotech.com
Cyprotex	www.cyprotex.com	Wolfe Laboratories	www.wolfelabs.com
Pion Inc.	www.pion-inc.com/		

25.10　溶解度测定策略

以下是溶解度测定中一些常用的策略[10,36~38]：

- 当溶解度是化合物评估或排序的考量因素时，可通过计算机预测溶解度。例如，高通量筛选化合物库或片段筛选库、合成获得的化合物，以及高通量筛选"苗头化合物"。
- 高通量溶解度测定方法可用于初步测定高通量筛选"苗头化合物"、新合成化合物以及筛选库中化合物的动力学溶解度[39]。
- 在筛选生物测试介质、模拟胃肠道介质、研究初期生物药剂分类系统（BCS）等过程中，"个性化"的溶解度测定方法可根据不同的应用要求来测定所选化合物的溶解度。
- 当进行生物学或 ADMET 实验时，所选低溶解度化合物的溶解度测定需在确保其不会析出沉淀的条件下进行。单独测试类药化合物时，只能测试可溶化合物。在验证溶解能力的生物测试中，化合物无须具有活性[40]。
- 在溶解度测定过程中，应尽量降低有机助溶剂（如 DMSO）的浓度，以避免其引起化合物水溶性的增加。
- 对溶解度测定方法的检验取决于方法的灵敏性、选择性和所需通量。光散射和紫外吸收酶标仪的测定快，但灵敏度不高。化学发光氮检测仪虽然灵敏，但仅限于含氮化合物的测试。LC/MS 具有灵敏度和选择性，但相较于酶标仪慢很多，且价格更高。
- 热力学（平衡）溶解度可指导体内的给药剂量和制剂开发[41]，以优化在药代动力学、药效及毒性研究中化合物的体内暴露量。

（吴丹君　白仁仁）

思考题

（1）估算以下化合物溶解度：

化合物	熔点 /℃	lgP	估算的溶解度 /(mol/L)
1	125	0.8	
2	125	1.8	
3	225	1.8	
4	225	3.8	

（2）估算以下酸性化合物的平衡溶解度：

化合物	固有溶解度	pK_a	pH	总溶解度 /(g/mL)
1	0.001	4.4	7.4	
2	0.001	4.4	4.4	
3	0.001	4.4	8.4	
4	0.00001	4.4	7.4	

（3）在散射比浊法和直接紫外法中，分别需要测量哪些数据？
（4）采用个性化溶解度测定方法而不是完全使用常规的高通量测定方法的原因是什么？
（5）列举动力学和热力学（平衡）溶解度测定方法之间的不同点。
（6）关于热力学溶解度测量的以下说法中，哪些是正确的？
（a）将缓冲水溶液加到固体化合物中，并搅拌 2～3 天；（b）不受批次间化合物形态（即无定形、晶形、多晶形）变化的影响；（c）用于药物发现阶段的先导化合物优化；（d）用于药物开发和临床产品批次；（e）协助产品开发。

参考文献

[1] Y.-C. Lee, P.D. Zocharski, B. Samas, An intravenous formulation decision tree for discovery compound formulation development, Int. J. Pharm. 253 (2003) 111-119.
[2] S.H. Yalkowsky, Solubility and partial miscibility, in: S.H. Yalkowsky (Ed.), Solubility and Solubilization in Aqueous Media, American Chemical Society, Washington, DC, 1999, pp. 49-80.
[3] M.H. Abraham, J. Le, The correlation and prediction of the solubility of compounds in water using an amended solvation energy relationship, J. Pharm. Sci. 88 (1999) 868-880.
[4] J.S. Delaney, Predicting aqueous solubility from structure, Drug Discov. Today 10 (2005) 289-295.
[5] P.R. Duchowicz, A. Talevi, L.E. Bruno-Blanch, E.A. Castro, New QSPR study for the prediction of aqueous solubility of drug-like compounds, Bioorg. Med. Chem. 16 (2008) 7944-7955.
[6] L. Du-Cuny, J. Huwyler, M. Wiese, M. Kansy, Computational aqueous solubility prediction for drug-like compounds in congeneric series, Eur. J. Med. Chem. 43 (2008) 501-512.
[7] B. Faller, P. Ertl, Computational approaches to determine drug solubility, Adv. Drug Deliv. Rev. 59 (2007) 533-545.
[8] W.L. Jorgensen, E.M. Duffy, Prediction of drug solubility from structure, Adv. Drug Deliv. Rev. 54 (2002) 355-366.
[9] A. Avdeef, High-throughput measurements of solubility profiles, in: Pharmacokinetic Optimization in Drug Research: Biological, Physicochemical, and Computational Strategies, [LogP2000, Lipophilicity Symposium], 2nd, Lausanne, Switzerland, March 5-9, 2000, 2001, pp. 305-325.
[10] A. Avdeef, Absorption and Drug Development, Wiley, Hoboken, NJ, 2012. pp. 251-318.
[11] C.D. Bevan, R.S. Lloyd, A high-throughput screening method for the determination of aqueous drug solubility using laser nephelometry in microtiter plates, Anal. Chem. 72 (2000) 1781-1787.
[12] C.A. Lipinski, F. Lombardo, B.W. Dominy, P.J. Feeney, Experimental and computational approaches to estimate solubility and permeability in drug discovery and development settings, Adv. Drug Deliv. Rev. 23 (1997) 3-25.
[13] C.A. Lipinski, Computational and experimental approaches to avoiding solubility and oral absorption problems in early discovery, in: R. Borchardt (Ed.), Designing Drugs with Optimal in vivo Activity after Oral Administration, Drew University Residential School on Medicinal Chemistry, Madison, NJ, 2000.
[14] J.J. Goodwin, Flow cell system for solubility testing, Becton Dickinson, USA, 2003. 12 p.
[15] J.J. Goodwin, Rationale and benefit of using high throughput solubility screens in drug discovery, Drug Discov. Today: Technol. 3 (2006) 67-71.
[16] T.A. Fligge, A. Schuler, Integration of a rapid automated solubility classification into early validation of hits obtained by high throughput screening, J. Pharm. Biomed. Anal. 42 (2006) 449-454.
[17] K.A. Dehring, H.L. Workman, K.D. Miller, A. Mandagere, S.K. Poole, Automated robotic liquid handling/laser-based nephelometry system for high throughput measurement of kinetic aqueous solubility, J. Pharm. Biomed. Anal. 36 (2004) 447-456.
[18] H. Tan, D. Semin, M. Wacker, J. Cheetham, An automated screening assay for determination of aqueous equilibrium solubility enabling SPR study during drug lead optimization, J. Assoc. Lab. Autom. 10 (2005) 364-373.
[19] T.M. Chen, H. Shen, C. Zhu, Evaluation of a method for high throughput solubility determination using a multi-wavelength UV plate reader, Comb. Chem. High Throughput Screening 5 (2002) 575-581.

[20] J. Alsenz, M. Kansy, High throughput solubility measurement in drug discovery and development, Adv. Drug Deliv. Rev. 59 (2007) 546-567.
[21] M.C. Wenlock, R.P. Austin, T. Potter, P. Barton, A highly automated assay for determining the aqueous equilibrium solubility of drug discovery compounds, J. Lab. Autom. 16 (2011) 276-284.
[22] E.H. Kerns, High throughput physicochemical profiling for drug discovery, J. Pharm. Sci. 90 (2001) 1838-1858.
[23] A. Glomme, J. Maerz, J.B. Dressman, Comparison of a miniaturized shake-flask solubility method with automated potentiometric acid/base titrations and calculated solubilities, J. Pharm. Sci. 94 (2005) 1-16.
[24] A. Avdeef, C.M. Berger, C. Brownell, pH-metric solubility. 2: correlation between the acid-base titration and the saturation shake-flask solubility-pH methods, Pharm. Res. 17 (2000) 85-89.
[25] L. Di, E.H. Kerns, Application of physicochemical data to support lead optimization by discovery teams, in: R.T. Borchardt, E.H. Kerns, M. J. Hageman, D.R. Thakker, J.L. Stevens (Eds.), Optimizing the Drug-Like Properties of Leads in Drug Discovery, Springer, AAPS Press, New York, New York, 2006, pp. 167-194.
[26] J.B. Dressman, G.L. Amidon, C. Reppas, V.P. Shah, Dissolution testing as a prognostic tool for oral drug absorption: immediate release dosage forms, Pharm. Res. 15 (1998) 11-22.
[27] J. Wang, E. Matayoshi, Solubility at the molecular level: development of a critical aggregation concentration (CAC) assay for estimating compound monomer solubility, Pharm. Res. 29 (2012) 1745-1754.
[28] L. Di, E.H. Kerns, Application of pharmaceutical profiling assays for optimization of drug-like properties, Curr. Opin. Drug Discov. Dev. 8 (2005) 495-504.
[29] N. Fotaki, M. Vertzoni, Biorelevant dissolution methods and their applications in in vitro-in vivo correlations for oral formulations, Open Drug Deliv. J. 4 (2010) 2-13.
[30] J.B. Dressman, In: J.B. Dressman, H. Lennernäs (Eds.), Oral Drug Absorption—Prediction and Assessment, Marcel Dekker, New York, 2000, pp. 155-182
[31] J.B. Dressman, M. Vertzoni, K. Goumas, C. Reppas, Estimating drug solubility in the gastrointestinal tract, Adv. Drug Deliv. Rev. 59 (2007) 591-602.
[32] B. Bard, S. Martel, P.-A. Carrupt, High throughput UV method for the estimation of thermodynamic solubility and the determination of the solubility in biorelevant media, Eur. J. Pharm. Sci. 33 (2008) 230-240.
[33] Anon., Dissolution, *The United States Pharmacopeia* 28, United States Pharmacopeial Convention, Inc., 2005, pp. 2412-2414.
[34] A. Avdeef, D. Voloboy, A. Foreman, Dissolution and solubility, in: B. Testa, H. van de Waterbeemd (Eds.), Comprehensive Medicinal Chemistry II, Volume 5, ADME-Tox Approaches, Elsevier, Oxford, UK, 2007, pp. 399-424.
[35] K.V. Balakin, Y.A. Ivanenkov, A.V. Skorenko, V.V. Nikolsky, N.V. Savchuk, A.A. Ivashchenko, In silico estimation of DMSO solubility of organic compounds for bioscreening, J. Biomol. Screen. 9 (2004) 22-31.
[36] S.R. LaPlante, R. Carson, J. Gillard, N. Aubry, R. Coulombe, S. Bordeleau, P. Bonneau, M. Little, J. O'Meara, P.L. Beaulieu, Compound aggregation in drug discovery: implementing a practical NMR assay for medicinal chemists, J. Med. Chem. 56 (2013) 5142-5150.
[37] E.H. Kerns, L. Di, G.T. Carter, *In vitro* solubility assays in drug discovery, Curr. Drug Metab. 9 (2008) 879-885.
[38] K. Sugano, A. Okazaki, S. Sugimoto, S. Tavornvipas, A. Omura, T. Mano, Solubility and dissolution profile assessment in drug discovery, Drug Metab. Pharmacokinet. 22 (2007) 225-254.
[39] N. Colclough, A. Hunter, P.W. Kenny, R.S. Kittlety, L. Lobedan, K.Y. Tam, M.A. Timms, High throughput solubility determination with application to selection of compounds for fragment screening, Bioorg. Med. Chem. 16 (2008) 6611-6616.
[40] L. Di, E.H. Kerns, Biological assay challenges from compound solubility: strategies for bioassay optimization, Drug Discov. Today 11 (2006) 446-451.
[41] W.-G. Dai, S. Pollock-Dove, L.C. Dong, S. Li, Advanced screening assays to rapidly identify solubility-enhancing formulations: high-throughput, miniaturization and automation, Adv. Drug Deliv. Rev. 60 (2008) 657-672.

第 26 章

渗透性研究方法

26.1 引言

渗透性是关键的 ADME（吸收、分布、代谢和排泄）性质，对药物发现的体外实验（如细胞活性和 ADME 测试），以及体内药代动力学、疗效和毒性都具有重要的影响。渗透性研究应用于药物研发的不同阶段，可为研究人员提供重要的数据参考，因此对药物研发具有重要的影响。可根据渗透性预测药物透过生物脂质膜的速率。渗透性的软件预测可作为药物发现早期的组成部分，用于高通量筛选（high-throughput screening，HTS）过程中苗头化合物的选择，以及对计划合成或已合成的化合物进行评估。由于渗透性包括不同的机制，因此可采用体外技术和方法来研究化合物不同机制的渗透方式［如被动扩散（passive diffusion）、外排（efflux）、主动运输（uptake transport）］。相关研究可为药物设计和结构修饰提供提高渗透性的策略。此外，还可尝试通过主动运输转运体来增强药物的吸收。借助于基于生理学的药代动力学（physiologically based pharmacokinetics，PBPK）模型，可将渗透性数据作为输入性参数，对药代动力学和药物相互作用模式进行预测。

26.2 渗透性的计算机预测

有多种算法可用于渗透性的预测，其复杂程度和成本各不相同。预测的目的在于药物发现过程中的化学结构修饰更加集中，并有利于发现具有良好渗透性的临床候选药物。

26.2.1 基于结构性质的渗透性预测

如第 4 章所述，已发表的几篇论文描述了类药性的结构特性[1-3]，包括与良好口服吸收有关的特性，如亲脂性、氢键、拓扑极性表面积（topological polar surface area，TPSA）、分子柔性和分子大小，这些性质都属于类药性概念的一部分。良好吸收的药物性质范围请参见第 4.4 节。

26.2.2 渗透性的计算机模拟预测

文献 [4] 报道了有关预测药物胃肠道（gastrointestinal，GI）吸收计算模型。表 26.1 列举了部分可用于预测胃肠道吸收的商业软件。与所有软件一样，用户在购买和使用软件之前，可通过已知化合物和内部数据对该软件进行评估。渗透性比亲脂性更为复杂，用于开发算法的人体肠道吸收的数据非常有限。因此，应仅将预测数值作为指导，而不是照单全收，盲目相信。与其他软件一样，预测可能更适宜于一系列化合物的相互比较，而不是参考具体的预测数值。基于渗透性预测数据，药物化学家可以研究化合物母核上的不同取代基在胃肠道中的潜在吸收效应。

表 26.1　部分可用于渗透性预测的商业软件

产品名称	公司	网站
Discovery Studio™	Accelrys	www.accelrys.com
Percepta™	Advanced Chemistry Development	www.acdlabs.com
COSMOquick™	COSMOlogic	www.cosmologic.de
Volsurf+™	Molecular Discovery	www.moldiscovery.com
QikProp™	Schrodinger	www.schrodinger.com
ADMET predictor™	Simulations Plus	www.simulations-plus.com

其中一个用于预测渗透性的模型应用了 Alg$P$98 亲脂性和 TPSA 描述符（基于 Cerius^2、分子模拟）。该模型将被动肠吸收的预测分为三类，分别为 >90% 的吸收、30%～90% 的吸收和 <30% 的吸收[5]。吸收良好（>90%）的化合物（95% 置信区间）在 −1<Alg$P$98<5.9、0<PSA<132Å^2 的范围内呈椭圆形分布排列。该模型还描述了 Caco-2 渗透性的定量构效关系（quantitative structure-activity relationship，QSAR）、平行人工膜渗透性测试（parallel artificial membrane permeability assay，PAMPA）、PAMPA-BBB 测试以及人体的肠道吸收[6,7]。

已有文献报道了预测工具在渗透性模型开发中的应用[8-10]。例如，通过 VolSurf 描述符来开发渗透性预测模型[11]。表 26.2 列举了用于预测人体肠道渗透性的商业软件模型和体外单层细胞测试方法（如 Caco-2 和 MDCK）。

表 26.2　部分用于渗透性测试的商业仪器及产品目录

方法	技术	产品名称	公司	网址
Caco-2, MDCK	Cells	Caco-2, MCDK cells	ATCC	www.atcc.org
Caco-2, MDCK	Plates	Transwell®, Costar™	Corning	www.corning.com
Caco-2, MDCK	Plates	MultiScreen™	Millipore	www.millipore.com
Caco-2, MDCK	TEER	EVOM2, SYS-REMS	World Prec. Instr.	www.wpiinc.com
PAMPA	Pre-coated Plates	PAMPA plate system	Corning Gentest	www.corning.com
PAMPA	PAMPA system	Evolution™, Explorer™	Pion Inc.	www.pion-inc.com
PAMPA	Plates, lipid, buffer	PAMPA	Pion Inc.	www.pion-inc.com
IAM	IAM columns	Immobilized Art. Memb.	Regis Tech.	www.registech.com
Liposome	Liposomes	Fluorosomes®	TFC BioSciences	TFCbio.com
Caco-2, MDCK, PAMPA	Robotics	Biomek® FX	Beckman Coulter	www.beckman.com
Caco-2, MDCK, PAMPA	Robotics	Microlab® Star	Hamilton	www.hamiltonrobotics.com
Caco-2, MDCK, PAMPA	Robotics	Freedom EVO	Tecan	www.tecan.com

26.3　体外渗透性测试方法

制药行业主要使用两种渗透性测试方法：单层细胞法（如 Caco-2、MDCK）和 PAMPA 法。在某些情况下，还可以采用脂质体和固定化人工膜（immobilized artificial membrane，IAM）方法。除了单层细胞测定法（该方法还可以测试细胞旁路和转运体介导的渗透方式）以外，大多数方法都可以模拟通过脂质膜的跨细胞被动扩散过程。

26.3.1　渗透性的脂质体测试方法

脂质体是由脂质双层膜形成的囊泡。不同的脂质组分常被用来研究脂质体从外到内的被动跨膜渗透性。脂质体用于测试被动跨双层膜渗透（与 Caco-2 的被动跨细胞渗透相反）的方法已有相关的报道[12]。该方法使用 pH 敏感荧光团。一个荧光团位于脂质体的外部，可识别碱性阳离子释放质子的反应：$BH^+ \rightleftharpoons B+H^+$，生成的游离碱（B）可进入脂质双分子层；另一个荧光团位于脂质体的内部，是一种对 pH 敏感的荧光团，可识别 $B+H^+ \rightleftharpoons BH^+$ 的反应，当脂质体内腔中的质子耗尽时达到平衡。

反式荧光是一种商业化的工具（表 26.2），该工具使用脂质体和荧光检测进行渗透性测试。受试化合物被动扩散通过脂质体双层膜，内部专有荧光团会发生荧光淬灭。该方法测得的渗透性值与人体吸收分数（fraction absorbed，F_a）具有很好的相关性。

26.3.2 渗透性的 IAM 高效液相色谱测试方法

IAM 是一种使用普通 HPLC 测试渗透性的方法，操作较为方便，和将十八烷基共价结合在固定相中的反相 HPLC 不同，IAM 技术是将磷脂结合在固定相中，而磷脂中含有极性的头基和脂肪侧链。Pidgeon 最早开发了这种 HPLC 测试方法[13-22]，用于测试化合物在水相和磷脂相之间的分配。色谱容量因子（chromatographic capacity factor，k）随磷脂相亲和力的增加而增加。按 k 值对化合物进行排序，k 值越大说明化合物的亲脂性或磷脂亲和力越高，而该亲和力参数与渗透性相关。选择已通过另一技术进行渗透性和吸收性测试的化合物作为对照化合物，可对保留时间进行校准。

HPLC 在实验室中应用普遍，使用方便且易于通过自动进样器实现自动化操作，以节省时间。HPLC 测试法与脂质渗透性的相关性可能优于 lg$D$，因为脂质结构与生物膜的组成非常接近。IAM 色谱柱已经实现了商业化（表 26.2）。由于 IAM 只涉及与磷脂的相互作用，而不涉及生物膜脂质双分子层的极性转变和分子体积的空间约束，因此它对渗透性的预测不如其他方法。传统上，IAM 使用等比例流动相，因此，对高亲脂性化合物的保留时间较长。Valko 等还开发了一种高通量梯度 IAM 测试法[22]。IAM 的优点是对化合物的要求低，杂质并不会影响渗透性的预测。

26.3.3 渗透性的 Caco-2 单层细胞测试方法

第一种实用的体外渗透性测试方法是 Caco-2 单层细胞法，是一种模拟肠上皮细胞单层屏障的模型。Caco-2 是最广为人知且常用的渗透性评估模型[23-35]。

Caco-2 是一种人结肠腺癌细胞系，可通过商业渠道购买（表 26.2）。Caco-2 可以很好地模拟肠道吸收的特性。当细胞在半透膜上培养时，细胞黏附在膜上并不断生长汇合，形成紧密的连接。Caco-2 还可在顶部表面形成微绒毛，类似于肠道上皮细胞肠绒毛的形态。Caco-2 分化后以极化方式表达某些细胞膜转运体，如 P-糖蛋白（P-glycoprotein，P-gp）、乳腺癌耐药蛋白（breast cancer resistance protein，BCRP）和多药耐药蛋白 2（multidrug resistance protein2，MRP2）。因此，Caco-2 独特的性质非常适宜于研究药物的被动扩散、多重外排和主动运输的透膜机制。图 26.1 列举了 21 个口服药物的 Caco-2 单层细胞渗透性（P_e）与 F_a 的相关性数据[8]。

Caco-2 也具有一些不利的特性，该细胞系在遗传上并不是同质的，并且包含了多种细胞类型。这可能导致 Caco-2 培养物在随后的传代以及实验室之间存在差异，甚至同一研究机构的测试结果也会有所不同。这将造成不同实验室给出的 Caco-2 渗透性数据变化较大。其他因素也可引起实验室之间的数据差异：培养条件（如血清源、培养基更换频率）和实验器材和试剂（如实验装置、DMSO 的浓度、培养基组分、Transwell 板的类型）。因此，虽然渗透性趋势可能是一致的，但实际渗透性数值会因实验室而异。

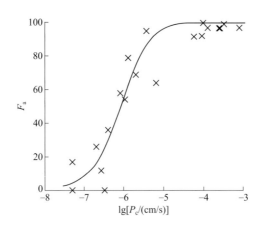

图 26.1 21 个口服药物的 Caco-2 单层细胞透膜性（P_c）和吸收分数（F_a）的关系[8]
经 P Stenberg, U Norinder, K Luthman, et al. Experimental and computational screening models for the prediction of intestinal drug absorption. J Med Chem. 2001, 44: 1927-1937 许可转载，版权归 American Chemical Society 所有

Caco-2 测试方法的另一个限制是，Caco-2 细胞需要 21～25 天的生长才能汇集、分化并表达全转运体。实验耗费大量的精力，也增加了培养物染菌的机会。目前已开发出了一种较短的 5 天培养技术[29]，但必须验证机构内部是否具备全转运功能。

当然，Caco-2 与小肠上皮细胞之间也存在一定的差异。Caco-2 的紧密连接孔较小，因此不是旁路渗透性测试的可靠方法。对于低分子量的极性化合物，旁路研究应采用其他方法 [如大鼠门静脉插管（portal vein-cannulated，PVC）实验]。此外，Caco-2 具有很低的代谢活性，因此并不是良好的将肠道渗透性和代谢效应相结合的模型。与肠上皮细胞相比，Caco-2 会过表达 P-gp，因此外排量可能高于肠上皮细胞。

26.3.3.1　单层细胞渗透性测试的一般操作

实验细胞一般储存于液氮中。为了保持可比性，应注意使用具有传代相近的细胞。细胞解冻后，先在烧瓶中培养生长，然后接种至 Transwell 板孔中（可使用 12 孔、24 孔或 96 孔板），如图 26.2 所示。接种后，细胞将在多孔过滤器支架上生长。培养时间根据细胞类型而定（如 Caco-2 培养 21～27 天，MDCK 培养 5～7 天），每 3 天更换一次培养基。培养一段时间后，细胞会覆盖到支架表面。在实验前和实验后，可通过跨膜电阻（transepithelial electrical resistance，TEER）检查单层细胞的完整性，以确定是否存在可允许化合物自由通过的间隙。如果 TEER 值较低，则通过单层间隙的化合物水平会比较高。也可将荧光黄（lucifer yellow）添加到每个板孔以检测细胞间隙（使用酶标仪检测荧光黄）。化合物中应加入进行质量控制（quality control，QC）的对照化合物，以确保同时包含低渗透性 [如阿替洛尔（atenolol）、甘露醇（mannitol）] 和高渗透性 [如美托洛尔（metoprolol）] 的对照化合物。将受试化合物添加至含有葡萄糖的缓冲液中，如含有 [4-(2- 羟乙基)-1- 哌嗪乙烷磺酸 [4-(2-hydroxyethyl)-1-piperazineethanesulfonic acid，HEPES] 的 Hanks 平衡盐溶液（HBSS）中，以达到特定的浓度（如 1 μmol/L）。同一受试化合物可在 3 个复孔中进行重复测试，以提高数据的可靠性。根据实验的渗透方向，将受试化合物在 0 时刻添加到选定的隔室中（称为"供体"隔室），将空白缓冲液添加到另一侧的隔室中（称为"受体"隔室）。可将受试化合物添加到顶部室，测量顶部（A）到基底外侧（B）的渗透性（A>B）；或者将化合物添加到基底外侧室，测定 B>A 的渗透性。通常情况下，每个腔室中的 pH 均为 7.4，以避免造成人为的外排（碱性化合物渗透到顶部）或摄取（酸性化合物渗透到基底外侧）影响。也可采用贯穿整个膜的 pH 梯度来模拟生理条件 [pH 6.5 的供体（小肠 pH）和 pH 7.4 的受体（血液

pH）］。将 Transwell 板在细胞培养箱中，于 37℃下孵育，并在不同时间点（如 1～2 h）取样分析。对高渗透性化合物进行最佳测试的建议是使用定轨振荡器进行混合，以减少不动水层（unstirred water layer，UWL）。实验的最长时间可设置为：<10% 比例的受试化合物进入到接收器中，以保证 "漏槽" 条件生效，使净正向渗透（供体到受体）不会因为向后渗透（受体到供体）的影响而减少。在开始、中间和最后时间点，采集少量的顶部和基底外侧样本，或者在每个时间点，将接种孔移到新的基底外侧室中。样品含量通过液相色谱 / 质谱（LC/MS/MS）进行分析。有效渗透性的计算公式如下：

$$P_{app} = \frac{dM_r}{dt \times A \times c_D(0)}$$

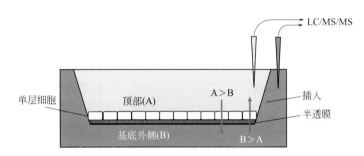

图 26.2　单层细胞渗透性测试示意

式中，dM_r 是受体隔室中化合物的质量；dt 是以秒为单位的时间；A 为单层细胞的表面积；$c_D(0)$ 是在 0 时刻供体隔室中的化合物浓度[36]。透过单层细胞的通量（dM_r/dt）也可以通过运输量与时间关系曲线的斜率来计算。A>B 数据可提供在吸收方向上的渗透性值。

26.3.3.2　Caco-2 渗透性研究中的其他事项

在 Caco-2 渗透性测试中，也需要关注一些其他的注意事项和实验变量，以增加测试的准确性并获得更深入的见解。

不同实验室采用 Caco-2 方法所测得的渗透性数值可能有所不同。但是，通常有一个可进行比较的基准。以下是用于 Caco-2 渗透性比较的一般范围：

$P_{app}<2\times10^{-6}$ cm/s　　　　　　　　　　　　　　低渗透性
$2\times10^{-6}<P_{app}<20\times10^{-6}$ cm/s　　　　　　　　中等渗透性
$P_{app}>20\times10^{-6}$ cm/s　　　　　　　　　　　　　高渗透性

外排转运能力可以通过在 A>B 和 B>A 两个方向上进行分析并计算出外排比（efflux ratio，ER）来衡量：

$$ER = \frac{P_{app,B>A}}{P_{app,A>B}}$$

如果 ER≈1，则化合物主要通过被动扩散透膜；如果 ER 与 1 差异较大，则可能涉及转运体转运；ER>2～3，表明化合物受到 Caco-2 外排转运体的显著影响。

如果怀疑存在特定的转运体影响，可以通过该转运体的选择性抑制剂进行重复试验。如果 P_{ap} 和 ER 值随共孵育抑制剂的变化而变化，则说明涉及转运体。27.3.1 节将对这些实验进行更详细的讨论。一般认为，相对于体内小肠上皮细胞，Caco-2 会过表达 P-gp，以及主动运输转运体，因此在数据分析时应考虑到这一点。

受试化合物的浓度也会影响实验结果。许多实验室使用了 1 ~ 10 μmol/L 的浓度进行测试。另一种观点认为，口服给药后，胃肠道腔内的化合物浓度更接近于 50 ~ 100 μmol/L，所以一些实验室使用该浓度进行测试。在这一浓度下，转运体很可能达到饱和。因此，在低浓度和高浓度之间测定的渗透性可能存在差异。如果受试化合物是外排转运体底物，则随着浓度的增加和转运体的饱和，转运体相对于被动扩散的渗透性会降低。因此，确定受试化合物的浓度是非常重要的。较高的浓度不能正确地模拟其他渗透性屏障（如 BBB），因为这些部位的游离药物浓度要低得多（nmol/L 级），而这时转运体所发挥的作用要大得多（如 BBB 的 P-gp 外排）。

单层细胞测试法采用两种类型的 pH 条件。第一种方法是在顶部和基底外侧隔室使用不同 pH 值的缓冲液来模拟小肠上皮细胞的 pH 值差异。酸性 pH（如 pH 5 ~ 6.5）用于顶室，中性 pH 为 7.4 用于基底外侧室，可模拟小肠上部，该部位的肠腔处于酸性 pH 值。此外，应采用 pH 梯度条件来预测口服吸收。而当测试 ER 时，两个隔室应采用相同的 pH 值。不同的测试条件如图 26.3 所示。

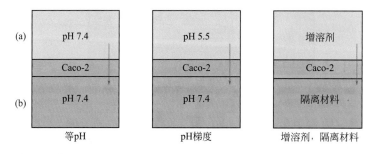

图 26.3　各种条件下（水性缓冲液的 pH、pH 梯度、增溶剂和隔离材料）的单层细胞渗透性测试示意

另一种变体实验是在缓冲液中添加增溶剂。对于溶解度低的化合物，这有助于得到更准确的渗透性值，可选用的条件包括 1% ~ 5% 范围内的胆盐。另有文献报道在顶室使用禁食状态的模拟肠液（fasted state simulated intestinal fluid，FaSSIF）[30,31]。

此外，可在受体隔室中使用隔离材料。这样化合物一旦通过渗透屏障就会被隔离起来，用于模拟血室的状况。所用的材料包括牛血清白蛋白（bovine serum albumin，BSA）。这种条件通常被称为"漏槽条件（sink condition）"。

另一个需要考量的因素是确定回收率。这是分析开始和结束时两个隔室中受试化合物的总量之差。溶解度低、化合物在 Caco-2 细胞中积累、与孔板塑料结合或化合物被细胞代谢，都可能导致回收率偏低。低于 50% 的回收率会产生可疑的数据，渗透性数值将低于真实值。

Caco-2 可用于生物药剂学分类系统（biopharmaceutics classification system，BCS），将化合物的渗透性分为高渗透和低渗透性。如果该化合物的 Caco-2 渗透性与同一实验中测试的高渗透性对照药物的渗透性数值相同，则该受试化合物可被归类为高渗透性。常见的高渗透性对照药物是美托洛尔（95% 在 GI 吸收）。

在过去几年间，Caco-2 测试的通量很低，同时也耗费了大量的资源。人工细胞培养需要维持 21 ~ 25 天（采用 24 孔板），还需要人工移液和 LC/MS 分析，这使得该实验与体内研究一样费力耗时。随着经验和高通量技术的进步，所需的资源正逐渐减少，通量也在逐渐提高。包括 96 孔的孔板、96 通道的移液枪、自动化细胞维护和运输分析的机器人、自动化 MS/MS 方法开发，以及超高效液相色谱（ultraperformance liquid chromatography，UPLC）等都大大缩短了所需的测试时间。

表26.2列举了可开展单层细胞渗透性测试的部分仪器供应商。表26.3列举了可提供渗透性测试服务的部分商业（CRO）实验室。

表26.3 部分可提供渗透性测试的商业（CRO）实验室

服务名称	公司	网址
Caco-2, MDCK	Absorption Systems	www.absorption.com
Caco-2	Agilux	agiluxlabs.com
PAMPA	Analiza	www.analiza.com
Caco-2	BioReliance	www.bioreliance.com
Caco-2, MDCK	Charles River	www.criver.com
Caco-2, MDCK, PAMPA	Cyprotex	www.cyprotex.com
PAMPA	Nextar	www.aminolab-pharma.com
PAMPA	Pion Inc.	www.pion-inc.com
Caco-2	Solvo Biotech	www.solvobiotech.com
Caco-2	Wolfe Laboratories	www.wolfelabs.com

26.3.4 MDCK单层细胞渗透性测试方法

另一种广泛应用且具有优势的细胞系是麦丁-达比犬肾（Madin-Darby Canine Kidney，MDCK）细胞系。在用于ADME研究之前，MDCK已用于其他生物实验。MDCK如今被广泛应用于药物发现中的被动扩散渗透性测试[37-39]。MDCK测试的一个优点是细胞只需要进行3~5天的培养即可开展渗透性研究，从而最大限度地利用了资源，并降低了被污染的概率。此外，MDCK还具有低表达水平的转运体和代谢酶，并且在24孔和96孔板之间、实验室与实验室之间具有很好的重现性。已经开发了两种类型的MDCK细胞系，即MDCKⅠ和MDCKⅡ，其中MDCKⅠ的TEER值高于MDCKⅡ的TEER[26]。在一个由55个化合物组成的试验组中，MDCK测试和Caco-2测试之间表现出了很好的相关性（R^2=0.79），并且与人体的F_a值也具有很高的相关性（MDCK和Caco-2的Spearman相关系数r_s分别为0.58和0.54）[39]。

MDCK测试的另一个优点是MDCK细胞可被人源基因转染。这一细胞系在细胞平行实验中表现稳定和且具有重现性，因此可以在转运体存在和不存在两种情况下对渗透性进行比较研究。目前，已经开发出了许多表达人转运体的细胞系[40]，包括具有P-gp的多药耐药蛋白1（multidrug resistance protein 1，MDR1）-MDCKⅡ的细胞系。根据实验目的，可将MDCKⅡ-WT（wild type，野生型）或联合转运体抑制剂的MDR1-MDCKⅡ用作对照，这使得表达转运体的细胞系可有效地用于诊断某一特定的外排转运体，或研究外排转运体对单个化合物渗透作用的影响。这些细胞系还可以用于检测和研究对外排转运体具有抑制作用的化合物，而这些化合物可能会影响外排转运体底物的联合给药。外排转运体的详细讨论见第9章和第27章。

MDCKⅡ-LE单层细胞渗透性测试方法

尽管在MDCK细胞中转运体表达的水平较低，但由于其会表达犬外排转运体，所以MDCK对某些化合物具有较低至中等的ER值。如果能减少犬转运体的表达，则可以更好地测试被动跨细胞扩散。

为了解决上述问题，开发出了一种低外排（low efflux，LE）的MDCKⅡ细胞系MDCKⅡ-LE[36]。它是通过选择低P-gp功能的MDCKⅡ-WT细胞，采用荧光激活细胞分选（fluorescence-activated cell sorting，FACS）和钙黄绿素外排标记，经多次传代，最终选择 P-gp 功能低至 1% 的细胞。以犬 P-gp mRNA 通过实时聚合酶链反应（real-time polymerase chain reaction，PCR）对 MDCK Ⅱ-LE 细胞系进行测定，结果表明该细胞的犬 P-gp 表达比 MDCK Ⅱ-WT 减少了 200 倍。以单层 MDCK Ⅱ-WT 细胞双向测试 60 个化合物的渗透性，发现其 ER 值在 1.5～8.5，而当采用 MDCK Ⅱ-LE 时，化合物的 ER 值均为零。由于 MDCK Ⅱ-LE 具有非常低的 P-gp 水平，所以可将这些细胞用于盒式分析，并且不会受到盒式成分转运体饱和的干扰。

在其他应用中，由于 P-gp 的表达大大降低，MDCK Ⅱ-LE 能产生更好的转运体转染的 MDCK 细胞系。此外，MDCK Ⅱ-LE 细胞系还被证明可提供媲美于人肝细胞[41]的被动扩散渗透性数据，这也是肝清除的一个重要因素，并且降低了成本，提高了效率。

26.3.5　其他细胞系的单层细胞渗透性测试方法

LLC-PK1 细胞系来源于猪肾近曲小管上皮细胞，也可在 Transwell 板中形成单层细胞层。LLC-PK1 可被人 MDR1 和其他转运体和代谢酶的基因转染，用于药物的处置研究[42,43]。

2/4/A1 细胞是另一种能比 Caco-2 更好模拟细胞旁路渗透的细胞系，该细胞系来源于胎鼠肠上皮。2/4/A1 细胞在 5～7 天内即可形成贴壁单层膜，能够有效地模拟人体肠道的细胞旁路渗透[44,45]。此外，该细胞对某些转运体的表达水平较低，对许多转运体的表达水平甚至为零。而这些转运体与低分子量亲水性药物的人体肠道不完全吸收密切相关。因此，2/4/A1 细胞可用作被动扩散和细胞旁路渗透的模型，用于化合物的深入研究。

HT-29 是一种能够分泌黏液的杯状细胞系，可形成一个比 Caco-2 具有更高旁路渗透率的贴壁单细胞层。该细胞系可单独使用，或与 Caco-2 细胞共培养。

26.3.6　平行人工膜渗透性测试

平行人工膜渗透性测试（parallel artificial membrane permeability assay，PAMPA）是一种成本较低的高通量体外渗透性评价方法[46]。PAMPA 膜是由溶解在长链烃（如十二烷）中的磷脂（如磷脂酰胆碱、卵磷脂）组成，而不是一层活细胞。PAMPA 渗透性实验的示意如图 26.4 所示。目前已报道了多种方式的 PAMPA 测试[46-62]。

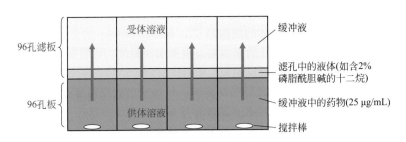

图 26.4　平行人工膜渗透性测试（PAMPA）示意

26.3.6.1　PAMPA 渗透性测试的一般操作

将受试化合物在缓冲液（供体溶液）中稀释，并置于 96 孔板的供体隔室（如 200 μL）中。通常使用的浓度约为 25 μg/mL（约 50 μmol/L）。将一块 96 孔滤板（其底部有一个多孔过滤器）置于供体板的顶部，使其与缓冲水溶液接触。将几微升（如 4 μL）的人造膜溶液（如含有 20%

卵磷脂的十二烷）置于多孔过滤器的顶部，浸入过滤器的孔中以完全将其填充覆盖，形成与供体隔室缓冲液相接触的人造膜屏障。将空白缓冲液（如 200 μL）置于滤膜板孔中，位于人造膜上方，形成"受体"隔室。根据实验室操作和化合物的渗透性，将 96 孔板和"夹心"滤板在恒定的温度和湿度下保持 1 ~ 18 h。然后从受体隔室取样，去除滤板，再从供体隔室取样。使用 LC/MS、LC/UV 或紫外（UV）读板器定量分析化合物的浓度。可将未使用的"供体溶液"（未放置在供体室中）用作 100% 的标准对照，以定量供体和受体孔中的化合物浓度。最终计算获得有效的渗透率（P_{eff}）。

26.3.6.2 PAMPA 测试的其他考量因素

PAMPA 方法只能测试被动扩散方式的渗透性，但如第 8 章所述，这是药物在肠道中吸收的最重要渗透机制。因此，PAMPA 还提供了一种在不发生其他渗透机制情况下单独评估被动扩散的方法。而在 Caco-2 测试中，获得具体的被动扩散渗透性数据往往需要进行多次实验。

PAMPA 的渗透性与人空肠的渗透性具有相关性，且这种相关性与 Caco-2 方法近乎相同[50]。图 26.5 显示了 PAMPA 与人空肠的相关性关系。因此，PAMPA 提供了一种预测体内吸收的高通量测试方法，在药物发现早期阶段便可预测化合物的体内吸收情况。

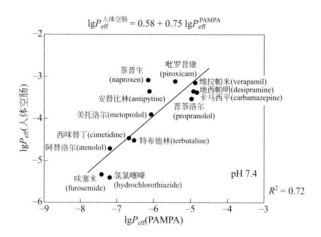

图 26.5　基于 PAMPA 对人体空肠渗透性的预测（经 Alex Avdeef 博士许可转载）

PAMPA 的优点是成本低、通量高。人造膜可在开展实验时容易地制备，因此不需要投入大量精力和成本进行细胞培养。紫外读板器可用于受试化合物的浓度定量，与单层细胞测试方法中使用的 LC/MS/MS 技术相比，可有效降低成本并提高通量。

此外，PAMPA 方法的实验条件更为灵活，可针对特定的研究问题开展实验，而实验的变化只是在供体和受体隔室中使用不同的 pH 缓冲液。通常膜两侧的 pH 值相同，但为了模拟肠道，可在受体隔室中采用中性 pH 值，而在供体隔室中采用酸性 pH 值。这一策略十分有利，但是 Caco-2 细胞却不能很好地耐受 pH 值的变化（如低 pH 值）。增溶组分可能对细胞产生毒性作用，但可以添加到 PAMPA 缓冲液中以获得低溶解度化合物的渗透性数值。在受体隔室中可使用隔离材料，以模拟肠内的"漏槽"条件。此外，人造膜中的脂质成分也可以相应改变，如含 2% 磷脂酰胆碱的十二烷[50]、含 20% 卵磷脂的十二烷[46]、单一的十六烷[56]，以及含脑脂质的 PAMPA-BBB（见第 28 章）。Pion 公司提供了一种专门的脂质混合物，其增加了 PAMPA 与人体肠道吸收的相似性。供体搅拌是另一个可变化的条件[50]。当搅拌供体隔室时，大大减少了 UWL，因此可以在更短的时间内（如 1 h 而不是 10 h）完成 PAMPA 实验。实验还可使用不同厚度的滤膜和滤板[47,56]。因为分子的扩散距离较短，较薄的膜可以缩短实验时间。所有这些条件的变化都会影响最终的数据，但这也证明了 PAMPA 测试的灵活性，可根据特定的条件开展有针对性的建模和实验。

应当注意的是，PAMPA 并不是双层膜，但其厚度（如 125 μm）要比双层脂质膜（约 5 μm）或单层细胞（约 20 μm）厚得多。PAMPA 膜的微观结构尚不确定，可能是多层的、无序的，主要与组成有关。

26.3.7 Caco-2 和 PAMPA 方法的比较

PAMPA 在制药行业得到了日益广泛的应用，研究人员也将其与其他方法进行了比较。上一节讨论了 PAMPA 的优势，图 26.6 显示了低浓度情况下 Caco-2 与 PAMPA 的数据比较（低浓度下 Caco-2 转运体不会达到饱和）。所有方法的 P_{eff} 绝对值均随实验条件而变化。对于主要通过被动扩散透膜的化合物，Caco-2 和 PAMPA 的数据处于图形的中间部分[62]。具有强 P-gp 外排的化合物位于图形的右下方，说明 PAMPA 方法测得的渗透性相对高于 Caco-2 方法；主动运输透膜的化合物处于图形的左上方，表明 Caco-2 方法测得的渗透性相对高于 PAMPA 方法。

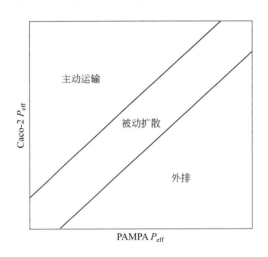

图 26.6 Caco-2 和 PAMPA 渗透性数据的比较[62]

经 E H Kerns, L Di, S Petusky, et al. Jupp, Combined application of parallel artificial membrane permeability assay and Caco-2 permeability assays in drug discovery. J Pharm Sci 2004, 93: 1440-1453 许可转载，版权归 Elsevier Science Ltd. 所有

26.4 渗透性的深度测试方法

26.4.1 尤斯室法

当需要对化合物的渗透性进行深入研究，或测试化合物在离体动物或人体组织中的渗透性时，可以采用 Ussing Chamber 测试法。实验中，将完整的组织膜结构从器官中分离出来，膜以极化（顶部/基底外侧）方向夹入温度和其他变量可控的含有水性缓冲液的装置中。与单层细胞测试方法一样，将受试化合物添加到顶端或基底外侧的隔室中，并测量另一隔室中化合物浓度随时间的变化[63,64]。尽管实验经过精心的设计，但尤斯室和真正的体内渗透之间仍存在差异[63]。

26.4.2 活体肝门静脉插管法

研究人员可以在药物首过代谢之前，通过肝门静脉插管的方式测试药物的浓度。肝门静脉的药物浓度由肠道吸收和肠道代谢决定。生物利用度（bioavailability，F）是吸收剂量分数（F_a）、肠道中未代谢的药物剂量分数（F_g）、肝脏中未代谢的药物剂量分数（F_h）三者的乘积。因此，门静脉插管提供了一种将肠道吸收代谢与肝脏代谢分离的方法[65]。

26.4.3 体内灌注法

化合物在人体肠道内的渗透性可以通过空肠单次灌注方式测定。一个带有两个距离 10 cm 乳胶球囊的多通道管路经过食道和胃部然后插入到肠道中，放置成功后，对球囊进行充气从而将肠道单独分开，并将药物溶液递送到隔离的肠道中。该方法称为 Loc-I-Gut。在可控的条件下，该测试结果能为药物在人体的吸收提供非常有价值的数据。

这种活体动物原位灌注技术在新药发现的后期阶段应用得十分广泛。将动物麻醉后解剖，选择可用于实验的肠道部位并夹紧。将药物溶液通过注射泵注入分离的肠道，然后测试药物的吸收率。该研究在药物发现阶段应用较少，但在开发阶段使用较多，可为药物的 BCS 分类提供必要的数据支撑，这些数据也可以在新药申请时提交给 FDA（见 7.2.3.1 节）。

26.4.4 体内药代动力学研究方法

体内药代动力学最重要的数据是吸收分数和生物利用度。这些方法将在第 37 章中讨论。主要的渗透性测试方法对比见表 26.4。

表 26.4 渗透性测试的主要方法

测试方法	测试类型	速率/（分/个化合物）	通量/[个化合物/（天·设备）]
IAM	高通量	10	120
PAMPA	高通量	0.5	200
单层 MDCK	中等通量	10	120
单层 Caco-2	中等通量	10	120
原位肠灌注	低通量	250	2
肝门静脉插管	低通量	250	2

26.5 渗透性在药物发现中的应用

① 使用渗透性软件对化合物进行筛选，以便尽早预测其渗透性数据。

② 对于感兴趣和新合成的化合物，获取高通量的体外渗透性数据（如 PAMPA、MDCK）以评估被动扩散渗透性。

③ 如果化合物的细胞活性比体外受体和酶活性低得多，建议考虑是否是由渗透性方面的原因造成的。

④ 通过结构修饰策略提高化合物的渗透性。

⑤ 使用包含外排转运体的细胞系获得化合物的单层细胞渗透性数据，评价潜在的外排限制性。

⑥ 对比候选化合物的体内药代动力学和体外渗透性数据，以分析药代动力学性质较差是否

是由渗透性问题（如外排）导致的。

⑦ 使用 Caco-2 测试方法对药物进行 BCS 分类。

（辛敏行　白仁仁）

思考题

（1）对于以下渗透性测试方法，其主要渗透性机制是什么？

方法	被动扩散	主动运输	外排
IAM			
PAMPA			
Caco-2			

（2）IAM 对渗透性的评估具有哪些优势？

（3）与 PAMPA 相比，哪些因素增加了 Caco-2 的测试成本？

（4）与 PAMPA 相比，Caco-2 测试还可获得哪些信息？

（5）IAM HPLC 色谱柱与其他反相 HPLC 色谱柱有何不同？

（6）比较以下化合物的 Caco-2 和 PAMPA 渗透性数据：

化合物的渗透性机制	PAMPA 相对高于 Caco-2	Caco-2 相对高于 PAMPA	PAMPA 相对等于 Caco-2
仅被动扩散			
被动扩散和主动运输			
被动扩散和外排			

参考文献

[1] C.A. Lipinski, F. Lombardo, B.W. Dominy, P.J. Feeney, Experimental and computational approaches to estimate solubility and permeability in drug discovery and development settings, Adv. Drug Deliv. Rev. 23 (1997) 3-25.

[2] D.F. Veber, S.R. Johnson, H.Y. Cheng, B.R. Smith, K.W. Ward, K.D. Kopple, Molecular properties that influence the oral bioavailability of drug candidates, J. Med. Chem. 45 (2002) 2615-2623.

[3] A.K. Ghose, V.N. Viswanadhan, J.J. Wendoloski, A knowledge-based approach in designing combinatorial or medicinal chemistry libraries for drug discovery. 1. A qualitative and quantitative characterization of known drug databases, J. Comb. Chem. 1 (1999) 55-68.

[4] T. Hou, J. Wang, W. Zhang, W. Wang, X. Xu, Recent advances in computational prediction of drug absorption and permeability in drug discovery, Curr. Med. Chem. 13 (2006) 2653-2667.

[5] W.J. Egan, K.M. Merz, J.J. Baldwin, Prediction of drug absorption using multivariate statistics, J. Med. Chem. 43 (2000) 3867-3877.

[6] C. Hansch, A. Leo, S.B. Mekapati, A. Kurup, QSAR and ADME, Bioorg. Med. Chem. 12 (2004) 3391-3400.

[7] R.P. Verma, C. Hansch, C.D. Selassie, Comparative QSAR studies on PAMPA/modified PAMPA for high throughput profiling of drug absorption potential with respect to Caco-2 cells and human intestinal absorption, J. Comput.Aided Mol. Des. 21 (2007) 3-22.

[8] P. Stenberg, U. Norinder, K. Luthman, P. Artursson, Experimental and computational screening models for the prediction of intestinal drug absorption, J. Med. Chem. 44 (2001) 1927-1937.

[9] H. Lennernaes, Human intestinal permeability, J. Pharm. Sci. 87 (1998) 403-410.

[10] S. Winiwarter, N.M. Bonham, F. Ax, A. Hallberg, H. Lennernaes, A. Karlen, Correlation of human jejunal permeability (in vivo) of drugs with experimentally and theoretically derived parameters. A multivariate data analysis approach, J. Med. Chem. 41 (1998) 4939-4949.

[11] G. Cruciani, M. Pastor, W. Guba, VolSurf: a new tool for the pharmacokinetic optimization of lead compounds, Eur. J.

Pharm. Sci. 11 (Suppl. 2) (2000) S29-S39.
[12] K. Eyer, F. Paech, F. Schuler, P. Kuhn, R. Kissner, S. Belli, P.S. Dittrich, S.D. Krämer, A liposomal fluorescence assay to study permeation kinetics of drug-like weak bases across the lipid bilayer, J. Controlled Release 173 (2014) 102-109.
[13] C. Pidgeon, S. Ong, H. Liu, X. Qiu, M. Pidgeon, A.H. Dantzig, J. Munroe, W.J. Hornback, J.S. Kasher, IAM chromatography: an in vitro screen for predicting drug membrane permeability, J. Med. Chem. 38 (1995) 590-594.
[14] S. Ong, H. Liu, C. Pidgeon, Immobilized-artificial-membrane chromatography: measurements of membrane partition coefficient and predicting drug membrane permeability, J. Chromatogr. A 728 (1996) 113-128.
[15] C.Y. Yang, S.J. Cai, H. Liu, C. Pidgeon, Immobilized artificial membranes—screens for drug-membrane interactions, Adv. Drug Deliv. Rev. 23 (1997) 229-256.
[16] S. Ong, H. Liu, X. Qiu, G. Bhat, C. Pidgeon, Membrane partition coefficients chromatographically measured using immobilized artificial membrane surfaces, Anal. Chem. 67 (1995) 755-762.
[17] H. Liu, S. Ong, L. Glunz, C. Pidgeon, Predicting drug-membrane interactions by HPLC: structural requirements of chromatographic surfaces, Anal. Chem. 67 (1995) 3550-3557.
[18] B.H. Stewart, O.H. Chan, Use of immobilized artificial membrane chromatography for drug transport applications, J. Pharm. Sci. 87 (1998) 1471-1478.
[19] J.A. Masucci, G.W. Caldwell, J.P. Foley, Comparison of the retention behavior of b-blockers using immobilized artificial membrane chromatography and lysophospholipid micellar electrokinetic chromatography, J. Chromatogr. A 810 (1998) 95-103.
[20] G.W. Caldwell, J.A. Masucci, M. Evangelisto, R. White, Evaluation of the immobilized artificial membrane phosphatidylcholine. Drug discovery column for high-performance liquid chromatographic screening of drug-membrane interactions, J. Chromatogr. A 800 (1998) 161-169.
[21] F. Beigi, I. Gottschalk, C. Lagerquist Hagglund, L. Haneskog, E. Brekkan, Y. Zhang, T. Osterberg, P. Lundahl, Immobilized liposome and biomembrane partitioning chromatography of drugs for prediction of drug transport, Int. J. Pharm. 164 (1998) 129-137.
[22] K. Valko, C.M. Du, C.D. Bevan, D.P. Reynolds, M.H. Abraham, Rapid-gradient HPLC method for measuring drug interactions with immobilized artificial membrane: comparison with other lipophilicity measures, J. Pharm. Sci. 89 (2000) 1085-1096.
[23] I.J. Hidalgo, T.J. Raub, R.T. Borchardt, Characterization of the human colon carcinoma cell line (Caco-2) as a model system for intestinal epithelial permeability, Gastroenterology 96 (1989) 736-749.
[24] P. Artursson, J. Karlsson, Correlation between oral drug absorption in humans and apparent drug permeability coefficients in human intestinal epithelial (Caco-2) cells, Biochem. Biophys. Res. Commun. 175 (1991) 880-885.
[25] P. Artursson, R.T. Borchardt, Intestinal drug absorption and metabolism in cell cultures: Caco-2 and beyond, Pharm. Res. 14 (1997) 1655-1658.
[26] A. Braun, S. Hammerle, K. Suda, B. Rothen-Rutishauser, M. Gunthert, S.D. Kramer, H. Wunderli-Allenspach, Cell cultures as tools in biopharmacy, Eur. J. Pharm. Sci. 11 (Suppl. 2) (2000) S51-S60.
[27] P. Artursson, K. Palma, K. Luthman, Caco-2 monolayers in experimental and theoretical predictions of drug transport, Adv. Drug Deliv. Rev. 46 (2001) 27-43.
[28] I.J. Hidalgo, Assessing the absorption of new pharmaceuticals, Curr. Top. Med. Chem. 1 (2001) 385-401.
[29] P.V. Balimane, K. Patel, A. Marino, S. Chong, Utility of 96 well Caco-2 cell system for increased throughput of P-gp screening in drug discovery, Eur. J. Pharm. Biopharm. 58 (2004) 99-105.
[30] F. Ingels, S. Defermec, E. Destexhe, M. Oth, G. Van den Mooter, P. Augustijns, Simulated intestinal fluid as transport medium in the Caco-2 cell culture model, Int. J. Pharm. 232 (2002) 183-192.
[31] L. Fossati, R. Dechaume, E. Hardillier, E. Chevillon, C. Prevost, S. Bolze, N. Maubon, Use of simulated intestinal fluid for Caco-2 permeability assay of lipophilic drugs, Int. J. Pharm. 360 (2008) 148-155.
[32] S. Chong, S.A. Dando, R.A. Morrison, Evaluation of Biocoat intestinal epithelium differentiation environment (3-day cultured Caco-2 cells) as an absorption screening model with improved productivity, Pharm. Res. 14 (1997) 1835-1837.
[33] L.-S.L. Gan, D.R. Thakker, Applications of the Caco-2 model in the design and development of orally active drugs: elucidation of biochemical and physical barriers posed by the intestinal epithelium, Adv. Drug Deliv. Rev. 23 (1997) 77-98.
[34] B. Press, D. Di Grandi, Permeability for intestinal absorption: Caco-2 assay and related issues, Curr. Drug Metab. 9 (2008) 893-900.
[35] I. Hubatsch, E.G.E. Ragnarsson, P. Artursson, Determination of drug permeability and prediction of drug absorption in Caco-2 monolayers, Nat. Protoc. 2 (2007) 2111-2119.
[36] L. Di, C. Whitney-Pickett, J.P. Umland, H. Zhang, X. Zhang, D.F. Gebhard, Y. Lai, J.J. Federico 3rd, R.E. Davidson, R. Smith, E.L. Reyner, C. Lee, B. Feng, C. Rotter, M.V. Varma, S. Kempshall, K. Fenner, A.F. El-Kattan, T.E. Liston, M.D. Troutman, Development of a new permeability assay using low-efflux MDCKII cells, J. Pharm. Sci. 100 (2011) 4974-4985.

[37] M.J. Cho, D.P. Thompson, C.T. Cramer, T.J. Vidmar, J.F. Scieszka, The Madin-Darby canine kidney (MDCK) epithelial cell monolayer as a model cellular transport barrier, Pharm. Res. 6 (1989) 71-77.
[38] M.J. Cho, A. Adson, F.J. Kezdy, Transepithelial transport of aliphatic carboxylic acids studied in Madin-Darby canine kidney (MDCK) cell monolayers, Pharm. Res. 7 (1990) 325-331.
[39] J.D. Irvine, L. Takahashi, K. Lockhart, J. Cheong, J.W. Tolan, H.E. Selick, J.R. Grove, MDCK (Madin-Darby canine kidney) cells: a tool for membrane permeability screening, J. Pharm. Sci. 88 (1999) 28-33.
[40] A.H. Schinkel, E. Wagenaar, C.A.A.M. Mol, L. van Deemter, P-glycoprotein in the blood-brain barrier of mice influences the brain penetration and pharmacological activity of many drug, J. Clin. Invest. 97 (1996) 2517-2524.
[41] R. Li, Y.-A. Bi, Y. Lai, K. Sugano, S.J. Steyn, P.E. Trapa, L. Di, Permeability comparison between hepatocyte and low efflux MDCKII cell monolayer, AAPS J. 16 (2014) 802-809.
[42] R. Ohashi, Y. Kamikozawa, M. Sugiura, H. Fukuda, H. Yabuuchi, I. Tamai, Effect of P-glycoprotein on intestinal absorption and brain penetration of antiallergic agent bepostastine besilate, Drug Metab. Dispos. 34 (2006) 793-799.
[43] M. Iwai, T. Minematsu, Q. Li, T. Iwatsubo, T. Usui, Utility of P-glycoprotein and organic cation transporter 1 double-transfected LLC-PK1 cells for studying the interaction of YM155 monobromide, novel small-molecule survivin suppressant, with P-glycoprotein, Drug Metab. Dispos. 39 (2011) 2314-2320.
[44] S. Tavelin, J. Taipalensuu, L. Sööderberg, R. Morrison, S. Chong, P. Artursson, Prediction of the oral absorption of low-permeability drugs using small intestine-like 2/4/A1 cell monolayers, Pharm. Res. 20 (2003) 397-405.
[45] S. Tavelin, J. Taipalensuu, F. Hallbook, K.S. Vellonen, V. Moore, P. Artursson, An improved cell culture model based on 2/4/A1 cell monolayers for studies of intestinal drug transport: characterization of transport routes, Pharm. Res. 20 (2003) 373-381.
[46] M. Kansy, F. Senner, K. Gubernator, Physicochemical high throughput screening: parallel artificial membrane permeation assay in the description of passive absorption processes, J. Med. Chem. 41 (1998) 1007-1010.
[47] C. Zhu, L. Jiang, T.-M. Chen, K.-K. Hwang, A comparative study of artificial membrane permeability assay for high throughput profiling of drug absorption potential, Eur. J. Med. Chem. 37 (2002) 399-407.
[48] F. Wohnsland, B. Faller, High-throughput permeability pH profile and high-throughput alkane/water log P with artificial membranes, J. Med. Chem. 44 (2001) 923-930.
[49] A. Avdeef, High-throughput measurement of permeability profiles, Methods Principles Med. Chem. 18 (2003) 46-71.
[50] A. Avdeef, Absorption and Drug Development: Solubility, Permeability, and Charge State, second ed., John Wiley & Sons Inc, Hoboken, USA, 2012.
[51] K. Sugano, Y. Nabuchi, M. Machida, Y. Aso, Prediction of human intestinal permeability using artificial membrane permeability, Int. J. Pharm. 257 (2003) 245-251.
[52] M. Bermejo, A. Avdeef, A. Ruiz, R. Nalda, J.A. Ruell, O. Tsinman, I. Gonzalez, C. Fernandez, G. Sanchez, T.M. Garrigues, V. Merino, PAMPA-a drug absorption in vitro model 7. Comparing rat in situ, Caco-2, and PAMPA permeability of fluoroquinolones, Eur. J. Pharm. Sci. 21 (2004) 429-441.
[53] M. Kansy, A. Avdeef, H. Fischer, Advances in screening for membrane permeability: high-resolution PAMPA for medicinal chemists, Drug Discov. Today Technol. 1 (2004) 349-355.
[54] M. Kansy, H. Fischer, S. Bendels, B. Wagner, F. Senner, I. Parrilla, V. Micallef, Physicochemical methods for estimating permeability and related properties, in: R.T. Borchardt, E.H. Kerns, C.A. Lipinski, D.R. Thakker, B. Wang (Eds.), Pharmaceutical Profiling in Drug Discovery for Lead Selection, AAPS Press, Arlington, VA, 2004, p. 197.
[55] A. Avdeef, The rise of PAMPA, Expert Opin. Drug Metab. Toxicol. 1 (2005) 325-342.
[56] B. Faller, H.P. Grimm, F. Loeuillet-Ritzler, S. Arnold, X. Briand, High-throughput lipophilicity measurement with immobilized artificial membranes, J. Med. Chem. 48 (2005) 2571-2576.
[57] K. Obata, K. Sugano, R. Saitoh, A. Higashida, Y. Nabuchi, M. Machida, Y. Aso, Prediction of oral drug absorption in humans by theoretical passive absorption model, Int. J. Pharm. 293 (2005) 183-192.
[58] Sugano, K., Obata, K., Saitoh, R., Higashida, A., Hamada, H. (2006). Processing of biopharmaceutical profiling datbba in drug discovery. Pharmacokinetic Profiling in Drug Research: Biological, Physicochemical, and Computational Strategies, [LogP2004, Lipophilicity Symposium], 3rd, Zurich, Switzerland, Feb. 29-Mar. 4, 2004, 441-458.
[59] P.V. Balimane, E. Pace, S. Chong, M. Zhu, M. Jemal, C.K. Van Pelt, A novel high-throughput automated chip-based nanoelectrospray tandem mass spectrometric method for PAMPA sample analysis, J. Pharm. Biomed. Anal. 39 (2005) 8-16.
[60] T. Loftsson, F. Konradsdottir, M. Masson, Development and evaluation of an artificial membrane for determination of drug availability, Int. J. Pharm. 326 (2006) 60-68.
[61] A. Avdeef, S. Bendels, L. Di, B. Faller, M. Kansy, K. Sugano, Y. Yamauchi, PAMPA—critical factors for better predictions of absorption, J. Pharm. Sci. 96 (2007) 2893-2909.
[62] E.H. Kerns, L. Di, S. Petusky, M. Farris, R. Ley, P. Jupp, Combined application of parallel artificial membrane permeability assay and Caco-2 permeability assays in drug discovery, J. Pharm. Sci. 93 (2004) 1440-1453.

[63] H. Lennernäs, Animal data: the contributions of the Ussing Chamber and perfusion systems to predicting human oral drug delivery in vivo, Adv. Drug Deliv. Rev. 59 (2007) 1103-1120.

[64] A. Sjöoberg, M. Lutz, C. Tannergren, C. Wingolf, A. Borde, A.-L. Ungell, Comprehensive study on regional human intestinal permeability and prediction of fraction absorbed of drugs using the Ussing chamber technique, Eur. J. Pharm. Sci. 48 (2013) 166-180.

[65] Y. Matsuda, Y. Konno, M. Satsukawa, T. Kobayashi, Y. Takimoto, Y. Morisaki, S. Yamashita, Assessment of intestinal availability of various drugs in the oral absorption process using portal vein-cannulated rats, Drug Metab. Dispos. 40 (2012) 2231-2238.

第 27 章

转运体研究方法

27.1 引言

转运体（transporter）是药物发现中的一个新兴研究领域，其对 ADMET 的影响在药物研发中发挥着越来越重要的作用。制药行业也已认识到药物代谢酶和转运体对于 ADMET 性质和药物相互作用（drug-drug interaction，DDI）的重要性。转运体的体外、体内测试方法[1-3]已被广泛用于转运体的性质研究及药物设计，以帮助研究人员应对转运体领域面临的新挑战。

与其他属性一样，需要合理且仔细地分配研究资源以开展转运体的研究。既然转运体对于 ADMET 至关重要，那么应在药物发现早期即开启转运体的相关评估，从而指导构效关系研究、预测和了解药代动力学（pharmacokinetics，PK）性质，以及设计临床 DDI 试验。对于药物开发的后期，药物监管机构对临床候选药物的转运体研究提出了明确的指导原则。

27.2 转运体的计算机预测方法

27.2.1 P-gp 的计算机预测方法

Crivori 等[4]开发了一款使用 VolSurf 描述符和偏最小二乘法判别分析（partial least squares discriminant，PLSD）的模型，该模型对于 P-gp 底物和抑制剂具有 72% 的可预测性（不针对外排转运比的定量预测）。目前，已经建立了许多预测 P-gp 底物和抑制剂的药效团模型[5]。P-gp 底物一般由两个或三个距离为 2.5 Å 或 4.6 Å 的给电子基团组成[6]，P-gp 的药效团模型显示其底物具有多重疏水和氢键受体作用特征，与 CYP3A 的底物和抑制剂具有高度相似性[7-9]。对于已报道的使用不同描述符的多种类型的 P-gp 预测模型[5,10-12]，其预测精度范围在 70% ～ 95% 之间。

转运体的表征是建立在多学科的基础之上，结合了化学、功能活性、定量构效关系（quantitative structure-activity relationship，QSAR）、同源建模、比较建模和结构研究[7,13,14]。已经成功解析了大量的 P-gp X 射线衍射晶体结构[15]。此外，还建立了人源 P-gp 模型，可用于指导基于转运体的结构修饰。例如，可通过结构辅助对接模型来预测 P-gp 的抑制剂和非抑制剂，准确率约为 75%[16]。

27.2.2 BCRP 的计算机模拟方法

基于支持向量机法（support vector machine method）开发了一种用于预测乳腺癌抗性蛋白（breast cancer resistance protein，BCRP）底物的方法，可筛选 BCRP 的底物和非底物，准确率约为 73%[17]。在该模型中，BCRP 抑制剂的药效团模型由三个氢键受体和三个疏水性基团组成[18]。

27.2.3 其他转运体的计算机预测方法

目前,已实现了对 OATP、OCT、OAT、MATE、PEPT1 和 MCT1 底物及其抑制剂的计算机预测(参见第 9 章)。随着更多实验数据的纳入,计算模型将得到进一步的升级和扩展,覆盖更广的化学区域。

27.3 体外转运体测试方法

可通过多种体外方法评估化合物对转运体的敏感性,而保证转运体存在于活细胞或膜系统中是非常重要的。转运体在多种细胞及结构中表达,如特定转运体基因转染的细胞系、分离的原代细胞、无限增殖的细胞、微注射的卵母细胞、分离的膜结构以及外翻的囊泡。这些结构中的每一种转运体都具有特定的特征和应用。表 27.1 列举了提供转运体测试服务和相关产品的供应商。

表 27.1 提供转运体测试服务和相关产品的供应商

公司	网址	公司	网址
Absorption Systems	www.absorption.com	Qualyst	www.qualyst.com
ATCC	www.atcc.org	Quotient Bioresearch	www.quotientbioresearch.com
Corning	www.corning.com	Sage Labs Inc.	www.sageresearchlabs.com
Covance	www.covance.com	Sigma-Aldrich	www.sigmaaldrich.com
Cyprotex	www.cyprotex.com	Solvo Biotechnology	www.solvo.hu
In Vitro Technologies	www.invitrotech.com	Taconic Laboratories	www.taconic.com
Millipore	www.millipore.com	World Precision Instr.	www.wpiinc.com
Optivia Biotechnology	www.optiviabio.com	WuXi AppTec	www.wuxiapptec.com
QPS	www.qps.com	Xenotech	www.xenotechllc.com

27.3.1 双向单层细胞 Transwell 渗透法

转运体的双向单层细胞 Transwell 渗透性实验(bidirectional cell monolayer transwell permeability)与 Caco-2 方法相同(图 26.1 和图 27.1)。转运体的研究除了 A>B 的测试外,还包括 B>A 的测试。实验中将含有受试化合物的缓冲液置于 Transwell 仪器的基底侧隔室,而将不含受试化合物的缓冲液置于顶部隔室。化合物通过多孔膜到达基底侧的细胞膜,然后通过细胞渗透进入顶端隔室。这一基底侧到顶端(B>A)的测试可在"分泌"方向上得到一个渗透值。如果化合物仅通过被动扩散或细胞旁路发生渗透,则 $P_{A>B}$ 和 $P_{B>A}$ 的渗透值近似相同。但是,如果化合物发生主动转运,则数值将会有所不同。如果 $P_{A>B}>P_{B>A}$,且"摄取比"($P_{A>B}/P_{B>A}$)$\geqslant 2$,则受试化合物可能发生了主动转运;如果 $P_{B>A}>P_{A>B}$,且"外排比"($P_{B>A}/P_{A>B}$)$\geqslant 2$,则受试化合物可能发生了外排。单层细胞 Transwell 渗透性实验的测试值会因实验室而异。因此,每个实验室都应建立"摄取比"和"外排比"的参考值,从而有效地判断受试化合物是发生主动转运或外排转运。可首先测试已知的转运体底物和非底物,再采用预测方法评估得到相应的比值并进行验证。

用于测试或确认受试化合物是否为转运体底物的补充方法是使用转运体抑制剂。一些化合物已被证明是有效的转运体抑制剂[如环孢素(cyclosporine A,CsA)]。如果将抑制剂与受试化合物共同孵育时转运比(摄取或外排)发生变化,则其可能是转运体的底物。

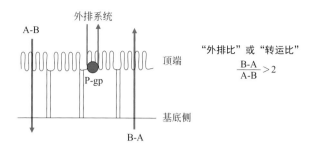

图 27.1 双向单层细胞外排实验主要测试从细胞顶端到基底侧（A-B）和从基底侧到顶端（B-A）方向的渗透性并计算外排比或转运比，大于某一比率临界值（如 2，取决于细胞和测定类型）则表示发生外排

27.3.1.1　Caco-2 渗透性方法

第 26 章中已讨论了 Caco-2 渗透性测试方法。Caco-2 的最常见应用是评价肠道吸收的渗透性。在该应用中，A>B 的渗透性贡献来自被动扩散、细胞旁路途径和主动运输。Caco-2 也可用于转运体评估，因为该细胞可表达药物研究中几种重要人源转运体，如 P-gp（MDR1）、BCRP（ABCG2）、PepT1、PepT2 和 MRP2 等。

在以 Caco-2 进行转运体研究时，需要关注两个重要的问题。首先，转运体的表达水平可能不同。Caco-2 细胞在遗传上并不完全相同，并且随着时间的变化，不同细胞株的转运体相对水平和数目会有所不同。在 Caco-2 实验中，大多数公司通常使用对照化合物来验证转运体测试的准确性，如地高辛（digoxin，P-gp 外排）、阿替洛尔（atenolol，细胞旁路）和普萘洛尔（propranolol，被动扩散）。但是，这一策略过于费时。如果正在采用 Caco-2 方法研究特定的转运体，建议通过一种或多种特定转运体的对照化合物来验证目标转运体的表达水平和活性。

其次，使用 Caco-2 时，需要注意受试化合物可能同时是多个转运体的底物。除非在实验中使用特异性抑制剂作为对照，否则 Caco-2 表达的多种转运体可能会导致实验结果的混淆。

培养条件也会影响转运体的表达和水平。在使用细胞系进行筛选时，应首先验证转运体的功能活性。

27.3.1.2　转染细胞系渗透性测试方法

转染细胞系经常用于单层细胞转运体测试。MDCK（马丁·达比犬肾细胞系）、LLC-PK1（猪肾上皮细胞系）、2008（人卵巢癌细胞系）和 HEK 293（人胚胎肾细胞系）细胞经转运体基因转染，可得到能稳定表达特定转运体的无限增殖细胞系。与 Caco-2 相比，这些细胞系在研究特定转运体方面具有以下优势：

- 这些天然细胞系（野生型）只表达低水平的膜转运体，因此具有最小的背景信号。
- 细胞转染后转运体的表达水平较高，可获得高信噪比，产生更大的转运比。该测试方法可对化合物进行优先级排序。
- 该方法的资源消耗少于 Caco-2 方法。例如，MDCK 细胞在铺板后 3 天内即可使用，而 Caco-2 在使用前需要为期 21 天的稳定培养。

荷兰癌症研究所（Netherlands Cancer Institute）的 Piet Borst 教授向研究人员分享了不同的转染细胞系（表 27.2）。这些细胞系免费提供给学术研究实验室，对公司则收取许可使用费用。

这些细胞系可用于开发预测特定转运体对受试化合物影响的实验方法。例如，使用 MDR1-MDCK Ⅱ（以人 MDR1 基因转染的 MDCK，编码 P-gp 蛋白产物）进行的特异性 P-gp 外排测试方法。对于 P-gp 外排底物而言，该方法的外排比通常高于 Caco-2 方法。P-gp 是药物发现的主要关注点，因为其能减少胃肠道的吸收、减少血脑屏障（blood-brain barrier，BBB）渗透，以及导致肿瘤细胞的耐药性。LLC、2008 和 HEK 细胞也已被特定的转运体基因转染，用于特定的转运体实验。

表 27.2　荷兰癌症研究所用于转运体研究的细胞系

转染的细胞系	插入的转运体基因	转染的细胞系	插入的转运体基因
2008 亲代		LLC 亲代	
2008 MRP1	人 MRP1 cDNA	LLC Mdr1b	小鼠 Mdr1b cDNA
2008 MRP2	人 MRP2 cDNA	LLC Bcrp1	小鼠 Bcrp1 cDNA
2008 MRP3	人 MRP3 cDNA	MDCK II 亲代	
HEK 293		MDCK II MDR1	人 MDR1 cDNA
HEK 293 MRP5	人 MRP5 cDNA	MDCK II BCRP	人 BCRP cDNA
LLC 亲代		MDCK II Bcrp1	小鼠 Bcrp1 cDNA
LLC MRP1	人 MRP1 cDNA	MDCK II MRP1	人 MRP1 cDNA
LLC MDR1	人 MDR1 cDNA	MDCK II MRP2	人 MRP2 cDNA
LLC MDR3	人 MDR3 cDNA	MDCK II MRP3	人 MRP3 cDNA
LLC Mdr1a	小鼠 Mdr1a cDNA	MDCK II MRP5	人 MRP5 cDNA

标准的 MDR1-MDCK II 转运体测试方法采用如下步骤：首先将细胞接种到 Transwell 板中（$3×10^{-6}$ 细胞/cm²）。培养 3 天后，检查细胞跨膜电阻值（transepithelial electrical resistance，TEER）（例如，>200 Ω/cm²），确保细胞间形成了紧密的连接。通过细胞旁路渗透标记物阿替洛尔（atenolol）检测单层细胞的完整性。随后去除培养基，在 37℃ 下，以含有受试化合物（2 μmol/L）的血清量减少的培养基（以最大限度地减少蛋白结合）替换。将 Transwell 板保持在 37℃ 下轻轻摇动。最后，在不同时间点（如 30 min、60 min、120 min）从顶端隔室和基底侧隔室中采样，使用 LC/MS 进行分析定量。

27.3.2　平板单层细胞摄取测试方法

平板细胞摄取测试（plated cell uptake assay）（图 27.2）是单层细胞 Transwell 转运体测试的替代方法。实验中测试的是培养板底部细胞中受试化合物浓度的增加速率，而不是由于单层细胞渗透而导致的基底外侧隔室中受试化合物浓度的增加速率。在既定的时间点，将培养基从孔中完全去除，再将细胞以冷的缓冲液轻轻洗涤多次，之后以洗涤剂（如 TX-100、SDS）或有机溶剂将其裂解，同时摇动或超声混合。最后测试释放到裂解产物中的化合物浓度，并基于总的细胞体积计算细胞内化合物的浓度。平板细胞摄取实验是一种方便的高通量测试方法，不需要繁琐且高成本的 Transwell 系统。该方法是一种非常重要的转运体研究方法，尤其是当细胞不能形成紧密连接的单层结构时。在这种情况下，化合物分子可在 Transwell 中以细胞旁路途径发生渗透。平板细胞摄取实验已应用于肝细胞[19,20]、有机阴离子转运多肽（organic anion transporting polypeptide，OATP）[21~23]、有机阴离子转运体（organic anion transporter，OAT）[24]、有机阳离子转运体（organic anion transporter，OCT）[25]、P-gp[26]、PepT1[27]，以及 BBB 转运体[28]。但是，该方法不能确保化合物以跨细胞渗透的方式穿过整个细胞［这是吸收（如 GI 和 BBB）所必需］。此外，受试化合物与细胞表面的非特异性结合，而非吸收，也会使实验数据复杂化。

平板细胞摄取测试有利于转运体底物和抑制剂的体外研究。在药物发现中，这些知识对优化药代动力学性质和最小化 DDI 非常实用。

图 27.2　平板单层细胞摄取测试方法流程

27.3.3　细胞悬液油旋法

细胞悬液油旋法（cell suspension oil spin method）特别适用于不可接种的细胞，如不可接种的肝细胞或来源于多个供体的肝细胞池。冷冻保存的悬浮肝细胞保持了许多转运体的功能特性[29]，而油旋法是研究转运体的实用手段[30-33]。在细胞悬液油旋法（图 27.3）中，首先将 1 μmol/L（或多个浓度）的受试化合物与一定密度（如 1×10^{-6} 细胞/mL）的细胞悬液在 37℃下孵育，并在不同的短暂时间点（如 0.5 min、1 min 和 1.5 min，以捕获初始摄取速率）采样。将样品（100 μL）转移至含有油层（密度为 1.015 g/mL，硅油和矿物油的混合物）和 2 mol/L 醋酸铵溶液的微型管中，并立即在很短的时间内高速离心（如 7000 g，持续 15 s）以将细胞从介质中分离。离心后，立刻从油层上方的上清液中采集样品。随后将离心管在油层以下切割，收集细胞沉淀。以含有内标的有机溶剂萃取样品，并采用 LC-MS/MS 进行分析定量。同时，可采用酶和转运体抑制剂或 4℃样品来评估被动扩散对细胞摄取的贡献。细胞悬液油旋法可直接测定细胞对药物的摄取并提供可靠的转运体相关数据，但该方法的通量相对较低，常用于药物发现后期的研究。

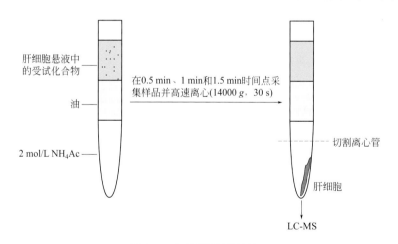

图 27.3　细胞悬液油旋法流程

27.3.4　夹层培养肝细胞法

夹层培养肝细胞法（sandwich-cultured hepatocyte method）是评估转运体介导的主动转运、外排、胆汁清除率、DDI 和肝毒性的实用工具[34,35]。在夹层培养实验[33,36,37]中，首先将原代肝细胞接种至胶原涂层板上，并培养 4 天（图 27.4）。在第 2 天，将基质胶覆盖在肝细胞上形成"夹层"结构。在第 5 天，向肝细胞夹层培养板中加入受试化合物，并在 37℃下孵育。当缓冲液中含有 Ca^{2+} 时，肝细胞可形成封闭的胆汁袋（bile pocket），留住主要通过外排转运体而渗透到细胞内的药物分子。当缓冲液中的 Ca^{2+} 耗尽时，胆汁袋会打开，渗透到细胞内的药物分子会扩散回缓冲液中。在多个极短时间点（如 0.5 min、1 min 和 1.5 min），去除培养基，并以冷的缓冲液洗涤细胞 3 次。将细胞用含有内标物的甲醇裂解，并采用 LC-MS/MS 分析定量受试化合物的浓度。通过抑制剂［如利福霉素 SV（rifamycin SV）］或不含 Ca^{2+}/Mg^{2+} 的培养基进行孵育，可用于评估细胞摄取（进入肝细胞）和胆清除（进入胆汁袋）在实验中的贡献。夹层培养肝细胞实验可提供非常实用的肝胆转运体的数据。但是，这是一种相对昂贵且通量较低的实验方法，通常用于药物发现后期的研究。

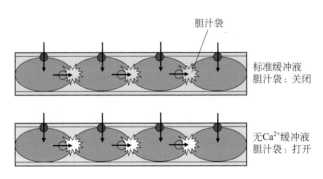

图 27.4　夹层培养肝细胞法示意

使用标准缓冲液时，胆汁袋关闭；使用无 Ca^{2+} 缓冲液时，胆汁袋打开。两实验之间的差异可用于测试胆汁排泄

27.3.5　培养基损耗法

培养基损耗法（media loss method）与用于测定固有代谢清除率的标准肝细胞代谢稳定性实验相似，不同之处在于一个测定的是短时间内培养基中的化合物浓度，另一个测定的是短时间内总细胞悬液中的化合物浓度（图 27.5）[38-40]。首先将受试化合物加入至肝细胞悬液中（如 1 μmol/L）并在 37℃下孵育。然后在不同的时间点，包括非常早的时间点（如 0 min、0.5 min、1 min、2 min、

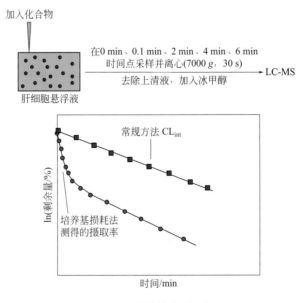

图 27.5　培养基损耗法示意

4 min、6 min、15 min、30 min、45 min、60 min、75 min 和 90 min），将肝细胞悬浮液等分液取出并置入离心管中[38]，立即以 7000 g 离心 30 s。离心后，去除上清液，并以有机溶剂萃取，最后通过 LC-MS/MS 进行分析定量。该方法主要是测试药物在培养基中的初始损耗（损耗曲线的初始斜率是由转运体的转运引起的），非常快捷且可实现通量高，更适合于早期药物发现。然而，与传统方法（油旋法、平板细胞法）相比，该方法的数据稳定性较差，对于高被动扩散或低主动转运化合物，主动转运的测定不够敏感[41]。

27.3.6　卵母细胞摄取法

爪蟾（xenopus）卵母细胞能够高表达多种转运体，而且其体积大、易于处理、内源性转运功能低，因此可用于转运体的相关研究。以转录载体将转运体 cRNA 微注射到每个卵母细胞中[42]，随后卵母细胞可在长达一周的时间内保持良好的状态。实验中，首先将卵母细胞悬浮在培养板孔中，然后加入含有受试化合物的培养基（图 27.6），孵育 30～120 min。在既定的时间点，用冷的缓冲液洗涤卵母细胞，并以 10% 十二烷基硫酸钠进行裂解。最后采用 LC/MS 或闪烁计数技术对化合物的浓度进行分析定量。实验中可将注射水或未被注射的卵母细胞作为对照，并计算化合物的摄取程度和动力学。商用卵母细胞种类较多，包括 OAT1、OAT2、OAT3、PEPT1、PEPT2、OATP1、OATP2、OATP4、OATP8、OATP1B3、OCT1 和 NTCP。基于卵母细胞的转运体研究并不是高通量的，但对选定的受试化合物非常实用。卵母细胞的局限性在于它是一种瞬时表达系统，需要单独注射转运蛋白的 cRNA，优选使用可稳定转染的细胞系。卵母细胞的另一个缺点是不稳定性，以及供体-供体间的个体差异性。

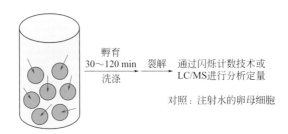

图 27.6　爪蟾卵母细胞摄取法示意

27.3.7　囊泡外翻法

转运体囊泡（transporter vesicle）可通过各种不同来源的膜进行制备，如昆虫细胞、转染细胞和人造膜。经过特殊处理，囊泡可以被外翻，使得转运体的正常细胞外表面翻转到囊泡内部。如果转运体为 P-gp，且将外翻囊泡置于含有 P-gp 外排底物的溶液中时，化合物将被囊泡吸收（图 27.7）。在既定时间点，通过过滤将囊泡从溶液中分离，洗涤后裂解，可释放出化合物。最后通过闪烁计数或 LC/MS 进行分析定量。囊泡外翻法（inverted vesicle assay）的优点是可以测定真实的底物跨膜转运。该方法是研究低被动扩散转运体抑制剂的实用方法。而在细胞实验中，如果没有主动转运体，转运体抑制剂可能无法通过主动转运进入细胞。囊泡外翻法的局限性在于中等和高被动扩散的化合物不能被保留在囊泡内，因此底物的转运活性难以测定。与转染细胞相比，外翻囊泡的动态范围窄，背景信号高。Solvo、Corning 等供应商可够提供外翻囊泡（表 27.1）。

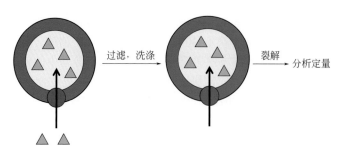

图 27.7 外翻囊泡法示意

27.3.8 ABC 转运体的 ATP 酶测试法

ATP 结合盒转运体（ATP binding cassette transporter，ABC 转运体，如 P-gp）在转运的过程中会结合并水解 ATP 分子。ATP 水解作用可显示受试化合物对 P-gp ATP 酶活性的影响。ATP 水解反应如图 27.8 所示，ATP 酶测试法（ATPase assay）可测定 ATP 的水解。实验中使用的转运体材料是一种便利的膜结合形式，由转基因昆虫细胞生产，可从供应商购买。ATP 水解释放出的磷酸与反应溶液中的钼酸铵反应可产生强烈的颜色，可通过 UV/Vis 检测器进行测量。颜色加深表明 ATP 酶的活性增加。通常采用 ATP 酶激活的最大半数浓度来评估化合物对 ABC 转运体结合的亲和力。该方法可用于高通量自动化分析，缺点是仅显示受试化合物对 P-gp ATP 酶活性的影响，而不是受试化合物被 P-gp 外排的实际情况［已被宝丽（Polli）及其同事证实[43]］。

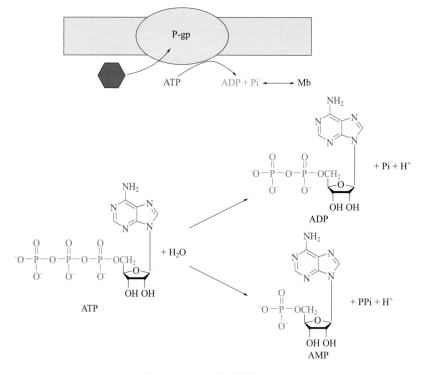

图 27.8 ATP 酶测试法示意
加入受试化合物、ATP 和钼酸铵后，化合物分子可与 ABC 转运体结合引发 ATP 水解，
生成的无机磷酸盐（Pi）可与钼酸铵反应，产生可见的颜色

27.3.9 P-gp 抑制剂的钙黄绿素 AM 测试法

钙黄绿素 AM（calcein AM，图 27.9）是 P-gp 的底物，因此其进入细胞的能力受到了限制。钙黄绿素 AM 可在细胞内迅速水解形成钙黄绿素，而钙黄绿素可发射荧光，可通过荧光检测器进行检测。如果共孵育的受试化合物是 P-gp 的抑制剂，则能够抑制 P-gp 的外排，可使更多的钙黄绿素 AM 进入细胞，导致细胞内钙黄绿素 AM 的浓度增加，进而使水解后生成的钙黄绿素水平提高，最终引起荧光强度的增强。因此，P-gp 抑制剂能产生比对照化合物更高的荧光水平。该方法的一个缺点是测定的 P-gp 抑制剂可能是 P-gp 的底物，也可能不是 P-gp 的底物。测试 P-gp 外排的不同方法之间的差异如表 27.3 所示。

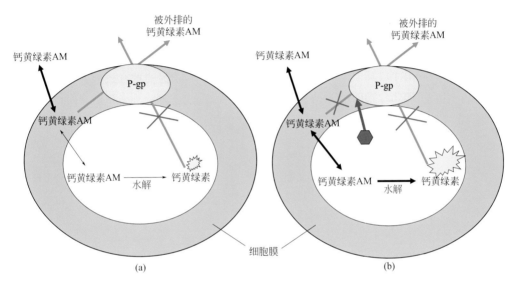

图 27.9　钙黄绿素 AM 荧光法测定 P-gp 外排的示意

钙黄绿素 AM 是一种 P-gp 底物，可从细胞内（a）外排并产生很低水平的荧光钙黄绿素。在 P-gp 抑制剂（深灰色六边形）作用在下，钙黄绿素 AM 外排量减少，生成更多不能被 P-gp 外排的荧光钙黄绿素（b）

表 27.3　药物发现中常用的三种 P-gp 外排测试方法的比较[43]

比较项目	P-gp 测试方法		
	单层细胞外排法	ATP 酶法	钙黄绿素 AM 法
指示受试化合物的活性	P-gp 流入量	ATP 酶激活	P-gp 抑制剂
化合物的诊断	必须是 P-gp 外排底物	可能是底物、抑制剂或 ATP 酶激活剂	可能是底物或抑制剂
P-gp 测试的材料	MDR1-MDCK II 细胞系	MDR1-MDCK II 细胞系或囊泡	Sf9 的 MDR1 膜囊泡
所需仪器	LC-MS-MS	紫外检测器	荧光检测器

27.4　转运体的体内测试方法

对于体外研究中的关键化合物，值得进一步开展深入的体内研究。这些研究可以验证体外测试，并通过认识转运体活性的物种差异，更深入地理解转运体对动态生物系统的影响。体内的转运体实验通常有两种：基因敲除和化学抑制（也称为化学敲除）。通过比较化合物在野生型动物和基因敲除型动物的体内表现，研究转运体的功能提供更有力的证据。

27.4.1 基因敲除动物实验

目前，已开发出了转运体基因敲除的动物，在这些动物体内，单一或多种转运体的基因被敲除，如 mdr1a、mdr1b、mrp1 和 Bcrp 等[44,45]。转运体基因敲除动物可商业购买，应用的实例如下：

- 对于神经类药物研究项目，化合物在基因敲除动物和野生型动物中相比，是否具有更高的 BBB 透膜性[46~49]？
- 化合物口服给药吸收不佳，但却具有良好的溶解度、被动扩散渗透性和代谢稳定性，那么该化合物在基因敲除动物和野生型动物中相比，是否具有更高的吸收[50,51]？

27.4.2 化学敲除动物实验

联合或预先给予一种特异性转运体抑制剂，可以特异性地抑制转运体的正常功能。联合给药抑制剂或不加入抑制剂时，如果化合物在药代动力学和药理学上的表现有所不同，则说明转运体对化合物的体内 ADMET 性质具有相应的影响[47,52,53]。该实验的另一种方式是通过受试化合物使转运体饱和。如果增加化合物的剂量能够观察到渗透性和吸收增加，那么很可能是外排转运体发生了饱和[54]。

化学敲除实验可采用动物药效/药理学模型进行，以使研究结果与体内生物学实验结果更好地关联起来。

（辛敏行　白仁仁　李达翃）

思考题

(1) 外排比（efflux ratio，ER）的定义是什么？它用于指示什么？
(2) 单层细胞实验的哪些变体测试可用于外排的检测和确认？
(3) 与使用 Transwell 装置的转运体实验相比，在什么情况下主动摄取方法是实用的？
(4) ATP 酶法适用于测试什么转运体？
(5) 钙黄绿素 AM 测试方法适用于测试什么转运体？
(6) 体内 P-gp 测试有哪些用途？
(7) 基因敲除实验和化学敲除实验有何不同？
(8) 油旋法适用于测试什么转运体？
(9) 夹层培养肝细胞测试法适用于测试什么转运体？
(10) 在囊泡外翻法中，受试化合物的什么性质会对潜在转运体底物功能的发挥具有重要的影响？

参考文献

[1] K.M. Giacomini, S.-M. Huang, D.J. Tweedie, L.Z. Benet, K.L.R. Brouwer, X. Chu, A. Dahlin, R. Evers, V. Fischer, K.M. Hillgren, K. A. Hoffmaster, T. Ishikawa, D. Keppler, R.B. Kim, C.A. Lee, M. Niemi, J.W. Polli, Y. Sugiyama, P.W. Swaan, J.A. Ware, S.H. Wright, S. Wah Yee, M.J. Zamek-Gliszczynski, L. Zhang, Membrane transporters in drug development, Nat. Rev. Drug Discov. 9 (2010) 215-236.

[2] Y. Lai, Transporters in Drug Discovery and Development: Detailed Concepts and Best Practice, Woodhead Publishing, Cambridge, 2013. 780 p.

[3] F.G.M. Russel, Transporters: importance in drug absorption, distribution, and removal, in: K.S. Pang, A.D. Rodrigues, R.M. Peter (Eds.), Enzymeand Transporter-Based Drug-Drug Interactions: Progress and Future Challenges, AAPS Press, Springer, 2010.

[4] P. Crivori, B. Reinach, D. Pezzetta, I. Poggesi, Computational models for identifying potential P-glycoprotein substrates and inhibitors, Mol. Pharm. 3 (2006) 33-44.

[5] M.A. Demel, R. Schwaha, O. Kraemer, P. Ettmayer, E.E.J. Haaksma, G.F. Ecker, In silico prediction of substrate properties for ABC-multidrug transporters, Expert Opin. Drug Metab. Toxicol. 4 (2008) 1167-1180.
[6] A. Seelig, A general pattern for substrate recognition by P-glycoprotein, Eur. J. Biochem. 251 (1998) 252-261.
[7] S. Ekins, R.B. Kim, B.F. Leake, A.H. Dantzig, E.G. Schuetz, L.-B. Lan, K. Yasuda, R.L. Shepard, M.A. Winter, J.D. Schuetz, J.H. Wikel, S.A. Wrighton, Application of three-dimensional quantitative structure-activity relationships of P-glycoprotein inhibitors and substrates, Mol. Pharmacol. 61 (2002) 974-981.
[8] S. Ekins, G. Bravi, S. Binkley, J.S. Gillespie, B.J. Ring, J.H. Wikel, S.A. Wrighton, Three- and four-dimensional quantitative structure activity relationship analyses of cytochrome P-450 3A4 inhibitors, J. Pharmacol. Exp. Ther. 290 (1999) 429-438.
[9] S. Ekins, G. Bravi, J.H. Wikel, S.A. Wrighton, Three-dimensional-quantitative structure activity relationship analysis of cytochrome P-450 3A4 substrates, J. Pharmacol. Exp. Ther. 291 (1999) 424-433.
[10] R. Didziapetris, P. Japertas, A. Avdeef, A. Petrauskas, Classification analysis of P-glycoprotein substrate specificity, J. Drug Target. 11 (2003) 391-406.
[11] M.P. Gleeson, Generation of a set of simple, interpretable ADMET rules of thumb, J. Med. Chem. 51 (2008) 817-834.
[12] V.K. Gombar, J.W. Polli, J.E. Humphreys, S.A. Wring, C.S. Serabjit-Singh, Predicting P-glycoprotein substrates by a quantitative structure-activity relationship model, J. Pharm. Sci. 93 (2004) 957-968.
[13] E.Y. Zhang, M.A. Phelps, C. Cheng, S. Ekins, P.W. Swaan, Modeling of active transport systems, Adv. Drug Deliv. Rev. 54 (2002) 329-354.
[14] C. Chang, A. Ray, P. Swaan, In silico strategies for modeling membrane transporter function, Drug Discov. Today 10 (2005) 663-671.
[15] M.S. Jin, M.L. Oldham, Q. Zhang, J. Chen, Crystal structure of the multidrug transporter P-glycoprotein from Caenorhabditis elegans, Nature 490 (2012) 566-569.
[16] F. Klepsch, P. Vasanthanathan, G.F. Ecker, Ligand and structure-based classification models for prediction of P-glycoprotein inhibitors, J. Chem. Inf. Model. 54 (2014) 218-229.
[17] E. Hazai, I. Hazai, I. Ragueneau-Majlessi, P. Chung Sophie, Z. Bikadi, Q. Mao, Predicting substrates of the human breast cancer resistance protein using a support vector machine method, BMC Bioinf. 14 (2013) 130.
[18] C. Chang, S. Ekins, P. Bahadduri, P.W. Swaan, Pharmacophore-based discovery of ligands for drug transporters, Adv. Drug Deliv. Rev. 58 (2006) 1431-1450.
[19] K. Menochet, K.E. Kenworthy, J.B. Houston, A. Galetin, Simultaneous assessment of uptake and metabolism in rat hepatocytes: a comprehensive mechanistic model, J. Pharmacol. Exp. Ther. 341 (2012) 2-15.
[20] K. Menochet, K.E. Kenworthy, J.B. Houston, A. Galetin, Use of mechanistic modeling to assess interindividual variability and interspecies differences in active uptake in human and rat hepatocytes, Drug Metab. Dispos. 40 (2012) 1744-1756.
[21] M. Karlgren, A. Vildhede, U. Norinder, J.R. Wisniewski, E. Kimoto, Y. Lai, U. Haglund, P. Artursson, Classification of inhibitors of hepatic organic anion transporting polypeptides (OATPs): influence of protein expression on drug-drug interactions, J. Med. Chem. 55 (2012) 4740-4763.
[22] C. Gui, A. Obaidat, R. Chaguturu, B. Hagenbuch, Development of a cell-based high-throughput assay to screen for inhibitors of organic anion transporting polypeptides 1B1 and 1B3, Curr. Chem. Genomics 4 (2010) 1-8.
[23] E. Murakami, T. Wang, Y. Park, J. Hao, E.-I. Lepist, D. Babusis, S. Ray Adrian, Implications of efficient hepatic delivery by tenofovir alafenamide (GS-7340) for hepatitis B virus therapy, Antimicrob. Agents Chemother. 59 (2015) 3563-3569.
[24] C.D. Cropp, T. Komori, J.E. Shima, T.J. Urban, S.W. Yee, S.S. More, K.M. Giacomini, Organic anion transporter 2 (SLC22A7) is a facilitative transporter of cGMP, Mol. Pharmacol. 73 (2008) 1151-1158.
[25] A.J. Dudley, K. Bleasby, C.D.A. Brown, The organic cation transporter OCT2 mediates the uptake of β-adrenoceptor antagonists across the apical membrane of renal LLC-PK1 cell monolayers, Br. J. Pharmacol. 131 (2000) 71-79.
[26] E.H. Kerns, S.E. Hill, D.J. Detlefsen, K.J. Volk, B.H. Long, J. Carboni, M.S. Lee, Cellular uptake profile of paclitaxel using liquid chromatography tandem mass spectrometry, Rapid Commun. Mass Spectrom. 12 (1998) 620-624.
[27] T.N. Faria, J.K. Timoszyk, T.R. Stouch, B.S. Vig, C.P. Landowski, G.L. Amidon, C.D. Weaver, D.A. Wall, R.L. Smith, A novel high-throughput pepT1 transporter assay differentiates between substrates and antagonists, Mol. Pharm. 1 (2004) 67-76.
[28] T. Terasaki, S. Ohtsuki, S. Hori, H. Takanaga, E. Nakashima, K.-i. Hosoya, New approaches to in vitro models of blood-brain barrier drug transport, Drug Discov. Today 8 (2003) 944-954.
[29] M. Li, H. Yuan, N. Li, G. Song, Y. Zheng, M. Baratta, F. Hua, A. Thurston, J. Wang, Y. Lai, Identification of interspecies difference in efflux transporters of hepatocytes from dog, rat, monkey, and human, Eur. J. Pharm. Sci. 35 (2008) 114-126.
[30] Y. Yabe, A. Galetin, J.B. Houston, Kinetic characterization of rat hepatic uptake of 16 actively transported drugs, Drug Metab. Dispos. 39 (2011) 1808-1814.
[31] P. Nordell, S. Winiwarter, C. Hilgendorf, Resolving the distribution-metabolism interplay of eight OATP substrates in the standard clearance assay with suspended human cryopreserved hepatocytes, Mol. Pharm. 10 (2013) 4443-4451.
[32] R. Li, Y.-A. Bi, Y. Lai, K. Sugano, S.J. Steyn, P.E. Trapa, L. Di, Permeability comparison between hepatocyte and low efflux MDCKII cell monolayer, AAPS J. 16 (2014) 802-809.

[33] Y.-a. Bi, X. Qiu, C.J. Rotter, E. Kimoto, M. Piotrowski, M.V. Varma, A.F. El-Kattan, Y. Lai, Quantitative assessment of the contribution of sodiumdependent taurocholate co-transporting polypeptide (NTCP) to the hepatic uptake of rosuvastatin, pitavastatin and fluvastatin, Biopharm. Drug Dispos. 34 (2013) 452-461.

[34] T. De Bruyn, S. Chatterjee, S. Fattah, J. Keemink, J. Nicolai, P. Augustijns, P. Annaert, Sandwich-cultured hepatocytes: utility for in vitro exploration of hepatobiliary drug disposition and drug-induced hepatotoxicity, Expert Opin. Drug Metab. Toxicol. 9 (2013) 589-616.

[35] B. Swift, N.D. Pfeifer, K.L.R. Brouwer, Sandwich-cultured hepatocytes: an in vitro model to evaluate hepatobiliary transporter-based drug interactions and hepatotoxicity, Drug Metab. Rev. 42 (2010) 446-471.

[36] H.M. Jones, H.A. Barton, Y. Lai, Y.-a. Bi, E. Kimoto, S. Kempshall, S.C. Tate, A. El-Kattan, J.B. Houston, A. Galetin, K.S. Fenner, Mechanistic pharmacokinetic modeling for the prediction of transporter-mediated disposition in humans from sandwich culture human hepatocyte data, Drug Metab. Dispos. 40 (2012) 1007-1017.

[37] Y.-a. Bi, D. Kazolias, D.B. Duignan, Use of cryopreserved human hepatocytes in sandwich culture to measure hepatobiliary transport, Drug Metab. Dispos. 34 (2006) 1658-1665.

[38] M.G. Soars, K. Grime, J.L. Sproston, P.J.H. Webborn, R.J. Riley, Use of hepatocytes to assess the contribution of hepatic uptake to clearance in vivo, Drug Metab. Dispos. 35 (2007) 859-865.

[39] M. Chiba, Y. Ishii, Y. Sugiyama, Prediction of hepatic clearance in human from in vitro data for successful drug development, AAPS J. 11 (2009) 262-276.

[40] T. Imaoka, T. Mikkaichi, K. Abe, M. Hirouchi, N. Okudaira, T. Izumi, Integrated approach of in vivo and in vitro evaluation of the involvement of hepatic uptake organic anion transporters in the drug disposition in rats using rifampicin as an inhibitor, Drug Metab. Dispos. 41 (2013) 1442-1449.

[41] E. Jigorel, J.B. Houston, Utility of drug depletion-time profiles in isolated hepatocytes for accessing hepatic uptake clearance: identifying ratelimiting steps and role of passive processes, Drug Metab. Dispos. 40 (2012) 1596-1602.

[42] I. Tamai, N. Tomizawa, A. Kadowaki, T. Terasaki, K. Nakayama, H. Higashida, A. Tsuji, Functional expression of intestinal dipeptide/beta-lactam antibiotic transporter in Xenopus laevis oocytes, Biochem. Pharmacol. 48 (1994) 881-888.

[43] J.W. Polli, S.A. Wring, J.E. Humphreys, L. Huang, J.B. Morgan, L.O. Webster, C.S. Serabjit-Singh, Rational use of in vitro P-glycoprotein assays in drug discovery, J. Pharmacol. Exp. Ther. 299 (2001) 620-628.

[44] A.H. Schinkel, J.J.M. Smit, O. van Tellingen, J.H. Beijnen, E. Wagenaar, L. van Deemter, C.A.A.M. Moi, M.A. van der Valk, E.C. RobanusMaandag, et al., Disruption of the mouse mdr1a P-glycoprotein gene leads to a deficiency in the blood-brain barrier and to increased sensitivity to drugs, Cell 77 (1994) 491-502.

[45] A.H. Schinkel, U. Mayer, E. Wagenaar, C.A.A.M. Mol, L. van Deemter, J.J.M. Smit, M.A. van der Valk, A.C. Voordouw, H. Spits, O. van Tellingen, J.M.J.M. Zijlmans, W.E. Fibbe, P. Borst, Normal viability and altered pharmacokinetics in mice lacking mdr1-type (drug-transporting) P-glycoproteins, Proc. Natl. Acad. Sci. U. S. A. 94 (1997) 4028-4033.

[46] A. Doran, R.S. Obach, B.J. Smith, N.A. Hosea, S. Becker, E. Callegari, C. Chen, X. Chen, E. Choo, J. Cianfrogna, L.M. Cox, J.P. Gibbs, M.A. Gibbs, H. Hatch, C.E.C.A. Hop, I.N. Kasman, J. LaPerle, J. Liu, X. Liu, M. Logman, D. Maclin, F.M. Nedza, F. Nelson, E. Olson, S. Rahematpura, D. Raunig, S. Rogers, K. Schmidt, D.K. Spracklin, M. Szewc, M. Troutman, E. Tseng, M. Tu, J.W. Van Deusen, K. Venkatakrishnan, G. Walens, E.Q. Wang, D. Wong, A.S. Yasgar, C. Zhang, The impact of P-glycoprotein on the disposition of drugs targeted for indications of the central nervous system: Evaluation using the MDR1A/1B knockout mouse model, Drug Metab. Dispos. 33 (2005) 165-174.

[47] J.W. Polli, J.L. Jarrett, S.D. Studenberg, J.E. Humphreys, S.W. Dennis, K.R. Brouwer, J.L. Woolley, Role of p-glycoprotein on the CNS disposition of amprenavir (141 W94), an HIV protease inhibitor, Pharm. Res. 16 (1999) 1206-1212.

[48] E.M. Kemper, A.E. van Zandbergen, C. Cleypool, H.A. Mos, W. Boogerd, J.H. Beijnen, O. van Tellingen, Increased penetration of paclitaxel into the brain by inhibition of P-glycoprotein, Clin. Cancer Res. 9 (2003) 2849-2855.

[49] C. Dagenais, C. Rousselle, G.M. Pollack, J.-M. Scherrmann, Development of an in situ mouse brain perfusion model and its application to mdr1a P-glycoprotein-deficient mice, J. Cereb. Blood Flow Metab. 20 (2000) 381-386.

[50] A.H. Schinkel, E. Wagenaar, L. van Deemter, C.A.A. Mol, P. Borst, Absence of the mdr1a P-glycoprotein in mice affects tissue distribution and pharmacokinetics of dexamethasone, digoxin, and cyclosporin A, J. Clin. Invest. 96 (1995) 1698-1705.

[51] K. Beaumont, A. Harper, D.A. Smith, J. Bennett, The role of P-glycoprotein in determining the oral absorption and clearance of the NK2 antagonist, UK-224,671, Eur. J. Pharm. Sci. 12 (2000) 41-50.

[52] S.P. Letrent, G.M. Pollack, K.R. Brouwer, K.L.R. Brouwer, Effect of GF120918, a potent P-glycoprotein inhibitor, on morphine pharmacokinetics and pharmacodynamics in the rat, Pharm. Res. 15 (1998) 599-605.

[53] G.D. Luker, V.V. Rao, C.L. Crankshaw, J. Dahlheimer, D. Piwnica-Worms, Characterization of phosphine complexes of technetium(Ⅲ) as transport substrates of the multidrug resistance P-glycoprotein and functional markers of P-glycoprotein at the blood-brain barrier, Biochemistry 36 (1997) 14218-14227.

[54] U. Wetterich, H. Spahn-Langguth, E. Mutschler, B. Terhaag, W. Roesch, P. Langguth, Evidence for intestinal secretion as an additional clearance pathway of talinolol enantiomers: concentration- and dose-dependent absorption in vitro and in vivo, Pharm. Res. 13 (1996) 514-522.

第 28 章

血脑屏障研究方法

28.1 引言

药物脑内暴露量的评价对于药物研发而言是一项艰巨的挑战,因为大脑比机体大多数组织更为复杂,且更容易引发各种问题。但是,确定关键的药物脑内暴露参数在中枢神经系统(central nervous system,CNS)药物研发中十分必要。对于 CNS 候选化合物而言,必须要达到足够的脑内暴露量,否则在大脑中将很难产生药效。因此,这些参数一方面可以验证化合物的大脑暴露量,同时可用于指导化合物的结构修饰,以便寻找最佳化合物。对于外周系统药物的研发,相关参数仍然具有重要的指导意义,可以指导如何对候选化合物进行结构修饰以减少其脑内暴露和由此引发的 CNS 副作用。此外,药物脑内暴露参数的测定有助于对药物临床试验进行预测。决定化合物脑内暴露量的最重要特征包括:①未结合[unbound,也称为游离(free)]化合物的脑内浓度;②血脑屏障(blood-brain barrier,BBB)渗透性;③游离化合物的血脑分布。任何一个特征都会受到多种可被检测潜在机制的影响。

如第 10 章所述,评估脑内暴露和 BBB 渗透性的关键参数如下:

① 游离药物的脑内浓度(c_{bu})。根据体外游离药物的脑内分布分数(f_{ub})和体内总脑药物浓度(c_b)计算可得。

② 游离药物脑内曲线下面积(AUC_{bu})。根据药时曲线下的 c_{bu} 积分计算可得。

③ 游离药物的血浆药物浓度(c_{pu})。根据体外游离药物的血浆分布分数(f_{up})和体内总血浆药物浓度(c_p)计算可得。

④ 游离药物的血浆曲线下面积(AUC_{pu})。根据药时曲线下的 c_{pu} 的积分计算可得。

⑤ 游离药物的脑/血浆比率(K_{puu} 或 $K_{p,uu}$)。根据 c_{bu}/c_{pu} 或 AUC_{bu}/AUC_{pu} 计算可得。

⑥ 表观 BBB 渗透性(P_{app})。根据体外平行人工膜渗透性测试(PAMPA-BBB)或单层细胞渗透性测试测得。

⑦ 外排比(ER)。采用可表达转运体的单层细胞渗透性体外测试测得。

本章分别讨论了在体外、体内获得这些关键参数,以及具有特定研究目的的其他参数的检测方法。大多数公司会采用多种方法了解其先导化合物的脑内暴露特征。如第 10 章所述,化合物的脑内暴露受会到许多因素的影响(如外排转运、被动跨细胞 BBB 扩散、主动摄取转运、吸收和清除等)。结合体内外方法获得的数据,对化合物的脑内暴露量进行评价是一种行之有效的方法。以下内容是对药物 BBB 渗透性评价模型的综述[1~5]。

28.2 BBB 渗透性的测试方法

BBB 渗透性是指化合物从血液通过 BBB 单层内皮细胞进入脑组织的速率。该速率的快慢主要由化合物的被动扩散、外排转运和主动摄取转运的综合作用所决定。与其他药物性质一样，BBB 渗透性的评价通常是从计算机模拟预测开始，通过计算机对大量化合物进行预测筛选。体外方法可用于快速测试化合物特殊的 BBB 渗透性机制或预测受多种机制影响的 BBB 总渗透性。摄取转运体表达的筛选也是一种判断是否有利于 BBB 渗透性的方法[3]。体内测试方法适用于确定更为复杂生命体中的脑内暴露及开展一些特殊的研究。例如，研究特定转运体敲除（knockout，KO）的转基因小鼠。从计算机预测到体内测试方法逐渐推高了实验成本，因此在选择实验方法时要充分考虑到项目研发投入的成本和所能获得的收益。

28.2.1　BBB 渗透性的计算机模拟预测方法

研究人员已开展了大量的工作以开发用于预测药物大脑渗透性的计算机模拟工具[6,7]。计算机模拟实验的局限性在于，2010 年药物脑内暴露量的评价指标在整个行业范围内都发生了改变，已从原来的 c_b 变更为 c_{bu}，而 c_p 变更为 c_{pu}；药物的血脑分布评价方法也从 c_b/c_p（B/P）和 $\lg c_b/c_p$（lgBB）变更为 c_{bu}/c_{pu}（K_{puu}），而计算机预测模型大多没有更新这些变化。早期发表的文献报道了 B/P 和 lgBB 及其在测试药物 BBB 渗透性和血脑分布计算机模拟中的应用。但是，正如第 10 章所述，如今的药物研发专家已经不再使用这些指标来评价药物的脑内暴露量。不同结构的化合物具有不同的 c_{bu} 和 K_{puu}，因而在通过基于文献数据（如上市药物）的软件算法来进行预测时，需要大量的时间来收集足够多的真实数据。

一些较大的制药公司会根据内部测定的 c_{bu} 和 K_{puu} 数据来开发供内部使用的计算机模拟 ADME（吸收、分布、代谢和排泄）预测工具。这些预测工具会根据团队内部的 ADME 数据进行定期更新。

28.2.1.1　BBB 渗透性和脑内暴露量的计算方法

结构性质可以对潜在的 CNS 苗头化合物进行快速的定性筛选。第 10.4 节已讨论了有利于大脑暴露的结构性质。

28.2.1.2　计算机模拟分类方法

某些计算机模拟方法将化合物分为 CNS⁺（可渗透到大脑）或 CNS⁻（不能明显渗透到大脑）两类[8,9]。目前，研究人员至少使用了五种不同的模拟方法来评价化合物的脑内暴露[10~14]。在实际操作过程中，CNS⁺ 和 CNS⁻ 的分类是基于化合物是否在体内发挥 CNS 药效，或其 B/P 值是否高于一定水平（如 B/P≥1）。此类模型目前可用于化合物的初筛、化合物库的构建和化合物的设计。如上所述，这些方法存在的问题是，它们使用的是基于过时的 B/P 数据建立的模型。此外，这种定性分类方法也不是最佳的或 BBB 所特有的，与其他性质相比，此类方法对特定的 BBB 渗透机制的判断也不可靠。

28.2.1.3　BBB 渗透性的定量构效关系研究方法

定量构效关系（quantitative structure-activity relationship，QSAR）研究方法[15~20]主要是基于传统的 BBB 渗透性的 B/P 或 lgBB 值，通过线性回归、偏最小二乘法和分子描述符等数理统计方法，来解释化合物的活性与其分子结构间的定量变化规律。研究人员总结了其中六种研究方法的结果[8,9]，其平均预测性差值在 0.4 个对数单位以内（B/P 的 2.5 倍）。其中，最好使用基于 K_{puu} 值的算法。

其他的 QSAR 方法使用的是渗透率-表面积（permeability-surface area，PS）数据[9,15,16]，这对于 BBB 渗透性的预测更为可靠。在算法的开发中，这些方法还包括对化合物的亲脂性和氢键数量的计算模拟。其他计算机模型还使用基于 MolSurf[17] 和自由能的计算[18]。BBB 渗透性的另一种计算方法是通过 VSMP 系统变量选择软件获得[19]。此外，基于生理的药代动力学建模方法也可用来模拟达到稳态时的药物 BBB 渗透性[20]。

28.2.1.4 BBB 渗透性的商业化预测软件

目前常用的商业化 BBB 渗透性计算软件如表 28.1 所示。需要注意的是，其中一部分软件已合并了游离药物的相关数据，这类软件可用于化合物脑内暴露和 BBB 渗透性潜能的初步预测。在购买软件之前，最重要的是选择已在公司内部进行研究并具有实验数据的化合物作为参照，然后采用不同的软件对其进行预测，以验证各种软件的准确性。用于开发预测软件的化合物训练数据集可能与研发项目中的化合物结构系列大不相同，因此应使用少部分已有内部数据的该系列化合物来验证其预测结果的准确性❶。如果软件允许使用公司的内部数据作为训练集来优化现有模型或开发自定义的模型，这将非常有利于对化合物 BBB 渗透性的预测。此外，最好预先审查感兴趣的软件是否是基于 c_{bu} 和 K_{puu} 参数进行设计的，否则，相关预测可能会具有误导性。

表 28.1 用于化合物 BBB 渗透性和脑分布预测的部分商业软件列表

软件名称	公司	可预测参数[①]	网址
Percepta	ACD Labs	f_b、PS、L、C、P	www.acdlabs.com/products/percepta
ADMET Predictor™	Simulations Plus	M、L、P	www.simulationsplus.com
QikProp™	Schrödinger	M、C2、L	www.schrodinger.com
Discovery Studio	Accelrys		www.accelrys.com
Volsurf™	Molecular Discovery		www.moldiscovery.com

f_b—$f_{u,b}$；PS—lgPS；M—MDCK P_{app}；C2—Caco-2 P_{app}；L—lgBB；P—P-gp 外排；C—Cl_{in}（PS×$f_{u,b}$）。

28.2.2 BBB 渗透性的体外测试方法

28.2.2.1 BBB 渗透性的体外物理化学测试方法

第 23 章中已讨论了计算机模拟及体外测试化合物亲脂性的方法。自从发现 BBB 以来，研究人员已经认识到亲脂性分子比亲水性分子更容易进入大脑。先前已有报道称化合物 BBB 渗透的最佳 lgD 值约为 1～3[8,21~23]。化合物的亲脂性通过增加化合物对脂质膜的渗透性来影响其 BBB 通透性。据报道，体内化合物的 BBB 渗透性与 lgP 和分子量的平方根（$\sqrt{MW}$）直接相关[24]。

值得注意的是，化合物的亲脂性不仅会影响 BBB 渗透性，还会影响其与血浆蛋白、脑脂质和蛋白质的结合。因此，亲脂性并不是 BBB 渗透性或脑内分布的最佳指标。亲脂性和 BBB 渗透性之间关系的示例如图 28.1 所示[3]。

28.2.2.2 BBB 渗透性的体外 PAMPA-BBB 测试方法

PAMPA-BBB 测试方法可高通量地预测化合物被动扩散的 BBB 渗透性。PAMPA-BBB 方法遵

---

❶ 类药性预测软件的开发思路大致相同。研发人员一般首先广泛收集真实的化合物类药性数据，构建数据库。然后将数据库内的化合物及其对应的性质信息分为两组，分别为数据量较大的训练集（training set）和数据量较少的测试集（testing set）。随后采用训练集数据建立和优化预测软件的具体算法，再通过测试集数据对软件算法进行测试，以验证软件预测的准确性。同时，根据测试结果进一步优化程序，最终获得最优的算法——译者注。

循 PAMPA 的基础模式（参见第 26 章），但是使用猪脑脂质溶在十二烷中模拟脑部人工渗透膜（图 28.2）[25]。图 28.3 显示了 30 个上市药物使用该方法测试的结果。除了一个在体内通过主动摄取转运而渗透到大脑的化合物外，PAMPA-BBB 方法对所有 CNS+ 化合物都进行了正确的区分。除了两个由于在体内发生外排转运而被限制 BBB 渗透性的化合物，以及另一个在体内被大量代谢而无法达到足够血药浓度，导致无法在脑内达到有效浓度的化合物，PAMPA-BBB 方法对其他的 CNS- 化合物也实现了正确的区分。PAMPA-BBB 方法是一种用于评价化合物被动扩散 BBB 渗透性的快速、低成本的方法。如图 28.4 所示[26]，该方法与体内脑灌注渗透率参数（lgPS）具有很好的相关性。

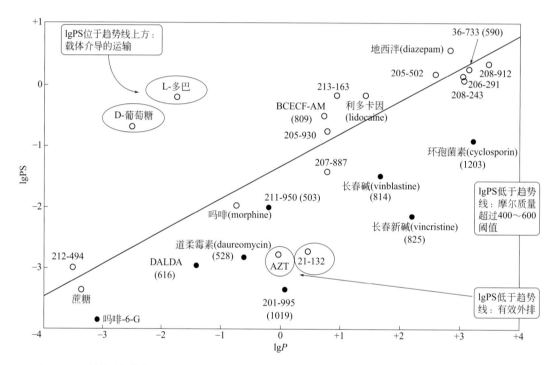

图 28.1 通过被动扩散进行渗透的化合物，亲脂性（lgP）和 BBB 渗透性表面系数（lgPS）与 BBB 渗透性密切相关；位于趋势线以上的化合物由于 BBB 对其存在主动吸收过程，往往具有更强的渗透性。相反地，位于趋势线以下的化合物往往由于 BBB 的外排作用而渗透性较差 [3]

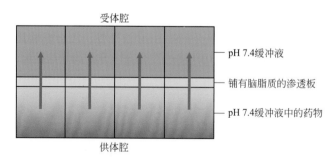

图 28.2　PAMPA-BBB 测试的示意

PAMPA-BBB 方法与体内脑灌注测试法具有很好的相关性。PAMPA-BBB 的应用如图 28.5 所示。在一个药物研发项目中，研究人员首先在体外评估了多个不同系列化合物的性质，包括效

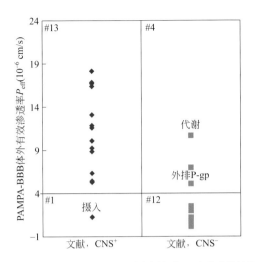

图 28.3 通过 PAMPA-BBB 测试方法对 30 个化合物的预测结果[25]

经 L Di, E H Kerns, K Fan, et al. High throughput artificial membrane permeability assay for blood-brain barrier. Eur J Med Chem. 2003, 38: 223-232 许可转载，版权归 Elsevier 所有

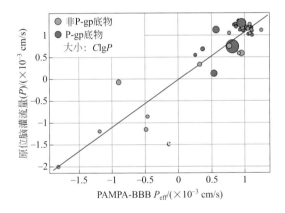

图 28.4 PAMPA-BBB 与原位脑灌注的相关性[26]

经 L Di, E H Kerns, I F Bezar, et al. Comparison of blood-brain barrier permeability assays: *in situ* brain perfusion, MDR1-MDCK Ⅱ and PAMPA-BBB. J Pharm Sci. 2009, 98: 1980-1991 许可转载，版权归 Wiley-Liss, Inc. 所有

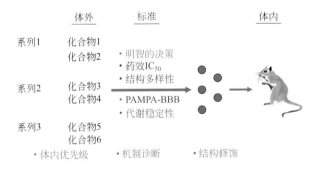

图 28.5 PAMPA-BBB 测试的应用

价、结构多样性、BBB 渗透性和代谢稳定性，并对这些获得的数据进行综合考量以优化化合物的体内给药剂量。体内实验结果表明，由于存在一些无法解释的实验现象还需对这些化合物进行额外的测试，以寻找其他的潜在机制。最后，在化合物药效和脑内渗透性评价的指导下，对化合物

进行了针对性的结构修饰以提高其体内活性。BBB 渗透性的体外测定方法已有综述报道[27]，文献中也报道了 PAMPA-BBB 测试方法在实际药物研发中的应用[28-30]。

28.2.2.3　BBB 渗透性的体外 ΔlgP 测试方法

ΔlgP 用于评价化合物氢键结合的势能，其与 BBB 渗透性呈负相关[31]。在 ΔlgP 测试方法中，需要在辛醇 - 水缓冲液和环己烷 - 水缓冲液中分别测试化合物的 lgP。水性缓冲液的最佳 pH 应与最大比例的中性分子的 pK_a 值（即低于酸的 pK_a 或高于碱的 pK_b）相差至少 2 个单位。该方法的原理是辛醇会与受试化合物形成氢键，而环己烷则不会，因此，ΔlgP 值的产生主要是由于氢键的作用。其计算方法如下：

$$\Delta\lg P = \lg P_{\text{辛醇，缓冲液}} - \lg P_{\text{环己烷，缓冲液}}$$

随着化合物 ΔlgP 的增加，其 BBB 渗透性反而降低。脑摄取的最佳 ΔlgP<2[23,31,32]。

28.2.2.4　BBB 渗透性的体外 IAM HPLC 测试方法

IAM HPLC 测试方法可用于预测化合物的渗透性，但不能预测其分布情况。在第 26 章中已介绍了固定化人工膜（immobilized artificial membrane，IAM）高效液相色谱（HPLC）柱，该色谱柱的特殊之处在于采用磷脂酰胆碱脂质与 HPLC 的固定相结合。据报道，IAM.PC.DD2 色谱柱的色谱保留时间可作为 BBB 渗透性的一个预测指标[33,34]。

28.2.2.5　BBB 渗透性的体外表面活性测试方法

BBB 渗透性与空气 / 水界面张力分配系数（interfacial tension partitioning coefficient）K_{memb} 相关[35]。此技术已在高通量表面张力仪中实现应用（表 28.2）。

表 28.2　用于 BBB 渗透性和脑分布测定的部分产品清单

产品	公司	网址
HTD 96™ equilib. dialysis	HTDialysis	www.htdialysis.com
RED rapid equilib. dialysis	Fisher Scientific	www.fishersci.com
DispoEquilibrium Dialyzer™	Harvard Apparatus	www.harvardapparatus.com
IAM.PC.DD2™	Regis Technologies	www.registech.com
Delta-8™ Surface Tension	Kibron	www.kibron.com
PAMPA-BBB	Pion	www.pion-inc.com
TRANSIL™	ADMEcell	www.admecell.com
Precellys®24	Percellys	www.percellys.com
Geno/Grinder SPEX	SamplePrep®	www.speexsampleprep.com
Pulsing Vortex Mixer	Glas-Col	www.glascol.com
Brain tissue	Bioreclamation	www.bioreclamationivt.com
Brain tissue	Innovative Research	www.innov-research.com
Autogizer®	TomTec	www.tomtec.com
Phoenix WinNonlin	Certara	www.certara.com
P-gp Knockout Mouse	Charles River	www.criver.com
BCRP Knockout Mouse	Taconic	www.taconic.com
Mdr1a Knockout Rat	SAGE Labs	www.sageresearchlabs.com

28.2.2.6　BBB 渗透性的体外单层细胞测试方法

单层细胞渗透性方法被广泛用于 BBB 渗透性或特定性质（如 P-gp 外排）的体外测试。近年来，自动化的普及降低了基于细胞的化合物渗透性评价方法的成本。大多数基于细胞 BBB 渗透性的测试都是通过"Transwell"过程实现的，类似于 Caco-2 细胞吸收模型（见第 26 和 27 章）。但需要注意的是，具有高亲脂性的化合物往往具有很高的非特异性结合，或自身溶解度较低，因此不适合该测试方法。

（1）BBB 渗透性的体外微血管内皮细胞渗透测试方法

体外微血管内皮细胞渗透法主要是以牛脑微血管内皮细胞（bovine microvessel endothelial cell，BMEC）建立的 BBB 渗透性测试模型。首先，从新鲜组织中分离出大脑的微血管，并分离培养其内皮细胞[36-38]。然后，将原代细胞铺于 Transwell 培养板上培养并使之形成紧密连接的单层膜。该方法采用原代细胞形成的单层细胞测试化合物的 BBB 渗透性，两者的相关性较好，实验设计也较为合理。但是该方法具有一定的局限性，必须使用原代 BMEC 进行培养。获得新鲜的大脑后应立即分离细胞进行培养，并很快进行实验。而细胞中转运体的表达水平可能因制备方式的不同而不同。此外，该方法也可使用猪脑血管内皮细胞进行原代培养[37]。

目前，研究人员基于此方法已建立了永生化的内皮细胞（immortalized endothelial cell）来代替原代培养的细胞。这种方法的不同之处在于，可改用牛脑内皮细胞（bovine brain endothelial cell，BBEC）和人原代脑内皮细胞（human primary brain endothelial cell，HPBEC）[4]建立相应的评价模型。首先，从大脑中分离出微血管并进行培养。内皮细胞从血管中生长并形成小集落，将其收集后铺板培养。然后将其与大鼠星形胶质细胞（可能会释放出增强 BBB 样特征的分化因子）进行共培养。按此方法，培养的内皮细胞可以存活一定的代数。

内皮细胞培养模型已广泛用于化合物 BBB 渗透性的研究，但是，因为制备内皮细胞需要耗费大量的资源，所以在中等至高通量筛选中的应用并不常见。在细胞模型中，化合物对单层脑毛细血管内皮细胞的渗透性比 BBB 更强，脑毛细血管内皮细胞的电阻比体内 BBB 低 10 倍以上[39]。此外，大多数 BBB 转运体或载体在体外培养细胞中的表达呈下调趋势，最高可降低 100 倍之多。例如，由于细胞中的氨基酸转运体 LAT1 被明显抑制，导致科研人员很难在细胞培养模型中检测到细胞对左旋多巴（L-dopa）的转运作用[39]。

人源性内皮细胞在 BBB 模型中的应用日趋广泛。原代细胞、永生化细胞和人多能干细胞的用途也日趋扩大，并且已得到相关的验证[40]。

（2）BBB 渗透性的 Caco-2 测试方法

Caco-2（人结肠癌 -2 细胞）是检测化合物胃肠道吸收的常用评价模型。在部分公司中也可用于筛选化合物的 BBB 渗透性。Caco-2 细胞同时具有细胞脂质双层膜和外排转运体，对于 BBB 渗透模型而言，Caco-2 的局限性在于它不像脑内皮细胞那样会形成紧密的连接，且 Caco-2 细胞膜上的脂质混合物与 BBB 内皮细胞也有所不同，这可能会影响化合物被动扩散的特性以及转运体的结构和表达水平的不同。

Caco-2 和多药耐药犬肾细胞（MDR1-MDCK II）评价模型的一个优点是可以通过多种实验方法测得化合物被动转运和载体介导的渗透性（如 P-gp 外排）。Caco-2 细胞可表达人 P-gp，而 MDR1-MDCK II 则可过表达人 P-gp。因此，它们提供了一种有效预测化合物是否存在 P-gp 外排（P-gp 外排会阻碍 BBB 的渗透性）作用的方法。ER 可用于评估化合物的外排作用，鉴别化合物 BBB 渗透性的限制因素，并通过研究化合物的结构 -P-gp 外排作用的关系，来指导化合物的结构修饰。P-gp 的外排数据也可以与体外平衡透析数据结合使用，共同预测化合物的血脑分配。该方法的应用示例如图 28.6 所示。PAMPA-BBB 实验表明该化合物主要以被动扩散方式渗透到 BBB 中。但是，一项体内研究显示了该化合物的脑内暴露量并不理想。因此，通过 Caco-2 方法对该化合物进行了深入的分析研究。结果显示，该化合物的 ER（$P_{app, B>A}/P_{app, A>B}$）为 7，而当将 P-gp 抑制剂环孢素 A（cyclosporine A，CSA）与该化合物在 Caco-2 细胞培养基中共孵育时，化合物的 ER 值下降至 1。以上结果表明，该化合物能够以被动扩散的方式进入 BBB，但同时会被 P-gp 外排出 BBB。

此外，Caco-2 细胞还包含其他外排转运体，因此使用特定的转运体抑制剂来研究相关转运体的外排作用对于筛选 CNS 药物非常关键。P-gp 外排的数据可与平衡透析参数结合使用（见下文），可共同应用于预测化合物的血脑分布[41,42]。

（3）BBB 渗透性的 MDR1-MDCKⅡ 测试方法

MDCK 或 MDR1-MDCKⅡ 细胞已广泛应用于预测 BBB 渗透性。MDCK 细胞内源性转运体的表达水平非常低，因此可作为检测化合物被动扩散 BBB 渗透性的良好模型（参见第 27 章）。

MDR1-MDCKⅠ 和 MDR1-MDCKⅡ 细胞系[43,44]均已转染了编码人源 P-gp 的 *MDR1* 基因（参见 27.2.1.2 节）。通过向细胞中转染人 *MDR1* 基因可实现 P-gp 的过表达。研究人员通过 MDR1-MDCKⅡ 模型对市售药物的渗透性进行了广泛的研究[43]。结果表明，CNS 药物通常从供给室到接收室的表观渗透系数 P_{app}>150 nm/s，而且其 ER $P_{app,B>A}/P_{app,A>B}$<2.5[44]。

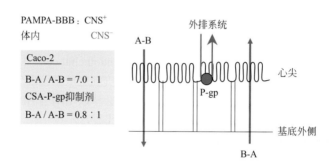

图 28.6　CNS 药物研发项目中 BBB 渗透机制的研究

许多实验室都将 MDR1-MDCKⅡ 细胞系作为 P-gp 外排的特异性检测模型。由于该细胞过表达 P-gp，因此检测 P-gp 的外排比 Caco-2 更为灵敏，并能有效区分不同系列的化合物，阐明其结构 -P-gp 外排关系，进一步指导化合物的结构修饰工作。

（4）BBB 渗透性的体外 TR-BBB 和 TM-BBB 细胞测试方法

研究人员已从微血管内皮细胞中获得了永生化的大鼠大脑 -BBB（TR-BBB）和小鼠大脑 -BBB（TM-BBB）细胞系[45,46]。这些细胞系可表达膜转运体，对内皮细胞具有良好的保真度。但是，这些细胞系不能形成紧密的连接，因此仅用于化合物的摄取研究（参见第 27 章），而不能用于单层细胞跨膜渗透性的研究。具体检测方法如下：首先，将受试化合物添加到细胞培养基中孵育。孵育后，洗去细胞培养基，裂解细胞，并测定细胞内药物的浓度，以确定有多少化合物渗透到细胞内。

28.2.3　BBB 渗透性的体内测试方法

体内神经系统药代动力学（neuroPK）研究的一般方法将在 28.3.3.1 节中进行详细讨论。BBB 渗透性和脑内分布的体内评价方法都是从这些常规方法衍生而来。表 28.3 列举了部分可提供化合物 BBB 渗透性和脑内分布测试服务的合约实验室（CRO）。

表 28.3　部分提供 BBB 渗透性和脑分布测试服务的合约实验室（CRO）

公司	服务内容①	网址
Absorption Systems	f_b、f_p、M、C2、P、I、N	www.absorption.com
Agilux	C2、N	www.agiluxlabs.com

续表

公司	服务内容①	网址
Alliance Pharma	N	www.alliancepharmaco.com
BASi	N	www.bioanalytical.com
Charles River	f_b、M、C2、P、B、N	www.criver.com
Cyprotex	f_b、f_p、M、C2、P、B、U	www.cyprotex.com
Pharmacadence	N	www.pharmacadence.net
Pion Inc.	PB	www.pion-inc.com
QPS	N	www.qps.com
Solvo Biotech	M、C2、MD、BM	www.solvobiotech.com
Tandem Labs	N	www.tandemlabs.com
Wolfe Laboratories	f_p、C2、P	www.wolfelabs.com

① f_b—$f_{b,u}$；f_p—$f_{p,u}$；M—MDCK P_{app}；C2—Caco-2 P_{app}；P—P-gp 外排；B—BCRP 外排；U—摄取转运；I—原位灌注；N—神经系统 PK；PB—PAMPA-BBB；BM—脑微血管内皮细胞渗透；MD—微透析。

28.2.3.1 BBB 渗透性的原位脑灌注测试方法

原位灌注方法（*in situ* perfusion）[47~54] 可提供可靠的体内 BBB 渗透性数据。通过向灌注液中添加不同的组分（如 P-gp 抑制剂）可确认特定的渗透机制。具体实验流程如图 28.7 所示。首先，将导管置入麻醉动物的颈总动脉中，结扎颈外动脉，保持翼腭动脉通畅。此时，血液停止流动，可通过连接导管的注射泵按顺序切换灌注液。灌注液迅速流经大脑动脉和全脑毛细血管，使包含药物、内标、生理电解质、氧气和营养物质的灌注液流向大脑。灌注液很好地取代了血液，在灌注期间，大脑中一半的血液循环被其完全取代。在整个实验过程中，BBB 的完整性一直保持在较高水平。大脑灌注的时间会持续 5 s 至几分钟不等，然后使用不含化合物的灌注液冲洗脑血管 30 s。随后取出大脑，并测定通过灌注进入一侧脑半球的受试化合物的浓度。短时间的大脑灌注可最大化地降低大脑中化合物的非特异性结合，而且此时化合物在脑内的分布并未达到平衡。通过本实验可以确定化合物的 PS 系数[55]。其他测定 PS 的方法包括颈动脉注射和灌输法，以及静脉内定量注射法。

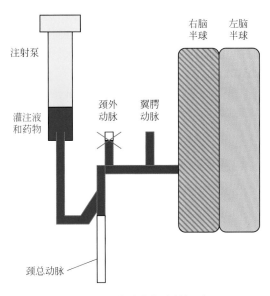

图 28.7　原位脑灌注测试的示意

原位灌注的 PS 值计算方法如下：

$$PS = -F \times (1 - e^{-K_{in}/F})$$

式中，K_{in} 为流入速率常数；F 为大脑微毛细血管中的血流速率。

在灌注液中同时加入转运体抑制剂，或将该技术应用于缺乏转运体的转基因动物中，可以研究转运体对特定化合物 BBB 渗透性的影响程度。例如，对 P-gp 缺陷型小鼠和野生型（WT）小鼠开展的原位脑灌注实验表明，秋水仙碱（colchicine）是一种 P-gp 底物，其脑摄取量被 P-gp 降低了数倍[49]。灌注液成分使用的灵活性使得研究人员可以对血液中各种影响 BBB 渗透性的因素（如蛋白质、电解质）进行广泛的研究。

内标化合物可确保实验在可预知的化合物渗透方式下进行，如低细胞旁路渗透［如阿替洛尔（atenolol）］、被动扩散渗透［如安替比林（antipyrine）］和 P-gp 外排底物［如洛哌丁胺（loperamide）］等方面。该方法必须采用较短的作用时间，主要是为了保证化合物脑内暴露量的决定因素是其 BBB 渗透性，而不是非特异性的大脑结合和化合物分布。

原位脑灌注实验耗资较大，因此该方法通常是为了出于基础研究目的或针对特定化合物进行深入的 BBB 研究以解决特定问题[56,57]。

28.2.3.2　BBB 渗透性的体内脑摄取指数测试方法

脑摄取指数（brain uptake index，BUI）方法是将放射性标记的药物与超重水（氚水）内标一起注入动物的颈总动脉中，15 s 后停止灌注并取出大脑。根据放射性同位素计算方法计算大脑中的化合物含量。据报道，该方法与原位灌注相比，能更好地控制灌注液的成分。

28.2.3.3　BBB 渗透性和分布的体内小鼠脑摄取测试方法

化合物的体内小鼠脑摄取测试（mouse brain uptake assay，MBUA）[4,58]是一种短时间的体内实验。实验开始前，向小鼠尾静脉注射 6.5 μmol/kg（50 μL）的受试化合物。第 5 分钟时，将动物麻醉后采集血样，并取出大脑。该实验也必须在短时间内完成，这主要是基于如下假设：所有化合物在 5 min 时具有最少的非特异性脑组织结合，且受试化合物脑回流或脑内代谢程度最低。随后，采用 LC/MS/MS 分析每个样品中化合物的浓度。通过计算化合物的 PS 系数可推测出 BBB 的 P_{app}（基于小鼠中每克大脑具有 240 cm² 的表面积）。相同的实验进行到 60 min 时，可显示该化合物是否以与血浆中相同的速率从大脑中清除，若结果表明化合物在 BBB 中能达到快速平衡，或从脑内清除速率更慢，则说明该化合物可在大脑中累积。该实验方法快速便捷，并且使用较少的动物和实验室资源。以 MBUA P_{app} 数值为纵坐标，化合物在 pH 7.4 时的 lg$D$（Clg$D_{7.4}$）值为横坐标，可绘制相应的数据图。图 28.8 描述了有关化合物 BBB 渗透的主要机制。这些数据[54]可与其他体外实验数据相结合（如血浆蛋白结合、MDR1-MDCK II），以识别和预测化合物的多种渗透机制（表 28.4）。

表 28.4　基于图 28.8 中数据的绘图位置所揭示的 BBB 渗透机制

主要机制	图表位置
被动扩散	上升的对角线
受血流限制的高被动扩散	水平线
进入大脑的高度分布（非特异性结合）	水平线以上
具有高血浆蛋白结合、低被动扩散、快速清除或主动外排等特性的疏水性化合物	在水平线以下
具有主动摄取的亲水性化合物	被动扩散对角线左侧的部分

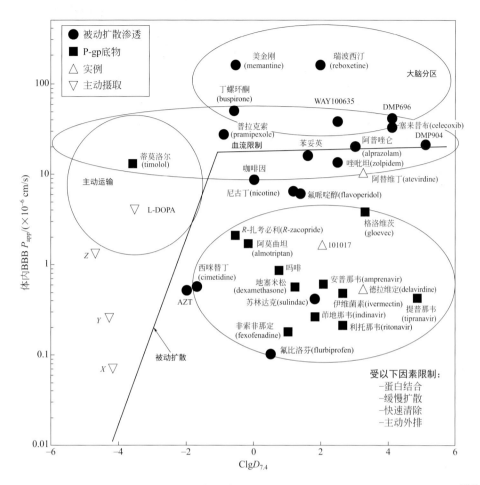

图 28.8 将小鼠脑部摄取 BBB 渗透性数据（P_{app}）与 $ClgD_{7.4}$ 进行比较以了解 BBB 渗透的潜在机制[4,58]
经 T Raub, B Lutzke, P Andrus, et al. Early preclinical evaluation of brain exposure in support of hit identification and lead optimization. in: R T Borchardt, E H Kerns, M J Hageman, (Eds.). Optimizing the "Drug-Like" Properties of Leads in Drug Discovery, New York: Springer, 2006 许可转载，版权归 American Association of Pharmaceutical Scientists 所有

28.3 药物脑内结合和分布的测试方法

K_{puu} 表示的是候选药物的血脑分布，而 f_{ub} 表示的是大脑中游离药物的比例。本节主要讨论确定 K_{puu} 和 f_{ub} 相关的方法及计算 c_{bu} 的应用。

28.3.1 药物脑内结合的计算机模拟方法

已有综述报道了利用计算机模拟对化合物脑内暴露进行预测的方法[7]。一种基于 70 个化合物的小鼠 f_{ub} 数据的 QSAR 模型[59]表明，ClgP 对化合物的 f_{ub} 影响最大。随着 ClgP 和芳香族原子数的增加，f_{ub} 逐渐减少。相反，随着溶剂可接触 PSA 的增加，f_{ub} 也随之增加。另一个用于预测 f_{ub} 的 QSAR 模型则是基于 lgP 和 pK_a 值。基于对 500 个化合物[60]实验获得的大量数据，证明该预测方法具有较强的验证性。

研究人员还建立了一种根据化学结构预测游离药物脑内分布容积（V_{ub}）[61]的模型。该模型基于化合物在组织液（interstitial fluid，ISF）、细胞内和溶酶体内的脂质结合和酸碱分区情况进行预测。因此，化合物的脂质结合和 pH 分区是预测模型中的重要变量。

表 28.1 介绍了目前商业化的相关预测化合物血脑分布变量的计算机软件。与之前评价 BBB 渗透性的模型一样，选择何种计算软件，最重要的是需要验证软件产品是否是基于游离药物的评价指标而设计的。

对 BBB 及大脑的生理和解剖构造的深入认识，以及高质量的脑内暴露药代动力学研究数据的获得，有助于开发基于生理学的药物药代动力学（physiologically based pharmacokinetic，PBPK）模型[62]和 PK/PD 模型[63]。

28.3.2 化合物脑内结合的体外测试方法

本书第 33 章将讨论体外测定 f_{up} 的方法。f_{ub} 的测定采用了类似的技术，只是用稀释的脑匀浆液来代替血浆。

相关综述已总结了关于化合物脑组织结合的测试方法[1,2,64]。使用微透析法直接测试化合物的体内 c_{bu} 和 K_{puu} 是非常低效且十分困难的。通常研究人员会通过组合方式来进行测试：在神经系统药物 PK 研究的样品中测试化合物的 c_b 和 c_p，在体外结合实验中测试 f_{ub} 和 f_{up}，而游离药物浓度和 K_{puu} 通过如下公式计算：

$$c_{bu} = f_{ub} \times c_b$$

$$c_{pu} = f_{up} \times c_p$$

$$K_{puu} = c_{bu}/c_{pu} \text{ 或 } K_{puu} = AUC_{bu}/AUC_{pu}$$

通过与体内脑微透析法获得的数据相比较，证明该方法确实是有效可行的[65,66]。需要指出的是，f_{ub} 和 f_{up} 的测量值仅用于计算建立 PK/PD 关系和 PBPK 模型所需的体内游离药物的浓度（c_{bu} 和 c_{pu}）[67]。f_{ub} 和 f_{up} 值的大小不能用于确定候选药物的优劣排序、建立构效关系（SAR）指导化合物结构修饰或候选药物的选择，因为它们不能代表真实的体内游离药物的浓度和药效[67-69]。

化合物脑内结合过程在不同物种、品系和大脑各区域间基本上是相同的[70-74]。研究人员在七个不同物种动物中测试了 50 个药物，结果表明这些药物在脑内的结合在不同物种中呈现出高度的一致性[71]。化合物与脑组织的结合是非特异性的，而且，大脑中脂质的百分比高于血浆[75]，且不同物种的脂质成分相对一致。因此，化合物在脑内的结合主要与其本身的亲脂性大小有关[70]。此外，可以通过一个物种的整个大脑来获得 f_{ub} [71]，并通过 f_{ub} 计算所有物种（包括人类）和大脑各区域的 c_{bu}。与测量多个物种和各个大脑区域的 f_{ub} 相比，这种方法为项目组节省了大量成本。

28.3.2.1 化合物脑内结合的体外平衡透析测试方法

本书第 33 章将对测试化合物血浆蛋白结合率的平衡透析法展开详述。在测定化合物脑内结合率的方法中，主要采用脑匀浆（而不是血浆），将其置于缓冲液中进行透析检测[71,76]。该方法是制药行业中应用最广泛的测试化合物与组织和血浆蛋白结合的检测方法。

这一方法使用透析装置进行测试。最常见的 f_{ub} 测试装置是快速平衡透析（rapid equilibrium dialysis，RED）和 96 孔高通量透析（high-throughput dialysis，HTD）（表 28.2）。通过两种装置获得的结果具有可比性[71,77]。脑组织样本可从供应商处购买（表 28.2）。实验中，首先将脑组织匀浆成均一的悬液[71]，接着以缓冲液稀释，通过降低样品的黏度（如 5 倍）来制备脑匀浆。然后，将制备的脑匀浆放入透析袋并置于缓冲液中，受试化合物可通过透析膜在两个腔室之间进行平衡分布。

该方法的各个方面都已经得到了详细讨论[64]。其中要考虑到的一个重要因素是确保脑匀浆样本的一致性，因此通常是大量购买一个批次的脑组织并长时间使用，而任何新批次的脑组织样品都需要根据先前的批次和对照化合物进行验证后方能使用。此外，脑组织匀浆的稀释倍数也会影响实验数据，对于高 f_{ub} 的化合物而言，稀释倍数不宜过高，也不能过低而导致样品太黏稠。透析时间的长短也有可能会对结果造成影响，因为低 f_{ub} 的化合物需要更长的时间才能在装置中达到平衡。通常，在 4～24 h 时间段内采集多个时间点的样本进行分析，以确保化合物在装置中达到平衡[78]。由于脑匀浆样本的结合能力很强，为节约成本，通常可以在一个装置中同时检测多个化合物的脑内结合能力[55]。

反复步进式平衡透析法（reiterated stepwise equilibrium dialysis）是对原始方法的一种演变，对于具有高度非特异性结合的化合物，可采用此方法测试其血浆蛋白结合[79]，或用于脑组织结合的测定。实验中，首先将受试化合物在多个透析孔中预孵育使其饱和，然后以不同的比例加到接收室中。最终将初始的平衡透析供体腔/受体腔比值与最终供体腔/受体腔比值之间差异最小的孔，作为达到化合物分布平衡的孔。该方法已被证明可用于测试具有高度非特异性结合的多肽，利拉鲁肽（liraglutide）的血浆蛋白结合[79]。

28.3.2.2 脑内结合的体外脑切片测试方法

体外脑匀浆结合方法会破坏组织结构，仅能测试化合物体内的非特异性结合。然而，化合物的脑内分布也会受到其他因素的影响，如与靶点的特异性结合和体内 pH 梯度变化都会影响化合物在不同细胞器间的分布（如溶酶体）。此外，转运体对化合物的主动摄取，以及带电物质的膜电位效应同样会影响化合物的脑内分布[80]。例如，碱性化合物的大脑结合会受到 pH 分区和摄取转运体的影响[80]。

基于以上原因，研究人员开发了测试脑内结合的脑切片法（brain slice），该方法保留了影响大脑结合的上述因素。实验中，首先将低浓度的受试化合物（≤1 μmol/L）与新鲜脑切片共同孵育 5 h。采用低浓度的化合物是为了避免药物分子的饱和[65,81~84]。但有一个例外，如果观察到化合物的结合是非线性，则应使用 ≤0.1 μmol/L 的受试化合物浓度开展实验[81]。孵育后，测量周围溶液和脑切片中受试化合物的浓度。脑中游离化合物的分布容积（V_{ub}）计算公式如下：

$$V_{ub}(mL/g_{脑})=A_{脑}/c_{缓冲液}$$

式中，$A_{脑}$ 为脑切片中化合物的浓度，μmol/g；$c_{缓冲液}$ 为缓冲液中化合物的浓度，μmol/mL。对于只具备非特异性结合的化合物，游离化合物的脑分布容积为 $V_{ub}=1/f_{ub}$。对于也能分布到细胞器的化合物（如分布到溶酶体中的碱性化合物[84]），或通过主动转运进入到脑细胞中的化合物［如通过 LAT1 转运摄取加巴喷丁（gabapentin）[80]］，其 $V_{ub}=K_{puu,cell} \times 1/f_{ub}$。因此，该方法最适用于 $c_{u,ICF}$ 与溶液中游离化合物浓度不同的碱性化合物，以及作为转运体底物的化合物的脑内结合能力的测试。

基于此，研究人员开发了一种高通量的脑切片化合物摄取评价方法，内含大脑切片的药物检测盒的可靠性也已得到验证。总之，使用新鲜分离的大脑来制备切片非常重要。

当无法通过大脑切片的摄取研究获得 V_{ub} 时，可以通过将 f_{ub} 转化为 V_{ub} 来估算 $K_{puu,cell}$。一般具有氨基结构化合物的 $K_{puu,cell}$ 值约为 3，羧酸约为 0.6，中性或两性离子约为 1。

28.3.2.3 脑内结合的体外脂质包被珠粒测试方法

高通量的脂质包被珠粒（lipid-coated bead）测试方法可用于预测化合物的 f_{ub}[85]。在 TRANSIL™ 方法（表 28.2）中，首先将猪脑脂质吸附在表面经过修饰的二氧化硅珠粒上，然后将其在 96 孔板中孵育 2 min。该法可用于不稳定化合物或具有高度非特异性结合化合物的脑内结合测定（不应对 f_{ub} 进行高通量筛选，因为 f_{ub} 与药效无关，也不是 c_{ub} 的决定因素）。

28.3.2.4 脑内结合的体外脑匀浆超速离心测试方法

超速离心法（ultracentrifugation）已被用于预测化合物在脑匀浆样本中的 f_{ub} [86]。但是，该方法并不常用，因为受试化合物可以非特异性地与滤膜结合，从而导致较低的 f_{ub}。因此，对于具有高度非特异性结合的化合物，该方法并不适用。

28.3.2.5 脑内结合的体外微乳保留因子测试方法

据报道，基于月桂酸的微乳液毛细管电动色谱（microemulsion electrokinetic chromatography，MEEKC）与质谱联用的策略，所测得的保留因子（retention factor，k'）与 f_{ub} 具有相关性[87]。该方法测试的时间周期短，所需的受试化合物的量较少。但是，与可靠的 f_{ub} 测试方法相比，该方法预测的 f_{ub} 值误差较大[88]。

28.3.3 脑内分布的体内测试方法

化合物的体内脑内分布研究可为研究人员提供重要的 c_b 和 c_p 数据，这些数据可通过相应的游离药物分数转换为 c_{bu} 和 c_{pu}，并为 CNS 药物研究决策提供有价值的 K_{puu} 数据和其他大脑药代动力学信息，有助于先导化合物的选择和优化、PK/PD 关系研究、临床前研究和临床研究。对于外周系统药物研发项目而言，化合物的体内脑内分布研究有助于研究人员了解化合物的大脑暴露信息，以减少可能产生的 CNS 副作用。

28.3.3.1 体内神经系统药代动力学研究的一般方法

活体动物的大脑研究通常称为神经系统药代动力学（neuroPK）。针对不同的研究目的有几种不同的常规方法[2,89-91]。实验中，首先将动物麻醉，并在选定的时间点采集血浆样品。部分动物在相应的时间点被实施安乐死并取出大脑。在取出大脑之前先以缓冲液灌注大脑，以清除大脑中的残留血液。另外，可以计算出大脑残留血液中的药物浓度[92]。随后，使用离心法将收集的血液样本制备成血浆样品。所有样品都需要立即储存在低温（如 −80℃）环境下。在样品制备过程中，将脑部和血浆样品从低温环境中解冻。按要求称取不同质量的脑组织样本，采用匀浆法或酶消化法制备样品[93,94]。主要是将一定量的缓冲液添加到脑组织中，然后使用磁珠粉碎机、声波破碎或转子搅拌将混合物均质化（表 28.2）。若要同时平行将多个样本均质化，可采用配备多个转头探针的设备。然后，向待测样本中加入一定体积的（如匀浆体积的 3～10 倍）含有内标的有机溶剂（如乙腈），将溶剂和样本涡旋混匀以从组织匀浆和血浆中萃取受试化合物。提取物经离心，沉淀变性蛋白质，并将上清液转移至单独的孔板中进行分析。可根据空白血浆或组织样品的萃提分析获得受试化合物的标准曲线。通过 LC/MS/MS 分析定量样品中的化合物，并计算总浓度（c_b，c_p）。将化合物的大脑和血浆总浓度乘以对应的 f_{ub} 和 f_{up}（使用上述体外方法测量），并使用软件拟合药代动力学模型以计算该化合物的其他药代动力学参数。

该方案适用于药物研发中的许多特定研究问题：

- 化合物的 c_{bu} 和 AUC_{bu} 与可观察到的药效之间的关系（PK/PD）？
- 研发项目中先导化合物之间的相对 c_{bu} 和 AUC_{bu} 值的含义是什么？
- 化合物在从血液到大脑的分布是否良好（图 28.9）？
- 通过对体外特征数据和体内神经系统药代动力学（IVIVE）的综合评估，揭示了化合物具有哪些潜在的局限性性质？
- 哪些结构修饰会改善化合物的脑内药代动力学性质？
- 为降低外周系统疾病治疗中的化合物 BBB 渗透而开展的结构修饰是否减少了该化合物的

大脑暴露量？
- 基于啮齿类动物的 K_{puu} 和不同物种的 c_{pu} 来估算高等动物和人脑的暴露量。
- 基于 BBB 摄取转运体对化合物进行结构修饰是否会增加化合物的大脑暴露量[95]？

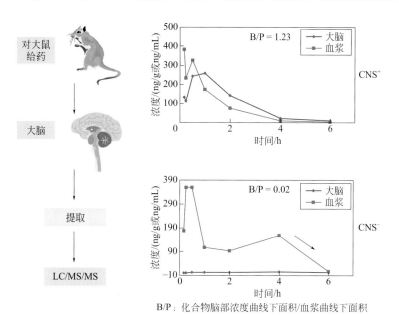

图 28.9　体内血脑分布示意

上图化合物的 C_b 和 C_t 大致相同。下图化合物从血液进入到大脑的分布较少

当然，对常规方法进行改动也可以解决其他的研究问题。

使用盒式定量给药法可以快速获得多个化合物的脑内药代动力学数据。实验中，将几种不同的化合物混合并注射入实验动物体内，根据化合物独特的保留时间、前体物质和产物离子信号，使用 LC/MS/MS 对收集到的脑组织和血浆样本开展选择性的分析定量。该方法的有效性已通过以下药物组得到验证[96]，在野生型（WT）、MDR1a/1b(-/-)、Bcrp1(-/-) 和 MDR1a/1b(-/-)/Bcrp1(-/-) 小鼠中分别给予 1 mg/kg 和 3 mg/kg 的单药剂量和盒式剂量并开展相关的药代动力学研究。盒式给药组的药物浓度是单药剂量组的 2 倍以内。由于盒式给药方法可能会存在药物相互作用（drug-drug interaction，DDI），相关化合物的药代动力学参数也一直存在争议，因此使用该方法时务必谨慎。其中的一个原则是采用低剂量的化合物，并且在每个盒中包含已知药代动力学参数、质量可控的对照化合物进行 DDI 的监测。通过动物盒式给药方式可以对化合物代谢特征进行综合评价，在减少样品数量、提高通量、在同一动物中同时比较几种化合物，以及避免个体差异等方面具有显著的优越性。研究人员通常会先采用盒式定量给药以高通量地快速筛选有效的化合物，之后再对单一化合物进行逐个分析，将候选化合物朝着所需的方向稳步推进。

研究已经证明[90]，如果化合物通过被动或主动转运的方式渗透到 BBB 中，则可将大鼠体内测得的 K_{puu} 用于预测狗和非人类灵长类动物的稳态 c_{bu}（对作为外排底物的化合物而言，c_{CSF} 更具预测性）。首先，确定化合物在大鼠体内的 K_{puu} 值。然后，通过对大型动物或人体给药测得相应的稳态 $c_{pu,动物}$ 或 $c_{pu,人体}$。游离化合物的脑内浓度由其血浆药物浓度进行推算：

$$c_{bu,动物} \approx K_{puu,大鼠} \times c_{pu,动物}$$

$$c_{bu,人体} \approx K_{puu,大鼠} \times c_{pu,人体}$$

残留血液在脑部药代动力学研究中的影响

存在于脑血管中的残留血液是脑内化合物浓度误差的潜在来源。解决此类问题的一种方法是使用缓冲液清洗除去残留的血液。另一方法[92]如下：脑组织中的血液分数（D）约为3%，含有3%残留血液的脑组织的游离药物分数（$f_{u,终点}$）和f_{ub}的比例与f_{ub}/f_{up}的关系为：

$$\frac{f_{u,终点}}{f_{ub}} = \frac{1}{[(1-D)+D\times(f_{ub}/f_{up})]}$$

当$f_{up} \geqslant f_{ub}$时，脑组织中的残留血液对$f_{u,终点}$影响不大；当f_{up}比f_{ub}低10倍以上时，$f_{u,终点}$将开始偏离f_{ub}。例如，如果f_{up}比f_{ub}小10倍，则$f_{u,终点}$比没有血液影响的f_{ub}约低20%。这种偏离程度尚在统计变异性范围内。由于大多数化合物的f_{up}和f_{ub}变化路径相似，因此残留在脑内的血液对f_{ub}的测试几乎没有影响。而c_{bu}也不会被过高估计，因为其最大的偏差仅约为3%。

28.3.3.2 转运体敲除小鼠的体内神经系统药代动力学

若要研究特定转运体对化合物脑内药代动力学的影响，可将之前介绍的通用方法进行简单的变换来开展相应的检测。通常使用特异性转运体敲除的动物进行研究[97]。基因敲除动物可从供应商处购得（表28.2）。神经系统药代动力学研究中包括基因敲除动物和野生型动物，c_{bu}、AUC_{bu}、K_{puu}或BBB渗透性的差异可归因于所研究的转运体。

28.3.3.3 体内脑脊液的神经系统药代动力学

脑脊液（cerebrospinal fluid，CSF）中化合物的浓度（c_{CSF}）通常可作为脑组织液中化合物浓度（c_{ISF}）的替代指标[98]。CSF是通过对动物的小脑延髓池穿刺取样或从人体的腰椎CSF取样获得，并将样本冷冻保存。第10章中讨论了这种方法的局限性，如低混合度会导致腰椎CSF与脑内CSF之间的平衡较为缓慢。对于每种受试化合物，都应验证CSF对于c_{ISF}的可靠性。

28.3.3.4 测试化合物脑内分布的体内微透析法

存在于脑组织液中的药物可以通过微透析法进行采样分析[98~103]。该技术通常用于测量神经递质，也用于测试药物的c_{ISF}。实验中，首先将带有透析膜的同心圆形管的探针植入脑内使其平衡（图28.10）。然后以低流速将人工脑脊液（如1 mL/min）通过探针泵入大脑。MW临界值以下的化合物可自由进行跨膜扩散，在随流体流出探针后被捕获。探针中化合物的浓度（"回收率"）

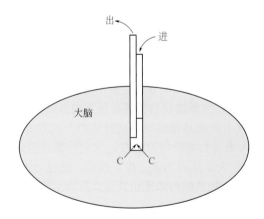

图28.10 脑内分布的体内微透析法示意
将微透析探针植入脑组织中，平衡后，通过灌注人工ISF对ISF进行采样。化合物（C）渗透通过透析膜，采样后使用LC/MS/MS进行分析定量

是脑组织液中化合物浓度的一个恒定百分比（如10%），回收率的大小具体取决于化合物的类型和流速。通过将探针放置于已知浓度的溶液中并对透析液进行测试可对其进行校准。

因为仅对 ISF 中游离的化合物进行了采样，所以该方法的数据实用且可靠（"黄金标准"）。该方法的局限性在于实验过程很耗时，且会通过引起毛细血管渗漏而破坏 BBB 的结构。此外，高亲脂性的化合物容易被吸附到透析膜上，进而导致回收率降低。

28.3.3.5 化合物在脑内分布的体内成像

利用成像技术［如正电子发射断层扫描（positron emission tomography，PET）和单光子发射计算机断层扫描（single photon emission computed tomography，SPECT）］，已经开发出了针对化合物的 BBB 渗透性、靶点占有率和脑内疾病状态进展进行三维观察的检测方法[104]。这些技术可用于药物研发后期的深入研究，如对靶点占有率与药物药效关系的研究、疾病状态生物标志物的监测等。而在临床研究中，此类方法可以协助研究人员开展药物机制的验证和临床药物剂量的选择。PET 核素 ^{11}C 和 ^{18}F 易于与候选药物结合并发射正电子，其 $t_{1/2}$ 较短，因此可快速合成并开展体内实验。

28.4　BBB 渗透性和脑内分布测试方法的应用

10.6.2 节和图 10.16 中讨论了开展化合物 BBB 渗透性和脑内暴露量评价的一系列方案。这些不同阶段的评价方案是经过一系列选择和标准优化的结果，基于相关方法获得的数据可建立 PK/PD 模型，并对候选化合物进行优化。通过本章中介绍的方法所得到的数据，可为以下重要的科学问题提供答案：

- BBB 渗透性是否会限制化合物的脑内暴露？
- 哪种 BBB 渗透机制可能会被限制？
- 低吸收或高清除率是否会限制化合物的脑内暴露？
- 大脑的 c_{bu} 相对于产生体外活性的化合物浓度是何种比例关系？
- 哪些脑内药代动力学参数与药效最为相关（如 $c_{max,bu}$、AUC_{bu}）？
- 初始临床研究应使用什么剂量？

（吴　睿　白仁仁）

思考题

（1）BBB 渗透性与脑内分布有什么区别？
（2）哪些结构特性会影响被动跨细胞的 BBB 渗透性？
（3）PAMPA-BBB 可对 BBB 渗透性进行哪些预测？
（4）在大脑平衡透析法中，化合物透析需要使用什么流体？可得到什么测试结果？
（5）$\Delta\lg P$ 主要表示什么？
（6）IAM 主要用于哪些方面的预测？
（7）为什么微血管内皮细胞方法难以实施？这种方法的局限性是什么？
（8）使用 MDR1-MDCK Ⅱ 和 MDCK 细胞可以获得哪些有关 BBB 渗透性的认识？
（9）小鼠脑摄取和短时间原位灌注方法主要用于什么测试？
（10）哪些机制可能导致 $K_{puu}<1$？什么情况下又会导致 $K_{puu}>1$？

参考文献

[1] L. Di, E.H. Kerns, Methods for assessing blood-brain barrier penetration in drug discovery, in: D. Zhang, S. Surapaneni (Eds.), ADME-Enabling Technologies in Drug Design and Development, Wiley, Hoboken, NJ, 2012, pp. 169-176.
[2] M. Hammarlund-Udenaes, U. Bredberg, M. Fridén, Methodologies to assess brain drug delivery in lead optimization, Curr. Top. Med. Chem. 9 (2009) 148-162.
[3] W.M. Pardridge, CNS drug design based on principles of blood-brain barrier transport, J. Neurochem. 70 (1998) 1781-1792.
[4] P. Garberg, M. Ball, N. Borg, R. Cecchelli, L. Fenart, R.D. Hurst, T. Lindmark, A. Mabondzo, J.E. Nilsson, T.J. Raub, D. Stanimirovic, T. Terasaki, J.O. Oeberg, T. Oesterberg, In vitro models for the blood-brain barrier, Toxicol. In Vitro 19 (2005) 299-334.
[5] N.J. Abbott, Prediction of blood-brain barrier permeation in drug discovery from in vivo, in vitro, and in silico models, Drug Discov. Today Technol. 1 (2004) 407-416.
[6] J.T. Goodwin, D.E. Clark, In silico predictions of blood-brain barrier penetration: considerations to "Keep in Mind", J. Pharmacol. Exp. Ther. 315 (2005) 477-483.
[7] H. Chen, S. Winiwarter, O. Engkvisk, In silico tools for predicting brain exposure of drugs, in: L. Di, E.H. Kerns (Eds.), Blood-Brain Barrier in Drug Discovery, John Wiley & Sons, Hoboken, (2015) pp. 169-187.
[8] D.E. Clark, In silico prediction of blood-brain barrier permeation, Drug Discov. Today 8 (2003) 927-933.
[9] D.E. Clark, Computational prediction of blood-brain barrier permeation, Annu. Rep. Med. Chem. 40 (2005) 403-415.
[10] A. Ajay, G.W. Bemis, M.A. Murcko, Designing libraries with CNS activity, J. Med. Chem. 42 (1999) 4942-4951.
[11] P. Crivori, G. Cruciani, P.-A. Carrupt, B. Testa, Predicting blood-brain barrier permeation from three-dimensional molecular structure, J. Med. Chem. 43 (2000) 2204-2216.
[12] G.M. Keseru, L. Molnar, I. Greiner, A neural network based virtual high throughput screening test for the prediction of CNS activity, Comb. Chem. High Throughput Screen. 3 (2000) 535-540.
[13] S. Doniger, T. Hofmann, J. Yeh, Predicting CNS permeability of drug molecules: comparison of neural network and support vector machine algorithms, J. Comput. Biol. 9 (2002) 849-864.
[14] O. Engkvist, P. Wrede, U. Rester, Prediction of CNS activity of compound libraries using substructure analysis, J. Chem. Inf. Comput. Sci. 43 (2003) 155-160.
[15] M.H. Abraham, The factors that influence permeation across the blood-brain barrier, Eur. J. Med. Chem. 39 (2004) 235-240.
[16] X. Liu, M. Tu, R.S. Kelly, C. Chen, B.J. Smith, Development of a computational approach to predict blood-brain barrier permeability, Drug Metab. Dispos. 32 (2004) 132-139.
[17] U. Norinder, P. Sjoeberg, T. Oesterberg, Theoretical calculation and prediction of brain-blood partitioning of organic solutes using molsurf parametrization and PLS statistics, J. Pharm. Sci. 87 (1998) 952-959.
[18] F. Lombardo, J.F. Blake, W.J. Curatolo, Computation of brain-blood partitioning of organic solutes via free energy calculations, J. Med. Chem. 39 (1996) 4750-4755.
[19] R. Narayanan, S.B. Gunturi, In silico ADME modelling: prediction models for blood-brain barrier permeation using a systematic variable selection method, Bioorg. Med. Chem. 13 (2005) 3017-3028.
[20] X. Liu, B.J. Smith, C. Chen, E. Callegari, S.L. Becker, X. Chen, J. Cianfrogna, A.C. Doran, S.D. Doran, J.P. Gibbs, N. Hosea, J. Liu, F.R. Nelson, M. A. Szewc, J. Van Deusen, Use of a physiologically based pharmacokinetic model to study the time to reach brain equilibrium: an experimental analysis of the role of blood-brain barrier permeability, plasma protein binding, and brain tissue binding, J. Pharmacol. Exp. Ther. 313 (2005) 1254-1262.
[21] T. Hartmann, J. Schmitt, Lipophilicity—beyond octanol/water: a short comparison of modern technologies, Drug Discov. Today Technol. 1 (2004) 431-439.
[22] J.E.A. Comer, High-throughput measurement of log D and pKa, in: H. van de Waterbeemd, H. Lennernäs, P. Artursson (Eds.), Drug Bioavailability, Wiley-VCH, Weinheim, 2004.
[23] A.M. ter Laak, R.S. Tsai, G.M. Donne-Op den Kelder, P.-A. Carrupt, B. Testa, H. Timmerman, Lipophilicity and hydrogen-bonding capacity of H1-antihistaminic agents in relation to their central sedative side-effects, Eur. J. Pharm. Sci. 2 (1994) 373-384.
[24] V.A. Levin, Relationship of octanol/water partition coefficient and molecular weight to rat brain capillary permeability, J. Med. Chem. 23 (1980) 682-684.
[25] L. Di, E.H. Kerns, K. Fan, O.J. McConnell, G.T. Carter, High throughput artificial membrane permeability assay for blood-brain barrier, Eur. J. Med. Chem. 38 (2003) 223-232.
[26] L. Di, E.H. Kerns, I.F. Bezar, S.L. Petusky, Y. Huang, Comparison of blood-brain barrier permeability assays: in situ brain perfusion, MDR1-MDCKII and PAMPA-BBB, J. Pharm. Sci. 98 (2009) 1980-1991.
[27] A. Avdeef, M.A. Deli, W. Neuhaus, In vitro assays for assessing BBB permeability: artificial membrane and cell culture models, in: L. Di, E.H. Kerns (Eds.), Blood-Brain Barrier in Drug Discovery, Wiley, Hoboken, NJ, 2015, pp. 188-237.

[28] D.S. Wexler, L. Gao, F. Anderson, A. Ow, L. Nadasdi, A. McAlorum, R. Urfer, S.-G. Huang, Linking solubility and permeability assays for maximum throughput and reproducibility, J. Biomol. Screen. 10 (2005) 383-390.

[29] M.I. Rodriguez-Franco, M.I. Fernandez-Bachiller, C. Perez, B. Hernandez-Ledesma, B. Bartolome, Novel tacrine-melatonin hybrids as dual-acting drugs for alzheimer disease, with improved acetylcholinesterase inhibitory and antioxidant properties, J. Med. Chem. 49 (2006) 459-462.

[30] F.J. Pavon, A. Bilbao, L. Hernandez-Folgado, A. Cippitelli, N. Jagerovic, G. Abellan, M.I. Rodriguez-Franco, A. Serrano, M. Macias, R. Gomez, Antiobesity effects of the novel in vivo neutral cannabinoid receptor antagonist 5-(4-chlorophenyl)-1-(2,4-dichlorophenyl)-3-hexyl-1H-1,2,4-triazole - LH 21, Neuropharmacology 51 (2006) 358-366.

[31] R.C. Young, R.C. Mitchell, T.H. Brown, C.R. Ganellin, R. Griffiths, M. Jones, K.K. Rana, D. Saunders, I.R. Smith, Development of a new physicochemical model for brain penetration and its application to the design of centrally acting H2 receptor histamine antagonists, J. Med. Chem. 31 (1988) 656-671.

[32] S.D. Kramer, Absorption prediction from physicochemical parameters, Pharm. Sci. Technol. Today 2 (1999) 373-380.

[33] T. Salminen, A. Pulli, J. Taskinen, Relationship between immobilised artificial membrane chromatographic retention and the brain penetration of structurally diverse drugs, J. Pharm. Biomed. Anal. 15 (1997) 469-477.

[34] E. Lazaro, C. Rafols, M.H. Abraham, M. Roses, Chromatographic estimation of drug disposition properties by means of immobilized artificial membranes (IAM) and C18 columns, J. Med. Chem. 49 (2006) 4861-4870.

[35] P. Suomalainen, C. Johans, T. Soederlund, P.K.J. Kinnunen, Surface activity profiling of drugs applied to the prediction of blood-brain barrier permeability, J. Med. Chem. 47 (2004) 1783-1788.

[36] K.L. Audus, R.T. Borchardt, Bovine brain microvessel endothelial cell monolayers as a model system for the blood-brain barrier, Ann. N. Y. Acad. Sci. 507 (1987) 9-18.

[37] M. Gumbleton, K.L. Audus, Progress and limitations in the use of in vitro cell cultures to serve as a permeability screen for the blood-brain barrier, J. Pharm. Sci. 90 (2001) 1681-1698.

[38] K.L. Audus, L. Ng, W. Wang, R.T. Borchardt, Brain microvessel endothelial cell culture systems, Pharm. Biotechnol. 8 (1996) 239-258.

[39] W.M. Pardridge, Log(BB), PS products and in silico models of drug brain penetration, Drug Discov. Today 9 (2004) 392-393.

[40] H.K. Wilson, E.V. Shusta, Human-based in vitro brain endothelial cell models, in: L. Di, E.H. Kerns (Eds.), Blood-Brain Barrier in Drug Discovery, Wiley, Hoboken, NJ, 2015, pp. 238-273.

[41] T.S. Maurer, D.B. DeBartolo, D.A. Tess, D.O. Scott, Relationship between exposure and nonspecific binding of thirty-three central nervous system drugs in mice, Drug Metab. Dispos. 33 (2005) 175-181.

[42] S.G. Summerfield, A.J. Stevens, L. Cutler, M.D.C. Osuna, B. Hammond, S.-P. Tang, A. Hersey, D.J. Spalding, P. Jeffrey, Improving the in vitro prediction of in vivo central nervous system penetration: integrating permeability, P-glycoprotein efflux, and free fractions in blood and brain, J. Pharmacol. Exp. Ther. 316 (2006) 1282-1290.

[43] K.M.M. Doan, J.E. Humphreys, L.O. Webster, S.A. Wring, L.J. Shampine, C.J. Serabjit-Singh, K.K. Adkison, J.W. Polli, Passive permeability and P-glycoprotein-mediated efflux differentiate central nervous system (CNS) and non-CNS marketed drugs, J. Pharmacol. Exp. Ther. 303 (2002) 1029-1037.

[44] Q. Wang, J.D. Rager, K. Weinstein, P.S. Kardos, G.L. Dobson, J. Li, I.J. Hidalgo, Evaluation of the MDR-MDCK cell line as a permeability screen for the blood-brain barrier, Int. J. Pharm. 288 (2005) 349-359.

[45] T. Terasaki, S. Ohtsuki, S. Hori, H. Takanaga, E. Nakashima, K.-I. Hosoya, New approaches to in vitro models of blood-brain barrier drug transport, Drug Discov. Today 8 (2003) 944-954.

[46] Y. Deguchi, Y. Naito, S. Ohtsuki, Y. Miyakawa, K. Morimoto, K.-I. Hosoya, S. Sakurada, T. Terasaki, Blood-brain barrier permeability of novel [D-Arg2]Dermorphin (1-4) analogs: transport property is related to the slow onset of antinociceptive activity in the central nervous system, J. Pharmacol. Exp. Ther. 310 (2004) 177-184.

[47] Q.R. Smith, Brain perfusion systems for studies of drug uptake and metabolism in the central nervous system, Pharm. Biotechnol. 8 (1996) 285-307.

[48] C. Dagenais, C. Rousselle, G.M. Pollack, J.-M. Scherrmann, Development of an in situ mouse brain perfusion model and its application to mdr1a P-glycoprotein-deficient mice, J. Cereb. Blood Flow Metab. 20 (2000) 381-386.

[49] W.M. Pardridge, D. Triguero, J. Yang, P.A. Cancilla, Comparison of in vitro and in vivo models of drug transcytosis through the blood-brain barrier, J. Pharmacol. Exp. Ther. 253 (1990) 884-891.

[50] S.I. Rapoport, K. Ohno, K.D. Pettigrew, Drug entry into the brain, Brain Res. 172 (1979) 354-359.

[51] K. Ohno, K.D. Pettigrew, S.I. Rapoport, Lower limits of cerebrovascular permeability to nonelectrolytes in the conscious rat, Am. J. Physiol. 235 (1978) H299-H307.

[52] Y. Takasato, S.I. Rapoport, Q.R. Smith, An in situ brain perfusion technique to study cerebrovascular transport in the rat, Am. J. Physiol. 247 (1984) H484-H493.

[53] R. Deane, M.W.B. Bradbury, Transport of lead-203 at the blood-brain barrier during short cerebrovascular perfusion with

saline in the rat, J. Neurochem. 54 (1990) 905-914.

[54] J.A. Gratton, S.L. Lightman, M.W. Bradbury, Transport into retina measured by short vascular perfusion in the rat, J. Physiol. 470 (1993) 651-663.

[55] H. Tanaka, K. Mizojiri, Drug-protein binding and blood-brain barrier permeability, J. Pharmacol. Exp. Ther. 288 (1999) 912-918.

[56] D.M. Killian, L. Gharat, P.J. Chikhale, Modulating blood-brain barrier interactions of amino acid-based anticancer agents, Drug Deliv. 7 (2000) 21-25.

[57] H. Murakami, H. Takanaga, H. Matsuo, H. Ohtani, Y. Sawada, Comparison of blood-brain barrier permeability in mice and rats using in situ brain perfusion technique, Am. J. Physiol. 279 (2000) H1022-H1028.

[58] T. Raub, B. Lutzke, P. Andrus, G. Sawada, B. Staton, Early preclinical evaluation of brain exposure in support of hit identification and lead optimization, in: R.T. Borchardt, E.H. Kerns, M.J. Hageman, D.R. Thakker, J.L. Stevens (Eds.), Optimizing the "Drug-Like" Properties of Leads in Drug Discovery, Springer, New York, 2006.

[59] H. Wan, M. Rehngren, F. Giordanetto, F. Bergstroem, A. Tunek, High-throughput screening of drug-brain tissue binding and in silico prediction for assessment of central nervous system drug delivery, J. Med. Chem. 50 (2007) 4606-4615.

[60] K. Lanevskij, J. Dapkunas, L. Juska, P. Japertas, R. Didziapetris, QSAR analysis of blood-brain distribution: the influence of plasma and brain tissue binding, J. Pharm. Sci. 100 (2011) 2147-2160.

[61] M. Spreafico, M.P. Jacobson, In silico prediction of brain exposure: drug free fraction, unbound brain to plasma concentration ratio and equilibrium half-life, Curr. Top. Med. Chem. 13 (2013) 813-820.

[62] E.C.M. de Lange, PBPK modeling approach for prediction of human CNS drug brain distribution, in: L. Di, E.H. Kerns (Eds.), Blood-Brain Barrier in Drug Discovery, Wiley, Hoboken, NJ, 2015, pp. 296-323.

[63] J. Gabrielsson, S. Hjorth, L.A. Peletier, PK/PD modeling of CNS drug candidates, in: L. Di, E.H. Kerns (Eds.), Blood-Brain Barrier in Drug Discovery, Wiley, Hoboken, (2015) pp. 324-350.

[64] L. Di, C. Chang, Methods for assessing brain binding, in: L. Di, E.H. Kerns (Eds.), Blood-Brain Barrier in Drug Discovery, Wiley, Hoboken, NJ, 2015, pp. 274-283.

[65] M. Friden, A. Gupta, M. Antonsson, U. Bredberg, M. Hammarlund-Udenaes, In vitro methods for estimating unbound drug concentrations in the brain interstitial and intracellular fluids, Drug Metab. Dispos. 35 (2007) 1711-1719.

[66] X. Liu, K. Van Natta, H. Yeo, O. Vilenski, P.E. Weller, P.D. Worboys, M. Monshouwer, Unbound drug concentration in brain homogenate and cerebral spinal fluid at steady state as a surrogate for unbound concentration in brain interstitial fluid, Drug Metab. Dispos. 37 (2009) 787-793.

[67] D.A. Smith, L. Di, E.H. Kerns, The effect of plasma protein binding on in vivo efficacy: misconceptions in drug discovery, Nat. Rev. Drug Discov. 9 (2010) 929-939.

[68] L. Di, H. Rong, B. Feng, Demystifying brain penetration in central nervous system drug discovery, J. Med. Chem. 56 (2013) 2-12.

[69] X. Liu, C. Chen, C.E.C.A. Hop, Do we need to optimize plasma protein and tissue binding in drug discovery? Curr. Top. Med. Chem. 11 (2011) 450-466.

[70] H. Rong, B. Feng, L. Di, Integrated approaches to blood-brain barrier, Encycl. Drug Metab. Interact. 3 (2012) 563-590.

[71] L. Di, J.P. Umland, G. Chang, Y. Huang, Z. Lin, D.O. Scott, M.D. Troutman, T.E. Liston, Species independence in brain tissue binding using brain homogenates, Drug Metab. Dispos. 39 (2011) 1270-1277.

[72] K.D. Read, S. Braggio, Assessing brain free fraction in early drug discovery, Expert Opin. Drug Metab. Toxicol. 6 (2010) 337-344.

[73] S.G. Summerfield, A.J. Lucas, R.A. Porter, P. Jeffrey, R.N. Gunn, K.R. Read, A.J. Stevens, A.C. Metcalf, M.C. Osuna, P.J. Kilford, J. Passchier, A. D. Ruffo, Toward an improved prediction of human in vivo brain penetration, Xenobiotica 38 (2008) 1518-1535.

[74] L. Hong, W. Jiang, H. Pan, Y. Jiang, S. Zeng, W. Zheng, Brain regional pharmacokinetics of P-aminosalicylic acid and its N-acetylated metabolite: effectiveness in chelating brain manganese, Drug Metab. Dispos. 39 (2011) 1904-1909.

[75] L. Di, E.H. Kerns, G.T. Carter, Strategies to assess blood-brain barrier penetration, Expert Opin. Drug Discov. 3 (2008) 677-687.

[76] J.C. Kalvass, T.S. Maurer, Influence of nonspecific brain and plasma binding on CNS exposure: implications for rational drug discovery, Biopharm. Drug Dispos. 23 (2002) 327-338.

[77] N.J. Waters, R. Jones, G. Williams, B. Sohal, Validation of a rapid equilibrium dialysis approach for the measurement of plasma protein binding, J. Pharm. Sci. 97 (2008) 4586-4595.

[78] T.N. Tozer, J.G. Gambertoglio, D.E. Furst, D.S. Avery, N.H.G. Holford, Volume shifts and protein binding estimates using equilibrium dialysis: application to prednisolone binding in humans, J. Pharm. Sci. 72 (1983) 1442-1446.

[79] A. Plum, L.B. Jensen, J.B. Kristensen, In vitro protein binding of liraglutide in human plasma determined by reiterated stepwise equilibrium dialysis, J. Pharm. Sci. 102 (2013) 2882-2888.

[80] M. Friden, F. Bergstroem, H. Wan, M. Rehngren, G. Ahlin, M. Hammarlund-Udenaes, U. Bredberg, Measurement of unbound drug exposure in brain: modeling of pH partitioning explains diverging results between the brain slice and brain homogenate methods, Drug Metab. Dispos. 39 (2011) 353-362.

[81] M. Friden, F. Ducrozet, B. Middleton, M. Antonsson, U. Bredberg, M. Hammarlund-Udenaes, Development of a high-throughput brain slice method for studying drug distribution in the central nervous system, Drug Metab. Dispos. 37 (2009) 1226-1233.

[82] A. Kakee, T. Terasaki, Y. Sugiyama, Brain efflux index as a novel method of analyzing efflux transport at the blood-brain barrier, J Pharmacol Exp Ther. 277 (1996) 1550-1559.

[83] S. Becker, X. Liu, Evaluation of the utility of brain slice methods to study brain penetration, Drug Metab. Dispos. 34 (2006) 855-861.

[84] I. Loryan, M. Friden, M. Hammarlund-Udenaes, The brain slice method for studying drug distribution in the CNS, Fluids Barriers CNS 10 (2013) 6.

[85] R. Longhi, S. Corbioli, S. Fontana, F. Vinco, S. Braggio, L. Helmdach, J. Schiller, H. Boriss, Brain tissue binding of drugs: evaluation and validation of solid supported porcine brain membrane vesicles (TRANSIL) as a novel high-throughput method, Drug Metab. Dispos. 39 (2011) 312-321.

[86] Y. Mano, S. Higuchi, H. Kamimura, Investigation of the high partition of YM992, a novel antidepressant, in rat brain—in vitro and in vivo evidence for the high binding in brain and the high permeability at the BBB, Biopharm. Drug Dispos. 23 (2002) 351-360.

[87] H. Wan, M. Aahman, A.G. Holmen, Relationship between brain tissue partitioning and microemulsion retention factors of CNS drugs, J. Med. Chem. 52 (2009) 1693-1700.

[88] M.J. Zamek-Gliszczynski, K.E. Sprague, A. Espada, T.J. Raub, S.M. Morton, J.R. Manro, M. Molina-Martin, How well do lipophilicity parameters, MEEKC microemulsion capacity factor, and plasma protein binding predict CNS tissue binding? J. Pharm. Sci. 101 (2012) 1932-1940.

[89] M. Ahn, S. Ghaemmaghami, Y. Huang, P.-W. Phuan, B.C.H. May, K. Giles, S.J. DeArmond, S.B. Prusiner, Pharmacokinetics of quinacrine efflux from mouse brain via the P-glycoprotein efflux transporter, PLoS One 7 (7) (2012) e3912-e39112.

[90] A.C. Doran, S.M. Osgood, J.Y. Mancuso, C.L. Shaffer, An evaluation of using rat-derived single-dose neuropharmacokinetic parameters to project accurately large animal unbound brain drug concentrations, Drug Metab. Dispos. 40 (2012) 2162-2173.

[91] C.S. Tamvakopoulos, L.F. Colwell, K. Karakat, J. Fenyk-Melody, P.R. Griffin, R. Nargund, B. Palucki, I. Sebhat, X. Shen, R.A. Stearns, Determination of brain and plasma drug concentrations by liquid chromatography/tandem mass spectrometry, Rapid Commun. Mass Spectrom. 14 (2000) 1729-1735.

[92] M. Friden, H. Ljundqvist, B. Middleton, U. Bredberg, M. Hammarlund-Udenaes, Improved measurement of drug exposure in the brain using drugspecific correction for residual blood, J. Cereb. Blood Flow Metab. 30 (2010) 150-161.

[93] X. Liang, S. Ubhayakar, B.M. Liederer, B. Dean, A.-R.-R. Qin, S. Shahidi-Latham, Y. Deng, Evaluation of homogenization techniques for the preparation of mouse tissue samples to support drug discovery, Bioanalysis 3 (2011) 1923-1933.

[94] E.J. Want, P. Masson, E. Michopoulos, I.D. Wilson, G. Theodoridis, R.S. Plumb, J. Shockcor, N. Loftus, E. Holmes, J.K. Nicholson, Global metabolic profiling of animal and human tissues via UPLC-MS, Nat. Protoc. 8 (2013) 17-32.

[95] M. Gynther, J. Ropponen, K. Laine, J. Leppanen, P. Haapakoski, L. Peura, T. Jarvinen, J. Rautio, Glucose promoiety enables glucose transporter mediated brain uptake of ketoprofen and indomethacin prodrugs in rats, J. Med. Chem. 52 (2009) 3348-3353.

[96] X. Liu, X. Ding, G. Deshmukh, B.M. Liederer, C.E.C.A. Hop, Use of cassette-dosing approach to assess brain penetration in drug discovery, Drug Metab. Dispos. 40 (2012) 963-969.

[97] C. Bundgaard, C.J.N. Jensen, M. Garmer, Species comparison of in vivo P-glycoprotein-mediated brain efflux using MDR1A-deficient rats and mice, Drug Metab. Dispos. 40 (2012) 461-466.

[98] W. Kielbasa, R.E. Stratford Jr., Microdialysis to assess free drug concentration in brain, in: L. Di, E.H. Kerns (Eds.), Blood-Brain Barrier in Drug Discovery, Wiley, Hoboken, (2015) pp. 351-364.

[99] A. Doran, R.S. Obach, B.J. Smith, N.A. Hosea, S. Becker, E. Callegari, C. Chen, X. Chen, E. Choo, J. Cianfrogna, L.M. Cox, J.P. Gibbs, M.A. Gibbs, H. Hatch, C.E.C.A. Hop, I.N. Kasman, J. LaPerle, J. Liu, X. Liu, M. Logman, D. Maclin, F.M. Nedza, F. Nelson, E. Olson, S. Rahematpura, D. Raunig, S. Rogers, K. Schmidt, D.K. Spracklin, M. Szewc, M. Troutman, E. Tseng, M. Tu, J.W. Van Deusen, K. Venkatakrishnan, G. Walens, E.Q. Wang, D. Wong, A.S. Yasgar, C. Zhang, The impact of P-glycoprotein on the disposition of drugs targeted for indications of the central nervous system: evaluation using the MDR1A/1B knockout mouse model, Drug Metab. Dispos. 33 (2005) 165-174.

[100] Y. Deguchi, Application of in vivo brain microdialysis to the study of blood-brain barrier transport of drugs, Drug Metab. Pharmacokinet. 17 (2002) 395-407.

[101] J.A. Masucci, M.E. Ortegon, W.J. Jones, R.P. Shank, G.W. Caldwell, In vivo microdialysis and liquid chromatography/thermospray mass spectrometry of the novel anticonvulsant 2,3:4,5-bis-O-(1-methylethylidene)-b-D-fructopyranose

sulfamate (topiramate) in rat brain fluid, J. Mass Spectrom. 33 (1998) 85-88.
[102] Y.-F. Chen, C.-H. Chang, S.-C. Wang, T.-H. Tsai, Measurement of unbound cocaine in blood, brain, and bile of anesthetized rats using microdialysis coupled with liquid chromatography and verified by tandem mass spectrometry, Biomed. Chromatogr. 19 (2005) 402-408.
[103] J.-P. Qiao, Z. Abliz, F.-M. Chu, P.-L. Hou, L.-Y. Zhao, M. Xia, Y. Chang, Z.-R. Guo, Microdialysis combined with liquid chromatography-tandem mass spectrometry for the determination of 6-aminobutylphthalide and its main metabolite in the brains of awake freely-moving rats, J. Chromatogr. B Analyt. Technol. Biomed. Life Sci. 805 (2004) 93-99.
[104] L. Zhang, A. Villalobos, Imaging techniques for central nervous system (CNS) drug discovery, in: L. Di, E.H. Kerns (Eds.), Blood-Brain Barrier in Drug Discovery, Wiley, Hoboken, NJ, 2015, pp. 365-383.

第 29 章

代谢稳定性研究方法

29.1 引言

代谢稳定性是药物发现过程中候选化合物最重要的特性之一。稳定性通常是影响先导化合物的主要因素，需要多加重视。定量代谢稳定性数据可用于评估代谢转化的程度，为化合物的体内研究确定优先顺序，并为药物开发设定优先级别。确证的代谢产物的结构信息预示着研究人员进行结构修饰以提高稳定性的代谢不稳定位点（"热点"）。关于代谢稳定性[1-3]和肝胆清除率[4]的研究方法已经有相关综述进行了总结。

29.2 代谢稳定性测定方法

在药物发现中常用的代谢稳定性测定方法主要有以下 5 种（表 29.1）。

- 微粒体稳定性实验。使用肝微粒体和还原型烟酰胺腺嘌呤二核苷酸磷酸（nicotinamide adenine dinucleotide phosphate，NADPH）辅因子评估细胞色素 P450（cytochrome P450，CYP）和含黄素单加氧酶（flavin-containing monoxygenase，FMO）的Ⅰ相氧化能力，该试验可在合成化合物后立即应用于所有药物发现过程中的化合物。
- 非 CYP 和Ⅱ相稳定性实验。使用肝微粒体、细胞溶质或带适当辅因子的 S9［例如，以二磷酸尿苷葡萄糖醛酸（uridine diphosphate glucuronic acid，UDPGA）评估葡萄糖醛酸化作用；以 3′- 磷酸腺苷 -5′- 磷酸硫酸酯（3′-phosphoadenosine-5′-phosphosulfate，PAPS）评估磺化作用］测试化合物的稳定性。该实验可用于选择含有对非 CYP 酶（如胺氧化酶的 N=C 键）或共轭反应（如酚、羧酸）敏感基团的化合物。
- 肝细胞稳定性测试。包含更广泛的代谢酶，可用于评估 CYP 和非 CYP 的酶促反应［例如，胞浆的胺氧化酶、线粒体的单胺氧化酶（monoamine oxidase，MAO）］，可用于选择需要进行深入研究的候选化合物。
- 代谢产物的结构鉴定。通过质谱（mass spectrometry，MS）和核磁共振（nuclear magnetic resonance，NMR）光谱鉴定代谢产物的结构。该方法在药物研发的优化或后期阶段应用于已选定的系列化合物。
- 反应表型。测试哪些酶对化合物进行了代谢。该试验在药物发现的优化或后期阶段应用于已选定的化合物。

图 29.1 给出了使用这些测定方法的通用策略。

在与项目相关的物种上测试体外代谢稳定性是大有裨益的，因为不同物种的代谢稳定性可能差异很大。最初在单个常用物种（如大鼠）上获得的稳定性数据是实用的，这为所有项目提供了一个通用的比较点。大鼠也常用于毒性筛查，因此该物种的数据对于设计和阐明安全性研究非常

表 29.1　体外代谢稳定性的测定方法

方法	酶源	辅因子	目的
微粒体	微粒体[①]	NADPH	I 相稳定性（$t_{1/2}$，CL_{int}）
II 相代谢	微粒体、S9	UDPGA，PAPS	II 相共轭稳定性（$t_{1/2}$，CL_{int}）
肝细胞	新鲜或冷冻保存的肝细胞	无	I、II 相稳定性（$t_{1/2}$，CL_{int}）
代谢产物结构鉴定（LC/MS 或 NMR）	微粒体、S9、肝细胞	NADPH、UDPGA、PAPS	根据易代谢位点进行结构修饰，综合测试活性和安全性
反应表型	重组酶（rCYP, rUGT, rSULT, rNAT）或有化学抑制剂的人肝细胞微粒体（HLM）	NADPH、UDPGA、PAPS、乙酰辅酶 A	确定参与代谢的酶的类型；确定 f_m；指导代谢研究；制定临床 DDI 试验计划

① 微粒体是指肝微粒体。

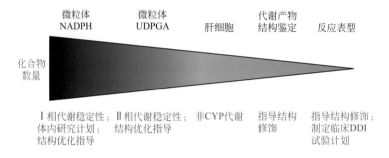

图 29.1　药物发现中的代谢测定方法及其应用

重要。除大鼠外，项目小组还会在药效学评价物种（如小鼠、食蟹猴）上评估体外代谢稳定性，以帮助确定进行药理学概念验证所需的剂量。人体的体外代谢稳定性对于预测化合物在人体的清除率、剂量和药代动力学（pharmacokinetics，PK）也很关键。代谢稳定性数据可用于前瞻性地选择后续进行体内研究的化合物，以及用于追溯诊断药代动力学性质不佳或缺乏体内药效的原因。

29.3　代谢稳定性的软件预测方法

如表 29.2 所示，两家软件公司提供了用于预测代谢产物结构和代谢稳定性的工具。Metasite 在预测化合物结构的代谢不稳定性位点方面做得很好[5]。如果尚未通过光谱学方法阐明主要代谢产物的结构，则可在结构设计过程中使用此类工具来确定目标化合物是否易于代谢，或用于提示分子上的代谢封闭位点（参见 11.4 节）。

表 29.2　用于代谢稳定性预测的商用软件

名称	公司	目的	网址
Metasite	Molecular discovery	代谢产物结构预测	www.moldiscovery.com
Meteor	Lhasa	代谢产物结构预测	www.lhasalimited.org

29.4　体外代谢稳定性测试方法

代谢稳定性实验主要将化合物与含有相关酶的基质材料共同孵育，再分析定量剩余（未代谢的）化合物的量，或确定代谢产物的结构。

29.4.1 体外代谢稳定性测试方法概述

29.4.1.1 体外代谢稳定性测试材料

代谢稳定性测试被广泛应用，可方便地获得用于体外代谢稳定性研究所需的材料。但是，应采用适当的对照化合物预先验证每批材料的活性水平，因为相关活性可能随分离程序、供应商、肝脏来源及批次不同而变化。

用于代谢稳定性测试的代谢酶具有多种来源。这些材料选择的依据是药物发现项目团队的数据需要。了解不同材料之间的差异对于数据的正确理解至关重要。表 29.3 列举了部分实验材料供应商。通常优选人源的肝脏制品，因为它们可以更准确地预测人体内的清除率，并且可用于预测人体的药代动力学和给药剂量。在药物发现的早期阶段，采用动物物种的肝脏制品建立体外-体内外推法（*in vitro-in vivo* extrapolation，IVIVE），并用于设计和解释药效研究中的相关实验。

表 29.3　代谢稳定性实验材料及部分仪器供应商列表

公司	产品	网址
Corning gentest	Superzomes™（hrCYP 同工酶） Supermix™（hrCYP 同工酶混合物） 单独的代谢酶（CYP 除外） 肝微粒体（人源及各种种属） S9、细胞质 NADPH 再生系统 新鲜或冷冻保存的肝细胞	www.corning.com
XenoTech	Bactosomes™（hrCYP 同工酶） 肝微粒体（人源及各种种属） S9、细胞质、线粒体 新鲜或冷冻保存的肝细胞	www.xenotech.com
BioreclamationIVT	InVitroSomes™（hrCYP 同工酶） 肝微粒体（人源及各种种属） 新鲜或冷冻保存的肝细胞 S9、细胞质	www.bioreclamationivt.com
In vitro ADMET Laboratories	人肝微粒体 S9、细胞质 新鲜或冷冻保存的肝细胞	www.invitroadmet.com
Invitrogen	Baculosomes®（hrCYP 同工酶）	www.invitrogen.com
Sigma-Aldrich	CYP 同工酶 单独的代谢酶（CYP 除外）	www.sigmaaldrich.com
Qualyst	B-Clear™ 夹心培养肝细胞	www.qualyst.com
仪器		
Perkin elmer	Packard 多探头机器人、Sciclone® 工作站	www.perkinelmer.com
Tecan	EVO® 平台	www.tecan.com
Beckman coulter	Biomek® 实验室自动工作站	www.beckman.com

- hrCYP 同工酶。人源重组 CYP（human recombination CYP，hrCYP）同工酶已实现商业化。hrCYP 同工酶是由人 *CYP* 基因的 cDNA 克隆，或使用杆状病毒转染到昆虫细胞或克隆到

细菌中产生的。同工酶可以单独使用或混合使用。
- 肝微粒体。肝微粒体是药物发现中最常用的酶源，包含与肝细胞内质网（endoplasmic reticulum, ER）膜结合的代谢酶。肝微粒体还含有CYP和其他代谢酶，这些酶在药物清除中发挥主要作用。肝微粒体代谢指导的结构优化已被证明是药物发现中非常成功的策略。如图29.2所示，通过肝组织匀浆的差速离心可制备肝微粒体。将S9（上清液）以100000 g离心，可分离微粒体（膜结合蛋白）和胞质溶液（可溶性酶和辅因子）。表29.4列举了肝微粒体中许多重要的代谢酶类型。细胞溶液和线粒体碎片也可从供应商处购得。

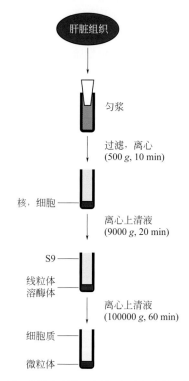

图29.2　用于代谢稳定性研究的亚细胞组分的一般分离流程

表29.4　主要代谢酶的活性分类及其所属肝脏的亚细胞成分

代谢活性[①]	肝微粒体	细胞质	S9	线粒体
细胞色素P450	×		×	
乙醇脱氢酶		×	×	
乙醛脱氢酶		×		×
单胺氧化酶				×
二胺氧化酶		×		×
黄素单氧化酶	×		×	
还原酶	×	×	×	
酯酶	×	×	×	
尿苷二磷酸葡萄糖醛酸转移酶	×		×	
磺基转移酶		×	×	
N-乙酰基转移酶		×	×	×

续表

代谢活性[①]	肝微粒体	细胞质	S9	线粒体
氨基酸结合酶			×	×
谷胱甘肽 S- 转移酶	×	×	×	
甲基转移酶	×	×	×	
乙醛氧化酶		×	×	

① 代谢活性依酶的种类划分。代谢特异分子的特殊酶可能包含也可能不包含在表内。酶的表达随成分、组织、种属和个体的不同而变化。

- S9。S9 所包含的代谢酶比肝微粒体更广泛（表 29.4）。它是将过滤后的肝脏匀浆在 9000 g 下通过差速离心获得的上清液。该部分同时包含细胞溶质、ER 膜及其各自的代谢酶。S9 具有肝微粒体中 CYP 约 20% ~ 25% 的活性，这是因为肝微粒占 S9 的五分之一左右。
- 肝细胞。肝细胞包含所有的代谢酶，是通过将新鲜的肝脏先以无钙螯合剂处理，然后用胶原酶将细胞从肝脏基质中解离而制成的。实验中可以使用新鲜制备的（初次培养）或在液氮中冷冻（"低温保存"）的肝细胞。
- 肝脏切片。"精确切割"的肝脏切片是整个肝脏组织的切片，代表了所有的天然肝代谢系统，包括转运体、酶和辅因子[6]。因此，肝脏切片被用于所选化合物的深入研究。

29.4.1.2 体外代谢稳定性测试方法

在化合物孵育和样品制备完毕后，通常使用 LC/MS/MS[7~11] 对化合物进行检测。LC/MS/MS 的灵敏度和选择性是必需的，因为该测试通常在较低化合物浓度（如 1 μmol/L）下进行。孵育后剩余 1% 的受试化合物的分析定量下限为 10 nmol/L。由于样品基质非常复杂并且会干扰受试化合物的检测，因此需要结合 HPLC 分离和 MS 或 MS/MS 进行分析检测。基质中包含微粒体组分、孵育辅因子和化合物代谢产物，必须对其进行分辨才能获得痕量受试化合物的可靠信号。用于代谢稳定性测试的最新 LC/MS/MS 方法包括捕获和进样（无 HPLC）[7,8]，使用快速（"弹道"）梯度的快速色谱法（1 ~ 2 min 进一次样）[9,10] 或超高效液相色谱。能够切换离子源的多通道 HPLC 也已经被应用[11]，但由于每个通道（通常为四个）需要分析不同的化合物且必须使用独立的 MS/MS 条件，因此具有一定的挑战性。频繁的切换会花费很多额外的时间，并且需要额外的仪器维护。使用独特的前体 - 产物离子对的 MS/MS 分析可提供高水平的选择性和灵敏度。所有 MS/MS 仪器供应商都提供了自动化程序，可自动选择最佳的 MS/MS 条件（即前体离子、产物离子、离子源电压、碰撞能量），从而为研究人员节省了大量时间，并且运行良好。不需要选择 MS/MS 条件的高分辨率 MS 技术（如 Orbitrap）的使用正在增加。电喷雾电离（electrospray ionization，ESI）可以用于大多数化合物，大气压化学电离（atmospheric pressure chemical ionization，APCI）可用于使用 ESI 无法良好电离的化合物。

29.4.2 体外微粒体测试法

代谢稳定性测试法的过程如图 29.3 所示。首先将受试化合物溶解于 DMSO 中，并将少量体积的溶液稀释到含有肝微粒体的溶液中。然后将该溶液加入含有 NADPH 再生系统（如 1 mmol/L NADP[+]、5 mmol/L 异柠檬酸和 1 单位 /mL 异柠檬酸脱氢酶）和 $MgCl_2$（1 mmol/L）的缓冲液（100 mmol/L 磷酸钾缓冲液，pH 7.4）中。最终的微粒体蛋白浓度通常为 0.25 μmol/L 的 CYP 蛋白（约 0.75 mg/mL 蛋白质）。随后将该混合物在 37 ℃下孵育，并在特定时间点取出等分试样并淬灭。对于单个时间点测定，则需要将整个孵育溶液淬灭。淬灭是通过添加 2 ~ 4 体积的冷乙腈来进行的，乙腈可使酶失活并将微粒体物质（如蛋白质、脂质）沉淀。培养物经离心使颗粒沉淀到底部。然后从上清液中取样并注入 LC/MS/MS 系统中，分析定量孵育后残留的化合物。每个受试化合物均使用特定的 LC/MS/MS 条件。代谢稳定性测试结果以"剩余百分比"，半衰期（$t_{1/2}$）或表观清除率（$CL_{int,app}$）的形式给出报告。半衰期是根据一级反应动力学计算的。文献已报道了完整的全自动测试方法[13,14]。

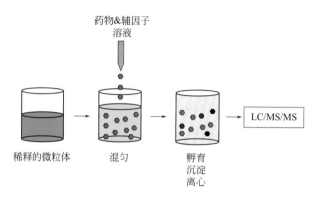

图 29.3　代谢稳定性测试过程示意[12]

在各实验室中，用于测试的受试化合物的浓度在 0.5～15 μmol/L 之间变化[10-13]，而浓度对结果具有很大的影响[13]。例如，大鼠肝微粒体中的普萘洛尔（propranolol）（图 29.4）在初始浓度为 10 μmol/L 时，孵育 5 min 后剩余 76%；而在初始浓度为 1 μmol/L 时，孵育 5 min 后仅剩余 1%。显然，这些酶在较高的化合物浓度下是饱和的，具体的代谢效果取决于化合物本身的性质。因此，在比较（确定优先级别）化合物的代谢稳定性时，最重要的是所有数据均来自相同的测定条件。受试化合物的浓度应较低，并且在生理上具有相关性。因此，该测试的浓度以 1 μmol/L 或更低时较好。

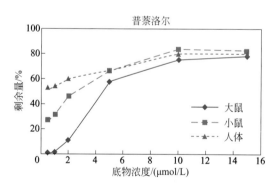

图 29.4　普萘洛尔随不同物种和不同基底浓度肝微粒体孵育 5 min 后的剩余百分比变化[13]
经 L Di, E H Kerns, Y Hong, T.et al. Optimization of a higher throughput microsomal stability screening assay for profiling drug discovery candidates. J Biomol Screen. 2003, 8: 453-462 授权转载，版权归 2003 Sage 所有

图 29.4 还说明了不同物种之间代谢速率不同的事实。对于普萘洛尔而言，代谢速率遵循大鼠 > 小鼠 > 人的顺序。因此，选择与药物开发项目相关的物种，并使用来自相同物种的数据对化合物进行比较排序是十分重要的。

在测试中，受试化合物中的一部分会非特异性地与蛋白质和脂质结合，因此降低了可用于代谢的未结合化合物的浓度。建议对高结合性化合物使用平衡渗析法测试微粒体结合活性，并校正未结合药物的微粒体代谢稳定性结果。

现已报道了几种微粒体稳定性的测试方法[9~11,13]。随着时间的推移，测试方法的质量和通量正在逐步提高。使用上述的高通量技术开发的 96 孔板测试法已有报道[13]。与许多方法的多时间点相反，采用"单一时间点"的方法可以可靠地实现高通量测试[14]。微粒体稳定性反应遵循一级动力学，其中剩余的对数百分比和时间之间存在线性关系。因此，可使用两点的线性拟合来确定半衰期：第一个是在 t_0 时刻的对数值（剩余百分比），第二个是在反应淬灭时（如 15 min）的对数值（剩余百分比），根据这两点定义一条直线。在许多实验室中，通常的做法是测试多个时间点的剩余百分比，以提高精度并延长可预测的最大半衰期。在 t_0 和 t_{15min} 重复测量的单一时间点数据为早期药物发现的稳定性评估提供了足够的精度，可快速识别不稳定的化合物。图 29.5 和表 29.5 显示了多个时间点数据与单一时间点数据（15 min）一致的示例。15 min 的单点分析使研究人员可以测试半衰期在 1～5 min 范围内的高度不稳定的化合物，并提供 30 min 的半衰期上限。这是药物发现的良好时间范围，主要用于预警高度不稳定的化合物，而半衰期超过 30 min 的化合物的代谢稳定性较为优异。

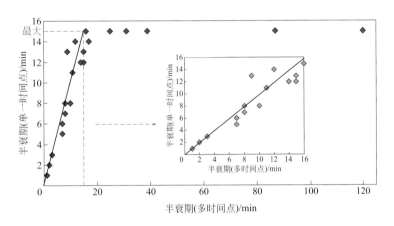

图 29.5　药物候选化合物单一时间点与多个时间点测试数据之间的关系

表 29.5　单一点时间高通量微粒体分析结果与文献报道的多时间点分析结果的一致比较

化合物	$t_{1/2}$/min		化合物	$t_{1/2}$/min	
	惠氏（Wyeth）	文献 [3]		惠氏（Wyeth）	文献 [3]
咪达唑仑（midazolam）	3	4	唑吡坦（zolpidem）	>30	44
维拉帕米（verapamil）	6	10	替诺昔康（tenoxicam）	>30	38
尼尔硫䓬（diltizem）	15	21			

重要的是要了解半衰期检测方法的局限性。研究表明，半衰期与化合物剩余百分比的对数关系及该方法的误差为可靠的半衰期预测值设定了上下限[14]。对于在 15 min 处只有一个时间点的试验，报告 0～30 min 的半衰期数值是可靠的。而对于 30 min 以上，误差的对数放大使得数值的差异不是非常明显。如果测定时间为 30 min，则最大的预测半衰期应不超过 60 min。

优化微粒体稳定性测试法以提高低溶解度化合物数据的可靠性非常重要。许多药物发现项目中的先导化合物具有高度的亲脂性，因此溶解度较低。此类化合物无法通过许多体外分析正确地测试。因此，研究人员在方法开发和验证过程中会使用性质良好的化合物。这些化合物不具有限制性特性（如低溶解度、高亲脂性）。低溶解度化合物会发生沉淀或黏附，抑制了受试化合物与酶的相互作用，因此该化合物不会被代谢。当淬灭有机溶剂（如乙腈）加入反应体系中时，化合物沉淀重新溶解并被认为高剩余百分比的原始化合物。因此，该化合物会被误认为是稳定的。研究表明，低溶解度化合物的代谢稳定性测试方法可以通过以下办法加以改进[15]：

① 将受试化合物 DMSO 原液稀释到有机溶剂中，而不是稀释至缓冲水溶液中，以减少高浓度（10 ~ 20 μmol/L）时产生沉淀。

② 将稀释后的受试化合物加入至稀释后的肝微粒体中，而非缓冲水溶液中，通过微粒体脂质和蛋白质进行增溶，以使其能够靠近与膜结合的代谢酶。

③ 将最终的培养液维持在测试所能耐受，且不影响结果的最高剂量有机溶剂中（如 0.8% 乙腈 /0.2% DMSO，而不是仅 0.2% 的 DMSO）。

这些方法中的预防措施将不溶性的受试化合物保留在溶液中，以提供更准确的代谢稳定性测试结果。

使用自动化仪器可以实现更高通量的代谢稳定性测定。采用多通道移液器的机器人能够以无人值守的方式处理溶液，且实现体积、时间和流程可控。图 29.6 显示了自动化程序的示意图。机器人首先取出一个包含每种受试化合物 DMSO 储备溶液（10 mg/mL）的 96 孔板，并将其稀释至"优化板"及"孵育板"中，分别用于自动 MS/MS 方法的优化和稳定性测试。微粒体稳定性测试的机器人配置如图 29.7 所示。该方法可得到一个"样品板"，用于 LC/MS/MS 定量分析。使用优化板和自动方法优化程序开发的 MS/MS 方法可用于定量孵育后受试化合物的剩余百分比。图 29.8 显示了高通量 LC/MS/MS 定量系统，该系统使用较短分析时间的 HPLC、可管理多达 12 个 96 孔板的取样器，以及用于定量的 MS/MS 仪器。在一些实验室中，还会使用 384 孔或更高密度的孔板。

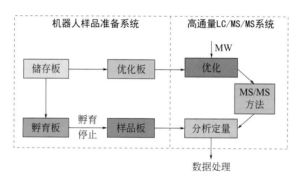

图 29.6　微粒体稳定性测试的自动化程序示意[13]

经 L Di, E H Kerns, Y Hong, et al. Optimization of a higher throughput microsomal stability screening assay for profiling drug discovery candidates. J Biomol Screen. 2003, 8: 453-462 授权转载，版权归 2003 Sage 所有

图 29.7　使用多通道机器人进行的微粒体稳定性测试

图 29.8 用于定量分析的高通量 LC/MS/MS 系统

鉴定试验中每批使用的肝微粒体很重要。例如，三个供应商的大鼠肝微粒体的测定结果如图 29.9 所示。每个供应商提供的大鼠肝微粒体中的酶活性差异很大。同一供应商或实验室不同批次之间的结果也可能存在差异（图 29.10）。可行的策略是使用统一的质量控制标准来测试每批次新产品的活性，并对测试方法进行调整以获得一致的数据。

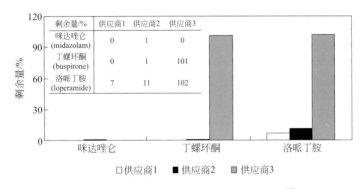

图 29.9 不同供应商大鼠肝微粒体活性的比较[13]

经 L Di, E H Kerns, Y Hong, et al. Optimization of a higher throughput microsomal stability screening assay for profiling drug discovery candidates. J Biomol Screen. 2003, 8: 453-462 授权转载，版权归 2003 Sage 所有

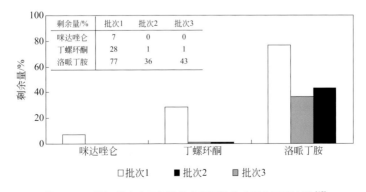

图 29.10 同一供应商不同批次大鼠微粒体之间的活性比较[13]

经 L Di, E H Kerns, Y Hong, et al. Optimization of a higher throughput microsomal stability screening assay for profiling drug discovery candidates. J Biomol Screen. 2003, 8: 453-462 授权转载，版权归 2003 Sage 所有

29.4.3 体外 S9 代谢稳定性测试

S9 稳定性测试条件几乎与微粒体测试相同（如 NADPH 和其他辅因子、缓冲液、镁）[16,17]。S9 含有肝微粒体中的所有代谢酶，以及在细胞质中发现的一些其他酶类（表 29.4）。然而，在 S9 中，微粒体酶的浓度仅为肝微粒体中的 20% ～ 25%，因此，膜结合酶的代谢率较低。S9 的一种应用[16]是使用 2.5 mg/mL 的蛋白质，而微粒体稳定性测试中的正常使用量为 0.5 mg/mL 的蛋白质。

S9 的一个优点是可以评估微粒体以外的酶，如磺基转移酶、乙醇脱氢酶和 N- 乙酰基转移酶。对于含有易于被微粒体外酶催化代谢基团的化合物而言，S9 测试更为实用，另一种可行的方法是混合微粒体和细胞质。如图 29.1 所示，S9 通常用于对选定的一组化合物进行更详细的研究。S9 也经常用于获得代谢产物并进行结构解析，以确保广泛覆盖可能的代谢反应。

29.4.4 体外肝细胞代谢稳定性测试

肝细胞也常用于代谢稳定性研究[17~20]。离体的肝细胞与体内肝细胞的状况非常接近，是一个包含所有亚型代谢酶、辅酶因子、细胞成分和膜渗透机制（如被动转运、转运体）的集合。肝细胞可直接由肝脏制备，作原代细胞培养并立即使用，或者可冷冻保存以供后续使用[18]。肝细胞也可用作"夹心培养肝细胞"用于吸收和胆汁排泄的研究[4]。肝细胞可从多个供应商处购得（表 29.3）。冷冻保存的肝细胞使用较为方便，在测试时提前解冻，并在悬浮液中使用。谨慎的做法是检查肝细胞中关键代谢酶的活性水平，因为代谢酶的表达可能因分离和供体的特性而变化[20]。来自几个供体的混合肝细胞可用于代表"普通人"，并最大限度地减少多态性酶的影响。解冻后的肝细胞应在其活性减弱之前的几小时（4 ～ 6 h）内使用。

肝细胞在生理浓度下含有所有的辅酶因子，因此不需要补充 NADPH 和其他辅酶因子。如果非 CYP 酶参与代谢，它们与体内清除率的相关性比使用其他肝微粒体更好。肝细胞测得的半衰期比微粒体半衰期低得多，可体现化合物的非 CYP 或 Ⅱ 相代谢。肝细胞与微粒体固有清除率的比较可提供对清除机制的系统性理解（CYP 与非 CYP、摄取限制等）[21]。当肝细胞未结合的固有清除率与肝微粒体清除率相似时，则表明其为 CYP 介导的清除率；当肝细胞清除比微粒体清除快得多时，表明其为非 CYP 介导的途径；当肝细胞清除率明显慢于微粒体时，由于低被动渗透和主动外排，肝细胞可能具有摄取受限的清除能力。

最近还开发出了肝细胞接力测试法（hepatocyte relay assay）来解决药物发现中的低清除率挑战[22,23]。通过在每次培养结束时将上清液转移至新鲜解冻的肝细胞中，可实现 20 h 的持续培养。该方法易于建立，是标准肝细胞测试方法的一个延伸，可用于任何物种，也可用于化学抑制剂的反应表型和低清除率化合物的代谢产物鉴定[24]。

新鲜细胞更易于黏附在细胞培养液表面，否则，将使用细胞的悬浮液。尽管高通量方法中使用 96 孔或 384 孔板，但与 S9 和 Ⅱ 相测试方法一样，肝细胞可用于对选定化合物开展更详细的研究[19,21]。表 29.3 中所示的商业化产品 Qualyst，是一种夹心培养的肝细胞系统[4]，可在一次实验中同时预测体内肝脏摄取、代谢和胆汁清除率。

29.4.5 体外 Ⅱ 相代谢测试

可使用肝微粒体、S9 或肝细胞进行 Ⅱ 相代谢稳定性测试[25,26]。当化合物具有易于进行 Ⅱ 相代谢结合的结构（如苯酚、羧酸）时，建议使用这种方法评估化合物对葡萄糖醛酸化或磺化的稳定性。一些药物主要通过葡萄糖醛酸化进行清除[20,26]。由于大多数磺基转移酶可溶于细胞质中，因此通常使用细胞质、S9 或肝细胞研究磺化反应。与葡萄糖醛酸化相比，磺化反应更快，但容量较低（高亲和力、低容量），并可在高浓度下达到饱和。

在微粒体、细胞质和 S9 中进行 Ⅱ 相代谢反应需要辅酶因子的参与。葡萄糖醛酸化需要 UDPGA，而 PAPS 是磺化所必需的。

UDP-葡萄糖醛酸转移酶（UDP-glucuronosyltransferase，UGT）具有 22 种已知的人源同工酶[27]。UGT 位于内质网膜内部并保留在内质网膜内合成的肝微粒体中。膜结构可能会减少与 UGT 作用的一些化合物和辅酶因子。在分析介质中（10～50 µg/mL 蛋白质）使用的造孔肽丙甲菌素（alamethicin）可提高体外葡萄糖醛酸化率，而不会影响酶的活性。使用 1 mmol/L 的 Mg^{2+} 和 UDPGA 作为辅酶因子也可增加葡萄糖醛酸化率[25]。还可将牛血清白蛋白（bovine serum albumin，BSA，0.1%～2%）加入微粒体培养液中，以隔离某些能在一定程度上抑制 UGT 活性的长链不饱和脂肪酸，特别是 UGT2B7 和 UGT1A9[28]。由于测试中蛋白质含量高，需要对未结合部分的固有清除率进行校正，以获得未结合的固有清除率。

葡萄糖醛酸化相对于 CYP 氧化而言是一个快速的反应。因此，如果化合物在葡萄糖醛酸化之前必须由 CYP 进行羟基化，则 CYP 反应成为限速步骤，葡萄糖醛酸化紧随其后。肝微粒体的葡萄糖醛酸化测试使用与微粒体测定相同的技术，即 LC-MS/MS。另一种方法[29]使用 [^{14}C]UDP-葡萄糖醛酸进行培养，通过固相萃取将代谢产物从未反应的 UDPGA 中分离出来，并使用闪烁探测器测定 ^{14}C 标记的代谢产物。

29.4.6 代谢反应表型

代谢反应表型可测试哪种同工酶参与了该化合物的代谢［即被 CYP 同工酶代谢的比例（f_m）][30]。本实验是在与微粒体稳定性试验相同的条件下，用单独的 hrCYP 同工酶与试验化合物孵育，并采用 LC/MS/MS 技术定量分析培养后的化合物剩余百分比。每种同工酶的相对半衰期（图 29.11）可用来判断该化合物是否为该酶的底物。系统间外推因子（inter-system extrapolation factor，ISEF）数值可用于确定每种同工酶的 f_m[31]。另一种确定代谢比例的方法是在人肝微粒体或肝细胞中使用选择性的化学抑制剂[32,33]。当抑制剂存在时，半衰期的增加表明同工酶在化合物的代谢中发挥重要的作

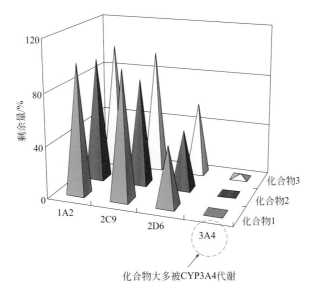

图 29.11 代谢反应表型
将三种化合物与单独的 rhCYP 同工酶进行孵育可判断哪种酶参与了化合物的代谢

用。使用 hrUGT 也可对 UGT 进行代谢表型验证[29]。UGT 的 ISEF 值测定方法正在开发之中。

代谢反应表型和同工酶活性位点或底物特异性的结构知识（参见第 11 章），可共同指导结构修饰，以使分子在特定的同工酶下不易发生代谢反应。代谢反应表型数据对于预测药物相互作用（drug-drug interaction，DDI）的潜在风险也是十分必要的（参见第 15 章）。当与酶抑制剂合用时，过高的单一酶代谢比例（如，大于 0.95）具有较高的临床 DDI 风险。临床 DDI 研究需要在临床开发过程中与抑制剂一起进行。对多态酶（如 CYP2D6、2C9、2C19）有较高 f_m（如，大于 80%）的化合物通常不会推进到药物开发阶段。如果一个候选药物通过多种清除途径被代谢（如通过部分 CYP 酶、UGT 和肾脏被清除），则是有利的。因为如果一条清除途径被一种联用的抑制剂药物或疾病状态所阻断（如肾损害）时，可以通过其他途径进行清除，对其总体清除的影响很小。

29.4.7　体外代谢产物的结构鉴定

确定先导化合物主要代谢产物的结构也是非常实用的。可以通过分离或合成的手段获得代谢产物，并测试其药理活性和毒性。代谢产物的结构也可以进行合成修饰，以阻断代谢并增强其稳定性。首先将一系列选定的先导化合物与肝微粒体、肝细胞或其他代谢酶共同培养，并通过 LC-MS/MS 和 NMR 鉴定代谢产物的结构。

使用微粒体进行孵育，然后进行 LC/MS/MS 分析，可以快速了解主要的代谢产物[34-37]（图 29.12）。首先，对母体化合物进行分析，得到高效液相色谱保留时间、分子离子（如 $[M+H]^+$）和 MS/MS 产物离子谱（图 29.12 和图 29.13）。现代仪器允许使用自动"数据依赖"分析技术从一次 HPLC 进样中获得这些数据。研究人员根据经验和软件分析（如 ThermoFisher 的 Mass Frontier™），可将 MS/MS 产物离子谱中特定的产物离子与特定子结构相关联。此外，可以在 0 时间点淬灭反应的微粒体提取物作为对照样品进行分析。然后注入实际的微粒体孵育提取物，出现在孵育样本中的新成分很可能就是代谢产物（图 29.14）。代谢产物的分子量决定了母体化合物的分子量差异，这可根据常见的代谢反应［如羟基化（+16）、N- 氧化（+16）、二羟基化（+32）、去甲基化（-14）］来解释。对每种代谢产物 MS/MS 产物离子谱的解释（图 29.15）可显示特定亚结构的分子量变化。在某些情况下，代谢产物的结构也可被明确鉴定（如脱烷基）。

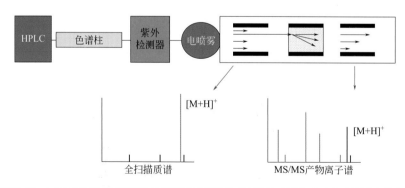

图 29.12　LC/MS/MS 系统示意及其在确定代谢产物分子量和 MS/MS 产物离子谱中的应用

在其他情况下，如图 29.15 所示，当不确定羟基化的特定位置时，需要通过 NMR 进行深入的分析[34-37]。为了获得代谢产物，需更大规模地重复微粒体培养，通过 HPLC 分离出特定代谢产物。可利用 UV 检测或 MS 检测特定代谢产物的分子离子，监测 HPLC 峰。收集多次注射的组分，以获得 10～50 μg 的代谢产物。流动相通过低温加热、抽真空或用惰性气体吹扫除去。

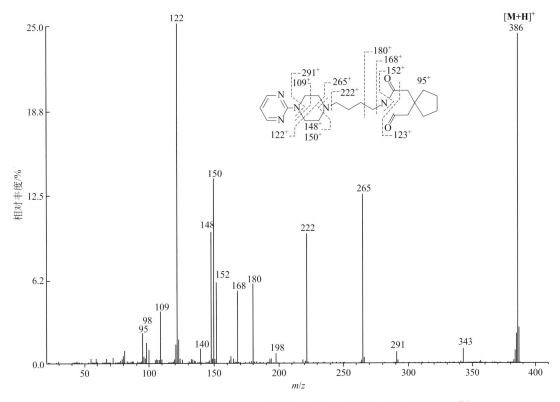

图 29.13　丁螺环酮的 MS/MS 产物离子谱和亚结构的 MS/MS 产物离子的标定[34]

经 E H Kerns, R A Rourick, K J Volk, et al. Buspirone metabolite structure profile using a standard liquid chromatographic-mass spectrometric protocol. J Chromatogr B Biomed Sci Appl. 1997, 698: 133-145 授权转载，版权归 1997 Elsevier B.V

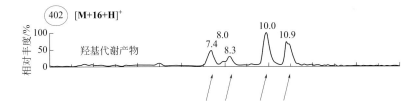

图 29.14　丁螺环酮与肝微粒体孵育后被选出的 m/z 402 的离子色谱[34]

经 E H Kerns, R A Rourick, K J Volk, et al. Buspirone metabolite structure profile using a standard liquid chromatographic-mass spectrometric protocol. J Chromatogr B Biomed Sci. Appl. 1997, 698: 133-145 授权转载，版权归 1997 Elsevier B.V

通常 ^{1}H-NMR 足以确定代谢的位点。首先得到了化合物的光谱，并对共振进行辨认。然后，获得代谢产物的光谱并检查共振的变化。图 29.16 列举了一个实例，基于代谢产物的 ^{1}H-NMR 谱中缺失了 C_{17} 质子，确定羟基化发生在 C_{17} 上。

图 29.17 显示了用于优化先导化合物代谢稳定性的交互式策略。代谢测试提供了一种化合物的定量稳定性评估方法。如果化合物的稳定性较低，可确定代谢同工酶的特异性，并鉴定代谢产物结构。也可以对结构进行修饰以阻断代谢位点，并测试新化合物的稳定性。此外，还可以合成代谢产物，进一步测试其药理学活性及对副作用靶点的活性，用于安全性评价。

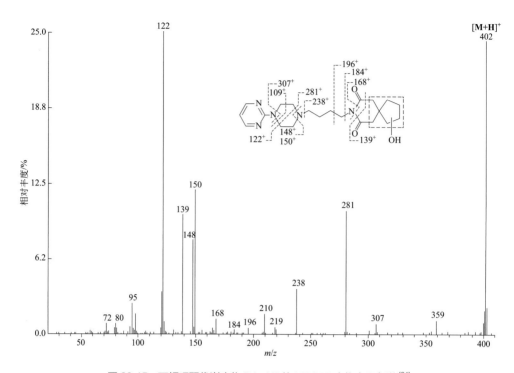

图 29.15　丁螺环酮代谢产物 [M+16] 的 MS/MS 产物离子色谱 [34]

经 E H Kerns, R A Rourick, K J Volk, et al. Buspirone metabolite structure profile using a standard liquid chromatographic-mass spectrometric protocol. J Chromatogr B Biomed Sci Appl. 1997, 698: 133-145 授权转载，版权归 1997 Elsevier B.V

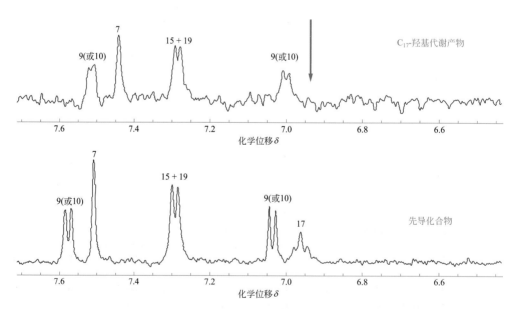

图 29.16　分离得到的先导化合物的羟基化代谢物（10 μg）的 ^{1}H-NMR 谱中的芳香区部分。化合物 C_{17} 质子信号没有出现在代谢物的谱图中，表明羟基化发生在 C_{17} 位

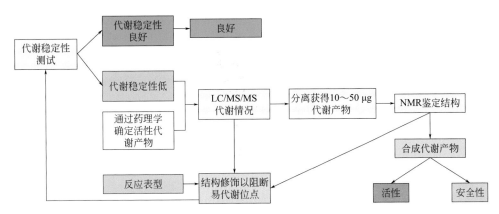

图 29.17 代谢稳定性评价和优化的策略,也可合成代谢产物并测试其活性和稳定性

(徐盛涛 徐进宜)

思考题

(1) 与微粒体孵育测试相比,S9 或肝细胞孵育有什么不同?
(2) 什么时候筛选 Ⅱ 相代谢稳定性较为实用?
(3) 哪些肝脏制品组分包含 CYP 酶?哪些包含磺基转移酶?
(4) 什么辅酶因子可为 CYP 反应提供电子?
(5) 为什么在低浓度(如 1 μmol/L)时筛选代谢稳定性最为理想?
(6) 为什么需要测试多个物种的代谢稳定性?
(7) 为什么仅使用 0 时间点和一个额外的时间点对代谢稳定性进行筛选是可行的?
(8) 为什么检查每批次酶(如微粒体)的活性很重要?
(9) 葡萄糖醛酸化和磺化的辅酶因子是什么?
(10) 反应表型有哪些用途?
(11) 为什么需要鉴定主要代谢产物的结构?
(12) LC/MS/MS 和 NMR 如何用于代谢产物的结构鉴定?

参考文献

[1] J.H. Lin, A.D. Rodrigues, In vitro models for early studies of drug metabolism, in: Pharmacokinetic Optimization in Drug Research: Biological, Physicochemical, and Computational Strategies, [LogP2000, Lipophilicity Symposium], 2nd, Lausanne, Switzerland, Mar. 5-9, 2000, 2001, pp. 217-243.
[2] J.H. Ansede, D.R. Thakker, High-throughput screening for stability and inhibitory activity of compounds toward cytochrome P450-mediated metabolism, J. Pharm. Sci. 93 (2004) 239-255.
[3] R.S. Obach, Prediction of human clearance of twenty-nine drugs from hepatic microsomal intrinsic clearance data: an examination of in vitro half-life approach and nonspecific binding to microsomes, Drug Metab. Dispos. 27 (1999) 1350-1359.
[4] M.J. Zamek-Gliszczynski, K.L.R. Brouwer, In vitro models for estimating hepatobiliary clearance, Biotechnol. Pharm. Aspects 1 (2004) 259-292.
[5] G. Cruciani, E. Carosati, B. DeBoeck, K. Ethirajulu, C. Mackie, T. Howe, R. Vianello, MetaSite: understanding metabolism in human cytochromes from the perspective of the chemist, J. Med. Chem. 48 (2005) 6970-6979.
[6] R. Gebhardt, J.G. Hengstler, D. Mueller, R. Gloeckner, P. Buenning, B. Laube, E. Schmelzer, M. Ullrich, D. Utesch, N. Hewitt, M. Ringel, B.R. Hilz, A. Bader, A. Langsch, T. Koose, H.-J. Burger, J. Maas, F. Oesch, New hepatocyte in vitro systems for drug metabolism: metabolic capacity and recommendations for application in basic research and drug development, standard operation procedures, Drug Metab. Rev. 35 (2003) 145-213.
[7] J.S. Janiszewski, K.J. Rogers, K.M. Whalen, M.J. Cole, T.E. Liston, E. Duchoslav, H.G. Fouda, A high-capacity LC/MS

system for the bioanalysis of samples generated from plate-based metabolic screening, Anal. Chem. 73 (2001) 1495-1501.

[8] E.H. Kerns, T. Kleintop, D. Little, T. Tobien, L. Mallis, L. Di, M. Hu, Y. Hong, O.J. McConnell, Integrated high capacity solid phase extraction-MS/MS system for pharmaceutical profiling in drug discovery, J. Pharm. Biomed. Anal. 34 (2004) 1-9.

[9] W.A. Korfmacher, C.A. Palmer, C. Nardo, K. Dunn-Meynell, D. Grotz, K. Cox, C.C. Lin, C. Elicone, C. Liu, E. Duchoslav, Development of an automated mass spectrometry system for the quantitative analysis of liver microsomal incubation samples: a tool for rapid screening of new compounds for metabolic stability, Rapid Commun. Mass Spectrom. 13 (1999) 901-907.

[10] G.W. Caldwell, J.A. Masucci, E. Chacon, High throughput liquid chromatography-mass spectrometry assessment of the metabolic activity of commercially available hepatocytes from 96-well plates, Comb. Chem. High Throughput Screen. 2 (1999) 39-51.

[11] R. Xu, C. Nemes, K.M. Jenkins, R.A. Rourick, D.B. Kassel, C.Z.C. Liu, Application of parallel liquid chromatography/mass spectrometry for high throughput microsomal stability screening of compound libraries, J. Am. Soc. Mass Spectrom. 13 (2002) 155-165.

[12] L. Di, E.H. Kerns, High throughput screening of metabolic stability in drug discovery, Am. Drug Discov. (2007) 28-32.

[13] L. Di, E.H. Kerns, Y. Hong, T.A. Kleintop, O.J. Mc Connell, D.M. Huryn, Optimization of a higher throughput microsomal stability screening assay for profiling drug discovery candidates, J. Biomol. Screen. 8 (2003) 453-462.

[14] L. Di, E.H. Kerns, N. Gao, S.Q. Li, Y. Huang, J.L. Bourassa, D.M. Huryn, Experimental design on single-time-point high-throughput microsomal stability assay, J. Pharm. Sci. 93 (2004) 1537-1544.

[15] L. Di, E.H. Kerns, S.Q. Li, S.L. Petusky, High throughput microsomal stability assay for insoluble compounds, Int. J. Pharm. 317 (2006) 54-60.

[16] M. Rajanikanth, K.P. Madhusudanan, R.C. Gupta, Simultaneous quantitative analysis of three drugs by high-performance liquid chromatography/electrospray ionization mass spectrometry and its application to cassette in vitro metabolic stability studies, Rapid Commun. Mass Spectrom. 17 (2003) 2063-2070.

[17] A.P. Li, Screening for human ADME/Tox drug properties in drug discovery, Drug Discov. Today 6 (2001) 357-366.

[18] D.M. Cross, M.K. Bayliss, A commentary on the use of hepatocytes in drug metabolism studies during drug discovery and development, Drug Metab. Rev. 32 (2000) 219-240.

[19] D. Jouin, N. Blanchard, E. Alexandre, F. Delobel, P. David-Pierson, T. Lave, D. Jaeck, L. Richert, P. Coassolo, Cryopreserved human hepatocytes in suspension are a convenient high throughput tool for the prediction of metabolic clearance, Eur. J. Pharm. Biopharm. 63 (2006) 347-355.

[20] M.J. Gomez-Lechon, M.T. Donato, J.V. Castell, R. Jover, Human hepatocytes in primary culture: the choice to investigate drug metabolism in man, Curr. Drug Metab. 5 (2004) 443-462.

[21] L. Di, C. Keefer, D.O. Scott, T.J. Strelevitz, G. Chang, Y.-A. Bi, Y. Lai, J. Duckworth, K. Fenner, M.D. Troutman, R.S. Obach, Mechanistic insights from comparing intrinsic clearance values between human liver microsomes and hepatocytes to guide drug design, Eur. J. Med. Chem. 57 (2012) 441-448.

[22] L. Di, P. Trapa, R.S. Obach, K. Atkinson, Y.-A. Bi, A.C. Wolford, B. Tan, T.S. McDonald, Y. Lai, L.M. Tremaine, A novel relay method for determining low-clearance values, Drug Metab. Dispos. 40 (2012) 1860-1865.

[23] L. Di, K. Atkinson, C.C. Orozco, C. Funk, H. Zhang, T.S. McDonald, B. Tan, J. Lin, C. Chang, R.S. Obach, In vitro-in vivo correlation for lowclearance compounds using hepatocyte relay method, Drug Metab. Dispos. 41 (2013) 2018-2023.

[24] L. Di, R.S. Obach, Addressing the challenges of low clearance in drug research, AAPS J. 17 (2015) 352-357.

[25] M.B. Fisher, K. Campanale, B.L. Ackermann, M. Vandenbranden, S.A. Wrighton, In vitro glucuronidation using human liver microsomes and the pore-forming peptide alamethicin, Drug Metab. Dispos. 28 (2000) 560-566.

[26] M.G. Soars, B. Burchell, R.J. Riley, In vitro analysis of human drug glucuronidation and prediction of in vivo metabolic clearance, J. Pharmacol. Exp. Ther. 301 (2002) 382-390.

[27] A. Rowland, J.O. Miners, P.I. MacKenzie, The UDP-glucuronosyltransferases: their role in drug metabolism and detoxification, Int. J. Biochem. Cell Biol. 45 (2013) 1121-1132.

[28] L. Di, The role of drug metabolizing enzymes in clearance, Expert Opin. Drug Metab. Toxicol. 10 (2014) 379-393.

[29] A. Di Marco, M. D'Antoni, S. Attaccalite, P. Carotenuto, R. Laufer, Determination of drug glucuronidation and UDP-glucuronosyltransferase selectivity using a 96-well radiometric assay, Drug Metab. Dispos. 33 (2005) 812-819.

[30] C. Lu, G.T. Miwa, S.R. Prakash, L.-S. Gan, S.K. Balani, A novel model for the prediction of drug-drug interactions in humans based on in vitro phenotypic data, Drug Metab. Dispos. 35 (2006) 79-85. dmd.106.011346.

[31] Y. Chen, L. Liu, K. Nguyen, A.J. Fretland, Utility of intersystem extrapolation factors in early reaction phenotyping and the quantitative extrapolation of human liver microsomal intrinsic clearance using recombinant cytochromes P450, Drug Metab. Dispos. 39 (2011) 373-382.

[32] A.D. Rodrigues, Integrated cytochrome P450 reaction phenotyping: attempting to bridge the gap between cDNA-expressed cytochromes P450 and native human liver microsomes, Biochem. Pharmacol. 57 (1999) 465-480.

[33] H. Zhang, C.D. Davis, M.W. Sinz, A.D. Rodrigues, Cytochrome P450 reaction-phenotyping: an industrial perspective, Expert

Opin. Drug Metab. Toxicol. 3 (2007) 667-687.

[34] E.H. Kerns, R.A. Rourick, K.J. Volk, M.S. Lee, Buspirone metabolite structure profile using a standard liquid chromatographic-mass spectrometric protocol, J. Chromatogr. B Biomed. Sci. Appl. 698 (1997) 133-145.

[35] M.-Y. Zhang, N. Pace, E.H. Kerns, T. Kleintop, N. Kagan, T. Sakuma, Hybrid triple quadrupole-linear ion trap mass spectrometry in fragmentation mechanism studies: application to structure elucidation of buspirone and one of its metabolites, J. Mass Spectrom. 40 (2005) 1017-1029.

[36] A.-E.F. Nassar, A.M. Kamel, C. Clarimont, Improving the decision-making process in the structural modification of drug candidates: enhancing metabolic stability, Drug Discov. Today 9 (2004) 1020-1028.

[37] K.A. Keating, O. McConnell, Y. Zhang, L. Shen, W. Demaio, L. Mallis, S. Elmarakby, A. Chandrasekaran, NMR characterization of an S-linked glucuronide metabolites of the potent, novel, nonsteroidal progesterone agonist tanaproget, Drug Metab. Dispos. 34 (2006) 1283-1287.

第 30 章

血浆稳定性研究方法

30.1 引言

具有易水解基团化合物的主要体内清除途径是在血浆中的水解，易水解基团包括酯键、酰胺键、内酯、内酰胺、氨基甲酸酯、磺酰胺、多肽和肽模拟物等。以下几种情况可能需要测试化合物的血浆稳定性：
- 分子中含有易水解的结构；
- 观察到较高的体内清除率，但无法通过肝脏和肾脏清除来解释；
- 多肽、生物偶联物和其他生物制品；
- 前药和软药；
- 选择了易水解的化合物进行体内实验；
- 修饰化合物的结构以减少其血浆降解；
- 用于体内药代动力学研究的血浆储藏样品。

首先在体外将药物和血浆孵育，再使用液相色谱/质谱（LC/MS）定量分析，可快速确定药物是否容易在血浆中发生水解及其水解的程度。同时，使用 LC/MS 分析药物在血浆中孵育后的分解产物，还可以确定药物分子中哪一结构易被血浆中的酶水解。

血浆是血液的一部分，其制备方法如下：首先将血液置于一个含抗凝剂（如肝素）的容器中，然后立即将血液和抗凝剂混合。将混合液体离心去除细胞，所得透明液体即为血浆。所制备的血浆可以立即使用或储存在 −80℃ 的环境中以供后续使用，也可用干冰冷冻运输。而血清（serum）是没有凝血因子的血浆。由于抗凝剂能抑制某些水解酶的活性，因此血清可用于某些特殊化合物（如多肽）的稳定性研究。当然，血液中含有一些血浆中没有的特殊酶，而这些酶也可能参与受试化合物的代谢。

30.2 药物体外血浆稳定性的一般测试方法

目前已有几种测试药物体外血浆稳定性的方法。如果研究的目的是评估几个化合物或一个化合物的药代动力学性质，可采用低通量的技术来完成；如果研究的目的是筛选多个化合物的血浆稳定性，那么就需要采用高通量技术，下文将详细讨论这些技术。药物的血浆稳定性随着物种（图 30.1）、性别、年龄、疾病状态的不同而不同，因此应该选用合适的血浆来进行实验。

通常情况下，首先将溶解在有机溶剂中的受试化合物加入缓冲血浆（或将血浆的 pH 调整至 7.4）中，并使化合物的浓度在极低的范围内。将含有受试化合物的血浆溶液在 37℃ 下孵育，并在每个特定的时间点取一定体积的血浆孵育液，快速加入至可使血浆酶失活并终止反应的有机溶剂中。离心上述溶液，除去变性的蛋白质，定量分析上清液以确定每个取样时间点的受试化合物的剩余含量，从而测定受试化合物的半衰期。

化合物	药物体外血浆半衰期/min			
	人	小鼠	猪	大鼠
S2	77	173	89	99
W2	79	58	69	92
SAHA	75	115	87	86

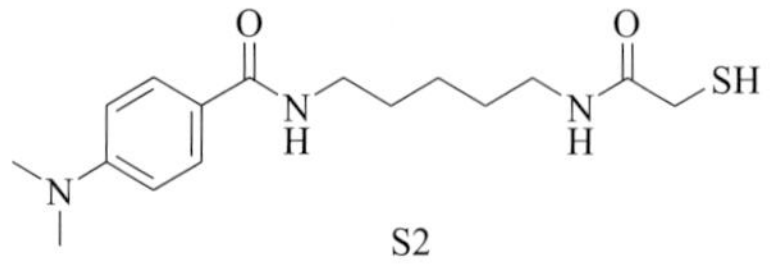

图 30.1　巯基乙酰胺类组蛋白脱乙酰酶抑制剂在不同物种血浆中的半衰期[1]

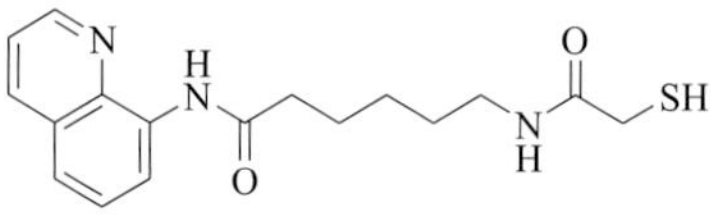

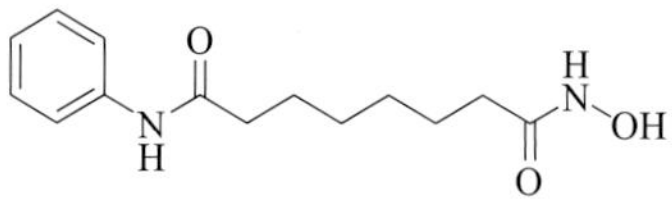

经 R Konsoula, M Jung. *In vitro* plasma stability, permeability and solubility of mercaptoacetamide histone deacetylase inhibitors. Int J Pharm. 2008, 361: 19-25 授权转载，版权归 Copyright 2008 Elsevier B.V. 所有

30.3 体外血浆稳定性的低通量测试方法

当研究的化合物数量较少或仅研究一个化合物的酶动力学特点时，可以采用低通量的方法。首先将磷酸盐缓冲液（pH=7.4）加入血浆（占磷酸盐缓冲液最终体积的 20%～50%）或将血浆的 pH 调至 7.4。取 1 mL 上述溶液并在 37℃的孵育器中预孵 10 min。可采用多个物种的血浆来评估药物在不同物种间的血浆稳定性差异。将少量溶解受试化合物的 DMSO 溶液加入血浆，将溶液和血浆混匀后取样，剩余样品将继续在轻轻振荡的培养箱中孵育。在不同的时刻（如 0～3 h）,分别取出一定体积的样品，将样品加入四倍样品体积且含有内标的预冷乙腈中，离心，并以 LC/MS 分析定量上清液成分。药物体外血浆半衰期可以用公式 $t_{1/2}=0.693/s$ 进行计算，其中 s 是受试化合物剩余百分数的对数随时间变化曲线的斜率。

上述方法的一个例子是测试巯基乙酰胺类组蛋白脱乙酰酶（histone deacetylase）抑制剂的血浆稳定性（图 30.1）[1]。在另一项研究中，氨苄西林（ampicillin）分别在室温、2℃和 -20℃的血浆中孵育后（图 12.13），采用 Arrhenius 曲线图分析样品数据，从而预测氨苄西林在不同时间和不同温度下的分解速率[2]。

将主要组织相容性复合物（histocompatibility complex，MHC）- 结合肽和人血清共同孵育，可用于研究提高抗外肽酶（exopeptidase）稳定性的方法[3]。末端为 D- 氨基酸的肽比末端为 L- 氨基酸的肽更为稳定，末端为 D- 氨基酸的 N- 乙酰氨基葡萄糖肽也更稳定。此外，在裂解位点，含 D- 氨基酸的肽也更稳定，这表明抗外肽酶的稳定性随肽构象的不同而不同。

在某一稳定性研究中，研究人员测定了抗体 - 药物偶联物在体内和体外的血浆稳定性（37℃下进行 7 天）[4]。研究发现，以乙酰胺连接的药物 - 抗体偶联物比以马来酰亚胺连接的药物 - 抗体偶联物更为稳定。LC/MS/MS 分析发现某些马来酰亚胺 - 药物衍生物能和人血白蛋白的半胱氨酸 -34 发生共价结合。

30.4 体外血浆稳定性的高通量测试方法

前文已经提到了中等通量和高通量测试药物血浆稳定性的方法，其中很多方法对血浆分析仪器有很高的要求，如可将血浆直接注射测试的 LC/MS/MS 系统[5,6]、可自动切换色谱柱的高效液相[7]，以及样品制备机器人[8]。实验中，各种血浆稳定性分析条件[9-15]在受试化合物的浓度（3 μmol/L ～ 6 mmol/L）、有机溶剂的百分数（0 ～ 5%）和用于稀释血浆缓冲液的体积（0 ～ 4 倍）等方面各不相同。

一项研究调查了不同条件对分析结果的影响。研究结果如下：大多数浓度在 1 ～ 20 μmol/L 范围内化合物的剩余百分比没有显著差异，这表明血药浓度在 20 μmol/L 以下时，药物的血浆稳定性对药物的浓度并不会特别敏感（据报道，血浆酶的饱和浓度为 100 μg/mL[13]，并且饱和浓度应为酶浓度依赖型）。建议的受试化合物浓度应为 1 μmol/L，因为其反映了给药后的平均血药浓度。DMSO 所占百分比对分析结果的影响很小，其不影响分析结果的最高浓度可达 2.5%。当 DMSO 含量较高时，溶剂可能会使酶变性或与干扰蛋白质结合，从而导致血浆活性降低。此外，血浆具有较强的水解催化能力。以缓冲液稀释血浆，直至血浆在混合溶液中百分比为 20% ～ 40% 时，才会降低其水解速率。据报道，血浆 pH 值在长期储存过程中将逐渐升高至 8 ～ 9，因此，在使用前需要采用 pH=7.4 的缓冲液稀释血浆或将血浆 pH 调至 7.4。这样，所测得的药物血浆稳定性结果不会因溶液偏碱性而变得复杂。在 37℃下，至少 22 h 内血浆酶的活性不会下降。通常，在药物发现阶段，体内给药实验时间为 6 h，建议将体外 3 h 的孵育时间改为与体内给药实验一致的 6 h。在分析之前，应将血浆离心（例如 3000 r/min，10 min，10℃），以去除微粒沉淀。总体而言，与药物微粒体稳定性分析实验相比，药物血浆稳定性分析实验对不同的实验条件都具有相对良好的耐受性[16]。但是，谨慎的做法是采用最优条件。

供应商（如表 30.1 所示）可提供用于药物体外稳定性研究的血浆。表 30.2 中列举了部分可提供药物血浆稳定性测试的商业实验室。药物的血浆稳定性会随供应商和血浆批次的不同而不同，同时也取决于药物本身的性质（图 30.2）[16]。总的来说，实验结果可能出现 2 ～ 20 倍的差异。如果使用不同批次的血浆进行分析，可能会改变药物研发项目对化合物的排序。建议对进入实验室的每批新鲜血浆进行仔细的质量控制并调整孵育时间，以实现对药物相同的降解程度。或者，可以采用不同批次的血浆测试同一个或同一组化合物，以测试实验的重现性。当然，最理想的解决办法是购买大量同批次的血浆以延长其使用期。

表 30.1　部分血浆供应商举例

公司	产品	网址
BioreclamationIVT	动物血浆	www.bioreclamationivt.com
Innovative Research	动物和人血浆	www.innov-research.com

表 30.2　部分可提供血浆稳定性测试服务的商业验室

公司	网址	公司	网址
Agilux	www.agiluxlabs.com	Nextar	www.aminolab-pharma.com
Charles River	www.criver.com	Wolfe Laboratories	www.wolfelabs.com
Cyprotex	www.cyprotex.com		

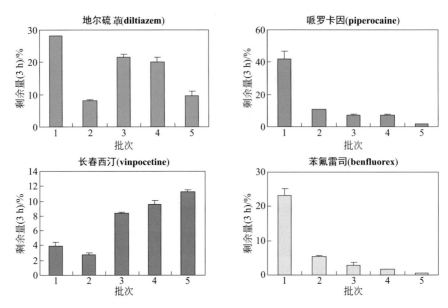

图 30.2　同一供应商不同批次的血浆也可能有所不同

如代谢稳定性研究方法一章所述，可使用 LC/MS/MS 技术测试和定量分析受试化合物及血浆孵育后的稳定性。血浆中可能存在大量干扰药物定量分析的成分，因此，需要使用具有良好选择性的检测器来测量。

企业可能不会检测所有新化合物的血浆稳定性，因为只有具有易水解基团的化合物才可能会存在药物血浆稳定性问题。并且，药物的血浆稳定性随物种而异，为了说明特定的问题需使用相关的物种的血浆才行。这通常包括用于药理实验的药效物种、毒性物种和 PK 研究。人体血浆稳定性对于获得预测的人体清除率非常重要。药物在人体的血浆稳定性是获得药物清除率的重要条件。使用人血浆时，应当遵守规范的安全预防措施，以避免疾病的传播；使用动物血浆时，应避免过敏反应。

图 30.3 是血浆稳定性分析实验的流程图[16]。首先，向每个微孔板小孔中加入 195 μL 以磷酸盐缓冲液（pH=7.4）1∶1 稀释的血浆，然后加入 5 μL 溶解在 DMSO 中的化合物储备液（40 μmol/L），最终使受试化合物在血浆中的浓度为 1 μmol/L，DMSO 所占百分比为 2.5%。以盘垫将小孔板密封，倒置，并放置于 37℃ 的摇床中温和振荡 3 h。振荡结束后，迅速加入 600 μL 冷乙腈终止反应，混匀后离心。将反应液的上清液（如 400 μL）转移到 96 孔板中，以用于 LC-MS 分

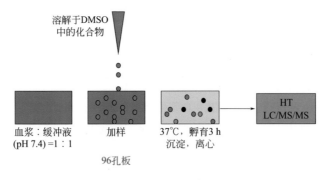

图 30.3　药物血浆稳定性分析流程

析。如代谢稳定性分析所述，可使用某一时刻的浓度和初始（0时刻）浓度计算$t_{1/2}$。由于高浓度的蛋白质和DMSO有助于化合物的溶解，因此溶解度较小的化合物在分析实验中几乎没有溶解度方面的问题。如果实验样品较多，使用实验室机器人进行分析也是非常有效的方法。

在每个分析实验中质量控制是非常重要的，每组测试物都包含一个已知血浆半衰期的化合物。这保证了分析实验的正常进行，且使得血浆活性符合既定标准。图30.4列举了四种建议进行质量控制的化合物[16]和其他已经讨论过的化合物。可使用不同的质量控制方法来控制不同物种血浆的质量。质量控制可使测试所得的大量实验数据保持连贯性（图30.4）。

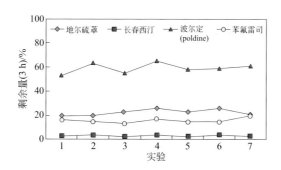

图30.4 经多次实验所得的质量控制标准和结果是可以重现的[16]

经 L Di, E H Kerns, Y Hong, et al. Development and application of high throughput plasma stability assay for drug discovery. Int J Pharm. 2005, 297: 110-119 授权转载，版权归2005 Elsevier B.V. 所有

30.5 血浆降解产物的结构解析

了解血浆降解产物的结构是非常有意义的，降解产物结构为优化先导化合物提供了有力的指导。结构修饰可减轻或消除药物的血浆水解（参见第12章）。当分子中含有超过一个以上的易水解位点时，分析药物血浆中的水解产物能够确认在哪一结构位点发生了水解。通常，使用LC/MS（单级）分析降解产物的分子量足以确定具有易水解基团化合物的降解部位。这是因为药物血浆水解反应发生的位置和水解产物的分子量是可提前预测的。由于药物水解可产生酸性、碱性和中性的产物，因此，应在正负离子、强弱极性条件下交替操作质谱仪以确保检测到所有的降解产物。如需更详细的数据以研究药物血浆水解产物的结构，可以使用LC/MS/MS和NMR技术，具体方法参见第29章。对于有多个易水解位点的复杂结构（如肽、蛋白质等），可采用更复杂的研究方法来确定其水解的位点。

30.6 测试血浆稳定性的研究策略

① 使用高通量血浆稳定性测试方法分析可能存在水解稳定性问题的化合物，比较剩余含量的百分数以确定候选药物的优先排序。

② 在探究体内药时曲线下面积（AUC）过小和高清除率（CL）的原因时，可采用低通量方法，在血浆中孵育化合物并进行测试。

③ 如果某一化合物在血浆中不稳定，那么在进行高费用的体内实验和研究提高药代动力学性质的方法之前，应先进行体外血浆稳定性实验评估该化合物的血浆稳定性。

④ 研究增强渗透性或增加代谢稳定性的前药时，需要使用适宜物种的血浆，以确定血浆酶是否能够有效地释放出前药中的活性原药。

⑤ 重新检查生物候选药物中是否存在血浆不稳定的结构，并分析具有易水解结构化合物的稳定性。

⑥ 如果某一化合物易在血浆中水解，则需要确认该化合物的血浆储藏稳定性。

（杨庆良　白仁仁）

思考题

（1）血浆中的哪些物质可导致化合物的不稳定性？

（2）在使用血浆配制储备液或使用不同批次的血浆之前，应进行什么处理以保证实验结果的准确？

（3）判断下列说法的正误：

（a）DMSO 的百分比、缓冲液稀释程度和药物浓度对血浆稳定性分析实验结果有较大的影响；

（b）药物在不同物种血浆中的稳定性不同；

（c）药物在血浆中发生分解，可增加药物在体内的清除率；

（d）药物的血浆稳定性对药代动力学研究结果的准确性非常重要；

（e）质量控制对血浆稳定性实验而言不重要，这是因为分析实验结果的稳定性较好。

参考文献

[1] R. Konsoula, M. Jung, In vitro plasma stability, permeability and solubility of mercaptoacetamide histone deacetylase inhibitors, Int. J. Pharm. 361 (2008) 19-25.

[2] T.G. do Nascimento, E. de Jesus Oliveirab, I.D.B. Júniora, J.X. de Araújo-Júniora, R.O. Macêdoc, Short-term stability studies of ampicillin and cephalexin in aqueous solution and human plasma: application of least squares method in Arrhenius equation, J. Pharm. Biomed. Anal. 73 (2013) 59-64.

[3] M.F. Powell, T. Stewart, L. Otvos Jr., L. Urge, F.C.A. Gaeta, A. Sette, T. Arrhenius, D. Thomson, K. Soda, S.M. Colon, Peptide stability in drug development. Ⅱ. Effect of single amino acid substitution and glycosylation on peptide reactivity in human serum, Pharm. Res. 10 (1993) 1268-1273.

[4] S.C. Alley, D.R. Benjamin, S.C. Jeffrey, N.M. Okeley, D.L. Meyer, R.J. Sanderson, P.D. Senter, Contribution of linker stability to the activities of anticancer immunoconjugates, Bioconjug. Chem. 19 (2008) 759-765.

[5] G. Wang, Y. Hsieh, Y. Lau, K.-C. Cheng, K. Ng, W.A. Korfmacher, R.E. White, Semi-automated determination of plasma stability of drug discovery compounds using liquid chromatography-tandem mass spectrometry, J. Chromatogr. B Analyt. Technol. Biomed. Life Sci. 780 (2002) 451-457.

[6] G. Wang, Y. Hsieh, Utilization of direct HPLC-MS-MS for drug stability measurement, Am. Lab. 34 (2002) 24-27.

[7] S.X. Peng, M.J. Strojnowski, D.M. Bornes, Direct determination of stability of protease inhibitors in plasma by HPLC with automated columnswitching, J. Pharm. Biomed. Anal. 19 (1999) 343-349.

[8] J.-M. Linget, P. du Vignaud, Automation of metabolic stability studies in microsomes, cytosol and plasma using a 215 Gilson liquid handler, J. Pharm. Biomed. Anal. 19 (1999) 893-901.

[9] E. Pop, S. Rachwal, J. Vlasak, A. Biegon, A. Zharikova, L. Prokai, In vitro and in vivo study of water-soluble prodrugs of dexanabinol, J. Pharm. Sci. 88 (1999) 1156-1160.

[10] J. Rautio, H. Taipale, J. Gynther, J. Vepsalainen, T. Nevalainen, T. Jarvinen, In vitro evaluation of acyloxyalkyl esters as dermal prodrugs of ketoprofen and naproxen, J. Pharm. Sci. 87 (1998) 1622-1628.

[11] D.-K. Kim, D.H. Ryu, J.Y. Lee, N. Lee, Y.-W. Kim, J.-S. Kim, K. Chang, G.-J. Im, T.-K. Kim, W.-S. Choi, Synthesis and biological evaluation of novel A-ring modified hexacyclic camptothecin analogues, J. Med. Chem. 44 (2001) 1594-1602.

[12] C. Udata, G. Tirucherai, A.K. Mitra, Synthesis, stereoselective enzymatic hydrolysis, and skin permeation of diastereomeric propranolol ester prodrugs, J. Pharm. Sci. 88 (1999) 544-550.

[13] A.A. Nomeir, M.F. McComish, N.F. Ferrala, D. Silveira, J.M. Covey, M. Chadwick, Liquid chromatographic analysis in mouse, dog and human plasma; stability, absorption, metabolism and pharmacokinetics of the anti-HIV agent 2-chloro-5-(2-methyl-5,6-dihydro-1,4-oxathiin-3-yl carboxamido) isopropylbenzoate (NSC 615985, UC84), J. Pharm. Biomed. Anal. 17 (1998) 27-38.

[14] R.B. Greenwald, H. Zhao, K. Yang, P. Reddy, A. Martinez, A new aliphatic amino prodrug system for the delivery of small

molecules and proteins utilizing novel PEG derivatives, J. Med. Chem. 47 (2004) 726-734.
[15] C. Geraldine, M. Jordan, How an increase in the carbon chain length of the ester moiety affects the stability of a homologous series of oxprenolol esters in the presence of biological enzymes, J. Pharm. Sci. 87 (1998) 880-885.
[16] L. Di, E.H. Kerns, Y. Hong, H. Chen, Development and application of high throughput plasma stability assay for drug discovery, Int. J. Pharm. 297 (2005) 110-119.

第 31 章

溶液稳定性研究方法

31.1 引言

溶液稳定性所涉及的范围很广。第 13 章讨论了最常见的溶液稳定性问题，包括有机储备溶液、生物测试缓冲液、pH、温度和胃肠液的影响。化学稳定性的体外研究方法已有综述报道[1-3]（血浆稳定性的讨论见第 12 章和第 30 章）。由于溶液降解环境和条件的多样性，在对新药发现过程中的化合物进行测试时，一般使用通用的高通量溶液稳定性测定方法，但并不像在代谢稳定性研究中那样普遍。溶液稳定性测定通常是用来前瞻性地检查哪些化合物中含有不稳定的官能团，以及追溯诊断化合物在样品存储、体外生物学测定或体内研究中（如药效、药代动力学、毒性）表现不佳的原因。溶液稳定性测试可根据特定的理化条件（如 pH、温度、离子强度、光照）、溶液成分（如酶、缓冲液、改性剂、辅料、溶剂），以及与溶液稳定性问题相关的研究方案（如每个步骤的时间和条件）来确定。为了达到注册监管机构批准的既定标准，研究方法包括常规药物开发的稳定性测试（如 pH、温度、湿度、氧化试验），但其测试程度无法与进行临床试验的化合物所进行的测试（试验可能持续数周或数月）相提并论。

31.2 溶液稳定性的测试方法

31.2.1 药物发现中溶液稳定性评价的一般注意事项

由于在药物发现早期合成化合物的量较少（仅为毫克级），所以各种测试所能使用的化合物的量也相应较少。此外，在较短周期内合成的化合物种类繁多，因此需要更高通量的筛选方法。为获取不同条件下的稳定性信息，可采用自动化测试方法，以实现多种条件下的快速分析。值得注意的是，稳定性因素可能是导致新药发现过程中数据与预期不符的原因之一，因此，需要通过相应的测试来判断是否存在稳定性问题。

31.2.2 溶液稳定性分析中的反应淬灭问题

淬灭反应是溶液稳定性测定中遇到一个特殊问题。如果在每一个特定的孵育时间点都能将待测溶液立即注入 HPLC 中进行测试，则可以准确地测定受试化合物的浓度。但是，如果溶液在测定前放置了一段时间，则该化合物在溶液中可能会继续降解（即便通过降低溶液温度或改变 pH 值来延缓降解）。在过去，合成化合物的种类较少，因此只需对这些化合物逐一进行稳定性研究，并将化合物孵育后立即进行手动进样分析。然而，随着药物发现阶段化合物数量的剧增和溶液稳定性研究需求的增加，稳定性测试需要在 96 孔板中实现自动化分析，而孔板上最后一孔进样的时间点可能是在第一孔进样的 3 h 之后（以 2 min 为一个分析周期来计算）。因此，孔板上比较靠后样品的孵育时间会逐渐延长，致使不同孔具有不同的孵育时间，这会对模拟肠转运时间或体外测定的短时稳定性研究产生极大的影响。对于 pH 稳定性研究而言，将溶液滴定至 pH 7.4 可将反应淬灭，但化合物在中性 pH 中可能仍然不稳定，会继续暴露于溶液（如缓冲液组分）中。对于大多数溶液（如生物测试缓冲液）而言，淬灭反应仍具有挑战性。目前一些高通量 HPLC 技术可实现非常短的进样间隔时间或并行检测[4]，但这些技术并不常用，不能完全满足测试方法的需求。

即使将样品转移至冰浴中，完全冷却下来也需要几分钟的时间，样品在这种低温溶液下仍可能会缓慢反应。有报道称将样品冷冻在 −80℃ 可终止反应，然后在 HPLC 进样前再将样品逐一解冻。这样的话，样品便有合适的孵育时间[5]，但是这一过程需要手动控制且比较耗时。

31.2.3　溶液稳定性的快速有效测试设计

解决淬灭反应问题的一种方法是在不同的时间孵育各个样品。样品孵育时间主要根据其 HPLC 的运行时间来设置，使所有样品在进样时均有相同的孵育时间。另外一种灵活且有效解决淬灭反应问题的方法是[6]使用的 HPLC 仪装配有可程序化处理进样液体的自动进样器。在自动进样器中放置两块 96 孔板，其中一块板上包含受试化合物的 DMSO 储备溶液，另一块板上加入待测的稳定性溶液（图 31.1）。使用仪器软件对自动进样器进行编程，并执行以下步骤：

① 将受试化合物从化合物储备液中转移至稳定性研究的溶液中；
② 充分混合上述溶液；
③ 在程序设定的温度（如 37℃）下孵育样品；
④ 在程序设定的时间点转移溶液；
⑤ 注射样品溶液至 HPLC 中；
⑥ 其他样品以相同的方式进行交错分析。

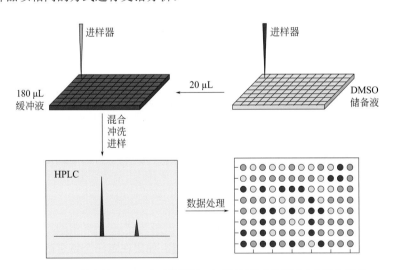

图 31.1　可编程的 HPLC 自动进样器可实现溶液稳定性测试中的液体处理、孵育和进样，并获得不同时间点的可靠数据[6]

经 Di L, Kerns E H, Chen H, et al. Development and application of an automated solution stability assay for drug discovery. J Biomol Screen. 2006, 11: 40-47 许可转载，版权归 2006 SAGE Publications 所有

程序进样为每个数据提供准确的时间点，这种方法有利于进行准确的动力学分析，并可避免淬灭反应。该系统可与质谱仪联用，这对于获得高灵敏度的质谱结构分析具有重要意义。反应产物的结构数据（如分子量、碎片）有助于快速识别结构中的不稳定位点，是对动力学稳定性测试结果的有力补充。图31.2列举了一个用于此类分析的典型仪器。

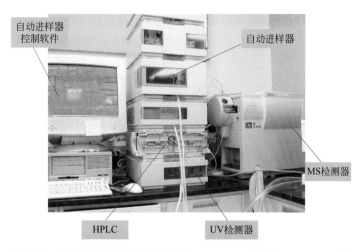

图 31.2 配备程序化自动进样器的常规 LC/UV/MS 仪器（Agilent 1100），可用于如图 31.1 所示的溶液稳定性测试

该方法已被证实在各类溶液稳定性研究［如生物测试缓冲液、模拟胃液（SGF）、给药载体和 pH 稳定性等相关研究］中均具有很好的可靠性[6]。完成初始设置后，分析所需的干预很少，测试可在夜间、周末或假日无人值守时自动运行。这种方法还可定制实验设计。例如，同时测试 1～96 个化合物，1 至多个时间点，以及在同一板上采用不同的溶液条件。该方法的应用实例包括单一时间点的 pH 溶液稳定性筛选（图 13.2）、96 个化合物的高通量单一时间点生物测试缓冲液稳定性研究（图 13.4），以及单一化合物在多种 pH 条件下的动力学分析（图 13.2）。另外，还可使用高通量方法为单个化合物提供更详细的信息，这与提供大量化合物单一时间点数据的常规高通量方法具有显著区别。数据的动力学分析可以通过 Scientist® 软件进行。

在 pH 稳定性研究中，可以通过加入有机溶剂来溶解低溶解度化合物。但是，潜溶剂可能会提高或降低某些稳定性反应的速率，因为其会影响缓冲液的介电常数、化合物的溶剂化和过渡态，从而改变溶液实际的 pH 值[1]。因此，使用此类数据时需要考虑助溶剂的潜在影响。

31.3 生物测试介质中的溶液稳定性研究方法

如果生物测试的结果不一致，其原因可能是化合物的溶解度低或其在生物测试溶液中不稳定。如果化合物在测试介质条件下（如 pH、光、热）不稳定，或者能与培养基成分（如二硫苏糖醇 DTT、4-羟乙基哌嗪乙磺酸 HEPES）发生反应，亦或是靶点酶的底物[1]，那么该化合物在溶液中都会发生降解。

为了测试化合物的稳定性，可利用 31.2.3 节中的实验方案对一组化合物进行快速筛选。该实验应尽可能模拟生物学测试的条件，其操作方案也应尽可能接近生物学测试的方案，以确保实验结果的准确性。每个试验步骤的时间点和实验室条件（如光照、温度、空气）都是至关重要的，应加以严格控制。在每个时间点或特定条件下，可采用体化合物的剩余百分比来量化结果。此外，应避免化合物从溶液中沉淀。此外，HPLC 谱图中出现的新峰也可能是降解产物。

31.4 文献中 pH 溶液稳定性的研究方法示例

药物发现阶段的化合物所经历的 pH 环境范围通常较宽。大部分测定的缓冲液和生理溶液的 pH 均为 7.4。为了增强化合物的溶解度，口服给药溶液通常可能具有酸性或碱性 pH 值。口服给药的化合物依次暴露于 pH 为 1～2 的胃，pH 为 4.5 的小肠起始部位，平均 pH 为 6.6 的小肠和 pH 为 5～9 的结肠。因此，上述 pH 都是用于考察药物发现阶段化合物性质的常用 pH。

一个测量 pH 的通用方法[7]是利用连接到 HPLC 的机器人，检测 96 孔板中化合物在多个不同 pH 条件（如 pH 2、7、12）下的稳定性，以及在 3% 过氧化氢条件下的氧化情况。化合物一般在 100 μmol/L 浓度下孵育，而低溶解度化合物可在乙腈：缓冲液（1:1）溶液中保持溶解（由于介电常数低，在这种高比例有机溶剂中的反应速率与 100% 水溶液相比可能较低；另一种选择是降低受试化合物的浓度，从而降低有机溶剂的比例）。在规定的反应时间点，立即将样品注入 HPLC。

筛选化合物在酸性条件下降解的一种方法是模拟化合物在胃中的滞留情况（pH 为 2，保持 75 min）[8]。研究人员将这些数据与溶解度数据结合起来以对化合物进行排序，并在体内给药前进行口服生物利用度分类的前瞻性预测。

pH 稳定性研究已被用于前药的体外评估[9]。溶液稳定性研究一般使用浓度为 0.02 mol/L 的缓冲液，如醋酸盐（pH 5.0）、磷酸盐（pH 3.0、6.9、7.4）、硼酸盐（pH 8.5 和 9.5）和盐酸（pH 1）。由于离子强度对反应速率有影响，应维持其恒定。该实验在样品浓度为 100 μmol/L 的 HPLC 小瓶中进行，在选定的时间点取样并立即注入 HPLC 柱进行测试。

31.2.2 节中提到的程序化自动进样实验设计[6]有利于自动化的定制 pH 溶液稳定性研究。根据特定开发团队的稳定性实验要求，在 96 孔板中加入相应 pH 的缓冲液，并以自动进样器将受试化合物溶液加入孔中，经混合、37℃ 下孵育后，在设定时间点注入 LC/MS 系统。图 13.2 中给出了一系列 β-内酰胺类化合物进行此项测试的结果。该实验为药物发现和开发提供了可靠的动力学数据。

半自动化学稳定性方法有助于将体内早期药代动力学和毒性研究溶剂中稳定性优异的化合物筛选出来[10]。根据体内口服或静脉给药浓度（0.05～1.0 mg/mL），将化合物以水性溶剂（如 5% DMA/25% PG/70% 50 mmol/L 三羟甲基氨基甲烷、5% DMA/45% PG/50% 50 mmol/L 乳酸）进行配制并在室温下储存。每隔 6 h（最长 24 h）将样品注入配有紫外检测器的 HPLC。该方法可在给药前评估化合物在给药溶液中的稳定性，以确保不影响其体内研究。

表 31.1 显示了一系列成功的 pH-稳定性分析条件[1]，这为药物发现提供了所需 pH 范围的缓冲液。

表 31.1　pH-稳定性分析条件示例

pH 值	条件：缓冲液离子强度 0.15 mol/L, 24 h, 37℃	pH 值	条件：缓冲液离子强度 0.15 mol/L, 24 h, 37℃
pH 1	0.1 mol/L HCl	pH 7.4	0.1 mol/L 磷酸盐
pH 4.5	0.1 mol/L 醋酸盐	pH 9	0.1 mol/L 硼酸盐
pH 6.6	0.1 mol/L 磷酸盐		

31.5 模拟胃肠液中的稳定性研究方法

将药物发现阶段的化合物与模拟胃肠液共孵育，可以获得化合物在胃肠道中稳定性的重要信息。模拟胃肠液包括模拟胃液（SGF）和模拟肠液（SIF）。这一过程中包含了胃肠道稳定性中的主要挑战：pH 变化和各种水解酶。《美国药典》[11]中规定了 SGF 和 SIF 的组分。

SGF 的组分如下：
- 胃蛋白酶（一种酸性蛋白酶）；
- 以 HCl 调节 pH 至 1.2；
- 氯化钠（NaCl）。

SGF 模拟了胃液的性质，兼具酸水解和酶水解条件。

SIF 的组分如下：
- 胰酶（来自猪胰腺的淀粉酶、脂肪酶和蛋白酶混合物）；
- 磷酸二氢盐缓冲液，以 NaOH 调节 pH 至 6.8。

SIF 模拟了肠道中的 pH 和水解酶。

这些测试实验的主要目的是预测或诊断口服给药后化合物的稳定性。相关数据可指导药物化学家对化合物进行结构修饰，以改善其在胃肠道中的稳定性，从而优化生物利用度并提高化合物在体内研究中的优先次序。

采用 31.2.2 节中所述的溶液稳定性测定方法很容易确定化合物的稳定性。图 13.3 中显示了化合物在 SIF 和 SGF 中的不同稳定性，其中化合物 **1** 和 **3** 具有良好的稳定性。

另一个例子是关于药物发现阶段中异硫脲类化合物的溶液稳定性[1]。该类化合物在 pH 7.4、9，以及在 SIF 中不稳定，但在 pH 1、4.5 的环境下，以及在 SGF 中是稳定的。而在 SIF 中比 pH 6.6 环境下的降解速率更快，这表明在 SIF 中酸促和酶促降解机制同时发生。如果不能通过改变结构来提高稳定性并保持生物活性，该化合物系列的优先级将降低，因此研发团队可将其资源转移到另一个更有前途的化合物系列。

图 31.3 列举了比沙可啶（bisacodyl）的 pH 溶液稳定性分析结果[6]。该化合物在 pH 7.4 时不够稳定，而在 pH 9 时非常不稳定。

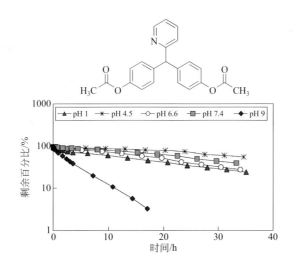

图 31.3 比沙可啶的溶液稳定性测试[6]

经 Di L, Kerns E H, Chen H, et al. Development and application of an automated solution stability assay for drug discovery. J Biomol Screen. 2006, 11: 40-47 许可转载，版权归 2006 SAGE Publications 所有

31.6 鉴定溶液稳定性实验中的降解产物

溶液稳定性实验中降解产物的结构解析可参照血浆稳定性（见第 30 章）和代谢稳定性（见 29.2.6 节）中介绍的方法。从连接 HPLC 的单级质谱中获得的分子量数据可为反应产物提供宝贵

的结构信息。根据分子量数据可确定反应位点,从而鉴定产物的结构。分子中不稳定的水解位点通常很明显(如酯、酰胺),因此推测的分解产物的分子量也可以被快速计算出来并将其与测试结果进行比较。这些图谱信息相比于单纯的定量数据具有更好的指导性,药物化学家可据此进行结构修饰,以提高化合物的稳定性。如果推测的降解产物标准品可通过合成、购买或从实验室化合物储备库中获得,则可利用此标准品来验证样品的结构特征。若已知的化合物标准品与降解物有相同的 HPLC 保留时间和色谱图,这就为降解物的鉴定提供了有力证据。此类技术见文献 [12,13] 中综述。

表 31.2 列举了紫杉醇(taxol)降解产物结构的实例[14]。将紫杉醇暴露于不同的水性条件中,对其降解产物采用 LC/MS/MS 进行鉴定并建立数据库。这样的数据库可用于制剂、工艺研究和测定方法的开发等。

表 31.2 紫杉醇溶液稳定性的降解数据库[14]

化合物	MW	溶液条件①	相对保留时间	化合物	MW	溶液条件①	相对保留时间
紫杉醇	853	—	1	7-表-紫杉醇	853	碱	1.27
		碱		巴卡丁Ⅲ	586	碱	0.16
10-脱乙酰紫杉醇	811	酸	0.46	甲酯侧链	313	碱	0.14
		氧化剂		紫杉醇异构体(C_3—C_{11} 桥)	853	光照	0.52

① 碱:pH 8, 10 min;酸:0.7 mol/L HCl, 4 h;光照:1000 fc(1fc=10.764 lx)白色, 92 天;氧化剂:7.5% 过氧化氢, 10 min。
注:经 Volk K J, Hill S E, Kerns E H, et al. Profiling degradants of paclitaxel using liquid chromatography-mass spectrometry and liquid chromatography-tandem mass spectrometry substructural techniques. J Chromatogr B Biomed Sci Appl. 1997, 696: 99-115 许可转载,版权归 1997 Elsevier Science B.V. 所有。

31.7 深入评价药物发现后期的溶液稳定性

在药物发现后期阶段,通常仅会选择项目中开发潜力大的候选化合物进行固体和溶液稳定性的深入评价。化合物稳定性的检验一般采用标准的测定方法,以确保数据具有可比性,并可用于后续标准的建立。这些试验模拟了药物开发过程中化合物可能会暴露的水相环境。一些论文已综述了化合物开发研究的基本条件[15]。这些实验参考了（但非严格按照）FDA 有关新药申请（new drug application，NDA）[16,17]中监管文件的建议方法，并给出了稳定性的变化趋势。

以下是药物开发过程中化合物在水溶液中进行的稳定性实验示例：

- pH。水性缓冲液（pH 1～12，1 h，37℃，24 h）；
- 氧化剂。3% 过氧化氢（pH 7.4 缓冲液，10 min）；
- 光照。高强度冷白色荧光（200 W·h/m^2，120 Mlx·h，室温，7 天）；
- 温度。加热（30～75℃，7 天）；
- 胃肠道。模拟肠液（USP，37℃，4～24 h）；
- 胃肠道。模拟胃液（USP，37℃，1～4 h）；
- 胃肠道。模拟胆汁/卵磷脂混合物（USP，37℃，4～24 h）；
- 血浆。人血浆（37℃，24 h）。

对于长期实验，可以专为不同条件准备不同样品小瓶，并置于 HPLC 自动进样器中。按时间点注入各种反应条件的样品。由于需要评价的化合物数量较少，此方法较为方便。长期稳定性的反应速率动力学可以由 Arrhenius 方程对短期加速（高温下）降解结果进行计算[18,19]。

加入助溶剂可帮助溶解难溶性化合物。此外，还可能需要开展额外的固体稳定性研究，如利用微波辅助加热可加速稳定性研究[20]。有关报道介绍了一种采用反应容器微透析采样和在线 HPLC 进样的定量分析设备，可实现反应速率的自动化测试[21]。

31.8 溶液稳定性评估策略

① 在药物发现早期，可对重要化合物或某一化学系列的代表化合物进行溶液稳定性研究。
② 如果某一系列化合物的稳定性不佳，则应对其开展测试。
③ 当体外或体内研究数据与基于该化合物信息所预期的结果不一致时，可将溶液稳定性视为可能原因，并进行稳定性研究以验证这一可能性。
④ 阐明所选化合物降解产物的结构，以便更好地确定结构修饰的方法以提高其溶液稳定性。
⑤ 采用标准测定法进行开发后期的稳定性评估，以证明临床候选药物在开发过程中的良好表现。
⑥ 为研发团队提供药物开发早期化合物的稳定性评价信息，建立候选化合物的数据库。制药、化学工艺和分析部门可对新临床候选药物性质进行前期了解，以便其更好地开发相应的药物剂型、进行批量处理并设计稳定性实验相关的方法。

（吴丹君　白仁仁）

思考题

（1）列举可能导致化合物不稳定或加速其分解的溶液条件。
（2）溶液稳定性测试的难点是什么？
（3）可以使用什么方法快速有效地测定溶液稳定性？
（4）溶液稳定性实验应使用哪些条件？
（5）除了在某个时间点上的剩余百分比外，还可以从溶液稳定性研究中获得哪些数据，以及如何利用这些数据？

（6）溶液稳定性数据可用于哪些目的？

参考文献

[1] L. Di, E.H. Kerns, Solution stability—plasma, gastrointestinal, bioassay, Curr. Drug Metab. 9 (2008) 860-868.
[2] E.H. Kerns, L. Di, Accelerated stability profiling in drug discovery, in: B. Testa, S.D. Kramer, H. Wunderli-Allenspach, G. Folkers (Eds.), Pharmacokinetic Profiling in Drug Research: Biological, Physicochemical and Computational Strategies, Wiley, Zurich, 2006, pp. 281-306.
[3] Kerns, E.H., Di, L, Chemical Stability, in: B. Testa, H. van de Waterbeemd (Eds.), Comprehensive Medicinal Chemistry, Volume 5, Chapter 5.20, pp. 489-508, Elsevier, Oxford.
[4] P. Patel, S. Osechinskiy, J. Koehler, L. Zhang, S. Vajjhala, C. Philips, S. Hobbs, Micro parallel liquid chromatography for high-throughput compound purity analysis and early ADMET profiling, J. Lab Autom. 9 (2004) 185-191.
[5] C.S. Dias, B.S. Anand, A.K. Mitra, Effect of mono- and di-acylation on the ocular disposition of ganciclovir: physicochemical properties, ocular bioreversion, and antiviral activity of short chain ester prodrugs, J. Pharm. Sci. 91 (2002) 660-668.
[6] L. Di, E.H. Kerns, H. Chen, S.L. Petusky, Development and application of an automated solution stability assay for drug discovery, J. Biomol. Screen. 11 (2006) 40-47.
[7] C.E. Kibbey, S.K. Poole, B. Robinson, J.D. Jackson, D. Durham, An integrated process for measuring the physicochemical properties of drug candidates in a preclinical discovery environment, J. Pharm. Sci. 90 (2001) 1164-1175.
[8] G.W. Caldwell, Compound optimization in early- and late-phase drug discovery: acceptable pharmacokinetic properties utilizing combined physicochemical, in vitro and in vivo screens, Curr. Opin. Drug Discov. Devel. 3 (2000) 30-41.
[9] A.B. Nielsen, A. Buur, C. Larsen, Bioreversible quaternary N-acyloxymethyl derivatives of the tertiary amines bupivacaine and lidocaine—synthesis, aqueous solubility and stability in buffer, human plasma and simulated intestinal fluid, Eur. J. Pharm. Sci. 24 (2005) 433-440.
[10] L. Hitchingham, V.H. Thomas, Development of a semi-automated chemical stability system to analyze solution based formulations in support of discovery candidate selection, J. Pharm. Biomed. Anal. 43 (2007) 522-526.
[11] The United States Pharmacopeia, USP, Rockville, MD, USA, Vol. 28, 2005, Test Solution, Page 2858.
[12] M.S. Lee, E.H. Kerns, LC/MS applications in drug development, Mass Spectrom. Rev. 18 (1999) 187-279.
[13] S. Singh, T. Handa, M. Narayanam, A. Sahu, M. Junwal, R.P. Shah, A critical review on the use of modern sophisticated hyphenated tools in the characterization of impurities and degradation products, J. Pharm. Biomed. Anal. 69 (2012) 148-173.
[14] K.J. Volk, S.E. Hill, E.H. Kerns, M.S. Lee, Profiling degradants of paclitaxel using liquid chromatography-mass spectrometry and liquid chromatography-tandem mass spectrometry substructural techniques, J. Chromatogr. B Biomed. Sci. Appl. 696 (1997) 99-115.
[15] S. Singh, M. Junwal, G. Modhe, H. Tiwari, M. Kurmi, N. Parashar, P. Sidduri, Forced degradation studies to assess the stability of drugs and products, Trends Anal. Chem. 49 (2013) 71-88.
[16] U.S. Department of Health and Human Services, Food and Drug Administration, Center for Drug Evaluation and Research (CDER), Center for Biologics Evaluation and Research (CBER), ICH, November 1996, www.fda.gov/cder/guidance/1318.htm, Guidance for Industry, Q1B Photostability Testing of New Drug Substances and Products.
[17] Department of Health and Human Services, Food and Drug Administration, Center for Drug Evaluation and Research (CDER), Center for Biologics Evaluation and Research (CBER), ICH, August 2001, Revision 1, www.fda.gov/cder/guidance/4282fnl.htm, Guidance for Industry, Q1A Stability Testing of New Drug Substances and Products.
[18] http://pharmlabs.unc.edu/labs/kinetics/arrh.htm.
[19] G. Anderson, M. Scott, Determination of product shelf life and activation energy for five drugs of abuse, Clin. Chem. 37 (1991) 398-402.
[20] B. Prekodravac, M. Damm, C.O. Kappe, Microwave-assisted forced degradation using high-throughput microtiter platforms, J. Pharm. Biomed. Anal. 56 (2011) 867-873.
[21] K.P. Shah, J. Zhou, R. Lee, R.L. Schowen, R. Elsbernd, J.M. Ault, J.F. Stobaugh, M. Slavik, C.M. Riley, Automated analytical systems for drug development studies. I.-A system for the determination of drug stability, J. Pharm. Biomed. Anal. 12 (1994) 993-1001.

第 32 章

CYP 抑制方法

32.1 引言

细胞色素 P450（cytochrome P450，CYP）的可逆和不可逆抑制是药物相互作用（drug-drug interaction，DDI）的两个主要原因。此外，DDI 的机制还包括 CYP 诱导和转运蛋白抑制。大多数制药公司都在药物发现过程中进行 CYP 抑制作用测试。PhARMA 公司的专家和研究小组发表了有关体外可逆[1]和不可逆［时间依赖性抑制（time dependent inhibition，TDI）][2] DDI 测试的共识性论文。CYP 抑制数据能提前预警可能引起毒性的潜在的 DDI，可用于选择先导化合物，并建立结构-CYP 抑制关系，指导先导化合物的结构优化以减少 CYP 抑制[3~10]。

CYP 抑制测试方法已用于后期药物发现、监管文件的使用，以及基于人体生理的药代动力学（human physiologically based pharmacokinetic，PBPK）模型开发。PBPK 模型可用于预测和规划临床 DDI 研究[11~13]。如果候选药物在体外测试中的 CYP 抑制作用非常低，那么 FDA 可认为该候选药物不具备体内 CYP 抑制的可能，因此不需要申请中提供临床 DDI 研究的数据。目前，已经开发了通过体外人体数据预测体内 DDI 的方法[14~16]。

32.2 计算机模拟 CYP 抑制的方法

软件公司可提供预测 CYP 抑制的程序工具，表 32.1 列举了部分用于 CYP 抑制预测的商业软件。

表 32.1 可用于 CYP 抑制预测的商业软件

软件名称	公司	网站
预测 CYP 抑制的软件		
ADMET predictor	Simulations plus	www.simulations-plus.com
Metasite	Molecular discovery	www.moldiscovery.com
Persepta	Advanced chemistry development	www.acdlabs.com
基于人体 PBPK 模型预测 CYP 抑制作用的软件		
SIMCYP	Certara	www.simcyp.com

几个研究小组对计算机预测 CYP 抑制进行了研究[17~25]。预测的最大用途主要是从化合物库中筛选具有潜在 DDI 问题的化合物[26]。CYP 同工酶结构的计算对接可能会增强计算机的预测能力[27,28]。更为先进的基于人体的 PBPK 建模软件（如 SIMCYP）有助于评估 DDI 对人体的影响，包括对特殊人群（如儿童）和疾病状态（肾脏和肝功能不全）的影响。

32.3 体外可逆 CYP 抑制研究方法

已经开发出了多种 CYP 抑制实验方法[3]。不同方法的差异主要通过四个方法要素来区分：① CYP 酶材料；②探针底物化合物；③测试技术；④检测方案。

32.3.1 用于 CYP 抑制测试的 CYP 酶材料

CYP 酶一般是人重组 CYP 同工酶（human recombinant CYP isozyme，hrCYP）或人肝脏微粒体（human liver microsome，HLM）。hrCYP 来自单独克隆的人源 CYP 同工酶基因，通过杆状病毒将这些基因转染到昆虫细胞中并进行批量生产。CYP 同工酶可从供应商处单独购买（表 32.2），也可以购买包含 CYP 同工酶、底物、缓冲液和烟酰胺腺嘌呤二核苷酸磷酸（nicotinamide adenine dinucleotide phosphate，NADPH）的试剂盒。

表 32.2　一些用于 CYP 抑制研究的材料和设备的供应商

公司	产品	网站	检测
Corning® Gentest™	P450 inhibition kits	www.corning.com/lifesciences	荧光
	Superzomes™		
	Human liver microsomes		
Invitrogen	Vivid® screening kits	www.lifetechnolgies.com	荧光
	Baculosomes®		
Promega	P450-Glo™ screening systems	www.promega.com	
In Vitro technolgies	Human liver microsomes	www.bioreclamationivt.com	发光
XenoTech	Human liver microsomes	www.xenotechllc.com	
BMG Labtech	Fluorescence plate readers	www.bmglabtech.com	
In Vitro ADMET Laboratories	Human liver microsomes	www.invitroadmet.com	荧光

从未用于移植的人体肝脏中制备的 HLM 也可以通过商业途径获得。HLM 是由多个个体（如 50 人）汇集而成的，因此代表了广泛的人群分布。除非用于特殊研究，否则仅使用一个或少数个体的 HLM 并不常见，这是由于个体之间的基因、疾病和年龄差异均可导致 CYP 的表达水平存在较大差异。为了安全起见，需要对实验肝脏进行了各类疾病检测，并做好个人防护措施。HLM 的一个优点是包含所有正常浓度的天然人源 CYP 同工酶，可实现对一系列特定底物和 LC/MS/MS 测量的高效方案。

文献报道了采用荧光探针的 hrCYP（较低的 IC_{50}）和使用药物探针的 HLM 所获得的 IC_{50} 值之间的差异。这可以归因于 HLM 的影响，包括蛋白结合[29]、底物转换[30] 和化合物的代谢测试[30] 等，具体讨论见 32.3.4.3 节。

32.3.2 用于 CYP 抑制测试的探针底物化合物

用于 CYP 抑制测定的探针底物主要分为三种类型：荧光底物、发光底物和药物底物。此外，放射性底物也已经得到应用，但是价格昂贵且会产生放射性废物。

荧光底物的实例如表 32.3 和图 32.1 所示。当具有低天然荧光的荧光底物被 CYP 同工酶代谢后，会产生荧光代谢产物，其信号强度与浓度直接相关，可用于测试酶的活性。如果受试化合物对酶产生抑制，则产生的荧光代谢产物较少。某些荧光底物可以被一种以上的 CYP 同工酶代谢，因此，测试时应在每孔中仅与一种 hrCYP 同工酶一起孵育。

表 32.3 荧光底物的实例

CYP	缩写	底物 / 代谢物
3A4	BFC	7-苄氧基-4-三氟甲基香豆素
		7-羟基-4-三氟甲基香豆素
2D6	AMMC	3-[2-(*N,N*-二乙基-*N*-甲基氨基)乙基]-7-甲氧基-4-甲基香豆素
		3-[2-(*N,N*-二乙基-*N*-甲基氨)乙基]-7-羟基-4-甲基香豆素
2C9	MFC	7-甲氧基-4-三氟甲基香豆素
		7-羟基-4-三氟甲基香豆素
1A2	CEC	7-乙氧基-3-氰基香豆素
		7-羟基-3-氰基香豆素

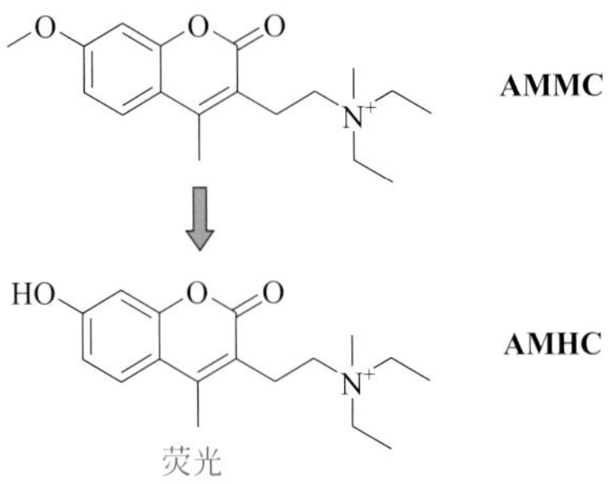

图 32.1 用于 CYP2D6 抑制分析的荧光底物 AMMC 及其代谢产物 AMHC 的结构 [31]

发光底物（图 32.2）一般是荧光素（luciferin）的衍生物。代谢产物与特有的荧光素检测试剂反应并发光。若与测试化合物共同孵育时的发光量减少，则说明酶受到了抑制 [32, 33]。发光底物也可能会受到影响荧光素酶活性的受试化合物的干扰。

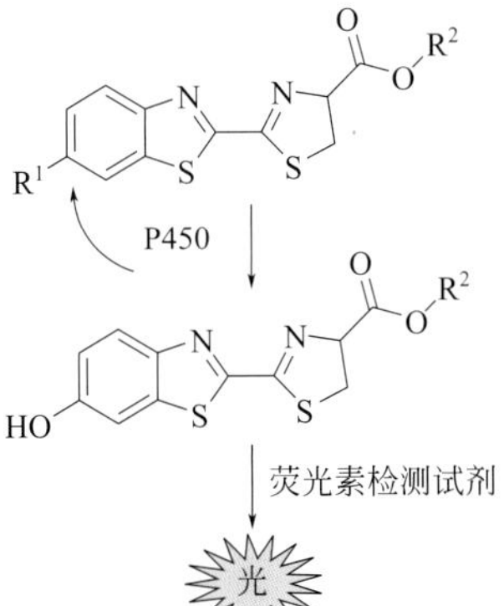

图 32.2 用于发光抑制 CYP 测定的发光底物及其代谢产物的结构
不同的 R^1 和 R^2 基团可用于不同的 CYP 同工酶

最常见的探针底物是被特定 CYP 同工酶代谢的药物。随着药物底物的代谢，其特定代谢产物的浓度增加，可通过 LC/MS/MS 进行测定。如果受试化合物抑制该酶，则会产生较少的药物底物代谢产物。

32.3.3　CYP 抑制的检测技术

CYP 抑制的测试技术主要包括荧光、LC/MS/MS、发光和放射性检测技术。

荧光测定使用 96 孔或 384 孔的酶标仪。与 LC/MS/MS 相比，酶标仪更快，每孔的成本更低。在先导化合物选择和优化阶段中对大量化合物进行测试时，通常采用荧光探针底物进行荧光检测。荧光检测会受自然荧光或测试化合物淬灭的影响。

LC/MS/MS 检测的通量是中等的，而且需要更昂贵的仪器。LC/MS/MS 的优势在于，一次注射，即可在一个孔中使用混合药物底物测定多个 CYP 同工酶的抑制作用，其高选择性能够同时区分同一孔中各探针底物的不同代谢产物。这种并行处理增加了测定通量。LC/MS/MS 已成为最常用的检测技术。

发光检测[32-34]具有灵敏度高、无荧光干扰和假阳性率低的优点。

而放射性检测，必须使用 HPLC 将放射性代谢物从放射性底物中分离出来，并使用辐射探测器进行定量，或采用亲近闪烁检测法（scintillation proximity assay，SPA）进行分析[35]。

32.3.4　可逆性 CYP 抑制的检测方法

CYP 酶、探针底物和测定技术的结合使用，可得到四种主要的可逆 CYP 抑制检测方法：
① 荧光方法。每个孔加入单个 hrCYP 同工酶和单个荧光底物，以荧光酶标仪进行检测。
② 单底物 HLM 方法。每孔中加入 HLM 和单个药物底物，以 LC/MS/MS 进行检测。
③ 混合底物 HLM 方法。将 HLM 和每孔中特定的药物底物相混合，以 LC/MS/MS 进行检测。
④ 双混合方法。每孔中加入 hrCYP 同工酶混合物和药物底物混合物，以 LC/MS/MS 进行检测。

表 32.4 对以上实验方法进行了概述。许多企业在药物发现和开发的不同阶段会选择不同的实验方案。因此，最重要的是，药物化学家应确保所比较的数据来自同一方案，以保持检测条件的一致。根据检测条件和所用材料，部分研究表明不同方案之间具有良好的相关性，而有些研究则表明相关性较弱[34-40]。两种方法之间的数据差异主要是由 CYP 酶浓度的差异所引起的，这会影响底物翻转率和测试化合物的代谢[30]，如下所述。

表 32.4　可逆性 CYP 抑制的实验方案

方案	CYP 原料	每个孔的底物	测定技术
荧光	单 rh CYP	单荧光底物	荧光
单底物 HLM	HLM	CYP 特定药物	LC/MS/MS
混合底物 HLM	HLM	CYP 特定药物混合物	LC/MS/MS
双混合底物	rh CYP 混合物	CYP 特定药物混合物	LC/MS/MS

体外可逆性 CYP 抑制实验的流程图如图 32.3 所示。首先，将 CYP 酶添加至 96 孔或 384 孔板中的缓冲液和探针底物内。随后将少量溶于 DMSO 的受试化合物和 NADPH 辅因子加入孔中，并将板在 37℃下孵育特定的时间（如 20 min）。最后，加入乙腈淬灭反应，并检测底物代谢产物的浓度。该方法会在受试化合物存在和不存在的两种情况下，检测 CYP 酶的活性。与不含受试化合物的对照孔相比，探针底物代谢产物活性的降低可对受试化合物的 CYP 抑制作用进行度量。如果使用单一浓度的测试化合物（如 3 μmol/L），则可计算出化合物在该浓度下的抑制率百分比[41]。在多个浓度下测试化合物可计算出相应的 IC_{50} 值。当竞争性抑制底物浓度设置为 K_m 时，K_i 值通常为 IC_{50} 值的一半。

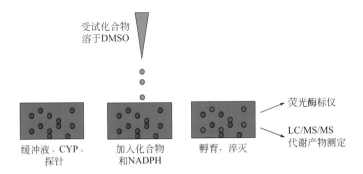

图 32.3 体外可逆性 CYP 抑制实验的流程

32.3.4.1 可逆 CYP 抑制的荧光方法

荧光方法中每孔使用单个 hrCYP 和单个荧光探针底物进行荧光测量。此方法可用于更高通量的 CYP 抑制筛选 [31, 37, 39, 40, 42–48]。实验具体方案如图 32.4 所示。荧光探针底物以可预测的速率形成荧光代谢产物,而具有酶抑制活性的受试化合物可减少荧光代谢产物的水平。该测定中每孔使用单个 hrCYP,孵育后,将反应淬灭,并通过荧光酶标仪进行检测。

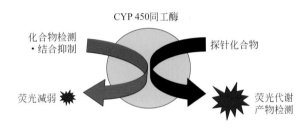

图 32.4 体外荧光可逆 CYP 抑制检测方法中每个孔使用单个 hrCYP 和单个荧光底物

hrCYP 可通过对人体 CYP 的克隆和表达获得。这些 hrCYP 可在特定浓度下与辅因子、底物和抑制剂一起制备,以便在初始速率条件下产生可靠的酶抑制数据。此外,产生荧光代谢产物的底物的设计和开发使快速的酶标仪检测成为可能,从而实现了高通量筛选。

如果受试化合物在测定波长下也可产生荧光,则荧光数据可能显示错误的负抑制活性。类似地,如果受试化合物或代谢产物可淬灭荧光,则可能导致假阳性抑制。存在以上问题的测试化合物可以通过非荧光方案重新测定。

32.3.4.2 基于单一药物探针底物的 HLM 检测方法

该实验方法中使用 HLM、特异性药物探针底物和 LC/MS/MS 检测方法 [16]。该方案的示意图如图 32.5 所示。该方法与 32.3.4.3 节中所述的方法相似,但每孔仅测试一个 CYP 酶。测试中,每个孔仅使用单一特异性药物探针底物[如咪达唑仑(midazolam)],单一的 CYP 同工酶会催化产生单一的特异性代谢产物(例如 1- 羟基咪达唑仑),该代谢物可通过 LC/MS/MS 检测。孵育条件的优化设置是为了提供最佳的酶促条件,从而产生确定的数据。这些数据可用于提供监管文件所需的数据,也可用于规划临床研究的人体 DDI 建模。药物发现后期所确定最终 K_i 值,可用于评估在抑制剂存在下,以及有效人体剂量下相对于 c_{max} 的安全界限。

32.3.4.3 基于鸡尾酒药物探针底物的 HLM 方法

该方法使用 HLM,每孔包含特定药物探针底物的混合物,并通过 LC/MS/MS 进行检测。该方法的示意图如图 32.5 所示。混合物中的每个底物代谢反应均由单个 CYP 特异性代谢，并使用特定的 LC/MS/MS 条件（即保留时间、母离子、产物离子，见表 32.6）进行检测，因此产生的干扰很小。当与测试化合物共同孵育时，产生较低浓度的药物探针底物代谢产物信号，可用于对 CYP 抑制的量度。该方法独立测量受试化合物对每种 CYP 的抑制作用。因此，该方案设计是有效且特异性的[49~54]。

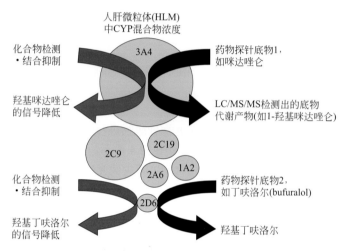

图 32.5　测试体外 CYP 抑制的单一药物探针底物的 HLM 方法
对于"单一底物 HLM 方法"，仅使用一种药物底物。对于"混合底物 HLM 方法"，则使用药物底物的混合物

使用此方法时，需要注意和控制三个方面的问题。第一，每种 CYP 同工酶的天然丰度在 HLM 中差异很大（表 15.2）。例如，CYP3A4 占全部 CYP 的 28%，而 CYP2D6 仅占 2%。如果对每种药物底物使用相同的初始浓度运行测试，则高含量 CYP 酶（如 3A4、2C9）的浓度可能太高，而低含量 CYP 酶（如 2D6、1A2）的浓度可能太低。如表 32.5 所示[30]。3A4 和 2C9 的高底物消耗也可能超过酶动力学的理想初始速率条件。第二，许多受试化合物可被 HLM 高度代谢。如表 32.5 所示，孵育 20 min 后，一些受试化合物的剩余百分比为 0～50%。因此，抑制剂的实际浓度可以在孵育期间发生较大变化。第三，可与 HLM 结合的非特异性蛋白质可能将受试化合物从酶中隔离出来。应通过未被结合的 HLM 对游离的受试化合物浓度进行校正，可采用额外的平衡透析分析法（见第 33 章）。

表 32.5　基于 CYP3A4 的鸡尾酒底物 HLM 方法中的高底物消耗和抑制剂代谢实例[30]

实验	鸡尾酒底物 HLM 实验	鸡尾酒底物 HLM 实验	荧光实验	双鸡尾酒实验	人肝微粒体稳定性
总蛋白质浓度	0.5 mg/mL	0.1 mg/mL	NA	NA	0.5 mg/mL
3A4 浓度	42 pmol/mL	8.4 pmol/mL	5.0 pmol/mL	0.78 pmol/mL	42 pmol/mL
底物	咪达唑仑（midazolam）	咪达唑仑	BFC	咪达唑仑	NA
测试化合物	IC_{50}/(μmol/L)	IC_{50}/(μmol/L)	IC_{50}/(μmol/L)	IC_{50}/(μmol/L)	20 min 时受试化合物的剩余百分量 /%
克霉唑（clotrimazole）	0.46	0.041	< 0.01	0.005	25
炔雌醇	> 90	> 100	1.2	7.6	0
咪康唑（miconazole）	5.4	0.49	0.21	0.23	43
尼卡地平（nicardipine）	> 20	2.1	0.24	0.39	3
氟康唑（fluconazole）	> 100	19	24	13	97

续表

实验	鸡尾酒底物 HLM 实验	鸡尾酒底物 HLM 实验	荧光实验	双鸡尾酒实验	人肝微粒体稳定性
测试化合物	$IC_{50}/(\mu mol/L)$	$IC_{50}/(\mu mol/L)$	$IC_{50}/(\mu mol/L)$	$IC_{50}/(\mu mol/L)$	20 min 时受试化合物的剩余百分量 /%
特非那定（terfenadine）	>20	18	1.2	1.9	58
维拉帕米（verapamil）	>40	26	3.9	5.9	21
红霉素（erythromycin）	>50	28	15	23	65
硝苯地平（nifedipine）	>100	24	11	12	10
氯米帕明（clomipramine）	>100	28	6.9	14	87
酮康唑（ketoconazole）	0.6	0.14	0.05	0.05	89
底物转化百分比	35%	16%	NA	1%	NA

注：NA—未检测。

经 L Di, E H Kerns, S Q Li, et al. Comparison of cytochrome P450 inhibition assays for drug discovery using human liver microsomes with LCMS, rhCYP450 isozymes with fluorescence, and double cocktail with LC-MS. Int J Pharm. 2007, 335: 1-11. 许可转载，版权归 2006 Elsevier B.V. 所有。

如不能仔细控制测试方法，上述三个因素可能得到较高的 IC_{50} 值，导致受试化合物的 CYP 抑制风险被低估[30]。如表 32.5 所示，如果降低总 HLM 蛋白质浓度，基于鸡尾酒药物探针底物的 HLM 方法所测得 IC_{50} 值更接近于荧光方案的 IC_{50} 值。在较低的 HLM 浓度下，底物代谢产物的浓度也会大幅降低，因此必须使用灵敏度更高的 LC/MS/MS 系统。

32.3.4.4 双鸡尾酒 CYP 抑制检测法

双鸡尾酒法[30,40]使用 hrCYP 同工酶混合物和药物探针底物混合物，并通过 LC/MS/MS 进行检测。该方案具有高通量、高特异性和高灵敏度的特点，并克服了其他方法的不足。之所以称之为双鸡尾酒法[30]，是因为试验中采用的是 hrCYP 同工酶的混合物（第一混合物）和特定药物探针底物的混合物（第二混合物）。该方案成本较低，因为只使用少量的 hrCYP 同工酶。药物探针底物代谢产物可通过 LC/MS/MS 进行定量（表 32.6）。

表 32.6 用于 CYP 抑制测定的药物底物实例和用于定量底物代谢产物的 LC/MS/MS 条件

药物底物	药物代谢物	CYP 同工酶	前体离子（m/z）	产物离子（m/z）
咪达唑仑	1'-羟基咪达唑仑	3A4	342	203
丁呋洛尔	1'-羟基丁呋洛尔	2D6	278	186
双氯芬酸（diclofenac）	4'-羟基双氯芬酸	2C9	312	231
他克林（tacrine）	1'-羟基他克林	1A2	199	215
s-甲苯妥英（s-mephenytoin）	4'-羟基甲苯妥英	2C19	235	150
紫杉醇（paclitaxel）	6α-羟基紫杉醇	2C8	870	286

该方案具有上述多探针底物代谢物平行孵育和平行 LC/MS/MS 分析的效率优势。此外，可以对 hrCYP 同工酶和探针底物的浓度进行优化以获得最佳酶动力学。因此，应控制反应条件以使测定方法保持在初始线性速率条件下，确保低底物消耗、低测试化合物代谢和低蛋白结合。此外，LC/MS/MS 分析具有较高的特异性。

32.4 体外不可逆 CYP 抑制检测方法

除可逆 CYP 抑制外，时间依赖性不可逆 CYP 抑制已成为 DDI 的关注问题。PhARMA 工作组[2]和FDA的相关文件[55]为整个领域提供了一致性的指导。与其他ADMET性质一样，对不可逆CYP抑制筛选已经制定了一套通用策略，即在早期药物发现中使用更高通量的化合物检测方法，然后在先导物优化过程中和临床开发之前对所选化合物进行更深入的研究。

时间依赖性抑制（time-dependent inhibition，TDI）测定的一般方案如图32.6所示。将测试化合物与CYP酶和NADPH进行预孵育，通过对受试化合物的生物活化使酶不可逆的失活。该反应的对照组包括：①不含NADPH的预孵育；②不含受试化合物的预孵育；③不进行预孵育。如果受试化合物和酶发生不可逆的反应，则酶会失活，进而活性酶的浓度降低。预孵育后，可将溶液稀释，以免加入高浓度的受试化合物后发生可逆抑制，这也可以区分不可逆抑制和可逆抑制。一些测试使用较低的微粒体浓度进行预孵育并且不经稀释，以减少预孵育期间的非特异性微粒体结合，从而降低可用于反应的游离药物浓度。在检测的下一阶段，如前文所述的可逆CYP抑制检测一样，加入药物探针底物，并测试CYP酶的活性。与未加受试化合物的对照相比，较低的CYP酶活性表明该测试化合物对CYP具有TDI活性。下文所述的方案具有不同程度的复杂性（图32.6），可以分为：①单点；②IC_{50}位移；③K_I和k_{inact}测量。不同的方案提供了不同级别的通量和相关信息。

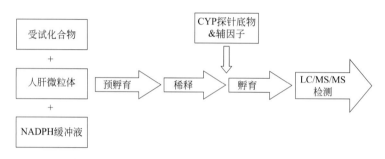

图32.6　TDI测定的一般方案

32.4.1　简化的TDI不可逆CYP抑制方法

对于TDI筛选，可使用具有单个预孵育受试化合物浓度（例如25 μmol/L）和时间（例如30 min）的简化测试。对照组不添加NADPH或未进行预孵育，获得的数据为活性减弱的百分比。

图32.7中列举了一个具体测试实例[56]。将受试化合物加入含有HLM和NADPH（"灭活剂t_0"和"灭活剂t_{30}"）的两个微板孔中。另设两个溶剂对照（如DMSO/ACN）板孔，且仅有HLM和NADPH，没有测试化合物（"对照t_0"和"对照t_{30}"）。将包含"t_{30}"孔的微孔板在37 ℃下预孵育30 min，使不可逆结合反应进行完全。然后稀释所有板孔，加入药物探针底物，并测试每个板孔中的CYP活性。计算结果如下：

$$\text{活性减弱百分比}(\%) = 100 \times [(A_{\text{灭活剂}}/A_{\text{对照}})t_{0,\text{NADPH}} - (A_{\text{灭活剂}}/A_{\text{对照}})t_{30,\text{NADPH}}]$$

$(A_{\text{对照}})t_{0,\text{NADPH}}$和$(A_{\text{灭活剂}})t_{0,\text{NADPH}}$之间的差异是由于不可逆抑制所造成的；而$(A_{\text{对照}})t_{30,\text{NADPH}}$和$(A_{\text{灭活剂}})t_{30,\text{NADPH}}$之间的差异则是由于TDI抑制、可逆抑制，以及预孵育引起的微粒体酶活性丧失所致。

可以开展更多的工作进一步确定k_{obs}。可在单个受试化合物浓度下设置多个预孵育时间点，以提高k_{obs}的统计置信度（图32.8）[57]。在该方法中，将受试化合物以单一浓度（例如10 μmol/L）在5个时间点与HLM和NADPH一同预孵育。然后将其稀释20倍，并使用单一药物探针底物或混合物测定其对CYP3A4、2C9和2D6的活性。活性百分比相对于孵育前时间曲线图的负斜率即

为 k_{obs}。根据 k_{obs} 值确定受试化合物的优先级顺序,并制定后续研究的决策。此外,也有使用简化条件和 hrCYP 酶 TDI 筛选方法相关报道[58]。

基于 400 个上市药物和 4000 个药物发现过程中先导化合物优化产物进行单一浓度(10 μmol/L)、四个时间点的 TDI 筛选发现,仅有 4% 的上市药物具有较高的 k_{obs} 值,但 20% 的药物发现阶段中的化合物具有较高的 k_{obs} 值,这证明了在早期药物发现阶段筛选 TDI 的价值[55]。

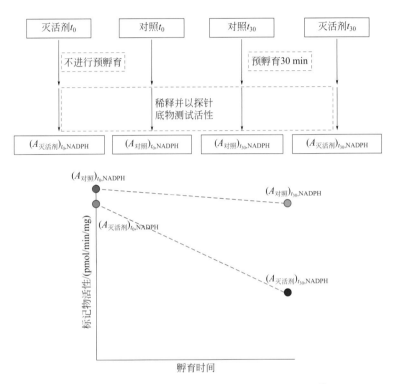

图 32.7　单点活性降低百分比的简化 TDI 筛选的示例[2]

经 S W Grimm, H J Einolf, S D Hall, et al. The conduct of *in vitro* studies to address time-dependent inhibition of drug-metabolizing enzymes: a perspective of the pharmaceutical research and manufacturers of America. Drug Metab Dispos. 2009, 37: 1355-1370 许可转载,版权归 2009 American Society of Pharmacolgyand Experimental Therapeutics 所有

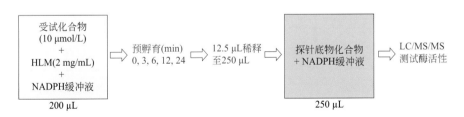

图 32.8　简化的多时间点 TDI 筛选测试[57]

32.4.2　IC_{50} 位移的 TDI CYP 抑制方案

为了更好地理解化合物的 TDI,可选择一定范围内的受试化合物浓度进行测定。对照组在预孵育中可不添加 NADPH,也可不进行预孵育。获得的数据是在预孵育的受试化合物和对照条件下的 IC_{50} 值。图 32.9 列举了一个假设性的例子[56]。IC_{50} 值的比率显示了 TDI 抑制的倍数。可将 IC_{50} 位移 ≥ 1.5 作为 TDI 的一个关键指标[2]。

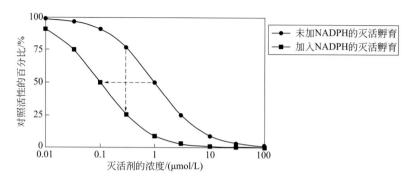

图 32.9 TDI IC$_{50}$ 位移分析的示例[2], IC$_{50}$ 偏移了约 10 倍的位移[56]

经 R S Obach, R L Walsky, K Venkatakrishnan. Mechanism-based inactivation of human cytochrome P450 enzymes and the prediction of drug-drug interactions. Drug Metab Dispos. 2007, 35: 246-255 许可转载, 版权归 2007 American Society of Pharmacolgy and Experimental Therapeutics 所有

32.4.3　TDI CYP 抑制的深入研究方法

要正确预测 TDI 对人体临床试验的影响，需要测定 k_{inact}、最大失活率以及 K_I 值，即 $1/2 k_{inact}$ 时的抑制剂浓度 [I]。实验示例如图 32.10 所示。实验中，设置多个测试化合物浓度和多个预孵育时间点，并测定各个 TDI 抑制剂浓度在多个预孵育时间点的剩余活性。确定活性-预孵育时间回归线的负斜率（速率），并与抑制剂浓度作图。非线性回归分析用于确定达到饱和速率（k_{inact}）和 $1/2\ k_{inact}$（K_I）时的抑制剂浓度。

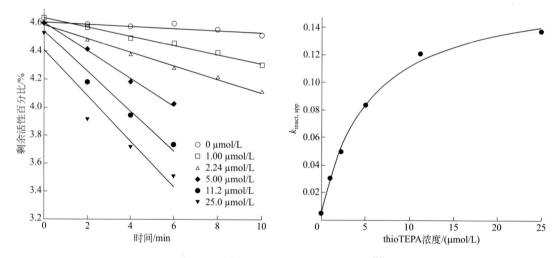

图 32.10　确定 K_I 和 k_{inact} 的 TDI 实验示例[56]

左图中直线的斜率对 TDI 抑制剂（thioTEPA）的浓度作图，以非线性回归获得 K_I=5.3 μmol/L, k_{inact}=0.17 m^{-1}

经 R S Obach, R L Walsky, K Venkatakrishnan. Mechanism-based inactivation of human cytochrome P450 enzymes and the prediction of drug-drug interactions. Drug Metab Dispos. 2007, 35: 246-255 许可转载, 版权归 2007 American Society of Pharmacology and Experimental Therapeutics 所有

大多数实验室使用 HLM 混合物进行 TDI 分析[2]，以代表平均人体 CYP 谱。也有实验室使用 hrCYP，少数实验室使用冷冻保存[59] 或培养的人肝细胞[60, 61]，使得 CYP 抑制的测试与渗透性、转运蛋白和非 CYP 效应相结合。TDI 方法通常使用特异性药物探针底物和 LC/MS/MS 检测，但并不使用荧光测定法。

这些测试数据将与有效剂量下人体预测 $c_{u,max}$ 一起用于计算[56] 存在 TDI 抑制与无 TDI 抑制的药物暴露量 AUC_i/AUC。可用一个数学公式计算 AUC_i/AUC 的预测值，即 CYP TDI 抑制下的 AUC 除以未抑制时的 AUC[2, 56]。

据报道，通过一个两步统计分析策略可准确评价 TDI 数据。通过使用双边双样本 z 检验来比较存在和不存在受试化合物条件下的 k_{obs}，以确定受试化合物是否会发生 TDI。并通过将 k_{obs} 与 [I] 和 ln[I] 进行作图来确定是否存在统计学上显著的相关性[62]，从而确定 K_I 和 k_{inact} 是否可以用于可靠的估计。

已有用于区分三种不同类型的代谢依赖性抑制作用（可逆、准不可逆和不可逆）的实验报道[63]。使用两步操作方案区分可逆和不可逆，在通过铁氰化钾氧化 CYP 区分准不可逆和不可逆。

许多 CRO 实验室可进行相关 CYP 抑制检测服务，部分清单总结于表 32.7。

表 32.7 部分提供 CYP 抑制测试服务的 CRO 实验室的列表

公司	网址	公司	网址
Admescope	www.admescope.com	Cyprotex	www.cyprotex.com
Agilent technolgies-RapidFire	www.chem.agilent.com	In Vitro ADMET laboratories	www.invitroadmet.com
Agilux	www.agiluxlabs.com	Pharmaron	www.pharmaron.com
Charles river	www.criver.com	Xenobiotic labs	www.xbl.com
Corning in vitro ADME services	www.corning.com/lifesciences		

32.5 CYP 抑制方法的应用

CYP 抑制评估在药物发现中的应用示例如图 32.11 所示。

可以通过更高通量的单点或简化测试方法对苗头化合物和合成的结构类似物进行可逆和 TDI 抑制筛选。

对于抑制作用大于既定筛选设定阈值、可逆测定抑制作用为阴性，或感兴趣的化合物，可使用可逆抑制作用的 IC_{50} 测定法或 IC_{50} 位移测定法重新测定。

对候选化合物进行可逆抑制 K_i 测定，以计算 c_{max}/K_i。同时测定不可逆抑制 K_I 和 k_{inact}，以计算 AUC_i/AUC，建立人体 PBPK 模型。

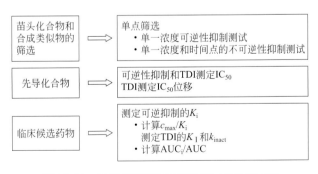

图 32.11 CYP 抑制评估在药物发现中的应用示例

（江 波　徐进宜）

思考题

（1）可逆性 CYP 抑制试验常用到哪两种 CYP 材料？
（2）如果控制不当，在可逆性的 CYP 抑制实验中使用微粒体会对数据产生哪些影响？
（3）CYP 抑制试验使用了哪四种探针底物？哪种最常见？
（4）可逆的 CYP 抑制实验可测试以下哪项？
　　（a）底物代谢产物水平的增加；（b）底物代谢产物水平的减少；（c）抑制剂代谢产物水平的增加。
（5）荧光测定法的缺点是什么？
（6）混合底物 HLM CYP 抑制实验的优势是什么？
（7）在混合底物 HLM CYP 抑制实验中必须小心控制哪些条件？
（8）双混合实验如何改进混合底物 HLM CYP 抑制实验的缺点？
（9）可逆 CYP 抑制测试和不可逆 CYP 抑制（TDI）之间的两个主要区别是什么？
（10）哪两个参数是通过 TDI 测试确定的？

参考文献

[1] T.D. Bjornsson, J.T. Callaghan, H.J. Einolf, V. Fischer, L. Gan, S. Grimm, J. Kao, S.P. King, G. Miwa, L. Ni, G. Kumar, J. McLeod, R.S. Obach, S. Roberts, A. Roe, A. Shah, F. Snikeris, J.T. Sullivan, D. Tweedie, J.M. Vega, J. Walsh, S.A. Wrighton, The conduct of in vitro and in vivo drug-drug interaction studies: a pharmaceutical and manufacturers of America (PhRMA) perspective, Drug Metab. Dispos. 31 (2003) 815-832.

[2] S.W. Grimm, H.J. Einolf, S.D. Hall, K. He, H.-K. Lim, K.-H.J. Ling, C. Lu, A.A. Nomeir, E. Seibert, K.W. Skordos, G.R. Tonn, R. Van Horn, R.W. Wang, Y.N. Wong, T.J. Yang, R.S. Obach, The conduct of in vitro studies to address time-dependent inhibition of drug-metabolizing enzymes: a perspective of the pharmaceutical research and manufacturers of America, Drug Metab. Dispos. 37 (2009) 1355-1370.

[3] A.D. Rodrigues, J.H. Lin, Screening of drug candidates for their drug-drug interaction potential, Curr. Opin. Chem. Biol. 5 (2001) 396-401.

[4] R.J. Riley, K. Grime, Metabolic screening in vitro: metabolic stability, CYP inhibition and induction, Drug Discov. Today Technol. 1 (2004) 365-372.

[5] K.M. Jenkins, R. Angeles, M.T. Quintos, R. Xu, D.B. Kassel, R.A. Rourick, Automated high throughput ADME assays for metabolic stability and cytochrome P450 inhibition profiling of combinatorial libraries, J. Pharm. Biomed. Anal. 34 (2004) 989-1004.

[6] K.C. Saunders, Automation and robotics in ADME screening, Drug Discov. Today Technol. 1 (2004) 373-380.

[7] D.B. Kassel, Applications of high-throughput ADME in drug discovery, Curr. Opin. Chem. Biol. 8 (2004) 339-345.

[8] E.H. Kerns, L. Di, Pharmaceutical profiling in drug discovery, Drug Discov. Today 8 (2003) 316-323.

[9] A.P. Li, Screening for human ADME/Tox drug properties in drug discovery, Drug Discov. Today 6 (2001) 357-366.

[10] L. Di, E.H. Kerns, Profiling drug-like properties in discovery research, Curr. Opin. Chem. Biol. 7 (2003) 402-408.

[11] R.S. Obach, R.L. Walsky, K. Venkatakrishnan, J.B. Houston, L.M. Tremaine, In vitro cytochrome P450 inhibition data and the prediction of drugdrug interactions: qualitative relationships, quantitative predictions, and the rank-order approach, Clin. Pharmacol. Ther. 78 (2005) 582.

[12] R.S. Obach, R.L. Walsky, K. Venkatakrishnan, E.A. Gaman, J.B. Houston, L.M. Tremaine, The utility of in vitro cytochrome P450 inhibition data in the prediction of drug-drug interactions, J. Pharmacol. Exp. Ther. 316 (2006) 336-348.

[13] S. Huang, L. Lesko, R. Williams, Assessment of the quality and quantity of drug-drug interaction studies in recent NDA submissions: study design and data analysis issues, J. Clin. Pharmacol. 39 (1999) 1006-1014.

[14] M. Shou, Prediction of pharmacokinetics and drug-drug interactions from in vitro metabolism data, Current Opin. Drug Discov. Devel. 8 (2005) 66-77.

[15] T.B. Andersson, E. Bredberg, H. Ericsson, H. Sjoberg, An evaluation of the in vitro metabolism data for predicting the clearance and drug-dru interaction potential of CYP2C9 substartes, Drug Metab. Dispos. 32 (2004) 715-721.

[16] R.L. Walsky, R.S. Obach, Validated assays for human cytochrome P450 activities, Drug Metab. Dispos. 32 (2004) 647-660.

[17] S. Ekins, G. Bravi, S. Binkley, J.S. Gillespie, B.J. Ring, J.H. Wikel, S.A. Wrighton, Three- and four-dimensional quantitative structure activity relationship analyses of cytochrome P-450 3A4 inhibitors, J. Pharmacol. Exp. Ther. 290 (1999) 429-438.

[18] S. Ekins, J. Berbaum, R.K. Harrison, Generation and validation of rapid computational filters for CYP2D6 and CYP3A4, Drug Metab. Dispos. 31 (2003) 1077-1080.

[19] S. Ekins, Predicting undesirable drug interactions with promiscuous proteins in silico, Drug Discov. Today 9 (2004) 276-285.
[20] L. Molnar, G.M. Keseru, A neural network based virtual screening of cytochrome P450 3A4 inhibitors, Bioorg. Med. Chem. Lett. 12 (2002) 419-421.
[21] S.E. O'Brien, M.J. De Groot, Greater than the sum of its parts: combining models for useful ADMET prediction, J. Med. Chem. 48 (2005) 1287-1291.
[22] K.V. Balakin, S. Ekins, A. Bugrim, Y.A. Ivanenkov, D. Korolev, Y.V. Nikolsky, A.V. Skorenko, A.A. Ivashchenko, N.P. Savchuk, T. Nikolskaya, Kohonen maps for prediction of binding to human cytochrome P450 3A4, Drug Metab. Dispos. 32 (2004) 1183-1189.
[23] C.A. Kemp, J.U. Flanagan, A.J. van Eldik, J.-D. Marechal, C.R. Wolf, G.C.K. Roberts, M.J.I. Paine, M.J. Sutcliffe, Validation of model of cytochrome P450 2D6: an in silico tool for predicting metabolism and inhibition, J. Med. Chem. 47 (2004) 5340-5346.
[24] J.M. Kriegl, T. Arnhold, B. Beck, T. Fox, A support vector machine approach to classify human cytochrome P450 3A4 inhibitors, J. Comput. Aided Mol. Des. 19 (2005) 189-201.
[25] W.J. Egan, G. Zlokarnik, P.D.J. Grootenhuis, In silico prediction of drug safety: despite progress there is abundant room for improvement, Drug Discov. Today Technol. 1 (2004) 381-387.
[26] B. Le Bourdonnec, C.W. Ajello, P.R. Seida, R.G. Susnow, J.A. Cassel, S. Belanger, G.J. Stabley, R.N. DeHaven, D.L. DeHaven-Hudkins, R.E. Dolle, Arylacetamide [kappa] opioid receptor agonists with reduced cytochrome P450 2D6 inhibitory activity, Bioorg. Med. Chem. Lett. 15 (2005) 2647-2652.
[27] E. Carosati, Modelling cytochromes P450 binding modes to predict P450 inhibition, metabolic stability and isoform selectivity, Drug Discov. Today Technol. 10 (2013) e167-e175.
[28] P.A. Williams, J. Cosme, D.M. Vinkovic, A. Ward, H.C. Angove, P.J. Day, C. Vonrhein, I.J. Tickle, H. Jhoti, Crystal structures of human cytochrome P450 3A4 bound to metyrapone and progesterone, Science 305 (2004) 683-686 (Washington, DC, United States).
[29] T.H. Tran, L.L. von Moltke, K. Venkatakrishnan, B.W. Granda, M.A. Gibbs, R.S. Obach, J.S. Harmatz, D.J. Greenblatt, Microsomal protein concentration modifies the apparent inhibitory potency of CYP3A inhibitors, Drug Metab. Dispos. 30 (2002) 1441-1445.
[30] L. Di, E.H. Kerns, S.Q. Li, G.T. Carter, Comparison of cytochrome P450 inhibition assays for drug discovery using human liver microsomes with LCMS, rhCYP450 isozymes with fluorescence, and double cocktail with LC-MS, Int. J. Pharm. 335 (2007) 1-11.
[31] N. Chauret, B. Dobbs, R.L. Lackman, K. Bateman, D.A. Nicoll-Griffith, D.M. Stresser, J.M. Ackermann, S.D. Turner, V.P. Miller, C.L. Crespi, The use of 3-[2-(N, N-diethyl-N-methylammonium)ethyl]-7-methoxy-4-methylcoumarin (AMMC) as a specific CYP2D6 probe in human liver microsomes, Drug Metab. Dispos. 29 (2001) 1196-1200.
[32] www.promega.com P450-Glo^{TM} Screening Systems Techical Bulletin, TB340, Promega Corporation.
[33] J. Cali, Screen for CYP450 inhibitors using P450-GLOTM luminescent cytochrome P450 assays, Cell Notes 7 (2003) 2-4 (www.promega.com).
[34] G. Zlokarnik, P.D.J. Grootenhuis, J.B. Watson, High throughput P450 inhibition screens in early drug discovery, Drug Discov. Today 10 (2005) 1443-1450.
[35] E. Delaporte, D.E. Slaughter, M.A. Egan, G.J. Gatto, A. Santos, J. Shelley, E. Price, L. Howells, D.C. Dean, A.D. Rodrigues, The potential for CYP2D6 inhibition screening using a novel scintillation proximity assay-based approach, J. Biomol. Screen. 6 (2001) 225-231.
[36] L.V. Favreau, J.R. Palamanda, C.-C. Lin, A.A. Nomeir, Improved reliability of the rapid microtiter plate assay using recombinant enzyme in predicting CYP2D6 inhibition in human liver microsomes, Drug Metab. Dispos. 27 (1999) 436-439.
[37] T.E. Bapiro, A.-C. Egnell, J.A. Hasler, C.M. Masimirembwa, Application of higher throughput screening (HTS) inhibition assays to evaluate the interaction of antiparasitic drugs with cytochrome P450s, Drug Metab. Dispos. 29 (2001) 30-35.
[38] A.A. Nomeir, C. Ruegg, M. Shoemaker, L.V. Favreau, J.R. Palamanda, P. Silber, C.-C. Lin, Inhibition of CYP3A4 in a rapid microtiter plate assay using recombinant enzyme and in human liver microsomes using conventional substrates, Drug Metab. Dispos. 29 (2001) 748-753.
[39] L.H. Cohen, M.J. Remley, D. Raunig, A.D.N. Vaz, In vitro drug interactions of cytochrome P450: an evaluation of fluorogenic to conventional substrates, Drug Metab. Dispos. 31 (2003) 1005-1015.
[40] R. Weaver, K.S. Graham, I.G. Beattie, R.J. Riley, Cytochrome P450 inhibition using recombinant proteins and mass spectrometry/multiple reaction monitoring technology in a cassette incubation, Drug Metab. Dispos. 31 (2003) 955-966.
[41] F. Gao, D.L. Johnson, S. Ekins, J. Janiszewski, K.G. Kelly, R.D. Meyer, M. West, Optimizing higher throughput methods to assess drug-drug interactions for CYP1A2, CYP2C9, CYP2C19, CYP2D6, rCYP2D6, and CYP3A4 in vitro using a single point IC50, J. Biomol. Screen. 7 (2002) 373-382.
[42] C.L. Crespi, V.P. Miller, B.W. Penman, Microtiter plate assays for inhibition of human, drug-metabolizing cytochromes

P450, Anal. Biochem. 248 (1997) 188-190.

[43] C.L. Crespi, V.P. Miller, B.W. Penman, High throughput screening for inhibition of cytochrome P450 metabolism, Med. Chem. Rev. 8 (1998) 457-471.

[44] D.M. Stresser, A.P. Blanchard, S.D. Turner, J.C.L. Erve, A.A. Dandeneau, V.P. Miller, C.L. Crespi, Substrate-dependent modulation of CYP3A4 catalytic activity: analysis of 27 test compounds with four fluorometric substrates, Drug Metab. Dispos. 28 (2000) 1440-1448.

[45] C.L. Crespi, D.M. Stresser, Fluorometric screening for metabolism-based drug-drug interactions, J. Pharmacol. Toxicol. Methods 44 (2000) 325-331.

[46] D.M. Stresser, S.D. Turner, A.P. Blanchard, V.P. Miller, C.L. Crespi, Cytochrome P450 fluorometric substrates: identification of isoform-selective probes for rat CYP2D2 and human CYP3A4, Drug Metab. Dispos. 30 (2002) 845-852.

[47] N. Chauret, N. Tremblay, R.L. Lackman, J.-Y. Gauthier, J.M. Silva, J. Marois, J.A. Yergey, D.A. Nicoll-Griffith, Description of a 96-well plate assay to measure cytochrome P4503A Inhibition in human liver microsomes using a selective fluorescent probe, Anal. Biochem. 276 (1999) 215-226.

[48] R.C.A. Onderwater, J. Venhorst, J.N.M. Commandeur, N.P.E. Vermeulen, Design, synthesis, and characterization of 7-methoxy-4-(aminomethyl) coumarin as a novel and selective cytochrome P450 2D6 substrate suitable for high-throughput screening, Chem. Res. Toxicol. 12 (1999) 555-559.

[49] H. Yin, J. Racha, S.Y. Li, N. Olejnik, H. Satoh, D. Moore, Automated high throughput human CYP isoform activity assay using SPE-LC/MS method: application in CYP inhibition evaluation, Xenobiotica 30 (2000) 141-154.

[50] E.A. Dierks, K.R. Stams, H.-K. Lim, G. Cornelius, H. Zhang, S.E. Ball, A method for the simultaneous evaluation of the activities of seven major human drug-metabolizing cytochrome P450s using an in vitro cocktail of probe substrates and fast gradient liquid chromatography tandem mass spectrometry, Drug Metab. Dispos. 29 (2001) 23-29.

[51] H.-Z. Bu, L. Magis, K. Knuth, P. Teitelbaum, High-throughput cytochrome P450 (CYP) inhibition screening via a cassette probe-dosing strategy. VI. Simultaneous evaluation of inhibition potential of drugs on human hepatic isozymes CYP2A6, 3A4, 2C9, 2D6 and 2E1, Rapid Commun. Mass Spectrom. 15 (2001) 741-748.

[52] M. Zientek, H. Miller, D. Smith, M.B. Dunklee, L. Heinle, A. Thurston, C. Lee, R. Hyland, O. Fahmi, D. Burdette, Development of an in vitro drug-drug interaction assay to simultaneously monitor five cytochrome P450 isoforms and performance assessment using drug library compounds, J. Pharmacol. Toxicol. Methods 58 (2008) 206-214.

[53] J.-J. Wang, J.-J. Guo, J. Zhan, H.Z. Bu, J.H. Lin, An in-vitro cocktail assay for assessing compound-mediated inhibition of six major cytochrome P450 enzymes, J. Pharm. Anal. 4 (2014) 270-278.

[54] K.A. Youdima, R. Lyonsb, L. Payneb, B.C. Jones, K. Saundersa, An automated, high-throughput, 384 well cytochrome P450 cocktail IC50 assay using a rapid resolution LC-MS/MS end-point, J. Pharm. Biomed. Anal. 48 (2008) 92-99.

[55] www.fda.gov/downloads/Drugs/GuidanceComplianceRegulatoryInformation/Guidances/UCM292362.pdf.

[56] R.S. Obach, R.L. Walsky, K. Venkatakrishnan, Mechanism-based inactivation of human cytochrome P450 enzymes and the prediction of drug-drug interactions, Drug Metab. Dispos. 35 (2007) 246-255.

[57] K. Mori, H. Hashimoto, H. Takatsu, M. Tsuda-Tsukimoto, T. Kume, Cocktail-substrate assay system for mechanism-based inhibition of CYP2C9, CYP2D6, and CYP3A using human liver microsomes at an early stage of drug development, Xenobiotica 39 (2009) 415-422.

[58] A. Atkinson, J.R. Kenny, K. Grime, Automated assessment of time-dependent inhibition of human cytochrome P450 enzymes using liquid chromatography-tandem mass spectrometry analysis, Drug Metab. Dispos. 33 (2005) 1637-1647.

[59] Y. Chen, L. Liu, M. Monshouwer, A.J. Fretland, Determination of time-dependent inactivation of CYP3A4 in cryopreserved human hepatocytes and assessment of human drug-drug interactions, Drug Metab. Dispos. 39 (2011) 2085-2092.

[60] L. Xu, Y. Chen, Y. Pan, G.L. Skiles, M. Shou, Prediction of human drug-drug interactions from time-dependent inactivation of CYP3A4 in primary hepatocytes using a population-based simulator, Drug Metab. Dispos. 37 (2009) 2330-2339.

[61] D.F. McGinnity, A.J. Berry, J.R. Kenny, K. Grime, R.J. Riley, Evaluation of time-dependent cytochrome P450 inhibition using cultured human hepatocytes, Drug Metab. Dispos. 34 (2006) 1291-1300.

[62] P. Yates, H. Eng, L. Di, R.S. Obach, Statistical methods for analysis of time-dependent inhibition of sytochrome P450 enzymes, Drug Metab. Dispos. 40 (2012) 2289-2296.

[63] J.-Y. Lee, S.Y. Lee, S.J. Oh, K.H. Lee, Y.S. Jung, S.K. Kim, Assessment of drug-drug interactions caused by metabolism-dependent cytochrome P450 inhibition, Chem. Biol. Interact. 198 (2012) 49-56.

第 33 章

血浆和组织结合的研究方法

33.1 引言

血浆蛋白结合（plasma protein binding，PPB），先前作为药物发现过程中 ADME 分析的一项重要测试，用于先导化合物的优化和临床候选药物的选择。但是，研究人员逐渐认识到，有关 PPB 的理解和测试存在很多误解，甚至是错误（参见第 14 章）。因此，其在药物发现中的应用逐渐减少。

如今，一般只在体内药代动力学研究中才会测试药物与血浆蛋白和组织的结合。相关测试可以确定血浆中的未结合药物分数（$f_{u,plasma}$），以及在特定组织中的未结合药物分数，如脑内未结合药物分数（$f_{u,brain}$）。未结合药物浓度可通过如下方程式计算：

$$c_{u,plasma} = c_{total,plasma} \times f_{u,plasma}$$
$$c_{u,tissue} = c_{total,tissue} \times f_{u,tissue}$$

微粒体和肝细胞结合是体外代谢稳定性评估的一部分。相关数据对于未结合药物固有清除率（intrinsic clearance，$CL_{int,u}$）的测定非常重要，因为只有未结合的药物才能与代谢酶产生相互作用。

相关测定已经实现了 96 孔板的高通量筛选，其中应用最广泛的测定方法是平衡透析法（equilibrium dialysis）。

33.2 血浆蛋白结合的计算机预测方法

33.2.1 已报道的血浆蛋白结合预测方法

目前，已报道了多种用于 PPB 预测的模型[1~8]。研究发现[1]，PPB 随亲脂性、酸度和酸性基团数目的增加而增强；但随着碱性和碱性基团数目的增加而减弱。也有研究小组[2]通过化学结构来计算电离状态和亲脂性（lg$P$），进而对 PPB 进行预测。

33.2.2 血浆蛋白结合的商业化预测方法

可用于预测包括 PPB 在内的 ADME 性质的商业软件如表 33.1 所示。

表 33.1　部分用于预测血浆蛋白结合率及其他 ADME 性质参数的商业软件

产品名称	公司	网址	产品名称	公司	网址
Discovery studio	Accelrys	www.accelrys.com	QikProp™	Schrodinger	www.schrodinger.com
Percepta	ACD/Labs	www.acdlabs.com	ADMET predictor™	Simulations Plus	www.simulations-plus.com

33.3 血浆蛋白结合的体外研究方法

已有综述总结了 PPB 的体外测试方法[4,9]。同时使用多种方法对 PPB 进行的研究表明，其中几种方法的测试结果具有可比性[10-12]。一般认为平衡透析是最主要的方法，而其他方法也可作为参考。一旦建立了 PPB 的平衡透析研究方法，就可以通过类似的方案进行药物与组织、微粒体和肝细胞结合能力的研究。

33.3.1 平衡透析法

33.3.1.1 血浆平衡透析法

平衡透析被广泛认为是 PPB 研究的标准方法[4,13,14]。从单独的腔室设备到 96 孔板，可通过多种形式开展平衡透析测试。在这一方法中，两个腔室由透析膜隔开（图 33.1），透析膜的截留分子量（MW cutoff）数值一般在一定的范围内，如 12000~14000。向一个腔室（供体腔）中加入添加了药物的血浆，而在另一个腔室（接收腔）中加入空白缓冲液。蛋白质分子，以及药物与蛋白质结合的分子因体积过大，无法透过透析膜，而未结合的药物分子则可以自由通过。将培养箱在恒定温度（通常为 37 ℃）下孵育 4~24 h。未结合的药物可在两腔室间自由扩散，浓度在膜两侧达到平衡。采用液相色谱-质谱法（LC/MS/MS）分析每个腔室中药物的浓度，通过将缓冲室中的药物浓度除以血浆腔室中的总药物浓度可以确定药物的未结合分数（unbound fraction，f_{up}）。

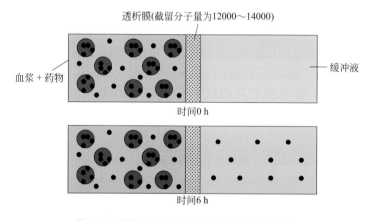

图 33.1　平衡透析法测定血浆蛋白结合率的原理

24 孔[4] 和 96 孔[13,14] 的平衡透析设备目前均已实现商业化（表 33.2）。该方法的一个应用示例是测定多西紫杉醇（docetaxel）的 PPB[11]。研究人员深入研究了 96 孔自动平衡透析法，以确定实验变异性的来源，并使该方法在多个公司实现了标准化[15]。研究人员还建议使用孔内对照标准品，以指示测定的稳定性。

表 33.2　用于测定血浆蛋白结合的部分商业仪器

方法	产品名称	公司	网址
平衡透析法	HTD 96	HTDialysis	www.htdialysis.com
	Rapid Eq. dialysis (RED)	Thermo scientific pierce	www.piercenet.com
	Single use 96-Well dialyzer	Harvard apparatus	www.harvardapparatus.com
	Single sample dialyzer™	Harvard apparatus	www.harvardapparatus.com

续表

方法	产品名称	公司	网址
超滤法	MultiScreen® ultracel®-10	EMD millipore	www.emdmillipore.com
固定化 HPLC 法	IAM chromatography	Regis technologies	www.registech.com
	Chiral-AGP, -HSA	Chrom Tech	www.chromtech.com
微量透析法	Microdialysis probe	CMA microdialysis	www.microdialysis.com
	Microdialysis probe	BASi	www.bioanalytical.com
All 方法	Plasma & tissue	BioreclamationIVT	www.bioreclamationivt.com
	Plasma	Innovative research	www.innov-research.com

直到最近，较低 f_u 值的测定仍然被认为是不准确的。然而，研究表明，随着方法的改进，可以以低于 1% 的精度和准确度来测定较低的 f_u 值[16]，其主要是通过结合以下方法来实现的：预饱和、血浆稀释和更长的孵育时间。此方法可提供更好的 c_u 测定，以便在药物发现期间更好地了解药代动力学/药效学（PK/PD）关系、治疗指数、清除率、剂量预测、药物与药物的相互作用潜力、效价、选择性和毒性。

33.3.1.2 组织平衡透析法

已建立的平衡透析法还可用于测定组织中的药物结合。可参见 28.3.2.1 节中介绍的脑组织结合的体外平衡透析法及其应用讨论[64]。

由于蛋白质和组织成分的差异，同一物种的未结合组织药物分数（f_u）可能因组织而异。组织结合对于将体内药代动力学研究剂量转换为未结合的组织药物浓度 $c_{u,tissue}$ 和总组织药物浓度 $c_{total,tissue}$ 是非常有价值的。而 $c_{u,tissue}$ 才是可与治疗靶点相互作用的浓度。组织结合研究有助于改善 PK/PD 模型。

以脑组织的结合研究为例[17]，首先将 1 mL 脑组织在 4 mL 缓冲液中匀浆，然后将药物加入匀浆制成浓度为 1 μmol/L 的混合物，并将其加入到平衡透析膜一侧的腔室中，将缓冲液加入到透析膜另一侧的腔室，并使用 HTS96 装置在 37 ℃ 的培养箱中振摇 6 h。最后采用 LC/MS/MS 分析两腔室内药物的浓度，以未结合药物的浓度除以初始的总药物浓度计算组织稀释因子，即可计算出 f_u。

33.3.1.3 微粒体和肝细胞结合的平衡透析法

药物与微粒体或肝细胞的结合也可以通过平衡透析法进行测定[18]。失活的肝微粒体或失活的肝细胞中的药物（1 μmol/L）被置于平衡透析供体腔中，空白缓冲液被置于接收腔中。覆盖盖板，并使用 RED 装置在培养箱中的摇床上培养 4 h（37 ℃）。测得的 $f_{u,mic}$ 或 $f_{u,hep}$ 可用于在代谢稳定性测试中计算游离药物的浓度，而游离药物浓度值可用于计算未结合药物的固有清除率 $CL_{int,u}$。

33.3.2 超滤法

在超滤法中，首先将药物添加至血浆中混合，并将混合物的一等分样品加至超滤设备的上部腔室中（图 33.2），腔室间的超滤膜具有一定的截留分子量（如 30000）。可采用单个超滤样品瓶或 96 孔超滤设备（表 33.2）进行离心（如 2000 g，45 min），溶液会在离心力的作用下透过超滤膜。未结合的药物可与溶液一同透过超滤膜进入接收腔，而与血浆蛋白结合的药物则由于 MW 超过截留 MW 而被保留在上部腔室。通常，收集少于五分之一的滤液即可进行药物浓度分析。以超滤液药物浓度除以总初始药物浓度来计算未结合药物分数（f_u）。可通过质量平衡研究计算回收率，以确保药物与设备之间未发生明显的非特异性结合。

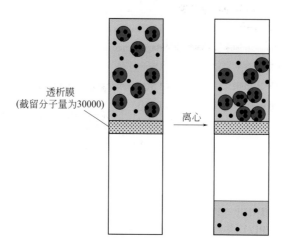

图 33.2　超滤法测试血浆蛋白结合率的原理

33.3.3　超速离心法

如前所述，首先将药物添加至血浆中混合孵育，然后将样品转移至超速离心管中，并以高沉降速率离心（如 160000 g，6 h，或 100000 g，15 h），最后分析测试原始血浆和离心后上清液第二层液体中的药物浓度[12,19]。然而，部分研究人员担心沉淀的时间和条件可能会破坏平衡。

33.3.4　固定化蛋白柱法

固定化蛋白柱法主要借助于将人血清白蛋白（human serum albumin，HSA）或 α_1- 酸性糖蛋白（α_1-acid glycoprotein，AGP）与硅胶固定载体颗粒结合的 HPLC 色谱柱[20,21]。药物被注射后流入色谱柱，并通过流动相沿色谱柱移动。药物与被固定蛋白质分子的结合程度取决于其结合亲和力。药物与蛋白质的结合会减慢其通过色谱柱的速率，因此，保留时间与药物对蛋白质的亲和力直接相关。结合动力学（缔合和解离速率常数）也可通过测量峰宽和峰位来确定[22]。然而，部分研究人员担心该方法不能为 95% 以上的结合提供良好的分辨率。

33.3.5　微量透析法

微量透析法已在第 28 章中进行了讨论。简言之，将透析膜置入一个小探针中，透析膜的内表面可被等渗溶液浸透，当溶液流过该膜（如 1 μL/min）后，收集透过透析膜的液体并进行分析。将这种探针置入含有药物的血浆中，游离药物可通过透析膜进入透析液，而血浆蛋白及与其结合的药物则被保留在透析样品中[23,24]。与其他方法相比，微量透析法可有效确定药物的结合百分比，但过于耗时。

33.3.6　血浆蛋白结合其他测定方法

除以上方法外，还有许多其他方法可对药物 - 蛋白质复合物进行详细的分析（表 33.3）[9]。部分方法可测试药物 - 蛋白质复合物的特定性质，例如：

- 荧光光谱；
- 圆二色谱（circular dichroism，CD）/ 旋光色散（optical rotatory dispersion，ORD）；
- 核磁共振（NMR）；
- 电子自旋共振（electron spin resonance，ESR）；
- 微量热（microcalorimetry）；
- 表面等离子体共振（surface plasmon resonance，Biacore™）。[25]

表 33.3 不同血浆蛋白结合率测试方法的比较

方法	优点	缺点	方法	优点	缺点
平衡透析法	温度受控 应用广泛	达到平衡的时间 蛋白质和药物的稳定性	超速离心法	对膜无吸附	耗时长（12～15 h） 沉淀，向后扩散
超滤法	技术简单、高效、成本低 应用广泛	温度不受控制 药物过滤吸附 结合药物的解离	固定化蛋白柱法	技术简单、成本低	设备昂贵 结合仅限于白蛋白 生理相关性有限
			圆二色谱法	技术高效	仅限于特定的白蛋白结合 生理相关性有限

除结合百分比外，还可借助表面等离子体共振（surface plasmon resonance）技术测定药物与蛋白质的缔合和解离速率。

其他基于色谱的方法还包括：
- 体积排阻色谱法（size exclusion chromatography）；
- 前沿分析色谱法（frontal analysis chromatography）；
- 毛细管电泳（capillary electrophoresis）。

33.4 红细胞结合

部分药物还会与红细胞（red blood cell，RBC）发生结合。了解和解释这一结合具有重要的意义，因为发生 RBC 结合的药物可能占血液中总药物量的很大比例。在药代动力学实验中一般并不测定药物与 RBC 的结合，因为在存储血浆样品以供后续分析之前，血液中的 RBC 已被通过离心去除。可以通过 RBC 结合研究确认某一化合物是否存在 RBC 结合，以便对药代动力学参数的计算进行校正。

在一种报道的测定方法中，首先将药物添加到新鲜的全血中混合孵育（如在37℃下孵育2 h），随后将血液样本转移至"沉积物测量"的 MESED 装置中[26]，并将 RBC 与血浆分离，最后采用 LC/MS 进行分析[27]。

在另一项测定方法中[28]，首先将药物添加至新鲜血液和血浆中，并在37℃下孵育 2 h。分别在 10 min 和 60 min 采集样品，并离心血液，收集血浆。以乙腈处理加入内标的血液和血浆，将其中的蛋白质沉淀，最后采用 LC/MS/MS 分析药物的浓度。可使用参考文献 [28] 中的公式计算 RBC 结合分数。

33.5 可提供蛋白结合率测试服务的合约实验室

一些合约（CRO）实验室可提供血浆和组织结合率的测定服务，表 33.4 列举了部分实验室信息。

表 33.4　部分可提供血浆蛋白结合率测试服务的合约（CRO）实验室

公司	网址	公司	网址
Agilux	www.agiluxlabs.com	Pharmaron	www.pharmaron.com
Charles river	www.criver.com	Wolfe laboratories	www.wolfelabs.com
Corning in vitro ADME services	www.corning.com/lifesciences	Xenobiotic labs	www.xbl.com
Cyprotex	www.cyprotex.com		

（白仁仁　谢媛媛）

思考题

（1）通常认为哪种 PPB 测定方法最为可靠？
（2）如何通过平衡透析法确定未结合药物分数（f_u）？
（3）如果化合物与 RBC 高度结合，将会对该化合物的药代动力学性质带来什么影响？
（4）为什么在某些 PPB 方法中需要使用具有高截留分子量值的膜过滤器？
（5）在药物发现中经常测定的药物结合基质包括哪些？

参考文献

[1] M.P. Gleeson, Plasma protein binding affinity and its relationship to molecular structure: an in-silico analysis, J. Med. Chem. 50 (2007) 101-112.

[2] M. Lobell, V. Sivarajah, In silico prediction of aqueous solubility, human plasma protein binding and volume of distribution of compounds from calculated pK_a and AlogP98 values, Mol. Diversity 7 (2003) 69-87.

[3] S.B. Gunturi, R. Narayanan, A. Khandelwal, In silico ADME modelling: computational models to predict human serum albumin binding affinity using ant colony systems, Bioorg. Med. Chem. 14 (2006) 4118-4129.

[4] R.E. Fessey, R.P. Austin, P. Barton, A.M. Davis, M.C. Wenlock, The role of plasma protein binding in drug discovery. Pharmacokinetic Profiling in Drug Research: Biological, Physicochemical, and Computational Strategies, [LogP2004, Lipophilicity Symposium], 3rd, Zurich, Switzerland, Feb. 29-Mar. 4, 2004, 119-141, 2006.

[5] L. Aureli, G. Cruciani, M.C. Cesta, R. Anacardio, L. De Simone, A. Moriconi, Predicting human serum albumin affinity of interleukin-8 (CXCL8) inhibitors by 3D-QSPR approach, J. Med. Chem. 48 (2005) 2469-2479.

[6] J. Wang, G. Krudy, X.Q. Xie, C. Wu, G. Holland, Genetic algorithm-optimized QSPR models for bioavailability, protein binding, and urinary excretion, J. Chem. Inf. Model. 46 (2006) 2674-2683.

[7] K. Yamazaki, M. Kanaoka, Computational prediction of the plasma protein-binding percent of diverse pharmaceutical compounds, J. Pharm. Sci. 93 (2004) 1480-1494.

[8] N.A. Kratochwil, W. Huber, F. Muller, M. Kansy, P.R. Gerber, Predicting plasma protein binding of drugs: a new approach, Biochem. Pharmacol. 64 (2002) 1355-1374.

[9] J. Oravcova, B. Boehs, W. Lindner, Drug-protein binding studies. New trends in analytical and experimental methodology, J. Chromatogr. B Biomed. Appl. 677 (1996) 1-28.

[10] J.W. Melten, A.J. Wittebrood, H.J.J. Willems, G.H. Faber, J. Wemer, D.B. Faber, Comparison of equilibrium dialysis, ultrafiltration, and gel permeation chromatography for the determination of free fractions of phenobarbital and phenytoin, J. Pharm. Sci. 74 (1985) 692-694.

[11] J. Barre, J.M. Chamouard, G. Houin, J.P. Tillement, Equilibrium dialysis, ultrafiltration, and ultracentrifugation compared for determining the plasma-protein-binding characteristics of valproic acid, Clin. Chem. 31 (1985) 60-64.

[12] H. Kurz, H. Trunk, B. Weitz, Evaluation of methods to determine protein-binding of drugs. Equilibrium dialysis, ultrafiltration, ultracentrifugation, gel filtration, Arzneim.-Forsch. 27 (1977) 1373-1380.

[13] I. Kariv, H. Cao, K.R. Oldenburg, Development of a high throughput equilibrium dialysis method, J. Pharm. Sci. 90 (2001) 580-587.

[14] M.J. Banker, T.H. Clark, J.A. Williams, Development and validation of a 96-well equilibrium dialysis apparatus for measuring plasma protein binding, J. Pharm. Sci. 92 (2003) 967-974.

[15] H. Wang, M. Zrada, K. Anderson, R. Katwaru, P. Harradine, B. Choi, V. Tong, N. Pajkovic, R. Mazenko, K. Cox, L.H. Cohen, Understanding and reducing the experimental variability of *in vitro* plasma protein binding measurements, J. Pharm. Sci. 103 (2014) 3302-3309.

[16] K. Riccardi, S. Cawley, P.D. Yates, C. Chang, C. Funk, M. Niosi, J. Lin, L. Di, Plasma Protein Binding of Challenging Compounds, Journal of Pharmaceutical Sciences 104 (8) (2015) 2627-2636, http://dx.doi.org/10.1002/jps.24506. Published Online.

[17] L. Di, J.P. Umland, G. Chang, Y. Huang, Z. Lin, D.O. Scott, M.D. Troutman, T.E. Liston, Species independence in brain tissue binding using brain homogenates, Drug Metab. Dispos. 39 (2011) 1270-1277.

[18] L. Di, C. Keefer, D.O. Scott, T.J. Strelevitz, G. Chang, Y.-A. Bi, Y. Lai, J. Duckworth, K. Fenner, M.D. Troutman, R.S. Obach, Mechanistic insights from comparing intrinsic clearance values between human liver microsomes and hepatocytes to guide drug design, Eur. J. Med. Chem. 57 (2012) 441-448.

[19] W. Piekoszewski, W.J. Jusko, Plasma protein binding to tacrolimus in humans, J. Pharm. Sci. 82 (1993) 340-341.

[20] K. Valko, S. Nunhuck, C. Bevan, M.H. Abraham, D.P. Reynolds, Fast gradient HPLC method to determine compounds binding to human serum albumin. Relationships with octanol/water and immobilized artificial membrane lipophilicity, J. Pharm. Sci. 92 (2003) 2236-2248.

[21] T.A.G. Noctor, M.J. Diaz-Perez, I.W. Wainer, Use of a human serum albumin-based stationary phase for high-performance liquid chromatography as a tool for the rapid determination of drug-plasma protein binding, J. Pharm. Sci. 82 (1993) 675-676.

[22] A.M. Talbert, G.E. Tranter, E. Holmes, P.L. Francis, Determination of drug-Pplasma protein binding kinetics and equilibria by chromatographic profiling: exemplification of the method using L-tryptophan and albumin, Anal. Chem. 74 (2002) 446-452.

[23] M. Ekblom, M. Hammarlund-Udenaes, T. Lundqvist, P. Sjoeberg, Potential use of microdialysis in pharmacokinetics: a protein binding study, Pharm. Res. 9 (1992) 155-158.

[24] A.M. Herrera, D.O. Scott, C.E. Lunte, Microdialysis sampling for determination of plasma protein binding of drugs, Pharm. Res. 7 (1990) 1077-1081.

[25] R.L. Rich, Y.S. Day, T.A. Morton, D.G. Myszka, High-resolution and high-throughput protocols for measuring drug/human serum albumin interactions using BIACORE, Anal. Biochem. 296 (2001) 197-207.

[26] O. Driessen, M.S. Highley, P.G. Harper, R.A. Maes, E.A. de Bruijn, Description of an instrument for separation of red cells from plasma and measurement of red cell volume, Clin. Biochem. 27 (1994) 195-196.

[27] H. Dumez, G. Guetens, G. De Boeck, M.S. Highley, E.A. de Bruijn, A.T. van Oosterom, R.A.A. Maes, In vitro partition of docetaxel and gemcitabine in human volunteer blood: the influence of concentration and gender, Anticancer Drugs 16 (2005) 885-891.

[28] S. Yu, S. Li, H. Yang, F. Lee, J.-T. Wu, M.G. Qian, A novel liquid chromatography/tandem mass spectrometry based depletion method for measuring red blood cell partitioning of pharmaceutical compounds in drug discovery, Rapid Commun. Mass Spectrom. 19 (2004) 250-254.

第 34 章

hERG 研究方法

34.1 引言

作为一个重要的安全性问题，hERG（human ether-à-go-go-related gene）阻断所导致的心律失常引起了制药公司和监管机构的高度关注[1]。美国 FDA 为相关行业提供了室性心律失常的指导草案[2]。鉴于在小部分人群中存在因心律失常而致死的风险，监管机构要求申报单位在临床研究之前提供候选药物的实验室 hERG 数据。制药公司也制定了在药物发现期间进行 hERG 阻断评估的策略，以防止对患者生命安全带来风险，并避免投资具有重大健康风险的候选药物。

基于以上原因，已开发了几种方法用于研究化合物潜在的 hERG 钾离子通道阻断作用。hERG 筛选通常先使用计算机预测工具进行预测分析。这可以提高项目组对潜在问题的认识，但也不能就此将有希望的潜在药效团淘汰，因为可以通过进行结构修饰来减弱 hERG 阻断作用，并且更权威的测试方法可能表明其实际风险要比计算机预测的风险低得多。

使用体外方法进行 hERG 阻断测试贯穿于整个药物研发过程，作为先导化合物优化的一部分，项目组可使用高通量方法来快速获取 hERG 相关数据[1]。常用的几种体外测试方法是基于膜片钳、配体结合、电压敏感染料和离子流来进行的。

手动膜片钳技术是最可靠的体外测试方法。该手动方法已在靶向离子通道的药物发现中应用多年。后来，仪器研发公司将其开发为高通量检测技术，使其在速度和成本上比其他体外测定方法更具竞争力。但手动膜片钳技术仍然是最终给出决定性结论的体外测定方法，被认为是体外 hERG 阻断测试的"黄金标准"。

进一步的体内研究是采用浦肯耶心脏纤维（Purkinje heart fiber）和完整跳动的心脏来进行的。最后，对动物进行心电图（electrocardiography，ECG）和其他心脏健康指标的体内电生理学监测，以评估候选化合物是否值得继续向前推进。虽然体外研究可以提示存在 hERG 阻断的可能性，但体内心电图监测可以给出更为重要的信息，包括 QT 间期延长（LQT）和 TdP 心律失常。体内 hERG 研究是最为昂贵且耗时的方法，但可以得到十分明确的结论。FDA 要求某些候选药物需要在临床研究中开展人体心电图监测。

作为一般策略，制药公司可以在公司内部或借助合约实验室（CRO 公司）开展计算机预测、体外和体内 hERG 测试，以满足药物发现不同阶段的需求。以下各节将逐一讨论 hERG 测试的各种方法。重要的是，与其他药物性质一样，只有综合了体外、离体和体内实验的数据，才能对 hERG 相关风险进行最佳的评估[1]。

34.2 hERG 阻断的计算机预测方法

可以阻断 hERG 钾通道的化合物种类众多。研究人员已经探索了 hERG 钾通道中的药物结合位点，并将其纳入计算机模拟预测中。图 34.1 显示了 hERG 结合位点及其参与药物结合的关键氨基酸残基模型[3]。目前已有几篇重要文献回顾了当前用于 hERG 阻断筛选的计算机模型的进展[3-9]。参考文献 [4] 和 [9] 分别列举了 33 种和 70 种计算机预测模型，实验中可通过各种计算机模型构建相关的方法和数据集。

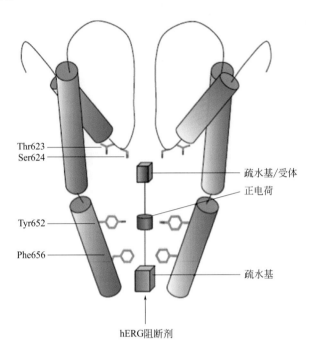

图 34.1　hERG 钾离子通道空腔部分的结构模型[3]

经 A M Aronov. Predictive in silico modeling for hERG channel blockers. Drug Discov Today, 2005, 10: 149-155 许可转载，版权归 2005 Elsevier 所有

越来越多的证据表明，计算机模拟模型可能存在一定的问题，因为对于某些化合物而言，心律失常可能是由同时发生的多种机制共同导致的[9]，而不仅仅是与 hERG 的结合，如其他的离子通道、hERG 多态性、内向钠离子或钙离子通道的代偿作用，以及 hERG 表达抑制等。

与 hERG 阻断相关的结构性质已在第 16 章中讨论。多家制药公司已经开发了专有的计算机筛选方法，可基于内部单一受控方法开发的数据库在药物发现早期预测 hERG 阻断的可能性。文献报道的 hERG 数据可能会因为所选用的方法不同而表现出一定的差异。表 34.1 列举了基于化合物结构预测 hERG 阻断的商业软件。在线 hERG 结合预测可通过以下网站进行：http://labmol.farmacia.ufg.br/predherg/，http://www.tox-297.comp.net/ 以及 https://ilab.acdlabs.com/iLab2/index.298php。

表 34.1　用于 hERG 阻断评估的商业软件、仪器和供应商示例

方法	产品名称	公司	网址
计算机筛选	Percepta™	ACD Labs	www.acdlabs.com
	ADMET Predictor™	Simulations Plus	www.simulations-plus.com
	QikProp™	Schrodinger	www.schrodinger.com
膜电位敏感染料	FLIPR™	Molecular Devices	www.moleculardevices.com
	Synergy Plate Reader	BioTek	www.biotek.com
	POLARstar Plate Reader	BMG LABTECH	www.bmglabtech.com

续表

方法	产品名称	公司	网址
荧光偏振	Predictor™ HEK hERG	Thermo Fisher	www.lifetechnologies.com
	Predictor™ hERG Tracer	Thermo Fisher	www.lifetechnologies.com
	Infinite® F500 Reader	Tecan	www.tecan.com
铷通量法	ICR 12000	Aurora Biomed	www.aurorabiomed.com
手动膜片钳	IonWorks Quattro	Molecular Devices	www.moleculardevices.com
	IonWorks Barracuda	Molecular Devices	www.moleculardevices.com
	Qpatch HT	Sophion Bioscience	www.biolinscientific.com/sophion
	SynchroPatch	Nanion	www.nanion.de
	CytoPatch™	Cytocentrics	www.cytocentrics.com
爪蟾卵母细胞	Robocyte™	Multichannel	www.multichannelsystems.com
	OpusXpress	Molecular Devices	www.moleculardevices.com
体外方法	hERG HEK-293 Prep.	PerkinElmer	www.perkinelmer.com
iPSC 分化的心肌细胞	iCell Cardiomyocytes	Cellular Dynamics Intl.	www.cellulardynamics.com
	xCELLigence RTCA	ACEA Biosciences	www.aceabio.com

34.3 体外 hERG 研究方法

体外 hERG 研究方法可分为两类。第一类方法是通过间接的体外方法来测试与钾离子通道活性相关的效应，如膜电位敏感染料法、配体结合法和铷（Rb）通量法。这些方法有利于实现高通量分析，但与黄金标准的手动膜片钳技术及体内电生理学研究的相关性较差，因而广受诟病。第二类方法是自动膜片钳技术。该方法直接测试离子通道的活性，是首选的体外方法。所有体外 hERG 研究方法都使用转染了 hERG 并在其细胞膜上表达钾离子通道的细胞系，如 CHO 和 HEK 293 细胞，或使用来自此类细胞的膜结构。本章综述了 hERG 筛选方法在药物发现中的应用[1]。

34.3.1 体外 hERG 荧光膜电位敏感染色法

膜电位敏感荧光染料用于多种离子通道实验，并被用于 hERG 筛选[10]。hERG 转染的细胞由于钾通道活性降低了细胞内部的 K^+ 浓度，因此比野生型细胞具有更大的负膜电位。如果化合物阻断了 hERG 钾通道，则转染细胞的膜电位会增加，可通过膜电位敏感染料进行监测[11]。

染料 $DiBAC_4(3)$ 的结构如图 34.2 所示。$DiBAC_4(3)$ 可与细胞质成分相互作用，并增加荧光和红移，但在细胞外溶液中不产生荧光。将细胞与添加到细胞外溶液中的染料一起预孵育，然后添加受试化合物，并使用荧光检测器检测荧光 3～15 min。染料可随膜电位的改变而渗入和渗出细胞。$DiBAC_4(3)$ 带有负电，因此当细胞内 K^+ 较多时，其细胞内的浓度会相应升高。如果受试化合物可阻断钾离子通道，则荧光信号增强。该方法的原理如图 34.3（a）所示。

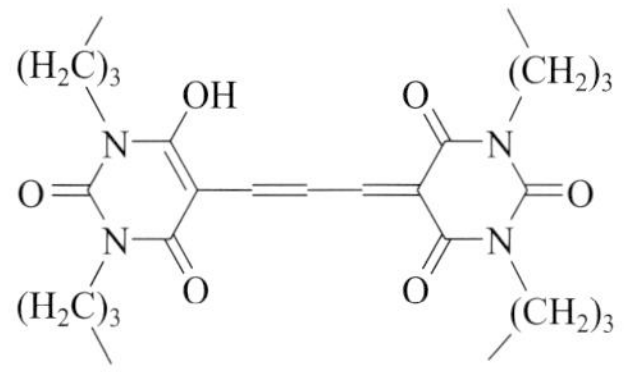

图 34.2　用于 hERG 阻断测试的 $DiBAC_4(3)$ 膜电位敏感荧光染料的结构

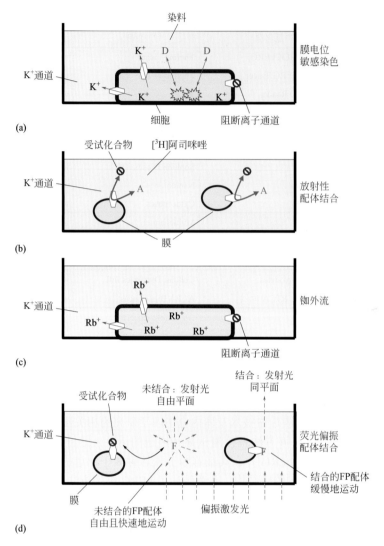

图 34.3　高通量体外 hERG 阻断测试的方法图示
（a）和（c）中的细胞已被 hERG 转染，并表达 hERG 钾离子通道；（b）和（d）中的膜结构是由 hERG 转染细胞所制备的

DiBAC$_4$(3) 的缺点是响应时间偏慢[11,12]。其他新型的染料，如 FLIPR 膜电位染料（FLIPR membrane potential dye，FMP，Molecular Devices Corp.）的响应比 DiBAC$_4$(3) 快 14 倍，且对温度不敏感，也不需要洗涤步骤，因此更适用于高通量自动化筛选。染料测试方法容易受到荧光淬灭和受试化合物干扰的影响，可以通过加入野生型细胞对照来校正。该方法测得的 IC$_{50}$ 值通常高于膜片钳技术[11]。因为其不属于功能性测试，所以其他离子通道和细胞因子都可能会对结果造成影响。该方法可以筛选出强效的 hERG 阻断剂，并且不会因为化合物与染料的相互作用而产生假阳性。对于活性较弱的 hERG 阻断剂，因其灵敏度比膜片钳低约 100 倍[1]，可能会得到假阴性的结果[13]。该方法的优点是可使用常规高通量荧光检测器进行高通量筛选，速度快且成本低。

34.3.2　体外 hERG 放射性配体结合法

可以通过放射性配体结合法来筛选受试化合物与 hERG 通道蛋白质的结合[14,15]。在该实验中［图 34.3（b）］，膜结构是由转染了 hERG 的 HEK 293 细胞制备的。实验中将细胞膜结构、已知的可与 hERG 通道结合的放射性标记化合物，如 [³H] 多非利特（dofetilide）或 [³H] 阿司咪唑（astemizole），同受试化合物在 37 ℃下共同孵育 30～60 min。放射性配体同受试化合物竞争性与 hERG 通道结合。孵育后，过滤分离膜结构并以冷缓冲液多次洗涤。最后通过闪烁计数检测结合的放射性配体，再与对照相比的结合率对受试化合物浓度作图。受试化合物对 hERG 钾通道的亲和力越强，则滤膜中的放射性配体的响应值越低。

结合常数 K_i 的数值与膜片钳法测得的 IC_{50} 值之间具有良好的相关性，$R^2=0.91$。在某些实验室，放射性配体结合法的结果比膜片钳法的测试值低很多倍[14,15]。测试结果对细胞外 K^+ 的浓度非常敏感。不同实验室的结果通常是比较一致可靠的。该方法被认为是并行测试中最好的间接体外 hERG 阻断测试方法[13]，但其不属于功能性检测。

34.3.3　体外 hERG 荧光偏振配体结合法

荧光偏振（fluorescence polarization，FP）以平面偏振光激发小分子 hERG 配体。溶液中的配体由于快速旋转，导致发射光的方向被去极化。当配体与 hERG 结合时，其转速大大降低，并且发射光与激发光处于同一平面 [图 34.3（d）]。该测试方法使用由转染了 hERG 的细胞（例如 HEK 293）所制备的膜结构，而 FP 配体通常是专有的红色荧光 hERG 配体，例如企业内部研发的 FP 配体[16] 或 Predictor™ hERG 示踪剂（表 34.1）。当荧光配体与 hERG 通道蛋白结合时，FP 配体发射与激发极化匹配的 FP。当 FP 配体被受试化合物从 hERG 空腔中置换时，荧光发射将被去极化[16,17]。该方法的优点是不使用放射性配体，且荧光偏振检测器是可购买的。据报道，在 384 孔板中，FP 测试方法与自动膜片钳法具有良好的相关性。

34.3.4　体外 hERG 铷通量法

铷（rubidium，Rb）通量法 [图 34.3（c）] 是一种基于 hERG 通量的功能性测试方法。在细胞和培养基中仅发现了痕量的 Rb^+，其与 K^+ 具有相似的大小和电荷，并且可渗透通过钾离子通道。将以 hERG 转染的中国仓鼠卵巢（Chinese hamster ovary，CHO）细胞与含 Rb^+ 培养基预孵育，建立细胞内外的 Rb 平衡。然后除去培养基，并以缓冲液多次洗涤细胞以除去细胞外溶液中的 Rb。加入含有 K^+（用于控制膜电位和打开通道）及受试化合物的缓冲液。孵育后，除去培养基，洗涤细胞并进行裂解。使用 ^{86}Rb 的闪烁计数[18] 或 Rb 原子吸收光谱（atomic absorption spectroscopy，AAS）[19] 分别测试培养基和裂解液中的 Rb^+ 浓度。如果钾离子通道被受试化合物阻断，则 Rb^+ 仍留在细胞内；如果钾离子通道未被阻断，则 Rb^+ 流入培养基。根据测试值，可计算出 Rb 通量的百分比。

与其他高通量方法一样，铷通量法的 IC_{50} 值通常比膜片钳法的 IC_{50} 值偏高（右移 5～20 倍[1]）。对于更强的 hERG 阻断剂，铷通量法测试的结果更加偏高[19]。这似乎是由于 Rb^+ 的存在，降低了化合物对 hERG 通道的亲和力，并减弱了通道的激活。该方法在早期药物发现中可用于筛选强效的 hERG 阻断剂[13]。

34.3.5　体外 hERG 手动膜片钳法

体外 hERG 阻断测试的黄金标准是采用豚鼠心脏分离的心肌细胞进行手动全细胞膜片钳检测。该方法广泛应用于离子通道的研究。手动膜片钳方法的示意图如图 34.4 所示。首先，将玻璃毛细管熔化，拉伸至直径约为 1 μm 后切断。将玻璃毛细管中充满与细胞质相容的缓冲液，并插入电极。然后将毛细管连接到显微操作器，在显微镜观察下将尖端置于表达 hERG 钾通道的 CHO 或 HEK 293 细胞膜上。施加负压，使细胞膜被"遮盖"或紧紧固定在毛细管上并形成高电阻封接。进一步施加负压将导致毛细管尖端的一小部分细胞膜被拉入毛细管，并发生破裂形成"全细胞膜片"，但细胞大部分结构仍处于毛细管外部。细胞质和毛细管缓冲液混合并建立电流连接。电极用于将膜电位设置至指定电压。在施加的正电压作用下，钾离子通道蛋白质发生构象变化并开启。K^+通过离子通道外流流出细胞，形成电流。电子设备可将膜电位保持在恒定水平，并记录维持该恒定电压所需的电流。这一电流与细胞内所有钾离子通道的总离子流直接相关。

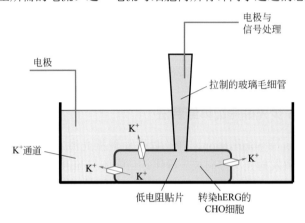

图 34.4 人工膜片钳 hERG 阻断测试方法示意

如果受试化合物阻断了 hERG 钾离子通道，则电流相对于对照组将减弱。hERG 阻断实验的膜片钳曲线如图 34.5 所示。在对照组中，将膜电位从 -80 mV 调节至 $+40$ mV 时会使钾通道开启，并且 K^+ 外流形成电流。当膜电位降低到 -50 mV 时，由于通道的力学作用，离子电流会出现瞬时的尖峰，然后降至未开启状态。当 hERG 阻断剂甲硫哒嗪（thioridazine）存在于细胞外液时，由于钾通道被阻断，所以与对照组相比离子电流大大降低。

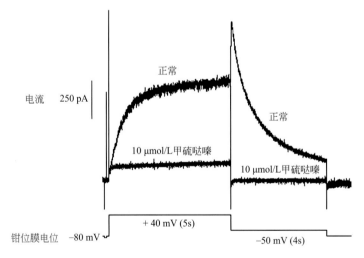

图 34.5 在正常情况及在 hERG 阻断剂甲硫哒嗪作用下，
膜片钳中钾离子通道的离子电流分布示例

基于相关数据提供的详细信息可深入研究 hERG 被阻断情况下离子通道的功能。膜片钳可对关键实验条件（如膜电位）进行完全的控制，从而体现完整的离子通道功能。而其他体外方法则无法把控这一点，只能粗略地控制 K^+ 浓度。膜片钳还能够监测毫秒级的离子通道事件，而其他技术则只能监测与离子通道间接相关的事件。此外，膜片钳技术相对于其他方法更为灵敏，即便对于 IC_{50} 较高的化合物，也可稳定地提供可靠的数据。

膜片钳技术应用于药物发现中所面临的主要问题是，每个实验操作都需要耗费大量时间，并且需要熟练的实验技巧。一位经验丰富的电生理学家一天之内也只能测试数个化合物的 IC_{50} 值[1]。因此，这种手动操作并不适合于高通量筛选。该实验通常只在一些重要的候选化合物进行更深入且细致的研究时采用。

该方法的变种技术是使用注入了 hERG 的爪蟾卵母细胞（xenopus oocyte）。不幸的是，某些化合物会与卵母细胞的卵黄结合，高 K^+ 电流会耗尽局部的 K^+ 并对实验结果带来影响[1]。

在新药研发过程中，需要根据 GLP 标准对临床试验性新药（investigational new drug，IND）进行人工膜片钳测试[20]。

34.3.6 hERG 体外自动膜片钳法

高通量膜片钳法，也称为平面膜片钳法，是通过对手动膜片钳技术进行改进而实现的（图 34.6）[1]。该方法无需将玻璃毛细管压在细胞膜上，而是将细胞接种到一个底部包含多个小孔的孔洞中。对孔洞施加负压以将细胞吸入并固定在孔洞中。随后进一步施加负压以建立电连接，该负压会使孔上的细胞膜发生破裂。也可以将改性剂［如两性霉素 B（amphotericin B）、制霉菌素（nystatin）］添加至孔下方的液体中，其可在细胞膜上形成小孔（"穿孔补片"），从而实现电流传导。而膜电位（电压）则由跨细胞膜的装置进行控制。为了实现高通量筛选，可以使用多孔板平行筛选多个化合物。高通量膜片钳技术是 hERG 阻断筛选的首选方法。表 34.1 列举了可供使用的部分商业仪器。这些仪器实现了高通量并可提供大量的数据。部分文献已对高通量膜片钳仪器进行了系统的综述[21~23]。

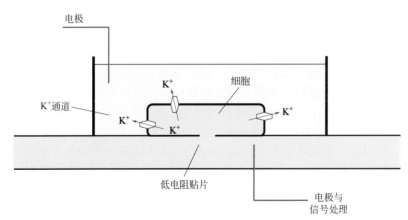

图 34.6　用于高通量 hERG 阻断筛选的自动化平面膜片钳方法示意

高通量膜片钳的优势在于，在 384 个板孔的底部，还分布有许多微孔（一般含有 64 个）与细胞接合并形成膜片钳。因此，测定的数据具有较好的统计学意义[1]。该方法的缺点是亲脂性化合物会黏附在孔的表面，导致 IC_{50} 测量值偏高。有文章建议也需要对其他离子通道进行筛选（如钙离子 Cav 1.2），可以进一步了解化合物是否会导致 TdP，而不仅仅是关注 hERG 阻断作用[24]。

34.3.7 体外 hERG iPSC 心肌细胞测试方法

人诱导多能干细胞（induced pluripotent stem cell，iPSC）可以分化为人心肌细胞（human iPSC-derived cardiomyocyte，hiPS-CM）[25]，并可通过商业途径购买（表 34.2）。这些心肌细胞能够表达主要的心脏离子通道、受体和转运蛋白。心肌细胞具有同步、有节奏和持续的收缩功能，将其置于体外明胶包被的平板板孔中并进行培养，可以通过各种技术进行观察，如测量细胞运动的自动成像仪器[26]和阻抗[27,28]。当 hERG 阻断剂与细胞作用时，细胞搏动运动的峰宽和峰衰减时间增加，这与体外 $c_{max,u}$ 和 hERG IC_{50} 值之间的关系一致[26]。可根据相关数据计算人心肌细胞发生心律失常的风险（human cardiomyocyte arrhythmic risk，hCAR）和心律失常的预测评分（predicted proarrhythmic score，PPS）因子。这些指标比单独的 hERG 阻断活性更能有效地指示心律失常风险[27,28]。当以可引起≥20% 心律不齐的最低浓度（IB_{20}）或降低搏动率≥20% 的最低浓度（BR_{20}）进行测试时，这一体外方法与体内测试（QT 延长和心律不齐，包括 TdP）的一致性>80%。因此，这是介于高通量 hERG 阻断和体内实验之间的一种有效的测试方法，受到多种潜在的心律失常诱导机制的共同影响。

表 34.2 部分可提供 hERG 阻断评估服务的合约实验室

公司	网址	公司	网址
Charles River/ChanTest	www.criver.com/www.chantest.com	WuXi AppTec	www.wuxiapptec.com
Admescope	www.admescope.com	XenoBiotic Labs	www.xbl.com
Cyprotex	www.cyprotex.com		

34.4 离体 hERG 阻断的测试方法

特定的心脏组织或整个心脏都可以用于离体测试候选药物对其正常功能的影响。这相比 hERG 钾离子通道的体外测试提供了更为确切的心律失常信息。

34.4.1 离体 hERG 阻断测试方法——浦肯野纤维法

浦肯野纤维（Purkinje fiber）是一种具有高度传导性的心肌细胞束，可将心脏冲动在心脏内传输。在实验动物中，这些纤维很容易与其他心脏组织区别开来，并可以被分离用于特定的研究，如用于心律不齐的测试。可以利用浦肯野纤维完全自然的离子通道补体和体内自然环境进行实验，而这种体内环境在 hERG 转染的非心肌细胞（如 CHO、HEK 239）中难以实现。因此，采用浦肯野纤维，可以在不受体外生理学影响的情况下对动作电位进行电生理学研究，并分析复极化时间的延长，以及产生复极化的非结合药物浓度。此外，还可以在整个细胞束中研究参与心脏动作电位的多个离子通道的复杂相互作用。

34.4.2 离体 hERG 阻断测试方法——朗根多夫离体心脏灌流法

在朗根多夫（Langendorff）离体心脏灌流（perfused isolated heart *ex vivo*）实验中，首先将心脏从体内分离，然后经主动脉反向灌注。这样可使心脏保持活力并持续跳动数小时。在此期间，将药物添加至灌注液中。该实验的电生理学研究不受整个身体的影响。

34.5 hERG 阻断的体内测定——心电遥测技术

评估和研究候选药物对 hERG 阻断的最终方法是使用动物（如犬、猴子）进行心电图监测。该方法可获得大量的信息，如图 16.5 所示的 ECG。将用于测试各种心脏功能的电极与动物连接，可直接在活体动物中观察到 QT 间期延长和 TdP 的诱发。该方法的结果是直观和明确的，但工作量大，且价格昂贵。

34.6　hERG 阻断研究在药物发现中的应用

可以在药物研发的适当时期采用不同的 hERG 阻断测试方法。

① 使用计算机工具分析预测苗头化合物和计划合成化合物的结构，识别可能具有 hERG 阻断倾向的化合物。

② 当化合物被合成后，可通过高通量 hERG 阻断测试法对其进行筛选，首选自动膜片钳技术。如果新合成的类似物是为了减弱 hERG 阻断副作用，那么测试实验就变得更为重要。

③ 采用手动全细胞膜片钳技术对筛选获得的候选药物进行详细的 hERG 阻断研究。

④ 对开发前的候选药物进行详细的离体或体内心律失常遥测研究。

（江　波　徐盛涛）

思考题

（1）计算机筛选 hERG 阻断工具最适用于什么？
（2）通常认为哪种体外 hERG 阻断测试方法最具预测性？
（3）如果存在潜在的心律失常风险，FDA 会要求在人体中使用哪种 hERG 阻断测试方法进行相关研究？
（4）用于 hERG 研究的膜电位染料方法依赖于以下哪些选项？
　　（a）膜电位；（b）K^+ 转运蛋白；（c）与细胞质成分相互作用产生荧光；（d）与细胞外成分相互作用产生荧光。
（5）hERG 膜电位染料法和 Rb 通量法的缺点是什么？
（6）关于放射性配体 hERG 结合测试方法，以下哪项是正确的？
　　（a）使用放射性标记的 hERG 蛋白；（b）先将放射性标记的配体与 hERG 蛋白一起孵育，然后加入受试化合物；（c）使用放射性标记的 hERG。
（7）在 Rb 通量法中，Rb 代表什么？为什么使用 Rb？
（8）在膜片钳方法中，通过向细胞膜插入毛细管可实现以下哪些选项？
　　（a）将受试化合物引入细胞的传递途径；（b）引入 hERG 基因；（c）细胞内部和外部之间的电连接；（d）控制跨膜电位；（e）将 hERG 抑制剂导入细胞。
（9）膜片钳方法主要测试什么指标？
（10）用于药物发现的标准膜片钳方法的缺点是什么？
（11）在高通量膜片钳方法中，以下哪些选项是正确的？
　　（a）通量远高于手动膜片钳；（b）总是在培养基中添加已知的竞争性 hERG 阻断剂；（c）在孔洞的底部形成一个小孔补丁并施加负压；（d）自动化的商用仪器需要更少的操作时间和经验技能。
（12）以下哪项是 iPSC 心肌细胞测试方法的潜在优势？
　　（a）不需要受试化合物；（b）可使用可能影响心律失常的具有其他离子通道和细胞功能的完整心肌细胞；（c）价格比配体结合法更低。

参考文献

[1] M.R. Bowlby, R. Peri, H. Zhang, J. Dunlop, hERG (KCNH2 or Kv11.1) K+ channels: screening for cardiac arrhythmia risk, Curr. Drug Metab. 9 (2008) 965-970.

[2] U.S. Food and Drug Administration, Guidance for industry, S7B nonclinical evaluation of the potential for delayed ventricular

repolarization (QT interval prolongation) by human pharmaceuticals, 2005. http://www.fda.gov/downloads/drugs/guidanceco mplianceregulatoryinformation/guid ances/ucm074963.pdf.

[3] A.M. Aronov, Predictive in silico modeling for hERG channel blockers, Drug Discov. Today 10 (2005) 149-155.

[4] S. Wang, Y. Li, L. Xu, D. Li, T. Houa, Recent developments in computational prediction of hERG blockage, Curr. Top. Med. Chem. 13 (2013) 1317-1326.

[5] A. Aronov, In silico models to predict QT prolongation, in: B. Testa, H. van de Waterbeemd (Eds.), Comprehensive Medicinal Chemistry, Elsevier, Amsterdam, 2007, pp. 933-955. 5.

[6] A.M. Aronov, Tuning out of hERG, Curr. Opin. Drug Discov. Devel. 11 (2008) 128-140.

[7] R.C. Braga, V.M. Alves, M.F. Silva, E. Muratov, D. Fourches, A. Tropsha, C.H. Andrade, Tuning HERG out: antitarget QSAR models for drug development, Curr. Top. Med. Chem. 14 (2014) 1399-1415.

[8] D.J. Diller, In silico hERG modeling: challenges and progress, Curr. Comput. Aided Drug Des. 5 (2009) 106-121.

[9] B.O. Villoutreix, O. Taboureau, Computational investigations of hERG channel blockers: new insights and current predictive models, Adv. Drug Deliv. Rev. 86 (2015) 72-82.

[10] Anon, Measuring Membrane Potential Using DiBAC With the FLIPR® I and FLIPR384 Fluorometric Imaging Plate Reader Systems, Molecular Devices Application Note, www.moleculardevices.com/library.

[11] A. Dorn, F. Hermann, A. Ebneth, H. Bothmann, G. Trube, K. Christensen, C. Apfel, Evaluation of a high-throughput fluorescence assay method for HERG potassium channel inhibition, J. Biomol. Screen. 10 (2005) 339-347.

[12] Anon, Characterization of hERG channel blockers using the FLIPR Potassium Assay Kit on the FlexStation 3 Multi-Mode Microplate Reader, Molecular Devices Application Note, www.moleculardevices.com/library.

[13] S.M. Murphy, M. Palmer, M.F. Poole, L. Padegimas, K. Hunady, J. Danzig, S. Gill, R. Gill, A. Ting, B. Sherf, K. Brunden, A. StrickerKrongrad, Evaluation of functional and binding assays in cells expressing either recombinant or endogenous hERG channel, J. Pharmacol. Toxicol. Methods 54 (2005) 42-55.

[14] K. Finlayson, L. Turnbull, C.T. January, J. Sharkey, J.S. Kelly, [3H]dofetilide binding to HERG transfected membranes: a potential high throughput preclinical screen, Eur. J. Pharmacol. 430 (2001) 147-148.

[15] P.J. Chiu, K.F. Marcoe, S.E. Bounds, C.H. Lin, J.J. Feng, A. Lin, F.C. Cheng, W.J. Crumb, R. Mitchell, Validation of a [3H] astemizole binding assay in HEK293 cells expressing HERG K+ channels, J. Pharmacol. Sci. 95 (2004) 311-319.

[16] M. Deacon, D. Singleton, N. Szalkai, R. Pasieczny, C. Peacock, D. Price, J. Boyd, H. Boyd, J. Steidl-Nichols, C. Williams, Early evaluation of compound QT prolongation effects: a predictive 384-well fluorescence polarization binding assay for measuring hERG blockade, J. Pharmacol. Toxicol. Methods 55 (2007) 255-264.

[17] D.R. Piper, S.R. Duff, H.C. Eliason, W.J. Frazee, E.A. Frey, M. Fuerstenau-Sharp, C. Jachec, B.D. Marks, B.A. Pollok, M.S. Shekhani, D.V. Thompson, P. Whitney, K.W. Vogel, S.D. Hess, Development of the predictor HERG fluorescence polarization assay using a membrane protein enrichment approach, Assay Drug Dev. Technol. 6 (2008) 213-223.

[18] C.S. Cheng, D. Alderman, J. Kwash, J. Dessaint, R. Patel, M.K. Lescoe, M.B. Kinrade, W. Yu, A high-throughput HERG potassium channel function assay: an old assay with a new look, Drug Dev. Ind. Pharm. 28 (2002) 177-191.

[19] S. Rezazadeh, J.C. Hesketh, D. Fedida, Rb+ flux through hERG channels affects the potency of channel blocking drugs: correlation with data obtained using a high-throughput Rb+ efflux assay, J. Biomol. Screen. 9 (2004) 588-597.

[20] H. Zheng, J. Kang, In vitro testing of proarrhythmic toxicity, in: D. Zhang, S. Surapaneni (Eds.), ADME-Enabling Technologies in Drug Design and Development, John Wiley & Sons, Inc., Hoboken, 2012, , pp. 485-492.

[21] C. Wood, C. Williams, G.J. Waldron, Patch clamping by numbers, Drug Discov. Today 9 (2004) 434-441.

[22] T. Danker, C. Moller, Early identification of hERG liability in drug discovery programs by automated patch clamp, Front. Pharmacol. 5 (2014) 1-11.

[23] D.J. Gillie, S.J. Novick, B.T. Donovan, L.A. Payne, C. Townsend, Development of a high-throughput electrophysiological assay for the human etherà-go-go related potassium channel hERG, J. Pharmacol. Toxicol. Methods 67 (2013) 33-44.

[24] J. Kramer, C.A. Obejero-Paz, G. Myatt, Y.A. Kuryshev, A. Bruening-Wright, J.S. Verducci, A.M. Brown, MICE models: superior to the HERG model in predicting Torsade de Pointes, Sci. Rep. 3 (2013) 2100, http://dx.doi.org/10.1038/srep02100.

[25] J. Ma, L. Guo, S.J. Fiene, B.D. Anson, J.A. Thomson, T.J. Kamp, K.L. Kolaja, B.J. Swanson, C.T. January, High purity human-induced pluripotent stem cell derived cardiomyocytes: electrophysiological properties of action potentials and ionic currents, Am. J. Physiol.: Heart Circ. Physiol. 301 (2011) H2006-H2017.

[26] O. Sirenko, C. Crittenden, N. Callamaras, J. Hesley, Y.-W. Chen, C. Funes, I. Rusyn, B. Anson, E.F. Cromwell, Multiparameter in vitro assessment of compound effects on cardiomyocyte physiology using iPSC cells, J. Biomol. Screen. 18 (2013) 39-53.

[27] L. Guo, R. Abrams, J.E. Babiarz, J.D. Cohen, S. Kameoka, M.J. Sanders, E. Chiao, K.L. Kolaja, Estimating the risk of drug-induced proarrhythmia using human induced pluripotent stem cell derived cardiomyocytes, Toxicol. Sci. 123 (2011) 281-289.

[28] L. Guo, L. Coyle, R.M.C. Abrams, R. Kemper, E.T. Chiao, K.L. Kolaja, Refining the human iPSC-cardiomyocyte arrhythmic risk assessment model, Toxicol. Sci. 136 (2013) 581-594.

第 35 章

毒性研究方法

35.1 引言

与其他 ADME（吸收、分布、代谢和排泄）性质相类似，毒性评价综合运用计算机模拟、体外和体内等多种方法获取关键的毒性机制数据。通过计算机预测研究毒性相关的 TPSA 和 ClgP 已在第 17 章中讨论过。计算机模拟工具已被用于预测化合物导致毒性的可能性，以及单个化合物的毒性机制。在体外水平上，可通过测试化合物毒性相关的关键指标来检测化合物的毒性。在体内水平上，可对医学明确的健康指标进行短期和长期的研究。毒性研究对新药的成功开发至关重要，需要给予极大的关注和重视。新开发的体外测试方法应产生最少的假阴性结果，以保证后续研究阶段不会出现意料之外的毒性。假阳性结果同样让人头痛，会使研究人员对先导化合物系列结构做出错误的判断。毒性迹象会遏制对先导化合物和候选化合物进行进一步研究，但可为结构修饰提供有价值的指导信息。本章将介绍药物发现和临床前毒性研究中的常见术语和方法。本章只做概括性介绍，若想获得更深入的了解，可研读更加详细的综述和专著，或咨询相关专家。

药物发现过程中的毒性研究或聚焦于产生毒性的关键机制，或广泛探寻活体动物的毒性迹象。某些毒性结果（如遗传毒性）可能会导致特定候选药物的研究终止。应用于候选药物的毒性等级测试和资源包括以下不同的阶段：

- 早期研究通过使用高通量的计算机模拟和体外方法来寻找最常见或关键毒性机制的线索。
- 对阳性毒性指标进行复杂的诊断测试。
- 继续推进的先导化合物或临床前候选药物应遵循进一步的标准研究程序：
  - 短期动物给药研究；
  - 广泛的脱靶选择性筛选；
  - 短期动物给药研究中不容易观察到的毒性机制的体外研究。

大多数药物研发机构[1]设立了毒理学研究小组专门配合药物发现项目，以便尽早识别和纠正毒性问题。早期毒性研究合作的优势如下：

- 在药物发现过程中给出有关先导化合物优先级别的更明智决策；
- 在优化阶段可以通过对先导化合物开展结构修饰以消除毒性；
- 向监管机构证明毒性问题已得到充分研究，不会对临床志愿者造成风险；
- 在开发阶段避免由于毒性而导致的候选药物资源的浪费；
- 为 I 期临床人体给药研究提供最优计划。

人用药品注册技术要求国际协调会（The International Conference on Harmonization of Technical Requirements for Registration of Pharmaceuticals for Human Use，ICH）发布了候选药物监管安全性测试的指南，包括致癌性、遗传毒性、生殖毒性、免疫毒性和其他毒性。有关详细信

息,请访问 http://www.ich.org/products/guidelines/safety /article/safety-guidelines.html。

35.2 计算机模拟毒性预测方法

体内毒性测试是非常昂贵的,并且需要花费很长时间,消耗大量的化合物。因此,已经开发了用于早期测试的计算机模拟和体外筛选方法。由于某些化学结构片段和骨架导致某些类型毒性反应的可能性很大,这也使得定量构效关系(quantitative structure-activity relationship,QSAR)研究可以通过计算机模拟算法预测化合物的毒性反应[2,3]。但是,计算机虚拟模型的开发目前还存在一定的局限性,特别是在毒理学数据的质量和数量、每种毒理机制的复杂性,以及不同毒理机制的多样性等方面。

35.2.1 基于知识的专家系统计算机模拟毒性预测方法

一般分类和专家意见已被纳入基于知识(knowledge-based)的预测方法中,为根据结构特征评估新化合物的毒性概率提供了更多的规则。现已对数千种化合物进行了研究,并制定了数千条规则。

Derek Nexus 是非营利性的 Lhasa 公司提供的专家预测系统。专家委员会确定了关于哪些子结构可能具有毒性的规则,并将其纳入软件程序。预测毒性时,如果根据规则显示某一化合物可能具有毒性,则能够证明该特定子结构可能具有毒性的参考文献就会自动显示在屏幕上,用户可以追踪这些文献。Meteor Nexus 是一款能够预测候选药物代谢产物的相关软件,随后可进一步通过 Derek Nexus 系统验证代谢产物的潜在毒性。Derek Nexus 系统能预测多种类型的毒性,而且该系统界面易于操作使用,并可实现批量运行。美国 FDA 已将 Derek Nexus 和 Meteor Nexus 的检测结果纳入新药申请的审查过程。

OncoLogic 是一款可以免费下载的软件,包含了大量的规则,由美国环境保护署(Environmental Protection Agency,EPA)开发。该软件可用于致癌性和机理的预测,用户可与软件进行交互以优化评估结果。

HazardExpert Pro 通过与结构片段相关的毒性对化合物进行评估。该软件在毒性预测中还可估算化合物的生物利用度和生物蓄积,与 MetabolExpert 相结合还可预测化合物代谢产物的可能毒性。

35.2.2 基于统计学的计算机模拟毒性预测方法

在这些程序中,会对化合物结构和亚结构之间的关联性参数进行计算,计算模型主要是基于 QSAR 和神经网络技术。

Topkat 采用基于 QSAR 的模型,通过电拓扑结构描述符评估结构,并与统计学的线性回归和线性自由能关系拟合以构建模型。

Case Ultra 将结构分为小的结构片段以用于模式识别,并对每个部分进行预测。它与 Meta PC 相互作用来预测代谢产物,进而预测其毒性。

药物发现 ADMET 产品 Percepta™ 和 ADMET Predictor™ 软件中也包括毒性预测的功能。许多公司都已为其研究人员配备了 ADMET 预测软件。

表 35.1 列举了常用的计算机虚拟毒性预测工具及其他体外测试工具。许多大型制药公司根据自己的数据开发了供内部使用的专有毒性预测工具。

表 35.1　毒性研究产品及其供应商举例

产品	公司	主题	网址
计算机预测			
Derek Nexus	Lhasa Ltd.	多种毒性机制	www.lhasalimited.org
Meteor Nexus	Lhasa Ltd.	潜在代谢产物	www.lhasalimited.org
Sarah Nexus	Lhasa Ltd.	致突变性	www.lhasalimited.org
OncoLogic	U.S. EPA	致突变性	www.epa.gov/oppt/sf/pubs/oncologic.htm
HazardExpert Pro	CompuDrug	多种毒性机制	www.compudrug.com
Discovery Studio Topkat	Accelrys	致突变性	www.accelrys.com
Case Ultra	MultiCASE Inc.	多种毒性机制	www.multicase.com
Meta PC	MultiCASE Inc	潜在代谢产物	www.multicase.com
ADMET Predictor™	Simulations Plus	多种毒性机制	www.simulations-plus.com
Percepta	ACD Labs	多种毒性机制	www.acdlabs.com
ToxAlert	CompuDrug	毒性筛查	www.compudrug.com
Leadscope® Expert Alerts	Leadscope	多种毒性机制	www.leadscope.com
Leadscope® QSAR Models	Leadscope	毒性机制	www.leadscope.com
Leadscope® Consultants	Leadscope	毒性咨询	www.leadscope.com
Computational Toxicology	Comput. Tox.	毒性咨询	www.computationaltoxicologyservices.com
体外			
LDH kit	Roche Applied Science	细胞裂解	www.rocheappliedscience.com
Ames MPF™ and II™ kits	Xenometrix	Ames 致突变性	www.xenometrix.ch
SOS-ChromoTest™	EBPI	致突变性	www.ebpi-kits.com
GreenScreen HC™	Gentronix	致突变性	www.gentronix.co.uk
BlueScreen HC™	Gentronix	致突变性	www.gentronix.co.uk
CAR Coactivator Assay Kit	Life Technologies	CYP 诱导	www.lifetechnologies.com
Human Hepatocytes	Celsis In Vitro Tech.	CYP 诱导	www.celsis.com
RNeasy™ Mini Kit	QIAGEN	CYP 诱导	www.qiagen.com
TaqMan™ RT-PCR method	Applied Biosystems	CYP 诱导	www.lifetechnologies.com
ABI 7500 Fast RT-PCR™	Applied Biosystems	CYP 诱导	www.lifetechnologies.com

35.3　体外毒性研究方法

像其他药物性质一样，体外实验也可用于毒性的筛选和测试[2]。这种策略仅需要使用少量的化合物和实验动物即可研究大量化合物特定的毒性机制[3]。体外方法也可用于后期研究特定的毒性问题，尤其是在体内毒性研究中未能被很好地涵盖的方面，如会引发癌症的致突变性。以下各节将讨论许多药物研发科学家常用的体外毒性研究方法。ICH 为多种体外毒性实验提供了指南[4]。所有体外实验最终均需通过体内毒性结果来判断预测的准确性。

35.3.1　药物相互作用研究方法

联合用药可能会引起药物相互作用（drug-drug interactions，DDI），进而导致毒性。DDI 的机制包括细胞色素 P450（CYP）抑制、代谢酶和转运蛋白诱导，以及转运蛋白抑制。药物"肇事者"改变了药物"受害者"的药代动力学性质，从而使其暴露水平增加并达到毒性范围。CYP 抑制和转运蛋白抑制的研究方法已在第 27 章和第 32 章中讨论。

代谢酶诱导的研究方法

一些药物能够诱导某些药物代谢酶和转运蛋白的合成［如 CYP、UDP-葡萄糖醛酸糖基转移酶（UDP-glucuronosyltransferase，UGT）、P-gp］。这些药物会促使表达相关酶或转运蛋白的 mRNA 水平上调，从而导致酶或转运蛋白的合成增加及浓度升高。如果一种药物主要由诱导酶代谢，则在诱导酶水平较高的情况下，其代谢率将高于正常水平。这会引起两方面的作用，即药效降低和毒性增加：药物"受害者"意料之外的高清除率会导致其暴露量低，从而降低其治疗效果；诱导代谢的酶可引起毒性反应代谢产物浓度的增加，进而导致毒性。例如，对乙酰氨基酚可代谢为引起毒性反应的 N-乙酰基对苯并醌亚胺（N-acetyl-p-benzoquinoneimine，NAPQI）。

为了评估诱导效应，常采用以下三种类型的测试：

- 测试表达代谢酶的 mRNA 水平；
- 测试代谢酶的活性；
- 核受体的激活，如孕烷 X 受体（pregnane X receptor，PXR）。

FDA 指定了 mRNA 的具体测定方法[5]。下面首先介绍这一指定方法，再介绍其他方法。

（1）肝细胞代谢酶诱导的测试方法

代谢酶诱导的测试一般采用人源肝细胞，主要监测两个诱导变量：代谢酶 mRNA 水平和酶活性。以下将讨论这两种诱导检测技术。

① 代谢酶诱导的 mRNA 体外检测方法。代谢酶诱导的标准实验是检测人工培养的人源肝细胞中 mRNA 水平的变化。肝细胞必须来自 ≥3 个捐献者。通常会检测 CYP1A2、CYP2B6 和 CYP3A，随后可通过体内研究进一步评估临床相关的 DDI[5,6]。将来自多个捐献者的肝细胞在胶原蛋白包被的 24 孔或 48 孔板中培养 24 h。连续 3 天将受试化合物添加到每个孔中，然后使用实时定量 PCR（real-time quantitative PCR，RT-PCR）TaqMan 方法提取和定量代谢酶相关的 mRNA。

根据浓度依赖曲线计算 E_{max} 和 EC_{50}。可通过多种不同的方法评估临床 DDI，包括基于生理学的药代动力学建模（例如 SIMCYP）、静态模型和相对诱导评分（relative induction score，RIS）方法。RIS 通过以下方程式计算：

$$RIS = (c_u \times E_{max}) / (c_u + EC_{50})$$

式中，c_u 是指体内未结合的血浆药物浓度；E_{max} 是最大作用，而 EC_{50} 是半数最大有效浓度[7,8]。

② CYP 诱导酶活性的体外测试方法。受试化合物对 CYP 同工酶的诱导水平可以被直接测定[9,10]。首先将肝细胞暴露于受试化合物一段时间（如 3 天）。诱导一段时间后，将肝细胞与各种 CYP 酶的特异性底物一起孵育，随后测定肝细胞中每种 CYP 酶的代谢速率。与未处理的肝细胞相比，底物的代谢速率增加表明 CYP 酶被受试化合物所诱导。前文中介绍的 mRNA 方法比酶活性方法更灵敏，提供的数据更翔实[11]。

（2）CYP 诱导的体外核受体激活测试方法

PXR 主要调节 CYP3A、CYP2B6 和 CYP2C8/9/19 谷胱甘肽 S-转移酶（glutathione S-transferase）和其他 II 相酶；芳烃受体（aryl hydrocarbon receptor，AhR）负责调节与芳烃代谢相关的 CYP（如 CYP1A2）；而组成性雄烷受体（constitutive androstane receptor，CAR）主要调节 CYP2B6、CYP2C8/9、磺基转移酶（sulfotransferase）和谷胱甘肽 S-转移酶。

以上受体的机制是相似的。该方法通过配体与胞浆中 PXR、AhR 或 CAR 结合而生成的受体复合物来检测外源性化合物的存在。配体结合释放进入核内的受体，并在核内与类视黄醇 X 受体

（retinoid X receptor，RXR）结合，随后共同与启动子的特异性应答元件结合以调节代谢酶的基因表达。

为了检测 PXR 诱导，研究人员在特殊的细胞系中对 PXRE- 荧光素酶报告基因（PXRE-luciferase reporter gene）进行了改造[12]。当诱导剂激活 PXR 并与 PXRE 结合时，会表达可被检测到的荧光素酶。另一种用于高通量的 PXR 分析方法是竞争性替代时间分辨荧光共振能量转移（time-resolved fluorescence resonance energy transfer，TR-FRET）测试，该方法已实现商业化（表 35.1）。在 TR-FRET 测试中，受试化合物将从 PXR 的结合位点取代特有的 FRET 配体。

AhR 实验[13]是基于 AhR 介导的报告基因表达（荧光素酶），被称为 *CALUX*。在二噁英反应的增强剂的控制下，以荧光素酶报道基因稳定转染大鼠肝癌细胞系。细胞在 96 孔板中培养 24 h 后，加入受试化合物共同孵育 24 h，去除培养基，洗涤细胞，通过裂解提取荧光素酶，并使用光度计测量荧光素酶的活性。荧光素酶的活性增加表明 AhR 的诱导增加。

CAR TR-FRET 测试也已经实现了商业化（表 35.1）。在该测试中，受试化合物将从 CAR 的结合位点置换特有的 FRET 配体。

35.3.2　hERG 阻断的体外研究方法

hERG 阻断可能导致心律不齐，其研究方法已第 34 章中讨论。

35.3.3　基因毒性的体外研究方法

基因毒性（genetic toxicity）包括取代、插入或减少碱基对等改变 DNA 序列的诱变因素，通常会引发癌症。多种化学机制可引起突变（如活性氧和芳基环氧化物与碱基对形成的加合物）。基因毒性还包括因 DNA 链断裂而造成的染色体损坏，被称为致断裂作用（clastogenicity）。因此，基因毒性常被用作药物发现阶段化合物致癌性风险的早期测试。通常采用分级策略，首先采用计算机模拟工具筛选所有化合物，再通过高通量分析方法筛选计算机模拟工具指示的少量化合物，并在全面药物开发研究之前进行高级或 GLP 水平检测。

目前，已开发了几种体外和体内实验来检测由受试化合物引起的 DNA 损伤。对受试化合物同时进行两个或多个平行致突变性测试，可获得最高的灵敏度[14]。这些实验可检测出多种致癌物，但也不是全部，尤其是那些通过 DNA 损伤以外的其他机制而发挥作用的致癌物。在许多基因毒性实验中，首先向实验基质中添加肝脏 S9 和辅助因子以对受试化合物进行代谢活化，然后再进行突变检测。这种策略能够同时检测化合物及其代谢产物是否能够引起 DNA 的损伤。

ICH 为标准的基因毒性实验制定了指南。测试指南中的一种选择是：①细菌基因突变的体外测试（Ames 测试）；②染色体损伤的体外测试；③啮齿动物造血细胞染色体损伤的体内测试。IND 研究主要包括前两项。通过学习相关指南，可以明确候选药物进入深入开发必须满足的条件，以避免候选药物的研究终止。

35.3.3.1　体外 Ames 致突变性测试

GLP Ames 测试是评价化合物及其代谢产物引起 DNA 突变风险的黄金标准测试方法[15,16]。移码突变（frame shift）和碱基对替换都可被检测到。Ames 测试中通常使用鼠伤寒沙门氏菌的四个突变株和大肠埃希菌的一个突变株，每个菌株均含有一个碱基对缺失，导致它们无法合成组氨酸（沙门氏菌菌株）或色氨酸（大肠埃希菌菌株），因此菌株只能在添加了组氨酸或色氨酸的生长基质中正常生长。如果菌株在组氨酸或色氨酸碱基对缺失的位置发生突变，进而可合成功能性的酶，则菌株无须补充氨基酸即可实现生长。测试中也可以加入肝脏 S9，以便同时筛选化合物代谢产物的致突变性。

实验中，先将细菌在培养基中培养过夜。然后加入受试化合物（如 5 mg/板）、肝脏 S9 和代谢辅因子并孵育 1 h。将该溶液与琼脂混合后铺板（不加组氨酸或色氨酸）。孵育 72 h 后，对菌落计数。与对照相比，菌落数量增多表明突变率更高。这些菌落被称为回复突变体（revertant）。

标准的 Ames 测试通常需要较多的耗材和较长的时间，因此已经开发出了更节省材料和时间的改进实验，其表现出与完整的 Ames 实验很好的一致性[15]。"Mini Ames"和"Micro Ames"测试使用的沙门氏菌菌株更少，规模更小（分别为 6 孔和 24 孔）。"生物发光微型筛选（bioluminescent miniscreen）"使用转染的菌株，该菌株在发生突变时会产生荧光素酶反应，可通过酶标仪进行检测。"Ames II™"和"Ames MPF™"属于液相悬浮实验，通过比色指示剂来测量细菌何时会突变为回复体。"SOS 显色法（SOS Chromotest）"使用基因改造的大肠埃希菌菌株，该菌株可指示 SOS DNA 修复损伤系统何时被激活（通过使用转染的 lac Z 报告基因）。该菌株经过改造，缺乏用于 DNA 切除修复的基因，并使细胞壁对诱变剂的通透性更强[17~24]。高通量 Ames 实验存在的一个问题是极少发生突变（每代 10^9 个细菌中仅有 1 个发生突变）[16]，因此对 GLP Ames 测试进行验证是非常重要的。制药公司的研究小组已详细综述了相关测试方法的优缺点[16]。

通常情况下，高通量 Ames 实验用于筛选药物发现中的化合物，标准的 Ames 测试则用于对候选药物进行完整的评估，并纳入 IND 的数据信息。

35.3.3.2　TK 小鼠淋巴瘤细胞的体外致突变性测试

与 Ames 实验类似，受试化合物可在小鼠淋巴瘤实验中通过碱基对置换和移码引起基因突变，不同之处是测试在哺乳动物细胞中进行。该实验中的胸苷激酶（thymidine kinase，TK）基因可突变为无功能的形式。TK 的正常功能是将胸苷磷酸化生成一磷酸胸苷（thymidine monophosphate，TMP）。TMP 的浓度可控制细胞中 DNA 的合成速率。以受试化合物作用细胞后，将胸苷类似物三氟胸苷（trifluorothymidine，TFT）引入细胞。具有正常 TK 的细胞会发生死亡，但具有 TK 突变的细胞则不受 TFT 的影响。

实验中，悬浮在培养基中的小鼠淋巴瘤细胞首先在受试化合物（在一定浓度范围内）、肝脏 S9 和辅因子作用下孵育 4 h，然后将细胞离心并洗涤以除去受试化合物，重新悬浮并孵育 2 天。再将细胞接种到含有 TFT 的 96 孔板中。14 天后，对细胞集落计数，活集落的数量越多表明受试化合物的致突变活性越强[25~27]。

35.3.3.3　HPRT 中国仓鼠卵巢细胞的体外致突变性测试

该方法是另一种基于哺乳动物细胞的致突变性实验，对 HPRT 基因突变为非功能性形式较为敏感。在该实验中，以受试化合物处理细胞后，将核苷类似物 6-硫鸟嘌呤（6-thioguanine，6-TG）引入细胞。由于 HPRT 参与 DNA 的合成，因此具有正常 HPRT 的细胞会发生死亡，但具有 HPRT 突变的细胞不会受到 6-TG 的影响。

实验中，首先将悬浮在培养基中的中国仓鼠卵巢（Chinese hamster ovary，CHO）细胞与受试化合物（在一定浓度范围内）、肝脏 S9 和辅因子共同孵育 4 h，然后将细胞离心并洗涤除去受试化合物，重新悬浮并孵育 3 天。随后将细胞接种到含有 6-TG 的 96 孔板中。10 天后，对细胞集落进行计数，活集落的数量越多表明受试化合物的致突变活性越强。

35.3.3.4　微核致断裂作用的体外测试

该实验可以识别破坏染色体或干扰细胞分裂并产生异常 DNA 片段的化合物。在有丝分裂期，由于着丝粒被破坏或缺乏，染色体无法正常迁移，最终断裂的 DNA 片段及整个游离的染色体黏附在膜上形成微核（micronuclei）。微核可通过显微镜进行观察。

在单点模式的实验中，将高浓度（如 10 mmol/L）的受试化合物与细胞（如 CHO）孵育（可结合代谢活化或不活化）。将细胞染色并通过显微镜检查包含微核结构的细胞数目，以及每个细胞内的微核数量。如果受试化合物形成的微核数量呈现出剂量依赖性，或者微核的产生具有重现性，则将该受试化合物归类为"阳性"[28~30]。商业化的细胞图像分析和流式细胞分析系统[15,31]，可以实现更快速的无人监测的微核检测（表 35.2）。

表 35.2　可提供毒理学检测服务的合约研究机构（CRO）举例

公司	网址	公司	网址
Charles River	www.criver.com	Wuxi Apptec	www.wuxiapptec.com
Admescope	www.admescope.com	BASi	www.bioanalytical.com
Cyprotex	www.cyprotex.com	QPS	www.qps.com

35.3.3.5　致断裂作用的体外彗星实验

在彗星实验（comet assay）中，将高浓度（如 10 mmol/L）的受试化合物与细胞（如 CHO）孵育 6 h，然后将细胞嵌入显微镜载玻片上的琼脂糖中，在温和的碱性条件下将细胞溶解，并对细胞进行凝胶电泳。单链和双链断裂或松弛的 DNA 片段会向正极迁移，而未改变的 DNA 因太大而不能迁移通过细胞核。染色后通过荧光显微镜对 DNA 的迁移进行观测。因为 DNA 的碎片轨迹看起来如同彗星的尾巴，因此称为彗星实验。"彗星"尾部（DNA 片段）的相对荧光强度显示了 DNA 断裂的频率。这种方法也称为单细胞凝胶电泳实验，该方法对基因毒性化合物引起的 DNA 断裂非常灵敏[32~34]。

35.3.3.6　致突变性和致断裂作用的体外 GADD45a-GFP 测试

GADD45a（生长停滞和 DNA 损伤）基因是基因组应激的生物标志物，它参与调节 DNA 修复、有丝分裂延迟和凋亡。将 GADD45a 基因与绿色荧光蛋白（green fluorescent protein，GFP）相连接，并转染到含有野生型 p53 基因的 TK6 人淋巴母细胞中[35]，获得了稳定的细胞系（GenM-T01），并以 96 孔形式用于基因毒素的检测。检测试剂盒（GreenScreen GC 和 HC）可从 Gentronix 购得。在初步的测试中，该实验在灵敏度（成功检测致癌物）和选择性（成功识别非致癌物）方面均优于其他实验。除诱变剂外，该实验还可用于检测非整倍体诱发剂（aneugen，干扰有丝分裂中的染色体分离），非整倍体诱发剂通常采用微核实验进行检测。细胞系中 p53 的存在非常重要，因为其可准确诱导细胞对基因毒素的反应，但 p53 在一些体外基因毒性分析的细胞系中是缺失的。可以优先开展这一高通量实验，以提高早期测试的效率。

35.3.4　体外细胞毒性的研究方法

细胞毒性是指由受试化合物引起的细胞功能的改变[36]。因为化合物可以通过多种不同的机制阻碍细胞的正常功能，因此可被有效识别。采用肝细胞进行细胞毒性测定是有利的，因为受试化合物及其代谢物都可能导致毒性。

35.3.4.1　体外 ATP 消耗细胞毒性测试

ATP 是细胞的主要能量来源。当细胞由于不同的毒性机制而处于不健康的状态时，ATP 的水平通常会下降。因此，ATP 消耗可作为细胞毒性的一种衡量标准。

在体外 ATP 消耗细胞毒性测试中，采用的是从 ATCC 获得的转化的人肝上皮（transformed human liver epithelial，THLE）细胞系。将培养的 THLE 细胞以不同浓度的受试化合物作用 72 h，然后测试 ATP 的消耗。如果 THLE 的 $LC_{50} \leqslant 50$ mmol/L，则在 $c_{max} \geqslant 10$ mmol/L 的体内探索性毒性研究中产生毒性的概率比 $LC_{50} > 50$ mmol/L 时高五倍。因此，THLE 检测的结果可用于确定进行体内短期（急性）毒性研究的化合物的优先顺序[37]。

35.3.4.2 体外 MTT 人肝细胞毒性测试

该方法可有效检测能够对细胞线粒体功能造成干扰的化合物。正常功能的指标是线粒体可将黄色的 3-(4,5-二甲基噻唑-2)-2,5-二苯基四氮唑溴盐（MTT）还原为紫色的甲臜（formazan）。通过分析 570 nm 处的吸收可测定甲臜的浓度。

将人肝细胞或 CHO 细胞铺板并培养 2 天。加入受试化合物并在 10～1000 μmol/L 的浓度下培养 24 h。除去含有受试化合物的培养基，替换为含有 MTT 的培养基。培养 3 h 后，裂解细胞，以有机溶剂提取甲臜，并测定在 570 nm 处的吸收。如果吸收值低于对照组，则表明该测试化合物对细胞具有毒性。

35.3.4.3 体外 LDH 细胞毒性测试

死亡细胞的质膜会裂解并将细胞内容物释放到基质中。其中乳酸脱氢酶（lactate dehydrogenase，LDH）就是一种被大量释放的酶。LDH 的浓度可通过比色法测定。将一系列不同浓度的受试化合物与细胞作用 24 h，收集培养基并以检测试剂盒（Roche）检测 LDH 活性。膜裂解释放的其他酶的测定还包括丙氨酸转氨酶（alanine aminotransferase）和天冬氨酸转氨酶（aspartate aminotransferase）。

35.3.4.4 体外中性红细胞毒性测试

中性红（neutral red，NR）是一种可被肝细胞吸收并聚集在溶酶体中的染料，是健康细胞的标志物。以受试化合物处理肝细胞，NR 摄取的增加与细胞的存活增加有关。这种检测方法比上述 LDH 释放测试更为简单、灵敏[38]。

35.3.5 体外胚胎致畸性测试

候选药物对胚胎发育的影响可通过大鼠全胚胎培养（whole-embryo culture，WEC）模型进行测试[39]。首先将发育 9 天的大鼠胚胎（早期器官形成阶段）与不同浓度的受试化合物共同培养 2 天，然后在显微镜下检查胚胎的异常形态发育。该方法和深入的体内啮齿动物胚胎学模型具有最高的一致性。

斑马鱼模型是一种更新颖的方法[40,41]。斑马鱼很小，易于看护，且只需要给予少量的受试化合物。在 384 孔板中处理斑马鱼胚胎较为容易，它们的大小和透明度使其致畸性研究的特定发育终端可被容易地检查，异常的形态很容易被观察到。受精后以受试化合物处理胚胎 4～6 h，并检查胚胎的形态学异常，持续 5 天。该方法可成功地对 87% 的受试化合物进行分类识别[41]。

35.3.6 体外脱靶选择性筛选

为了避免化合物作用于体内的其他靶点（如酶、离子通道、受体）而产生脱靶毒性，通常对选定开展深入研究的先导化合物进行不同靶点的筛选。这一工作通常由合约实验室（CRO，如 Eurofins Panlabs、Ambit Biosciences）完成，并计算相对于其他靶点的安全系数（见第 17 章）。

35.3.7 体外活性代谢产物测试

反应代谢产物与内源性蛋白的共价结合及其作用仍然是药物发现需要研究的重要领域[42,43]。相关实验主要是检测化合物及其代谢产物与细胞成分的反应性[44]。代谢反应可能生成活性亲电中间体或活性代谢产物，它们可与代谢酶、肝细胞及体内其他部位的亲核位点（如蛋白质）发生共价反应，进而导致其正常功能的丧失或引发免疫反应。

35.3.7.1 谷胱甘肽捕获的体外活性代谢物测试

谷胱甘肽[图35.1（a）]是一种普遍存在的肽，可捕获活性化合物（通过与巯基反应）并减少氧化剂的水平（生成谷胱甘肽二聚体），以防止体内重要的蛋白质和核酸受到破坏。基于谷胱甘肽巯基与活性物质的反应，开发出了相应的活性代谢物检测方法。该方法通过微粒体或肝细胞来提供代谢性 CYP450（cytochrome P450，CYP）酶。采用 LC/MS/MS 技术提取并分析谷胱甘肽和 N- 乙酰半胱氨酸的加合物。以分子离子或特定的中性丢失（neutral loss，NL）MS/MS 模式（如正离子模式下的 NL 为 129，负离子模式下的 NL 为 272）对加合物进行检测[图 35.1（b）][45~47]。这种方法无须合成放射性标记的候选药物即可进行筛选。谷胱甘肽与候选药物的连接位置可以通过 MS/MS 和核磁共振（nuclear magnetic resonance，NMR）进行确定。

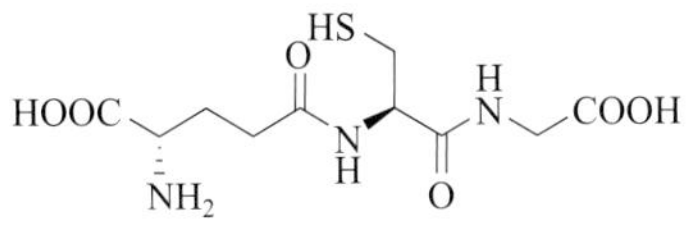

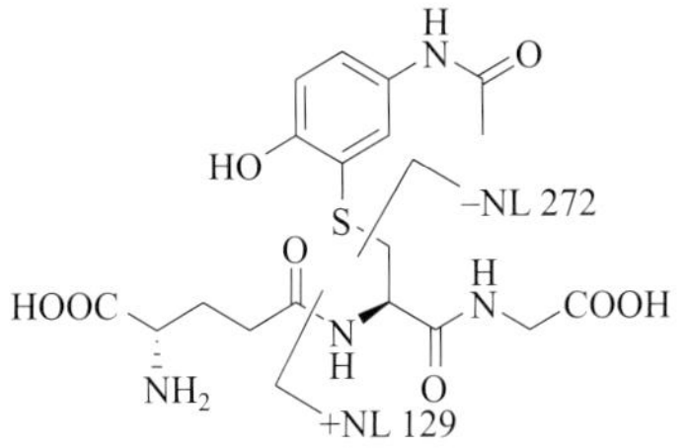

图 35.1 （a）谷胱甘肽和（b）谷胱甘肽 -NAPQI 偶联物的结构
NAPQI 为对乙酰氨基酚的活性代谢物。在中性丢失（neutral loss，NL）为 129 的正离子模式和 NL 为 272 的负离子模式下，采用 NL 二级质谱（MS/MS）扫描谷胱甘肽的加合物

因为该方法可能产生假阳性结果，所以应进行验证，需使用其他方法对结果进行确认。内源性化合物也会引起假阳性。替代方法包括使用等摩尔稳定示踪的谷胱甘肽类似物产生在 MS 数据中清晰可见的二倍 MS 离子，并使用氰化物作为捕获剂。先进的质谱扫描技术（如质量缺失、数据依赖性实验和高分辨率质谱）可用于进一步加快实验速度，定量反应产物，同时产生更少的假阳性结果[48]。

35.3.7.2 共价蛋白结合的体外活性代谢物测试

可以将放射性同位素标记的药物与微粒体或肝细胞共同培养 1 h（见第 29 章），分离蛋白质并分析其放射性（共价结合）。评估的指导原则是判断蛋白质是否已共价结合超过 50 pmol/mg 的化合物。该实验也可在体内进行[49,50]。

35.4 体内毒性研究方法

体内毒性研究非常重要，因为体内毒性是复杂相互作用的生命系统内毒性的最终指标。在临床前研究阶段，需要开展短期毒性研究，以指导 IND 和首次人体（first-in-human，FIH）的 I 期临床试验的给药方案。

35.4.1 短期体内毒性研究方法

急性毒性研究是在药物发现过程中针对选定的先导化合物，或在出现特定问题时开展的研究。实验中使用有限数量的动物，且研究的持续时间较短（如 5～14 天）。在临床前毒性研究中测试的参数（如安全药理学、尸体解剖组织学）一般不太详细，并且是在 non-GLP 条件下进行的。药物开发毒性研究有时与体内药理学研究协同进行，因此所需的资源更少。对于药物发现中的先导化合物，体内毒性研究的目的如下：
- 检查是否存在毒性迹象；
- 作为评判先导化合物优先次序的重要依据；
- 如果发现毒性，将对其他先导化合物进行毒理学检查。

35.4.2 临床前和临床体内毒性研究方法

一旦药物研发项目组将临床候选药物推进至开发阶段，即需要开展临床前和临床体内毒性测试。体内毒性实验需要在 FIH 给药实验前在 GLP 条件下使用高度详细的标准化方案开展[51]。在候选药物推进和 I 期临床试验之间，工业界进行临床前研究的一般流程如下。
- 急性毒性。单一剂量。
- 慢性毒性。2～14 周，每日给药，啮齿动物和非啮齿动物。
- 致癌性。2 周，慢性给药。
- 基因毒性。体外 Ames 测试、体内小鼠微核测试、染色体畸变实验。
- 安全性药理学。通过对中枢神经系统、心血管（包括生物遥测）、呼吸、胃肠和肾脏的医学检查和测试来监测正常的健康、行为和功能。测试包括体貌、体重、食物消耗量、眼功能、心电图、血液化学、尿液和器官质量。这些研究大多是由 ICH 的指南所定义的[4]。

实验中会收集给药的动物的 50 个或更多的组织进行全显微镜组织学检查。

药代动力学研究通常在毒性研究期间进行，并与毒理学研究相关联，这就是所谓的毒物代谢动力学（toxicokinetics）。毒物代谢动力学研究可以确定如下参数。
- 无毒性效应剂量（no effect level，NOEL）。无毒性的最高剂量或暴露量。
- 最大无毒性反应剂量（no adverse effect level，NOAEL）。产生可控毒性的最高剂量或暴露量。
- 治疗指数（安全性边界）。NOEL 或 NOAEL/ 有效剂量或暴露量。

如果观察到严重毒性或治疗指数太窄，候选药物的研究将被终止。

临床前研究的目的是预测患者面临的用药风险、确保一个宽的治疗指数、设计临床 I 期研究及给药方案、确定受影响的器官、寻找人体中较高剂量下的毒性标记物、确定所有毒性代谢产物，以及检测不能在人体内研究的药物反应[52]。

在 I～III 期临床研究中会进行更详细的动物毒性试验，具体如下。
- 长期毒性：3～12 个月，啮齿类动物和非啮齿类动物（如犬、猴）。

- 生殖健康：交配行为、发情周期、精子、生育能力。
- 胚胎发育：存活、正常胚胎和后代的生长、健康状况和生理反应（啮齿类动物、非啮齿类动物）。
- 肿瘤学：2 年，大鼠和小鼠。
- 免疫毒性（免疫抑制或增强）。[53]
- 毒物代谢动力学。

35.4.3　体内毒性生物标志物的研究方法

体内毒性研究在很大程度上依赖于组织学检查的表型反应，以显微镜检查给药动物的组织。在生化水平上，新技术具有观察毒性反应的能力。这些技术将小分子生化中间体、蛋白质和 mRNA 作为毒性的生物标记物。这种方法可以增加可评估化合物的数量，并减少毒性研究所需的时间。

35.4.3.1　体内毒理代谢组学研究方法

研究表明，在某些情况下，可以通过体液的光谱分析来更早地检测出毒性[54-56]。药物或药物代谢产物对酶的抑制所导致的毒性作用，将导致生物体内正常生化中间体的失衡，造成被抑制的酶所在通路的中间体浓度增加或减少。内源性生化中间体的研究被称为"代谢组学（metabonomics 或 metabolomics）"。

体内毒理代谢组学（toxicometabonomic）研究对动物进行单次给药或连续数周给药受试化合物，并收集和分析尿液和血液样本，利用 LC/MS 或 NMR 技术检测内源性物质浓度的变化。这些样品中有数百种成分，因此需要精密的分析方法。检测受影响的内源性物质时，将处理过的个体样品的光谱和色谱数据与处理前采集的样品的光谱和色谱数据进行比较。一个挑战性的工作是确定这些变化到底是由于正常的生物波动引起的，还是受试化合物的影响。在很多情况下，在观察到毒性反应的行为或形态学迹象之前，即可通过这种方式检测到试验动物的生化变化。随剂量变化的中间体可暗示哪一条通路受到了影响。

35.4.3.2　体内毒理蛋白质组学研究方法

与代谢组学的作用方式类似，生物系统中蛋白质的平衡也会因受试药物而改变。其中一些变化是有利的，并且与影响疾病的药理学目标一致。然而，其他蛋白质表达谱的变化可能预示着存在某一毒性反应。对细胞或有机体蛋白质的总体研究被称为"蛋白质组学（proteomics）"[57]。这些研究使用二维聚丙烯酰胺凝胶电泳（two-dimensional polyacrylamide gel electrophoresis，2D PAGE）和基质辅助激光解吸/电离飞行时间质谱（matrix-assisted laser desorption/ionization time of flight，MALDI-TOF）对样品中的蛋白质混合物进行分析。

35.4.3.3　体内毒理基因组学研究方法

基因组学（genomics）是毒性反应的另一个指标。细胞中的 mRNA 可用来检测对毒性化合物响应的基因表达[58-61]，这项技术也称为转录表达谱，其应用称为毒理基因组学（toxicogenomics）。cDNA 和寡核苷酸微阵列可用于描述可能被受试物调节的数以千计的 mRNA。据报道，组织病理学、临床化学和基因表达图谱之间具有很强的相关性[58]。

（李达翃　白仁仁）

思考题

（1）用于毒性预测的基于专业规则的计算机模拟工具以什么为基础？
（2）计算机模拟毒性预测工具有哪些用途？
（3）CYP 诱导的黄金标准方法是什么？
（4）列举可用于细胞毒性检测的几种方法。
（5）破坏 DNA 的化合物属于以下哪些类别？
　　（a）酶诱导剂；（b）细胞毒性物质；（c）致突变性物质；（d）潜在致癌性物质。
（6）请将下表中的实验与观察到的现象一一对应。

实验	DNA 片段在凝胶电泳中的移动速率比正常 DNA 快	显微镜下观察到染色体分裂异常并呈小段	逆转突变允许群落在没有组氨酸的情况下生长	形状异常的染色体	正常的哺乳动物细胞发生突变，而不会被 TMP 杀死
细胞微核实验					
彗星实验					
Ames 实验					
TK 小鼠淋巴瘤细胞实验					

（7）LDH 测定方法是基于以下哪种机制？
　　（a）用比色法检测健康细胞的摄取；（b）LDH 被吸收到细胞中并在线粒体中反应形成可检测的产物；（c）不健康的细胞溶解并释放出可通过生化测定法检测的酶。
（8）致畸性可以通过什么方法来确定？
（9）哪些化合物可用于捕获活性代谢产物？
（10）在人体 I 期临床试验给药之前应进行哪些毒性研究？

参考文献

[1] B.D. Car, Discovery approaches to screening toxicities of drug candidates, In: AAPS Workshop: Critical Issues in Discovering Quality Clinical Candidates, 2006.
[2] A.P. Li, Screening for human ADME/Tox drug properties in drug discovery, Drug Discov. Today 6 (2001) 357-366.
[3] R.G. Ulrich, J.A. Bacon, C.T. Cramer, G.W. Peng, D.K. Petrella, R.P. Stryd, E.L. Sun, Cultured hepatocytes as investigational models for hepatic toxicity: practical applications in drug discovery and development, Toxicol. Lett. 82-83 (1995) 107-115.
[4] Anon., ICH Safety Guidelines. http://www.ich.org/products/guidelines/safety/article/safety-guidelines.html.
[5] Anon., Drug Interaction Studies—Study Design, Data Analysis, Implications for Dosing, and Labeling Recommendations, http://www.fda.gov/down loads/drugs/guidancecomplianceregulatoryinformation/guidances/ucm292362.pdf, 2012.
[6] O.A. Fahmi, S. Boldt, M. Kish, R.S. Obach, L.M. Tremaine, Predition of drug-drug interactions from in vitro induction data: application of the relative induction score approach using cryopreserved human hepatocytes, Drug Metab. Dispos. 36 (2008) 1971-1974.
[7] J.H. Lin, CYP induction-mediated drug interactions: in vitro assessment and clinical implications, Pharm. Res. 23 (2006) 1089-1116.
[8] S.L. Ripp, J.B. Mills, O.A. Fahmi, K.A. Trevena, J.L. Liras, T.S. Maurer, S.M. de Morais, Use of immortalized human hepatocytes to predict the magnitude of clinical drug-drug interactions caused by CYP3A4 induction, Drug Metab. Dispos. 34 (2006) 1742-1748.
[9] A.P. Li, Primary hepatocyte cultures as an in vitro experimental model for the evaluation of pharmacokinetic drug-drug interactions, Adv. Pharmacol. 43 (1997) 103-130.
[10] D.R. Mudra, A. Parkinson, In vitro CYP induction in human hepatocytes, In: Y. Zhengyin, G.W. Caldwell (Eds.), Optimization in Drug Discovery, Springer, New York, 2004, pp. 203-214.
[11] O.A. Fahmi, M. Kish, S. Boldt, R.S. Obach, Cytochrome P450 3A4 mRNA is a more reliable marker than CYP3A4 activity for detecting pregnane X receptor-activated induction of drug-metabolizing enzymes, Drug Metab. Dispos. 38 (2010) 1605-1611.
[12] J.T. Moore, S.A. Kliewer, Use of the nuclear receptor PXR to predict drug interactions, Toxicology 153 (2000) 1-10.

[13] M. Machala, J. Vondracek, L. Blaha, M. Ciganek, J.V. Neca, Aryl hydrocarbon receptor-mediated activity of mutagenic polycyclic aromatic hydrocarbons determined using in vitro reporter gene assay, Mutat. Res. 497 (2001) 49-62.
[14] D. Kirkland, M. Aardema, L. Henderson, L. Mueller, Evaluation of the ability of a battery of three in vitro genotoxicity tests to discriminate rodent carcinogens and non-carcinogens. I. Sensitivity, specificity and relative predictivity, Mutat. Res. 584 (2005) 1-256.
[15] L.L. Custer, K.S. Sweder, The role of genetic toxicology in drug discovery and optimization, Curr. Drug Metab. 9 (2008) 978-985.
[16] P.A. Escobar, R.A. Kemper, J. Tarca, J. Nicolette, M. Kenyon, S. Glowienke, S.G. Sawant, J. Christensen, T.E. Johnson, C. McKnight, G. Ward, S.M. Galloway, L. Custer, E. Gocke, M.R. O'Donovan, K. Braun, R.D. Snyder, B. Mahadevan, Bacterial mutagenicity screening in the pharmaceutical industry, Mutat. Res., Rev. Mutat. Res. 752 (2013) 99-118.
[17] B.N. Ames, J. McCann, E. Yamasaki, Methods for detecting carcinogens and mutagens with the salmonella/mammalian-microsome mutagenicity test, Mutat. Res. 31 (1975) 347-363.
[18] D.M. Maron, B.N. Ames, Revised methods for the *Salmonella* mutagenicity test, Mutat. Res. 113 (1983) 173-215.
[19] D.J. Brusick, V.F. Simmon, H.S. Rosenkranz, V.A. Ray, R.S. Stafford, An evaluation of the *Escherichia coli* WP2 and WP2 uvrA reverse mutation assay, Mutat. Res. 76 (1980) 169-190.
[20] K. Mortelmans, E. Zeiger, The Ames *Salmonella*/microsome mutagenicity assay, Mutat. Res. 455 (2000) 29-60.
[21] A. Hakura, S. Suzuki, T. Satoh, Improvement of the Ames test using human liver S9 preparation, In: Y. Zhengyin, G.W. Caldwell (Eds.), Optimization in Drug Discovery, Springer, New York, 2004, pp. 325-336.
[22] D.J. Kirkland, Statistical evaluation of mutagenicity test data, Cambridge University Press, New York, 2008.
[23] S. Kevekordes, V. Mersch-Sundermann, C.M. Burghaus, J. Spielberger, H.H. Schmeiser, V.M. Arlt, H. Dunkelberg, SOS induction of selected naturally occurring substances in *Escherichia coli* (SOS chromotest), Mutat. Res. 445 (1999) 81-91.
[24] X. Jia, W. Xiao, Assessing DNA damage using a reporter gene system, In: Y. Zhengyin, G.W. Caldwell (Eds.), Optimization in Drug Discovery, Springer, New York, 2004, , pp. 315-323.
[25] D. Clive, J.A.F.S. Spector, Laboratory procedure for assessing specific locus mutations at the TK locus in cultured L5178Y mouse lymphoma cell, Mutat. Res. 31 (1975) 17-29.
[26] T.J. Oberly, D.L. Yount, M.L. Garriott, A comparison of the soft agar and microtitre methodologies for the L5178Y tk+/− mouse lymphoma assay, Mutat. Res. 388 (1997) 59-66.
[27] T. Chen, M.M. Moore, Screening for chemical mutagens using the mouse lymphoma assay, In: Y. Zhengyin, G.W. Caldwell (Eds.), Optimization in Drug Discovery, Springer, New York, 2004, pp. 337-352.
[28] M. Fenech, The in vitro micronucleus technique, Mutat. Res. 455 (2000) 81-95.
[29] M. Fenech, The cytokinesis-block micronucleus technique and its application to genotoxicity studies in human populations, Environ. Health Perspect. 101 (1993) 101-107.
[30] M. Kirsch-Volders, A. Elhajouji, E. Cundari, P. Van Hummelen, The in vitro micronucleus test: a multi-endpoint assay to detect simultaneously mitotic delay, apoptosis, chromosome breakage, chromosome loss and non-disjunction, In: Y. Zhengyin, G.W. Caldwell (Eds.), Optimization in Drug Discovery, Springer, New York, 1997, pp. 19-30. 392.
[31] P. Lang, K. Yeow, A. Nichols, A. Scheer, Cellular imaging in drug discovery, Nat. Rev. Drug Discovery 5 (2006) 343-356.
[32] R.R. Tice, E. Agurell, D. Anderson, B. Burlinson, A. Hartmann, H. Kobayashi, Y. Miyamae, E. Rojas, J.C. Ryu, Y.F. Sasaki, Single cell gel/comet assay: guidelines for in vitro and in vivo genetic toxicology testing, Environ. Mol. Mutagen. 35 (2000) 206-221.
[33] P.L. Olive, J.P. Banath, R.E. Durand, Detection of etoposide resistance by measuring DNA damage in individual Chinese hamster cells, J. Natl. Cancer Inst. 82 (1990) 779-782.
[34] B. Zegura, M. Filipic, Application of in vitro comet assay for genotoxicity testing, In: Y. Zhengyin, G.W. Caldwell (Eds.), Optimization in Drug Discovery, Springer, New York, 2004, pp. 301-313.
[35] P.W. Hastwell, L.-L. Chai, K.J. Roberts, T.W. Webster, J.S. Harvey, R.W. Rees, R.M. Walmsley, High-specificity and high-sensitivity genotoxicity assessment in a human cell line: validation of the GreenScreen HC GADD45a-GFP genotoxicity assay, Mutat. Res., Genet. Toxicol. Environ. Mutagen. 607 (2006) 160-175.
[36] S.P.M. Crouch, K.J. Slater, High-throughput cytotoxicity screening: hit and miss, Drug Discov. Today 6 (2001) S48-S53.
[37] N. Greene, M.D. Aleo, S. Louise-May, D.A. Price, Y. Will, Using an in vitro cytotoxicity assay to aid in compound selection for in vivo safety studies, Bioorg. Med. Chem. Lett. 20 (2010) 5308-5312.
[38] S.Z. Zhang, M.M. Lipsky, B.F. Trump, I.C. Hsu, Neutral red (NR) assay for cell viability and xenobiotic-induced cytotoxicity in primary cultures of human and rat hepatocytes, Cell Biol. Toxicol. 6 (1990) 219-234.
[39] K.A. Augustine-Rauch, Predictive teratology: teratogenic risk-hazard identification partnered in the discovery process, Curr. Drug Metab. 9 (2008) 971-977.
[40] A.J. Hill, H. Teraoka, W. Heideman, R.E. Peterson, Zebrafish as a model vertebrate for investigating chemical toxicity, Toxicol. Sci. 86 (2005) 6-19.
[41] K.C. Brannen, J.M. Panzica-Kelly, T.L. Danberry, K.A. Augustine-Rauch, Development of a zebrafish embryo teratogenicity

assay and quantitative prediction model, Birth Defects Res., Part B 89 (2010) 66-77.

[42] U.P. Dahal, R.S. Obach, A.M. Gilbert, Benchmarking *in vitro* covalent binding burden as a tool to assess potential toxicity caused by nonspecific covalent binding of covalent drugs, Chem. Res. Toxicol. 26 (2013) 1739-1745.

[43] J. Chen, R.F. Xu, W.W. Lam, J. Silva, H.K. Lim, Quantitative assessment of reactive metabolites, In: G.W. Caldwell, Z. Yan (Eds.), Optimization in Drug Discovery: In vitro Methods (Methods in Pharmacology and Toxicology), Humana Press, Totowa, NJ, 2014, pp. 489-504.

[44] G.W. Caldwell, Z. Yan, Screening for reactive intermediates and toxicity assessment in drug discovery, Curr. Opin. Drug Discovery Dev. 9 (2006) 47-60.

[45] W. Tang, R.R. Miller, In vitro drug metabolism: thiol conjugation, In: Y. Zhengyin, G.W. Caldwell (Eds.), Optimization in Drug Discovery, Springer, New York, 2004, pp. 369-383.

[46] W.G. Chen, C. Zhang, M. Avery, H.G. Fouda, Reactive metabolite screen for reducing candidate attrition in drug discovery, Adv. Exp. Med. Biol. 500 (2001) 521-524.

[47] C.M. Dieckhaus, C.L. Fernández-Metzler, R. King, P.H. Krolikowski, T.A. Baillie, Negative ion tandem mass spectrometry for the detection of glutathione conjugates, Chem. Res. Toxicol. 18 (2005) 630-638.

[48] S. Maa, M. Zhub, Recent advances in applications of liquid chromatography-tandem mass spectrometry to the analysis of reactive drug metabolites, Chem. Biol. Interact. 179 (2009) 25-37.

[49] D.C. Evans, A.P. Watt, D.A. Nicoll-Griffith, T.A. Baillie, Drug-protein adducts: an industry perspective on minimizing the potential for drug bioactivation in drug discovery and development, Chem. Res. Toxicol. 17 (2004) 3-16.

[50] S.H. Daya, A. Maob, R. White, T. Schulz-Utermoehld, R. Miller, M.G. Beconib, A semi-automated method for measuring the potential for protein covalent binding in drug discovery, J. Pharmacol. Toxicol. Methods 52 (2005) 278-285.

[51] M. Van Zwieten, Preclinical toxicology. In 20th Annual Residential School on Medicinal Chemistry, Drew University, Madison, NJ, 2006.

[52] T.W. Jones, Pre-clinical safety assessment: it's no longer just a development activity, In: Drug Discovery Technology and Development Conference, 2006.

[53] J.H. Dean, J.B. Cornacoff, P.J. Haley, J.R. Hincks, The integration of immunotoxicology in drug discovery and development: investigative and in vitro possibilities, Toxicol. In Vitro 8 (1994) 939-944.

[54] O. Beckonert, M.E. Bollard, T.M.D. Ebbels, H.C. Keun, H. Antti, E. Holmes, J.C. Lindon, J.K. Nicholson, NMR-based metabonomic toxicity classification: hierarchical cluster analysis and k-nearest-neighbour approaches, Anal. Chim. Acta 490 (2003) 3-15.

[55] D.G. Robertson, Metabonomics in toxicology: a review, Toxicol. Sci. 85 (2005) 809-822.

[56] M. Bouhifd, T. Hartung, H.T. Hogberg, A. Kleensang, L. Zhao, Review: toxicometabolomics, J. Appl. Toxicol. 33 (2013) 1365-1383.

[57] L.R. Bandara, S. Kennedy, Toxicoproteomics—a new preclinical tool, Drug Discov. Today 7 (2002) 411-418.

[58] J.F. Waring, R.A. Jolly, R. Ciurlionis, P.Y. Lum, J.T. Praestgaard, D.C. Morfitt, B. Buratto, C. Roberts, E. Schadt, R.G. Ulrich, Clustering of hepatotoxins based on mechanism of toxicity using gene expression profiles, Toxicol. Appl. Pharmacol. 175 (2001) 28-42.

[59] M.R. Fielden, T.R. Zacharewski, Challenges and limitations of gene expression profiling in mechanistic and predictive toxicology, Toxicol. Sci. 60 (2001) 6-10.

[60] M.D. Waters, J.M. Fostel, Toxicogenomics and systems toxicology: aims and prospects, Nat. Rev. Genet. 5 (2004) 936-948.

[61] J. Maggioli, A. Hoover, L. Weng, Toxicogenomic analysis methods for predictive toxicology, J. Pharmacol. Toxicol. Methods 53 (2006) 31-37.

第 36 章

结构鉴定和纯度分析研究方法

36.1 引言

新合成的化合物通常采用定性和定量分析技术进行结构鉴定和纯度分析,这为获得正确的构效关系(SAR)和构性关系(SPR)提供了保证[1-3]。另外,在药物发现过程中,需要谨慎地对化合物进行核实和验证。关键问题有以下两点:①标识的化合物是否是原料的主要成分;②化合物的纯度是否足够高,以确保不会得到错误的活性或性质数据。

药物化学的标准做法是利用结构特异性分析技术去验证每个反应步骤的产物,例如通过质谱(mass spectrometry,MS)进行分子量确认,以及通过核磁共振(nuclear magnetic resonance,NMR)进行结构细节表征。高效液相色谱法(High-performance liquid chromatography,HPLC)与紫外光谱(ultraviolet,UV)检测可提供纯度的数据。许多研究机构都设立一个中央分析部门,可独立地验证光谱数据是否与假定的合成产物一致。在公司进行化合物收集时,应将化合物的结构信息和纯度准确地进行登记。

此外,在其他情况下验证药物发现阶段化合物的结构和纯度也是非常重要的:
- 已储存多年,在此期间可能发生降解;
- 源自合并的公司;
- 购买于外部供应商;
- 合成于分析技术还不成熟的早些年;
- 使用储存板对苗头化合物进行高通量筛选;
- 源自外部合作者;
- 基于虚拟筛选或相似性搜索而从化合物库内获得的化合物;
- 已在实验室中使用了很长时间;
- 来自不同的合成批次,可能会含有不同的杂质。

在没有足够资源来开展详细质量评估的情况下,可以采用高通量和低资源消耗的验证方法。为了有效地分析这些样品,必须要权衡利弊。每个化合物的周转时间和资源消耗通常需要尽可能的低,尽可能使用更快捷的方法,同时方法也不能过于严苛。例如,经典的高分辨率高效液相色谱进行一次纯度分析可能需要运行 20 ~ 30 min,而一个更高通量的结构鉴定和纯度测试可能只需要运行 2 ~ 3 min。要使技术与效率有机结合,例如,可整合高效液相色谱、紫外光谱和质谱分析,以便从单次分析操作中获得纯度和结构信息的相关数据。追求效率有时不可避免地会降低准确性,如降低了液相色谱对不同杂质的分离效果和分辨率,以及不得不采用基于分子离子的质谱确认,而非 NMR 和 MS 碎片。对于药物发现项目团队而言,这些数据通常是可接受的,有助于提高决策的信心。

权衡的策略意味着需要对分析方法进行精简,使其满足目前工作阶段的需要,以避免不必要的资源消耗或造成时间上的延误。结构鉴定和纯度分析旨在解决的问题是，化合物是否具有能确保活性及属性真实信息的正确结构和较高纯度。如此一来，昂贵的分析资源可用于深入研究其他的问题，而对少数样品的详细分析可在药物发现的后期进行。在药物发现的关键阶段，可使用低通量且具有更高的分析特异性的技术。药物发现过程是由商业策略所指导的，比如风险管控。结构鉴定和纯度测定有助于降低药物发现早期阶段出现错误数据的风险，以确保项目具有适当的投资价值。

随着更精细和成本更低的分析技术的引入，有效地改进了数据的质量。例如，高分辨率质谱仪的成本降低、计算机速度和容量的提高，以及更快的数据处理软件，都降低了鉴定分子式的成本，与普通的质谱测试相比，前者提供了更多的验证信息。

36.2 用于结构鉴定和纯度分析的样品

当考虑需要对哪些样本进行分析时，首先要明确分析实验所要回答的问题。如果问题是"来自化合物库的固体样品的质量如何"，那么从玻璃瓶中取出固体样品并进行分析即可。如果问题是"高通量筛选中苗头化合物的质量如何？"，那么分析高通量筛选板式化合物溶液是合适的。但是与固体样品相比，溶液可能有不同的降解特性，或者容易被不当处理。因为苗头化合物的活性与其溶液直接相关，最合适的方法是取用于高通量筛选的小批量样品（2～5 μL）进行分析。

36.3 结构鉴定和纯度分析方法的要求

大量的分析技术可用于结构鉴定和纯度分析。通常情况下，需要权衡不同方法的选择性、灵敏度、速度和成本。因此，可以选择不同的技术组合成合适的方法来满足不同分析的需要，以在药物发现时间轴的特定时期解答特定的问题。在药物发现的后期，需要对一些候选化合物进行深入的分析研究。由于化合物的量很少，而用于决策的特定信息又至关重要，所以使用速度较慢但准确度高的技术方法较为适宜，如使用更长的色谱柱、更慢的梯度和更细的固定相粒度来进行样品组分的高效液相色谱分离。其他的技术还包括用于详细碎片分析的 MS/MS 产物离子光谱分析、多重核磁共振实验（^{1}H、^{13}C、2D）、单晶衍射分析和元素分析等。这些方法提供了明确的结构确认、区域化学、立体化学和纯度的定量分析，关键的后期实验可基于这些数据做出决定。但是，由于需要大量的时间、材料和仪器，这些方法不适用于早期的高通量筛选。对于早期的研究而言，高通量分析方法才是务实的。

在早期的药物发现中，可用于性质分析的化合物的量很少。高通量筛选板中仅能提供亚毫克级别的苗头化合物，而化合物库也仅能提供毫克级别的固体样品。因此，需要一些灵敏度高的检测方法，如高效液相色谱法、紫外检测法和质谱法。

结构鉴定方法需要提供与结构相关的数据。核磁共振数据与详细的结构片段密切相关，但其解析过于耗时，且有时灵敏度不够。而质谱提供了直接与结构相关的分子量，以及杂质的初始结构信息。质谱可通过分子量来区分化合物，从而提高选择性。降解产物和反应副产物的分子量通常与主要成分相差很大。高效液相色谱法也具有较好的选择性。总之，快速的分析方法可以提供快速的反馈，使研究人员能够迅速做出重大的决策。一般生物检测数据通常可在数天或数周内获得，因此结构鉴定和纯度分析的进度也需要满足相应的时间节点。

速度对于早期药物发现中化合物的结构鉴定和纯度分析至关重要，这样才能处理大量的样品，如每周处理 1000 个甚至更多的样品。大量的样品检测也需要很好地控制成本。如果按照每周 1000 个样本、每年总检测费用 25 万美元计算，每个样本的检测成本应控制在 5 美元左右。

36.4 结构鉴定和纯度分析方法的流程

结构鉴定和纯度分析看似简单，但必须确保分析测试的有效性。具体的步骤包括：样品制备、成分分离、检测、定量和确认。可用的具体分析测试方法如表36.1所示。这些技术的适用性将在下一节中讨论。高通量和低通量分析方法条件的比较如表36.2所示。

表36.1 用于结构鉴定和纯度分析的各种技术 [4]

技术	检测速率/(样品/h)①	分析细节	适合于HT分析	适合于深入分析
流动注射	60	L	M	L
UPLC	25	M	H	L
高分辨率HPLC	2	H	L	H
NMR	5	H	L	H
MS	25	M	H	L
MS/MS	5	H	L	H
UV	20	M	H	M
ELSD	20	H	M	H
CLND	20	H	M	H

① 包括仪器检测、专家解析和验证时间。

注：1. 这些技术的特性适用于解决药物发现时间轴上不同阶段的需求。
2. UPLC—超高效液相色谱；HPLC—高效液相色谱；NMR—核磁共振；MS—质谱；ELSD—蒸发光散射检测器；CLND—氮化学发光检测器；L—低；M—中；H—高。

表36.2 高通量与低通量结构鉴定和纯度分析方法的比较

项目	高通量	低通量
目的	避免结构鉴定和纯度分析出现错误的快速筛选	确保为药物发现后期研究提供准确而详细的数据
每周样品数	2500	100
HPLC柱	2.1 mm×50 mm，UPLC/UHPLC	2.1 mm×100 mm，1.7 μm颗粒，UPLC/UHPLC
HPLC运行时间/min；功能	2.5 min；筛选	30～60 min；确证
检测器	紫外相对面积百分比	UV，ELSD，CLND高精度定量
质谱	单相四极，离子阱	MS/MS；高分辨率质谱分析
其他光谱法	无	NMR

注：UPLC—超高效液相色谱；HPLC—高效液相色谱；NMR—核磁共振；MS—质谱；ELSD—蒸发光散射检测器；UV—紫外检测器；CLND—氮化学发光检测器。

36.4.1 样品制备

准确的称量和样品标识可使孔板中化合物的高通量分析处理更为容易。而对于低通量分析，可使用合适的玻璃瓶进行。实验室机器人可以有效地进行样品处理和溶剂添加。

为了保证准确的纯度定量以检测样品中的所有成分，样品的完全溶解至关重要。溶解度可能因样品而异，在配制样品时主要成分可能并非是完全溶解的。由于二甲基亚砜（DMSO）的"广适性"，它常被用作稀释溶剂，但并不是所有的化合物都能溶于DMSO。冻融循环往往导致化合物重结晶而形成更稳定的多晶型物，就可能不会像原来那样易于溶解[5]。一些极性化合物（如药用盐）往往在DMSO中的溶解度较低。在这种情况下，加入少量第二种不同极性的溶剂，或使用混合溶剂进行原液稀释，可有助于溶解。当然，沉淀物并不能总是被肉眼观察到。在可观察到细小颗粒的情况下，应进行仔细的检查。使用 DMSO 的另一个问题是其具有很强的紫外吸收，这会导致在高效液相色谱空隙体积（void volume）上产生一个较宽的峰，可能会将不能很好地保留在 HPLC 柱上的化合物的峰覆盖。

36.4.2 样品组分分离

将样品直接注入质谱仪的流动注射分析法（flow injection analysis，FIA）已得到广泛应用。这种分析非常快捷，仅需要数秒的操作，但其不能进行组分分离，不适用于纯度测试。此外，稀释溶剂一般会产生强烈的信号，称为"溶剂峰"，可能会干扰样品组分的检测。假定的化合物通常是主要成分，但在大多数样品中会存在多个组分，即使仅为痕量级别。并且，在很多情况下杂质是主要成分。因此，结构鉴定和纯度分析最好使用高效液相色谱法。

高效液相色谱法可以将样品成分从干扰 FIA 的溶剂中分离出来。高分辨率的高效液相色谱通常需要 30～60 min 的时间才能完成一个样品的分析，这在药物发现后期是适合的。但对于早期药物发现的高通量研究，这会消耗过多的资源。适用于所有样品的"通用"方法可能非常奏效，但是不同化合物的色谱特征存在很大差异。应该选用适合于更广泛化合物极性范围的高效液相色谱条件。通常，反相高效液相色谱法具有更宽的流动相极性梯度。例如，梯度可以从 100% 的水缓冲液开始，直到 100% 的乙腈。"快速高效液相色谱"[6] 技术也得到了广泛的应用，其使用小颗粒固定相（3～5 μm）和高流速流动相（如 1 mL/min），可在短时间内（1～2 min）完成梯度洗脱，但这些条件往往超出了最佳色谱分辨条件。

随着超高效液相色谱（ultra performance liquid chromatography，UPLC）和超高压液相色谱（ultra high-pressure liquid chromatography，UHPLC）的应用，分离技术取得了很大的进步。通过使用更小的色谱柱颗粒尺寸（如 1.7 μm）和更高的流动相压力，这些仪器具有更高的分辨率。此外，运行时间可以缩短至 2.5 min 或更少的时间，使得这些技术可用于高通量[7]及高质量的分离。较短的运行时间降低了梯度过程中组分分离的质量，缩短了亲脂性组分的梯度洗脱时间和亲水性组分的注射前平衡时间。

任何高效液相色谱分离方法都存在不足，分析人员应对此保持警惕。例如，样品组分可能与另一组分一同洗脱而未被检测到。如果它们的分子量不同，可以通过质谱进行区分。极性组分也可能被掩盖在溶剂前沿之下，而强亲脂性组分在运行过程中可能未被洗脱而保留在色谱柱中。此外，对映异构体需要手性方法才能分别定量。

若与质谱联用进行结构鉴定，则流动相必须与质谱兼容。一般以水、乙腈、甲醇为流动相。常用的改性剂有醋酸铵和甲酸。

如果使用氮化学发光检测器（chemiluminescent nitrogen detector，CLND），则乙腈因为含有氮原子而不能用作流动相。对于蒸发光散射检测器（evaporative light-scattering detector，ELSD）或 CLND 检测器，流动相必须可以完全挥发掉。

36.4.3 定量

理想的纯度分析方法能够实现对样品中每一个分离组分的分析和检测。"通用"的检测器会更加实用，但是没有哪一个检测器能对任何一种化合物在摩尔质量上产生相同的反应。最常见的检测器是紫外检测器，它的灵敏度和性价比很高。药物发现过程中研究的大多数化合物都会产生紫外吸收。检测所使用的紫外线波长很重要，254 nm 的波长通常与芳香基团有关，是最常用的波长。有些化合物不含芳香基团，因此，214～220 nm 范围通常用于更广泛的化合物检测。不幸的是，DMSO 也会在这个区域产生紫外吸收，并产生一个很强的溶剂前沿峰。二极管阵列紫外检测器可以扫描更广范围的紫外光谱，适用于更普遍的化合物检测。分析人员应该牢记，在给定的紫外波长下，紫外光谱和摩尔吸光系数的各异性可能会导致纯度定量上的巨大差异，这取决于所选定的波长。同一杂质可能在一种检测波长下的含量较少，而在另一种波长下的含量要高得多。尽管存在以上限制，但紫外检测通常足以满足大多数结构鉴定和纯度分析的需要，同时也有助于提供相关实用信息，避免将时间和资源浪费在结构不准确或纯度不够的化合物上。

ELSD 和 CLND 似乎比 UV 具有更广的通用性。ELSD[8] 可使高效液相色谱仪的流出物雾化及挥发性溶剂蒸发，并浓缩被光散射检测的组分。CLND[9,10] 可使高效液相色谱仪流出物蒸发，组分在高温和光照产生的氮氧化物下被热解，并被检测器所检测。与其他检测器相比，CLND 需要相对更高的维护费用，其响应值与分子中氮原子的数量成正比。对于未知的杂质，可能会存在定量上的问题。

纯度分析通常是利用各组分之间的相对响应来进行的，并假设每种组分的摩尔响应相等。与对每个组分的标定物进行量化相比，这种方法会造成一定的不准确性。使用内标的 ELSD 和针对已知化合物的 CLND 则可以更准确地定量，这对后续的药物发现工作非常实用。尽管采取了各种措施，但部分成分，如三氟乙酸（trifluoroacetic acid，TFA）、无机盐、二氧化硅、塑料提取物和挥发性溶剂 [10] 等仍无法被检测到。

36.4.4 结构表征

结构表征离不开可以提供与结构直接相关数据的技术方法。对于高通量分析，要求检测技术能够对低于毫克或微克级别的化合物产生易于解析的信号。质谱检测就是一种满足这一要求的技术。

质谱检测灵敏度高且易于与液相连接。分子离子的质量／电荷比（m/z，质荷比）可以用于化合物分子量的快速解析。电喷雾离子源（electrospray ionization，ESI）是常用的离子源，可以生成化合物的正离子和负离子。胺类化合物通常生成正离子，而酸性化合物通常生成负离子。对 ESI 不敏感的化合物，可通过大气压化学电离（atmospheric pressure chemical ionization，APCI）产生化合物离子。结合了两种离子化方法（如 ESI 和 APCI）的离子源目前也已经市场化，大大提高了单相液相检测样品组分生成离子的机会 [11]。所有这些产生离子的离子源通常生成易于解析的 $[M + H]^+$ 或 $[M - H]^-$ 离子。质谱仪还可以在单次运行中进行交替正负离子分析，从而有效地对不同的样品成分进行更广泛的检测。

在解析质谱时，缺乏经验可能会造成解析错误。化合物可能会形成加合离子，这些加合离子是由于流动相成分结合到化合物分子上而产生的，比如 $[M + NH_4]^+$、$[M + Na]^+$、$[M + H + CH_3CN]^+$、$[M + HCOO]^-$，或者形成一个化合物二聚体分子离子 $[2M + H]^+$。不稳定的离子也可能会裂解失去一个水分子 $[M + H - H_2O]^+$。此外，分子中氯原子或溴原子的存在可能会造成解析上的混乱，因为出现了大量的质荷比为 $[M + 2]^+$ 的离子，其来源于天然丰度的稳定同位素。对于一个化合物而言，是不能简单地通过获得 $[M + H]^+$ 或 $[M - H]^-$ 的离子来证实它的存在与否。所以必须结合光谱学验证，以确定其是否与假定的结构一致，并确定未知杂质的分子量。

四极杆（quadrupole）和离子阱（ion trap，IT）质谱分析常用于高通量质谱分析仪，这也是最便宜的选择。更新的高分辨率轨道阱™（Orbitrap™）和飞行时间（time-of-flight，TOF）质量分析仪为样品组分提供了更准确的质量分析，可以确定样品组分的分子式，而且测定时间更短，可信度高。虽然一些质谱仪供应商提供自动光谱验证的软件，但还是建议由有经验的分析人员进行测试结果确认，因为在这方面耗费时间是非常值得的。

由于一维和二维核磁共振可提供详细的结构信息，因此在药物发现后期的研究中，核磁共振仍然是确定主要样品成分的最佳方法。不过这需要经过训练有素的分析人员进行图谱解析，而且其成本也比质谱要高。简单地根据核磁共振中的杂质峰来鉴定杂质是比较困难的，因为往往不能确定这些共振峰来自哪些成分。

36.5 阴性鉴定分析的跟踪

在某些情况下，对采用标准方法未被鉴定的化合物进行跟踪和鉴定是非常有意义的。例如，当一个高通量筛选获得的苗头化合物被发现不是预期的化合物时，且其纯度很高，那么通过更深入的分析技术（如 MS/MS 和 NMR）对其进行结构鉴定是必要的。尽管它不是预期的化合物，但仍然可能是一个具有活性的化合物，可能含一个独特且有价值的药效团。当存在多个组分时，可将其逐一分离并进行单独的活性测试。其中，现代馏分采集系统就是一种有效的方法。确定活性分离物的结构可能会发现一种全新的先导化合物，不过这种方法对许多公司而言可能过于耗时。

如果化合物的特性不适合使用标准方法进行分离或检测，那么后续研究可采用不同的色谱条件或检测方法，由有经验的分析化学专家对其结构进行解析。

36.6 通用高通量结构鉴定和纯度分析方法示例

将 5 μL 10 mg/mL 的受试化合物 DMSO 原液转移至 96 或 384 孔板中的一个孔中，使用实验室机器人或手动以 DMSO（或 50% 乙腈/50% 异丙醇）将其稀释至较低浓度（如 500 ng/mL）。如果肉眼观察发现有未溶解的微粒存在，则加入少量且定量的极性溶剂或将板置于超声仪中超声助溶。使用自动采样器将 2 μL 样品注入液相检测系统。采用反相高效液相色谱柱（2.1 mm×50 mm，1.7 μm）进行分离，温度 40 ℃，流速 0.6 mL/min。流动相洗脱梯度为：从 100% 流动相 A［100% 甲酸水溶液（0.1%）］到 100% 流动相 B［含有甲酸（0.1%）的乙腈溶液］洗脱 1.5 min，并维持 0.5 min，然后重新平衡流动相 0.5 min。流动相洗脱液流入紫外二极管阵列检测器后，在 190～600 nm 波长下检测不同的组分。最后根据各组分在 214 nm 波长下的相对峰面积进行纯度计算。洗脱液随后进入具有 ESI 离子源的单相四极杆质谱，每 0.5 秒进行一次正负离子交替质谱分析，扫描范围为质荷比 150～1000。通过质谱仪的定量软件对采集的数据进行处理。仪器原理如图 36.1 所示。

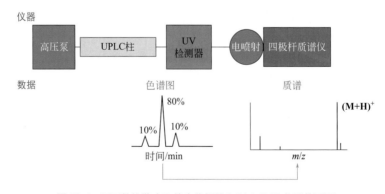

图 36.1　用于结构鉴定和纯度分析的 LC/UV/MS 仪器的原理

高通量筛选样品组分分离和质谱检测的示例如图 36.2 所示。2.5 min 的连续样品检测时间可提供良好的组分分离和质谱信息。如果连续运行，每天可检测超过 500 个样品。

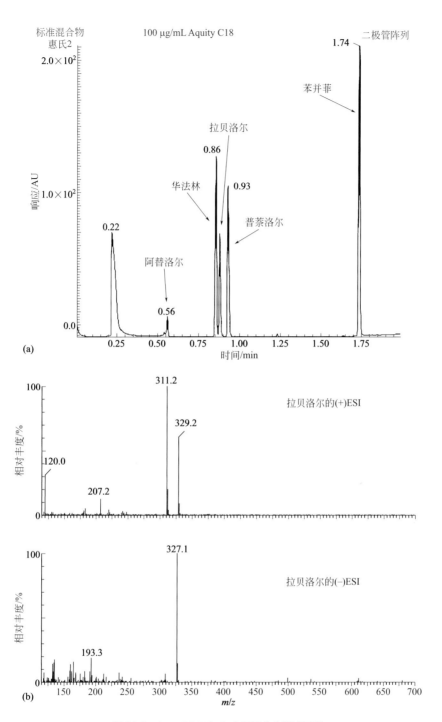

图 36.2 UPLC/UV/MS 高通量分离测试示例

使用 UPLC 柱（C18, 1.7 μm 颗粒，2.1 mm ID, 50 mm 柱长），快速洗脱梯度，二极管阵列紫外检测及单相四极杆质谱仪（单位质量分辨率，正、负交替 ESI）分析结构多样的药物混合物。拉贝洛尔组分（MW=328）的紫外色谱图（a）和阴/阳离子质谱（b）。注射 - 注射周期为 2.5 min

36.7 结构鉴定和纯度分析的案例研究

文献报道了一种基于高通量化合物库的结构鉴定和纯度分析的方法[12]。作者发现，对于含有多种成分的样品，LC/MS 比 FIA/MS 或 FIA/NMR 更为有效。此外，APCI 比 ESI 的适用范围更广，但会产生更多的离子碎片。"快速高效液相色谱（fast HPLC）"的条件更为可靠，且可实现高通量分析。ELSD 对于未知化合物具有一致的绝对摩尔纯度（molar purity）定量，而 CLND 对于含氮化合物具有很好的绝对摩尔纯度准确性（±5%）。

研究人员比较了各种检测技术对药物发现阶段化合物的分析结果[8]。研究发现，并不是所有的化合物都含有紫外发色团，摩尔吸光系数个体差异性也很大。作者发现 ELSD 可更加准确地测试每个组分的质量百分比，因此，更加适用于绝对定量，特别是使用了内标的定量分析。ELSD 不会产生溶剂峰，因此在紫外检测中不会干扰前期洗脱组分的定量。此外，ELSD 只能对不会在漂移管中固化的化合物产生信号。结果表明，紫外分光光度法用于一般的相对纯度分析效果较好，而 ELSD 用于绝对纯度定量效果较好。

对于绝对纯度和收率的定量，研究证明 CLND 是一种实用的通用定量工具[9]。对于含氮化合物可观察到非常一致的摩尔应答，而大多数具有类药性的化合物都是含氮化合物。此外，CLND 应答与流动相无关，建议进行准确定量时使用内标。

有研究发现，高通量合成的化合物库中存在许多"不可见"的杂质，这些物质在常规的紫外或质谱检测方法中难以观察到[10]。这些化合物包括三氟乙酸、塑料提取物、无机盐、催化剂、二氧化硅和树脂洗脱物等。

据报道，高效液相色谱仪可联用 ESI/APCI 离子源，交替使用离子极性（+/−）和电离方法[11]。研究发现，ESI 可为大约 80% 的药物发现阶段的化合物提供具有实用性的光谱，而 APCI 可用于另外 10% 的化合物。联合使用所有模式可以以较低成本提高产出量。

结构鉴定和纯度分析在单独运行 LC/MS 时还可与 lg$D$ 估测相结合[4]。当使用特定的高效液相色谱柱和洗脱梯度时，可根据保留时间数据（见第 23 章）估测化合物的 lg$D$ 值。

（黄　玥　白仁仁）

思考题

（1）为什么可以通过高效液相色谱柱进行结构鉴定和纯度分析？
（2）为什么核磁共振不能用于高通量结构鉴定和纯度分析？
（3）为什么需要在样品完全溶解的情况下进行结构鉴定和纯度分析？
（4）填充较小粒径固定相的高效液相色谱柱是如何改善分析结果的？
（5）用于纯度分析的高效液相色谱检测器（如 UV）有哪些缺点？
（6）质谱仪用于结构鉴定和纯度分析时的缺点是什么？

参考文献

[1] E.H. Kerns, High-throughput physicochemical profiling for drug discovery, J. Pharm. Sci. 90 (2001) 1838-1858.
[2] L. Di, E.H. Kerns, Profiling drug-like properties in discovery research, Curr. Opin. Chem. Biol. 7 (2003) 402-408.
[3] E.H. Kerns, L. Di, Pharmaceutical profiling in drug discovery, Drug Discov. Today 8 (2003) 316-323.
[4] E.H. Kerns, L. Di, S. Petusky, T. Kleintop, D. Huryn, O. McConnell, G. Carter, Pharmaceutical profiling method for lipophilicity and integrity using liquid chromatography-mass spectrometry, J. Chromatogr. B Anal. Technol. Biomed. Life Sci. 791 (2003) 381-388.
[5] C.A. Lipinksi, Solubility in water and DMSO: issues and potential solutions, in: R.T. Borchardt, E.H. Kerns, C.A. Lipinski, D.R. Thakker, B. Wang (Eds.), Pharmaceutical Profiling in Drug Discovery for Lead Selection, AAPS Press, Arlington, VA, 2003.
[6] L. Romanyshyn, P.R. Tiller, C.E.C.A. Hop, Bioanalytical applications of "fast chromatography" to high-throughput liquid chromatography/tandem mass spectrometric quantitation, Rapid Commun. Mass Spectrom. 14 (2000) 1662-1668.

[7] J.E. MacNair, K.C. Lewis, J.W. Jorgenson, Ultra high pressure reversed phase liquid chromatography in packed capillary columns, Anal. Chem. 69 (1997) 983-989.

[8] B.H. Hsu, E. Orton, S.-Y. Tang, R.A. Carlton, Application of evaporative light scattering detection to the characterization of combinatorial and parallel synthesis libraries for pharmaceutical drug discovery, J. Chromatogr. B Biomed. Sci. Appl. 725 (1999) 103-112.

[9] E.W. Taylor, M.G. Qian, G.D. Dollinger, Simultaneous online characterization of small organic molecules derived from combinatorial libraries for identity, quantity, and purity by reversed-phase HPLC with chemiluminescent nitrogen, UV, and mass spectrometric detection, Anal. Chem. 70 (1998) 3339-3347.

[10] B. Yan, L. Fang, M. Irving, S. Zhang, A.M. Boldi, F. Woolard, C.R. Johnson, T. Kshirsagar, G.M. Figliozzi, C.A. Krueger, N. Collins, Quality control in combinatorial chemistry: determination of the quantity, purity, and quantitative purity of compounds in combinatorial libraries, J. Comb. Chem. 5 (2003) 547-559.

[11] R.T. Gallagher, M.P. Balogh, P. Davey, M.R. Jackson, I. Sinclair, L.J. Southern, Combined electrospray ionization-atmospheric pressure chemical ionization source for use in high-throughput LC-MS applications, Anal. Chem. 75 (2003) 973-977.

[12] J.N. Kyranos, H. Cai, B. Zhang, W.K. Goetzinger, High-throughput techniques for compound characterization and purification, Curr. Opin. Drug Discov. Devel. 4 (2001) 719-728.

第 37 章

药代动力学研究方法

37.1 引言

在药物发现过程中，需要在药代动力学（pharmacokinetic，PK）研究方面投入大量的资源，因为发现具有高质量药代动力学性质的候选药物是新药研发项目的重要目标。药物发现与开发的进展标准及指南中均包括药代动力学性质的评估，以确保达到预期的药代动力学目标。

进行药代动力学研究的另一个原因是，某些药代动力学性质参数可以作为诊断化合物性质的指标（参见第 38 章），从而指导研究人员通过结构修饰提高化合物的药代动力学性质。药代动力学参数是药物在动态生命系统中潜在理化和生化性质的综合表现，因此，其揭示了生命系统如何处置药物的多方面因素，可以用于指导发现最具潜力的临床候选药物。

本章主要讨论动物药代动力学研究的方法。这些研究利用了应用于人体临床药代动力学研究的所有技术[1]，不过更加简单、快捷，因为动物药物发现阶段的药代动力学研究并不需要按照药物非临床研究质量管理规范（good laboratory practice，GLP）和药品生产质量管理规范（good manufacturing practice，GMP）的要求来进行。

37.2 药代动力学研究的剂量

37.2.1 单一化合物给药

药物发现中的药代动力学研究通常是按照通用的方法，一般使用 2～4 只动物对化合物进行测试（见第 41 章）。剂量因项目不同而不同，但常见剂量为口服给药（oral，PO）10 mg/kg 和静脉注射（intravenous，IV）1 mg/kg。PO 给药通常是通过灌胃给药，将化合物溶液或悬浮液直接灌入胃中。腹腔（intraperitoneal，IP）给药和皮下（subcutaneous，SC）给药也是常用的给药途径。只将一种化合物注入动物体内常称为"离散（discrete）"给药。对于不溶于通用配方的受试化合物，可采用另一种可充分溶解的替代配方进行药代动力学和药效学研究，以优化肠道吸收的比例和其他药代动力学参数（如 t_{max}、c_{max}、AUC）。

37.2.2 盒式给药

药物发现过程中研究的化合物数量巨大，这促进了快速测试方法的发展，用于增加药代动力学测试的通量。在一种称为"盒式给药（cassette dosing）"或 *N*-in-one 的方法中，几种测试化合物（通常为 4～10 种）混合在同一溶液（似"鸡尾酒"）中联合给药[2]。每种化合物将在生命系统中经历完全相同的过程，并在血浆和组织中产生与其性质一致的浓度。通过选择化合物独特的液相色谱/质谱/质谱（LC/MS/MS）信号（不同于其他化合物的分子量和产物离子），在血浆样品中单独地分析每个受试化合物的浓度。通过这种策略，可将测试通量增加约 5 倍。这一策略的主要关注点在于，化合物之间可能产生相互作用。也就是说，它们可能相互竞争性地作用于参与膜转运、代谢和消除的同一蛋白质，进而发生药物相互作用（drug-drug interaction，DDI）（见第 15 章）。因此，可能导致某些化合物的药代动力学参数发生改变。为了解决这一潜在问题，研究人员可通过以下措施将由 DDI 导致的数据失真最小化：

① 降低每个化合物的剂量（如口服 1 mg/kg 而不是 10 mg/kg），从而降低每个化合物的浓度，降低 DDI 风险。

② 在盒式混合物中加入已知药代动力学参数（已测试过）的对照化合物。如果对照化合物的药代动力学参数发生了变化，则盒式给药中的至少一种化合物可导致 DDI。

③ 如果发生 DDI，则使用单个（离散）化合物逐一进行测试。

④ 对于药物发现中的重要化合物、最为感兴趣或用于 PK/PD 建模的化合物，需要重复测试其药代动力学参数。

在一项基于全行业的基准化研究[3]中，大多数受访者（64%）认为，如果采取适当的控制举措，盒式给药方式可用于化合物的优先级排序，但只有 <10% 的受访者将盒式给药作为主要的药代动力学筛选方法。

盒式给药具有几个显著的优点：使用相同的资源（时间、仪器）可获得更多化合物的数据。而且使用了更少的动物，也是一种更富有同情心的方法。此外，相关数据可以更快地提供给研究团队，而不需要等待每个离散的给药研究逐一完成。综上，这项技术仍然存在一定争议[4]，应根据实际情况灵活运用。

37.3 药代动力学研究中的采样和样品制备

在给药后的特定时间点（0.03 ~ 24 h）手动采集血液样本，并以抗凝血剂处理，离心除去血细胞得到血浆。目前已有商业化的自动采样器，可在无人看管的情况下在指定时间点收集样本（表 37.1）。相关系统可以收集清醒且自由活动动物的血液、胆汁、尿液和粪便样本。因为新式的 LC/MS/MS 仪器灵敏度非常高，可对较少的血样（如 50 μL）进行分析。这使得可以从同一动物中获取更多时间点的样本，更加人道，更具统计学上的优势。分析前可将血浆样本冷冻在 −80 ℃，以避免样本中的化合物发生分解。分析时先将血浆样品解冻，然后再涡旋混合。

表 37.1 生物分析产品的供应商举例

产品	公司	网址
Culex™	BASi	www.basinc.com
AccuSampler®	VeruTech AB	www.verutech.com
WinNonlin©	Pharsight	www.certara.com
Autogizer®	Tomtec	www.tomtec.com
Precellys®24	Precellys	www.precellys.com
Geno/Grinder®	SPEX SamplePrep	www.spexsampleprep.com
脉冲涡流式混合仪	Glas-Col	www.glascol.com
动物、人的血浆及组织	BioreclamationIVT	www.bioreclamationivt.com
动物、人的血浆	Innovative Research	www.innov-research.com

动物组织中化合物的浓度信息可以提供更具价值的见解，因此机体组织也经常用于分析。对于组织而言，每个时间点必须使用同一给药剂量的动物。在特定的时间点将给药动物处死，相关组织（如大脑、肝脏、肌肉）被解剖取出，立即称重，并迅速冷冻。在某些情况下，如大脑，需先从组织中清除残留的血液，以避免将组织中的药物和组织内毛细血管中的药物相混淆（见第28章）。特别是当组织浓度低于血液浓度时，可能会对结果造成严重的影响。分析前需将组织样本冷冻在 −80 ℃以避免药物分解。分析时将测量好体积的缓冲液加入已解冻的组织样品中（如在 pH 7.4 时每体积组织加入 3 倍体积的磷酸盐缓冲液）并匀浆（如使用 Tomtec 全自动均质器，Tomtec Autogizer）或粉碎（如使用 SPEX Geno/Grinder）。

药代动力学研究的分析测试部分被称为"生物分析（bioanalysis）"，通常遵循以下流程：在已测得体积的解冻血浆或匀浆的组织样品中，加入体积为样品体积两倍或两倍以上的有机溶剂（如乙腈），且在溶剂中加入用于定量的内标。将溶液混合物涡旋（如使用 Glas-Col 脉冲涡旋混合器，Glas-Col Pulsing Vortex Mixer）混合，提取受试化合物。这样的处理方式会使大量的血浆和组织蛋白发生沉淀，从而大大减少了对分析仪器的干扰。这种技术通常称为"蛋白质沉淀（protein precipitation）"。最后，将溶液离心并分析上层清液。该方法通常采用 24、48 或 96 孔微孔板，以提高样品处理的速度和效率。

另外，血浆样本的提取也可使用固相萃取（solid phase extraction，SPE）。将测好体积的血浆样品置于多孔的固相盒中，并以水相清洗。以有机相洗脱固相盒，并对洗脱液进行分析。SPE 盒有 96 孔的商用形式，可用于自动处理。

样本中化合物的浓度是通过样本中的标准物进行定量的。在从供应商购得或从空白血浆样本中提取的未添加药物的动物组织中，加入特定剂量的受试化合物，以生成一条动物样本浓度范围的标准曲线。

加速药代动力学筛选的一种策略是 CARRS 方法[5]。向两只动物注射同一个测试化合物，在 0.5～6 h 内采集样本，并将同一时间点从两只动物采集的样本汇集到一个孔中。该方法每个时间点仅需对每个化合物的一个样本进行分析，因此减少了一半的分析工作量。本方法的缺点是不能提供有关动物之间药代动力学参数差异的信息。

有时，会将从离散的给药实验中采集的样本混合在一起，通常称为"池化（pooling）"。最终也只需要对更少的样品进行 LC/MS/MS 分析。只要池中化合物具有不同的 LC/MS/MS 信号，都可以被有效地区分开来。

37.4 LC/MS/MS 分析

LC/MS/MS 可用于定量分析，即便是少量的提取物也可被准确定量，这大大提高了药代动力学研究中生物分析的速度和灵敏度。大气压化学电离（atmospheric pressure chemical ionization，APCI）或电喷雾（electrospray ion，ESI）离子源产生的分子离子，如 $[M + H]^+$，可用于不同性质的受试化合物。首个 MS 阶段设定为仅选择性地通过受试化合物的"母体"或"前体"离子的 m/z 值。第二个 MS 阶段采用惰性气体（如氩）与分析物分子离子碰撞，并产生振动激发。这种能量通过分子离子分裂成特定的"产物"离子而消散。第三个 MS 阶段设定为仅选择性地通过受试化合物的一个或多个特定产物离子的 m/z 值。因此，LC/MS/MS 系统提供了三个阶段的分离，即高效液相色谱、基于分子离子的质谱，以及基于产物离子的质谱，是具有高信噪比（signal to noise，S/N），且方法开发快速的高度特异性技术。此外，所有现代的 LC/MS/MS 仪器都配有用于开发高效自动化分析最佳母体和产物离子方法的软件。

对于复杂的生物样品，使用单相质谱（比如 LC/MS）可能无法提供足够的灵敏度和选择性来分析低浓度的受试化合物。

飞行时间（time-of-flight，TOF）和轨道阱质谱仪（orbitrap MS）在生物分析研究中的应用越来越广泛。它们为高分辨率 MS 提供了高选择性，并减少了对 MS/MS 方法开发的需求[6]。

当需要对同一样品中的多个受试化合物进行分析时（如盒式给药或池式分析），可使用不同的母体离子和产物离子对混合物中的每个化合物进行具体的分析。在进入质谱仪之前，盒式或池中的化合物通常先被 HPLC 系统部分或完全分离。该仪器可以设置为多个母体-产物离子对序列，以便通过 LC/MS/MS 实现对每个化合物的选择性定量。

采用 HPLC 色谱法可加速 LC/MS/MS 分析。分析周期（从注射到下一次注射）一般为 2 min 左右，循环时间可低至 1.25 min[7]。新兴的 HPLC 技术，如超高效液相色谱（ultra performance liquid chromatography，UPLC；ultra high performance liquid chromatography，UHPLC），使用更小的填料粒径和更快的溶剂洗脱程序，从而实现了更短的分析时间[8]。在交错输入方法中，注射到多个高效液相色谱仪中的液体样品在进样时间上是交错的，流出物可及时切换到质谱仪上，以便得到分析物的洗脱峰值并将其定量[9]。自动化和软件计算有助于数据的处理和分析。

基质抑制（matrix suppression）是 LC/MS/MS 分析血浆和组织提取物的难点之一。这是由于样品制备过程中没有去除与受试化合物具有相同保留时间的样品成分（如磷脂），使得受试化合物的离子化受到抑制，从而导致信号的减弱和变化。目前已开发了多种方法成功地解决了这一问题[10]。

通过软件（如 Phoenix WinNonlin©）对浓度-时间数据进行分析，可快速将数据拟合到药代动力学数学模型中，并计算出相应的药代动力学参数。

37.5 高级药代动力学研究

采用更详细的方案进行药代动力学研究，可对药物研发团队感兴趣的化合物结构进行特定生物学过程的研究。示例如下：

- 利用缺乏特定转运蛋白（如 P-gp、BCRP）的转基因动物研究相关的药代动力学效应。
- 使用手术植入套管（如胆管、门静脉）的动物来测试特定体液中的药物浓度，以评估特定的体内过程（如胆道摄取、口服吸收）。
- 将给药的动物置于代谢笼中，收集尿液进行药物的肾脏摄取测试。
- 采用不同剂型对动物给药，以研究吸收对药代动力学参数的影响。
- 与特定的代谢酶或转运蛋白抑制剂联合对动物给药，以研究酶或转运蛋白对药代动力学的影响。

这些定制设计的研究为研究团队提供了更多有价值的实用信息，以了解潜在的生物过程及其影响程度，并为克服不良药代动力学性质的新合成化合物提供证据支持。第 28 章专门讨论了体内神经药代动力学、脑摄取、微透析和原位灌注研究。

37.6 药代动力学数据示例

表 37.2 中列举了假设示例的药代动力学数据，并绘制得到了图 37.1。在本实验中，化合物的口服剂量为 10 mg/kg，静脉注射剂量为 1 mg/kg。样本采集时间从 2 min 开始，采集总时间范围为 24 h。药代动力学参数通过 Phoenix WinNonlin© 软件计算。c_0、c_{max}、t_{max} 的确定方法如图 37.2 所示。相关药代动力学参数如表 37.3 所示，表中的公式显示了 CL、V_d 和 F 的计算方法。

表37.2 某一化合物药代动力学实验的假设性数据

时间/h	静脉注射/(ng/mL)	口服/(ng/mL)	时间/h	静脉注射/(ng/mL)	口服/(ng/mL)
0.033	970	未采样	4	1.9	20
0.25	420	550	6	0	6.3
0.5	250	600	8	0	1.8
1	110	310	24	0	0
2	30	100			

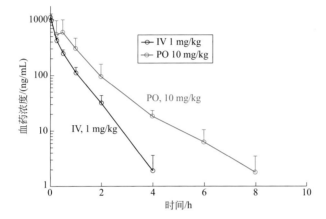

图37.1 基于假设性数据（见表37.2）的浓度-时间曲线

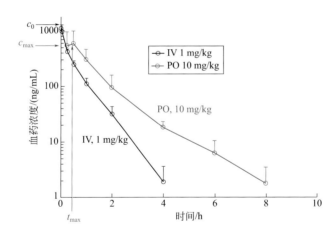

图37.2 基于假设性数据（见表37.2）的 c_0、c_{max} 和 t_{max} 的确定

表37.3 经 WinNonLin© 软件处理的药代动力学参数数据及计算公式

项目	静脉注射/(1mg/mL)	口服/(10 mg/mL)	项目	静脉注射/(1mg/mL)	口服/(10 mg/mL)
c_0/(ng/mL)	1000		c_{max}/(ng/mL)		600
$t_{1/2}$/h	0.5	1	CL/[mL/(min·kg)]	40	
AUC/[(h·ng)/mL]	420	840	V_d/(L/kg)	1	
t_{max}/h		0.5	F/%		20%

注：CL= 剂量 /AUC=(1 mg/kg)/(420 h·ng/mL)×10^6 ng/mg ×1 h/60 min~40 mL/(min·kg)
V_d= 剂量 /c_0=(1 mg/kg)/(1000 ng/mL) ×10^6 ng/mg×10^{-3} mL/L=1 L/kg
F=AUC$_{PO}$/AUC$_{IV}$× 静脉注射剂量 / 口服剂量 =(840/420)×(1/10)=20%

37.7 组织渗透

组织中药物浓度的测试非常重要，因为其与治疗效果的相关性要优于血浆药物浓度。药物必须穿透组织才能到达组织内的各个治疗靶点。示例如下：

- 膜电位和外排转运可能限制药物的细胞渗透；
- 血脑屏障（blood-brain barrier，BBB）可能会限制药物对脑部的渗透（见第 10 章）；
- 与其他组织相比，抗肿瘤药物渗透到肿瘤的能力可能会受到血流减少、肿瘤形态和外排转运的阻碍。

这些数据通常通过以下方式进行计算：$AUC_{u,组织}/AUC_{u,血浆}$，或 $C_{u,组织}/C_{u,血浆}$，如 K_{puu}。

37.8 血浆或组织中游离药物的浓度

未结合（游离）药物的浓度是与靶点效应相关的重要参数（见第 14 章）。由于生物分析研究仅测试血浆或组织中的总药物浓度，因此，需使用游离分数 f_u 将该值修正为游离浓度，如下所示：

$$c_u = c_{total} \times f_u$$

可使用第 33 章中介绍的体外方法（通常是平衡透析）分别测试血浆和相关组织的游离分数，并在药代动力学参数计算之前应用于体内的浓度数据。

37.9 CRO 实验室

许多 CRO 实验室可提供给药和生物分析的药代动力学服务。部分实验室清单见表 37.4。

表 37.4　部分可提供药代动力学和生物分析研究的合约（CRO）实验室

公司	网址	公司	网址
Alliance Pharma	www.alliancepharmaco.com	QPS	www.qps.com
BASi	www.bioanalytical.com	Tandem Labs	www.tandemlabs.com
Charles River	www.criver.com	WuXi AppTec	www.wuxiapptec.com
Cyprotex	www.cyprotex.com	BIODURO	www.bioduro.com
Pharmacadence	www.pharmacadence.net		

（杨庆良　黄　玥　白仁仁）

思考题

（1）盒式给药如何为药物发现的药代动力学研究提供帮助？
（2）盒式给药的缺点是什么？如何解决这个潜在的问题？
（3）自动采样仪器是如何帮助药代动力学研究的？
（4）CARRS 方法与盒式给药有何不同？
（5）什么是基质抑制？
（6）为什么项目团队需要组织摄取的数据？
（7）根据提供的数据，计算以下药代动力学参数：

化合物	剂量 [IV,PO] /(mg/kg)	AUC_{PO}/(h·ng/mL)	c_0/(ng/mL)	AUC_{IV}/(h·ng/mL)	CL/[mL/(min·kg)]	V_d/(L/kg)	F
1	1, 10	2000	1000	4000			
2	1, 10	2000	2000	1000			
3	5, 10	200	1000	8000			
4	1, 10	500	1000	200			
5	5, 30	305	2000	1900			

参考文献

[1] K.A. Cox, R.E. White, W.A. Korfmacher, Rapid determination of pharmacokinetic properties of new chemical entities: in vivo approaches, Comb. Chem. High Throughput Screen. 5 (2002) 29-37.

[2] T.V. Olah, D.A. McLoughlin, J.D. Gilbert, The simultaneous determination of mixtures of drug candidates by liquid chromatography/atmospheric pressure chemical ionization mass spectrometry as an in vivo drug screening procedure, Rapid Commun. Mass Spectrom. 11 (1997) 17-23.

[3] B.L. Ackermann, Results from a bench marking survey on cassette dosing practices in the pharmaceutical industry, J. Am. Soc. Mass Spectrom. 15 (2004) 1374-1377.

[4] R.E. White, P. Manitpisitkul, Pharmacokinetic theory of cassette dosing in drug discovery screening, Drug Metab. Dispos. 29 (2001) 957-966.

[5] W.A. Korfmacher, K.A. Cox, K.J. Ng, J. Veals, Y. Hsieh, S. Wainhaus, L. Broske, D. Prelusky, A. Nomeir, R.E. White, Cassette-accelerated rapid rat screen: a systematic procedure for the dosing and liquid chromatography/atmospheric pressure ionization tandem mass spectrometric analysis of new chemical entities as part of new drug discovery, Rapid Commun. Mass Spectrom. 15 (2001) 335-340.

[6] R. Ramanathan, W. Korfmacher, The emergence of high-resolution MS as the premier analytical tool in the pharmaceutical bioanalysis arena, Bioanalysis 4 (2012) 467-469.

[7] K.W. Dunn-Meynell, S. Wainhaus, W.A. Korfmacher, Optimizing an ultrafast generic high-performance liquid chromatography/tandem mass spectrometry method for faster discovery pharmacokinetic sample throughput, Rapid Commun. Mass Spectrom. 19 (2005) 2905-2910.

[8] S. Wainhaus, Fast chromatography with UPLC and other techniques, in: W. Korfmacher (Ed.), Using Mass Spectrometry for Drug Metabolism Studies, 2nd ed., CRC Press, Boca Raton, 2009, pp. 255-276.

[9] R.C. King, C. Miller-Stein, D.J. Magiera, J. Brann, Description and validation of a staggered parallel high performance liquid chromatography system for good laboratory-practice-level quantitative analysis by liquid chromatography/tandem mass spectrometry, Rapid Commun. Mass Spectrom. 16 (2001) 43-52.

[10] R. Bonfiglio, R.C. King, T.V. Olah, K. Merkle, The effects of sample preparation methods on the variability of the electrospray ionization response for model drug compounds, Rapid Commun. Mass Spectrom. 13 (1999) 1175-1185.

第 38 章

药代动力学性质的诊断和改善

38.1 引言

在药物发现过程中,需要开展体内动物实验以对化合物的广泛药代动力学(pharmacokinetic)性质进行研究。部分化合物的药代动力学参数可能与上市药物具有很大的差异(即不具备类药性)。药物发现过程中的很多化合物往往不能达到具有良好体内药代动力学性质的要求,因此不能发挥满意的疗效或未能满足药代动力学提升的标准。为了克服药代动力学性质上的缺陷,可以通过增加剂量或给药频次,也可使用依从性更差的给药途径[如静脉注射(intravenous, IV)],或采用可管控的定制剂量。这对于早期药理学概念验证(proof-of-concept)研究而言可能是必要的。然而,如果这些化合物已进入到药物开发阶段,综合地权衡则是必需的。不具备类药性的化合物可能需要以静脉注射的给药方式来代替首选的口服(oral, PO)给药;可被快速清除的化合物,可能需要通过复杂、昂贵的缓释配方;不溶性或渗透性差的化合物,可能需要采用前药的形式。

通过药代动力学参数来确定一系列潜在的理化、生化和结构性质的局限性是十分必要的,然后借助于体外测试,以进一步确定或排除可能的限制属性,有助于研究人员开展结构优化以改善受限的类药性质,并做出明智决策。对修饰后的结构重复进行体外测试,确定所开展的修饰是否有针对性地改善了类药性质的缺陷。对于改进后的化合物,可以进行体内测试,以确定相关药代动力学参数是否真正得到了改善[1,2]。具体方案如图 38.1 所示。

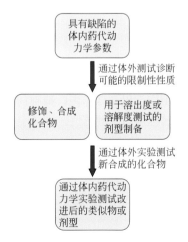

图 38.1 对限制性药代动力学性质的诊断和改进方案

38.2 基于药代动力学表现诊断潜在的性质局限性

通过评估药物发现中先导化合物药代动力学参数的适合与否，可诊断化合物性质缺陷的潜在原因。例如，清除率高、生物利用度低和非线性药代动力学都是研究人员需要改善的局限性质。下文列举了可用于确认或排除，以及定量局限性质的体外测试示例。通过结构修饰改善药代动力学性质的策略将在独立属性的有关章节中具体讨论。成盐和制剂研究也可以用来改善溶出度或溶解度的不足。

以下思路可进行扩展以解决其他 PK 问题。例如，有关血脑屏障（blood brain barrier，BBB）渗透性问题的诊断可参见第 10 章。

38.2.1 清除率高或半衰期短的原因诊断

以下是潜在的性质限制及其相关的体外和体内诊断测试。
- 肝脏代谢（肝清除率）
  - Ⅰ期代谢稳定性测试
    - 对还原性烟酰胺腺嘌呤二核苷酸磷酸（reduced nicotinamide adenine dinucleotide phosphate，NADPH）的微粒体稳定性，可指示化合物对 CYP 代谢的影响；使用不同药代动力学测试物种的微粒体可以提供更好的比对结果。
    - S9 或胞质稳定性，可揭示非 CYP 代谢情况（如 AO、水解酶）。
    - 对重组 CYP 酶、CYP 特异性抑制剂或 NADPH 微粒体稳定性，可显示特定 CYP 酶参与的代谢情况。
  - Ⅱ期代谢稳定性测试
    - 对尿苷二磷酸葡萄糖醛酸（uridine diphosphate glucuronic acid，UDPGA）的微粒体稳定性，可显示化合物与葡萄糖醛酸化（glucuronidation，UGT）酶的作用。
    - 对 3′-磷酸腺苷-5′-磷酸硫酸盐（3′-phosphoadenosine-5′-phosphosulfate，PAPS）的胞质稳定性，可揭示硫转移酶（sulfotransferase，SULT）对化合物的作用。
    - 肝细胞稳定性，可表明所有肝酶的作用。
  - 对上述测试中获得的代谢物进行结构鉴定，可揭示进行结构修饰的位点。
- 肝脏胆汁摄取（肝清除率）
  - 胆汁摄取
    - 胆管插管动物的体内药物定量试验，可显示胆汁中药物的摄取量。
    - 含有胆管外排转运蛋白（如 MDR1-MDCK Ⅱ P-gp）、Caco-2 或其他转染了人外排转运蛋白的单层细胞测定，以及转运蛋白抑制剂的相关实验，可以测试药物的外排率，揭示药物对外排转运蛋白的敏感性。
- 肾脏排泄（肾脏摄取）
  - 将动物置于可收集尿液的"代谢笼（metabolic cage）"中，对尿液中的药物浓度进行定量分析，可显示尿液中的药物摄取量。
  - 肾小管转运蛋白表达或转运蛋白抑制剂的单层细胞通透性试验，可证实参与肾脏摄取的转运蛋白。
- 血浆中的酶解
  - 血浆稳定性试验，可揭示血浆对药物的降解率。
  - 血浆培养降解产物的结构鉴定，可揭示进行结构修饰的位点。
- 红细胞（red blood cell，RBC）结合

- RBC 分配试验中被红细胞结合的化合物可能被清除。

如果能鉴定出特定的代谢酶或转运蛋白，则可以根据底物的特异性信息来指导化合物的结构修饰。

38.2.2 低口服生物利用度的原因诊断

- 肝脏过高的首过代谢（first-pass metabolism，也称为首过效应）
  - 通过上述肝脏代谢和胆道摄取实验进行测试诊断。
- 低肠道溶解度
  - FaSSIF、FeSSIF 和 FaSSGF 中的溶解度测试。
- 低肠道渗透性
  - 被动跨细胞扩散测试
    - PAMPA 或 MDCK 实验，测试化合物从顶部到基底外侧的渗透率。
    - 理化性质：高 TPSA、低 lg$P$、高分子量、较多的总氢键数量，表明化合物可能存在被动扩散的结构性质限制。
  - 外排转运蛋白测试
    - 通过含有肠道外排转运蛋白（MDR1-MDCK Ⅱ P-gp）、Caco-2 或其他转染了人外排转运蛋白的单层细胞测定，以及转运蛋白抑制剂的相关实验，测量化合物的外排率，研究化合物对外排转运蛋白的敏感性（过高的口服剂量可能使肠外排转运蛋白达到饱和）。
- 肠内酶解或 pH 水解
  - 开展基于模拟胃液（simulated gastric fluid，SGF）、模拟肠液（simulated intestinal fluid，SIF）或 pH 缓冲液的稳定性测试，研究化合物可能存在的酶解或 pH 水解作用。
- 肠道首过代谢
  - 肠微粒体、S9 或胞质代谢稳定性测试。

38.2.3 AUC 或 c_{max} 低的原因诊断

- 38.2.1 和 38.2.2 节中列举的所有可能原因。
- 在血浆中的降解
  - 血浆稳定性测试，研究血浆中酶降解的可能性。

38.2.4 非线性药代动力学的原因诊断

- 在胃肠道中沉淀或溶出度低
  - FaSSIF、FeSSIF 和 FaSSGF 中的溶解度测试。
- 肝脏代谢酶在高浓度化合物下达到饱和，而在低浓度时不饱和
  - 前文中的代谢稳定性测试，研究可导致饱和的高结合（低 K_m）及高清除率。
- 肠外排转运蛋白在高浓度化合物下达到饱和，而在低浓度时不饱和
  - 前文中的单层细胞通透性测试，高外排率和低 K_m 表明肠上皮细胞在化合物浓度高时易发生饱和。
- 摄取转运体饱和
  - 转运蛋白转染的单层细胞实验，测试转运蛋白摄取率。

- 代谢酶的自身诱导作用
    - 体内慢性给药，如肝脏重量或代谢酶活性增加提示可能产生诱导。
    - 体外肝细胞诱导试验，如 mRNA 和酶活性的增加提示可能产生诱导。

38.3 药代动力学不良性能诊断的案例研究

无论是转运蛋白介导的吸收还是能力受限的代谢，都可能导致非线性的药代动力学数据，以下是两个研究案例。

38.3.1 CCR5 拮抗剂 UK-427857 的药代动力学

CCR5 拮抗剂 UK-427857 的结构和理化性质如图 38.2 所示。与 0.43 mg/kg 剂量相比，其在 4.3 mg/kg 的人体剂量下在具有更高的剂量峰浓度（c_{max}）和曲线下面积（AUC）（表 38.1）[4]。这引起了研究人员对其产生非线性药代动力学原因的研究兴趣。

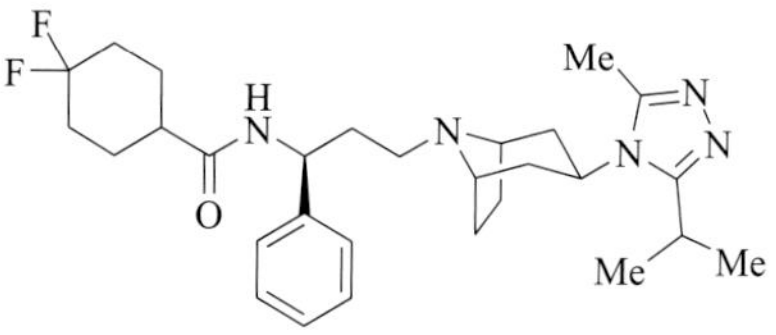

$lgD_{7.4}$ = 2.1　　氢键供体 = 1
pK_a = 7.3　　　氢键受体 = 6
MW = 514　　　　ClgP = 3.11
溶解性好　　　　渗透性低

图 38.2　CCR5 拮抗剂 UK-427857 的结构和理化性质

P-糖蛋白（P-glycoprotein，P-gp）外排研究表明，该化合物是体外 Caco-2 单层细胞渗透性实验中 P-gp 的底物。测试发现，P_{app}(A>B) 为 $<1\times10^{-6}$ cm/s，而 P_{app}(B>A) 为 12×10^{-6} cm/s，外排比率 [P_{app}(B>A)/P_{app}(A>B)]>10。在后续研究中，发现 P-gp 抑制剂维拉帕米可降低外排比率，进一步证明该化合物为 P-gp 的底物。P-gp 结合亲和力测定显示，K_m=37 μmol/L，V_{max}=55 nmol/(mg·min)。P-gp 双敲除和野生型小鼠的体内研究进一步证实了该化合物的 P-gp 外排作用。P-gp 基因敲除小鼠的 c_{max} 和 AUC 值均显著高于野生型小鼠（表 38.2）。这一结果证实了高剂量下较高的 c_{max} 和 AUC 是由于肠道内 P-gp 外排达到饱和，而低剂量时 P-gp 外排未达到饱和，从而限制了吸收。较高剂量下的饱和可促进较高剂量下化合物的吸收。综上，P-gp 外排的饱和导致了非线性动力学行为，开展相应的结构修饰可减少化合物的 P-gp 外排。

表 38.1　CCR5 拮抗剂 UK-427857 的药代动力学参数 [3]

参数	人		结论	参数	人		结论
口服剂量 /(mg/kg)	0.43(30 mg)	4.3(300 mg)		AUC/(ng·h/mL) 剂量归一化	272	537	升高
消除半衰期 /h	8.9	10.6					
c_{max}/(ng/mL) 剂量归一化	36	144	升高	t_{max}/h	2.9	1.6	降低

注：经 D K Walker, S Abel, P Comby, et al. Species differences in the disposition of the CCR5 antagonist, UK-427857, a new potential treatment for HIV. Drug Metab Dispos. 2005, 33: 587-595 授权转载，版权归 2005 American Society for Pharmacolgy and Experimental Therapeutics 所有。

表 38.2　CCR5 拮抗剂 UK-427857 在 P-gp 敲除小鼠中的药代动力学参数[3]

口服 16mg/kg	c_{max}/(ng/mL)	AUC/(ng·h/mL)	消除半衰期/h
野生型 *fvb* 小鼠	536	440	0.7
mdr1a/1b 敲除小鼠	1119	1247	1
增长百分比	108%	183%	

38.3.2　三唑类抗真菌药伏立康唑的药代动力学

伏立康唑（voriconazole，图 38.3）具有良好的溶解度和口服吸收，其在人体内的口服生物利用度大于 70%。在人体中，其主要通过肝清除，只有不到 7% 的伏立康唑通过粪便排出。伏立康唑口服或静脉注射给药后，在大鼠体内会产生不正常的非线性药代动力特征（图 38.4），被称为"曲棍球棒"曲线[4]，且其药代动力学特征与性别有关。图 38.5 中的结构类似物由于 lg$D$ 值较低

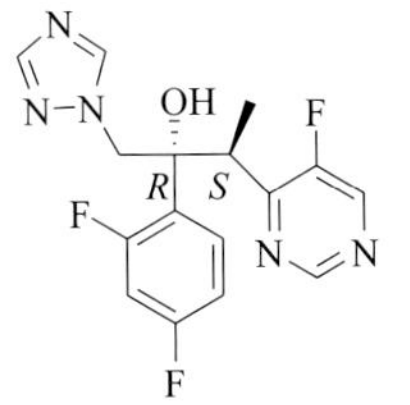

水中溶解度 = 0.7 mg/mL，lg$D_{7.4}$ = 1.8
极好的吸收，粪便中未代谢形式<7%
口服生物利用度>70%

图 38.3　三唑类抗真菌药伏立康唑的结构和理化性质

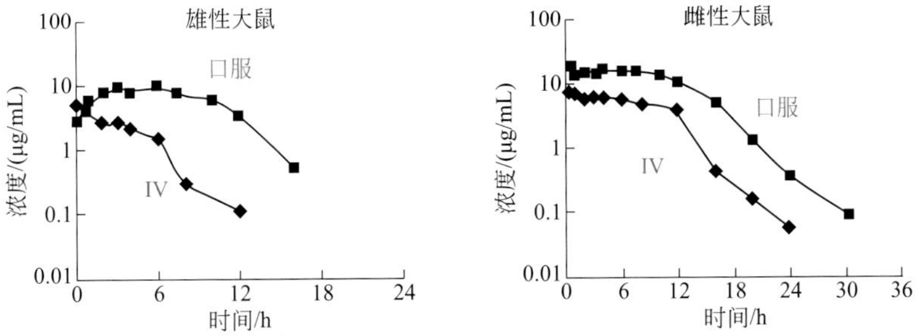

图 38.4　伏立康唑在大鼠中的非线性药代动力学特征

经 Roffey S J, Cole S, Comby P, et al. The disposition of voriconazole in mouse, rat, rabbit, guinea pig, dog, and human. Drug Metab Dispos, 2003, 31: 731-741 授权转载，版权归 2003 American Society for Pharmacology and Experimental Therapeutics 所有

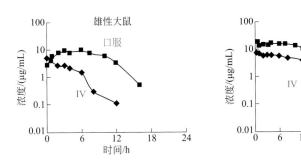

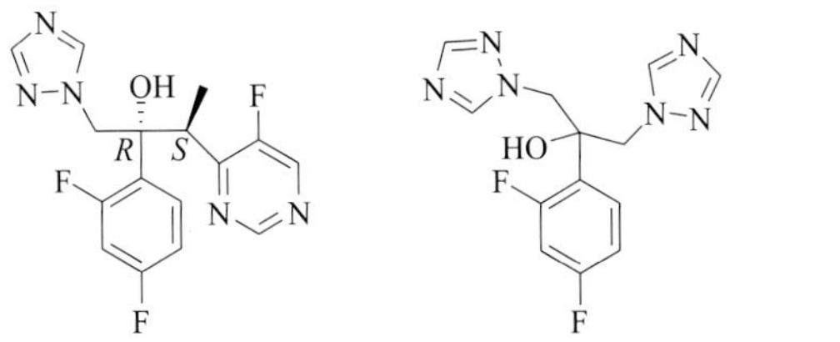

lg$D_{7.4}$ = 1.8　　　　lg$D_{7.4}$ = 0.5
肝脏清除　　　　原型药物药物通过肾脏清除
非线性PK　　　　线性PK

图 38.5　伏立康唑在大鼠中的非线性药代动力学特征

经 Roffey S J, Cole S, Comby P, et al. The disposition of voriconazole in mouse, rat, rabbit, guinea pig, dog, and human Drug Metab Dispos, 2003, 31: 731-741 授权转载，版权归 2003 American Society for Pharmacology and Experimental Therapeutics 所有

（0.5），则未表现出非线性药代动力学特性，其主要由肾脏排出。表 38.3 列举了伏立康唑的性别依赖性药代动力学参数。口服 30 mg/kg（剂量归一化）的 AUC 高于静脉注射 10 mg/kg 的 AUC，导致在雄性大鼠中表现出超过 100% 的口服生物利用度（F=159 %）。

表 38.3　伏立康唑大鼠药代动力学数据的解释[4]

性别	雄性	雌性	备注
血浆蛋白结合率 /%	66	66	
IV			
剂量 /(mg/kg)	10	10	
单次给药 AUC/(μg·h/mL)	18.6	81.6	性别相关
多次给药 AUC/(μg·h/mL)	6.7	13.9	< S.D. CYP450 自诱导
PO			
剂量 /(mg/kg)	30	30	
单次给药 c_{max}/(μg/mL)	9.5	16.7	性别相关
单次给药 t_{max}/h	6	1	性别相关
单次给药 AUC/(μg·h/mL)	90	215.6	> IV，能力限制性消除
多次给药 AUC/(μg·h/mL)	32.3	57.4	< S.D. CYP450 自诱导
表观 F/%	159	88	能力限制性消除，吸收良好

注：经 S J Roffey, S Cole, P Comby, et al. The disposition of voriconazole in mouse, rat, rabbit, guinea pig, dog and human. Drug Metab Dispos, 2003, 31: 731-741 授权转载，版权归 2003 American Society for Pharmacology and Experimental Therapeutics 所有。

这被诊断为由于代谢酶饱和，以及消除能力受限所引起的。化合物的高吸收导致了其在体循环中的高暴露量。

另一个问题是在 IV 或 PO 多次给药后，其 AUC 低于单次给药。这被诊断为是由于伏立康唑对 CYP450 代谢酶的自身诱导作用。与此诊断相一致的是，多次给药后肝脏重量和 CYP450 酶活性的增加（表 38.4）。当动物暴露于伏立康唑时，可诱导产生更多的 CYP450 酶，使伏立康唑代谢率提高，药物的排出速率加快。因此，多次给药的 AUC 低于单次给药。

表 38.4　伏立康唑的 CYP450 自身诱导作用[4]

剂量 /(mg/kg)	肝微粒体细胞色素 P450 /(nmol P450/mg 蛋白)		肝脏质量 /g		伏立康唑 c_{max}/(μg/mL)	
	雄性	雌性	雄性	雌性	雄性	雌性
对照	0.88	0.51	3.71	3.7	无	无
3	0.85	0.65	3.86	4.04	0.61	1.32
10	1.21	0.68	4.17	4.26	3.64	6.14
30	1.77	0.79	4.38	5.04	9.69	14.6
80	2.08	0.92	5.57	6.26	28.4	30.4

注：经 S J Roffey, S Cole, P Comby, et al. The disposition of voriconazole in mouse, rat, rabbit, guinea pig, dog and human. Drug Metab Dispos, 2003, 31: 731-741 授权转载，版权归 2003 American Society for Pharmacology and Experimental Therapeutics 所有。

38.3.3　PDE5 抑制剂的优化

UK-343664（图 38.6）是一种选择性优于 PDE6 的 PDE5 抑制剂，目前正处于药物开发阶段。然而，其表现出剂量依赖性的非比例性药代动力学性质。虽然 UK-343664 的 AUC 和 c_{max} 随口服剂量的增加而增加，但其被诊断具有较高的 P-gp 外排作用。在高剂量下，P-gp 可能达到饱和，导致不成比例的暴露量。因此，后续研究的重点是减少 P-gp 的外排作用。优化后的类似物 UK-369003 的 P-gp 外排能力更弱，显示出成比例的药代动力学性质[5,6]。

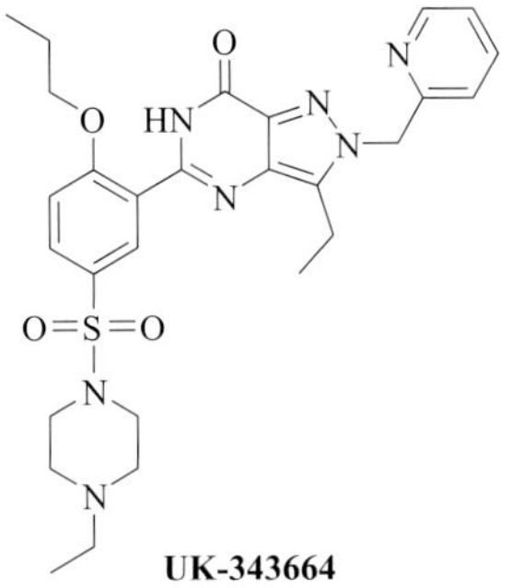

UK-343664
非比例性PK性质
P-gp K_m = 7.3 μmol/L
lg$P$ = 3.4
IC$_{50}$ PDE5 = 1.1 nmol/L
PDE5/PDE6 = 103
分子量 = 565

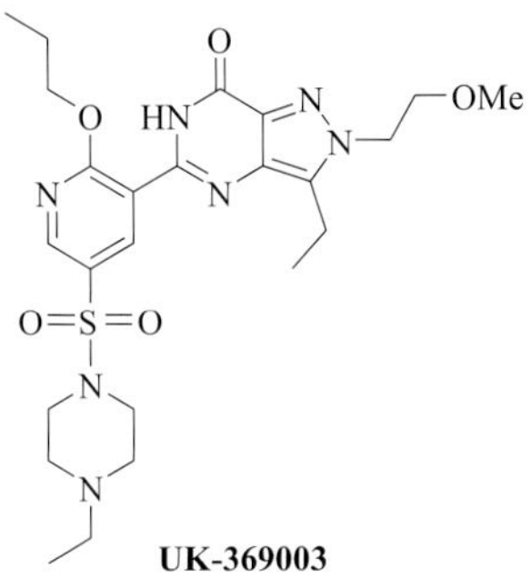

UK-369003
成比例性的PK性质
Caco-2 ER = 1.5
lg$P$ = 1.3
IC$_{50}$ PDE5 = 1.2 nmol/L
PDE5/PDE6 = 117
分子量 = 519
Caco-2 = 16×10^{-6}
HLM $t_{1/2}$ = 28 min
CL = 12.8 mL/(min·kg)
V_d = 2.8
$t_{1/2}$ = 2.6 h
T_{max} = 1.0 h
F = 34%

图 38.6　PDE5 抑制剂 UK-343664 被诊断为具有较高的 P-gp 外排作用，导致其表现出人体内非线性药代动力学性质。设计合成类似物的重点在于减少 P-gp 的外排作用（基于 Caco-2 外排比率），最终得到了具有良好药代动力学参数的化合物 UK-369003[5,6]

（黄　玥　徐进宜）

思考题

（1）对于吸收不良、半衰期短或口服生物利用度低的化合物，可以尝试使用哪些给药途径？
（2）增强吸收、延长半衰期和提高生物利用度的最佳途径是什么？
（3）哪些理化性质或生化性质的不足会导致生物利用度偏低？
（4）在使用 IV 给药的药代动力学研究中，下列哪些选项可能是导致高 CL 的重要因素？
　　（a）代谢稳定性低（肝脏）；（b）CYP 抑制低；（c）胆道排泄高；（d）血浆蛋白结合率高；（e）肾脏摄取低；（f）血浆稳定性低；（g）红细胞结合率高；（h）中性的 pK_a；（i）hERG 结合；（j）pH 为 4 时稳定性低；（k）肠上皮细胞 I 相代谢率高；（l）血脑屏障通透性高；（m）肾脏摄取高；（n）代谢稳定性高（肝脏）。
（5）在口服给药的药代动力学研究中，下列哪些选项可能是导致低口服生物利用度的重要因素？
　　（a）代谢稳定性低（肝脏）；（b）CYP 抑制低；（c）胆道排泄高；（d）血浆蛋白结合率高；（e）肾脏摄取低；（f）血浆稳定性低；（g）红细胞结合率高；（h）中性的 pK_a；（i）hERG 结合；（j）pH 为 4 时稳定性低；（k）肠上皮细胞 I 相代谢率高；（l）血脑屏障通透性高；（m）肾脏摄取高；（n）代谢稳定性高（肝脏）；（o）P-gp 外排。
（6）如果某一化合物能被肠道中 P-gp 大量外排，会产生哪些影响？
　　（a）高 CL；（b）口服剂量依赖的 c_{max}；（c）低 V_d；（d）口服剂量高时 AUC 高；（e）高 AUC。

参考文献

[1] L.-S.L. Gan, D.R. Thakker, Applications of the Caco-2 model in the design and development of orally active drugs: elucidation of biochemical and physical barriers posed by the intestinal epithelium, Adv. Drug Delivery Rev. 23 (1997) 77-98.

[2] L. Di, E.H. Kerns, Application of pharmaceutical profiling assays for optimization of drug-like properties, Curr. Opin. Drug Discovery Dev. 8 (2005) 495-504.

[3] D.K. Walker, S. Abel, P. Comby, G.J. Muirhead, A.N.R. Nedderman, D.A. Smith, Species differences in the disposition of the CCR5 antagonist, UK-427857, a new potential treatment for HIV, Drug Metab. Dispos. 33 (2005) 587-595.

[4] S.J. Roffey, S. Cole, P. Comby, D. Gibson, S.G. Jezequel, A.N.R. Nedderman, D.A. Smith, D.K. Walker, N. Wood, The disposition of voriconazole in mouse, rat, rabbit, guinea pig, dog and human, Drug Metab. Dispos. 31 (2003) 731-741.

[5] D.J. Rawson, S. Ballard, C. Barber, L. Barker, K. Beaumont, M. Bunnage, S. Cole, M. Corless, S. Denton, D. Ellis, M. Floc'h, L. Foster, J. Gosset, F. Holmwood, C. Lane, D. Leahy, J. Mathias, G. Maw, W. Million, C. Poinsard, J. Price, R. Russel, S. Street, L. Watson, The discovery of UK-369003, a novel PDE5 inhibitor with the potential for oral bioavailability and dose-proportional pharmacokinetics, Bioorg. Med. Chem. 20 (2012) 498-509.

[6] S. Abel, K.C. Beaumont, C.L. Crespi, M.D. Eve, L. Fox, R. Hyland, B.C. Jones, G.J. Muirhead, D.A. Smith, R.F. Venn, D.K. Walker, Potential role for P-glycoprotein in the non-proportional pharmacokinetics of UK-343664 in man, Xenobiotica 31 (2001) 665-676.

第 39 章

前药

39.1 引言

为了改善先导化合物的性质，会对其开展一系列结构修饰。当大量的结构修饰仍未能获得理想的候选药物时，可以尝试另一种结构修饰策略——前药（prodrug）设计。前药[1,2]是一种针对活性药物的结构修饰，旨在通过合理的设计以改善药物的药代动力学（pharmacokinetics，PK）限制或药物在作用靶点处的暴露量。在体内，前药经过转化（"激活"）脱去修饰基团（即前药基团），释放出具有活性的原药（active drug）（图39.1）。大约49%的前药激活通过水解（如酯）反应，而23%的前药通过生物转化。前药约占所有药物数量的5%。需要强调的是，一部分成功的前药是偶然发现的，而非基于药物设计。

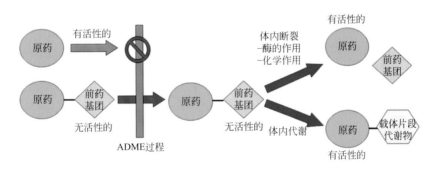

图 39.1　前药设计策略

局限的 ADME 过程（如肠道溶解度、渗透性、稳定性）可使活性药物的药代动力学性质和靶点暴露量受到限制，而通过添加前药基团可改进其在 ADME 过程中的表现。前药通常是无活性的，一旦其通过了限制性 ADME 过程，便可在酶或化学作用下释放出具有活性的原药

前药策略的应用具有很多益处。前药设计可通过提高溶解度和双分子层被动扩散的渗透性来改善药物的吸收，还可用于增强转运体介导的药物吸收，以及提高药物的代谢稳定性。部分前药还可以减轻副作用。例如，大多数非甾体抗炎药（nonsteroidal anti-inflammatory drug，NSAID）具有羧酸基团，会引起胃肠道（gastrointestinal，GI）刺激，而其酯类前药可成功克服这一副作用。表 39.1 列举了多种前药分子克服药物吸收、分布、代谢、排泄和毒性（absorption, distribution, metabolism, excretion, and toxicity，ADMET）限制的实例[1,2]。图 39.2 列举了重磅前药及其适应证[3]。由此可见，前药设计是一项成功的药物修饰策略。

与此同时，前药也需要面对许多挑战[2]。前药在体内可能会发生原药没有的 ADME 过程（如外排、代谢）；酶的代谢激活需要一定的时间，因此前药的代谢和起效时间一般与原药不同；由于酶的代谢激活等存在差异，体外模型不能很好地反映体内情况；前药通常是无活性的，因此不通过体外活性实验进行检测；前药的开发是一个复杂的过程，例如，需要研究活性药物、前药和所有裂解产物的药代动力学；由于前药激活酶活性的差异，前药往往表现出种间和种内的差异性，导致动物数据与人体数据的相关性存在不确定性；激活前药的酶可能具有遗传多态性，这将导致个体之间的差异性；如果两种药物竞争同一种酶，还会产生药物相互作用；此外，某些前药基团可能具有毒性。对于某一既定的化学结构系列，前药策略通常被认为是获得高质量药物或药代动力学性质的最后手段。

表 39.1 药物开发中的 ADMET 性质限制可通过前药策略进行改善[2]

ADMET 性质	性质限制	ADMET 性质	性质限制
渗透性	因极性问题而不被肠道吸收	稳定性	需要更好的保质期
	脑渗透性低	转运体	缺乏特异性
	皮肤渗透性差		需要选择性递送
溶解度	吸收差，口服生物利用度低	安全性	不耐受 / 刺激性
	溶解度低导致无法通过静脉注射给药	制剂	患者 / 医生 / 护士依从性差
代谢	药物在吸收部位易被代谢		不良嗅味
	半衰期过短		注射疼痛
	需要持续释放		不兼容性：需要制成片剂，但液态有活性
稳定性	化学不稳定性		

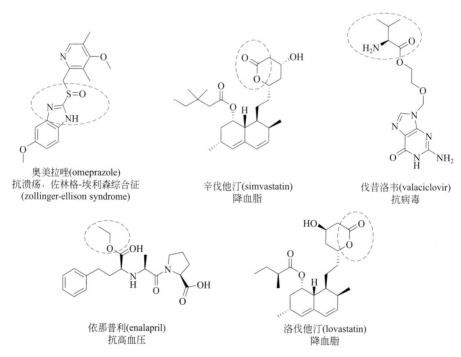

图 39.2 重磅前药及其适应证[2]

39.2 根据不同的 ADME 过程和给药途径调整前药设计

前药的设计策略因 ADME 过程和给药途径的不同而不同（图 39.3）。对于口服（oral administration，PO）溶解度存在问题的药物，可设计口服给药的前药以改善药物在肠道中的溶解性，并在肠上皮组织中通过酶催化作用释放出母体药物。针对口服渗透性和转运体环节存在问题的药物，可设计口服给药剂型，并增强其在双分子层的被动扩散渗透性，或增强其在肠道上皮细胞转运体的摄取，随后在血液或肝脏中释放原药。至于代谢存在不足的药物，可通过前药设计增强药物在肝脏中的代谢稳定性，然后在血液或肝脏中释放原药。而对于静脉注射（intravenous，IV）溶解度不佳的药物，可设计前药改善静脉注射后药物在血液中的初始溶解度；或者注射后在血液中缓慢释放原药。

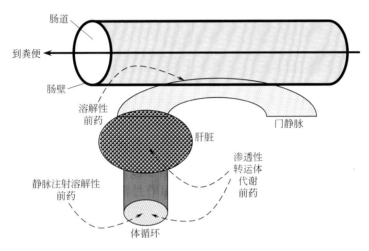

图 39.3　前药转化的理想部位

39.3　通过前药策略改善溶解度

前药策略可用于改善药物的溶解度。表 39.2 列举了部分上市的前药，其溶解度远大于其活性原药[4]。图 39.4 列举了一些高溶解度前药的结构。具有不可电离前药基团［如乙二醇、聚乙二醇（PEG）、糖］的前药通常可将溶解度提高 2～3 倍，而具有可电离前药基团（如磷酸盐）的前药可将溶解度提高几个数量级。可电离的前药基团主要分为三类，分别是琥珀酸衍生物型、氨基酸型和磷酸盐型。琥珀酸类衍生物早期被用于前药，但其具有化学不稳定性；氨基酸型前药基团可用于含羟基药物的前药设计［如糖皮质激素（glucocorticoid）］；磷酸盐可用于含有羟基或氨基的前药设计［如磷苯妥英（fosphenytoin）］，是制药行业常用的增溶方法（图 39.5）。

表 39.2　活性原药及其溶解度得到改善的商品化前药[4]

药物名	水中溶解度/(mg/mL)	药物名	水中溶解度/(mg/mL)
克林霉素（clindamycin）	0.2	苯妥英（phenytoin）	0.02
克林霉素磷酸酯（clindamycin-2-PO_4）	150	磷苯妥英（phenytoin phosphate）	142
氯霉素（chloramphenicol）	2.5	紫杉醇（paclitaxel）	0.025
氯霉素琥珀酸钠（chloramphenicol succinate sodium）	500	PEG-紫杉醇（PEG-paclitaxel）	666
甲硝唑（metronidazole）	10	伐地昔布（valdecoxib）	0.05
N,N-二甲基甘氨酸甲硝唑盐（metronidazole N,N-dimethylglycinate）	200	帕瑞昔布钠（parecoxib sodium）	15

PEG-紫杉醇

磷苯妥英

帕瑞昔布钠

R = 甲基，乙基，丙基
塞来昔布(celecoxib)的前药

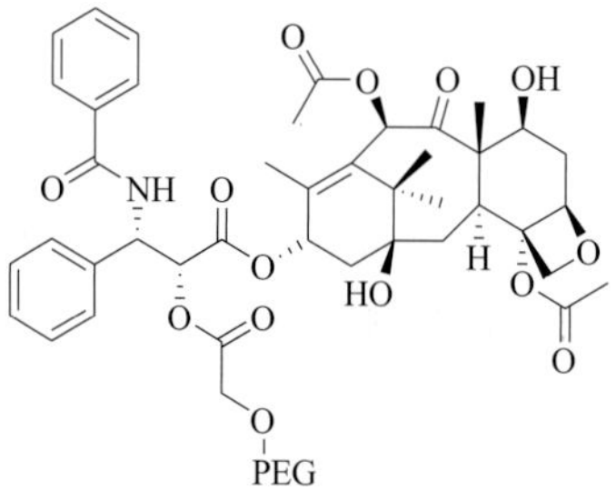

图 39.4　部分溶解度得到提高的前药结构

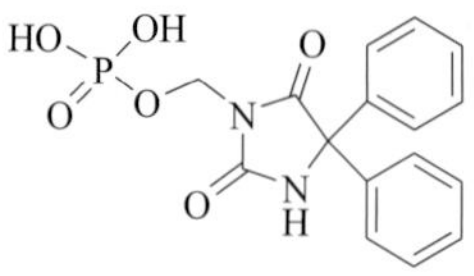

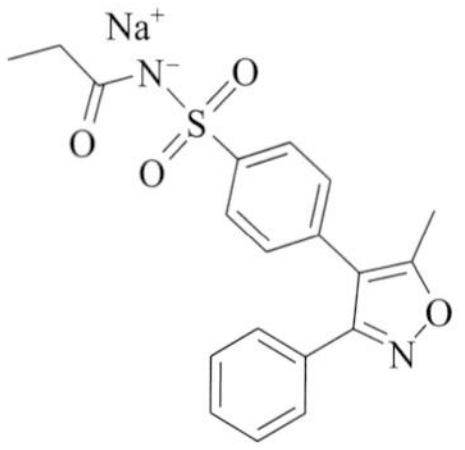

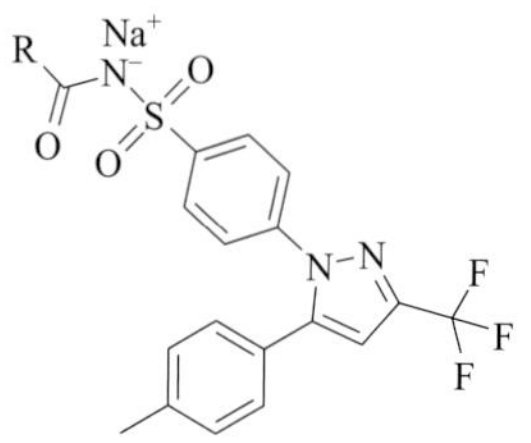

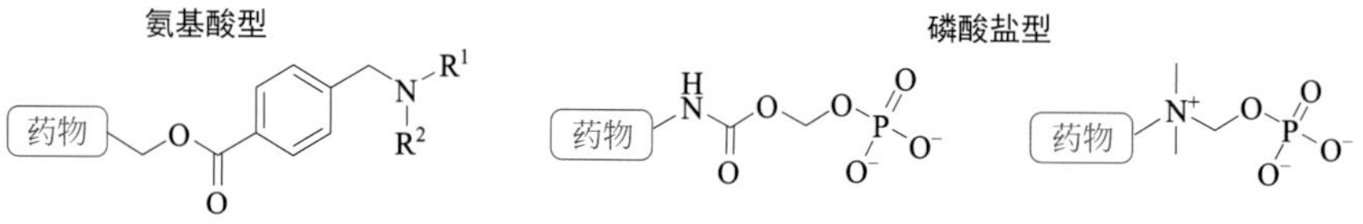

图 39.5　可增加溶解度的氨基酸型和磷酸盐型前药的骨架结构

图 39.6 中的抗肿瘤药物是一种弱碱，其 pK_a ≤ 3.0。该化合物的低溶解度和弱碱性限制了其注射制剂的开发。因此，将其制备成新型氨基磺酸盐前药。虽然该前药的溶解度得到增强，但在酸性条件下稳定性差，可转化为母体药物。随后，合成了相应的氨基酸型前药，该前药具有良好的溶解度和稳定性。其双盐酸盐的静脉注射制剂已处于Ⅰ期临床研究[5]。

磷苯妥英[6]上市后，磷酸盐类前药大受欢迎。该磷酸盐前药的机制如图 39.7 所示，制成前

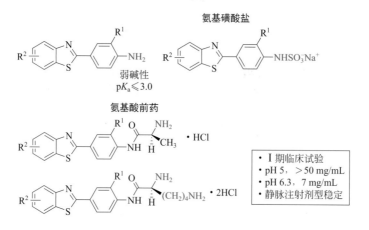

图 39.6　氨基酸型和磷酸盐型溶解度增加的前药[5]

药后药物的吸收得到显著增强[7]。胺类的磷酸盐前药是为了增加溶解度而制备的，其溶解度高的原因是由于在胃肠道中存在的高度电离的物质。前药在胃肠道内被碱性磷酸酶水解生成羟甲基胺中间体和无机磷酸盐。中间体在生理溶液中高度不稳定，自动分解生成母体胺类药物和甲醛。母体胺类药物可穿过胃肠道膜，被吸收进入体循环。图 39.8 所示的前药洛沙平（loxapine）和桂利嗪（cinnarizine），就是两个使用磷酸盐策略增强水溶性的实例。两种母体药物由于溶解度差，导致剂型问题和口服生物利用度不稳定。但该方法的局限性在于会生成一当量甲醛，高剂量或长期使用会导致毒性作用。

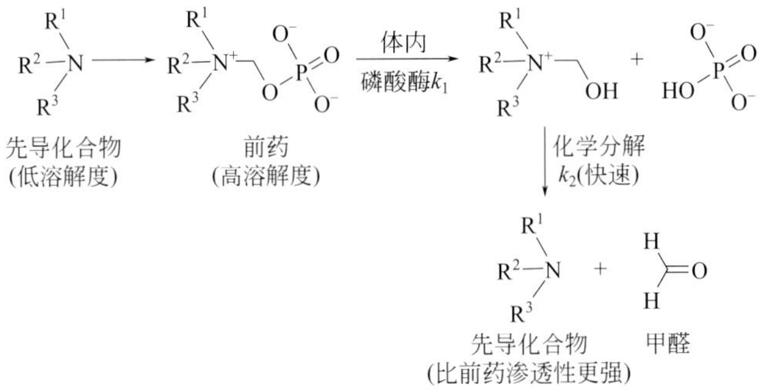

图 39.7 磷酸盐型前药增加水溶性的机制[6]

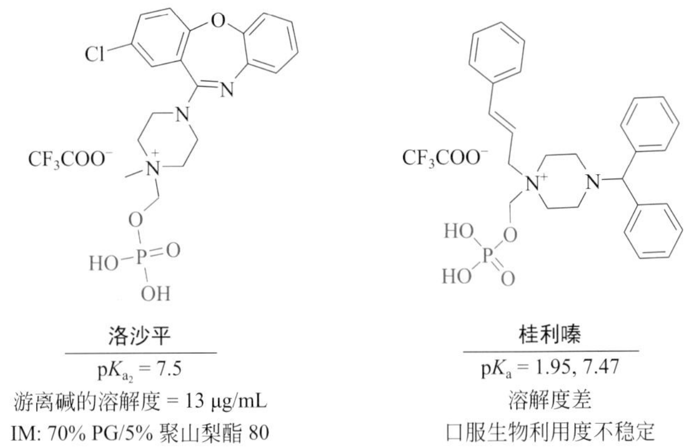

图 39.8 采用磷酸盐前药方法增加溶解度的实例[5]

39.4 通过前药策略增强被动渗透性

前药策略常将极性官能团或氢键供体以酯或酰氨基团"隐蔽"来提高药物的亲脂性，从而增加化合物的渗透性。无论是被动扩散的渗透性还是转运体介导的外排过程都可以通过前药的方法来调节。

口服酯/酰胺类前药在到达治疗靶点的过程中会面临许多生理、化学和生化方面的障碍。一般而言，酯类前药临床上可达到的最高口服生物利用度为 40% ~ 60%，这主要是由于不完全膜渗透、P-糖蛋白（P-gp）外排、胃肠道和肠细胞的水解、肝脏的非酯酶代谢、胆汁排泄和母体药物的代谢[8]。因此，一个成功的前药设计必须平衡所有潜在的问题。理想的酯/酰胺类前药应具有以下特征[8]：

- 对任何药理靶点无活性或活性弱；

- 生理 pH 下具有良好的化学稳定性；
- 足够的水溶性；
- 被动渗透性高；
- 在吸收过程中耐水解；
- 吸收后快速、定量水解产生母体（活性）药物；
- 释放的前药基团没有毒性及不需要的药理作用。

39.4.1 羧酸的酯类前药

采用简单的烷基酯作为羧酸的前药可以增强药物被动扩散的渗透性。乙酯是这类前药中最常见的形式，其他前药基团还包括芳基、二醇双酯、环状碳酸酯和内酯。不同类型前药的例子如图 39.9 所示[3,8]。虽然简单的酯基是首选的，但某些简单烷基或芳基酯的生物转化不受酯酶的调节。这对于前药设计是不理想的，因为它们并不只是不高效的，还会导致较低的体内暴露量。前药可被血浆中的酶水解，对提高口服生物利用度和活性药物的体循环是有益的。双酯和环状碳酸酯类前药即是基于此原理而设计的。双酯可以通过第二个酯键提高酯酶对其的识别。然而，双酯类化合物的化学稳定性较差，释放出的醛片段具有毒性。环状碳酸酯类前药［如仑氨西林（lenampicillin）］的设计目的是使前药结构在血浆中不稳定，以避免酯酶代谢的效率低下。内酯类前药是基于特定靶向性而开发的。洛伐他汀（lovastatin，一种 HMG-CoA 还原酶抑制剂）内酯可在肝脏中发生生物转化而得到有活性的酸。虽然该化合物口服生物利用度仅为 30%，但由于在肝脏的局部浓度较高，可产生很好的药效[8]。

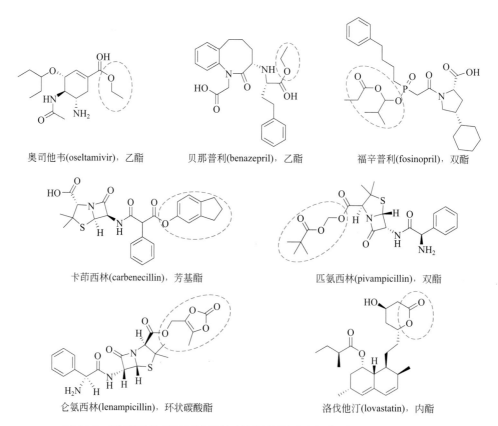

图 39.9　通过羧酸的酯类前药增强被动扩散渗透性的实例（前药基团以红色圈出）

39.4.2 醇和酚的酯类前药

醇和酚通常可与羧酸反应制备酯类前药,以达到增加亲脂性的目的。如表 39.3[2] 所示,前药显著增加了药物的角膜渗透性、血脑屏障渗透性和口服吸收。以噻吗洛尔(timolol)为例,其前药的口服生物利用度提高是由于渗透性和溶解度的增加,以及与母体药物相比晶格能的降低。

表 39.3 醇类和酚类的酯类前药示例

前药	母体药物的局限性	前药的优点
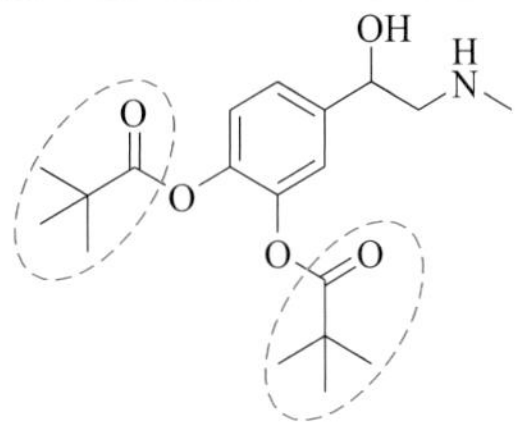 二叔戊酰-肾上腺素	$\lg P=-0.04$ 角膜渗透性低	$\lg P=2.08$ 角膜渗透性增加 4～6 倍
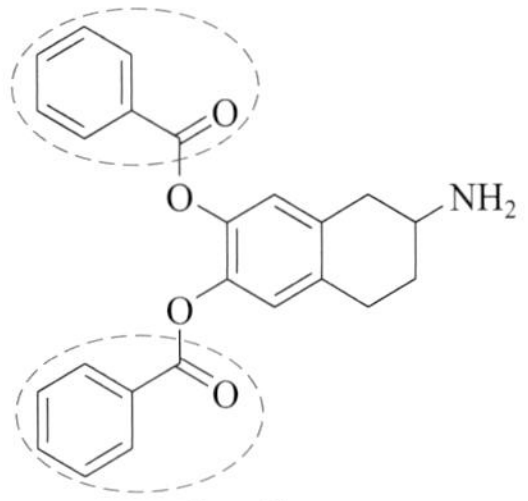 二苯甲酰-ADTN	无中枢神经系统渗透	可渗透进入中枢神经系统
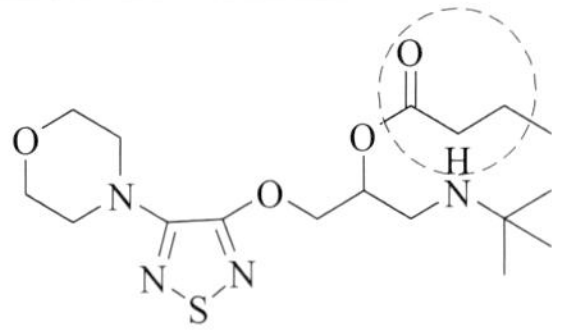 丁酰-噻吗洛尔 (butyryl-timolol)	低口服暴露量	高口服暴露量,可制成静脉注射制剂

39.4.3 含氮官能团衍生的前药

由于酰胺在体内的水解速率较慢,除了 N- 苯甲酰基或 N- 叔戊酰基衍生物活化的酰胺外,通常不推荐使用酰胺类前药。而通过氢键和段肽衍生物稳定的亚胺和烯胺则是胺类药物的有效前药。脒类化合物的前药可制成氨基甲酸盐。对于含有酸性 NH 官能团的化合物,可制备成磺酰胺、酰胺和氨基甲酸盐类前药(图 39.10)。

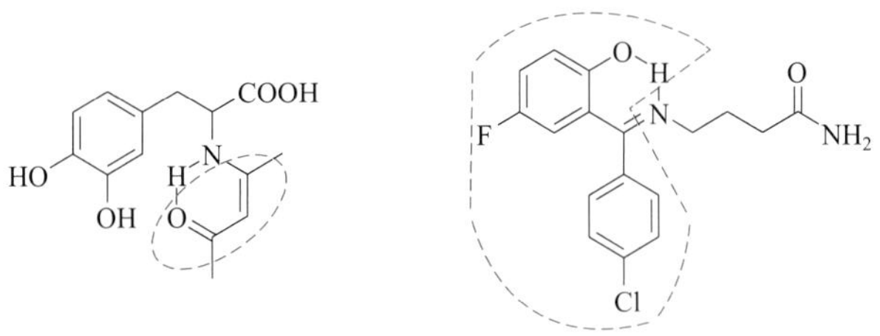

图 39.10

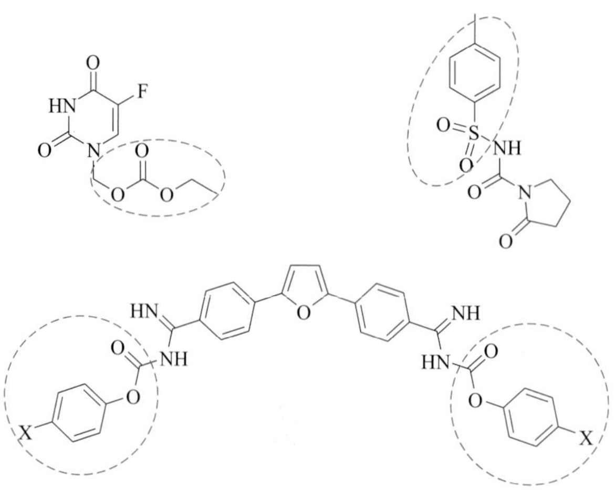

图 39.10 含氮化合物的前药示例

39.5 通过转运体介导的前药策略增强肠道吸收

前药设计可以利用转运体的介导作用，从而增加药物的肠道吸收。可用于前药策略的转运体包括肽转运体、氨基酸转运体、核苷转运体、胆汁酸转运体和单羧酸转运体 [3,9,10]。表 39.4 列举了利用转运体介导过程增加口服吸收的前药实例。

表 39.4 转运体介导的口服吸收前药

前药	转运体	前药的益处
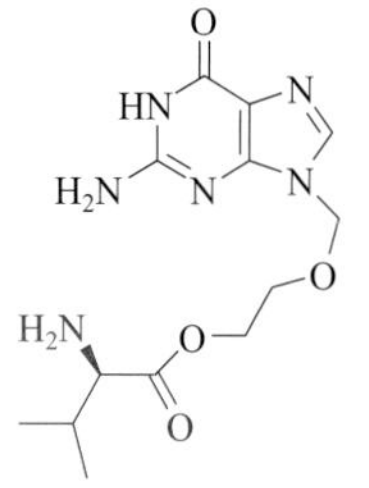 伐昔洛韦(valaciclovir)	PEPT1 和 PEPT2[11]	口服生物利用度比阿昔洛韦提高了 3～5 倍
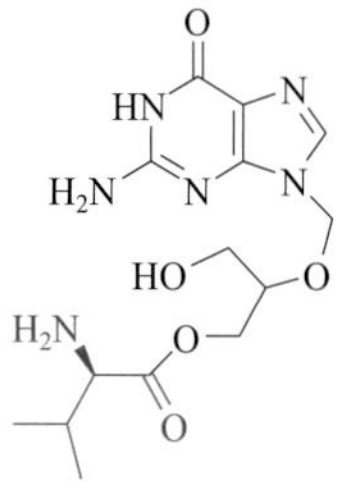 缬更昔洛韦(valganciclovir)	PEPT1 和 PEPT2[12]	口服生物利用度比更昔洛韦提高了 10 倍
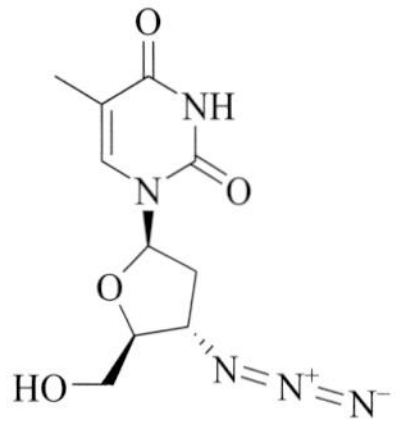 齐多夫定(zidovudine，AZT)	核苷转运体[13]	口服生物利用度达到 64%[14]

续表

前药	转运体	前药的益处
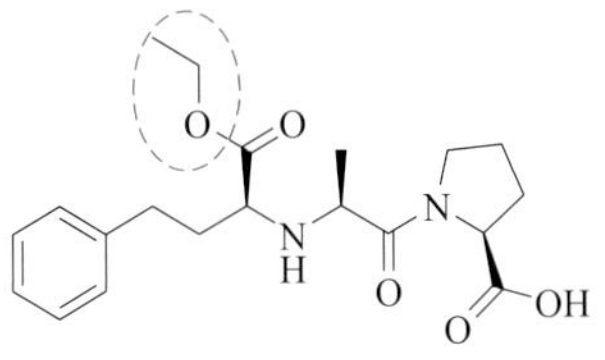 依那普利(enalapril)	PEPT1[8]	由于亲脂性和转运体介导的吸收增加，口服生物利用度达到36%～44%，而二酸母体的口服生物利用度仅为3%
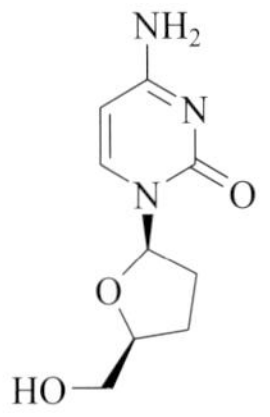 扎西他滨(zalcitabine)	核苷转运体[13]	

伐昔洛韦（valaciclovir）和缬更昔洛韦（valganciclovir）是天然氨基酸缬氨酸的前药[11,12]，它们都是肽转运体（PEPT1和PEPT2）的底物。此类转运体增加了药物的口服吸收。

齐多夫定（zidovudine）是一种合成核苷类药物。其在细胞激酶的作用下转化为活性代谢物齐多夫定5'-三磷酸。齐多夫定借助于核苷转运体，增强了其口服吸收和细胞摄取[13]。

依那普利（enalapril）是一种血管紧张素转换酶（angiotensin converting enzyme，ACE）抑制剂和单羧酸酯前药[8]。有效成分二元酸原药的口服生物利用度仅为3%，而单酸的口服生物利用度达到了40%。这是因为乙酯修饰增加亲脂性，促进了跨细胞吸收的增加，且转运体PEPT1可协助化合物的吸收。

加巴喷丁（gabapentin，F =75%）的前药（图39.11）可由单羧酸转运体-1（monocarboxylate transporter，MCT-1）和复合维生素转运体（multivitamin transporter，SMVT）所转运，随后激活生成加巴喷丁[17]。而加巴喷丁本身由氨基酸转运体1（LAT1）转运，但F仅为37%。

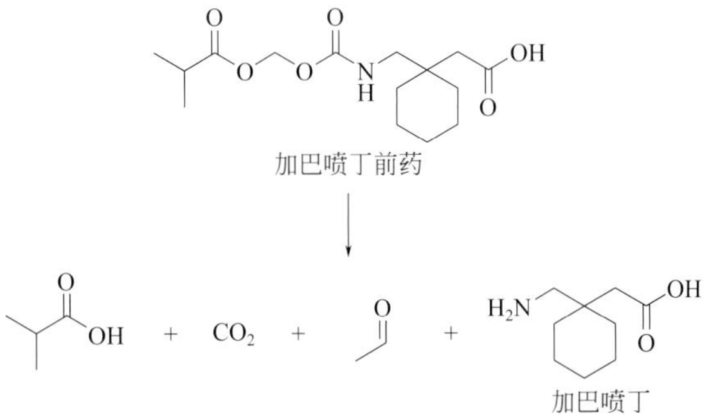

图39.11 加巴喷丁前药[17]

许多转运体介导的前药都是偶然发现的。转运体的特异性和功能决定了该方法的成功与否。需要注意的是，转运体可在高浓度药物下达到饱和状态，如果两种药物竞争同一转运体，还可能导致药物相互作用。

39.6 借助前药策略抑制代谢

可运用前药策略"隐蔽"不稳定的官能团,从而延长母体药物的半衰期,如易发生二相代谢的酚醇。此类前药本质上属于缓释药物。图 39.12 列举了一些代谢稳定性得到提高的前药。其中,班布特罗(bambuterol)是特布他林(terbutaline)的二氨基甲酸酯前药,其酚醇被保护后不易发生二相代谢。而氨基甲酸酯被非特异性胆碱酯酶缓慢水解并释放出母体药物特布他林。缓慢代谢导致药物的半衰期延长,班布特罗需每日给药 1 次,而特布他林则需每日给药 3 次。

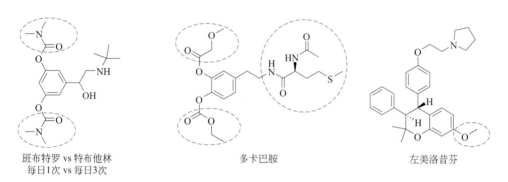

班布特罗 vs 特布他林
每日1次 vs 每日3次

多卡巴胺

左美洛昔芬

图 39.12　降低代谢的前药示例 [3]

由于代谢迅速,多巴胺(dopamine)不能口服。其在肠道和肝脏中可被 O- 硫酸盐化、O- 葡萄糖醛酸氧化和脱氨作用广泛代谢。多卡巴胺(docarpamine)是一种可口服的多巴胺前药,其双甲酸乙酯前药在肠道中水解,酰胺基团则在肝脏中发生转化 [15]。

左美洛昔芬(levormeloxifene)是一种选择性雌激素受体调节剂(estrogen receptor modulator)的 O- 甲基化前药。该化合物通过脱甲基化在体内被激活。其前药保护了易代谢位点(OH),提高了口服生物利用度 [3]。

39.7 靶向特定组织的前药

组织特异性递送药物不仅能够增加疗效,还可以减轻副作用。例如,PEG 结合抗癌前药(如,PEG- 紫杉醇)可在肿瘤细胞中选择性积累,不仅延长了半衰期,也提高了疗效。前药也可用于靶向脑、骨、结肠和其他特定组织。器官或组织的特异性递送也被称为"魔法子弹(magic bullet)"。

卡培他滨(capecitabine)是 5- 氟尿嘧啶(5-fluorouracil,5-FU)的口服前药 [16]。卡培他滨的生物活化过程如图 39.13 所示。其首先在肝脏中被羧酸酯酶(carboxylesterase)水解,脱羧生成

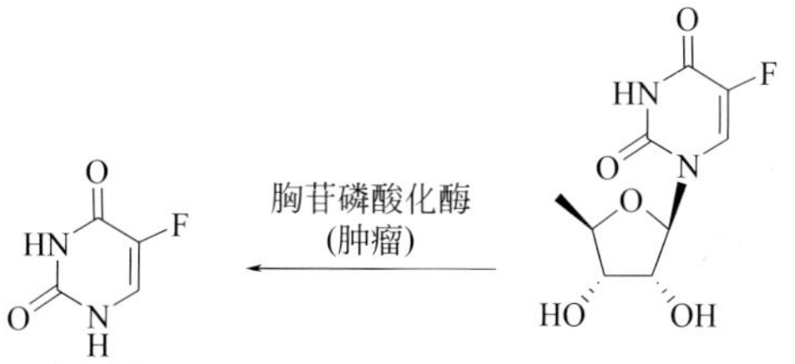

5-氟尿嘧啶　　　　5′-脱氧-5-氟尿苷

图 39.13 肿瘤特异性前药卡培他滨被活化后产生 5-氟尿嘧啶[13]

5′- 脱氧 -5- 氟胞苷，然后再通过胞苷脱氨酶（cytidine deaminase）进一步转化为 5′- 脱氧 -5- 氟尿苷。随后在肿瘤细胞中胸苷磷酸化酶（thymidine phosphorylase）的作用下，选择性地将 5′- 脱氧 -5- 氟尿苷转化为 5-FU。5-FU 在肿瘤中的分布显著增加，口服卡培他滨后，5-FU 在肿瘤中的分布是胃肠道（GI）的 6 倍，以及血液的 15 倍。

39.8 软药

软药（soft drug）被设计成在靶点处具有活性，然后通过酶催化迅速代谢失活。软药的靶点通常位于给药部位，这也减少了药物在身体其他器官的暴露量。软药的相关问题已在第 12 章中讨论。

（李达翃　辛敏行）

思考题

（1）使用前药策略，以下哪些性质可以得到有效的改善？
（a）渗透性；（b）吸收运输；（c）hERG 结合；（d）代谢稳定性；（e）与血浆蛋白结合；（f）溶解度；（g）CYP 抑制。

（2）请举例说明，如何通过前药基团修饰提高下列结构的溶解度？

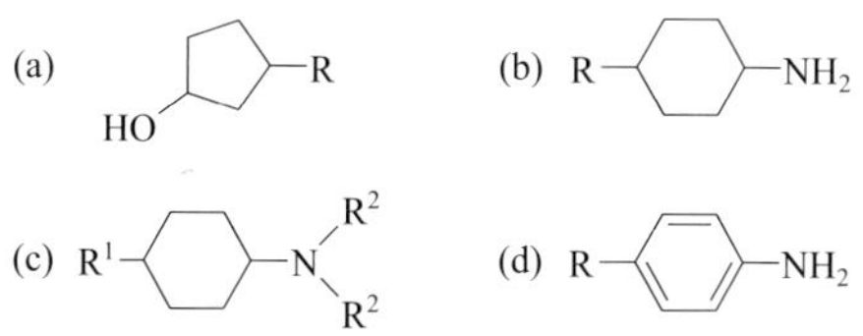

（3）如何通过前药基团修饰提高以下结构的膜渗透性？

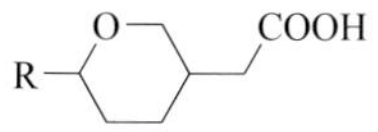

（4）什么可使肠道内的磷酸盐类前药发生水解？

（5）前药被吸收后，问题（3）中的活性羧酸如何释放出来？

（6）前药策略有哪些潜在的需要关切的问题？

参考文献

[1] V. Stella, R. Borchardt, M. Hageman, R. Oliyai, H. Maag, J. Tilley (Eds.), Prodrugs: Challenges and Rewards, Springer, New York, 2007.
[2] C.G. Wermuth, Designing prodrugs and bioprecursors, in: C.G. Wermuth (Ed.), Practice of Medicinal Chemistry, 23rd Ed, Academic Press, London, 2008, pp. 721-746.
[3] P. Ettmayer, G.L. Amidon, B. Clement, B. Testa, Lessons learned from marketed and investigational prodrugs, J. Med. Chem. 47 (2004) 2393-2404.
[4] S.D. Garad, How to improve the bioavailability of poorly soluble drugs, Am. Pharm. Rev. 7 (2004) 80-93.
[5] I. Hutchinson, S.A. Jennings, B.R. Vishnuvajjala, A.D. Westwell, M.F.G. Stevens, Antitumor benzothiazoles. 16.1 synthesis and pharmaceutical properties of antitumor 2-(4-aminophenyl)benzothiazole amino acid prodrugs, J. Med. Chem. 45 (2002) 744-747.
[6] V.J. Stella, A case for prodrugs: fosphenytoin, Adv. Drug Deliv. Rev. 19 (1996) 311-330.
[7] J.P. Krise, J. Zygmunt, G.I. Georg, V.J. Stella, Novel prodrug approach for tertiary amines: synthesis and preliminary evaluation of N-phosphonooxymethyl prodrugs, J. Med. Chem. 42 (1999) 3094-3100.
[8] K. Beaumont, R. Webster, I. Gardner, K. Dack, Design of ester prodrugs to enhance oral absorption of poorly permeable compounds: challenges to the discovery scientist, Curr. Drug Metab. 4 (2003) 461-485.
[9] A. Cho, Recent Advances in Oral Prodrug Discovery, in: Annual Reports in Medicinal Chemistry, Elsevier, Amsterdam, 41 (2006), pp. 395-407.
[10] S. Majumdar, S. Duvvuri, A.K. Mitra, Membrane transporter/receptor-targeted prodrug design: strategies for human and veterinary drug development, Adv. Drug Deliv. Rev. 56 (2004) 1437-1452.
[11] M.E. Ganapathy, W. Huang, H. Wang, V. Ganapathy, F.H. Leibach, Valacyclovir: a substrate for the intestinal and renal peptide transporters PEPT1 and PEPT2, Biochem. Biophys. Res. Commun. 246 (1998) 470-475.
[12] M. Sugawara, W. Huang, Y.-J. Fei, F.H. Leibach, V. Ganapathy, M.E. Ganapathy, Transport of valganciclovir, a ganciclovir prodrug, via peptide transporters PEPT1 and PEPT2, J. Pharm. Sci. 89 (2000) 781-789.
[13] K. Parang, L.I. Wiebe, E.E. Knaus, Novel approaches for designing 5′-O-ester prodrugs of 3′-Azido-2′,3′-dideoxythymidine (AZT), Curr. Med. Chem. 7 (2000) 995-1039.
[14] PDR Electronic Library Stamford, CT (Thomson Micromedex), www.pdr.net.
[15] M. Yoshikawa, S. Nishiyama, O. Takaiti, Metabolism of dopamine prodrug, docarpamine, Hypertens. Res. 18 (1995) S211-S213.
[16] B. Testa, Prodrug research: futile or fertile? Biochem. Pharmacol. 68 (2004) 2097-2106.
[17] K.C. Cundy, S. Sastry, W. Luo, J. Zou, T.L. Moors, D.M. Canafax, Clinical pharmacokinetics of XP13512, a novel transported prodrug of gabapentin, J. Clin. Pharmacol. 48 (2008) 1378-1388.

第 40 章

药物性质对生物测试的影响

40.1 引言

之所以在药物研发的最初阶段考察化合物的药代动力学（pharmacokinetics，PK）和毒性性质，主要是为了避免性质不佳的候选药物进入临床研究，导致资源的浪费[1]。体外性质的考察为 ADMET（吸收、分布、代谢、排泄和毒性）性质的改善提供了一种经济有效的策略，可减少不必要的消耗。

除药代动力学外，化合物的理化和生化性质还与其在生物测试中的表现息息相关。例如，如果化合物不溶于生物实验的基质，则测得的 IC_{50} 值将是不准确的；如果化合物的被动扩散渗透性差，则其可能不会穿透细胞膜，无法与细胞内靶蛋白产生相互作用；如果化合物在生物实验的基质中表现出化学不稳定性，则其浓度将下降至未知水平，导致错误的构效关系。

通过考察药物发现中的生物实验过程，可以明显发现化合物的性质与生物测试密切相关（图 40.1）。化合物的性质会影响化合物在靶点的暴露，通过改善药代动力学性质可以提高药物向治疗靶点的递送。疗效与药代动力学之间的联系是药物发现的核心。但是，体内疗效只是活性测试过程的一个阶段。此外，药物性质也与体外活性测试结果密切相关，如活性测试的早期实验（细胞实验、酶实验、高通量筛选）。

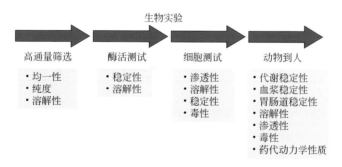

图 40.1　药物发现过程中活性测试各个阶段的药物性质壁垒

不同的生物测试可以获得有关化合物的活性和选择性数据，有助于确定化合物的优先级排序及候选化合物的选择。构效关系（structure-activity relationship，SAR）是基于活性数据总结归纳的，可用于指导先导化合物的活性优化。SAR 是建立在药物只与治疗靶点发生作用的基础之上。然而，如果 SAR 受到溶解度、渗透性和化学稳定性的影响，将会与 SAR 的假定条件相矛盾，得到不准确的 SAR。对于项目团队而言，基于准确活性建立的 SAR 至关重要。反之，当生物测试数据因受到药物性质的限制而不准确时，则很可能忽略掉重要的药效团。虽然化合物最初的性质可能不理想，需要通过结构改造以改善先导化合物的性质，但正确评价最初化合物的活性仍然非常重要。任何一个系列的活性化合物都是弥足珍贵的，现代药物发现科学家们当然难以接受由于不适当的体外或体内生物实验而错过任何宝贵的机会。

图40.1列举了活性测试各个阶段潜在的药物性质壁垒。高通量筛选的实验结果可能受到化合物溶解度、溶液稳定性、均一性和纯度的影响。酶和受体的验证性实验也会受到上述性质的影响。对于细胞水平的测试，如果靶点位于细胞内部，还将受到化合物渗透性的影响。影响体内测试的药物性质已在第3章进行了讨论。

对药物生物测试的深入认识，促使研究人员不断思考如何降低药物性质对药物活性的不利影响。以下方面可能产生重要的作用：

- 化合物测试流程——如何妥善存储和处理化合物及其溶液；
- 实验设计——如何根据化合物的性质优化生物实验的步骤和方案；
- 数据解读——如何识别药物性质的影响，解读相应的实验结果。

在众多药物性质中，化合物在缓冲水溶液和二甲基亚砜（dimethyl sulfoxide，DMSO）中的溶解度是最受关注的问题[2,3]。生物实验普遍依赖于化合物在DMSO储备溶液和缓冲水溶液中的溶解度。然而，许多化合物的溶解度较差，导致实验过程中的IC_{50}值虚高、筛选命中率偏低、SAR相关性较差、数据不稳定、酶和细胞实验中化合物的排序错误，以及体外ADMET实验结果不佳等。最近的研究表明，药物发现工作流程可以通过以下几方面加以改善：根据药物在水和DMSO中的溶解度数据设计用于筛选的化合物库；改善DMSO储备溶液的储存和处理；在药物发现初期即进行苗头化合物和先导化合物的溶解度测试；完善化合物稀释的实验步骤；开发经验证的适用于不溶性化合物的测试方法。

下面以一个关于溶解度的实例解释上述问题。化合物库内可能包含较高比例的低水溶性化合物[4]，这可能导致高通量筛选的命中率较低。在一项研究中，高水溶性化合物库的筛选命中率（32%）远远高于不溶性化合物占比较高的筛选库的命中率（4%）。因为溶解度差会导致筛选测试中相对较低的化合物浓度，以至于无法准确评估其活性。此外，在此类筛选库中，杂质可能比主要成分更易溶解。因此，杂质可能会贡献部分，甚至是全部的活性，或影响到ADMET测试的结果，从而得出错误的SAR或构性关系（structure-property relationship，SPR）结论。

以下内容将逐一讨论各种性质对生物实验的影响。表40.1归纳总结了药物发现过程中处理此类问题的有效措施。

表40.1 生物测试中溶解度限制的解决方法

生物实验因素	方法
实验开发	• 开发和验证适用于低溶解度化合物的实验
实验方案	• 在DMSO（非缓冲液）中进行一系列稀释，并转移至实验基质中 • 直接将DMSO储备液与实验基质混合，避免在纯水中稀释 • 在较低浓度下筛选 • 孔内超声处理反复溶解 • 减少或消除冻融循环 • 加入0.1% Triton-X破坏聚集体，对目标化合物重新进行高通量筛选 • 以实验基质中的药物浓度校正活性结果
实验条件	• 评估实验方法对用于提高溶解度的基质调节物质的耐受性；使用最大剂量
样品处理	• 将DMSO孔板在室温下保存，并在最短时间内使用 • 将盐溶于1∶1 DMSO/水中 • 以9∶1的DMSO/水作为储备液，并存储于4℃ • 以固态形式储存化合物

续表

生物实验因素	方法
化合物溶解度评估	• 尽早通过虚拟程序和体外实验评估化合物在 DMSO 和实验基质中的溶解度 • 提高测试机构对溶解度的重视和标准 • 采用根据具体的实验条件和方案量身定制的溶解度实验方法，获得每个化合物特定的溶解度数据 • 使用化学发光氮检测法（CLND）测试 DMSO 储备液的浓度

40.2 化合物不溶于 DMSO 的影响

人们通常认为化合物普遍会完全溶解于 DMSO。然而，事实并非如此。化合物在 DMSO 中的溶解度也可能很有限[5,6]。具有强分子堆积晶格能的化合物往往在 DMSO 中溶解度较差。这类化合物（如有机盐）一般具有刚性、亲水性和较低的分子量（molecular weight，MW）。另一类在 DMSO 中溶解度偏低的化合物是由于具有高 MW、高 lg$P$、大量可旋转键或高溶剂可极化表面积。化合物在 DMSO 中的低溶解度会导致其在 DMSO 储备液中析出，这将使生物测试中的浓度低于预期，造成测试的 IC_{50} 值高于真实值。

另一个问题是，随着时间的推移，DMSO 储备液中化合物的浓度会降低。研究人员经常发现一个奇怪的现象，化合物在刚配制时比储存一段时间后的活性更强。产生该现象的一个原因是化合物从 DMSO 储备液中析出。常规的操作程序也可能会加速化合物的析出。标准的生物实验方案是将化合物以 10～30 mmol/L 的浓度溶解于 DMSO，然后将溶液储存在低温条件下以减少化合物的分解。不幸的是，化合物库中多达 10%～20% 的化合物在 DMSO 中的溶解度都低于这一浓度[7,8]，并且在温度降低后溶解度会进一步下降。化合物在 DMSO 储备液中浓度的降低，导致其用于生物测试的实际浓度低于预期。即使该化合物具有良好的固有活性，也会表现出较低的活性。

此外，析出固体的 DMSO 储备液在被稀释用于测试时会产生不同的影响（图 40.2）。如果稀释过程中没有将析出的固体转移至稀释液或测试基质中，或沉淀物虽被转移但不溶解时，测试的 IC_{50} 值将高于真实值，即受试化合物的活性低于真实活性。相反地，当析出的固体被从 DMSO 储备液转移到稀释液或测试基质中并溶解时，测试的 IC_{50} 值将低于真实值，即受试化合物的活性将高于真实值。总体而言，DMSO 储备液析出的沉淀将导致测试溶液浓度的变化和不确定性，导致活性数据不准确。

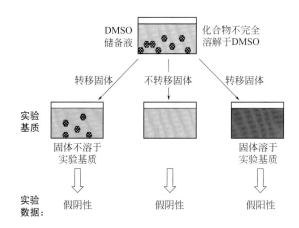

图 40.2　当 DMSO 溶液中存在未溶解的颗粒时，可能产生假阴性或假阳性的实验数据，具体取决于是否转移了析出的固体，以及该固体是否可溶于稀释液或检测基质中

DMSO 储备液存在的另一个问题是"冻融循环（freeze-thaw cycles）"。化合物的 DMSO 储备液一般被储存在冰箱中以减少化学分解，并被重复使用。不幸的是，这一做法可能会降低化合物在溶液中的溶解度[9]，进而有利于化合物晶体的析出。形成的晶体通常比最初配制 DMSO 溶液的非晶体物质具有更低的溶解度和溶解速率[5]。此外，降温还会将空气中的水分凝结到 DMSO 中（质量分数可高达 10%）[5,7,10~13]，而许多化合物在含水 DMSO 中的溶解度低于纯 DMSO。

40.3 DMSO 低溶解度的解决策略

如果筛选库中的化合物不溶于 DMSO 或缓冲水溶液，会导致高通量筛选的命中率偏低，一种有效的解决方案是只选择可溶的化合物来构建筛选库。可以对化合物在 DMSO 和缓冲液的溶解度进行预筛选，只将超过最低 DMSO 或水溶液溶解度标准的化合物选入筛选库中[14]。

对于不溶的盐，可尝试将其溶解于 1∶1 的 DMSO/缓冲水溶液中，以增加盐的溶解度。其他与水混溶的有机溶剂还包括甲醇、乙醇、乙腈、四氢呋喃（tetrahydrofuran，THF）、吡啶和二甲基甲酰胺（dimethylformamide，DMF）[15]。无论采用哪种溶剂，确定实验对有机溶剂的耐受性都非常重要。

为了减少 DMSO 储备液中的沉淀析出，还可以采用其他的样品存储方法。一种减少冻融循环沉淀的简单方法是每份 DMSO 溶液仅使用一次。单次使用的样品管可以储存在自动系统中，并根据需要取用，然后在使用后丢弃[7]。另一种减少冻融循环的方法是限制每份 DMSO 溶液的使用时间（如 2 周），并将其保存于室温条件下，这样可以减少由于冷却引起的沉淀析出。此外，通过缩短平板放置室温下的时间，可避免化合物发生明显的分解[5]。

因为很难控制大气中的水分进入到 DMSO 溶液中，一些研发机构会将化合物储存于 10% 水/90%DMSO 的溶液中[16]。在 4 ℃ 的储存温度下，溶液将保持液态，以降低其可变性。

再者，也可以制备较低浓度（2～5 mmol/L）的溶液，以减少 DMSO 中沉淀的析出[4,16]。这种方法的缺陷是测试的浓度上限受到了限制。例如，一种细胞实验对 DMSO 的最大耐受量为 1%[17]，99 μL 的实验缓冲液中只能加入 1 μL 的 DMSO 储备液，也就是说使用 2 mmol/L 的 DMSO 储备液时，能够达到的上限浓度只有 20 μmol/L。这显然会限制 IC_{50} 的测定。

当化合物从 DMSO 或缓冲水溶液中析出时，低能超声仪可成功地将固体重新溶解[7]或使溶液过饱和。其能量足够低，可以避免化合物的分解。此外，样品储存还有其他更新的技术[9,18,19]。

对于研究人员而言，通过软件对化合物在 DMSO 中的溶解度进行早期预测评估也是非常实用的策略[6,8,20~22]。此类工具可对在 DMSO 中溶解度较低的化合物提出预警。

40.4 缓冲水溶液低溶解度的影响

生物实验中通常需要测试化合物在不同浓度下的活性并计算其 IC_{50} 值。一般而言，高浓度的稀释液（如 100 μmol/L）可由 DMSO 储备液的缓冲水溶液配制，再进行梯度稀释获得更低的浓度 [图 40.3（a）]。水溶性较差的化合物在高浓度水性溶液中有时不能完全溶解，梯度稀释后形成的稀释曲线，将向低浓度方向移动（图 40.4），导致化合物的 IC_{50} 测试值高于真实值，使化合物测试活性偏低。

近期研究表明，药物发现阶段约有 30% 的化合物的水溶性低于 10 μmol/L，而这一浓度正是高通量筛选经常采用的浓度[24]。因此，很可能高通量筛选中的一部分 IC_{50} 活性数据比实际值偏高。

水溶性差的一个有趣结果是在不同生物实验之间存在无法解释的差异。差异可能是由实验缓冲液的成分不同所致，因为不同测试方法对 DMSO 和其他成分的耐受性不同，而且不同的成分也可能会对化合物的溶解度产生不同的影响[17]。有些酶活性的测试可以耐受高达 10% 的 DMSO，而一些实验中的酶只能耐受 0.2% 的 DMSO。化合物的浓度可产生明显性差异，造成实验结果的不同。基于酶的实验，一般可耐受添加剂，但对于细胞实验，耐受性则较低。溶解度较差的化合物在含有 2.5%DMSO 和 5% 牛血清白蛋白（bovine serum albumin，BSA）的酶实验中的浓度，比在含 0.1%DMSO 和 0%BSA 的细胞实验中的浓度高出十倍（图 40.5）。

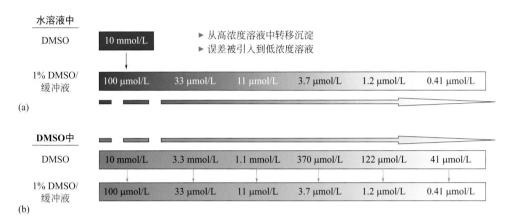

图 40.3　梯度稀释的流程图[23]

（a）在水溶液中进行梯度稀释会导致在最高浓度时析出沉淀，然后沉淀被转移至后续的稀释液中；（b）在 DMSO 中进行梯度稀释可使化合物始终溶解于溶液中，然后将少量的 DMSO 转移至水性缓冲液中。这样的操作可使各个浓度的溶液得到准确的稀释

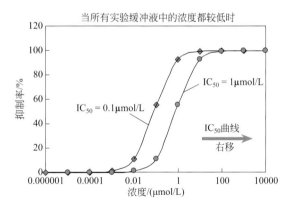

图 40.4　如果待测化合物在稀释曲线最初的最高浓度下不溶，并以水溶液对其进行梯度稀释[图 40.3（a）]，则 IC$_{50}$ 曲线会发生"右移"，导致化合物的活性数据低于真实值[23]

化合物	在受体结合实验缓冲液中的溶解度/(μmol/L)	在细胞实验缓冲液中的溶解度/(μmol/L)
1	11	2.4
2	10	4.8
3	10	1.4
缓冲液	5% BSA, 2.5% DMSO	0.1 % DMSO

*靶点测试浓度为 10 μmol/L

图 40.5　细胞实验通常使用较少的基质调节添加剂，这不利于化合物溶解度的提高，并会导致细胞实验与受体/酶实验之间存在无法解释的数据差异

低溶解度不仅会影响活性和选择性的生物测试，同样也会影响体外 ADMET 实验。由于代谢稳定性、CYP 抑制和 hERG 阻断实验是基于浓度的测试，所以这些实验可能产生错误的数据。忽略低溶解度的影响可能会错误地认为这些问题并不那么严重，然而事实并非如此。

生物实验的另一个问题是受试化合物聚集形成小颗粒，并造成结果的偏差。在高通量筛选中，当浓度高于 10 μmol/L 时，化合物的聚集现象较为普遍[25~27]，导致酶被吸附到颗粒表面并表现出类似于竞争性抑制的假阳性[28]。粒径在 30～400 nm 的聚集体可透过 200 nm 的滤膜，因此不能过滤除去。当高浓度的 DMSO 溶液加入缓冲水溶液时，可因过饱和而发生化合物聚集[5]。在一个包含 1030 个化合物的筛选库中，30 μmol/L 浓度下得到不准确活性数据的概率为 19%，而但当浓度下降至 5 μmol/L 时，由于聚集的减少，这一概率会降至 1.4%[28]。

40.5 缓冲水溶液低溶解度的解决策略

多种方法可用于解决生物实验中化合物的低溶解度问题。首先要注意可能出现的问题。一旦研究人员意识到生物测试可能受到不溶性化合物的影响，必须采取有效的方法去缓解这一情况。最有效的措施如下：
- 改进稀释方案以使化合物能够始终溶解于溶液中；
- 评价化合物的溶解度和浓度；
- 对溶解度较差的化合物进行实验优化。

总之，这是物理化学原理以及最佳分析化学实践的实际应用。

40.5.1 完善稀释方案使化合物始终溶解在溶液中

梯度稀释过程中可存在一些严重的问题[23]，这也是确保生物测试可靠性所必须关注的地方。首先，在 DMSO 溶液中进行梯度稀释是非常重要的，然后将较小体积的 DMSO 稀释液加到水性实验基质中，如图 40.3（b）所示。即便化合物在最高浓度的溶液中析出沉淀，也不会影响较低浓度溶液中化合物的真实浓度。如果从一种水溶液梯度稀释到另一种水溶液中，则最高浓度溶液中的误差会继续传递到后续的稀释液中。准确地制备稀释曲线是确保高质量生物实验结果的最重要措施。

许多研究人员观察到，在梯度稀释过程中，在将小部分溶液转移到下一个浓度前，使用移液枪多次上下吹打、混匀高浓度的溶液，则活性测试结果的重现性会更好。这是因为析出的沉淀颗粒被破坏成较小的颗粒并形成更均一的悬浮液，但这种方法的问题是颗粒仍然不能被完全、均一地转移。最好选择完全溶解化合物和避免产生不溶颗粒的实验条件。另外，如果在第一个水性溶液中有沉淀析出，则在稀释曲线中降低溶液的最高浓度可能会有帮助，这将减少沉淀的析出并使随后的稀释更加可靠。

在一些生物实验方案中，首先以 DMSO 储备液制备高浓度的水性储备液，然后以水性储备液（而不是 DMSO 储备液）得到稀释曲线。不幸的是，这一过程增加了低溶解度化合物在高浓度下的保存时间。理想的操作是直接将 DMSO 稀释液添加至包含如蛋白质、细胞、脂质膜和微粒体等成分的基质中。将 DMSO 溶液添加到实验基质中可能会导致过饱和现象。过饱和会降低沉淀析出的速率，为化合物分子与靶点的相互作用提供足够时间。通常，需要将 DMSO 维持在较低的浓度，因此仅能向基质中添加少量的 DMSO。如果手动移液枪的取样体积低至 0.5 μL，许多实验人员会错误地认为仍可以精确地转移这一微小体积的样品。然而，当移液枪转移较小体积的溶液时，误差会更大。

另一个错误是用纯水稀释 DMSO 溶液。纯水并不具备缓冲能力，因此可电离的分子倾向于转变为溶解度更差的中性状态。由于缓冲液可维持配制时的 pH 值，且离子化的分子也比中性分子具有更高的溶解度，所以用缓冲液稀释会更为理想。

40.5.2　化合物溶解度和浓度的评价

在药物发现早期评估化合物的溶解度是十分必要的。一些商业软件程序可根据分子结构预测化合物的水溶性[21,29]。尽管预测可能不是绝对准确的（通常与实际溶解度相差 10 倍以内），并且预测的是平衡状态而非动态的溶解度，但仍可为研究人员提供潜在溶解度问题的早期预警。此外，这些预测通常会给出不同 pH 下的溶解度，因此研究人员可以通过分析趋势以选择合适的 pH[30,31]。

除预测软件外，大多数药物研发团队还会采用高通量溶解度测试对化合物潜在的溶解度问题进行评估。这种分析方法比软件预测更为可靠。如第 25 章所述，大多数溶解度实验都使用水性环境或缓冲液[32~34]。动态溶解度法模拟了生物实验的操作过程，将化合物的 DMSO 溶液添加到缓冲水溶液中。这比使用缓冲水液溶解固体化合物且历时数天的热力学（平衡状态）溶解度测试方法更为合适，因为生物测试通常只需要几个小时。一些研究小组使用带有化学发光氮检测器（chemiluminescent nitrogen detector, CLND）的高效液相色谱（HPLC）来提高化合物浓度定量的准确性。该检测器对化合物浓度具有摩尔响应，并且不需要相关的分析标准即可进行定量[4,35-38]。

最好使用生物测试的条件和方案进行溶解度实验，因为溶解度在很大程度上取决于实验基质和精确的操作步骤。

一些机构采用"校正"的方法。先测定稀释曲线每个位点化合物的实际浓度，再计算校正 IC_{50}[4]。这种方法虽然看起来合情合理，但也存在一些缺点。如果在通用缓冲液中进行测定，则其浓度将与实验基质中的浓度有所不同，并可能导致不准确的 IC_{50}。此外，这些测定会耗费大量时间和耗材，因此不够高效。当然，对于关键的先导化合物，这一高准确性的测试是非常适合的，但用其研究数十甚至数百个化合物则会导致效率低下。

40.5.3　优化低溶解度化合物的实验方案

溶解度受实验基质成分（如缓冲液、有机溶剂、配对离子和蛋白质）、稀释方案和培养条件（如时间、温度）的影响很大。在实验过程中优化实验基质的成分、百分比、稀释方法和实验方案，以提高生物实验的溶解能力是最为有效的做法。助溶剂（如 DMSO、甲醇、乙醇、乙腈、DMF 和二氧六环）和赋形剂（如环糊精）广泛用于改善生物实验基质的溶解能力[9,39,40]。在许多情况下，实验开发人员使用标准条件或实验基质成分时，并不会进行耐受性测试。而该实验完全可能耐受更高浓度的 DMSO 或其他成分，所以应在实验开发过程中确定其耐受性。

在实验过程中，可以先使用既定的实验条件和方案测试一些溶解度较差的化合物，通过分析它们的浓度确定该实验方法能否将化合物完全溶于溶液中。

如果化合物在缓冲水溶液中析出沉淀，孔内超声有助于将其重新溶解[7]。具有 96 个单独探头的大功率超声仪可同时用于平板的每个微孔。该技术可以"挽救"析出沉淀的溶液，也可作为实验操作方案的一部分，以确保化合物在所有孔内均可完全溶解。肉眼通常观察不到沉淀的产生，尤其是在 384 孔的孔板中。

采用较低的浓度进行生物测试也可以减少沉淀的产生。多数化合物在 3 μmol/L 浓度下溶解度明显优于在 10 μmol/L 中的溶解度。

如果项目团队怀疑某些苗头化合物可能是由于化合物聚集而导致的假阳性，则可以使用多种方法来识别聚合体。苗头化合物可在添加 0.1% Triton X-100（聚乙二醇辛基苯基醚）的条件下重新进行筛选[28,41]，该添加剂主要用于分解聚集体。另一种方法是使用可检测聚集体的 DLS 读板器来分析溶液，可以检测 IC_{50} 曲线的移动。由于聚集对浓度的依赖性，将会产生比正常曲线更尖锐的曲线[27]。筛选应尽量在较低的浓度下进行，在这种情况下聚集体形成的概率会大大降低。最后，计算模型也有助于识别易于形成聚集体的结构特征[28,42,43]。

40.5.4 渗透性对细胞实验的影响

化合物的渗透性会大大影响其对细胞内靶点的生物活性。这些化合物在无细胞的酶或受体实验中可能表现出很好的活性，但由于渗透性较低，可能导致细胞活性的降低甚至是消失。

这种影响通常是由于被动双分子层扩散的渗透性差造成的。另一个典型的例子是多药耐药癌细胞，由于其高水平地表达 P-糖蛋白（p-glycoprotein，P-gp），因此较强的外排作用显著降低了细胞内化合物的浓度。而用于药物发现的大多数细胞系的外排转运体表达水平较低。

化合物在基于细胞的 ADMET 性质评估中的渗透性可能也很有限。例如，肝细胞的代谢稳定性测试除了受到酶促代谢反应速率的影响之外，还可能受化合物对肝细胞膜渗透性的影响。

40.5.5 细胞实验渗透性问题的解决策略

被动扩散渗透性评估的最简单方法是利用结构规则。如果 TPSA>140 Å^2、HBA>10、HBD>5、MW>500，或者化合物具有强酸性，则化合物的渗透性可能较差。

高通量渗透性实验数据可用于评估渗透性是否是一种限制性因素。例如，如果 PAMPA 渗透性较低，则化合物的细胞膜渗透性可能也不高。研究人员也会基于 Caco-2 数据推测化合物的渗透性。如果可以采用成本更低的测试方法，则不推荐使用费用昂贵的 Caco-2 实验。另外，Caco-2 实验也更为复杂，因为它具有多种透膜机制，这些机制可能很难解释在另一种不同细胞系中的细胞内化合物的暴露量。

也可直接测定细胞内化合物的浓度（见 27.3.2 节）。这在放射性标记的化合物中更为常见，但是灵敏快速的 LC/MS/MS 技术更加可行。

如果在细胞水平实验中观察到化合物的活性降低，可以进一步分析引起化合物低渗透性的亚结构。可在结构修饰中降低极性、减少氢键和分子大小以大幅度提高化合物的渗透性及细胞水平的活性。可通过化合物在无细胞实验与细胞实验的活性差异进一步考察渗透性对化合物活性的影响。

采用最少的资源评估一系列化合物的渗透性，对于更好地理解化合物的性质十分重要。

40.5.6 化学不稳定性对生物实验的影响

化合物在生物或性质实验中可能是化学不稳定的。它们可能会与检测基质成分发生反应，可能被水解或在某种基质条件（如 pH、温度和光照）下加速分解。另一个复杂因素是，分解产物的活性可能与受试化合物不同，进而造成不准确的 SAR。此外，同一系列化合物在化学分解上可能存在差异，这可能被误认为是特定的 SAR。分解反应可能有多种类型，包括水解、水合、氧化和异构化（见第 13 章）。

40.5.7 生物实验中化学不稳定性问题的解决策略

当结构特征暗示化合物可能会发生分解，或可能由于化学不稳定而产生不一致的数据时，建议测试其体外稳定性（第 31 章）。测试应尽可能在接近生物实验的条件（如培养基、时间和温度）下进行。HPLC 可用于测定化合物浓度随时间的变化。LC/MS 可用于快速识别反应产物，从而推测分解机理。分解时程的长短可用来推测分解对生物测试活性的影响程度。

（李达翀　辛敏行）

思考题

(1) 当治疗靶点位于细胞内时，化合物细胞水平的体外实验会受到哪些性质的限制？
(2) 无视由于化合物不良的靶点结合能力、溶解度、渗透性或化学不稳定性造成的低活性，并排除体外实验中活性不佳的化合物，会产生适得其反的效果，为什么？
(3) 在 DMSO 中溶解度差的两类化合物的特点是什么？
(4) 化合物在 DMSO 中的溶解度较差是如何导致其在实验的水性基质中的浓度高于或低于预期值？
(5) 冻融循环的两个负面影响是什么？
(6) 哪些方法可以帮助化合物更好地溶解于有机储备液中？
(7) 化合物在水性实验基质中的溶解度差会导致更高还是更低的 IC_{50} 值？
(8) 哪两种通用的方法可以完善生物实验，以更好地评价化合物的活性？
(9) 应按照哪一项操作规程进行梯度稀释？
   (a) 制备高浓度的 DMSO 储备液，移取尽可能小体积的溶液到缓冲水溶液中，获得低浓度的溶液；
   (b) 以 DMSO 储备液制备稀释初始最高浓度的水溶液，然后以缓冲水溶液稀释获得低浓度的溶液；
   (c) 以 DMSO 储备液制备稀释初始最高浓度的 DMSO 溶液，并以 DMSO 稀释至较低的浓度，每一份溶液再稀释到实验缓冲水溶液中。
(10) 最好选用下列哪种方法考查化合物在生物实验中的溶解度？
   (a) 使用一般的缓冲水溶液；
   (b) 使用纯水；
   (c) 使用生物实验中的溶液；
   (d) 遵循标准的实验方案。
(11) 生物实验基质中的哪些成分可以增大低溶解度化合物的浓度？
(12) 研究人员可以使用哪些工具来评估细胞实验中先导化合物的渗透性问题？
(13) IC_{50} 右移的定义是什么？是由什么原因引起的？
(14) 哪些与溶解度相关的问题会导致细胞实验与化合物先前酶/受体实验的结果不一致？在实验过程中可以采取什么措施来改善这一情况？

参考文献

[1] T. Kennedy, Managing the drug discovery/development interface, Drug Discov. Today 2 (1997) 436-444.
[2] L. Di, E.H. Kerns, Biological assay challenges from compound solubility: strategies for bioassay optimization, Drug Discov. Today 11 (2006) 446-451.
[3] L. Di, E.H. Kerns, Solubility issues in early discovery and HTS, in: P. Augustijns, M. Brewster (Eds.), Solvent Systems and Their Selection in Pharmaceutics and Biopharmaceutics, Springer, New York, 2007, pp. 111-136.
[4] I.G. Popa-Burke, O. Issakova, J.D. Arroway, P. Bernasconi, M. Chen, L. Coudurier, S. Galasinski, A.P. Jadhav, W.P. Janzen, D. Lagasca, D. Liu, R.S. Lewis, R.P. Mohney, N. Sepetov, D.A. Sparkman, C.N. Hodge, Streamlined system for purifying and quantifying a diverse library of compounds and the effect of compound concentration measurements on the accurate interpretation of biological assay results, Anal. Chem. 76 (2004) 7278-7287.
[5] C.A. Lipinski, Solubility in water and DMSO: issues and potential solutions, Biotechnol. Pharm. Aspects 1 (2004) 93-125.
[6] K.V. Balakin, Y.A. Ivanenkov, A.V. Skorenko, Y.V. Nikolsky, N.P. Savchuk, A.A. Ivashchenko, In silico estimation of DMSO solubility of organic compounds for bioscreening, J. Biomol. Screen. 9 (2004) 22-31.

[7] K. Oldenburg, D. Pooler, K. Scudder, C. Lipinski, M. Kelly, High throughput sonication: evaluation for compound solubilization, Comb. Chem. High Throughput Screen. 8 (2005) 499-512.
[8] K.V. Balakin, DMSO Solubility and bioscreening, Current Drug Discovery 8 (2003) 27-30.
[9] M. Hoever, P. Zbinden, The evolution of microarrayed compound screening, Drug Discov. Today 9 (2004) 358-365.
[10] X. Cheng, J. Hochlowski, H. Tang, D. Hepp, C. Beckner, S. Kantor, R. Schmitt, Studies on repository compound stability in DMSO under various conditions, J. Biomol. Screen. 8 (2003) 292-304.
[11] B.A. Kozikowski, T.M. Burt, D.A. Tirey, L.E. Williams, B.R. Kuzmak, D.T. Stanton, K.L. Morand, S.L. Nelson, The effect of freeze/thaw cycles on the stability of compounds in DMSO, J. Biomol. Screen. 8 (2003) 210-215.
[12] C. Lipinski, Solubility in the design of combinatorial libraries, Chem. Anal. (New York, NY, U.S.) 163 (2004) 407-434.
[13] C.A. Lipinski, E. Hoffer, Compound properties and drug quality, in: C.G. Wermuth (Ed.), The Practice of Medicinal Chemistry, 2nd Edition, Academic Press, Amsterdam, 2003, pp. 341-349.
[14] W.P. Walters, M. Namchuk, Designing screens: how to make your hits a hit, Nat. Rev. Drug Discov. 2 (2003) 259-266.
[15] R. Buchli, R.S. VanGundy, H.D. Hickman-Miller, C.F. Giberson, W. Bardet, W.H. Hildebrand, Development and validation of a fluorescence polarization-based competitive peptide-binding assay for HLA-A*0201—a new tool for epitope discovery, Biochemistry 44 (2005) 12491-12507.
[16] U. Schopfer, C. Engeloch, J. Stanek, M. Girod, A. Schuffenhauer, E. Jacoby, P. Acklin, The Novartis compound archive—from concept to reality, Comb. Chem. High Throughput Screen. 8 (2005) 513-519.
[17] P.A. Johnston, P.A. Johnston, Cellular platforms for HTS: three case studies, Drug Discov. Today 7 (2002) 353-363.
[18] N. Benson, H.F. Boyd, J.R. Everett, J. Fries, P. Gribbon, N. Haque, K. Henco, T. Jessen, W.H. Martin, T.J. Mathewson, R.E. Sharp, R.W. Spencer, F. Stuhmeier, M.S. Wallace, D. Winkler, NanoStore: a concept for logistical improvements of compound handling in high-throughput screening, J. Biomol. Screen. 10 (2005) 573-580.
[19] A. Topp, P. Zbinden, H.U. Wehner, U. Regenass, A novel storage and retrieval concept for compound collections on dry film, J. Assoc. Lab. Autom. 10 (2005) 88-97.
[20] J. Lu, G.A. Bakken, Building classification models for DMSO solubility: comparison of five methods, in: Abstracts of Papers, 228th ACS National Meeting, Philadelphia, PA, United States, August 22-26, 2004, CINF-045, 2004.
[21] J.S. Delaney, Predicting aqueous solubility from structure, Drug Discov. Today 10 (2005) 289-295.
[22] Japertas, P., Verheij, H., Petrauskas, A. (2004). DMSO solubility prediction. LogP 2004, Zurich, Switzerland.
[23] L. Di, E.H. Kerns, Application of pharmaceutical profiling assays for optimization of drug-like properties, Curr. Opin. Drug Discov. Dev. 8 (2005) 495-504.
[24] C.A. Lipinski, Avoiding investment in doomed drugs, Curr. Drug Discov. 2001 (2001) 17-19.
[25] S.L. McGovern, E. Caselli, N. Grigorieff, B.K. Shoichet, A common mechanism underlying promiscuous inhibitors from virtual and high-throughput screening, J. Med. Chem. 45 (2002) 1712-1722.
[26] S.L. McGovern, B.T. Helfand, B. Feng, B.K. Shoichet, A specific mechanism of nonspecific inhibition, J. Med. Chem. 46 (2003) 4265-4272.
[27] S.L. McGovern, B.K. Shoichet, Kinase inhibitors: not just for kinases anymore, J. Med. Chem. 46 (2003) 1478-1483.
[28] B.Y. Feng, A. Shelat, T.N. Doman, R.K. Guy, B.K. Shoichet, High-throughput assays for promiscuous inhibitors, Nat. Chem. Biol. 1 (2005) 146-148.
[29] W.L. Jorgensen, E.M. Duffy, Prediction of drug solubility from structure, Adv. Drug Deliv. Rev. 54 (2002) 355-366.
[30] T.I. Oprea, C.G. Bologa, B.S. Edwards, E.R. Prossnitz, L.A. Sklar, Post-high-throughput screening analysis: an empirical compound prioritization scheme, J. Biomol. Screen. 10 (2005) 419-426.
[31] H. van de Waterbeemd, E. Gifford, ADMET in silico modelling: towards prediction paradise? Nat. Rev. Drug Discov. 2 (2003) 192-204.
[32] E.H. Kerns, L. Di, Automation in pharmaceutical profiling, J. Assoc. Lab. Autom. 10 (2005) 114-123.
[33] E.H. Kerns, High throughput physicochemical profiling for drug discovery, J. Pharm. Sci. 90 (2001) 1838-1858.
[34] E.H. Kerns, L. Di, Physicochemical profiling: overview of the screens, Drug Discov. Today Technol. 1 (2004) 343-348.
[35] D.A. Yurek, D.L. Branch, M.-S. Kuo, Development of a system to evaluate compound identity, purity, and concentration in a single experiment and its application in quality assessment of combinatorial libraries and screening hits, J. Comb. Chem. 4 (2002) 138-148.
[36] E.H. Kerns, L. Di, J. Bourassa, J. Gross, N. Huang, H. Liu, T. Kleintop, L. Nogle, L. Mallis, C. Petucci, S. Petusky, M. Tischler, C. Sabus, A. Sarkahian, M. Young, M.-Y. Zhang, D. Huryn, O. McConnell, G. Carter, Integrity profiling of high throughput screening hits using LC-MS and related techniques, Comb. Chem. High Throughput Screen. 8 (2005) 459-466.
[37] B. Yan, N. Collins, J. Wheatley, M. Irving, K. Leopold, C. Chan, A. Shornikov, L. Fang, A. Lee, M. Stock, J. Zhao, High-throughput purification of combinatorial libraries I: a high-throughput purification system using an accelerated retention window approach, J. Comb. Chem. 6 (2004) 255-261.
[38] B. Yan, L. Fang, M. Irving, S. Zhang, A.M. Boldi, F. Woolard, C.R. Johnson, T. Kshirsagar, G.M. Figliozzi, C.A. Krueger,

N. Collins, Quality control in combinatorial chemistry: determination of the quantity, purity, and quantitative purity of compounds in combinatorial libraries, J. Comb. Chem. 5 (2003) 547-559.

[39] K.E.S. Dean, G. Klein, O. Renaudet, J.-L. Reymond, A green fluorescent chemosensor for amino acids provides a versatile high-throughput screening (HTS) assay for proteases, Bioorg. Med. Chem. Lett. 13 (2003) 1653-1656.

[40] M. Schmidt, U.T. Bornscheuer, High-throughput assays for lipases and esterases, Biomol. Eng. 22 (2005) 51-56.

[41] A.J. Ryan, N.M. Gray, P.N. Lowe, C.-W. Chung, Effect of detergent on "promiscuous" inhibitors, J. Med. Chem. 46 (2003) 3448-3451.

[42] O. Roche, P. Schneider, J. Zuegge, W. Guba, M. Kansy, A. Alanine, K. Bleicher, F. Danel, E.-M. Gutknecht, M. Rogers-Evans, W. Neidhart, H. Stalder, M. Dillon, E. Sjogren, N. Fotouhi, P. Gillespie, R. Goodnow, W. Harris, P. Jones, M. Taniguchi, S. Tsujii, W. von der Saal, G. Zimmermann, G. Schneider, Development of a virtual screening method for identification of "frequent hitters" in compound libraries, J. Med. Chem. 45 (2002) 137-142.

[43] J. Seidler, S.L. McGovern, T.N. Doman, B.K. Shoichet, Identification and prediction of promiscuous aggregating inhibitors among known drugs, J. Med. Chem. 46 (2003) 4477-4486.

第 41 章

制剂

41.1 引言

制剂（formulation）在药物研发过程中扮演了重要的角色，可以用于药效、毒性和药物动力学（pharmacokinetics，PK）研究。此外，制剂还可用于提高口服药物的生物利用度、加快治疗作用的发挥，以及增强药物的稳定性并减少给药频次。还可以通过制剂处方的设计来减少食物对药物的影响，从而使每次的给药剂量保持连续性。再者，制剂可以减轻药物的副作用，如减少组织刺激性和改进口感。某些组织（如肿瘤组织）的特异性制剂处方还可以增强药效并减少毒副作用。当然，新型制剂处方还有机会获得专利保护。

制剂最常用于增加药物的溶解度，有时也用于增强稳定性（图 41.1）。但是，由于毒性作用，制剂很少被用于增强药物的渗透性[1]。应用渗透促进剂（permeability enhancer）来增强渗透性仍然是一个热门研究领域。渗透促进剂的作用机制是打开细胞间的紧密连接，从而使药物通过细胞旁路途径完成渗透扩散。但是，这也同时会允许一些有毒物质通过细胞间隙，进而引发毒性。在制剂不能改良时，可以通过结构修饰来增加药物的渗透性。

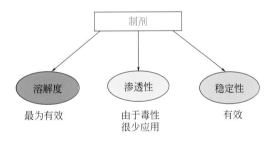

图 41.1 制剂的应用

在药物发现过程中，制剂面临着诸多挑战[2]，因为药物发现中可用的制剂材料的量是有限的，有时药物制备时仅需要毫克量的材料。可用的有限材料限制了筛选最佳制剂的可选范围。在药物研发中，制剂开发的周期一般较短。通常情况下，剂型处方的开发需要在几天内完成，以便进行动物实验。因此，往往没有足够的时间来开发一个理想的制剂处方。在药物发现的早期阶段，化合物并非都具有很好的疗效，所以常常通过提高剂量来验证化合物的药效。这些因素导致开发具备很高载药量的制剂变得更具挑战性。在此阶段，一般通过多种动物实验及多种给药方式来评估药物的疗效，这就需要开发不同的剂型类型。

41.2 给药途径

表 41.1 总结了上市药物的不同给药途径。图 41.2 总结了不同给药途径的药品销售份额[3]。大

多数（70%）的药物都是通过口服给药，16% 的药物通过注射途径给药。

表 41.1　不同给药途径的比较

给药途径	剂型	等渗性	理想 pH	生物利用度
PO（口服）	固体制剂 混悬剂 溶液	没有要求	没有要求	吸收不完全：胃肠道、肝脏首过效应
IP（腹腔注射）	混悬剂 溶液	优选等渗	5～8	无胃肠道首过效应，但有肝首过效应
IV（静脉注射）	溶液 乳剂	等渗	5～8	吸收完全
SC（皮下注射）	溶液 乳剂 混悬剂	优选等渗	3～8	吸收不完全：无胃肠道、肝脏首过效应
IM（肌内注射）	溶液 乳剂 混悬剂	等渗	3～8	吸收不完全：无胃肠道、肝脏首过效应

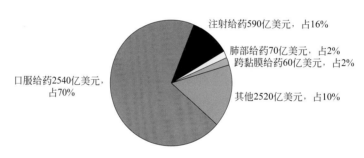

图 41.2　不同给药途径的药品销售份额 [3]

41.2.1　口服

口服（oral，PO）是最方便、经济、安全，并且是非侵入式的一种给药途径。但是，口服给药需要患者的顺应性。对于那些具有较差理化性质的药物，如具有较低的溶解度或较差渗透性，口服给药的吸收过程往往会受到限制并且是多变的。药物在口服后常常会受到胃肠道和肝脏首过效应的影响。由于存在吸收和代谢障碍，口服药物的生物利用度比较有限。

实验动物口服给药常用强饲法（灌胃法）。药物以液体形式通过灌胃针注射进入胃中。

41.2.2　静脉注射

静脉注射（intravenous，IV）给药起效迅速，不存在生物利用度问题，能准确地将所有药物都递送至给药部位。静脉注射要求药物是可溶的，并且药物溶液能与血清混溶而不析出沉淀。只要粒径远远小于红细胞，油／水（oil/water）乳剂、脂质体、纳米粒系统都可以通过静脉注射途径给药。一些制剂在注射后可能引起溶血或沉淀。因此，可通过体外沉淀以模型分析药物在被稀释或静脉注射进入体内后是否会产生沉淀 [4,5]。

静脉注射通常是用针头将药物注入易于注射的静脉（如尾静脉和腿部静脉）中。

41.2.3 腹腔注射

腹腔注射（intraperitoneal，IP）尤其适用于药物发现实验室中的小型动物试验。因为易于操作，腹腔注射在小型动物试验中比静脉注射更为常用。腹腔注射也可应用于临床，特别是在重症监护室和化疗时，因为腹腔注射能使药物在局部达到较高浓度，从而减少全身副作用。此外，腹腔注射绕过了胃肠道首过效应，但是会通过门静脉系统吸收而受到肝首过效应的影响[6]。对于亲脂性极好的药物，腹腔注射可以使其迅速被全身吸收，但是此类药物很难通过肌内注射和皮下注射途径被人体吸收。腹腔注射是以针头将药物注入腹腔中。药物溶液和混悬液均可用于腹腔注射。

41.2.4 皮下注射

皮下注射（subcutaneous，SC）是指将药物注入脂肪和血管非常丰富的皮下部位，即皮层以下。溶液、混悬液或植入剂均可用于皮下注射。注射溶液最好是与血液等渗的。皮下注射也绕开了首过代谢。对于易被高度代谢的药物，皮下注射是其功效验证的有效方法。皮下注射的剂量一般很小（0.5～2 mL），特别适用于药效强的候选药物。

41.2.5 肌内注射

肌内注射（intramuscular，IM）是用针头将药物注入肌肉中。药物可以是等渗溶液、混悬液或植入剂。药物水溶液可被迅速吸收。但是，以油性物质为溶剂的药物或药物混悬液，可实现药物持续缓慢地释放和吸收。某些药物的肌内注射会造成疼痛感，也可能会在注射部位析出沉淀。

41.3 药效导向的给药途径选择

给药途径的选择取决于候选药物在该给药途径下的效能。图 41.3 表明，药物效能越高，给药途径的选择范围就越大。对于高活性且剂量小于 10 mg（或 0.14 mg/kg）的药物，多种给药途径

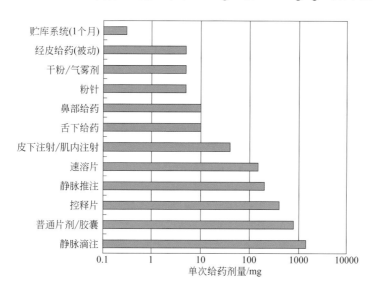

图 41.3　药物效能决定了给药途径的选择范围

都可以用于该类药物的递送。然而，如果药物的平均效价大于 100 mg（或 1.4 mg/kg），则该类药物的给药途径仅限于口服和静脉注射。因此，高效能药物有更多的给药途径可供选择，但是低效能药物的给药途径会受到限制。

41.4 制剂设计策略

目前，已开发出许多技术方法用于不溶性药物的制剂，这些策略包括调节 pH，以及使用共溶剂、表面活性剂和络合剂，或应用脂质基质及细化原料药粒度。

41.4.1 调节药物溶液的 pH

若化合物中含有离子化基团，调节药物溶液的 pH 可以强化化合物的离子形式，从而增加其溶解度。为确保化合物完全离子化，溶液的 pH 值应该比化合物的 pK_a 值高或低两个单位（趋向于离子化形式）。酸性化合物应该使用碱性缓冲液，反之，碱性化合物应该使用酸性缓冲液。表 41.2 总结了一些常用作 pH 调节剂的缓冲溶液，可有效增加离子型化合物的溶解度[7]。与将碱性胺溶于水相比，溶于柠檬酸溶液中可以更大程度地使化合物溶解并增加其在体内的暴露量。原位溶液成盐（在含有反电荷离子和 pH 调节剂的溶液中成盐）和其他方式的成盐都可以通过酸碱离子化增加药物的溶解度。

表 41.2 制剂中常用的缓冲溶液[7]

缓冲剂	pK_a	合适的 pH 值范围	药品
顺丁烯二酸	1.9, 6.2	2～3	替尼泊苷（teniposide）
酒石酸	2.9, 4.2	2.5～4	盐酸妥拉唑林（tolazoline HCl）
乳酸	3.8	3～4.5	环丙沙星（ciprofloxacin）
柠檬酸	3.1, 4.8, 6.4	3～7	盐酸拉贝洛尔（labetalol HCl）、盐酸尼卡地平（nicardipine HCl）
醋酸	4.75	4～6	盐酸米托蒽醌（mitoxantrone HCl）、盐酸利托君（ritodrine HCl）
碳酸氢钠	6.3, 10.3	4～9	头孢替坦（cefotetan）、环磷酰胺（cyclophosphamide）
磷酸钠	2.2, 7.2, 12.4	6～8	华法林（warfarin）、维库溴铵（vecuronium Br）

41.4.2 共溶剂的应用

共溶剂（co-solvent）通过增加化合物的溶解度使不溶性化合物溶出。常用的共溶剂及其毒性见表 41.3。表 41.4 列举了包含共溶剂和表面活性剂的非胃肠道给药药品。共溶剂和 pH 调节剂也

表 41.3 常用的共溶剂及其毒性

共溶剂	小鼠 LD_{50}/(g/kg)			大鼠的 LD_{50}/(g/kg)			产品中的百分含量/%
	PO	IV	IP	PO	IV	IP	
二甲基亚砜	8	2	1	7	1	4	
甘油	24	8	10	20	7	7	
二甲基乙酰胺	4	6	9	126	6	9	<3
乙醇	29	9	10	—	7	10	<10
丙二醇	5	3	3	5	3	3	约 40
聚乙二醇 400	17	6	3	18	5	8	约 50

表 41.4　包含共溶剂和表面活性剂的非胃肠道给药药品举例

商品名	通用名	生产商	共溶剂/表面活性剂	给药途径
山地明（Sandimmune）	环孢素（cyclosporin）	诺华制药（Novartis）	聚氧乙烯蓖麻油 50% 乙醇 27.8%	静脉滴注
拉诺辛（Lanoxin）	地高辛（digoxin）	葛兰素史克（GSK）	丙二醇 40% 乙醇 10%	IV、IM
安定（Ativan）	劳拉西泮（lorazepam）	惠氏（Wyeth）	PEG 400 18% 丙二醇 80%	IM、IV
泰素（Taxol）	紫杉醇（paclitaxel）	百时美施贵宝（BMS）	聚氧乙烯蓖麻油 50% 乙醇 50%	静脉滴注

可以联合使用，从而更大程度地提高不溶性化合物的溶解度。当在动物模型中使用共溶剂进行药效学研究时，为了使共溶剂的药理作用对化合物的潜在影响最小化，应提前做好预防措施。

41.4.3　表面活性剂的应用

表面活性剂可以从多方面对制剂进行优化[8]：①通过形成胶束来增加药物的溶解度；②防止由于表面性质，特别是稀释后引起的沉淀；③通过将药物包裹进胶束中以增加药物在溶液中的稳定性；④防止蛋白类制剂由于界面性质引起的团聚。表 41.5 总结了常用的表面活性剂[9]。表 41.6 列举了部分包含表面活性剂的上市药物。

表 41.5　常用于口服和注射剂的增溶材料[9]

水溶性共溶剂	水不溶性共溶剂	表面活性剂
二甲基乙酰胺	蜂蜡	聚氧乙烯蓖麻油
二甲基亚砜	油酸	聚氧乙烯氢化蓖麻油 40
乙醇	大豆脂肪油	聚氧乙烯氢化蓖麻油 60
甘油	维生素 E	聚山梨酯 20
N-甲基吡咯烷酮	蓖麻油	聚山梨酯 80
聚乙二醇 300	玉米油	聚乙二醇琥珀酸酯
聚乙二醇 400	棉籽油	聚乙二醇十二羟基硬脂酸锂
泊洛沙姆 407	橄榄油	司盘 20
丙二醇	花生油	PEG-6 辛酸癸酸甘油酯
羟丙基-β-环糊精	红花油	辛酸癸酸聚乙二醇甘油酯
磺丁基-β-环糊精	芝麻油	油酸聚乙二醇甘油酯
α-环糊精	薄荷油	亚油酸聚乙二醇甘油酯
磷脂（氢化大豆卵磷脂，二硬脂酰磷脂酰甘油，二肉豆蔻酰磷脂酰胆碱，二肉豆蔻酰磷脂酰甘油）	大豆油	聚乙二醇 400 单硬脂酸酯 聚乙二醇 1750 单硬脂酸酯

表 41.6　部分含有表面活性剂的非胃肠道给药的上市药物[8]

商品名	通用名	生产商	表面活性剂	给药途径
可达龙ⅩⅣ（Cordarone ⅩⅣ）	盐酸胺碘酮（amiodarone HCl）	赛诺菲-安万特（Sanofi-Aventis）	聚山梨酯 80 10% 稀释 1∶50	静脉滴注
优保津（Neupogen）	非格司亭（filgrastim）	安进（Amgen）	聚山梨酯 80 0.004%	IV
普留净（Proleukin）	阿地白介素（aldesleukin）	凯龙（Chiron）	十二烷基硫酸钠 0.18 mg/mL 稀释 1∶42	静脉滴注
溉纯（Calcijex）	骨化三醇（calcitriol）	雅培（Abbott）	聚山梨酯 80 0.4%	IV

在以下情况下，使用表面活性剂的混悬剂（悬浮于溶液中的不溶性颗粒）在药物发现中是最为常见的：①由于溶解度的限制而不能制成溶液剂时；②用于毒性和慢性研究。混悬剂可通过口服或强饲法、腹腔注射、皮下注射或肌内注射等方法给药。典型的混悬剂包含能够润湿颗粒表面的表面活性剂（如聚山梨酯80），以及能使固体颗粒悬浮于液体中的填充剂（如甲基纤维素，图41.4）。对于混悬剂而言，通过减小固体材料的粒度可以增加药物的表面积和溶出速率，从而使药物暴露量最大化。在药物发现中常用于药代动力学和毒物代谢动力学（toxicokinetics，TK）研究的混悬剂处方为聚山梨酯80（0.1%～2%）或甲基纤维素（0.5%～1%）。

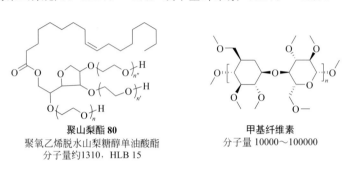

聚山梨酯 80
聚氧乙烯脱水山梨糖醇单油酸酯
分子量约1310，HLB 15

甲基纤维素
分子量 10000～100000

图 41.4　聚山梨酯 80 和甲基纤维素的结构

41.4.4　基于脂质的制剂

根据油性材料、水溶性和水不溶性表面活性剂及共溶剂所占的百分比，可以将脂质制剂分为四类[10,11]。脂质制剂可以提高亲脂性化合物的溶解度。最简单的脂质递送系统是将药物溶解在油中（如植物油），例如，油溶液是脂溶性维生素（如维生素 A 和维生素 D）的标准制剂类型。对于更复杂的给药系统，可将化合物溶解在油或脂质中，然后再分散至含有表面活性剂，以及含有或不含共溶剂的水性缓冲液中，形成乳剂、胶束或脂质体，其结构如图 41.5 所示。表 41.7 列举了部分采用脂质制剂的上市药物。

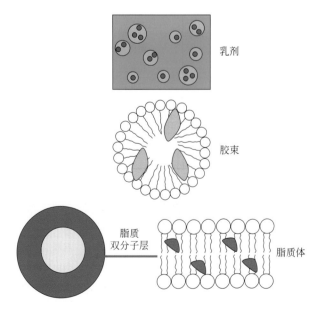

乳剂

胶束

脂质双分子层

脂质体

图 41.5　基于脂质的制剂结构

乳剂是由两种互不相溶的液体（如油和水）和表面活性剂或乳化剂混合而成。乳化剂在液滴之间产生斥力，包裹住液滴以维持乳剂的稳定性。乳剂有两种常见的形式：油包水型（water in oil，W/O）和水包油型（oil in water，O/W）。油包水型乳剂通常用于实现肌内注射甾体类化合物和疫苗的缓释；而水包油型乳剂适合于各种给药途径，如皮下注射、肌内注射和静脉注射，是最常用的脂类制剂之一。乳剂的处方组成为：各种含极性甘油三酯的油（如大豆油、芝麻油、玉米油和红花油）、水相（盐溶液、5% 葡萄糖溶液和缓冲液）和乳化剂（如卵磷脂和聚山梨酯 80）。药物被包被在油珠之中，大多数的油滴粒径在 0.2～0.6 μm。非胃肠道给药的脂肪乳剂一般是现配现用，并在室温下贮存。药物的乳剂通常被配制成 pH 7～8 的等渗溶液，与溶剂型或增溶剂型相比，这样可减轻注射时的疼痛[12]。由于处方和工艺条件的影响，乳剂系统的载药量较高，通常在 1～100 mg/mL 范围内。

表 41.7　可注射的脂质制剂药物举例[8]

增溶系统	商品名	药物	生产商
脂肪乳剂	二氮平（Diazemuls）	地西泮（diazepam）	多美滋（Dumex）
	得普利麻（Diprivan）	丙泊酚（propofol）	阿斯利康（AstraZeneca）
混合胶束	安定（Valium MM）	地西泮	罗氏（Roche）
	甲萘醌（Konakion/120）	维生素 k（vitamin k）	罗氏（Roche）
脂质体	安必素（AmBisome）	两性霉素（amphotericin b）	吉利德（Gilead）
	多喜（Doxil）	阿霉素（doxorubicin）	阿尔扎（Alza）

胶束是自发结合形成的具有一个疏水核心和亲水外球体的聚集体。亲脂性的药物可以进入疏水核心，从而溶解在水性介质中。胶束直径的大小为 5～50 nm[13]。胶束通常是由低分子量的两亲性分子组成，如胆酸盐和磷脂。小分子胶束的缺点包括：①载药量低；②可能会由于扰乱双分子层而产生毒性；③在注射后可能会由于胶束的破坏而引起沉淀。与传统胶束相比，嵌段共聚物胶束（block copolymer micelle）的毒性更低、稳定性更好、载药量较高，可以实现控释，并且可以靶向递送药物[13~17]。

脂质体是微观的空心球体，通常由天然或半合成的磷脂或胆固醇构成的双分子层结构。不溶性的化合物可以溶解在脂质体的疏水区域。脂质体因大小（30 nm～30 μm）、双分子层刚度、几何形状和电荷的不同而有所区别。除了疏水的双分子层外，脂质体内封闭的亲水区域和极性界面也可以捕获少量的可溶性化合物。它的多功能性使得脂质体递送系统可以制备各种各样的药物。脂质体技术主要应用于抗肿瘤药，但是也可以用于制备治疗真菌、细菌和病毒感染，镇痛，抗炎和血液病药物，以及用于医学成像和疫苗。脂质体会因药物过载而变得不稳定，其对亲脂性药物的载药量通常比乳剂低很多。因此，脂质体通常局限于递送高疗效的化合物。由于稳定性问题，通常将脂质体制剂冻干，在使用前重新进行复溶配制。

41.4.5　药物包合物

环糊精（cyclodextrin）是一种环状低聚糖，由 α-1,4 连接的 α-D- 吡喃葡萄糖单元组成（图 41.6），它具有一个亲水性的外表面和一个亲脂性的中央腔[18]。环糊精可以和许多亲脂性难溶化合物形成水溶性包合物。图 41.7 显示了水杨酸和 β- 环糊精组成的主分子/客分子包合物。环糊精的分子量在 1000～2000，是相对较大的分子。天然环糊精主要是 α- 环糊精（α-CD）、β- 环糊精（β-CD）和 γ- 环糊精（γ-CD），分别由 6 个、7 个和 8 个吡喃葡萄糖单元组成。在这三种环糊精中，β- 环糊精因其络合能力强、成本低等特点，成为最常用的药物包合剂[19]。表 41.8 列举了市售的含有环糊精的药品[18]。环糊精包合物的主要缺点是它的毒性,特别是在高浓度下的毒性,这也限制了药物的给药剂量。制备环糊精复合物需要特定的分子性质,因此某些化合物可能不能与环糊精形成包合物。性能改善的环糊精衍生物往往价格昂贵。

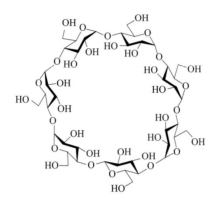

图 41.6　β- 环糊精的结构

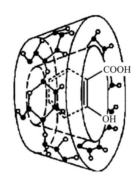

图 41.7　水杨酸和 β- 环糊精复合物的结构[19]

经 T Loftsson, M Masson. Cyclodextrins in topical drug formulations: theory and practice. Int J Pharm, 2001, 225:15-30 授权转载,版权归 2001 Elsevier Science.B.V 所有

表 41.8　含有环糊精的药品举例[18]

药物 / 环糊精	商品名	剂型
前列地尔 (alprostadil, PGE$_1$)/α-CD	Prostavastin, Rigidur	静脉注射液
伊曲康唑 (itraconazole)/HPβ-CD	斯皮仁诺（Sporanox）	口服液、静脉注射液
丝裂霉素 (mitomycin)/HPβ-CD	Mitozytrex	静脉滴注液
伏立康唑 (voriconazole)/SBEβ-CD	威凡（Vfend）	静脉注射液
齐拉西酮甲磺酸盐 (ziprasidone mesylate)/SBEβ-CD	Geodon, 卓乐定（Zeldox）	肌内注射液

注：α-CD—α- 环糊精；HPβ-CD—羟丙基 -β- 环糊精；2-hydroxypropyl-β-cyclodextrin—2- 羟丙基 -β- 环糊精；SBEβ-CD—磺丁基醚 -β- 环糊精。

41.4.6　固体分散体

固体分散体（solid dispersion）系统可以提高水不溶性药物的溶出速率和生物利用度[20-22]。在固体分散体系统中,药物能以无定形的形式存在于惰性和亲水性聚合物载体中,形成固态溶液（图 41.8）。当固体分散体暴露在水性介质中时,载体溶解,药物以非常精细的胶体颗粒的形式释放出来。这极大程度地减小了粒度并增大了表面积，从而提高了药物的溶出度和口服吸收程度。此外，在溶出的过程中，不需要能量来破坏药物晶体的晶格，周围的亲水性载体也可以提高药物的溶解度和润湿性。

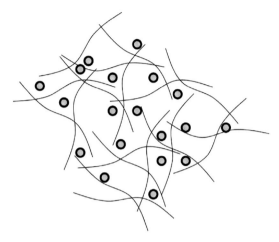

图 41.8　无定形固态溶液 [21,23]

固体分散体的制备方法有熔融法、溶剂法和溶剂润湿法 [22~24]。虽然固体分散体是一个非常活跃的研究领域，但是只有极少数依赖于该技术的药品进入了市场（表 41.9）。这主要是因为固体分散体是一种高能的亚稳态形式。它在贮存过程中，相分离、晶体生长或从无定形体转变为晶体状态都会使药物的溶解度和溶出度降低，从而导致口服生物利用度发生改变。

表 41.9　采用固体分散体制剂的上市药品举例 [22]

药物载体	商品名
灰黄霉素 - 聚乙烯醇 [griseofulvin-poly (ethylene glycol)]	Gris-PEG（诺华，Novartis）
萘比隆 - 聚维酮（nabilone-povidone）	Cesamet（礼来，Lilly）

41.4.7　减小粒度

如果溶出度（而非溶解度）是口服生物利用度的限制因素，那么减小粒度可以改善药物的性质，从而提高生物利用度。粒度对难溶性化合物的口服生物利用度的影响如图 41.9 所示 [25]。对于同一药物，粒度越小，溶出度越高，口服给药后体内的暴露量越高。微粒和纳米粒系统的粒度在低微米到纳米的范围内。它们可以通过所有常见的给药途径递送药物，包括口服、注射（腹腔注射、皮下注射和肌内注射）及局部给药。

现已开发出许多研磨技术用于减小药物的粒度，比如球磨机、流能磨、切碎机、锤式粉碎机、销棒式粉碎机、振动磨和研磨机。在药物发现实验室中，由于只使用少量的材料，因此使用工业规模的研磨设备来进行研磨可能缺乏成本效益。一些简单的磨具，比如研钵和研杵，或者咖啡磨也可以有效地将粒度减小到一个较窄的粒度分布范围内，从而提高口服生物利用度，并减少由于粒度分布过广而引起的体内实验可变性。当粒度足够小，溶出度不再是限速因素时，由食物因素引起的可变性将显著降低。纳米颗粒技术的一大优点是，与传统的共溶剂方法相比，药物的给药剂量要高得多，这因为在使用共溶剂时，辅料的毒性限制了给药剂量。从图 41.10 可以看出，紫杉醇纳米粒制剂的给药剂量是现有聚氧乙烯蓖麻油/乙醇商业制剂最高剂量的 3 倍，因此药效更强 [25]。

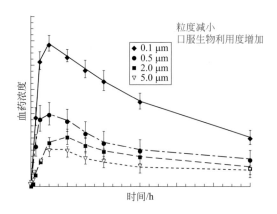

图 41.9　粒度对化合物口服生物利用度的影响[25]

经 E Merisko-Liversidge, G G Liversidge, E R Cooper. Nanosizing: a formulation approach for poorly-water-soluble compounds. Eur J Pharm Sci. 2003, 18: 113-120 授权转载，版权归 2003 Elsevier Science B.V. 所有

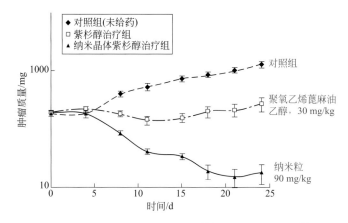

图 41.10　纳米粒对紫杉醇（Taxol™）肺癌疗效的影响[25]

经 E Merisko-Liversidge, G G Liversidge, E R Cooper. Nanosizing: a formulation approach for poorlywater-soluble compounds. Eur J Pharm. Sci, 2003, 18: 113-120 授权转载，版权归 2003 Elsevier Science B.V. 所有

41.5　药物发现中制剂的实用指南

目前，在临床给药剂型方面已经取得了许多进展。但是在临床前研究中，关于制剂问题的报道较少[2,7,26～29]。体内临床前研究的目标和任务会影响制剂处方开发的策略[28]。例如，假如实验目标是为了研究口服药物的疗效，那么与混悬剂或固体制剂相比，使用最佳的溶液制剂可以产生最大的暴露量并减少研究过程中的变量。另外，如果体内临床前研究的目标是为了探索候选药物是否能够成为上市药物，那么同时使用溶液制剂和混悬剂以确定高、低溶解度，以及溶出度对暴露量的影响是非常必要的。药代动力学、药效学和毒物代谢动力学研究需要采取不同的制剂策略。

41.5.1　用于药代动力学研究的制剂

对于早期药物发现的药代动力学筛选，选用溶液制剂可以更好地消除溶解度和固态性质（如晶型和粒度）的影响。体内暴露不足可以通过结构修饰和确定引起低暴露量的原因（渗透性、代谢等）来寻找全新的和优化后的化合物。制剂处方应在胃肠液（人工胃液/模拟肠液/人工肠液/

肠液[30]）模拟中测定潜在的沉淀析出。药物发现项目中的整个系列化合物应使用相同的制剂处方，以进行无偏差对比，并最大限度地减少辅料对药代动力学曲线的潜在影响。虽然不一定能将一个系列中的所有化合物都配制成溶液制剂，但应尽可能在这一系列的最初几个化合物中开发出适用于项目中所有化合物的有效制剂处方。表 41.10 列举了体内药代动力学研究的可能方法[26]。

表 41.10　体内药代动力学筛选的制剂策略[26]

pH 调节剂和共溶剂	表面活性剂溶液	脂质基质
pH 缓冲液 共溶剂 　聚乙二醇 　丙二醇 　糖原糠醛 75 　甘油 　乙醇 　二乙二醇单乙基醚	表面活性剂 　癸酸聚乙二醇甘油酯 　聚山梨酯 80 　聚氧乙烯氢化蓖麻油 40 　卵磷脂	纯油溶液 油 / 缓冲液 / 表面活性剂 乳剂 胶束 脂质体
pH 缓冲液 + 共溶剂	表面活性剂 + 共溶剂	

如果化合物的溶液制剂具有很好的暴露性质，则应开展混悬剂的药代动力学研究，主要目的是：①评价固体制剂的可行性；②通过混悬制剂来预测毒性研究中的药物暴露性质；③测定在最大耐受剂量下的暴露量。如果化合物的溶液制剂有很好的暴露性质，但混悬剂的暴露性质较差，那么可以通过减小粒度的方式改变物理性质，从而增加生物利用度，比如使用微粉化技术或纳米颗粒技术。对于在溶液制剂和混悬剂中都具有可接受暴露量的化合物，可考虑对其进行进一步的开发[26]。

41.5.2　用于毒性研究的制剂

包含简单、安全辅料的混悬剂处方常被用于急性和慢性毒性研究。赋形剂通常由用于润湿颗粒的表面活性剂（如 2% 聚山梨酯 80）和用于增加黏度并减少沉降的填充剂（如 0.5% 甲基纤维素或羟乙基纤维素）组成。对于难以制备或全身暴露量低的化合物，由于低渗透性或高代谢，可以采用更复杂的剂型（如脂质制剂或纳米粒递送系统）或不同的给药途径（静脉注射、腹腔注射、皮下注射）用于毒性研究。

41.5.3　用于药理活性研究的制剂

不同疾病和治疗领域研究需要有针对性的动物模型。与药代动力学模型相比，药效学研究的持续时间更长，并且需要更多、更昂贵的动物（如转基因动物）。为了证明药物的活性和进行概念验证，选择最佳处方至关重要。表 41.11 列举了用于心血管研究的可行剂型的示例[26]。

表 41.11　药效学研究中的药理学模型的制剂处方[26]

口服混悬液	口服溶液剂	静脉注射溶液
0.5% 羟乙基纤维素，湿磨	20%～50% PEG 400	20% 的 PEG 400 盐水溶液，0.2 mL/kg（缓慢注射）
0.5% 羟乙基纤维素/0.1% 聚山梨酯 80，湿磨	3∶1（20%～50% 糖原糠醛 75/ 氢化蓖麻油）溶于盐水或缓冲液中	50%PEG 400 盐水溶液，0.1mL/kg（滴注 10 min）
0.5% 羟乙基纤维素/50% 力保肪宁，湿磨	磷 50PG-50% 丙二醇和 50% 大豆卵磷脂的混合物	20%～50% 四氢呋喃聚乙二醇醚 75 的盐水溶液

续表

口服混悬液	口服溶液剂	静脉注射溶液
N20（10% 大豆油混合物） 纳米晶体	聚山梨酯 80（约 10% 水溶液）	20%～50%PEG/ 四氢呋喃聚乙二醇醚/ 泊洛沙姆 188（39/10/1），溶于盐水或缓冲液中
	1：1 表面活性剂/ 月桂酸聚乙二醇甘油酯-以 50%～90% 水或缓冲液（乳液）稀释	3：1（20%～50% 糖原糠醛 75/ 氢化蓖麻油）溶于盐水或缓冲液中
	95：5 辛酸癸酸甘油三酯/ 卵磷脂-以 50%～90% 的水（乳液）均质	9：1（20%～50% 四氢呋喃聚乙二醇醚 75/ Solutol HS 85）溶于盐水或缓冲液中

注：经 J Maas, W Kamm, G Hauck. An integrated early formulation strategy—from hit evaluation to preclinical candidate profiling. Eur J Pharm Biopharm, 2007, 66: 1-10 许可转载，版权归 Copyright 2006 Elsevier B.V. 所有。

（杨庆良　白仁仁）

思考题

(1) 最常见的给药途径是什么？化合物的哪些性质限制了其给药途径？
(2) 静脉注射给药的优点是什么？
(3) 以下哪些是药物制剂的优点？
　　(a) 减少食物的影响；(b) 减少 CYP 抑制；(c) 降低生物利用度；(d) 增加稳定性；(e) 达到更高或更早的血药浓度；(f) 减少二相代谢；(g) 增加吸收。
(4) 什么是原位盐？如何利用某一 pK_a 为 9.5 的碱性化合物来制备其原位盐？
(5) 上市药物中最常用的三种共溶剂是什么？它们的作用是什么？
(6) 以下哪些是表面活性剂在制剂处方中的作用？
　　(a) 将不溶性化合物包裹进胶束中；(b) 抑制肠道内的代谢；(c) 通过表面效应减少沉淀；(d) 稳定颗粒悬浮物；(e) 打开细胞间的紧密连接从而增强细胞旁路渗透。
(7) 常用的体内给药的制剂处方是什么？这些成分的作用是什么？
(8) 脂质制剂有哪些不同的剂型？简单描述每一种剂型。
(9) 环糊精是如何在制剂中发挥作用的？
(10) 固体分散体哪些方面的性质可以提高药物在肠道部位的溶解度？
(11) 为什么减小药物的粒度是有益的？
(12) 为什么在早期药物发现的药代动力学研究中首选溶液制剂进行给药？
(13) 为什么药效学研究需要优化制剂处方？
(14) 哪些给药途径可以绕开首过效应？
　　(a) PO；(b) IP；(c) IM；(d) SC；(e) IV。

参考文献

[1] P.D. Ward, T.K. Tippin, D.R. Thakker, Enhancing paracellular permeability by modulating epithelial tight junctions, Pharm. Sci. Technol. Today 3 (2000) 346-358.

[2] S. Neervannan, Preclinical formulations for discovery and toxicology: physicochemical challenges, Expert Opin. Drug Metab. Toxicol. 2 (2006) 715-731.

[3] Devillers, G. Exploring a pharmaceutical market niche & trends: nasal spray drug delivery. *Drug Delivery Technology*, http://www.drugdeliverytech.com/cgi-bin/articles.cgi?idArticle=128.

[4] P. Simamora, S. Pinsuwan, J.M. Alvarez, P.B. Myrdal, S.H. Yalkowsky, Effect of pH on injection phlebitis, J. Pharm. Sci. 84 (1995) 520-522.

[5] J.L.H. Johnson, Y. He, S.H. Yalkowsky, Prediction of precipitation-induced phlebitis: a statistical validation of an in vitro model, J. Pharm. Sci. 92 (2003) 1574-1581.

[6] G. Lukas, S.D. Brindle, P. Greengard, Route of absorption of intraperitoneally administered compounds, J. Pharmacol. Exp.

Ther. 178 (1971) 562-566.
[7] Y.-C. Lee, P.D. Zocharski, B. Samas, An intravenous formulation decision tree for discovery compound formulation development, Int. J. Pharm. 253 (2003) 111-119.
[8] S. Sweetana, M.J. Akers, Solubility principles and practices for parenteral drug dosage form development, PDA J. Pharm. Sci. Technol. 50 (1996) 330-342.
[9] R.G. Strickley, Solubilizing excipients in oral and injectable formulations, Pharm. Res. 21 (2004) 201-230.
[10] C.W. Pouton, Lipid formulations for oral administration of drugs: non-emulsifying, self-emulsifying and "self-microemulsifying" drug delivery systems, Eur. J. Pharm. Sci. 11 (2000) S93-S98.
[11] C.W. Pouton, Formulation of poorly water-soluble drugs for oral administration: physicochemical and physiological issues and the lipid formulation classification system, Eur. J. Pharm. Sci. 29 (2006) 278-287.
[12] L. Collins-Gold, N. Feichtinger, T. Warnheim, Are lipid emulsions the drug delivery solutions? Mod. Drug Discov. 3 (2000) 44-46. 48.
[13] J. Wang, D. Mongayt, V.P. Torchilin, Polymeric micelles for delivery of poorly soluble drugs: preparation and anticancer activity in vitro of paclitaxel incorporated into mixed micelles based on poly(ethylene glycol)-lipid conjugate and positively charged lipids, J. Drug Target. 13 (2005) 73-80.
[14] A. Lavasanifar, J. Samuel, G.S. Kwon, Poly(ethylene oxide)-block-poly(-amino acid) micelles for drug delivery, Adv. Drug Deliv. Rev. 54 (2002) 169-190.
[15] R.T. Liggins, H.M. Burt, Polyether-polyester diblock copolymers for the preparation of paclitaxel loaded polymeric micelle formulations, Adv. Drug Deliv. Rev. 54 (2002) 191-202.
[16] G.S. Kwon, Block copolymer micelles as drug delivery systems, Adv. Drug Deliv. Rev. 54 (2002) 167.
[17] H.M. Aliabadi, A. Lavasanifar, Polymeric micelles for drug delivery, Expert Opin. Drug Deliv. 3 (2006) 139-162.
[18] T. Loftsson, D. Duchene, Cyclodextrins and their pharmaceutical applications, Int. J. Pharm. 329 (2007) 1-11.
[19] T. Loftsson, M. Masson, Cyclodextrins in topical drug formulations: theory and practice, Int. J. Pharm. 225 (2001) 15-30.
[20] S. Sethia, E. Squillante, Solid dispersions: revival with greater possibilities and applications in oral drug delivery, Crit. Rev. Ther. Drug Carrier Syst. 20 (2003) 215-247.
[21] J. Kreuter, Feste dispersionen, In: J. Kreuter, C.-D. Herzfeldt (Eds.), Grundlagen der Arzneiformenlehre Galenik, Springer, Frankfurt am Main, 1999, pp. 262-274.
[22] A.T.M. Serajuddin, Solid dispersion of poorly water-soluble drugs: early promises, subsequent problems, and recent breakthroughs, J. Pharm. Sci. 88 (1999) 1058-1066.
[23] C. Leuner, J. Dressman, Improving drug solubility for oral delivery using solid dispersions, Eur. J. Pharm. Biopharm. 50 (2000) 47-60.
[24] J. Breitenbach, Melt extrusion: from process to drug delivery technology, Eur. J. Pharm. Biopharm. 54 (2002) 107-117.
[25] E. Merisko-Liversidge, G.G. Liversidge, E.R. Cooper, Nanosizing: a formulation approach for poorly-water-soluble compounds, Eur. J. Pharm. Sci. 18 (2003) 113-120.
[26] J. Maas, W. Kamm, G. Hauck, An integrated early formulation strategy—from hit evaluation to preclinical candidate profiling, Eur. J. Pharm. Biopharm. 66 (2007) 1-10.
[27] M.V. Chaubal, Application of formulation technologies in lead candidate selection and optimization, Drug Discov. Today 9 (2004) 603-609.
[28] X.-Q. Chen, D. Antman Melissa, C. Gesenberg, S. Gudmundsson Olafur, Discovery pharmaceutics—challenges and opportunities, AAPS J. 8 (2006) E402-E408.
[29] R.G. Stickley, Formulation in drug discovery, In: J.E. Macor (Ed.), Annual Reports in Medicinal Chemistry, vol. 43, Amsterdam, Elsevier, 2008, pp. 419-451.
[30] E. Galia, E. Nicolaides, D. Horter, R. Lobenberg, C. Reppas, J.B. Dressman, Evaluation of various dissolution media for predicting in vivo performance of class I and II drugs, Pharm. Res. 15 (1998) 698-705.

附件 1

参考答案

第 1 章 引言

（1）类药物质是指具有可以完全接受的 ADME 和毒性特性，且可以顺利通过人体 Ⅰ 期临床试验的物质。

（2）先导化合物的优化主要包含药理学（功效、选择性）和药代动力学/安全性（理化性质、代谢和毒性）两个方面。

（3）生物学家可以优化体外生物学测试、给药剂量和给药途径，以确保获得高质量的生物学数据。数据结果可以更好地理解和关联到药物体外的靶点通路及体内的药代动力学和功效。

（4）全部选项。

第 2 章 药物性质评估及良好类药性的优势

（1）结构改造。

（2）理化特性：物理环境（如 pH 值、共溶质）；生化特性：蛋白质（如酶、转运蛋白）。

（3）探索阶段：使用具有类药性的化合物库。先导化合物的选择：选择具有可接受类药性的先导化合物。先导化合物的优化：通过结构改造以优化类药性。开发阶段：对达到或超过既定类药性标准的化合物进行开发。

（4）通过体外性质和体内药代动力学测试来进行评估。

（5）药物开发：高消耗、高成本，并且开发慢。临床应用：增加患者负担并降低依从性。产品寿命：缩短专利时效性（寿命）。

（6）沉淀析出或不稳定性会使化合物的活性降低；低渗透性会限制化合物对细胞膜的渗透性；不良的药代动力学性质会限制化合物对体内靶点的暴露，并使其药效降低；化合物血脑屏障通透性差会导致中枢神经系统药效低下。

（7）结构-性质关系，即不同的结构如何影响化合物的类药性。

（8）a、b、c、e。

第 3 章 体内环境对药物暴露的影响

（1）固有活性（靶点结合）和靶点暴露量（在体内环境中表现出良好的类药性）。

（2）低剂量，每日 1 次的口服片剂。

（3）限制靶点暴露量的性质主要包括低溶解度、低渗透性、在胃肠道和血浆中分解、低代谢稳定性和高外排转运等。

（4）溶解度的增加使得膜表面的药物浓度增加，有助于加快吸收。

（5）渗透性的增加使得化合物分子通过膜结构的量增加，从而表现出更高的吸收率。

（6）胃的表面积小、消化时间短、血流量少且 pH 值低。
（7）在禁食状态下 pH 值较低。
（8）下肠；下肠。
（9）胆汁，增加亲脂性药物的溶解度；胰腺液，可催化水解。
（10）b、c。
（11）b。
（12）酶促水解；血浆蛋白结合；红细胞结合。
（13）e、f。
（14）代谢；通过胆汁排泄。
（15）血脑屏障。
（16）代谢物极性更大，在肾单位中更容易被摄取。
（17）d。
（18）a、b、c、d、e、f、g。
（19）全部选项。

第 4 章　基于结构的类药性快速预测规则

（1）a、d、e、h、j。
（2）只有打破化合物与水分子之间的氢键，化合物才能透过膜结构并被吸收。因此，氢键的存在会降低化合物的渗透性。
（3）高亲脂性可能降低化合物的溶解度。
（4）b。
（5）(a) HBD=0，HBA=2；(b) HBD=1，HBA=2。
（6）分析如下：

编号、名称	结构	HBD	HBA	MW	ClgP	PSA	性质问题
1. 丁螺环酮（Buspirone）		0	7	385	1.7	70	无
2.		5	10	418	−3.3	143	PSA
3. 紫杉醇（Paclitaxel）		4	15	852	4.5	209	HBA、MW、PSA

续表

编号、名称	结构	HBD	HBA	MW	ClgP	PSA	性质问题
4. 头孢氨苄（Cephalexin）		4	7	347	0.5	138	无
5. 头孢呋辛（Cefuroxime）		4	12	424	−0.44	170	HBA、PSA
6. 奥沙拉秦（Olsalazine）		4	8	302	3.2	140	PSA

（7）a、c、e、f。
（8）b、d。
（9）a、c。

第5章　亲脂性

（1）lg$P$：溶液中所有药物分子均为中性形式；lg$D$：溶液中药物离子化程度介于 0～100% 之间，具体取决于化合物的 pK_a 和水相的 pH。
（2）分子体积、偶极矩、氢键酸度、氢键碱度。
（3）1<lg$D_{7.4}$<3。
（4）lg$P$ 过低：被动扩散渗透性低。lg$P$ 过高：溶解度偏低。
（5）b。
（6）a、c、e。
（7）b、c、d。

第6章　pK_a

（1）b、d、e。
（2）a、c、f。
（3）a。
（4）

部位	pH	[HA]/[A⁻]=10^(pK_a−pH)	离子化
胃	1.5	$10^{(4.2-1.5)}=10^{2.7}$	中性
十二指肠	5.5	$10^{(4.2-5.5)}=10^{-1.3}$	阴离子～95%
血液	7.4	$10^{(4.2-7.4)}=10^{-3.2}$	阴离子～100%

（5）

部位	pH	$[BH^+]/[B]=10^{(pK_a-pH)}$	离子化
胃	1.5	$10^{(9.8-1.5)}=10^{8.3}$	阳离子
十二指肠	5.5	$10^{(9.8-5.5)}=10^{4.3}$	阳离子
血液	7.4	$10^{(9.8-7.4)}=10^{2.4}$	阳离子

（6）b；c。

第 7 章 溶解度

（1）两者相同。该碱性胺以及盐酸盐在缓冲溶液中会达到相同浓度，因此 IC_{50} 会相同。

（2）在水中的溶解度不同，因为向纯水中加入化合物后其 pH 将改变，其钠盐的溶解度更高。在缓冲溶液中的溶解度相同。

（3）提高溶解度的方法：引入可电离基团、减少 $\lg P$、增加氢键、引入极性基团、引入面外取代基、减少分子量、构建前药和制剂方法。提高溶解度最有效的方法是化学修饰时引入可电离基团。提高溶出速率的方法：降低颗粒大小、制剂中使用表面活性剂、成盐。

（4）溶解度限制了吸收。

（5）2000 μg/mL。

（6）为了改善靶点结合能力，常在模板上引入亲脂性基团，从而降低了化合物的溶解度。

（7）pH、反离子、蛋白质、脂类、表面活性剂、盐、助溶剂（种类和浓度）、缓冲液、温度和孵育时间。

（8）亲脂性、分子大小、pK_a、电荷、晶格能。

（9）溶解度是化合物在溶剂中可达到的最高浓度；溶出速率是单位时间内化合物在溶剂中的溶解量。

（10）药物发现阶段的化合物一般为无定形固体，其热力学溶解度可能存在批次间的差异。几乎所有的发现阶段实验都先将化合物溶于 DMSO。

（11）（a）10 μg/mL；（b）100 μg/mL；（c）520 μg/mL。

（12）被动扩散渗透率。

（13）引入可电离基团。

（14）b。

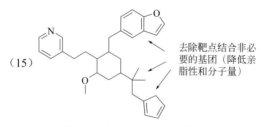

（15）

在已有侧链上引入氨基；在可增强靶点结合的位置引入氢键供体和氢键受体

（16）a、d。

（17）全部选项。

（18）a、d。

（19）全部选项。

第 8 章 渗透性

（1）被动扩散。

（2）低分子量、极性分子。

（3）（a）增加；（b）减小。
（4）基于体外细胞的膜测试、体内肠膜、体内血脑屏障、体内治疗靶细胞膜、体内进入肝细胞和从肝细胞中清除、体内肾单元。
（5）a、d、e。
（6）

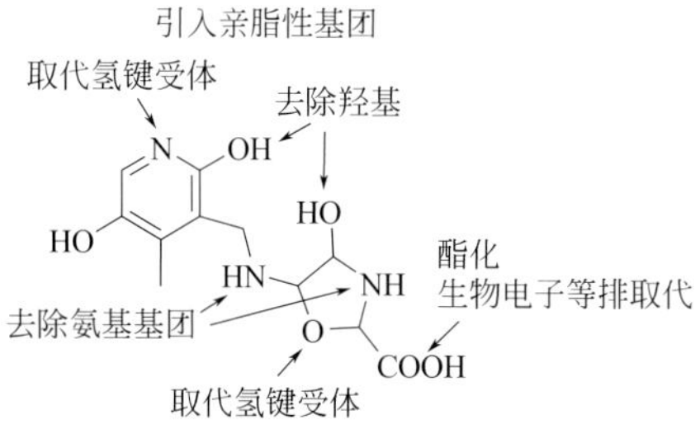

引入亲脂性基团
取代氢键受体
去除羟基
去除氨基基团
酯化 生物电子等排取代
取代氢键受体

（7）a、c、e、f。
（8）d<b<c<a（极性增大或引入氢键供体会降低其渗透——译者注）。
（9）a<c<b（先导化合物已经具有较高的分子量和亲脂性，因此增加分子量可能会降低其渗透性）。
（10）a<c<b（先导化合物的分子量和亲脂性较低，因此增加亲脂性可能会增加其渗透性）。

第 9 章　转运体

（1）a、b、c、e、f、h、i。
（2）b。
（3）a、b、d。
（4）药物发现过程中最重要的转运体是 P-gp。因为 P-gp 会影响口服吸收、脑部渗透、药物排泄、肿瘤细胞的多药耐药性以及抗生素的耐药性。P-gp 具有广泛的底物特异性，并影响许多候选药物的 PK 性质。
（5）B、D。
（6）减少氢键受体、在氢键受体的附近引入位阻、降低亲脂性、引入可能破坏 P-gp 结合的基团（如添加强酸基团）。
（7）P-gp 基因敲除小鼠；P-gp 抑制剂共同给药（"化学敲除"）。
（8）外排：b、e；摄取：a、c、d、f。
（9）c。
（10）全部选项。
（11）全部选项。
（12）a、b。
（13）c>a>b。

第 10 章　血脑屏障

（1）c。
（2）化合物在脑中的浓度要比胃肠道中低很多，通常其浓度低于 K_m。此外，P-gp 在胃肠道中易出现饱和现象，而在血脑屏障中则不会。
（3）e。
（4）化合物 B（分子量较大、呈酸性、氢键数量较多、PSA 较大）；
化合物 C（分子量较大）；
化合物 D（分子量较大、氢键数量较多、PSA 较大）。

（5）将化合物中的羧基以生物电子等排体取代；

去除不必要的氢键，使其数量小于8（尤其是氢键供体数）；

去除不必要的分子基团，减少化合物的分子量<400；

去除不必要的离子和极性基团，增加化合物的ClgP。

（6）b、d、e、f。

（7）a、c、d、g。

（8）b、c、f。

（9）a、c、d、e、g。

（10）b、d、e。

（11）可通过相应公式 $c_{b,u}=c_{b,t} \times f_{b,u}$ 计算所得。其中可通过体内总脑药物浓度测得 $c_{b,t}$，采用体外平衡透析法测试脑匀浆中的游离药物分数 $f_{b,u}$。

（12）可通过对化合物进行结构修饰以降低其BBB渗透性，常见方法包括增加化合物MW、增加TPSA、增加结构式中氢键数量、增加化合物极性以及引入酸性基团。

第 11 章　代谢稳定性

（1）肠道分解（pH和酶）、肠道代谢、肝脏代谢和血浆分解。

（2）c。

（3）b、d。

（4）如果一个途径被阻断，将导致代谢反应的变化。

（5）脂肪族和芳香羟基化作用、N- 和 O- 脱烷基化作用、N- 氧化作用、N- 羟基化作用、脱氢作用（其他见图 11.5）。

（6）糖脂化作用、硫酸盐化作用、N- 乙酰化作用、谷胱甘肽共轭作用（其他见图 11.6）。

（7）c、e。

（8）可行的结构修饰策略：

（9）参与 II 相代谢反应的潜在位点：

(10) a、b、c、e。
(11) a、b、d、e、f。

第 12 章　血浆稳定性

(1) B、D、G、I、J、K。
(2) 软药和前药。
(3) 以下是一些可行的结构修饰方法：

以酰胺键取代酯键

增加酰胺键的空间位阻

增加酯键的空间位阻

去除易水解的酯键

(4) 否。血浆中的水解酶与微粒体中的水解酶存在明显的差异，需要单独评估药物在血浆和微粒体中的水解稳定性。
(5) c、d、f、g。

第 13 章　溶液稳定性

(1) 全部选项。
(2) 不应该。化合物可以在保持其活性的前提下，通过结构修饰提高其稳定性。因此，应允许对有价值的药效团或化学系列进行进一步的优化，以期获得高质量的临床候选化合物。
(3) c、d、f、g。
(4) 前药。
(5) 光、高温、水、氧、化合物固体中的痕量成分、HPLC 改性剂、玻璃器皿的成分等。

第 14 章　血浆和组织结合

(1) 白蛋白、α_1- 酸性糖蛋白、脂蛋白。
(2) 脂质和蛋白。

（3）

组织中游离药物的分数	$f_{u,组织}$
游离药物的平均浓度	$c_{av,u}$
给药后被吸收的分数	F_a
脑组织总浓度	$c_{t,脑}$
游离（药物）的浓度-时间曲线下面积	AUC_u
内在清除率	CL_{int}

（4）$c_{u,组织}$。

（5）HSA 与一部分药物结合，从而导致游离药物浓度降低。清除机制存在于体内，但不存在于体外。

（6）b、d、e、h。

（7）f_u 可被应用于根据体内 PK 数据的 c_{total} 计算 c_u。

（8）d。

第 15 章　细胞色素 P450 抑制

（1）10 μmol/L。

（2）K_i 值应大于 c_{max} 10 倍。当 c_{max} 大于 K_i 时。

（3）特非那定被市场淘汰，是因为 CYP3A4 抑制剂（如红霉素）抑制了 CYP3A4 对其的代谢。进而引起其体内浓度升高，可能导致某些患者出现 hERG 阻断和 TdP 心律失常副作用。

（4）在可逆抑制中，抑制剂与酶结合并释放。在基于机制的抑制中，抑制剂通过共价反应或强络合作用与酶结合。对于可逆性抑制，透析可去除抑制剂并减弱抑制，且抑制作用不会随着孵育时间而增加。对于基于机制的抑制，透析不会减弱抑制作用，且随着培养时间的延长，IC_{50} 会降低。

（5）可行的结构优化如下：

a. 降低亲脂性（Cl*gP*=3.0）

b. 降低亲脂性（Cl*gP*=3.5）；增加空间位阻

c. 降低亲脂性（Cl*gP*=3.8）；降低氮的 pK_a

（6）c。

（7）不可以。对于 CYP 抑制，抑制剂与特定的 CYP 同工酶结合，并减少药物"受害者"的结合。抑制剂只需要与相关代谢酶结合，但不需要被代谢。而代谢稳定性所涉及的化合物可与任何 CYP 同工酶结合，并生成代谢物。

第 16 章　hERG 钾通道的阻断

（1）人心肌细胞中钾离子通道 $K_v11.1$ 的 α- 亚基。
（2）调节细胞中 K^+ 的外流（动作电位的一部分），并恢复细胞的内部负电位（复极化）。
（3）延长心电图（ECG）的 QT 间隔。
（4）扭转性室性心律失常（torsades de pointes arrhythmia），可能由 LQT 触发。
（5）每 $10^5 \sim 10^6$ 名服用抗组胺药的患者中有 1 人发生 TdP；每 5×10^4 名服用特非那定的患者中有 1 人发生 TdP。
（6）hERG $IC_{50}/c_{max,u}>30$，或小于 5 ms 的 QT 间隔延长。
（7）c。
（8）c、d。
（9）以下是可能减弱 hERG 阻断的结构修饰策略：
　　（a）降低 pK_a；
　　（b）降低亲脂性；
　　（c）引入酸性亚结构；
　　（d）添加氧原子；
　　（e）减少可转键的数量；
　　（f）使环饱和；
　　（g）去除吸电子基团，引入供电子基团；
　　（h）减小分子量。
（10）c。

第 17 章　毒性

（1）TI 的定义是体内毒性剂量除以有效剂量。数值大有利。
（2）一种药物可以通过生物活化作用形成一种活性代谢产物，然后与大分子（蛋白质、DNA）发生共价反应。
（3）a、b。
（4）某些结构（如奎宁）的氧化还原循环耗尽了细胞的还原能力（如谷胱甘肽），使得自由基和过氧化物水平增加。
（5）较高水平的代谢酶诱导，导致形成活性代谢产物的概率增大，或对联合给药药物的清除增加。
（6）在另一个生化靶点上的活性可能会导致不必要的副作用。
（7）如果 $ClgP>3$ 和 $TPSA<75\ \text{Å}^2$，则产生脱靶毒性的概率较高。
（8）安全指数 $=IC_{50,\text{毒性}}/c_{max,u}$（有效剂量）。
（9）致畸性是胚胎因暴露在某个化合物下而产生的发育异常或疾病。

第 18 章　结构鉴定与纯度

（1）由于杂质的存在，所测得的生物活性或 ADMET 性质可能偏高或偏低。杂质还可能会引起毒性。如果样品中的主要成分是错误的化合物，则会导致错误的构性关系和构效关系。
（2）处理不当、标识错误、固体化合物或溶液中的化合物发生分解，以及原结构标记不准确等。
（3）c。
（4）b。

第 19 章 药代动力学

（1）

药代动力学参数	定义选项
CL	（b）药物从体循环中清除的速率
c_{max}	（f）药物在血液中达到的最高浓度
V_d	（e）化合物溶解的表观体积
$t_{1/2}$	（c）化合物在体循环中浓度降低一半所需的时间
c_0	（g）IV 给药后外推到时间为 0 时的初始浓度
AUC	（d）化合物的暴露量，由血浆药物浓度随时间的变化曲线所决定
F	（a）到达体循环的药物所占口服剂量的百分比

（2）IV 给药后全部剂量的药物立即直接进入血流。而对于 PO 给药，包括胃滞留时间的延迟、溶解（如果是固体）、超过数小时的肠道吸收，以及首过效应都可能减少到达血流的化合物的剂量。

（3）（a）需有较高的非特异性组织结合、较高的亲脂性、较低的 PPB；（b）需有较高的血浆蛋白结合、较低的亲脂性、较高的亲水性、较低的非特异性组织结合。

（4）b。

（5）肝脏和肾脏。

（6）0.1：血液高度受限。1：血液与机体均匀分布。100：组织高度结合。

（7）b。

（8）a。

（9）b。

（10）

IV 剂量 /(mg/kg)	PO 剂量 /(mg/kg)	AUC_{PO}/[(ng·h)/mL]	AUC_{IV}/[(ng·h)/mL]	生物利用度
1	10	500	500	10%
2	10	1000	500	40%
5	10	300	200	75%

（11）b。

第 20 章 先导化合物的性质

（1）化合物的优化通常围绕着增加分子量、氢键数量和亲脂性等方面展开，而所获得的衍生物和类似物的性质可能超出了类药五规则的范围，并可能面临溶解度差、渗透性差或吸收不理想等更大的风险。

（2）（a）超出了类先导化合物有关 MW 和 HBD 的指导原则；（b）超出了类先导化合物有关 HBD 和 PSA 的指导原则；（c）没有明显问题；（d）超出了类先导化合物有关 PSA 的指导原则。

（3）b、d。

第 21 章 药物发现中的类药性整合策略

（1）进行靶点结合优化可能会将研究仅仅局限在降低类药性的分子结构中。在进行结构修饰以改善靶点结合的同时，也需要考虑这些变化对类药性的影响。

（2）可以实现更快的决策；可以计划并合成更多结构新颖的化合物，以增加成功发现更优化学结构的机会。

（3）同时进行多种性质测试时，研究人员难以获得结构修饰如何改善性质的具体指导。例如，Caco-2 渗透性可能是被动扩散、吸收和外排机理的综合表现。而 PAMPA 渗透性仅具有被动扩散作用，研究人员可以更为容易地通过增强被动扩散的策略开展结构修饰（例如，增加亲脂性、减少氢键、降低极性和调节 pK_a）。

（4）使用人源材料进行体外测试，实验结果与人体的实际表现更为紧密相关，研究人员可以根据结果做出更为准确的人体临床预测。

第 22 章　评估类药性的方法：一般概念

（1）不合理。通用溶解度测定的 pH 7.4 条件与胃部的低 pH 条件有很大的不同。

（2）不是。临床候选药物的选择应基于更严格的数据库，其中包括用于渗透性评估的 Caco-2 筛选。

（3）不可以。水解可在血浆和肠道中发生，并可被多种酶催化，这些酶的底物特异性与微粒体水解酶不同。

（4）是的。由于代谢稳定性因物种而异，因此，收集化合物在不同物种和人体的代谢稳定性数据，对其临床研究预测很有帮助。

（5）（a）常规通用测试可以快速提供关键性质的数据，并且适用于所有新化合物；（b）定制测试可用于解答有关受试化合物的特定问题。

第 23 章　亲脂性研究方法

（1）药物发现阶段的化合物可能含有未被软件测试集包含的亚结构，且一般比上市药物（计算机模型建模的依据对象）的类药性质差。

（2）是的。$\lg P$ 已研究多年，其潜在机制已被很好地阐明，且高质量的 $\lg P$ 检测数据（计算机模型建模的依据对象）比其他性质数据更易于获得。

（3）a、b、d、e、f、g。

（4）采用与深入的亲脂性测定法相同的条件测定受试化合物和标准品的 $\lg D$ 值，再将标准品的保留时间与对应的先前测得的 $\lg D$ 值作图。然后将受试样品的保留时间与标准曲线进行比较，确定其 $\lg D$ 值。

（5）10 倍或 1 个 lg 单位。

（6）a、d、e。

第 24 章　pK_a 研究方法

（1）当将可电离基团从中性滴定至带电荷时（反之亦然），可以检测到以下变化：①可电离基团附近基团的紫外吸收率变化；②溶液 pH 值的变化；③电泳迁移率的变化。

（2）计算机预测 >SGA>CE>pH 滴定法。

（3）性质分析；高通量；计算不同互变异构体的 pK_a 值；在结构上标记每个电离中心的 pK_a 值。

（4）是。与所有测定一样，低溶解度会影响化合物的 pK_a 值测定。测定中要么难以得到极低溶解度化合物的 pK_a 值数据，要么需要对方法进行优化和验证，以便能对低溶解度化合物进行准确的测定。

第 25 章　溶解度研究方法

（1）$\lg S = 0.8 - \lg P - 0.01(MP-25)$

化合物	熔点 /℃	$\lg P$	估算的溶解度 /(mol/L)
1	125	0.8	0.1
2	125	1.8	0.01
3	225	1.8	0.001
4	225	3.8	0.00001

(2) $S_{tot}=S_{HA}[1+10^{(pH-pKa)}]$（酸性化合物）

化合物	固有溶解度 /(g/mL)	pK_a	pH	总溶解度 /(g/mL)
1	0.001	4.4	7.4	1.0
2	0.001	4.4	4.4	0.002
3	0.001	4.4	8.4	10
4	0.00001	4.4	7.4	0.01

（3）散射比浊法：沉淀颗粒的散射光；直接紫外法：水溶液中溶解化合物的吸光度。

（4）个性化溶解度测定方法使用的溶液条件与药物发现团队的实验条件保持一致（如生物缓冲液），可以更好地估算化合物在特定条件下的溶解度。

（5）(a) 化合物形式不同：动力学溶解度使用化合物的 DMSO 溶液，而热力学溶解度使用固体化合物。

(b) 加入化合物方式不同：动力学溶解度将小体积 DMSO 溶液加入水相缓冲液中，而热力学溶解度将缓冲液加到固体化合物中。

(c) 孵育时间不同：动力学溶解度孵育 1～18 h，而热力学溶解度孵育 24～72 h。

（6）a、d、e。

第 26 章　渗透性研究方法

（1）

方法	被动扩散	主动运输	外排
IAM	×		
PAMPA	×		
Caco-2	×	×	×

（2）IAM 使用 HPLC，而 HPLC 是药物发现实验室中的常见仪器。

（3）(a) 测试前 21 天的细胞培养；(b) LC/MS 定量；(c) Caco-2 测试通常需要在 A>B 和 B>A 两个方向上进行；(d) 较昂贵的耗材；(e) 较为耗时。

（4）主动运输和外排。

（5）IAM 使用的固定相是结合到固体载体上的磷脂，而反相 HPLC 固定相通常是结合到固体载体上的烃类。

（6）

化合物的渗透性机制	PAMPA 相对高于 Caco-2	Caco-2 相对高于 PAMPA	PAMPA 相对等于 Caco-2
仅被动扩散			×
被动扩散和主动运输		×	
被动扩散和外排	×		

第 27 章　转运体研究方法

（1）ER=$P_{B>A}/P_{A>B}$。如果 ER>2，说明化合物具有显著的外排。

（2）(a) 存在和不存在外排转运体特异性抑制剂的情况下均可测试 $P_{A>B}$，如果在抑制剂存在下 $P_{A>B}$ 更大，则该化合物为外排底物。(b) 以转染了一种特异性外排转运体（如 MDR1）基因的细胞系（如 MDCK II）和野生型细胞系测试 $P_{A>B}$，如果在野生型细胞系中 $P_{A>B}$ 较大，则该化合物可能是外排底物。

（3）在以下情况下摄取实验是非常实用的：(a) 细胞系未形成具有紧密连接的单层细胞层，因此无法进行跨细胞实验；(b) 药物发现项目团队需要研究特定细胞系的摄取作用。

（4）受试化合物与 ABC 转运体（如 P-gp）的结合，进而催化 ATP 水解生成 ADP 和 P_i，并可通过比色法检测 P_i。

（5）P-gp 的抑制，限制了已知 P-gp 底物（钙黄绿素 AM）的外排。

（6）体内 P-gp 测试（P-gp 敲除小鼠）实现了 P-gp 影响受试化合物体内 ADME 性质的概念验证。

（7）基因敲除是一种永久性疾病。以 P-gp 基因敲除动物为例，该动物中不存在相应的 P-gp 基因，且不能表达 P-gp，因此不会发生 P-gp 外排。化学敲除实验包括将 P-gp 抑制剂与受试化合物联合给药，或借助受试化合物使 P-gp 饱和以减弱其外排作用。化学敲除可用于药效/药理学物种模型，以测试 P-gp 底物的生物学效应。

（8）油旋法可测试药物进入细胞的摄取。

（9）夹心培养肝细胞实验可测试胆小管的外排和进入细胞的摄取。

（10）对于潜在转运体底物的囊泡外翻实验，受试化合物应具有较低的主动转运渗透性，以使其能够保留在囊泡中。

第 28 章　血脑屏障研究方法

（1）BBB 渗透性是指化合物透过血脑屏障进入大脑的速率；化合物的脑内分布是指化合物在大脑和血液间的分布情况。

（2）氢键、TPSA、亲脂性、MW 和酸碱性。

（3）被动跨细胞渗透方式。

（4）在大脑平衡透析法中，化合物的透析需要使用脑匀浆样本和缓冲液。通过该法可以测得化合物的 f_{ub}，并可进一步计算出 c_{bu}。

（5）氢键结合能力。

（6）通过被动扩散的 BBB 渗透性。

（7）微血管内皮细胞评价过程非常耗时且复杂。局限性在于提取所得的内皮细胞很难形成紧密的连接，且细胞膜上的转运体可能会过表达或低表达。

（8）MDR1-MDCK Ⅱ 细胞主要用于评价化合物的 P-gp 外排作用，而 MDCK 主要用于评价化合物的被动扩散。

（9）化合物的 BBB 净渗透性（前提是化合物在此过程中不存在脑组织特异性结合，血浆药物结合及药物代谢）。

（10）化合物的 $K_{puu}<1$ 可能是由于低被动跨细胞转运方式或者由于化合物的外排作用造成的；而 $K_{puu}>1$ 则表明 BBB 对该化合物存在主动摄取机制。

第 29 章　代谢稳定性研究方法

（1）S9 和肝细胞比微粒体包含更多的代谢酶，因此可用于研究更广泛的代谢反应。此外，肝细胞还涉及细胞膜渗透性。

（2）当化合物含有酚羟基、羧酸或其他对葡萄糖醛酸敏感的羟基时，筛选 Ⅱ 相代谢稳定性较为实用。在其他化合物中，葡萄糖醛酸化可能是主要的代谢方式，但并不是代谢稳定性速率的决定反应。硫酸化是比较快速的，但容易饱和，并且反应能力有限。

（3）含有 CYP 的材料包括：rhCYP、微粒体、S9、肝细胞，以及包含 CYPs 的肝切片。包含磺基转移酶的材料包括：S9、肝细胞和肝切片。

（4）NADPH。

（5）CYP 酶在高浓度时达到饱和，可能会给出高代谢稳定性值的误导。

（6）代谢稳定性通常随种属发生变化，这对一个项目而言至关重要（比如，活性种属、毒性种属、人）。

（7）剩余百分比的对数值与时间之间的关系是线性的，所以两点可确定一条直线。更多时间点可以增加准确度与精密度，但需要花费更多的资源。

（8）活性可能随批次变化。如果一个项目团队根据使用不同批次微粒体测定的代谢稳定性数据来对化合物进行排序，可能会得出错误的排序结果或结构-代谢稳定性关系。因此，活性的一致性是非常重要的一点。

（9）二磷酸尿苷葡萄糖醛酸（UDPGA）、3′-磷酸腺苷-5′-磷酸硫酸酯（PAPS）。

（10）了解哪些酶参与代谢，有助于指导结构修饰，以改善代谢稳定性和潜在的DDI。

（11）特异性地确定结构中发生代谢的位置，有助于指导结构修饰，以封闭代谢位点。

（12）LC/MS/MS提供了主要代谢产物的基本情况，并可明确地确定一些代谢产物（比如，脱烷基产物）的结构。NMR可区域特异性地确定羟基化和其他代谢反应的位点（如苯环上羟基化的位置）。

第30章 血浆稳定性研究方法

（1）具有不同特异性结合位点的水解酶，如酯酶、脂肪酶和磷酸酶。

（2）检查比较该批次血浆与上一批次血浆活性的差异；调整实验条件，进行质量控制，保证对照化合物的结果一致。需要注意的是，不同批次血浆的活性差异可能非常大。

（3）(a) 错误，只要DMSO的百分比、缓冲液的稀释程度和药物浓度处于本章所述的范围内，这些条件对血浆稳定性实验结果的影响不大；(b) 正确；(c) 正确；(d) 正确；(e) 错误。

第31章 溶液稳定性研究方法

（1）生物测试介质组分、pH缓冲液、肠液、胃液、酶、光、氧、温度。

（2）淬灭反应而不会导致化合物的进一步降解。

（3）使用可编程HPLC自动进样器添加试剂，混合，并在设定时间点进样，同时进行批量处理。

（4）使用与项目实验相同的测定条件和操作方案。

（5）反应动力学（用于预测长期稳定性）；降解产物的结构（用于改善稳定性的结构修饰）。

（6）诊断难以解释的体内或体外实验结果；以稳定性对化合物进行分类排序；应用动力学设计其他实验或临床研究；预测各个时间点的化合物剩余量；确定不稳定基团；指导结构修饰，以提高稳定性。

第32章 CYP抑制方法

（1）人重组CYP（hrCYP）和人肝微粒体（HLM）。

（2）底物翻转率高；受试化合物的代谢率高；与蛋白质结合。

（3）荧光探针底物、药物探针底物、发光探针底物、放射性探针底物。药物探针底物是最常见的。

（4）b。

（5）受试化合物或代谢产物以及荧光淬灭剂的干扰。

（6）同时检测多种CYP同工酶，从而提高了通量。

（7）底物翻转；受试化合物的代谢；与蛋白质结合。

（8）每种同工酶和底物浓度的设定可以独立于其他同工酶设定，从而为最佳的酶促条件提供了准确的初始酶动力学速率。

（9）TDI测试通常包括：(a) 将受试化合物与HLM和NADPH进行预孵育，以及(b) 在CYP活性分析之前进行稀释。

（10）k_{inact}和K_I。

第33章 血浆和组织结合的研究方法

（1）平衡透析法。

（2）将接收腔（孵育后的缓冲液）中的药物浓度除以供体腔（加入药物的血浆）中的药物浓度可以计

算相应的 f_u。

（3）该药物可能具有更高的清除率，因为某些药物将通过 RBC 从血浆样品中消除。

（4）膜过滤器可防止蛋白质分子通过过滤器，从而可独立分析未结合药物的浓度。

（5）血浆、组织、微粒体和肝细胞。

第 34 章　hERG 研究方法

（1）尽早提醒新药研究团队注意潜在的 hERG 阻断问题，以筛选出拟定的化合物进行合成或后续研究。

（2）手动膜片钳方法。

（3）人体心电图研究。

（4）a、c。

（5）与贴片钳技术相比，IC_{50} 值偏高。

（6）b。

（7）铷离子；铷离子的大小和电荷与钾离子相似，并且可以透过钾离子通道进行渗透。可以使用原子吸收光谱法灵敏地检测铷离子并将其与钾离子区分开。

（8）c、d。

（9）主要监测可将跨膜电位保持在恒定电压所需的电流，该电流对应于钾离子通道电流。

（10）标准的膜片钳方法是手动的，较为耗时，并且需要具有丰富经验和技能的研究人员才能进行准确的测试。

（11）a、c、d。

（12）b。

第 35 章　毒性研究方法

（1）由专家委员会根据同行评审的研究论文所确定的结构规则。

（2）可对存在潜在毒性问题的化合物提出指示或预警。

（3）mRNA 检测。

（4）ATP 消耗、MTT、LDH 和中性红。

（5）c、d。

（6）见下表：

实验	DNA 片段在凝胶电泳中的移动速率比正常 DNA 快	显微镜下观察到染色体分裂异常并呈小段	逆转突变允许群落在没有组氨酸的情况下生长	形状异常的染色体	正常的哺乳动物细胞发生突变，而不会被 TMP 杀死
细胞微核实验		×			
彗星实验	×				
Ames 实验			×		
TK 小鼠淋巴瘤细胞实验					×

（7）c。

（8）啮齿类动物或斑马鱼的胚胎显微检查。

（9）谷胱甘肽和氰化物。

（10）动物给药剂量研究，以确定最大耐受剂量（如急性剂量、慢性剂量）、安全性药理学和全显微组织学；体外基因毒性/致突变性研究，如 Ames 和细胞微核实验。

第36章 结构鉴定和纯度分析研究方法

（1）高效液相色谱柱可以实现对样本组分的分离，而这些样本用流动注射分析（FIA）是不能分离的。

（2）对每个样本进行核磁共振测试和波谱解释需要耗费相当长的时间。杂质也可以在核磁共振中观察到，但由于无法实现组分的分离，杂质的数量及其相对含量很难确定。

（3）因为未溶解的物质可能是另一种化合物。即便未溶解物是假定的化合物，那么也可能导致杂质的相对浓度偏高。

（4）填充了较小粒径固定相的色谱柱可以提高分辨率，并实现较短的分析时间（例如，每个样品2.5 min）。

（5）没有哪一种高效液相色谱检测器能够对所有化合物都产生摩尔响应。摩尔响应会随化合物的不同而不同。因此，纯度只是一种相对的响应数值，而不是更理想的相对摩尔数。此外，没有哪一种检测器可对所有的化合物产生响应，有些化合物会因未对检测器产生响应而不能被检测到。

（6）没有哪一种质谱可使所有的化合物离子化。

第37章 药代动力学研究方法

（1）同时对多种化合物进行盒式给药可以减少药代动力学实验中使用的动物数量，且缩短了实验时间，使项目团队可以更快地获得数据。盒式给药对许多化合物的初始药代动力学筛选是有益的，并可从中选择部分化合物进行更详细且深入的药代动力学研究。

（2）盒式给药的缺点是，化合物之间可能存在相互作用，影响彼此的药代动力学参数，特别是有关代谢酶和转运蛋白方面。通过降低剂量水平（mg/kg）可减少相互作用，并解决了这一问题。此外，将已知药代动力学参数的对照化合物联合给药，如果其药代动力学参数受到影响，则再对单个化合物进行重复研究。

（3）自动采样仪器可在无人值守的情况下全天候自动采集样本，从而减少了研究人员的工作时间，提高了工作效率。

（4）在 CARRS 方法中，化合物是单独服用的，使用的是同一种化合物配制的溶液。给药后，将从两种动物中采集的样本混合后再进行测试，这一方法可使分析工作量和数据量减少一半。

（5）基质抑制是指将血浆基质成分与受试化合物一同从高效液相色谱柱中洗脱到质谱仪中。这种组分可能抑制来自受试化合物的离子信号，并得到一个偏低或不稳定的信号。

（6）因为项目团队需要了解化合物在靶组织中的浓度，以将体内浓度与药理作用相联系，或确定该化合物是否能穿透组织（如大脑、肿瘤）并达到足够的浓度。

（7）

化合物	剂量 [IV,PO] /(mg/kg)	AUC_{PO}/(h·ng/mL)	c_0/(ng/mL)	AUC_{IV}/(h·ng/mL)	CL/(mL/min·kg)	V_d/(L/kg)	F
1	1, 10	2000	1000	4000	4.2	1	5%
2	1, 10	2000	2000	1000	17	0.5	20%
3	5, 10	200	1000	8000	10	5	1.3%
4	1, 10	500	1000	200	83	1	25%
5	5, 30	305	2000	1900	44	2.5	2.7%

第38章 药代动力学性质的诊断和改善

（1）替代配方、成盐形式、前药、不同的给药途径（如 IV、IP、SC 或 IM）。

（2）进行改善性质缺陷的结构修饰。

（3）溶解度、渗透性、首过代谢（GI 或肝脏）、肠溶液稳定性。

（4）a、c、f、m。

(5) a、c、j、k、o。
(6) b、d。

第 39 章　前药

(1) a、b、d、f。
(2) 可制备如下前药：

(a) [结构式：含PEG基团的环戊烷酯类化合物，带R取代基]

(b) [结构式：R取代环己基-NH-C(O)O-CH₂-OP(O)(O⁻)₂]

(c) [结构式：R¹取代环己基-N⁺(R²)-CH₂-OP(O)(O⁻)₂]

(d) [结构式：R¹取代苯基-NH-C(O)-CH(NH₂)(R²)]

(3) 可制备成酯类前药：

[结构式：R¹取代四氢吡喃环-CH₂COOR²]

(4) 碱性磷酸酶。
(5) 在血液中被酯酶水解。
(6) 可能发生原药没有的 ADME 过程；治疗时程不同于母体药物；体外生物活化模型可能无法预测体内情况；前药是无活性的，需要研究所有产物的药代动力学性质；物种差异使动物实验结果与人体实际情况的相关性较差；酶多态性；DDI；毒性。

第 40 章　药物性质对生物测试的影响

(1) 化合物在细胞实验基质中的溶解度、稳定性、通过细胞膜的渗透性，以及细胞毒性。
(2) 如果可以明确化合物性质的缺陷，就可以通过结构修饰改善性质，因此不会错失有价值的药效团。如果各方面的性质都得到很好的改善（如更好的溶解度或更高的稳定性），则可以获得更准确的 SAR。当有多个变量（如性质、靶点结合）与最终活性有关时，研究人员将难以获得明确的指导方针来进行决策，难以开展有效的改善活性或性质的结构修饰。
(3) 第 1 类：低 MW、刚性、亲水性（如有机盐）；第 2 类：高 MW、高 lg$P$、较多的可旋转化学键。
(4) 高于预期值：沉淀物被从 DMSO 储备液转移到水性溶液中并溶解；低于预期值：仅将 DMSO 的溶液部分转移到水性溶液中，或者溶液部分和沉淀颗粒都被转移到水溶液中，但沉淀未溶解。
(5) 溶液温度降低可促进析晶，晶体一般难以再次溶解，水汽凝集进入到 DMSO 储备液中可进一步降低化合物的溶解度。
(6)(a) 化合物最好溶于 1∶1 的 DMSO/水溶液中；
(b) 可用另一种合适的溶剂代替 DMSO；
(c) 少用或只使用一次 DMSO 溶液；
(d) DMSO 溶液只在室温下只进行短期存放（如 2 周），使用后丢弃；
(e) 配制低浓度的 DMSO 溶液；

（f）超声处理。

（7）更高的 IC$_{50}$。

（8）（a）修改稀释方案；（b）优化溶液以更好地溶解化合物。

（9）c。

（10）c、d。

（11）DMSO、其他有机助溶剂、蛋白质和赋形剂。

（12）分子性质（氢键供体、氢键受体、MW、TPSA 和酸性）、PAMPA 和 Caco-2。

（13）IC$_{50}$ 曲线右移是由于稀释曲线中每个位点的实际浓度低于预期值所导致的。这是由于化合物析出沉淀，而使初始（最高）浓度点的浓度降低造成的。

（14）通常在细胞实验中使用较低浓度的 DMSO 和其他助溶剂，这会导致低溶解度化合物析出沉淀。在实验方法开发阶段，可以测试实验方法对较高浓度的 DMSO 或其他助溶剂的耐受性，并且可以在最终实验中最大化 DMSO 的浓度。实验还可能耐受其他可以替代 DMSO 的更高浓度的助溶剂。

第 41 章　制剂

（1）口服（PO）。这一给药途径受到低溶解度、低渗透性或高首过效应的限制。

（2）快速起效，生物利用度为 100%。

（3）a、d、e、g。

（4）原位盐是化合物溶解在缓冲液中形成溶液制剂，它能使化合物完全电离并提供反荷离子使其溶解。对于 pK_a 为 9.5 的碱性化合物而言，可以加入 HCl 将 pH 调整到 7.5 以下，以及提供反荷离子来制备原位盐。

（5）共溶剂：乙醇、丙二醇、PEG 400。作用：增加化合物的溶解度。

（6）a、c、d。

（7）聚山梨酯 80/ 甲基纤维素。聚山梨酯 80 是一种能够润湿化合物颗粒表面的表面活性剂；甲基纤维素有助于颗粒保持悬浮状态，使其不发生沉降。

（8）纯油（100% 的油可以溶解高亲脂性化合物）；乳剂（化合物溶解在油中，并在表面活性剂或乳化剂的作用下以液珠的形式分散至水性缓冲液中）；胶束（具有亲水性外壳和亲脂性核心的球形单分子层，亲脂性化合物可与之结合）；脂质体（球形双分子层，其中亲水性化合物包裹在中心核中，亲脂性化合物与双分子层的亲脂部分结合）。

（9）亲水性外壳与水相互作用，亲脂性化合物被包合在更加亲脂的中心核中。

（10）粒度小的化合物、无定形颗粒比晶体更易溶解，颗粒可直接释放到水性环境中。

（11）可以增加对同一质量的固体药物的表面积，从而加快溶出速率。

（12）可以消除溶解度和固态性质的影响，更容易给药。

（13）为药理研究提供最大的暴露量，而不受到递送作用的影响。

（14）c、d、e。

（白仁仁）

附件 2

主要参考书

[1] A. Avdeef, Absorption and Drug Development: Solubility, Permeability, and Charge State, second ed., John Wiley & Sons Inc, Hoboken, USA, 2012.
[2] D.J. Birkett, Pharmacokinetics Made Easy (Pocket Guides), second ed., McGraw-Hill Australia, North Ryde, Austraila, 2009.
[3] R.T. Borchardt, E.H. Kerns, C.A. Lipinski, D.R. Thakker, B. Wang (Eds.), Pharmaceutical Profiling in Drug Discovery for Lead Selection, AAPS Press, Arlington, USA, 2004.
[4] R.T. Borchardt, E.H. Kerns, M.J. Hageman, H.R. Thakker, J.L. Stevens (Eds.), Optimizing the "Drug-Like" Properties of Leads in Drug Discovery, AAPS Press and Springer, Arlington, 2006.
[5] L. Di, E.H. Kerns, Blood–brain Barrier in Drug Discovery, John Wiley & Sons Inc., Hoboken, USA, 2015.
[6] Y. Kwon, Handbook of Essential Pharmacokinetics, Pharmacodynamics and Drug Metabolism for Industrial Scientists, Springer, 2001.
[7] P.J. Sinko (Ed.), Martin's Physical Pharmacy, Lea & Febiger, Philadelphia, 2010.
[8] A.D. Rodrigues (Ed.), Drug-Drug Interactions, second ed., Marcel Dekker, Inc., New York, NY, 2008.
[9] R.B. Silverman, M.W. Holladay, The Organic Chemistry of Drug Design and Drug Action, third ed., Elsevier Academic Press, San Diego, USA, 2014.
[10] Siamak Cyrus Khojasteh, Harvey Wong, Cornelis E.C.A. Hop, Drug Metabolism and Pharmacokinetics Quick Guide, Springer, New York: NY, 2011.
[11] D.A. Smith, C. Allerton, A. Kalgutkar, H. van de Waterbeemd, D.K. Walker, R. Mannhold, Pharmacokinetics and Metabolism in Drug Design, third ed., Wiley-VCH, Weinheim, Germany, 2012.
[12] B. Testa, H. van de Waterbeemd, G. Folkers, R. Guy (Eds.), Pharmacokinetic Optimization in Drug Research, Biological, Physicochemical and Computational Strategies, Verlag Helvetica Chimica Acta, Postfach, Switzerland, 2001.
[13] B. Testa, S.D. Krämer, H. Wunderli-Allenspach, G. Folkers (Eds.), Pharmacokinetic Profiling in Drug Research, Verlag Helvetica Chimica Acta, Zurich, Switzerland, 2006.
[14] B. Testa, H. van de Waterbeemd (Eds.), Comprehensive Medicinal Chemistry II, In: ADME-Tox Approaches, 5 Elsevier, Amsterdam, 2007.
[15] T.N. Tozer, M. Rowland, Introduction to Pharmacokinetics and Pharmacodynamics: The Quantitative Basis of Drug Therapy, Lippincott, Williams and Wilkins, Philadelphia, USA, 2006.
[16] H. Van de Waterbeemd, B. Testa (Eds.), Drug Bioavailability, Wiley-VCH, Weinheim, Germany, 2008.
[17] C.G. Wermuth (Ed.), The Practice of Medicinal Chemistry, third ed., Elsevier-Academic Press, San Diego, USA, 2008.
[18] Zhengyin Yan, Gary W. Caldwell (Eds.), Optimization in Drug Discovery, second ed., In: Vitro Methods, Humana Press, Totowa, USA, 2013.

附件 3

名词解释

英文名称	缩写	中文名称	中文释义
absorption	A	吸收	药物通过膜结构（如肠、皮肤、肺）转移到血液中的过程
acid dissociation constant	K_a	酸解离常数	酸在水中的电离常数（有时称为 pK_a，即 $-lgK_a$）
α_1-acid glycoprotein	AAG，AGP	α_1-酸性糖蛋白	一种主要的血浆蛋白
acidity		酸度	根据溶液中氢离子浓度所确定的pH值（pH=1 为高酸性 [10^{-1} mol/L]，pH =14 为高碱性 [10^{-14} mol/L]）。化合物越容易释放质子，则其酸性越强
action potential		动作电位	通过打开和关闭离子通道（如在肌肉或神经细胞中）而改变细胞膜上的电压
active transport		主动运输	促进分子穿过细胞膜，从较低浓度一侧向浓度较高一侧移动；需要消耗能量
activity		活性	药物或所研究化合物与目标大分子结合并产生响应的能力
acute		急性	单次给药后，在短时间内迅速发生作用或持续时间很短
ADME	ADME	吸收、分布、代谢和排泄	
ADME/Tox	ADMET	吸收、分布、代谢、排泄和毒性	
administer		给药	给药或给药某一化合物
advance		推进	选择某一化合物并将其推进至药物发现和开发阶段
albumin		白蛋白	主要的血浆蛋白（占总蛋白质的60%）；参与渗透压调节和大型有机阴离子的运输（如脂肪酸、胆红素、多种药物和激素）；可与多种药物发生结合
Ames assay		艾姆斯测试	测试化合物引起DNA突变（可能导致癌症）的能力
amorphous solid		无定形固体	原子或离子以非晶体结构排列而形成的固体
amphipathic		两亲性	同时具有亲水性和疏水性
amylase		淀粉酶	催化淀粉（碳水化合物）水解的消化酶
analog/analogue		类似物	母体化合物的结构衍生物，其化学和生物学性质可能与母体完全不同
anion		阴离子	带负电的离子（如 Cl^-）
antedrug/prodrug		前药	是指本身没有活性的药物衍生物，在进入体循环后经历生物转化后可释放出有活性的原药
antiporter		反向转运体	又称为逆向转运体或交换子，是一种能将两个或多个不同化合物分子或离子沿逆浓度梯度方向转运的转运体
apical	A	顶侧的	药物分子沿吸收方向移动时首先遇到的细胞表面（如Caco-2细胞的顶侧）

续表

英文名称	缩写	中文名称	中文释义
area under the curve	AUC	曲线下面积	是一项PK参数，指化合物血浆药物浓度（y轴，纵坐标）对时间（x轴，横坐标）曲线下的积分面积，表示一段时间内该化合物的总暴露量
arrhythmia		心律失常	过快、过慢或不协调等不规则心跳（如hERG阻断所导致的心室颤动）
ATP binding cassette family	ABC	ATP结合盒家族	以ATP水解为能量来源的转运体家族
barrier		屏障	阻碍分子接近治疗靶点的障碍或具有挑战性的体内环境，可导致靶点周围化合物浓度的降低或与靶点作用的时间延迟（如膜、代谢、pH）
basicity		碱性	根据pH值测量的溶液中氢离子浓度水平（pH=1为高酸性 [10^{-1} mol/L]，pH=14 [10^{-14} mol/L] 为高碱性或碱性）。化合物越容易接受质子，则其碱性越强
basolateral	B	基底（外）侧	药物分子沿吸收方向移动时离开细胞的一侧细胞表面（如Caco-2细胞的底部一侧）
bilayer membrane		双层膜	指磷脂双层膜，非极性侧链朝向内部，极性头部朝向溶液
(bile) canaliculus		胆小管	肝细胞之间的毛细血管，用于收集胆汁和溶质（如胆汁盐、药物、代谢产物），这些毛细血管汇聚形成胆小管，胆小管再继续汇聚形成胆管
bile salts		胆汁盐	一种甾体酸，可在肠腔内形成胶束，并通过乳化作用增加亲脂性化合物（如脂质、脂肪酸、亲脂性药物）的溶解度
biliary excretion		胆汁排泄	通过胆汁排泄化合物
binding		结合	药物分子与大分子（如靶蛋白）的结合
bioactivation		生物活化	药物代谢生成有毒性或有活性的代谢产物的过程
bioassay		生物测试	与对照相比，测试化合物是否会产生生化或生物学反应的过程
bioavailability	F	生物利用度	通过某一给药途径（通常是口服）给药后，到达全身循环的药物与静脉途径给药后到达全身循环的药物（即100%）相比的百分比
bioequivalence	BE	生物等效性	和标准制剂相比，一种药物制剂在体内起作用的强度和生物利用度
bioisosteric		生物等排	为了与母体化合物保持相似的生物学特性而将母体化合物的一部分结构取代为另一结构，其中取代和被取代的结构互为生物电子等排体
biomarker		生物标志物	其浓度能够指示疾病进展或药物治疗效果的内源性生化物质
Biopharmaceutics Classification System	BCS	生物药剂学分类系统	评估药物溶解度和渗透性的药物分类系统，满足要求的候选药物可获得监管机构对其生物等效性和生物利用度研究的豁免
Biopharmaceutical Drug Disposition Classification System		生物制药药物处置分类系统	一种对药物的溶解度和代谢程度进行分类的方法，该方法也与人体肠道渗透性，以及转运体对药物分布的影响相关
biophase		生物相	围绕目标靶点的溶液
biotransformation		生物转化	酶对分子化学结构的改变；代谢
blockbuster drug		重磅炸弹药物/畅销药物	年销售额超过10亿美元的药物
blocking (ion channel)		阻断（离子通道）	部分或完全阻断离子通道，使离子无法以正常的速率通过

续表

英文名称	缩写	中文名称	中文释义
blood flow to organ	Q	流向器官的血液流速	血液流向肝脏等器官的流速
blood-brain barrier	BBB	血脑屏障	血液和大脑之间的大脑微血管内皮细胞层，可限制某些化合物进入脑组织；取决于化合物的结构
blood-cerebrospinal fluid barrier	BCSFB	血-脑脊液屏障	位于围绕并连接脉络丛表面立方上皮细胞的紧密连接处的屏障，将血液和脑脊液相分离
bound drug concentration	c_{bound}, c_b	结合药物的浓度	血浆或组织中与蛋白质或脂质相结合的药物的浓度
brain microvessel endothelial cells	BMEC	脑微血管内皮细胞	从大脑的微毛细血管中分离的原代内皮细胞，可进行培养用于血脑屏障渗透性的研究
brain/plasma ratio	B/P	脑/血（浆）比	药物总脑浓度与总血浆药物浓度的比值（与脑渗透性不相关）
breast cancer resistance protein	BCRP	乳腺癌耐药蛋白	存在于多种组织中的膜外排转运体
brush border		刷状缘	细胞上的微绒毛形态，可增加细胞的表面积（如存在于肠壁上皮细胞上）
buffer		缓冲液	可抵抗pH变化的离子化合物水溶液
Caco-2 assay	Caco-2	Caco-2测试	通过单层Caco-2人结肠癌细胞作为两个隔室之间膜结构的体外渗透性实验；用于测试肠道渗透性的模型
candidate		候选药物	拟用于药物开发的化合物；该化合物正在接受从临床前到Ⅰ～Ⅳ期临床试验的相关研究，直至NDA获得批准
capillary electrophoresis	CE	毛细管电泳	一种分析分离技术，该技术使用填充有缓冲液的毛细管并在高压下形成电路
carcinogenic		致癌物	会导致癌症的物质
cassette dosing		盒式给药	使用一只受试动物，联合给药多种化合物并评估其药代动力学性质
cation		阳离子	带正电荷的离子
central nervous system	CNS	中枢神经系统	脑和脊髓
cerebrospinal fluid	CSF	脑脊液	由大脑脉络丛持续产生的液体，在脑室中以及大脑和脊髓表面周围流动，可被吸收到静脉系统中；可吸收震动并保持恒定的压力
chronic		慢性的	发作时间长，经常发生，需要长期或持续给药治疗
clastogenicity		致断裂作用	对DNA和染色体造成的破坏和损害
clearance	CL	清除	单位时间内药物可被完全清除的血液体积
clinical trail		临床试验	Ⅰ至Ⅳ期人体临床研究
ClgP	ClgP		基于结构计算的lgP
CNS-	CNS−	可渗透到大脑	在给药后不会明显渗透到脑组织中的化合物，未能达到可测量的浓度或缺乏预期的药理反应
CNS+	CNS+	不能明显渗透到大脑	在给药后会明显渗透到脑组织中的化合物，浓度可定量或具有阳性药理反应
co-administer		联合给药	在同一时间共同给药
cocktail		鸡尾酒（混合）	为了评估多种化合物或性质，在体内PK测试中采用盒式给药的化合物混合物或在体外测定中联合使用的化合物混合物（如多种同工酶的鸡尾酒CYP450抑制测试）
concentration average unbound	$c_{av,u}$	平均游离药物浓度	通过反复定期给药确定的游离药物浓度的平均值

英文名称	缩写	中文名称	中文释义
concentration maximum unbound	$c_{\max,u}$	最大游离药物浓度	通过反复定期给药确定的游离药物浓度的最大值
concentration minimum unbound	$c_{\min,u}$	最小游离药物浓度	通过反复定期给药确定的游离药物浓度的最小值
cosolvent		助溶剂	添加到水溶液中以增加药物溶解度的有机溶剂
cost-benefit ratio		成本效益比	实现某个目标所需的资源与项目团队所获得利益的比值
counter ion		反荷离子	与溶液或盐中另一个离子电荷相反的离子
CYP inhibition		CYP 抑制	由于 CYP 酶的抑制作用,联用"肇事者"药物和"受害者"药物,造成"受害者"药物的正常药代动力学受到影响;CYP 酶抑制作用可导致毒性
crystal form		晶形	化合物形成晶体的几何构型(化合物通常是具有两种或多种不同晶格能的多晶型物)
cytochrome	CYP	细胞色素	含有与铁原子相连的血红素卟啉的酶家族;在氧化还原反应中很重要
cytochrome P450	CYP450	细胞色素 P450	细胞色素同工酶家族,可吸收 450 nm 波长的光并可氧化多种化合物;在肝脏中大量存在
cytoplasm		细胞质	细胞膜内部的所有细胞物质
cytosol		细胞溶质	细胞内液(ICF);不包括细胞器和细胞核
cytotoxicity		细胞毒性	化合物破坏或杀死细胞的能力
dalton	Da	道尔顿	分子质量的单位,等于 ^{12}C 原子量的 1/12
decomposition/ degradation		分解	产生降解(分解)产物的化学反应;通常是不希望发生的反应(如空气中 O_2 对药物的氧化)
delta lg P	$\Delta \lg P$		在水和辛醇之间以及在水和环己烷之间分配的 lgP 值之差[如 $\lg P_{(辛醇-水)}$ 与 $\lg P_{(环己烷-水)}$ 之差]
dialysis		透析	通过选择性半透膜从溶液中的较大分子(如蛋白质)中分离较小分子(如药物)的过程
disposition		处置	将化合物给药后生物体对化合物的作用
dissolution rate		溶出度	药物从固体制剂游离到溶液中的转移速率
distribution	D	分布	药物分子在整个人体组织中的移动和分配
DMSO	DMSO	二甲基亚砜	
dosage form		剂型	化合物(如药物)与添加剂(如赋形剂)的物理组合,包括片剂、胶囊、注射液等多种形式
dose projection		剂量预测	使用药物研究数据确定用于人体 I 期临床试验的初始剂量
dosing regimen		给药方案	系统的给药计划(如剂量、途径、频率)
drug development		药物开发	在药物发现阶段后进行的研究,将在动物模型中具有生物活性的化合物制成可用于人体的药物产品,包括配方、稳定性、化学工艺、人体药代动力学、毒性和临床试验研究
drug discovery		药物发现	研究发现在动物模型中具有理想生物学效应、药代动力学性质和安全性的化合物,这些化合物具有潜在的进行人体临床研究的潜力
drug product		药品	应用于患者的药物制剂
drug substance		药物物质	药物的药理活性成分
drug-drug interaction	DDI	药物相互作用	由于代谢酶抑制、诱导或转运体抑制,与药物"肇事者"联用后对药物"受害者"正常药代动力学的干扰,可能引起潜在的毒性

续表

英文名称	缩写	中文名称	中文释义
drug-like properties		类药性	具有与大多数临床药物一致的特性，因此具有可接受的人体药代动力学和毒性性质
DTT	DTT	二硫苏糖醇	
due diligence		尽职审查	进行彻底的审查，以使一方能根据另一方提供的候选药物信息作出决策（如在药物开发的合作协议中）
duodenum		十二指肠	胃后小肠的第一段
EC_{50}	EC_{50}	体外半数有效浓度	中值有效浓度（在功能性体外测试中引起50%效果的浓度）
ED_{50}	ED_{50}	体内半数有效剂量	中值有效剂量（在50%的实验动物或人体中产生预期疗效的剂量）
efficacy		功效	对实验动物或人体产生所需药理作用（控制或治愈）的能力
efflux		外排	转运体将药物分子转运出细胞，需要消耗能量
efflux ratio	ER	外排比	通过体外单层细胞（如Caco-2、MDR1-MDCK Ⅱ）测定基底外侧至顶端方向的渗透性与顶端至基底外侧渗透性的比值
electrocardiogram	ECG 或 EKG	心电图	通过测量跨肌肉动作电位的传导而产生的心脏表面电压变化的图形记录
electrospray ionization	ESI	电喷雾电离	一种电离技术，可将HPLC连接至质谱仪以进行在线LC/MS分析；广泛用于药物的发现与开发
elimination		消除	通常通过代谢生物转化，以及肠、肾、肺、皮肤或任何其他体液的排泄而从生物体内排出化合物
elimination rate constant	k	消除率常数	化合物消除的一级动力学速率；用于药代动力学和稳定性研究
endogenous		内源性的	生物体内天然存在的物质
endothelial		内皮细胞	心脏腔体、血管和血清腔的内层细胞
enterocyte		肠上皮细胞	暴露于小肠肠腔的第一层上皮细胞
enterohepatic circulation		肠肝循环	分子从肠道到血液（通过吸收），进而到达肝脏，然后回到肠道（通过胆汁排泄），最后再回到血液（通过吸收）的循环
enzyme		酶	催化特定生化反应的蛋白质
epithelial		上皮细胞	排列在器官、血管和腔体内外表面上的细胞层
equilibrium dialysis		平衡透析	进行透析直至膜内外或膜两侧达到平衡；为了进行结合研究，可将液体（如血浆、稀释的均质组织）与缓冲液进行透析
equilibrium solubility		平衡溶解度	在较长的孵育时间后达到平衡的溶解度；可将缓冲液添加至固体化合物中，并长时间搅拌（如72h），直至溶液与化合物的最稳定晶型之间建立平衡，然后测试其溶解度
European Medicines Agency	EMA	欧洲药品管理局	欧盟药品监管机构
excipient		辅料	与原料药混合以生产定量载体或药物产品的物质，主要用于增强溶解度、溶出度、稳定性，以及改善味道、稠度或其他性能
excretion	E	排泄	通过尿液或粪便从体内清除药物
exposure		暴露	药物浓度和时间的整合；与药物在治疗靶点、清除器官和其他组织中的浓度有关（见曲线下面积）
extracellular fluid	ECF	细胞外液	细胞内液以外的体液，包括血浆和细胞之间的液体（组织液）
extraction ratio	E	摄取率	血液中药物每次通过清除器官（肾、肝）时被清除的百分比
facilitated diffusion		易化扩散	转运体可加速药物分子的透膜渗透性，而无须消耗能量（通常是单转运体或通道）

续表

英文名称	缩写	中文名称	中文释义
fasted state		禁食状态	数小时内未进食的胃肠道液体状况（如 pH 值、胆汁盐）
fed state		进食状态	进食食物后胃肠道液体的状况（如 pH 值、胆汁盐）
fenestrations		开窗	毛细血管中的孔洞，可允许分子从血浆扩散到组织中
first pass metabolism (or effect)		首过代谢/首过效应	药物进入全身循环之前主要发生在肠道和肝脏中的代谢
flux		通量	分子穿过膜的流速
Food and Drug Administration	FDA	美国食品药品管理局	美国食品药品管理局负责审批和监督美国商业药品和食品的监管机构
food effect		食物影响	在进食状态和禁食状态下给药时，生物利用度的变化
formulation		制剂	赋形剂和药物的混合物，以制成具有改善性质（如化学稳定性、溶出度）的剂型
fraction absorbed	F_a	吸收分数	吸收到血液中的药物的剂量分数
fraction unbound/free fraction	f_u	游离药物分数	未与蛋白质和脂质结合的药物浓度的分数，如血浆游离药物分数（$f_{p,u}$）和脑内游离药物分数（$f_{b,u}$）
Free Drug Hypothesis		自由药物假说	在稳定状态下，当分配过程中不涉及转运体时，任何生物膜两侧的游离药物浓度均相同。作用部位（治疗靶点生物相）的游离药物浓度是发挥药理活性的关键
gastrointestinal	GI	胃肠道	由胃、小肠和大肠组成的消化系统
genomics		基因组学	研究细胞、动物或人体中存在的基因和其他遗传物质补体的科学
genotoxicity/genetic toxicity		遗传毒性	是指化合物引起 DNA 或染色体损伤的能力，可导致癌性
glomerular filtration rate	GFR	肾小球滤过率	从肾小球过滤进入肾脏所有肾单位的液体的流速
glomerulus		肾小球	在肾脏的肾单位中被鲍曼氏囊包围的毛细血管簇
glucuronide		葡糖醛酸	UDP-葡糖醛酸糖基转移酶催化葡萄糖醛酸与羟基（如酚、羧酸、醇）或胺反应所得的产物
glutathione		谷胱甘肽	一种内源性三肽，可与药物的反应性代谢产物反应进行解毒
G-protein coupled receptor	GPCR	G 蛋白偶联受体	跨膜蛋白质家族，在细胞外与化合物相结合，诱导细胞内结构构象改变，并引发细胞内的生化反应
half-life	$t_{1/2}$	半衰期	化合物浓度降低一半时所需的时间；用于体外、体内药代动力学研究
heme group		血红素	具有中央铁原子的原卟啉环
hepatic portal vein	HPV	肝门静脉	从胃和肠向肝脏输送血液的血管
hERG	hERG		编码钾离子通道亚单位的人类 ether-a-go-go 相关基因，有助于心脏的复极化
high throughput	HT	高通量	可以快速测试大量化合物的技术
high throughput chemistry		高通量化学	与传统的一次合成一个化合物相比，可以高速率合成多个化合物
high throughput screening	HTS	高通量筛选	使用大型化合物库和自动化功能进行高速率筛选测试
hit		苗头化合物	在 HTS 或虚拟筛选中具有活性的化合物
hit-to-lead		从苗头化合物到先导化合物	通过大量苗头化合物的结构修饰研究以获得潜在的先导化合物

续表

英文名称	缩写	中文名称	中文释义
HLM	HLM	人肝微粒体	人体肝细胞中的微粒体
human serum albumin	HSA	人血清白蛋白	血液中的白蛋白，对维持血液中的水分平衡、维持血压，以及脂肪酸和转运激素的调节至关重要
hydrogen bond		氢键	存在于电负性原子（如O、N、F）和与另一个电负性原子键合的氢原子之间的作用
hydrogen bond acceptor	HBA	氢键受体	可以接受氢原子并形成氢键的电负性原子（如O、N、F）
hydrogen bond donor	HBD	氢键供体	可以提供氢原子并形成氢键的电负性原子（如O、N、F）
hydrolysis		水解	化合物与水发生的分解反应
hydrophilicity		亲水性	化合物被水分子溶剂化的趋势
IC_{50}	IC_{50}	半数抑制浓度	中值抑制浓度（使活性降低50%的浓度）
idiosyncratic toxicity		特异毒性	在大批人群中偶尔观察到的意外毒性，可能是由于代谢产物与蛋白反应所引起的
ileum		回肠	小肠的最后一节
immobilized artificial membrane	IAM	固定化人造膜	HPLC固定相，其中固定相与磷脂键合，用于预测膜渗透性
immunotoxicity		免疫毒性	化合物给药后由免疫系统机制引起的毒性（如反应性代谢产物与蛋白反应后引发的免疫反应）
in situ		原位	在天然位置进行（如生物体内）
in vitro		体外	在活体系统之外进行（如试管、滴定板孔中）
in vivo		体内	在生物体内进行
induced pluripotent stem cells	iPSC	诱导多能干细胞	处理成熟细胞以诱导四种特异性转录因子产生多能干细胞，这些多能干细胞可以无限期繁殖并可分化为特定的细胞类型
induction		诱导	借助药物分子触发核受体，引起代谢酶浓度的增加、mRNA的产生和更多酶的合成，导致药物本身或其他药物的清除率增加
influx		流入	分子通过转运体转运到细胞中
inhibitor		抑制剂	可与酶结合并阻止其与底物结合及发生随后催化反应的化合物
initial concentration	c_0	初始浓度	静脉内给药后血液中的表观初始浓度
insoluble		不溶的	溶解度很低或不能溶解
interstitial fluid	ISF	组织液	细胞之间的液体（不包括血浆）
intestinal epithelium		小肠上皮细胞	形成肠腔内表面的单层细胞
intramuscular	IM	肌内注射	将药物注入肌肉
intraperatoneal	IP	腹腔注射	腹膜内（肠腔内膜）给药
intravenous	IV	静脉注射	以推注或输注方式直接通过静脉给药到血流中
intrinsic clearance	CL_{int}	固有清除率	在没有血流限制及血浆或血细胞结合的情况下，由于肝脏代谢酶反应而完成的药物清除
intrinsic solubility	S_0	固有溶解度	化合物中性形式的溶解度
investigational new drug application	IND	研究性新药申请	向FDA提交的开始I期临床试验的申请
ion channel		离子通道	一种跨膜蛋白复合物，是离子进入或离开细胞的通道
ionic strength		离子强度	电解质中离子之间的平均静电相互作用的量度
irreversible inhibition		不可逆抑制	抑制剂与蛋白质发生共价或配位结合，使其永久失活

续表

英文名称	缩写	中文名称	中文释义
irreversible inhibitor		不可逆抑制剂	可以不可逆地修饰和灭活酶的化合物（共价或配位），通常包含反应性官能团（如氮芥、醛、卤代烷烃或烯烃）
isosteric		等排体	具有不同化学结构但空间电子云相似的子结构
isozymes		同工酶	结构相关的酶家族成员，可催化相同类型的反应，但一级结构和底物特异性不同
jejunum		空肠	小肠的中部，也是小肠中最长的部分，从十二指肠一直延伸到回肠
K_i	K_i	解离常数	抑制剂的解离常数（酶动力学）
kinetic solubility		动力学溶解度	在向水溶液中添加化合物短时间（如数小时）后的溶解度；不一定在溶液和结晶固体之间达到平衡；使用以下方法进行测定：将少量含有较浓受试化合物的有机溶剂（如DMSO）添加到水性缓冲液中，然后在确定的时间点分析测试其浓度
knock out		敲除	通过删除某一编码蛋白质的基因（基因敲除）或联用抑制剂（化学敲除）以消除蛋白的活性（如外排转运体）
knowledge based expert system		基于专家系统的知识	基于专家将子结构归类为具有某些特性行为可能性的规则，构建评估新化合物的软件（如亚硝基具有突变性的可能性）
LD_{50}	LD_{50}	半数致死量	中位致死剂量（即在规定时间内致死实验动物种群50%的剂量）
lead compound		先导化合物	在药物发现初期发现的最有潜力的化合物，可作为结构修饰和改造的模板
lead optimization		先导化合物的优化	对先导化合物开展一系列结构修饰和活性研究，并研究其构效关系，从而获得最佳的结构作为临床候选药物
lead-like		类先导化合物	具有与先导化合物一致特性的化合物
library		化合物库	化合物的库，通常是通过合成类似物（化合物库），或来自多种来源的高通量筛选库
ligand		配体	可与靶点蛋白质结合的分子
lipase		脂肪酶	催化脂肪（如甘油一酸酯、甘油三酸酯）水解为脂肪酸和甘油的酶家族成员
Lipinski Rules	rule of "5"	类药五规则（利平斯基规则）	对于药物类药性的结构性质指导原则
lipophilicity		亲脂性	分子或主要结构部分对脂质（非极性）的亲和力
liposome		脂质体	脂质双层膜形成的球形囊泡
loading dose		负荷剂量	化合物的初始高剂量，可使体内的化合物达到稳态量
lgBB	lgBB		lg（总脑浓度/总血浆药物浓度）（以往文献中的报道，已不再应用）
lg$D$	lg$D$		在给定温度下，辛醇中分子的所有形式（非离子化和离子化）的平衡浓度与水相中相同物质的平衡浓度的比lg值；与lg$P$的不同之处在于，离子化的物质以及中性形式均被考虑在内
lg$P$	lg$P$		分配系数的lg值，用于测试化合物在两种溶剂中的不同溶解度，最常见的是在1-辛醇和水之间进行分配。该参数用于衡量一种化合物的疏水性或亲水性，是在99%以上的药物分子为中性的pH下测定的
LQT	LQT		心电图中Q到T间隔的延长
lyse		裂解液	可裂解或破坏细胞膜的化学物质、酶或病毒
maximum absorbable dose	MAD	最大吸收剂量	在一定剂量下可以吸收的最大药物量

续表

英文名称	缩写	中文名称	中文释义
maximum concentration	c_{max}	最大浓度	给药后达到的最大血浆药物浓度；$c_{max,u}$ 表示游离药物的最大血浆药物浓度
maximum tolerated dose	MTD	最大耐受剂量	产生目标疗效但不产生不可接受毒性的最大剂量
MDCK	MDCK		Madin Darby 犬肾细胞系
MDR1-MDCK II	MDR1-MDCK II		编码人源 P-gp 的人 MDR1 基因转染的 Madin Darby 犬肾细胞系
mechanism-based inhibition	MBI	基于机制的抑制	参见 time-dependent inhibition
metabolic phenotyping		代谢表型	确定哪些代谢酶会将特定药物代谢到什么程度
metabolic switching		代谢转换	如果代谢的主要途径（如酶、代谢位点）被 DDI 或结构修饰所阻断，则其他代谢途径会被增强
metabolism	M	代谢	药物在代谢酶作用下的结构修饰
metabolite		代谢产物	经代谢酶结构修饰后生成的产物
metabonomics/metabolomics		代谢组学	研究生物体正常期间和刺激后（如化合物）细胞或生物体中存在的内源性小分子的结构和浓度
metastable crystal		亚稳态晶体	热力学上最不稳定的晶体形式
micelle		胶束	由两亲分子（如磷脂）的单分子层在水中形成的球形囊泡，非极性部分暴露于内部，极性部分暴露于外部
Michaelis constant	K_M	米高利斯常数	Michaelis-Menten 酶动力学中反应速率为最大速率（v_{max}）一半时的底物浓度
microdialysis		微透析	将透析膜探针植入组织或体液隔室中的技术，通过该技术收集细胞外液中的化合物（如药物、神经递质）进行分析
micronucleus		微核	从染色体上裂解的含有染色体的物质，是比细胞核小的囊泡
microsome		微粒体	通过均质化和差异离心从组织（如肝脏）中制备的囊泡，包含附着于内质网的酶和核糖体
microvessels		微血管	毛细血管（如脑部血管）
mRNA	mRNA	信使 RNA	通过 RNA 聚合酶从 DNA 转录而来，并经核糖体翻译成蛋白序列
multidrug resistance protein	MRP	多药耐药蛋白	外排转运体家族，是对药物治疗产生耐药性的原因
mutation		突变	DNA 结构的永久性改变
mutagenicity		致变性	化合物导致突变的能力
NADPH	NADPH		烟酰胺腺嘌呤二核苷酸磷酸（NADP）的还原形式，一种参与多种酶促反应（如 CYP450 代谢）的辅酶，通过交替氧化（NADP+）和还原（NADPH）充当电子载体
nephelometry		比浊法	通过测量液体中颗粒的散射光来测量液体中颗粒尺寸和浓度的技术（如用于溶解度测定）
nephron		肾单元	肾脏的单位，可从血液中去除废物（如药物、代谢产物），以通过尿液将其清除
new drug application	NDA	新药申请	向药监部门递交的新药申请
NMR	NMR	核磁共振	用于结构研究的核磁共振波谱
no observable adverse effect level	NOAEL	最大无毒性反应剂量	在试验动物中没有观察到不良反应的最大剂量或暴露量（与对照生物体相比，形态、功能、生长、发育或寿命未发生有害变化）

续表

英文名称	缩写	中文名称	中文释义
no observable effect level	NOEL	无毒性效应剂量	在实验动物中没有观察到毒性的最高剂量或暴露量（与对照生物体相比，形态、功能、生长、发育或寿命未发生有害变化）
non-drugable target		非成药靶点	由于多种可能的原因导致靶点不具备成功研发出安全和有效新药的条件
nonspecific binding		非特异性结合	药物分子与非特定结合位置或方向的脂质或蛋白质的相互作用
NSAID		非甾体抗炎药	非甾体抗炎药（如阿司匹林、布洛芬）
off-target effects		脱靶效应	又称为二级药理学，是指药物结合于体内非预期治疗靶点而导致的毒性作用
on-target effects		基于机制的效应（毒性）	又称为基于靶点、基于机制的毒性或初级药理学，是指由于药物作用于治疗靶点而产生的毒性作用
oocyte		卵母细胞	受精前的雌性配子
oral	PO	口服	口服给药
oral absorption		口服吸收	口服给药后药物的吸收（通常在小肠中）
oxidative stress		氧化应激	动物细胞中氧化性产物的增加，其特征是自由基和过氧化物的释放导致细胞变性
PAMPA-BBB	PAMPA-BBB		PAMPA 渗透性技术的变体，用于预测通过血脑屏障的被动扩散渗透性
paracellular		细胞旁路	分子通过细胞之间的间隙穿透细胞膜
parallel artificial membrane permeability assay	PAMPA	平行人工膜渗透性测定	体外渗透性测试方法，将溶解在有机溶剂中的磷脂置于两个水室之间的滤膜孔中形成人造膜
parallel synthesis		平行合成	中间体与多种不同试剂的反应以生成类似物化合物库
passive diffusion permeability		被动扩散渗透性	分子在不消耗能量的情况下从较高浓度区域穿过膜结构（细胞脂质双层或穿透整个细胞）移动到较低的浓度区域；不同的化合物通常具有不同的被动扩散渗透性
patient compliance		患者依从性	患者坚持遵从处方的给药方案
patch clamp		膜片钳	体外测试方法，在细胞膜上建立电路，以研究离子通过离子通道而引起的电流变化
peripheral		外周系统	通常指非中枢神经系统的组织
permeability	P_e, P_{app}	渗透性	化合物通过一种或多种渗透机制穿透膜结构的能力；流动速率
permeability surface areas coefficient	PS	渗透性表面积系数	渗透性与脑毛细血管内皮表面积之积，大约为 100 cm^2/g 脑
perpetrator drug		药物"肇事者"	共同联用时会改变药物"受害者"的药代动力学的药物，可能会引起毒性，或造成疗效下降
P-glycoprotein	P-gp	P 糖蛋白	也称为 ABCB1，是 MDR/TAP 亚科的 ABC 家族转运体，由基因 *MDR1* 编码。在正常细胞中广泛表达，如 BBB、肠上皮细胞、肝脏、肾近端小管和毛细血管内皮细胞
pharmacodynamics	PD	药效学	药物的生化和生理作用及其持续时间；药物对机体产生的作用
pharmacokinetics	PK	药代动力学	研究药物及其代谢产物在动物体内的浓度-时间过程，该过程受吸收、分布、代谢和排泄（ADME）的影响；机体对药物的作用
pharmacokinetics/pharmacodynamics	PK/PD	药代动力学/药效学	将 PD 与 PK 参数相关联的数学模型

续表

英文名称	缩写	中文名称	中文释义
pharmacophore		药效团	通过有效结合特定治疗靶点以产生所需药效的结构（空间和电子特征的集合）；在优化过程中用作合成类似物的结构模板
Phase 0 clinical trial		0 期临床试验	人体临床研究，向少数志愿者（10～15人）施用单剂量的研究药物（通常称为亚治疗），以获得有关该化合物 PK、PD 和作用机理的初步数据；评估该化合物是否如临床前研究所预测的那样会在受试者中发挥作用；减少了开发决策所需的时间和成本
Phase Ⅰ clinical trail		Ⅰ期临床试验	人体临床研究，对一小部分没有疾病的健康志愿者（20～80岁）给药研究药物，评估其人体安全性、耐受性和 PK
Phase Ⅰ metabolism		Ⅰ相代谢	化合物分子结构的酶促修饰（如氧化、脱烷基）；引入或释放极性基团，从而产生更多的极性代谢物；可能导致药物的活化或失活；产生与极性分子更易于结合的位点
Phase Ⅱ clinical trail		Ⅱ期临床试验	人体临床研究，向患有疾病的一大批志愿者（20～300人）给药研究药物；评估功效，并继续进行更大范围的安全性评估
Phase Ⅱ metabolism		Ⅱ相代谢	将极性结构酶促连接（缀合）到化合物的结构中（如葡萄糖醛酸、硫酸盐）；代谢产物极性增加
Phase Ⅲ clinical trail		Ⅲ期临床试验	人体临床试验，将试验药物给予大型志愿者患者群体（300～3000人或更多），作为在多个试验点进行的随机对照试验；与目前推广为普通人群的最佳药物疗法（"黄金标准"）进行比较，以对其人体功效进行了明确的评估；获得产品标签信息
phospholipid		磷脂	含磷的脂质，细胞膜中的主要脂质成分
pinocytosis		胞吞作用	内吞作用的一种类型，分子通过侵入细胞膜形成膜泡而从细胞外被吸收
pK_a	pK_a		酸解离常数的负对数值；弱酸解离的平衡常数［或酸的电离常数（K）的负对数］；一半的酸分子被离子化的溶液的 pH 值
plasma		血浆	血液中悬浮血细胞的液体成分
plasma clearance		血浆清除率	化合物从血液（血浆）中的清除速率
plasma protein		血浆蛋白	血浆中的蛋白质；不同蛋白质具有不同的功能，包括循环运输（用于脂质、激素、维生素、金属）、酶和补体成分
plasma-protein binding	PPB	血浆蛋白结合	药物分子与血浆中蛋白质的结合
polar surface area	PSA，TPSA	极性表面积	所有极性原子（如氧、氮）及其相连的氢原子的表面积总和；可与拓扑极性表面积（TPSA）互换使用
polymorph		多态	化合物的晶格形式
polypharmacy		复方用药	多种药物的联合给药
preclinical		临床前	在临床研究之前开展的研究
predevelopment		预开发	在临床研究之前进行的开发研究，尤其是在 Ⅰ 期临床试验之前
primary cell		原代细胞	直接来自活体组织的培养细胞；通常缺乏保持更多传代的能力；与从中获得基因的组织相比，某些基因可能被上调或下调
probe substrate		探针底物	用于 CYP 抑制或诱导测试以评估 CYP 酶活性的化合物
prodrug		前药	通常是具有较低活性或无活性的药物衍生物，给药后在体内经酶促生物活化并释放出有活性的原药
promiscuous binding		混杂结合	与多种蛋白发生结合，而不是特异性结合于某一蛋白靶点
proof-of-concept	POC	概念验证	验证理论的实验
property-based design		基于性质的设计	为改善理化、药代动力学和毒性而设计的结构

续表

英文名称	缩写	中文名称	中文释义
protease		蛋白酶	通过催化肽键水解来水解蛋白质的酶
proteomics		蛋白质组学	研究正常生命或刺激后（如化合物）细胞或生物体内存在的内源蛋白的成分、浓度和分布的科学
Purkinje fiber		浦肯野纤维	用于传导心脏动作电位的专用纤维细胞；用于高级 hERG 阻断研究
QT prolongation		QT 延长	心电图中 Q 到 T 间隔的延长（参见 LQT）
quantitative structure-activity relationships	QSAR	定量构效关系	化学结构与生物活性之间的定量相关性
quantitative structure-property relationships	QSPR	定量构性关系	化学结构与性质之间的定量相关性
racemate		外消旋体	等量手性分子的左旋和右旋对映体的混合物
reaction phenotyping		反应表型	确定代谢药物的特定酶及其相对代谢程度
reactive metabolite		反应性代谢产物	可能与内源性大分子（如蛋白质）共价反应形成稳定结合物的药物代谢产物；通常会破坏正常功能或引发自身免疫反应
receptor		受体	细胞膜、细胞质或细胞核中的蛋白质，特定的配体（如神经递质、激素）与其结合可引起细胞的生化反应
recombinant human cytochrome proteins	rhCYP	重组人细胞色素蛋白	以重组 DNA 技术制备的人 CYP450 同工酶
repolarization		复极化	钾离子通过离子通道从细胞内流出而使膜电位改变为负值（动作电位去极化后将变为正值）
reversed phase HPLC	RP HPLC	反相 HPLC	高效液相色谱法，其中将固态色谱颗粒衍生化以形成非极性固定相（如十八烷基硅烷与二氧化硅或聚合物颗粒表面相键合）并使用高水性流动相
reversible inhibition		可逆抑制	以非共价相互作用与酶结合
reversible inhibitor		可逆抑制剂	在抑制正常内源性配体-酶结合的活性位点上具有非共价相互作用（如氢键、疏水相互作用、离子键），可与酶可逆结合的化合物
rotatable bond	RB	可旋转键	非环的单键，与非末端重原子（非氢）相连
S9	S9	S9	从肝脏组织中经 9000 g 匀浆和差速离心而制备的实验材料；含有内质网（微粒体）和细胞质膜上附着的各种代谢酶；与辅因子一起用于代谢研究
safety index		安全指数	产生毒性反应的浓度（如 IC_{50}）与预计最小有效剂量下的最大游离药物浓度（$c_{max,u}$）的比值；用于药物发现
safety pharmacology		安全药理学	监测实验动物的正常生理生化、功能和行为，以指示受试药物的毒性
salt form		盐	由阳离子和阴离子组成的离子化合物，产物为中性
scale-up		规模放大	生产更多批次的化合物以进行更深入的研究
secondary pharmacology		二级药理学	参见"脱靶效应"
selectivity		选择性	与不良反应相比，化合物产生预期活性的程度；与另一种蛋白结合时有害的 IC_{50} 与对治疗靶点的 IC_{50} 之间的比值
selectivity screen		选择性筛选	在大量的生化分析中测试化合物的活性，以测试其对其他生物学靶点的活性，进而避免引起副作用
serum		血清	含有溶解的化合物和蛋白质的血液水溶液，已去除了血细胞和凝血因子

续表

英文名称	缩写	中文名称	中文释义
shake flask		摇瓶	用于进行分配或平衡溶解度实验的实验室容器（加盖的小瓶、可密封管或分液漏斗）
simulated gastric fluid	SGF	模拟胃液	胃液的模拟溶液，其配方由USP规定的模拟胃液的组分构成
simulated intestinal bile salts-lecithin mixture	SIBLM	模拟肠内胆盐-卵磷脂混合物	模拟肠液组分的溶液
simulated intestinal fluid	SIF	模拟肠液	肠液的模拟溶液，其配方由USP规定的模拟肠液的组分构成
soft drug		软药	软药是容易代谢失活的药物，使药物在完成治疗作用后，按预先设定的代谢途径和可以控制的速率分解、失活并迅速排出体外，从而避免药物的蓄积毒性。软药和前药是相反的概念，前药是指一些无药理活性的化合物，但是这些化合物在生物体内经过代谢的生物转化，被转化为有活性的药物
solid dispersion		固体分散体	将一种或多种活性成分以固态形式分散在惰性基质中，以实现溶出度的提高、药物的持续释放、固态特性的改善、药物从软膏剂和栓剂基质中的释放增强，以及溶解度和稳定性的提高
solubility	S	溶解度	在特定温度下，单位体积液体所能溶解的某一物质的最大质量
solubilizer		增溶剂	添加到溶液中以增强化合物溶解度的物质
stability		稳定性	在指定的物理或溶液条件下，药物的结构保持不变的性质
steric hindrance		位阻	由于局部原子或原子团的存在造成对分子内特定位点的物理阻断
stock solution		原液	使用前需稀释的浓化学溶液
structure-activity relationships	SAR	构效关系	化学结构和药理活性之间的关系
structure-based design		基于结构的设计	以提高药理活性为目的的结构设计
structure-property relationships	SPR	构性关系	化学结构和ADMET性质之间的关系
subcutaneous	SC	皮下给药	对皮下组织注射给药，注射后化合物可渗透进入毛细血管
sublingual		舌下给药	在舌下方溶解并通过舌下腺吸收药物
substrate		底物	与酶发生作用的化合物
surfactant		表面活性剂	少量即可明显影响系统表面特性的材料
suspension liquid		悬浮液	固体颗粒异质分散并悬浮在液体中（未溶解）
symporter		同向转运体	又称为协同转运体，可促进不同化合物的两个或多个分子或离子扩散的转运蛋白，可同时降低两种化合物或离子的浓度梯度
tandem mass spectrometry	MS/MS	串联质谱	将两个质谱仪通过碰撞室串联所组成的仪器，用于结构鉴定和定量分析；分子离子在一级质谱仪中分类，并在碰撞室中裂解成碎片（产物离子），随后碎片离子继续在二级质谱仪中分类
template		模板	作为合成其他分子的核心骨架结构
teratogenicity		致畸性	化合物破坏、杀死或改变子宫内胎儿正常形态的程度
therapeutic index		治疗指数	又称为治疗窗口或治疗比（率），是指药物毒性剂量与有效治疗剂量的比值（一般为LD_{50}/ED_{50}），可作为评价药物相对安全性的指标
(therapeutic) target		靶点	体内可能受药物影响并产生治疗作用的内源性酶、受体、离子通道或其他蛋白质

续表

英文名称	缩写	中文名称	中文释义
thermodynamic solubility		热力学溶解度	化合物在水溶液中长时间孵育（如 >24 h）后的溶解度，即当化合物达到溶解状态和最稳定晶型之间平衡时的溶解度。热力学溶解度的测定主要是通过将固体受试化合物与水性缓冲液混合并长时间孵育，然后测试其浓度来完成
time-dependent inhibition	TDI	时间依赖性抑制	又称基于机制的抑制（mechanism-based inhibition），由于抑制剂或抑制剂代谢产物与酶（如 CYP450）之间形成共价键或不可逆化学键，而对代谢酶造成不可逆的抑制作用，最终导致酶失活，可能产生潜在的毒性
time of maximum drug concentration	t_{max}	达到最大药物浓度的时间	又称为达峰时间，是指给药后达到峰值浓度的时间
tissue binding		组织结合	药物与组织中的脂质和蛋白质发生结合
tissue uptake		组织摄取	药物分子被吸收到组织中
topological polar surface area	TPSA	拓扑极性表面积	极性分子的总表面积，同 PSA
Torsades de Pointes	TdP	尖端扭转	室性心动过速阵发性发作，其中 ECG 在 5～20 次搏动中 QRS 轴显示出稳定波动，并且方向逐渐改变
total exposure		总暴露量	与功效无关的药物总暴露量（如 AUC_{total}），应重点关注游离药物的暴露量
toxic alert		毒性警报	又称为结构警报，是指化合物中会引起毒性的亚结构
toxicity	Tox，T	毒性	表现出毒性的范围、质量或程度
toxicokinetics	TK	毒物动力学	结合体内毒性研究进行的 PK 研究，以关联 PK 和毒性的关系
transdermal		经皮给药	涂抹于皮肤并通过皮肤实现药物的吸收
transepithelial electrical resistance	TEER	上皮电阻	体外渗透性实验中跨细胞层的电阻（电位）
transfect		转染	将 DNA 导入受体真核细胞并整合入其染色体 DNA
transgenic		转基因	向生物体中添加特定基因以研究其编码蛋白的天然功能或对其进行利用
transporter		转运体	一种位于细胞膜并可转运物质的蛋白，可增加分子在细胞膜上的渗透性
transcriptional profiling/(gene) expression profiling		转录谱	同时测试数千种 mRNA 的水平以确定特定基因的表达水平和范围
Transwell			一种多孔的实验室装置，每个孔中都含有可渗透的膜结构，可在该膜表面建立单层细胞层；该装置具有与细胞顶侧和基底外侧相邻的小室
turbidimetry		比浊法	一种通过不溶性颗粒形成所造成的溶液光束强度的降低来测试化合物溶解度的方法
turbidity		浊度	悬浮颗粒物引起的液体浑浊或不透明
UDP-glucuronosyltransferase	UGT	UDP-葡萄糖醛酸转移酶	一类代谢酶，可催化将葡萄糖醛酸连接至内源性底物和药物结构中，从而增加其在水中的溶解度，有助于代谢产物的排泄
ultrafiltration		超滤	通过离心和蛋白膜从高分子量蛋白质中分离低分子量化合物的技术
unbound/free drug concentration	c_u	游离药物浓度	未与蛋白质或脂质结合的血浆或组织中的药物浓度
unbound plasma drug concentration	$c_{b,u}$, c_{pu}	血浆游离药物浓度	血浆中未与蛋白质结合的药物浓度

续表

英文名称	缩写	中文名称	中文释义
unbound brain drug concentration	$c_{b,u}$, c_{bu}	脑内游离药物浓度	脑组织中未与脂质或蛋白质结合的药物浓度
unbound brain-blood distribution	$K_{p,uu}$ 或 K_{puu}	游离药物的脑血分布比	$c_{b,u}/c_{p,u}$
uniporter		单向转运体	促进分子跨膜移动并且不需要能量的转运体
unstirred water layer	UWL	不动水层	在药物分子进入膜结构后，其在溶液中原有位置还未被其他药物分子扩散占据的区域，该区域位于膜结构的附近，而区域内的药物分子已被耗尽
uptake		摄取	化合物进入细胞或组织
venous sinusoid		静脉窦	一种从门静脉分支的毛细血管，药物分子可从该毛细血管渗透到肝细胞中
ventricular fibrillation		心室颤动	见心律不齐
victim drug		药物"受害者"	药物联用时，其药代动力学性质可能被药物"肇事者"改变的药物，可能引起毒性或疗效不佳
virtual screening		虚拟筛选	使用计算模型筛选获得可能与靶点结合的化合物，也称为计算机筛选
volume of distribution	V_d	分布容积	PK 术语，指化合物在生物体中溶解的表观体积，可表明化合物在体内的分布范围，通过体内的药物量除以血液中的药物浓度计算而得
withdraw		撤市	从市场撤回商业药品
xenobiotic		异生（外源）物质	生物体中非天然存在的化合物（如药物）
zwitterion		两性离子	带有相反电荷离子基团的偶极离子，其净电荷为零

（白仁仁）